JN244419

Illustrated Ship's Data of IJN 1868-1945

Vol. 2 /**Cruisers** *Sloops, Corvettes, Torpedo gunboats and Dispatch boats*

日本帝国海軍全艦船　1868-1945

第2巻 巡洋艦 スループ・コルベット・水雷砲艦・通報艦

上巻

編著・石橋孝夫

上巻総目次

上巻総目次

はじめに

この本の編纂をはじめて10年目になってしまった。前作の「戦艦・巡洋戦艦」を完成させた時に次作の巡洋艦は5年で完成させるつもりでいたが、とんだ誤算であった。最大の要因は艦型図の作成に手間取ったこともあったが、それにもまして気力、体力の衰えを感じざるをえない歳に編著者がなってしまったことにある。しかも、次作の「巡洋艦」篇は前作より濃密なデータと情報を盛り込もうという欲張った目標をたててしまったこともあった。特に各艦の排水量の推移をより正確に記録し、単なる改装前後だけでなく、就役期間中の排水量の変化を収録することにつとめた。こうした公式記録は明治期の外国注文艦ではデータがほとんど残っていないが、大正、昭和期の軍艦ではいろいろな形で残されており、特にネット情報で「アジア歴史資料センター」や「平賀譲デジタルアーカイブ」を閲覧できるようになって、昭和期の艦本4部作成の各種データ等を知り得るようになったことも助けになった。

この本を開いてみれば前作、「戦艦・巡洋戦艦」より個艦のデータ、船体寸法、機関、兵装、重量配分、船舶性能、艦歴等の収録内容が数倍濃密であることがわかろう。そのためにどうしてもページ数が増大してしまい、これをカバーするために文字級数を下げているので、年輩者にはいささか読み辛い紙面となってしまったことをお詫びしたい。また今回はこうした事情からも本篇の収録のみに特化して、日米の建艦比較のような参考資料は思い切って省いている。

自家出版という性格上、制作費はできるだけ抑えるため、上下分冊は避けたかったが今回はやむをえず分冊を選んだ。また、大型図面を見開きで見せるため、ノドを開くために特別な製本方式をとっている。

今回、艦型図の作成に予想外の時間をとられたと述べたが、これはできるだけ公式図面の復元に努めたからで、これまで未公開の公式図を相当数収録できたと自負している。日本の場合、旧海軍の公式図面類は今日いろいろ存在するが、あちこちに分散しており、欧米のように決まった場所に国家遺産として保管されている状態とはかなり異なる、特異な環境にあるといえる。もちろん、これは太平洋戦争の敗戦の結果、終戦時に残存した一部の資料が、米国に接収されたもの、接収をまぬがれて日本側に残ったもの等があったが、後者は旧海軍技術者集団の手でまとめられ、戦後の再軍備に際して、造船大手7社に配布された造工資料としてまとめられたが、原紙は他の収集資料と共に昭和29年の防衛庁技術研究所の火事により焼失してしまい、各社に配布した分は残ったが、一部が今日マイクロ・フィルム化されて残っているだけで、多くは廃棄されてしまっている。

前者の米国接収資料は戦後、昭和33年に米国より防衛庁(当時)その他政府機関に返還されたが、防衛庁自体がその整理保管に熱意がなく、その整理とリスト作りを民間の下請け、孫請け組織に任せた結果、一部の図面類が途中で間引きされて個人の手に渡ったほか、防衛庁に残ったものも、その保管管理にルーズで旧海軍技術者等の関係者が自由に持ち出して、主に二つのルートに分かれて収集されていた。一つは旧海軍造船官で戦後日本の軍艦ジャーナリストとして有名だった福井静夫氏のところで、氏は終戦時、個人で持ち出した膨大な旧海軍資料を保管して焼却をまぬがれて、軍艦研究者として世界的に知られた人物であったが、現在その資料、蔵書、写真コレクション等は全て呉市の海事歴史科学館(大和ミュージアム)に収められており、かなりの部分が公開されている。

もう一つは先年亡くなった旧海軍資料収集家遠藤昭氏が入手した分で、氏は昭和30年代から旧海軍資料の収集と会員配布で知られた人で、氏はこれらの返還資料の一部を自身でマイクロ化して、会員等に有償配布する等のほか、晩年は『戦前船舶』という機関誌を発行して活動していた。氏の資料は生前に靖国神社の靖国偕行文庫に一部が収められ、他は会員個人に売却したりして分散している。

間引きされて残った返還資料は現在、佐世保の海上自衛隊の史料館セイルタワーにおさめられているといわれるが、めぼしいものは残っていないようで、さらに一般公開はされていない。

その他、防衛省防衛研究所戦史室図書館にも少数の図面が収録されており、また国会図書館の憲政資料室にも米国の接収資料で返還資料から漏れた一部がマイクロ・フィルム化されて米国で市販されていたものが購入収集されており、閲覧可能である。その他、終戦後第2復員局が旧海軍技術資料の調査収集のため動いた時に、最後の艦政本部長を務めた渋谷隆太郎元中将がまとめ役となったが、後に造船系関係者が造機系の渋谷氏と反目して、渋谷氏の元に残った造機関係資料が、後に神戸商船大学(現神戸大学海事学部)の図書館に収められているが、造船関係は少なくあまり見るべきものはない。

今回図面の作成に費やした時間はおよそ5年間である。ここに掲載した図面は全てこの本のために描き直したもので、過去に描いたものは使っていない。過去に30年以上に渡って描き溜めた図面は数百枚をかぞえるが、現在のパソコンで描く図面とはどうしても正確度に劣り、細部のディテールの再現性に欠けるため、とてもパソコンには太刀打ちできない。編著者の作図法は公式図が紙媒体の場合はスキャナーにかけて電子データに変換、Photoshopを用いて、図の平行と直角線を修正して、拡大縮小を定めてから線を1本1本洗い出して描き直す作業を行うもので、舷外側面、平面、艦内側面、各甲板平面、諸要部切断等の一式を仕上げるのに、1か月近くかかる根気作業である。こうした公式図は大体において鮮明度に欠け、かすれて見にくいのが大半であり、そのまま印刷目的に使えないのはご承知の通りである。

こうした公式図に対して一部には金科玉条のごとく100%の信頼性を主張する者もいるが、編著者が100近い艦の公式図を洗い直してきた経験からも、我々が珍重する舷外側面・平面等の図面は海軍工廠の現場が作成する完成図で、本来の目的はその艦の外観を表現した一種の見取り図で艦の製造図面ではないために、したがってそのディテールの正確度は求めていず、図面のスケールからも個々の装備品のディテールを正確に描くことは不可能で、適当にデフォルメして描くのは普通で、間違いもあり、また製図工のスキルによる差異も大きい。　こうしたことで、ここに掲載した図面は装備品のディテール、特に搭載機、高角砲、機銃等についてはより精度の高い描写に努め、リアルな表現を実現している。

これまで太平洋戦争参加巡洋艦については、いろいろな出版物で取り上げられるケースが多かったが、明治期の巡洋艦についてはほとんど無視されていた。ここではこの時期の巡洋艦で公式図が存在する浪速型、笠置型、浅間型、出雲型、阿蘇、利根、筑摩型等の大型図面を掲げて、そのディテールを十分に表現した。また日本海軍ではもっとも長寿を保った日露戦争中の6隻の装甲巡洋艦について、そのディテールの変遷を多くの艦型図で示して詳説した。

これまで明治期の艦艇の要目に関する公式な資料はあまり知られていなかったが、今回、この時期の艦艇の要目簿(明細表)を大和ミュージアム館長戸髙一成氏のご好意でコピーさせていただくことができ、さらに平賀アーカイブやアジア歴史資料センター等のネット情報からも多くのデータを得ることができた。

さらに海外の友人から提供いただいた、1904年8月の『Engineering』誌(英国造船専門誌)に当時の佐雙左仲艦本第3部長が寄稿した「日本海軍艦艇の最新状況」と題した記事が掲載されており、ここでは当時の日本艦艇の詳細な要目と防御配置を示す艦型図等が掲載されており、しかも、一切秘匿せずに正確なデータが記されていた。

言うまでもなく、1904年は2月に日露戦争が開戦した年で、このような時期に自国海軍艦艇の詳細な要目をこうした専門誌に公開するのは驚きで、後の太平洋戦争時には考えられない事態だが、寄稿したのが当時の艦本の第3部長という日本海軍造船官の最高責任者であったことも、また驚きである。もちろん、当時は日本海軍艦艇の大半は英国製で、以前からEngineering誌にはこうした新造艦艇の詳細が掲載公開されるのは普通であったから、珍しいことでもなかったともいえるが、当時の明治人の度量の大きさを改めて認識させられる。

佐雙左仲は翌年急逝して世を去っており、その後を継いだ近藤基樹造船大監も後の1914年3月に同じ『Engineering』誌に「最近10年間に建造した日本艦艇」と題した記事を寄稿しており、ここでも日露戦争後に建造した艦艇の詳細な要目データと艦型図を掲載して、技術的解説をおこなっており、一切秘匿等の行為はなかった。

こうした記事は今日的にはあまり知られていないが、掲載されているデータや艦型図は極めて有用である。

一艦の優劣を論じるのに客観的に判断するためには工業製品としての多くのデータ、数値によるべきで、これまでの日本艦艇評論に見られる、主観的な優秀論は見直す時期にきているように思う。その意味で、ここでは過去に例のない艦艇データを収録できたと自負している。こうしたデータは時間とともに風化する危険性があり、旧海軍関係者がほぼ誰もいなくなったこの時にまとめておくことは意義のあることと認識している。

今回の編纂に当たっても「戦艦・巡洋戦艦」篇同様、田村俊夫氏、阿部安雄氏、戸髙一成氏に資料面でいろいろ協力をいただき、さらにスウェーデンの長年の友人Lars Ahlberg氏からも資料の提供があり、ここに感謝の意をささげたい。

2018年10月　　石橋孝夫

第1部/Part 1

◎ 日本海軍創設時のスループ、コルベット、最初の国産艦と外国注文艦

本篇に収録された唯一徳川幕軍の生き残り軍艦富士山
士官候補生練習艦として活躍した筑波は英国海軍正規軍艦の末裔
金剛型は日本海軍創設以来、最初の外国注文新造コルベット
最初の国産スループとして完成、世界一周を果たした清輝
仏人ヴェルニー去った後の横須賀造船所、最初の国産設計スループ海門、天龍

目 次

富士山 /Fujiyama

型名 /Class name		同型艦数 /No. in class		設計番号 /Design No.		設計者 /Designer		建造費 /Cost 購入金額 $271,000		
艦名 /Name	計画年度 /Prog. year	建造番号 /Build. No	起工 /Laid down	進水 /Launch	竣工 /Completed	建造所 /Builder	編入・購入 /Acquirement	旧名 /Ex. name	除籍 /Deletion	喪失原因・日時・場所 /Loss data
富士山 /Fujiyama	/1863			1864-05-21	1864- -	米国ニューヨーク Westevelt ①	1866-01-23		M22/1889-05-10	M29/1896 売却

注 /NOTES ① Jacob A. Westervelt 社建造、シップ型木造スループ【出典】海軍省報告 / 海軍歴史

船体寸法 /Hull Dimensions

艦名 /Name	状態 /Condition	排水量 /Displacement		長さ /Length(m) 全長 /OA	水線 /WL	垂線 /PP	幅 /Breadth (m) 全幅 /Max	水線 /WL	水線下 /uw	深さ /Depth(m) 上甲板 /m	最上甲板	吃水 /Draught(m) 前部 /F	後部 /A	平均 /M	乾舷 /Freeboard(m) 艦首 /B	中央 /M	艦尾 /S	備考 /Note
富士山 /Fujiyama	公称排水量 /Official(T)	常備 /Norm.	1,000			62.418		9.817			4.757				3.636			常備排水量と推定
	総噸数 /Gross ton (T)		692															M14/1881-9-21 横須賀造船所で測定
																		測定前は 806 トンと公表

注 /NOTES ①船体寸法は<海軍省報告 M9>による、原文は(単位尺寸)全身長 206、最大幅 32.4、深さ 15.7、吃水 12、全身長が実際に垂線間長を示すかどうかは不明、他に長さ 210 尺 3 寸<帝国海軍機関史>、224 尺<海軍省年報明治 21 年 - 軍務局所管艦船表>等の数字あり、また当時の米艦船の要目等から垂線間長と推定 【出典】海軍省報告 / 横須賀海軍船廠史、及び前掲書

機　関 /Machinery

		本邦到着時
主機械 /Main mach.	型式 /Type ×基数 (軸数)/No.	横置直動 2 気筩機関 /Direct active engine × 2
缶 /Boiler	型式 /Type ×基数 /No.	円缶 /Cylindrical × 2
	蒸気圧力 /Steam pressure (kg/cm²)	
	蒸気温度 /Steam temp.(℃)	
	缶換装年月日 /Exchange date	
	換装缶型式・製造元 /Type & maker	
計画 /Design (自然通風 / 強圧通風)	速力 /Speed(ノット /kt)	13
	出力 /Power(実馬力 /IHP)	360(180 × 2)
	回転数 /(rpm)	
新造公試 /New trial (自然通風 / 強圧通風)	速力 /Speed(ノット /kt)	
	出力 /Power(実馬力 /IHP)	
	回転数 /(rpm)	
推進器 /Propeller	直径 /Dia.・翼数 /Blade no.	3.35m/11'・2 翼青銅
	数 /No.・型式 /Type	× 2
舵 /Rudder	舵面積 /Rudder area(m²)	
燃料 /Fuel	石炭 /Coal(T)・定量 (Norm.)/ 全量 (Max.)	/236
航続距離 /Range(浬 /SM- ノット /Kts)		1 昼夜消費石炭量 23.6T(4 万斤)
発電機 /Dynamo・発電量 /Electric power(V/A)		装備なし
新造機関製造所 / Machine maker at new		James Murphy 社
帆装形式 /Rig type・総帆面積 /Sail area(m²)		シップ /ship

注 /NOTES ① M9/1876-11 に機関陸揚、以後帆走のみ、2 軸艦については疑問もあるも、<帝国海軍機関史>による
ニューヨーク タイムズ 1865-9-5 記載の記事では本艦の機関についてかなり具体的説明あり、機関の製造所は上記のジェームス・マーフィ社で、元米海軍の主任技師 Jessie Gay 氏の監督の下製造、機関は直動式復水器付 2 基、直径 40 インチシリンダー、ピストン・ストロークは 28.5 インチ、スクリュー直径 11 フィート、ピッチ 18 フィート、ボイラーはマーチン式 2 基、補助ボイラー 1 基、各ボイラーには 4 個の焚口がある、石炭搭載量は 300 トン、通常航海で 1 日 8-10 トンを消費、公試では 13 ノット近い速力を記録したという
【出典】帝国海軍機関史 / 海軍省報告 /New York Times 1865-9-5

兵装・装備 /Armament & Equipment

		本邦到着時
砲熕兵器 / Guns	主砲 /Main guns	100lb パロット自在前装砲 (中央)/Parrott, pivot ML(middle)
	備砲 /2nd guns	229mm ダールグレン施條前装砲 /9" Dahlgren ML × 4
		30lb パロット前装砲 /Parrott ML × 3(内 1 門自在砲艦首 /pivot bow × 1)
	小砲 /Small cal. guns	24lb パロット前装砲 /Parrott ML × 2
		12lb パロット前装砲 /Parrott ML × 2
	機関砲 /M. guns	
個人兵器 /Personal weapons	小銃 /Rifle	
	拳銃 /Pistol	
	舶刀 /Cutlass	
	槍 /Spear	
	斧 /Axe	
水雷兵器 /Torpedo weapons	魚雷発射管 /T. tube	
	魚雷 /Torpedo	
	その他	
電気兵器 /Elec.Weap.	探照灯 /Searchlight	
艦載艇 /Boats	汽艇 /Steam launch	
	ピンネース /Pinnace	
	カッター /Cutter	
	ギグ /Gig	
	ガレー /Galley	
	通船 /Sampan	
	(合計)	× 5

明治 7 年 /1874 時
■ 40 斤フレッケレー砲× 2
■ 30 斤コロッフ砲× 2
■ 30 斤パロット砲× 2
■スナイドル銃× 80
■エンピール銃× 2
【出典】公文類纂

注 /NOTES ①他に<海軍機関史>ではアームストロング 70lb 砲× 3(内 1 門回転)、パロット砲× 6、30 lb クルップ砲× 2、30 lb 滑腔砲× 2、の記載あり、換装後を示すものか ② M9-12-28 70 斤 4 輪側砲 2 門を 60 斤施條砲と換装、M20-4-6 4 斤山砲 2 門増備上申
【出典】明治工業史火兵篇 / 帝国海軍機関史 / 写真日本軍艦史 / 公文備考

富士山 /Fujiyama

富士山(ふじやま)と呼ばれるこの米国製木造スループは、ここで採り上げた艦では唯一旧幕艦、すなわち徳川幕府が維新以前に取得した艦である。本来は1861年8月に米国公使ハリスを通じて米国に蒸気コルベット2隻、蒸気ガンボート1隻の建造を依頼、翌年9月にハリスに代わった米国公使プリュインに正式に建造費86万ドルで注文したものであった。

1863-11-24までに8回に分けて60万ドルを払い込んだものの、実際に新造されたのは木造蒸気コルベット1隻のみで、それも南北戦争のために遅れて、完成したのは1964年8月のことで再三の催促の結果8月15日に米国を出港するとの回答があったが実行されず、11月には英国が米国に日本に於ける内戦(馬関戦争等)を理由にこのコルベット(富士山)の出港差し止めを要求、米国政府もこれを受け入れて出港を禁じてしまった。この間幕府は回航遅延を度々督促、1865年5月には支払済代金の返還まで要求した。1865-6-6に米国政府は富士山の出港差し止めを解除、同年9月4日にやっとニューヨークを出港、リオデジャネイロ、喜望峰、香港経由で日本に向かい1866-1-23に横浜に到着した。本艦分の代金は27万1千ドルと言われておりなお残りの金額で幕府が購入したのが維新戦争時に到着して後官軍に引き渡された甲鉄(東)である。

勝海舟の「海軍歴史」にはこの富士山の明細として長さ207フィート、幅34フィート、深さ15フィート、吃水11フィート、ブリック型帆装、速力33ノットと記しているが、この33ノットは言うまでもなく誤記かミスプリで、多分ニューヨーク タイムス記載の13ノットの誤記であろう。武器は30ポンド・パロット砲3門、いずれも艦首部にあり1門は自在砲、中央部に100ポンド・パロット自在砲1門、9インチ・ダールグレン砲4門、24ポンド砲2門、12ポンド砲2門はいずれも舷側砲として両舷に配置されている

(次ページに続く)

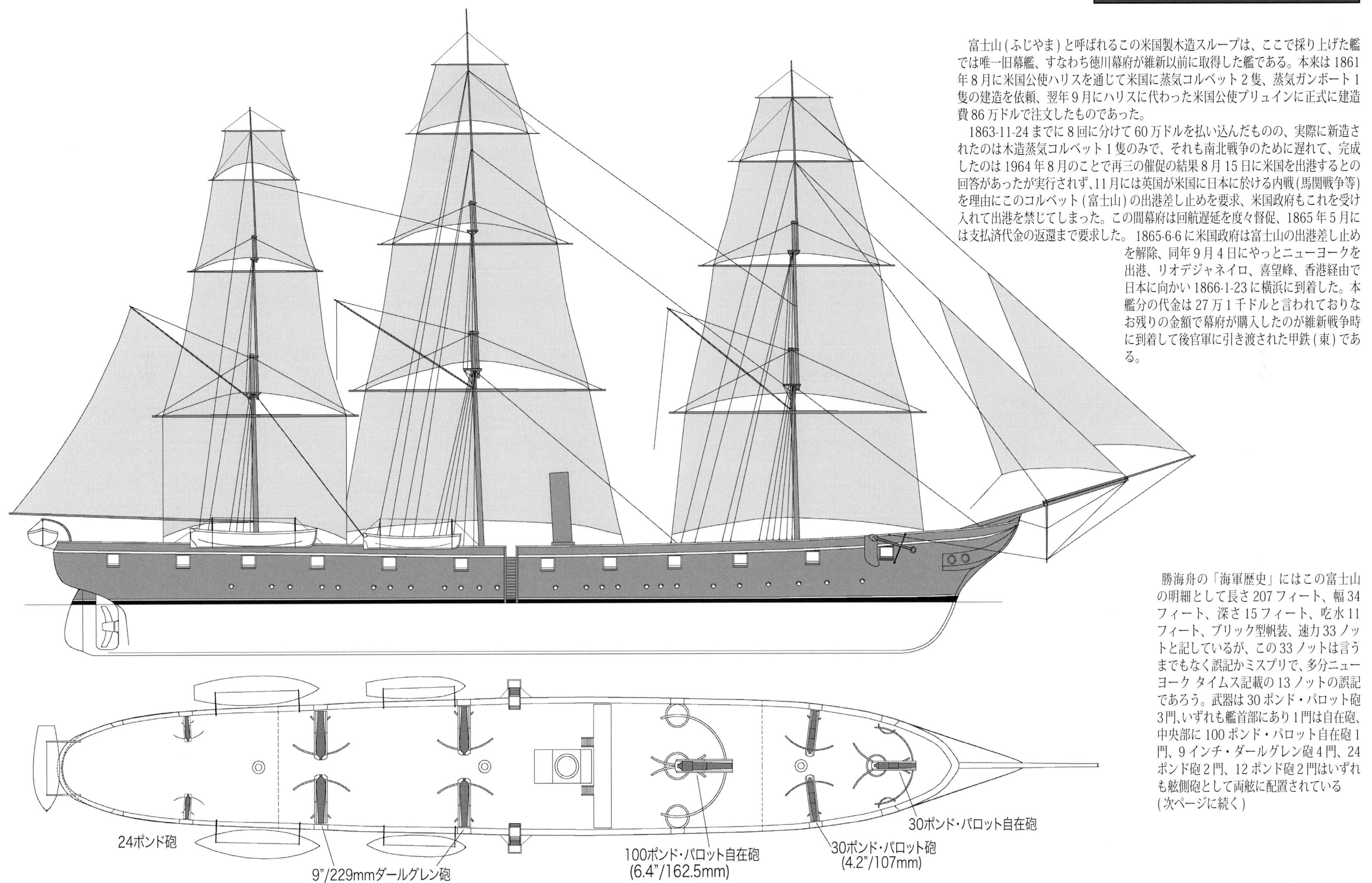

図 1-1-1 [S=1/300] 富士山 側平面(日本回航時)

富士山 /Fujiyama

定　員 /Complement (1)

職名 /Occupation	官名 /Rank	定数 /No.		職名 /Occupation	官名 /Rank	定数 /No.	
艦長	大中佐	1	准士以上 / 17		艦内教授役 / 同役介	2	下士 /17
副長	少佐	1			警吏	1	
分隊長	大中尉	1			警吏補	4	
分隊長兼航海長	〃	4			鍛冶長 / 同長属	1	
掌帆長	兵曹上長 / 兵曹長	5			木工長属	2	
〃	木工上長 / 木工長	1			看護手	1	
軍医長	大中軍医	1			筆記	4	
	小軍医	1		厨宰	主厨	1	
主計長	大中主計	1		割烹手	〃	1	
	小主計	1			1 等水兵	4	卒 /66
掌砲長属	1、2 等兵曹	2	下士 /22		2 等水兵	2	
掌帆長属	〃	3			3、4 等水兵	24	
前甲板長	〃	2			1 等若水兵	34	
前甲板次長	2、3 等兵曹	2			喇叭手兼務	2	
按針手	1、2 等兵曹	2			鍛冶	2	卒 /20
艦長端舟長	2、3 等兵曹	1			塗工	1	
大檣楼長	〃	2			桶工	1	
前檣楼長	〃	2			木工	3	
後甲板長	1、2、3 等兵曹	2			看病夫	1	
船倉手	〃	1			厨手	10	
帆縫手	〃	1			剃夫	1	
後檣楼長	3 等兵曹	2			艦長従僕	1	
				(合　計)		142	

注 /NOTES 明治 18 年 12 月丙 72 による富士山の定員を示す (明治 9 年機関陸揚、機関関係の配員零)【出典】海軍制度沿革
(1) 練習目的の水兵の乗艦数は 160 人を定数とする
(2) 明治 16 年の乗員内訳は「佐官 3、尉官 9、軍医 1、主計 1、准士官 12、文官 1、下士官 25、水兵 215、工夫 11、看病夫 1、准卒 24 合計 303」
(3) 明治 9 年の乗組定数 250【出典】海軍省報告書明治 16 年及び 9 年、ただしこれらの数字が練習目的の水兵を含むかどうかは不明
(4) 明治 4 年 9 月改訂の定員数では「将士 14、下等士官 11、水夫 100、兵卒 33、火夫 32/ 合計 190」の数字あり
【出典】公文類纂明治 4 年
(5) 慶応 4 年の幕末時代の定員、「船将 1、船将次官 1、軍艦役勤方 1 等 2、軍艦取調方 2、軍艦役勤方 2 等 7、医師 2、軍艦役勤方 3 等 1、下役 2、手伝医師 2、当分出役 3、水夫・火焚小頭 9、平水夫・火焚・銃卒 195、大工 2、鍛冶 2」合計 231

(前頁より続く) という。写真等から片舷 10 個の砲門が認められるから、ほぼ一致する。これ等の要目は 1865-9-5 付のニューヨーク タイムズの記事に記載されており、勝海舟は多分ここから引用したものであろう。

明治元年 /1868　4 月富士山は他の艦船とともに幕府より政府側に引き渡されたが、それらの艦船の中では最も有力なもので、多分乗組員の手配がつかなかったためか、函館海戦にも参加せず以後比較的長期間就役することが出来た。米国では南北戦争前後のこの時期、この手の木造スクリュー・スループは極めて多数が建造されており、類似艦はいろいろ存在するが本艦が本当に 2 軸艦だとするとこれは極めて珍しい例である。先のニューヨーク タイムズの記事でも本艦の快速ぶりを認めており、本家の米海軍にもこうした快速艦の存在しないことが書かれているから、2 軸艦は事実だろうと想像し得る。

この時期の艦船に共通することだが本艦の写真も非常に少なく、2 枚が知られているのみで、公式資料としては図面を含めてまとまったものはなく、ディテールについては同時期の米海軍スループの公式図等より想像する他ない。艦名の富士山は「ふじやま」と読むが発注時の仮名がそのまま正式艦名になったとされている。本艦についての上記記述は当時のニューヨーク タイムズの記事や幕府側の動向を調査した松村道臣氏の論文「日本海軍の起源」によるところが大きい。

艦　歴 /Ship's History (1)

艦　名	富士山
年　月　日	記 事 /Notes
1862(文久 2)-9-21	徳川幕府が米国公使を通じて米国に注文、代価 24 万ドル (実質支払い 271,000 ドル)
1864(元治 1)- -	米国ニューヨーク Jacob A. Westervelt 造船所で完成
1866(慶応 2)-1-23	横浜で幕府が受領、引渡しが遅れたのは日本の内戦のため米国政府が出港を差し止めたため
1868(M 1)- 4-28	幕府より献納
1869(M 2)- 8-	船将石井忠亮 (期前) 就任
1871(M 4)- 6-17	兵学寮稽古船
1871(M 4)- 7- 9	強風により後檣が折損、死者 1、負傷 3 を生じる
1871(M 4)-11-15	艦位 4 等
1873(M 6)- 2- 5	提督府所属
1873(M 6)- 3-13	第 1 貯蓄船 (予備艦)、この時期に砲換装があったものと推定
1873(M 6)-10-25	提督府所属演習艦
1873(M 6)-11- 9	艦長今井兼輔大尉 (期前) 就任
1874(M 7)- 1-18	艦長松村安種少佐 (期前) 就任
1874(M 7)- 9- 5	艦長浅羽幸勝少佐 (期前) 就任
1874(M 7)-11-20	艦位 3 等
1875(M 8)- 2-20	艦長松村安種少佐 (期前) 就任
1875(M 8)- 8-12	東部指揮官 (東海鎮守府) 練習艦
1876(M 9)-11- 2	機関および付属品造船所へ陸揚げ
1876(M 9)-12-28	70 斤 4 輪側砲 2 門を 60 斤施条銅砲 4 門と引き換え
1877(M10)-11- 1	艦長本山漸中佐 (期前) 就任
1878(M11)- 4- 8	艦長沢野種鉄中佐 (期前) 就任 (東修復の間)、横須賀造船所で修復工事 6 月 7 日完成
1878(M11)- 6- 3	艦長有地品之允少佐 (期前) 就任 (兼東海水兵本営長)
1879(M12)- 1-20	繋泊練習艦
1879(M12)- 1-22	横須賀造船所で修復工事、8 月 28 日完成
1881(M14)- 2- 4	当分常備艦
1881(M14)- 3-17	繋泊練習艦
1881(M14)- 5-27	横須賀造船所で修復工事、6 月 7 日完成
1882(M15)- 4- 4	艦長児玉利国少佐 (期前) 就任
1884(M17)- 5-19	艦長杦盛道中佐 (期前) 就任
1885(M18)-12-25	運用術練習艦
1886(M19)- 5-10	艦長尾形惟善中佐 (期前) 就任
1886(M19)-12-28	艦長浅羽幸勝大佐 (期前) 就任
1887(M20)- 4- 6	4 斤山砲 2 門増備
1888(M21)- 1-30	当分横須賀鎮守府旗艦
1889(M22)- 1-24	艦長野村貞中佐 (期前) 就任
1889(M22)- 5-10	除籍、雑役船
1889(M22)- 5-15	呉海兵団付属
1894(M27)- 8- 6	呉軍港海面防御部隊敷設部付属
1896(M29)- 7- 1	呉海兵団付属
1896(M29)- 8-19	雑役船富士山売却処分認可

春日 /Kasuga

型名 /Class name	同型艦数 /No. in class	設計番号 /Design No.	設計者 /Designer	購入費 /Cost	134,784 円					
艦名 /Name	計画年度 /Prog. year	建造番号 /Build. No	起工 /Laid down	進水 /Launch	竣工 /Completed	建造所 /Builder	編入・購入 /Acquirement	旧名 /Ex. name	除籍 /Deletion	喪失原因・日時・場所 /Loss data
春日 /Kasuga			1862-	1863-03-05	1863-	英国カウズ、Jhon S. White 社	1867-11-03 薩摩藩	キャンスー Keangsoo	M27/1894-02-02	M29/1896 売却

注 /NOTES ① 清国税関向けに英国カウズで建造されたが、清国が引取を拒否したため後薩摩藩に転売、外輪式木造通報艦、旧名のキャンスーは中国名で < 江蘇 > 【出典】The Chinese Steam Navy 1862-1945 / 海軍省報告

船体寸法 /Hull Dimensions

艦名 /Name	状態 /Condition	排水量 /Displacement		長さ /Length(m)			幅 /Breadth (m)			深さ /Depth(m)		吃水 /Draught(m)			乾舷 /Freeboad (m)			備考 /Note
				全長 /OA	水線 /WL	垂線 /PP	全幅 /Max	水線 /WL	水線下 /uw	上甲板 /m	最上甲板	前部 /F	後部 /A	平均 /M	艦首 /B	中央 /M	艦尾 /S	
春日 /Kasuga	公称排水量 /Official(T)	常備 /Norm.	1,269			75.75	8.45			3.97				3.94				常備排水量と推定 M14/1881-9-21 横須賀造船所で測定 測定前は 1,015 トンと公表
	総噸数 /Gross ton (T)		705															

注 /NOTES ①船体寸法は < 海軍省報告 M9> による、原文は (単位尺寸) 全身長 250、最大幅 27.9、深さ 13.1、吃水 13、全身長が実際に垂線長を示すかどうかは不明、他に長さ 242 呎、幅 29 呎 5 吋 < 帝国海軍機関史 >、長さ 241 尺、幅 29 尺 < 明治 21 年海軍省年報 > 長さ 251 尺、幅 29 尺、吃水 12 尺 < 写真日本軍艦史 > 等の数値あり 【出典】海軍省報告 / 横須賀海軍船廠史及び前掲書

機 関 /Machinery

		本邦到着時
主機械 /Main mach.	型式 /Type ×基数 (軸数)/No.	揺動 2 気筩式外車推進機関 /Oscillation engine × 1
缶 /Boiler	型式 /Type ×基数 /No.	角缶 /Rectangular × 4
	蒸気圧力 /Steam pressure (kg/cm²)	1.05
	蒸気温度 /Steam temp.(℃)	
	缶換装年月日 /Exchange date	M8/1875
	換装缶型式・製造元 /Type & maker	角缶 /Rectangular × 4 長崎製作所
計画 /Design (自然通風 / 強圧通風)	速力 /Speed(ノット /kt)	
	出力 /Power(実馬力 /IHP)	
	回転数 /(rpm)	
新造公試 /New trial (自然通風 / 強圧通風)	速力 /Speed(ノット /kt)	16.90 ①
	出力 /Power(実馬力 /IHP)	2,270 ②
	回転数 /(rpm)	28
改造公試 /Repair T. (自然通風 / 強圧通風)	速力 /Speed(ノット /kt)	
	出力 /Power(実馬力 /IHP)	
	回転数 /(rpm)	
推進器 /Propeller	直径 /Dia.・翼数 /Blade no.	
	数 /No.・型式 /Type	外輪式 /Paddle
舵 /Rudder	舵面積 /Rudder area(m²)	
燃料 /Fuel	石炭 /Coal(T)・定量 (Norm.)/ 全量 (Max.)	/263
航続距離 /Range(浬 /SM- ノット /Kts)		1 昼夜消費石炭量 53.1T(9 万斤)
発電機 /Dynamo・発電量 /Electric power(V/A)		装備せず
新造機関製造所 / Machine maker at new		サスヘント社 (英国)
帆装形式 /Rig type・総帆面積 /Sail area(m²)		トップスル・スクーナー /Topsail schooner・469

注 /NOTES ①当時としては抜群の高速艦であったが日本側に引渡後は燃料節約のため 8 ノット程度で使用したという ②公称馬力として 300NHP の数値あり、海軍省年報明治 21 年艦船表では 1,200 の数値あり
【出典】帝国海軍機関史 / 海軍省報告 / 写真日本軍艦史 / 幕末の蒸気船物語

兵装・装備 /Armament & Equipment

		明治 7 年 /1874 時	明治 18 年 /1885 以降
砲熕兵器 / Guns	主砲 /Main guns	100lb 安式自在砲 /Armstrong, pivot ML × 1	12cm 後装自在クルップ砲 /Krupp × 1 実弾× 35、通常榴弾× 90 旧式長 8cm クルップ砲× 4(木製両輪砲架) 通常榴弾× 280、霰弾× 120 旧式 6lb 後装安式砲 /Armstrong BL × 2 片鉄榴弾× 260、霰弾× 80
	備砲 /2nd guns	40lb 安式舷側砲 /Armstrong, board ML × 4	
		12lb 安式後装自在砲 /Armstrong, pivot × 2	
	小砲 /Small cal. guns		
		4 斤野砲× 1	
	機関砲 /M. guns		1"4 連ノルデンフェルト砲 /Nordenfelt × 2 鋼鉄弾× 10,080、演習弾× 480
個人兵器 /Personal weapons	小銃 /Rifle	スナイドル銃× 70、エンピール銃× 70	ヘンリーマルチニー銃× 98 ＋ 20、弾× 29,400
	拳銃 /Pistol	2 番中折短銃× 10	× 44、弾× 5,280
	舶刀 /Cutlass		× 44
	槍 /Spear		× 10
	斧 /Axe		× 15
水雷兵器 /Torpedo weapons	魚雷発射管 /T. tube		
	魚雷 /Torpedo		
	その他		
電気兵器 /Elec.Weap.	探照灯 /Searchlight		
艦載艇 /Boats	汽艇 /Steam launch	× 1	
	ピンネース /Pinnace		
	カッター /Cutter	× 2	
	ギグ /Gig	× 1	
	ジョリー /Jolly	× 1	
	(合計)	× 5	

海軍編入後西南戦争時までに
下記に換装したものと推定
♦ 100lb 安式自在砲× 1 →
70lb 安式自在砲× 1
♦ 40lb 安式舷側砲× 4 →
8cm クルップ式舷側砲× 4
存続
♦ 12lb 安式自在砲× 1
増備
♦長 4 斤半野砲× 2
西南戦争時の装備小銃はヘンリーマルチニー銃とスナイドル銃

注 /NOTES ①本艦の備砲については不明確な部分が多いが上記のように推定す ② M18 年以降の兵装については明治 23 年春日兵器簿による、1" ノルデンフェルト機砲は M18 年に両舷外輪覆い上部に装備 ③艦載艇数は推定による、種類については各種公式文書より推定【出典】公文備考 / 明治十年西南征討誌 / 帝国海軍機関史 / 写真日本軍艦史 / 海軍省報告 / 海軍沿革志料 / その他前掲書

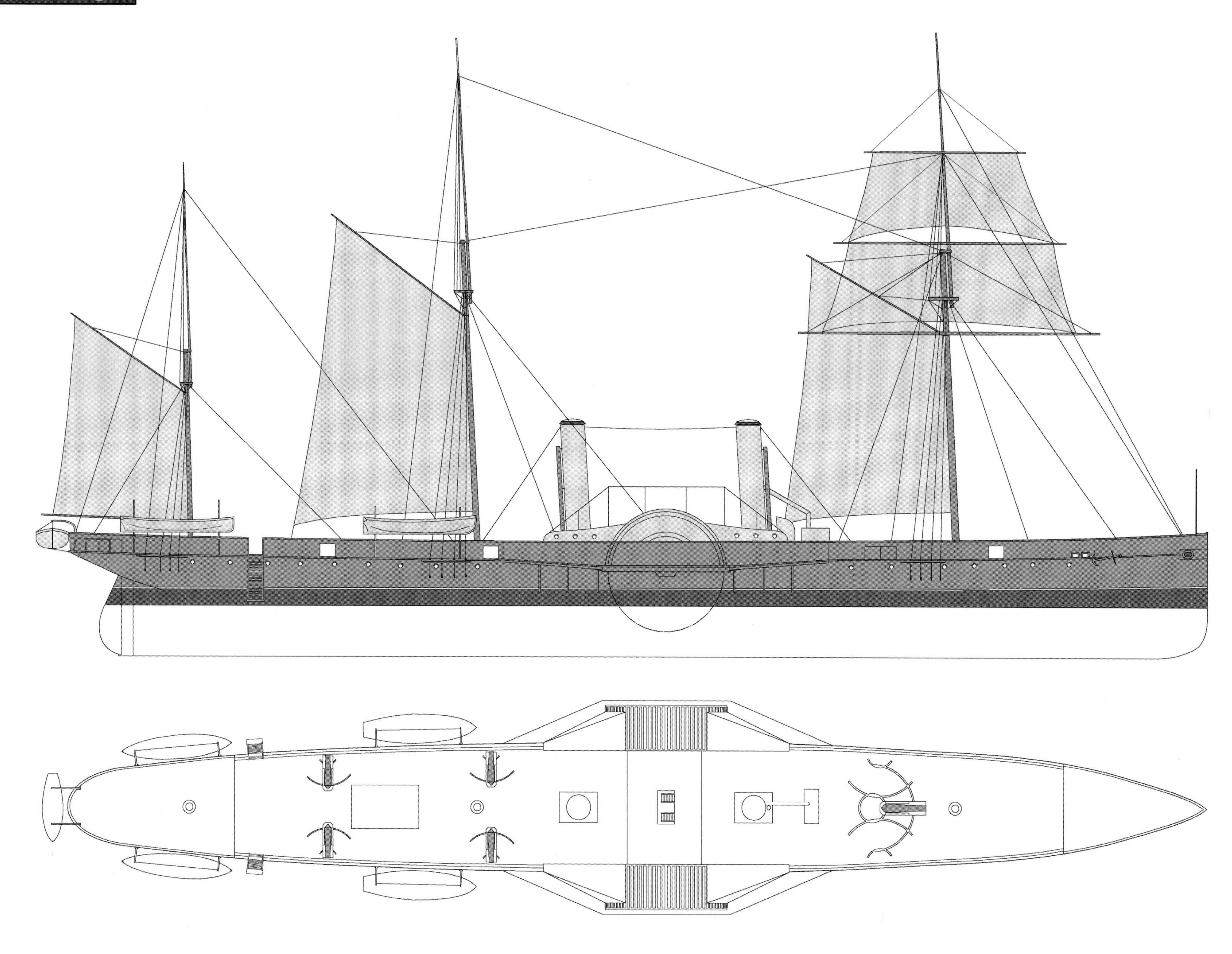

図 1-2-1 [S=1/250]　春日 側平面 (日本回航時)

定　員 /Complement (1)

区分 /Grade	官名 /Rank	定数 /No.		区分 /Grade	官名 /Rank	定数 /No.	
上長官	少佐	1	准士以上 / 11	1等卒	1等水夫	2	卒 /49
士官	大中尉	2			1等木工	1	
	少尉	1			1等帆縫手	1	
	航海大中尉	1		2等卒	2、3、4等水夫	20	
少尉補生徒	少尉補	1			1等若水夫	10	
	航海少尉補	1		3等卒	艦長厨宰	1	
乗艦文官	大中軍医	1			艦長割烹	1	
	小軍医・軍医副	1			士官室厨宰	1	
	大中主計	1			士官室割烹	1	
	小主計・主計副	1			士官次室厨宰	1	
下士11等	掌砲長	1	下士 /24		士官次室割烹	1	
下士12等	警吏補	1		4等卒	艦長2等割烹	1	
	水夫次長	1			中士室厨宰	1	
	木工次長	1			中士室割烹	2	
	艦内厨宰	1			士官室従僕	4	
下士13等	掌砲長属	1		5等卒	厨宰使丁	1	
	水夫長属	2		機関士	大中機関士	1	機関 /24
	艦長端舟長	1			小機関士	2	
	甲板次長	1		下士13等	火夫次長	4	
	按針次長	2		卒	1－5等火夫	17	
	木工長属	1		海兵下士12等	歩兵軍曹	1	海兵 /17
	艦内割烹	1		海兵下士13等	砲兵伍長	1	
下士14等	甲板長属	2			歩兵伍長	1	
	檣楼長属	4		海兵卒	砲兵	3	
	帆縫長属	1			歩兵	11	
	塗工長	1					
	桶工長	1					
	看病夫長	1		(合計)		125	

注 /NOTES

明治6年10月現在の春日の定員を示す(軍務局)【出典】海軍制度沿革
(1) 出典原書では合計数を130としているが表中からは125しか算出されないため、編者の集計ミスと判断する
(2) これ以外に鍛冶長1(下士12等)が存在する
(3) 明治3年の乗員内訳「将士15、下等士官12、水夫50、兵卒30、火夫28 / 合計135」【出典】公文類纂明治3年

定　員 /Complement (2)

職名 /Occupation	官名 /Rank	定数 /No.		職名 /Occupation	官名 /Rank	定数 /No.	
艦長	少佐	1	准士以上 / 20		警吏補	2	下士 /13
航海長	大中尉	1			鍛冶長 / 同長属	1	
分隊長	〃	3			機関工手	2	
分隊士	少尉	2			火夫長	1	
航海士兼分隊士	〃	1			火夫長属	3	
掌帆長	兵曹長	1			看護手	1	
掌砲長	〃	1			筆記	1	
機関長	大中機関士	1		厨宰	主厨	1	
	〃	1		割烹手	〃	1	
	機関士補	3			1等水兵	7	卒 /98
	機関工長	2			2等水兵	10	
軍医長	大中軍医	1			3、4等水兵	16	
主計長	大中主計	1			1等若水兵	21	
	主計補	1			喇叭手兼務	2	
掌砲長属	1、2等兵曹	2	下士 /17		鍛冶	1	
掌帆長属	〃	3			塗工	1	
前甲板長	2、3等兵曹	2			兵器工	1	
按針手	1、2、3等兵曹	2			木工	2	
信号手	〃	1			1、2等火夫	14	
艦長端舟長	2、3等兵曹	1			3、4等火夫	7	
後甲板長	〃	1			1等若火夫	5	
前檣楼長	〃	2			看病夫	1	
帆縫手	1、2、3等兵曹	1			厨手	8	
	1等木工長属	1			剃夫	1	
	2、3等木工長属	1			艦長従僕	1	
	警吏	1		(合　計)		148	

注 /NOTES

明治18年12月丙72による春日の定員を示す【出典】海軍制度沿革
(1) 明治13年6月1日現在の乗員内訳「佐官1、尉官6、軍医2、主計3、機関士2、下士官18、水兵56、火夫12、工夫5、准卒15/ 合計120」【出典】海軍省報告書明治13年
(2) 明治15年6月1日現在の乗員内訳「尉官4、軍医1、主計3、機関士2、准士官1、下士官18、水兵28、火夫9、工夫5、准卒11/ 合計82」修復艦のため減員中【出典】海軍省報告書明治15年
(3) 明治23年10月18日(勅令235)による定員「少佐1、大尉3、少尉3、大機関士2、大軍医1、小軍医1、大主計1、小主計1、上等兵曹2、機関師2、船匠師1、1等下士10、2等下士9、3等下士7、1等卒19、2等卒27、3、4等卒48、/ 合計138」【出典】海軍制度沿革

解説 /COMMENT

今回ここで採り上げた艦船の中で唯一の外輪駆動艦である。旧名のキャンスー Keangsoo 江蘇はもと清国税関艦隊の旗艦として英国カウズ Cowes(ワイト島)のホワイト White 造船所で1863年に竣工した外輪式通報艦型の艦で、公試で17ノットを発揮した当時としては抜群の快速艦であった。清国の税関艦隊は1842年の阿片戦争による南京条約により5港の開港が決まり税関任務に対処するために、その後英国に艦船、人員を含めた税関艦隊の整備を委託、1862年に3隻の艦船が英海軍から集められ、さらに3隻が新造されることになった。この中で最大の旗艦格の艦が新造されたキャンスーであった。

この清国税関艦隊は清国にとって最初の近代的蒸気機関艦船によって構成された艦隊で、税関とはいっても実質的に最初の清国海軍艦隊であったが、清国国内のごたごたから長続きせず英国も手を引くことになり、1963年にこれ等の艦船は清国を離れて一部は本国に戻り、キャンスー等4隻はインドのボンベイにおいて各国に売り込みを計った。キャンスーは1866年艦長だったフォーブスに一旦売却、フォーブスが翌年慶応3年11月に長崎で薩摩藩に売却したことになっている。購入価格は134,785円<海軍艦船拡張沿革>。当時薩摩藩は倒幕のため軍艦の取得を望んでおり、フォーブスはこれで利ざやを稼いだのかもしれない。【出典】The Chinese Steam Navy 1862-1945-Wright。新造時68ポンド前装砲2門、18ポンド砲4門を装備していたというが、購入時これを装備していたかどうかは不明。ここに採り上げた艦の中で唯一維新戦争の箱館海戦に参加した艦であるところから、短期間に再武装したとは考えにくく取得時に前記砲を搭載していた可能性は大きい。箱館海戦時乗組員の中に後の連合艦隊司令長官東郷平八郎がいたことは有名。

後に横須賀造船所で外輪の修理交換等を実施したが、振動が多く不調だったという、備砲は後に大幅に入れ換えたらしく完全に刷新されているが、明治12年の評価では本艦の価格を4万7千円としており、ちなみに完成直後の扶桑は90万円と評価されている。艦名の「春日」は鹿児島藩の購入時は「春日丸」とされており、鹿児島にある山名とされているが、実際にはその所在は不明で、鹿児島藩が慶長年間に建造した大船の名を襲名したものとされている。奈良の春日山とは無関係。

春日 /Kasuga

艦　歴 /Ship's History (1)

艦　名	春　日
年　月　日	記 事 /Notes
1863(文久 3)- -	英国カウズ、Jhons. White 社で清国税関艦隊向け通報艦として進水
1867(慶応 3)-11-3	長崎にて薩摩藩が購入
1868(M 1)- 2	長崎で修理後 4 月上海にて艦底部銅板を張り替え (英国旗をかかげ英船を装う)
1868(M 1)- 8	鹿児島に戻り朝廷に徴発され官軍艦隊に加わる、以後 11 月まで日本海側各地で陸上戦闘を支援
	この間艦長 (船将) 赤塚源六
1869(M 2)- 3-13	品川出港官軍艦隊の 1 艦として宮古に向かう
1869(M 2)- 3-25	宮古で碇泊中、僚艦甲鉄が旧幕軍榎本艦隊の回天の奇襲を受けるも撃退、春日はこれを追跡す
1869(M 2)- 4-25	青森に集結した官軍艦隊は箱館湾での最初の海戦に臨む、春日等 5 隻が参加する
1869(M 2)- 5-18	榎本軍降伏、箱館戦争終結、この間数度の戦闘に参加するも春日に被害なし
1869(M 2)- 9-17	春日鹿児島藩に戻す、兵部省あて受取報告
1870(M 3)- 6- 5	鹿児島藩より春日献納
1870(M 3)-11-19	修理完了後品川で引渡
1871(M 4)- 2-17	艦長柳楢悦少佐 (期前) 就任
1871(M 4)- 8-14	測量艦
1871(M 4)- 9-25	艦長心得伊藤雋吉少佐 (期前) 就任、12 月 17 日より艦長
1871(M 4)-11-14	艦位 4 等
1871(M 4)-11-28	艦隊より除く、以後横須賀にて機関その他修復工事、外輪羽を新製するも振動多く不調
1872(M 5)- 2	英艦とともに北海道測量
1872(M 5)- 3-	艦長伊東祐亨少佐 (期前) 就任
1872(M 5)- 3-10	艦隊編入
1872(M 5)- 9- 5	兵庫港出航後和船昌運丸と衝突
1872(M 5)-11-15	艦長井上良馨少佐 (期前) 就任
1873(M 6)-	台湾方面測量任務
1873(M 6)-12- 8	上海揚子江にて英商船と接触、軽微な損傷
1874(M 7)- 3	長崎製作所 (長崎造船所) にて機関修理、全 4 缶、煙突 2 本の新造を必要とするとして同製作所に
	製造見積もりを行う、缶 4 個の代金洋銀 46,000 ドル、発注後 8 か月で完成の返答あり
1874(M 7)-10- 8	艦長松村大亮少佐 (期前) 就任
1874(M 7)-12-13	提督府所属練習艦
1875(M 8)- 4-14	艦長儀辺包義少佐 (期前) 就任
1875(M 8)- 5- 9	4 月 22 日新缶完成、長崎で缶、煙突換装工事に入る、缶寸法が旧缶より僅かに大きく据え付けに
	苦労するが、8 月 30 日試験焚きにおいて右舷缶の一つが破裂、9 人死亡、5 人負傷の事故を生じる
1875(M 8)- 9-	工事完成
1875(M 8)-11- 9	西部指揮官下
1875(M 8)-12-	横須賀造船所で船体木外板の大幅改修、銅板の張替工事を実施、翌年 5 月完成
1876(M 9)- 4-13	東部指揮官下
1877(M10)- 1-13	西南戦争に際して清輝とともに神戸発鹿児島に向かう、19 日鹿児島湾に入る、以後同方面にて戦役
	に従事、発射弾数安式 70 斤砲 -181、8cm クルップ砲 -473、4 斤砲 -630、戦死 5、死亡 4、負傷 2
	を生じる、同年 10 月凱旋
1877(M10)-12-13	40 斤自在砲？跡に旧式クルップ砲搭載を上申
1878(M11)- 1-20	長 4 斤半野砲 2 門を短 4 斤半野砲 2 門に換装上申認可

艦　歴 /Ship's History (2)

艦　名	春　日
年　月　日	記 事 /Notes
1878(M11)- 3-14	安式 12 斤砲 2 門を 8cm クルップ砲 2 門に換装上申
1878(M11)- 3-21	第 1 カッター新造更新上申認可
1879(M12)- 1-31	儀辺艦長病気引籠り中龍驤副長隈崎守約少佐艦長代理を務める
1880(M13)- 5-19	横須賀造船所で修復艦
1881(M14)- 3-18	艦長心得窪田祐章大尉 (期前) 就任
1881(M14)- 6-17	艦長松村正命中佐 (期前) 就任
1882(M15)-	船体老朽化のため後部の 70 斤自在砲を撤去、代わりに 12cm 砲 2 門を側砲として搭載、艦載艇の新
	造更新等の工事を船体、機関の修理とともに横須賀造船所で実施する計画であったが、以後船体、
	機関の老朽化のため第一線での使用を断念、12cm 砲の搭載は最終的に 6 斤砲に変更された模様
1883(M16)-12- 7	修復艦を解く東海鎮守府所属
1884(M17)-12-22	横須賀鎮守府常備艦
1885(M18)-12-28	横須賀鎮守府入籍
1886(M19)- 3-12	予備艦
1887(M20)- 3-28	艦長森又七郎少佐 (1 期) 就任
1887(M20)- 3-30	横須賀鎮守府常備艦
1889(M22)- 5-28	佐世保鎮守府に転籍、佐世保鎮守府常備艦
1890(M23)- 8-23	艦種第 3 種に格下げ
1890(M23)- 7-15	艦長伊藤常作少佐 (3 期) 就任、兼対馬水雷隊司令
1890(M23)- 9- 3	警備艦
1891(M24)-12-14	艦長小田亨中佐 (期前) 就任、兼対馬水雷隊敷設部司令
1894(M27)- 2- 2	除籍、艦種第 5 種 (雑船)、対馬水雷隊付属
1896(M29)	解体

[資料]　春日の写真は編著者の知る限り 2 枚しか残っていない。他に <The Chinese Steam Navy 1862-1945 > by Richard N. J. Wright 2000 に英国で作成されたと思われる本艦の銅版画 2 枚が掲載されており、艦型の理解に役立つ。当然図面の類はまったく残されておらず、その他まとまった資料は < 公文備考 > にある明治 23 年の春日兵器簿ぐらいか

日進 /Nisshin

型名 /Class name	同型艦数 /No. in class	設計番号 /Design No.	設計者 /Designer	建造費 /Cost 購入価格 35 万円

艦名 /Name	計画年度 /Prog. year	建造番号 /Build. No	起工 /Laid down	進水 /Launch	竣工 /Completed	建造所 /Builder	編入・購入 /Acquirement	旧名 /Ex. name	除籍 /Deletion	喪失原因・日時・場所 /Loss data
日進 /Nisshin			1867-12-29	M2/1869-04-12	M2/1869-	オランダ、ドルドレヒト Gips & Son 社	M3/1870-03 佐賀藩		M25/1892-05-30	M26/1893-08 売却

注 /NOTES ①佐賀藩注文の木造スループ、明治 3 年 3 月長崎で引渡、同 6 月 22 日に品川で政府に献納【出典】海軍省報告 / 写真日本軍艦史

船体寸法 /Hull Dimensions

艦名 /Name	状態 /Condition	排水量 /Displacement		長さ /Length(m)			幅 /Breadth (m)			深さ /Depth(m)		吃水 /Draught(m)			乾舷 /Freeboard (m)			備考 /Note
				全長 /OA	水線 /WL	垂線 /PP	全幅 /Max	水線 /WL	水線下 /uw	上甲板 /m	最上甲板	前部 /F	後部 /A	平均 /M	艦首 /B	中央 /M	艦尾 /S	
日進 /Nisshin	公称排水量 /Official(T)	常備 /Norm.	1,389	63.63		57.99	9.50			5.64		4.30	4.88					
	総噸数 /Gross ton (T)		709															M14/1881-9-21 横須賀造船所で測定
																		測定前は 784 トンと公表

注 /NOTES ①船体寸法は＜海軍省報告 M9＞及び＜写真日本軍艦史＞による、原文は(単位尺寸)全身長 310、長さ 191.4、最大幅 31.35、深さ 18.6、吃水(前)14.2、(後)16.1 ②横須賀造船所明治 16 年 2 月 22 日調査によれば本艦の排水量 1,382T、深さ 5.32m、吃水(前部)4.27m、(後部)4.88m としている 【出典】海軍省報告 / 写真日本軍艦史 / 横須賀海軍船廠史及び前掲書

機　関 /Machinery

		本邦到着時
主機械 /Main mach.	型式 /Type ×基数(軸数)/No.	横置直動 2 気筩式機関 /Direct drive engine × 1
缶 /Boiler	型式 /Type ×基数 /No.	角缶 /Rectangular × 4
	蒸気圧力 /Steam pressure (kg/cm²)	1.62
	蒸気温度 /Steam temp.(℃)	
	缶換装年月日 /Exchange date	M14/1881
	換装缶型式・製造元 /Type & maker	角缶 /Rectangular × 4・ 横須賀造船所
計画 /Design (自然通風 / 強圧通風)	速力 /Speed(ノット /kt)	9
	出力 /Power(実馬力 /IHP)	470
	回転数 /(rpm)	56
新造公試 /New trial (自然通風 / 強圧通風)	速力 /Speed(ノット /kt)	
	出力 /Power(実馬力 /IHP)	
	回転数 /(rpm)	
改造公試 /Repair T. (自然通風 / 強圧通風)	速力 /Speed(ノット /kt)	
	出力 /Power(実馬力 /IHP)	
	回転数 /(rpm)	
推進器 /Propeller	直径 /Dia.(m)・翼数 /Blade no.	4.09 ・2 翼
	数 /No.・型式 /Type	× 1・グリフィス型青銅製
舵 /Rudder	舵面積 /Rudder area(m²)	
燃料 /Fuel	石炭 /Coal(T)・定量 (Norm.)/ 全量 (Max.)	/283.2
航続距離 /Range(浬 /SM- ノット /Kts)		1 昼夜消費石炭量 30.68T(5 万 2,000 斤)
発電機 /Dynamo・発電量 /Electric power(V/A)		未装備と推定
新造機関製造所 / Machine maker at new		
帆装形式 /Rig type・総帆面積 /Sail area(m²)		バーク /Bark・946

注 /NOTES ①機関出力については 250 馬力を推算馬力、470 馬力を実馬力と定義＜海軍省報告書＞、＜佐賀藩海軍史＞では 710 馬力の数値あり 【出典】帝国海軍機関史 / 写真日本軍艦史

兵装・装備 /Armament & Equipment

		本邦到着時	明治 22 年 /1889 以降
砲熕兵器 / Guns	主砲 /Main guns	7in 安式前装旋回砲 /Armstrong,pivot ML × 1	12cm クルップ式砲 /Krupp × 4
	備砲 /2nd guns	16cm 蘭式前装側砲 /Krupp, board, ML × 6	
		12cm 蘭式臼砲 /Motar × 1	
	小砲 /Small cal. guns	長 4lb 前装砲(礼砲)/Salute ML × 2	長 4lb 前装砲(礼砲)/Salute ML × 2
	機関砲 /M. guns		1"4 連ノルデンフェルト砲 /Nordenfelt × 3
個人兵器 /Personal weapons	小銃 /Rifle		
	拳銃 /Pistol		
	舶刀 /Cutlass		
	槍 /Spear		
	斧 /Axe		
水雷兵器 /Torpedo weapons	魚雷発射管 /T. tube		
	魚雷 /Torpedo		
	その他		
電気兵器 /Elec.Weap.	探照灯 /Searchlight		
艦載艇 /Boats	汽艇 /Steam launch	× 1	
	ピンネース /Pinnace		
	カッター /Cutter	× 2	
	ギグ /Gig	× 1	
	ジョリー /Jolly	× 1	
	(合計)	× 5	

明治 7 年 /1874 時
■ 18cm ウーリッジ砲× 1
(前出安式前装旋回砲と同じ)
■ 16cm コロッフ砲× 6
(前出蘭式前装側砲と同じ)
■ 12cm 臼砲× 2(前出蘭式臼砲と同じ)
■ 7cm 野砲× 1
5cm 野砲× 1
スナイドル銃× 85
管打短銃× 40

■明治 16 年 /1883 − 1" 機関砲 1 基装備
■明治 20 年 /1887 − 12cm クルップ側砲 6 門、1" 機関砲 2 基を装備
この際従来の 16cm 蘭式クルップ砲と換装したものと推定、臼砲はこれ以前、西南の役前に撤去か、7" 安式旋回砲の撤去時期は明確ではないが、前装砲のため西南の役後早期に撤去されたものと推定
■ 12cm クルップ砲はその後 2 門を撤去か

注 /NOTES ①本邦到着時の艦載艇数は推定による
【出典】公文類纂 / 公文備考 / 明治十年西南征討誌 / 帝国海軍機関史 / 写真日本軍艦史 / 海軍省報告

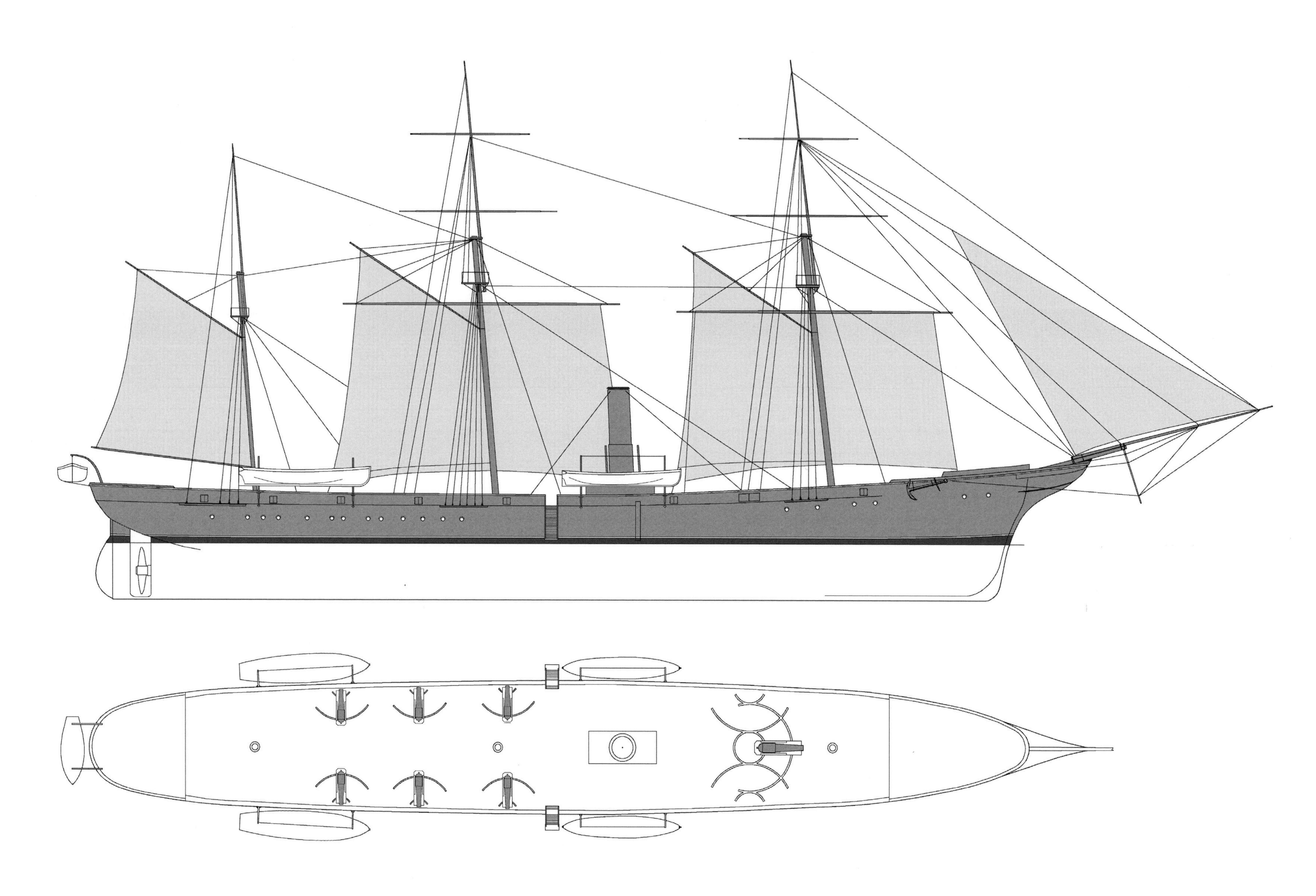

図 1-3-1 [S=1/300]　日進 側平面 (日本回航時)

定　員 /Complement (1)

職名 /Occupation	官名 /Rank	定数 /No.	
准艦長	士官	1	士官及び相当/12
艦士	〃	2	
測量士	〃	1	
2等艦士/艦士試補	〃	2	
測量士	〃	1	
海軍生徒	〃	1	
医官	〃	1	
会計	〃	1	
医官補	〃	1	
会計補	〃	1	
掌砲	中等士官	1	准士/3
水夫長	〃	1	
木工	〃	1	
厨宰	上等士官	1	准士/2
割烹手	〃	1	
小艦補	1等下士	1	下士/11
掌砲属	〃	1	
水夫長属	〃	1	
艦長艇長	〃	1	
ホックスル長	〃	1	
測量手	〃	2	
木工属	〃	1	
艦内割烹	〃	1	
填隙手	〃	1	
鍛冶	〃	1	
ホックスル次長	2等下士	1	下士/12
ソントップ次長	〃	2	
ホォトップ次長	〃	2	
クオトルデッキ次長	〃	2	
造帆手属	〃	1	
桶工	〃	1	
2等塗粧手	〃	1	
療躾夫	〃	1	
楽工	〃	1	

職名 /Occupation	官名 /Rank	定数 /No.	
俊秀水夫	水夫	3	卒/37
修船手	〃	1	
造帆徒	〃	1	
兵器工徒	〃	1	
木工徒	〃	1	
鉛工徒	〃	1	
適応水夫/1、2等平常水夫	〃	29	
艦長家僕	使役	1	卒/28
艦長厨宰補	〃	1	
ワルドルーム厨宰	〃	1	
ワルドルーム割烹	〃	1	
ガンルーム使役	〃	1	
ガンルーム割烹	〃	1	
機関手割烹	〃	1	
中等官員割烹	〃	1	
艦長厨宰補	〃	1	
ワルドルーム諸士官従僕	〃	4	
中等官従僕	〃	1	
庖厨僮僕	〃	1	
1等僮夫	〃	13	
機関長		1	機関/19
機関師補		2	
機関室制作手		1	
俊秀火夫		3	
火夫搬炭手		12	
婢官歩兵	海兵	1	海兵/20
押伍官炮兵	〃	1	
砲兵	〃	3	
水勇歩兵	〃	14	
喇叭手	〃	1	
(合　計)		144	

注 /NOTES 明治4年8月14日制定による日進の定員を示す【出典】公文類纂
(1) 役職名については発音上不適切及び意味不明な表記があるが原文のままとしておく
(2) 職名と官名の定義は便宜的なものとした

定　員 /Complement (2)

職名 /Occupation	官名 /Rank	定数 /No.	
上長官(艦長)	少佐	1	士官/8
士官	大中尉	2	
	少尉	1	
	航海大中尉	1	
少尉候補生	少尉補	1	
	航海少尉補	1	
	海軍生徒	1	
乗艦文官	大中軍医	1	士官相当/4
	小軍医/軍医副	1	
	大中主計	1	
	小主計/主計副	1	
掌砲長	下士11等	1	准士/3
水夫長	〃	1	
木工長	〃	1	
警吏補	下士12等	1	下士/23
艦内厨宰	〃	1	
掌砲長属	下士13等	1	
水夫長砲	〃	2	
艦長端舟長	〃	1	
甲板次長	〃	1	
按針次長	〃	2	
木工長属	〃	2	
艦内割烹	〃	1	
甲板長属	下士14等	3	
檣楼長属	〃	4	
帆縫長属	〃	1	
塗工長	〃	1	
桶工長	〃	1	
看病夫長	〃	1	

職名 /Occupation	官名 /Rank	定数 /No.	
1等水夫	1等卒	3	卒6
1等木工	〃	2	
1等帆縫手	〃	1	
2、3、4等水夫	卒	30	卒43
1等若水夫	〃	13	
艦長厨宰	3等卒	1	卒6
艦長割烹	〃	1	
士官室厨宰	〃	1	
士官室割烹	〃	1	
士官次室厨宰	〃	1	
士官次室割烹	〃	1	
艦長2等割烹	4等卒	1	卒9
中士室厨宰	〃	1	
中士室割烹	〃	3	
士官室従僕	〃	4	
厨宰使丁	5等卒	1	卒 1
大中機関士	機関士	1	機関/18
機関士補	下士11等	2	
火夫次長	下士13等	3	
1、2、3、4、5等火夫	卒	12	
歩兵軍曹	下士12等	1	海兵/20
砲兵伍長	下士13等	1	
砲兵伍長副	〃	1	
砲兵	卒	3	
歩兵	〃	13	
喇叭手	〃	1	
(合　計)		141	

注 /NOTES 明治6年10月制定による日進の定員を示す【出典】海軍制度沿革
(1) この他に鍛冶次長(下士13等)一人あり　(2) 職名と官名の定義は便宜上による
(3) 明治20年12月末現在乗員「上長官1、士官4、候補生2、機関士官1、同候補生1、軍医2、主計士官1、同候補生1、准士官5、下士22、卒130、傭夫2/合計172」航海練習艦時【出典】海軍省報告M20
(4) 明治15年6月1日現在乗員「佐官2、尉官5、軍医2、主計2、機関士2、准士官7、下士32、水兵94、火夫16、工夫9、准卒21、/合計192」東海鎮守府常備艦時【出典】海軍省報告M15

日進 /Nisshin

艦　歴 /Ship's History (1)

艦　名	日　進
年　月　日	記　事 /Notes
1869(M 2)- 4-12	オランダ・ドルドレヒト、Gips & Son 社で進水
1869(M 2)- -	竣工
1870(M 3)- 3-	長崎に到着、佐賀藩が購入
1870(M 3)- 4-23	佐賀藩知事より献納、
1870(M 3)- 6-22	品川で引渡し、艦長真木長義大尉 (期前) 就任
1871(M 4)- 7- 7	普仏戦争に際して中立義務励行のため函館に配置
1871(M 4)- 8-28	艦隊に編入
1871(M 4)-11-15	艦位 4 等
1871(M 4)-11-28	艦隊より除く
1872(M 5)- 4- 4	艦長福島敬典少佐 (期前) 就任
1872(M 5)- 4-12	艦隊に編入
1872(M 5)-10-13	プロシヤ親王送迎のため長崎に回航
1873(M 6)- 3- 3	艦長野沢種鉄少佐 (期前) 就任
1874(M 7)- 4- 9	品川発台湾、清国方面に航海
1874(M 7)- 5-19	台湾の役に参加
1875(M 8)- 6- 5	修復艦横須賀造船所
1875(M 8)- 8-16	横浜発樺太、カムチャツカ方面航海、11 月 4 日着
1875(M 8)-11- 9	西部指揮官の指揮下におかれる
1876(M 9)- 1- 6	横浜発韓国へ黒田韓国大使乗船玄武丸を護衛、3 月 15 日着
1876(M 9)- 6-10	修復艦横須賀造船所
1876(M 9)-11-10	艦長伊東祐亨少佐 (期前) 就任
1876(M 9)- 6-22	常備艦
1876(M 9)- 7-10	修復艦横須賀造船所
1877(M10)- 2-19	常備艦
1877(M10)- 2-26	横浜発西南の役従事、発射弾数 18cm 砲 -83、16cm 克砲 -120、4 斤砲 -215、戦死 3、負傷 2、
	8 月 28 日横須賀着
1878(M11)- 5-11	艦長笠間広盾少佐 (期前) 就任
1879(M12)- 4- 4	長崎発清国方面航海、8 月 29 日長崎着
1880(M13)- 4- 9	修復艦横須賀造船所、5 月 4 日完成
1880(M13)-10- 5	修復艦横須賀造船所、翌年 8 月 8 日完成
1881(M14)- 7- 7	艦長山崎景則中佐 (期前) 就任
1881(M14)-12-27	艦長有地品之允中佐 (期前) 就任
1882(M15)- 1- 9	修復艦横須賀造船所、同 6 月 3 日完成、全缶横須賀造船所製新缶と換装
1882(M15)- 7- 7	艦長坪井航三中佐 (期前) 就任
1882(M15)- 7-31	品川発韓国方面居留民保護のため出動
1882(M15)-10-12	中艦隊
1882(M15)-11-23	清国方面航海、翌年 1 月 3 日門司着
1883(M16)- 6-23	修復艦横須賀造船所
1884(M17)- 2-28	横浜発韓国方面出動
1884(M17)-12- 4	横浜発韓国方面出動

艦　歴 /Ship's History (2)

艦　名	日　進
年　月　日	記　事 /Notes
1885(M18)- 2- 2	清国方面航海、2 月 28 日着
1885(M18)- 6-22	艦長新井有実少佐 (期前) 就任
1885(M18)- 9- 8	横須賀鎮守府入籍
1885(M18)-12-25	横須賀鎮守府航海練習艦
1886(M19)- 4-12	艦長窪田祐章少佐 (期前) 就任
1888(M21)- -	艦長町田実隆少佐 (期前) 就任
1889(M22)- 5-13	火夫練習艦
1889(M22)- 5-28	佐世保鎮守府入籍、航海練習艦
1890(M23)- 4-18	神戸沖海軍観兵式参列
1890(M23)- 5-24	練習艦
1890(M23)- -	艦長横尾道昱少佐 (3 期) 就任
1890(M23)- 8-23	艦種第 1 種
1891(M24)- 2-18	艦長小田亨少佐 (期前) 就任
1891(M24)- 3-	英国商船クイーン・エリザベス壱岐鯨代村沖に座礁、日進が救助に派遣され 28 名を救出、長崎にて
	英国領事に引き渡す
1891(M24)- 6- 8	佐世保発韓国方面出動、6 月 24 日竹敷着
1891(M24)- 7-23	艦長舟木錬太郎中佐 (期外) 就任
1891(M24)-12-14	艦長藤田幸右衛門少佐 (4 期) 就任
1892(M25)- 5-30	除籍、佐世保海兵団所属
1893(M26)- 8-	売却

解説 /COMMENT

オランダ、ドルドレヒトのギップス & ソン 社で明治 2/1869 年に竣工した木造スクリュー・スループで佐賀 (肥前) 藩の注文で建造されたもの。慶応 3 年にフランス、パリで万国博覧会が開催された際に佐賀藩も幕府とともに出品、藩の要人 4 名が視察をかねて渡欧したが、他にオランダに軍艦 1 隻を発注することも目的のひとつであった。佐賀藩は幕末にあって幕府に次ぐ洋式艦船の保有藩で、洋式海軍の整備にも力を入れており、兵員の教育にも熱心であった。オランダから贈られた「スムービング」後の「観光丸」による最初の海軍伝習生の選抜においても、幕府を除けば佐賀藩の 48 名は最も多く、次の福岡藩の 28 名を大きく上回っていた。

このように幕末における日本の海軍教育と艦船の整備に於いてはオランダの果たした役割は大きく、特に佐賀藩でもオランダ製艦船の取得が多かった。そのような経緯でこのときにオランダに軍艦の新造を依頼したようであったが、その前に英国にも渡って海軍関連施設や艦船を見学していたようで、オランダ一辺倒というわけではなかったようである。ただオランダ海軍の将官にかって出島や観光丸で日本側の教育にかかわった人物がおり、その将官の口利きで発注先や建造契約の便をはかってもらい、かつ建造中の監督業務の代行も依頼して明治元年 10 月に帰国したという。

維新戦争で佐賀藩は官軍側にたっていたが、官軍の海軍兵力は幕軍にかなり劣っており、この時期の軍艦発注はそうした兵力補強の意味合いが濃かった。結果的に長崎に到着したのは明治 3 年 3 月で維新戦争は終わっており、戦力的に寄与することはなかった。

佐賀藩の購入金額は 35 万円と称されているが、船体建造費は 273,900 ギルダー、機関 26,000 ギルダー、砲銃 44,230 ギルダー等をはじめ細かい内訳が示されている。1869-10-12 には公試運転に造船、造機の専門家が乗艦、船体、機関の性能が当時のオランダ海軍艦船の基準に合致することを証明する保証書が付けられていたという。【出典】佐賀藩海軍史 / 帝国海軍機関史

結果的にオランダで新規に建造された最後の日本海軍艦船となり、以後日本海軍の艦船がオランダで建造されることはなかった。

艦名の「日進」は成語で「絶えず進歩発展を遂げる」との意味という。後に日露戦争時の装甲巡洋艦、さらに昭和 12 年計画の水上機母艦 (甲標的母艦) に襲名される。

[資料] 本艦の写真は 3 枚前後あり、1 枚はオランダで建造中のものだがオランダにはまだ存在する可能性はある。その他雑誌「海軍」明治 39 年 10 月号に本艦の模型写真が掲載されており、これはオランダの本艦を建造した造船会社が日本海海戦の勝利にちなみ、ベルギーでの万国博覧会に出品した模型とのことで他に同時出品の開陽丸があった。その他の資料は特に残されておらず、兵装の変遷等は < 公文備考 > 等をたんねんに調べるしか方法はない。

型名 /Class name	同型艦数 /No. in class	設計番号 /Design No.	設計者 /Designer	建造費 /Cost 購入価格 101,600 円						
艦名 /Name	計画年度 /Prog. year	建造番号 /Build. No	起工 /Laid down	進水 /Launch	竣工 /Completed	建造所 /Builde	編入・購入 /Acquirement	旧名 /Ex. name	除籍 /Deletion	喪失原因・日時・場所 /Loss data
浅間 /Asama				M1/1868-		フランス、ラ・パリス	M7/1874 開拓使	北海丸	M24/1891-03-03	M29/1896 売却

注 /NOTES ① フランス、ルアーブルで建造、明治 7 年ペルー人が乗り組み横浜に来航、開拓使が購入北海丸と命名、同年 7 月 26 日開拓使より海軍に引渡し、同年 10 月 20 日浅間と改名【出典】海軍省報告 / 外務省文書

船体寸法 /Hull Dimensions

艦名 /Name	状態 /Condition	排水量 /Displacement		長さ /Length(m)			幅 /Breadth (m)			深さ /Depth(m)		吃水 /Draught(m)			乾舷 /Freeboard (m)			備考 /Note
				全長 /OA	水線 /WL	垂線 /PP	全幅 /Max	水線 /WL	水線下 /uw	上甲板 /m	最上甲板	前部 /F	後部 /A	平均 /M	艦首 /B	中央 /M	艦尾 /S	
浅間 /Asama	公称排水量 /Official(T)	常備 /Norm.	1,422	79.39		71.05	9.54			7.42				4.39				詳細は 1,421.96T の数字あり
	総噸数 /Gross ton (T)		1,079															M14/1881-9-21 横須賀造船所で測定
																		測定前は 1,100 トンと公表

注 /NOTES ①船体寸法は < 海軍省報告 M9> による、原文は (単位尺寸) 全身長 234.5、最大幅 31.5、深さ 24.5、吃水 14.5 【出典】海軍省報告 / 横須賀海軍船廠史及び前掲書

機関 /Machinery

		本邦到着時
主機械 /Main mach.	型式 /Type ×基数 (軸数)/No.	横置直動 2 気筩式機関 ?/ × 2
缶 /Boiler	型式 /Type ×基数 /No.	兜形缶 / × 2
	蒸気圧力 /Steam pressure (kg/cm²)	
	蒸気温度 /Steam temp.(℃)	
	缶換装年月日 /Exchange date	
	換装缶型式・製造元 /Type & maker	
計画 /Design (自然通風 / 強圧通風)	速力 /Speed(ノット /kt)	
	出力 /Power(実馬力 /IHP)	300
	回転数 /(rpm)	
新造公試 /New trial (自然通風 / 強圧通風)	速力 /Speed(ノット /kt)	
	出力 /Power(実馬力 /IHP)	
	回転数 /(rpm)	
改造公試 /Repair T. (自然通風 / 強圧通風)	速力 /Speed(ノット /kt)	
	出力 /Power(実馬力 /IHP)	
	回転数 /(rpm)	
推進器 /Propeller	直径 /Dia.(m)・翼数 /Blade no.	・2 翼
	数 /No.・型式 /Type	× 2・
舵 /Rudder	舵面積 /Rudder area(m²)	
燃料 /Fuel	石炭 /Coal(T)・定量 (Norm.)/ 全量 (Max.)	/295
航続距離 /Range(浬 /SM- ノット /Kts)		1 昼夜消費石炭量 35.4T(6 万斤)
発電機 /Dynamo・発電量 /Electric power(V/A)		未装備と推定
新造機関製造所 / Machine maker at new		
帆装形式 /Rig type・総帆面積 /Sail area(m²)		シップ /Ship

注 /NOTES ①本艦の機関については残存するデータが極めて少なく断片的なことしか判明しない 【出典】帝国海軍機関史

兵装・装備 /Armament & Equipment

		明治 10 年 /1877	明治 15 年 /1882
砲熕兵器 / Guns	主砲 /Main guns	16cm クルップ式施條前装砲 /Krupp, rifle ML. × 5	16cm クルップ式施條前装砲 /Krupp, rifle ML. × 5
	備砲 /2nd guns	40 斤ブレッケレー式施條前装砲	40 斤ブレッケレー式施條前装砲
		/40lb Blakely, rifle ML. × 4	/40lb Blakely, rifle ML. × 4
	小砲 /Small cal. guns	短 4 斤野砲 /4 lb Field gun × 2	
	機関砲 /M. guns		
個人兵器 /Personal weapons	小銃 /Rifle		
	拳銃 /Pistol		
	舶刀 /Cutlass		
	槍 /Spear		
	斧 /Axe		
水雷兵器 /Torpedo weapons	魚雷発射管 /T. tube		
	魚雷 /Torpedo		
	その他		
電気兵器 /Elec.Weap.	探照灯 /Searchlight		
艦載艇 /Boats	汽艇 /Steam launch		
	ピンネース /Pinnace		
	カッター /Cutter		
	ギグ /Gig		
	ジョリー /Jolly		
	(合計)	× 7	

■明治 13 年 10 月に蘭式 6 斤銅砲 1 門、12cm 臼砲 1 門、蘭式 12 斤滑腔砲 2 門以上を返納上申、砲術学校練習艦となった際に教育用として装備したものが、旧式のため不要となったのか

■明治 20 年 6 月に 40 斤ブレッケレー式砲 1 門返納

注 /NOTES ①備砲は全て編入後に装備したもの、小銃はスナイドル銃を装備 ②明治 10 年の西南戦争で出動した際座礁、離礁のため備砲を陸揚げ、後に引き取って再装備するも機関陸揚げ、明治 13 年以降砲術学校練習艦となり、明治 15 年以降は繋留のまま校舎兼練習艦となり備砲は限定されたものになる 【出典】明治十年西南征討誌 / 帝国海軍機関史 / 写真日本軍艦史

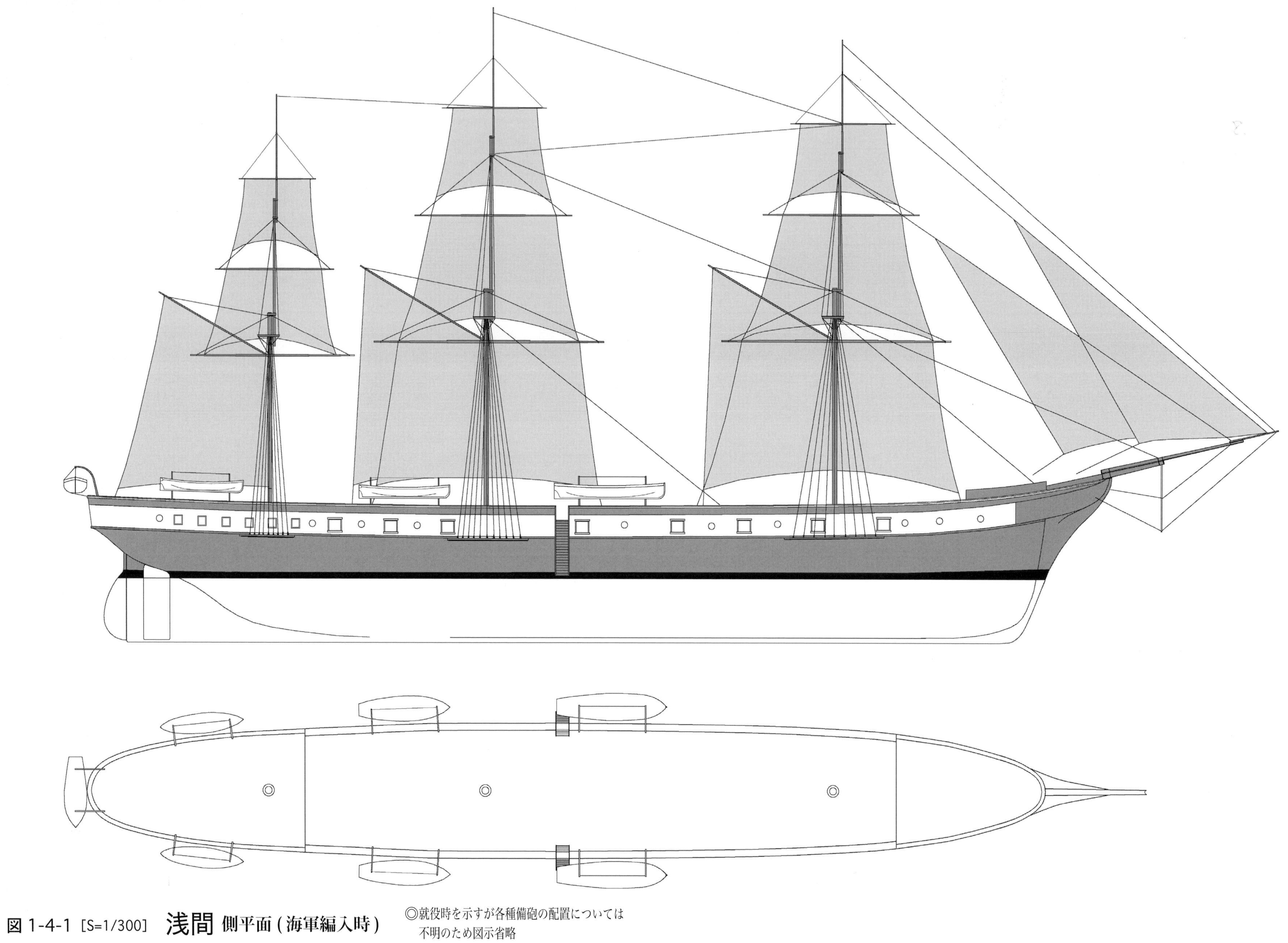

図 1-4-1 [S=1/300] 浅間 側平面 (海軍編入時)

◎就役時を示すが各種備砲の配置については
不明のため図示省略

定　員 /Complement (1)

職名 /Occupation	官名 /Rank	定数 /No.		職名 /Occupation	官名 /Rank	定数 /No.	
艦長	大中佐	1	士官 /14		警吏	1	下士 /18
副長	少佐	1			警吏補	4	
教官 / 分隊長	大中尉	7			鍛冶長 / 鍛冶長属	1	
					兵器工長	1	
軍医長	大軍医・中軍医	1			兵器工長属	1	
	少軍医	1			塗工長 / 塗工長属	1	
主計長	大中主計	1			木工長属	2	
	少主計	1			看護手	1	
	主計補	1			筆記	4	
掌砲長	兵曹上長	1	准士 / 11	厨宰	主厨	1	
掌砲長	兵曹長	8		割烹手	〃	1	
掌帆長	〃	1			1 等水兵	5	卒 /111
	木工長	1			2 等水兵	5	
砲術教授	1、2、3 等兵曹	12	下士 /29		3、4 等水兵	35	
掌砲長属	1、2 等兵曹	4			1 等若水兵	32	
掌帆長属	〃	3			喇叭手	4	
前甲板長	2、3 等兵曹	2			鍛冶	3	
按針手	1、2、3 等兵曹	2			兵器工	4	
信号手	〃	1			塗工	1	
艦長端舟長	2、3 等兵曹	1			桶工	1	
後甲板長	〃	2			木工	5	
船倉手	1、2、3 等兵曹	1			看病夫	2	
帆縫手	〃	1			厨夫	11	
					裁縫夫	1	
					剃夫	1	
					艦長従僕	1	
				(合　計)		183	

注 /NOTES 明治 18 年 12 月 25 日丙 72 による浅間の定員を示す【出典】海軍制度沿革

(1) 砲術練習員は含まれない、砲術練習員の定数は 120 人を限度とする、明治 14 年に東海鎮守府航海練習艦になった際に以後実質的には砲術学校に付属する砲術練習艦となる、この際機関を撤去以後横須賀に繋留して砲術学校として使用される、明治 24 年に除籍されているので本表は本艦の晩年の定員といえる

(2) 明治 14 年に砲術練習艦となった際の定員は、合計 376 人、この内練習員 (下士、1、2 等水兵)230 人を含む、掌砲長 11 人及び掌砲長属 14 人が練習員の砲術教授にあたる実質的な教員であった、この 18 年の定員表ではこれらの教員は砲術教授という直接的な名称に改められている

(3) 砲術練習員の定数は明治 15 年の 148 人以降かなり減少しており、本表では最大限 120 人と定められている
明治 7 年編入時の定員数は 275 人　　　以上【出典】海軍省報告書及び公文類纂

艦　歴 /Ship's History (1)

艦　名	浅　間
年　月　日	記 事 /Notes
1874(M 7)- 7-26	開拓使より所轄船北海丸を受領、買取代金及び模様替え代金として 15 万円を計上
1874(M 7)- 7-27	提督府に属す
1874(M 7)- 7-29	番号 19、艦位 3 等と定める、横須賀造船所で兵装及び模様替え工事実施
1874(M 7)-10-20	北海丸を浅間と改名
1874(M 7)-10-28	艦隊に編入、艦長緒方惟勝少佐 (期前) 就任
1875(M 8)- 1-24	提督府に属し練習艦とする
1875(M 8)-11- 9	西部指揮官に隷属する
1876(M 9)- 5- 8	常備艦
1876(M 9)- 7- 3	横浜発韓国方面航海、同年 9 月 20 日着
1876(M 9)-10-29	横浜発山口熊本両県の暴動鎮撫に従事、同年 11 月 22 日着
1876(M 9)-10-30	艦長伊東祐亨中佐 (期前) 就任
1876(M 9)-12- 5	練習艦
1877(M10)- 2-28	横浜発西南の役従事、戦死 3、負傷 7、11 月 9 日横須賀着、この間常備艦に格上げ、ただし 6 月 28
	日日向沖にて暗礁に触れ損傷、佐賀関沖遠浅海岸に乗り上げて仮修理、搭載砲等を陸揚げ、10 月
	23 日完成
1877(M10)-11-12	修復艦横須賀造船所、14 年 7 月 20 日完成、この工事で機関を陸揚げ代わりに 70 万斤 (413T) のバ
	ラストを搭載帆走練習艦となる
1878(M11)- 2- 7	練習艦
1879(M12)- 8-19	艦長松村正命少佐 (期前) 就任
1880(M13)- 6-14	艦長井上良馨中佐 (期前) 就任
1881(M14)- 7-23	東海鎮守府航海練習艦
1882(M15)-10-23	艦長井上良馨大佐 (期前) 就任 (兼扶桑艦長)、帆装撤去上申認可、以後繋留練習艦となる
1884(M17)- 6-13	東海鎮守府所管砲術練習艦
1886(M19)- 3-15	艦長心得吉島辰寧少佐 (期前) 就任、同年 4 月 12 日艦長 (中佐)
1886(M19)-11-22	艦長東郷平八郎大佐 (期前) 就任 (兼横鎮兵器部長 20 年 2 月 2 日まで)
1887(M20)- 6-10	40 斤ブレケレー砲 (4 輪側砲)1 門還納
1889(M22)- 5-28	横須賀鎮守府砲術練習艦
1889(M22)- 7- 1	艦長枚盛道大佐 (期前) 就任
1889(M22)- 7- 2	艦長東郷平八郎大佐 (期前) 就任
1890(M23)- 5-13	役務を解く
1890(M23)- 8-23	第 3 種に類別、高等水兵練習艦武蔵の付属とする
1891(M24)- 3- 3	第 5 種に類別
1892(M25)- 6- 8	横須賀水雷隊攻撃部付属
1896(M29)-12-25	浅間売却の件認可
1897(M30)- 4- 8	払い下げ

解説 /COMMENT 本艦は本来、明治元年 1868 年にフランスで完成した木造スクリュー・コルベットで、ペルーに売却されたらしいが、明治 7 年に横浜に来航、乗組員が脱船して動けなくなり、開拓使に売却北海丸と改名して折からの台湾征伐に運送船として用いられたという、この直後に海軍に引き渡され浅間と改名したものとされており、予算的に船価として約 8 万円、さらに兵装装備、船内模様替え等に 7 万円、合計約 15 万円を要したとされている。そもそもペルー人により横浜に来たのは売却目的で来たのかどうかは明らかでないが、台湾征伐では運送船として英米の商船をチャーターしているから艦船が不足していたのは事実で、海軍が開拓使に譲渡を要望したものと推定される。本艦の写真もきわめて少なく 2 枚ほどしか知られていないが、外観は舷側の砲門等いかにも軍艦らしく、最初の建造がどの国の海軍艦船としての注文であったのか不明な点が多い。文献により建造地をパリス (パリ / 巴里) としているものも少なくないが、いくら水路交通の発達した欧州でも、パリでこんな大型船を建造するのは疑問で、公文類纂にある英仏海峡に面したルアーブルが正しい建造地らしい。兵装は海軍編入後に日本側で施したものらしい。明治 11 年以降は横須賀で機関を陸揚げして繋留したまま砲術学校の校舎として使用され、ほとんど動くことはなかったようである。この間任務上備砲についてはかなりの種類が装備されていたようであるが、実際の発射訓練は付属の小型船艇で行っていたようである。ペルー時代の船名はザドキア、艦名の浅間は群馬、長野県境にある山名よりとったもの、後の日露戦争時の装甲巡洋艦が襲名。

筑波 /Tsukuba

型名 /Class name		同型艦数 /No. in class		設計番号 /Design No.		設計者 /Designer		建造費 /Cost 購入価格 157,550 円 (7 万ドル)	
艦名 /Name	計画年度 /Prog. year	建造番号 /Build. No	起工 /Laid down	進水 /Launch	竣工 /Completed	建造所 /Builder	編入・購入 /Acquirement	旧名 /Ex. name	除籍 /Deletion	喪失原因・日時・場所 /Loss data
筑波 /Tsukuba				1853-04-09		ビルマ、Moulmein	M4/1871-7-21	Malacca	M38/1905-06-10	M40/1907 以降売却

注 /NOTES ① 当時英国植民地ビルマ (現ミャンマー、インド、ボンベイで建造との説もあり) で建造された英国海軍木造スクリュー・スループ (6 等艦、26 門艦)、1862 スクリュー・コルベット、1869-6 売却、1871 年に日本に再売却【出典】海軍省報告

船体寸法 /Hull Dimensions

艦名 /Name	状態 /Condition	排水量 /Displacement		長さ /Length(m)			幅 /Breadth (m)			深さ /Depth(m)		吃水 /Draught(m)			乾舷 /Freeboard (m)			備考 /Note
				全長 /OA	水線 /WL	垂線 /PP	全幅 /Max	水線 /WL	水線下 /uw	上甲板 /m	最上甲板	前部 /F	後部 /A	平均 /M	艦首 /B	中央 /M	艦尾 /S	
筑波 /Tsukuba	公称排水量 /Official(T)	常備 /Norm.	1,978	67.0		58.725	10.592			6.896		5.18	5.79					
	総噸数 /Gross ton (T)		880															M14/1881-9-21 横須賀造船所で測定
																		測定前は 1,180 トンと公表

注 /NOTES ①船体寸法は < 帝国海軍機関史 > 及び < 横須賀海軍船廠史 > による、排水量、深さ、吃水は明治 16 年 2 月 22 日横須賀造船所による調査実測値、全長については < 極秘本明治二十七、八年海戦史 > による ②英海軍時代のトン数として 1,034bm トン、長さ (垂線間長)192' 幅 34.5' の数値あり <Ships of the Royal Navy>【出典】海軍省報告 / 横須賀海軍船廠史及び前掲書

機　関 /Machinery

		本邦到着時
主機械 /Main mach.	型式 /Type ×基数 (軸数)/No.	横置単膨張 2 気筩式機関 /Direct drive engine × 1
缶 /Boiler	型式 /Type ×基数 /No.	角缶 /Rectangular × 2
	蒸気圧力 /Steam pressure(kg/cm²)	1.759(計画 /Design、換装缶) 1.46(実積 /Actual)
	蒸気温度 /Steam temp.(℃)	
	缶換装年月日 /Exchange date	M9/1876
	換装缶型式・製造元 /Type & maker	高式円缶 /High type cylindrical × 4・横須賀造船所
計画 /Design (自然通風 / 強圧通風)	速力 /Speed(ノット /kt)	8/
	出力 /Power(実馬力 /IHP)	526/
	回転数 /(rpm)	78/
新造公試 /New trial (自然通風 / 強圧通風)	速力 /Speed(ノット /kt)	
	出力 /Power(実馬力 /IHP)	
	回転数 /(rpm)	
改造公試 /Repair T. (自然通風 / 強圧通風) M25/1892	速力 /Speed(ノット /kt)	8.42/
	出力 /Power(実馬力 /IHP)	472.97/
	回転数 /(rpm)	76.5/
推進器 /Propeller	直径 /Dia.(m)・翼数 /Blade no.	3.51・2 翼
	数 /No.・型式 /Type	× 1・青銅グリフィス式
舵 /Rudder	舵面積 /Rudder area(m²)	
燃料 /Fuel	石炭 /Coal(T)・定量 (Norm.)/ 全量 (Max.)	/206.5
航続距離 /Range(浬 /SM- ノット /Kts)		1 昼夜消費石炭量 20.1T(3.4 万斤)
発電機 /Dynamo・発電量 /Electric power(V/A)		
新造機関製造所 / Machine maker at new		1854 英国チャタムで製造、1862 に換装
帆装形式 /Rig type・総帆面積 /Sail area(m²)		バーカンティン /Barquentine・994

注 /NOTES ①英艦時代は新造に際して船体完成後帆走で本国に向かい本国で製造した機関を搭載したものらしい、日本に売却までに一度主機を交換している、帆走に際しては推進器を引上げる構造を採用 ②計画値は缶換装後と推定 【出典】帝国海軍機関史

兵装・装備 /Armament & Equipment

		明治 7 年 /1874	明治 27 年 /1894
砲熕兵器 / Guns	主砲 /Main guns	60 斤鹿児島大砲製作所製施條前装銅砲	蘭式 16cm クルップ前装砲 /Krupp ML. × 8 弾× 800(全数) ※ 80 年前式 15cm クルップ砲 /Krupp × 2 弾× 250(全数) 臨時搭載 /Temporary ※長 7.5cm クルップ砲 /Krupp × 2 弾× 200(全数) 臨時搭載 /Temporary 短 4 斤山砲 (短艇用)/ × 2、弾× 370(全数) 1"4 連ノルデン砲 /Nord. × 2、弾× 3,840(1 基) ② 11mm5 連ノルデン砲 /Nord. × 1、弾× 8,000
	備砲 /2nd guns	/Kagoshima rifle ML. × 10	
		70 斤安式砲 /Armstrong gun × 1	
	小砲 /Small cal. guns	12cm 臼砲 /Mortar × 1	
		4 斤仏式野砲 /French Field gun × 1	
	機関砲 /M. guns		
個人兵器 /Personal weapons	小銃 /Rifle	スナイドル銃× 71	マルチニー銃× 141 弾× 42,300 ③
	拳銃 /Pistol	2 番形中折短銃× 60	× 57 弾× 6,840 ④
	舶刀 /Cutlass		
	槍 /Spear		
	斧 /Axe		
水雷兵器 /Torpedo weapons	魚雷発射管 /T. tube		
	魚雷 /Torpedo		
	その他		
電気兵器 /Elec.Weap.	探照灯 /Searchlight		
艦載艇 /Boats	汽艇 /Steam launch	× 1	
	ピンネース /Pinnace	× 1	
	カッター /Cutter	× 3	
	ギグ /Gig	× 2	
	ジョリー /Jolly	× 1	
	(合計)	× 8	

M10 年 /1877
- ■ 16cm クルップ式施條前装砲 /Krupp,rifle ML. × 4
- ■ 14cm 鹿児島大砲製作所製施條前装砲 /Kagoshima rifle ML. × 6
- ■ 9 斤安式野砲 /Armstrong Field gun × 2
- ■ 6 斤安式野砲 /Armstrong Field gun × 1

M30 年 /1897
1"4 連及び 11mm5 連ノルデンフェルト機関砲全数、短 7.5cm クルップ砲 1 門を撤去、47mm 山内軽速射砲 2 門を装備
■ M33 年 /1900
16cm クルップ前装側砲 2 門を前式 15cm 20 口径クルップ砲 2 門に換装、この時点で 2 門残った 16cm クルップ砲と 47mm 山内軽速射砲 2 門は M36 までに 47mm 山内重速射砲 4 門に換装したものと推定
■ M37 年 /1904 現在の備砲
前式 15cm20 口径クルップ砲 /Krupp × 2 (弾× 500 全数)
47mm 山内重速射砲 /Yamanouchi × 4
短 4 斤山砲 (短艇用)/ × 3
35 年式海軍銃× 85、1 番形拳銃× 19
モーゼル拳銃× 3

注 /NOTES ①英艦時代の備砲は 10" 前装砲× 1、32lb 前装砲× 16、ただし日本に売却時の兵装については不明 ②内 1 基は戦役に際しての臨時搭載、他に 37mm5 連保式機関砲 1 基を同じく臨時搭載 ③他に 25 挺臨時搭載 ④他に 3 挺臨時搭載 ⑤艦載艇数は推定による【出典】公文類纂 / 公文備考 / 明治二十七、八海戦史編纂書類 / 明治十年西南征討誌 / 帝国海軍機関史

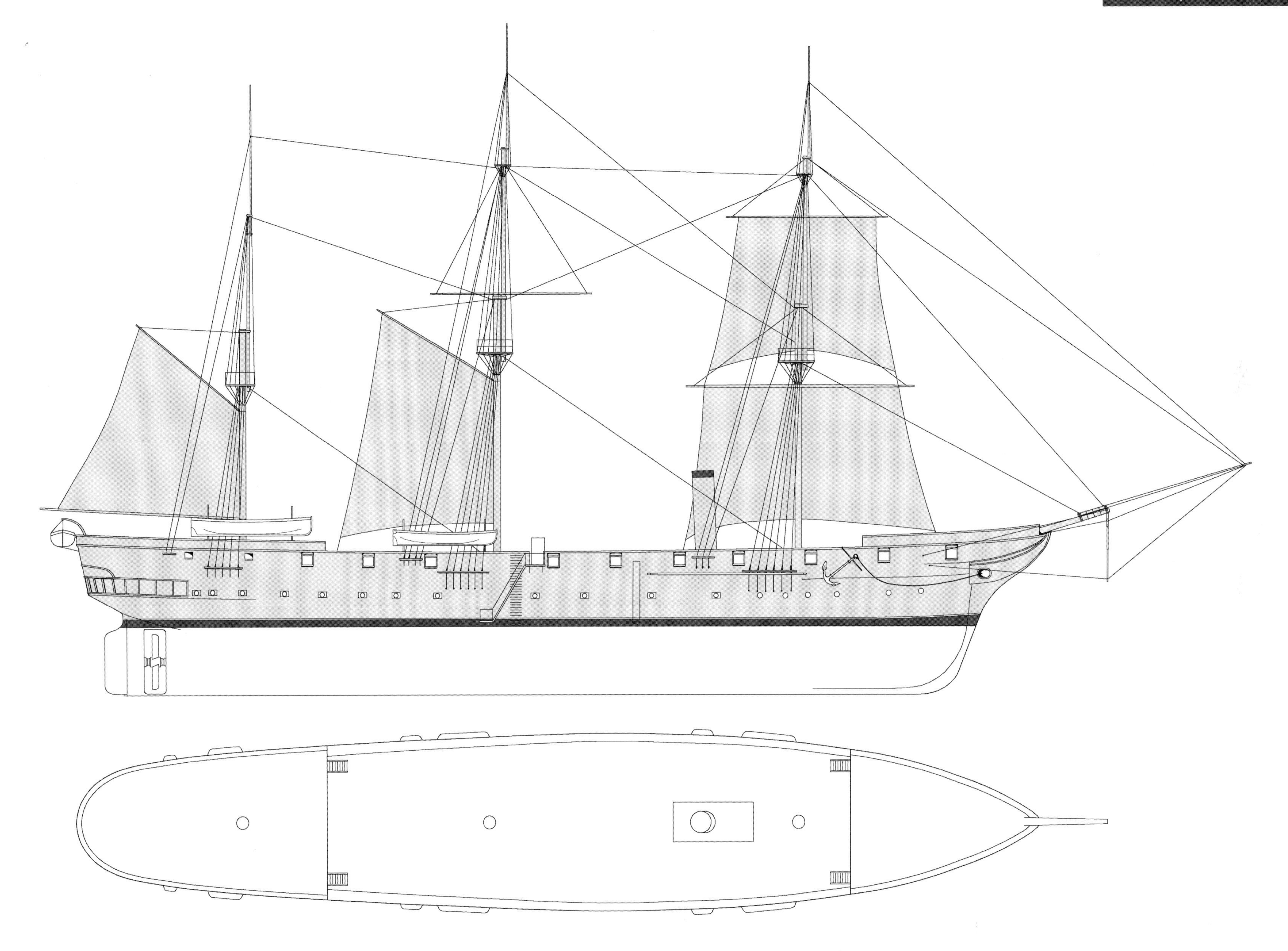

◎就役時を示すが各種備砲の配置については
不明のため図示省略

図 1-5-1 [S=1/300] 筑波 側平面 (日本回航時)

筑波 /Tsukuba

定　員 /Complement (1)

職名 /Occupation	官名 /Rank	定数 /No.		職名 /Occupation	官名 /Rank	定数 /No.	
上長官（艦長）	大中佐	1	士官 /14	1等水夫	1等卒	10	18
士官	大中尉	4		1等木工	〃	6	
	少尉	1		1等帆縫手	〃	2	
	航海大中尉	1		2、3、4等水夫	卒	73	108
	航海少尉	1		1等若水夫	〃	35	
少尉候補生	少尉補	3		1等割烹夫	3等卒	1	9
	航海少尉補	1		艦長厨宰	〃	1	
	海軍生徒	2		艦長割烹	〃	1	
乗艦文官	大中軍医	1	士官相当 / 7	士官室厨宰	〃	1	
	小軍医 / 軍医副	1		士官室割烹	〃	1	
	大中主計	1		1等裁縫手	〃	1	
	小主計	1		士官次室厨宰	〃	1	
	主計副	2		士官次室割烹	〃	1	
	海軍教官	1		3佐従僕	〃	1	
艦内教授役介	下士11等	1	准士 / 5	中士室厨宰	4等卒	1	12
警吏	〃	1		中士室割烹	〃	3	
掌砲長	〃	1		士官室使丁	〃	1	
水夫長	〃	1		士官室従僕	〃	6	
木工長	〃	1		士官次室使丁	〃	1	
警吏補	下士12等	2	下士 /38	剃夫	5等卒	1	2
艦内厨宰	〃	1		守灯夫	〃	1	
掌砲長属	下士13等	2		大中機関士	機関士	1	機関 /18
水夫長砲	〃	3		機関士補	下士11等	2	
艦長端舟長	〃	1		火夫次長	下士13等	4	
大端舟長	〃	1		12345等火夫	卒	11	
甲板次長	〃	4		海兵士官	中少尉	1	海兵 /40
檣楼長	〃	4		歩兵軍曹	下士12等	2	
按針次長	〃	3		砲兵伍長	下士13等	1	
帆縫次長	〃	1		歩兵伍長	〃	1	
造綱次長	〃	1		砲兵	卒	7	
船倉長	〃	1		歩兵	〃	27	
木工長属	〃	3		喇叭手	〃	1	
艦内割烹	〃	1		（合　計）		271	
中小端舟長	下士14等	1					
檣楼長属	〃	4					
信号長属	〃	1					
槙筎工長	〃	1					
塗工長	〃	1					
桶工長	〃	1					
看病夫長	〃	1					

注 /NOTES 明治6年10月制定による筑波の定員を示す
【出典】海軍制度沿革

定　員 /Complement (2)

職名 /Occupation	官名 /Rank	定数 /No.		職名 /Occupation	官名 /Rank	定数 /No.	
艦長	大佐	1	士官 /17		1等水兵	16	卒 /213
副長	大尉	1			2等水兵	57	
航海長	〃	1			3、4等水兵	95	
分隊長	〃	3			1等信号兵	1	
航海士	少尉	1			2等信号兵	2	
分隊士	〃	4			3、4等信号兵	3	
機関長	大機関士	1			1等木工	1	
	少機関士	1			2等木工	1	
軍医長	大軍医	1			3、4等木工	2	
	少軍医	1			1等鍛冶	1	
主計長	大主計	1			2等鍛冶	1	
	少主計	1			3、4等鍛冶	1	
	上等兵曹	2	准士 / 5		1等火夫	4	
	機関師	2			2等火夫	6	
	船匠師	1			3、4等火夫	10	
	1等兵曹	8	下士 /38		1等看護夫	1	
	2等兵曹	11			2等看護夫	1	
	3等兵曹	4			1等主厨	2	
	1等信号手	1			2等主厨	3	
	1等船匠手	1			3、4等主厨	5	
	2等船匠手	1					
	1等鍛冶手	1					
	2等鍛冶手	1					
	1等機関手	1					
	2等機関手	2					
	3等機関手	3					
	1等看護手	1					
	1等主帳	1					
	2等主帳	1					
	3等主帳	1					
				（合　計）		273	

注 /NOTES 明治26年12月2日達118による筑波の定員【出典】海軍制度沿革

(1) 上等兵曹の2人は掌砲長と掌帆長の職にあたるものとする
(2) 兵曹長中の1人は砲術教員に、他は掌砲長属、掌帆長属、按針手、艦長端舟長、船艙手、帆縫手及び各部の長職につくものとする
(3) 掌帆長属の1人は水雷術卒業のものをあて掌水雷長属の職につくことができる
(4) 5等水兵、5等火夫を練習のため乗艦させる場合は、その練習人員以内の卒を定員中より減少させるものとする

定　員 /Complement (3)

職名 /Occupation	官名 /Rank	定数 /No.		職名 /Occupation	官名 /Rank	定数 /No.	
艦長	中佐	1	士官 /12		1等水兵	21	卒 /157
副長	少佐	1			2等水兵	67	
航海長	大尉	1			3、4等水兵	30	
分隊長	〃	2			1等信号兵	2	
航海士	中少尉	3			2、3等信号兵	2	
機関長兼分隊長	大機関士	1			1等木工	1	
	中少機関士	1			2等木工	1	
軍医長	大軍医	1			3、4等木工	1	
主計長	大主計	1			1等鍛冶	1	
	上等兵曹	2	准士 / 6		2等鍛冶	1	
	機関師	2			1等火夫	5	
	船匠師	1			2、3等火夫	10	
	上等筆記	1			4等火夫	6	
	1等兵曹	4	下士 /32		1等看護夫	1	
	2等兵曹	6			1等主厨	2	
	3等兵曹	6			2等主厨	3	
	1等信号手	1			3、4等主厨	3	
	2、3等信号手	2					
	1等船匠手	1					
	2等船匠手	1					
	1等鍛冶手	1					
	1等機関手	2					
	2等機関手	2					
	3等機関手	2					
	1、2等看護手	1					
	2等筆記	1					
	1等厨宰	1					
	2等厨宰	1					
				(合　計)		207	

注 /NOTES 明治35年6月28日内令84による筑波の定員【出典】海軍制度沿革

(1) 上等兵曹の2人は掌砲長と掌帆長の職にあたるものとする

(2) 兵曹は教員、掌砲長属、掌帆長属及び各部の長職につくものとする

(3) 信号兵曹は按針手の職を兼ねるものとする

艦　歴 /Ship's History (1)

艦　名	筑　波
年　月　日	記 事 /Notes
1853(嘉永6)-9-4	英海軍の木造蒸気スループ(6等艦)マラッカ Malacca としてビルマ(現ミャンマー)Moulmein で
	進水、1854年に英本国チャタムで機関を搭載完成、1862年蒸気コルベット機関更新、1869年売却
1871(M 4)- 7-21	横浜にて英人バアテスより7万ドルで購入
1871(M 4)- 8-15	命名
1871(M 4)- 9-25	艦長代理相浦紀道大尉(期前)就任
1871(M 4)-11-15	艦位3等
1871(M 4)-12-17	兵学寮稽古艦とする
1872(M 5)- 5-10	艦長本山漸中佐(期前)就任、天皇西海巡幸に従事
1872(M 5)- 5-18	中艦隊に編入
1872(M 5)- 7-20	兵学寮稽古艦とする
1872(M 5)- 8-12	艦長伊藤雋吉中佐(期前)就任
1873(M 6)- 3- 2	艦隊に編入
1873(M 6)- 3-12	横浜発龍驤とともに特命全権大使副島種臣の清国への渡航に随伴清国派遣、7月20日品川着
1873(M 6)-11-13	品川発 艦隊指揮官伊東少将座乗北海道に派遣される、翌年1月6日品川着
1874(M 7)- 4-27	兵学寮練習艦とする
1874(M 7)-11- 6	艦隊に編入
1874(M 7)-11-19	長崎発台湾へ回航、12月16日着
1875(M 8)- 1- 4	兵学寮練習艦とする
1875(M 8)-11- 6	品川発米国サンフランシスコへ遠洋航海、翌年4月14日横浜着
1876(M 9)- 6-12	修理上申、缶を新缶に換装
1876(M 9)- 9-12	艦長本山漸中佐(期前)就任
1876(M 9)- 9-17	兵学校外人教師として英国海軍測量手ベーリィー、2等下士ベネットが乗り組む
1877(M10)- 2-19	東海鎮守府常備艦
1877(M10)- 2-20	艦長松村淳蔵大佐(期外)就任
1877(M10)- 3- 2	兵庫発西南の役に従事、戦死1、負傷3、8月12日横浜着、
1877(M10)- 8-13	兵学校練習艦
1877(M10)- 8-23	艦長本山漸中佐(期前)就任
1877(M10)-12- 1	艦長松村淳蔵大佐(期外)就任
1878(M11)- 1-17	横浜発オーストラリア方面遠洋航海、6月13日品川着
1879(M12)- 3- 3	横浜発清国へ回航、6月8日鹿児島着
1879(M12)- 8- 1	横須賀造船所で修復工事8月22日完成
1879(M12)- 8-19	艦長相浦紀道中佐(期前)就任
1880(M13)- 1-17	横須賀造船所で修復工事4月20日完成
1880(M13)- 4-29	品川発北米方面遠洋航海、9月29日横浜着
1881(M14)- 3-17	横須賀造船所で修復工事11月30日完成
1881(M14)- 7- 7	艦長伊東祐亨中佐(期前)就任
1881(M14)-12-27	艦長笠間広盾中佐(期前)就任
1882(M15)- 1- 6	横須賀造船所で修復工事2月10日完成
1882(M15)- 3- 4	品川発香港、シンガポール、バタビア、メルボルン、ホバート、オークランド方面遠洋航海、10月
	5日着

筑波 /Tsukuba

艦　歴 /Ship's History (2)

艦　名	筑　波
年　月　日	記 事 /Notes
1882(M15)-10-12	中艦隊に編入
1882(M15)-12- 8	横須賀造船所で修復工事翌年 1 月 31 日完成
1882(M15)-12-23	艦長有地品之允大佐 (期前) 就任
1883(M16)- 9- 2	東海鎮守府航海練習艦
1884(M17)- 2- 3	品川発ニュージーランド、チリ、ハワイ方面遠洋航海、11 月 16 日着
1884(M17)-12-17	艦長心得新井有貫少佐 (期前) 就任
1886(M19)- 1- 6	艦長福島敬典大佐 (期前) 就任
1886(M19)- 2- 9	品川発オーストラリア、ニュージーランド方面遠洋航海、11 月 13 日兵庫着
1887(M20)- 4-25	艦長野村貞中佐 (期前) 就任
1887(M20)- 9- 4	品川発北米サンフランシスコ方面遠洋航海、翌年 7 月 6 日着
1889(M22)- 1-24	横須賀鎮守府運用術練習艦富士山付属
1889(M22)- 5-15	艦長柴山矢八大佐 (期前) 就任
1889(M22)- 5-28	横須賀鎮守府に入籍、航海練習艦
1890(M23)- 1- 9	兵学校練習艦
1890(M23)- 6-11	品川発近隣諸国およびハワイ方面遠洋航海、12 月 24 日着
1890(M23)- 8-23	第 1 種軍艦に類別
1891(M24)- 2- 6	艦長黒岡帯刀大佐 (期前) 就任
1891(M24)- 9-15	佐渡二見湾にて荒天のため碇泊中錨鎖が切断浅瀬に圧流され座礁、直ちに離礁したが浸水、キール、
	舵、推進器損傷、救援の高千穂に曳航されて 10 月 20 日呉着、以後修理を実施
1892(M25)- 6-25	練習艦
1893(M26)- 3-31	練習艦役務を解く
1893(M26)-12-25	呉発韓国警備、翌年 4 月 4 日長崎着
1894(M27)- 6-26	横須賀工廠で備砲換装、火薬庫修理 8 月 15 日完成
1894(M27)- 7-27	警備艦
1894(M27)- 8-24	連合艦隊遠征根拠地警備艦
1894(M27)- 8-28	明石海峡東口で東洋丸 (1,648 総トン) と衝突、艦長謹慎 3 日間の懲罰を受ける
1894(M27)- 9- 2	呉工廠で上記損傷部修理工期約 10 日間
1894(M27)- 9-17	上記任務を解く
1895(M28)- 4-26	金剛と接触備砲の一部損傷
1895(M28)- 7- 1	測量艦西海艦隊付属
1895(M28)-11-10	測量艦任務を解く
1895(M28)-12-27	艦長細谷資大佐 (5 期) 就任
1896(M29)- 4- 1	艦長柏原長繁大佐 (期前) 就任
1897(M30)- 1-23	1"4 連ノルデンフェルト機砲、11mm5 連ノルデンフェルト機銃各 1 基廃止認可
1897(M30)- 3- 8	第 2 予備艦
1897(M30)- 4-12	測量艦
1897(M30)- 6- 4	品川発韓国警備兼測量任務、翌年 1 月 5 日鞆ノ津着
1897(M30)-10- 7	短 7.5cm クルップ砲 1 門、1"4 連ノルデンフェルト機砲 2 基を撤去、47mm 軽山内砲 2 門搭載
1898(M31)- 3-21	3 等海防艦に類別
1898(M31)- 4- 1	艦長友野雄介大佐 (3-4 期) 就任

艦　歴 /Ship's History (3)

艦　名	筑　波
年　月　日	記 事 /Notes
1898(M31)- 5- 1	横須賀発韓国沿岸測量任務、11 月 24 日呉着
1898(M31)-11- 1	艦長加藤重成大佐 (期前) 就任
1899(M32)- 4-13	横須賀発韓国沿岸測量任務、6 月 16 日呉着
1899(M32)- 6-26	第 1 予備艦
1899(M32)- 7-25	呉鎮守府に転籍
1899(M32)- 9-19	予備艦のまま兵学校付属練習艦、艦長宮岡直記中佐 (6 期) 就任
1900(M33)-11- 6	艦長今井兼昌大佐 (7 期) 就任、兼兵学校監事長、35 年 5 月 24 日より 12 月 1 日まで兼兵学校教頭
	及び兵学校監事長
1901(M34)- 8-30	練習艦兵学校長の指揮下におく
1902(M35)- 6-28	第 1 予備艦
1902(M35)- 7-17	警備艦、馬公要港部長の指揮下におく
1902(M35)- 7-19	艦長松居銓太郎中佐 (8 期) 就任
1902(M35)- 8-16	呉より那覇に向け出港直後前部左舷石炭庫より出火、直ちに消火被害軽微
1902(M35)-10-25	第 1 予備艦、以下除籍時まで艦長欠員、先任将校が代行
1903(M36)- 4-20	警備艦、馬公要港司令官の指揮下におく
1903(M36)- 6-24	第 2 予備艦
1905(M38)- 6-10	除籍、雑役船として呉港務部付属
1907(M40)- 1-18	旧筑波の処分に関しての決定、
	1. フィギュアヘッド及び艦首一部並びに艦名板取外すこと
	2. 艦材の一部をもって本艦の模型 (1/50) を製作すること
	3. 以上取外し跡を填充し本艦を売却すること
	4. 上記 1、2 項の保存方法は追って訓令す
	(注、旧筑波処分にあたっては本艦が長く兵学校の練習艦として用いられ、多くの海軍軍人を輩出し
	た功績を考慮して、当時の第一線海軍幹部にその処分方法の意見を広く聴取した経緯がある)

解説 /COMMENT

明治 4 年 7 月 21 日横浜で英人から購入とされており、前身はれっきとした英海軍の正規艦船、木造スクリュー・スループのマラッカ /Malacca 6 等艦 (26 門艦) で、1853 年にビルマ (現ミャンマー) のモールメイン /Moulmein で建造進水、1854 年に本国のチャタムに回航機関を装備して完成したとされている <Ships of the Royal Navy>　日本側の文献では艦名と建造地を混同した記述も見られるが、一説にはインドのボンベイで建造とするものもある。本艦の取得には当時日本海軍に砲術教官として招聘されていた英国海軍大尉アルバート G. S. ホースが練習艦として適当と仲介した形跡があり、1869 年 6 月に既に民間に払い下げられており、2 年後に日本海軍に売却されたもの。

取得時、既に艦齢 20 年近く当時の木造船としては耐用期が残り少なかったが、日本海軍ではホース大尉の提言通り以後練習艦として 30 年以上使用、明治 8 年 /1875、日本海軍最初の少尉候補生の遠洋航海で太平洋を横断、サンフランシスコに寄港して以来、以後明治 23 年 /1890 まで 9 度の遠洋航海に従事、明治期前半の兵学校教育に大きく寄与した。結果的には当時の木造艦としては 50 年以上の長寿をまっとうしたもので、その分構造や材料はしっかりしたものがあったと言えよう。本艦により育てられた日本海軍将官も数多く、その除籍に当たっては本艦の処分について上記のように、かなり気配りをしていたことがうかがえる。そのためか、国産主力艦第 1 号の 1 等巡洋艦にその名を襲名したのも偶然ではないであろう。

当初煙突は伸縮式 (テレスコピック) でスクリューも帆走時は引上げ式を採用していたというが、明治 9 年 /1876 に缶を換装した際に固定式に改められたものと推定される。

艦名の「筑波」は茨城県にある山名、襲名は前記の通り。

[資料] 本艦の写真は遠洋航海に用いられたため海外で撮影されたものも少なくなく、7、8 枚はあるようだが、図面の類はないものの兵学校の運用術の教科書に本艦らしい艦姿の図が掲載されている。現役中艦容の大きな変化はない。

金剛型 /Kongo Class

型名 /Class name 金剛	同型艦数 /No. in class 2	設計番号 /Design No.	設計者 /Designer Edward J. Reed(英国)	建造費 /Cost 金剛 /Kongo ¥864,282、 比叡 /Hiei ¥855,911

艦名 /Name	計画年度 /Prog. year	建造番号 /Build. No	起工 /Laid down	進水 /Launch	竣工 /Completed	建造所 /Builder	旧名 /Ex. name	除籍 /Deletion	喪失原因・日時・場所 /Loss data
金剛 /Kongo	M8/1875		M8/1875-09-24	M10/1877-04-17	M11/1878-01	英国ハル、Farle's 造船会社		M42/1909-07-20	
比叡 /Hiei	M8/1875		M8/1875-09-24	M10/1877-06-11	M11/1878-02	英国ペンブローク、Milford Haven 造船会社		M44/1911-04-01	

注 /NOTES ① 日本海軍最初の外国注文新造艦 (同時注文の扶桑とともに)、 鉄骨木皮構造装甲コルベット、備砲はクルップ式に統一、設計、発注その他を英海軍造船官として著名な E. J. Reed に一括委託【出典】海軍軍備沿革 / 役務一覧 / 写真日本軍艦史

船体寸法 /Hull Dimensions

艦名 /Name	状態 /Condition	排水量 /Displacement		長さ /Length(m)			幅 /Breadth (m)			深さ /Depth(m)		吃水 /Draught(m)			乾舷 /Freeboard (m)			備考 /Note
				全長 /OA	水線 /WL	垂線 /PP	全幅 /Max	水線 /WL	水線下 /uw	上甲板 /m	最上甲板	前部 /F	後部 /A	平均 /M	艦首 /B	中央 /M	艦尾 /S	
金剛型 /Kongo cl.	公称排水量 /Official(T)	常備 /Norm.	2,248	77.6		71.22	12.42			7.12				5.33				2,284 トンの数値は仏トン換算を示す
	総噸数 /Gross ton (T)		1,761															

注 /NOTES ①排水量は新造完成時と推定、船体寸法は <海軍省報告 M11 年><海軍機関史> による、資料により深さと吃水で両艦に差異がある 【出典】横須賀海軍船廠史及び前掲書

機 関 /Machinery

		本邦到着時
主機械 /Main mach.	型式 /Type ×基数 (軸数)/No.	横置 2 段膨張還動式 2 気筒機関 /Recipro. engine × 1
缶 /Boiler	型式 /Type ×基数 /No.	筒形円缶 / × 6
	蒸気圧力 /Steam pressure (kg/cm²)	4.223 缶換装後 (計画)4.22 (実質)3.74 比叡 -M27/1894
	蒸気温度 /Steam temp.(℃)	
	缶換装年月日 /Exchange date	(金剛)M22/1889 (比叡)M22/1889
	換装缶型式・製造元 /Type & maker	高円缶× 5 横須賀造船所 両面円筒缶× 2 小野浜造船所
計画 /Design (自然通風 / 強圧通風)	速力 /Speed(ノット /kt)	13.2/
	出力 /Power(実馬力 /IHP)	2535/
	回転数 /(rpm)	90/
新造公試 /New trial (自然通風 / 強圧通風) 英国実施	速力 /Speed(ノット /kt)	(金剛) 13.75/ (比叡)13.915/
	出力 /Power(実馬力 /IHP)	2,450/ 2,490/
	回転数 /(rpm)	
改造公試 /Repair T. (自然通風 / 強圧通風) 缶換装 M22/1889	速力 /Speed(ノット /kt)	(金剛) 12.46/ (比叡) 10.34/
	出力 /Power(実馬力 /IHP)	2,028/ 1,279/
	回転数 /(rpm)	83/ 69/
推進器 /Propeller	直径 /Dia.(m)・翼数 /Blade no.	4.88・2 翼
	数 /No.・型式 /Type	× 1・青銅グリフィス型
舵 /Rudder	舵面積 /Rudder area(m²)	
燃料 /Fuel	石炭 /Coal(T)・定量 (Norm.)/ 全量 (Max.)	/335(金剛) /394(比叡)
航続距離 /Range(浬 /SM- ノット /Kts)		1 昼夜消費石炭量 32.5T(5.5 万斤、金剛の場合)
発電機 /Dynamo・発電量 /Electric power(V/A)		50V/45A × 1、グラム式③ (M16/1883 装備、両艦)
新造機関製造所 / Machine maker at new		英国ハル、Farles 社 (両艦とも)
帆装形式 /Rig type・総帆面積 /Sail area(m²)		バーク /Bark・1,304

注 /NOTES ① M27-6 の公試では金剛 / 速力 -10.5kt 出力 -1,491.27 回転数 -75 比叡 / 速力 -10.42kt 出力 -1,293.68 回転数 -67.66 の記録あり ② M32-11 の公試では金剛 / 速力 -12.3kt 出力 -1,629.89 回転数 -81.9 比叡 / 速力 -9.4kt 出力 -1,283.90 回転数 -70.3 の記録あり ③ 比叡はブラッシュ式 【出典】帝国海軍機関史 / 日清戦争戦時書類

兵装・装備 /Armament & Equipment

		明治 11 年 /1878	明治 39 年 /1906
砲熕兵器 / Guns	主砲 /Main guns	80 年前式 17cm25 口径 クルップ砲 /Krupp × 2 弾× 250(全数以下同じ)	露式 7.6cm 50 口径 砲 /Russian model × 6
	備砲 /2nd guns	旧式 15cm20 口径 クルップ砲 /Krupp × 6 弾× 600	47mm 山内軽砲 /Yamanouchi Light × 6
	小砲 /Small cal. guns	短 7.5cm クルップ砲 /Krupp × 2 弾× 200	(在来クルップ砲 -17cm 砲は M27 に 1 門増備され 3 門 - は M39 に上記砲に換装、ただし 47mm 山内軽砲 2 門は M30 に短 7.5cm クルップ砲 2 門と換装ずみ、11mm ノルデンフェルト式機関砲は M36 ごろまでに、1" 同砲は日露戦争後に撤去)
	機関砲 /M. guns	1"4 連ノルデンフェルト砲 /Nordenfelt × 4 ① 11mm5 連ノルデンフェルト砲 /Nordenfelt × 2 ② 弾× 20,000 及び× 10,000 ③	
個人兵器 /Personal weapons	小銃 /Rifle	マルチニー銃× 164 弾× 49,200	35 年式海軍銃× 93 + 13 弾× 22,800
	拳銃 /Pistol	× 62 弾× 7,440	1 番形拳銃× 18 弾× 2,160
	舶刀 /Cutlass		■明治 37 年 /1904 現在
	槍 /Spear		35 年式海軍銃× 122 (弾× 36,600)
	斧 /Axe		1 番形拳銃× 26 モーゼル拳銃× 3
水雷兵器 /Torpedo weapons	魚雷発射管 /T. tube	朱式 /Schwartzkopf type × 2(水上 /Surface)	魚雷兵装は M39-2 に撤去
	魚雷 /Torpedo	朱式 (84 式)35cm/14" × 4 ④	
	その他	外装水雷× 18 (M29-4 現在× 12)	
電気兵器 /Elec.Weap.	探照灯 /Searchlight	× 1 (グラム式 3 万燭光) M17/1884-4-9 装備	× 1
艦載艇 /Boats	汽艇 /Steam launch		× 1(金剛艇長さ 28'、比叡艇長さ 27'-2")
	ピンネース /Pinnace		× 1(金剛艇長さ 32'、比叡艇長さ 32'-2")
	カッター /Cutter		× 2(金剛艇長さ 28.5'、比叡艇長さ 27')
	ギグ /Gig		× 1(金剛艇長さ 26.5'、比叡艇長さ 27')
	通船 /Jap. boat		× 3(金剛艇長さ 30'、27'、24' 各 1 比叡艇長さ 30'、27'、23' 各 1)
	(合計)	× 8	× 8 (上記状態は M41/1907 現在を示す)

注 /NOTES ① M16 年に装備したもの ② M18 年に前部、中部檣楼に装備したもの ③ M27 年日清戦争時比叡のみは備砲として他に長 8cm クルップ砲 2 門を装備していた、なお両艦とも日清戦争時 17cm クルップ砲 1 門臨時増備したが、戦後も撤去されることなく M39 年まで装備されていたもよう ④ M19-10 に追加装備したもの【出典】公文備考 / 帝国海軍機関史 / 日清戦争戦時書類 / 掌砲必携

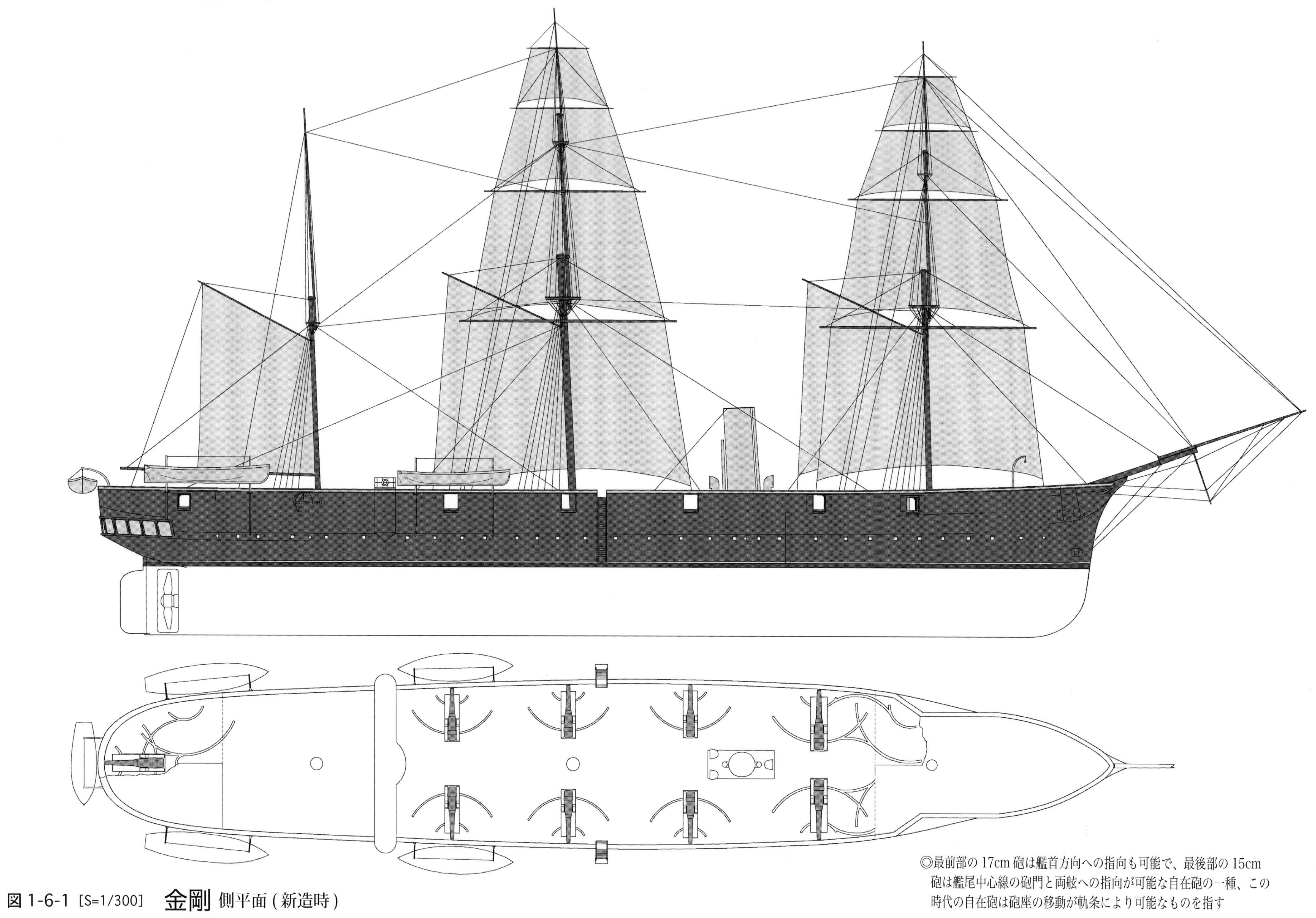

図 1-6-1 [S=1/300]　金剛 側平面 (新造時)

◎最前部の 17cm 砲は艦首方向への指向も可能で、最後部の 15cm 砲は艦尾中心線の砲門と両舷への指向が可能な自在砲の一種、この時代の自在砲は砲座の移動が軌条により可能なものを指す

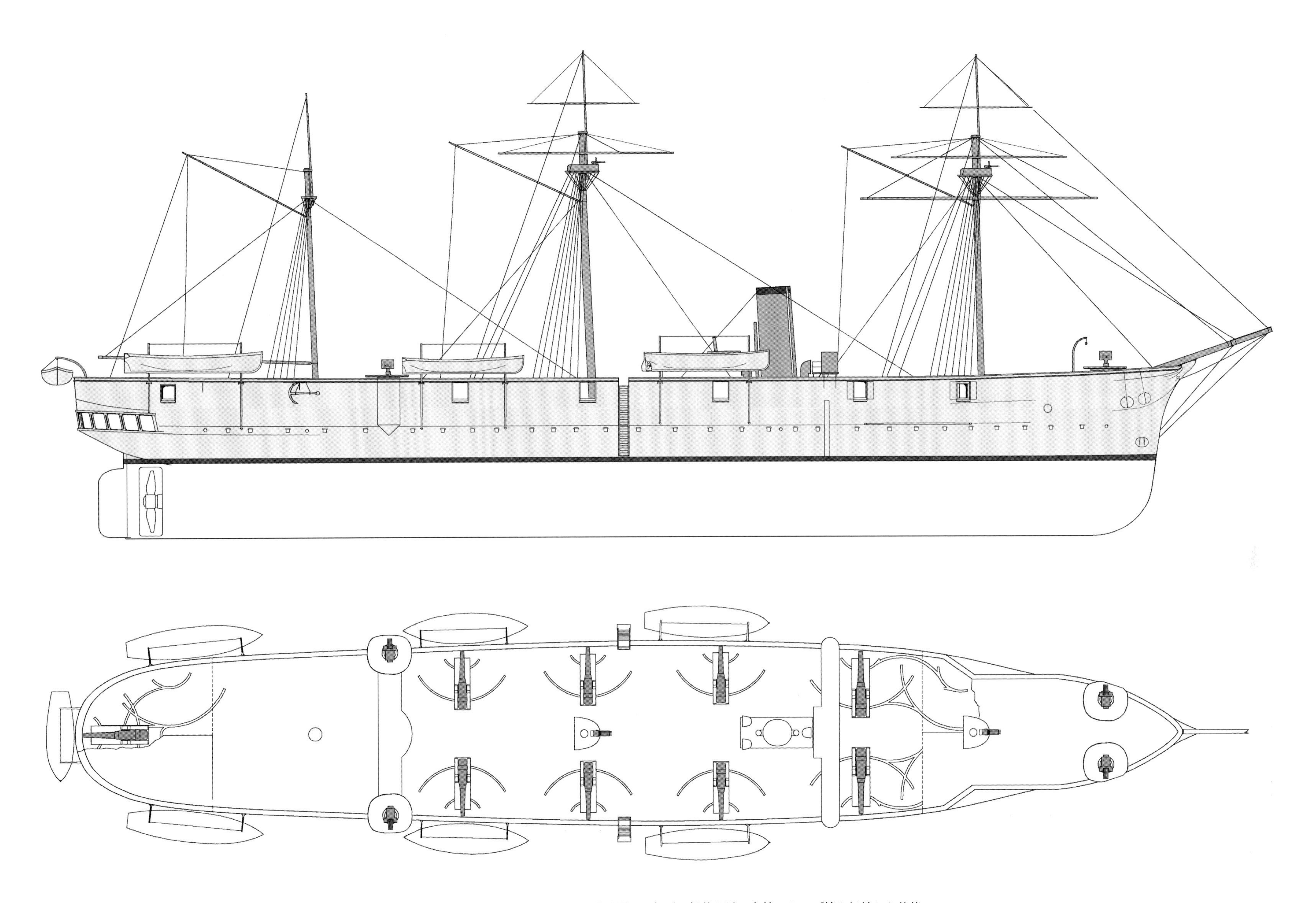

◎明治 26 年ごろ帆装を減じ各檣のトップ檣を短縮した状態
艦首尾の甲板両端に装備されたのはノルデンフェルト式 1"
4 連装機関砲、前中檣の機銃は同式 11mm5 連装機銃

図 1-6-2 [S=1/300] 比叡 側平面 (M26/1893)

金剛型 /Kongo Class

金剛・比叡　定　員 /Complement (1)

職名 /Occupation	官名 /Rank	定数 /No.		職名 /Occupation	官名 /Rank	定数 /No.	
艦長	大中佐	1	士官 /19		警吏	1	下士 /25
副長	少佐	1			警吏補	4	
砲術長	大中尉	1			鍛冶長 / 鍛冶長属	1	
水雷長	〃	1			兵器工長 / 同工長属	1	
航海長	〃	1			塗工長 / 塗工長属	1	
分隊長	〃	3			桶工長	1	
航海士	少尉	1			木工長属	2	
分隊士	〃	4			機関工手	3	
少尉候補生	少尉補	6			火夫長	1	
掌砲長	兵曹長	1	准士 / 3		火夫長属	5	
掌帆長	〃	1			看護手	1	
木工長	〃	1			筆記	2	
機関長	機関少監	1	士官相当 / 11	厨宰	主厨	1	
	大中機関士	2		割烹手	〃	1	
	少機関士	1			1 等水兵	34	卒 /234
	機関士補	4			2 等水兵	52	
	機関工上長	1			3、4 等水兵	46	
	機関工長	2			1 等若水兵	40	
軍医長	大軍医・中軍医	1	士官相当 / 5		喇叭手	2	
	少軍医	1			鍛冶	2	
主計長	大中主計	1			兵器工	1	
	少主計	1			塗工	1	
	主計補	1			木工	5	
砲術教授	1、2、3 等兵曹	1	下士 /24		1、2 等火夫	19	
掌砲長属	1、2 等兵曹	2			3、4 等火夫	9	
掌水雷長属	1、2、3 等兵曹	2			1 等若火夫	7	
掌帆長属	1 等兵曹	3			看病夫	2	
前甲板長	1、2 等兵曹	2			厨夫	11	
前甲板次長	2、3 等兵曹	2			裁縫夫	1	
按針手	1、2 等兵曹	2			剃夫	1	
信号手	1、2、3 等兵曹	1			艦長従僕	1	
艦長端舟長	2、3 等兵曹	1					
大檣楼長	〃	2		（合　計）		321	
前檣楼長	〃	2					
後甲板長	1、2、3 等兵曹	2					
船倉手	〃	1					
帆縫手	〃	1					

注 /NOTES
明治 18 年 12 月 25 日丙 72 による金剛、比叡の定員を示す【出典】海軍制度沿革

金剛・比叡　定　員 /Complement (2)

職名 /Occupation	官名 /Rank	定数 /No.		職名 /Occupation	官名 /Rank	定数 /No.	
艦長	大佐	1	士官 /21		2 等機関手	3	下士 / 11
副長	少佐	1			3 等機関手	4	
航海長	大尉	1			1 等看護手	1	
砲術長	〃	1			1 等主帳	1	
水雷長	〃	1			2 等主帳	1	
分隊長	〃	3			3 等主帳	1	
航海士	少尉	1			1 等水兵	26	卒 /218
分隊士	少尉	4			2 等水兵	59	
機関長	大機関士	1			3、4 等水兵	73	
水雷主機兼務	大機関士	1			1 等信号兵	1	
	少機関士	2			2 等信号兵	2	
軍医長	大軍医	1			3、4 等信号兵	3	
	少軍医	1			1 等木工	1	
主計長	大主計	1			2 等木工	1	
	少主計	1			3、4 等木工	2	
	上等兵曹	2	准士 / 5		1 等鍛冶	1	
	機関師	2			2 等鍛冶	1	
	船匠師	1			3、4 等鍛冶	1	
	1 等兵曹	10	下士 /30		1 等火夫	6	
	2 等兵曹	9			2 等火夫	12	
	3 等兵曹	4			3、4 等火夫	17	
	1 等信号手	1			1 等看護夫	1	
	1 等船匠手	1			2 等看護夫	1	
	2 等船匠手	1			1 等主厨	2	
	1 等鍛冶手	1			2 等主厨	3	
	2 等鍛冶手	1			3、4 等主厨	5	
	1 等機関手	2		（合　計）		285	

注 /NOTES 明治 26 年 12 月 2 日達 118 による金剛、比叡の定員を示す【出典】海軍制度沿革
(1) 上等兵曹の 2 人は掌砲長と掌帆長の職にあたるものとする
(2) 兵曹長中の 2 人は砲術教員と水雷術教員にあて、他は掌砲長属、掌水雷長属、掌帆長属、按針手、艦長端舟長、船艙手、帆縫手及び各部の長職につくものとする

解説 /COMMENT

金剛、比叡の 2 隻の同型艦は鉄骨木皮構造の装甲コルベットで、装甲艦扶桑とともに明治 8 年 /1875 に英国に発注された、日本海軍創設以来最初の新造発注艦であった。明治 7 年の佐賀の乱、台湾征伐等海軍力の増強が急務となり、急遽 3 隻の発注が実現したものである。当時の日本海軍ではこうした発注艦を監督する能力はなく、先に英国に造船留学生を送った際に指導を受けたことが縁で、英国の著名な造船官で当時私的に設計業務を行っていた、サー・エドワード J. リード /Sir Edward James Reed に予算を示して計画、設計、発注、監督、回航まで一括委託することになった。リードは 1863 年から 7 年間英国海軍造船局長 (チーフデザイナー) を務め、当時は下院議員でもあり著名人であった。

ただ日本側の要望として砲熕兵器は全てクルップ式で統一することが条件となっていた。この時期日本海軍は艦砲として英国のアームストロング砲とドイツのクルップ砲の優劣を比較検討した結果、クルップ砲の採用を決定、以後一時期クルップ砲一辺倒の時代が続くことになる。この 3 艦の搭載砲は明治 8 年 /1875 に横浜のアーレンス商会を介してクルップ社に注文、代金は約 5 万ポンドであった。

金剛型は当時の英海軍同種コルベットに準じたもので、英艦は当時ほとんどが鉄製船体を採用していたが、鉄骨木皮構造を採用、ただ舷側水線部に 89-114mm 厚の装甲帯を設けていたものの、材質は当時のことだから当然錬鉄であったと思われる。

金剛・比叡　定　員 /Complement (3)

職名 /Occupation	官名 /Rank	定数 /No.		職名 /Occupation	官名 /Rank	定数 /No.	
艦長	大中佐	1	士官 /20		1 等機関兵曹	3	下士 / 15
副長	中少佐	1			2、3 等機関兵曹	7	
航海長	大尉	1			1、2 等看護手	1	
砲術長兼分隊長	〃	1			1 等筆記	1	
水雷長兼分隊長	〃	1			2、3 等筆記	1	
分隊長	〃	2			1 等厨宰	1	
	中少尉	5			2、3 等厨宰	1	
機関長	機関少監 大機関士	1			1 等水兵	39	卒 /231
分隊長	大機関士	1			2、3 等水兵	86	
	中少機関士	2			4 等水兵	45	
軍医長	大軍医	1			1 等信号兵	3	
	中少軍医	1			2、3 等信号兵	3	
主計長	大主計	1			1 等木工	1	
	中少主計	1			2、3 等木工	2	
	上等兵曹	2	准士 / 5		1 等機関兵	11	
	船匠師	1			2、3 等機関兵	21	
	上等機関兵曹	2			4 等機関兵	9	
	1 等兵曹	5	下士 /27		1、2 等看護	2	
	2、3 等兵曹	16			1 等主厨	3	
	1 等信号兵曹	1			2 等主厨	3	
	2、3 等信号兵曹	3			3、4 等主厨	3	
	1 等船匠手	1					
	2、3 等船匠手	1		(合　計)		298	

注 /NOTES 明治 38 年 12 月内令 755 号による 3 等海防艦時金剛、比叡の定員を示す【出典】海軍制度沿革
(1) 上等兵曹の 1 人は掌砲長兼水雷長、1 人は掌帆長の職にあたるものとする
(2) 兵曹は教員、掌砲長属、掌水雷長属、掌帆長属各部の長職につくものとする
(3) 信号兵曹の 1 人は信号長にあて、他は按針手を兼ねるものとする

明治 11 年 /1878 にいずれも日本に到着、翌年にはリードも来日してその出来映えを自ら確かめていた。ただ、この契約でリードに支払われた手数料はかなりの高額であった。3 艦とも回航後数年間はいわゆるお雇い外国人、英国人 3 人ほどが乗り組んで機関の取り扱い等の指導に当たっていた。ただ浪速型、厳島等の 3 景艦、吉野等の防護巡洋艦が完成するにつれて、金剛型が第 1 線にあった期間は短く、明治 22 年 /1889 に金剛、比叡の 2 隻は初めて遠洋航海の任務につくことになる。翌年明治 23 年には 2 隻でこの年難破沈没したトルコ軍艦「エルトゥールル」の生存者を本国に送り届けるため、遠洋航海を兼ねてコンスタンチノープルまで、往復 7 ヶ月にわたる航海を行った。以後明治 24 年からはどちらか一方が交代で遠洋航海に従事、明治 35 年に両艦で遠洋航海を行ったのを最後に、三景艦にバトンタッチして練習艦任務から退き、以後は測量任務等の後方任務に用いられることになった。

比叡は日清戦争の黄海海戦では本隊に遅れて敵陣の中央突破を計ったため、至近の敵艦から集中砲火を浴び、被弾数は 22 個所にも達し、戦死 20、負傷 33 という松島に次ぐ被害を生じたが、その大半は定遠の放った 30cm 砲弾により生じたもので、右舷後部カッターダビット下、水線上 1m ほどの位置に命中、士官室ミズンマストに命中炸裂、当時戦時治療室として士官室にいた軍医長をはじめ負傷者は大半が戦死、後部下甲板居住区、艦長室、士官次室、分隊長室、砲術長、水雷長、軍医長、主計長、機関長等の艦幹部居室は全て破壊されて、ミズンマストは士官室より上が切断された。被弾後火災が発生下方にあった火薬庫は誘爆を防ぐため直ちに注水し、幸いなんとか速力を維持して戦場を離脱することができた。以後長崎造船所及び呉工廠で修復工事を実施したが、その際前部に艦橋を 1 個所増設している。本型の発電機、魚雷兵装等は後から追加装備したもので、新造完成時から装備されていたものではない。

艦名の「金剛」「比叡」はいずれも山名で、前者は奈良県、後者は京都、滋賀県境に所在、後の大正はじめの巡洋戦艦に襲名。

艦　歴 /Ship's History (1)

艦　名	金　剛 1/3
年　月　日	記　事 /Notes
1875(M 8)- 6-15	命名
1875(M 8)- 9-24	英国ハル、Earle's 造船会社で起工
1877(M10)- 4-17	進水
1878(M11)- 1-	竣工
1878(M11)- 3- 1	英国発 4 月 26 日横浜着
1878(M11)- 4-29	艦長伊藤雋吉中佐 (期前) 就任
1878(M11)- 5- 4	艦位 3 等、兵学校練習艦と定める
1878(M11)- 5-11	艦番号 26、定員を 255 人と定める
1878(M11)- 8-28	函館発ウラジオストク航海、9 月 6 日小樽着
1879(M12)- 2- 3	東海鎮守府所轄常備艦
1880(M13)- 3-18	修復艦横須賀造船所、4 月 19 日完成
1880(M13)- 8-20	修復艦横須賀造船所、翌年 10 月 20 日完成
1881(M14)- 2- 4	横浜発清国航海、3 月 2 日長崎着
1881(M14)- 6-17	艦長相浦紀道大佐 (期前) 就任
1882(M15)- 7-31	品川発韓国警備、9 月 18 日馬関着
1882(M15)-10-12	中艦隊司令官隷下に属する
1882(M15)-12-22	修復艦横須賀造船所、翌年 5 月 23 日完成
1884(M17)-12-20	艦長井上良馨大佐 (期前) 就任
1884(M17)-12-21	長崎発韓国警備、翌年 1 月 24 日着
1885(M18)-12- 1	馬関発韓国警備、翌年 6 月 15 日長崎着
1885(M18)-12-28	常備小艦隊に編入
1886(M19)- 1- 6	艦長児玉利国中佐 (期前) 就任
1886(M19)- 1-29	艦長磯辺包義中佐 (期前) 就任
1886(M19)-11-22	横須賀鎮守府所轄航海練習艦、火夫練習用
1887(M20)- -	艦長青木住真大佐 (期前) 就任
1889(M22)- 4-17	艦長鮫島員規大佐 (期前) 就任
1889(M22)- 5-28	呉鎮守府所轄航海練習艦
1889(M22)- 6-	横須賀工廠で新缶入換、艦尾改造、諸室模様替工事
1889(M22)- 8-14	横須賀発比叡とともにハワイ方面遠洋航海、翌年 2 月 22 日品川着
1890(M23)- 4-18	神戸沖海軍観兵式参列
1890(M23)- 5-13	艦長日高壮之丞大佐 (2 期) 就任
1890(M23)- 5-24	役務を解き練習艦
1890(M23)- 8-23	第 1 種
1890(M23)-10- 5	横須賀発遭難トルコ軍艦エルトゥールルの生存者送還兼候補生遠洋航海のため、比叡とともにトルコ、コンスタンチノープルまで航海、翌年 5 月 10 日帰着
1891(M24)- 8-23	役務を解き修復艦
1892(M25)- -	艦長田代郁彦大佐 (期前) 就任
1892(M25)- 5-30	練習艦、旗艦
1893(M26)- 2- 3	横須賀発ハワイ方面警備、4 月 22 日品川着
1893(M26)- 5-31	役務を解き修復艦、呉工廠で船体部修理 12 月 1 日完成

艦　歴 /Ship's History (2)

艦　名	金　剛 2/3
年　月　日	記　事 /Notes
1893(M26)- 9-12	艦長有馬新一大佐 (2 期) 就任
1893(M26)-12-15	練習艦
1894(M27)- 4-19	品川発ハワイ方面警備、8 月 5 日横須賀着
1894(M27)- 6- 8	警備艦
1894(M27)- 8- 6	西海艦隊に編入
1894(M27)- 8-13	佐世保発日清戦争に従事
1894(M27)-11-15	第 2 遊撃隊に区分
1894(M27)-12-17	艦長片岡七郎大佐 (3 期) 就任
1895(M28)- 1-30	威海衛攻撃に参加、2 月 7 日まで 3 度砲撃を実施、発射弾数 17cm-23、15cm-24
1895(M28)- 2-16	艦長舟木錬太郎大佐 (期外) 就任
1895(M28)- 3-23	呉に帰着入渠修理改造新設工事、3 月 31 日完成
1895(M28)- 4- 4	呉発戦役に従事、6 月 28 日佐世保着
1895(M28)- 6-18	艦長伊藤常作大佐 (3 期) 就任
1895(M28)- 7- 9	一時西海艦隊より除き呉鎮守府警備艦とする
1895(M28)- 7-29	役務を解く、横須賀工廠で機関修理 12 月完成
1895(M28)- 9-28	艦長世良田亮大佐 (期外) 就任
1895(M28)-12-12	練習艦
1896(M29)- 4-11	品川発隣邦諸国巡航、8 月 22 日根室着
1896(M29)-10-15	役務を解く、11 月より横須賀工廠で機関修理
1897(M30)- 3- 8	第 1 予備艦、この間呉工廠で機関修理及び克式 12 斤砲 2 門を 47mm 山内軽速射砲 2 に換装 7 月完成
1897(M30)- 4-17	艦長梨羽時起大佐 (期外) 就任
1897(M30)- 7-30	練習艦
1897(M30)-12-	呉工廠で機関修理
1898(M31)- 3-17	横須賀発豪州方面少尉候補生遠洋航海に従事、9 月 16 日帰着
1898(M31)- 3-21	3 等海防艦に類別
1898(M31)-10- 1	艦長石井猪太郎大佐 (3 期) 就任、呉工廠で機関修理 11 月完成
1899(M32)- 6-17	第 1 予備艦、7 月より呉工廠で機関修理 10 月完成
1899(M32)-10-13	艦長今井兼昌大佐 (7 期) 就任
1899(M32)-11-13	練習艦
1900(M33)- 2-21	横須賀発豪州方面少尉候補生遠洋航海に従事、7 月 31 日帰着
1900(M33)- 8-11	第 3 予備艦、9 月より呉工廠で機関修理 12 月完成
1901(M34)- 5-10	第 1 予備艦
1901(M34)- 5-16	艦長成田勝郎大佐 (7 期) 就任
1901(M34)- 7- 5	艦長伊地知季珍大佐 (7 期) 就任
1901(M34)-10- 1	舞鶴鎮守府に移籍
1901(M34)-10-31	練習艦
1902(M35)- 2-19	横須賀発豪州方面少尉候補生遠洋航海に従事、8 月 25 日帰着
1902(M35)- 9-10	第 1 予備艦
1903(M36)- 4- 1	艦長松居銓太郎中佐 (8 期) 就任
1903(M36)- 4-20	第 2 予備艦

艦　歴 /Ship's History (3)

艦　名	金　剛 3/3
年　月　日	記　事 /Notes
1903(M36)- 6-18	第 1 予備艦
1903(M36)- 7- 6	第 2 予備艦
1903(M36)-11- 5	練習艦、艦長森義太郎大佐 (10 期) 就任、12 月より佐世保工廠で機関総検査
1903(M36)-12-28	艦長成川揆大佐 (6 期) 就任
1904(M37)- 1-14	警備艦、三菱長崎造船所で入渠
1904(M37)- 2- 6	日露戦争開戦以後鎮海湾根拠地の警備にあたる
1904(M37)-12- 8	舞鶴工廠で機関修理 12 月 20 日完成
1905(M38)- 1-12	旅順鎮守府艦隊に属す、以後大連に常泊同地の警備にあたる
1905(M38)- 2-20	測量艦
1905(M38)- 5-	艦長中川重光中佐 (10 期) 就任
1905(M38)-10-17	佐世保発旅順方面警備 12 月 5 日着
1905(M38)-11- 4	第 3 予備艦
1905(M38)-12-12	艦長秀島成忠中佐 (13 期) 就任、39 年 5 月 11 日から同 8 月 30 日まで兼比叡艦長
1906(M39)- 2-13	兵装換装訓令、舞鶴工廠で在来備砲及び発射管を全て撤去ただし 47mm 山内軽速射砲 2 を除く、新たに露式 8cm 速射砲 6、47mm 山内軽速射砲 4 を装備
1906(M39)-12- 1	艦長山本竹三郎中佐 (13 期) 就任
1907(M40)- 4-16	第 1 予備艦
1907(M40)- 7-12	宮津発韓国航海、7 月 24 日竹敷着
1907(M40)- 9- 3	警備艦、旅順鎮守府指揮下
1907(M40)- 9- 9	仙崎発遼東半島方面警備、12 月 3 日佐世保着
1907(M40)-11-18	裏長山列島ウエストベイにおいて射撃標的及び航路標識を設置中座礁、約 1 時間後離礁浸水なし損傷軽微
1908(M41)- 2-19	舞鶴鎮守府指揮下に戻る
1908(M41)- 3- 2	測量艦
1908(M41)- 3-25	艦長真野厳次郎大佐 (期前) 就任
1908(M41)- 4-20	横須賀にてデリックで汽艇揚収中上部ブロックの取付リング切断、汽艇が落下、死者 1 負傷 2
1908(M41)- 5-29	柏原湾発東亜ロシア領方面密猟、密輸取り締まりのため巡航、8 月 23 日柏原湾着
1908(M41)- 9-15	艦長山口徳四郎大佐 (期前) 就任
1908(M41)- 9-22	第 3 予備艦
1909(M42)- 7-20	除籍

[資料] この 2 隻については建造の経緯等を示す公文書等はいろいろあるが、図面等の技術資料は全く残されておらず、また要目簿 (明細表) のたぐいもない。就役期間が長かったので写真はいろいろ残されているが、この 2 隻を正確に識別するのはむずかしい。明治 22 年 8 月の指令では識別のため金剛は赤線、比叡は黒線 (舷側上縁) の識別線を塗色することになっているが、白黒写真ではその区別はなかなか困難である。

艦　歴/Ship's History (4)

艦　名	比　叡 1/3
年　月　日	記　事/Notes
1875(M 8)- 6-15	命名
1875(M 8)- 9-24	英国ペンブローク、Milford Heven 造船会社で起工
1877(M10)- 6-11	進水
1878(M11)-　-	竣工
1878(M11)- 5-11	艦位 3 等、艦番号 28、定員を 255 人と定める
1878(M11)- 4-14	艦長野沢種鉄中佐(期前)就任
1878(M11)- 5-22	横浜着、東海鎮守府所轄
1878(M11)- 6-22	常備艦
1878(M11)- 7-10	横浜で扶桑、金剛とともに天覧
1878(M11)-11-20	横浜発韓国航海、12 月 1 日門司着
1879(M12)- 4- 2	修復艦横須賀造船所、8 月 16 日完成
1879(M12)- 8-19	艦長伊東祐亨中佐(期前)就任
1880(M13)- 3-18	修復艦横須賀造船所、3 月 29 日完成
1880(M13)- 4- 8	横須賀発インド洋まで航海、9 月 17 日兵庫着
1881(M14)- 2-25	修復艦横須賀造船所、12 月 29 日完成
1881(M14)-12-27	艦長伊東祐亨中佐(期前)就任
1882(M15)- 2-20	修復艦横須賀造船所、5 月 20 日完成
1882(M15)- 7- 7	艦長有地品之允大佐(期前)就任
1882(M15)- 8- 8	横須賀発韓国警備、9 月 18 日馬関着
1882(M15)-10-12	中艦隊司令官隷下に属する
1882(M15)-12-23	艦長笠間広盾大佐(期前)就任
1883(M16)- 2-23	横浜発韓国警備、5 月 12 日長崎着
1883(M16)-10-21	修復艦横須賀造船所、翌年 3 月 20 日完成
1883(M16)-12-15	艦長伊東祐亨大佐(期前)就任
1884(M17)- 2- 8	艦長山崎景則中佐(期前)就任
1884(M17)-12-15	長崎発韓国警備、翌年 1 月 24 日着
1885(M18)-12-28	常備小艦隊に編入
1886(M19)- 5-28	艦長松村正命中佐(期前)就任
1886(M19)- 7-14	艦長隈崎守約大佐(期前)就任
1886(M19)- 8- 7	横須賀鎮守府所轄航海練習艦
1887(M20)-10- 8	艦長吉島辰寧中佐(期前)就任
1888(M21)- 5-28	呉鎮守府所轄航海練習艦
1889(M22)- 3-	呉工廠で缶換装
1889(M22)- 4-17	艦長三浦功大佐(期前)就任
1889(M22)- 7- 2	艦長松村正命大佐(期前)就任
1889(M22)- 8-14	横須賀発金剛とともにハワイ方面遠洋航海、翌年 2 月 22 日品川着
1890(M23)- 2-28	艦長田中綱常大佐(期前)就任
1890(M23)- 4-18	神戸沖海軍観兵式参列
1890(M23)- 5-24	役務を解き練習艦
1890(M23)- 8-23	第 1 種

艦　歴/Ship's History (5)

艦　名	比　叡 2/3
年　月　日	記　事/Notes
1890(M23)-10- 5	横須賀発遭難トルコ軍艦エルトゥールルの生存者送還兼候補生遠洋航海のため、金剛とともにトル
	コ、コンスタンチノープルまで航海、翌年 5 月 10 日着
1891(M24)- 6-17	艦長森又七郎大佐(1 期)就任
1891(M24)- 9-20	品川発豪州方面遠洋航海、翌年 5 月 10 日着
1892(M25)- 6- 8	第 3 検査施行につき役務を解く
1893(M26)- 4-18	機関部修理認可呉工廠
1893(M26)- 5- 2	船体部修理及び小蒸汽新造認可呉工廠、翌年 2 月完成予定
1894(M27)- 6- 8	艦長心得桜井規矩之左右中佐(3 期)就任
1894(M27)- 7- 2	常備艦隊に編入
1894(M27)- 8-10	威海衛砲撃に参加、発射弾数 17cm 砲 -3、15cm 砲 -3
1894(M27)- 9-17	黄海々戦に参加、被弾数 22、戦死 20、負傷 33、発射弾数 17cm 砲 -20、15cm 砲 -55、12cm 砲 -6
	25mm 機砲 -1,300、11mm 機銃 -2,200、本隊後部に位置していた本艦は低速のため遅れ敵陣の中
	央突破をはかり敵弾が集中、松島に次ぐ人的被害を生じる、被害の大半は定遠の放った 30cm 砲弾
	によるもの、火災を生じ戦列を離脱
1894(M27)- 9-27	長崎着損傷部修理、後呉に回航 11 月はじめまで修理、11 月 9 日再度出撃
1894(M27)-10-14	西海艦隊に編入
1894(M27)-11-15	第 2 遊撃隊に区分
1895(M28)- 6- 7	警備艦
1895(M28)- 7-29	兼練習艦
1895(M28)- 9-28	艦長外記康昌大佐(3 期)就任
1895(M28)-10-10	役務を解く、神戸川崎造船所で機関修理 11 月完成
1896(M29)- 1-18	第 1 予備艦
1896(M29)-10-24	練習艦
1896(M29)-11-17	艦長植村永孚大佐(2 期)就任、呉工廠で機関修理 12 月完成
1897(M30)- 4-13	横須賀発北米西岸に遠洋航海、9 月 20 日着、遠航前に横須賀で旧式長 8cm クルップ砲 2 門を
	47mm 山内軽速射砲 2 に換装
1897(M30)-12- 1	艦長中山長明大佐(5 期)就任
1898(M31)- 2-	呉工廠で機関修理 3 月完成
1898(M31)- 3-21	3 等海防艦に類別
1898(M31)- 3-26	演習中濃霧のため第 26 号水雷艇と衝突、同艇は沈没 4 名行方不明、4 名負傷、本艦の乗員 2 名救助
	作業中溺死
1898(M31)- 7-	呉工廠で機関修理 10 月完成
1899(M32)- 3-19	横須賀発北米西岸に遠洋航海、8 月 28 日着
1899(M32)- 9-11	第 1 予備艦、呉工廠で機関修理 10 月完成
1899(M32)- 9-29	艦長早崎源吾大佐(3 期)就任
1899(M32)-11-17	練習艦
1899(M32)-11-20	艦長丹治寛雄大佐(5 期)就任
1900(M33)- 2-21	横須賀発金剛とともに豪州方面に遠洋航海、7 月 31 日着
1900(M33)- 8-11	第 3 予備艦、呉工廠で機関修理 12 月完成
1901(M34)- 7-31	第 1 予備艦

艦　歴 /Ship's History (6)

艦　名	比　叡 3/3
年　月　日	記　事 /Notes
1901(M34)- 9-10	艦長岩崎達人大佐 (期前) 就任
1901(M34)-10- 1	舞鶴鎮守府に転籍
1901(M34)-10-31	練習艦
1902(M35)- 2-19	横須賀発金剛とともに豪州方面に遠洋航海、8 月 25 日着
1902(M35)- 9-10	第 1 予備艦
1902(M35)-10-14	練習艦
1902(M35)-10-23	艦長高木助一中佐 (9 期) 就任
1903(M36)- 7- 7	艦長松村直臣中佐 (9 期) 就任
1903(M36)-10-15	常備艦隊に編入
1903(M36)-12-28	警備艦、舞鶴鎮守府司令長官の指揮下におく
1904(M37)- 1-12	艦長佐々木広勝大佐 (7 期) 就任
1904(M37)- 2- 4	舞鶴軍港警備艦として日露戦争従事
1904(M37)- 3-27	舞鶴工廠で機関修理 4 月 1 日完成
1904(M37)- 5- 3	舞鶴工廠で機関修理 6 月 10 日完成
1904(M37)- 9-23	舞鶴工廠で機関修理 10 月 27 日完成
1905(M38)- 1-12	旅順鎮守府艦隊に編入
1905(M38)- 7-11	第 3 予備艦
1906(M39)- 5-11	艦長秀島成忠中佐 (13 期) 就任、兼金剛艦長
1906(M39)- 8-30	艦長川合昌吾中佐 (10 期) 就任
1907(M40)- 3-15	第 1 予備艦
1907(M40)- 4- 5	測量艦
1907(M40)- 5- 2	艦長土山哲之大佐 (12 期) 就任
1907(M40)-10- 4	第 2 予備艦
1907(M40)-11- 5	艦長羽喰政次郎大佐 (12 期) 就任
1908(M41)- 2- 1	第 1 予備艦
1908(M41)- 3- 2	測量艦
1908(M41)- 9-25	第 3 予備艦、この間舞鶴工廠で備砲換装工事実施、クルップ砲を撤去露式 8cm 砲 6 門、山内 47mm
	軽砲 4 門を装備
1909(M42)- 2-20	第 1 予備艦、艦長森義臣大佐 (14 期) 就任
1909(M42)- 3-15	警備兼測量艦
1909(M42)- 6- 3	片岡湾発カムチャツカ方面警備兼測量任務、9 月 5 日着
1909(M42)-11- 1	第 2 予備艦
1910(M43)- 2-16	艦長志摩猛中佐 (15 期) 就任
1910(M43)- 2-17	第 1 予備艦
1910(M43)- 3-15	警備兼測量艦
1910(M43)- 4-30	千島、樺太方面警備兼測量任務、9 月 17 日着
1910(M43)-10-26	第 3 予備艦
1911(M44)- 4- 1	除籍

清輝 /Seiki・天城 /Amagi・海門 /Kaimon・天龍 /Tenryu

型名 /Class name		同型艦数 /No. in class			設計番号 /Design No.					
艦名 /Name	計画年度 /Prog. year	建造番号 /Build. No	起工 /Laid down	進水 /Launch	竣工 /Completed	建造所 /Builder	建造費 /Cost	設計者 /Designer	除籍 /Deletion	喪失原因・日時・場所 /Loss data
清輝 /Seiki	M6/1873		M06/1873-11-20	M08/1875-03-05	M09/1876-06-21	横須賀造船所	¥201,888(船体・機関のみ)	(仏)シュルセザール・クロード・チボジー①		M21/1888-12-15 駿河湾にて座礁沈没
天城 /Amagi	M8/1875		M09/1876-09-09	M10/1877-03-13	M11/1878-04-04	横須賀造船所	¥241,276(船体・機関のみ)	(仏)シュルセザール・クロード・チボジー①	M38/1905-06-14	
海門 /Kaimon	M10/1877		M10/1877-09-01	M15/1882-08-28	M17/1884-03-13	横須賀造船所	¥619,172(内兵器 3,416 ②)	主船寮長官赤松則良少将 ③	M38/1905-05-21	M37/1904-7-05 日露戦争中触雷沈没
天龍 /Tenryu	M11/1878		M11/1878-02-09	M16/1883-08-18	M18/1885-03-05	横須賀造船所	¥698,107(内兵器 155,467)	主船寮長官赤松則良少将	M39/1906-10-20	

注 /NOTES ①当時横須賀造船所所長として招聘されていた仏人フランソワ・レオンス・ヴェルニーの指導の下、同じく同造船所副所長として招聘されていたチボジーが設計を担当したとされている、仏海軍大技士の出身 ②海軍省年報の数字によるも次の天龍の兵器費と比べても金額が小さ過ぎ、算出基準が異なるものと推定 ③先の2艦の設計を踏襲幾分拡大した設計で日本人として当時主船寮長官だった赤松が横須賀造船所に出向設計に当たったもの 【出典】海軍軍備沿革 / 海軍省年報 /

船体寸法 /Hull Dimensions

艦名 /Name	状態 /Condition	排水量 /Displacement		長さ /Length(m)			幅 /Breadth (m)			深さ /Depth(m)		吃水 /Draught(m)			乾舷 /Freeboard (m)			備考 /Note
				全長 /OA	水線 /WL	垂線 /PP	全幅 /Max	水線 /WL	水線下 /uw	上甲板 /m	最上甲板	前部 /F	後部 /A	平均 /M	艦首 /B	中央 /M	艦尾 /S	
清輝 /Seiki	新造完成 /New (T)	常備 /Norm.	882	66.97		61.15	9.30			4.97				4.05				排水量深さ及び吃水はM16横須賀造船所調べによる
	新造計画 /Design (T)	常備 /Norm.	897															
	公試排水量 /Trial (T)																	
	総噸数 /Gross ton (T)																	
	公称排水量 /Official(T)	常備 /Norm.	897															
天城 /Amagi	新造完成 /New (T)	常備 /Norm.	926	69.40		62.19	9.30			5.47				4.29				排水量深さ及び吃水はM16横須賀造船所調べでは清輝と同じと報告
	新造計画 /Design (T)	常備 /Norm.	1,030															
	公試排水量 /Trial (T)																	
	総噸数 /Gross ton (T)		515.45															
	公称排水量 /Official(T)	常備 /Norm.	926															
海門 /Kaimon	新造完成 /New (T)	常備 /Norm.	1,490	70.15		64.26	9.90			6.45		4.90	5.62	5.27		2.20		海門要目簿-M37による
	新造計画 /Design (T)	常備 /Norm.	1,367									4.70	5.30	5.00				排水量深さ及び吃水はM16横須賀造船所調べでは1,367T、深さ6.35、吃水4.7(首)5.8(尾)mの報告あり
	公試排水量 /Trial (T)																	
	総噸数 /Gross ton (T)		780.30															
	公称排水量 /Official(T)	常備 /Norm.	1,358															
天龍 /Tenryu	新造完成 /New (T)	常備 /Norm.	1,547	70.50		64.78	10.84			6.71				5.17				
	新造計画 /Design (T)	常備 /Norm.	1,547															
	公試排水量 /Trial (T)																	
	総噸数 /Gross ton (T)		925															
	公称排水量 /Official(T)	常備 /Norm.	1,547															

注 /NOTES ①各文献、資料によりこれらの各艦に対してさまざまな数値の排水量が存在する、一応それらを上表のように整理してみたが多分に推定部分があることを承知されたい、海門の新造完成とした1,490Tの数値は海門要目簿よりとったが、これは海門の明治37年の測量艦任務時代の排水量を示す可能性が高い 【出典】海軍省報告書 / 横須賀海軍船廠史 / 日本近世造船史 / 帝国海軍機関史 / 海門要目簿

解説 /COMMENT

[清輝] 日本海軍創設後最初の国産軍艦で、当時唯一の国立造船施設であった横須賀造船所で所長の仏人ヴェルニーに当初2,600トンの木造軍艦として設計、建造を委託したが、ヴェルニーは艦材の不足からより小型の800トン級スループの建造を進言、それをいれて設計を委託したもので、実質的には同じく仏人で副所長であったチボジーがヴェルニーの指導の下に実際の設計を担当したものらしい。海軍創設時造船を担当する部署は「造船局」が創設されたが、明治5年10月には早くも「主船寮」と改称、明治9年9月には再度「主船局」と改められる。当時、日本側でヴェルニーに艦船の新造を委託した責任者はこの主船頭の赤松則良であったという。

当時の日本海軍としては保有する雑多な艦船よりひとつでも有力艦をということから、2,600トン型を要求したものらしかったが、当時木造艦の艦材は伊豆半島の天城山中等より供給されていたもので、大型艦となると艦材の取得は容易ではなく、また最初の国産軍艦としてはこれをモデルに以後日本人の手で設計、建造を行うには過大とヴェルニーが判断した可能性もあった。

「清輝」は明治6年11月に起工、約1年4か月で明治8年3月に天皇の行幸をあおいで無事に進水、翌年6月に竣工した。備砲は当時英国アームストロング式とドイツのクルップ式の優劣が問われて、クルップ式の採用が決定、本艦はクルップ式備砲で統一された最初の艦であった。当然、設計を担当したヴェルニーから搭載する備砲の重量上限25トンが提示されて、15cmクルップ砲1門、12cmクルップ砲4門、補助砲として安式6斤砲1門、4斤山砲2門と関連弾薬装備数が決まったのであった。当時クルップ砲との比較実験に用いられたアームストロング砲は7インチ(18cm)前装砲で、アームストロング砲は1860年代の後装砲が尾栓の不備から事故を多発した反動で前装砲に逆戻りし、当時有力な後装砲がまだ出現していなかった。そのため、砲の威力自体に大きな差はなかったが、取り扱い上の利点からクルップ式に軍配が上がったものであった。

清輝の搭載したクルップ砲は最新型とはいえなかったが、弾薬も全てクルップ代理店のアーレンス商会を通して購入することになり西南戦争で消耗した分は、実際に届いたのは明治11年10月のことで、それまで多分定数を満たすことはなかったものと推定される。

清輝は西南戦争に参加後、明治11年1月に1年3か月、全航程2万6千浬という欧州訪問の大航海を実施、最初の国産軍艦によ

清輝 /Seiki・天城 /Amagi・海門 /Kaimon・天龍 /Tenryu

機　関 /Machinery

		清　輝 /Seiki	天　城 /Amagi	海　門 /Kaimon	天　龍 /Tenryu
主機械 /Main mach.	型式 /Type ×基数 (軸数)/No.	横置 2 段膨張還動式 3 気筩機関 /Recipro. engine × 1		横置 2 段膨張 2 気筩反面接合機関 /Recipro. engine × 1	
缶 /Boiler	型式 /Type ×基数 /No.	片面戻火缶 / × 2	高円両面缶 / × 2	高円缶 / × 4	
	蒸気圧力 /Steam pressure(kg/cm²)	3.16	3.16	4.22 ①	4.22
	蒸気温度 /Steam temp (℃)				
	缶換装年月日 /Exchange date	M19/1886	M23/1890-8	M33/1900-11	M33/1900-11
	換装缶型式・製造元 /Type & maker	片面戻火缶× 2　横須賀造船所	片面戻火缶× 2　旧清輝搭載缶を引揚げ流用	高円缶× 4　三菱長崎造船所	高円缶× 4　呉工廠
計画 /Design (自然通風 / 強圧通風)	速力 /Speed(ノット /kt)	9.6/	11.0/	12.0/	12.0/
	出力 /Power(実馬力 /IHP)	700/	720/	1,250/	1,250/
	回転数 /(rpm)	82/	82/	80/	80/
新造公試 /New trial (自然通風 / 強圧通風)	速力 /Speed(ノット /kt)			12.9/ ①	11.252/
	出力 /Power(実馬力 /IHP)			1,306.5/ ①	1,102/
	回転数 /(rpm)			71/ ①	41/
改造公試 /Repair T. (自然通風 / 強圧通風)	速力 /Speed(ノット /kt)		9.8/ (M22/1889-12 缶換装公試)	12.5/ (M33/1900-11-19 缶換装公試)	11.996/ (M33/1900-11-27 缶換装公試)
	出力 /Power(実馬力 /IHP)		556/	1,041.6/	1,167/
	回転数 /(rpm)		76/	67.6/	76.57/
推進器 /Propeller	直径 /Dia.(m)・翼数 /Blade no.	3.61・4 翼	3.40・4 翼	3.96 ①・4 翼	3.65・2 翼
	数 /No.・型式 /Type	× 1・青銅普通型	× 1・青銅普通型	× 1・青銅普通型	× 1・青銅普通型
舵 /Rudder	舵型式 /Type・舵面積 /Rudder area(m²)	非釣合舵 /Non balance・	非釣合舵 /Non balance・	非釣合舵 /Non balance・5.946	非釣合舵 /Non balance・
燃料 /Fuel	石炭 /Coal(T)・定量 (Norm.)/ 全量 (Max.)	/128.86	132/150	/197	/204
航続距離 /Range(浬 /SM- ノット /Kts)		1 昼夜消費石炭量 16.5T(2.8 万斤)	1 昼夜消費石炭量 13T(2.2 万斤)	1 時間 1 馬力当たり消費石炭量 1.825T(M33 公試)	1 時間 1 馬力当たり消費石炭量 1.040T(M33 公試)
発電機 /Dynamo・発電量 /Electric power(V/A)		新造時発電機なし	新造時発電機なし	新造時発電機なし	新造時発電機なし
新造機関製造所 / Machine maker at new		横須賀造船所 (計画同副所長チボジー仏人)	横須賀造船所 (計画同副所長チボジー仏人)	横須賀造船所 (計画担当主任渡辺忻三)	横須賀造船所 (計画担当主任渡辺忻三)
帆装形式 /Rig type・総帆面積 /Sail area(m²)		バーク /Bark・622.33	バーク /Bark・830.82	バーク /Bark・812	バーク /Bark・570.735

注 /NOTES ①ここに掲げた数値は < 海軍機関史 > によったが、M22-11-29 東京湾における海門の公試記録 (公文類纂) によれば自然通風全力において 4 回試航の平均速力 11.185 ノット、回転数 62、実馬力 880.675、缶気圧 50.75lb/in²(3.568kg/cm²) 缶温度 131℃、推進器直径 4.200m とかなり異なる数値あり、その他各艦の後年の公試記録を掲げると、M34-12-11 天城公試 / 速力 -7.3kt　出力 -576.13　回転数 -73.2　M36-3-23 海門公試 / 速力 -13.3kt　出力 -1,020.32　回転数 -67.5　M36-12-20 天龍公試 / 速力 -10.9kt　出力 -1,113.42　回転数 -71.9　の記録あり　【出典】帝国海軍機関史 / 日清戦争書類 / 極秘版明治三十七、八年海戦史 / 横須賀海軍船廠史 / 日本近世造船史

る当時の一大壮挙であった。航海に要した費用は約 95,170 円といわれており、本艦建造費の 1/21 に相当する。
初の国産軍艦として特に難しい船ではなかったが、当時の技術水準では実際に就役後は特に機関のトラブルが多く、欧州訪問航海でも、途中往路マルタで入渠修理、さらに帰途ツーロン、マルタ、ボンベイでそれぞれ機関の修理を実施している。明治 19 年に新缶に換装、同 21 年には航海練習艦となり艦隊より除かれていたが、海軍機関練習生の実習航海中に座礁沈没して喪失した。最初の国産軍艦の割には残された写真も少なく、訪欧中の写真も余り知られていない。艦名の意味は成語で清らかな光の意、襲名艦なし。

[天城] 清輝の 2 年後に建造された略同型の横須賀造船所製国産軍艦で、若干大型化されている。設計は清輝と同じく仏人のチボジーのデザインとされており、機関も同型とされているが細かい部分で改正が試みられ、推進器、復水器等に変更が加えられているという。
完成時期はほぼ英国製の装甲コルベット金剛、比叡と同時期で、半分以下の大きさしかなく兵装も劣っており第一線級の艦艇というわけにはいかず、完成早々朝鮮半島の警備、測量任務等についている。
兵装は同じくクルップ式備砲を装備、当初計画では清輝より 12cm 砲を 2 門増備する予定であったが、日本側の要求で 15cm 自在砲の代わりに 17cm 自在砲を装備することになり、12cm 砲は 4 門のままとされ全体では幾分強化されることになった。清輝同様就役後の機関トラブルは少なくなく、明治 23 年には早くも缶の換装を実施、先に缶の換装直後に海難事故で失われた清輝の缶を回収したものを旧缶に換えて天城に搭載した。
日清戦争時までにクルップ 17cm 自在砲は撤去され、代わりにクルップ 12cm 舷側砲が 2 門が増備、他に 47mm 軽砲 2 門、1" 5 連ノルデンフェルト機砲 2 基が装備されている。多分この船体では 17cm 砲は過大であったと思われ、チボジーは新造時にこれを心配していたふしがある。明治 31 年には火薬庫改造、艦内各区画の改造さらに艦内居住区の通風装置の新設等の工事を行っており以後日露戦争終了時近くまで後方任務についていた。除籍後は鳥羽商船学校に払い下げられ練習船として用いられたらしい。
艦名は伊豆半島にある山名によったもので、当時は木造艦船の艦材の伐採地として知られていた。後に 2 代にわたり襲名される。

[海門] 横須賀造船所建造の 3 隻目の木造スループで、明治 10 年 9 月に先の天城から 2 年後に起工された。排水量はほぼ 1.5 倍に大型化されており、全体をスケールアップした形で艦型的には大きな変化はない。明治 10 年初頭にヴェルニーは雇傭期間満了で帰国しており、チボジーも同様に同年 3 月末に帰国してしまい、これ以降は横須賀造船所での新造艦船の計画、設計は日本人が主導することになった。これを見越して明治 9 年には主船寮長官の赤松則良少将が横須賀造船所在勤になり、仕事の引き継ぎを行っていたもので、この海門は日本人の手で設計されたとはいうものの、帰国前のヴェルニーやチボジーがその設計に際していろいろアドバイスやチェックを行ったことは容易に想像し得るところである。
その意味では清輝を原型とする木造スループは日本人主導の最初の設計艦としては手頃なものといえた。本艦については明治 10 年 2 月に主船局に基本計画書が提出され、3 月 26 日に承認されて、仕様書と詳細図面が作成されて同年 6 月に主船局に提出承認されて新造工事がスタートしたもので、同時に同型艦 1 隻 (天龍) の建造も承認されていた。
しかし、起工後の本艦の工事はかなりスローペースで進水まで 5 年もかけて明治 15 年 8 月に進水、竣工にはさらに 2 年弱を要しており、天城の倍以上の建造期間を要している。この理由は明確ではないが、艦材の入手が困難だったのか、設計の手直しを行っていたのか何らかの障害があったものと推定される。
機関も日本人の設計で、船体の大型化により出力もアップされ、速力も 3 ノットほど向上している。兵装も再度クルップ式 17cm 砲 1 門、同 12cm 砲 6 門が装備され、この主要装備は日露戦争時までほぼ変わりないが、明治 30 年ごろから以降は測量艦として用いられることが多く、明治 29 年に測量任務に適した改造が施され、測量艇 (和船)4 隻を搭載するため従来の短艇ピンネース、カッター、ガレー各 1 隻が降ろされ、小蒸気艇 1 隻を増備、ダビットの改正、前部艦橋、製図室の新設、17cm 砲と 12cm 砲 2 門を撤去 (定数上は残存、弾薬等はそのまま)、煙突の固定化、帆装装置、舷梯装置改造等が実施された。また、明治 33 年には缶の換装も実施している。
日露戦争時に大連湾付近で触雷により沈没したが、この時も 17cm 砲と 12cm 砲 2 門は装備していなかった < 公文備考 - 海門亡失兵器報告 >　触雷時は僅か 4 分で沈没、21 名が戦死、艦長も運命を共にしている。

清輝 /Seiki・天城 /Amagi・海門 /Kaimon・天龍 /Tenryu

兵装・装備 /Armament & Equipment

		清　輝 /Seiki ①	天　城 /Amagi	海　門 /Kaimon ②	天　龍 /Tenryu
砲熕兵器 / Guns	主砲 /Main guns	旧 15cm20 口径 クルップ自在砲 /Krupp, pivot × 1 弾× 100(全数以下同じ)	80 年前式 17cm25 口径 クルップ自在砲 /Krupp, pivot × 1 弾× 100(全数以下同じ)	80 年前式 17cm25 口径 クルップ自在砲 /Krupp, pivot × 1 弾× 125(全数以下同じ)	80 年式軽 17cm25 口径 クルップ自在砲 /Krupp, pivot × 1 弾× 125(全数以下同じ)
	備砲 /2nd guns	旧 12cm24 口径 クルップ砲 /Krupp × 4、弾× 400	80 年前式 12cm25 口径 クルップ砲 /Krupp × 4、弾× 400 12cm 臼砲 /Mortar × 1	80 年前式 12cm25 口径 クルップ砲 /Krupp × 6、弾× 600 12cm 臼砲 /Mortar × 2	80 年前式 15cm25 口径 クルップ自在砲 /Krupp, pivot × 1 弾× 125(全数以下同じ) 80 年前式 12cm25 口径 クルップ砲 /Krupp × 4、弾× 400
	小砲 /Small cal. guns	6 lb 安式砲 /Armstrong × 1 短 4 斤山砲 /Ground gun ×	長 8cm クルップ砲 /Krupp × 2 8cm ブロードウェル砲 /Broadwell × 1(短艇用)	短 7.5cm クルップ砲 /Krupp × 1	短 7.5cm クルップ砲 /Krupp × 1
	機関砲 /M. guns	1"4 連ノルデンフェルト砲 /Nordenfelt × 3 (M16/1883 装備)	1"4 連ノルデンフェルト砲 /Nordenfelt × 3 (M16/1883 装備)	1"4 連ノルデンフェルト砲 /Nordenfelt × 4 11mm5 連ノルデンフェルト砲 /Nordenfelt × 1	1"4 連ノルデンフェルト砲 /Nordenfelt × 4
個人兵器 /Personal weapons	小銃 /Rifle	マルチニー銃× 60	■ M27/1894-7-26 80 年前式 12cm25 口径 クルップ砲 /Krupp × 6、弾× 600 長 8cm クルップ砲 /Krupp × 2、弾× 200 8cm ブロードウェル砲 /Broadwell × 1、弾× 170 47mm 軽保式砲 /Hotchkiss × 2、弾× 270 1"4 連ノルデンフェルト砲 /Nordenfelt × 2、弾× 11,520 マルチニー銃× 85　弾× 25,500 拳銃× 32　弾× 4,560 ■ M37/1904 80 年前式 12cm25 口径 クルップ砲 /Krupp × 6 弾× 1,200 47mm 軽山内砲 /Yamanouchi × 2 47mm 軽保式砲 /Hotchkiss × 2　弾× 1,600 1"4 連ノルデンフェルト砲 /Nordenfelt × 2　弾× 10,000 35 年式海軍銃× 61　弾× 18,800 1 番形拳銃× 16　弾× 1,930 モーゼル拳銃× 3　弾× 560	■ M27/1894-7-26 80 年前式 17cm25 口径 クルップ自在砲 /Krupp, pivot × 1 弾× 125(全数以下同じ) 80 年前式 12cm25 口径 クルップ砲 /Krupp × 6、弾× 600 短 7.5cm クルップ砲 /Krupp × 1、弾× 170 1"4 連ノルデンフェルト砲 /Nordenfelt × 4、弾× 20,000 11mm5 連ノルデンフェルト砲 /Nordenfelt × 1 弾× 10,000 マルチニー銃× 115　弾× 34,500 拳銃× 43　弾× 5,160 外装水雷× 18 ■ M37/1904 80 年前式 17cm25 口径 クルップ自在砲 /Krupp, pivot × 1 80 年前式 12cm25 口径 クルップ砲 /Krupp × 6 短 7.5cm クルップ砲 /Krupp × 1 1"4 連ノルデンフェルト砲 /Nordenfelt × 4 11mm5 連ノルデンフェルト砲 /Nordenfelt × 1 35 年式海軍銃× 84　弾× 26,200 1 番形拳銃× 17　弾× 2,040 モーゼル拳銃× 3　弾× 560	■ M27/1894-7-26 80 年前式 17cm25 口径 クルップ自在砲 /Krupp, pivot × 1 弾× 125(全数以下同じ) 80 年前式 15cm25 口径 クルップ自在砲 /Krupp, pivot × 1 弾× 125 80 年前式 12cm25 口径 クルップ砲 /Krupp × 4、弾× 400 短 7.5cm クルップ砲 /Krupp × 1、弾× 170 1"4 連ノルデンフェルト砲 /Nordenfelt × 4、弾× 20,000 11mm5 連ノルデンフェルト砲 /Nordenfelt × 1 弾× 10,000 マルチニー銃× 114　弾× 34,300 拳銃× 43　弾× 5,160 外装水雷× 18 ■ M37/1904 80 年前式 12cm25 口径 クルップ砲 /Krupp × 4 (クルップ式 17cm、15cm 砲各 1 は M30-31 に撤去) 短 7.5cm クルップ砲 /Krupp × 1 1"4 連ノルデンフェルト砲 /Nordenfelt × 4 11mm5 連ノルデンフェルト砲 /Nordenfelt × 1 35 年式海軍銃× 80　弾× 24,000 1 番形拳銃× 17　弾× 2,040
	拳銃 /Pistol				
	舶刀 /Cutlass				
	槍 /Spear				
	斧 /Axe				
水雷兵器 /Torpedo weapons	魚雷発射管 /T. tube				
	魚雷 /Torpedo				
	その他				
電気兵器 /Elec.Weap.	探照灯 /Searchlight	装備せず			
艦載艇 /Boats	汽艇 /Steam launch				
	ランチ /Launch				
	ピンネース /Pinnace				
	カッター /Cutter				
	ギグ /Gig				
	通船 /Jap. boat				
	(合計)	× 5	× 5	③	

注 /NOTES ①座礁沈没時に兵器類は 12cm 砲 1 門を除いて回収されている ②海門戦没時の兵器類の亡失リスト < 公文備考 > によると、戦没時探照灯は装備していなかったもよう、当時の搭載砲は M36 の上記砲に対して 12cm クルップ砲は 2 門減少、他に短 4 斤山砲 1 門を搭載していたもよう、なお、小銃は 35 年式海軍銃 38 挺、拳銃は 1 番形 14 挺を装備 ③海門要目簿による日露戦争前 M36 年当時の艦載艇は汽艇 (スチーム・カッター)2 隻 (長さ 8.5m)、カッター 1 隻 (長さ 7.9m)、ギグ 1 隻 (長さ 8.1m)、測量艇 4 隻 (長さ 10m) とされている、ただし当時測量任務が主任務であったための特殊装備で、後の日露戦争では多分に変更があったものと推定、天龍の艦載艇については汽艇 1 + 6 隻程度と推定 【出典】掌砲必携 / 公文備考 / 呉海軍工廠造兵部史料集成 / 日清戦争戦時書類 /

艦名の海門は薩摩半島南端の開聞岳からとったもので、開聞 (海門) とも表記される。当時鹿児島に建設予定だった鹿児島造船所で建造を予定していたところから、この艦名がつけられたともいわれている。

[天龍] 本来海門の同型艦として 1 年おいて建造された。当初は海門と同型といわれていたが若干改正が加えられたようで、兵装も前後にクルップ式自在砲 17cm 砲と 15cm 砲を配し、舷側に 12cm 砲 4 門を装備することで海門から幾分改良が加えられていた。

しかし、完成直前の重心試験の結果、復原性能に問題のあることが判明、一応竣工させた後艦隊に編入せず横須賀鎮守府に付属させて、引き続き改正工事を実施することになった。改正工事は後の友鶴事件における場合と同様、舷側水線部にバルジ状の膨らみを設けたもので、片舷 46cm ほどの艦幅増加となった。もちろん、この厚みでは内部は空洞ではなく、木材で充填された構造となっている。

この時代こうした手段で船体にバルジが設けられるのはきわめて珍しく、先の海門ではバルジの追加は行われていないところからも天龍の船体に海門と異なるどのような変更が加えられたのか、または建造上の不備があったのか明らかではないが、基本設計上の問題だとすると日本人設計者の経験不足ということになるのかもしれない。公試結果も海門に比べて速力は 1.6 ノットほど低下していた。

明治 29 年に海門と同様測量任務に専従するため艦の改造、新設工事を行うことになったが、実際に施行されたのは明治 30-31 年ごろであったらしい。特に天龍の場合は艦首形状も改めており、これは艦首バウスプリット下部の受材が腐食、その取替に手間と予算がかかるため、この際帆装も簡易化されることから艦首形状をクリッパー型から直立に近い形状に改めて、受材を廃止したものであった。

■測量任務上の改造、新設は測量艇 2 隻 (5 挺櫓和船、他に 2 隻は既に搭載ずみ) を搭載するためカッター、ギグ各 1 隻を陸揚げその跡に搭載、ピンネースを廃して汽艇を 1 隻増備する (測量艇曳航用)
■測量機器格納室と同修理室及び下士官便所の新設
■中檣にデリック 1 本及び移動用ダビットの新設
■帆装改造、測量任務に不必要な帆装の簡略化をはかり、前、主檣のゲルンマストを廃止、各ヤードも撤去する
■ケプスタンをスチーム・ウインドラスに交換装備、揚錨時の人員、時間短縮のため
■艦橋位置変更、帆装の大幅縮小により後部に艦橋をおくより前部にある方が便利なため、後部艦橋をそのまま前部に移設
■艦内居住区の改造、測量班長室、製図室を設けるため艦長寝室、同公室、同便所を改造、移動、旧砲術長室を測量士室に改造する
■バラスト搭載、備砲撤去等の改造による不釣合を矯正するため、約 30 トンのバラストを後部旧 17cm、15cm 砲弾薬庫内に搭載
■蒸気ポンプ 1 基を増設
■ 80 年式 25 口径 17cm 砲、同 15cm 砲各 1 門を撤去、その跡に製図室、測器格納室等を設ける、各砲の旋回用圓轍及び弾薬庫も撤去されているので定数上での正式な撤去と思われる、なお、同時に 12cm 側砲 2 門も撤去されたが、これは甲板の張り替えのためで、工事終了後修復されている

この後明治 33 年には缶の換装も実施され、日露戦争後の明治 39 年に除籍されるまで、測量任務及び後方任務に従事、ほぼ 20 年で艦歴を終えている。艦名の天龍は東海地方の川名よりとったもので、後に日本海軍最初の軽巡に襲名されている。

ここに掲げた 4 隻の初期国産木造スループは以後の国産艦設計、建造の習作としては手頃なもので、事実完成後も艦隊の第一線に編入されることはなく、補助任務に甘んじていたが、以後の国産巡洋艦発達の一里塚となったともいえよう

[資料] 本型の資料についてはまず清輝であるが、図面や要目簿 (明細表) のたぐいは全く残されていない。僅かに <Engineering> 誌にごく簡単な略図があるのみである。早期に海難で失われたため写真も少なく訪欧航海の割には現地での写真も少ないようである。

ただ明治 43 年 /1910 に日本より英国に送られた本艦の 1/48 の大型精密模型が現在も英国海事博物館に展示されており、艤装の詳細を知ることができる。

天城については < 日本近世造船史 > の付図に艦内側面、上部平面、各甲板平面図があるが、公式図の写図らしく名称等 (P- 44 に続く)

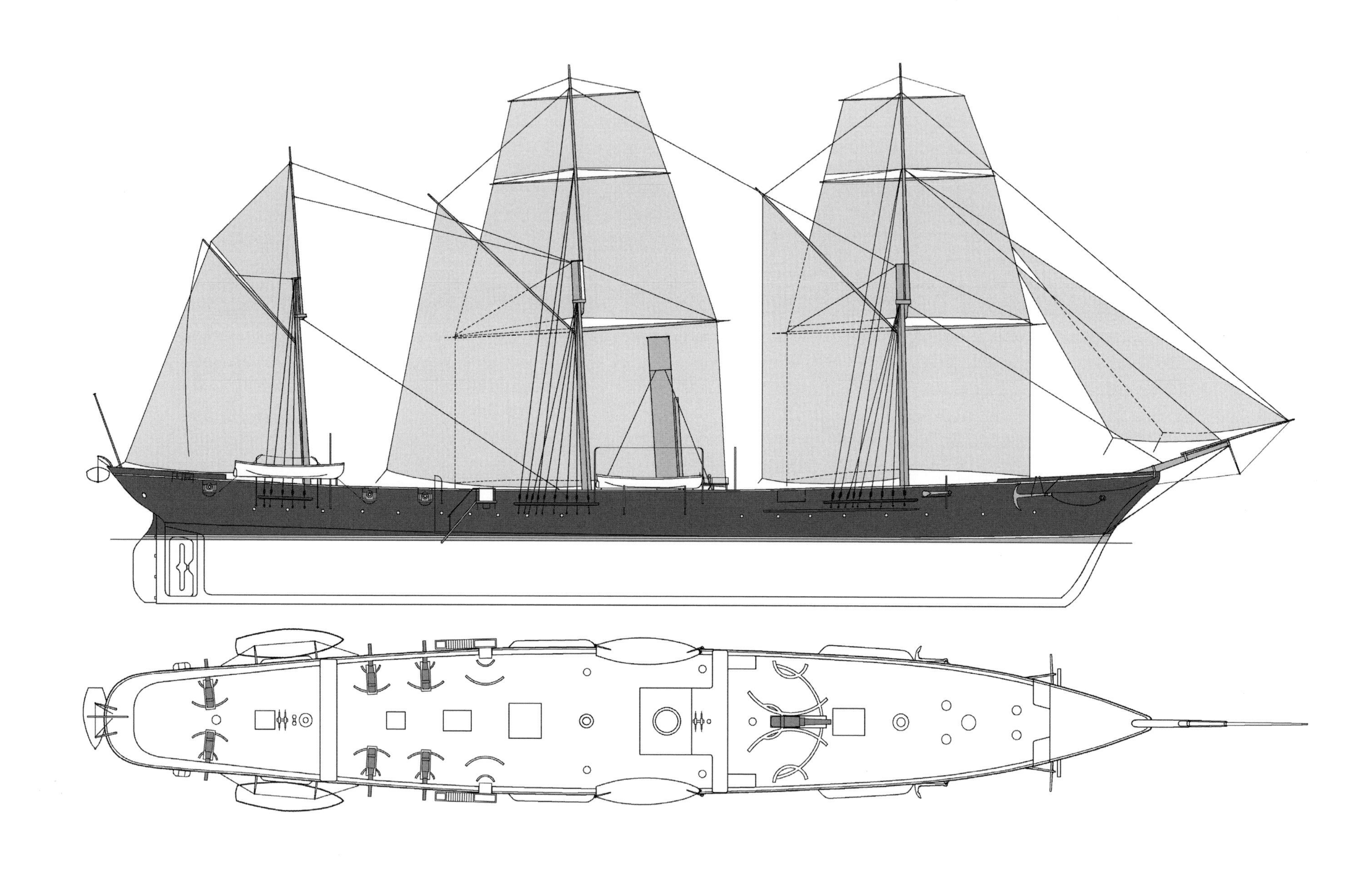

図 1-7-1 [S=1/300] 清輝 側平面 (新造時)

◎新造完成時を示す、最前部の 15cm 砲は中心線上に置かれ両舷への指向が可能となっている、この種の砲を自在砲と称した

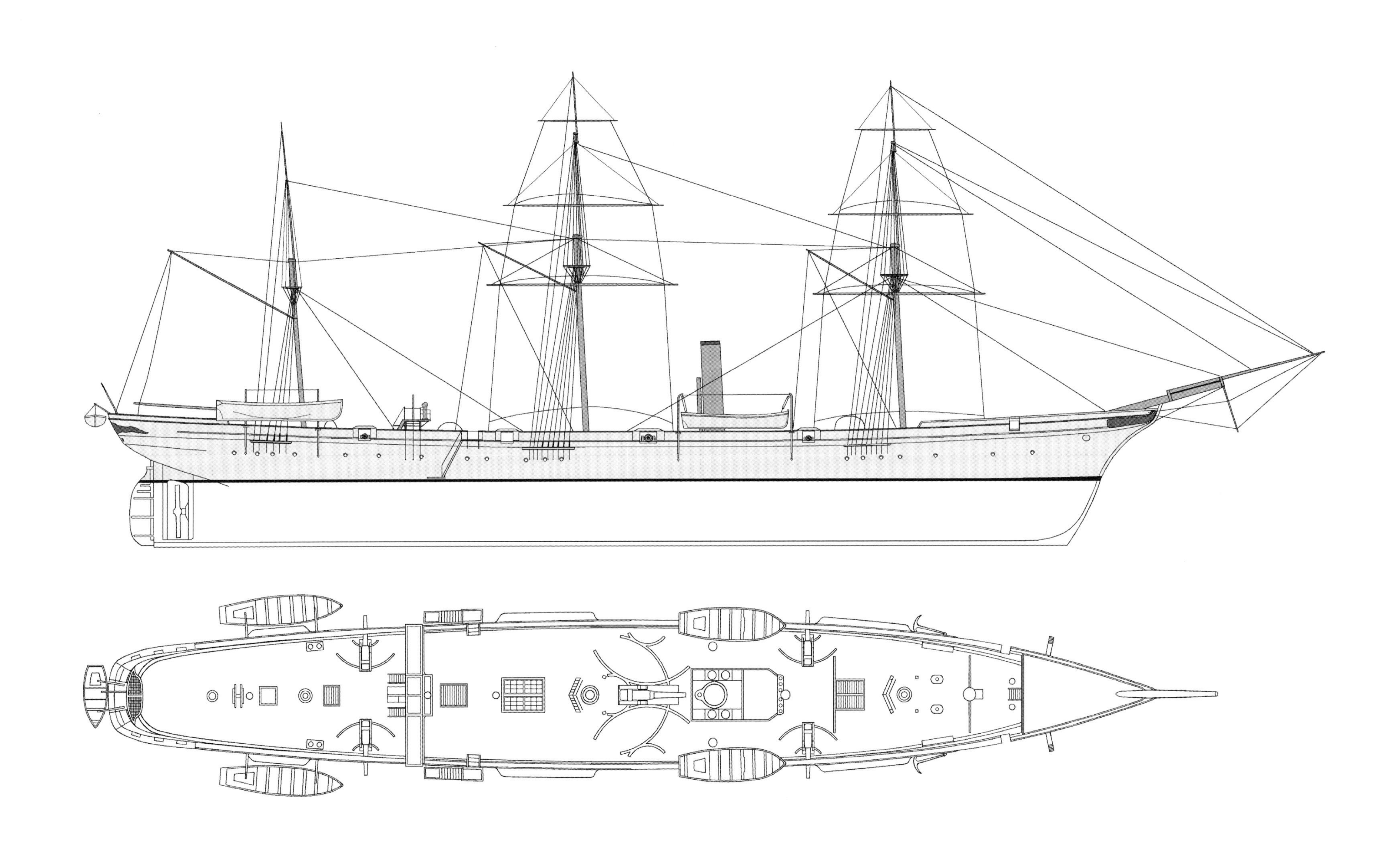

◎新造時の状態を示す、中央の自在砲は 17cm クルップ砲、予定では 15cm 自在砲 1 門と 12cm 舷側砲 6 門を装備するはずであったが、12cm 砲を 4 門に減じて 17cm 自在砲 1 門としたもの

図 1-7-2 [S=1/300] **天城** 側平面 (新造時)

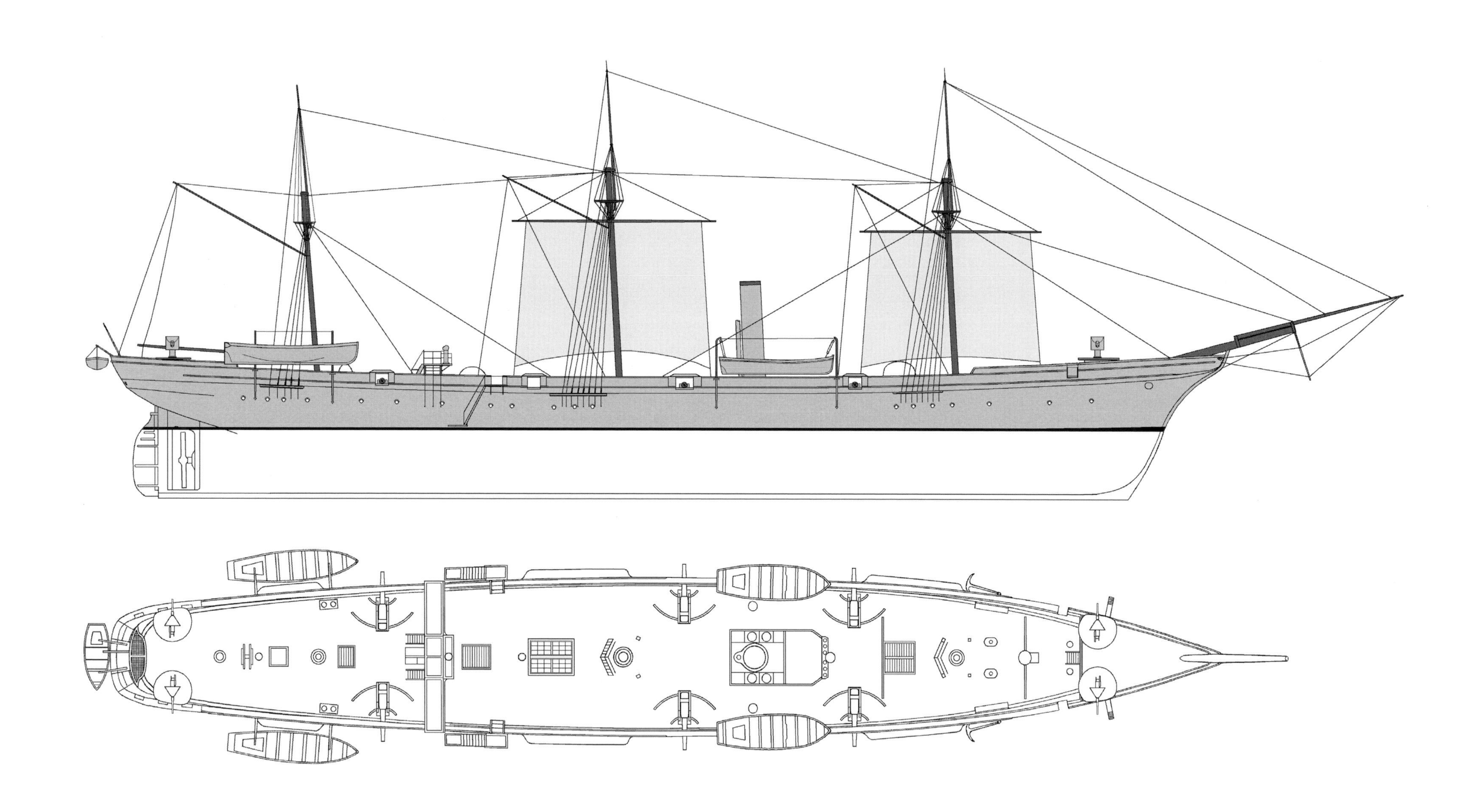

図 1-7-3 [S=1/300] 天城 側平面 (M32/1899)

◎明治 32 年ごろ帆装を減じ各檣のトップ檣を短縮した状態、保式軽 47mm 砲 4 門位置は推定、前部にノルデンフェルト式 1"4 連機砲を装備していたものと推定、この時点でも同機砲 3 基と同式 11mm5 連機砲 1 基を残しているが装備位置については明確でない。明治 24 年に重 47mm 砲 2 門を前部に装備した際、保式 37mm5 連機砲と 10 連ガトリング砲各 1 基をこの位置から後部に移したいとする上申書が残っている、これらの砲は砲術練習艦として臨時に装備していたものと推定できる

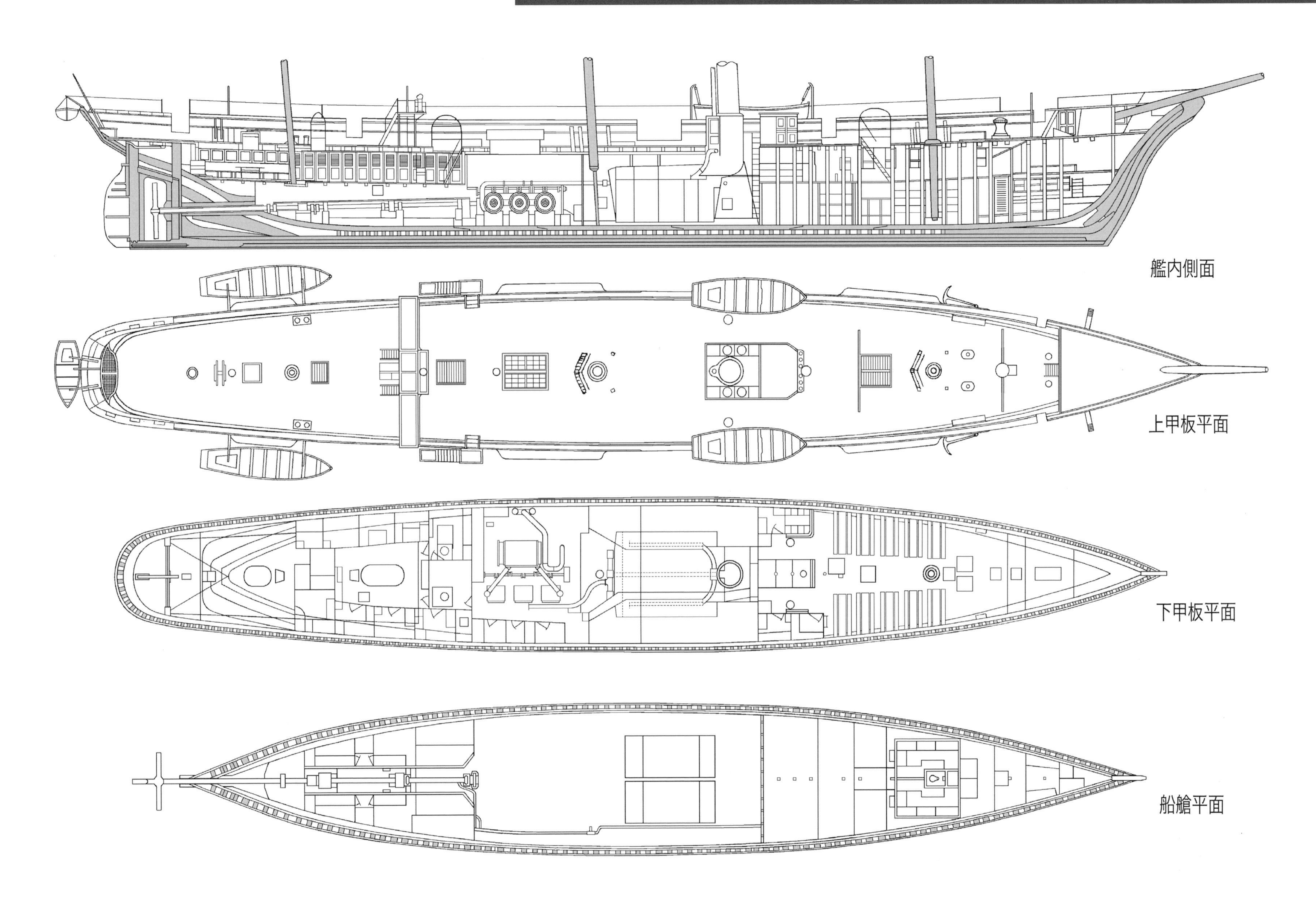

◎新造時の艦内側面及び各甲板平面を示す、西欧形の木造スループの典型的な構造を示す【出典】日本近世造船史

図 1-7-4 [S=1/300] 天城 艦内側面 各甲板平面

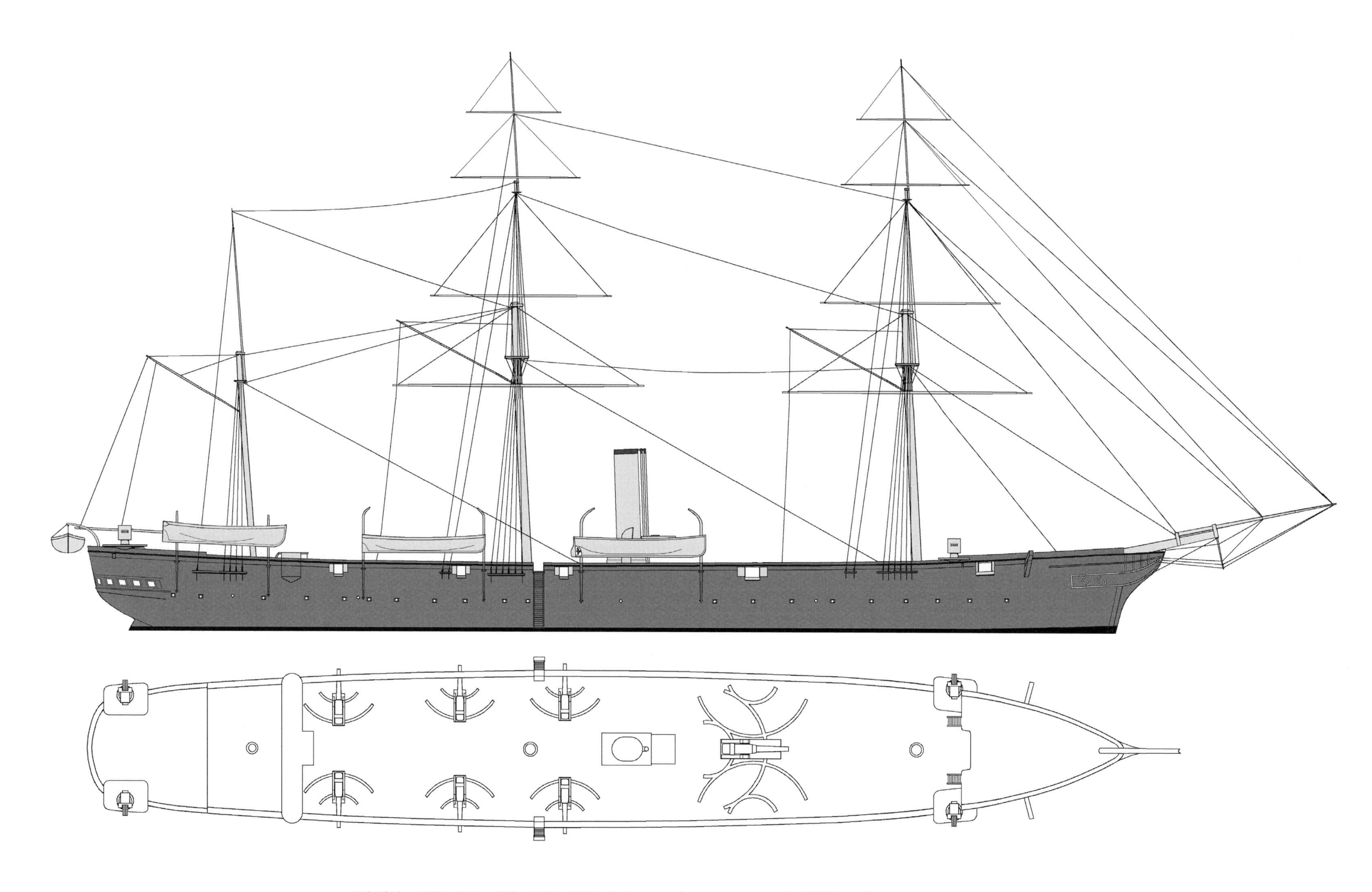

図 1-7-5 [S=1/300] **海門** 側平面 (新造時)

◎新造時の状態を示す、明治 16 年に装備を決めたノルデンフェルト式 1" 4 連装機関砲 4 基が艦首尾の銃座に装備されているが、同じく装備された同式 11mm5 連装機銃 1 基は檣楼砲として採用されたが正確な位置については不明、備砲は克式 17cm 自在砲 1 門と同 12cm 側砲 6 門を装備、天城より幾分強化された

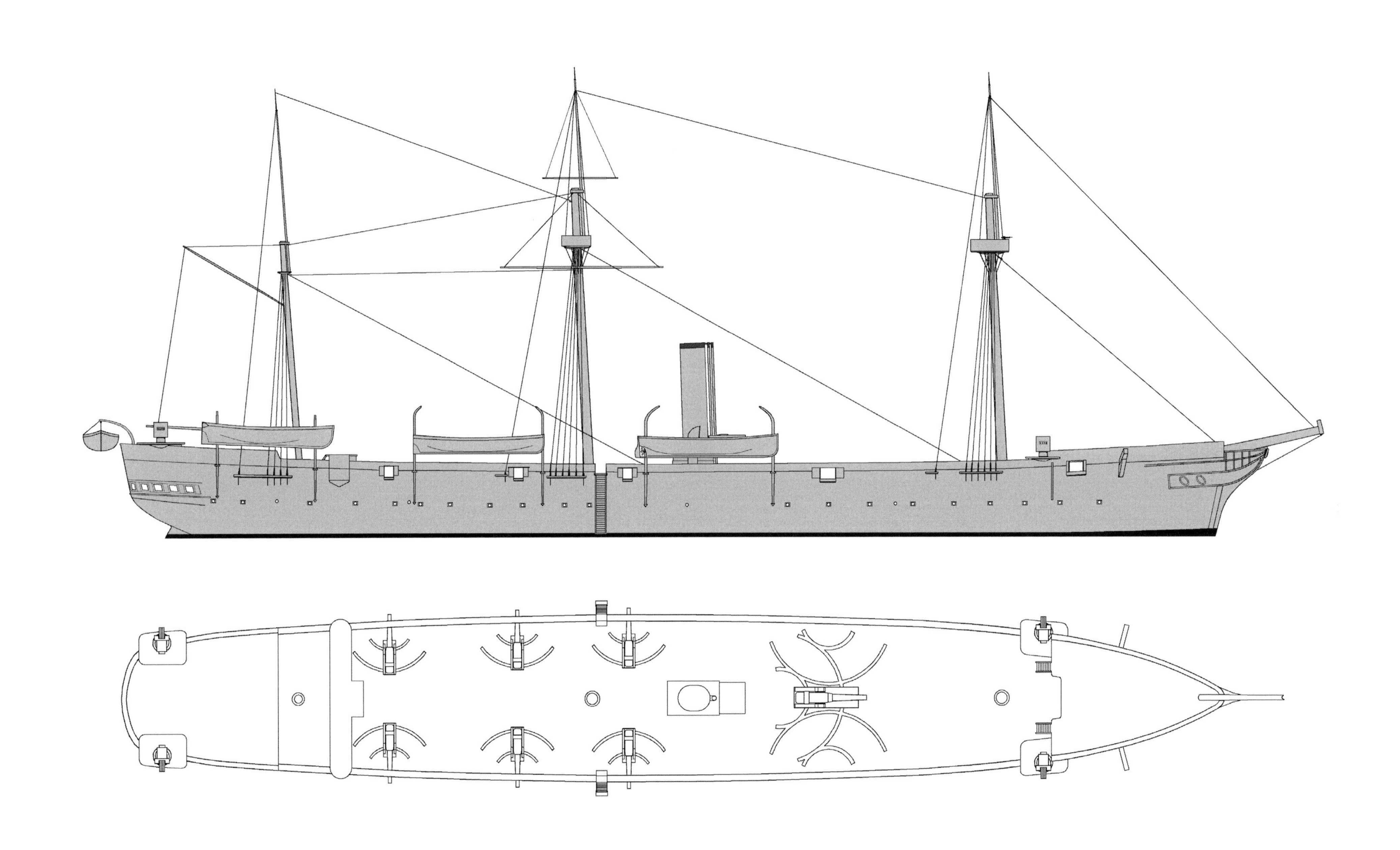

◎明治29年本格的測量艦として改造を実施、帆装を減じ各檣のトップ檣を短縮した状態、その際17cm自在砲1門と12cm側砲2門を陸揚げしたが、定数上は従来通りとされているため図ではそのままとしてある、機砲類の装備数については変化なし

図 1-7-6 [S=1/300]　海門 側平面 (M29/1896)

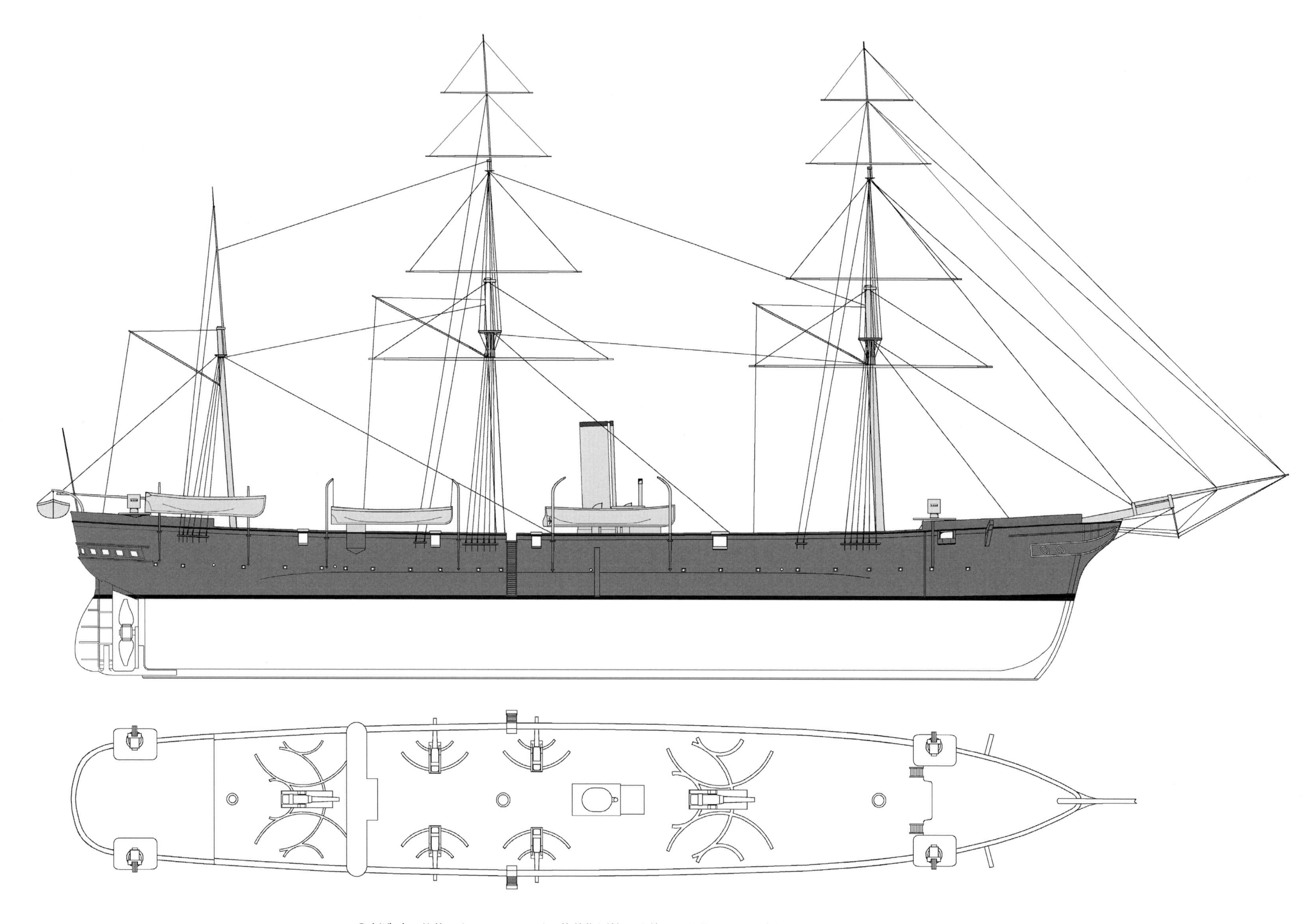

図 1-7-7 [S=1/300] 天龍 側平面 (新造時)

◎新造時の状態であるが，バルジを装着復原性を改善した状態を示す、本艦の備砲は前部に 17cm、後部に 15cm 克式自在砲を、側砲として同 12cm 砲 4 門を配置する、ノルデンフェルト式 1"4 連機砲 4 基は新造時より装備、本艦と海門は後においても 47mm 速射砲を装備することはなかった

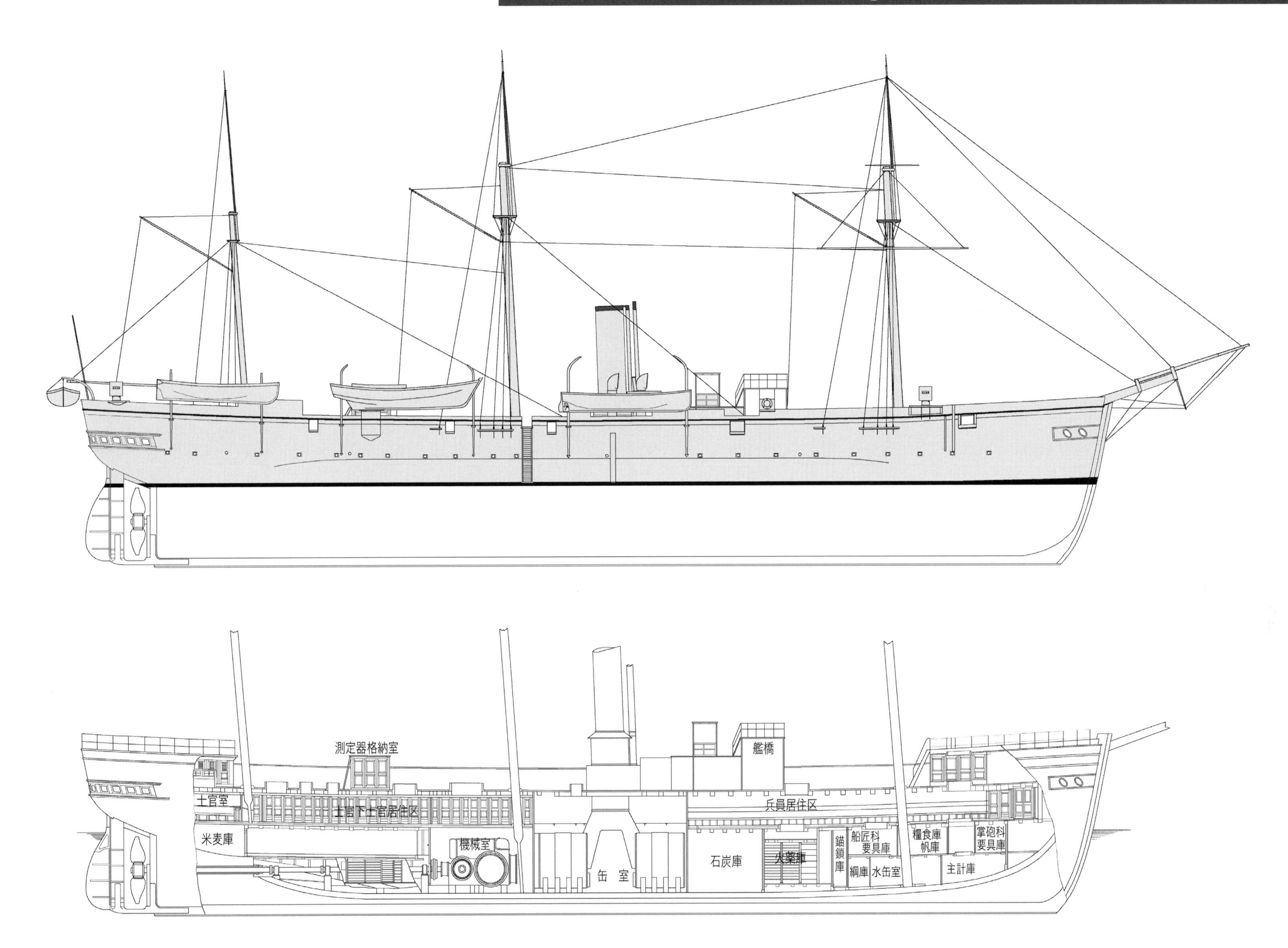

◎上図は明治 33 年頃の状態、明治 28 年に測量艦任務を課せられて以後、明治 30 年 11 月に台湾方面で火薬庫火災事故を生じ翌年呉で修理された際、艦首バウスプリットの受台材が腐食していたためこれを撤去艦首形状を改めた、帆装も減じ各檣のトップ檣を短縮、17cm、15cm 各自在砲 2 門を撤去、搭載短艇の一部を減じて測量艇を搭載、測量艦としての設備を改善している、下図は明治 30 年火薬庫火災事故を生じた際の事故報告書添付の艦内側面図を復元したもの、上甲板に測量機器格納庫等が設けられている、ただし図面上は艦首改正後のものとなっている

図 1-7-8 [S=1/300] **天龍** 側面 艦内側面 (M32/1899)

(P- 35 から続く) の記入はない。この日本近世造船史の付図については、今日では貴重な艦艇の図面が 14 隻分収録されているが、公式図の写図と公式図をそのまま縮小掲載したものがある。

戦後の復刻版では図面が見開きページに掲載されているため図の一部が隠れているが、原書では折り込み 1 枚の形で掲載されているため欠損がなく良好な状態で見ることができる。なお、本書は国会図書館の近代デジタルコレクションで閲覧可能である。

海門については図面資料は残されていないが、明治 37 年の要目簿 (明細表) があり、測量艦時代の本艦の船体関係の要目簿で、機関、兵装については別となっている。

天龍については公式図面も要目簿も残されていないが、明治 30 年に火災事故を起こしたさいの報告書類が < 公文備考 > に掲載されているが、そこに部分図ではあるが本艦の一般配置図の公式図が添付されており、本艦の構造を知る上で参考になる。

なお、海門と天龍の兵装は測量艦任務に際して 17cm 及び 15cm クルップ砲が撤去されており、後にも再搭載されることはなかったと思われるものの、艦の砲の定数としてはそのまま搭載されていたことになっており、要目表上と実艦では相違があったものと思われる。

清輝・天城　定　員 /*Complement (1)*

職名 /Occupation	官名 /Rank	定数 /No.		職名 /Occupation	官名 /Rank	定数 /No.	
艦長	少佐	1	士官 / 8		警吏	1	下士 /15
航海長	大中尉	1			警吏補	2	
分隊長	〃	3			鍛冶長 / 鍛冶長属	1	
分隊士	少尉	2			兵器工長 / 同工長属	1	
分隊士兼航海士	〃	1			木工長属	1	
掌砲長	兵曹長	1	准士 / 3		機関工手	2	
掌帆長	〃	1			火夫長	1	
	木工長	1			火夫長属	2	
機関長	大中機関士	1	士官相当 / 6		看護手	1	
	大中機関士	1			筆記	1	
	機関士補	2		厨宰	主厨	1	
	機関工長	2		割烹手	〃	1	
軍医長	大中軍医	1	士官相当 / 4		1 等水兵	11	卒 /120
	少軍医	1			2 等水兵	28	
主計長	大中主計	1			3、4 等水兵	19	
	主計補	1			1 等若水兵	26	
掌砲長属	1、2、3 等兵曹	2	下士 /15		喇叭手	2	
掌帆長属	1、2 等兵曹	3			鍛冶	1	
前甲板長	2、3 等兵曹	2			塗工	1	
按針手	1、2、3 等兵曹	2			木工	2	
艦長端舟長	2、3 等兵曹	1			1、2 等火夫	9	
大檣楼長	〃	2			3、4 等火夫	5	
前檣楼長	〃	2			1 等若火夫	4	
帆縫手	1、2、3 等兵曹	1			看病夫	1	
					厨夫	9	
					剃夫	1	
					艦長従僕	1	
				(合　計)		171	

注 /NOTES 明治 18 年 12 月 15 日丙 72 による清輝、天城の定員を示す【出典】海軍制度沿革
(1) 分隊長大尉・中尉の 1 名は副長を務める

天城　定　員 /Complement (2)

職名 /Occupation	官名 /Rank	定数 /No.		職名 /Occupation	官名 /Rank	定数 /No.	
艦長	中少佐	1	士官 /12		1等水兵	12	卒 /115
分隊長	少佐 / 大尉	1			2、3等水兵	30	
航海長	大尉	1			4等水兵	41	
分隊長	〃	1			1等信号兵	1	
	中少尉	2			2等信号兵	1	
機関長兼分隊長	機関少監 / 大機関士	1			3、4等信号兵	1	
	中少機関士	1			1等木工	1	
軍医長	大軍医	1			2等木工	1	
	中少軍医	1			1等機関兵	3	
主計長	大主計	1			2等機関兵	6	
	中少主計	1			3、4等機関兵	9	
					1等鍛冶	1	
	上等兵曹	2	准士 / 5		2等鍛冶	1	
	上等機関兵曹	2			2等看護	1	
	船匠師	1			1等主厨	2	
	1等兵曹	4	下士 /26		2等主厨	2	
	2等兵曹	4			3、4等主厨	2	
	3等兵曹	6					
	3等信号兵曹	1					
	2等船匠手	1					
	1等機関兵曹	1					
	2等機関兵曹	2					
	3等機関兵曹	2					
	2、3等看護手	1					
	1等鍛冶手	1					
	2等筆記	1					
	1等厨宰	1					
	3等厨宰	1					
				(合　計)		158	

注 /NOTES 明治29年3月内令1による天城の定員【出典】海軍制度沿革
(1) 上等兵曹の2人は掌砲長と掌帆長の職にあたるものとする
(2) 兵曹長中の1人は砲術教員に、他は掌砲長属、掌帆長属、按針手、艦長端舟長及び各部の長職につくものとする
(3) 掌帆長属の1人は水雷術卒業のものをあて掌水雷長属の職につくことができる

海門　定　員 /Complement (3)

職名 /Occupation	官名 /Rank	定数 /No.		職名 /Occupation	官名 /Rank	定数 /No.	
艦長	大中佐	1	士官 /13		警吏	1	下士 /17
副長	大中尉	1			警吏補	2	
航海長	〃	1			鍛冶長 / 鍛冶長属	1	
分隊長	〃	3			兵器工長 / 同工長属	1	
分隊士	少尉	3			塗工長 / 塗工長属	1	
航海士	〃	1			木工長属	1	
	少尉補	3			機関工手	2	
掌砲長	兵曹長	1	准士 / 3		火夫長	1	
掌帆長	〃	1			火夫長属	3	
	木工長	1			看護手	1	
機関長	大中機関士	1	士官相当 / 9		筆記	1	
	大中機関士	1		厨宰	主厨	1	
	少機関士	1		割烹手	〃	1	
	機関士補	3			1等水兵	18	卒 /176
	機関工長	3			2等水兵	38	
軍医長	大中軍医	1	士官相当 / 4		3、4等水兵	41	
	少軍医	1			1等若水兵	32	
主計長	大中主計	1			喇叭手	2	
	少主計	1			鍛冶	1	
砲術教授	1、2、3等兵曹	1	下士 /16		桶工	1	
掌砲長属	1、2等兵曹	2			木工	3	
掌帆長属	1、2等兵曹	3			1、2等火夫	14	
前甲板長	2、3等兵曹	2			3、4等火夫	7	
按針手	1、2、3等兵曹	2			1等若火夫	5	
艦長端舟長	2、3等兵曹	1			看病夫	1	
大檣楼長	〃	2			厨夫	10	
前檣楼長	〃	2			裁縫夫	1	
帆縫手	1、2、3等兵曹	1			剃夫	1	
					艦長従僕	1	
				(合　計)		238	

注 /NOTES 明治18年12月15日丙72による海門の定員を示す【出典】海軍制度沿革

清輝 /Seiki・天城 /Amagi・海門 /Kaimon・天龍 /Tenryu

海門　定　員 /*Complement (4)*

職名 /Occupation	官名 /Rank	定数 /No.		職名 /Occupation	官名 /Rank	定数 /No.	
艦長	中佐	1	士官 /17		1等水兵	16	卒 /163
副長	少佐	1			2等水兵	44	
航海長	大尉	1			3、4等水兵	59	
分隊長	〃	3			1等信号兵	1	
	中少尉	4			2等信号兵	1	
機関長兼分隊長	機関少監 / 大機関士	1			3、4等信号兵	2	
	中少機関士	2			1等木工	1	
軍医長	大軍医	1			2等木工	1	
	中少軍医	1			3、4等木工	1	
主計長	大中主計	1			1等機関兵	6	
	少主計	1			2等機関兵	9	
	上等兵曹	1	准士 / 4		3、4等機関兵	12	
	上等機関兵曹	2			1等鍛冶	1	
	船匠師	1			2等鍛冶	1	
	1等兵曹	4	下士 /30		2等看護	1	
	2等兵曹	5			1等主厨	2	
	3等兵曹	7			2等主厨	2	
	3等信号兵	2			3、4等主厨	3	
	2等船匠手	1					
	1等機関兵曹	2					
	2等機関兵曹	2					
	3等機関兵曹	2					
	1等鍛冶手	1					
	2、3等看護手	1					
	2等筆記	1					
	1等厨宰	1					
	3等厨宰	1					
				（合　計）		214	

注 /NOTES

明治29年3月内令1による海門の定員を示す【出典】海軍制度沿革

天龍　定　員 /*Complement (5)*

職名 /Occupation	官名 /Rank	定数 /No.		職名 /Occupation	官名 /Rank	定数 /No.	
艦長	大中佐	1	士官 /13		警吏	1	下士 /17
副長	大中尉	1			警吏補	2	
航海長	〃	1			鍛冶長 / 鍛冶長属	1	
分隊長	〃	3			兵器工長 / 同工長属	1	
分隊士	少尉	3			塗工長 / 塗工長属	1	
航海士	〃	1			木工長属	1	
	少尉補	3			機関工手	2	
掌砲長	兵曹長	1	准士 / 3		火夫長	1	
掌帆長	〃	1			火夫長属	3	
	木工長	1			看護手	1	
機関長	大中機関士	1	士官相当 / 8		筆記	1	
	大中機関士	1		厨宰	主厨	1	
	少機関士	1		割烹手	〃	1	
	機関士補	2			1等水兵	15	卒 /168
	機関工長	3			2等水兵	42	
軍医長	大中軍医	1	士官相当 / 4		3、4等水兵	35	
	少軍医	1			1等若水兵	29	
主計長	大中主計	1			喇叭手	2	
	少主計	1			鍛冶	1	
砲術教授	1、2、3等兵曹	1	下士 /16		桶工	1	
掌砲長属	1、2等兵曹	2			木工	3	
掌帆長属	1、2等兵曹	3			1、2等火夫	14	
前甲板長	2、3等兵曹	2			3、4等火夫	7	
按針手	1、2、3等兵曹	2			1等若火夫	5	
艦長端舟長	2、3等兵曹	1			看病夫	1	
大檣楼長	〃	2			厨夫	10	
前檣楼長	〃	2			裁縫夫	1	
帆縫手	1、2、3等兵曹	1			剃夫	1	
					艦長従僕	1	
				（合　計）		229	

注 /NOTES

明治18年12月15日丙72による天龍の定員を示す【出典】海軍制度沿革

天龍　定 員/Complement (6)

職名 /Occupation	官名 /Rank	定数 /No.		職名 /Occupation	官名 /Rank	定数 /No.	
艦長	中佐	1	士官 /18		1 等水兵	15	卒 /158
副長	少佐 / 大尉	1			2、3 等水兵	55	
航海長	大尉	1			4 等水兵	43	
分隊長	〃	3			1 等信号兵	2	
	中少尉	4			2、3 等信号兵	3	
機関長	機関少監 / 大機関士	1			1 等木工	1	
分隊長	大機関士	1			2、3 等木工	2	
	中少機関士	2			1 等機関兵	6	
軍医長	大軍医	1			2、3 等機関兵	15	
	中少軍医	1			4 等機関兵	6	
主計長	大主計	1			1 等鍛冶	1	
	中少主計	1			2 等鍛冶	1	
	上等兵曹	2	准士 / 4		1 等看護	1	
	上等機関兵曹	2			1 等主厨	2	
	1 等兵曹	3	下士 /28		2 等主厨	2	
	2 等兵曹	4			3、4 等主厨	3	
	3 等兵曹	6					
	1 等信号兵曹	1					
	2、3 等信号兵曹	2					
	船匠師	1					
	2 等船匠手	1					
	1 等機関兵曹	1					
	2 等機関兵曹	2					
	3 等機関兵曹	3					
	2、3 等看護手	1					
	2 等筆記	1					
	1 等厨宰	1					
	3 等厨宰	1					
				(合　計)		208	

注 /NOTES 明治 29 年 3 月内令 1 による天龍の定員を示す【出典】海軍制度沿革
(1) 上等兵曹の 2 人は掌砲長と掌帆長の職にあたるものとする
(2) 兵曹長中の 1 人は砲術教員に、他は掌砲長属、掌帆長属、帆縫手及び各部の長職につくものとする
(3) 掌帆長属の 1 人は水雷術卒業のものをあて掌水雷長属の職につくことができる
(4) 信号兵曹の 1 人は信号長にあて、他は按針手を兼ねるものとする

1888(M21)-10-9	機関学校練習生の機関術実地練習艦に兼用す
1888(M21)-12- 7	清水港より尾鷲湾に向け航行中荒天により清水港に引き返す途中、午前 1 時 56 分清水港外宮島村海
	岸に座礁、波浪により船体を大破総員退去、船体は沈没放棄される
1889(M22)- 1-26	船体公売に付す、福沢辰蔵 (東京) へ 2,850 円にて払い下げ

艦　歴 /Ship's History (1)

艦　名	清　輝
年　月　日	記 事 /Notes
1873(M 6)-11-20	横須賀造船所で起工
1873(M 6)-12- 4	命名
1875(M 8)- 3- 5	進水、天皇臨席
1875(M 8)-10-15	艦長 (艤装委員長) 井上良馨少佐 (期前) 就任
1875(M 8)-10-29	番号を 22、艦位 4 等と定める
1875(M 8)-10-31	東部指揮官の指揮下におく
1876(M 9)- 3-22	艦長井上良馨少佐 (期前) 就任
1876(M 9)- 6 -21	竣工
1876(M 9)- 6-22	常備艦
1876(M 9)-11- 5	推進器翼損傷取替の上申
1876(M 9)-11-22	バラスト搭載、和量 10 万斤
1877(M10)- 1-16	横須賀造船所入渠、同 19 日出渠
1877(M10)- 1-	天皇行幸 (京都、大和) の警護役として春日とともに従事
1877(M10)- 2-13	神戸発西南の役従事、戦死 7、負傷 2、10 月 10 日横浜着
1878(M11)- 1-17	横浜発欧州巡航、香港、シンガポール、伊、仏、スペイン、英、トルコ、マニラ等翌年 4 月 18 日着
1879(M12)- 8-19	艦長緒方惟勝少佐 (期前) 就任
1879(M12)- 9-21	修復艦横須賀造船所、14 年 7 月 7 日完成
1880(M13)- 6-13	艦長緒方惟勝少佐病死
1880(M13)- 6-17	艦長儀辺包義少佐 (期前) 就任
1881(M14)- 7- 1	常備艦、東海鎮守府の隷下におかれる
1881(M14)- 7-28	横浜発韓国方面警備、翌年 3 月 25 日長崎着
1881(M14)-10- 9	長崎造船所で修理、同 15 日完成
1882(M15)- 4- 6	長崎造船所で修理、同 10 日完成
1882(M15)- 5-17	横須賀造船所で修理、同 6 月 9 日完成
1882(M15)- 8- 9	横浜発韓国方面警備、9 月 22 日門司着
1882(M15)-10-12	中艦隊司令官の隷下におく
1882(M15)-11-17	横須賀造船所で修理、翌年 5 月 21 日完成
1883(M16)- 3- 3	艦長山崎守約少佐 (期前) 就任
1883(M16)- 7- 6	品川発韓国方面警備、翌年 5 月 13 日馬関着、この時期にノルデンフェルト式 1"4 連機砲 3 基装備
1885(M18)- 2- 8	横浜発韓国、清国方面警備、翌年 5 月 3 日着
1885(M18)- 6-23	艦長野村貞少佐 (期前) 就任
1885(M18)-12-28	常備小艦隊に編入
1886(M19)- 8- 7	横須賀鎮守府予備艦
1886(M19)-12-28	横須賀鎮守府常備艦、艦長河原要一少佐 (2 期) 就任
1887(M20)- 2-24	横須賀発韓国方面警備、12 月 13 日馬関着
1887(M20)-10-27	艦長田尻唯一少佐 (期前) 就任
1888(M21)- 6-21	常備艦を解く、4 月の横須賀造船所における総検査で船体構造木材の傷みがひどく、多大な修理費用
	をかけるより、限定された修理費で今後 3 年間ほどを限度に内航火夫練習船として用いることを決定
1888(M21)- 9-20	航海練習艦
1888(M21)- 9-21	若火夫練習用に供す ----(左に続く)

清輝 /Seiki・天城 /Amagi・海門 /Kaimon・天龍 /Tenryu

艦　歴 /Ship's History (2)

艦　名	天　城 1/2
年　月　日	記 事 /Notes
1875(M 8)- 9- 9	横須賀造船所で起工
1875(M 8)- 9-22	命名
1877(M10)- 3-13	進水
1877(M10)- 9-11	艦位 4 等と定める
1877(M10)-10-30	艦長 (艤装委員長) 松村安種少佐 (期前) 就任
1878(M11)- 3- 7	東海鎮守府に隷属
1878(M11)- 3-14	番号を 15 に定める
1878(M11)- 4- 4	竣工、常備艦、艦長松村安種少佐 (期前) 就任
1878(M11)- 4-28	横浜発韓国測量任務、10 月 11 日長崎着
1878(M11)-12-22	修復艦横須賀造船所、翌年 8 月 3 日完成
1879(M12)- 6-21	艦長滝野直俊少佐 (期前) 就任
1880(M13)- 4-18	横浜発韓国巡航、翌年 2 月 19 日長崎着
1882(M15)- 2- 2	修復艦横須賀造船所、同 6 月 29 日完成
1882(M15)- 8- 1	横浜発朝鮮事変従事
1882(M15)-10-12	中艦隊司令官の隷下におく
1882(M15)-11-23	横浜発韓国清国巡航、翌年 5 月 28 日長崎着
1883(M16)- 8-16	艦長三浦功少佐 (期前) 就任
1884(M17)- 5- 1	横浜発清国警備、翌年 1 月 14 日長崎着
1884(M17)- 5-15	艦長東郷平八郎少佐 (期前) 就任、この時期ノルデンフェルト式 1"4 連機砲 3 基装備
1885(M18)- 6-22	艦長尾本知道少佐 (期前) 就任
1885(M18)- 9- 8	横須賀鎮守府所轄とする、この時期ビルジキールを横須賀造船所で新設
1886(M19)- 2- 2	艦長木藤貞良少佐 (期前) 就任
1886(M19)- 5-30	色丹水道中間付近で午後 1 時 30 分暗礁に接触、同 2 時 10 分離礁
1886(M19)-10-15	常備小艦隊に編入、艦長山本権兵衛少佐 (2 期) 就任
1886(M19)-11-14	横浜発韓国巡航、翌年 6 月 7 日長崎着
1886(M19)-12-28	横須賀鎮守府常備艦
1887(M20)- 7-11	艦長有馬新一少佐 (2 期) 就任
1887(M20)-10-27	艦長早崎七郎中佐 (3・4 期) 就任
1888(M21)- -	艦長平山藤次郎少佐 (期前) 就任
1889(M22)- 5-13	火夫練習艦とする
1889(M22)- 5-28	横須賀鎮守府砲術練習艦付属とする
1889(M22)- 7-12	練習艦とする
1889(M22)-12-28	役務を解く、横須賀造船所で缶 2 個を清輝より撤去した缶に換装、翌年 8 月完成
1890(M23)- 8-13	練習艦とする、この時期前後艦長野村清少佐 (期前) 就任
1890(M23)- 8-23	第 1 種に類別、鳳翔装備の 12cm クルップ砲 2 門を転載
1891(M24)-	艦長遠藤増蔵少佐 (2 期) 就任、艦首に保式重 47mm 砲 2 門装備
1893(M26)- 5-20	艦長小田亨中佐 (期前) 就任、この年 3 月保式重 47mm 砲 2 門不良につき同軽 47mm 砲に交換認可
1894(M27)- 4-14	艦長早崎源吾中佐 (3 期) 就任、1894(M27)- 4-23　警備艦
1894(M27)- 6- 2	上甲板及び機関部修理横須賀造船所、同 7 月 20 日完成
1894(M27)- 7-19	常備艦隊に編入、艦隊付属艦

艦　歴 /Ship's History (3)

艦　名	天　城 2/2
年　月　日	記 事 /Notes
1894(M27)- 7-27	佐世保発日清戦争に従事、翌 28 年 3 月 6 日着
1894(M27)- 9-21	艦長梨羽時起少佐 (期外) 就任
1895(M28)- 1-20	威海衛攻撃作戦に参加、栄城湾上陸支援の砲撃を実施、発射弾数 12cm 砲 -4、47mm 砲 -12
1895(M28)- 2-	旅順港で推進器翼換装
1895(M28)- 2-27	旅順口東港に碇泊中陸軍御用船釜山丸が接触、艦橋部を損傷する
1895(M28)- 3- 6	一時西海艦隊に編入
1895(M28)- 4- 7	常備艦隊より除く、4 月 24 日より横須賀工廠で船体機関部修理 7 月 16 日完成
1895(M28)- 7-19	警備兼練習艦
1895(M28)-11-30	艦長東郷正路中佐 (5 期) 就任
1895(M28)-12-24	艦長山田彦八少佐 (5 期) 就任
1897(M30)-10- 1	艦長寺垣猪三少佐 (6 期) 就任
1898(M31)- 3-21	2 等砲艦に類別
1898(M31)- 5- 5	横須賀軍港繋留中日本郵船河内丸が衝突、錨鎖切断、錨桿、砲座、左舷外板損傷、横須賀工廠で修理
1898(M31)- 8- 9	旧長 8cm クルップ砲 2 門及び 8cm ブロードウェル砲 1 門撤去、保式軽 47mm 砲 2 門装備、前部火薬庫改造認可、横須賀工廠
1898(M31)- 8-29	トップマスト取り替え認可、石川島造船所
1898(M31)- 9- 1	横須賀工廠で入渠、艦底検査、コーキング作業、9 月 16 日出渠
1898(M31)-10- 1	艦長太田盛実中佐 (期外) 就任
1899(M32)- 1-15	紀州江崎沖で太平洋郵船会社シティー・オブ・ペキンと衝突、バウスプリット、ステムを損傷、
	2 月 17 日から 4 月 4 日まで横須賀工廠で入渠修理
1899(M32)- 9-26	艦長浅井正次郎中佐 (8 期) 就任
1900(M33)- 4-	横須賀工廠で機関修理
1900(M33)- 6-	浦賀船渠で推進器翼換装
1900(M33)-11-13	横須賀工廠で船体修理、12 月 8 日完成
1900(M33)-12- 6	艦長和田賢助中佐 (8 期) 就任、明治 34 年 11 月まで、以後先任将校が艦長代行
1901(M34)- 5-	横須賀工廠で機関修理
1902(M35)- -	横須賀工廠で機関総点検
1902(M35)- 7-	艦長但馬惟孝中佐 (9 期) 就任
1903(M36)- 3-	艦長代理大野寅尾中佐 (8 期) 就任
1903(M36)- 4-22	艦長福井正義中佐 (7 期) 就任
1903(M36)-10-	艦長矢代由徳大佐 (10 期) 就任
1903(M36)-12-28	第 1 予備艦
1904(M37)- 1-14	艦長南義親中佐 (8 期) 就任、同 1-15 警備艦在横浜
1904(M37)- 2- 6	日露戦争従事、内地で京浜地区の警備任務につく
1904(M37)- 2-10	横浜港で露国汽船コチャック臨検捕獲
1904(M37)- 2-13	艦長林三子雄中佐 (12 期) 就任
1904(M37)- 3-29	艦長佐伯貞胤中佐 (8 期) 就任
1905(M38)- 6-14	除籍
1907(M40)- 1-22	旧天城を横須賀海兵団に付属、5 等水兵訓練用に供する
1907(M40)- 2- 9	横須賀海兵団付属、軽 47mm 砲 4 門据付け、砲門新設
1909(M42)- 3-15	旧天城を鳥羽商船学校へ保管転換の件で横須賀鎮守府に訓令、鳥羽港まで曳航引き渡すべし

艦　歴 /Ship's History (4)

艦　名	海　門 1/2
年　月　日	記 事 /Notes
1877(M10)- 9- 1	横須賀造船所で起工
1878(M11)- 2-19	命名
1878(M11)- 5-11	番号を 32 に定める
1879(M12)- 7-12	艦位 4 等と定める
1882(M15)- 8-28	進水
1883(M16)- 2-26	艦位 3 等と定める
1883(M16)- 8-16	艦長坪井航三中佐 (期前) 就任
1883(M16)- 8-23	東海鎮守府所轄
1884(M17)- 3-13	竣工
1884(M17)- 5-19	艦長児玉利国中佐 (期前) 就任
1884(M17)- 5-30	中艦隊司令官隷下
1884(M17)-11-23	横浜発韓国方面航海
1885(M18)-12-28	常備小艦隊に編入
1886(M19)- 7-14	艦長新井有実大佐 (期前) 就任
1886(M19)-11-10	横浜より横須賀回航中艦首を湿地に突入せしも損傷なく自力で離脱
1888(M21)- 5-12	横須賀停泊中横須賀丸が衝突、外舷部および艤装品の一部を損傷
1888(M21)- 6-14	艦長尾本知道大佐 (期前) 就任
1888(M21)- 6-17	品川発韓国、清国巡航、9 月 30 日隠岐着
1888(M21)- 9- 5	韓国仁川に向け航行中浅州に接触せるも損傷なし
1889(M22)- 1-18	横須賀鎮守府常備艦
1889(M22)- 4-12	艦長心得平尾福三郎中佐 (期前) 就任、8 月 29 日大佐艦長
1889(M22)- 5-10	役務を解く
1889(M22)- 5-28	佐世保鎮守府所轄
1889(M22)-11-20	佐世保鎮守府所轄海門を砲術練習艦とし、同役務中横須賀鎮守府所轄とする
1889(M22)-12-28	さらに練習艦役務中横須賀鎮守府所轄とする
1889(M22)-11-20	佐世保鎮守府所轄海門を砲術練習艦とし、同役務中横須賀鎮守府所轄とする
1890(M23)- 4-18	神戸沖海軍観兵式参列
1890(M23)- 8-13	横須賀鎮守府付属練習艦海門の役務を解き、佐世保鎮守府所轄に復し練習艦とする
1890(M23)- 8-23	第 1 種
1890(M23)- 9-17	艦長松永雄樹大佐 (2 期) 就任
1891(M24)- 3- 8	佐世保発韓国航海、3 月 23 日馬関着
1891(M24)- 8- 9	根室発千島列島巡航、10 月 12 日着
1891(M24)-12-14	艦長柴山矢八大佐 (期前) 就任
1892(M25)- 7-27	長崎発沖縄群島探検航海
1893(M26)- 5-20	艦長心得櫻井規矩之左右中佐 (3 期) 就任、
1894(M27)- 3-15	呉工廠で総検査修理改造のため役務を解く
1894(M27)- 6- 8	艦長矢部興功大佐 (2 期) 就任
1894(M27)- 8-22	常備艦隊に編入
1894(M27)- 8-27	佐世保発日清戦争従事、開戦時総検査修理改造工事中のため従軍遅延
1894(M27)-10-14	西海艦隊に編入

艦　歴 /Ship's History (5)

艦　名	海　門 2/2
年　月　日	記 事 /Notes
1894(M27)-11-15	第 3 遊撃隊に区分
1895(M28)- 1-25	威海衛攻撃に参加、2 月 11 日までに 5 度の陸上砲撃に従事、この間の発射弾数 17cm 砲 -21、
	12cm 砲 -69、7.5cm 砲 -4
1895(M28)- 2-17	威海衛入港中左舷後部に後続の奈良丸が追突損傷軽微
1895(M28)- 5- 7	船体機関部修復工事横須賀工廠、7 月 14 日完成
1895(M28)- 6- 7	警備艦
1895(M28)- 7- 1	測量艦と定め常備艦隊に属す
1895(M28)- 8-20	艦長早崎源吾中佐 (3 期) 就任
1896(M29)- 4- 1	艦長梨羽時起中佐 (期前) 就任
1896(M29)- 4-15	役務を解く、以後佐世保工廠にて測量艦任務用の改造、機関修理、新設工事を実施、
1896(M29)- 9-12	台湾警備兼測量艦と定め台湾総督の指揮下におく
1896(M29)-11- 5	鹿児島発台湾方面警備測量任務、翌年 10 月 13 日那覇着
1897(M30)- 4-17	艦長新島一郎少佐 (5 期) 就任
1897(M30)- 5- 7	台湾東港にて陸戦隊揚陸中カッターが荒天により沈没、8 人が溺死、28 人は救助される
1897(M30)-10- 8	艦長太井上久麿少佐 (5 期) 就任
1897(M30)-11- 1	第 2 予備艦、佐世保工廠で機関修理、翌年 4 月完成
1898(M31)- 2-10	艦長有川貞白中佐 (期前) 就任、明治 32 年 10 月まで、以後先任将校が代行
1898(M31)- 3-21	3 等海防艦
1898(M31)- 4-23	測量艦
1898(M31)- 5- 5	横須賀発台湾方面測量任務、9 月 5 日鹿児島着
1899(M32)- 5- 4	佐世保発台湾方面測量任務、8 月 28 日鹿児島着
1899(M32)- 9-11	第 1 予備艦、11 月より佐世保工廠で機関修理
1900(M33)- 1-12	第 3 予備艦
1900(M33)- 4- 2	佐世保工廠にて缶入換 (長崎造船所製新缶 4 個) 機関総点検着工、9 月 30 日完成予定
1901(M34)- 1- 9	第 1 予備艦
1901(M34)- 4-21	佐世保発韓国方面測量任務、11 月 27 日佐世保着
1901(M34)- 5-	艦長高橋守道中佐 (8 期) 就任
1902(M35)- 3-18	測量艦、佐世保工廠で機関修理
1902(M35)- 4-19	門司発韓国方面測量任務、11 月 25 日佐世保着
1902(M35)-11-26	練習艦、12 月より佐世保工廠で機関修理、翌年 2 月完成
1903(M36)- 3-10	測量艦
1903(M36)- 4-13	長崎発韓国方面測量任務、10 月 16 日佐世保着
1903(M36)-10-19	練習艦、11 月より佐世保工廠で機関修理、翌年 1 月完成
1903(M36)-12-28	第 1 予備艦
1904(M37)- 1- 9	警備艦
1904(M37)- 1-15	第 3 艦隊に編入
1904(M37)- 2- 6	尾崎発日露戦争に従事
1904(M37)- 7- 5	大連湾外にて触雷により 4 分あまりで沈没、艦長高橋守道中佐以下 22 人が戦死
1904(M37)- 7- 9	第 3 予備艦
1905(M38)- 5-21	除籍

清輝 /Seiki・天城 /Amagi・海門 /Kaimon・天龍 /Tenryu

艦　歴 /Ship's History (6)

艦　名	天　龍 1/2
年　月　日	記 事 /Notes
1878(M11)- 2- 9	横須賀造船所で起工
1878(M11)- 2-19	命名
1878(M11)- 5-11	番号を 31 に定める
1883(M16)- 2-26	艦位 3 等と定める
1883(M16)- 8-18	進水
1884(M17)-12-16	艦長三浦功中佐 (期前) 就任
1884(M17)-12-17	東海鎮守府所轄常備艦とし中艦隊司令官隷下に属する
1885(M18)- 3- 5	竣工
1885(M18)- 5-16	横須賀鎮守府所轄
1886(M19)- 1-27	常備小艦隊に編入
1886(M19)- 5-26	長崎発韓国警備、翌年 1 月 12 日着
1887(M20)-10-27	艦長心得平尾福三郎中佐 (2 期) 就任
1888(M21)- 6-16	兵学校所属航海練習艦
1888(M21)- 6-20	艦長心得片岡七郎少佐 (3 期) 就任、兼海軍兵学校砲術教官
1889(M22)- 5-15	艦長心得有馬新一少佐 (2 期) 就任、兼海軍兵学校運用術教官
1889(M22)- 5-29	呉鎮守府所轄兵学校付属航海練習艦
1890(M23)- 4-18	神戸沖海軍観兵式参列
1890(M23)- 5-13	艦長心得松永雄樹中佐 (2 期) 就任、兼海軍兵学校運用術教官
1890(M23)- 5-24	役務を解き練習艦として兵学校に付属す
1890(M23)- 8-23	第 1 種に類別
1890(M23)- 9-25	艦長心得沢良渙中佐 (2 期) 就任、兼海軍兵学校運用術教官 9 月 25 日まで
1891(M24)- 4-10	第 2 検査施行につき役務を解く
1891(M24)- 7-23	艦長心得遠藤喜太郎中佐 (期外) 就任
1891(M24)-10-12	兵学校付属を解き予備艦とする
1891(M24)-10-31	呉発清国警備、26 年 3 月 15 日長崎着
1893(M26)- 3-31	練習艦
1893(M26)- 5-20	艦長心得世良田亮中佐 (期外) 就任、12 月 13 日大佐艦長
1894(M27)- 6-18	常備艦隊に編入
1894(M27)- 7-13	常備艦隊より除き警備艦隊に編入
1894(M27)- 7-19	警備艦隊を西海艦隊と改称、天龍は第 2 遊撃隊に区分
1894(M27)- 7-25	佐世保発日清戦争に従事、翌 28 年 5 月 2 日着
1894(M27)- 8-10	威海衛砲台を砲撃、発射弾数 17cm 砲 -2、15cm 砲 -1、12cm 砲 -4
1894(M27)-11-15	艦隊区分を第 3 遊撃隊に変更
1895(M28)- 1-25	威海衛攻撃に参加、2 月 11 日まで 7 度の砲撃を実施、この間の発射弾数 17cm 砲 -14、15cm 砲 -20、
	12cm 砲 -16、被弾により船体、機関小破、備砲の一部破損、戦死 6、負傷 6、
1895(M28)- 5-14	船体機関部修復工事横須賀工廠で着手、8 月 1 日完成
1895(M28)- 6- 7	警備艦
1895(M28)- 7-29	役務を解く
1895(M28)-11-10	測量艦として西海艦隊に付属
1895(M28)-11-15	西海艦隊付属を解き常備艦隊に付属

艦　歴 /Ship's History (7)

艦　名	天　龍 2/2
年　月　日	記 事 /Notes
1896(M29)- 1-18	呉発台湾方面警備、測量任務、8 月 25 日鹿児島着
1896(M29)- 4-22	常備艦隊付属を解き台湾警備兼測量艦とし台湾総督の指揮下に属す
1896(M29)- 9-12	役務を解き台湾総督の指揮下を止む、11 月より呉工廠で機関修理 12 月完成
1896(M29)-12- 4	艦長徳久武宜中佐 (期前) 就任
1897(M30)- 3- 8	第 2 予備艦
1897(M30)- 4-17	艦長山田彦八中佐 (5 期) 就任
1897(M30)- 5-28	台湾警備兼測量艦とし台湾総督の指揮下に属す
1897(M30)- 6-26	呉発台湾方面警備、測量任務、翌年 1 月 27 日鹿児島着
1897(M30)-10-26	艦長有川貞白中佐 (期前) 就任
1897(M30)-11-26	台湾打拘停泊中後部火薬庫で火災発生、火薬庫内の綿火薬の変質による自然発火が原因
1898(M31)- 2-10	役務を解く、第 2 予備艦、3 月より呉工廠で機関修理 6 月完成、艦首改正修理
1898(M31)- 2-	艦長矢島功中佐 (6 期) 就任
1898(M31)- 3-31	3 等海防艦に類別
1898(M31)- 6-27	第 1 予備艦、7 月より呉工廠で機関修理 8 月完成
1898(M31)-12-	艦長福間隆家中佐 (期前) 就任
1899(M32)- 4-	艦長高桑勇中佐 (6 期) 就任
1899(M32)- 5- 4	測量艦
1899(M32)- 5-25	呉発韓国方面測量任務、12 月 22 日呉着
1899(M32)- 6-	艦長加藤重成中佐 (期外) 就任、M32-12 まで
1899(M32)-12-25	第 3 予備艦
1900(M33)- 1-	呉工廠で機関総検査、缶新製入替え工事を実施 11 月完成
1901(M34)- 1- 9	第 1 予備艦
1901(M34)- 3-	艦長丹羽教忠中佐 (8 期) 就任
1901(M34)- 3-18	測量兼警備艦、以後北海道方面の密猟・密輸取締りのため派遣される 8 月帰港
1901(M34)- 9-14	第 1 予備艦
1901(M34)-11-30	練習艦兵学校校長の指揮下におく
1902(M35)- 4- 1	第 2 予備艦
1902(M35)- 5-	艦長高橋助一郎中佐 (7 期) 就任
1902(M35)- 5- 3	警備兼測量艦、6 月に武蔵と交代して千島方面巡航
1902(M35)-10- 6	練習艦兵学校校長の指揮下におく
1902(M35)-11-	呉工廠で機関修理 12 月完成
1903(M36)-12-28	第 1 予備艦、艦長杉坂虎次郎中佐 (9 期) 就任
1904(M37)- 1-14	警備艦、以後神戸港駐在警備艦として日露戦争に従事
1905(M38)- 6-14	第 3 予備艦
1906(M39)- 5-10	第 1 予備艦、艦長上村行敏中佐 (14 期) 就任
1906(M39)- 6-11	測量艦
1906(M39)- 9-28	第 1 予備艦
1906(M39)-10-19	舞鶴鎮守府に移籍
1906(M39)-10-20	除籍、雑役船として舞鶴海兵団付属
1911(M44)- 4- 2	廃船

第2部/Part 2

◎ 日清戦争時の主力巡洋艦と水雷砲艦及び通報艦

筑紫は日清両国で購入したレンデル式巡洋艦
浪速型は当時世界第1級の防護巡洋艦
測量艦として長寿を保った初代大和、武蔵
畝傍の保険金で取得した千代田は日本海軍最初のミニ装甲巡洋艦
仏造船官ベルタンが対鎮遠・定遠の切り札として推奨した三景艦は偉大な失敗作
瀬戸内海で海難事故で失う千島は日本海軍最初の水雷砲艦

目　次

筑紫 /Tsukushi

型名 /Class name		同型艦数 /No. in class		設計番号 /Design No.		設計者 /Designer	George Rendel (英安社)	建造費 /Cost	購入金額 £82,000/ ¥639,688(内兵器 210,060)
艦名 /Name	計画年度 /Prog. year	建造番号 /Build. No	起工 /Laid down	進水 /Launch	竣工 /Completed	建造所 /Builder	旧名 /Ex. name	編入・購入 /Acquirement	除籍 /Deletion	喪失原因・日時・場所 /Loss data
筑紫 /Tsukushi	M16/1883		M12/1879-10-02	M13/1880-08-11	M16/1883-06-	英国ニューキャッスル、Armstrong 社	Arturo Prat(チリ)	M16/1883-06-16	M39/1906-05-25	

注 /NOTES ① 英国アームストロング・ミッチェル社がチリ向けに建造した鋼製巡洋艦、隣国ペルーとの紛争が終わったためキャンセル日本に売却される、ほぼ同時建造の同型艦 2 隻を清国海軍が購入している、購入費 (¥) については異なる数字多数あり

船体寸法 /Hull Dimensions

艦名 /Name	状態 /Condition	排水量 /Displacement		長さ /Length(m)			幅 /Breadth (m)			深さ /Depth(m)		吃水 /Draught(m)			乾舷 /Freeboard (m)			備考 /Note
				全長 /OA	水線 /WL	垂線 /PP	全幅 /Max	水線 /WL	水線下 /uw	上甲板 /m	最上甲板	前部 /F	後部 /A	平均 /M	艦首 /B	中央 /M	艦尾 /S	
筑紫 /Tsukushi	公称排水量 /Official(T)	常備 /Norm.	1,350	67.10		64.12	9.75			5.72				4.57				1,371t (仏トン) と表記する場合あり
	総噸数 /Gross ton (T)																	

注 /NOTES ①海軍省年報では本艦の排水量については上記 1,350 と 1,371 の 2 種の数値があるが、英トンと仏トンの換算差につき同一であることに注意、全般に本艦についてのデータは少なく清国海軍の同型艦についてもほとんど差異はないもよう
【出典】海軍省年報 / 極秘本明治二十七、八年海戦史 / 写真日本軍艦史 /The Chinese Steam Navy

機　関 /Machinery

		本邦到着時
主機械 /Main mach.	型式 /Type ×基数 (軸数)/No.	横置 2 段膨張 2 気筩式機関 /Recipro. engine × 2
缶 /Boiler	型式 /Type ×基数 /No.	低円缶 /Straight flued boiler × 4
	蒸気圧力 /Steam pressure (kg/cm²)	6.33(計画 /Design)　5.62(M27/1894)
	蒸気温度 /Steam temp.(℃)	
	缶換装年月日 /Exchange date	M29/1896-3
	換装缶型式・製造元 /Type & maker	
計画 /Design (自然通風 / 強圧通風)	速力 /Speed(ノット /kt)	13.6/16.0
	出力 /Power(実馬力 /IHP)	1,859/2,400
	回転数 /(rpm)	/101
新造公試 /New trial (自然通風 / 強圧通風) M20-4	速力 /Speed(ノット /kt)	13.62/
	出力 /Power(実馬力 /IHP)	1,858/
	回転数 /(rpm)	92/
改造公試 /Repair T. (自然通風 / 強圧通風) M29-3 缶換装	速力 /Speed(ノット /kt)	13.98/
	出力 /Power(実馬力 /IHP)	1,785.2/
	回転数 /(rpm)	94.5/
推進器 /Propeller	直径 /Dia.・翼数 /Blade no.	3.96・2 翼
	数 /No.・型式 /Type	× 2・グリフィス青銅
舵 /Rudder	舵型式・舵面積 /Rudder area(m²)	非釣合舵 /Non balance
燃料 /Fuel	石炭 /Coal(T)　定量 (Norm.)/ 全量 (Max.)	250/327
航続距離 /Range(浬 /SM- ノット /Kts)		1 時間 1 馬力当り消費石炭量 2.128T(M34-10-25 公試)
発電機 /Dynamo・発電量 /Electric power(V/A)		シーメンス式 2 極× 1・80V/100A
新造機関製造所 / Machine maker at new		英 Howthorn 社
帆装形式 /Rig type・総帆面積 /Sail area(m²)		スクーナー /Schooner・25.18

注 /NOTES ①日本海軍として新造時よりび発電機、探照灯を装備、艦内に照明用白熱灯を備えていた最初の艦艇、発電機は M22/1889 に同じシーメンス式に換装 【出典】帝国海軍機関史 / 日清戦争戦時書類 / 川村還書

兵装・装備 /Armament & Equipment

		M27/1894
砲熕兵器 / Guns	主砲 /Main guns	10 インチ (254mm)27 口径 安式砲 /Armstrong × 2　弾× 100(全数)
	備砲 /2nd guns	40lb(120mm)22 口径安式砲 /Armstrong × 4　弾× 200(全数)
	小砲 /Small cal. guns	9lb(76mm)20 口径安式砲 /Armstrong × 2　弾× 200　(M30 年代はじめに撤去)
		短 7.5cm クルップ砲 /Krupp × 1　弾× 170　(M20/1887-4 装備)
	機関砲 /M. guns	37mm5 連保式砲 /Hotchkiss × 4　弾× 3,312 (M30 年代はじめに 47mm 軽山内砲× 4 と換装)
個人兵器 /Personal weapons	小銃 /Rifle	マルチニー銃× 72　弾× 21,600　(M30 年代に 35 年式海軍銃に換装)
	拳銃 /Pistol	× 35　弾× 4,200
	舶刀 /Cutlass	
	槍 /Spear	
	斧 /Axe	
水雷兵器 /Torpedo weapons	魚雷発射管 /T. tube	
	魚雷 /Torpedo	
	その他	外装水雷× 20
電気兵器 /Elec.Weap.	探照灯 /Searchlight	× 1(シーメンス式)
艦載艇 /Boats	汽艇 /Steam launch	× 2
	ピンネース /Pinnace	
	カッター /Cutter	
	ギグ /Gig	
	ガレー /Galley	
	通船 /Sampan	
	(合計)	× 6

注 /NOTES ① M37/1904 当時の備砲は安式 10" 砲 2 門、安式 40lb 砲 4 門、47mm 軽山内砲 4 門 (弾 -800)、短 7.5cm 砲 1 門 35 年式海軍銃 65 挺、1 番形拳銃 18 挺、モーゼル拳銃 3 挺
【出典】日清戦争戦時書類 / 日露戦争戦時書類 / 掌砲必携 / 写真日本軍艦史

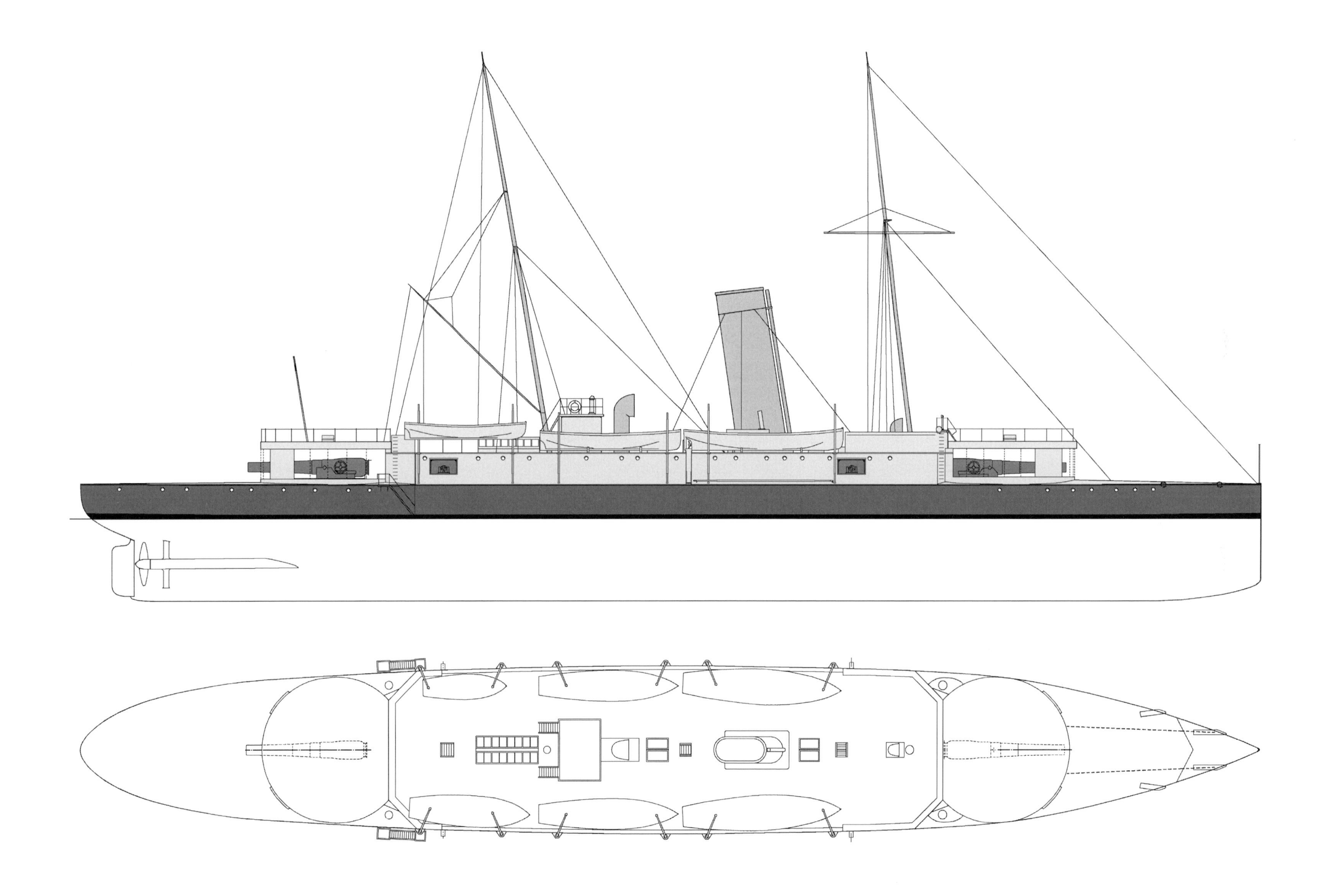

図 2-1-1 [S=1/300]　筑紫 側平面 (新造時)

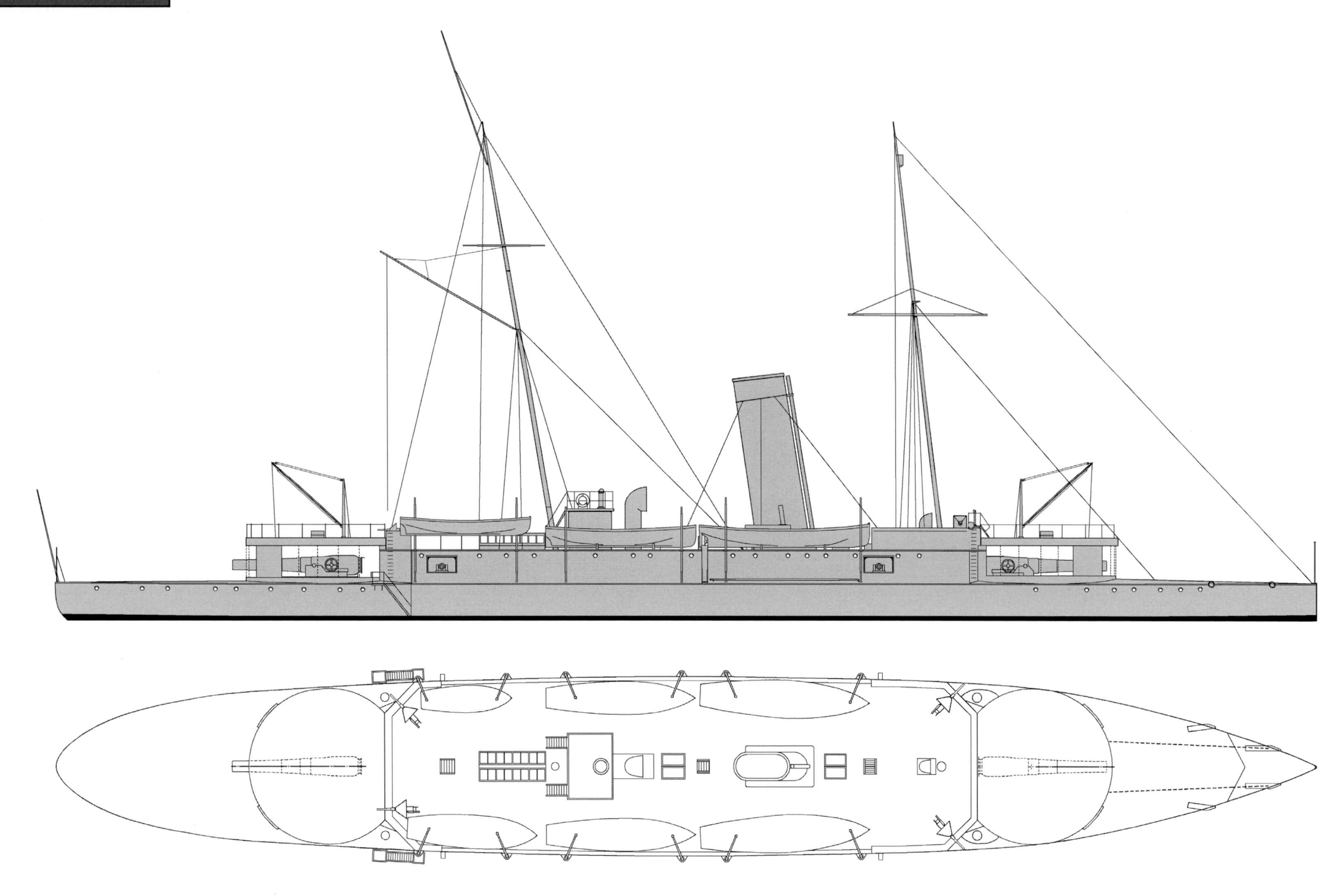

図 2-1-2 [S=1/300] 筑紫 側平面 (M38/1905)

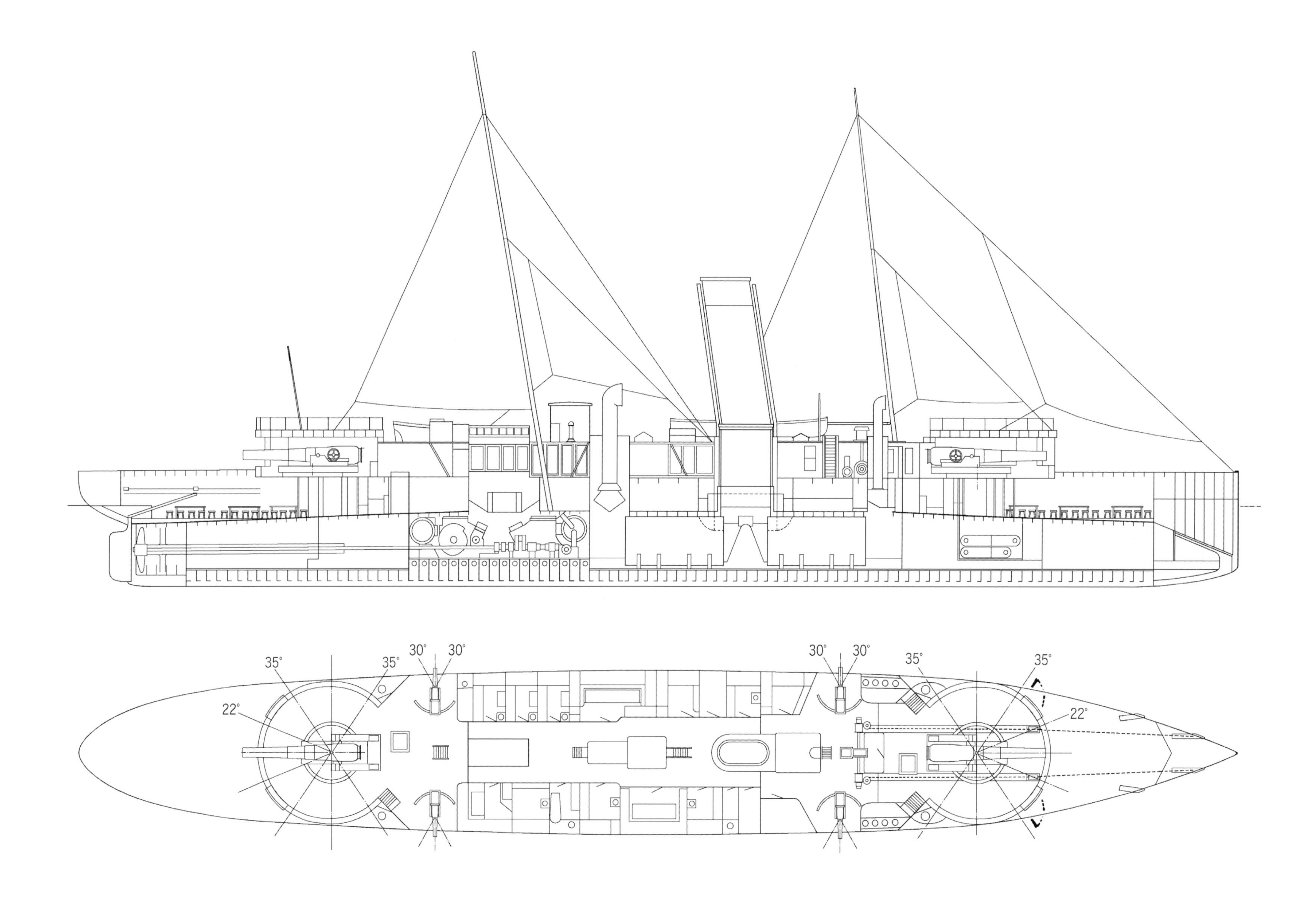

図 2-1-3 [S=1/300] **筑紫** 艦内側平面 (新造時)

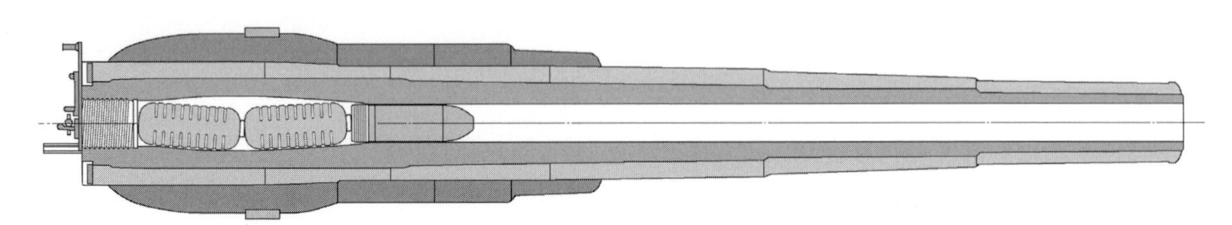

筑紫搭載安式27口径10インチ後装砲構造図

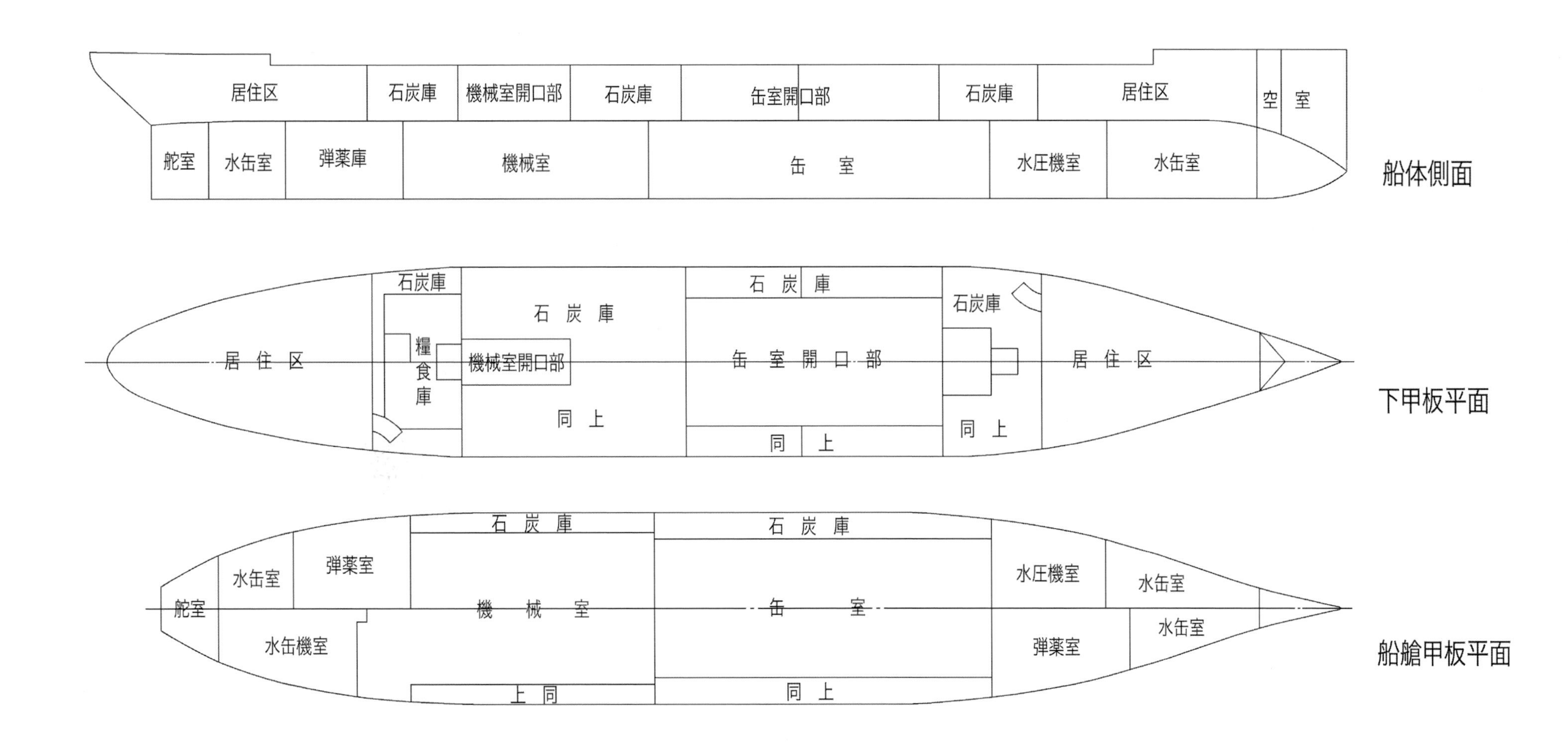

図 2-1-4　**筑紫** 主砲構造図及び一般配置図

定　員 /Complement (1)

職名 /Occupation	官名 /Rank	定数 /No.		職名 /Occupation	官名 /Rank	定数 /No.	
艦長	大中佐	1	士官 /10		警吏	1	下士 /19
副長	大中尉	1			警吏補	2	
航海長	〃	1			鍛冶長 / 鍛冶長属	1	
分隊長	〃	3			兵器工長 / 同工長属	1	
分隊士	少尉	3			木工長属	1	
航海士	〃	1			機関工手	2	
					火夫長	1	
掌砲長	兵曹長	1	准士 / 3		火夫長属	6	
掌帆長	〃	1			看護手	1	
	木工長	1			筆記	1	
機関長	機関少監	1	士官相当 /12	厨宰	主厨	1	
	大中機関士	2		割烹手	〃	1	
	少機関士	1					
	機関士補	3			1 等水兵	18	卒 /136
	機関工上長	1			2 等水兵	21	
	機関工長	4			3、4 等水兵	18	
軍医長	大中軍医	1	士官相当 / 4		1 等若水兵	18	
	少軍医	1			喇叭手	2	
主計長	大中主計	1			鍛冶	2	
	少主計	1			塗工	1	
砲術教授	1、2、3 等兵曹	1	下士 /12		木工	2	
掌砲長属	1、2 等兵曹	2			1、2 等火夫	23	
掌帆長属	1、2 等兵曹	2			3、4 等火夫	11	
掌水雷長属	1、2、3 等兵曹	1			1 等若火夫	7	
前甲板長	2、3 等兵曹	2			看病夫	1	
按針手	1、2、3 等兵曹	2			厨夫	10	
信号手	〃	1			剃夫	1	
艦長端舟長	2、3 等兵曹	1			艦長従僕	1	
				(合　計)		196	

注 /NOTES 明治 18 年 12 月 15 日丙 72 による筑紫の定員を示す【出典】海軍制度沿革

定　員 /Complement (2)

職名 /Occupation	官名 /Rank	定数 /No.		職名 /Occupation	官名 /Rank	定数 /No.	
艦長	中佐	1	士官 /18		1 等水兵	17	卒 /128
副長	少佐	1			2 等水兵	25	
航海長	大尉	1			3、4 等水兵	32	
分隊長	〃	3			1 等信号兵	1	
	中少尉	4			2 等信号兵	1	
機関長	機関少監	1			3、4 等信号兵	2	
分隊長	大機関士	1			1 等木工	1	
	中少機関士	2			2 等木工	1	
軍医長	大軍医	1			1 等機関兵	12	
	中少軍医	1			2 等機関兵	12	
主計長	大主計	1			3、4 等機関兵	15	
	中少主計	1			1 等鍛冶	1	
	上等兵曹	2	准士 / 6		2 等鍛冶	1	
	上等機関兵曹	3			2 等看護	1	
	船匠師	1			1 等主厨	2	
	1 等兵曹	5	下士 /31		2 等主厨	2	
	2 等兵曹	5			3、4 等主厨	2	
	3 等兵曹	5					
	2 等信号兵曹	1					
	2 等船匠手	1					
	1 等機関兵曹	2					
	2 等機関兵曹	3					
	3 等機関兵曹	4					
	1 等鍛冶手	1					
	2、3 等看護手	1					
	2 等筆記	1					
	1 等厨宰	1					
				(合　計)		183	

注 /NOTES 明治 29 年 3 月内令 1 による筑紫定員を示す【出典】海軍制度沿革
(1) 上等兵曹の 2 人は掌砲長と掌帆長の職にあたるものとする
(2) 兵曹長中の 1 人は砲術教員に、他は掌砲長属、掌水雷長属、掌帆長属、按針手、艦長端舟長の職につくものとする

解説 /COMMENT

明治 16 年度軍艦製造費により英国アームストロング社で建造した注文流れの艦を購入したもの。本来はチリ海軍向けに建造されたレンデル式巡洋艦アルトゥーロ・プラット Arturo Prat で他に同型 2 隻があったが、建造中に隣国ペルーとの戦争の見通しがついたためにキャンセルされ、買い手を捜していたところ 2 隻を清国が購入、残った 1 隻を日本が購入したものである。当時日本海軍は清国との対立で既成艦の入手を急いでおり、先に金剛、比叡の新造を斡旋したリードが紹介する商船改造軍艦の購入がだめになった代わりに、かなり安値で売り出していたこの巡洋艦に乗り換えたもの。清国の購入した揚威 Yang Wei、超勇 Chao Yung の 2 隻は 1881 年に既に完成、同年中には清国に回航していたが、筑紫の完成は 1883/ 明治 16 年 6 月で進水後工事を中断していたらしく、同年 11 月に横須賀に到着している。

そもそもレンデル式巡洋艦とは、当時エルジック工場の造船技師であったジョージ・レンデル George W. Rendel が考案した一種の奇形軍艦で、この巡洋艦に先だってレンデル式砲艦を提唱していた。レンデル式砲艦は排水量 200-500 トンの鉄製小型艦で艦首に 10-12" という巨砲 1 門を隠見式に装備、砲は固定式で旋回はできず、船体にも装甲は施されていない。建造費の安いこうした砲艦を多数そろえれば大型の装甲艦に対抗出来るという建前で、中小海軍の受注を狙い、事実 1860 年代後半から 80 年代の前半までの約 20 年ぐらいの間に、清国、デンマーク、ギリシャ、オランダ、ノルウェー等の中小海軍が採用したものの、大勢を制するまでにはいたらず、その改良型としてこうした巡洋艦型が出現したものである。

レンデル式巡洋艦は低乾舷の艦首、艦尾にアームストロング式 26 口径 10" 後装旋回砲を装備、排水量は 1,350 トン、速力 16 ノット、砲艦と同様装甲は全くなく、その排水量の割に有力な砲力を生かそうという意図であった。日本回航時には艦首部乾舷を高める臨時の艦首側板を設けて、低乾舷構造をカバーしていたが、いずれにしろ、折から同じエルジック工場が防禦甲板方式という新しいタイプの巡洋艦、防護巡洋艦を大々的売り込み、新巡洋艦時代が始まったことで、こうした奇形巡洋艦は一過性のものでしかなかった。

事実、後の日清戦争で清国海軍の揚威と超勇は黄海海戦で日本側の速射砲弾を浴びて撃沈されており、無防禦、低乾舷を突かれたものであった。日本海軍ではこうした弱点を承知していたのか、艦隊の一線任務には就かせず、後方任務に終始し、日清戦争では威海衛の砲台と交戦、敵砲台の 24cm 砲弾 1 発が命中、小破したことぐらいしか戦闘記録はない。性能的には日本海軍最初の鋼製軍艦であり

筑紫 /Tsukushi

定　員 /Complement (3)

職名 /Occupation	官名 /Rank	定数 /No.		職名 /Occupation	官名 /Rank	定数 /No.	
艦長	中佐	1	士官 /18		1等水兵	23	卒 /127
副長	少佐	1			2、3等水兵	36	
航海長	大尉	1			4等水兵	16	
分隊長	〃	3			1等信号兵	2	
	中少尉	4			2、3等信号兵	2	
機関長	機関少監 大機関士	1			1、2等木工	2	
分隊長	大機関士	1			1等機関兵	13	
	中少機関士	2			2、3等機関兵	19	
軍医長	大軍医	1			4等機関兵	8	
	中少軍医	1			1、2等看護	1	
主計長	大主計	1			1等主厨	1	
	中少主計	1			2等主厨	2	
	上等兵曹	2	准士 / 5		3、4等主厨	2	
	船匠師	1					
	上等機関兵曹	2					
	1等兵曹	3	下士 /29				
	2、3等兵曹	8					
	1等信号兵曹	1					
	2、3等信号兵曹	2					
	1、2等船匠手	1					
	1等機関兵曹	3					
	2、3等機関兵曹	7					
	1、2等看護手	1					
	1、2等筆記	1					
	1等厨宰	1					
	2、3等厨宰	1					
				(合　計)		179	

注 /NOTES 明治38年12月内令755による1等砲艦筑紫の定員を示す【出典】海軍制度沿革
(1) 上等兵曹の2人は掌砲長と掌帆長の職にあたるものとする
(2) 兵曹長中の1人は教員に、他は掌砲長属、掌水雷長属、掌帆長属、各部の長職につくものとする
(3) 信号兵曹の1人は信号長にあて、他は按針手を兼ねるものとする

前後の10インチ砲の駆動に水圧を用いるなどの先進性も備えており、技術的には見るべきものも多かった。
そもそもこのチリ軍艦購入には前段があり、明治15年、朝鮮での騒乱から清国と衝突の危機が高まり、至急海軍艦船の入手をはかることとなり、リードの紹介で当時ペルーが英国でドイツ建造の1,700トンの商船2隻を軍艦に改造中で、その内の1隻ディオジュニーズDiogenesの購入を内定したものの、造船官を派遣して実地検分した結果、いろいろ不都合を発見、こちらの要望を満たすには大幅な改造を要するということで購入を中止した経緯があった。この艦には既に明治16年3月1日付で筑紫と命名しており、同年6月16日にこれを取り消して、新たにアームストロング社から購入したチリの注文流れの巡洋艦にこの艦名を命名したものであった。従って厳密には、筑紫の艦名は2代目ということになるが、ここでは初代扱いとする。「日本海軍艦船名考 - 浅井」ではこの筑紫の原名を上記のディオジュニーズとしているが、これは以上のように2隻を混同した間違いである。
艦名の筑紫は九州の古称で九州全体(島)を意味する名称。昭和12年計画の測量艦に襲名。
[資料] 本艦の資料は公式図面も要目簿も存在しないが、英本国には図面は残っているものと推定される。ただ当時のブラッセー海軍年鑑に掲載されたかなり詳しい一般配置図があり艦型の把握は可能である。

艦　歴 /Ship's History (1)

艦　名	筑　紫　1/2
年　月　日	記　事 /Notes
1879(M12)-10- 2	英国ニューキャッスル、Armstrong 社エルジック工場でチリ巡洋艦 Arturo Prat として起工
1880(M13)- 8-11	進水
1883(M16)- 3- 1	購入、命名
1883(M16)- 6-	竣工
1883(M16)- 8-16	艦長松村正命少佐(期前)就任
1883(M16)- 8-25	東海鎮守府所轄
1883(M16)- 9-19	本邦着
1883(M16)-10-27	艦位3等
1884(M17)- 5-30	中艦隊編入
1885(M18)-12-28	常備小艦隊編入
1886(M19)- 5-28	艦長野村貞中佐(期前)就任
1886(M19)-12-28	艦長尾形惟善大佐(期前)就任
1887(M20)- 4-28	旧式7.5cmクルップ砲1門増備
1888(M21)- 6-17	品川発近隣諸国訪問、9月30日隠岐着
1889(M22)- 3- 9	横須賀鎮守府常備艦
1889(M22)- 4-17	艦長心得森又七郎中佐(1期)就任
1889(M22)- 5-10	解役
1889(M22)- 5-28	呉鎮守府に転籍
1889(M22)- 8- 2	警備艦
1889(M22)- 8-27	呉発韓国警備、翌年1月10日馬関着
1890(M23)- 4-18	神戸沖海軍観兵式参列
1890(M23)- 5-24	解役
1891(M24)- -	艦長横尾道昱中佐(3期)就任
1892(M25)-12-15	艦長心得三善克己中佐(2期)就任、12月21日大佐艦長
1892(M25)-12- 8	警備艦
1893(M26)- 2-28	呉発清国警備、12月8日長崎着
1894(M27)- 4- 4	常備艦隊
1894(M27)- 5- 1	呉発韓国警備、6月24日佐世保着
1894(M27)- 8-10	威海衛砲撃に参加、発射弾数26cm砲-3、17cm砲-5、57mm-3
1894(M27)-11-15	大連湾砲撃に参加、発射弾数26cm砲-2、17cm砲-4
1894(M27)-11-21	旅順砲撃に参加、発射弾数26cm砲-4、17cm砲-7
1895(M28)- 1-30	威海衛砲撃に参加、2月7日までの発射弾数26cm砲-18、17cm砲-16、2月3日の砲撃中劉公島
	砲台より発射された24cm砲弾1が左舷煙突下部付近より右舷に貫通、戦死1、短艇2隻を破壊
1895(M28)- 5-11	艦長井上良智大佐(期外)就任
1895(M28)- 5-25	艦長向山慎吉大佐(5期)就任
1895(M28)- 6- 7	警備艦
1895(M28)- 7-29	解役、呉工廠で缶換装翌年3月完成
1896(M29)- -	艦長石井猪太郎中佐(3期)就任
1896(M29)- 5-18	警備兼練習艦
1897(M30)- 4-12	常備艦隊

艦　歴 /Ship's History (2)

艦　名	筑　紫　2/2
年　月　日	記　事 /Notes
1897(M30)- 5-10	呉発清国警備、翌年 4 月 17 日長崎着
1897(M30)-12- 1	艦長大井上久麿中佐 (5 期) 就任
1898(M31)- 3-21	1 等砲艦に類別
1898(M31)- 4-29	第 2 予備艦、呉工廠で機関修理、煙突新製 9 月完成
1898(M31)- 5- 3	警備兼練習艦
1898(M31)-10- 1	艦長加藤友三郎中佐 (7 期) 就任
1898(M31)-10- 5	常備艦隊
1898(M31)-10-23	呉発清国警備、翌年 6 月 1 日福江着、この間 12 月に上海フリーナム造船会社で機関修理
1899(M32)- 6-17	第 1 予備艦、7 月より呉工廠で機関修理 10 月完成
1899(M32)- 7-25	艦長斉藤孝至中佐 (7 期) 就任
1899(M32)- 9- 2	艦長松枝新一中佐 (5 期) 就任
1900(M33)- 1-12	常備艦隊
1900(M33)- 2- 2	呉発清国警備、10 月 5 日着
1900(M33)-10-10	第 2 予備艦、呉工廠で機関修理 12 月完成
1901(M34)- 3-11	第 1 予備艦、呉工廠で機関修理翌年 3 月完成
1901(M34)- 9-	艦長横尾純正中佐 (8 期) 就任
1902(M35)- 4-11	常備艦隊
1902(M35)- 4-19	艦長黒水公三郎中佐 (8 期) 就任
1902(M35)-4-30	佐世保発韓国警備、9 月 8 日着
1902(M35)-9-17	薄香発韓国警備、翌年 2 月 28 日着
1903(M36)- 3- 1	連合艦隊
1903(M36)-3-27	博多発韓国南岸警備、4 月 3 日六連島着
1903(M36)- 4-10	神戸沖大演習観艦式参列
1903(M36)- 4-12	第 2 予備艦
1903(M36)- 5- 8	呉工廠で機関部修理、6 月 2 日完成
1903(M36)-12-28	第 1 予備艦
1904(M37)- 1-14	第 3 艦隊に編入、艦長西山保吉中佐 (10 期) 就任
1904(M37)- 2- 6	竹敷発日露戦争に従事
1904(M37)-10- 7	清国半荘港で英国商船シーシャン (1,700 総トン) を捕獲
1905(M38)- 3-15	艦長土山哲三中佐 (12 期) 就任
1905(M38)- 4- 4	呉工廠 (大阪鉄工所) で改造工事、無電室新設、距離測定儀設置、5 月 3 日完成
1905(M38)- 6-14	警備艦、在神戸警備艦 6 月 23 日天龍と交代
1905(M38)- 6-	缶新製の件認可
1905(M38)-10-23	横浜沖凱旋観艦式参列
1906(M39)- 1- 9	第 1 予備艦
1906(M39)- 1-25	艦長上村行敏中佐 (14 期) 就任
1906(M39)- 4- 3	呉より佐世保に向かう途中下関海峡通過に際し午前 6 時 53 分帆船伊勢丸 (107 トン) と衝突、同船は 40 分後に沈没、さらに 2 分後に別の帆船宝福丸 (92 トン) と衝突
1906(M39)- 5-10	第 2 予備艦
1906(M39)- 5-25	除籍、雑役船として呉海兵団付属、1911(M44)-11- 1　廃船

浪速型 /Naniwa Class

型名 /Class name	浪速 /Naniwa	同型艦数 /No. in class	2	設計番号 /Design No.		設計者 /Designer	William H. White(英国)	建造費 /Cost	浪速 /Naniwa ¥1,614,540、 高千穂 /Takachiho ¥1,561,877

艦名 /Name	計画年度 /Prog. year	建造番号 /Build. No	起工 /Laid down	進水 /Launch	竣工 /Completed	建造所 /Builder	除籍 /Deletion	喪失原因・日時・場所 /Loss data
浪速 /Naniwa	M15/1882		M17/1884-03-22	M18/1885-03-18	M19/1886-02	英国ニューキャッスル、Armstrong, Elswick 工場	T1/1912-08-05	M45/1912-7-18 北海道にて擱座沈没
高千穂 /Takachiho	M15/1882		M17/1884-03-22	M18/1885-05-16	M19/1886-04	〃	T3/1914-10-29	T3/1914-10-17 青島封鎖作戦中ドイツ水雷艇 S90 の雷撃で戦没

注 /NOTES ① 日本海軍最初の本格的防護巡洋艦、防護巡洋艦の建造で先進のアームストロング社が有名な造船官ホワイトの設計により建造した巡洋艦で、当時英国においても注目された存在、備砲はクルップ式に統一、船体・機関の建造費 2 隻で£406,000

船体寸法 /Hull Dimensions

艦名 /Name	状態 /Condition	排水量 /Displacement		長さ /Length(m)			幅 /Breadth (m)			深さ /Depth(m)		吃水 /Draught(m)			乾舷 /Freeboard (m)			備考 /Note
				全長 /OA	水線 /WL	垂線 /PP	全幅 /Max	水線 /WL	水線下 /uw	上甲板 /m	最上甲板	前部 /F	後部 /A	平均 /M	艦首 /B	中央 /M	艦尾 /S	
浪速 /Naniwa	公称排水量 /Official(T)	常備 /Norm.	3,650															
高千穂 /Takachiho	新造計画排水量 /Des.(T)	常備 /Norm.	3,650	97.535		91.439	14.71			9.906		5.362	5.972	5.667		4.267		3,709 トンの数値は仏トンを示す
	総噸数 /Gross ton (T)		2,462.508															

注 /NOTES ①排水量は新造完成時と推定、船体寸法は高千穂要目表による、資料により深さと吃水で両艦に差異がある 【出典】高千穂要目表 (M36) 横須賀海軍船廠史及び前掲書

機 関 /Machinery

		本邦到着時
主機械 /Main mach.	型式 /Type ×基数 (軸数)/No.	横置 2 段膨張還動式 2 気筩機関 /Recipro. engine × 2
缶 /Boiler	型式 /Type ×基数 /No.	低円缶 / × 6(両面× 3、片面× 3)
	蒸気圧力 /Steam pressure (kg/cm²)	(計画 /Des.)6.933 (実質 /Actual)4.57 浪速 -M27/1894
	蒸気温度 /Steam temp.(℃)	
	缶換装年月日 /Exchange date	(浪速)M33/1900 (高千穂)M34/1901
	換装缶型式・製造元 /Type & maker	低円缶× 6 低円缶× 6
計画 /Design (自然通風 / 強圧通風)	速力 /Speed(ノット /kt)	16/18
	出力 /Power(実馬力 /IHP)	5,794/7,604
	回転数 /(rpm)	/122
新造公試 /New trial (自然通風 / 強圧通風) 英国実施	速力 /Speed(ノット /kt)	(浪速) /18.77 (高千穂) /18.7
	出力 /Power(実馬力 /IHP)	/7,176 /7,517
	回転数 /(rpm)	/121 /121
改造公試 /Repair T. (自然通風 / 強圧通風) 缶換装	速力 /Speed(ノット /kt)	(浪速) 17.1/ (高千穂) /18.0
	出力 /Power(実馬力 /IHP)	4,496.46/ /5,714.7
	回転数 /(rpm)	110.5/ /116.7
推進器 /Propeller	直径 /Dia.(m)・翼数 /Blade no.	・3 翼
	数 /No.・型式 /Type	× 2・マンガン青銅
舵 /Rudder	舵型式 /Type・舵面積 /Rudder area(m²)	非釣合舵 /Non balance・8.195
燃料 /Fuel	石炭 /Coal(T)・定量 (Norm.)/ 全量 (Max.)	(浪速) 350/800 (高千穂)356/813
航続距離 /Range(浬 /SM- ノット /Kts)		1 時間 1 馬力当り消費石炭量 1.65T (浪速缶換装時 M33/1900)
発電機 /Dynamo・発電量 /Electric power(V/A)		80V/75A × 4、ブリシュグラム式 ③
新造機関製造所 / Machine maker at new		英 Howthorn 社 (両艦とも)
帆装形式 /Rig type・総帆面積 /Sail area(m²)		

注 /NOTES ① M35-8-23 の公試 (自然通風) では浪速 / 速力 -17.1kt 出力 -3,726.18 回転数 -107 ② M36-7-10 の公試 (自然通風) では高千穂 / 速力 -15.4kt 出力 -3,897.4 回転数 -104 の記録あり ③ 両艦とも M30/1897 に 80V/200A シーメンス式発電機 2 基と換装 【出典】帝国海軍機関史

兵装・装備 /Armament & Equipment

		明治 27 年 /1894	明治 37 年 /1904
砲熕兵器 / Guns	主砲 /Main guns	80 年式 35 口径 26cm クルップ砲 /Krupp × 2 弾× 200(全数以下同じ)	安式 40 口径 15cm 砲 /Armstrong × 8 ① 徹甲榴弾× 600 鍛鋼榴弾× 600
	備砲 /2nd guns	80 年式 35 口径 15cm クルップ砲 /Krupp × 6 弾× 450	47mm 重保式砲 /Hotchkiss × 10 ② 鋼鉄榴弾× 2,000 鍛鋼榴弾× 2,000
	小砲 /Small cal. guns	6 lb 砲ノルデンフェルト砲 /Nordenfelt × 2 弾× 170(短艇用) 1"4 連ノルデンフェルト砲 /Nordenfelt × 10	47mm 軽山内砲 /Yamanouchi × 2 (短艇用) 鋼鉄榴弾× 376 鍛鋼榴弾× 376
	機関砲 /M. guns	11mm6 連ガトリング砲 /Gatling × 4 弾× 67,600 及び× 10,000	
個人兵器 /Personal weapons	小銃 /Rifle	マルチニー銃× 194 弾× 58,200	35 年式海軍銃× 120 弾× 36,000
	拳銃 /Pistol	× 73 弾× 8,760	1 番形拳銃× 32 弾× 3,840
	舶刀 /Cutlass		モーゼル拳銃× 6 弾× 720
	槍 /Spear		
	斧 /Axe		
水雷兵器 /Torpedo weapons	魚雷発射管 /T. tube	朱式 /Schwartzkopff type × 4(水上 / 旋回式)	朱式 /Schwartzkopff type × 4(水上 / 旋回式)
	魚雷 /Torpedo	朱式 (84 式)35cm/14" × 12	朱式 (88 式)35cm/14" × 8 ③
	その他	外装水雷× 18、反装水雷× 6	外装水雷× 18、反装水雷× 6
電気兵器 /Elec.Weap.	探照灯 /Searchlight	60cm × 4 (グラム式手動 2 万燭光)	60cm × 4 (マンジン式手動 2 万燭光)
艦載艇 /Boats	汽艇 /Steam launch	× 1(スチーム・ピンネース 9.75m)	× 1(浪速艇 32.7'、高千穂 32.6')
	ピンネース /Pinnace		× 1(両艦 32')
	カッター /Cutter	× 2(9.14m)	× 2(両艦 30')
	ギグ /Gig	× 1(8.22m)	× 1(高千穂のみ 27')
	ガレー /Galley	× 1(8.53m)	× 1(両艦 27')
	通船 /Jap. boat	× 2(9.15m 、外舷艇 4.9m)	× 2(浪速艇 27'、高千穂艇 28.6'、20' 各 1)
	(合計)	× 7	× 8 高千穂、× 7 浪速 (M41/1907 現在を示す)

注 /NOTES ① M33 年にクルップ砲と換装、当初前後の 26cm 砲は 20cm 安式砲に換装を検討したが、15cm 砲に統一、同時に機関砲を 47mm 速射砲に換装 ②浪速の 47mm 重砲は山内式 ③ M42 に前部の発射管 2 基を撤去 ④高千穂は M44 に敷設艦に改造された際 15cm 砲 4 門、47mm 重砲 6 門を砲術練習艦になった厳島に移設【出典】公文備考 / 日清戦争戦時書類 / その他

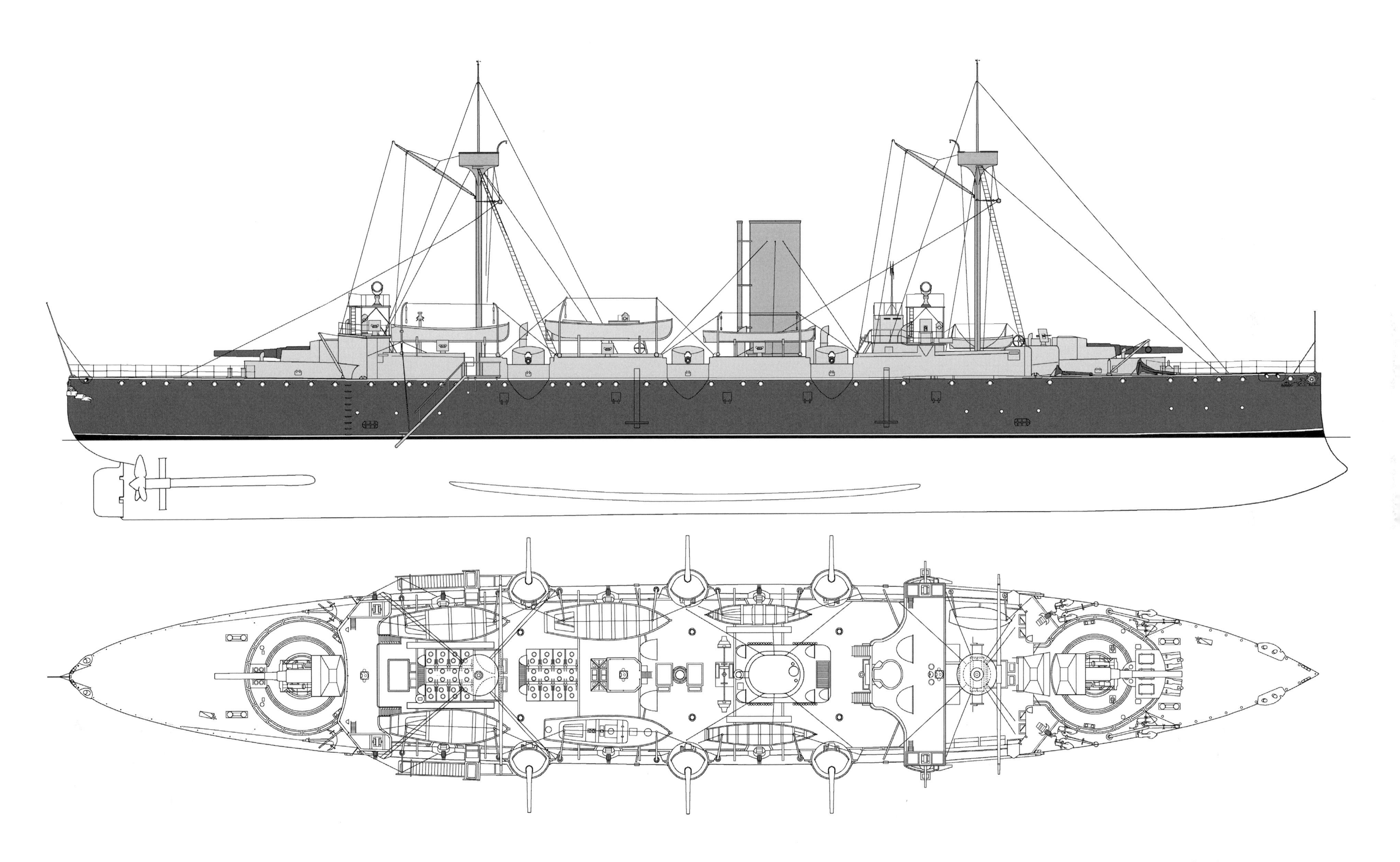

図 2-2-1 ［S=1/300］ 浪速 側平面（新造時）

◎ M33に前後のクルップ式26cm砲を安式砲に換装する工事を実施、舷側砲はM29に安式15cm砲に換装ずみで、これにより安式15cm砲で、備砲は統一されたことになる。当初は前後の備砲は安式20cm砲に換装する案もあったが、最終的に安式15cm砲で統一された。これにより、26cm砲の動力源であった水圧機械は撤去されて、舵取機械も水圧を動力源としていたため、蒸気機関に変更された。同型の高千穂も同様。

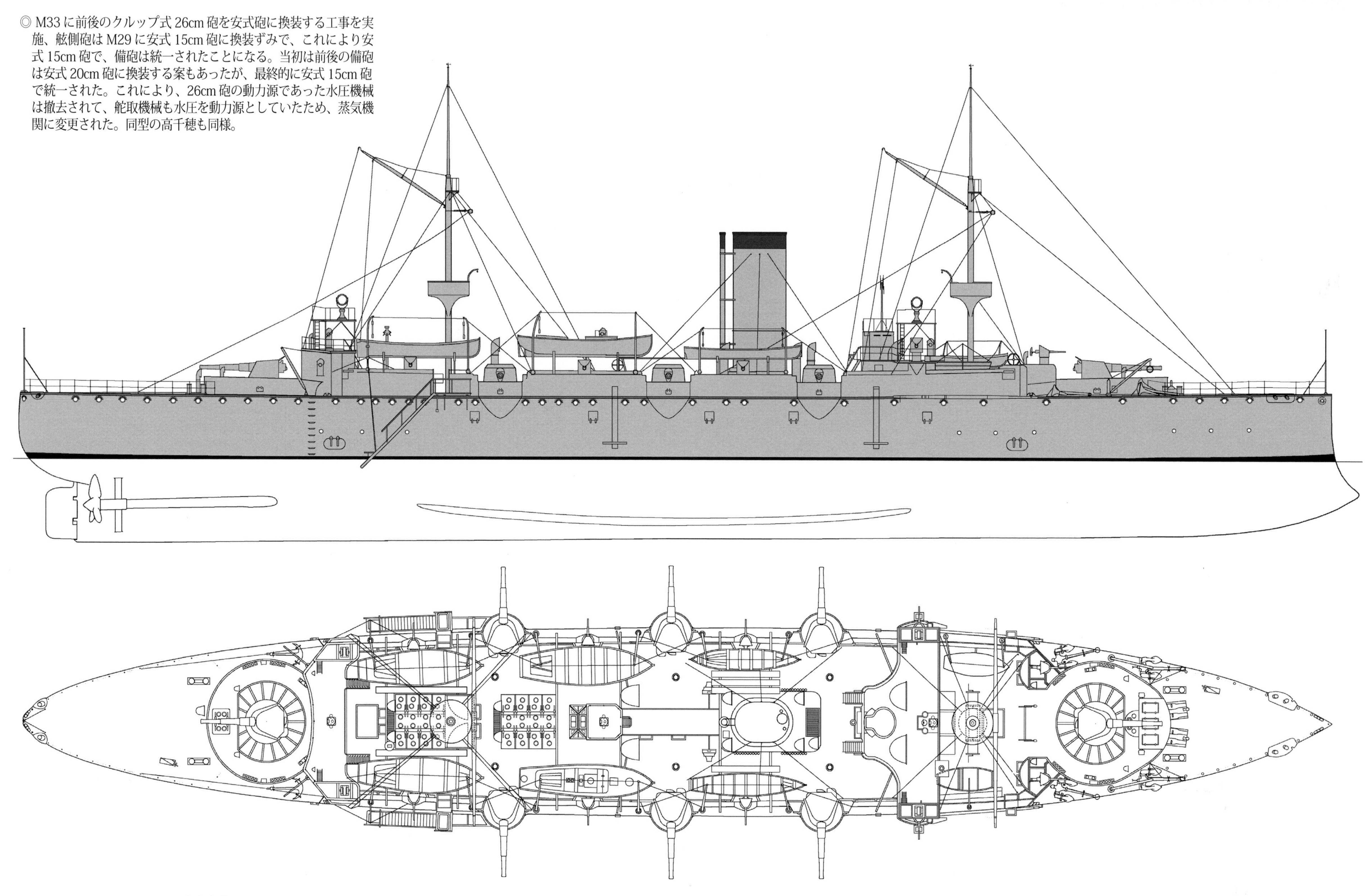

図 2-2-2 [S=1/300] 浪速 側平面 (M33/1900)

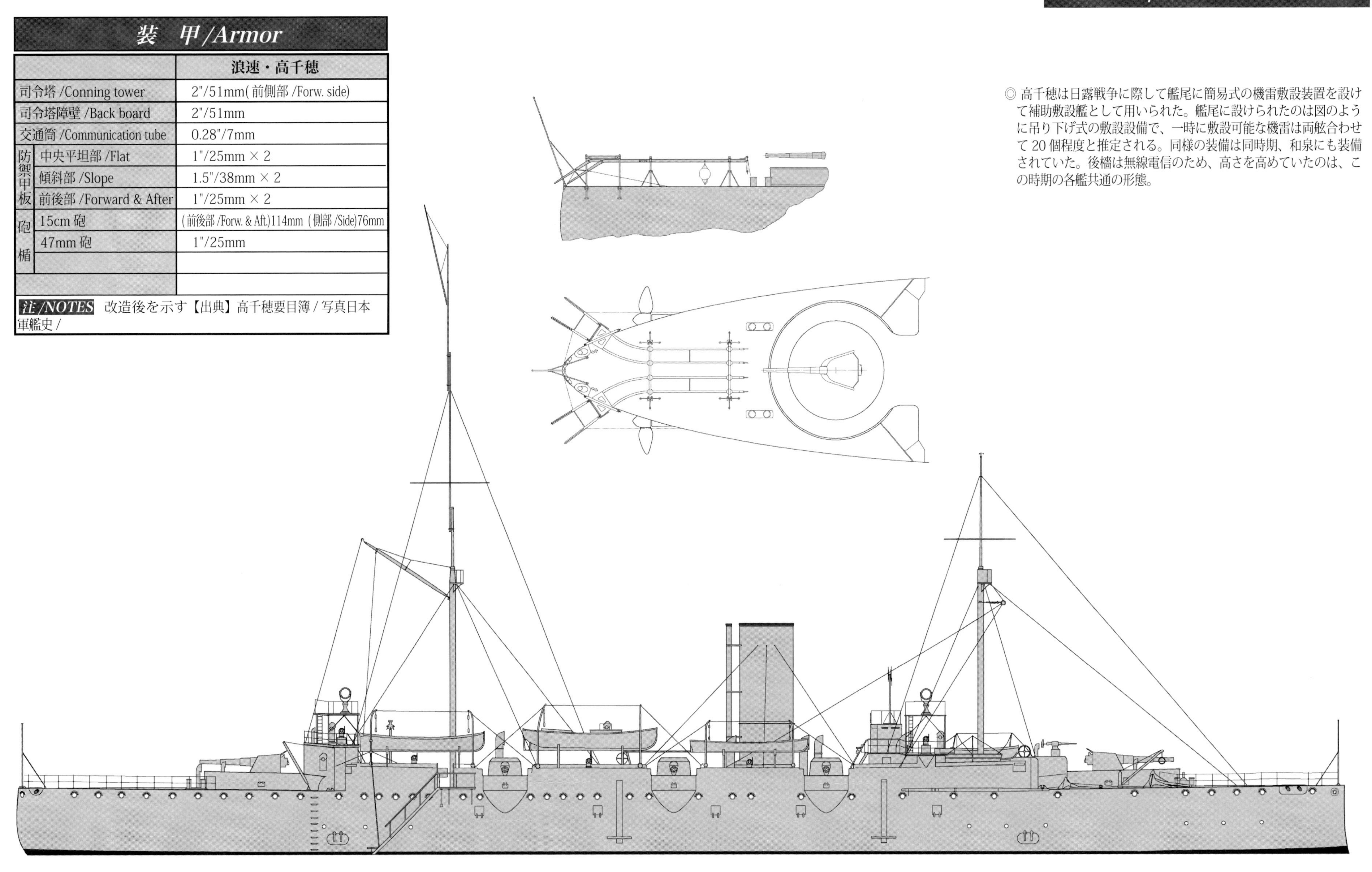

装　甲 /Armor

		浪速・高千穂
司令塔 /Conning tower		2"/51mm(前側部 /Forw. side)
司令塔障壁 /Back board		2"/51mm
交通筒 /Communication tube		0.28"/7mm
防禦甲板	中央平坦部 /Flat	1"/25mm × 2
	傾斜部 /Slope	1.5"/38mm × 2
	前後部 /Forward & After	1"/25mm × 2
砲楯	15cm 砲	(前後部 /Forw. & Aft.)114mm (側部 /Side)76mm
	47mm 砲	1"/25mm

注 /NOTES 改造後を示す【出典】高千穂要目簿 / 写真日本軍艦史 /

◎ 高千穂は日露戦争に際して艦尾に簡易式の機雷敷設装置を設けて補助敷設艦として用いられた。艦尾に設けられたのは図のように吊り下げ式の敷設設備で、一時に敷設可能な機雷は両舷合わせて 20 個程度と推定される。同様の装備は同時期、和泉にも装備されていた。後檣は無線電信のため、高さを高めていたのは、この時期の各艦共通の形態。

図 2-2-3 [S=1/300]　高千穂 側面 (M38/1905)

浪速型 /Naniwa Class

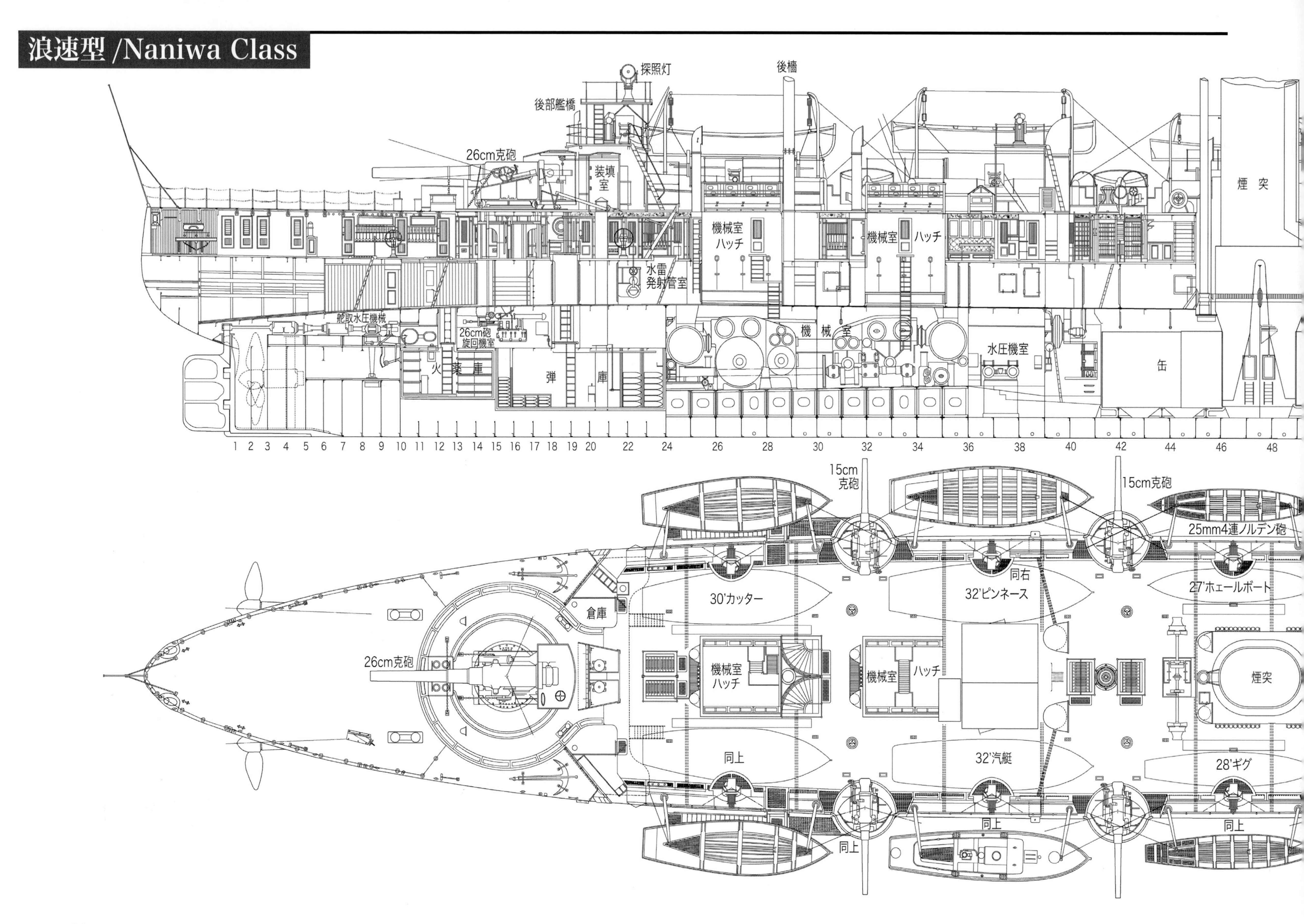

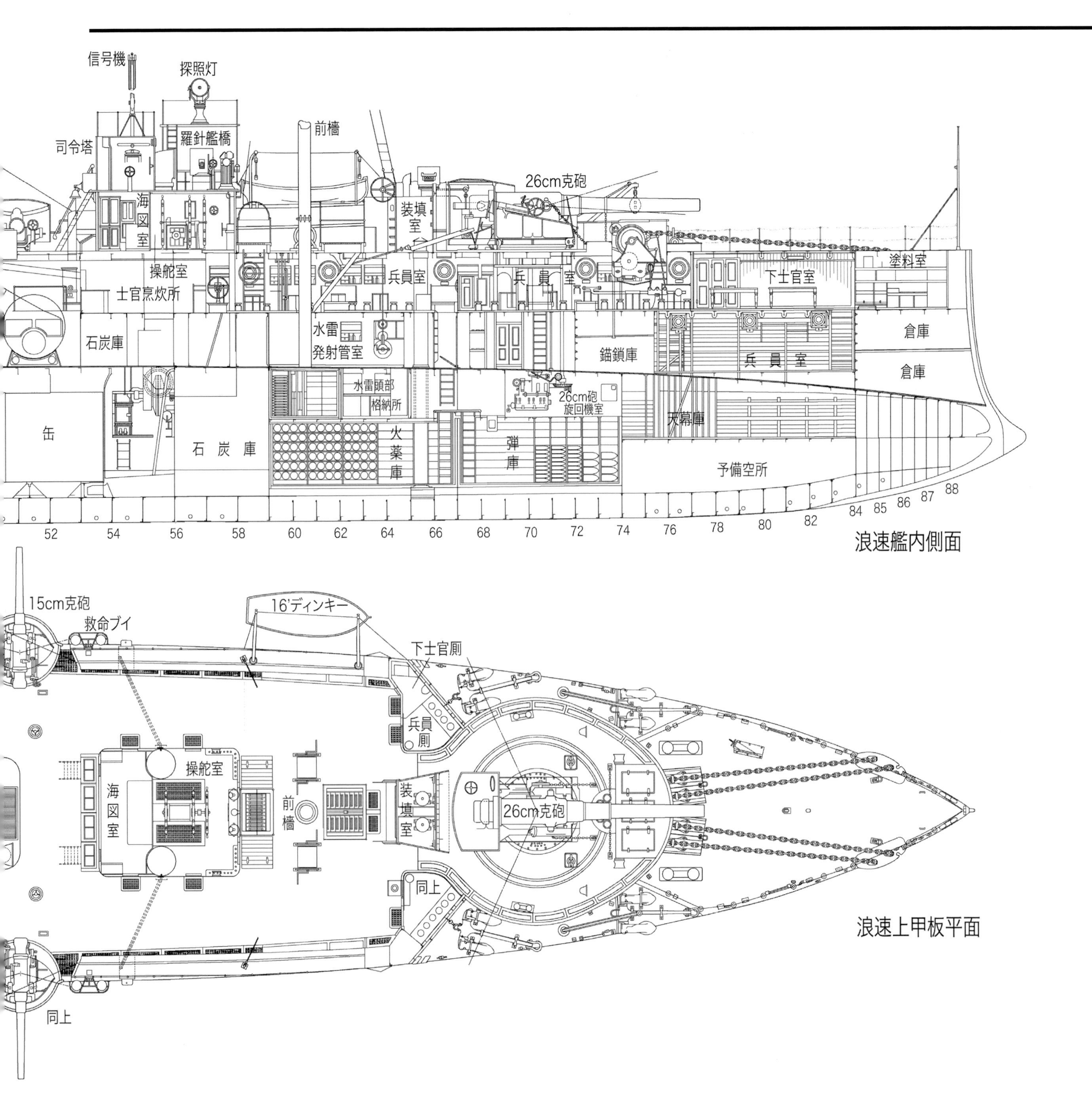

図 2-2-4 浪速 艦内側面・上甲板平面（新造時）

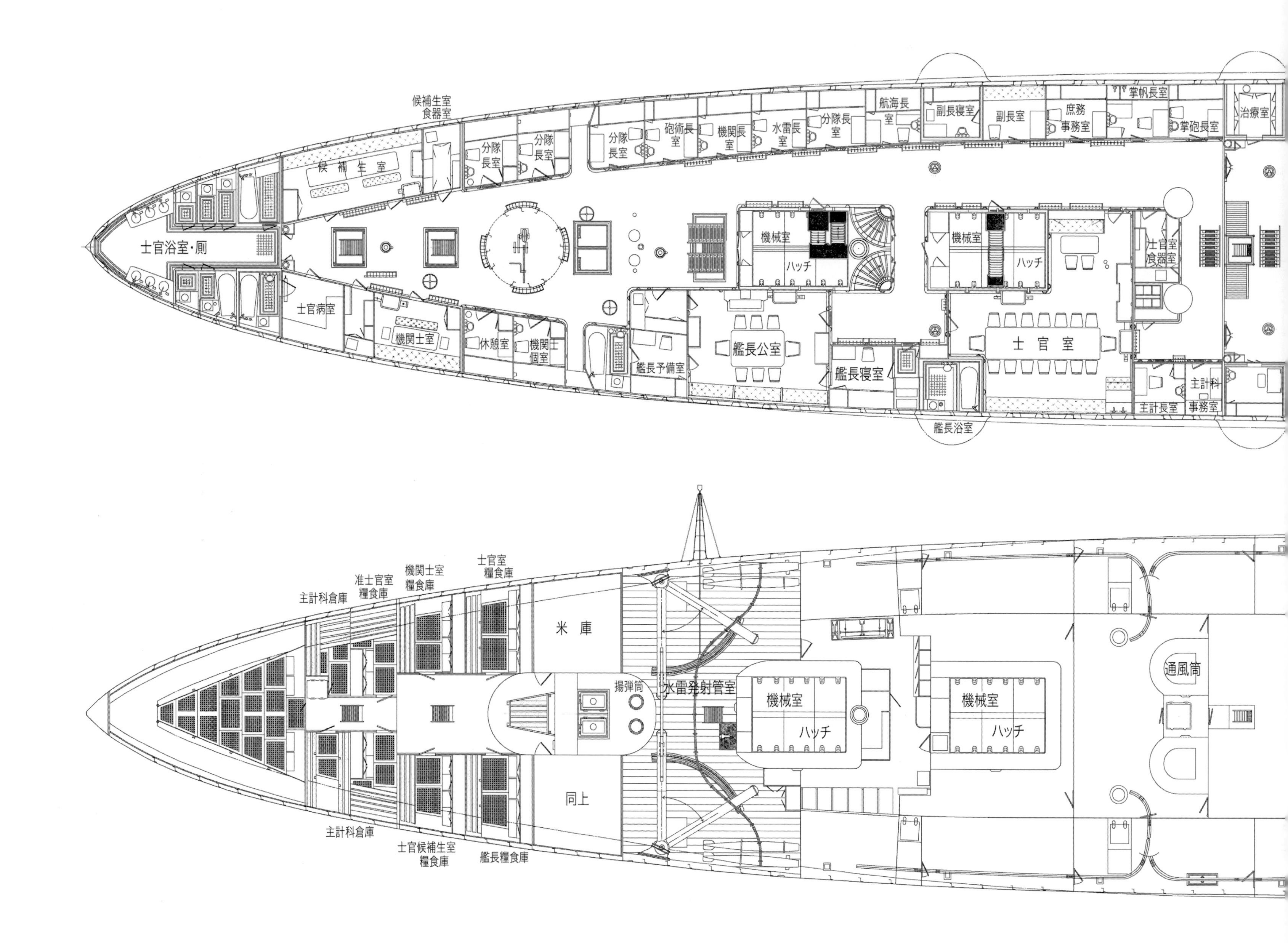

候補生室
食器室
候補生室
分隊長室
分隊長室
分隊長室
砲術長室
機関長室
水雷長室
分隊長室
航海長室
副長寝室
副長室
庶務事務室
掌帆長室
掌砲長室
治療室
士官浴室・厠
機械室
ハッチ
機械室
ハッチ
士官室食器室
士官病室
機関士室
休憩室
機関士個室
艦長予備室
艦長公室
艦長寝室
士官室
主計長室
主計科事務室
艦長浴室
主計科倉庫
准士官室糧食庫
機関士室糧食庫
士官室糧食庫
米庫
揚弾筒
水雷発射管室
機械室
ハッチ
機械室
ハッチ
通風筒
同上
主計科倉庫
士官候補生室糧食庫
艦長糧食庫

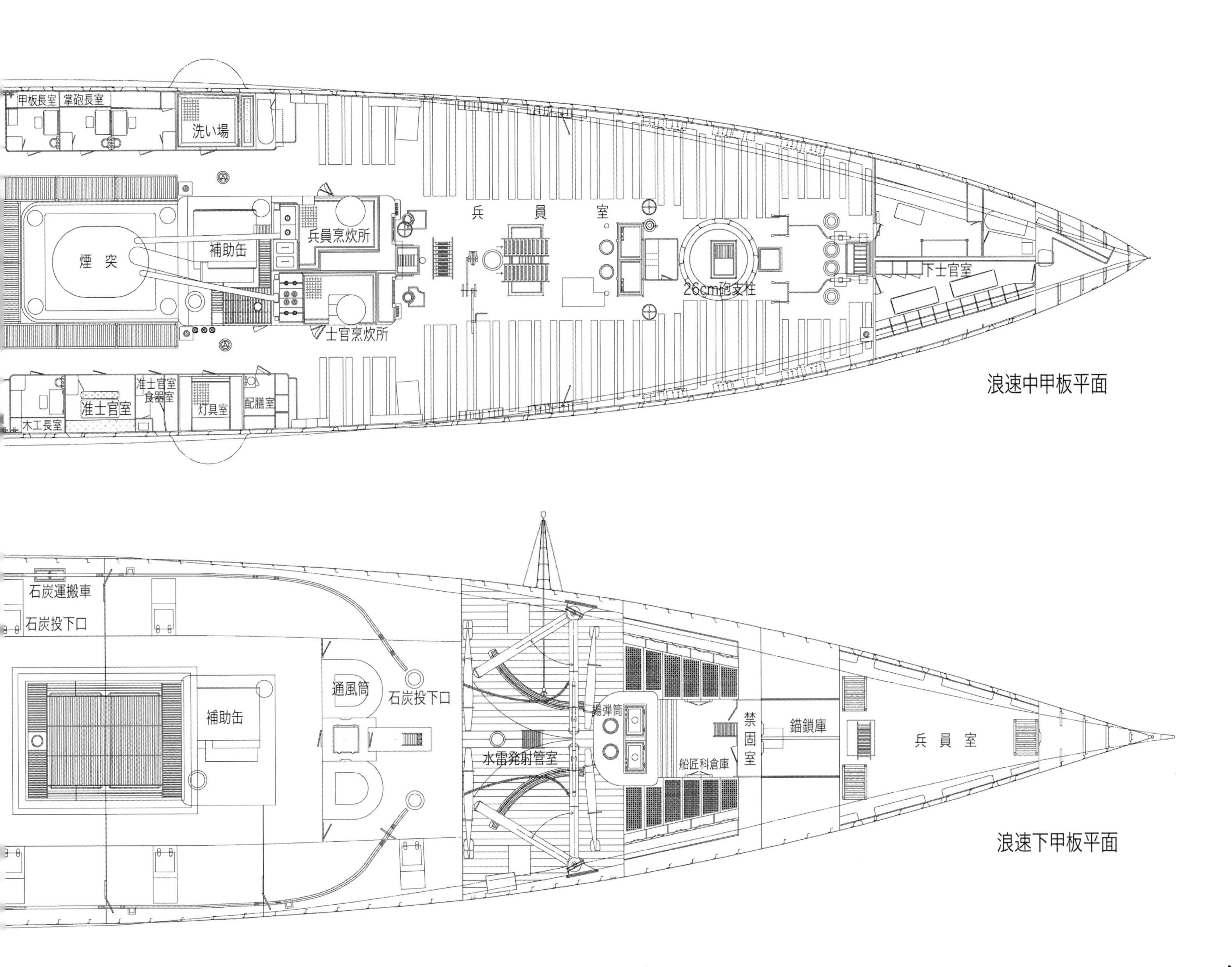

図 2-2-5 浪速 中甲板・下甲板平面 (新造時)

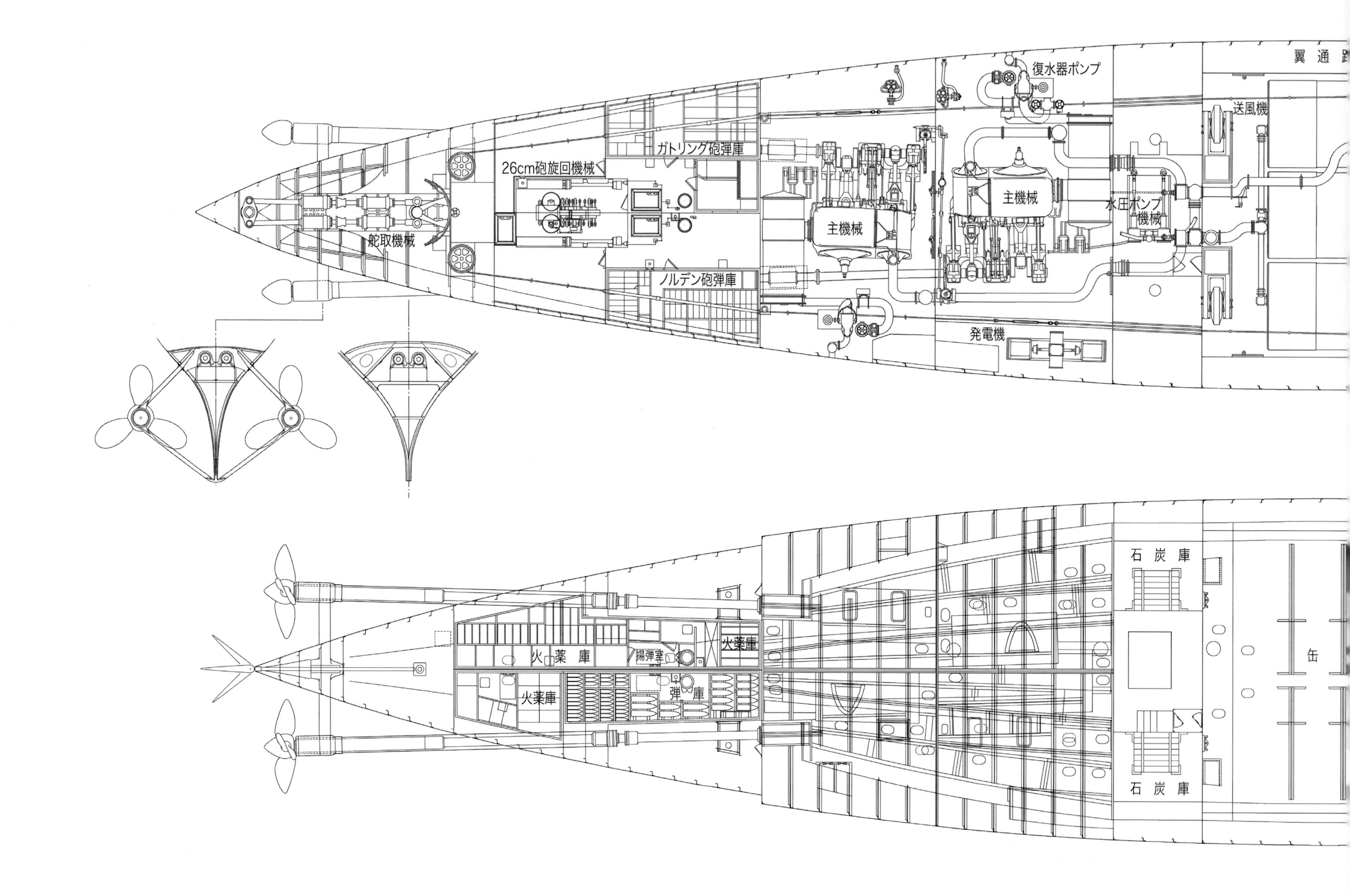

翼通路
復水器ポンプ
送風機
ガトリング砲弾庫
26cm砲旋回機械
主機械
水圧ポンプ機械
舵取機械
ノルデン砲弾庫
発電機
石炭庫
火薬庫
揚弾室
弾庫
缶

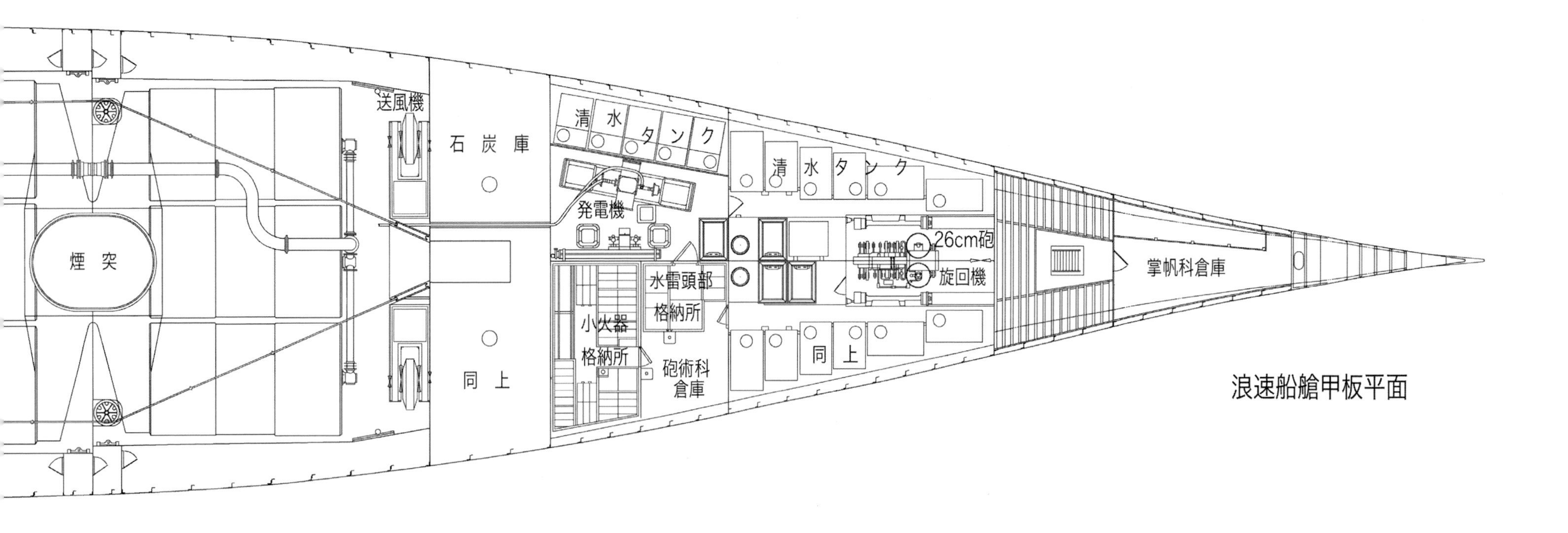

浪速船艙甲板平面

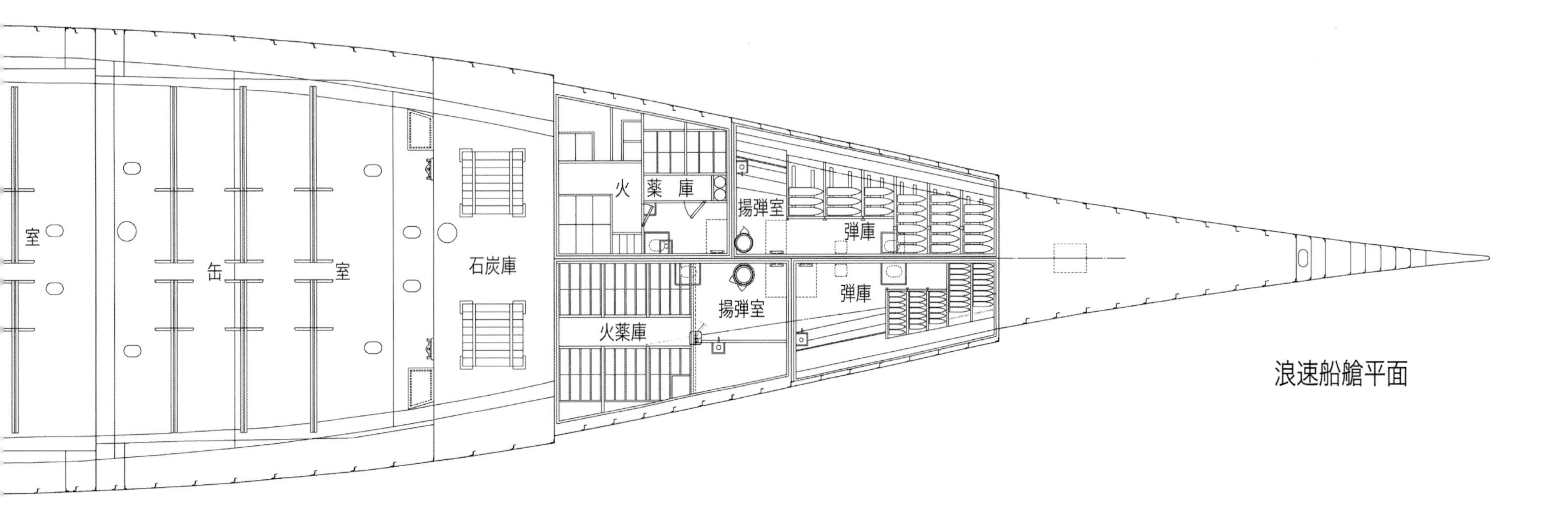

浪速船艙平面

図 2-2-6 浪速 船艙甲板・船艙平面 (新造時)

◎ 高千穂はM44ごろに本格的敷設艦への改装工事を実施して、日本海軍最初の本格的敷設艦となった。ただし、類別上は2等巡洋艦のまま、本格的とはいっても両舷上甲板に艦橋付近から艦尾にかけて敷設用の軌条を設けた簡単なもので、舷側と艦尾の15cm砲を撤去、代わりに8cm砲8門が装備された。一時に敷設可能な機雷数は200個(3号または4号機雷)といわれている。

改装後の兵装図は残っているが、写真は残っておらず本艦の敷設艦時の形態はこれまで、全く知られていなかった。同型の浪速も同様の改装を予定していたが海難事故で喪失、本艦も第1次大戦に際して青島戦に参加した際、夜間、ドイツ水雷艇S90の雷撃を受け、機雷の炸薬が誘発して艦長以下275名が戦死、生存者僅か3名という惨事を生じた。

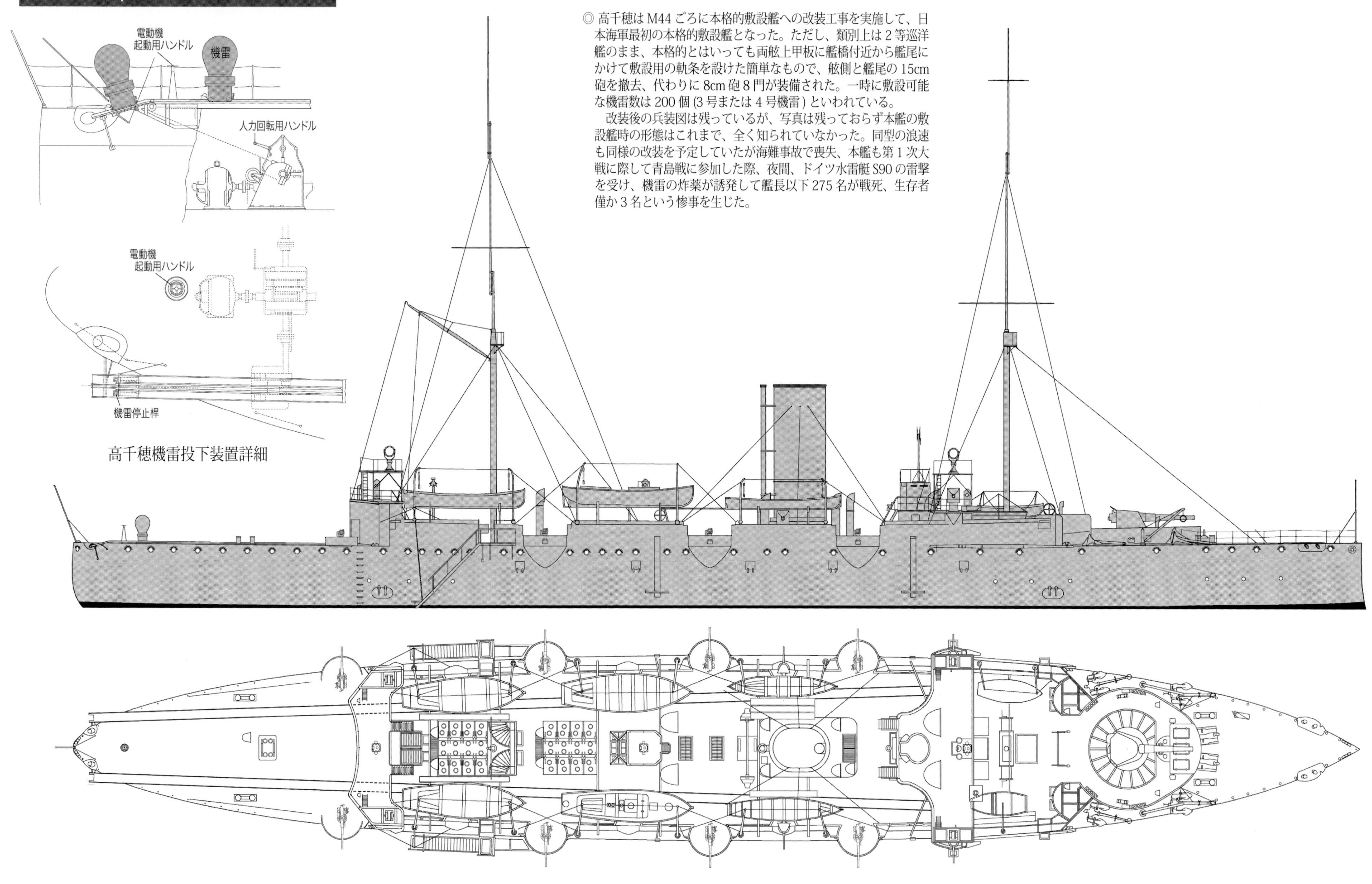

図 2-2-7 [S=1/300] 高千穂 側平面 (M44/1911 敷設艦改装時)

浪速・高千穂　定　員 /Complement (1)

職名 /Occupation	官名 /Rank	定数 /No.	
艦長	大中佐	1	士官 /20
副長	少佐	1	
砲術長	大中尉	1	
水雷長	〃	1	
航海長	〃	1	
分隊長	〃	4	
航海士	少尉	1	
分隊士	〃	4	
少尉候補生	少尉補	6	
掌砲長	兵曹上長	1	准士 / 4
掌砲長	兵曹上長 / 兵曹長	1	
掌帆長	〃	1	
	木工長	1	
機関長	機関少監	1	士官相当 /18
	大中機関士	3	
	少機関士	3	
	機関士補	5	
	機関工上長	1	
	機関工長	5	
軍医長	大中軍医	1	士官相当 / 5
	少軍医	1	
主計長	大中主計	1	
	少主計	1	
	主計補	1	
砲術教授	1、2、3等兵曹	1	下士 /26
掌砲長属	1、2等兵曹	3	
掌水雷長属	1、2、3等兵曹	1	
掌帆長属	1等兵曹	3	
前甲板長	1、2等兵曹	2	
前甲板次長	2、3等兵曹	2	
按針手	1、2等兵曹	2	
信号手	1、2、3等兵曹	1	
艦長端舟長	2、3等兵曹	1	
大檣楼長	〃	2	
前檣楼長	〃	2	
後甲板長	1、2、3等兵曹	2	
船倉手	〃	1	
帆縫手	〃	1	
後檣楼長	3等兵曹	2	

職名 /Occupation	官名 /Rank	定数 /No.	
	警吏	1	下士 /31
	警吏補	4	
	鍛冶長	1	
	鍛冶長属	1	
	兵器工長	1	
	兵器工長属	1	
	塗工長 / 塗工長属	1	
	桶工長	1	
	木工長属	2	
	機関工手	6	
	火夫長	1	
	火夫長属	5	
	看護手	2	
	筆記	2	
厨宰	主厨	1	
割烹手	〃	1	
	1等水兵	30	卒 /289
	2等水兵	60	
	3、4等水兵	65	
	1等若水兵	48	
	喇叭手	2	
	鍛冶	4	
	兵器工	1	
	塗工	1	
	木工	5	
	1、2等火夫	30	
	3、4等火夫	19	
	1等若火夫	6	
	看病夫	2	
	厨夫	13	
	裁縫夫	1	
	剃夫	1	
	艦長従僕	1	
(合　計)		393	

注 /NOTES
明治 19 年 1 月 21 日丙 2 による浪速、高千穂の定員を示す
【出典】海軍制度沿革

浪速・高千穂　定　員 /Complement (2)

職名 /Occupation	官名 /Rank	定数 /No.	
艦長	大佐	1	士官 /25
副長	中佐	1	
航海長	少佐 / 大尉	1	
砲術長	少佐 / 大尉	1	
水雷長	少佐 / 大尉	1	
分隊長	大尉	4	
	中少尉	6	
機関長	機関中監	1	
分隊長	大機関士	3	
	中少機関士	1	
軍医長	軍医少監 / 大軍医	1	
	大軍医	1	
主計長	主計少監 / 大主計	1	
	大主計	1	
	中少主計	1	
	上等兵曹	3	准士 / 8
	上等機関兵曹	4	
	船匠師	1	
	1等兵曹	12	下士 /54
	2等兵曹	12	
	3等兵曹	10	
	1等信号兵曹	1	
	1等船匠手	1	
	2等船匠手	1	
	1等機関兵曹	3	
	2等機関兵曹	5	
	3等機関兵曹	8	
	1等鍛冶手	1	

職名 /Occupation	官名 /Rank	定数 /No.	
	2等鍛冶手	1	下士 / 6
	1等看護手	1	
	1等筆記	1	
	3等筆記	1	
	1等厨宰	1	
	2等厨宰	1	
	1等水兵	37	卒 /251
	2等水兵	59	
	3、4等水兵	60	
	1等信号兵	2	
	2等信号兵	3	
	3、4等信号兵	3	
	1等木工	1	
	2等木工	2	
	3、4等木工	2	
	1等機関兵	14	
	2等機関兵	15	
	3、4等機関兵	36	
	1等鍛冶	1	
	2等鍛冶	2	
	3、4等鍛冶	2	
	1等看護	1	
	2等看護	1	
	1等主厨	2	
	2等主厨	3	
	3、4等主厨	5	
(合　計)		344	

注 /NOTES　明治 29 年 3 月内令 1 による浪速、高千穂の定員を示す【出典】海軍制度沿革
(1) 上等兵曹の 3 人は掌砲長、掌水雷長、掌帆長の職にあたるものとする
(2) 兵曹長中の 3 人は砲術教員と水雷術教授にあて、他は掌砲長属、掌水雷長属、掌帆長属、按針手、艦長端舟長、船艙手及び各部の長職につくものとする

解説 /COMMENT

明治 16 年度購入計画で英国アームストロング社に発注された防護巡洋艦で、外国発注新造軍艦は明治 8 年の扶桑等 3 隻以来で 8 年ぶり、この 2 隻はアームストロング社の造船技師長サー・ウィリアム・ホワイトが設計、建造された最初の防護巡洋艦、チリのエスメラルダ Esmeralda の成功に引き続き、日本向けに設計されたより本格的な防護巡洋艦で、その建造は英本国をはじめ各国の注目を集める存在であった。ほぼ 2 年の工期で完成したこの 2 隻は排水量 3,650 トン、速力 18 ノット、備砲は相変わらずクルップ式でかためられ、前後に 35 口径の 26cm 砲を置き、舷側に 35 口径 15cm 砲 6 門を配したもので、船体は鋼製、二重底構造を持ち水中防御力を考慮、防禦甲板は平坦部は前後を通じて 25mm 鋼鈑 2 枚重ね、傾斜部は 38mm 鋼鈑 2 枚重ね、司令塔 51mm、舷側部を石炭庫として防御力を強化しており、日本海軍が初めて取得した第一線級の巡洋艦で、ある程度装甲艦にも対抗できると期待されていた。建造費は装甲艦扶桑を上回ったが、実力でも本艦の方が上回っていた。

日清戦争時ごろには搭載するクルップ砲はかなり旧式化していたが、本艦型が装備したクルップ砲は従来の橇盤砲とは異なる円錐砲架式の新型砲であったものの、戦争終結後に安式砲への統一方針により 15cm 砲は安式 15cm 砲に換装され、さらに 26cm 砲

浪速型 /Naniwa Class

浪速・高千穂　定　員 /Complement (3)

職名 /Occupation	官名 /Rank	定数 /No.		職名 /Occupation	官名 /Rank	定数 /No.	
艦長	大佐	1			1等機関兵曹	6	
副長	中佐	1			2、3等機関兵曹	12	
航海長	少佐 / 大尉	1			1、2等看護手	1	下士 /23
砲術長	少佐 / 大尉	1			1等筆記	1	
水雷長兼分隊長	少佐 / 大尉	1			2、3等筆記	1	
分隊長	大尉	3			1等厨宰	1	
	中少尉	6			2等厨宰	1	
機関長	機関中監	1	士官 /24		1等水兵	40	
分隊長	大機関士	3			2、3等水兵	73	
	中少機関士	2			4等水兵	33	
軍医長	軍医少監 / 大軍医	1			1等信号兵	5	
	大軍医	1			2、3等信号兵	5	
主計長	主計少監 / 大主計	1			1等木工	1	
	主計	1			2、3等木工	3	卒 /239
	上等兵曹	3			1等機関兵	24	
	船匠師	1	准士 / 7		2、3等機関兵	32	
	上等機関兵曹	3			4等機関兵	12	
	1等兵曹	8			1、2等看護	2	
	2、3等兵曹	20			1等主厨	3	
	1等信号兵曹	2	下士 /35		2等主厨	3	
	2、3等信号兵曹	3			3、4等主厨	3	
	1等船匠手	1					
	2、3等船匠手	1		(合　計)		328	

注 /NOTES 明治38年12月内令755による浪速、高千穂の定員を示す【出典】海軍制度沿革
(1) 上等兵曹の3人は掌砲長、掌水雷長、掌帆長の職にあたるものとする
(2) 兵曹は教員、掌砲長属、掌水雷長属、掌帆長属及び各部の長職につくものとする
(3) 信号兵曹1人は信号長、他は按針手の職を兼ねるものとする

も明治33年に同じ安式15cm砲に換装された。この改造には当初安式20cm砲に換装する案もあったが、いろいろ無理があり断念されている。またこの時期に前後檣の檣楼や発射管の一部も撤去、缶の換装も実施されて後の日露戦争時までは何とか第一線にとどまっていた。特に高千穂は日露戦争に際して艦尾に機雷敷設装置を仮設して敷設艦としても使用された。

日露戦争後は警備兼測量任務等の後方任務に従事、浪速は明治末期に北海道で海難事故で失われてしまった。高千穂は同じく明治末期に本格的敷設艦に改造され、備砲の多くを撤去して日本海軍最初の敷設艦になったものの、類別上は海防艦のままであった。

高千穂は第1次大戦に際して青島攻略戦に参加、暗夜封鎖線哨戒中ドイツ水雷艇S90の雷撃を受け、機雷の炸薬が誘爆轟沈、3名の生存者を残して艦長以下275名が戦死するという惨事となった。

本艦型の資料は比較的多くが残されており、新造時と改装後の舷外側面、艦内側面、各甲板平面の図面が存在、また高千穂の改装後の要目簿もある。ただ、高千穂の敷設艦改造後の資料、写真はほとんど残されておらず、その艦姿については明らかでない。

艦名の浪速は大阪より尼崎周辺までの古地名、高千穂は九州宮崎霧島連峰の山名、日本神話の天孫降臨の地としても知られる。ただし高千穂の艦名はこれより前、明治7年8月31日に命名されており、当時購入を予定していた英国でブラジル向けに建造中の装甲艦インデペンデンシア Independencia 9,130トンの艦名に当てる予定であった。これはこの後扶桑以下3艦の新造を斡旋することになるリードが、これに先立って日本に購入を斡旋したものであったが、進水に失敗し進水をやり直したものの艦底を損傷、修理のため完成は大幅に遅れることになった。そのためリードは購入の斡旋をあきらめて、日本側も10月に購入を断念した経緯がある。この艦は後に英国が買い取りネプチューン Neptune として就役している。

なお、浪速、高千穂の艦名は帝国海軍時代には襲名されることはなかったが、戦後の航路啓開本部の掃海船に浪速丸、高千穂丸の名で引き継がれていた。(P-74に続く)

艦　歴 /Ship's History (1)

艦　名	浪　速 1/4
年　月　日	記　事 /Notes
1884(M17)- 3-22	英国ニューキャッスル、Armstrong社エルジック工場で起工
1884(M17)- 3-27	命名
1885(M18)- 3-18	進水
1885(M18)- 5-	艦位2等
1885(M18)-11-20	艦長伊東祐亨大佐(期前)就任(回航委員長)
1886(M19)- 2-	竣工
1886(M19)- 3-28	英国発
1886(M19)- 5-27	横須賀鎮守府入籍
1886(M19)- 6-23	艦長磯辺包義大佐(期前)就任
1886(M19)- 6-26	品川着
1886(M19)- 8- 7	常備小艦隊
1888(M21)- 4-26	艦長松村正命大佐(期前)就任
1888(M21)- 6-17	品川発近隣諸国訪問、9月30日隠岐着
1889(M22)- 5-15	艦長角田秀松大佐(期前)就任
1889(M22)- 5-16	横須賀発清国訪問、5月28日馬関着
1889(M22)- 5-28	横須賀
1889(M22)- 7- 2	品川発近隣諸国訪問、11月28日長崎着
1890(M23)- 4-18	神戸沖海軍観兵式参列
1890(M23)- 6- 8	横浜発韓国訪問、7月6日三原着
1891(M24)- 2- 7	艦隊より除く、横須賀工廠で機関検査修理7月16日完成
1891(M24)- 6-17	艦長新井有貫大佐(期前)就任
1891(M24)- 7-18	常備艦隊
1891(M24)- 8-22	武豊発近隣諸国訪問、8月29日舞鶴着
1891(M24)-12-14	艦長東郷平八郎大佐(期前)就任
1892(M25)- 2- 2	品川発近隣諸国訪問、3月11日那覇着
1892(M25)- 4- 1	対馬竹敷港沖で暗礁に触擱
1893(M26)- 2- 8	横須賀発ハワイにて警備任務、5月29日品川着
1893(M26)- 8- 3	横須賀発ロシア領沿岸巡航、9月13日留別着
1893(M26)-11-14	品川発ハワイにて警備任務、翌年4月15日品川着
1894(M27)- 4-23	艦隊より除く、横須賀工廠で船体機関検査復旧工事、6月16日完成
1894(M27)- 6-13	警備艦
1894(M27)- 6-18	常備艦隊
1894(M27)- 6-24	門司発韓国警備任務、7月1日佐世保着
1894(M27)- 7-25	佐世保発日清戦争に従事、豊島海戦に参加、英国商船高陞号を撃沈国際問題となる、発射弾数26cm
	砲-7、15cm砲-21、57mm砲-46
1894(M27)- 9-17	黄海海戦における被弾9、負傷2、戦闘行動に支障なし、発射弾数26cm砲-33、15cm砲-151、57mm砲-258
1895(M28)- 1- 6	呉着入渠修理1月11日完成
1895(M28)- 1-19	2月11日まで威海衛で陸上砲台と交戦、被害なし、発射弾数26cm砲-18、15cm砲-70、57mm砲-142
1895(M28)- 2-16	艦長片岡七郎大佐(3期)就任

艦 歴 /Ship's History (2)

艦 名	浪 速 2/4
年 月 日	記 事 /Notes
1895(M28)- 2-25	三菱長崎造船所で入渠、修理、艦底塗替
1895(M28)- 2-27	艦長黒岡帯刀大佐 (期前) 就任
1895(M28)- 3-15	佐世保発
1895(M28)- 3-23	3 月 24 日まで澎湖島占領作戦で砲撃、発射弾数 26cm 砲 -12、15cm 砲 -102、57mm 砲 -14
1895(M28)- 8-16	三菱長崎造船所で修理、8 月 31 日完成
1895(M28)-11-10	解役
1896(M29)- 2-	呉工廠で機関総検査、主復水器細管入換、クルップ 15cm 砲を安式 15cm 砲に換装
1896(M29)- 6-	横須賀工廠で機関修理
1896(M29)- 8-25	練習艦
1896(M29)-11-19	兼警備艦
1897(M30)- 4-20	横須賀発ハワイにて警備任務、翌年 9 月 26 日着
1897(M30)-10-15	第 1 予備艦
1897(M30)-12-27	艦長鹿野勇之進大佐 (4 期) 就任
1898(M31)- 1-23	艦長遠藤喜太郎大佐 (期前) 就任
1898(M31)- 3- 1	艦長橋元正明大佐 (4 期) 就任
1898(M31)- 3- 9	常備艦隊
1898(M31)- 3-21	2 等巡洋艦に類別
1898(M31)- 5- 3	佐世保発マニラ、香港警備、米西戦争中居留民保護、8 月 28 日着
1898(M31)- 5-23	艦長三須宗太郎大佐 (5 期) 就任
1898(M31)- 9-	横須賀工廠で機関その他修理、入渠塗替
1898(M31)-12-	艦長永峰光孚大佐 (5 期) 就任
1899(M32)- 7-17	佐世保発清国、韓国航海、8 月 13 日竹敷着
1899(M32)-11- 1	第 3 予備艦
1900(M33)- 1-24	機関総検査船体修理認可、汽缶入換呉工廠にて 9 月 30 日完成予定
1900(M33)- 6-13	船体兵装改正改造認可、26cm 克砲を 15cm 安砲に換装、揚弾薬筒防御鋼鈑及び水圧機を撤去、揚弾
	薬筒を改造、水圧縦舵機を蒸気式に改造、保式 47mm 重砲 6 門、25mm4 連ノルデンフェルト砲 6 門を
	山内 47mm 重砲 10 門、同軽砲 2 門に換装、弾薬庫を改造、10 月 20 日呉工廠にて完成予定
1900(M33)- 6-15	呉工廠において艦首尾着装飾取除報告
1900(M33)- 9-13	第 1 予備艦
1900(M33)- 9-25	艦長斉藤孝至大佐 (7 期) 就任
1900(M33)-10- 9	常備艦隊
1900(M33)-12- 6	艦長安原金次大佐 (5 期) 就任
1900(M33)-12-20	呉発清国事変に従事、翌年 5 月 11 日着
1901(M34)- 7- 6	横須賀工廠で入渠、スクリューシャフト取替え、艦底塗替え 8 月 3 日出渠、10 月完成
1901(M34)- 7- 6	艦長吉松茂太郎大佐 (7 期) 就任
1901(M34)- 9-10	艦長野元綱明大佐 (7 期) 就任
1901(M34)-10-28	佐世保発北清国方面警備に従事、翌年 1 月 22 日着
1902(M35)- 2- 1	佐世保発北清国方面警備に従事、翌年 2 月 27 日着
1902(M35)- 2-24	仁川港外で濃霧のためボンデキ島に衝触、衝角が左舷に曲屈、同区画に浸水
1902(M35)- 3-14	第 2 予備艦、横須賀工廠で損傷部修理、5 月後半まで

艦 歴 /Ship's History (3)

艦 名	浪 速 3/4
年 月 日	記 事 /Notes
1902(M35)- 4-21	横須賀工廠にて戦闘橋楼及び大檣下桁撤去
1902(M35)- 5- 8	練習艦
1902(M35)- 6-21	中城湾発清国、韓国練習航海、6 月 27 日馬公着
1902(M35)- 7- 9	馬公発清国、韓国練習航海、7 月 27 日美保関着
1902(M35)- 9-10	第 1 予備艦
1902(M35)-10- 6	艦長伊地知季珍大佐 (7 期) 就任
1902(M35)-11-25	常備艦隊、11 月 23 日横須賀工廠で入渠、艦首コーキング工事、塗替え、11 月 29 日出渠
1902(M35)-12-25	馬公発南清方面警備に従事、翌年 2 月 28 日佐世保着
1903(M36)- 3- 1	連合艦隊第 1 艦隊第 3 戦隊大演習中のみ
1903(M36)- 4-10	神戸沖大演習観艦式参列
1903(M36)- 5-12	佐世保発南清方面警備に従事、6 月 5 日馬公着
1903(M36)- 7- 9	馬公発南清方面警備に従事、7 月 12 日淡水着
1903(M36)- 7-16	基隆発南清方面警備に従事、8 月 30 日横須賀着
1903(M36)- 9- 1	第 1 予備艦、横須賀工廠で補助缶新製、入渠塗替え
1903(M36)-10- 5	艦長和田賢助大佐 (8 期) 就任
1903(M36)-10-15	常備艦隊
1903(M36)-11- 6	佐世保発北清方面警備に従事、翌年 1 月 6 日着
1903(M36)-12-28	第 2 艦隊
1904(M37)- 1-15	第 2 艦隊 (瓜生司令官旗艦)
1904(M37)- 2- 6	佐世保発日露戦争に従事
1904(M37)- 2- 9	仁川沖海戦に参加、仁川から出撃した露艦ワリヤーグ、コレーツ交戦、発射弾数 15cm 砲 -14
1904(M37)- 8-14	蔚山沖海戦に参加、被弾 1、戦死 2、重傷 2、軽傷 2、発射弾数 15cm 砲 -370
1904(M37)- 8-15	佐世保工廠で修理、8 月 23 日完成
1904(M37)- 9-13	佐世保工廠で再度機関修理、9 月 15 日完成
1904(M37)-12-25	三菱長崎造船所で機関修理、1 月 8 日完成
1905(M38)- 5-27	日本海海戦に参加、露巡洋艦、特務艦部隊と交戦被害軽微、被弾 2、軽傷 14、発射弾数 15cm 砲 -450
1905(M38)- 6-14	第 1 艦隊、艦長広瀬勝比古大佐 (10 期) 就任
1905(M38)- 8- 6	三菱長崎造船所で修理、8 月 29 日完成
1905(M38)- 8-31	艦長仙頭武史大佐 (10 期) 就任
1905(M38)-10-23	横浜沖凱旋観艦式参列
1905(M38)-12-12	艦長午田従三郎大佐 (12 期) 就任
1905(M38)-12-20	連合艦隊解隊第 1 予備艦
1905(M38)-12-29	艦長上泉徳弥大佐 (12 期) 就任
1906(M39)- 3-14	第 2 艦隊
1906(M39)- 4- 7	佐世保発韓国、清国警備航海 4 度、8 月 2 日横須賀着
1906(M39)-10- 2	佐世保発清国警備航海、10 月 27 日長崎着
1906(M39)-11- 5	第 2 予備艦
1906(M39)-12-24	艦長久保田彦七大佐 (11 期) 就任
1907(M40)- 2-12	横須賀工廠で入渠、スクリューシャフト取外し修理、艦底塗替え 3 月 11 日出渠
1907(M40)- 4- 5	第 1 予備艦

艦　歴 /Ship's History (4)

艦　名	浪　速 4/4
年　月　日	記　事 /Notes
1907(M40)- 5- 9	南清艦隊
1907(M40)- 5-25	佐世保発清国南部警備航海、9 月 12 日着
1907(M40)- 9-25	佐世保発韓国南岸及び清国南部警備航海、翌年 6 月 18 日玉ノ浦着
1908(M41)- 6-25	第 2 予備艦
1908(M41)- 8-28	艦長上村翁輔大佐 (14 期) 就任
1908(M41)- 9- 1	第 1 予備艦
1908(M41)-10- 6	第 1 艦隊
1908(M41)-11-18	神戸沖大演習観艦式参列
1908(M41)-11-20	第 2 予備艦
1909(M42)- 4- 1	第 1 予備艦
1909(M42)- 9- 1	前部発射管 2 門撤去
1909(M42)-12- 1	第 2 予備艦、艦長西垣富太大佐 (13 期) 就任、横須賀工廠で船体改造工事翌、年 5 月まで
1910(M43)-12- 1	艦長原静吾大佐 (13 期) 就任
1911(M44)- 3-23	警備兼測量艦
1911(M44)- 4-15	横須賀発北海、ロシア領アリューシャン列島警備巡航、函館、根室、片岡湾、ペトロポルスク、プ
	リビロフ群島、ダッチハーバー、ウオーターフォール湾、キスカ、片岡湾、大泊、真岡、根室、片
	岡湾、根室、函館、10 月 6 日横須賀着
1911(M44)- 6-19	無線電信室改造認可
1911(M44)-11- 2	第 2 予備艦、横須賀工廠で入渠修理、翌年 3 月まで
1911(M44)-12- 1	艦長本田親民大佐 (17 期) 就任
1912(M45)- 4- 1	警備兼測量艦
1912(M45)- 6-26	千島列島新知湾を発し床丹湾に向かう途中濃霧のため午前 10 時 50 分チリホイ北島に座礁、武蔵、
	厳島、関東丸、栗橋丸が救難活動のため派遣されたものの、作業は難航 7 月 18 日に至り悪天候のた
	め船体両断沈没し放棄される、遭難原因は査問委員会において艦長、航海長の過失と判定
1912(T 1)- 8- 5	除籍、8,200 円で払下売却

艦　歴 /Ship's History (8)

艦　名	高千穂 4/4
年　月　日	記　事 /Notes
1915(T 4)- 9-27	航路の邪魔となるため残骸爆破処理、遺体収容、水面下船体は放置された
1916(T 5)- 3-10	残存船体の払下げを決定一般入札
1916(T 5)- 4- 1	売却を訓令、中井利兵衛に売却、同年 5 月に引揚げ作業開始、大正 7 年 11 月 13 日完了

(P- 72 から続く)

[資料] 本型の資料としては公式図面ほぼ一式が呉の < 福井資料 > にある。いずれも主砲換装前後の 2 種がそろっており、舷外側面及び上部平面、さらに艦内側面、各甲板平面図が比較的良好な状態で残されている。その他、浪速の兵装図、高千穂の敷設艦改造後の兵装図も存在する。要目簿 (明細表) は高千穂の主砲換装後、明治 36 年のものが残されており、船体、兵装は含まれているが機関は別となっている。以上の通り本型については図面資料はかなり豊富に残されており、模型製作等でそう困ることもないであろう。

艦　歴 /Ship's History (5)

艦　名	高千穂 1/4
年　月　日	記　事 /Notes
1884(M17)- 3-22	英国ニューキャッスル、Armstrong 社エルジック工場で起工
1884(M17)- 3-27	命名
1885(M18)- 5-16	進水
1885(M18)- 5-26	艦位 2 等
1886(M19)- 4-	竣工
1886(M19)- 5-10	英国プリマス発
1886(M19)- 5-28	艦長山崎景則大佐 (期前) 就任
1886(M19)- 6-18	横須賀鎮守府入籍
1886(M19)- 7- 3	横浜着
1886(M19)- 7-14	艦長松村正命大佐 (期前) 就任
1886(M19)- 8- 7	常備小艦隊
1888(M21)- 4-26	艦長磯辺包義大佐 (期前) 就任、兼常備小艦隊参謀長
1888(M21)- 6-17	品川発近隣諸国訪問、9 月 30 日隠岐着
1889(M22)- 4-17	艦長坪井航三大佐 (期前) 就任、兼常備小艦隊参謀長
1889(M22)- 5-28	佐世保常備小艦隊
1889(M22)- 7- 2	品川発近隣諸国訪問、11 月 28 日長崎着
1890(M23)- 4-18	神戸沖海軍観兵式参列
1890(M23)- 9-24	艦長山本権兵衛大佐 (2 期) 就任
1891(M24)- 6-17	艦長吉島辰寧大佐 (期前) 就任
1891(M24)- 8- 5	品川発近隣諸国訪問、8 月 29 日舞鶴着
1892(M25)- 2- 3	品川発近隣諸国訪問、3 月 11 日那覇着
1892(M25)-10-18	艦隊より除く
1893(M26)- 4-20	艦長柴山矢八大佐 (期前) 就任
1893(M26)- 4-21	常備艦隊
1893(M26)- 6- 1	品川発近隣諸国訪問、9 月 13 日留別着
1893(M26)-12-20	艦長尾形惟善大佐 (期前) 就任
1894(M27)- 2-26	艦長野村貞大佐 (期前) 就任
1894(M27)- 3- 6	横須賀発ハワイにて警備任務、7 月 10 日着
1894(M27)- 7-25	佐世保発日清戦争に従事
1894(M27)- 9-17	黄海海戦における被弾 5、戦死 1、負傷 2、戦闘行動に支障なし、発射弾数 26cm 砲 -22、15cm 砲
	-89、47m 砲 -155
1895(M28)- 2- 7	威海衛で陸上砲台と交戦、被害なし、発射弾数 26cm 砲 -4、15cm 砲 -35、47mm 砲 -106
1895(M28)- 2-21	呉着、入渠修理、3 月 4 日完成
1895(M28)- 3-15	佐世保発、7 月 10 日長崎着
1895(M28)- 3-23	澎湖島占領作戦で砲撃、発射弾数 26cm 砲 -8、15cm 砲 -22
1895(M28)- 7-18	佐世保鎮守府警備艦、横須賀工廠で機関修理煙突新製、翌年 3 月完成、クルップ 15cm 砲を安式 15cm 砲に換装
1896(M29)- 2-17	警備兼練習艦
1896(M29)- 4- 1	艦長植松永孚大佐 (2 期) 就任
1896(M29)-11-17	艦長舟木錬太郎大佐 (期外) 就任
1897(M30)- 4-19	第 1 予備艦

艦　歴 /Ship's History (6)

艦　名	高千穂 2/4
年　月　日	記　事 /Notes
1898(M31)- 3-11	艦長早崎源吾大佐 (3 期) 就任
1898(M31)- 3-21	2 等巡洋艦に類別
1898(M31)- 5- 3	警備兼練習艦
1899(M32)- 3- 6	警備艦、台湾総督の指揮下におく
1899(M32)- 3-22	艦長小田亨大佐 (期前) 就任
1899(M32)- 3-26	佐世保発台湾警備任務、6 月 30 日着
1899(M32)- 6-17	常備艦隊
1899(M32)- 7-10	佐世保発清国警備任務、11 月 25 日着
1899(M32)-12-24	佐世保鎮守府艦隊、佐世保工廠で機関修理
1900(M33)- 4-30	神戸沖大演習観艦式参列
1900(M33)- 5-26	安芸・甲島付近にて第 3 回懸賞射撃実施のため後部 26cm 砲の発射に際し尾栓が脱出して火薬ガスを後方に噴出、
	その場にいた人員が死傷、死亡 1、重傷 2、軽傷 1、原因は尾栓の閉鎖操作不完全
1900(M33)- 6- 7	第 3 予備艦
1900(M33)- 6-15	艦首尾着装飾取除報告
1900(M33)- 6-28	第 1 予備艦
1900(M33)- 8- 1	常備艦隊
1900(M33)- 8-14	佐世保発清国事変に従事、10 月 18 日着
1900(M33)-10-22	第 3 予備艦、この間佐世保工廠にて汽缶入換機関総検査、26cm 克砲を 15cm 安式砲に換装及び関連工事を実施
1902(M35)- 2-13	第 2 予備艦
1902(M35)- 3- 6	第 1 予備艦
1902(M35)- 3-13	艦長成田勝郎大佐 (7 期) 就任
1902(M35)- 3-14	練習艦
1902(M35)- 4-21	横須賀工廠にて戦闘檣楼及び大檣下桁撤去、機関修理
1902(M35)- 5- 8	第 1 予備艦
1902(M35)- 6-28	艦長梶川良吉大佐 (7 期) 就任
1902(M35)-10-14	常備艦隊
1902(M35)-11- 6	佐世保発北清国方面警備に従事、翌年 3 月 1 日着
1903(M36)- 3- 1	大演習中連合艦隊に編入
1903(M36)- 4-10	神戸沖大演習観艦式参列
1903(M36)- 5-22	那覇発清国韓国方面警備に従事、9 月 26 日佐世保着
1903(M36)- 7- 7	艦長毛利一兵衛大佐 (8 期) 就任
1903(M36)-10-11	佐世保発清国、韓国方面警備に従事、12 月 9 日馬公着
1903(M36)-12-22	馬公発清国、韓国方面警備に従事、翌年 1 月 1 日佐世保着
1903(M36)-12-28	第 2 艦隊第 4 戦隊
1904(M37)- 2- 6	佐世保発日露戦争に従事
1904(M37)- 2- 9	仁川沖海戦に参加、仁川から出撃した露艦ワリヤーグ、コレーツと交戦、発射弾数 15cm 砲 -10
1904(M37)- 8-14	蔚山沖海戦に参加、被弾 1、重傷 2、軽傷 11、発射弾数 15cm 砲 -291、8 月 15 日から同 25 日まで
	佐世保工廠で修理
1905(M38)- 1- 2	三菱長崎造船所で機関修理、同月 20 日完成

艦　歴 /Ship's History (7)

艦　名	高千穂 3/4
年　月　日	記　事 /Notes
1905(M38)- 5-27	日本海海戦に参加、露巡洋艦、特務艦部隊と交戦被害軽微、軽傷 4、発射弾数 15cm 砲 -463
1905(M38)- 6-14	第 1 艦隊、艦長西紳六郎大佐 (8 期) 就任、9 月 10 日より同 28 日まで三菱長崎造船所で修理
1905(M38)-10-23	横浜沖凱旋観艦式参列
1905(M38)-12-20	南清艦隊、艦長東伏見宮依仁親王大佐 (期外) 就任
1906(M39)- 3-27	佐世保発南清警備航海 3 度、9 月 5 日着
1906(M39)- 4- 7	艦長野間口兼雄大佐 (13 期) 就任
1906(M39)-10- 4	佐世保発南清警備航海、11 月 25 日馬公着
1906(M39)-10-12	艦長外波内蔵吉大佐 (11 期) 就任
1906(M39)-11-25	馬公発南清警備航海、翌年 5 月 31 日長崎着
1907(M40)- 6-13	第 2 予備艦、横須賀工廠で入渠、艦底損傷部修理
1907(M40)- 7- 1	艦長荒川規志大佐 (10 期) 就任
1908(M41)- 8-28	艦長今井兼胤大佐 (13 期) 就任、12 月 10 日以降兼橋立艦長
1908(M41)- 9- 1	第 1 予備艦
1908(M41)-10- 6	第 1 艦隊
1908(M41)-11- 3	横須賀工廠で煙突改造訓令
1908(M41)-11-18	神戸沖大演習観艦式参列
1908(M41)-11-20	第 2 予備艦
1908(M41)-12-23	艦長中島市太郎大佐 (14 期) 就任、42 年 3 月 4 日から兼満州艦長同 7 月 20 日まで
1909(M42)- 9- 1	前部発射管 2 門撤去
1909(M42)-10-11	艦長広瀬順太郎大佐 (14 期) 就任
1909(M42)-12- 1	第 1 予備艦
1910(M43)- 9-26	艦長心得伏見宮博恭王中佐 (期外) 就任
1910(M43)-12- 1	第 2 予備艦、艦長真田鶴松大佐 (15 期) 就任
1911(M44)- 3-20	横須賀工廠にて機雷敷設関連工事認可
1911(M44)- 4- 1	練習艦、水雷学校長の指揮下におく
1911(M44)- 9-23	船体部新設改造認可、横須賀工廠にて甲種機雷 60 個の敷設及び格納装置装備のための工事施工、こ
	際の 15cm 砲と 47mm 砲の大半を撤去、それらを砲術練習艦になった橋立に再装備
1911(M44)-12- 1	艦長大島正毅大佐 (15 期) 就任
1912(M45)- 6-29	艦長下平英太郎大佐 (17 期) 就任
1912(T 1)- 8-28	2 等海防艦に類別
1912(T 1)-12- 1	艦長武部岸郎大佐 (15 期) 就任
1913(T 2)-12- 1	艦長岡田三善大佐 (16 期) 就任
1914(T 3)- 5-29	艦長伊東祐保大佐 (17 期) 就任
1914(T 3)- 8-12	警備艦、7 月 20 日横須賀工廠で入渠、推進器、同軸修理、外板腐食検査、甲種機雷 240 個搭載
1914(T 3)- 8-18	第 2 艦隊、出撃に際し海底電線切断機を搭載、青島港外の海底電線切断の任務を課せられる
1914(T 3)-10-18	第 1 次大戦に際し青島攻略戦に参加、夜間湾外で哨戒任務中 18 日午前 1 時 3 分大公島の南東 6.5 海里の地点で
	ドイツ水雷艇 S90 の発射した魚雷 1 本が右舷 5 番砲の下方に命中、約 1 分間で沈没、伊東艦長以下乗員 275 名
	が戦死、生存者は 3 名のみ、当夜は視界 500m ほどの暗夜で S90 は 500m まで接近して魚雷 3 本を発射したという、
	高千穂の急速沈没と生存者が少ない原因は艦内に搭載していた機雷炸薬の誘爆によるものと推定される
1914(T 3)-10-29	除籍

畝傍 /Unebi

型名 /Class name		同型艦数 /No. in class		設計番号 /Design No.		設計者 /Designer	シャンティエ社主任技師 Marmiesse	建造費 /Cost	¥1,533,618(内兵器 199,737) 仏貨 3,450,280 フラン (4 回払い船体機関のみ)

艦名 /Name	計画年度 /Prog. year	建造番号 /Build. No	起工 /Laid down	進水 /Launch	竣工 /Completed	建造所 /Builder	編入・購入 /Acquirement	除籍 /Deletion	喪失原因・日時・場所 /Loss data
畝傍 /Unebi	M15/1882		M17/1884-05-27	M19/1886-04-06	M19/1886-10-18	仏ルアーブル、La Seyne Forges et Ch. 社		M20-10-19 亡失認定	M19/1886-12-3 シンガポール出港後行方不明

注 /NOTES ① 同時期に英国に発注した浪速型巡洋艦と同等艦として仏国に発注された有力巡洋艦、浪速型に比べ重兵装で安定性能に劣り荒天の台湾海峡で遭難沈没したのではとの亡失原因が有力である、保険金¥1,245,309 により千代田を建造【出典】写真日本軍艦史

船体寸法 /Hull Dimensions

艦名 /Name	状態 /Condition	排水量 /Displacement		長さ /Length(m)			幅 /Breadth (m)			深さ /Depth(m)		吃水 /Draught(m)			乾舷 /Freeboard (m)			備考 /Note
				全長 /OA	水線 /WL	垂線 /PP	全幅 /Max	水線 /WL	水線下 /uw	上甲板 /m	最上甲板	前部 /F	後部 /A	平均 /M	艦首 /B	中央 /M	艦尾 /S	
畝傍 /Unebi	新造完成排水量 /New (T)	常備 /Norm.	3,615			97.99	13.11			8.50		5.50	6.50	5.72				
	公試排水量 /Trial (T)																	
	公称排水量 /Official(T)	常備 /Norm.	3,615															

注 /NOTES ①日本に回航前に亡失したこともあって知られているデータは極めてすくない、ただし図面の一部はフランスには現存しているもよう、本艦の防禦甲板厚は 64mm/2.5" とされている
【出典】Warship International No.3, 1996/All the World's Fighting Ships1860-1905/ 川村還書

機 関 /Machinery

		新造完成時 /New
主機械 /Main mach.	型式 /Type ×基数 (軸数)/No.	斜動 2 段膨張 2 気筒式機関 /Recipro. engine × 2
缶 /Boiler	型式 /Type ×基数 /No.	低円缶 / × 10
	蒸気圧力 /Steam pressure (kg/cm²)	
	蒸気温度 /Steam temp.(℃)	
	缶換装年月日 /Exchange date	
	換装缶型式・製造元 /Type & maker	
計画 /Design (自然通風 / 強圧通風)	速力 /Speed(ノット /kt)	/17.5
	出力 /Power(実馬力 /IHP)	3,800 /5,500
	回転数 /(rpm)	
新造公試 /New trial (自然通風 / 強圧通風)	速力 /Speed(ノット /kt)	/18.37
	出力 /Power(実馬力 /IHP)	/
	回転数 /(rpm)	/
改造公試 /Repair T. (自然通風 / 強圧通風)	速力 /Speed(ノット /kt)	
	出力 /Power(実馬力 /IHP)	
	回転数 /(rpm)	
推進器 /Propeller	直径 /Dia.・翼数 /Blade no.	
	数 /No.・型式 /Type	
舵 /Rudder	舵型式・舵面積 /Rudder area(m²)	
燃料 /Fuel	石炭 /Coal(T)・定量 (Norm.)/ 全量 (Max.)	/620
航続距離 /Range(浬 /SM- ノット /Kts)		
発電機 /Dynamo・発電量 /Electric power(V/A)		
新造機関製造所 / Machine maker at new		
帆装形式 /Rig type・総帆面積 /Sail area(m²)		バーク /Bark・1,013

注 /NOTES【出典】帝国海軍機関史 /All the World's Fighting Ships1860-1905/ 外務省文書 / 川村還書

兵装・装備 /Armament & Equipment

		新造完成時 /New	
砲熕兵器 / Guns	主砲 /Main guns	80 年式 35 口径 24cm クルップ砲 /Krupp × 4	
	備砲 /2nd guns	80 年式 35 口径 15cm クルップ砲 /Krupp × 7	
	小砲 /Small cal. guns	57mm ノルデンフェルト砲 /Nordenfelt × 6	
	機関砲 /M. guns	1"4 連ノルデンフェルト砲 /Nordenfelt × 10 ガトリング砲 /Gatling × 4	
個人兵器 /Personal weapons	小銃 /Rifle		
	拳銃 /Pistol		
	舶刀 /Cutlass		
	槍 /Spear		
	斧 /Axe		
水雷兵器 /Torpedo weapons	魚雷発射管 /T. tube	加式 /Canet type × 4(水上 /Surface)	
	魚雷 /Torpedo	加式 45cm/17.7"	
	その他		
電気兵器 /Elec.Weap.	探照灯 /Searchlight	× 2	
艦載艇 /Boats	汽艇 /Steam launch	× 1	
	ピンネース /Pinnace	× 1	
	カッター /Cutter	× 2	
	ギグ /Gig	× 2	
	ガレー /Gallery		
	通船 /Jap. boat	× 2	
	(合計)	× 8①	

注 /NOTES【出典】海軍省文書、Warship International No.3, 1996/All the World's Fighting Ships1860-1905、川村還書
①艦載艇数及び種類は本艦の公式上部平面図により推定したもの

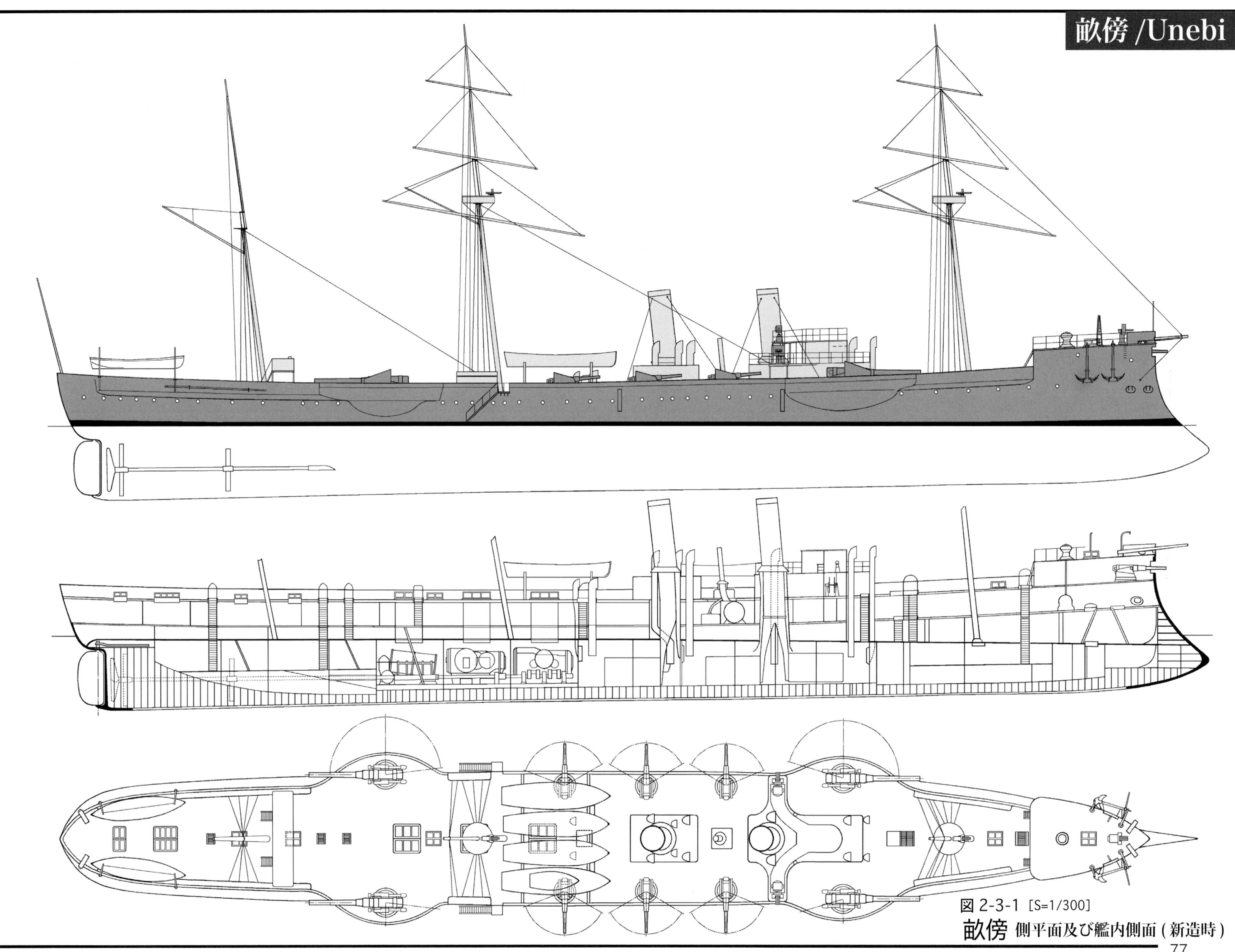

図 2-3-1 [S=1/300]
畝傍 側平面及び艦内側面 (新造時)

畝傍 /Unebi

定　員 /Complement (1)

職名 /Occupation	官名 /Rank	定数 /No.	
艦長	大中佐	1	士官/20
副長	少佐	1	
砲術長	大中尉	1	
水雷長	〃	1	
航海長	〃	1	
分隊長	〃	4	
航海士	少尉	1	
分隊士	〃	4	
少尉候補生	少尉補	6	
掌砲長	兵曹上長	1	准士/ 4
掌砲長	兵曹上長 / 兵曹長	1	
掌帆長	〃	1	
	木工長	1	
機関長	機関少監	1	士官相当/16
	大中機関士	3	
	少機関士	3	
	機関士補	4	
	機関工上長	1	
	機関工長	4	
軍医長	大中軍医	1	士官相当/ 5
	少軍医	1	
主計長	大中主計	1	
	少主計	1	
	主計補	1	
砲術教授	1、2、3等兵曹	1	下士/24
掌砲長属	1、2等兵曹	3	
掌水雷長属	1、2、3等兵曹	1	
掌帆長属	1等兵曹	3	
前甲板長	1、2等兵曹	2	
前甲板次長	2、3等兵曹	2	
按針手	1、2等兵曹	2	
信号手	1、2、3等兵曹	1	
艦長端舟長	2、3等兵曹	1	
大檣楼長	〃	2	
前檣楼長	〃	2	
後甲板長	1、2、3等兵曹	2	
船倉手	〃	1	
帆縫手	〃	1	

職名 /Occupation	官名 /Rank	定数 /No.	
後檣楼長	3等兵曹	2	下士/30
	警吏	1	
	警吏補	4	
	鍛冶長	1	
	鍛冶長属	1	
	兵器工長	1	
	兵器工長属	1	
	塗工長 / 塗工長属	1	
	桶工長	1	
	木工長属	2	
	機関工手	4	
	火夫長	1	
	火夫長属	4	
	看護手	2	
	筆記	2	
厨宰	主厨	2	
割烹手	〃	1	卒/301
	1等水兵	30	
	2等水兵	68	
	3、4等水兵	73	
	1等若水兵	45	
	喇叭手	2	
	鍛冶	4	
	兵器工	1	
	塗工	1	
	木工	5	
	1、2等火夫	30	
	3、4等火夫	18	
	1等若火夫	6	
	看病夫	2	
	厨夫	13	
	裁縫夫	1	
	剃夫	1	
	艦長従僕	1	
(合　計)		400	

注 /NOTES 明治19年1月21日丙2による畝傍の定員を示す【出典】海軍制度沿革

艦　歴 /Ship's History (1)

艦　名	畝　傍
年　月　日	記　事 /Notes
1884(M17)- 5-27	フランス、ルアーブルのフォルジュ社で起工
1884(M17)- 6- 5	命名
1886(M19)- 4- 6	進水
1886(M19)-10-	竣工
1886(M19)-10-18	ルアーブル出港
1886(M19)-11- 5	横須賀鎮守府入籍
1886(M19)-12- 3	シンガポール出港以後行方不明となる
1887(M20)- 1- 1	捜索船明治丸および日本郵船から借上げの長門丸が横浜出港、約6か月にわたる捜索を実施
1887(M20)-10-19	亡失認定、除籍

解説 /COMMENT

明治16年度予算で海外に発注した3隻の新造巡洋艦の内、浪速、高千穂は英国アームストロング社に発注されたが、残り1隻については、同16年6月ごろ英国に滞在中の佐雙に対して、英国グラスゴーのエルタ社とフランスのラ・セーヌにあるフォルジュ・エ・シャンティエ・ド・ラ・メデテラネー Forges et Chantiers de la Mediterranee 社の両社から見積をとることが命じられていた。これに対してフォルジュ社の見積もりは英社より早く明治16年9月に出され、両社の見積りがそろったのは翌年はじめであった。

結果的に仏社は3,600トン型巡洋艦の船体・機関建造に882,850円、これに対して英社は3,500トン型で同935,000円と約5万円ほど高かったことで、海軍大臣等はフランスへの発注に傾きつつあった。折衝の過程で主要兵装はクルップ式に統一することになり一部の兵装を除いて、これらの兵装は別途クルップ社に発注することになり、明治17年はじめには仏社への発注がほぼ決まったようで、当時これらの交渉任務のため英国に派遣されていた伊藤雋吉少将が最終のつめの交渉の後、同5月半ばに契約金額、船体、機関分4,414,250フラン、兵装分796,000フランで契約することを承認している。ただしこれとは別にクルップ社にたいして備砲価格として813,716マルクの注文も承認していた。また監督官としてかってヴェルニーが横須賀造船所内に設けた造船学校の卒業者で、フランス留学の経験もある造船官、若山鉉吉(小匠司)の派遣も3月には決まっていた。いずれにしても、この畝傍のフランス発注には海軍内部のヴェルニー門下のフランス派造船官の影響力が小さくなかったことが想像される。

畝傍はこの直後の明治17年/1884 5月27日に起工しているところから、既に内々に建造準備が進んでいたことが想像出来るが、設計者としてはフォルジュ社の主任技師マルミエス Marmiesse< 海軍創設史 - 篠原 >の名前があがっているが、この後来日するエミール・ベルタンも関係していたともいわれている。ほぼ同時に建造中の英国安社の浪速、高千穂と同大、ほぼ同速力の防護巡洋艦であったが、艦型は全く異なる設計で、船体も直線的な浪速に比べて艦首尾のシアーが強い船首楼を有するフランス式で、備砲の配置も24cm砲4門を舷側より張り出したスポンソン片舷2ヶ所に置き、他に15cm砲7門を装備、クルップ砲の重量だけでも本艦の方がかなり重かった。こうした形態から後に失踪した際、トップヘビーで復原力不足から転覆したのではとの推測も生まれたが、具体的な証拠があるわけではない。

後の集計結果からは本艦の建造総費用は1,533,618円、内兵器代は199,737円、浪速の建造総費用1,614,540円、内兵器代314,427円に比べてそれほど安いという感じはなく、船体・機関分だけだと3万ちょっとの差しかない。

建造は順調に進み、明治19年/1886 10月に高千穂に約5ヶ月遅れて完成、同10月18日にルアーブルを出港、ルフェーブル艦長以下フランス人乗組員79名、日本人は回航員として派遣された飯牟礼俊位大尉以下10名(文献により名前と人数が定まらないが、公文備考による)が乗り組み日本に向かった。しかし、途中12月3日にシンガポールを出港以来連絡が途絶え、横浜到着予定の13日になっても到着せず、予定航路沿岸各地に問い合わせても何の情報も得られなかった。

翌明治20年1月1日、畝傍捜索のため政府のチャーターした日本郵船長門丸と灯台見回船明治丸が横浜を出港、長門丸は鹿児島/屋久島/沖縄/宮古群島/台湾/澎湖島/マニラ/パラワン島/北ボルネオを経てシンガポールにいたる海域を捜索、明治丸は小笠原を経由台湾馬公に向い、そこで長門丸と落ち合い、その後アモイ/香港/海南島/プラタス環礁/サイゴンまで大陸沿岸ぞいに捜索することになっていた。結局、その後約2か月にわたる捜索では英艦2隻も協力してくれたにもかかわらず、何も発見することはできなかった。同年10月に日本海軍は原因不明のまま正式に畝傍の亡失を発表するに至った。当時、こうした外国建造艦の回航には保険をかけるのが通例で、本艦の場合も保険により1,245,309円が支払われ、これにより代艦として後述の千代田が英国に発注されることになる。いずれにしろ、当時この畝傍の失踪事件は明治社会の大きな話題となり、今日に至るまで様々な憶測も生まれているが、これはという原因の究明には至っていない。

艦名は奈良県橿原市の山名(実態は小丘陵)、当然のことながら以後の襲名はない。命名時の他の候補艦名「蜻蛉」「磐余」

[資料] 本型の資料としてはまとまったものはないが、断片的なものが残されている。まずは本艦の造船所の作成した艦内側面と上部平面図で、パリの海事博物館にあるとされるもので、<The Development of a Modern Navy-Erench Naval Policy 1874-1904 by Theodore Ropp 1987>に掲載されたのが最初である。また<Warship International No.3, 1996>に本艦に関する読者からの質問

(左に続く)

に答えるかたちでこの公式図の他に正確な本艦の4面図(イラスト)が掲載されており、艦姿をほぼ完全に伝えている。

その他本艦の写真もフランス側で撮影したものが4枚ほど残されている。なお、先の Warship International の記事は<戦前船舶>の第23号、2002に転載されているが、同誌にはまた戦前海軍参考館にあった本艦の模型の写真(雑誌海軍明治45年1月号掲載)も転載されている。

葛城型 /Katsuragi Class

型名 /Class name	葛城 /Katsuragi	同型艦数 /No. in class	3	設計番号 /Design No.		設計者 /Designer	主船局造船課		
艦名 /Name	計画年度 /Prog. year	建造番号 /Build. No	起工 /Laid down	進水 /Launch	竣工 /Completed	建造所 /Builder	建造費 /Cost	除籍 /Deletion	喪失原因・日時・場所 /Loss data
葛城 /Katsuragi	M15/1882		M16/1883-08-18	M18/1885-03-31	M20/1887-11-04	横須賀造船所	¥918,037(内兵器¥206,831)	T02/1913-04-01	
大和 /Yamato	M15/1882		M16/1883-11-23	M18/1885-05-01	M20/1887-11-16	小野浜造船所	¥1,039,903(内兵器¥219,051)	S10/1935-04-01	
武蔵 /Musashi	M15/1882		M17/1884-10-04	M19/1886-03-10	M21/1888-01-26	横須賀造船所	¥795,726(内兵器¥202,874)	S03/1928-04-01	

注 /NOTES ① 最初の国産鉄骨木皮構造スループ、葛城の竣工日について <横須賀船廠史> では 10 月 3 日としているもここでは同艦要目簿による、同様武蔵の起工、竣工日にも資料により異なるがここでは同艦要目簿によった【出典】海軍省年報 / 海軍軍備沿革

船体寸法 /Hull Dimensions

艦名 /Name	状態 /Condition	排水量 /Displacement		長さ /Length(m)			幅 /Breadth (m)			深さ /Depth(m)		吃水 /Draught(m)			乾舷 /Freeboard (m)			備考 /Note
				全長 /OA	水線 /WL	垂線 /PP	全幅 /Max	水線 /WL	水線下 /uw	上甲板 /m	最上甲板	前部 /F	後部 /A	平均 /M	艦首 /B	中央 /M	艦尾 /S	
葛城 /Katsuragi	新造計画排水量 /Des. (T)	常備 /Norm.	1,478	63.296		61.264	10.668			6.35		4.42	4.876	4.648		2.286		1,502(t) と表記した場合は仏トン 進水時の計画排水量は 1,476.854T
	公試排水量 /Trial (T)		1,665															
	公称排水量 /Official(T)	常備 /Norm.	1,480															計画排水量の 1,478T を丸めたもの
	総噸数 /Gross ton(T)		924.543															
大和 /Yamato	公試排水量 /Trial (T)		1,666															
武蔵 /Musashi	公試排水量 /Trial (T)		1,664															
大和・武蔵	公称排水量 /Official(T)	基準 /St'd	1,330															昭和期特務艦時代の公表排水量

注 /NOTES ①昭和 8 年調査の大和に関するデータとして満載排水量 1,651.36T/ 常備排水量 1,529.96T/ 軽荷排水量 1,364.73T 各平均吃水 5.017m/4.776m/4.420m の数値あり、具体的にいつのデータか不明だが昭和期のデータと推定【出典】葛城要目簿その他

機 関 /Machinery

		葛城 /Katsuragi・新造完成時 /New	大和 /Yamato・新造完成時 /New	武蔵 /Musashi・新造完成時 /New
主機械 /Main mach.	型式 /Type ×基数 (軸数)/No.	横置 2 段膨張 2 気筒式機関 /Recipro. engine × 2	横置 2 段膨張 2 気筒式機関 /Recipro. engine × 2	横置 2 段膨張 2 気筒式機関 /Recipro. engine × 2
缶 /Boiler	型式 /Type ×基数 /No.	高円缶片面戻火式 / × 6	高円缶片面戻火式 / × 6	高円缶片面戻火式 / × 6
	蒸気圧力 /Steam pressure (kg/cm²)	(計画 /Des.)4.921・(実際 /Actual-M27/1894)4.669	(計画 /Des.)4.921・(実際 /Actual-M27/1894)4.71	(計画 /Des.)4.921・(実際 /Actual-M27/1894)4.57
	蒸気温度 /Steam temp.(℃)			
	缶換装年月日 /Exchange date	M30/1897-4	M30/1897-2	M33/1900-2
	換装缶型式・製造元 /Type & maker	高円缶片面戻火式 / × 6・横須賀造船所	高円缶片面戻火式 / × 6・呉海軍工廠	高円缶片面戻火式 / × 6・横須賀工廠
計画 /Design (自然通風 / 強圧通風)	速力 /Speed(ノット /kt)	13.0/	13.0/	13.0/
	出力 /Power(実馬力 /IHP)	2,300/	2,300/	2,300/
	回転数 /(rpm)	100/	100/	100/
新造公試 /New trial (自然通風 / 強圧通風)	速力 /Speed(ノット /kt)	11.96/	10.77/	12.43/
	出力 /Power(実馬力 /IHP)	1,404/	1,071/	1,830/
	回転数 /(rpm)	83/	79/	90/
改造公試 /Repair T. (自然通風 / 強圧通風) 缶換装後	速力 /Speed(ノット /kt)	11.496/ (M35/1902-4-9 公試) ①	12.03/ (M35/1902-3-6 公試) ②	11.87/ (M37/1904-6-17 公試) ③
	出力 /Power(実馬力 /IHP)	1,120.23/	1,415/	1,412.05/
	回転数 /(rpm)	78.3/	90/	85.37/
推進器 /Propeller	直径 /Dia.・翼数 /Blade no.	4.267・3 翼	4.267・3 翼	4.570・2 翼 ④
	数 /No.・型式 /Type	× 1・グリフィス青銅	× 1・グリフィス青銅	× 1・グリフィス青銅
舵 /Rudder	舵型式・舵面積 /Rudder area(m²)	非釣合舵 /Non balance・5.806	非釣合舵 /Non balance・5.938	非釣合舵 /Non balance・5.649
燃料 /Fuel	石炭 /Coal(T)・定量 (Norm.)/ 全量 (Max.)	/144	/151	/144
航続距離 /Range(浬 /SM- ノット /Kts)		1 時間 1 馬力当り消費石炭量 2.25T(M35/1902-4-9 公試)	2,030 − 10 (M26/1893 公試)	1 昼夜消費石炭量 42.753T(自然通風全力 12.42 ノット)
帆装形式 /Rig type・総帆面積 /Sail area(m²)		バーク /Bark・537.925	バーク /Bark・557.584	バーク /Bark・927.770 ⑤

注 /NOTES
① M36/1903-2-17 の高力運転自然通風成績では速力 11.5kt/ 出力 1,095.95 実馬力 / 回転数 77.8rpm を記録
② M36/1903-1-21 の高力運転自然通風成績では速力 10.6kt/ 出力 1,456.06 実馬力 / 回転数 85rpm を記録
さらに後年 T12/1923-2-27 の公試運転自然通風成績では速力 8.484kt/ 出力 829 実馬力 / 回転数 70.5rpm 公試排水量 1,415T を記録
③ M35/1902-5-1 根室で座礁、離礁後横須賀工廠で修復工事を終えた状態での公試
さらに後年 M44/1911-9-12 の高力運転自然通風成績では速力 11.51kt/ 出力 1,187.87 実馬力 / 回転数 82.89rpm を記録
④武蔵のみ推進器の形状を変更、直径も若干大きい <帝国海軍機関史> では直径を 4.270m と記しているが武蔵要目簿では 4.570m< 近世造船史 > では 15'(4.572m) とありこれを正とした
⑤他の 2 艦とも 帆面積について 736 の数値あり、
【出典】葛城、大和、武蔵要目簿その他

葛城型 /Katsuragi Class

兵装・装備 /Armament & Equipment

		明治 27 年 /1894	明治 37 年 /1904	明治 40 年 /1907
砲熕兵器 / Guns	主砲 /Main guns	80 年重式 25 口径 17cm クルップ自在砲 /Krupp pivot × 2 鋼鉄榴弾× 45、通常榴弾× 80	80 年重式 25 口径 17cm クルップ自在砲 /Krupp pivot × 2 (葛城のみ 1 門) ④	露式 50 口径 7.5cm 砲 /Russian mod. × 4 ⑧
	備砲 /2nd guns	80 年重式 25 口径 12cm クルップ砲 /Krupp × 5 (内 1 門自在砲) 鋼鉄榴弾× 102、通常榴弾× 198	80 年重式 25 口径 12cm クルップ砲 /Krupp × 5	47mm 軽保式砲 /Hotchkiss × 4
	小砲 /Small cal. guns	短 7.5cm クルップ砲 /Krupp × 1　花環榴弾× 100	短 7.5cm クルップ砲 /Krupp × 1 短 4 斤砲 / × 2 (葛城以外) ⑤ 57mm ノルデンフェルト砲 /Nordenfelt × 2(葛城のみ) 47mm 重保式砲 /Hotchkiss × 2(葛城のみ)　⑥	
	機関砲 /M. guns	1"4 連ノルデンフェルト砲 /Nordenfelt × 4 11mm3 連ノルデンフェルト砲 /Nordenfelt × 2 弾× 15,000 及び × 10,000	1"4 連ノルデンフェルト砲 /Nordenfelt × 4 11mm3 連ノルデンフェルト砲 /Nordenfelt × 2 ⑦	
個人兵器 /Personal weapons	小銃 /Rifle	ヘンリーマルチニー銃× 130　弾× 26,000	35 年式海軍銃× 89　弾× 26,700	
	拳銃 /Pistol	1 番形× 48　弾× 5,760	1 番形× 19　弾× 2,280、モーゼル拳銃× 3 弾× 360	
	舶刀 /Cutlass	× 48		
	槍 /Spear	× 60		
	斧 /Axe	× 28		
水雷兵器 /Torpedo weapons	魚雷発射管 /T. tube	朱式 /Schwartzkopff type × 2(水上 /Surface) ①		
	魚雷 /Torpedo	朱式 (84 式)35cm/14" × 4		
	その他	外装水雷× 18		
電気兵器 /Elec.Weap.	探照灯 /Searchlight	②		⑨
艦載艇 /Boats	汽艇 /Steam launch	× 1(8.5m、3.849T、6.97Kt) ③		× 1(8.5m)
	ピンネース /Pinnace	× 1(9.1m、3.102T)		× 1(9.1m)
	カッター /Cutter	× 2(7.925m、1.27T)	× 1(8.5m) 以下 M30 年代測量艦時代の葛城を示す	× 2(7.9m) 武蔵、× 1(8.5m) 大和、× 0 葛城
	ギグ /Gig	× 1(7.925m、0.629T)	× 1(9.1m)	× 1(7.9m) 葛城、× 0 大和、武蔵
	ガレー /Gallery	(ジョリー) × 1(8.23m、1.135T)	× 1(7.9m)	
	通船 /Jap. boat	(ディンギー) × 1(4.267m、0.425T)		× 2(9.8m、7.3m) 大和、× 1(7.3m) 武蔵、(7.0m) 葛城
	(合計)	× 7	測量艇× 3(9.0m)	× 4(葛城、大和)、× 5(武蔵) ⑩

注 /NOTES

① M19-12 に当時横須賀造船所に招聘されていた仏人造船官ベルタンが本型程度の艦に魚雷兵装は好ましくないと意見具申した結果各艦竣工前に撤去したもよう
②新造時各艦発電機は未搭載、従って探照灯も未装備だったと推定
③新造時の艦載艇として武蔵の要目簿の記載例を示す
④ M32/1899 に葛城より 1 門撤去、この時期定数的には他 2 艦も 17cm 砲を搭載していたことになっているが、測量任務のため実際は 2 門とも撤去されていたらしい
⑤ M20-7-28 に追加装備認可、従って竣工後まもなく装備したものと推定
⑥この 57mm 砲は日清戦争の捕獲品といわれており M28-6 に装備したもの
⑦この 11mm 機関砲は前後の檣楼に装備されていたが、M39-4 に撤去を上申、撤去
⑧ M39-2-13 の訓令で従来の備砲を全て撤去してこの 2 種の備砲に換装、露式 7.5cm 砲は日露戦争の戦利品で、この後大正初年ごろまでには弾薬の問題からか、41 式 40 口径 7.6cm 砲に換装したもよう、昭和期まで在籍した大和 (特務艦測量艦) の昭和時代の備砲は 7.6cm 砲 2 門とされている
⑨日露戦争中津軽海峡の警備任務についた武蔵は M38-4 に函館でグラム式発電機 (70V/100A)1 基を装備したという、この際探照灯も 1 基装備したらしい、他の 2 艦の発電機の装備については不明
⑩ M41-11 現在の定数、測量任務に際しては一部の艦載艇を卸して測量艇 3-4 隻を搭載したらしい
【出典】公文備考 / 日清戦争戦時書類 / 極秘本明治二十七、八年海戦史 / 極秘版海軍省年報 / その他前掲書

解説 /COMMENT

明治 16 年度に計画された鉄骨木皮構造の国産スループの第 2 陣といえる型で、横須賀造船所で同型 2 隻、葛城、武蔵が、さらに同型の大和が小野浜造船所 (神戸) で建造されることになった。鉄骨木皮構造は国産艦でははじめての採用で、当時艦材の木材の入手がだんだん困難になりつつあり、諸外国では広く採用されていたこの構造を採用することで、造艦技術を習得する必要があったのであろう。このため明治 16 年 6 月には英国ペンブローク造船所の現職技師 2 名を雇傭、筑紫に乗艦して来日、鉄船の建造技術の指導を請うとともに、先に取得した金剛と比叡を教科書として、その構造を学ぶことも実際の建造で役立ったといわれる。

当時の鉄骨木皮構造船は竜骨、肋材、梁、縦通材等に鉄材を用い、船体外舷部、各甲板部に木材を張る構造だが、鉄骨と木板を水密を保って固着させることが難しく、大型艦では特に難しいとして採用されることはまれであった。

排水量 1500 トン、計画速力 13 ノット、備砲はまだクルップ式檣盤砲の時代で 17cm 自在砲 2 門、12cm 砲 5 門、内 1 門は自在砲であった。国産艦としてはじめて魚雷発射管を前部両舷の中甲板に 1 門ずつ装備する予定であったが、竣工直前に折から日本海軍に破格の待遇 (月俸 1,900 円、これまでのお雇い外人の最高は先に横須賀造船所長を務めたヴェルニーの同 1,000 円) で招聘されたフランス海軍の著名な造船官エミール・ベルタンが、海軍造船所総監督兼艦政部付勅任 (少将待遇) という立場で、横須賀造船所に着任して完成まぢかの葛城等の魚雷兵装について、その装備はこの種の艦ではあまり意味がないという意見を述べたことで、明治 20 年 3 月 2 日に海軍省から正式に葛城型の魚雷兵装は当面装備を中止し、その発射孔は閉塞すべしとの通達が横須賀鎮守府に届いた。これにより 3 艦の魚雷発射管は撤去され、発射孔は閉塞されたかたちで竣工している。

横須賀造船所の葛城、武蔵は明治 20 年 11 月に竣工したが、大和を発注した小野浜造船所 (神戸鉄工所) は英人キルビーの経営する私立造船所であり、そのキルビーが間もなく借財を苦に自殺、造船所の存続に危惧を抱いた海軍がこの造船所を買収して、官立造船所とすることで大和の工事を続け、無事に明治 21 年 1 月に竣工した。3 艦とも公試では計画速力の 13 ノットに達せず、一番成績の良かった武蔵で 12.36 ノットにとどまった。3 艦とも比較のため推進器の設計、形状を変えており、武蔵は 2 翼、葛城、大和は 3 翼でピッチと翼面積を僅かに変えていた。その他機関の特徴として先の海門、天龍に比べて蒸化器及び蒸溜器を装備したことで、一昼夜 3.5 トンの蒸溜能力を備えていた。船体、機関も主船局による日本人の手で計画、設計されたものと思われた。

3 艦とも日清戦争までは常備艦隊に加わることも多かったが、同戦争後は完全に後方任務に徹することになり、警備、測量任務に専従することになる。このため 3 艦とも明治 30 年代はじめに 3 等海防艦に類別されたまま測量艦への改造工事を実施、17cm 砲を撤去 (定数は変更せず)、従来の艦載艇 3 隻を卸して測量艇 (和船)3 隻を搭載、小汽艇 1 隻搭載 (測量艇曳航用)、製図室、測器格納庫を新設、その他測量機器の搭載、定員外寝室の用意 (測量士用)、前、主檣の中檣を撤去し上檣を下げることで、従来のヤードを全艦帆装を大幅に縮小した。

この前後に 3 艦とも缶を換装しており、新缶での公試では 11.5-12 ノットを発揮しており、新造時に比べて速力の低下は見られなかった。また、これ以前に煙突は新造時の伸縮式は固定式に改められていた。

明治 40 年以降に 3 艦とも在来の備砲を全て撤去されて、戦利品の露式 7.5cm 砲 4 門と 47mm 保式砲 4 門に改められ、関連して弾薬庫も改造された。その他帆装も全廃されて、主檣にデリックを新設、ジブブームやヤード類も撤去され、ヤードはシグナルヤードのみとなった。

大正元年には 2 等海防艦に類別変えとなり、間もなく葛城は除籍されたものの、大和と武蔵は以後も測量艦任務に専従、大正 11 年になってやっと特務艦中に測量艦という艦種が新設されて大和と武蔵は正式に測量艦に類別されることになった。

昭和期に入って武蔵は昭和 3 年、大和は昭和 10 年まで現役を務め、50 年弱の長い艦齢を全うしている。日本海軍における測量専従艦としてはもっとも長い測量歴を有しており、今でも日本海に「大和堆」や「武蔵堆」の名が残っているが、いずれもこの両艦が測量任務中に発見した海底地形である。測量という地味な任務ではあるが、この両艦の功績は高く評価されるべきである。

なお、この両艦にはいずれも後日談があり除籍後は法務省に払い下げられ、小田原少年刑務所の付属船として三崎港におかれて受刑者の宿泊や漁労作業に使用されており、旧大和は戦後まで残存した。

艦名の大和は近畿 5 か国の一つの古国名、日本国の総称という説には異論もある。武蔵は同じく東海道の国名、現在の東京都と埼玉県及び神奈川県の一部、蛇足ながら編著者の居住する東京都東大和市には「武蔵大和」という無敵？の西武鉄道の駅名があり、隣には武蔵村山市もあり大和と武蔵に囲まれてくらすという、軍艦ファンにはめぐまれた？環境にある。

なお武蔵の艦名はここでは 2 代目で、初代は明治元年に軍務官が購入した軍艦 (汽船) で、翌年 2 月失火により焼失、残った船体は大蔵省に移管された。後の戦艦大和は 2 代目、武蔵は 3 代目ということになる。 (P- 88 に続く)

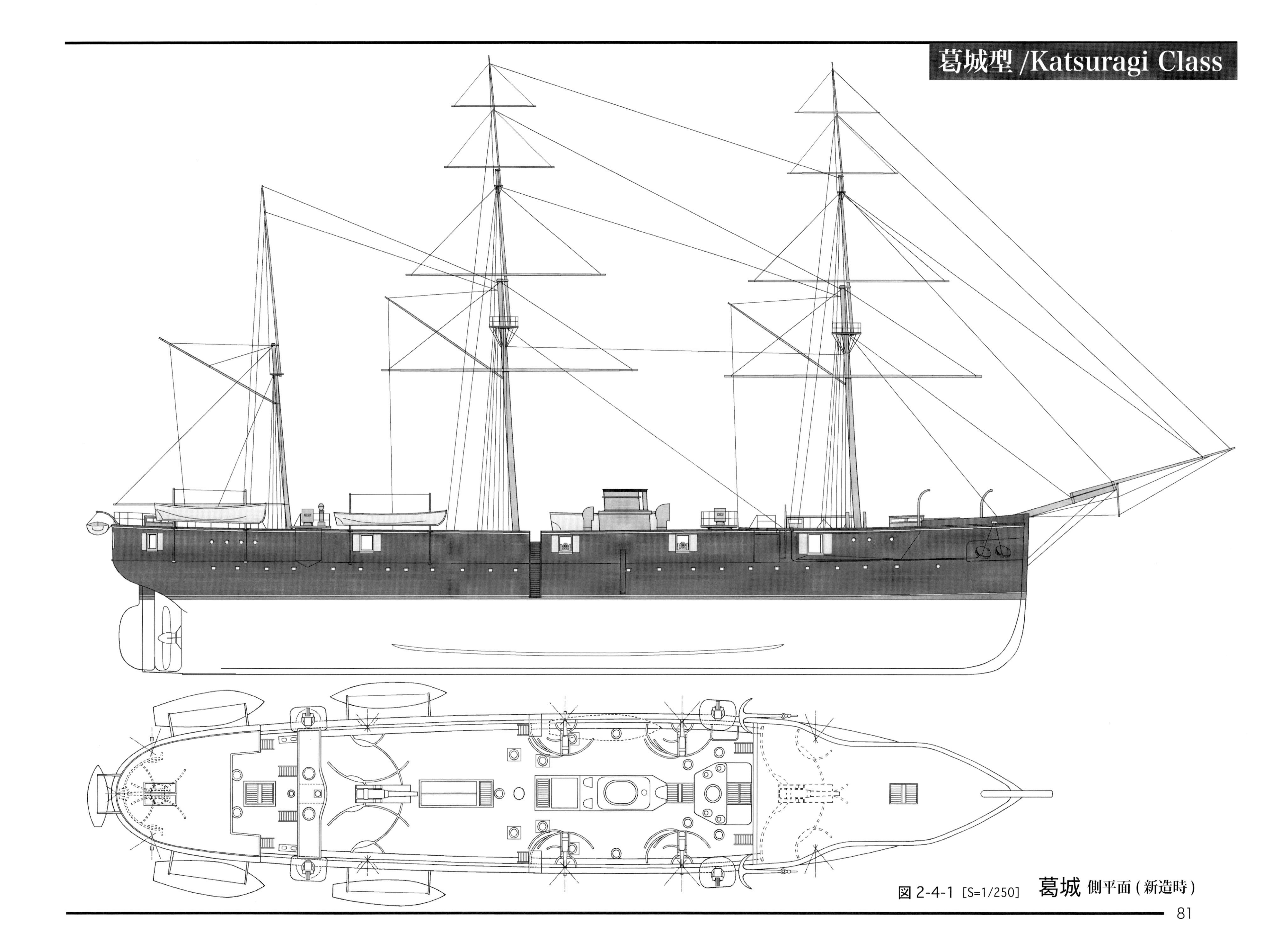

図 2-4-1 [S=1/250]　葛城 側平面 (新造時)

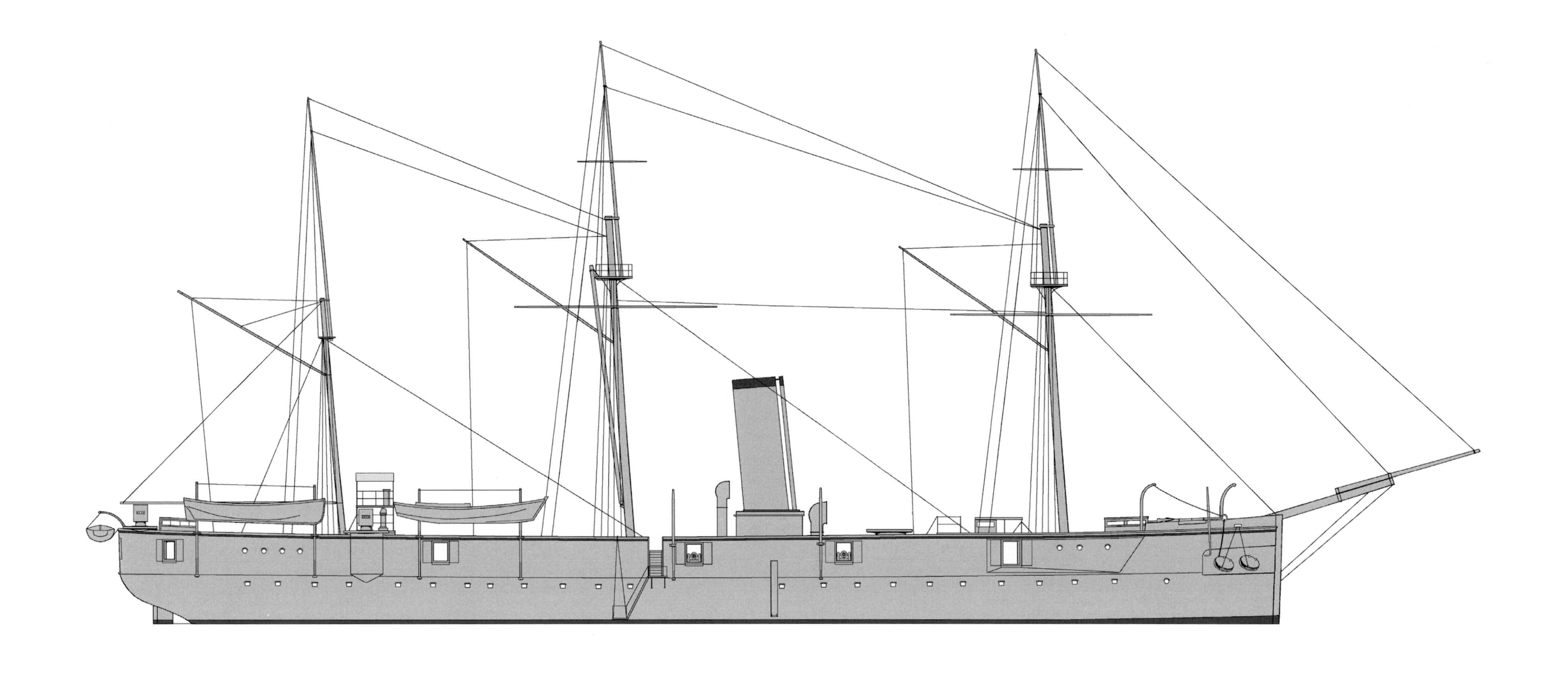

図 2-4-2 [S=1/250]　**葛城** 側面 (M35/1902)

◎ M32 に缶の換装工事を実施、煙突も伸縮式から固定式に改められた。この時期から測量艦として用いられることになり、備砲の一部を陸揚げして測量艇等の搭載を行ったが、要目上は、一時的な処置として従来通りのデータのままとされていた。測量艇の揚げ下ろしのため中央のマストにデリック・ブームが設けられている。

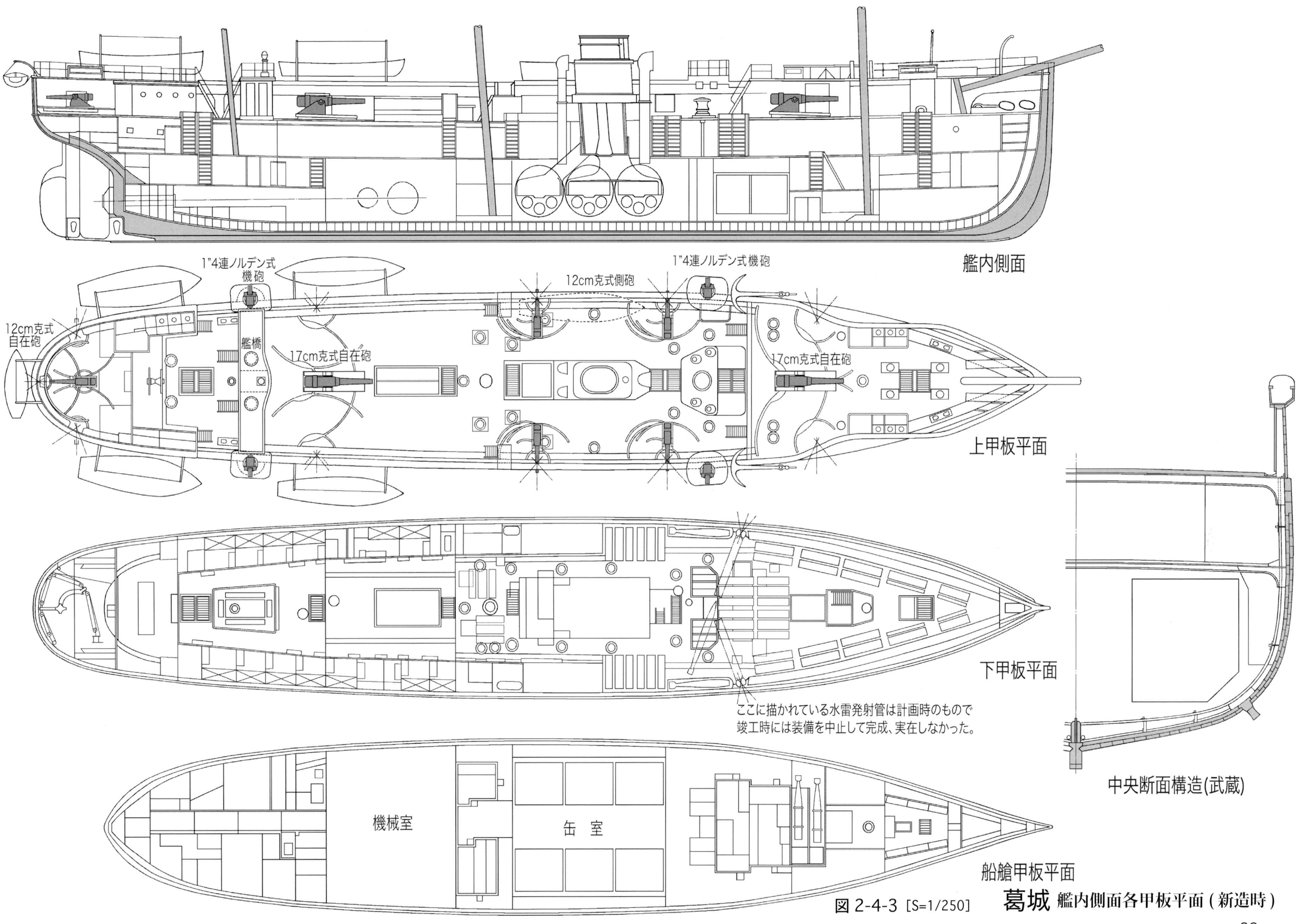

図 2-4-3 [S=1/250]　**葛城** 艦内側面各甲板平面（新造時）

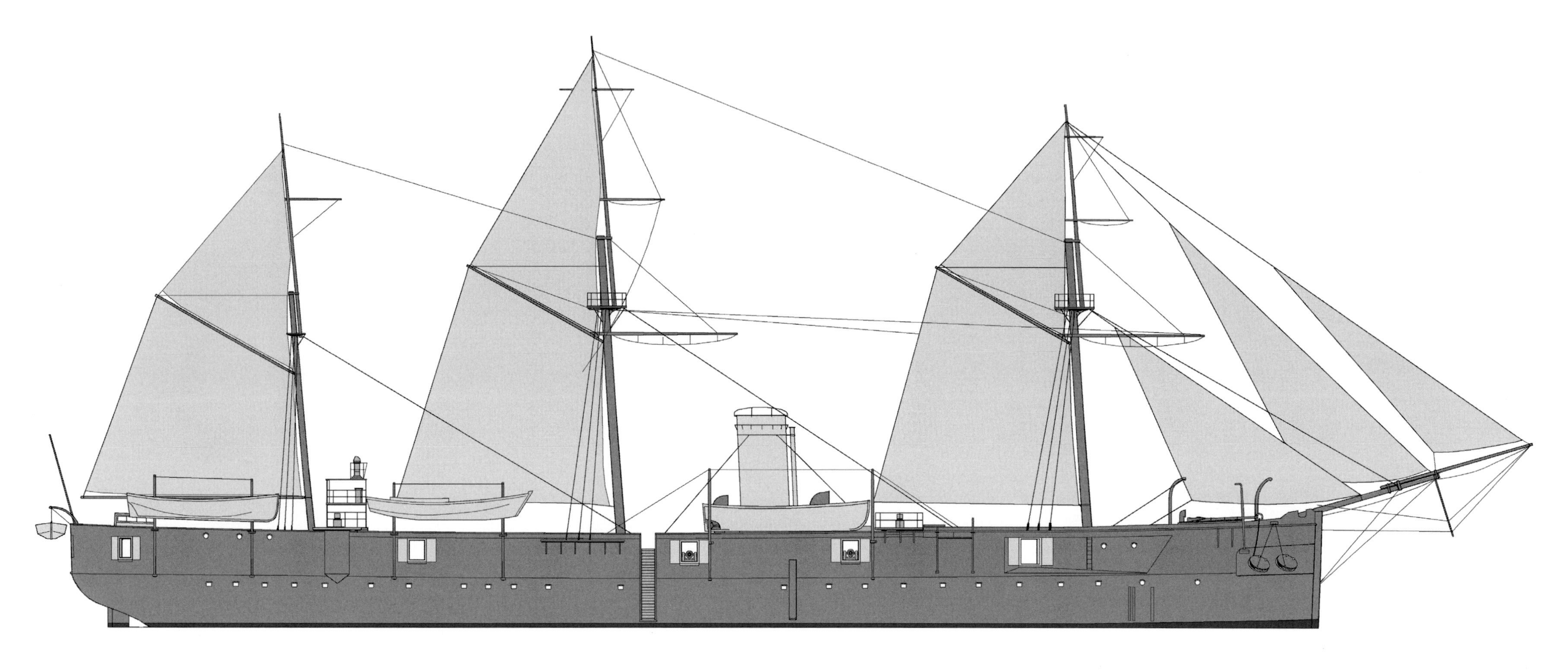

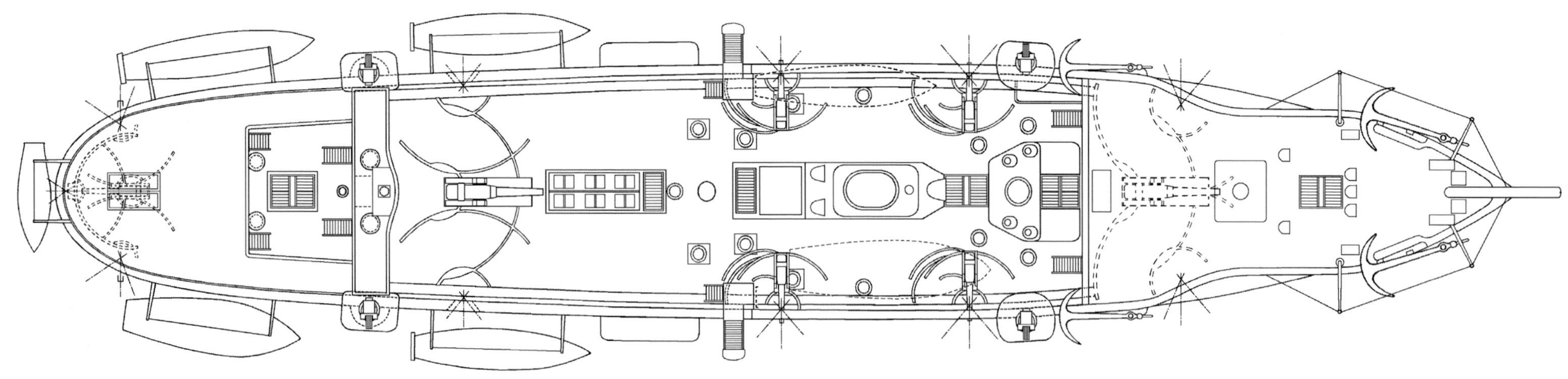

図 2-4-4 [S=1/250] 大和 側平面(新造時)

◎大和の新造時の装帆図を示す。公式図面によったもので、本型の帆装型状(縦帆)を示すものとして理解できる。同型3隻は細かい艤装等で異なるところもあり、この上部平面図でも、前出の葛城に比べて艦尾甲板の形状が異なっていることがわかる。

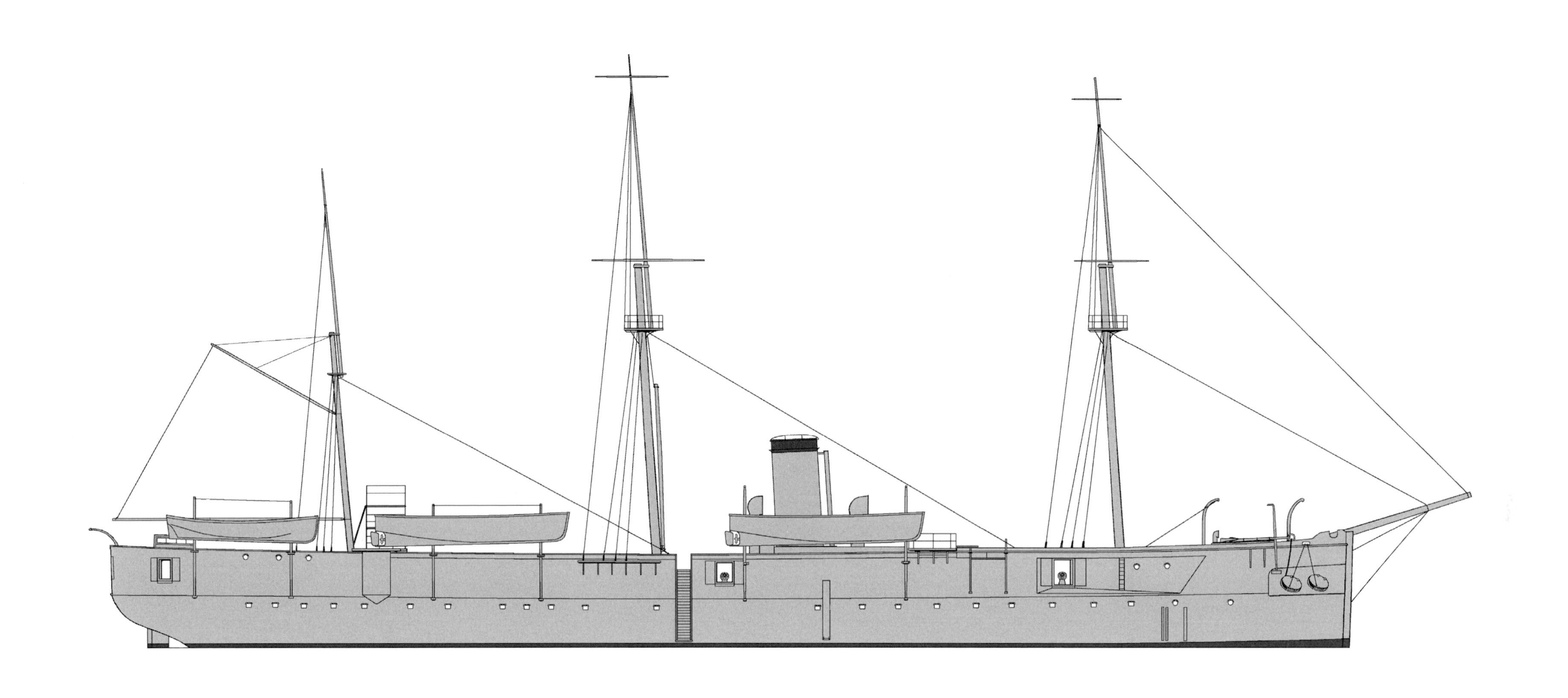

◎ M34 に缶の換装を実施、煙突も新造される。M36 からは正式に
測量艦となったが、その前に測量艦としての改装工事を実施して、
測量艇の搭載を行っていた。

図 2-4-5 [S=1/250] **大和** 側面 (M35/1902)

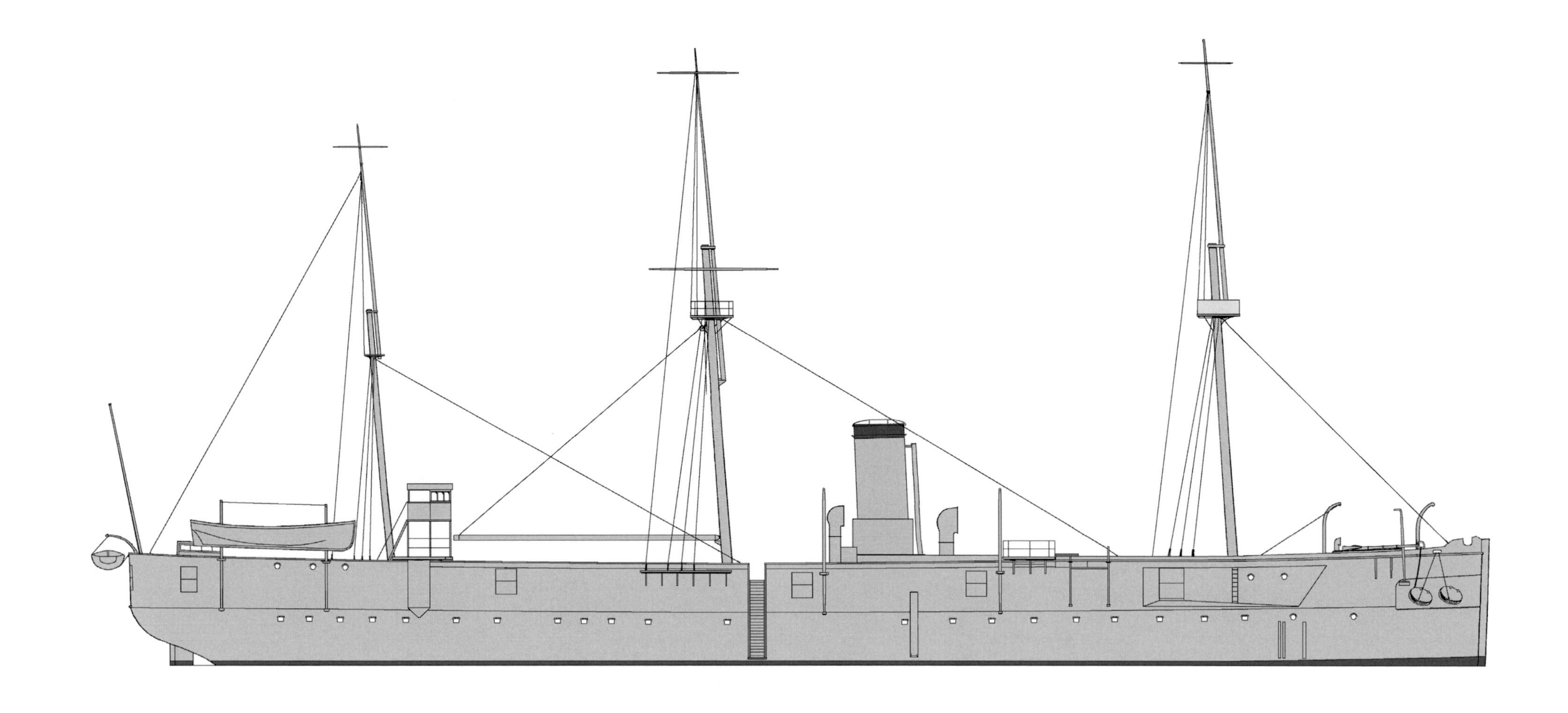

◎ T11 に再度缶の換装、兵装の撤去を実施、測量艦として最終的に改修工事を行った 際の艦姿。艦首のバウスプリットや帆装は既に M40 に撤去されており、この際に兵装も従来の克式砲を撤去して、新たに日露戦争の戦利品である、露式 8cm 砲が装備されたが、そのため舷側の砲門も閉塞されている。

後檣の前に背の高い艦橋が設けられ、中央檣との間の上甲板に測量艇を搭載して、大型デリック・ブームで揚収していたものらしい。武蔵もほぼ同様と考えられる。

図 2-4-6 [S=1/250] **大和** 側面 (T11/1922)

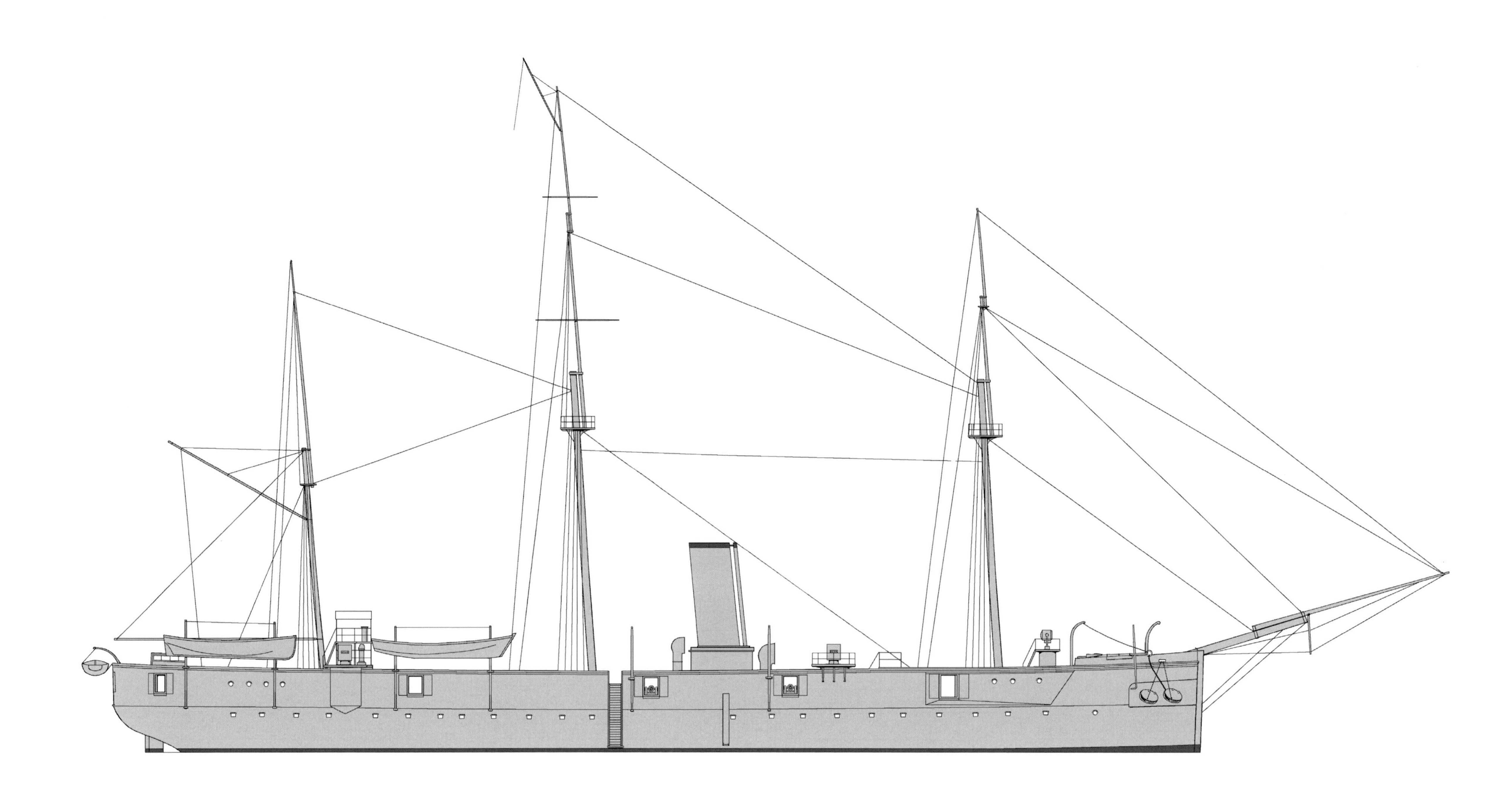

◎日露戦争時の武蔵。本艦の場合もM33に缶の換装を行い、測量艦となった。日露戦争では後方任務に徹して、軍港や主要港湾の警備任務等についていた。そのため旧式な克砲やノルデンフェルト機砲等をまだ装備している。、艦首の探照灯はこうした警備任務のために増設したものらしい。

図 2-4-7 [S=1/250]　武蔵 側面 (M38/1905)

葛城型 /Katsuragi Class

葛城・大和・武蔵　*定　員/Complement (1)*

職名 /Occupation	官名 /Rank	定数 /No.		職名 /Occupation	官名 /Rank	定数 /No.	
艦長	大中佐	1	士官 /14		警吏	1	下士 /17
副長	大中尉	1			警吏補	2	
水雷長	〃	1			鍛冶長 / 鍛冶長属	1	
航海長	〃	1			兵器工長 / 同工長属	1	
分隊長	〃	3			塗工長 / 塗工長属	1	
分隊士	少尉	3			木工長属	1	
航海士	〃	1			機関工手	2	
	少尉補	3			火夫長	1	
掌砲長	兵曹長	1	准士 / 3		火夫長属	3	
掌帆長	〃	1			看護手	1	
	木工長	1			筆記	1	
機関長	大中機関士	1	士官相当 /10	厨宰	主厨	1	
	大中機関士	1		割烹手	〃	1	
	少機関士	2			1等水兵	15	卒 /185
	機関士補	3			2等水兵	45	
	機関工長	3			3、4等水兵	35	
軍医長	大中軍医	1	士官相当 / 4		1等若水兵	38	
	少軍医	1			喇叭手	2	
主計長	大中主計	1			鍛冶	2	
	少主計	1			桶工	1	
砲術教授	1、2、3等兵曹	1	下士 /17		木工	3	
掌砲長属	1、2等兵曹	2			1、2等火夫	17	
掌水雷長属	1、2、3等兵曹	1			3、4等火夫	8	
掌帆長属	1、2等兵曹	3			1等若火夫	5	
前甲板長	2、3等兵曹	2			看病夫	1	
按針手	1、2等兵曹	2			厨夫	10	
艦長端舟長	2、3等兵曹	1			裁縫夫	1	
大檣楼長	〃	2			剃夫	1	
前檣楼長	〃	2			艦長従僕	1	
帆縫手	1、2、3等兵曹	1		（合　計）		250	

注/NOTES 明治18年12月15日丙72による葛城、大和、武蔵の定員を示す【出典】海軍制度沿革

葛城・大和・武蔵　*定　員/Complement (2)*

職名 /Occupation	官名 /Rank	定数 /No.		職名 /Occupation	官名 /Rank	定数 /No.	
艦長	大佐	1	士官 /18		3等機関手	3	下士 / 7
副長	少佐	1			1等看護手	1	
航海長	大尉	1			1等主帳	1	
分隊長	〃	3			2等主帳	1	
航海士	少尉	1			3等主帳	1	
分隊士	少尉	3			1等水兵	15	卒 /179
機関長	大機関士	1			2等水兵	45	
	大機関士	1			3、4等水兵	71	
	少機関士	2			1等信号兵	1	
軍医長	大軍医	1			2等信号兵	1	
	少軍医	1			3、4等信号兵	2	
主計長	大主計	1			1等木工	1	
	少主計	1			2等木工	1	
	上等兵曹	2	准士 / 5		3、4等木工	1	
	機関師	2			1等鍛冶	1	
	船匠師	1			2等鍛冶	1	
	1等兵曹	6	下士 /21		1等火夫	6	
	2等兵曹	6			2等火夫	10	
	3等兵曹	3			3、4等火夫	14	
	1等船匠手	1			1等看護夫	1	
	1等鍛冶手	1			1等主厨	2	
	2等鍛冶手	1			2等主厨	2	
	1等機関手	1			3、4等主厨	4	
	2等機関手	2		（合　計）		230	

注/NOTES 明治26年12月2日達118による葛城、大和、武蔵の定員を示す【出典】海軍制度沿革
(1) 上等兵曹の2人は掌砲長と掌帆長の職にあたるものとする
(2) 兵曹長中の1人は砲術教員に、他は掌砲長属、掌帆長属、按針手、艦長端舟長、帆縫手及び各部の長職につくものとする
(3) 掌帆長属の1人は水雷術卒業のものをあて掌水雷長属の職につくことができる

(P-80から続く)

[資料] 本型の資料としては葛城公式図の写図が<日本近世造船史>の付図に掲載されており、艦内側面、上甲板、下甲板、船艙甲板平面図及び最大中央切断図がある。ほぼ同種の武蔵の図が<平賀資料>にもある。明治35年武蔵が遭難、救助に出動した八重山がまた現地で遭難するという二重遭難事件があったが、平賀がこの2隻の救難浮揚工事を担当したため平賀資料中に武蔵の要目簿(明細表)も含まれている。なお、この他に大和と葛城の要目簿(明細表)もあり、同型艦全ての要目簿がそろっているのは珍しい。また呉の<福井資料>に大和の公式図ほぼ一式があり、図面資料としてはこれがもっとも貴重なものである。ただ、図面はいずれも新造時の状態で、後年艦容をかなり変えているがこれらについては写真等によるしかない。写真はかなりの数が存在しており、たんねんに集めれば本型の艦型の変遷を知ることができる。

葛城・大和・武蔵　定　員 /Complement (3)

職名 /Occupation	官名 /Rank	定数 /No.		職名 /Occupation	官名 /Rank	定数 /No.	
艦長	中佐	1	士官 /16		1等水兵	②	卒 葛城 /160 大和 /161 武蔵 /148
副長	少佐	1			2、3等水兵	③	
航海長	大尉	1			4等水兵	④	
分隊長	〃	3			1等信号兵	2	
	中少尉	4			2、3等信号兵	2	
機関長	機関少監 大機関士	1			1、2等木工	2	
	中少機関士	1			1等機関兵	9	
軍医長	大軍医	1			2、3等機関兵	17	
	中少軍医	1			4等機関兵	7	
主計長	大主計	1			1、2等看護	1	
	中少主計	1			1等主厨	2	
					2等主厨	2	
	上等兵曹	2	准士 / 5		3、4等主厨	2	
	船匠師	1					
	上等機関兵曹	2					
	1等兵曹	3	下士 葛城 /27 武蔵 大和 /28				
	2、3等兵曹	①					
	1等信号兵曹	1					
	2、3等信号兵曹	2					
	1、2等船匠手	1					
	1等機関兵曹	2					
	2、3等機関兵曹	5					
	1、2等看護手	1					
	1、2等筆記	1					
	1等厨宰	1					
	2、3等厨宰	1					
				(合　計)		⑤	

注 /NOTES 明治38年12月内令755による3等海防艦葛城、大和、武蔵の定員を示す【出典】海軍制度沿革
①武蔵、大和 -10、葛城 -9　②武蔵、大和 -23、葛城 -25　③武蔵 47、大和、葛城 -55　④武蔵 -32、大和 -37、葛城 -34　⑤武蔵 -197、大和 -210、葛城 -208
(1) 上等兵曹の2人は掌砲長と掌帆長の職にあたるものとする
(2) 兵曹長中の1人は教員に、他は掌砲長属、掌水雷長属、掌帆長属、各部の長職につくものとする
(3) 信号兵曹の1人は信号長にあて、他は按針手を兼ねるものとする

大和・武蔵　定　員 /Complement (4)

職名 /Occupation	官名 /Rank	定数 /No.		職名 /Occupation	官名 /Rank	定数 /No.	
艦長	中佐	1	士官 /14		1、2等船匠手	1	下士 大和 /24 武蔵 /25
航海長	大尉	1			1等機関兵曹	2	
分隊長	少佐 / 大尉	1			2、3等機関兵曹	5	
〃	大尉	3			1、2等看護手	1	
	中少尉	4			1、2等筆記	1	
機関長兼分隊長	機関大尉	1			1等厨宰	1	
	機関中少尉	1			1等水兵	②	卒 大和 /109 武蔵 /110
軍医長	大軍医	1			2、3等水兵	29	
主計長	大主計	1			4等水兵	17	
					1、2等木工	3	
	上等兵曹	2	准士 / 7		1等機関兵	9	
	船匠師	1			2、3等機関兵	17	
	上等機関兵曹	2			4等機関兵	7	
	看護師	1			1、2等看護	1	
	上等筆記	1			1等主厨	2	
	1等兵曹	4	下士		2等主厨	2	
	2、3等兵曹	①			3、4等主厨	2	
				(合　計)		③	

注 /NOTES 大正5年7月内令158による3等海防艦大和、武蔵の定員を示す【出典】海軍制度沿革
①大和 -9、武蔵 -10　②大和 -20、武蔵 -21　③武蔵 156、大和 -154
(1) 上等兵曹の2人は掌砲長と掌帆長の職にあたるものとする

大和・武蔵　定　員 /Complement (5)

職名 /Occupation	官名 /Rank	定数 /No.		職名 /Occupation	官名 /Rank	定数 /No.	
特務艦長	中佐	1	士官 / 8		兵曹	8	下士 /19
航海長	大尉	1			機関兵曹	7	
運用長	少佐 / 大尉	1			船匠兵曹	1	
分隊長	少佐 / 大尉	2			看護兵曹	1	
機関長兼分隊長	機関少佐 / 大尉	1			主計兵曹	2	
軍医長	軍医大尉	1			水兵	37	兵 /77
主計長	主計大尉	1			機関兵	33	
					船匠兵	2	
	特務中少尉	1	特務士官 / 2		看護兵	1	
	機関特務中少尉	1			主計兵	4	
	兵曹長	1	准士 / 4				
	機関兵曹長	2					
	主計兵曹長	1		(合　計)		110	

注 /NOTES 大正11年4月1日内令113による特務艦（測量艦）大和、武蔵の定員を示す【出典】海軍制度沿革
(1) 兵科分隊長中1人は特務大尉をあてることを可とする

葛城型 /Katsuragi Class

艦　歴 /Ship's History (1)

艦　名	葛　城 1/3
年　月　日	記　事 /Notes
1882(M15)-10-21	命名
1882(M15)-12-25	横須賀造船所で起工
1883(M16)- 3-30	艦位を 3 等と定める
1885(M18)- 3-31	進水
1886(M19)-11-22	横須賀鎮守府水雷術練習艦付属
1886(M19)-12-28	常備小艦隊に編入
1887(M20)-11- 4	竣工、艦長心得松岡方祇少佐 (期前) 就任
1888(M21)- 5- 5	横須賀鎮守府常備艦
1889(M22)- -	艦長心得平山藤次郎中佐 (期前) 就任
1889(M22)- 1-20	横須賀入港時浅州に坐州、翌日朝引き下ろしに成功、損傷軽微
1889(M22)- 3- 9	常備小艦隊に編入
1889(M22)- 5-28	佐世保鎮守府常備小艦隊
1889(M22)- 7- 2	品川発近隣諸国訪問、11 月 28 日長崎着
1890(M23)- 4-18	神戸沖海軍観兵式参列
1890(M23)- 5-13	艦長心得有栖川宮威仁親王中佐 (期外) 就任、23 年 8 月 11 日大佐艦長
1890(M23)- 7-	三陸、北海道方面巡航
1891(M24)- 6-17	長崎にて修理、8 月 23 日韓国へ、同月 28 日舞鶴着
1892(M25)- 2- 1	品川発近隣諸国巡航、3 月 3 日沖縄着
1893(M26)- 1-26	艦長島崎好忠大佐 (2 期) 就任
1893(M26)- 1-	本邦沿岸及び西南諸島巡航、引き続き本邦東岸、北海道巡航
1893(M26)- 4-21	解隊
1893(M26)- 7-26	佐世保工廠にて艦橋部その他改造新設認可
1894(M27)- 3-15	警備艦
1894(M27)- 4-14	艦長心得小田亨中佐 (期前) 就任、27 年 12 月 19 日大佐艦長
1894(M27)- 6-18	常備艦隊
1894(M27)- 7-13	警備艦隊
1895(M28)- 1-30	威海衛攻撃攻撃に参加、2 月 11 日まで 5 度砲撃を実施、この間の発射弾数 17cm 砲 -31、12cm 砲
	-68、損害戦死 1、負傷 6
1895(M28)- 2-13	呉工廠において兵器修理 (先の砲撃中発砲の衝撃で一部砲を損傷)、3 月 27 日完成
1895(M28)- 6- 7	警備艦、6 月 1 日から横須賀工廠で船体機関部復旧修理、7 月 30 日完成
1895(M28)-11-18	艦長高木英次郎大佐 (期前) 就任
1896(M29)- 5- 2	解役、石川島造船所で機関修理、翌年 3 月完成
1896(M29)- 8-13	艦長心得梨羽時起中佐 (期外) 就任、29 年 12 月 3 日大佐艦長
1896(M29)- 8-14	警備艦、三菱長崎造船所で機関修理、9 月完成
1896(M29)- 9- 3	台湾総督の指揮下におかれる、佐世保発台湾方面の警備測量任務に従事、31 年 6 月 21 日久慈着
1897(M30)- 4-16	艦長徳久武宣大佐 (期前) 就任
1897(M30)-12-21	兼測量艦、艦長友野雄介大佐 (3 期) 就任
1898(M31)- 1-	艦長武井久成大佐 (5 期) 就任
1898(M31)- 3-21	3 等海防艦に類別、艦長加藤重成大佐 (期前) 就任
1898(M31)- 7- 8	第 2 予備艦

艦　歴 /Ship's History (2)

艦　名	葛　城 2/3
年　月　日	記　事 /Notes
1898(M31)- 8-	佐世保工廠で機関修理、9 月完成
1898(M31)- 9-17	警備艦
1898(M31)-10- 1	艦長太井上久麿大佐 (5 期) 就任
1898(M31)-10- 5	佐世保発台湾方面警備測量任務に従事
1899(M32)- 1-28	台湾警備任務中澎湖島発厦門へ 3 月 10 日那覇着
1899(M32)- 3-22	第 3 予備艦、以後佐世保工廠にて機関総検査及び缶換装、煙突新製、測量艦への改造工事を実施、33
	年 4 月完成
1900(M33)- 1-13	第 2 予備艦
1900(M33)- 3-14	第 1 予備艦、艦長有川貞白中佐 (期外) 就任
1900(M33)- 4-19	測量艦
1900(M33)- 7- 4	艦長伊東吉五郎中佐 (7 期) 就任
1900(M33)-10- 7	遠州灘で遭難した第 5 肱川丸救助のため横須賀より出動するも午前零時頃大島泉津村海岸に座礁、
	11 月 8 日浮揚、横須賀に曳航修復工事に入る、34 年 3 月 23 日完成
1900(M33)-10-24	第 1 予備艦
1900(M33)-12- 6	第 3 予備艦
1901(M34)- 9-25	横須賀入港作業中強風により磐手と接触損傷
1901(M34)-10- 1	第 1 予備艦、上記損傷修理
1901(M34)-10- 4	艦長和田賢助中佐 (8 期) 就任
1901(M34)-12- 1	佐世保発韓国南岸巡航、12 月 6 日竹敷着
1902(M35)- 2-21	測量艦、台湾方面で測量任務に従事
1902(M35)-10- 6	艦長池中小次郎中佐 (9 期) 就任、佐世保工廠で機関修理、翌年 2 月完成
1902(M35)-10-31	練習艦
1903(M36)- 2-	艦長宇敷甲子郎中佐 (10 期) 就任
1903(M36)- 2-27	佐世保発韓国南岸巡航、2 月 27 日竹敷着
1903(M36)- 4- 1	警備兼測量艦
1903(M36)- 5-11	横須賀発北海道方面測量及び密猟密輸取締りのため巡航。10 月帰着
1903(M36)-10-23	第 1 予備艦、11 月より佐世保工廠で機関修理、12 月完成
1904(M37)- 1-14	艦長坂本宗七中佐 (9 期) 就任
1904(M37)- 1-15	警備艦、日露戦争中長崎駐在警備艦として内地警備任務に従事
1905(M38)-12-12	艦長橋本又吉郎中佐 (13 期) 就任
1906(M39)- 1- 9	第 1 予備艦
1906(M39)- 4- 1	測量艦
1906(M39)- 4-25	佐世保発韓国方面測量任務に従事、10 月 14 日着
1906(M39)-10-20	第 2 予備艦
1907(M40)- 2-28	第 1 予備艦、艦長山口九十郎中佐 (13 期) 就任
1907(M40)- 3-20	測量艦
1907(M40)- 4-11	佐世保発韓国方面測量任務に従事
1907(M40)- 8-16	警備艦、佐世保発韓国方面警備任務、9 月 24 日着
1907(M40)- 9-28	第 2 予備艦、艦長西垣冨太中佐 (13 期) 就任

艦　歴 /Ships History (3)

艦　名	葛　城 3/3
年　月　日	記 事 /Notes
1908(M41)- 2-20	第 1 予備艦
1908(M41)- 3-16	警備兼測量艦
1908(M41)- 4-11	佐世保発韓国方面警備測量任務、9 月 23 日着
1908(M41)- 9-25	第 2 予備艦、艦長志摩猛中佐 (15 期) 就任、この間佐世保工廠にて帆装一部除去工事実施
1909(M42)- 2-20	第 1 予備艦
1909(M42)- 3 -5	測量艦
1909(M42)-10- 1	第 2 予備艦、この間佐世保工廠にて備砲換装、汽艇入替え工事実施
1910(M43)- 2-16	艦長土田条太郎中佐 (15 期) 就任
1910(M43)- 4-20	第 1 予備艦、佐世保工廠にて檣及び帆装装備改造
1910(M43)- 5- 5	測量艦
1910(M43)- 7-	吐噶喇列島方面測量に従事、約 1 か月間
1910(M43)- 9-26	第 2 予備艦
1910(M43)-12- 1	艦長九津見雅雄中佐 (15 期) 就任
1911(M44)- 5- 1	測量艦
1911(M44)-11-	本邦太平洋沿岸海流観測に従事、翌 45 年 2 月上旬まで
1912(M45)- 1-11	第 1 予備艦
1912(M45)- 3- 7	測量艦
1912(T 1)- 8-28	2 等海防艦に類別
1912(T 1)- 9-26	第 2 予備艦
1913(T 2)- 4- 1	除籍

艦　歴 /Ship's History (8)

艦　名	武　蔵 5/5
年　月　日	記 事 /Notes
1925(T14)- 7- 1	特務艦長毛内效中佐 (33 期) 就任
1925(T14)-11- 1	第 1 予備艦
1925(T14)-12-15	第 4 予備艦、横須賀防備隊付属
1928(S 3)- 4- 1	除籍、廃艦 5 号
1928(S 3)- 6-18	法務省に移管、10 月 3 日小田原少年刑務所長に引渡し、三崎港に繋留、漁労に従事する受刑者の隔
	離宿舎及び休養目的で使用

艦　歴 /Ship's History (4)

艦　名	武　蔵 1/5
年　月　日	記 事 /Notes
1883(M16)- 3- 1	命名
1884(M17)-10- 4	横須賀造船所で起工
1886(M19)- 3-30	進水
1887(M20)-10-27	艦長心得有馬新一少佐 (2 期) 就任
1888(M21)- 2- 9	竣工
1888(M21)- 5-18	横須賀鎮守府常備艦
1888(M21)- 6-17	品川発常備小艦隊とともに清国、香港、厦門等巡航、9 月 30 日隠岐着
1889(M22)- 3- 9	常備小艦隊に編入
1889(M22)- 5-15	艦長心得松永雄樹中佐 (2 期) 就任
1889(M22)- 5-28	横須賀鎮守府所轄とし常備小艦隊に編入
1889(M22)- 7- 2	品川発常備小艦隊とともに清国韓国沿岸巡航、11 月 28 日長崎着
1889(M22)-12-28	常備艦隊より除き高等水兵練習艦とする
1890(M23)- 4-18	神戸沖海軍観兵式参列
1890(M23)- 8-23	艦位を第 1 種とする
1891(M24)- 3- 3	常備艦隊に編入
1891(M24)- 6-17	艦長日高壮之丞大佐 (2 期) 就任
1891(M24)- 8- 3	品川発常備小艦隊とともに清国、韓国沿岸巡航、11 月 2 日神戸着
1892(M25)- 2- 4	品川発清国、韓国沿岸巡航 3 月 2 日那覇着
1892(M25)- 6- 3	艦長横尾道昱大佐 (3 期) 就任
1892(M25)-12-23	艦長沢良渙大佐 (2 期) 就任
1893(M26)- 5-31	常備艦隊より除き警備艦とする
1893(M26)-10-12	艦長心得伊藤常作中佐 (3 期) 就任、27 年 12 月 9 日大佐艦長
1894(M27)- 4- 4	常備艦隊に編入
1894(M27)- 6-10	三原海峡西口を航行中和船と衝突
1894(M27)- 6-18	警備艦
1894(M27)- 7-19	西海艦隊に編入
1894(M27)-11-15	第 3 遊撃隊に艦隊区分
1895(M28)- 1-30	威海衛攻撃に参加、2 月 11 日まで砲撃を実施、この間の発射弾数 17cm 砲 -24、12cm 砲 -43
1895(M28)- 2- 3	登州砲撃に参加、この間の発射弾数 17cm 砲 -2、12cm 砲 -5
1895(M28)- 2-13	呉工廠において兵器修理 (先の砲撃中発砲の衝撃で自在砲 1、側砲 2 の部品を損傷)　4 月 10 日完成
1895(M28)- 6- 7	警備艦
1895(M28)- 6-18	艦長鹿野勇之進大佐 (4 期) 就任
1895(M28)- 7-24	長崎より横須賀に回航中紀州近海において暗礁に触れ艦底部を損傷、自力で神戸に回航
1895(M28)- 8- 9	兼練習艦
1895(M28)-12-24	艦長東郷正路大佐 (5 期) 就任
1896(M29)- 5-	三菱長崎造船所で機関修理、7 月完成
1896(M29)-12- 4	艦長遠藤増蔵大佐 (2 期) 就任
1897(M30)- 1-	横須賀工廠で機関修理、2 月完成
1897(M30)- 5- 9	北海道沿岸密猟防止のため派遣
1897(M30)- 5-17	兼測量艦

艦　歴 /Ship's History (5)

艦　名	武　蔵 2/5
年　月　日	記　事 /Notes
1897(M30)- 7-26	千島列島巡航中チリボイにおいて濃霧のため暗礁に触礁、航行に支障なきも検査のため帰港命令
1897(M30)- 8-	横須賀工廠で船体機関修理、9 月完成
1897(M30)-12-27	艦長武井久成大佐 (5 期) 就任
1898(M31)- 1-	横須賀工廠で機関修理、2 月完成
1898(M31)- 3-21	3 等海防艦に類別
1898(M31)-12-	艦長矢島功大佐 (5 期) 就任
1899(M32)- 1-25	横須賀工廠で入渠、水線部銅板修理、推進器検査、3 月完成
1899(M32)- 3-23	艦長松枝新一大佐 (5 期) 就任
1899(M32)- 6-17	横須賀鎮守府艦隊兼測量艦、北海道沿岸、千島列島方面密猟取締、警備巡航
1899(M32)- 7-13	紋別より江差に向けて航行中午後 2 時 3 分サンギウシ岬にて座礁同 3 時 23 分離礁、函館に回航
1899(M32)-10-27	第 1 予備艦、10 月 18 日横須賀工廠で入渠、艦底部修理、11 月 15 日出渠
1899(M32)-12-13	第 2 予備艦
1900(M33)- 1-17	横須賀工廠にて汽缶煙突改造認可、汽缶入換え、テレスコピック式を固定式に改造、翌年 4 月完成
1900(M33)- 5- 9	艦長瀧川具和大佐 (6 期) 就任、5 月 20 日まで
1900(M33)- 5-15	横須賀鎮守府艦隊兼測量艦、5 月 29 日横須賀発北海道沿岸、千島列島方面密猟取締、警備巡航
1900(M33)- 5-20	艦長井手麟六中佐 (8 期) 就任
1900(M33)- 8- 1	測量艦、
1900(M33)- 9-15	第 1 予備艦
1900(M33)-12- 6	艦長徳久武宣大佐 (期前) 就任
1901(M34)- 2-	横須賀工廠で船体機関修理、3 月完成
1901(M34)- 4-23	艦長伊地知季珍中佐 (7 期) 就任
1901(M34)- 6- 7	測量艦、第 3 海軍区測量任務
1901(M34)- 7- 5	艦長佐々木広勝中佐 (期前) 就任、横須賀工廠で機関修理翌年、2 月完成
1901(M34)-11-30	練習艦、横須賀海兵団の指揮下におかれる
1902(M35)- 4- 1	警備兼測量艦、北海道沿岸、千島列島方面密猟取締、警備測量任務、艦長横尾純正中佐 (期前) 就任
1902(M35)- 5- 1	根室港口紅煙岬に座礁、救援の八重山も座礁、本艦は 6 月 21 日に離礁、笠置に曳航されて 7 月 17
	日横須賀着修復工事に入る、37 年 6 月完成
1902(M35)- 5- 3	第 1 予備艦
1902(M35)- 6- 5	第 3 予備艦
1904(M37)- 5-16	警備艦、艦長栃内曾次郎中佐 (13 期) 就任、6 月 25 日から函館を基地として津軽海峡の警備任務に従事
1905(M38)- 7-24	測量艦
1905(M38)-11- 4	第 2 予備艦
1905(M38)-12-12	2 等海防艦に類別
1905(M38)- 1-12	艦長吉見乾海中佐 (12 期) 就任
1905(M38)- 6-14	艦長花房祐四郎中佐 (13 期) 就任
1905(M38)-11-22	艦長山田猶之助中佐 (13 期) 就任
1906(M39)- 2- 7	第 1 予備艦
1906(M39)- 4- 1	警備兼測量艦、4 月 24 日館山発北海道沿岸、千島列島方面密猟取締、警備巡航
1906(M39)-11-12	第 2 予備艦、この間 11mm ノルデンフェルト機銃 2 門 (前後檣楼) を撤去

艦　歴 /Ship's History (6)

艦　名	武　蔵 3/5
年　月　日	記　事 /Notes
1907(M40)- 2-28	艦長井内金太郎中佐 (13 期) 就任
1907(M40)- 3-15	第 1 予備艦
1907(M40)- 4- 5	警備兼測量艦
1907(M40)-11-22	第 2 予備艦
1907(M40)-12-31	第 1 予備艦
1908(M41)- 1-10	艦長水町元中佐 (14 期) 就任
1908(M41)- 7-31	第 2 予備艦、この間横須賀工廠にて備砲換装工事 (6 月 12 日訓令) 装帆除去工事 (7 月 10 日認可)
1908(M41)- 9-25	艦長川浪安勝中佐 (15 期) 就任
1909(M42)- 2-20	第 1 予備艦
1909(M42)- 3 -5	測量艦
1909(M42)-10-13	第 2 予備艦
1910(M43)- 2-16	第 1 予備艦、艦長関侍郎中佐 (16 期) 就任
1910(M43)- 3-15	測量艦
1910(M43)- 4- 6	改造公試
1910(M43)-10-22	第 2 予備艦
1911(M44)- 2- 7	艦長平田得三郎中佐 (16 期) 就任
1911(M44)- 3-23	測量艦
1911(M44)- 9-19	第 2 予備艦
1912(M45)- 4- 1	測量艦、5 月 11 日根室発占守島方面測量任務、10 月 1 日着
1912(M45)- 6-26	占守島片岡湾に碇泊中、浪速遭難無電を受信、27 日出港 29 日現場に到着、7 月 15 日まで現地で救難
	活動後測量任務に復帰
1912(T 1)-10-22	第 2 予備艦
1912(T 1)-12- 1	艦長松村豊記中佐 (18 期) 就任
1913(T 2)- 4- 1	測量艦兼警備艦、4 月下旬から 10 月上旬まで樺太方面で警備測量任務
1913(T 2)- 8-20	樺太亜庭湾において艦砲教練射撃実施中 3 番露式 8cm 砲尾栓閉鎖の際装薬が爆発、3 名負傷内
	2 名が大泊で入院
1913(T 2)-10-18	横須賀工廠で入渠、艦底破損部修理、艦底銅板修理、11 月 11 日出渠
1913(T 2)-11- 1	第 1 予備艦
1913(T 2)-12- 1	艦長真田権太郎中佐 (18 期) 就任
1914(T 3)- 3-19	搭載の測量艇に発動機備付認可
1914(T 3)- 4- 1	測量艦兼警備艦、4 月 14 日横須賀発 10 月上旬まで樺太大泊方面警備、千島方面測量任務
1914(T 3)-10- 4	第 1 予備艦
1914(T 3)-12- 1	艦長海老原啓一中佐 (22 期) 就任
1915(T 4)- 4- 1	測量艦兼警備艦、4 月 17 日横須賀発千島列島方面警備測量任務、9 月 30 日着
1915(T 4)-10- 1	第 2 予備艦
1915(T 4)-12- 4	横浜沖特別観艦式参列
1915(T 4)-12-13	艦長大見丙子郎中佐 (23 期) 就任
1916(T 5)- 4- 1	測量艦兼警備艦、4 月 18 日横須賀発千島列島方面警備測量任務、9 月 26 日着
1916(T 5)- 9-26	第 2 予備艦
1916(T 5)-12- 1	艦長中桐啓太中佐 (26 期) 就任

艦　歴 /Ship's History (7)

艦　名	武　蔵 4/5
年　月　日	記　事 /Notes
1917(T 6)- 4- 1	測量艦兼警備艦、4 月 18 日横須賀発千島列島方面警備測量任務、10 月 6 日着
1917(T 6)- 4-24	函館港内にて本艦汽艇が鉄道連絡船弘済丸と衝突沈没、軽傷 2 名
1917(T 6)-10- 1	第 2 予備艦
1918(T 7)- -	艦長東條政二中佐 (27 期) 就任
1918(T 7)- 4- 1	測量艦兼警備艦、5 月 20 日横須賀発千島列島カムチャツカ西岸方面警備測量任務、9 月 8 日根室着
1918(T 7)-11-11	第 2 予備艦
1918(T 7)-12- 1	艦長前川義一中佐 (27 期) 就任
1919(T 8)- 3- 1	第 1 予備艦
1919(T 8)- 4- 1	測量艦兼警備艦、6 月 1 日横須賀発露領樺太方面警備測量任務、9 月 10 日根室着
1919(T 8)-12- 1	第 2 予備艦、艦長水谷耕喜中佐 (28 期) 就任
1920(T 9)- 3- 1	第 1 予備艦
1920(T 9)- 4- 1	測量艦兼警備艦、4 月上旬より 11 月下旬まで本州東岸で測量任務予定
1920(T 9)- 4-12	気仙沼錨地に入港中午後 7 時 5 分座礁、民間船の支援で翌日零時 45 分離礁、船首部損傷浸水なし
1920(T 9)- 5-23	小樽発ロシア領沿岸警備任務、汽缶不調のため帰港命令、7 月 23 日着
1920(T 9)- 8- 9	第 2 予備艦、三菱横浜造船所で修理
1920(T 9)-12- 1	艦長日高寛中佐 (29 期) 就任
1921(T10)- 3- 1	第 1 予備艦、この間横須賀工廠にてケルビン式測深儀据付け
1921(T10)- 4- 1	測量艦兼警備艦
1921(T10)- 5-15	小樽発ロシア領沿岸警備任務、10 月 9 日着
1921(T10)-10-15	第 2 予備艦
1921(T10)- -	艦長安藤良治中佐 (31 期) 就任
1921(T10)-12- 3	横須賀工廠で機関部修理
1922(T11)- 3- 1	第 1 予備艦
1922(T11)- 4- 1	除籍、特務艦 (測量艦) 横須賀鎮守府
1922(T11)- 4- 1	在役 (測量艦)、特務艦長吉田茂明中佐 (30 期) 就任、4 月 7 日横須賀発本州南岸測量任務
1922(T11)- 4-27	釧路発カムチャッカ方面警備、測量任務、9 月 23 日室蘭着
1922(T11)- 8-21	カムチャツカ、アルハンゲルメガブリエルにおいて給炭作業のため繋船中の本艦測量艇 5 隻悪天候の
	ため避難させるも 2 隻が沈没、3 隻は陸岸に擱座、乗員 7 名が溺死す
1922(T11)-10- 7	第 2 予備艦
1923(T12)- 3- 1	第 1 予備艦
1923(T12)- 3-14	3 年式機銃 2 丁、38 式小銃 10 丁、陸式拳銃 10 丁貸与認可
1923(T12)- 4- 1	在役 (測量艦)、4 月下旬から 9 月中旬まで沿海州海岸海洋測量任務
1923(T12)- 7- 4	稚内発ロシア沿海州方面警備測量任務、7 月 19 日小樽着
1923(T12)- 9-18	関東大震災に際し大和とともに東京湾震災地の測量任務に従事
1923(T12)-11-10	第 2 予備艦、特務艦長吉武純蔵中佐 (32 期) 就任
1924(T13)- 3- 8	特務艦長松山為麿中佐 (31 期) 就任
1925(T14)- 2-21	横須賀工廠にて造水装置改造、3 月 25 日完成
1925(T14)- 3- 1	第 1 予備艦
1925(T14)- 4- 1	在役 (測量艦)、4 月 20 日横須賀発天売島方面測量任務、9 月 15 日稚内発帰港
1925(T14)- 4-21	塩屋崎北東沖を北上中午後 4 時 35 分缶室より出火、同 5 時鎮火航行に支障なし、負傷者なし

艦　歴 /Ship's History (9)

艦　名	大　和 1/5
年　月　日	記　事 /Notes
1883(M16)- 2-23	小野浜造船所で起工
1883(M16)- 3- 1	命名
1885(M18)- 5- 1	進水
1886(M19)- 5-10	艦長東郷平八郎中佐 (期前) 就任
1886(M19)- 5-27	横須賀鎮守府所轄
1886(M19)-11-22	第 2 予備艦
1886(M19)-12-28	常備小艦隊に編入、艦長野村貞中佐 (期前) 就任
1887(M20)-10-27	艦長心得河原要一中佐 (2 期) 就任
1887(M20)-11-16	竣工
1888(M21)- 5- 5	横須賀鎮守府常備艦
1889(M22)- 1-18	常備小艦隊に編入
1889(M22)- 5-15	艦長心得諸岡頼之中佐 (2 期) 就任、23 年 9 月 17 日大佐艦長
1889(M22)- 5-28	呉鎮守府常備小艦隊
1889(M22)- 6-22	横須賀発近隣諸国訪問、11 月 29 日長崎着
1890(M23)- 4-18	神戸沖海軍観兵式参列
1890(M23)- 6-14	横須賀発清国警備、11 月 16 日長崎着
1891(M24)-12-14	艦長沢良渙大佐 (2 期) 就任
1892(M25)- 2- 1	品川発韓国航海、3 月 10 日竹敷着
1892(M25)- 2-11	解役
1893(M26)- 4-15	艦長尾形惟善大佐 (期前) 就任
1893(M26)- 4-17	警備艦
1893(M26)-12-20	艦長舟木錬太郎大佐 (期外) 就任
1894(M27)- 4- 4	常備艦隊
1894(M27)- 5- 9	呉発韓国警備、6 月 23 日佐世保着
1894(M27)- 7-13	警備艦隊
1894(M27)- 7-25	佐世保発日清戦争に従事
1894(M27)- 9-15	艦隊区分第 4 遊撃隊
1894(M27)-12- 5	艦長心得上村正之丞中佐 (2 期) 就任、12 月 9 日大佐艦長
1895(M28)- 6- 5	横須賀工廠で船体機関部復旧工事、7 月 20 日完成
1895(M28)- 6- 7	警備艦
1895(M28)- 7-29	艦長世良田亮大佐 (期外) 就任
1895(M28)- 8-23	横須賀発台湾方面警備、12 月 5 日佐世保着
1895(M28)- 9-28	艦長向山慎吉大佐 (5 期) 就任
1895(M28)-12-	三菱長崎造船所で機関修理、翌年 2 月完成
1896(M29)- 4- 1	艦長心得早崎源吾中佐 (3 期) 就任、10 月 24 日大佐艦長
1896(M29)- 4-18	長崎発台湾方面警備、9 月 23 日佐世保着
1896(M29)- 4-22	警備艦、台湾総督の指揮下におく
1896(M29)-10- 8	解役
1897(M30)- 3- 8	第 2 予備艦、4 月より呉工廠で機関修理、8 月完成
1897(M30)- 4-17	艦長酒井忠利大佐 (期前) 就任

艦　歴 /Ship's History (10)

艦　名	大　和 2/5
年　月　日	記　事 /Notes
1897(M30)- 9-20	第 1 予備艦
1897(M30)-12-21	警備艦、台湾総督の指揮下におく
1898(M31)- 3- 1	艦長永峰光孚大佐 (5 期) 就任
1898(M31)- 3- 8	呉発台湾方面警備、8 月 16 日佐世保着
1898(M31)- 3-21	3 等海防艦に類別
1898(M31)- 8- 5	8 月 5 日から 10 日にかけて台湾基隆付近で台風に遭遇、ジブブーム折損、短艇 3 隻を亡失
1898(M31)- 9- 5	第 2 予備艦
1898(M31)- 9-26	第 3 予備艦、翌年 1 月より呉工廠で機関修理、3 月完成
1899(M32)- 6-12	第 1 予備艦
1899(M32)- 9- 2	艦長斉藤孝至中佐 (7 期) 就任
1899(M32)- 9-20	常備艦隊編入
1899(M32)- 9-29	艦長太田盛実中佐 (期前) 就任
1899(M32)-10- 1	呉発韓国警備、翌年 3 月 6 日佐世保着
1900(M33)- 3- 7	第 1 予備艦
1900(M33)- 5-15	艦長成田勝郎中佐 (7 期) 就任
1900(M33)- 6-17	艦長今井寛彦中佐 (7 期) 就任
1900(M33)- 6-18	呉鎮守府艦隊
1900(M33)- 8-15	常備艦隊
1900(M33)- 8-20	佐世保発韓国警備、翌年 5 月 25 日着
1900(M33)-12-24	艦長有川貞白中佐 (期前) 就任
1901(M34)- 6- 7	第 3 予備艦、艦長伊東吉五郎中佐 (7 期) 就任、呉工廠で缶換装工事、翌年 3 月完成
1902(M35)- 3- 6	第 2 予備艦
1902(M35)- 4- 1	測量艦
1902(M35)- 9-16	練習艦、呉海兵団長の指揮下におく
1903(M36)- 2-19	最上艦橋改造認可
1903(M36)- 2-30	測量艦
1903(M36)- 8-17	第 1 予備艦
1903(M36)-10- 2	機関部修理
1904(M37)- 1-18	警備艦、日露戦争中在門司警備艦として同地で警備任務に従事
1904(M37)- 6-16	陸軍運送船勝野丸と衝突、バウスプリット、メイントップマスト、舷側砲座等を損傷自力航行可能
1904(M37)- 6-21	呉工廠で損傷部修理、7 月 3 日完成
1905(M38)- 5- 7	貸与中のスチーム・ピンネース (公称 169)1 隻を返還
1905(M38)-11-15	呉工廠で門司港における運送船四国丸との衝突損傷部を修理、翌年 2 月 3 日完成
1906(M39)- 1- 9	第 1 予備艦
1906(M39)- 1-25	艦長今井兼胤中佐 (13 期) 就任
1906(M39)- 3-14	艦長関野謙吉中佐 (13 期) 就任
1906(M39)- 4- 1	測量艦
1907(M40)- 2- 1	艦長森亘大佐 (11 期) 就任
1907(M40)- 4- 5	第 2 予備艦
1907(M40)- 8- 1	艦長千坂智次郎中佐 (14 期) 就任

艦　歴 /Ship's History (11)

艦　名	大　和 3/5
年　月　日	記　事 /Notes
1907(M40)-12-18	艦長吉嶋重太郎中佐 (14 期) 就任、警備測量任務のため兵装変更認可、現状の砲熕兵器を露式 8cm 砲 4 門、
	47mm 砲 4 門に換装、弾薬庫改造、ジブブーム撤去、メインマストにデリック新設、ヤード改正、艦長浴室新設
1908(M41)- 2-20	第 1 予備艦
1908(M41)- 3- 2	測量艦
1908(M41)- 3-20	端舟撤去認可、カッター、ガレー各 1 隻
1908(M41)- 7-10	装帆一部撤去認可 (ガフトップスル 3 枚)
1908(M41)- 9- 2	艦長高嶋万太郎中佐 (14 期) 就任
1908(M41)- 9-25	第 2 予備艦
1908(M41)-12-10	艦長岡野富士松中佐 (15 期) 就任
1909(M42)- 2-20	第 1 予備艦
1909(M42)- 3-15	測量艦、4 月下旬より樺太東岸の測量任務、6 月下旬まで
1909(M42)- 9-25	第 2 予備艦、11 月より呉工廠で 6 缶分煙管総入換工事実施
1909(M42)-12- 1	艦長布目満造中佐 (15 期) 就任
1910(M43)- 2-16	第 1 予備艦
1910(M43)- 4-14	修理改造公試実施
1910(M43)- 3-15	測量艦、4 月下旬より樺太東岸の測量任務、8 月下旬まで
1910(M43)- 9-26	第 2 予備艦
1910(M43)-12- 1	艦長中島源蔵中佐 (15 期) 就任
1911(M44)- 1-16	6 号缶の変形を発見
1911(M44)- 3-23	測量艦、4 月中旬より樺太東岸南部の測量任務、9 月下旬まで
1911(M44)- 9-24	天売島北西約 15 海里で汽船依姫丸 (3,209 総トン) と衝突、右舷後方艦長室、士官次室、舵機室の外
	板部に横 7m 縦 4m の破口を生じる、人員に異常なし、9 月 25 日小樽に自力回航、遠山鉄工所で仮
	修理実施、工期 25 日、金額 1,600 円
1911(M44)-11-16	第 2 予備艦、呉工廠で修復工事実施
1911(M44)-12- 1	艦長菅原哲一郎中佐 (16 期) 就任
1912(M45)- 5- 1	測量艦、4 月 15 日呉発樺太東岸南部の測量任務、10 月 30 日呉着
1912(T 1)- 8-28	2 等海防艦に類別
1912(T 1)-10-31	第 2 予備艦
1912(T 1)-12- 1	艦長渡辺仁太郎中佐 (18 期) 就任
1913(T 2)- 4- 1	測量兼警備艦、4 月 23 日横須賀発千島列島方面測量警備任務、10 月 24 日呉着
1913(T 2)- 7- 1	千島列島幌筵島南東方面で測量任務中触礁、艦底部を損傷航行に支障なし
1913(T 2)-11- 1	第 1 予備艦
1913(T 2)-12- 1	艦長吉田孟子中佐 (18 期) 就任
1914(T 3)- 4- 1	測量艦兼警備艦、4 月 6 日呉発千島列島幌筵島方面測量警備任務、10 月 6 日横須賀着
1914(T 3)-10- 8	第 1 予備艦
1914(T 3)-12- 1	警備艦、艦長古川弘中佐 (22 期) 就任
1915(T 4)- 2- 1	第 2 予備艦
1915(T 4)- 4- 1	測量艦兼警備艦、4 月 1 日呉発千島列島幌筵島方面測量警備任務、9 月 25 日函館着
1915(T 4)-10-15	第 2 予備艦
1915(T 4)-12- 4	横浜沖特別観艦式参列

艦　歴 /Ship's History (12)

艦　名	大　和 4/5
年　月　日	記　事 /Notes
1915(T 4)-12-13	艦長石川秀三郎中佐 (25 期) 就任
1916(T 5)- 2-10	艦長岡村秀二郎中佐 (25 期) 就任
1916(T 5)- 4- 1	測量艦兼警備艦、4 月 10 日呉発千島列島方面測量警備任務、10 月 8 日呉着
1916(T 5)-10- 8	第 2 予備艦
1916(T 5)-12- 1	艦長名古屋為毅中佐 (26 期) 就任
1917(T 6)- 4- 1	測量艦兼警備艦、5 月中旬から千島列島方面測量警備任務、10 月 3 日呉着
1917(T 6)-10- 1	第 2 予備艦
1917(T 6)-12- 1	艦長石井祥吉中佐 (27 期) 就任
1918(T 7)- 4- 1	測量艦兼警備艦、4 月 17 日呉発南西諸島方面測量任務、10 月 31 日着
1918(T 7)-11-11	第 2 予備艦
1918(T 7)-12- 1	艦長松山廉介中佐 (27 期) 就任
1919(T 8)- 3- 1	第 1 予備艦
1919(T 8)- 4- 7	呉発千島列島方面警備測量任務の途上缶の故障のため大湊で修理実施、6 月 17 日完成、10 月まで間
	海峡方面で測量任務
1919(T 8)-12- 1	第 2 予備艦、艦長加藤煩弘三中佐 (28 期) 就任
1920(T 9)- 2- 5	呉工廠で推進軸管その他修理、3 月 31 日完成
1920(T 9)- 3- 1	第 1 予備艦
1920(T 9)- 4- 1	測量艦兼警備艦、6 月 28 日呉発樺太西岸方面測量警備任務、10 月 19 日横須賀着
1920(T 9)-11-2	第 2 予備艦
1920(T 9)-11-	艦長加藤勁次郎中佐 (28 期) 就任
1920(T 9)-12- 1	艦長坪田小猿中佐 (29 期) 就任
1920(T 9)-12-15	呉工廠で汚水管その他修理、翌年 5 月 31 日完成
1921(T10)- 5-16	第 1 予備艦、5 月 31 日揚錨機新設認可
1921(T10)- 6- 7	測量艦兼警備艦、津軽海峡、根室沖、厚岸沖、釧路沖の測量海流調査実施、10 月まで
1921(T10)-10-29	第 2 予備艦
1921(T10)-12- 1	艦長鈴木源三中佐 (30 期) 就任
1922(T11)- 4- 1	除籍、特務艦 (測量艦) 呉鎮守府所轄第 3 予備艦、特務艦長堀内周中佐 (30 期) 就任
1922(T11)- 4-10	呉工廠にて機関特定大修理及び測量艦としての改造着手、缶入換え、造水装置、発電機、探照灯装備
	8cm 砲 4 門 47mm 砲 4 門撤去、測量艇搭載、ご紋章、艦名文字板取外し、翌年 3 月 31 日完成
1923(T12)- 3- 1	第 1 予備艦
1923(T12)- 4- 1	在役、4 月上旬から 5 月上旬山陰沖、5 月中旬より 9 月中旬までカムチャツカ東岸測量警備任務
1923(T12)- 9-18	関東大震災に際して武蔵とともに東京湾で震災地の測量任務に従事
1924(T13)- 2- 1	第 1 予備艦
1924(T13)- 4- 1	在役、5 月上旬から 10 月上旬まで津軽海峡方面で測量任務
1924(T13)-11- 5	第 2 予備艦
1924(T13)-12- 1	第 3 予備艦
1925(T14)- 7-10	特務艦長御堀伝造中佐 (32 期) 就任
1925(T14)- 7-13	前檣桁撤去認可
1925(T14)-11-10	特務艦長浅井謙只中佐 (33 期) 就任
1925(T14)-12- 1	第 2 予備艦

艦　歴 /Ship's History (13)

艦　名	大　和 5/5
年　月　日	記　事 /Notes
1926(T15)- 3- 1	第 1 予備艦
1926(T15)- 3-27	特務艦長佃条太郎中佐 (33 期) 就任
1926(T15)- 4- 1	在役 (測量艦)、4 月上旬より 10 月上旬まで三陸沖、日本海中央、羽後西岸測量任務
1926(T15)-11- 1	第 1 予備艦
1926(T15)-12- 1	第 2 予備艦、特務艦長渡辺三郎中佐 (33 期) 就任
1927(S 2)- 3- 1	第 1 予備艦
1927(S 2)- 4- 1	在役 (測量艦)、阿波東岸、丹波長門方面測量任務、9 月下旬まで
1927(S 2)-12- 1	第 2 予備艦、特務艦長佐田健一中佐 (35 期) 就任
1928(S 3)- 3- 1	第 1 予備艦
1928(S 3)- 4- 1	在役 (測量艦)、羽後西岸、三陸沿岸、大和堆方面測量任務、10 月中旬まで
1928(S 3)-11- 1	第 2 予備艦、横須賀鎮守府に転籍
1928(S 3)-12-10	特務艦長原精太郎中佐 (35 期) 就任
1929(S 4)- 3- 1	第 1 予備艦
1929(S 4)- 4- 1	在役 (測量艦)、4 月 6 日横須賀発九州北岸、朝鮮半島南西岸同東岸測量任務、10 月 17 日着
1929(S 4)-11- 1	第 2 予備艦
1930(S 5)- 3- 1	第 1 予備艦
1930(S 5)- 4- 1	在役 (測量艦)、4 月上旬より朝鮮南岸、北海道，樺太方面測量任務、11 月下旬まで
1930(S 5)-11- 1	第 2 予備艦
1930(S 5)-12- 1	特務艦長野沢錦二中佐 (36 期) 就任
1931(S 6)- 3- 1	第 1 予備艦
1931(S 6)- 4- 1	在役 (測量艦)、能登半島、若狭沖、津軽海峡方面測量任務、10 月下旬まで
1931(S 6)- 7-25	舞鶴工廠にて船体修理、10 月 4 日完成
1931(S 6)-11- 1	第 2 予備艦
1932(S 7)- 2- 8	横須賀工廠にて補助給水ポンプ換装、3 月 1 日完成
1932(S 7)- 3- 1	第 1 予備艦
1932(S 7)- 3-19	左舷主錨換装認可
1932(S 7)- 4- 1	在役 (測量艦)10 月下旬まで測量器材、人員輸送任務、日本海、大和堆、雄基方面測量
1932(S 7)-11- 1	第 2 予備艦
1932(S 7)-11-15	特務艦長脇坂乗平中佐 (38 期) 就任
1933(S 8)- 3- 1	第 1 予備艦
1933(S 8)- 4- 1	在役 (測量艦)、日本海南東部、日本海中部、対馬海峡方面測量、9 月まで
1933(S 8)- 6-27	横須賀工廠にて不良缶管換装訓令、翌年 2 月 8 日完成予定
1933(S 8)-11- 1	第 2 予備艦
1934(S 9)- 3- 1	第 1 予備艦
1934(S 9)- 4- 1	在役 (測量艦) 本邦南方海面測量作業に従事 10 月まで
1934(S 9)-11-15	第 4 予備艦
1935(S10)- 4- 1	除籍、廃船
1935(S10)- 5- 4	法務省に移管、7 月小田原少年刑務所長に引渡し、旧武蔵に代わって三崎港に繋留、漁労に従事する
	受刑者の隔離宿舎及び休養目的で使用、廃船後横浜に回航、終戦時浸水着底状態、昭和 22 年解体

高雄 /Takao

型名 /Class name		同型艦数 /No. in class		設計番号 /Design No.		設計者 /Designer	主船局造船課	建造費 /Cost	¥840,096(内兵器 169,830)	
艦名 /Name	計画年度 /Prog. year	建造番号 /Build. No	起工 /Laid down	進水 /Launch	竣工 /Completed	建造所 /Builder	編入・購入 /Acquirement	旧名 /Ex. name	除籍 /Deletion	喪失原因・日時・場所 /Loss data
高雄 /Takao	M16/1883		M19/1886-10-30	M21/1888-10-15	M22/1889-11-16	横須賀造船所			M44/1911-04-01	

注 /NOTES ① 日本海軍が 建造した最初の国産巡洋艦、計画、設計も日本人の手になる鋼骨鉄皮構造の小型巡洋艦である 【出典】横須賀海軍船廠史 / 海軍軍備沿革

船体寸法 /Hull Dimensions

艦名 /Name	状態 /Condition	排水量 /Displacement		長さ /Length(m)			幅 /Breadth (m)			深さ /Depth(m)		吃水 /Draught(m)			乾舷 /Freeboard (m)			備考 /Note
				全長 /OA	水線 /WL	垂線 /PP	全幅 /Max	水線 /WL	水線下 /uw	上甲板 /m	最上甲板	前部 /F	後部 /A	平均 /M	艦首 /B	中央 /M	艦尾 /S	
高雄 /Takao	新造完成排水量 /New (T)	常備 /Norm.	1,767	75.10		69.95	10.51			6.27				4.00				
	公試排水量 /Trial (T)		1,987.381															
	公称排水量 /Official(T)		1,750															

注 /NOTES ①本艦についてのデータは限られたものしかない 【出典】横須賀海軍船廠史 / 日本近世造船史

機 関 /Machinery

		新造完成時 /New
主機械 /Main mach.	型式 /Type ×基数 (軸数)/No.	横置 2 段膨張 2 気筩式機関 /Recipro. engine × 2
缶 /Boiler	型式 /Type ×基数 /No.	低円缶 / × 5
	蒸気圧力 /Steam pressure (kg/cm²)	6.335
	蒸気温度 /Steam temp.(℃)	
	缶換装年月日 /Exchange date	
	換装缶型式・製造元 /Type & maker	
計画 /Design (自然通風 / 強圧通風)	速力 /Speed(ノット /kt)	/15.0
	出力 /Power(実馬力 /IHP)	2,300/3,000
	回転数 /(rpm)	90/100
新造公試 /New trial (自然通風 / 強圧通風)	速力 /Speed(ノット /kt)	/13.81
	出力 /Power(実馬力 /IHP)	/2,542
	回転数 /(rpm)	/94
改造公試 /Repair T. (自然通風 / 強圧通風) M37/1904-6-28	速力 /Speed(ノット /kt)	12.8/
	出力 /Power(実馬力 /IHP)	1,494.08
	回転数 /(rpm)	50.7/
推進器 /Propeller	直径 /Dia.・翼数 /Blade no.	3.51・3 翼
	数 /No.・型式 /Type	× 2・グリフィス青銅
舵 /Rudder	舵型式・舵面積 /Rudder area(m²)	非釣合舵 /Non balance・
燃料 /Fuel	石炭 /Coal(T)・定量 (Norm.)/ 全量 (Max.)	190/270
航続距離 /Range(浬 /SM- ノット /Kts)		1 時間 1 馬力当り消費石炭量 1.322T(M28/1895-9-9 公試)
発電機 /Dynamo・発電量 /Electric power(V/A)		シーメンス式・80V/100A × 2
新造機関製造所 / Machine maker at new		横須賀造船所
帆装形式 /Rig type・総帆面積 /Sail area(m²)		スクーナー /Schooner・645.6

注 /NOTES ①本艦は缶室を密閉強圧通風構造とした最初の日本軍艦、また機関構造材の一部に初めて鋼材が使用されている また珍しくこの期の軍艦としては缶の換装なしに艦歴を終えている【出典】帝国海軍機関史 / 日本近世造船史

兵装・装備 /Armament & Equipment

		新造完成時 /New	明治 37 年 /1904
砲熕兵器 / Guns	主砲 /Main guns	80 年式 35 口径 15cm クルップ砲 /Krupp × 4 弾× 320	80 年式 35 口径 15cm クルップ砲 /Krupp × 4 弾× 320
	備砲 /2nd guns	80 年式 35 口径 12cm クルップ砲 /Krupp × 1 自在砲 弾× 100	80 年式 35 口径 12cm クルップ砲 /Krupp × 1 自在砲 弾× 100
	小砲 /Small cal. guns	短 7.5cm クルップ砲 /Krupp × 1 弾× 170	47mm 軽山内砲 /Yamanouchi × 2 37mm5 連保式砲 /Hotchkiss × 2
	機関砲 /M. guns	1"4 連ノルデンフェルト砲 /Nordenfelt × 6 1"2 連ノルデンフェルト砲 /Nordenfelt × 2 弾× 26,600 及び × 5,760	1"4 連ノルデンフェルト砲 /Nordenfelt × 4 1"2 連ノルデンフェルト砲 /Nordenfelt × 2
個人兵器 /Personal weapons	小銃 /Rifle	ヘンリー マルチニー銃× 136 弾× 40,800	35 年式海軍銃× 79 弾× 22,700
	拳銃 /Pistol	× 51 弾× 5,120	1 番形× 20 弾× 2,400
	舶刀 /Cutlass		モーゼル拳銃× 3 弾× 360
	槍 /Spear		
	斧 /Axe		
水雷兵器 /Torpedo weapons	魚雷発射管 /T. tube	朱式 /Schwartzkopff type × 2(水上 /Surface)	朱式 /Schwartzkopff type × 2(水上 /Surface)
	魚雷 /Torpedo	朱式 (84 式)35cm/14" × 6	朱式 (88 式)35cm/14" × 4
	その他	外装水雷× 12	外装水雷× 12
電気兵器 /Elec.Weap.	探照灯 /Searchlight	× 2(シーメンス式)	× 2
艦載艇 /Boats	汽艇 /Steam launch		× 1(長さ 8.5m) M41/1908 の状態を示す
	ピンネース /Pinnace		× 1(長さ 9.1m)
	カッター /Cutter		× 2(長さ 8.5m)
	ギグ /Gig		
	ガレー /Gallery		× 1(長さ 8.2m)
	通船 /Jap. boat		× 2(長さ 8.7m 及び 8.6m)
	(合計)	× 7	× 7

注 /NOTES ① M41/1908 の状態での兵装は 15cm クルップ砲 4 門、12cm クルップ砲 1 門、47mm 重山内砲 6 門、同軽砲 2 門と推定 【出典】公文備考 / 日清戦争戦時書類 / 極秘本明治二十七、八年海戦史 / 帝国海軍機関史 / 写真日本軍艦史 / その他前掲書

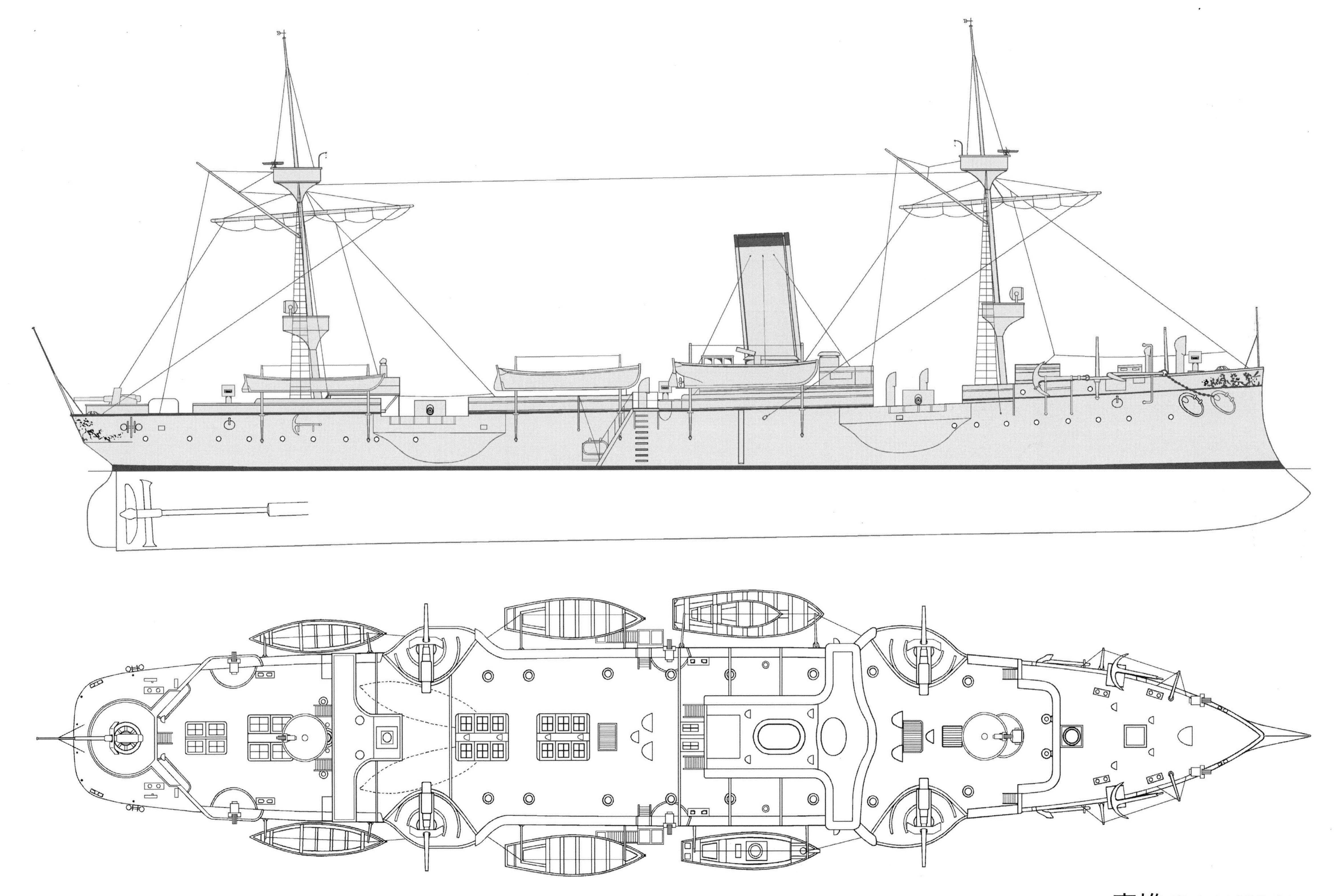

図 2-5-1 [S=1/250] 高雄 側平面（新造時）

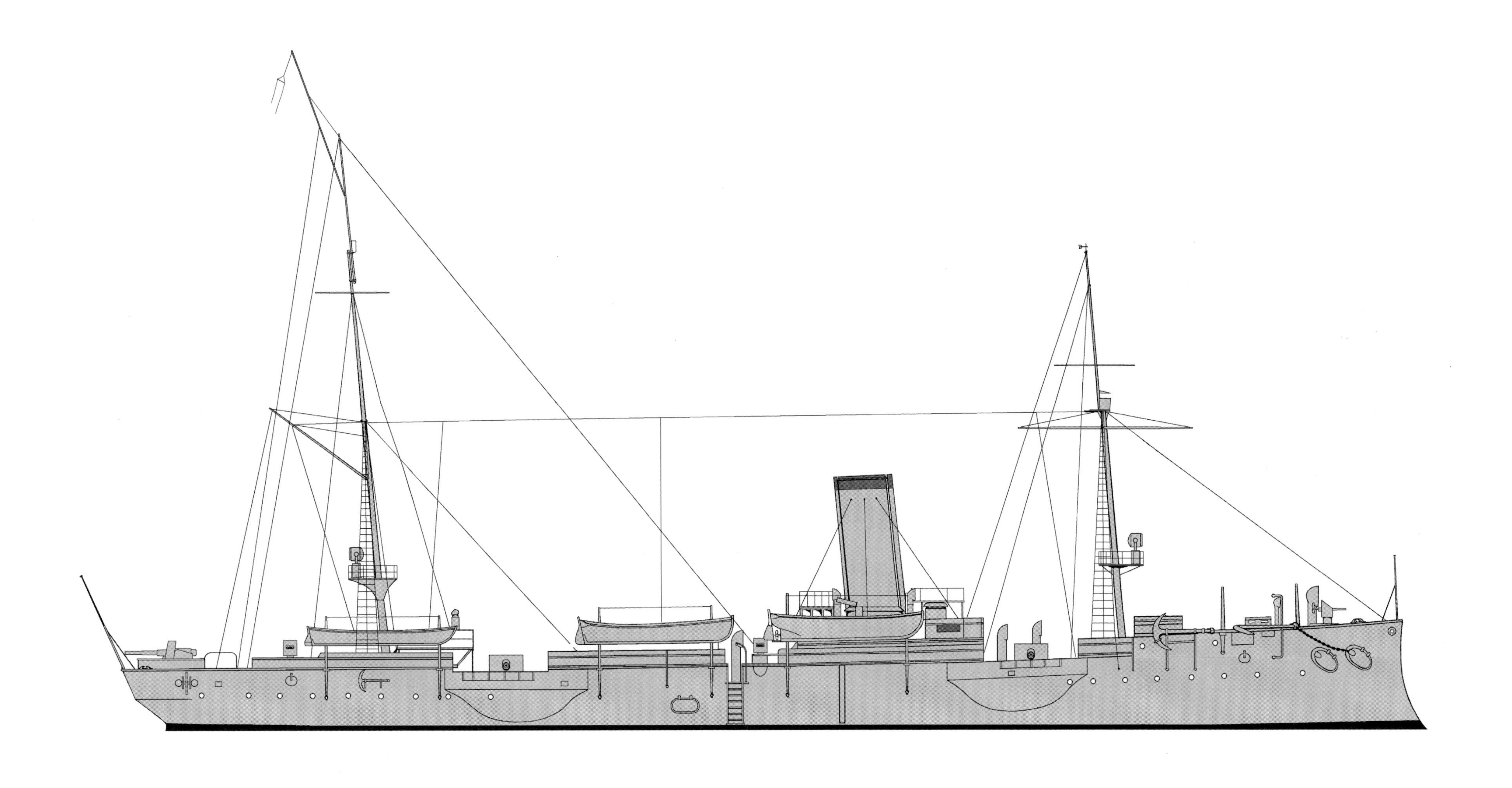

図 2-5-2 [S=1/250] 高雄 側面 (M38/1905)

◎ 日露戦争時の高雄。本艦の場合も戦争中は後方任務についており、兵装もほぼ新造時のままの旧式なもので、第一線での任務は無理であった。

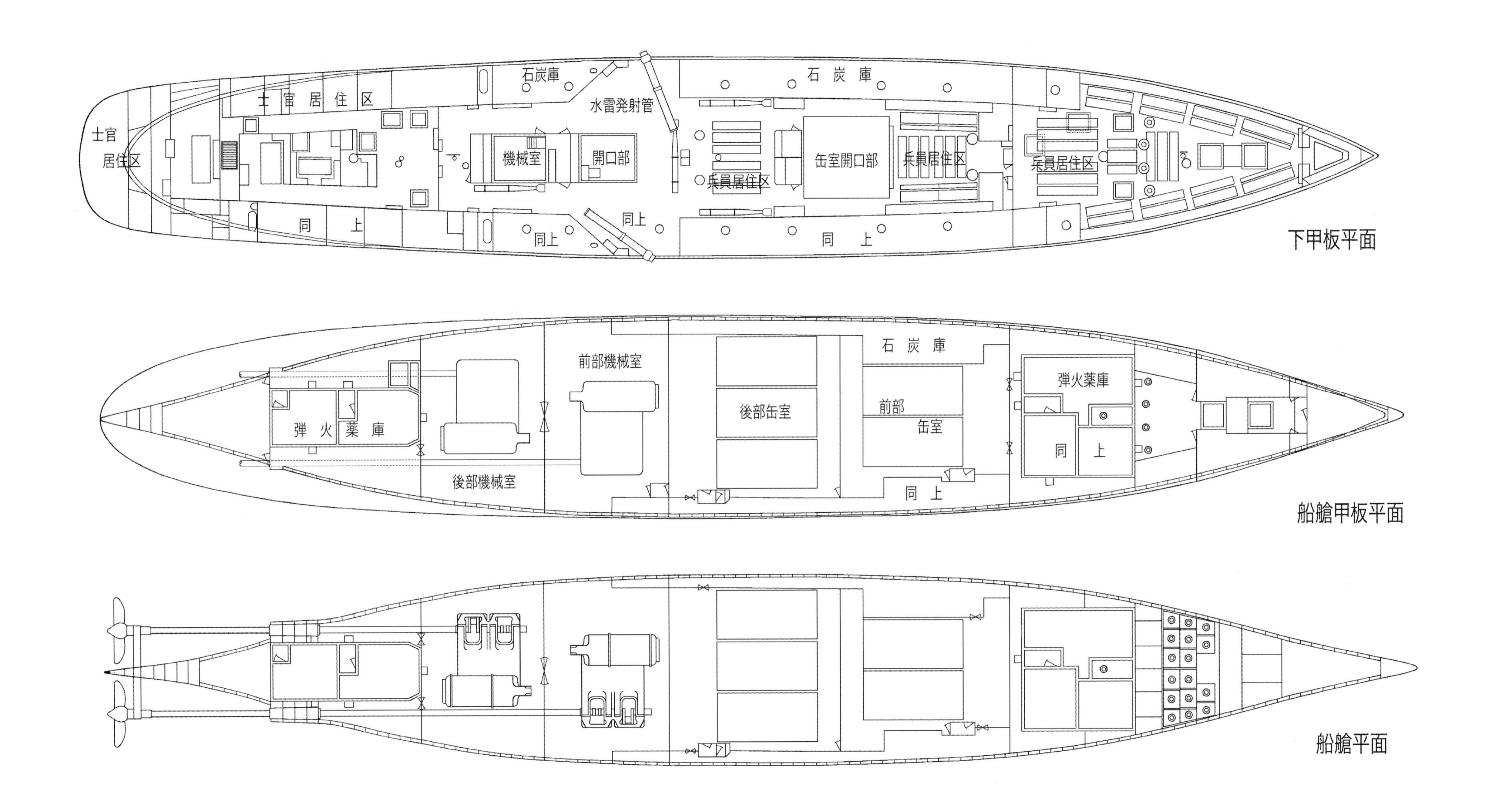

図 2-5-3 [S=1/250] 高雄 各甲板平面(新造時)

高雄 /Takao

定　員 /Complement (1)

職名 /Occupation	官名 /Rank	定数 /No.		職名 /Occupation	官名 /Rank	定数 /No.	
艦長	大中佐	1		帆縫手	1、2、3 等兵曹	1	
副長	少佐	1			警吏	1	
砲術長	大中尉	1			警吏補	2	
水雷長	〃	1	士官 /15		鍛冶長 / 鍛冶長属	1	
航海長	〃	1			兵器工長 / 兵器工長属	1	
分隊長	〃	3			塗工長 / 塗工長属	1	
航海士	少尉	1			木工長属	1	下士 /21
分隊士	〃	3			機関工手	4	
少尉候補生	少尉補	3			火夫長	1	
掌砲長	兵曹長	1	准士 / 3		火夫長属	4	
掌帆長	〃	1			看護手	1	
	木工長	1		厨宰	主厨	1	
機関長	大中機関士	1		割烹手	〃	1	
	大中機関士	1					
	少機関士	2			1 等水兵	16	
	機関士補	3	士官相当 /15		2 等水兵	36	
	機関工長	4			3、4 等水兵	46	
軍医長	大中軍医	1			1 等若水兵	33	
	少軍医	1			喇叭手	2	
主計長	大中主計	1			鍛冶	2	
	少主計	1			兵器工	1	
砲術教授	1、2、3 等兵曹	1			塗工	1	卒 /190
掌砲長属	1、2 等兵曹	2			木工	4	
掌水雷長属	1、2、3 等兵曹	1			1、2 等火夫	18	
掌帆長属	1 等兵曹	3			3、4 等火夫	14	
前甲板長	1、2 等兵曹	2			1 等若火夫	3	
按針手	1、2 等兵曹	2	下士 /19		看病夫	1	
信号手	1、2、3 等兵曹	1			厨夫	10	
艦長端舟長	2、3 等兵曹	1			裁縫夫	1	
大檣楼長	〃	2			剃夫	1	
前檣楼長	〃	2			艦長従僕	1	
後甲板長	1、2、3 等兵曹	2		（合　計）		263	

注 /NOTES 明治 19 年 1 月 21 日丙 2 による高雄の定員を示す【出典】海軍制度沿革

定　員 /Complement (2)

職名 /Occupation	官名 /Rank	定数 /No.		職名 /Occupation	官名 /Rank	定数 /No.	
					1 等鍛冶手	1	
艦長	大中佐	1			2 等鍛冶手	1	下士 / 5
副長	少佐	1			2、3 等看護手	1	
航海長	大尉	1			1 等筆記	1	
水雷長	大尉	1			1 等厨宰	1	
分隊長	大尉	3	士官 /19		2 等厨宰	1	
	中少尉	4			1 等水兵	21	
機関長	機関少監	1			2 等水兵	35	
分隊長	大機関士	1			3、4 等水兵	49	
	中少機関士	2			1 等信号兵	1	
軍医長	大軍医	1			2 等信号兵	2	
	中少軍医	1			3、4 等信号兵	2	
主計長	大主計	1			1 等木工	1	
	中少主計	1			2 等木工	1	
	上等兵曹	2	准士 / 6		3、4 等木工	1	卒 /164
	上等機関兵曹	3			1 等機関兵	12	
	船匠師	1			2 等機関兵	13	
	1 等兵曹	6			3、4 等機関兵	16	
	2 等兵曹	7			1 等鍛冶	1	
	3 等兵曹	7	下士 /32		2 等鍛冶	1	
	2 等信号兵曹	1			1 等看護	1	
	1 等船匠手	1			1 等主厨	2	
	1 等機関兵曹	2			2 等主厨	2	
	2 等機関兵曹	3			3、4 等主厨	3	
	3 等機関兵曹	4				226	

注 /NOTES 明治 29 年 3 月内令 1 による高雄の定員を示す【出典】海軍制度沿革
(1) 上等兵曹の 2 人は掌砲長、掌帆長の職にあたるものとする
(2) 兵曹長中の 2 人は砲術教員と水雷術教授にあて、他は掌砲長属、掌水雷長属、掌帆長属、按針手、艦長端舟長及び各部の長職につくものとする

解説 /COMMENT

明治 16 年度予算で横須賀造船所で明治 19 年 10 月に起工された小型巡洋艦。横須賀造船所では先の葛城型鉄骨木皮構造スループに次いで、600 トン級鉄骨鉄皮、すなわち鉄製の摩耶型砲艦の建造に着手、鉄骨木皮艦は 1 型で卒業したことになる。同砲艦 4 番艦の赤城は小野浜造船所で建造されたが、この艦のみ鋼骨鉄皮構造としていた。高雄はこの赤城より約 3 か月後に起工されたが、同じく鋼骨鉄皮構造が採用され、同構造の最初の国産巡洋艦となった。当時、海外では全体を鋼材で建造された軍艦も少なくなかったが、製鋼技術のレベルが低い当時は鋼板の材質の均一化が難しく、ちょっとした衝撃でひび割れするなど信頼性が低く、敬遠されることも多かったという。

高雄の計画、設計は主船局造船課が担当、課長の少匠司佐雙左仲が中心となってまとめたものらしい。佐雙は英国留学帰りの造船官で、当時の立場は後の艦政本部第 4 部の計画主任に相当した。当時日本海軍の造船官の育成過程にはフランス留学組と英国留学組の二派があり、海外発注艦も英国とフランスにわかれていた。横須賀造船所は創設以来 10 年以上にわたりフランス人のヴェルニーがトップの座にあっただけに、何かとフランス流のやり方が主流の観が強い。明治 10 年にヴェルニーと次席のチボジーが帰国して以来、基本的には新造艦船の設計は日本人によるものに変わっていたが、主船局造船課、いわゆる艦政本部 4 部の主流は赤松、佐雙という英国留学組が占めており、フランス留学組は造船現場に配置されることが多かった。しかし海軍が明治 19 年に再びフランスの著名な造船官エミール・ベルタンを横須賀造船所の監督官の立場で招聘することになり、再びフランス流が復活の兆しを見せていた。

ベルタンが来日した明治 19 年 1 月のこの時期、高雄の建造準備はほぼ終わっていたはずで、ベルタンの意向で設計に変更があったということは特に知られていないが、葛城型の項で述べたように、葛城型の魚雷兵装がベルタンの一言で廃止されたように、ベルタンの影響力は大きかった。事実、横須賀造船所への高雄の製造訓令はかなり早くの明治 17 年 5 月 26 日に発せられており、この時点で主船局より図面、目録が提出されていた。

高雄は小型とはいえ日本海軍が国内建造する、すなわち日本人の設計になる最初の巡洋艦であった。当時までに 1,000-1,500 トン型木造スループ、鉄骨木皮スループの国産経験はあったが、巡洋艦というより戦闘能力の高い艦については未経験であった。ただ、先に英国とフランスに発注した浪速型と畝傍という、当時にあっては最新の巡洋艦の図面は見ていたはずで、巡洋艦の設計概念については知っていたと思われる。

その意味で言うと高雄は 2,000 トンに満たない小型艦にとどめたことからも最初の習作といっていいものであった。全体の艦型は佐雙の基本計画にしては特に英国式ともいえず、舷側より大きくはみ出した両舷の砲座スポンソンなどはフランス式の畝傍に近いもので

定　員 /Complement (3)

職名 /Occupation	官名 /Rank	定数 /No.		職名 /Occupation	官名 /Rank	定数 /No.	
艦長	中佐	1			1等船匠手	1	
副長	少佐	1			1等機関兵曹	3	
航海長	大尉	1			2、3等機関兵曹	7	下士 / 15
砲術長兼分隊長	〃	1			1、2等看護手	1	
水雷長兼分隊長	〃	1			1等筆記	1	
分隊長	〃	2			1等厨宰	1	
	中少尉	4	士官 /19		2、3等厨宰	1	
機関長	機関少監 大機関士	1			1等水兵	30	
分隊長	大機関士	1			2、3等水兵	45	卒 /160
	中少機関士	2			4等水兵	28	
軍医長	大軍医	1			1等信号兵	3	
	中少軍医	1			2、3等信号兵	3	
主計長	大主計	1			1等木工	1	
	中少主計	1			2、3等木工	1	
	上等兵曹	2			1等機関兵	13	
	船匠師	1	准士 / 5		2、3等機関兵	21	
	上等機関兵曹	2			4等機関兵	8	
	1等兵曹	4			1、2等看護	1	
	2、3等兵曹	12	下士 /20		1等主厨	2	
	1等信号兵曹	1			2等主厨	2	
	2、3等信号兵曹	3			3、4等主厨	2	
				(合　計)		219	

注 /NOTES 明治38年12月内令755による3等海防艦高雄の定員を示す【出典】海軍制度沿革
(1) 上等兵曹の1人は掌砲長兼水雷長、1人は掌帆長の職にあたるものとする
(2) 兵曹は教員、掌砲長属、掌水雷長属、掌帆長属各部の長職につくものとする
(3) 信号兵曹の1人は信号長にあて、他は按針手を兼ねるものとする

艦首のラム(衝角)、艦底の二重底構造、前後2檣に本格的檣楼を設け、帆装を最小限にとどめるなど新機軸な面も少なくなかった。
兵装はクルップ式15cm砲4門を両舷側に配し、艦尾の中心線に同12cm砲1門を置き、中甲板中央部両舷に1門ずつの旋回式魚雷発射管を装備した。また国産艦として初めて探照灯を装備、前後の檣楼に配置された。船体の防禦は特に設けられず、防禦甲板も持たなかったようで、前部艦橋に設けられた司令塔のみに何らかの防禦対策が施されたものと推定される。いずれにしても、この程度の小型艦では本格的防禦策は無理があり、間接防禦にとどめるのも一つのやり方であった。
機関計画においても主機の構造上の各部において改良改善が加えられ、缶室ははじめて密閉式強圧通風方式が可能となった。しかし公試成績は強圧通風状態において13.81ノットと計画の15ノットには及ばなかった。
本艦の初代艦長は明治海軍の偉大な軍政家であった山本権兵衛中佐(当時)で、艤装中の明治22年4月12日に艤装委員長として着任、竣工時は大佐に進級して艦長に就任している。本艦の新造時の艦種は公称?巡洋艦とされていたが、正確には3等軍艦(乗員170以上で)で、明治31年3月にはじめて軍艦及水雷艇類別等級が定められた際には巡洋艦ではなく3等海防艦に類別されており、天龍や葛城等のスループと同列で、実力も同程度あったのも事実で、後方任務に甘んじたのもいたしかたなかった。
艦名の高雄は京都市北西の山名(高尾とも綴る)、本艦は2代目で初代は明治7年購入の運送船で明治13年に除籍、3代目は大正後期の八八艦隊巡洋戦艦天城型の一隻、さらに4代目は後述の昭和2年計画の一等巡洋艦。

[資料] 本型の資料としては<日本近世造船史>付図に新造時の舷外側面、上部平面、各甲板図が掲載されている。要目簿の類は存在しない。写真はかなりいろいろ残っており本艦の艦容の変化を知る上で有効である。

艦　歴 /Ship's History (1)

艦　名	高　雄
年　月　日	記　事 /Notes
1884(M17)- 6- 5	命名
1886(M19)-10-30	横須賀造船所で起工
1888(M21)-10-15	進水
1889(M22)- 4-12	艦長心得山本権兵衛中佐(2期)就任、8月28日大佐艦長
1889(M22)- 5-28	横須賀鎮守府入籍
1889(M22)-11-16	竣工
1889(M22)-11-27	警備艦
1889(M22)-12-28	常備艦隊
1890(M23)- 2-23	横須賀発韓国航海、3月10日馬関着
1890(M23)- 4-18	神戸沖海軍観兵式参列
1890(M23)- 9-24	艦長有栖川宮威仁親王大佐(期外)就任
1891(M24)- 8- 3	品川発近隣諸国訪問、8月19日宮津着
1892(M25)- 2- 9	横須賀発近隣諸国訪問、3月2日那覇着
1892(M25)- 7- 1	品川発韓国訪問、7月19日博多着
1893(M26)- 1-20	艦長尾本知道大佐(期前)就任
1893(M26)- 6- 1	品川発近隣諸国訪問、9月13日留別着
1893(M26)-10-12	艦長沢良渙大佐(2期)就任
1894(M27)- 4-28	横須賀発近隣諸国訪問、6月23日佐世保着
1894(M27)- 7-13	警備艦隊
1894(M27)- 7-25	佐世保発日清戦争に従事
1894(M27)- 8-10	威海衛砲撃に参加、発射弾数15cm砲-4、12cm砲-3
1895(M28)- 6- 7	警備艦
1895(M28)- 7-29	解役、三菱長崎造船所で機関修理9月まで
1895(M28)- 9-14	第1予備艦
1895(M28)-11-15	常備艦隊
1895(M28)-11-18	艦長小田亨大佐(期前)就任
1896(M29)- 1-21	品川発清国、韓国航海、2月20日佐世保着
1896(M29)- 3-11	品川発韓国警備、7月23日長崎着
1896(M29)- 4- 1	艦長向山慎吉大佐(5期)就任
1896(M29)-10-26	神戸発韓国、清国警備、翌年3月2日長崎着
1897(M30)- 6- 1	艦長小倉鋲一郎大佐(5期)就任
1897(M30)- 7-20	第2予備艦、横須賀工廠で機関修理、12月完成
1898(M31)- 2-21	常備艦隊
1898(M31)- 3-21	3等海防艦に類別
1898(M31)- 3-27	横須賀発清国警備、11月2日長崎着
1898(M31)- 9- 1	艦長酒井忠利大佐(期前)就任
1898(M31)-12- 1	第2予備艦、12月26日横須賀工廠で入渠修理、翌年1月20日出渠
1899(M32)- 4-17	常備艦隊
1899(M32)- 5-15	横須賀発清国警備、翌年2月9日長崎着
1900(M33)- 2-26	第1予備艦

高雄 /Takao

艦　歴 /Ship's History (2)

艦　名	高　雄
年　月　日	記　事 /Notes
1900(M33)- 3-26	艦長太田盛実中佐 (期前) 就任
1900(M33)- 6-17	常備艦隊、艦長成田勝郎中佐 (7 期) 就任
1900(M33)- 6-21	横須賀発清国警備、翌年 4 月 24 日着
1900(M33)-10-17	艦長津田三郎中佐 (8 期) 就任
1901(M34)- 2-25	艦長松枝新一中佐 (5 期) 就任
1901(M34)- 4-17	第 1 予備艦、横須賀工廠で機関修理、缶管交換、煙突修理。8 月完成
1902(M35)- 3-	艦長丹羽教忠中佐 (8 期) 就任
1902(M35)- 3- 3	常備艦隊
1902(M35)- 3-25	呉発北清警備、6 月 13 日佐世保着
1902(M35)- 6-21	佐世保発北清警備、11 月 17 日三津浜着
1902(M35)-11-21	第 1 予備艦、36 年 1 月より浦賀船渠で機関修理、2 月完成
1903(M36)- 3- 7	第 2 艦隊
1903(M36)- 3-27	博多発韓国南岸警備、4 月 3 日六連島着
1903(M36)- 4-10	神戸沖大演習観艦式参列
1903(M36)- 4-20	第 2 予備艦
1903(M36)- 6-22	艦長石橋甫中佐 (10 期) 就任
1903(M36)- 7- 7	艦長庄司義基中佐 (11 期) 就任
1903(M36)- 7-11	艦長矢代由徳中佐 (10 期) 就任
1903(M36)- 7-14	第 1 予備艦
1903(M36)-12-28	警備艦
1904(M37)- 1-10	津軽海峡の警備任務にあたる、在函館
1905(M38)- 1-12	第 3 艦隊に編入
1905(M38)- 2- 7	佐世保発日露戦争従事、4 月 6 日呉着
1905(M38)- 4-17	呉工廠で改造工事、5 月 15 日完成
1905(M38)- 5-26	竹敷発日本海海戦に参加、交戦なし、6 月 18 日着
1905(M38)- 6-14	横須賀鎮守府警備艦、艦長山本正勝中佐 (11 期) 就任
1905(M38)- 6-18	警備艦兼練習艦、砲術練習所長の指揮下におかれる
1905(M38)- 6-30	横浜に回航警備任務
1905(M38)-11- 1	大檣ロアヤード、前檣ガーフ廃止認可、横須賀工廠で船体修理、翌年 3 月末完成
1905(M38)-12-12	3 等海防艦に類別
1905(M38)-12-20	艦長東郷吉太郎中佐 (13 期) 就任
1906(M39)- 1- 9	第 1 予備艦
1906(M39)- 4- 1	第 2 予備艦
1906(M39)- 7-14	第 1 予備艦
1906(M39)-12-	艦長大沢喜七郎中佐 (14 期) 就任
1907(M40)- 2-28	艦長上村翁輔中佐 (14 期) 就任
1908(M41)- 1-15	艦長吉島重太郎中佐 (14 期) 就任、1 月 8 日より横須賀工廠で修理、1 月 31 日完成
1908(M41)- 2-19	佐世保鎮守府に転籍、警備艦、旅順鎮守府の指揮下におかれる
1908(M41)- 2-29	佐世保発旅順方面警備、8 月 23 日着
1908(M41)- 8-28	佐世保発旅順方面警備、10 月 6 日着

艦　歴 /Ship's History (3)

艦　名	高　雄
年　月　日	記　事 /Notes
1908(M41)- 9- 2	艦長森越太郎中佐 (15 期) 就任
1908(M41)- 9- 4	無線電信室及び室内付属物新設訓令
1908(M41)- 9-25	艦長町田駒次郎中佐 (15 期) 就任
1908(M41)-10-10	佐世保発旅順方面警備、翌年 6 月 6 日着
1909(M42)- 5-25	解役、横須賀鎮守府に転籍、練習艦、水雷学校長の指揮下におかれる、無線電信通信実習、魚雷実
	用標的艦用途
1909(M42)-10-11	艦長堀輝房中佐 (16 期) 就任、10 月 25 日まで兼松江艦長
1911(M44)- 4- 1	解役、除籍
1912(M45)- 3-28	売却、解体

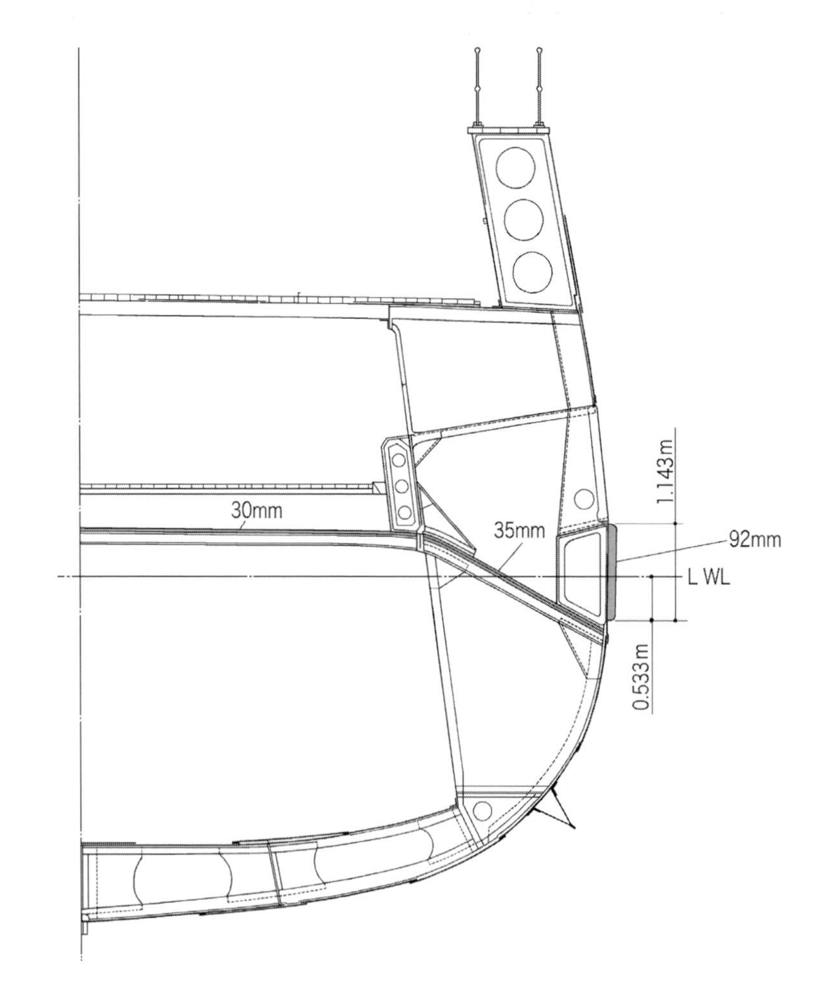

図 2-6-1　千代田 中央部構造切断面 (新造時)

千代田 /Chiyoda

型名 /Class name		同型艦数 /No. in class		設計番号 /Design No.		設計者 /Designer 艦政局造船課		建造費 /Cost ¥1,002,634(内兵器 274,119)		
艦名 /Name	計画年度 /Prog. year	建造番号 /Build. No	起工 /Laid down	進水 /Launch	竣工 /Completed	建造所 /Builder	編入・購入 /Acquirement	除籍 /Deletion	喪失原因・日時・場所 /Loss data	
千代田 /Chiyoda	M20/1887		M21/1888-12-04	M23/1890-06-03	M23/1890-12-	英グラスゴー、J & G Thomson 社		T11/1922-04-01	S02/1927-08-02 実艦的として沈没	

注 /NOTES ① 畝傍の保険金で建造された代艦、舷側水線部に甲帯を有する装甲巡洋艦の形態を持つ小型巡洋艦、備砲はクルップ砲を脱して安式 / アームストロング速射砲を採用 【出典】海軍省年報 /

船体寸法 /Hull Dimensions

艦名 /Name	状態 /Condition	排水量 /Displacement		長さ /Length(m)			幅 /Breadth (m)			深さ /Depth(m)		吃水 /Draught(m)			乾舷 /Freeboard (m)			備考 /Note
				全長 /OA	水線 /WL	垂線 /PP	全幅 /Max	水線 /WL	水線下 /uw	上甲板 /m	最上甲板	前部 /F	後部 /A	平均 /M	艦首 /B	中央 /M	艦尾 /S	
千代田 /Chiyoda	新造計画排水量 /Des. (T)	常備 /Norm.	2,439	97.840		94.487	12.98			7.213		3.657	4.877	4.267				
	公試排水量 /Trial (T)		2,575.5															
	公称排水量 /Official(T)	常備 /Norm.	2,439															
	総噸数 /Gross ton(T)		1,756.59															

注 /NOTES ①公試排水量は M32-2-18 の缶換装工事の改装公試記録による 【出典】千代田要目簿 / 海軍省年報

機 関 /Machinery

		新造完成時 /New
主機械 /Main mach.	型式 /Type ×基数 (軸数)/No.	縦置 3 段膨張 2 気筒式機関 /Recipro. engine × 2
缶 /Boiler	型式 /Type ×基数 /No.	汽車式缶 / × 6
	蒸気圧力 /Steam pressure (kg/cm²)	11.25
	蒸気温度 /Steam temp.(℃)	
	缶換装年月日 /Exchange date	M31/1898-4
	換装缶型式・製造元 /Type & maker	ベルビル式水管缶× 12・仏国製
計画 /Design (自然通風 / 強圧通風)	速力 /Speed(ノット /kt)	/19.0
	出力 /Power(実馬力 /IHP)	/5,678
	回転数 /(rpm)	/
新造公試 /New trial (自然通風 / 強圧通風) 英国公試	速力 /Speed(ノット /kt)	/19.5
	出力 /Power(実馬力 /IHP)	/5,675
	回転数 /(rpm)	/205
改造公試 /Repair T. (自然通風 / 強圧通風) 缶換装 M32/1898-3	速力 /Speed(ノット /kt)	17.85/ ①
	出力 /Power(実馬力 /IHP)	2,929/
	回転数 /(rpm)	170.65/
推進器 /Propeller	直径 /Dia.・翼数 /Blade no.	3.124・3 翼
	数 /No.・型式 /Type	× 2・グリフィス式砲金製
舵 /Rudder	舵型式・舵面積 /Rudder area(m²)	釣合舵 /Balance・12.20
燃料 /Fuel	石炭 /Coal(T)・定量 (Norm.)/ 全量 (Max.)	225/390.635
航続距離 /Range(浬 /SM- ノット /Kts)		2,489-10.0 1,671-14.0
発電機 /Dynamo・発電量 /Electric power(V/A)		シーメンス式× 2・80V/300A ②
新造機関製造所 / Machine maker at new		英グラスゴー、Thomson 社
帆装形式 /Rig type・総帆面積 /Sail area(m²)		

注 /NOTES ① M36/1903-3-3 の公試成績、速力 18.3/ 出力 4,103.8/ 回転数 190.4、除籍時の速力は 9.6 ノットまで低下 ② M37-9 横須賀工廠でシーメンス式 80V/400A、80V/200A 各 1 基と換装 【出典】千代田要目簿 / 帝国海軍機関史

兵装・装備 /Armament & Equipment

		新造完成時 /New	明治 37 年 /1904
砲熕兵器 / Guns	主砲 /Main guns	安式 40 口径 12cm 砲 /Armstrong × 10 弾× 2,000	安式 40 口径 12cm 砲 /Armstrong × 10 鋼鉄榴弾× 1,000 通常榴弾× 800 榴霰弾× 200
	備砲 /2nd guns		
	小砲 /Small cal. guns	47mm 重保式砲 /Hotchkiss × 6 弾× 2,400	47mm 重保式砲 /Hotchkiss × 14 ② 鋼鉄榴弾× 3,700 通常榴弾× 1,540 榴霰弾× 350
	機関砲 /M. guns	37mm5 連保式砲 /Hotchkiss × 11 ①	47mm 軽保式砲 /Hotchkiss × 1(上陸砲架) 鋼鉄榴弾× 266 通常榴弾× 110 ③ 榴霰弾× 20
個人兵器 /Personal weapons	小銃 /Rifle	マルチニー銃× 155 弾× 46,500	35 式海軍銃× 107 弾× 32,100
	拳銃 /Pistol		1 番形× 30 弾× 3,600 モーゼル拳銃× 5 弾× 600
	舶刀 /Cutlass		
	槍 /Spear		
	斧 /Axe		
水雷兵器 /Torpedo weapons	魚雷発射管 /T. tube	朱式 /Schwartzkopff type × 3(水上固定 1、旋回 2)	朱式 /Schwartzkopff type × 3(水上固定 1、旋回 2)
	魚雷 /Torpedo	朱式 (84 式)35cm/14" × 8	保式 35cm/14" × 8 ④
	その他		
電気兵器 /Elec.Weap.	探照灯 /Searchlight	× 2 (シーメンス式 25,000 燭光)	× 2 (シーメンス式 25,000 燭光)
艦載艇 /Boats	汽艇 /Steam launch	スチーム・ピンネース× 1 (9.2m 5.0T 8Kt)	スチーム・ピンネース× 1 (9.2m 5.0T 8Kt)
	ピンネース /Pinnace	× 1 (8.53m 1.375T)	× 1 (8.53m 1.375T)
	カッター /Cutter	× 2 (9.14m 1.209T/ 救命用 7.61m 0.991T)	
	ギグ /Gig	× 1 (8.22m 0.45T)	× 2 (9.14m /7.62m)
	ガレー /Gallery	× 1 (8.22m 1.375T)	
	通船 /Jap. boat	× 2 (ディンギー 4.26m / 和船 7.11m)	× 3 (8.23m /6.1m × 2) × 1(外舷艇 8.23m)
	(合計)	× 8	× 8

注 /NOTES ①性能不良のため日清戦争前に撤去 ②日清戦争前に 37mm 機関砲と換装、なお千代田要目簿によれば M28-35 の期間に 8mm5 連装機銃 (型式不明)2 基を装備していたとされる、多分前後の橋楼に装備したものと推定 ③日清戦争後に短艇用として装備、T9 には麻式 6.5mm 機銃と換装 ④ M42-9 に艦首の固定発射管撤去 【出典】千代田要目簿 / 公文備考 / 日清戦争戦時書類

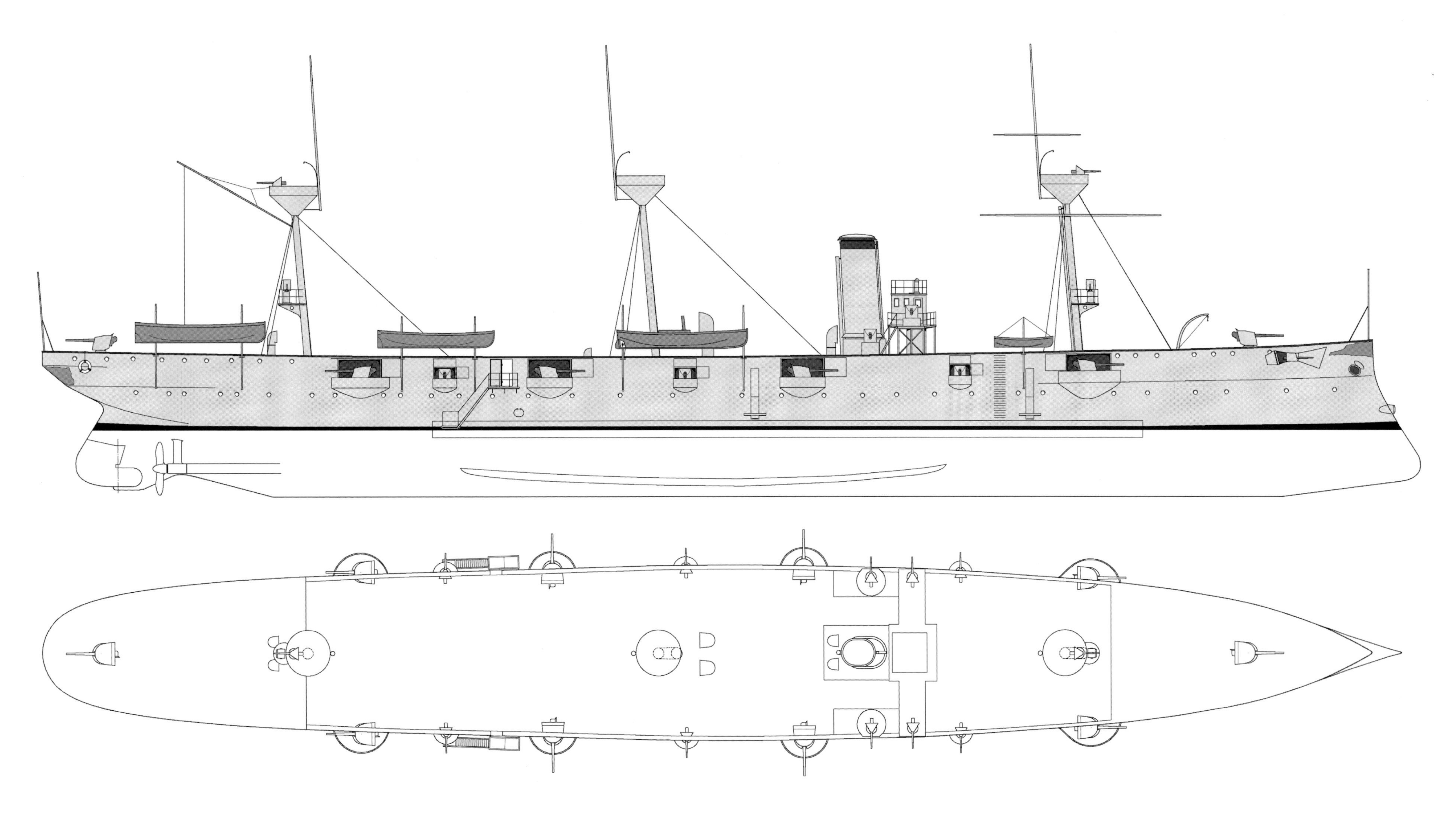

図 2-6-2 [S=1/300]　千代田 側平面 (新造時)

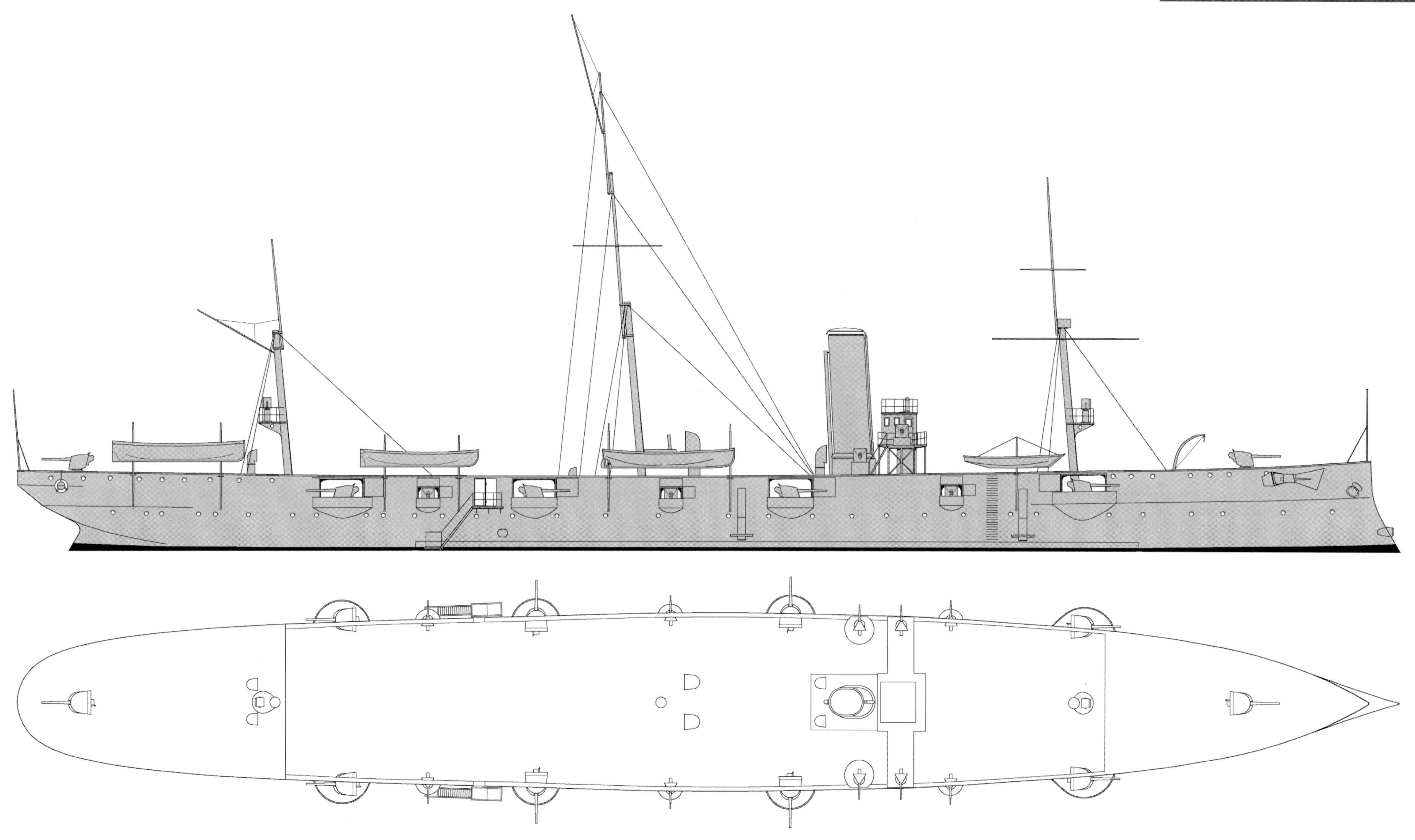

図 2-6-3 [S=1/300] 千代田 側平面 (M38/1905)

千代田 /Chiyoda

定　員 /Complement (1)

職名 /Occupation	官名 /Rank	定数 /No.		職名 /Occupation	官名 /Rank	定数 /No.	
艦長	大佐	1	士官 /21	船艙手	1 等兵曹	1	下士 /23
副長	少佐	1			1 等船匠手	1	
砲術長	大尉	1			2 等船匠手	1	
水雷長	〃	1			1 等鍛冶手	1	
航海長	〃	1			2 等鍛冶手	1	
分隊長	〃	3			1 等機関手	3	
航海士	少尉	1			2 等機関手	4	
分隊士	〃	3			3 等機関手	6	
機関長	機関少監	1			1 等看護手	1	
水雷主機	大機関士	1			1 等主帳	1	
機関士	〃	2			2 等主帳	1	
	少機関士	1			3 等主帳	2	
軍医長	大軍医	1					
	少軍医	1			1 等水兵	36	卒 /214
主計長	大主計	1			2 等水兵	45	
	少主計	1			3、4 等水兵	50	
掌砲長	兵曹長	1	准士 / 9		1 等信号水兵	1	
掌帆長	〃	1			2 等信号水兵	1	
	船匠師	1			3 等信号水兵	2	
	機関師	6			1 等木工	1	
砲術教授	1 等兵曹	1	下士 /33		2 等木工	1	
掌砲長属	〃	3			1 等鍛冶	1	
〃	2 等兵曹	4			2 等鍛冶	1	
〃	3 等兵曹	5			1 等火夫	12	
掌水雷長属	1 等兵曹	1			2 等火夫	21	
〃	2 等兵曹	2			3、4 等火夫	30	
掌帆長属	1 等兵曹	3			1 等看病夫	1	
前甲板長	〃	2			2 等看病夫	1	
按針手	〃	1			1 等厨夫	2	
〃	2 等兵曹	1			2 等厨夫	3	
〃	3 等兵曹	1			3、4 等厨夫	5	
信号手	1 等兵曹	1					
艦長端舟長	2 等兵曹	1					
大檣楼長	〃	1		(合　計)		300	
〃	3 等兵曹	1					
前檣楼長	2 等兵曹	1					
〃	3 等兵曹	1					
後甲板長	2 等兵曹	1					
〃	3 等兵曹	1					
帆縫手	1 等兵曹	1					

注 /NOTES
明治 22 年 7 月 27 日達 290 による千代田の定員を示す
【出典】海軍制度沿革

定　員 /Complement (2)

職名 /Occupation	官名 /Rank	定数 /No.		職名 /Occupation	官名 /Rank	定数 /No.	
艦長	大中佐	1	士官 /22		1 等機関兵曹	6	下士 /23
副長	少佐	1			2、3 等機関兵曹	12	
砲術長	大尉	1			1 等看護手	1	
水雷長兼分隊長	〃	1			1 等筆記	1	
航海長	〃	1			2、3 等筆記	1	
分隊長	〃	3			1 等厨宰	1	
	中少尉	5			2、3 等厨宰	1	
機関長	機関少監	1			1 等水兵	41	卒 /235
分隊長	大機関士	2			2、3 等水兵	76	
	中少機関士	2			4 等水兵	25	
軍医長	大軍医	1			1 等信号水兵	4	
	中少軍医	1			2、3 等信号水兵	5	
主計長	大主計	1			1 等木工	1	
	中少主計	1			2、3 等木工	2	
	上等兵曹	3	准士 / 7		1 等機関兵	25	
	船匠師	1			2、3 等機関兵	33	
	上等機関兵曹	3			4 等機関兵	12	
	1 等兵曹	7	下士 /33		1、2 等看護	2	
	2、3 等兵曹	19			1 等主厨	3	
	1 等信号兵曹	1			2 等主厨	3	
	2、3 等信号兵曹	4			3、4 等主厨	3	
	1 等船匠師	1					
	2、3 等船匠師	1		(合　計)		320	

注 /NOTES 明治 38 年 12 月内令 755 による千代田の定員を示す【出典】海軍制度沿革
(1) 上等兵曹は掌砲長、掌水雷長、掌帆長の職にあたるものとする
(2) 兵曹は教員、掌砲長属、掌水雷長属及び各部の長職につくものとする
(3) 掌帆長属の 1 人は水雷術卒業のものをあて掌水雷長属の職につくことができる

装　甲 /Armor

		千代田
水線甲帯		83mm(前後部) 92mm(中央部)　甲帯長さ 59.13m、幅 1.143m、水線下 0.533m(鋼)
司令塔 /Conning tower		40mm
司令塔障壁 /Back board		40mm
防禦甲板	中央平坦部 /Flat	30mm
	傾斜部 /Slope	35mm
	前後部 /Forward & After	
砲楯	12cm 砲 /Gun shield	32mm
	47mm 砲 /Gun shield	25mm

注 /NOTES 新造時を示す【出典】千代田要目簿 / 写真日本軍艦史

定　員/Complement (3)

職名/Occupation	官名/Rank	定数/No.		職名/Occupation	官名/Rank	定数/No.	
艦長	大中佐	1	士官/21		1等機関兵曹	6	下士/23
副長	少佐	1			2、3等機関兵曹	12	
航海長兼分隊長	大尉	1			1、2等看護手	1	
砲術長	〃	1			1等筆記	1	
運用長兼分隊長	〃	1			2、3等筆記	1	
分隊長	〃	2			1等厨宰	1	
	中少尉	5			2、3等厨宰	1	
機関長	機関少佐	1			1等水兵	40	卒/220
分隊長	機関大尉	2			2、3等水兵	69	
	機関中少尉	2			4等水兵	26	
軍医長兼分隊長	大軍医	1			1等木工	1	
軍医		1			2、3等木工	2	
主計長兼分隊長	大主計	1			1等機関兵	25	
主計		1			2、3等機関兵	33	
	上等兵曹	2	准士/6		4等機関兵	12	
	船匠師	1			1、2等看護	2	
	上等機関兵曹	3			1等主厨	3	
	1等兵曹	8	下士/33		2等主厨	3	
	2、3等兵曹	23			3、4等主厨	4	
	1等船匠師	1					
	2、3等船匠師	1		(合　計)		303	

注/NOTES 大正8年4月内令91による2等海防艦千代田の定員を示す【出典】海軍制度沿革
(1) 上等兵曹は掌砲長、掌帆長の職にあたるものとする
(2) 上等機関兵曹は掌機長、機械長、缶長の職につくものとする

定　員/Complement (4)

職名/Occupation	官名/Rank	定数/No.		職名/Occupation	官名/Rank	定数/No.	
艦長	大中佐	1	士官/9		1、2等船匠師	1	下士/16
航海長兼分隊長	少佐大尉	1			1等機関兵曹	3	
水雷長兼分隊長	〃	1			2、3等機関兵曹	7	
運用長	少佐	1			1等看護手	1	
分隊長	少佐大尉	1			2、3等看護手	1	
	中少尉	1			1等主計兵曹	1	
機関長兼分隊長	機関少佐/大尉	1			2、3等主計兵曹	2	
軍医長兼分隊長	軍医少佐/大尉	1			1等水兵	14	兵/111
主計長兼分隊長	主計少佐/大尉	1			2、3等水兵	26	
	特務中少尉	1	特士/2		1等機関兵	20	
	機関特務中少尉	1			2、3等機関兵	36	
	兵曹長	1	准士/5		1等船匠	1	
	機関兵曹長	2			2、3等船匠兵	1	
	船匠兵曹長	1			1等看護	1	
	主計兵曹長	1			2、3等看護	1	
	1等兵曹	4	下士/10		1等主計	4	
	2、3等兵曹	6			2、3等主計	7	
				(合　計)		153	

注/NOTES 大正14年4月14日内令132による水雷母艦千代田の定員を示す【出典】海軍制度沿革
(1) 特務中少尉及び兵曹長の1人は掌砲長兼水雷長、1人は掌帆長の職にあたるものとする
(2) 機関兵曹長の1人は掌機長の職にあてるものとする
(3) 本定員表以外に所属潜水隊1隊毎に主計兵曹1人を増加する
(4) 兵科分隊長は特務大尉をあてることを可とする

解説/COMMENT

畝傍の代艦としてその保険金にて建造された小型装甲巡洋艦。英国グラスゴーのJ&PトムソンThomson社(後クライドバンク造船造機会社、さらに後ジョン・ブラウン社に買収)に発注、畝傍失踪認定の翌年、明治21年/1888 10月に起工、同23年/1890 12月に完成した。艦の型式としては排水量約2,500トンと畝傍よりは1,000トンばかり小型の巡洋艦だが、防禦甲板とともに舷側水線部に装甲帯を設けた、いわゆる装甲巡洋艦と呼ばれる防禦形式の巡洋艦で、日本海軍としては最初の装甲巡洋艦であった。

装甲巡洋艦は主にフランス海軍において発達した艦種で、1890年に進水したデュピュイ・ド・ロームDupuy de Lome 6,676トンが近代装甲巡洋艦の第1艦とされている。元来、鉄船と蒸気機関の時代に入って、舷側に鉄材による装甲帯を設けて弾丸より船体を防禦するのはもっとも普遍的な艦船の防禦方式であったが、1883年に英国アームストロング社が進水させたチリ海軍のエスメラルダEsmeralda 2,950トンは、舷側装甲を廃して新たに考案した舷側部で傾斜する薄い防禦甲板と石炭庫により、船体を防禦するいわゆる防護巡洋艦として出現、軽減できた防禦重量を機関にまわすことで速力を向させた新しいタイプの巡洋艦として、以後各国で広く採用されることになった。英国海軍は当初防護巡洋艦の採用に躊躇していたが、1888年起工のブレークBlake級9,150トンから大型巡洋艦にもこの防護巡洋艦を採用、約10年間主力巡洋艦を全て防護巡洋艦とし、その排水量も14,200トンにまで大型化していた。

この間フランス海軍は主力巡洋艦は全て装甲巡洋艦として整備、この間の砲と弾丸の進化、装甲材としての鋼鈑の進歩を考えると、1万トンを越える大型巡洋艦に防禦甲板のみの防禦はあまりに危険という機運が高まり、英海軍も1897/98年計画のクレッシーCressy級12,000トンよりやっと装甲巡洋艦に切り換えることになる。

こうした経緯とは別に、千代田が起工された時期は英国ではまだ装甲巡洋艦という概念があまり認識されていなかった時で、日本側が舷側装甲を要求したのか、英国側が提案したのかは明らかでない。大体この千代田は畝傍の代艦ということ以外その発注の経緯や日本側の計画担当者等についてはほとんど知られていず、建造費は保険金をかなり下回る額でおさめられている。

千代田の兵装で注目すべきは、これまで新造艦の兵装はクルップ式砲一辺倒で統一されてきたものが、その方針を廃して英国アームストロング社の12cm速射砲をはじめて採用したことで、以後この方針は継続され、クルップ式からアームストロング式(安式)へ切り替わった最初の艦として記憶すべきである。

千代田は明治24年/1891 4月1日に横須賀に無事到着する。3年後に日清開戦、明治27年9月17日の黄海海戦においては本隊の一艦として旗艦松島に続く2番艦を占めていた。戦闘中千代田は被弾3、参加艦艇中唯一の戦死、負傷者零という幸運艦であった。

戦闘中、千代田の安式12cm砲の発射弾数は705発、1門当たり70.5発、浪速のクルップ式15cm砲は同151発、1門当たり25発と同一の比較はできないものの、安式砲の速射性はいかんなく発揮されていた。

明治31年には缶をフランス製ベルビル式水管缶と換装、日露戦争時には18ノット程度の速力発揮が可能であった。日露戦争中、旅順港外で触雷、艦腹に大破口を生じるも、これに備えて日頃防水訓練にはげんでいたおかげで、なんとか海岸にたどりつき擱座して沈没をまぬがれることができた。本艦のような小型艦では直ちに沈没しても不思議ではなかったが、やはり戦時下では如何に艦長の危機に対する認識と日頃の訓練が大切かを思い起こさせる戦訓である。ちなみにこの時の艦長は村上格一大佐(海兵11期)、後に海軍大将まで進級、大正13年には海軍大臣を務めた人物であった。

日露戦争後は3等巡洋艦から2等海防艦にと変わったが、いずれにしろ韓国、中国、台湾方面の警備任務につくことが多く、除籍時には速力も10ノットていどまで低下していたといわれるが、大正11年/1922に除籍されるまで30余年の艦歴であった。

千代田は除籍後特務艇、雑役船として過ごした後、昭和2年/1927に豊後水道沖で連合艦隊の実艦的としてその生涯を終えている。

艦名の千代田は本艦は2代目で、初代は幕府が建造した最初の蒸気船、砲艦千代田形丸で、箱館戦争で官軍側に捕獲されて後海軍に編入される。3代目は昭和9年計画の水上機母艦、後空母に改造、千代田は徳川幕府江戸城の別名で、現在の皇居(宮城)の別称。

[資料] 本型の資料としては公式図面の類は<平賀資料>にある最大中央切断図のみで、その他同じ平賀資料に本艦の簡単な船体図がある。また日露戦争時の触雷被害の説明図に簡単な船体図があり、いずれも公式図に基づくものと思われ正確である。また要目簿(明細表)は明治30年代後半のものがあり、船体、機関及び兵装を含む貴重なものである。写真も相当数があり、ほぼ本艦の艦歴をたどることが可能である。

千代田 /Chiyoda

艦　歴 /Ship's History (1)

艦　名	千代田
年　月　日	記　事 /Notes
1888(M21)- 9-27	命名
1888(M21)-12- 4	英国グラスゴー、J & P トムソン社で起工
1889(M22)- 5-28	呉鎮守府に入籍
1890(M23)- 1-10	艦長新井有実大佐 (期前) 就任 (回航委員長)
1890(M23)- 6- 3	進水
1891(M24)- 1- 1	竣工
1891(M24)- 1-26	英国発
1891(M24)- 4-11	横須賀着
1891(M24)- 8-19	警備艦
1892(M25)- 6-11	常備艦隊
1892(M25)- 6-28	品川発韓国訪問、7 月 22 日呉着
1892(M25)- 9- 5	艦長有栖川宮威仁親王大佐 (期外) 就任
1893(M26)- 6- 1	品川発近隣諸国訪問、9 月 13 日留別着
1893(M26)-10-12	艦長尾本知道大佐 (期前) 就任
1894(M27)- 2-26	艦長内田正敏大佐 (3 期) 就任
1894(M27)- 4-28	横須賀発近隣諸国訪問、6 月 25 日佐世保着
1894(M27)- 7-25	佐世保発日清戦争従事
1894(M27)- 8-10	威海衛砲撃、発射弾数 12cm 砲 -51、47mm 砲 -23
1894(M27)- 9-17	黄海海戦における被弾 3、人的被害なし戦闘行動に支障なし、発射弾数 12cm 砲 -705、47mm 砲 -659
1895(M28)- 2- 7	威海衛で陸上砲台と交戦、被害なし、発射弾数 12cm 砲 -123、47mm 砲 -118
1895(M28)- 3- 5	呉着入渠修理、4 月 10 日完成
1895(M28)- 6-25	呉鎮守府警備艦
1895(M28)- 7-30	呉工廠において機関船体部修理、煙管総入換え、10 月 14 日完成
1895(M28)- 9-28	艦長伊藤常作大佐 (3 期) 就任
1895(M28)-11-27	常備艦隊
1896(M29)- 1- 8	品川発台湾、厦門航海、5 月 1 日那覇着
1896(M29)- 9-19	青森発近隣諸国訪問、10 月 31 日佐世保着
1897(M30)- 4-19	第 3 予備艦、呉工廠で仏製ベルビル水管式新缶と入換え、翌年 5 月完成
1898(M31)- 3-21	3 等巡洋艦に類別
1898(M31)- 4-12	第 1 予備艦
1898(M31)- 5- 3	警備兼練習艦、艦長外記康昌大佐 (3 期) 就任
1898(M31)-11-14	第 2 予備艦
1899(M32)- 3- 9	第 1 予備艦
1899(M32)- 4-13	警備兼練習艦
1899(M32)- 5- 1	艦長井上敏夫大佐 (5 期) 就任
1899(M32)- 6-17	呉鎮守府艦隊
1899(M32)- 9-29	艦長成川揆大佐 (6 期) 就任
1899(M32)-10- 2	呉発清国、韓国航海、10 月 13 日着
1900(M33)- 4-30	神戸沖大演習観艦式参列
1900(M33)- 6- 7	艦長松本有信大佐 (7 期) 就任

艦　歴 /Ship's History (2)

艦　名	千代田
年　月　日	記　事 /Notes
1900(M33)- 6-18	常備艦隊
1900(M33)- 7-28	佐伯発清国、韓国航海、8 月 1 日佐世保着
1900(M33)- 7-31	韓国済州島にて座礁した運送船薩摩丸を引下ろし作業中潮流に圧迫され付近に停泊中の運送船
	天津丸船首に艦尾左舷が接触軽微な損傷を生ずる、8 月から 9 月まで呉工廠で修理
1900(M33)-10- 2	呉発清国事変に従事、12 月 31 日佐世保着
1901(M34)- 2- 4	艦長坂本一大佐 (7 期) 就任
1901(M34)- 3- 6	練習艦、機関士練習用
1901(M34)- 5-24	呉発清国、韓国航海、7 月 23 日佐世保着
1901(M34)- 8-30	第 1 予備艦
1901(M34)-10- 1	第 3 予備艦、9 月より呉工廠で機関修理翌年 3 月完成
1902(M35)- 3-	艦長有川貞白大佐 (期外) 就任、特命検閲中
1902(M35)- 3-15	常備艦隊
1902(M35)- 4-22	第 3 予備艦、呉工廠で船体機関特定修理翌年 3 月完成
1902(M35)- 8-10	呉で錨鎖繋留中、強風によりフェアリードが損壊錨鎖がゆるみ、隣接の厳島の右舷に接触舷側部を損傷
1903(M36)- 2-20	第 1 予備艦
1903(M36)- 3- 1	連合艦隊、艦長飯田篤之進大佐 (8 期) 就任
1901(M36)- 4- 1	別府発韓国南岸航海、4 月 3 日六連島着
1903(M36)- 4-10	神戸沖大演習観艦式参列
1903(M36)- 4-12	艦長毛利一兵衛大佐 (8 期) 就任
1903(M36)- 4-20	常備艦隊
1903(M36)- 5- 7	佐世保発北清警備、8 月 28 日着
1903(M36)- 7- 7	艦長村上格一中佐 (11 期) 就任
1903(M36)-12-28	第 3 艦隊第 5 戦隊
1904(M37)- 2- 8	日露戦争開戦時韓国仁川にあり、8 日仁川を脱出浅間以下と合同
1904(M37)- 2- 9	仁川沖海戦に参加、仁川から出撃した露艦ワリヤーグ、コレーツと交戦、発射弾数 12cm 砲 -71
1904(M37)- 2-15	佐世保工廠で機関修理 2 月 27 日完成
1904(M37)- 3- 4	解役
1904(M37)- 7-26	旅順港外で触雷、戦死 7、負傷 28、日頃の防水訓練により沈没をまぬがれ青泥窪で 8 月 18 日応
	急工事完了、佐世保、呉を経て 9 月 5 日横須賀に回航、10 月 11 日修理完成
1905(M38)- 1-12	艦長東伏見宮依仁親王大佐 (期外) 就任
1905(M38)- 3-26	横須賀工廠で兵装修理、4 月 14 日完成
1905(M38)- 5-27	第 3 艦隊第 6 戦隊として日本海海戦に参加、露巡洋艦、特務艦部隊と交戦被害軽微、軽傷 2、発射弾
	数 12cm 砲 -120、47mm 砲 -36
1905(M38)- 8-30	横須賀工廠で兵装機関修理、10 月 13 日完成
1905(M38)-10-23	横浜沖凱旋観艦式参列
1905(M38)-11-	呉工廠で機関その他修理、翌年 2 月 12 日完成
1905(M38)-12-12	3 等巡洋艦に類別
1905(M38)-12-20	第 2 艦隊、艦長山本正勝大佐 (11 期) 就任
1906(M39)- 2-28	門司発韓国、清国警備任務 5 度、4-5 月横須賀工廠で入渠機関キール修理、10 月 30 日長崎着
1906(M39)-10- 4	艦長築山清智大佐 (11 期) 就任

艦　歴 /Ship's History (3)

艦　名	千代田
年　月　日	記　事 /Notes
1906(M39)-11-10	長崎発韓国南岸警備任務、11 月 24 日徳山着
1907(M40)- 1-11	竹敷発韓国警備任務、1 月 22 日六連島着
1907(M40)- 1-18	第 2 予備艦
1907(M40)- 5-	艦長森亘大佐 (11 期) 就任
1907(M40)-10-12	第 1 予備艦
1907(M40)-11-29	倉橋発韓国南岸警備任務、12 月 26 日佐世保着
1907(M40)-11-22	第 2 艦隊
1907(M40)-12-28	佐世保発韓国南岸警備任務、翌年 2 月 3 日竹敷着
1908(M41)- 2-12	佐世保発韓国、清国警備任務 7 度、8 月 11 日呉着
1908(M41)- 2-20	艦長小沢喜七郎大佐 (14 期) 就任
1908(M41)- 9-25	艦長山中柴吉大佐 (15 期) 就任
1908(M41)-10- 6	第 1 艦隊
1908(M41)-11-18	神戸沖大演習観艦式参列
1908(M41)-11-20	第 2 予備艦
1909(M42)- 5-22	艦長釜屋六郎大佐 (14 期) 就任
1909(M42)- 7-20	第 3 予備艦、呉工廠で復旧工事実施
1909(M42)- 9- 1	艦首発射管撤去
1909(M42)-11-19	改造公試実施
1909(M42)-12- 1	第 1 予備艦、艦長磯部謙大佐 (14 期) 就任
1911(M44)- 2-21	無電室改造認可呉工廠
1911(M44)-11-14	第 3 艦隊
1911(M44)-11-27	艦長町田駒次郎大佐 (15 期) 就任
1911(M44)-12- 1	佐世保発南清警備任務、翌年 9 月 2 日玖波着
1911(M44)-12-22	艦長永田泰次郎大佐 (15 期) 就任
1912(M45)- 6- 8	艦長山岡豊一大佐 (17 期) 就任
1912(T 1)- 8-28	2 等海防艦に類別
1912(T 1)-10- 3	呉発南清警備任務、翌年 5 月 29 日佐世保着
1912(T 1)-12- 1	艦長久保来復大佐 (17 期) 就任
1913(T 2)- 5-28	第 1 予備艦
1913(T 2)- 8- 1	第 3 艦隊
1913(T 2)- 8- 5	呉発清国警備任務、翌年 3 月 31 日祝島着
1913(T 2)-11- 5	艦長長輔次郎大佐 (17 期) 就任
1914(T 3)- 4- 1	第 2 予備艦、4 月 29 日セマホア信号器撤去報告
1914(T 3)- 8- 4	第 1 予備艦
1914(T 3)- 8-10	警備艦
1914(T 3)- 8-18	第 2 艦隊第 6 戦隊
1914(T 3)- 8-23	艦長島内恒太中佐 (20 期) 就任、第 1 次大戦に従事
1914(T 3)-10- 1	第 3 艦隊、台湾方面で行動、12 月初めまで
1914(T 3)-12- 1	警備艦、旅順鎮守府の指揮下におく
1914(T 3)-12-14	佐世保発旅順方面で警備任務、大正 5 年 1 月 22 日呉着

艦　歴 /Ship's History (4)

艦　名	千代田
年　月　日	記　事 /Notes
1915(T 4)- 8-31	旅順発青島向け航行時午後 3 時 45 分青島入港時に座礁、同 8 時 25 分満潮時に離礁、艦首部損傷青
	島で入渠検査
1915(T 4)-12-13	艦長小牧自然大佐 (25 期) 就任
1916(T 5)- 2-12	佐世保発旅順方面で警備任務、7 月 13 日着
1916(T 5)- 7-18	鎮海発旅順方面で警備任務、10 月 11 日佐世保着
1916(T 5)-10-16	佐世保発旅順方面で警備任務、翌年 11 月 28 日呉着
1916(T 5)-12- 1	艦長中川寛大佐 (25 期) 就任
1917(T 6)- 1- 8	下関海峡を東に通過中午前 5 時潮流と風により海峡東口金伏灯台下に圧流座礁、前部火薬庫に浸水、
	同 8 時 20 分自力で離礁、人員の被害なし、11 日富士の護衛のもと呉丸、板橋丸とともに呉に向う、
	艦長、航海長の過失問われる
1917(T 6)-12- 1	艦長上田吉治大佐 (26 期) 就任
1917(T 6)-12-15	第 3 艦隊第 7 戦隊
1917(T 6)-12-27	佐世保発中国方面で警備任務、翌年 10 月 28 日呉着
1918(T 7)- 8-10	遣支艦隊
1918(T 7)-10-28	第 2 予備艦
1918(T 7)-12- 1	艦長藤村昌吉大佐 (27 期) 就任
1919(T 8)- 6-18	呉工廠で潜水母艦に改造、翌年 3 月 31 日完成
1919(T 8)-12- 1	艦長石渡武章大佐 (28 期) 就任
1920(T 9)- 6-15	呉工廠で潜水母艦に継続改造、翌年 3 月 31 日完成
1920(T 9)-12- 1	艦長水谷耕喜大佐 (28 期) 就任
1921(T10)- 1-26	大檣撤去認可、水雷母艦に改造のため
1921(T10)- 3-15	第 1 予備艦
1921(T10)- 4- 1	警備艦兼練習艦、潜水学校長の指揮下におく
1921(T10)- 4-14	水雷母艦に類別
1921(T10)-12- 1	艦長木村豊樹大佐 (29 期) 就任
1922(T11)- 4- 1	除籍、特務艇 (潜水母艇) となる
1923(T12)- 2-13	短艇撤去認可、28' ピンネース、27' ギグ、21' 通船各 1 隻
1924(T13)-12-26	千代田の備砲旧式にして生徒の教育上参考にならないため撤去を上申
1926(T15)-10-29	兵学校練習艦千代田老朽のため還納、10 月 12 日に第 5 汽艇に曳航されて呉港務部に回航
1927(S 2)- 1-18	千代田の時鐘大阪市東雲窮尋常小学校に無償下付認可、呉海軍軍需部保管
1927(S 2)- 6- 1	大正 11 年 4 月 22 日返却の千代田の軍艦旗、皇族旗、長旗、御紋章、艦名文字を兵学校参考館に納める
	ことを認可
1927(S 2)- 6-15	千代田のケプスタン、通風筒、舵輪、木製梯子及び船体木部の一部を愛知県西尾町在郷軍人会に払い
	下げ許可
1927(S 2)- 8- 5	8 月 4-5 日豊後水道沖にて連合艦隊の実艦的として艦砲射撃及び爆撃により撃沈される、北緯 32 度
	18 分東経 131 度 56 分 15 秒、当日天皇が行幸見学された
1927(S 2)- 8-22	千代田の艦橋及び檣を生徒教育参考資料として兵学校練兵場に据付け完了、7 月 26 日陸揚げ
1928(S 3)- 9- 4	千代田の前檣を在郷軍人会仁川分会長に下付認可、8 月 9 日仁川着

厳島型 /Itsukushima Class

型名 /Class name	厳島 /Itsukushima	同型艦数 /No. in class	3	設計番号 /Design No.		設計者 /Designer	Emile Bertin(仏造船官、横須賀造船所招聘) ①			
艦名 /Name	計画年度 /Prog. year	建造番号 /Build. No	起工 /Laid down	進水 /Launch	竣工 /Completed	建造所 /Builder	建造費 /Cost	除籍 /Deletion	喪失原因・日時・場所 /Loss data	
厳島 /Itsukushima	M18/1885		M21/1888-01-07	M22/1889-07-18	M24/1891-09-03	仏ラ・セーヌ、フォルジュ・シャンチェ社	¥2,563,338(内兵器¥670,769)	T08/1919-04-01		
松島 /Matsushima	M18/1885		M21/1888-02-17	M23/1890-01-22	M25/1892-04-05	〃	¥2,591,065(内兵器¥717,056)	M41/1908-07-31	M41/1908-4-30 遠航中馬公にて爆沈	
橋立 /Hashidate	M18/1885		M21/1888-04-06	M24/1891-03-24	M27/1894-07-04	横須賀造船所	¥2,656,736(内兵器¥792,448) ②	T11/1922-04-01		

注 /NOTES ① 対立する清国海軍の装甲艦「鎮遠」「定遠」に対抗するため横須賀造船所に招聘されていた仏造船官エミール・ベルタンが設計した 32cm という巨砲を搭載した海防艦 ② M25-7-20 現在での数値に橋立のみ M26 年度支出を加えたもの、異なる数値あり

船体寸法 /Hull Dimensions

艦名 /Name	状態 /Condition	排水量 /Displacement		長さ /Length(m)			幅 /Breadth (m)			深さ /Depth(m)		吃水 /Draught(m)			乾舷 /Freeboard (m)			備考 /Note
				全長 /OA	水線 /WL	垂線 /PP	全幅 /Max	水線 /WL	水線下 /uw	上甲板 /m	最上甲板	前部 /F	後部 /A	平均 /M	艦首 /B	中央 /M	艦尾 /S	
松島 /Matsushima	新造計画排水量 /Des. (T)	常備 /Norm.	4,291.269									5.65	6.45	6.05				松島要目簿による
	完成排水量 /New (T)	常備 /Norm.	4,317.35	99.00		90.00	15.592			10.63		5.68	6.48	6.08		7.23		
	公称排水量 /Official(T)	常備 /Norm.	4,210															4,278(t) と表記した場合は仏トン
	総噸数 /Gross ton(T)		2,926.51															
橋立 /Hashidate	新造計画排水量 /Des. (T)	常備 /Norm.	4,291.2	99.00	95.0	92.00	15.592			10.63		5.65	6.45	6.05				
	公試排水量 /Trial (T)		4,277.533															
	常備排水量 /Norm. (T)		4,732.8									5.911	6.893	6.467				重心査定公式成績によるものと思われるが実施時期については不明、新造時ではなく明治後期か、平賀資料による
	満載排水量 /Full (T)		5,161.6									5.524	7.261	6.890				
	軽荷排水量 /Light (T)		4,267.2									5.278	6.738	5.278				
	公称排水量 /Official(T)	常備 /Norm.	4,210															
厳島 /Itsukushima	公称排水量 /Official(T)	常備 /Norm.	4,210															計画時の船体寸法は原則橋立と同じ

注 /NOTES ①有名な三景艦だが知られているデータはあまり多くない、船体は仏式のタンブルホームを採用しているが最大幅は吃水線下部にある【出典】松島要目簿 / 平賀資料 / 日本近世造船史 / 横須賀海軍船廠史

解説 /COMMENT

明治 18 年 /1885 に川村海軍卿 (海軍大臣) は三條大政大臣に対して、明治 16 年度以降 8 か年計画軍艦 32 隻新造計画を見直すことを提議する。その理由はその後の造船技術の進歩、兵器の改良が著しく、英、仏、伊における新戦艦の出現等を考慮して、これに対応すべき新たな新造計画を提示したものであった。また軍艦製造費も明治 19 年以降 5 か年継続支出は当時の国政では困難であった。

明治 19 年はじめの閣議において、明治 16 年以降の軍艦製造費の現在までの支出額に同 18 年度の予想支出額を加えた、総額 9,903,491 円を軍艦製造費として打ち切り、必要とする 8 か年支出総額 2,664 万円から差し引いた残額 16,736,508 円を支出すべき軍艦建造費とし、これに対して 1,700 万円の海軍公債を発行して当てることを決定した。当時、海軍は呉鎮守府、造船所の整備、鎮守府海防水雷設置等に多くの予算をとられ、軍艦新造もおもうにまかせない状態にあった。

新たに改訂された軍艦新造計画は次のようであった。

■ 1 等甲鉄艦 (9,000 トン)1 隻 ■ 1 等海防艦 (6,000 トン)2 隻 ■ 2 等海防艦 (4,000 トン)4 隻 ■海岸用甲鉄艦 1 隻 ■ 1 等巡航艦 (6,000 トン)1 隻 ■ 2 等巡航艦 (4,000 トン)1 隻 ■ 3 等巡航艦 (2,500 トン)2 隻 ■ 1 等報知艦 (1,750 トン)2 隻 ■ 2 等報知艦 (1,250 トン)4 隻 以下省略

この計画を第 1 期軍備拡張と称して、直ちに建造に着手した軍艦が 2 等海防艦 3 隻、厳島、松島及び橋立、いわゆる三景艦として知られる海防艦 (巡洋艦) であった。同時に新造に着手された 1 等報知艦八重山、2 等報知艦 (水雷砲艦) 千島、砲艦赤城、1 等水雷艇 16 隻を見てわかるように、国産された橋立、八重山、赤城を除くと全てフランスに発注されており、国産艦も赤城以外はすべて、ベルタンの指導によるフランス式設計が採用されていた。

ここで建造された三景艦は当時対立する清国海軍の主力装甲艦定遠、鎮遠に対抗する手段として、ベルタンの主導で計画、設計された艦として知られているが、これに先だってフランスから既成の装甲艦 (候補に上がったものに海防戦艦ルカン Requin 7,500 トン、1885 進水がある) を購入する案もあったが実現せず、結局、三景艦の建造に至ったものであったが、結果的には失敗と言っていいものであった。

三景艦の価値を決めたのが搭載した 32cm38 口径カネー Canet 式砲で、明治 19 年 5 月 25 日に海軍大臣命令による兵器会議で決定され、当初計画は 42 口径であったものの、船体に対して過大とのベルタンの意向で 38 口径に短縮したものであった。当初は定評のある安社かクルップ社に発注する話もあったが、結局船体 2 隻、厳島、松島を建造するフォルジェ社に発注することに決定、明治 21 年 2 月に製造契約が行われた。38 口径に短縮したとはいえ当時にあっては大口径砲としては例外的な長砲身砲で、契約では初速 (秒速)700m と弾量 450Kg を保証することになっており、試射 24 発を規定していた。海軍内部には試射用の砲身を数門製造して十分なデータをとるべきとの意見もあったが、何せ 1 門約 20 万円という高額で、弾薬も特注のため 1 発の発射に 770 円を要するということから、砲身は実際に装備する 3 門のみで予備の砲身もなく、弾薬も 1 門あたり 100 発分ていどが発注されたものと推定された。実際に後の黄海海戦では松島が 4 発、厳島が 5 発、橋立 4 発の発射歴があるが、何発かは定遠、鎮遠に命中しているものの、特に目立つ効果かあったという報告はない。とにかく発射速度が余りに遅く、公称の発射間隔は 5 分といわれていたがその倍近くかかるものと見られた。

この主砲と別に搭載する 12cm 速射砲についても当初フランス製フィビリール式を採用する案があったが、赤城に搭載した実績では発砲時の激動が問題視されて、千代田に採用された安式砲の採用が決まったともいわれる。これについては当時フランスで造兵監督官であった富岡定恭大尉がフランス製を推し、これに対して英国駐在の造兵監督官山内万寿治大尉が安式を推すということで、本省では迷ったと言われており、また厳島、松島の砲門が既に仏砲に合わせて設計されていたということで、安社でこれに合わせて砲座を改造したという。

結果的には 32cm 砲の代わりに安式 15cm 速射砲を 2-4 門搭載した方が、建造費も安く効果的な巡洋艦になったはずだが、当時としては定遠、鎮遠の 300mm の装甲を打ち抜く唯一の手段として選択した結果であり、明治維新時の甲鉄の 300 斤砲と同様、相手に対する威嚇の効果があったかもしれない。国内建造の橋立の例では船体・機関の建造費 1,560,176 円に対して、兵器費が 742,404 円と 5 割近くまでに達しており、いかに 32cm 砲が高額だったかがわかる。

また、三景艦は 32cm 砲の搭載位置を厳島と橋立が前部、松島のみ後部に配置し、3 隻で死角のない逆三角陣形を意図しているといわれたが、実戦でそのような陣形を組んだことはなく、単なる思いつきに終わったようである。

ベルタンはフランスにて船体の不沈性を高めるため水密区画の細分化や、舷側部にコッファダムというセルロース等の浮力保持物質を充填する区画を設けるなどの設計で知られていたが、三景艦においてもこの設計を適用したらしい。ただ、国産の橋立の充填物として日本特有の竹材に注目、このために実物大の模型で実験を行ったものの効果なく断念したという経緯があったという。

結局、三景艦の完成を見る前、明治 23 年 2 月にベルタンは顧問契約期間満期となり帰国した。本国では造船官として名声のあった

機 関/Machinery

		厳島 /Itsukushima・新造完成時 /New	松島 /Matsushima・新造完成時 /New	橋立 /Hashidate・新造完成時 /New
主機械 /Main mach.	型式 /Type ×基数 (軸数)/No.	横置 3 段膨張 3 気筒式機関 /Recipro. engine × 2	横置 3 段膨張 3 気筒式機関 /Recipro. engine × 2	横置 3 段膨張 3 気筒式機関 /Recipro. engine × 2
缶 /Boiler	型式 /Type ×基数 /No.	低円缶 / × 6	低円缶 / × 6	低円缶 / × 6
	蒸気圧力 /Steam pressure (kg/cm²)	(計画 /Des.)11.95・(実際 /Actual-M27/1894)9.968	(計画 /Des.)11.95・	(計画 /Des.)11.95・(実際 /Actual-M27/1894)7.72
	蒸気温度 /Steam temp.(℃)			
	缶換装年月日 /Exchange date	M35/1903-10	M35/1903-8	M35/1902-6
	換装缶型式・製造元 /Type & maker	ベルビル水管式缶 / × 8・呉海軍工廠	ベルビル水管式缶 / × 8・佐世保海軍工廠	宮原式水管缶 / × 8・横須賀工廠
計画 /Design (自然通風 / 強圧通風)	速力 /Speed(ノット /kt)	/16.0	/16.0	/16.0
	出力 /Power(実馬力 /IHP)	3,400/5,400	3,400/5,400	3,400/5,400
	回転数 /(rpm)	93/108	93/108	93/108
新造公試 /New trial (自然通風 / 強圧通風)	速力 /Speed(ノット /kt)	/16.76	/16.778	戦時完成のため公試未了のまま就役
	出力 /Power(実馬力 /IHP)	/5,906	/6,519	
	回転数 /(rpm)	/106	/105	
改造公試 /Repair T. (自然通風 / 強圧通風) 缶換装後	速力 /Speed(ノット /kt)	/17 (M35/1902-10-26 公試) ①	/14.7 (M35/1902-8 公試) ②	/15.967 (M36/1903-9-30 公試) ③
	出力 /Power(実馬力 /IHP)	/5,123	/3,777	/4,572.65
	回転数 /(rpm)	/104.9	/98	/104.9
推進器 /Propeller	直径 /Dia.・翼数 /Blade no.	4.40・4 翼	4.40・4 翼	4.40・4 翼
	数 /No.・型式 /Type	× 2・デュピィドローム式	× 2・デュピィドローム式	× 2・デュピィドローム式
舵 /Rudder	舵型式・舵面積 /Rudder area(m²)	非釣合舵 /Non balance・	非釣合舵 /Non balance・	非釣合舵 /Non balance・
燃料 /Fuel	石炭 /Coal(T)・定量 (Norm.)/ 全量 (Max.)	405/672	405/650	330/625
航続距離 /Range(浬 /SM- ノット /Kts)		3,588-10.0 1,895-14.0	1 時間 1 馬力当石炭消費量 1.306T(M37-2)	3,666-10.0 ④,801-14.0
発電機 /Dynamo・発電量 /Electric power(V/A)		グラムチューブレー式・70V/250A × 2	ソーテルレモニェー・グラム式・70V/250A × 2	エジソン式及びグラム式・80V/200A × 1 70V/150A × 1

注 /NOTES

① M35/1902-10-20 の公試運転自然通風成績では速力 16.2kt/ 出力 4,295.99 実馬力 / 回転数 98.4rpm を記録、さらに後年除籍時には速力 10 ノット以下まで低下していた
② M37/1904-2-3 の公試運転自然通風成績では速力 15.1kt/ 出力 3,117.65 実馬力 / 回転数 91.9rpm を記録
③ M35/1902-10-14 の公試運転自然通風成績では速力 14.61kt/ 出力 3,040.78 実馬力 / 回転数 89.8rpm を記録、後年除籍時の速力は 7 ノット以下まで低下
④橋立の発電機は新造時エジソン式を白熱灯用、グラム式を探照灯用と分けて使用していたが、M29 にグラム式 70V/150A 2 基に換装
【出典】帝国海軍機関史 / 松島要目簿 / 極秘版明治三十七、八年海戦史 / 極秘本明治二十七、八年海戦史 / 平賀資料

人物だったが、日本での成果はこの三景艦の計画・設計をはじめ余り芳しいものではなく、この時期フランスに発注された水雷砲艦千島が本邦到着直後に瀬戸内海で衝突事故で失われるなど、畝傍以来フランス建造艦の不運が続いていた。

三景艦はかくして日清戦争に参加できたものの、前述のように 32cm 砲の威力は期待はずれであったが、速射砲と機動力でどうにか巡洋艦で通用した。32cm 砲は以後除籍時まで搭載し続けられ、他砲と換装されることはなかった。これは換装が大工事になることからそれだけの改装費をかける価値がないと判断されたのであろう。

日露戦争では再び 32cm 砲を発射する機会があり、日本海海戦では第 5 戦隊にあって接敵任務に従事、厳島が 2 発、松島が 3 発を発射、橋立は零であった。明治 36 年度からは 3 隻そろって少尉候補生の練習艦として遠洋航海に従事、同 41 年度の 4 度目の航海で松島が台湾の馬公で事故爆沈して以後、練習艦任務は阿蘇、宗谷の戦利艦コンビに移行された。

艦名はいうまでもなく日本三景として知られる景勝地名で、厳島は広島県の島名、安芸の宮島としても知られている。後大正 12 年計画の敷設艦に襲名。松島は宮城県仙台湾奥の島名、松島湾内の大小の小島の総称。日本海軍には襲名艦はないが、海上自衛隊時代に旧海軍から引き継いだ哨戒特務艇を掃海艇としたときに「まつしま」と命名している。橋立は京都府宮津湾西部の砂嘴、天の橋立として有名、昭和 12 年度計画の砲艦が襲名、また戦後、海上自衛隊の迎賓艇が襲名。

[資料] 本型の資料としては橋立の公式図が < 日本近世造船史 > 付図に収録されており、艦内側面、各甲板平面図、最大中央切断図等がある。ただし、公式図の縮小のため文字等は判読できない。また日清戦争戦時書類に松島の被害説明図として、かなり精細な外舷側面図が添付されている。松島については明治 37 年の要目簿 (明細表) があり、船体、機関及び兵装を含む要目が記載されている。3 艦の写真も数多く残されており、艦容の究明に役立っている。

装 甲/Armor

		厳島・松島・橋立
司令塔 /Conning tower		100mm(前側部)
交通筒 /Communication tube		10mm
防禦甲板	中央平坦部 /Flat	40mm
	傾斜部 /Slope	30mm
	前後部 /Forward & After	30mm
32cm 砲バーベット /Barbette		300mm
同上揚弾薬筒 /Ammun. tube		250mm
同上砲楯 /Gun hood		40mm
12cm 砲楯 /Gun shield		

注 /NOTES 新造時を示す【出典】松島要目簿 / 写真日本軍艦史 /

厳島型 /Itsukushima Class

兵装・装備 /Armament & Equipment

		明治 27 年 /1894	明治 37 年 /1904	大正 5 年 /1916 ⑩
砲熕兵器 / Guns	主砲 /Main guns	カネー式 38 口径 32cm 砲 /Canet × 1 鋼鉄榴弾× 32、通常榴弾× 28	カネー式 38 口径 32cm 砲 /Canet × 1 鋼鉄榴弾× 32、通常榴弾× 28	カネー式 38 口径 32cm 砲 /Canet × 1
	備砲 /2nd guns	安式 40 口径 12cm 砲 /Armstrong × 11 ① 鋼鉄榴弾× 660、通常榴弾× 660	安式 40 口径 12cm 砲 /Armstrong × 11 ① 鋼鉄榴弾× 660、通常榴弾× 660	安式 40 口径 15cm 砲 /Armstrong × 4 ⑪ 安式 40 口径 12cm 砲 /Armstrong × 7
	小砲 /Small cal. guns	47mm 重保式砲 /Hotchkiss × 6 弾× 2,400 ② 47mm 軽保式砲 /Hotchkiss × 12 弾× 4,600 ③ 短 4 斤山砲 / × 1(号砲) ④	安式 40 口径 7.6cm 砲 /Armstrong × 6 鋼鉄榴弾× 720、通常榴弾× 720 47mm 軽保式砲 /Hotchkiss × 5 ⑧	安式 40 口径 7.6cm 砲 /Armstrong × 6 47mm 重保式砲 /Hotchkiss × 6 ⑪ 47mm 軽保式砲 /Hotchkiss × 2
	機関砲 /M. guns	1"4 連ノルデンフェルト砲 /Nordenfelt × 2 弾× 5,000		麻式 6.5mm 機銃 /Maxim × 2 ⑫
個人兵器 /Personal weapons	小銃 /Rifle	ヘンリー マルチニー銃× 185 弾× 49,500 ⑤	35 年式海軍銃× 130 弾× 39,000 ⑨	
	拳銃 /Pistol	× 70 弾× 8,400 ⑥	1 番形× 32 弾× 3,840 モーゼル× 6 弾× 720	
	舶刀 /Cutlass			
	槍 /Spear			
	斧 /Axe			
水雷兵器 /Torpedo weapons	魚雷発射管 /T. tube	加式 /Canet type × 4 (水上 /Surface 固定 2 旋回 2)	加式 /Canet type × 4 (水上 /Surface 固定 2 旋回 2)	加式 /Canet type × 2 (水上 /Surface 旋回 2) ⑬
	魚雷 /Torpedo	朱式 (88 式) 35cm/14" × 10	朱式 (88 式) 35cm/14" × 10	朱式 (88 式) 35cm/14"
	その他	反装水雷× 6	反装水雷× 6	
電気兵器 /Elec.Weap.	探照灯 /Searchlight	× 4 (グラム式 25,000 燭光)	× 4 (グラム式 25,000 燭光)	× 4
艦載艇 /Boats	汽艇 /Steam launch	× 1 (9m、6.1T、7.05Kt) ⑦		× 1(厳島 9.3m) (橋立 9.1m)
	ピンネース /Pinnace	× 1 (9.3m)		× 1(厳島 9.2m) (橋立 9.1m)
	カッター /Cutter			× 2(厳島 9.3m 8.6m) (橋立 9.1m 8.5m)
	ギグ /Gig	× 2 (8.2m)		× 2 (厳島 8.2m 8.1m) (橋立 8.2m)
	ガレー /Gallery	× 1 (8.23m)		× 3(厳島 /8.1m 通船 6.1m 通船 10.5m バージ)
	通船 /Jap. boat	× 3 (和舟 8.48m) (バージ 9.18m) (外舷艇 2.94m)		× 4(橋立 /8.2m 通船× 2 10.4m バージ 3.3m 外舷艇)
	(合計)	× 8	× 8	× 9 (厳島) × 10 (橋立)

注 /NOTES

①松島のみ 12 門 (弾 2,400)、この 12cm 砲は M35 に一部の装備位置を 47mm 重砲と入換え変更
②松島のみ 5 門 (弾 2,093)
③新造計画では 37mm5 連保式砲 12 基を予定していたが完成時 47mm 軽砲に変更装備
④ M33/1900-6 に撤去
⑤厳島を示す、松島は 182 挺 弾 54,600、橋立は 170 挺 弾 51,000
⑥厳島、橋立を示す、松島は 80 挺 弾 9,600
⑦艦載艇は松島の例を示す、各艦により若干異なる模様
⑧厳島を示す、松島は 4 門、橋立は 6 門を装備
⑨松島のみ 127 挺
⑩橋立の場合を示す、この時期の厳島は安式 15cm 砲と 47mm 重砲は未搭載、安式 12cm 砲は 11 門それ以外は同じ
⑪ M43 に高千穂を敷設艦に改造した際にその備砲 15cm 砲 47mm 重砲を当時砲術練習艦になる予定であった橋立に移載したもの、上甲板の 12cm 砲 4 門を 15cm 砲に換装
⑫ M39 の訓令で 47mm 軽砲 2 門を撤去して換装したもの
⑬ M42 に固定式 2 基を撤去

【出典】松島要目簿 / 公文備考 / 日清戦争戦時書類 / 極秘本明治二十七、八年海戦史 / 極秘版海軍省年報 / その他前掲書

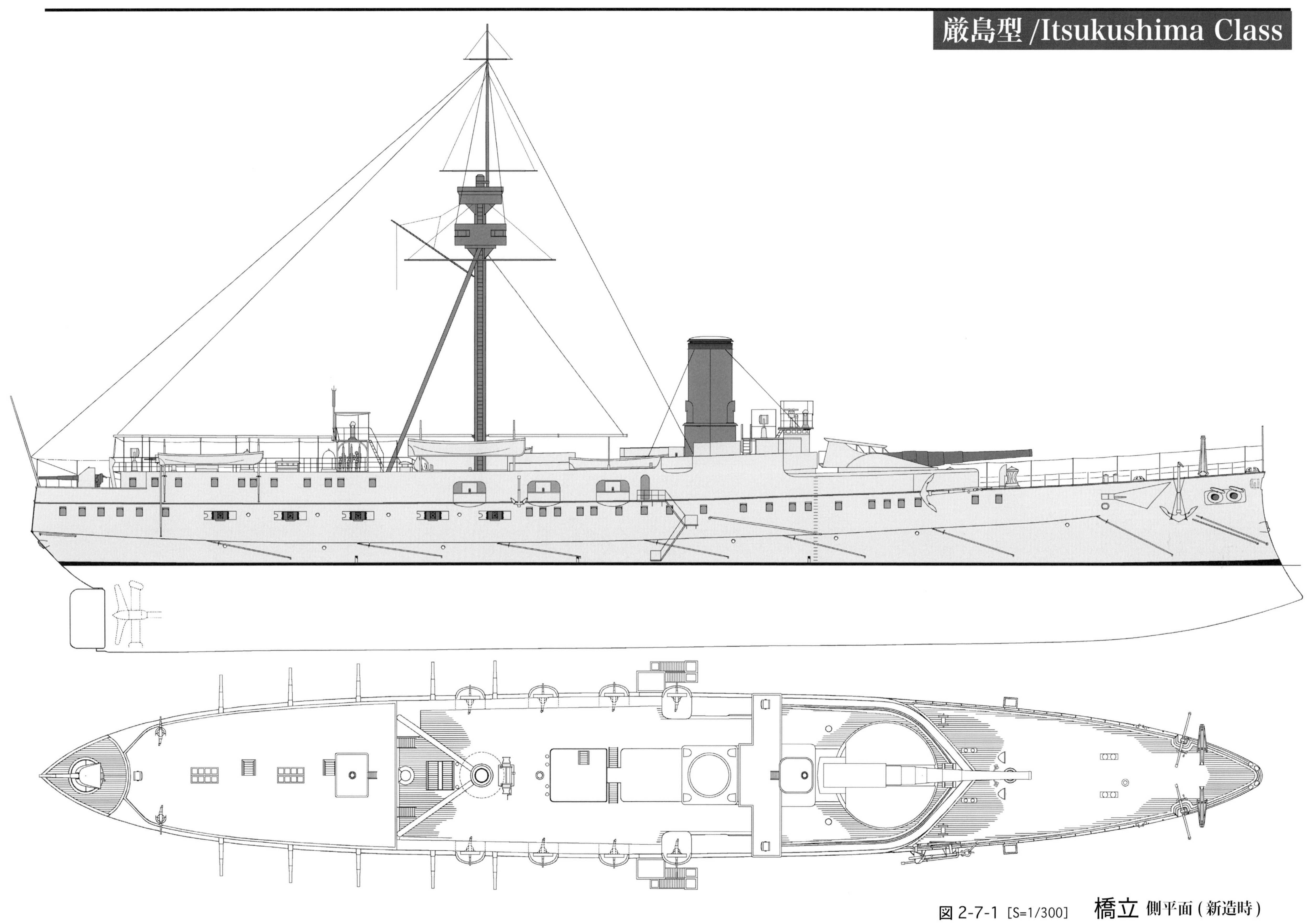

図 2-7-1 [S=1/300]　橋立 側平面（新造時）

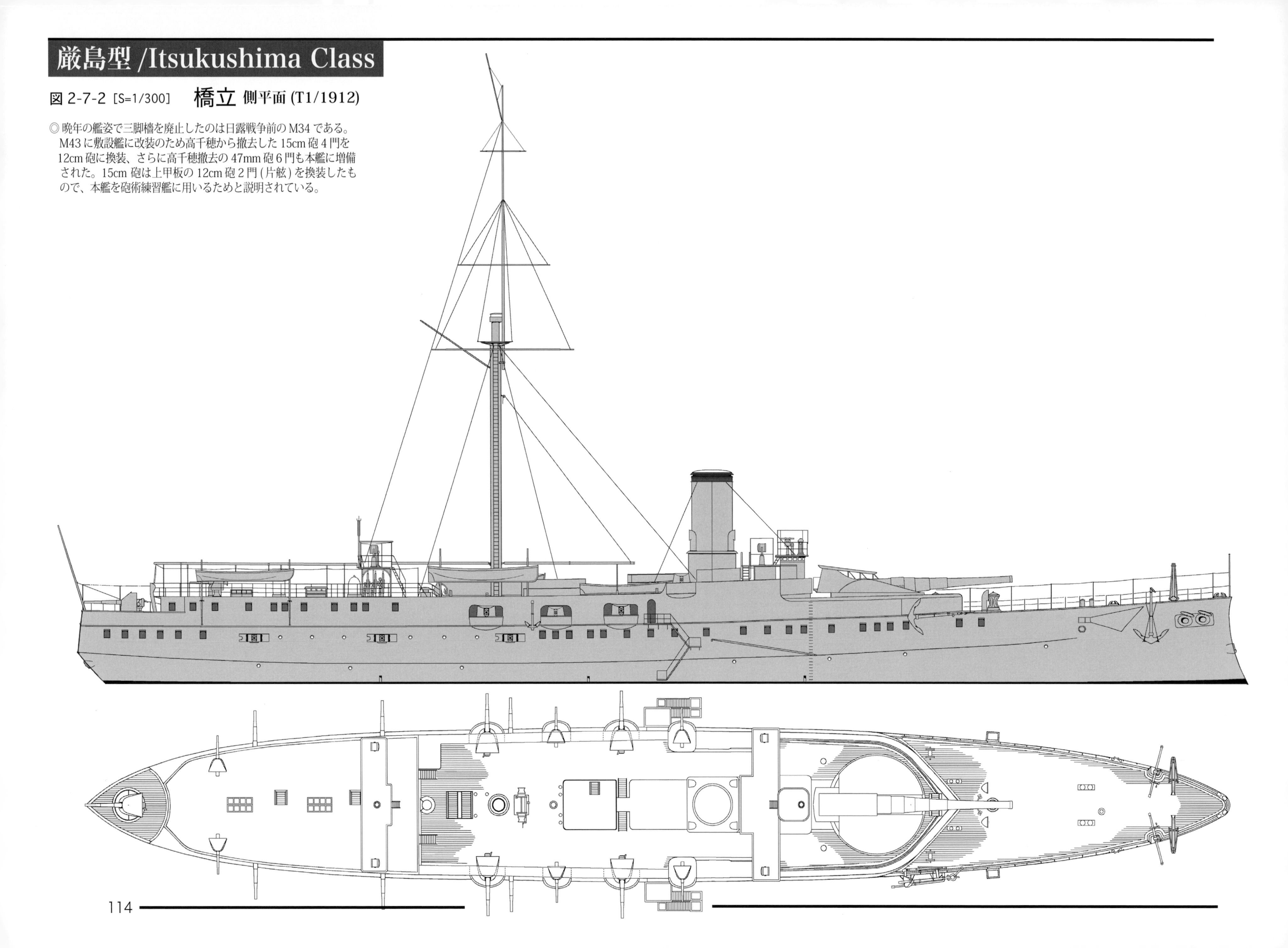

厳島型 /Itsukushima Class

図 2-7-2 [S=1/300]　**橋立** 側平面 (T1/1912)

◎晩年の艦姿で三脚檣を廃止したのは日露戦争前の M34 である。M43 に敷設艦に改装のため高千穂から撤去した 15cm 砲 4 門を 12cm 砲に換装、さらに高千穂撤去の 47mm 砲 6 門も本艦に増備された。15cm 砲は上甲板の 12cm 砲 2 門 (片舷) を換装したもので、本艦を砲術練習艦に用いるためと説明されている。

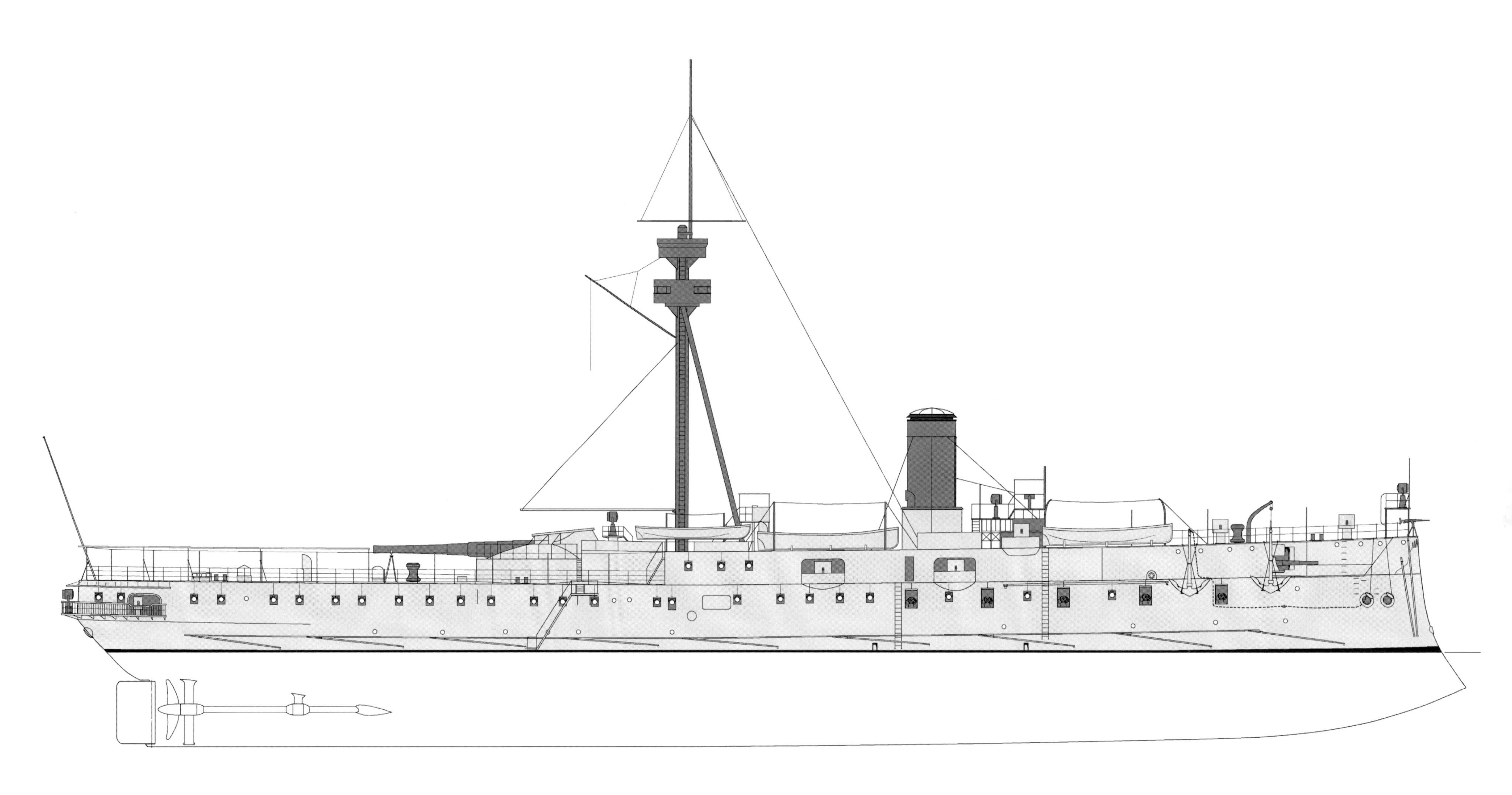

◎ 三景艦の内、松島のみ主砲の 32cm 砲を艦の後方に装備したのは 3 隻で陣形を組む際、後方射界を可能にするためと説明されているが、公式資料の裏づけはない。

図 2-7-3 [S=1/300] 松島 側面 (新造時)

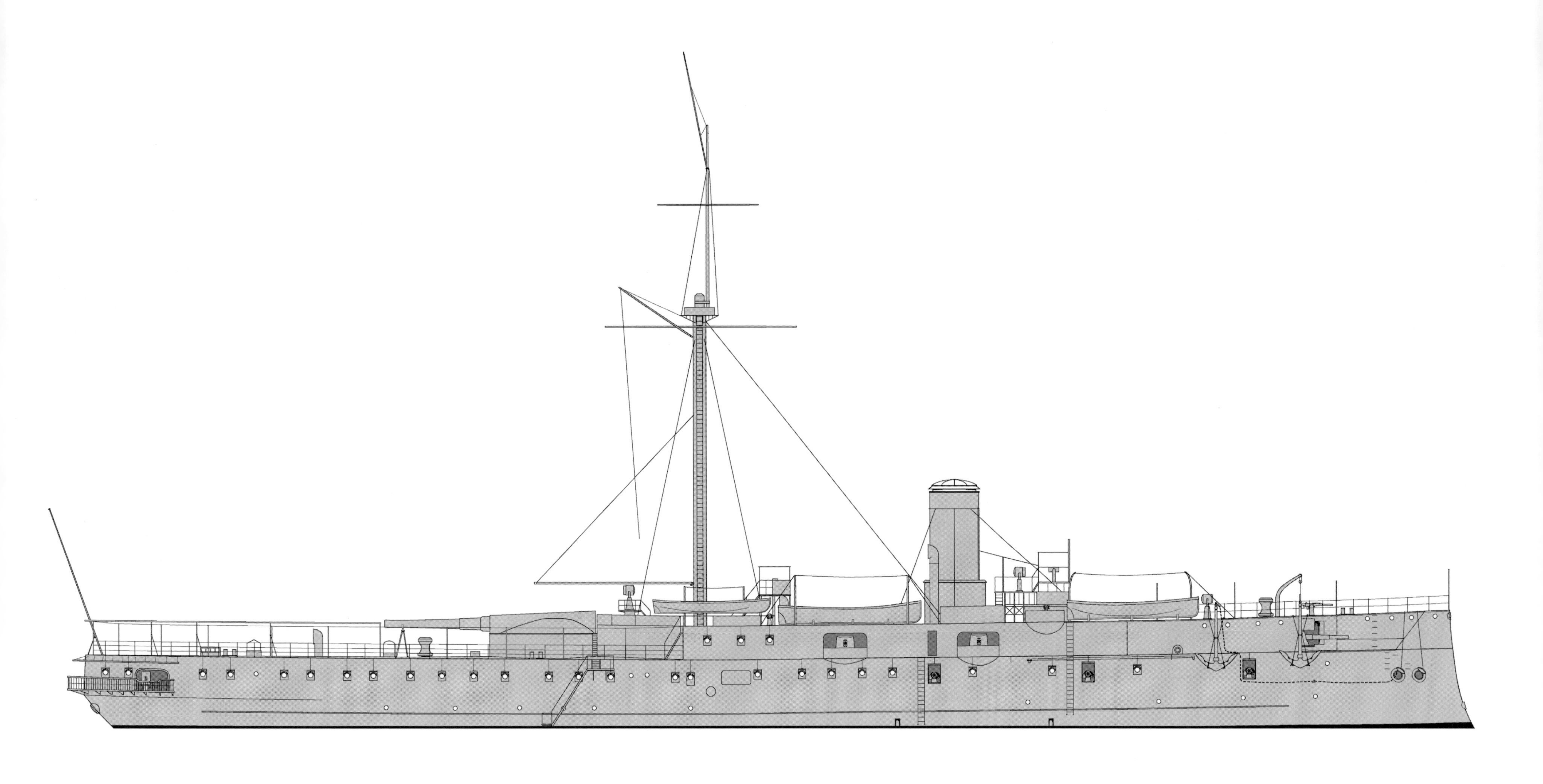

図 2-7-4 [S=1/300]　松島 側面 (M38/1905)

◎三景艦はM34から従来の金剛、比叡に代わって候補生の遠洋航海に用いられ、M41まで続いたが、最後の遠洋航海で松島は馬公に停泊中に火薬庫の爆発事故で失われた。日露戦争中は第5戦隊に属して日本海海戦にも参加したが、発射された32cm砲は僅か3発にとどまっている。この時期三脚檣は支柱を撤去して棒檣になっている。

図 2-7-5 [S=1/300] 橋立 艦内側面各甲板平面 (新造時)

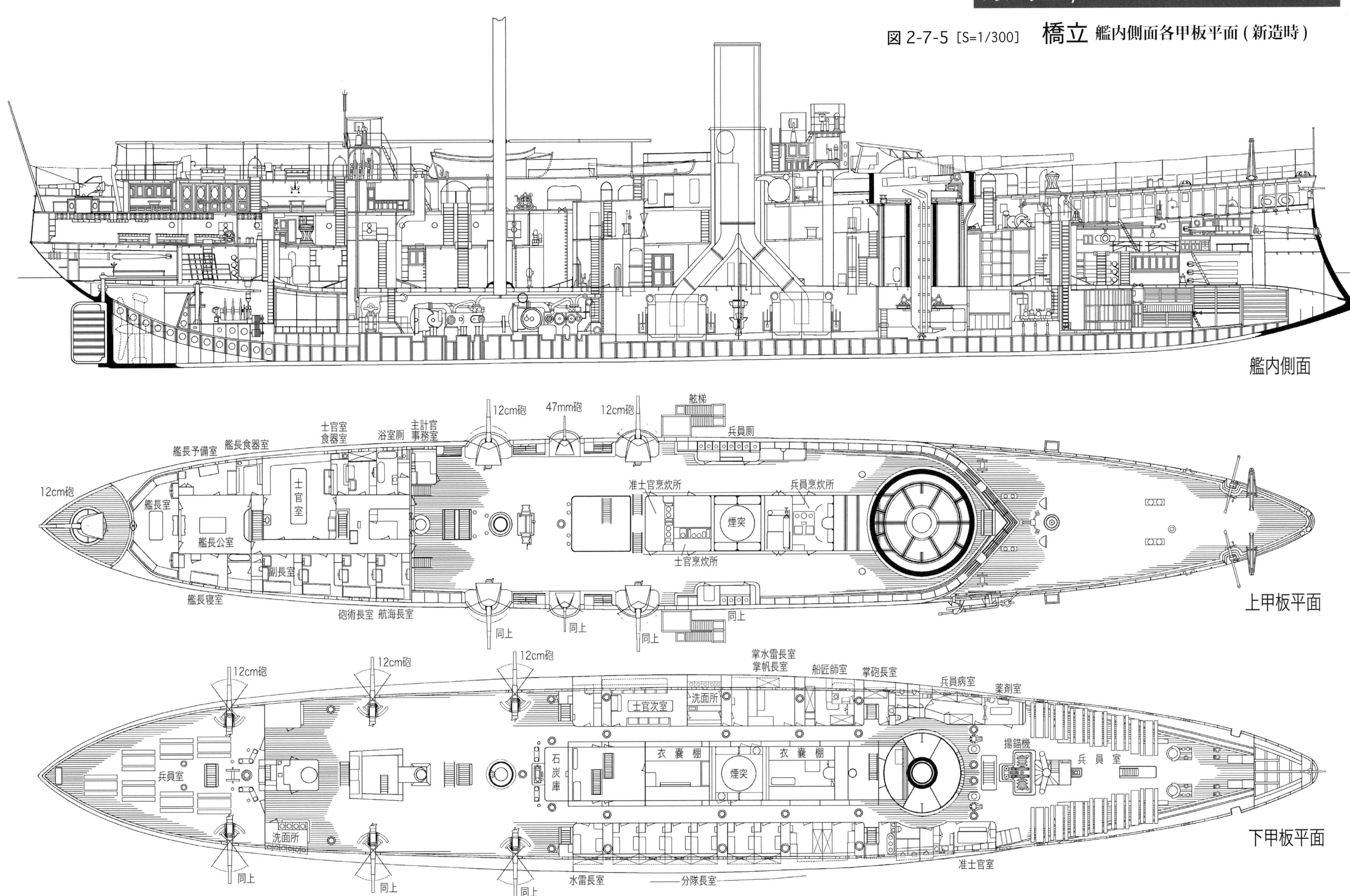

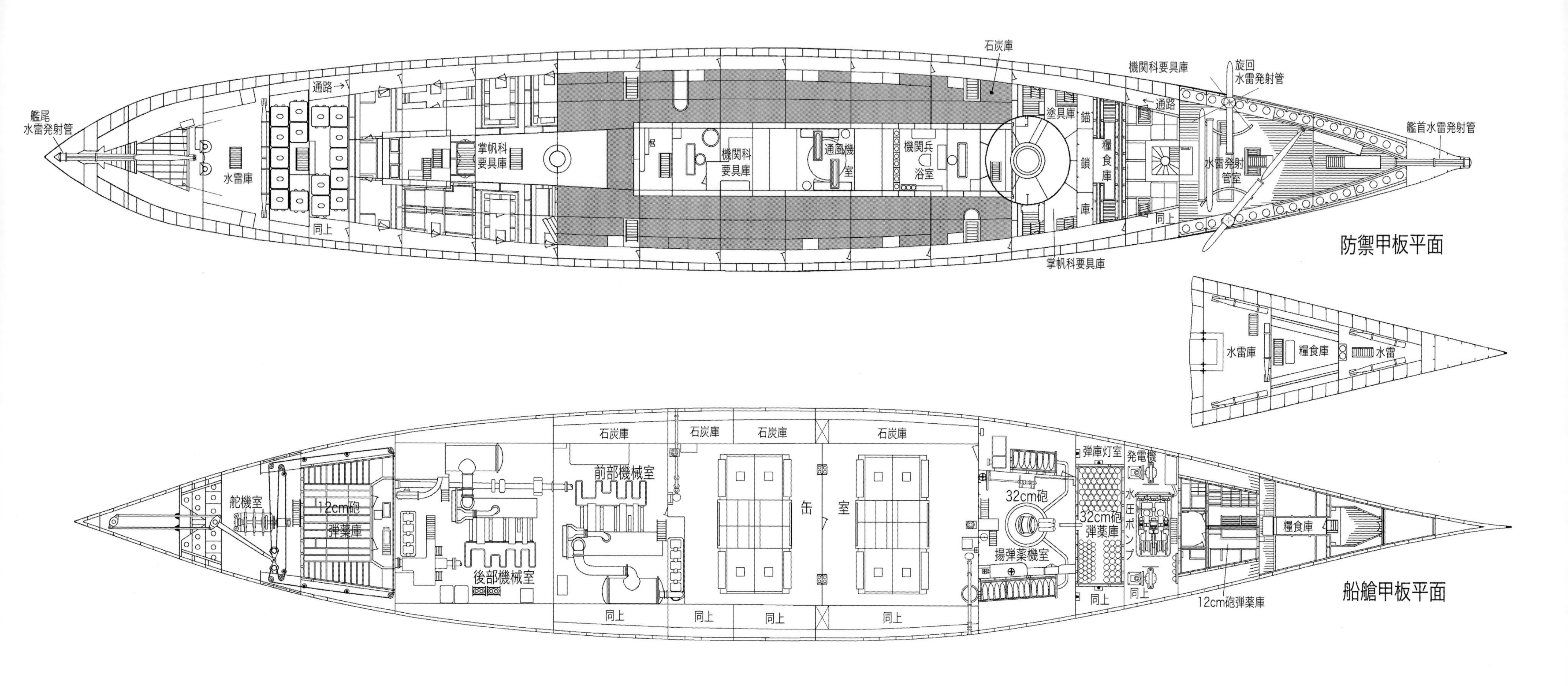

図 2-7-6 [S=1/300] 橋立 各甲板平面(新造時)

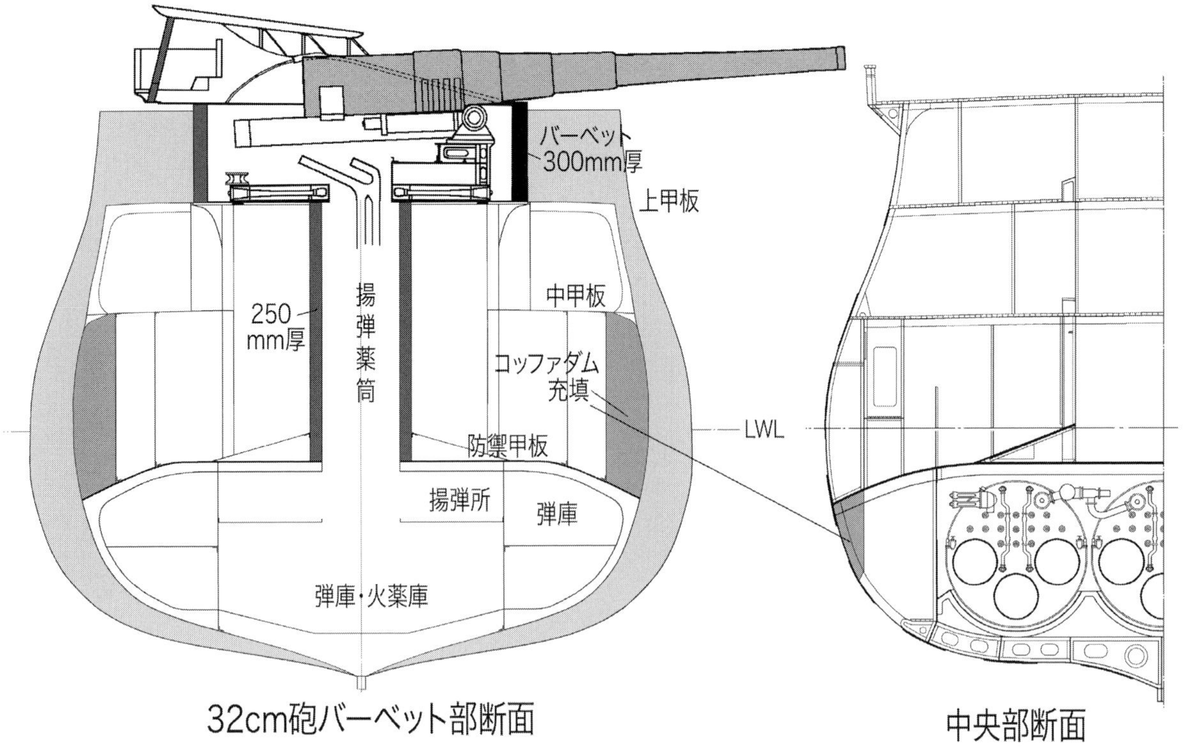

32cm砲バーベット部断面

中央部断面

図 2-7-7 **橋立** バーベット部及び中央部構造切断面

厳島・松島・橋立　*定　員/Complement (1)*

職名 /Occupation	官名 /Rank	定数 /No.		職名 /Occupation	官名 /Rank	定数 /No.	
艦長	大佐	1			1等看護手	1	
副長	少佐	1			1等主帳	1	下士 / 5
砲術長	大尉	1			2等主帳	1	
水雷長	〃	1			3等主帳	2	
航海長	〃	1					
分隊長	〃	4			1等水兵	35	
航海士	少尉	1			2等水兵	70	
分隊士	〃	6			3、4等水兵	72	
機関長	機関少監	1			1等信号水兵	1	
兼水雷主機	大機関士	1	士官 /27		2等信号水兵	2	
	〃	2			3、4等信号水兵	3	
	少機関士	1			1等木工	1	
軍医長	大軍医	1			2等木工	1	
	〃	1			3、4等木工	2	
	少軍医	1			1等鍛冶	1	卒 /263
主計長	大主計	1			2等鍛冶	1	
	〃	1			3、4等鍛冶	2	
	少主計	1			1等火夫	12	
	上等兵曹	3			2等火夫	18	
	船匠師	1	准士 / 8		3、4等火夫	30	
	機関師	4			1等看病夫	1	
	1等兵曹	12			2等看病夫	1	
	2等兵曹	14			1等厨夫	2	
	3等兵曹	7			2等厨夫	3	
	1等信号手	1			3、4等厨夫	5	
	1等船匠師	1	下士 /52				
	2等船匠師	1					
	1等鍛冶	1					
	2等鍛冶	1					
	1等機関兵曹	3					
	2等機関兵曹	5					
	3等機関手	6		（合　計）		355	

注 /NOTES

明治26年12月2日達118による厳島、松島、橋立の定員を示す【出典】海軍制度沿革

(1) 上等兵曹3人は掌砲長、掌水雷長、掌帆長の職にあたるものとする

(2) 兵曹は3人が砲術教員、水雷術教員にあて他は掌砲長属、掌水雷長属、掌帆長属、按針手、艦長端舟長、船艙手及び各部の長職につくものとする

厳島型 /Itsukushima Class

厳島・松島・橋立　定　員 /Complement (2)

職名 /Occupation	官名 /Rank	定数 /No.		職名 /Occupation	官名 /Rank	定数 /No.	
艦長	大佐	1	士官 /26		2等船匠師	1	下士 /24
副長	中佐	1			1等機関兵曹	6	
砲術長	少佐 / 大尉	1			2、3等機関兵曹	12	
航海長	〃	1			1等看護手	1	
水雷長兼分隊長	〃	1			1等筆記	1	
分隊長	大尉	4			2、3等筆記	1	
	中少尉	7			1等厨宰	1	
機関長	機関中監	1			2、3等厨宰	1	
	機関少監 / 大機関士	1			1等水兵	②	卒 厳島 /261 松島 /259 橋立 /264
	大機関士	2			2、3等水兵	③	
	中少機関士	2			4等水兵	38	
軍医長	軍医少監 / 大軍医	1			1等信号水兵	5	
軍医		1			2、3等信号水兵	5	
主計長	主計少監 / 大主計	1			1等木工	1	
主計		1			2、3等木工	3	
	兵曹長 / 上等兵曹	1	准士 / 8		1等機関兵	24	
	上等兵曹	3			2、3等機関兵	35	
	船匠師	1			4等機関兵	12	
	上等機関兵曹	3			1、2等看護	2	
	1等兵曹	9	下士 厳島 橋立 /37 松島 /38		1等厨夫	3	
	2、3等兵曹	①			2等厨夫	3	
	1等信号兵曹	2			3、4等厨夫	4	
	2、3等信号兵曹	3					
	1等船匠師	1		（合　計）		④	

注 /NOTES　明治38年12月内令755による厳島、松島、橋立の定員を示す【出典】海軍制度沿革
①松島-23、厳島、橋立-22　②厳島、松島-45、橋立-46　③厳島-81、松島-79、橋立-83　④厳島-356、松島-355、橋立-359
(1) 兵曹長、上等兵曹は掌砲長、上等兵曹1人は掌水雷長、1人は掌帆長の職にあたるものとし、1人は掌砲長の職務を分担し砲塔長の職を兼ねるものとする
(2) 兵曹は教員、掌砲長属、掌水雷長属、掌帆長属及び各部の長職につくものとする
(3) 信号兵曹1人は信号長に当て他は按針手の職を兼ねるものとする

厳島・橋立　定　員 /Complement (3)

職名 /Occupation	官名 /Rank	定数 /No.		職名 /Occupation	官名 /Rank	定数 /No.	
艦長	大中佐	1	士官 /20		1等機関兵曹	5	下士 /20
副長	少佐	1			2、3等機関兵曹	10	
砲術長	大尉	1			1、2等看護手	1	
航海長	〃	1			1等筆記	1	
分隊長	〃	4			2、3等筆記	1	
	中少尉	5			1等厨宰	1	
機関長	機関少佐	1			2、3等厨宰	1	
分隊長	機関大尉	1			1等水兵	①	卒 厳島 /227 橋立 /243
	機関中少尉	1			2、3等水兵	②	
軍医長	大軍医	1			4等水兵	31	
軍医		1			1等木工	1	
主計長	大主計	1			2、3等木工	3	
主計		1			1等機関兵	23	
	兵曹長 / 上等兵曹	1	准士 / 7		2、3等機関兵	31	
	上等兵曹	2			4等機関兵	11	
	船匠師	1			1、2等看護	2	
	上等機関兵曹	3			1等厨夫	3	
	1等兵曹	10	下士 /35		2等厨夫	4	
	2、3等兵曹	23			3、4等厨夫	4	
	1等船匠師	1					
	2等船匠師	1		（合　計）		③	

注 /NOTES　大正5年7月内令158による2等海防艦厳島、橋立の定員を示す【出典】海軍制度沿革
①厳島-43、橋立-55　②厳島-72、橋立-76　③厳島-309、橋立-325
(1) 兵曹長、上等兵曹は掌砲長兼掌水雷長、上等兵曹1人は掌帆長の職にあたるものとし、1人は掌砲長の職務を分担し砲塔長の職を兼ねるものとする

艦　歴 /Ship's History (1)

艦　名	厳　島 1/3
年　月　日	記　事 /Notes
1887(M20)- 6- 6	命名
1888(M21)- 1- 7	フランス、ラ・セーヌのフォルジェ・シャンチェ社で起工
1889(M22)- 5-28	呉鎮守府に入籍
1889(M22)- 7-18	進水
1890(M23)- 9-24	回航委員長磯部包義大佐 (期前) 就任
1891(M24)- 4-13	艦長磯部包義大佐 (期前) 就任
1891(M24)- 9- 3	竣工
1891(M24)-11-12	仏国発
1892(M25)- 5-21	品川着
1892(M25)- 9-24	艦長伊地知弘一大佐 (期前) 就任
1892(M25)- 5-30	警備艦
1893(M26)- 6-27	常備艦隊
1894(M27)- 2-26	艦長尾形惟善大佐 (期前) 就任
1894(M27)- 3-21	解役
1894(M27)- 6-27	艦長横尾道昱大佐 (期前) 就任
1894(M27)- 7- 8	常備艦隊
1894(M27)- 7-25	佐世保発日清戦争に従事
1894(M27)- 8-10	威海衛砲撃、発射弾数 32cm 砲 -2、12cm 砲 -29、47mm 砲 -66
1894(M27)- 9-17	黄海海戦における被弾 8、戦死 13、負傷 18、戦闘行動に支障なし、発射弾数 32cm 砲 -5、12cm 砲
	-516、47mm 砲 -754
1894(M27)-12-17	艦長有馬新一大佐 (2 期) 就任
1895(M28)- 2- 7	威海衛で陸上砲台と交戦、被害なし、発射弾数 32cm 砲 -1、12cm 砲 -92
1895(M28)- 2-26	呉着損傷部修理、入渠艦底塗替え、3 月 10 日完成
1895(M28)- 3-23	澎湖島占領作戦で陸上砲台と交戦、発射弾数 32cm 砲 -2、12cm 砲 -185、47mm 砲 -3
1895(M28)- 5-	呉工廠で機関修理復水器細管入換え
1895(M28)- 6- 7	警備艦
1895(M28)- 7-29	解役、8 月呉工廠で補助缶新製入換え
1895(M28)- 9-28	警備艦，艦長松永雄樹大佐 (2 期) 就任
1896(M29)- 1-11	品川発台湾方面警備任務、2 月 27 日宇品着
1896(M29)- 4-18	解役
1896(M29)- 8-13	艦長平尾福三郎大佐 (2 期) 就任
1896(M29)-11-3	練習艦
1897(M30)- 4-19	常備艦隊
1897(M30)- 9- 5	青森発近隣諸国訪問、10 月 19 日佐世保着
1898(M31)- 3-21	2 等巡洋艦に類別
1898(M31)-10- 1	艦長斉藤実大佐 (6 期) 就任
1898(M31)-11-10	艦長舟木錬太郎大佐 (期外) 就任
1899(M32)- 3-22	艦長細谷資氏大佐 (5 期) 就任
1899(M32)- 7-16	佐世保発清国訪問、8 月 18 日着
1899(M32)-10-13	第 3 予備艦、11 月より呉工廠で機関修理

艦　歴 /Ship's History (2)

艦　名	厳　島 2/3
年　月　日	記　事 /Notes
1900(M33)- 3-	艦長島崎好忠大佐 (2 期) 就任
1900(M33)- 4-30	神戸沖大演習観艦式参列
1900(M33)- 6-18	呉鎮守府艦隊
1900(M33)- 6-19	艦長新島一郎大佐 (5 期) 就任
1900(M33)- 8-15	常備艦隊
1900(M33)- 8-18	佐世保発清国事変に従事、11 月 15 日着
1900(M33)-11-21	練習艦 (少尉候補生)
1901(M34)- 2-25	横須賀発アジア沿岸、南洋諸島方面遠洋航海に従事、8 月 14 日着
1901(M34)- 8-30	第 3 予備艦、9 月より呉工廠で船体機関総検査、翌年 10 月完成
1902(M35)- 9-30	第 1 予備艦
1902(M35)-10-23	艦長松本和大佐 (7 期) 就任
1902(M35)-10-29	常備艦隊兼練習艦 (少尉候補生)
1903(M36)- 2-15	横須賀発南洋諸島方面遠洋航海に従事、8 月 21 日呉着
1903(M36)- 9- 7	第 1 予備艦
1903(M36)- 9-26	艦長成田勝郎大佐 (7 期) 就任
1903(M36)-12- 4	練習艦
1903(M36)-12-28	第 3 艦隊第 5 戦隊兼練習艦
1904(M37)- 1- 4	兼練習艦解役
1904(M37)- 7-13	艦長丹羽教忠大佐 (8 期) 就任
1904(M37)- 7- 9	旅順封鎖作戦中港外に出動した露艦隊と交戦、被害なし、発射弾数 12cm 砲 -30、8cm 砲 -9
1904(M37)- 8- 9	旅順港外で砲戦中 12cm 砲腟発により 12cm 砲 5 門使用不能、死者 14、負傷 15 を生じる、1 番 12cm 砲に跳弾
	射撃を命じるも誤って他 12cm 砲が伊集院信管に換えて換栓をもって発砲したため腟発を生じたもの
1905(M38)- 1-21	艦長土屋保大佐 (9 期) 就任
1905(M38)- 2-24	呉工廠にて機関その他修理　、3 月 19 日完成
1905(M38)- 5-27	第 3 艦隊第 8 戦隊として日本海海戦に参加、被害なし、発射弾数 12cm 砲 -91、8cm 砲 -46
1905(M38)- 6-14	第 4 艦隊
1905(M38)- 8-31	横須賀工廠で入渠修理、10 月 11 日完成
1905(M38)-10-23	横浜沖凱旋観艦式参列
1905(M38)-11-13	兼練習艦
1905(M38)-12-18	舞鶴発韓国南岸航海、12 月 29 日佐世保着
1905(M38)-12-20	練習艦隊、翌年 1 月横須賀工廠で入渠修理
1906(M39)- 2-15	横浜発豪州方面遠洋航海、7 月 24 日佐世保着
1906(M39)-10-12	艦長名和又八郎大佐 (10 期) 就任
1907(M40)- 8- 5	艦長小花三吾大佐 (11 期) 就任
1908(M41)- 9- 1	艦長田中盛秀大佐 (13 期) 就任
1908(M41)- 9- 7	第 1 予備艦
1908(M41)-10- 8	第 3 艦隊 (大演習中)
1908(M41)-11-20	第 3 予備艦
1908(M41)-12-10	艦長笠間直大佐 (13 期) 就任

艦　歴 /Ship's History (3)

艦　名	厳　島 3/3
年　月　日	記 事 /Notes
1909(M42)- 7-20	第 2 予備艦
1910(M43)- 6- 3	艦長小黒秀夫大佐 (15 期) 就任、兼姉川艦長
1910(M43)- 6-22	艦長田所広海大佐 (17 期) 就任、兼姉川艦長 9 月 26 日まで
1910(M43)-10-25	無線電信室及び檣改造認可
1910(M43)-12- 1	練習艦 (運用術)、艦長秀島成忠大佐 (13 期) 就任
1911(M44)- 1-12	運用術練習艦として搭載短艇の変更認可､30' ギグ､23' 通船各 1 隻を撤去､旧鎮遠搭載の 32' 汽艇 1 隻、
	同 30' カッター 2 隻を新規搭載及び汽艇用のデリックを装備する
1911(M44)-12- 1	艦長南里団一大佐 (17 期) 就任
1912(M45)- 6-27	室蘭在泊中浪速救難を命じられて 7 月 2 日現地着、7 月 22 日まで救難活動に従事
1912(T 1)- 8-28	2 等海防艦に類別
1912(T 1)-11-12	横浜沖大演習観艦式参列
1913(T 2)- 3-22	佐世保発旅順方面警備任務、3 月 31 日仁川着
1913(T 2)- 4- 1	運用術練習艦
1913(T 2)-11- 5	艦長久保来復大佐 (17 期) 就任
1914(T 3)- 5-15	第 2 予備艦、横須賀工廠で入渠修理
1914(T 3)- 8- 4	第 1 予備艦
1914(T 3)- 8-10	警備艦
1914(T 3)- 8-23	第 1 次大戦内地従事、12 月 27 日まで
1914(T 3)-12- 1	臨時青島要港部付属、艦長増田高頼大佐 (18 期) 就任
1914(T 3)-12-28	宮島発中国方面警備任務、翌年 2 月 19 日佐世保着
1915(T 4)- 3-22	佐世保発青島方面警備任務、5 月 5 日呉着
1915(T 4)- 5- 1	解役、横須賀海兵団付属、艦長岡田三善大佐 (16 期) 就任兼横須賀海兵団長
1916(T 5)- 3-15	呉海兵団付属、艦長本田親民大佐 (17 期) 就任兼呉海兵団長
1918(T 7)-12- 1	呉防備隊付属、艦長福田貞助大佐 (21 期) 就任兼呉防備隊司令
1919(T 8)- 4- 1	除籍、雑役船厳島丸として呉防備隊付属
1919(T 8)-10-30	呉工廠にて潜水艇 4 隻接舷可能な潜水母艇として改造、船体修理は行わず 3 年間大修理なしに使用し
	得る程度の工事にとどめる、第 5、6 缶のみ修理、工期約 50 日
1920(T 9)- 7- 1	潜水母艇
1920(T 9)- 9-15	除籍、潜水学校付属として同校校舎にあてる
1925(T14)- 3-30	廃船
1925(T14)-11-28	売却 131,140 円、呉にて解体

艦　歴 /Ship's History (4)

艦　名	松　島 1/2
年　月　日	記 事 /Notes
1887(M20)- 6- 6	命名
1888(M21)- 2-17	フランス、ラ・セーヌのフォルジュ・シャンチェ社で起工
1889(M22)- 5-28	佐世保鎮守府に入籍
1890(M23)- 1-22	進水
1891(M24)- 6-17	回航委員長鮫島員規大佐 (期前) 就任
1891(M24)- 8-28	艦長鮫島員規大佐 (期前) 就任
1892(M25)- 4- 5	竣工
1892(M25)- 7-23	仏国発
1892(M25)-10-19	佐世保着
1892(M25)-10-19	警備艦
1892(M25)-11-18	常備艦隊
1893(M26)- 5-20	艦長野村貞大佐 (期前) 就任
1893(M26)- 6- 1	品川発近隣諸国訪問、9 月 13 日留別着
1894(M27)- 2-26	艦長尾本知道大佐 (期前) 就任
1894(M27)- 4-29	横須賀発近隣諸国訪問、6 月 24 日佐世保着
1894(M27)- 7-25	佐世保発日清戦争に従事
1894(M27)- 8-10	威海衛砲撃、発射弾数 12cm 砲 -3、47mm 砲 -8
1894(M27)- 9-17	黄海海戦における被害、被弾 13、戦死 35、負傷 78、12cm 砲 1 門命中弾により大破、同 2 門腟発により大破
	同 3 門腟発により小破、32cm 砲尾栓命中弾の衝撃により破損使用不能、47mm 軽砲 1 門命中弾により飛散、前
	後探海灯破損、鎮遠の発射した 30cm 砲弾 2 発が左舷 4 番 12cm 砲付近に命中、付近の装薬に引火したことで最
	大の被害を生じる、発射弾数 32cm 砲 -4、12cm 砲 -400、47mm 砲 -294
1894(M27)- 9-28	呉着損傷部修理を実施、横須賀工廠より 300 名の職工の応援を得て 10 月 25-26 日に公試実施、同 30 日呉発
1894(M27)-12- 5	艦長有栖川宮威仁親王大佐 (期外) 就任
1895(M28)- 2- 7	威海衛攻略戦に参加、負傷 3、発射弾数 32cm 砲 -3、12cm 砲 -97、47mm 砲 -14
1895(M28)- 3-23	澎湖島占領作戦に参加、発射弾数 32cm 砲 -6、12cm 砲 -152、47mm 砲 -3
1895(M28)- 5-18	艦長日高壮之丞大佐 (2 期) 就任
1895(M28)- 7-25	艦長松永雄樹大佐 (2 期) 就任
1895(M28)- 8- 1	佐世保鎮守府警備艦
1895(M28)- 8-27	解役、予備艦
1895(M28)-10-27	呉工廠にて機関部改造新設工事認可
1895(M28)-11-21	呉工廠にて船体部改造新設工事認可
1895(M28)-12-27	艦長沢良渙大佐 (2 期) 就任
1896(M29)- 4-18	常備艦隊
1896(M29)-10-14	横須賀発近隣諸国航海、11 月 13 日佐世保着
1897(M30)- 9- 6	青森発近隣諸国航海、10 月 19 日佐世保着
1897(M30)-12- 7	艦長桜井規矩之左右大佐 (3 期) 就任
1898(M31)- 3- 1	艦長遠藤喜太郎大佐 (期外) 就任
1898(M31)- 3-21	2 等巡洋艦に類別
1898(M31)- 5- 3	佐世保発マニラ、香港警備任務、米西戦争中居留民保護、9 月 15 日着、横須賀工廠で機関修理
1898(M31)-12- 1	警備兼練習艦

艦　歴 /Ship's History (5)

艦　名	松　島 2/2
年　月　日	記　事 /Notes
1899(M32)- 2- 1	艦長瓜生外吉大佐 (期外) 就任
1899(M32)- 6-17	常備艦隊、艦長武井久成大佐 (5 期) 就任
1899(M32)- 7-22	佐世保発韓国、露領沿岸警備任務、8 月 16 日小樽着
1900(M33)- 2-13	艦長大井上久麿大佐 (5 期) 就任
1900(M33)- 4-30	神戸沖大演習観艦式参列
1900(M33)-12- 6	艦長寺垣猪三大佐 (6 期) 就任
1900(M33)-12-12	横須賀発清国事変に従事、翌年 2 月 2 日佐世保着
1901(M34)- 2- 4	第 3 予備艦、3 月より佐世保工廠で機関総検査低円缶をベルビル缶 8 個に入換え、翌年 8 月完成
1902(M35)- 6- 5	第 2 予備艦
1902(M35)- 6-11	艦長伊地知彦次郎大佐 (7 期) 就任
1902(M35)- 7-10	水雷防御網及びその付属具撤去完了報告、34 年 10 月訓令
1902(M35)- 8- 8	第 1 予備艦
1902(M35)-10-29	常備艦隊
1903(M36)- 2-15	横須賀発南洋方面遠洋航海、8 月 21 日佐世保着、この間 4 月豪州において機関修理実施
1903(M36)- 9- 7	第 1 予備艦、佐世保工廠で機関修理、11 月完成
1903(M36)- 9-26	艦長川島令次郎大佐 (12 期) 就任
1903(M36)-12- 4	練習艦
1903(M36)-12-28	第 3 艦隊、横須賀工廠で機関修理、翌年 1 月 10 日完成
1904(M37)- 2- 7	竹敷発日露戦争従事
1904(M37)- 7-26	旅順封鎖作戦中、港外において出動してきた露艦隊と交戦、被弾なし、発射弾数 32cm 砲 -1、
	12cm 砲 -22、8cm 砲 -25
1904(M37)- 8-10	黄海海戦に参加露艦隊と交戦、被害なし、発射弾数 32cm 砲 -3、12cm 砲 -63、8cm 砲 -79
1904(M37)-11-27	横須賀着、工廠で入渠、修理、艦底塗替 12 月 17 日出渠、兵装修理 12 月 28 日完成
1905(M38)- 1-12	艦長奥宮衛大佐 (10 期) 就任
1905(M38)- 3- 9	横須賀工廠で流氷による艦底部損傷修理、4 月 4 日完成
1905(M38)- 5-27	第 3 艦隊第 8 戦隊として日本海海戦に参加、被害なし、発射弾数 12cm 砲 -46、8cm 砲 -3
1905(M38)- 6-14	第 4 艦隊
1905(M38)- 9-16	佐世保工廠で船体機関修理 10 月 15 日完成
1905(M38)-11-13	兼練習艦
1905(M38)-12-18	舞鶴発韓国南岸航海、12 月 29 日佐世保着
1906(M39)- 2-15	練習艦隊、横浜発豪州方面遠洋航海、8 月 10 日竹敷着
1906(M39)-10-12	艦長野間口兼雄大佐 (13 期) 就任
1907(M40)- 1-31	横須賀発近隣諸国遠洋航海、7 月 22 日鹿児島着
1907(M40)- -	艦長矢代由徳大佐 (10 期) 就任
1907(M40)- 1-31	横須賀発清国、マニラ方面遠洋航海、4 月 27 日馬公着
1908(M41)- 4-30	遠洋航海より帰着直後馬公碇泊中当直将校が後部下甲板砲塔で火災を発見、その直後午前 4 時 9 分
	火薬庫が爆発、左舷に傾斜艦尾より沈没、乗員 461 名中矢代艦長以下 222 名が死亡
1908(M41)- 5-16	第 3 予備艦
1908(M41)- 7-31	除籍、1911(M44)-10- 9 現地で軍艦松島乃殉難忠魂記念碑除幕式、ダミー砲身は呉工廠で製造

艦　歴 /Ship's History (6)

艦　名	橋　立 1/3
年　月　日	記　事 /Notes
1887(M20)- 6- 6	命名
1888(M21)- 8- 6	横須賀造船所で起工
1889(M22)- 5-28	横須賀鎮守府に入籍
1891(M24)- 3-14	進水
1893(M26)- -	艤装委員長中山長明大佐 (5 期) 就任
1894(M27)- 6-23	艦長日高壮之丞大佐 (2 期) 就任
1894(M27)- 6-26	竣工
1894(M27)- 7- 4	常備艦隊
1894(M27)- 7-25	佐世保発日清戦争に従事
1894(M27)- 8-10	威海衛砲撃、発射弾数 32cm 砲 -1、12cm 砲 -36、47mm 砲 -29
1894(M27)- 9-17	黄海海戦における被弾 11、戦死 3、負傷 10、戦闘行動に支障なし、発射弾数 32cm 砲 -4、12cm 砲
	-731、47mm 砲 -720
1894(M27)-12-26	呉着、12 月 29 日入渠、艦底塗替え、翌年 1 月 2 日出渠
1895(M28)- 3-23	澎湖島占領作戦で陸上砲台と交戦、発射弾数 32cm- 砲 2、12cm 砲 -62、47mm 砲 -12
1895(M28)- 4-25	メインスチームパイプが破裂、機関長以下 7 名負傷、7 月修理完了
1895(M28)- 5-18	艦長有栖川宮威仁親王大佐 (期外) 就任
1895(M28)- 6- 7	警備艦
1895(M28)- 7-25	艦長有馬新一大佐 (2 期) 就任
1895(M28)- 8-18	呉発清国警備任務、10 月 20 日佐世保着
1895(M28)- 8-23	西海艦隊
1895(M28)-11-15	横須賀鎮守府警備艦
1895(M28)-12-27	艦長片岡七郎大佐 (3 期) 就任
1896(M29)- 1-13	常備艦隊
1896(M29)- 6-12	艦隊解隊
1896(M29)-11-17	汽缶修理認可、9 月より横須賀工廠で機関大修理、翌年 11 月完成
1897(M30)- 3- 8	第 2 予備艦
1897(M30)- 5- 4	警備兼練習艦
1897(M30)- 6- 1	艦長上村正之丞大佐 (3 期) 就任
1897(M30)-12-20	常備艦隊
1898(M31)- 3-21	2 等巡洋艦に類別
1898(M31)- 9- 1	艦長小倉鋲一郎大佐 (5 期) 就任
1899(M32)- 1-17	横須賀工廠で入渠修理
1899(M32)- 5- 1	艦長桜井規矩之左右大佐 (3 期) 就任
1899(M32)- 5-24	艦長梨羽時起大佐 (期外) 就任、6 月横須賀工廠で機関修理
1899(M32)-10- 9	横須賀工廠で入渠修理
1900(M33)- 4-30	神戸沖大演習観艦式参列
1900(M33)- 5-20	第 3 予備艦
1900(M33)- 6- 8	諸室新設認可、横須賀工廠にて船体機関大修理及び候補生練習艦任務のための改造、9 月 5 日完成
1900(M33)- 6-17	横須賀鎮守府艦隊
1900(M33)-10-10	第 1 予備艦

艦　歴 /Ship's History (7)

艦　名	橋　立 2/3
年　月　日	記　事 /Notes
1900(M33)-11- 6	艦長宮岡直記大佐 (6 期) 就任
1900(M33)-11-21	練習艦 (少尉候補生)
1901(M34)- 2-25	横須賀発アジア沿岸、南洋諸島方面遠洋航海に従事、8 月 14 日着
1901(M34)- 5-27	遠航中蘭印、タンジョンプリオクで停泊中水兵 3 名が脱艦
1901(M34)- 8-30	第 3 予備艦
1901(M34)-11-29	兵装変更認可、横須賀工廠で機関特定修理、戦闘檣楼を廃止、見張用小檣楼を設け 3 脚檣の 2 脚を
	廃しリギンを設けるとうの船体改造、翌年 9 月完成
1902(M35)- 7-17	第 2 予備艦
1902(M35)- 8- 8	第 1 予備艦
1902(M35)-10- 6	艦長井手麟六大佐 (8 期) 就任
1902(M35)-10-29	常備艦隊兼練習艦
1903(M36)- 1-15	横須賀工廠で入渠
1903(M36)- 2-15	横須賀発、豪州南洋方面遠洋航海、8 月 21 日呉着
1903(M36)- 9- 7	第 1 予備艦、横須賀工廠で機関修理、推進器翼取替え、11 月完成
1903(M36)-10-12	艦長加藤定吉大佐 (10 期) 就任
1903(M36)-12- 4	練習艦
1903(M36)-12-28	第 3 艦隊第 5 戦隊兼練習艦
1904(M37)- 1- 4	兼練習艦を解く
1904(M37)- 2- 7	竹敷発日露戦争従事
1904(M37)- 7- 9	旅順封鎖作戦中、港外において出動してきた露艦隊と遠距離より交戦、被弾なし、発射弾数 12c 砲
	-33、8cm 砲 -10
1904(M37)- 8-10	黄海海戦に参加露艦隊と交戦、被害なし、発射弾数 32cm 砲 -2、12cm 砲 -132、8cm 砲 -78
1905(M38)- 1- 7	艦長福井正義大佐 (7 期) 就任
1905(M38)- 1-22	諸室改造新設認可
1905(M38)- 1-16	横須賀工廠で入渠修理、艦底塗替、ヂンク取替え、1 月 23 日出渠、兵装修理工事 2 月 10 日完成
1905(M38)- 5-27	第 3 艦隊第 8 戦隊として日本海海戦に参加、被弾 5、重傷 4、軽傷 3、発射弾数 12cm 砲 -150、
	8cm 砲 -64
1905(M38)- 6-14	第 4 艦隊、佐世保入港修理の後 6 月 25 日発
1905(M38)- 9-16	横須賀入港修理の後 10 月 13 日発
1905(M38)-10-23	横浜沖凱旋観艦式参列
1905(M38)-11-13	兼練習艦
1905(M38)-11-21	艦長石橋甫大佐 (10 期) 就任
1905(M38)-12-18	舞鶴発韓国南岸航海、12 月 29 日佐世保着
1905(M38)-12-20	練習艦隊
1906(M39)- 2-15	横浜発豪州方面遠洋航海、8 月 10 日竹敷着
1906(M39)- 8-30	艦長山縣文蔵大佐 (11 期) 就任
1906(M39)-10-12	47mm 軽砲 4 門に換えて 6.5mm マキシム機銃 2 門装備
1907(M40)- 1-31	横須賀発近隣諸国遠洋航海、7 月 22 日鹿児島着
1907(M40)- 8- 5	艦長西山実親大佐 (8 期) 就任

艦　歴 /Ship's History (8)

艦　名	橋　立 3/3
年　月　日	記　事 /Notes
1908(M41)- 1-25	横須賀発清国及びマニラ方面遠洋航海、7 月 5 日三津浜着
1908(M41)- 9- 7	第 1 予備艦
1908(M41)- 9-25	艦長山口九十郎大佐 (13 期) 就任
1908(M41)-10- 8	第 3 艦隊
1908(M41)-11-18	神戸沖大演習観艦式参列
1908(M41)-11-20	第 3 予備艦
1908(M41)-12-10	艦長今井兼胤大佐 (13 期) 就任
1908(M41)-12-23	練習艦、砲術学校長の指揮下におく
1909(M42)- 5-25	第 2 予備艦
1909(M42)- 8-20	定備弾薬全部陸揚げ
1909(M42)- 9-15	発射管 2 門を撤去、加式 14" 水上旋回式発射管 2 門を残す、10 月入渠、推進器翼取替え
1909(M42)-12- 1	第 1 予備艦、艦長秋山真之大佐 (17 期) 就任
1910(M43)- 4- 1	第 2 予備艦
1910(M43)- 4- 9	艦長町田駒次郎大佐 (15 期) 就任
1910(M43)- 4-22	28' カッター 1 隻を宗谷還納 30' カッター 1 隻と交換
1910(M43)-11-25	船体改造認可、横須賀工廠にて砲術学校練習艦としての改造実施、12cm 砲 4 門を高千穂より撤去の
	15cm 砲 4 門と換装さらに同撤去の 47mm 砲 6 門を装備
1910(M43)-12- 1	練習艦、砲術学校長の指揮下におく、艦長舟越揖四郎大佐 (16 期) 就任
1911(M44)- 1-25	ギグ、通船搭載位置変更認可
1911(M44)- 6- 5	小蒸気艇を高雄還納艇と交換
1911(M44)- 7-25	射撃演習命令により伊勢湾に向け航行中、御前崎沖付近で天候悪化のため前甲板にて標的の固縛作業
	中大波が前甲板を襲い、死者 2、重傷 4、軽傷 20
1911(M44)-12- 1	艦長布目満造大佐 (15 期) 就任
1912(M45)- 4- 2	伊勢湾津沖にて教練射撃中左舷後部 8cm 砲が 263 発目に尾栓の栓腕が折損して後方に飛散、死者 1、
	重傷 6、軽傷 8
1912(T 1)- 8-28	2 等海防艦に類別
1912(T 1)-11-12	横浜沖大演習観艦式参列
1912(T 1)-12- 1	艦長吉岡範策大佐 (18 期) 就任
1914(T 3)-11- 1	兼警備艦
1914(T 3)-12- 1	艦長正木義太大佐 (21 期) 就任
1915(T 4)- 6-30	警備艦を解く
1915(T 4)- 9-13	艦長心得大石正吉中佐 (24 期) 就任、翌年 4 月 1 日大佐艦長
1915(T 4)-12- 4	横浜沖特別観艦式参列
1915(T 4)-12-27	老朽化のため砲術学校練習艦を相模と交代する
1916(T 5)- 4- 4	解役、第 3 予備艦、横須賀海兵団付属とする、艦長岡田三善大佐 (16 期) 就任、兼横須賀海兵団長
1918(T 7)-12- 1	艦長上村錝吉大佐 (18 期) 就任、兼横須賀海兵団長
1919(T 8)-11-20	艦長増田幸一大佐 (23 期) 就任、兼横須賀海兵団長
1921(T10)-12- 1	第 4 予備艦
1922(T11)- 4- 1	除籍、雑役船に編入、横須賀海兵団付属とする
1926(T15)- 5- 5	売却、170,000 円、横須賀で解体

秋津洲 /Akitsushima

型名 /Class name		同型艦数 /No. in class		設計番号 /Design No.		設計者 /Designer	艦政局造船課		
艦名 /Name	計画年度 /Prog. year	建造番号 /Build. No	起工 /Laid down	進水 /Launch	竣工 /Completed	建造所 /Builder	建造費 /Cost	除籍 /Deletion	喪失原因・日時・場所 /Loss data
秋津洲 /Akitsushima	M22/1889		M23/1890-03-15	M25/1892-07-07	M27/1894-03-31	横須賀造船所	¥2,070,052(内兵器 502,016)	T10/1921-04-30	

注 /NOTES ① 国産巡洋艦としては高雄、橋立に次ぐ艦であり、防禦甲板構造を採用した最初の防護巡洋艦、艦型は一足早く完成した米防護巡洋艦ボルチモア、チャールストンによく類似している 【出典】海軍省年報 / 海軍軍備沿革

船体寸法 /Hull Dimensions

艦名 /Name	状態 /Condition	排水量 /Displacement		長さ /Length(m)			幅 /Breadth (m)			深さ /Depth(m)		吃水 /Draught(m)			乾舷 /Freeboard (m)			備考 /Note
				全長 /OA	水線 /WL	垂線 /PP	全幅 /Max	水線 /WL	水線下 /uw	上甲板 /m	最上甲板	前部 /F	後部 /A	平均 /M	艦首 /B	中央 /M	艦尾 /S	
秋津洲 /Akitsushima	新造計画排水量 /Des. (T)	常備 /Norm.	3,150	97.90		91.67	12.98			8.90		5.220	5.624	5.324				
	公試排水量 /Trial (T)																	
	公称排水量 /Official(T)	常備 /Norm.	3,172															
	総噸数 /Gross ton(T)		2,199.732															

注 /NOTES ①本艦についても知られているデータは少ない、設計過程で垂線間長が変更されている 【出典】横須賀海軍船廠史 / 日本近世造船史 / 海軍省年報

機 関 /Machinery

		新造完成時 /New
主機械 /Main mach.	型式 /Type ×基数 (軸数)/No.	縦置 3 段膨張 3 気筒式機関 /Recipro. engine × 2
缶 /Boiler	型式 /Type ×基数 /No.	両面式円缶 / × 4
	蒸気圧力 /Steam pressure (kg/cm²)	10.547(計画 /Des.) 10.188(M27/1894)
	蒸気温度 /Steam temp.(℃)	
	缶換装年月日 /Exchange date	M41/1908-9
	換装缶型式・製造元 /Type & maker	宮原式水管缶× 8・佐世保工廠
計画 /Design (自然通風 / 強圧通風)	速力 /Speed(ノット /kt)	16.0/19.0
	出力 /Power(実馬力 /IHP)	4,300/8,400
	回転数 /(rpm)	110/130
新造公試 /New trial (自然通風 / 強圧通風)	速力 /Speed(ノット /kt)	16.7/
	出力 /Power(実馬力 /IHP)	4,257/
	回転数 /(rpm)	107.5/
改造公試 /Repair T. (自然通風 / 強圧通風)	速力 /Speed(ノット /kt)	16.1/ M36/1903-12-13 ①
	出力 /Power(実馬力 /IHP)	4,370.6/
	回転数 /(rpm)	110.5/
推進器 /Propeller	直径 /Dia.・翼数 /Blade no.	・3 翼
	数 /No.・型式 /Type	× 2・青銅製
舵 /Rudder	舵型式・舵面積 /Rudder area(m²)	非釣合舵 /Non balance・7.03
燃料 /Fuel	石炭 /Coal(T)・定量 (Norm.)/ 全量 (Max.)	300/492
航続距離 /Range(浬 /SM- ノット /Kts)		2,845-10.0 2,092-14.0
発電機 /Dynamo・発電量 /Electric power(V/A)		シーメンス式× 4・80V/100A
新造機関製造所 / Machine maker at new		横須賀造船所、設計海軍省第 2 局第 3 課
帆装形式 /Rig type・総帆面積 /Sail area(m²)		

注 /NOTES ① M36/1903-3-3 の公試成績、速力 18.3/ 出力 4,103.8/ 回転数 190.4、除籍時の速力は 14 ノットまで低下
【出典】帝国海軍機関史

兵装・装備 /Armament & Equipment

		新造完成時 /New	明治 37 年 /1904
砲熕兵器 / Guns	主砲 /Main guns 備砲 /2nd guns	安式 40 口径 15cm 砲 /Armstrong × 4 弾× 520 安式 40 口径 12cm 砲 /Armstrong × 6 弾× 960	安式 40 口径 15cm 砲 /Armstrong × 4 弾× 520 安式 40 口径 12cm 砲 /Armstrong × 6 弾× 960
	小砲 /Small cal. guns	47mm 重保式砲 /Hotchkiss × 8 弾× 3,200 短 7.5cm クルップ砲 /Krupp × 1 弾× 170	47mm 重保式砲 /Hotchkiss × 8 弾× 3,200 47mm 軽山内式砲 /Yamanouchi × 2 ② 弾× 800
	機関砲 /M. guns	1"4 連ノルデンフェルト砲 /Nordenfelt × 2 ① 弾× 10,944	
個人兵器 /Personal weapons	小銃 /Rifle	マルチニー銃× 168 弾× 50,400	35 年式海軍銃× 102 弾× 30,600
	拳銃 /Pistol	× 63 弾× 7,560	1 番形× 30 弾× 3,600、モーゼル× 5 弾× 600
	舶刀 /Cutlass		
	槍 /Spear		
	斧 /Axe		
水雷兵器 /Torpedo weapons	魚雷発射管 /T. tube	ヒ型変形× 4 (水上旋回式)	ヒ型変形× 4 (水上旋回式) ③
	魚雷 /Torpedo	朱式 (88 式)35cm/14" × 8	朱式 (88 式)35cm/14" × 8 ④
	その他		
電気兵器 /Elec.Weap.	探照灯 /Searchlight	× 4 (シーメンス式)	× 2 (シーメンス式 25,000 燭光)
艦載艇 /Boats	汽艇 /Steam launch	× 1 (9m)	× 1 (8.9m) ⑤
	ピンネース /Pinnace	× 1 (9m)	× 1 (9.1m)
	カッター /Cutter	× 2 (8m)	× 2 (8.6m 、8.5m)
	ギグ /Gig	× 2 (8m)	× 1 (8.2m)
	ガレー /Gallery	× 1 (4m デンキー)	× 1 (8.2m)
	通船 /Jap. boat		× 1 (8.4m) × 1(外舷艇 6.5m)
	(合計)	× 7	× 8

注 /NOTES ①日清戦争に際して臨時搭載、新造時小銃口径檣楼機関砲 4 基を装備 ② M30 ごろ短 7.5cm クルップ砲を 47mm 軽砲 2 門と換装、さらに M39 ごろに麻式 6.5mm 機銃に換装 ③ M42-9 発射管撤去 ④撤去当時の魚雷は 26 式 14" 魚雷 ⑤艦載艇は M41 の状態を示す 【出典】公文備考 / 日清戦争戦時書類 / 日露戦争戦時書類 / 掌砲必携 /

秋津洲 /Akitsushima

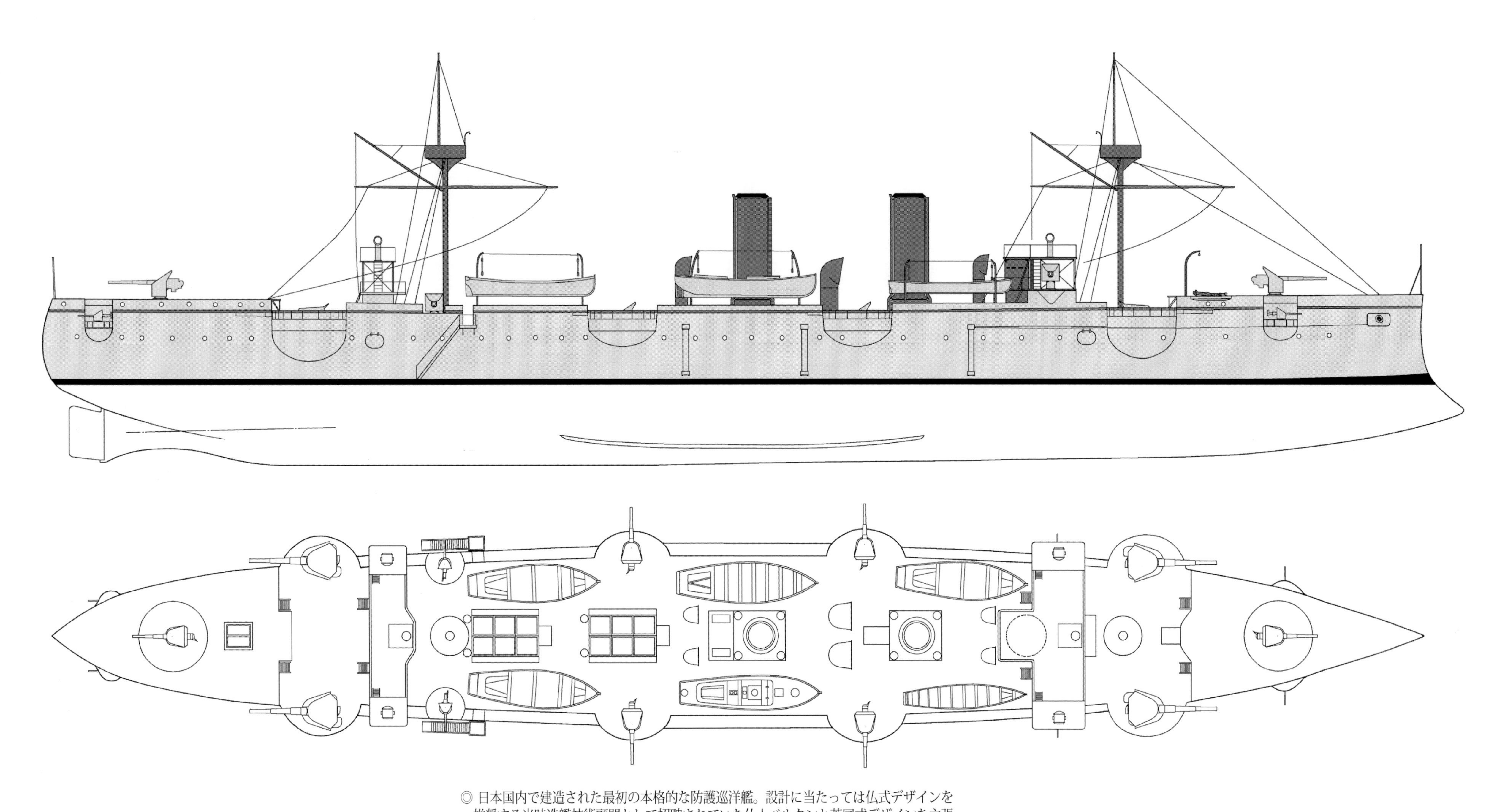

◎ 日本国内で建造された最初の本格的な防護巡洋艦。設計に当たっては仏式デザインを推奨する当時造艦技術顧問として招聘されていた仏人ベルタンと英国式デザインを主張した日本の造船官とが対立、結果的に英国式デザインが入れられ、ベルタンは帰国することになった。本艦のデザインは英国式とはいっても、舷側砲スポンソンはかなり張り出しが大きく、フランス式デザインの面影を残している。形態的には当時の米国巡洋艦チャールストンに類似している。

図 2-8-1 [S=1/300] 秋津洲 側平面 (新造時)

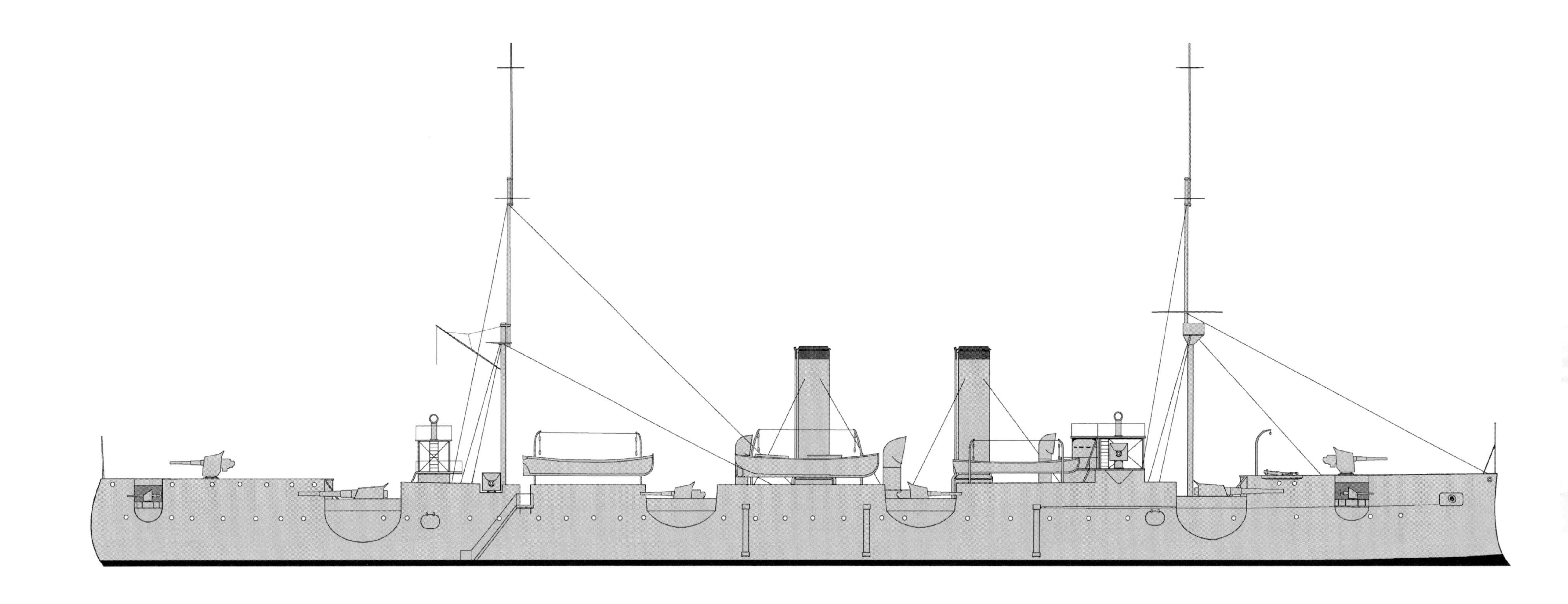

◎ M41 に缶の換装をおこない、煙突がより細いものに代えられた。
その他兵装は特に大きな変化なく、T8 以降も 8cm 高角砲は装備
されなかった。

図 2-8-2 [S=1/300] 秋津洲 側面 (T4/1915)

秋津洲 /Akitsushima

定　員 /Complement (1)

職名 /Occupation	官名 /Rank	定数 /No.		職名 /Occupation	官名 /Rank	定数 /No.	
艦長	大佐	1			2等鍛冶手	1	
副長	少佐	1			1等機関手	4	
砲術長	大尉	1			2等機関手	6	
水雷長	〃	1			3等機関手	9	下士 /25
航海長	〃	1			1等看護手	1	
分隊長	〃	4			1等主帳	1	
航海士	少尉	1			2等主帳	1	
分隊士	〃	5			3等主帳	2	
機関長	機関少監	1	士官 /24		1等水兵	27	
兼水雷主機	大機関士	1			2等水兵	45	
	大機関士	2			3、4等水兵	60	
	少機関士	1			1等信号水兵	1	
軍医長	大軍医	1			2等信号水兵	2	
	少軍医	1			3、4等信号水兵	3	
主計長	大主計	1			1等木工	1	
	少主計	1			2等木工	1	卒 /220
	上等兵曹長	3	准士 / 8		1等鍛冶	1	
	船匠師	1			2等鍛冶	1	
	機関師	4			1等火夫	12	
	1等兵曹	14			2等火夫	22	
	2等兵曹	10			3、4等火夫	32	
	3等兵曹	9	下士 /37		1等看病夫	1	
	1等信号手	1			2等看病夫	1	
	1等船匠手	1			1等厨夫	2	
	2等船匠手	1			2等厨夫	3	
	1等鍛冶手	1			3、4等厨夫	5	
				(合　計)		314	

注 /NOTES 明治26年12月2日達118による秋津洲の定員を示す【出典】海軍制度沿革
(1) 上等兵曹の3人は掌砲長、掌水雷長、掌帆長の職にあたるものとする
(2) 兵曹中の3人は砲術教員、水雷術教員にあて他は掌砲長属、掌水雷長属、掌帆長属、按針手、艦長端舟長、船艙手及び各部の長職につくものとする

装　甲 /Armor

秋津洲			
司令塔 /Conning tower	51mm(前側部 /Forw. side)	15cm砲 /Gun shield	
司令塔障壁 /Back board	mm	12cm砲 /Gun shield	
交通筒 /Communication tube	mm	47mm砲 /Gun shield	
防禦甲板 中央平坦部 /Flat	0.75"/19mm × 2		
防禦甲板 傾斜部 /Slope	1.5"/38mm × 2		
防禦甲板 前後部 /Forward & After	0.75"/19mm × 2		

注 /NOTES 新造時を示す【出典】日本近世造船史 / 写真日本軍艦史

定　員 /Complement (2)

職名 /Occupation	官名 /Rank	定数 /No.		職名 /Occupation	官名 /Rank	定数 /No.	
艦長	大中佐	1			1等機関兵曹	6	
副長	少佐	1			2、3等機関兵曹	12	
砲術長	大尉	1			1等看護手	1	下士 /23
水雷長兼分隊長	〃	1			1等筆記	1	
航海長	〃	1			2、3等筆記	1	
分隊長	〃	3			1等厨宰	1	
	中少尉	5	士官 /22		2、3等厨宰	1	
機関長	機関少監	1			1等水兵	38	
分隊長	大機関士	2			2、3等水兵	70	
	中少機関士	2			4等水兵	31	
軍医長	大軍医	1			1等信号水兵	4	
	中少軍医	1			2、3等信号水兵	5	
主計長	大主計	1			1等木工	1	卒 /235
	中少主計	1			2、3等木工	2	
	上等兵曹	3			1等機関兵	24	
	船匠師	1	准士 / 7		2、3等機関兵	37	
	上等機関兵曹	3			4等機関兵	12	
	1等兵曹	8			1、2等看護	2	
	2、3等兵曹	21			1等主厨	3	
	1等信号兵曹	1	下士 /36		2等主厨	3	
	2、3等信号兵曹	4			3、4等主厨	3	
	1等船匠師	1					
	2、3等船匠師	1		(合　計)		323	

注 /NOTES 明治38年12月内令755による秋津洲の定員を示す【出典】海軍制度沿革
(1) 上等兵曹は掌砲長、掌水雷長、掌帆長の職にあたるものとする
(2) 兵曹は教員、掌砲長属、掌水雷長属、掌帆長属及び各部の長職につくものとする
(3) 信号兵曹の1人は信号長に、他は按針手の職につくこととする

解説 /COMMENT

明治22年度予算で横須賀造船所で明治23年3月に起工された防護巡洋艦。政府は先に明治18年度改定計画の第1期軍備拡張案を提出して艦艇の新造を行ったものの、実際に着工されたのはその一部にすぎず、海軍の兵力整備は進まなかった。そのため明治21年2月に西郷海軍大臣は伊藤総理大臣に対して第2期軍備拡張案を提出、22年度より5箇年の艦艇新造計画を提示した。

■海防艦(6,563トン)1隻　■モニター(2,020トン)4隻　■巡航艦(2,133トン)3隻　■報知艦(700トン)1隻　■砲艦(615トン)6隻　■練習艦(3,000トン)1隻　■水雷艇30隻

以上の艦艇の新造には総額25,857,791円を要するとして、以前に着手分軍艦建造費や鎮守府設立費等の費用を加えた総額5,280万円の支出を要求した。しかし伊藤総理大臣はこの支出は無理として、明治22年度の支出額を700万円を限度として、他に特別費補充として315万円の支出を認めた。

これにより建造に着手されたのが防護巡洋艦秋津洲、砲艦大島、水雷艇3隻であった。秋津洲は第2局(旧艦政局)造船課長の佐雙が基本計画と設計を担当したものらしく、国産化された最初の本格的防護巡洋艦であった。本艦の計画に当たっては浪速等の実績から英国式の設計を採り入れたいとする佐雙に対して、仏式を採り入れるべきとするベルタンが対立、ベルタンが海軍大臣に訴えたが、大臣はそれを入れず佐雙を支持したため、ベルタンは不満のまま明治23年に契約満期で帰国するに至った。

前述のように本艦は3,000トン級本格的防護巡洋艦として計画されたが、起工前の明治22年12月に当初の兵装12cm安式砲10門を15cm安式砲4門と同12cm砲6門に改め、12cm砲の弾薬定数を減じたほか防禦甲板厚若干を減じて、兵装重量のバランスをとっていた。これより前9月にも船体の垂線間長を2.7m延長、計画機関出力を8,000実馬力から8,400実馬力に改定しており、これは計画時の機関重量が当時の同種艦に比べて過少の疑いがあるため、機関重量に余裕を持たせるための処置であったという。

定　員 /Complement (3)

職名 /Occupation	官名 /Rank	定数 /No.		職名 /Occupation	官名 /Rank	定数 /No.	
艦長	大中佐	1			1等機関兵曹	6	
副長	少佐	1			2、3等機関兵曹	12	
航海長	大尉	1			1、2等看護手	1	下士/23
砲術長	〃	1			1等筆記	1	
分隊長	〃	3			2、3等筆記	1	
	中少尉	5			1等厨宰	1	
機関長	機関少佐	1			2、3等厨宰	1	
分隊長	機関大尉	2	士官/21		1等水兵	39	
	機関中少尉	2			2、3等水兵	66	
軍医長	大軍医	1			4等水兵	22	
軍医		1			1等木工	1	
主計長	大主計	1			2、3等木工	2	
主計		1			1等機関兵	24	卒/215
	上等兵曹	2			2、3等機関兵	37	
	船匠師	1	准士/6		4等機関兵	12	
	上等機関兵曹	3			1、2等看護	2	
	1等兵曹	8			1等主厨	3	
	2、3等兵曹	23	下士/33		2等主厨	3	
	1等船匠師	1			3、4等主厨	4	
	2、3等船匠師	1		(合　計)		298	

注 /NOTES 大正5年7月内令158による2等海防艦秋津洲の定員を示す【出典】海軍制度沿革
(1) 上等兵曹1人は掌砲長兼水雷長、1人は掌帆長の職にあたるものとする

定　員 /Complement (4)

職名 /Occupation	官名 /Rank	定数 /No.		職名 /Occupation	官名 /Rank	定数 /No.	
艦長	大中佐	1			2、3等船兵曹	1	
副長	中少佐	1			1等機関兵曹	6	
航海長兼分隊長	少佐 / 大尉	1			2、3等機関兵曹	12	下士/24
砲術長	〃	1			1、2等看護兵曹	1	
運用長兼分隊長	〃	1	士官/13		1等主計兵曹	2	
分隊長	〃	2			2、3等主計兵曹	2	
	中少尉	2			1等水兵	39	
機関長	機関少佐 / 大尉	1			2、3等水兵	66	
分隊長	機関大尉	1			4等水兵	22	
軍医長	軍医少佐 / 大尉	1			1等木工	1	
主計長	主計少佐 / 大尉	1			2、3等木工	2	
	特務中少尉	1	特士/3		1等機関兵	24	兵/215
	機関特務中少尉	2			2、3等機関兵	37	
	兵曹長	3			4等機関兵	12	
	船匠兵曹長	1	准士/8		1、2等看護	2	
	機関兵曹長	3			1等主厨	3	
	主計兵曹長	1			2等主厨	3	
	1等兵曹	8			3、4等主厨	4	
	2、3等兵曹	23	下士/32				
	1等船匠兵曹	1		(合　計)		295	

注 /NOTES 大正9年8月内令267による2等海防艦秋津洲の定員を示す【出典】海軍制度沿革
(1) 上等兵曹1人は掌砲長、1人は掌帆長の職にあたるものとする
(2) 機関兵曹の内1人は掌機長にあたる
(3) 兵科分隊長中1人は特務大尉をもって、機関科専務分隊長は機関特務大尉をもってあてることを可とする
(4) 本表の他必要に応じて軍医科士官1人を増加することができる

当時にあっては船型試験所もなく、この手艦船の設計に当たっては過去の既成艦に倣うなど、経験則に基づくしかなかった。日本のように近代艦船建造技術を外国から学ぶことしかない国にとっては、船型、線図の決定や機関計画での推進器や舵の選定では、当然余り新機軸は採用出来ず、安全な設計に走るのはやむを得なかった。

秋津洲は外観的には乾舷の高い船体に艦首と艦尾に低い船楼甲板を設けて砲甲板として12cm砲を置き、主砲といえる15cm砲は船体前後の舷側スポンソンに置かれて、その中間のスポンソンに12cm砲を配置している。艦橋も前後に設けられ、2橋、2本煙突の艦型は直線的な面では英国式といえるものの、砲の配置や甲板の形態は英国式とはいえず、どちらかというとフランス式の形態に類似している。艦型そのものは本艦起工時直前に米国で完成した防護巡洋艦ボルチモア Baltimore 4,413トンに極めてよく似ており、そのコピーという説もある。また一説には佐雙が浪速等の監督を終えて帰国した時、既に秋津洲の基本計画はベルタンによりほぼ出来上がっていたともいわれ、ベルタンと佐雙が衝突したのは、船体形状やベルタン式不沈構造、艦内配置等あまり外観からはうかがえないところで、英式か仏式かの意見の相違があったのではとも想像できる。

機関は計画速力19ノット、出力8,400実馬力、回転数154で、先の浪速型の型式に倣ったものといわれており、機関材料としては本邦ではじめて国産の鋳鋼材を用いて製造され、第2局第3課の設計になる。

いずれにしろ、秋津洲は明治27年3月に完成して何とか日清戦争に間に合わせることができたが、機関性能はあまりかんばしくなく、公試では最高速力16.7ノットにとどまり、後の公試でも18ノットに達することはなかった。

日清戦争では、兵装的には安式15cm及び12cm砲を装備したことで、吉野と共に最も有力艦な巡洋艦といえる存在で、黄海海戦では第1遊撃隊の3番艦として活躍した。日露戦争時には既に第一線より退いていたが、その後も外地の警備任務等に従事することが多く、3等巡洋艦から2等海防艦とかわりつつ大正10年まで現役にあった。

艦名の秋津洲は日本国の別称といわれており、日本書記による記法によるという。後に昭和14年度計画の飛行艇母艦に襲名。

[資料] 本型の公式資料は図面の類としては残されておらず、僅かに<平賀資料>に簡単な船体図があるのみである。また要目簿もなく、国産艦ゆえに残っている資料が少ないということにもなっている。写真の数も多くなく、鮮明なものは少ない。

秋津洲 /Akitsushima

艦　歴 /Ship's History (1)

艦　名	秋津洲
年　月　日	記事 /Notes
1889(M22)- 5- 3	命名
1889(M22)- 5-28	佐世保鎮守府入籍
1890(M23)- 3-15	横須賀工廠 で起工
1890(M23)- 8-23	第 1 種軍艦
1892(M25)- 7- 7	進水
1894(M27)- 3-31	竣工、艦長心得中溝徳太郎少佐 (5 期) 就任、ただし汽缶 5 個修理未完
1894(M27)- 6- 8	艦長心得上村彦之丞中佐 (4 期) 就任、同年 12 月 7 日大佐艦長
1894(M27)- 6-19	常備艦隊編入
1894(M27)- 6-21	機関部改造工事完成 (6 月 2 日着工、横須賀工廠)、出師準備完
1894(M27)- 7- 2	三菱長崎造船所での修理完了、佐世保に向かう
1894(M27)- 7-19	第 1 遊撃隊に区分
1894(M27)- 7-23	佐世保発日清戦争に従事
1894(M27)- 7-25	豊島沖海戦にて清国巡洋艦廣乙を追いつめ擱座させる、損害死傷者なし、発射弾数 15cm 砲 -45、
	12cm 砲 -120、47mm 砲 -200
1894(M27)- 9-17	黄海海戦に参加、被弾 4、戦死 5、負傷 10、発射弾数 15cm 砲 -214、12cm 砲 -302、47mm 砲 -460
1894(M27)-12- 7	機関修理のため旅順に回航
1895(M28)- 1-30	威海衛攻撃に参加、2 月 11 日までの発射弾数 15cm 砲 -46、12cm 砲 -141、47mm 砲 -258、被弾 1、
	負傷 2、2 月 12 日清国艦隊降伏
1895(M28)- 3-25	澎湖島占領作戦に従事、陸上砲台砲撃、発射弾数 15cm 砲 -69、12cm 砲 -274、47mm 砲 -78
1895(M28)- 6- 2	横須賀工廠で機関修理、6 月 21 日完成
1895(M28)- 7-25	艦長植松永孚大佐 (2 期) 就任
1895(M28)-11-15	佐世保鎮守府警備艦、横須賀工廠で機関修理、翌年 3 月完成
1896(M29)- 4- 2	艦長高木英次郎大佐 (期前) 就任
1896(M29)- 5- 2	第 1 予備艦
1896(M29)- 7-	佐世保工廠で機関修理
1897(M30)- 1-27	艦長瓜生外吉大佐 (期外) 就任
1897(M30)- 2-	横須賀工廠で機関修理、6 月完成
1897(M30)- 3-21	常備艦隊編入
1897(M30)- 6-26	艦長井上良智大佐 (期外) 就任
1897(M30)-12-27	艦長斉藤実大佐 (6 期) 就任
1898(M31)- 3-21	3 等巡洋艦に類別
1898(M31)- 5- 3	佐世保発マニラ、香港方面警備、米西戦争居留民保護、9 月 15 日着
1898(M31)- 9-	横須賀工廠で機関修理、翌年 1 月完成
1898(M31)-10- 1	艦長梨羽時起大佐 (期外) 就任
1899(M32)- 5-24	艦長玉利親賢大佐 (5 期) 就任
1899(M32)- 6-15	横須賀工廠に入渠、艦底塗替えその他修理、6 月 29 日まで
1899(M32)- 7-22	佐世保発韓国、露領巡航、8 月 16 日小樽着
1899(M32)-10-	佐世保工廠で機関修理、12 月完成
1899(M32)-10- 7	艦長藤井較一大佐 (7 期) 就任
1900(M33)- 4-30	神戸沖大演習観艦式参列

艦　歴 /Ship's History (2)

艦　名	秋津洲
年　月　日	記事 /Notes
1900(M33)- 5-20	艦長心得荒木喜造中佐 (5 期) 就任
1900(M33)- 6- 5	横須賀工廠に入渠、艦底塗替え 6 月 13 日まで
1900(M33)- 6-19	佐世保発清国事変に従事、10 月 14 日着
1900(M33)- 8-23	艦長岩崎達人大佐 (期前) 就任
1900(M33)-11-	佐世保工廠で機関修理
1901(M34)- 1-23	艦長上原伸次郎大佐 (7 期) 就任
1901(M34)- 4- 1	第 3 予備艦
1902(M35)- 4-	佐世保工廠で機関総点検、10 月完成
1902(M35)-11-22	第 1 予備艦
1903(M36)- 4-12	艦長加藤定吉大佐 (10 期) 就任
1903(M36)- 4-10	神戸沖大演習観艦式参列
1903(M36)- 4-20	常備艦隊編入
1903(M36)- 5-10	佐世保発南清方面警備、翌年 1 月 15 日呉着
1903(M36)-10-12	艦長山屋他人中佐 (12 期) 就任
1903(M36)-12-28	第 3 艦隊第 6 戦隊編入
1904(M37)- 1-15	呉工廠で入渠
1904(M37)- 2- 6	六連島出撃日露戦争に従事
1904(M37)- 2-17	在上海露砲艦マンジュール監視のため第 6 戦隊は上海に派遣され、本艦のみ 3 月 30 日まで現地にとど
	まり武装解除を見届ける
1904(M37)- 4-19	韓国北西岸において第 2 軍輸送船隊の護衛支援にあたる、5 月 16/17 日に陸上敵陣を砲撃
1904(M37)- 8-11	黄海海戦後旅順封鎖に従事
1904(M37)-11-10	佐世保着、入渠修理整備の後 12 月 19 日発
1905(M38)- 1- 7	艦長広瀬勝比古中佐 (10 期) 就任
1905(M38)- 4-19	佐世保工廠で推進器修理、4 月 20 日完成
1905(M38)- 5-27	日本海海戦に参加、敵巡洋艦部隊およびネボガトフ隊と交戦、損害軽微軽傷 2、発射弾数 15cm 砲
	-73、12cm 砲 -158、47mm 砲 -38
1905(M38)- 6-14	艦長西山保吉中佐 (10 期) 就任
1905(M38)- 7- 4	大湊発樺太占領作戦に従事、8 月 29 日函館着
1905(M38)- 8- 5	艦長午田従三郎中佐 (12 期) 就任
1905(M38)-10-23	横浜沖凱旋観艦式参列
1905(M38)-12-20	第 1 予備艦
1906(M39)- 5-10	南清艦隊編入、艦長土屋光金大佐 (12 期) 就任
1906(M39)- 6-17	佐世保発南清方面警備、12 月 19 日佐世保着
1906(M39)-12-24	艦長吉見乾海大佐 (12 期) 就任
1907(M40)- 2- 4	艦長真野巌次郎大佐 (期外) 就任
1907(M40)- 3- 2	馬公発南清方面警備、11 月 19 日佐世保着
1907(M40)-11-22	第 3 予備艦
1908(M41)- 4- 4	復旧修理工事着手認可、佐世保工廠で缶換装工事
1908(M41)- 5-16	艦長河野左金太中佐 (13 期) 就任
1908(M41)- 8-28	艦長秋山真之中佐 (17 期) 就任

艦　歴 /Ship's History (3)

艦　名	秋津洲
年　月　日	記事 /Notes
1908(M41)- 9- 1	第 1 予備艦
1908(M41)-10- 6	第 1 艦隊編入
1908(M41)-11-18	神戸沖大演習観艦式参列
1908(M41)-11-20	第 2 戦隊編入
1908(M41)-12-10	艦長中野直枝大佐 (15 期) 就任
1908(M41)-12-17	佐世保発韓国、北清方面警備、翌年 12 月 1 日佐世保着、この間 7 度内地往復
1909(M42)- 3-10	艦長山中柴吉大佐 (15 期) 就任
1909(M42)- 9- 1	14" 発射管 4 門撤去
1909(M42)-12-20	第 2 予備艦
1910(M43)- 8-31	無線電信室改造認可
1910(M43)-12- 1	第 3 戦隊編入、艦長安保清種中佐 (18 期) 就任
1910(M43)-12-16	佐世保発南清方面警備、翌年 12 月 11 日佐世保着
1911(M44)- 1-16	艦長片岡栄太郎大佐 (15 期) 就任
1911(M44)- 5-30	漢口在泊中に搭載汽艇沈没亡失
1911(M44)- 6-28	艦長布目満造大佐 (15 期) 就任
1911(M44)- 7- 1	30' 小蒸汽沈没の代替えとして佐世保港務部在庫の 28' 小蒸汽をあてることを認可
1911(M44)-12- 1	第 2 予備艦
1912(M45)- 4- 1	第 1 予備艦、艦長西尾雄治郎大佐 (17 期) 就任
1912(M45)- 5-30	第 3 戦隊編入
1912(M45)- 6- 5	佐世保発南清方面警備、9 月 22 日着
1912(T 1)- 8-28	2 等海防艦に類別
1912(T 1)-11-12	横浜沖大演習観艦式参列
1912(T 1)-11-25	佐世保発南清方面警備、翌年 4 月 9 日着
1912(T 1)-12- 1	艦長青山芳得大佐 (17 期) 就任
1913(T 2)- 4- 1	警備艦
1913(T 2)- 5- 3	佐世保発旅順方面警備、翌年 4 月 12 日着
1913(T 2)-12- 1	艦長有馬純位大佐 (17 期) 就任
1914(T 3)- 4- 1	第 1 予備艦
1914(T 3)- 8-10	警備艦
1914(T 3)- 8-18	第 2 艦隊第 6 戦隊編入
1914(T 3)- 8-23	佐世保発第 1 次大戦従事、11 月 26 日着
1914(T 3)-12- 1	警備艦、馬公要港司令官の指揮下におかれる、艦長加藤壮太郎中佐 (21 期) 就任
1914(T 3)-12-13	佐世保発馬公に向かう、7 月 17 日まで同方面で警備任務
1915(T 4)-12-13	第 3 予備艦
1916(T 5)- 1-25	馬公発中国沿岸方面警備、5 月 29 日佐世保着
1916(T 5)- 1-26	艦長宮地民三郎中佐 (25 期) 就任
1916(T 5)- 6-28	玉ノ浦発中国沿岸方面警備、11 月 11 日佐世保着
1916(T 5)-12- 1	艦長井出元治中佐 (25 期) 就任
1916(T 5)-12-16	佐世保発台湾方面警備、翌年 3 月 24 日馬公着

艦　歴 /Ship's History (4)

艦　名	秋津洲
年　月　日	記事 /Notes
1917(T 6)- 8- 7	馬公発中国沿岸方面警備、同 12 月 27 日馬公着
1917(T 6)-12- 1	艦長迎邦一中佐 (27 期) 就任
1918(T 7)- 2- 8	馬公発中国沿岸方面警備、翌年 2 月 5 日馬公着
1918(T 7)- 7-23	艦長鳥嵜保三中佐 (27 期) 就任
1918(T 7)- 8- 9	馬公入港時触礁す
1918(T 7)- 12-	マニラで感冒患者多数発生の矢矧の医療支援にマニラに派遣
1919(T 8)- 5-24	馬公発中国沿岸方面警備、9 月 13 日馬公着
1919(T 8)-11-20	艦長森本兎久身大佐 (28 期) 就任
1919(T 8)-12-19	馬公発南支那海方面警備、翌年 2 月 26 日馬公着
1920(T 9)- 7- 1	馬公発南支那海方面警備、10 月 25 日馬公着
1920(T 9)- 7-24	馬公港内でブイ泊中、悪天候により左右錨鎖が切断、港内を流され浚渫船と接触、船体に軽い損傷と右推進器翼 2 枚を切損
1920(T 9)-11-20	艦長七田今朝一中佐 (29 期) 就任
1920(T 9)-12-17	横須賀鎮守府に入籍
1921(T10)- 3-15	第 3 予備艦
1921(T10)- 4- 1	横須賀防備隊付属
1921(T10)- 4-30	2 等海防艦から除籍、特務艇に類別、横須賀防備隊付属潜水母艇
1922(T11)- 8-14	横須賀工廠で潜水母艇に改造、翌年 3 月 29 日完成
1927(S 2)- 1-10	除籍、解体

和泉 /Izumi

型名 /Class name		同型艦数 /No. in class		設計番号 /Design No.		設計者 /Designer	William H. White（英国）	建造費 /Cost	購入金額 £315,561/ ¥3,236,990(内 3,214,045 艦本体価格)

艦名 /Name	計画年度 /Prog. year	建造番号 /Build. No	起工 /Laid down	進水 /Launch	竣工 /Completed	建造所 /Builder	旧名 /Ex. name	編入・購入 /Acquirement	除籍 /Deletion	喪失原因・日時・場所 /Loss data
和泉 /Izumi	M27/1894 購入		M14/1881-04-05	M16/1883-06-06	M17/1884-07-15	英国ニューキャッスル、Armstrong 社	Esmeralda(チリ)	M27/1894-11-05	M45/1912-04-01	

注 /NOTES ① 日清戦争に際して艦艇増強のため緊急購入、本来英国アームストロング、ミッチェル社がチリ向けに建造した巡洋艦で、完成当時は防禦甲板構造を持つ防護巡洋艦の最初の艦として著名、設計者のホワイトも海軍造船局長を務めた著名な造船官

船体寸法 /Hull Dimensions

艦名 /Name	状態 /Condition	排水量 /Displacement		長さ /Length(m)			幅 /Breadth (m)			深さ /Depth(m)		吃水 /Draught(m)			乾舷 /Freeboard (m)			備考 /Note
				全長 /OA	水線 /WL	垂線 /PP	全幅 /Max	水線 /WL	水線下 /uw	上甲板 /m	最上甲板	前部 /F	後部 /A	平均 /M	艦首 /B	中央 /M	艦尾 /S	
和泉 /Izumi	計画排水量 /Design (T)	常備 /Norm.	3,035.217	88.460		82.50	12.80			8.97		5.639	5.715	5.677		3.32		日本側で就役時の計画値と推定
	公試排水量 /Trial (T)		3,152															M32-9-27 の公試による
	公称排水量 /Official(T)	常備 /Norm.	2,950															2,967T と表記する場合あり
	総噸数 /Gross ton (T)		2,034.099															

注 /NOTES ①ここに掲げた数値はほぼ和泉要目簿によったが、日本側に引き渡された後、必要な修復工事、装備の入換え等を実施した後の数値と思われる、英国での完成時の常備排水量は 2,950T とされている 【出典】和泉要目簿 / 海軍省年報

機　関 /Machinery

		本邦到着時
主機械 /Main mach.	型式 /Type × 基数 (軸数)/No.	横置 2 段膨張 2 気筩式機関 /Recipro. engine × 2
缶 /Boiler	型式 /Type × 基数 /No.	両面円缶 / × 4
	蒸気圧力 /Steam pressure (kg/cm²)	6.33(計画 /Design)　4.219(M31 缶修復後)
	蒸気温度 /Steam temp.(℃)	
	缶換装年月日 /Exchange date	M31/1898-6
	換装缶型式・製造元 /Type & maker	両面円缶 / × 4・横須賀造船所
計画 /Design (自然通風 / 強圧通風)	速力 /Speed(ノット /kt)	/18.0
	出力 /Power(実馬力 /IHP)	/5,500
	回転数 /(rpm)	/
新造公試 /New trial (自然通風 / 強圧通風) M31-5 機関修復後	速力 /Speed(ノット /kt)	15.2/
	出力 /Power(実馬力 /IHP)	3,133/
	回転数 /(rpm)	96/
改造公試 /Repair T. (自然通風 / 強圧通風) M32-9 缶換装	速力 /Speed(ノット /kt)	15.398/
	出力 /Power(実馬力 /IHP)	3,379.591/
	回転数 /(rpm)	97.75/
推進器 /Propeller	直径 /Dia.・翼数 /Blade no.	4.52・3 翼
	数 /No.・型式 /Type	× 2・グリフィス青銅
舵 /Rudder	舵型式・舵面積 /Rudder area(m²)	非釣合舵 /Non balance・5.58
燃料 /Fuel	石炭 /Coal(T)　定量 (Norm.)/ 全量 (Max.)	400/567.411
航続距離 /Range(浬 /SM- ノット /Kts)		1 時間 1 馬力当り消費石炭量 1.171T(M35-3-27 公試)
発電機 /Dynamo・発電量 /Electric power(V/A)		シーメンス式 2 極 × 3・80V/100A × 2、80V/400A × 1 ①
新造機関製造所 / Machine maker at new		英 Howthorn 社
帆装形式 /Rig type・総帆面積 /Sail area(m²)		

注 /NOTES 日本に到着後検査の結果、缶の程度が悪く当面修復工事を実施したが、M31 に新缶に換装する、M35-3-27 の公試では自然通風で速力 16.5kt/ 出力 3,385.28 実馬力 / 回転数 101.8 を記録している ① M29-10 に換装後を示す
【出典】帝国海軍機関史 / 和泉要目簿 / 日清戦争戦時書類

兵装・装備 /Armament & Equipment

		M27/1894 本邦到着時	M37/1904
砲熕兵器 / Guns	主砲 /Main guns	安式 32 口径 25.4cm 砲 /Armstrong × 2	安式 40 口径 15cm 砲 /Armstrong × 2 ② 弾× 400
	備砲 /2nd guns	安式 32 口径 15cm 砲 /Armstrong × 6	安式 40 口径 12cm 砲 /Armstrong × 6 ③ 弾× 900
	小砲 /Small cal. guns	47mm 重保式砲 /Hotchkiss × 6 9 lb 安式前装砲 /Armstrong ML × 1(短艇用)	47mm 重保式砲 /Hotchkiss × 7 弾× 1,688 47mm 軽保式砲 /Hotchkiss × 1 弾× 240 ④
	機関砲 /M. guns	37mm5 連保式砲 /Hotchkiss × 5 ⑤　⑤ 11mm ガードナー機砲 /Gardner × 2(檣楼用)	
個人兵器 /Personal weapons	小銃 /Rifle	オーストリア製小銃× 100	35 年式海軍銃× 94　弾× 28,200
	拳銃 /Pistol		1 番形× 29 弾× 3,480　モーゼル× 5 弾× 600
	舶刀 /Cutlass		
水雷兵器 /Torpedo weapons	魚雷発射管 /T. tube	①	
	魚雷 /Torpedo		
電気兵器 /Elec.Weap.	探照灯 /Searchlight	× 2(シーメンス式)	× 3(シーメンス式 25,000 燭光) ⑥
艦載艇 /Boats	汽艇 /Steam launch	× 1 ⑦	× 1(8.5m、5.7T、7kt)
	ピンネース /Pinnace		× 1(9.17m)
	カッター /Cutter		× 2(8.53m、8.0m)
	ギグ /Gig		× 1(8.0m)
	ガレー /Galley		× 1(8.17m)
	通船 /Sampan		× 2(和舟 7.6m、外舷艇 3.74m)
	(合計)	× 8	× 8 ⑧

注 /NOTES ①新造時 35cm 魚雷発射管 3 基を装備していたが、本邦到着時の調査リストになし ② M35 に安式 40 口径 15cm 砲 (1 号砲) と換装、M36-10 同 2 号砲と換装 ③ M28 安式 40 口径 12cm 砲と換装 ④ 47mm 砲は M28 に従来備付けの 4 門が艦橋部備付けの 2 門と弾薬形状が異なるために在庫の 4 門と換装、更に保式 37mm5 連機砲 1 門を作動不良のため同重 47mm 砲 1 門と換装、軽 47mm 砲 1 門はこの時期に 9lb 安式砲の代わりに短艇用として装備したもの、これらの 47mm 砲は M40 前後に撤去したもよう ⑤ M30 以降に実用性なしとして撤去 ⑥ M35 に 1 基増備 ⑦ M30 以後に換装 ⑧ M41 の調査ではカッター 2 から 1、通船 (和船)2 に変更 【出典】和泉要目簿 / 掌砲必携 / 公文備考

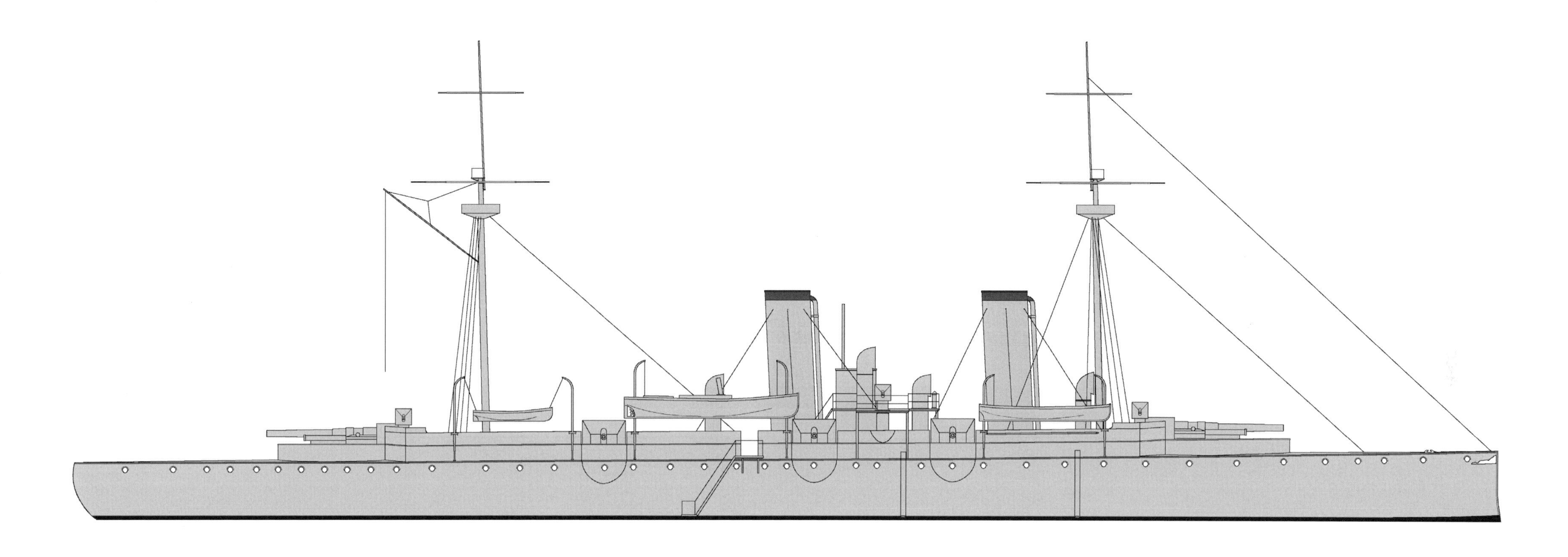

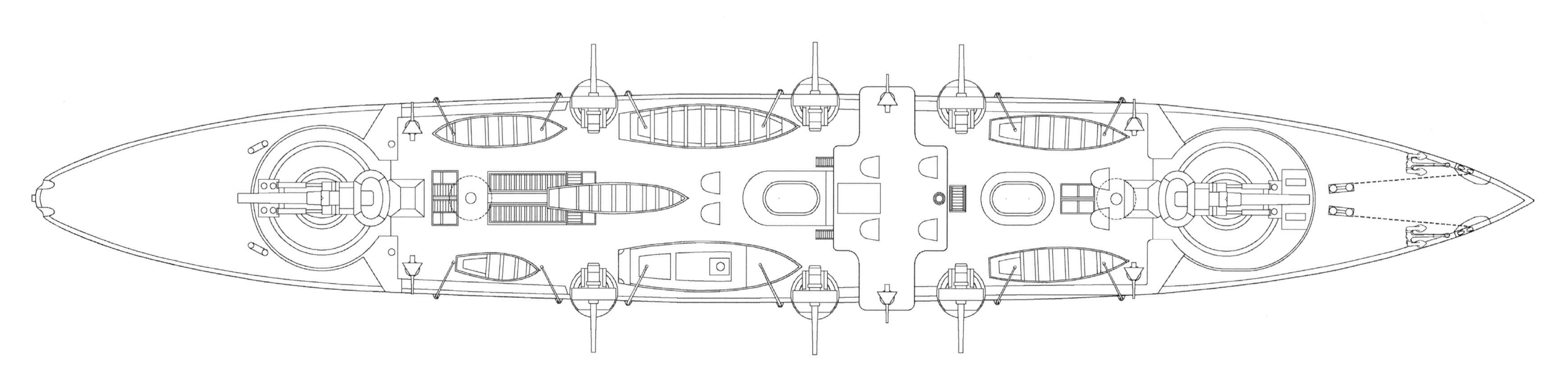

◎日清戦争に際して予備兵力としてチリの防護巡洋艦エスメラルダを購入したもの。新造時は英アームストロング社が建造した最初の防護巡洋として有名であったが、この時期兵装は旧式化しており、あまり実用的価値はなく、足元を見られて高く売りつけられた感がないでもない。舷側の旧式な15cm砲は回航後に新型の安式15cm砲に換装されている。

図 2-9-1 [S=1/300]　**和泉** 側平面 (M28/1895)

和泉 /Izumi

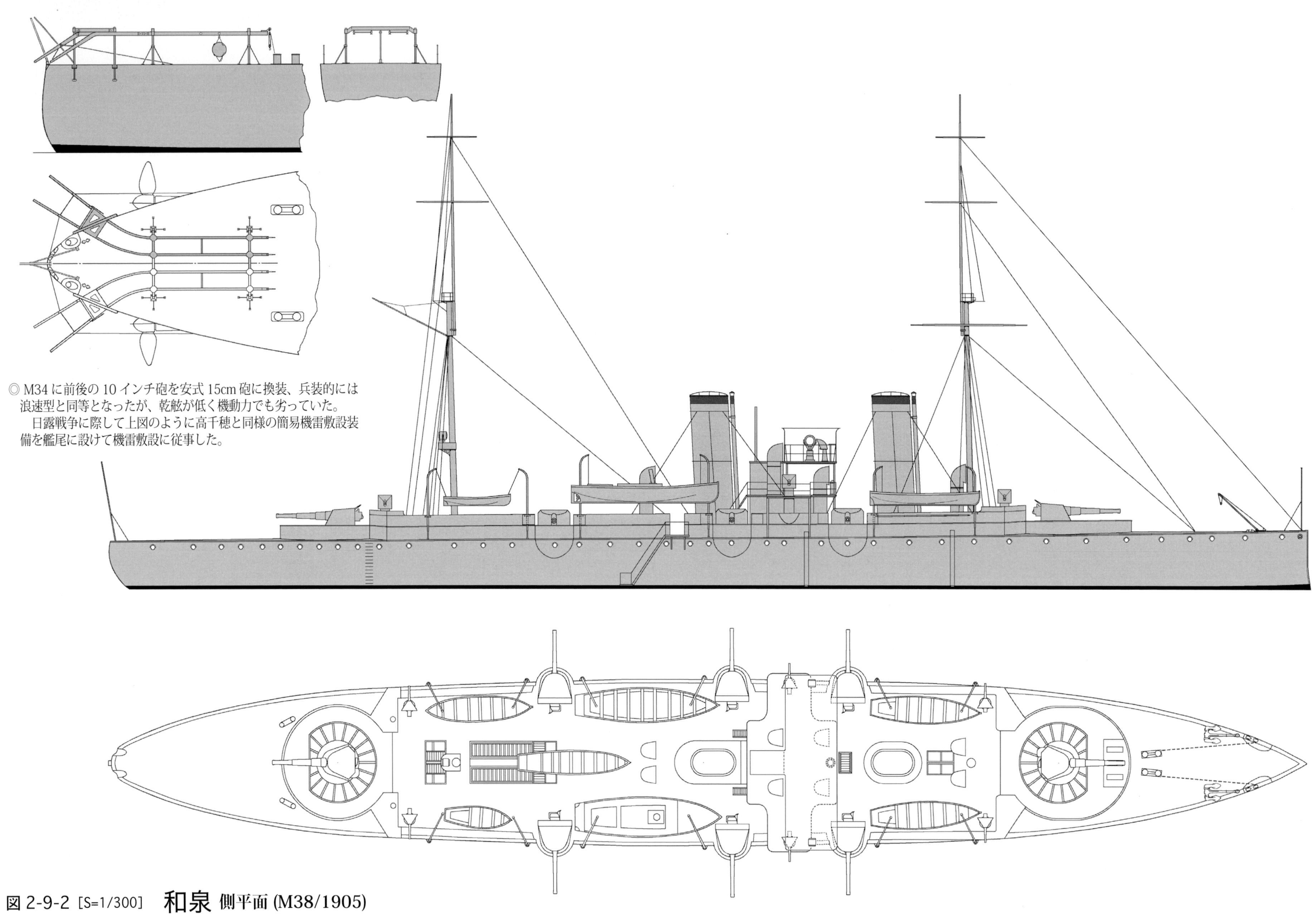

◎ M34 に前後の 10 インチ砲を安式 15cm 砲に換装、兵装的には浪速型と同等となったが、乾舷が低く機動力でも劣っていた。
日露戦争に際して上図のように高千穂と同様の簡易機雷敷設装備を艦尾に設けて機雷敷設に従事した。

図 2-9-2 [S=1/300] 和泉 側平面 (M38/1905)

定　員 /Complement (1)

職名 /Occupation	官名 /Rank	定数 /No.		職名 /Occupation	官名 /Rank	定数 /No.	
艦長	大佐	1	士官 /21		3等機関手	8	下士 /13
副長	少佐	1			1等看護手	1	
砲術長	大尉	1			2等筆記	1	
航海長	〃	1			3等筆記	1	
分隊長	〃	3			1等厨宰	1	
	少尉	5			2等厨宰	1	
機関長	機関少監	1			1等水兵	30	卒 /210
分隊長	大機関士	2			2等水兵	41	
	中機関士	1			3、4等水兵	49	
	少機関士	1			1等信号水兵	1	
軍医長	大軍医	1			2等信号水兵	2	
	少軍医	1			3、4等信号水兵	3	
主計長	大主計	1			1等木工	1	
	少主計	1			2等木工	1	
	上等兵曹	2	准士 / 7		3、4等木工	2	
	船匠師	1			1等鍛冶	1	
	上等機関兵曹	4			2等鍛冶	1	
	1等兵曹	9	下士 /42		3、4等鍛冶	1	
	2等兵曹	10			1等機関兵	15	
	3等兵曹	10			2等機関兵	15	
	2等信号兵曹	1			3、4等機関兵	36	
	1等船匠手	1			1等看護	1	
	3等船匠手	1			2等看護	1	
	1等鍛冶手	1			1等主厨	2	
	3等鍛冶手	1			2等主厨	3	
	1等機関手	3			3、4等主厨	4	
	2等機関手	5		（合　計）		293	

注 /NOTES 明治29年3月内令1による和泉の定員を示す【出典】海軍制度沿革
(1) 上等兵曹の2人は掌砲長、掌帆長の職にあたるものとする
(2) 兵曹中の2人は砲術教員にあて他は掌砲長属、掌水雷長属、掌帆長属、按針手、艦長端舟長、船艙手及び各部の長職につくものとする

定　員 /Complement (2)

職名 /Occupation	官名 /Rank	定数 /No.		職名 /Occupation	官名 /Rank	定数 /No.	
艦長	大中佐	1	士官 /21		1等機関兵曹	6	下士 /23
副長	少佐	1			2、3等機関兵曹	12	
砲術長	大尉	1			1等看護手	1	
航海長	〃	1			1等筆記	1	
分隊長	〃	3			2、3等筆記	1	
	中少尉	5			1等厨宰	1	
機関長	機関少監	1			2、3等厨宰	1	
分隊長	大機関士	2			1等水兵	29	卒 /194
	中少機関士	2			2、3等水兵	54	
軍医長	大軍医	1			4等水兵	23	
	中少軍医	1			1等信号水兵	4	
主計長	大主計	1			2、3等信号水兵	5	
	中少主計	1			1等木工	1	
	上等兵曹	2	准士 / 6		2、3等木工	2	
	船匠師	1			1等機関兵	24	
	上等機関兵曹	3			2、3等機関兵	30	
	1等兵曹	6	下士 /30		4等機関兵	12	
	2、3等兵曹	17			1、2等看護	2	
	1等信号兵曹	1			1等主厨	2	
	2、3等信号兵曹	4			2等主厨	3	
	1等船匠師	1			3、4等主厨	3	
	2、3等船匠師	1		（合　計）		274	

注 /NOTES 明治38年12月内令755による3等巡洋艦和泉の定員を示す【出典】海軍制度沿革
(1) 上等兵曹は掌砲長兼掌水雷長、掌帆長の職にあたるものとする
(2) 兵曹は教員、掌砲長属、掌水雷長属、掌帆長属及び各部の長職につくものとする
(3) 信号兵曹の1人は信号長に、他は按針手の職につくこととする

装　甲 /Armor

和泉				
司令塔 /Conning tower		25mm(前側部 /Forw. side)	25cm 砲 /Gun shield	35mm
司令塔障壁 /Back board			12cm 砲 /Gun shield	19-73mm
揚弾薬筒 /Ammunition tube		12mm	47mm 砲 /Gun shield	6mm
防禦甲板	中央平坦部 /Flat	12mm	37mm 砲 /Gun shield	11.8mm
	傾斜部 /Slope	25mm		
	前後部 /Forward & After	12mm		

注 /NOTES 新造時を示す【出典】和泉要目簿 / 写真日本軍艦史

解説 /COMMENT

日清戦争中の明治27年10月10日に西郷海軍大臣は軍艦購入案を閣議に提出、これは戦時下の海軍兵力を緊急に補強するためにアルゼンチンの小型装甲艦及び防護巡洋艦等3隻を合計8,927,767円で購入するという案で、臨時軍事費からの支出を認められたが、交渉が進展せず、代わりにチリの防護巡洋艦エスメラルダの買収が2,960,323円でまとまったために、同11月15日に売買契約が成立、戦時法規を逃れるためエクアドル国籍ということで同12月8日にバルパライソを出港、ハワイ経由で翌年2月5日に横須賀に到着、和泉と改名して編入された。エスメラルダそのものは明治17年に完成、アームストロング社の建造になる世界最初の防護巡洋艦として名声をはせた艦であったが、当時にあってはその後日本の浪速のような有力艦が出現したこともあって、昔の面影はなかった。

要するに足下を見られて高値で買わされたといってよく、この半額がいいところで、アルゼンチンの艦艇にしても似たようなものであった。案の定、回航後検査してみるととてもそのまま戦線に出すのは難しく、搭載兵器の整備や各所の修理が必要で、結果的には約2か月後の3月26日に横須賀を出港したものの、実質的には戦闘は終わっていた。結果的に見れば、黄海海戦で清国の2大装甲艦を撃破した後では、何もあわててこうした中古艦を買うこともなかったともいえるが、後の祭りであった。

取得時に装備していた前後の安式25cm砲は明治30年代はじめに安式15cm砲に、舷側の15cm砲も安式12cm砲に交換装備されて兵装を刷新、缶も換装されて、その後の公試では16.4ノットを発揮していた。日露戦争に際しては艦尾に機雷敷設装置を仮設している。

先の筑紫や後の春日、日進を含めて緊急時の軍艦購入には相手先は常に南米海軍で、それもアームストロング社がからむことが多かったのも何かの奇縁である。そもそもこのエスメラルダは前述のように軍艦技術史上は最初の防護巡洋艦というエポックメイキングな艦として知られているが、本来は南米チリの注文でアームストロング社が建造中、チリ政府が売却を検討、折から甲鉄艦を求めていた日本に対してアームストロング社が英貨17万6千ポンドで売却を打診、明治16年6月から交渉を続けて同年8月は(P-137 に続く)

和泉 /Izumi

艦　歴 /Ship's History (1)

艦　名	和　泉
年　月　日	記　事 /Notes
1881(M14)- 4- 5	英国エルジック、アームストロング社でチリ巡洋艦エスメラルダ Esmeralda として起工
1883(M16)- 6- 6	進水
1884(M17)- 7-15	竣工
1894(M27)-11-15	購入
1895(M28)- 1- 8	命名、横須賀鎮守府に入籍
1895(M28)- 2- 5	横須賀着、2 月 17 日から 3 月 29 日まで横須賀工廠で船体機関部修理、安式 32 口径 15cm 側砲 6
	門を安式 40 口径 12cm 砲に、保式重 47mm 砲の一部を換装
1895(M28)- 2-20	艦長島崎好忠大佐 (2 期) 就任
1895(M28)- 3-21	西海艦隊
1895(M28)- 3-26	横須賀発日清戦争に従事、10 月 4 日長崎着
1895(M28)-11-15	常備艦隊
1895(M28)-11-21	汽缶及び推進機械取替え認可、横須賀工廠
1896(M29)- 6- 5	艦長高木英次郎大佐 (期前) 就任
1896(M29)- 7-30	解役、横須賀工廠で機関修理、翌年 5 月完成
1896(M29)-11-17	艦長早崎源吾大佐 (3 期) 就任
1897(M30)- 3- 8	第 2 予備艦
1897(M30)- 7-20	常備艦隊
1897(M30)- 9- 6	青森発韓国航海、10 月 19 日佐世保着
1898(M31)- 3- 9	解役、第 3 予備艦、海外注文の新缶到着につき 3 月 16 日より横須賀工廠にて新缶入換え工事着手、
	工期約 1 年間、この間に保式 37mm 機砲、ガードナー式機砲を撤去したものと推定
1898(M31)- 3-21	3 等巡洋艦に類別
1899(M32)- 8-16	第 2 予備艦
1899(M32)- 9-11	第 1 予備艦
1899(M32)- 9-29	艦長斉藤孝至大佐 (7 期) 就任
1899(M32)-12- 4	常備艦隊
1900(M33)- 4-30	神戸沖大演習観艦式参列
1900(M33)- 6- 4	横須賀発清国事変に従事、翌年 5 月 20 日着
1900(M33)- 9-25	艦長成田勝郎大佐 (7 期) 就任
1901(M34)- 5-16	第 2 予備艦、横須賀工廠で機関修理
1901(M34)- 9-20	横須賀工廠で入渠、スクリュー、同シャフト取外し修理、11 月 5 日出渠
1901(M34)-10- 1	艦長八代六郎大佐 (8 期) 就任
1901(M34)-10-23	兵器改正関連工事 (前後の 25cm 砲を 15cm 砲に換装) 及び探照灯増設認可、後檣に 1 基増備
1901(M34)-11-13	檣楼撤去認可、艦長鏑木誠大佐 (5 期) 就任
1902(M35)- 4- 4	第 1 予備艦
1902(M35)- 4-22	常備艦隊
1902(M35)- 5-20	佐世保発南清方面警備、10 月 18 日着
1902(M35)-10-23	艦長和田賢助大佐 (8 期) 就任
1902(M35)-11- 4	佐世保発南清方面警備、翌年 2 月 19 日玉ノ浦着、三菱長崎造船所で入渠
1903(M36)- 4- 1	別府発韓国南岸方面警備、4 月 3 日六連島着
1903(M36)- 4-10	神戸沖大演習観艦式参列

艦　歴 /Ship's History (2)

艦　名	和　泉
年　月　日	記　事 /Notes
1903(M36)- 4-12	第 2 予備艦、艦長池中小次郎中佐 (9 期) 就任
1903(M36)-10-29	第 1 予備艦、横須賀工廠で機械水雷落下装置を設置、37 年 1 月 2 日完成、同 3 日試験、この間安式
	15cm 砲 1 号砲を同 2 号砲に換装
1903(M36)-12-28	第 3 艦隊第 6 戦隊
1904(M37)- 2-17	第 6 戦隊 (旗艦和泉、千代田欠) を揚子江外に派遣、呉淞に在泊中の露国砲艦マンジュールの監視に
	当たる、秋津洲を残して同 26 日発基地に帰還
1904(M37)- 6-23	第 6 戦隊各艦は旅順艦隊大挙出動に備え旅順沖にて警戒偵察行動、同 7 月 10 日まで
1904(M37)- 8-10	黄海海戦に参加、当初単独で基地にあり後戦隊に合同敵艦隊の追尾に当たる、南下脱出を図る敵巡
	洋艦アスコルドを追尾するも速力差で取り逃がす、海戦中の発射弾数 15cm 砲 -32、12cm 砲 -39
	47mm 砲 -33、被害重傷 1 名、以後旅順沖方面で封鎖任務に従事、同年 12 月 23 日まで
1905(M38)- 1- 2	舞鶴工廠で修理、2 月 9 日完成、残工事 2 月 14 日から神戸川崎造船所で実施、3 月 24 日完成
1905(M38)- 5- 8	艦長石田一郎大佐 (11 期) 就任
1905(M38)- 5-27	第 3 艦隊第 6 戦隊として日本海海戦に参加、前夜より哨戒任務に従事、信濃丸の無電受信後朝 6 時
	45 分露艦隊に接触、午後 2 時まで接敵行動を続け、その後露特務艦隊等と交戦、5 月 29 日朝竹敷
	入港まで戦闘行動を続行。海戦中の発射弾数 15cm 砲 -88、12cm 砲 -326、47mm 砲 -120、被弾
	数 5、戦闘行動に支障なしも前部 15cm 砲腔発により砲身切断、戦死 3、重傷 2、軽傷 5
1905(M38)- 6- 5	仮修理後竹敷発 6 月 6 日佐世保着、6 月 10 日まで再度仮修理
1905(M38)- 9-20	横須賀工廠で修理着手、10 月 4 日完成
1905(M38)-10-23	横浜沖凱旋観艦式参列
1905(M38)-12-12	3 等巡洋艦に類別 、艦長茶山豊也大佐 (12 期) 就任
1905(M38)-12-20	第 2 艦隊
1906(M39)- 1-30	佐世保発韓国方面警備、2 月 22 日門司着
1906(M39)- 2-28	門司発韓国方面警備、3 月 2 日南風泊着
1906(M39)- 3-12	佐世保発韓国方面警備、4 月 9 日竹敷着
1906(M39)- 4- 1	第 1 予備艦
1906(M39)- 7- 2	機関部特定修理認可、横須賀工廠
1906(M39)- 7-12	第 2 予備艦
1906(M39)- 9-28	艦長真野厳次郎大佐 (期外) 就任
1907(M40)- 2- 4	艦長荒川規志大佐 (10 期) 就任、兼音羽艦長
1907(M40)- 2-28	艦長東郷吉太郎中佐 (13 期) 就任、3 月 19 日横須賀工廠で入渠、推進翼 1 枚取替え工事
1907(M40)- 8- 8	佐世保鎮守府に転籍
1907(M40)- 2-28	艦長山口九十郎大佐 (13 期) 就任
1907(M40)-10-12	第 1 予備艦
1907(M40)-11-22	南清艦隊
1907(M40)-12- 4	佐世保発南清方面警備、12 月 11 日馬公着
1907(M40)-12-17	47mm 砲撤去、砲門閉塞認可、佐世保工廠
1907(M40)-12-22	馬公発南清方面警備、翌年 6 月 22 日佐世保着
1908(M41)- 8-22	馬公発南清方面警備、9 月 18 日佐世保着
1908(M41)- 9-19	第 1 予備艦
1908(M41)- 9-25	艦長森義臣大佐 (14 期) 就任

艦　歴 /Ship's History (3)

艦　名	和　泉
年　月　日	記　事 /Notes
1908(M41)-10-8	第 2 艦隊 (大演習中)
1908(M41)-11-18	神戸沖大演習観艦式参列
1908(M41)-11-20	第 2 予備艦
1908(M41)-12-10	艦長高木七太郎中佐 (15 期) 就任
1909(M42)- 7-10	艦長小林恵吉郎大佐 (15 期) 就任
1909(M42)-12- 1	第 1 予備艦
1910(M43)-11- 2	無線電信室改造認可、横須賀工廠
1910(M43)-12- 1	第 2 艦隊
1911(M44)- 4- 8	佐世保発北清方面警備、4 月 26 日鎮南浦着
1911(M44)- 5- 7	佐世保発旅順方面警備、5 月 17 日着
1911(M44)-11- 1	佐世保発北清方面警備、12 月 20 日着
1911(M44)-12- 1	第 2 予備艦
1912(M45)- 4- 1	除籍
1913(T 2)- 1-18	売却、長崎で解体

(P- 135 から続く) じめ同額で購入を内定、支払い方法で検討に入った矢先きにチリ政府が売却をしぶり、安社との間で話しがこじれ結局破談になった経緯がある。このときの価格は日本円で 131 万 6,200 円といわれており、11 年後にこの倍以上の価格で買わされたのだから、弱みにつけこまれるのにもほどがある。このエスメラルダを改良、より有力艦に仕立てたのが浪速と高千穂で、エスメラルダが破談になった後に安社から同等艦をほぼ同価格で新造してはとの申し出があったものの、のらなかったのは正解だったかもしれない。

艦名の和泉は畿内五国の国名、泉州ともいう現在の大阪府南西部。本艦は 2 代目で初代和泉は明治元年に軍務官が土佐藩より購入した汽船で、同 2 年に久留米藩に移管という記録がある。命名時の候補艦名として他に「出雲」があった。その後の襲名はなし。

[資料] 本型の資料としては公式図面の類は残されていない。ただ、明治 41 年要目簿 (明細表) があり、船体、機関及び兵装について記載されており、唯一貴重な公式資料となっている。写真もそう多くはないがいろいろ考証には有効である。エスメラルダそのものの建造資料、図面の類は英国に存在する可能性はある。

通報艦 /Dispatch boats・水雷砲艦 /Torpedo gunboats

型名 /Class name		同型艦数 /No. in class		設計番号 /Design No.					
艦名 /Name	計画年度 /Prog. year	仮称艦名 /Prog. name	起工 /Laid down	進水 /Launch	竣工 /Completed	建造所 /Builder	建造費 /Cost	設計者 /Designer	除籍 /Deletion	喪失原因・日時・場所 /Loss data
八重山 /Yaeyama ①	M18/1885	第 1 報知艦	M20/1887-06-07	M22/1889-03-12	M23/1890-03-15	横須賀造船所	¥1,058,595(内兵器¥153,406)	(仏)エミール・ベルタン	M44/1911-04-02	
千島 /Chishima ②	M18/1885	第 2 報知艦	M23/1890-01-29	M23/1890-11-26	M25/1892-04-01	仏サンナゼール、Ch de La Loire 社	¥845,490(内兵器¥133,221)	(仏)エミール・ベルタン		M25/1892-11-30 英船と衝突沈没
龍田 /Tatsuta ③	M24/1891	甲号水雷砲艦	M26/1893-04-07	M27/1894-04-07	M27/1894-07-31	英ニューキャッスル、Armstrong 社	¥975,509(内兵器　　　)		T05/1916-04-01	
宮古 /Miyako ④	M26/1893	甲号報知艦	M27/1894-05-26	M31/1898-10-27	M32/1899-03-31	呉工廠	¥1,257,297(内兵器¥267,975)		S38/1905-05-21	M37/1904-05-14 に大連付近で触雷沈没
千早 /Chihaya ⑤	M29/1896		M31/1898-05-07	M33/1900-05-26	M34/1901-09-09	横須賀工廠	¥1,202,000(内兵器　　　)		S03/1928-09-01	

注 /NOTES ①仏海軍造船官として著名であったエミール・ベルタンが日本海軍の海軍省顧問工廠総監督待遇で横須賀造船所にあったときに、ベルタンの指導で計画された最初の国産通報艦 (当初は報知艦と称していた) で船体設計にベルタン設計の特色が強く見られる、当時の最高速艦の一隻であった ②千島は同時期に仏国に発注された艦で、ベルタンが直接設計したものではないと推定されるが、基本仕様の決定では主導的役割を果たしたものと推定される、仏国から回航途中長崎に寄港神戸に向かう途中、瀬戸内海で英商船と衝突沈没、そのため正式な入籍前ということからか除籍年月日は設定されていない ③当時駆逐艦の前身といえる水雷砲艦、水雷捕獲艦等の建造で定評のあった英アームストロング社に発注されたが、回航途中アデンで抑留され日清戦争に間に合わなかった、設計はアームストロング社にまかされたものらしい ④八重山の改型として軍務局第 3 課 (艦政本部前身) で計画、基本設計を行ったものと推定 ⑤千早の建造費については海軍省年報に欠年があり集計不可のため < 帝国艦艇要領表 > によったが、数字はかなり丸められていもののほぼ妥当な数字である【出典】海軍軍備沿革 / 海軍省年報 / 帝国艦艇要領表 /Engineering 誌

船体寸法 /Hull Dimensions

艦名 /Name	状態 /Condition	排水量 /Displacement		長さ /Length(m)			幅 /Breadth (m)			深さ /Depth(m)		吃水 /Draught(m)			乾舷 /Freeboard (m)			備考 /Note
				全長 /OA	水線 /WL	垂線 /PP	全幅 /Max	水線 /WL	水線下 /uw	上甲板 /m	最上甲板	前部 /F	後部 /A	平均 /M	艦首 /B	中央 /M	艦尾 /S	
八重山 /Yaeyama ①	新造完成 /New (T)	常備 /Norm.	1,749															
	新造計画 /Design (T)	常備 /Norm.	1,584	101.0		96.0	10.50			6.62		2.90	4.70	3.80				1,609 トンと表記したときは仏トンを示す
	公試排水量 /Trial (T)																	
	公称排水量 /Official(T)	常備 /Norm.	1,584															1,609 トンと表記したときは仏トンを示す
千島 /Chishima ②	新造完成 /New (T)	常備 /Norm.	741															
	新造計画 /Design (T)	常備 /Norm.	750			71.02	7.70							2.97				
	公称排水量 /Official(T)	常備 /Norm.	750															
龍田 /Tatsuta	新造完成 /New (T)	常備 /Norm.	868															
	新造計画 /Design (T)	常備 /Norm.	850	77.113		73.150	8.382			5.029		2.438	3.352	2.895				864 トンと表記したときは仏トンを示す
	公試排水量 /Trial (T)		925.5															龍田要目簿による
	公称排水量 /Official(T)	常備 /Norm.	850															864 トンと表記したときは仏トンを示す
	総噸数 /Gross ton		722.916															龍田要目簿による
宮古 /Miyako ③	新造完成 /New (T)	常備 /Norm.	1,772			96.00	10.55			7.07				4.00				1,800 トンと表記したときは仏トンを示す
	総噸数 /Gross ton		1,346.67															
	公称排水量 /Official(T)	常備 /Norm.	1,772															1,800 トンと表記したときは仏トンを示す
千早 /Chihaya ④	新造完成 /New (T)	常備 /Norm.	1,263.172									2.37	3.62	3.00	5.89	4.17	4.40	千早要目簿による、乾舷高さは舷檣部の高さを加えたものと推定
	新造計画 /Design (T)	常備 /Norm.	1,258.456	87.70		83.80	9.638			5.47		2.64	3.34	2.99				
	公試排水量 /Trial (T)		1,288															M34-8 の公試
	常備排水量 /Norm. (T)		1,263.2											2.99				重心査定公試成績による、明治末から大正初期の実施例と推定
	満載排水量 /Full (T)		1,518.8											3.43				
	軽荷排水量 /Light (T)		1,024.1									1.70	3.49	2.60				
	公称排水量 /Official(T)	常備 /Norm.	1,230															1,250 トンと表記したときは仏トンを示す
	公称排水量 /Official(T)	基準 /St'd	1,130															大正末期以降の公表数値
	総噸数 /Gross ton		1,230.39															千早要目簿による

注 /NOTES ① M35 に根室で座礁した際の排水量 (常備) について平賀資料では 1,850T という数字を示している ②千島についてはデータが極めて少ない、741 トンは <All the world fighting ships 1860-1905> による、750 トンとともに仏トンの可能性もある ③宮古については知られている排水量値が少なく、英トンと仏トンの混同もありここに掲げた数値しか知られていない ④千早については要目簿のおかげで排水量の定義と収集した各種排水量も多岐にわたるが、総噸数が排水量に比べて大きいように感じるが要目簿のままとした【出典】龍田要目簿 / 千早要目簿 / 海軍軍備沿革 / 海軍省年報 /Engineering 誌 / 平賀資料

機　関 /Machinery

		千 島 /Chishima ①	龍 田 /Tatsuta	八重山 /Yaeyama ②	宮 古 /Miyako	千 早 /Chihaya
主機械 /Main mach.	型式 /Type ×基数 (軸数)/No.	直立 3 段膨張式 3 気筩機関 /Recip. × 2	直立 3 段膨張式 3 気筩機関 /Recip. × 2	横置 3 段膨張式 3 気筩機関 /Recip. × 2	直立 3 段膨張式 3 気筩機関 /Recip. × 2	直立 3 段膨張式 3 気筩機関 /Recip. × 2
缶 /Boiler	型式 /Type ×基数 /No.		低円缶× 4	低円缶× 6	低円缶× 8	ノルマン式缶× 4
	蒸気圧力 /Steam pressure (kg/cm²)		10.55	10.55	11.25	15.0
	蒸気温度 /Steam temp.(℃)					
	缶換装年月日 /Exchange date		M36/1903-6	M34/1901-6		
	換装缶型式・製造元 /Type & maker		艦本式缶× 4・横須賀工廠	ニクロース式水管缶× 8・仏国製		
計画 /Design (自然通風 / 強圧通風)	速力 /Speed(ノット /kt)	/22	19.0/21.0	18/20	18/20	19.5/21
	出力 /Power(実馬力 /IHP)	/5,000	/5,069	2,500/5,400	4,140/6,130	4,500/6,000
	回転数 /(rpm)		/240	130/154	130/154	202/220
新造公試 /New trial (自然通風 / 強圧通風)	速力 /Speed(ノット /kt)		/20.497　英国公試	/19	18.017/	20.6/ 21.5
	出力 /Power(実馬力 /IHP)		/4,688.5	/5,360	3,327/	4,569/6,015
	回転数 /(rpm)		/227	/152	144/	205/222
改造公試 /Repair T. (自然通風 / 強圧通風)	速力 /Speed(ノット /kt)		18.353/ 20.252　M36-9 缶換装	/ 19.0　M35-3 缶換装	17.7/　M37-1	20.29/ T10-11(公試排水量 1,270T)
	出力 /Power(実馬力 /IHP)		2,726.55 /4,134	/5,067	2,806.88/	4,949/
	回転数 /(rpm)		202.1/229.95	/155.5	134.1/	207/
推進器 /Propeller	直径 /Dia.(m)・翼数 /Blade no.		2.591・3 翼	3.20・3 翼	・3 翼	2.75　・3 翼
	数 /No.・型式 /Type		× 2・青銅グリフィス型	× 2・青銅グリフィス型	× 2・青銅グリフィス型	× 2・青銅グリフィス型
舵 /Rudder	舵型式 /Type・舵面積 /Rudder area(m²)		釣合舵 / Balance・6.48	非釣合舵 /Non balance・	非釣合舵 /Non balance・	半釣合舵 /Semi balance・6.898
燃料 /Fuel	石炭 /Coal(T)・定量 (Norm.)/ 全量 (Max.)		152/244.937	250/340	195/394	125/350
航続距離 /Range(浬 /SM- ノット /Kts)			1 時間 1 馬力当たり石炭消費量 1.0T(M35 公試)	1 時間 1 馬力当たり石炭消費量 1.2T(M35 公試)	1 時間 1 馬力当たり石炭消費量 1.54T ③	3,247-10 ④
発電機 /Dynamo・発電量 /Electric power(V/A)			スコット・マウンテン式・80V/150A × 2	グラム式・70V/100A × 2	シーメンス式・80V/100A × 2	シーメンス式・80V/100A × 3
新造機関製造所 / Machine maker at new		仏サンナゼール、ロワール社	英ニューキャッスル、ホーソン・レスリー社	英ニューキャッスル、ホーソン・レスリー社	呉工廠	横須賀工廠、缶は仏製
帆装形式 /Rig type・総帆面積 /Sail area(m²)			・206	・595.4		

注 /NOTES ①千島については知られているデータは極めて限られており、主機械については <All the World Fighting Ships1860-1905/Conway > によった ②八重山は日本の国産艦で 3 段膨張式機関を採用した最初の艦といわれている ③ M37-1-17 実施の高力運転 (自然全力運転) による ④大正はじめの調査で 2,972 浬 -10kt、2.650 浬 -12kt、2,504 浬 -14kt のデータあり < 平賀資料 >
【出典】龍田要目簿 / 千早要目簿 / 公文備考 / 帝国海軍機関史 / 極秘版明治 三十七、八年海戦史 /Engineering 誌

解説 /COMMENT

報知艦または通報艦という艦種は英語の Dispatch boats に由来するもので、急派とか急報といった意味でまだ遠距離通信手段のなかった帆船時代の海軍が、重要な命令や情報を離れた艦隊や基地に伝えるための手段として用いた快速軽艦艇である。近代海軍にあっても無線電信の発達するまでは、こうした艦艇が実用されており、無線電信の完備とともにその使命を終えたが、それでもしばらくは慣習的に艦隊に配属されることが続いた。

一方、水雷艦とか水雷砲艦とか呼ばれた小艦艇は水雷艇出現後、こうした水雷艇を駆逐、撃攘するために考案された艦艇である。英語では Torpedo gunboat、Torpedo cruiser とか Torpedo catcher といわれている艦艇で、後の駆逐艦が出現するまで 1880、90 年代に各国海軍で保有されていた。水雷艇に優る兵装と軽快な運動性が特色で、自身も魚雷兵装を備えることが多かった。

以上の艦艇は巡洋艦という艦種とは若干類を異にしているが、ここでは便宜上巡洋艦の範疇に含めて採り上げることにした。

明治期の日本海軍もこうした艦種に関心を持っており、明治 15 年度の新造計画において水雷砲艦 12 隻を要求したのが最初で、これは実現しなかった。明治 18 年においては再度計画の見直しが行われ、これにさらに修正を加えて明治 19 年以降 3 か年の新造計画として実現したのが、2 等海防艦厳島、松島、橋立の三景艦とともに 1 等報知艦八重山、2 等報知艦千島の新造である。

[八重山] 八重山は横須賀造船所で明治 20 年 6 月に起工された日本最初の国産鋼製軍艦である。計画、設計には前年はじめに招聘されて横須賀造船所の最高顧問格のフランス海軍の著名な造船官エミール・ベルタンの指導下で行われたといわれており、従って設計は完全にフランス式である。当時日本海軍の造船官は維新直後以来の英国留学組と横須賀造船所にヴェルニーが設立した造船学校出身でフランス留学組の二つの派があったとされ、ヴェルニーが明治 10 年に帰国して以来、日本人による設計が行われてきたが、後の艦政本部第 3 部に相当する基本計画を行う設計畑の造船官は英国留学組が占めていた。ただ、当時は主船局又は艦政局で独自に基本計画から基本設計までこなす力がなく、現場造船所の経験ある技術者やお雇い外国人技術者にたよることが多かったらしく、建造担当造船所側で業務を代行していたと見られる。その意味では当時横須賀造船所は海軍直轄の唯一の造船所としてもっとも能力を備えた造船所であった。

八重山は日本海軍最初の通報艦であり、通報艦の特色である速力については計画速力 20 ノットという、当時にあっては海軍一の快速を備えることになっており、これに関してベルタンは主機関の横置 3 段膨張 3 気筩式機械 2 基を国産化せず英国ホーソン・レスリー社からの購入を指導していた。これは日本海軍最初の横置 3 段膨張 3 気筩式機械の採用のため、当時の横須賀造船所の機関製造技術を危ぶんだものと思われた。

八重山はほぼ 3 年弱の建造期間で明治 23 年 3 月に完成したが、新造公試では 19 ノットとまずまずの成績であった。船体は艦首形状も前後のシアーの強い上甲板ラインもフランス色が濃く、強く傾斜した前後檣と煙突は快速艦のイメージを与える。構造的には船体両舷水線部の区画にセルロースという浮力保持材を充填しており、これはベルタン設計の特徴の一つでもあった。船体断面は軽いタンブルホームをなしており、艦底中心のキール材がヨットのようにかなりの深さで突き出しているのも他艦艇には見られない特色であった。兵装は完全にクルップ式から脱却して、安式 12cm 速射砲 3 門と 47mm 砲 8 門を装備したが、発射管については加式 (カネー) というフランス式を装備していた。

明治 34 年に缶の換装が認可され、フランスにニクロース式缶を発注した。翌年 5 月北海道根室付近で座礁した武蔵の救援に向かったものの自身も座礁、同年 10 月に離礁、横須賀で修復工事に入り、同時に缶の換装を実施、煙突を 2 本に改め、明治 37 年 5 月に工事を終えて艦隊に編入された。明治 45 年に除籍されている。

艦名は沖縄県の島名、八重山諸島による。昭和 2 年計画の敷設艦に襲名

[千島] 八重山と同時に建造された千島はフランス、サンナゼールのロワール社に発注された。計画では報知艦となっていたが水雷

通報艦 /Dispatch boats・水雷砲艦 /Torpedo gunboats

兵装・装備 /Armament & Equipment

		千 島 /Chishima・新造時 /New	龍 田 /Tatsuta・新造時 /New	八重山 /Yaeyama・新造時 /New	宮 古 /Miyako・新造時 /New	千 早 /Chihaya・新造時 /New
砲熕兵器 / Guns	主砲 /Main guns					
	備砲 /2nd guns	安式 40 口径 8cm 砲 /Armstrong × 5 ①	安式 40 口径 12cm 砲 /Armstrong × 2 鋼鉄榴弾× 280　通常榴弾× 120	安式 40 口径 12cm 砲 /Armstrong × 3 弾× 600	安式 40 口径 12cm 砲 /Armstrong × 2 弾× 300	安式 40 口径 12cm 砲 /Armstrong × 2 徹甲榴弾× 240 通常榴弾× 80 鋳鋼榴弾× 80
	小砲 /Small cal. guns		47mm 重山内砲 /Yamanouchi × 4 鋼鉄榴弾× 1,056 通常榴弾× 416 霰弾× 128	47mm 軽保式砲 /Hotchkiss × 2 弾× 800	47mm 重山内砲 /Yamanouchi × 6 弾× 2,400	安式 40 口径 8cm 砲 /Armstrong × 4 鋳鋼榴弾× 800　通常榴弾× 400
	機関砲 /M. guns	37mm5 連保式砲 /Hotchkiss × 6		37mm5 連保式砲 /Hotchkiss × 6 ④	11mm5 連ノルデンフェルト砲 /Nordenfelt × 4 ⑥ 弾× 80,000	⑦
個人兵器 /Personal weapons	小銃 /Rifle		35 年式海軍銃× 41　弾× 12,300 ②	マルチニー銃× 104　弾× 31,200 ⑤	35 年式海軍銃× 66　弾× 19,800 ②	35 年式海軍銃× 53　弾× 15,900 ②
	拳銃 /Pistol		1 番形× 17 弾× 2,040、モーゼル× 2 弾× 240	× 44　弾× 4,680	1 番形× 22 弾× 2,640、モーゼル× 3 弾× 360	1 番形× 18 弾× 2,160、モーゼル× 3 弾× 360
	舶刀 /Cutlass					
	槍 /Spear					
	斧 /Axe		× 10			× 5
水雷兵器 /Torpedo weapons	魚雷発射管 /T. tube	× 3(水上 /Surf. 旋回式× 2、固定式× 1)	安式× 5(水上 /Surf. 連装旋回式× 2、固定式× 1)	加式× 2(水上 /Surf. 旋回式× 2)	安式× 2(水上 /Surf. 旋回式× 2)	安式× 5(水上 /Surf. 連装旋回式× 2、固定式× 1)
	魚雷 /Torpedo	14"(35cm) 保式 /Whitehead	14"(35cm) 保式 /Whitehead × 10 ③	14"(35cm) 保式 /Whitehead × 4	14"(35cm) 保式 /Whitehead × 4	14"(35cm) 保式 /Whitehead × 10 ⑧
	その他					
電気兵器 /Elec.Weap.	探照灯 /Searchlight	× 2	× 2(2 万燭光)	× 2(グラム式)	× 2	× 2(シーメンス式 60cm 自動、25,000 燭光)
艦載艇 /Boats	汽艇 /Steam launch		× 1(スチーム・カッター、6.7m、1.86T、6.8kt)	× 1(スチーム・ランチ、10.4m)	× 1(スチーム、・ランチ、9.0m)	× 1(スチーム・カッター、7.6m)
	ランチ /Launch					
	ピンネース /Pinnace					
	カッター /Cutter		× 2(8m、7.9m)	× 2(8.5m)	× 2(8.0m)	× 2(7.9m)
	ギグ /Gig		× 1(7.7m)	× 1(7.3m)	× 1(8.0m)	× 1(7.6m)
	通船 /Jap. boat		× 1(6.8m)	× 1(ガレー 7.3m)	× 2(ライフボート 8.0m、ディンギー 4m)	× 2(ライフボート 7.3m、和舟 7.1m)
	(合計)		× 5(M41 の調査による)	× 5(M41 の調査による)	× 6(新造時)	× 6(新造時)

注 /NOTES ① 3 インチ砲としては知られているが、安式 8cm 砲は推定による、仏式の可能性あり ② M37 現在を示す ③ M41-7 に 18"(45cm) 魚雷に換装 ④ M26 ごろに 47mm 軽保式砲 6 門と換装 ⑤ M30 以降は 35 年式海軍銃に換装、M37 現在 35 年式海軍銃 65 挺、1 番形拳銃 22 挺、モーゼル拳銃 3 挺 ⑥竣工直後に 47mm 軽山内砲 4 門に換装 ⑦日露戦争前後に麻式 6.5mm 機銃 1 基を装備 ⑧大正はじめに従来の 14" 魚雷、発射管撤去、代わりに 18"(45cm) 魚雷発射管単装旋回式 2 基を装備

【出典】龍田要目簿 / 千早要目簿 / 掌砲必携 / 公文備考 / 日清戦争戦時書類

砲艦仕様で計画され、計画はベルタンが関与し詳細設計は現地造船所にまかされたものらしい。当時のフランス海軍に直接似た艦があるわけではないが、フランス海軍自体は水雷艇王国といわれたように、水雷艇の大群を有しており、この艦種についても 1880 年代以降 20 隻以上を建造していた。計画速力 22 ノットは当時にあっては多くの水雷艇を上回る高速艦であった。艦型は 3 檣、太さの異なる 2 本煙突で、兵装の備砲についても英国式なのかフランス式なのか明確でないというのも、残念なことに先のフランス建造艦で回航途中に失踪亡失となった畝傍と同様、本艦も無事に回航はしたものの直後に瀬戸内海で英国商船と衝突沈没してしまい、日本海軍艦艇としての履歴が全くないまま喪失してしまった。そのため、本艦のディテールはほとんど知られていず、フランスからも伝わっていない。就役していれば日本海軍最初の水雷砲艦となるべき艦であった。

艦名は島名、北海道とカムチャツカ半島間に位置する列島名。襲名艦なし。

[龍田] 明治 24 年度計画で吉野、須磨と同時に新造された水雷砲艦で、吉野と同じ英国アームストロング社に発注、明治 26 年 4 月に起工され、翌年 7 月末に 1 年 4 か月の工期で完成したが、回航途中寄港したアデンで日清戦争開戦を理由に英国政府により抑留され、28 年 1 月に解放、3 月に横須賀に到着、結果的に日清戦争に寄与することはできなかった。

当時アームストロング社はこうした水雷砲艦の建造でも英海軍向け及び外国向けに建造実績があり、本艦の場合も予算と基本仕様を日本側が提示して詳細設計は安社にまかせたものらしい。先の千島より排水量は若干大きいが、機関計画はほぼ同様、兵装はやや強化されている。艦型は同時期の安社建造英海軍向け及びブラジル向けの水雷砲艦が船首楼甲板型船体であったのに対して、巡洋艦型の艦首尾甲板を上甲板舷側のブルワークで結ぶ、一見水平甲板風の小型巡洋艦といった艦容を有する。煙突も太い単煙突で、前後に安式 12cm 砲を置き、中央部の両舷上甲板に 47mm 砲 4 門を配しており、特に魚雷発射管はこの時期の艦としては珍しく、旋回式連装発射管 2 基を上甲板舷側部に、右舷は煙突やや前方、左舷は後檣後方に左右ずらして装備されており、他に 1 門の固定発射管を艦首に設けている。計画速力は強圧通風で 21.25 ノットであったが、英国での公試では 20.5 ノットと計画値に若干とどかなかった。日露戦争前の明治 36 年に缶を艦本式缶に換装した際、煙突を細い 3 本煙突に変更して日露戦争にのぞんでいる。この改造公試では強圧通風で 20.252 ノットと新造成績にはおよばなかった。

戦争中、明治 37 年 5 月 15 日の初瀬、八島の被雷に際して本艦は初瀬の救助に従事、梨羽司令官、中尾艦長等 200 名近くを救助、一時、梨羽司令官の将旗を掲げて旗艦代行を行い、さらに後の八島の沈没に際しても乗員救助に従事したが、同夜 9 時過ぎ濃霧のため光禄島の南東岸に座礁、機関室等に浸水その他の区画も満水、行動不能となるも岩礁に挟まれて着底状態を保つ。救助した人員及び自艦の不要乗員を陸揚げ、乗員に被害はなかった。約 2 か月後に離礁、横須賀に回航、直ちに修復工事にかかり 8 月末に工事を完成、戦線に復帰している。明治 31 年の最初の艦種類別では通報艦に類別され、正式には水雷砲艦という艦種は設けられなかった。大正元年の類別では砲艦に変更され、大正 5 年に新造軽巡に艦名を譲って除籍されている。

艦名の龍田は川名、奈良県西部の龍田川による、紅葉の名所として知られる。大正 5 年計画の小型軽巡に襲名。

[宮古] 明治 26 年の天皇の詔勅により予算が復活した際の計画で、戦艦富士、八島等とともに新造が認められた通報艦であり、明治 27 年 5 月に呉工廠で起工された。呉工廠で建造された最初の軍艦で、明治 24 年 7 月に既に新通報艦の設計、見積要求が出されており、呉工廠での通報艦建造はかなり早くから予定していたことがわかる。計画は先の八重山の改型として設計されたとしており、ただ、艦型的には類似点は少なく、直線的な英国色の強い設計となっている。排水量で八重山より 200 トンほど増しており、計画速力 20 ノット(強圧通風)、兵装安式 12cm 砲 2 門、47mm 砲 10 門、発射管 2 門とかなり充実していた。明治 32 年 3 月に竣工したが、完成まで 5 年弱を要しており、かなりスローペースの建造である。日露戦争中の明治 37 年 5 月 14 日、第 2 軍の上陸に備えて掃海作業中に触雷沈没、僅か 5 年の短い艦歴を終えている。(P-149 に続く)

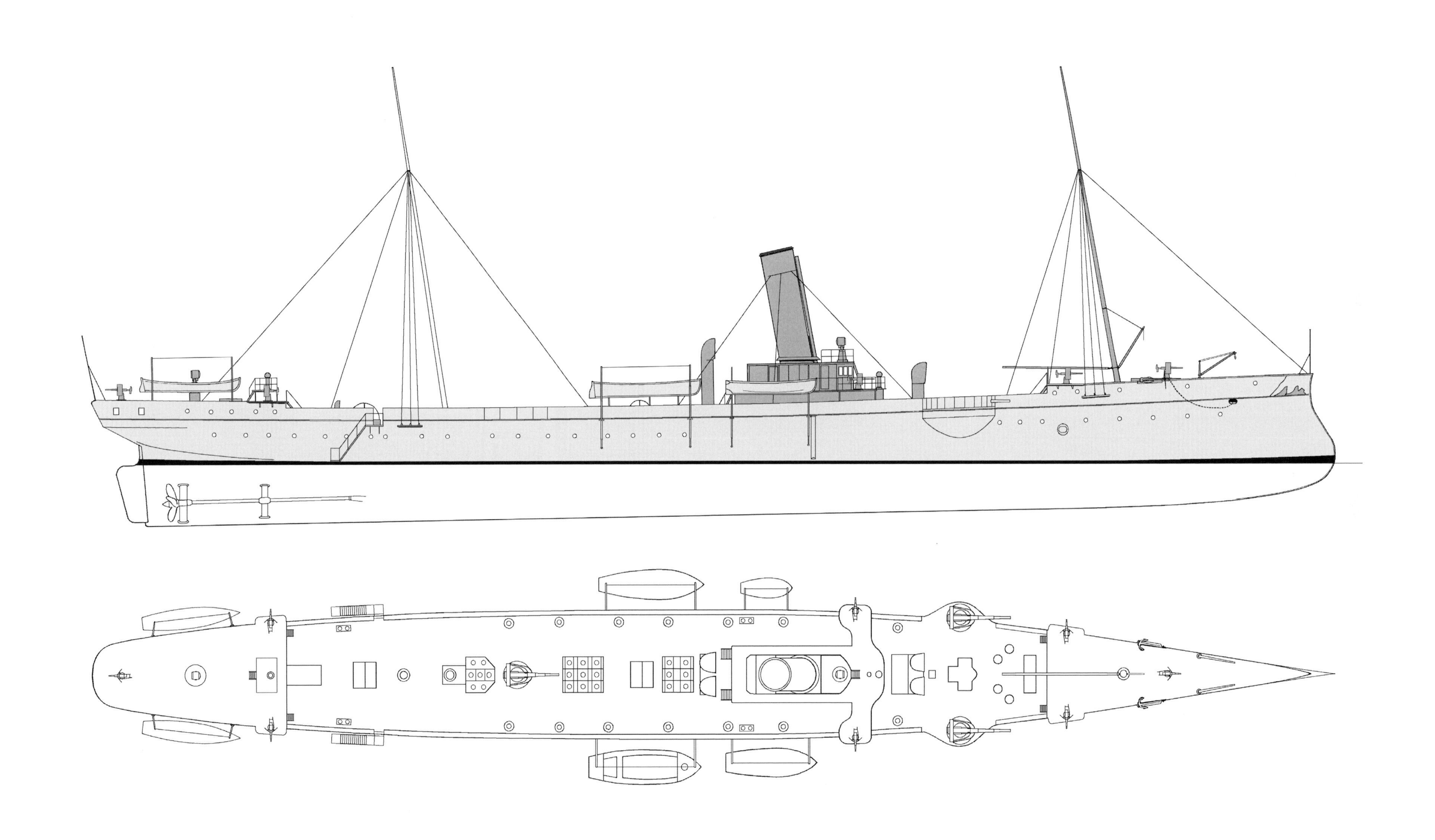

図 2-10-1 [S=1/350] 八重山 側平面 (新造時)

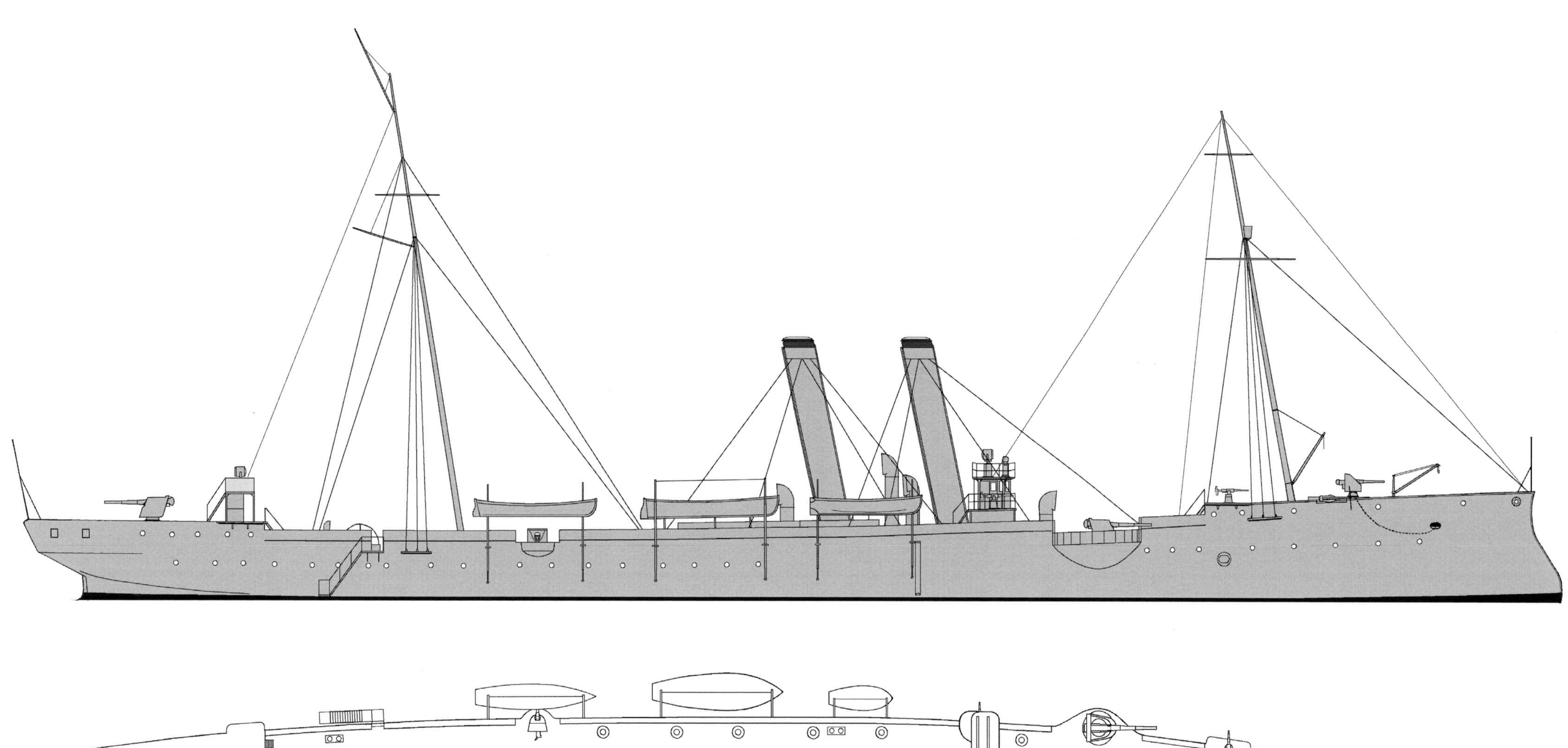

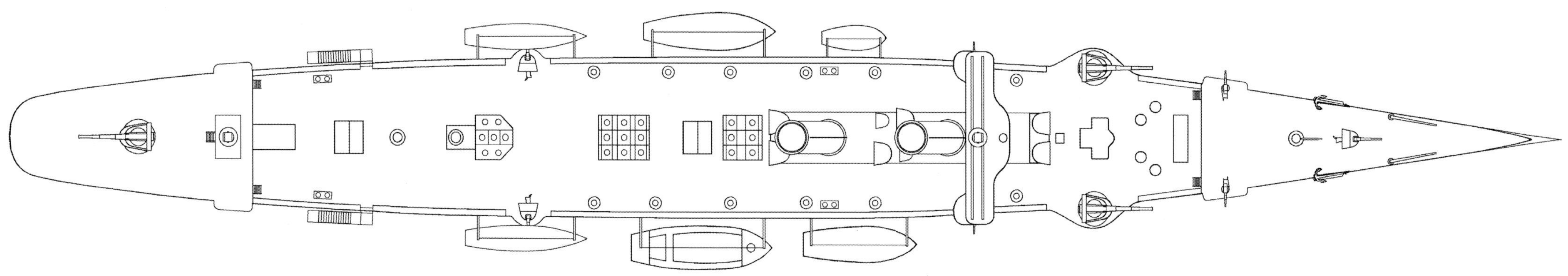

図 2-10-2 [S=1/350] 八重山 側平面 (M38/1905)

◎ M35 に根室沖で座礁した武蔵の救援に向かった八重山は、自身も座礁して重度の損傷を受け、その復旧工事に際して缶の換装を行い、1 本煙突を 2 本煙突に改めた。

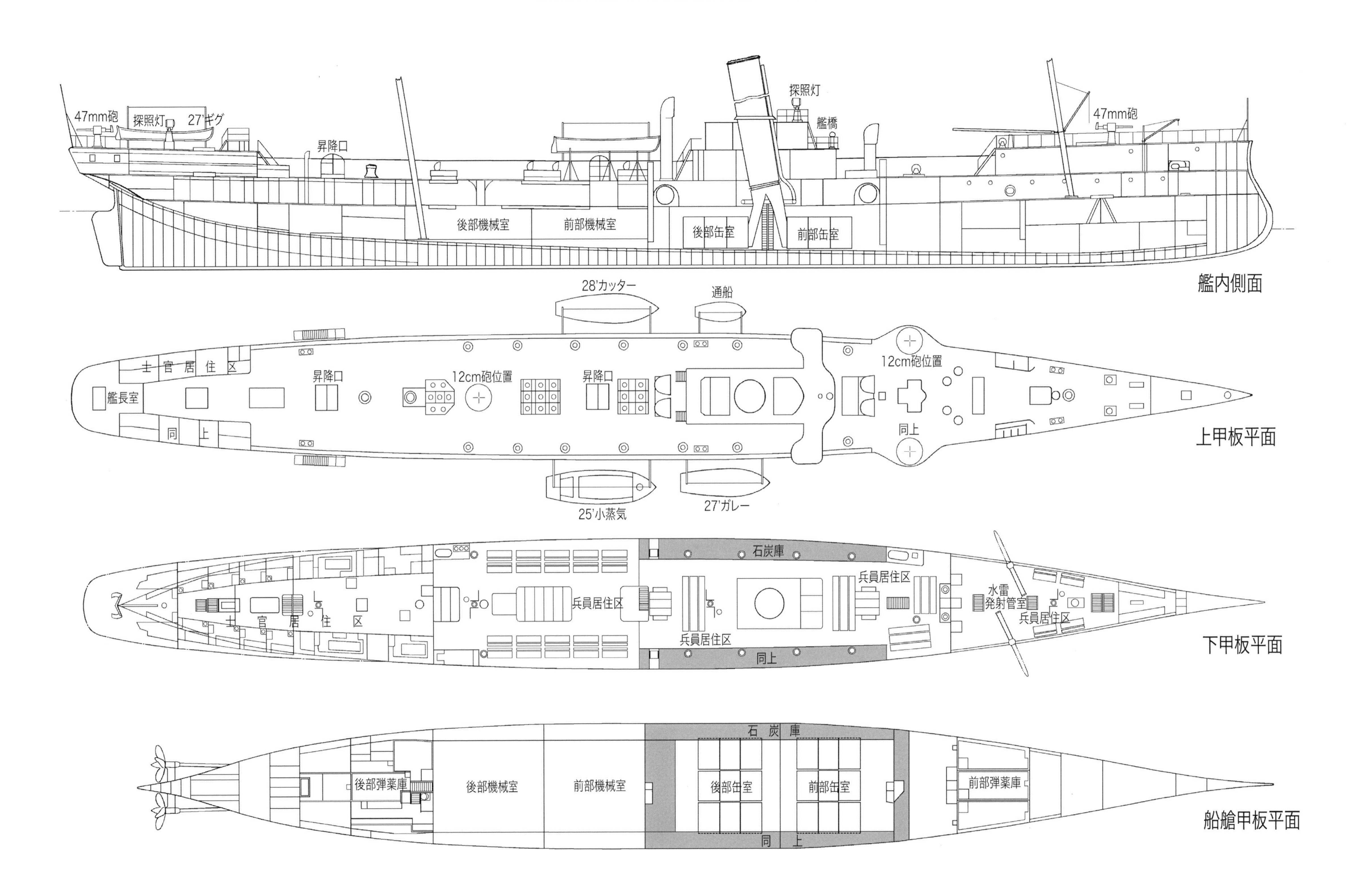

図 2-10-3 [S=1/350]　八重山 艦内側面・各甲板平面(新造時)

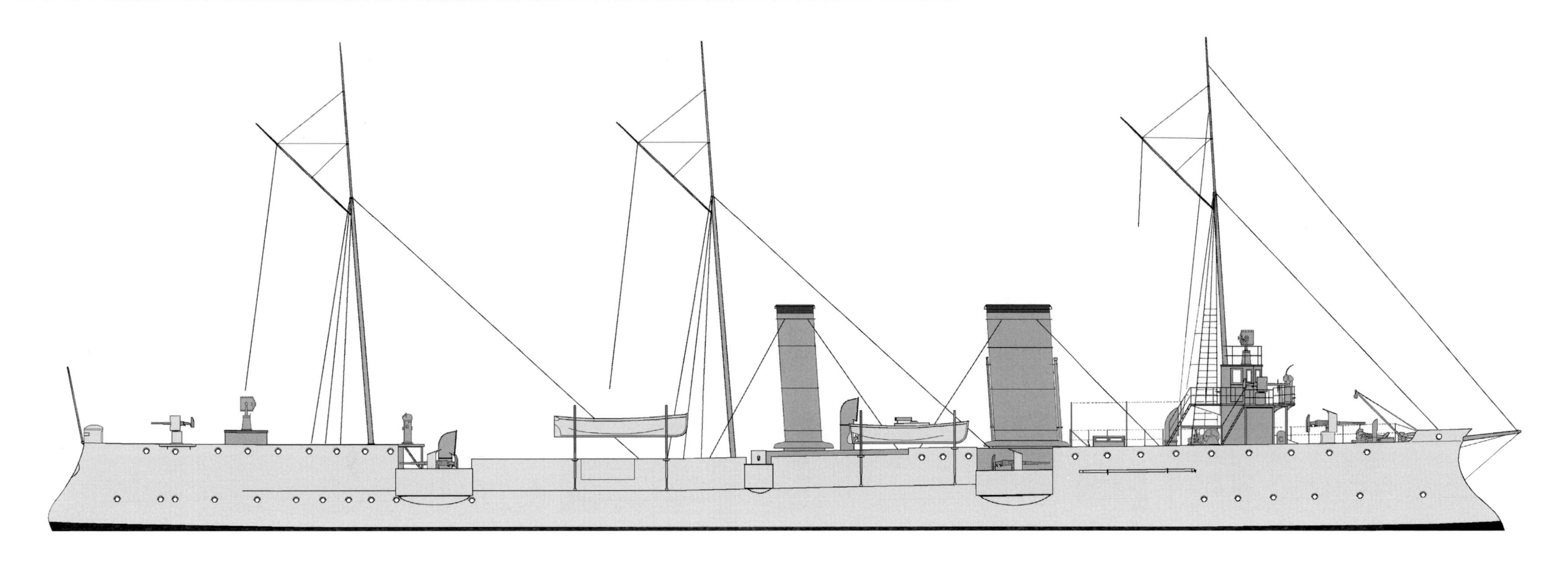

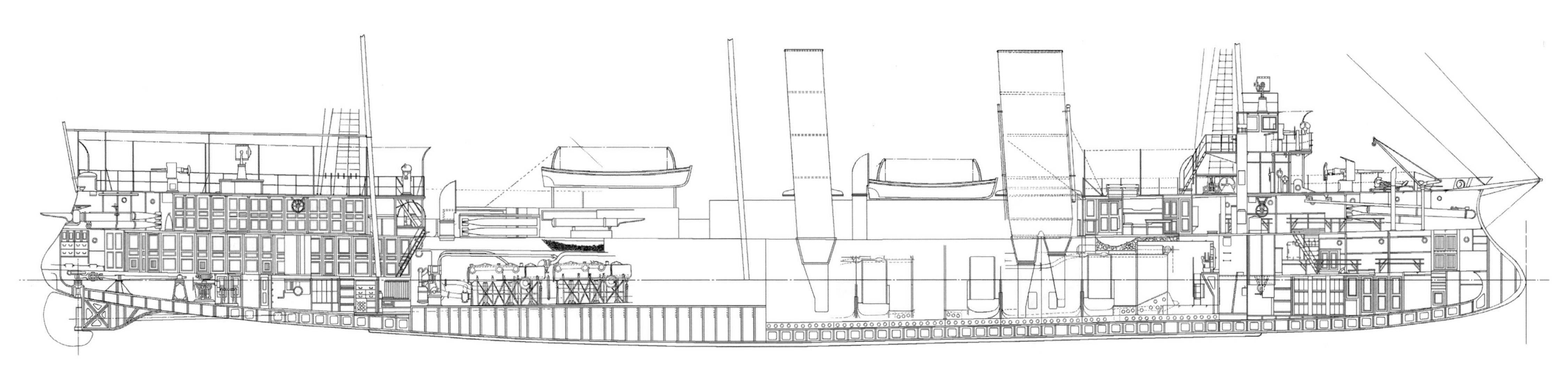

◎早期に事故沈没した千島については写真も少なく、図面の類はまったく残っていなかったが、長谷川均氏の提供になる千島の艦内側面図を入手して、ここに再現することができた。図はフランス側の公式図を写図したものらしく、3分割の内中央部分が欠けているため、不明の部分があるのは致し方ないが、極力推定をまじえて再現してみた。魚雷発射管の装備位置がわかるのが興味深い。艦尾と舷側の発射管は旋回式で匙形の発射管（舷側部は推定）であることもわかる。

図 2-10-4 [S=1/250] **千島 側面及び艦内側面 (新造時)**

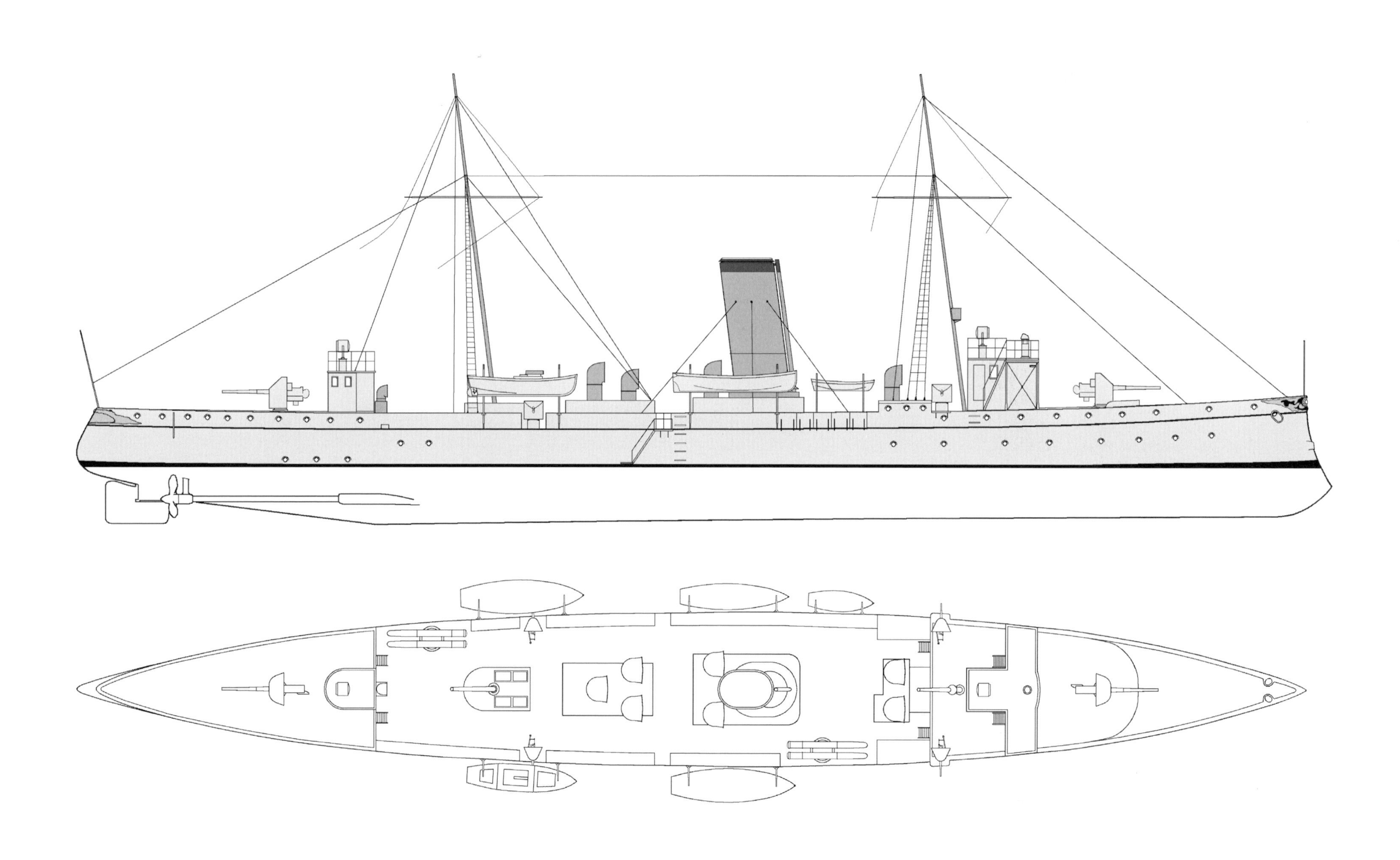

図 2-10-5 [S=1/300] 龍田 側平面 (新造時)

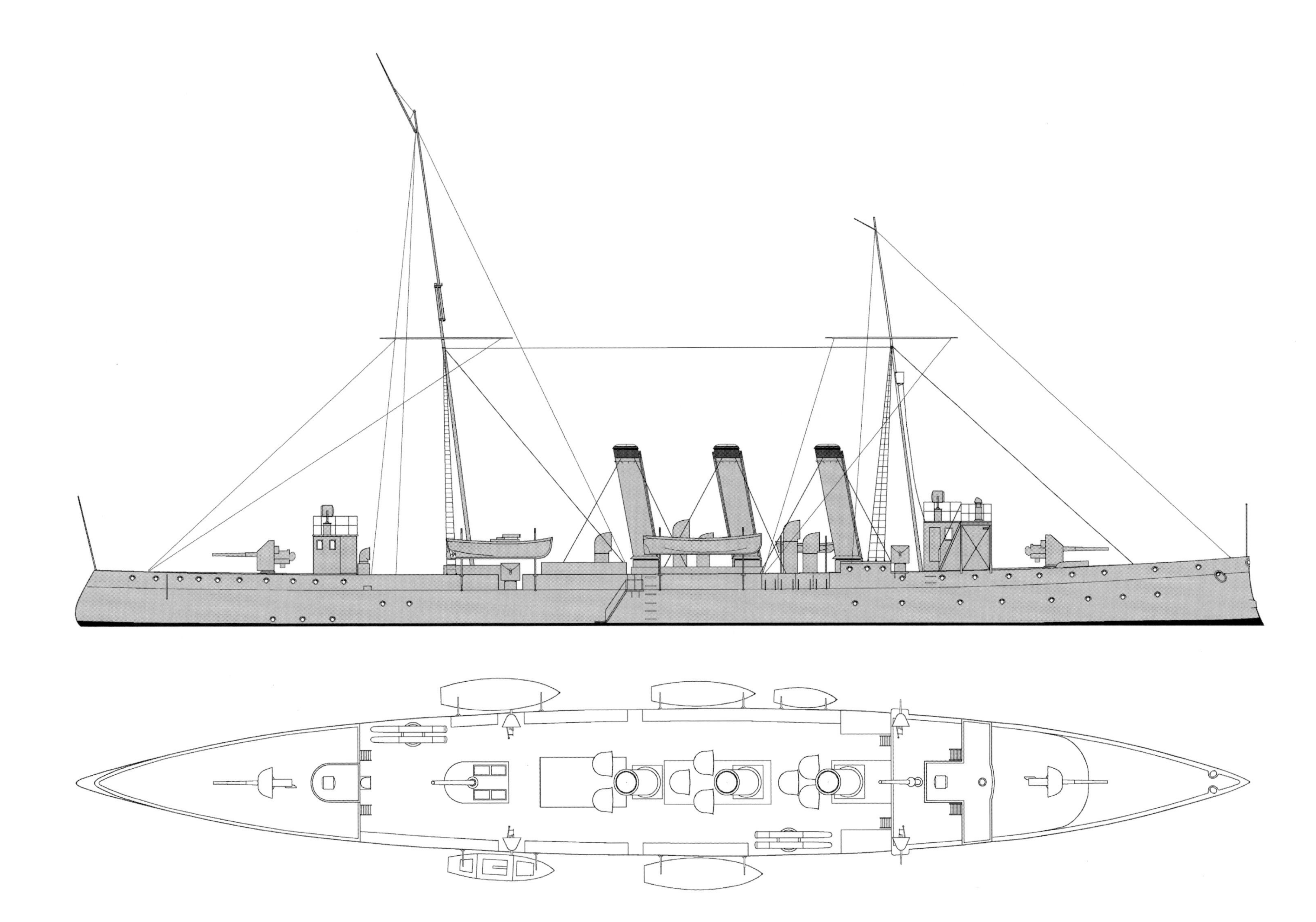

図 2-10-6 [S=1/300] 龍田 側平面 (M38/1905)

◎ M35 に缶を入れ替えた際、従来の 1 本煙突を 3 本煙突に変更した艦姿。缶換装後の公試ではほぼ新造時と同等の速力を発揮した。この時期缶の換装に伴う煙突数の変更は珍しいことではなかったが、1 本から 3 本というのは余り例がない。

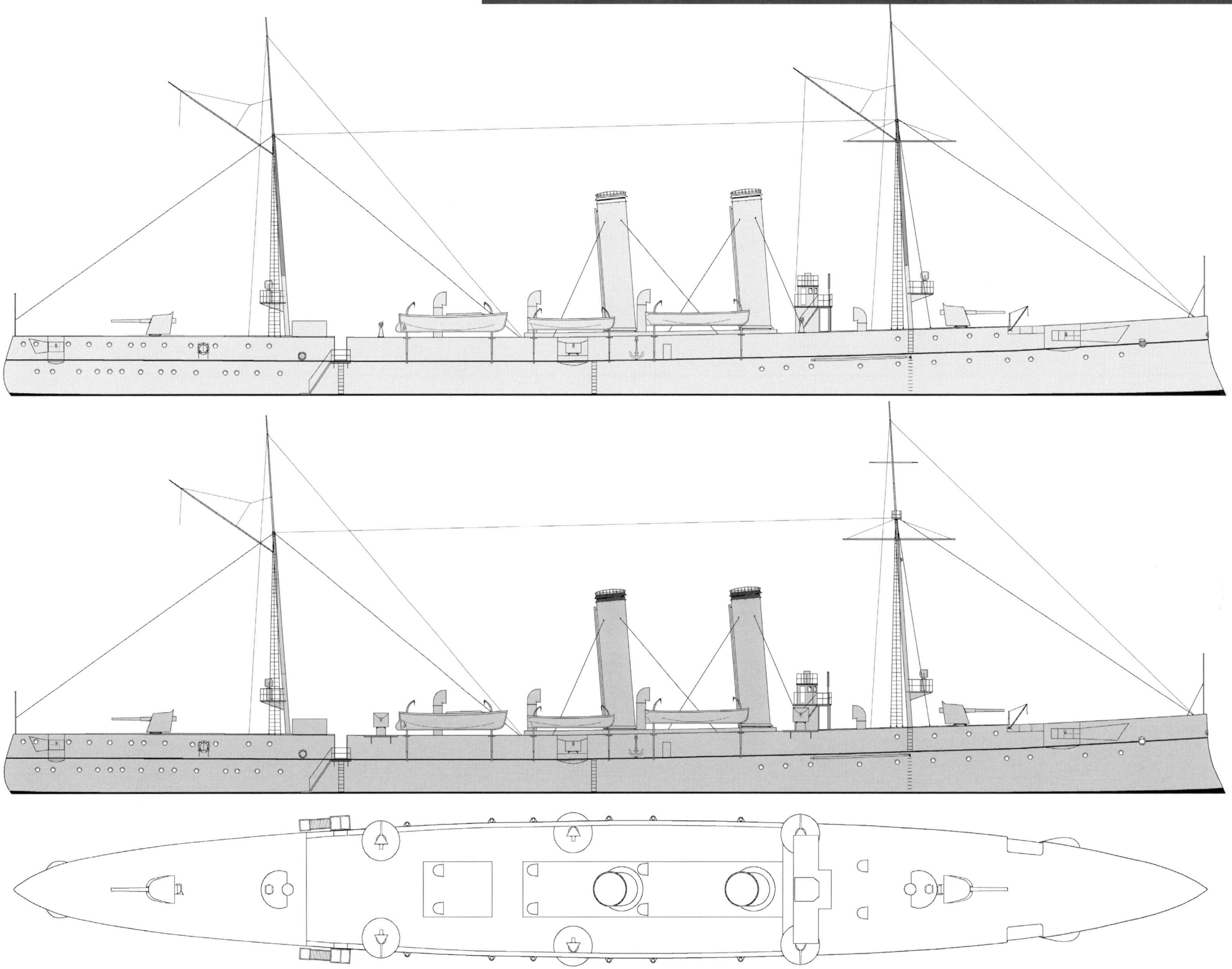

図 2-10-7 [S=1/300] 宮古 側平面 (新造時及び M35/1902 下)

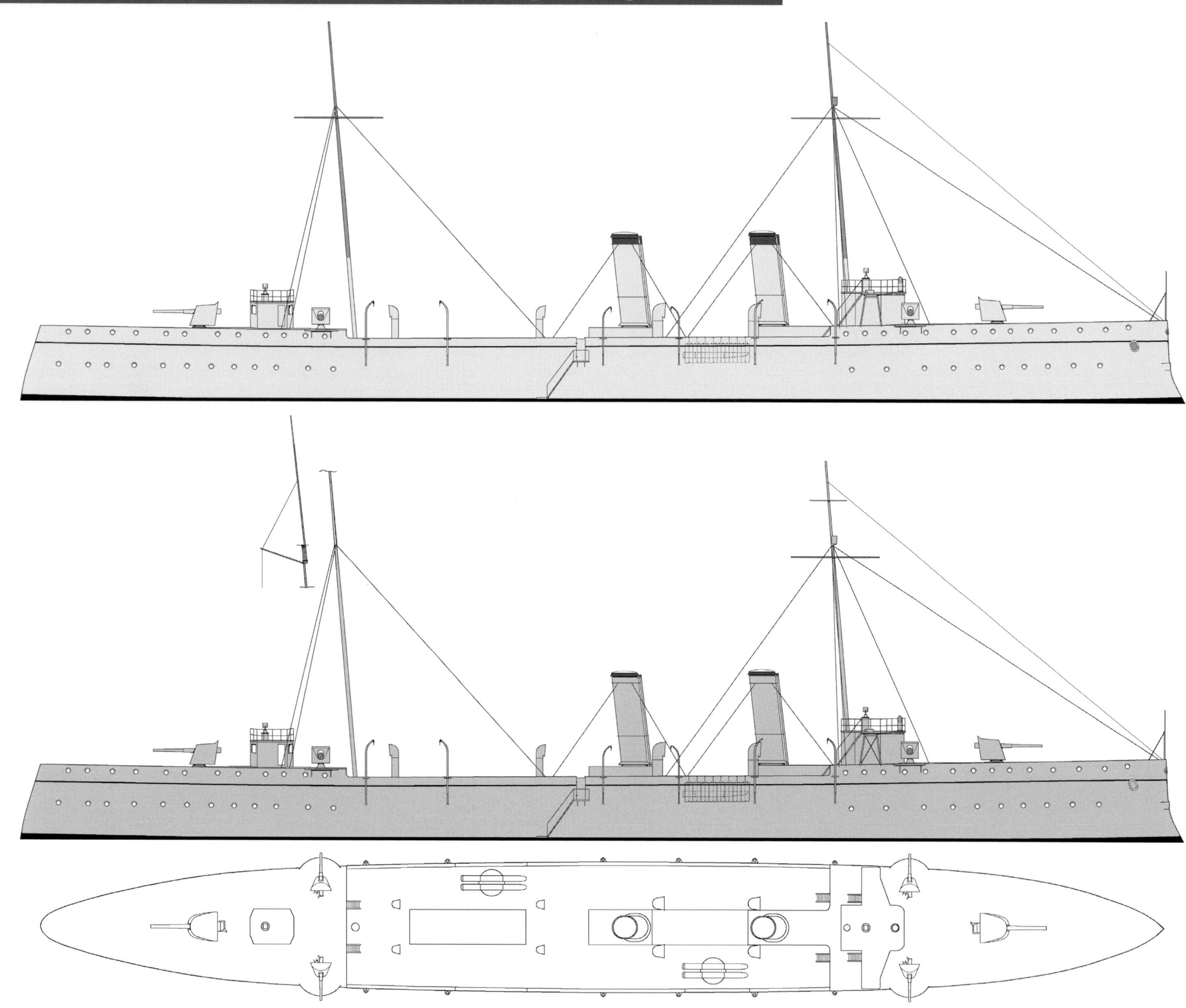

図 2-10-8 [S=1/300] 千早 側平面(新造時及びM38/1905 下)

千島　定員/Complement (1)

職名/Occupation	官名/Rank	定数/No.		職名/Occupation	官名/Rank	定数/No.	
艦長	少佐	1	士官/8		1等船匠手	1	下士/14
水雷長	大尉	1			1等鍛冶手	1	
航海長	〃	1			1等機関手	2	
分隊長	〃	1			2等機関手	3	
航海士兼分隊士	少尉	1			3等機関手	5	
機関長	大機関士	1			1等看護手	1	
軍医長	大軍医	1			1等主帳	1	
主計長	大主計	1			1等水兵	6	卒/61
掌水雷長	上等兵曹	1	准士/6		2等水兵	8	
	機関師	5			3、4等水兵	10	
掌砲長属	1等兵曹	1	下士/10		1等信号兵	1	
〃	2等兵曹	1			2等信号兵	1	
掌水雷長属	1等兵曹	1			1等木工	1	
〃	2等兵曹	1			1等鍛冶	1	
〃	3等兵曹	1			1等火夫	9	
掌帆長属	1等兵曹	1			2等火夫	10	
前甲板長	〃	1			3、4等火夫	11	
按針手	〃	1			1等主厨	1	
〃	2等兵曹	1			2等主厨	1	
後甲板長	〃	1			3、4等主厨	1	
				(合　計)		99	

注/NOTES　明治24年2月21日達26による千島の定員【出典】海軍制度沿革

龍田　定員/Complement (2)

職名/Occupation	官名/Rank	定数/No.		職名/Occupation	官名/Rank	定数/No.	
艦長	少佐	1	士官/10		2等機関手	3	下士/8
航海長	大尉	1			3等機関手	3	
水雷長	〃	1			1等看護手	1	
分隊長	〃	1			2等主帳	1	
航海士兼分隊士	少尉	1			1等水兵	9	卒/71
機関長	大機関士	1			2等水兵	10	
	少機関士	1			3、4等水兵	15	
軍医長	大軍医	1			1等信号兵	1	
主計長	大主計	1			2等信号兵	1	
	少主計	1			3、4等信号兵	2	
	上等兵曹	1	准士/4		1等木工	1	
	機関師	3			1等鍛冶	1	
	1等兵曹	5	下士/14		1等火夫	7	
	2等兵曹	4			2等火夫	8	
	3等兵曹	1			3、4等火夫	10	
	1等船匠手	1			1等厨夫	2	
	1等鍛冶手	1			2等厨夫	2	
	1等機関手	2			3、4等厨夫	2	
				(合　計)		107	

注/NOTES　明治26年12月2日達118による龍田の定員を示す【出典】海軍制度沿革
(1) 上等兵曹のは掌水雷長の職にあたるものとする
(2) 兵曹は掌砲長属、水雷術教員、掌水雷長属、掌帆長属、甲板長、按針手の職につくものとする

(P-140から続く)艦名の宮古は島名、沖縄の先島諸島にある宮古島にとったもので、日清戦争時まで日本と清国で帰属を争っていた経緯があり、日清戦争後は正式に日本領とされたものの、本艦の建造時はまだ戦争中でその領有を顕示する目的があったという。一説には維新戦争で有名な岩手県の宮古湾にちなんだとするものがあるが、前説が有力である。

[千早] 明治29年の第1期軍備拡張計画により建造された通報艦、横須賀工廠で明治31年5月に起工。先の英国建造艦龍田の改型といわれており、明治30年6月12日に製造訓令が発せられている。龍田より400トン近く大型化され、兵装の安式12cm砲2門は同じだが、47mm砲は8cm砲に換えられ4門を装備する。魚雷発射管は龍田と同様旋回式連装2基と固定式1門を装備、機関は計画速力21ノット(強圧通風)、缶はフランス、ノルマン社製ノルマン式缶を装備する。後の公試では強圧通風で21.5ノットを記録好成績をあげている。船体が小型のため防禦甲板は艦尾部のみに設けられて舵機と舵柄の防禦に配慮している。
建造期間は4年3か月を要して明治34年9月に完成した。日露戦争中は第2艦隊に属して各海戦に参加、最後の日本海海戦では落後漂泊する旗艦スワロフの雷撃を敢行、魚雷2本を発射して命中させたが、反撃にあい命中弾により若干の死傷者を生じた。
千早は大正元年に砲艦に類別、以後昭和3年まで在籍したが、除籍後も兵学校練習船(雑役船)として昭和10年ごろまで用いられていた。
艦名の千早は古蹟名、大阪府金剛山中腹にあったという南北朝時代の楠正成築城の千早城による。本艦は2代目で初代は明治8年購入の旧英国帆船、3代目は昭和17年度計画の飛行艇母艦(未成)、戦後の海上自衛隊では昭和34年度計画潜水艦救難艦に襲名。さらに平成8年度計画の潜水艦救難艦に再度襲名。

[資料] 八重山については<日本近世造船史>付図に艦内側面、各甲板平面図があり、公式図というか公式図を写図したかなりラフなものである。また<平賀資料>に平賀が明治35年の八重山遭難の浮揚作業を担当したため平賀自身の遭難図や公式図を利用した救難作業図が相当数あり、またメモ形式で記載された八重山の要目もあり、参考になる。また八重山の最大中央切断図もある。写真は多数あり、2本煙突時代の艦姿は写真によるしかない。
千島についてはフランスで撮影されたらしい写真3枚と長崎で撮影された1枚があるのみで、その他の公式資料は全く存在しないと思われていたが、長谷川均氏の提供になる千島の艦内側面図(公式図面の写図、中央部部欠)が発見されている。
龍田についても図面資料は<平賀資料>に最大中央切断面図があるのみであるが、明治30年代と推定される要目簿(明細表)がある。ここでは船体、機関、兵装が含まれている。本艦の写真もそう多くはないが、3本煙突時代の写真も数枚残されている。
宮古については日露戦争で戦没したため就役期間が短く、写真も数枚しかなく、公式資料といえるものはなにも残されていないが、<呉海軍工廠造船部沿革史>に比較的詳しい要目が掲載されている。
千早については明治37年の要目簿(明細表)があるのみで、図面資料は呉大和ミュージアムにある本艦の探照灯関係部分図以外はまったく残されていない。写真も就役期間が長い割に少ない。

通報艦 /Dispatch boats・水雷砲艦 /Torpedo gunboats

龍田　定　員 /Complement (3)

職名 /Occupation	官名 /Rank	定数 /No.		職名 /Occupation	官名 /Rank	定数 /No.	
艦長	中佐	1			1 等機関手	3	
航海長	大尉	1			2、3 等機関手	8	下士 /14
水雷長兼分隊長	少佐 / 大尉	1			1 等看護手	1	
分隊長	大尉	1			1、2 等筆記	1	
	中少尉	2	士官 /11		1 等厨宰	1	
機関長兼分隊長	機関少監 / 大機関士	1			1 等水兵	19	
	中少機関士	2			2、3 等水兵	26	
軍医長	大軍医	1			4 等水兵	6	
主計長	大主計	1			1 等信号兵	3	
	上等兵曹	1			2、3 等信号兵	3	
	機関兵曹長	1	准士 / 4		1、2 等木工	2	卒 /104
	上等機関兵曹	1			1 等機関兵	16	
	上等筆記	1			2、3 等機関兵	16	
	1 等兵曹	3			4 等機関兵	7	
	2、2 等兵曹	8			1、2 等看護	1	
	1 等信号兵曹	1	下士 /15		1 等主厨	1	
	2、3 等信号兵曹	2			2 等主厨	2	
	1、2 等船匠手	1			3、4 等主厨	2	
				(合　計)		148	

注 /NOTES　明治 38 年 12 月内令 755 による通報艦龍田の定員を示す【出典】海軍制度沿革
(1) 上等兵曹は掌砲長兼掌水雷長の職にあたるものとする
(2) 兵曹は教員、掌砲長属、掌水雷長属、掌帆長属及び各長の職につくものとする
(3) 信号兵曹 1 人は信号長に他は按針手にあてるものとする

八重山　定　員 /Complement (4)

職名 /Occupation	官名 /Rank	定数 /No.		職名 /Occupation	官名 /Rank	定数 /No.	
艦長	大佐	1			2 等船匠手	1	
副長	大尉	1			2 等鍛冶手	1	
水雷長	〃	1			1 等機関手	3	
航海長	〃	1			2 等機関手	3	
分隊長	〃	3			3 等機関手	4	下士 /16
航海士	少尉	1			2 等看護手	1	
分隊士	〃	3			1 等主帳	1	
機関長	機関少監	1	士官 /20		2 等主帳	1	
機関士	大機関士	2			3 等主帳	1	
水雷主機	少機関士	1					
機関士	〃	1					
軍医長	大軍医	1					
軍医	少軍医	1					
主計長	大主計	1			1 等水兵	13	
主計	少主計	1			2 等水兵	31	
					3、4 等水兵	40	
掌砲長	兵曹長	1			1 等信号水兵	1	
掌帆長	〃	1	准士 / 6		2 等信号水兵	1	
	船匠師	1			3 等信号水兵	2	
	機関師	3			1 等木工	1	
砲術教授	1 等兵曹	1			2 等木工	1	
掌砲長属	〃	1			1 等鍛冶	1	卒 /148
〃	2 等兵曹	1			2 等鍛冶	1	
〃	3 等兵曹	2			1 等火夫	9	
掌水雷長属	1 等兵曹	1			2 等火夫	15	
〃	2 等兵曹	1			3、4 等火夫	24	
掌帆長属	1 等兵曹	1	下士 /15		1 等看病夫	1	
掌帆長属	2 等兵曹	1			1 等厨夫	2	
前甲板長	〃	1			2 等厨夫	2	
按針手	1 等兵曹	1			3、4 等厨夫	3	
〃	2 等兵曹	1					
信号手	〃	1					
艦長端舟長	3 等兵曹	1					
後甲板長	〃	1		(合　計)		205	

注 /NOTES　明治 22 年 7 月 27 日達 290 による八重山の定員を示す【出典】海軍制度沿革

八重山　定　員/Complement (5)

職名 /Occupation	官名 /Rank	定数 /No.		職名 /Occupation	官名 /Rank	定数 /No.	
艦長	中佐	1	士官/19		1等水兵	26	卒/166
副長	少佐	1			2、3等水兵	43	
水雷長兼分隊長	大尉	1			4等水兵	18	
航海長	〃	1			1等信号水兵	3	
分隊長	〃	2			2、3等信号水兵	4	
	中少尉	4			1等木工	1	
機関長	機関少監	1			2、3等木工	2	
分隊長	大機関士	2			1等機関兵	22	
	中少機関士	2			2、3等機関兵	28	
軍医長	大軍医	1			4等機関兵	12	
	中少軍医	1			1、2等看護	1	
主計長	大主計	1			1等主厨	2	
	中少主計	1			2等主厨	2	
					3、4等主厨	2	
	上等兵曹	2	准士/6				
	船匠師	1					
	上等機関兵曹	3					
	1等兵曹	5	下士/38				
	2、3等兵曹	9					
	1等信号兵曹	1					
	2、3等信号兵曹	3					
	1、2等船匠師	1					
	1等機関兵曹	5					
	2、3等機関兵曹	10					
	1、2等看護手	1					
	1、2等筆記	1					
	1等厨宰	1					
	2、3等厨宰	1					
				(合　計)		229	

注 /NOTES

明治38年12月内令755による通報艦八重山の定員を示す【出典】海軍制度沿革

(1) 上等兵曹は掌砲長兼掌水雷長、掌帆長の職にあたるものとする

(2) 兵曹は教員、掌砲長属、掌水雷長属、掌帆長属及び各部の長職につくものとする

(3) 信号兵曹1人は信号長に、他は按針手の職にあてるものとする

宮古　定　員/Complement (6)

職名 /Occupation	官名 /Rank	定数 /No.		職名 /Occupation	官名 /Rank	定数 /No.	
艦長	大中佐	1	士官/20		1等水兵	17	卒/169
副長	少佐	1			2等水兵	29	
航海長	少佐/大尉	1			3、4等水兵	44	
水雷長	大尉	1			1等信号兵	1	
分隊長	〃	3			2等信号兵	2	
	中少尉	4			3、4等信号兵	2	
機関長	機関中少監	1			1等木工	1	
分隊長	大機関士	2			2等木工	1	
	中少機関士	2			3、4等木工	1	
軍医長	大軍医	1			1等機関兵	18	
	中少軍医	1			2等機関兵	18	
主計長	大主計	1			3、4等機関兵	24	
	中少主計	1			1等鍛冶	1	
	上等兵曹	2	准士/6		2等鍛冶	1	
	上等機関兵曹	3			3、4等鍛冶	1	
	船匠師	1			1等看護	1	
	1等兵曹	5	下士/35		1等主厨	2	
	2等兵曹	5			2等主厨	2	
	3等兵曹	3			3、4等主厨	3	
	2等信号兵曹	1					
	2等船匠手	1					
	1等機関兵曹	3					
	2等機関兵曹	6					
	3等機関兵曹	6					
	1等鍛冶手	1					
	2、3等看護手	1					
	1等筆記	1					
	1等厨宰	1					
	3等厨宰	1					
				(合　計)		230	

注 /NOTES

明治31年10月10日内令80号による宮古の定員を示す【出典】海軍制度沿革

(1) 上等兵曹の内2人は掌砲長、掌帆長の職にあたるものとする

(2) 兵曹中の2人は砲術教員と水雷術教授にあて、他は掌砲長属、掌水雷長属、掌帆長属、按針手、艦長端舟長及び各部の長職につくものとする

通報艦 /Dispatch boats・水雷砲艦 /Torpedo gunboats

千早　定　員 /*Complement* (*7*)

職名 /Occupation	官名 /Rank	定数 /No.		職名 /Occupation	官名 /Rank	定数 /No.	
艦長	中佐	1			1等水兵	19	
水雷長兼分隊長	少佐 / 大尉	1			2、3等水兵	26	
航海長	大尉	1			4等水兵	14	
分隊長	〃	1			1等信号兵	2	
	中少尉	2	士官 /11		2、3等信号兵	2	
機関長兼分隊長	機関少監 / 大機関士	1			1等木工	1	
	中少機関士	2			2等木工	1	
軍医長	大軍医	1			1等機関兵	14	卒 /121
主計長	大主計	1			2、3等機関兵	25	
	兵曹長 / 上等兵曹	1			4等機関兵	9	
	機関兵曹長 / 上等機関兵曹	1	准士 / 5		1等鍛冶	1	
	上等機関兵曹	2			2等鍛冶	1	
	上等筆記	1			2、3等看護	1	
	1等兵曹	3			1等主厨	1	
	2等兵曹	2			2等主厨	2	
	3等兵曹	5			3、4等主厨	2	
	1等信号兵曹	1					
	2、3等信号兵曹	2					
	1等船匠手	1	下士 /30				
	1等機関兵曹	3					
	2等機関兵曹	4					
	3等機関兵曹	5					
	1、2等鍛冶手	1					
	2、3等看護手	1					
	2、3等筆記	1					
	2、3等厨宰	1		（合　計）		167	

注 /NOTES
明治34年3月7日内令20による通報艦千早の定員を示す【出典】海軍制度沿革
(1) 兵曹長、上等兵曹は掌砲長兼掌水雷長の職にあたるものとする
(2) 兵曹2人は砲術教員、水雷術教員の職にあて、他は掌砲長属、掌水雷長属、掌帆長属及び各長の職につくものとする
(3) 信号兵曹2人は按針手にあてるものとする

千早　定　員 /*Complement* (*8*)

職名 /Occupation	官名 /Rank	定数 /No.		職名 /Occupation	官名 /Rank	定数 /No.	
艦長	中佐	1			2、3等機関兵曹	9	
水雷長兼分隊長	少佐 / 大尉	1			1、2等看護手	1	下士 /13
航海長	大尉	1			1、2等筆記	1	
分隊長	〃	1			1等厨宰	1	
	中少尉	3	士官 /12		2、3等厨宰	1	
機関長兼分隊長	機関少佐 / 大尉	1			1等水兵	26	
	機関中少尉	2			2、3等水兵	27	
軍医長	大軍医	1			4等水兵	12	
主計長	大主計	1			1、2等木工	2	
	上等兵曹	1			1等機関兵	24	卒 /131
	機関兵曹長 / 上等機関兵曹	1	准士 / 5		2、3等機関兵	25	
	上等機関兵曹	2			4等機関兵	7	
	上等筆記	1			1、2等看護	1	
	1等兵曹	5			1等主厨	2	
	2、3等兵曹	11	下士 /22		2等主厨	2	
	1、2等船匠手	1			3、4等主厨	3	
	1等機関兵曹	5		（合　計）		183	

注 /NOTES　大正5年7月内令158による1等砲艦千早の定員を示す【出典】海軍制度沿革
(1) 上等兵曹は掌砲長兼掌水雷長の職にあたるものとする

千早　定　員 /*Complement* (*9*)

職名 /Occupation	官名 /Rank	定数 /No.		職名 /Occupation	官名 /Rank	定数 /No.	
艦長	中佐	1			1等兵曹	5	
水雷長兼分隊長	少佐 / 大尉	1			2、3等兵曹	11	
航海長兼分隊長	大尉	1			2、3等船匠兵曹	1	
分隊長	〃	1			1等機関兵曹	5	下士 /35
	中少尉	2	士官 /10		2、3等機関兵曹	9	
機関長兼分隊長	機関少佐 / 大尉	1			1、2等看護兵曹	1	
	機関中少尉	1			1等主計兵曹	2	
軍医長	軍医大尉	1			2、3等主計兵曹	1	
主計長	主計大尉	1			1等水兵	26	
	機関特務中少尉	1	特士 / 1		2、3等水兵	39	
					1等船匠兵	1	
	兵曹長	1			2、3等船匠兵	1	兵 /131
	機関兵曹長	3	准士 / 5		1等機関兵	24	
	主計兵曹長	1			2、3等機関兵	32	
					1、2等看護	1	
					1等主計兵	2	
					2、3等主計兵	5	
				（合　計）		182	

注 /NOTES　大正9年8月内令267による1等砲艦千早の定員を示す【出典】海軍制度沿革
(1) 兵曹長は掌水雷長の職にあたるものとする
(2) 機関兵曹長の内1人は掌機長、1人は機械長、1人は缶長にあてる
(3) 本表のほか必要に応じて軍医科士官1人を増加することができる

艦　歴 /Ship's History (1)

艦　名	千　島 (1/1)
年　月　日	記　事 /Notes
1887(M20)- 6- 6	命名
1889(M22)- 5-28	佐世保鎮守府入籍
1890(M23)- 1-29	フランス、サンナゼール、ロワール社で起工
1890(M23)- 7-10	回航委員長鏑木誠大尉 (5 期) 就任
1890(M23)- 8-23	艦位第 1 種
1890(M23)-11-26	進水
1891(M24)- 1-19	艦長心得鏑木誠大尉 (5 期) 就任
1892(M25)- 4- 1	竣工
1892(M25)- 4-17	フランス出港
1892(M25)-11-24	長崎着
1892(M25)-11-29	長崎発神戸に向け航行中、30 日午前 4 時 58 分愛媛県和気郡堀江沖で英国 P&O 会社汽船ラヴェンナ
	と衝突、船体 2 分して 2 分半で沈没、艦長以下 16 名が同船に救助されたものの残り 74 名が死亡
1895(M28)- 9-20	裁判で争った結果英国、P&O 会社が賠償金 1 万ポンド邦貨 99,905 円を支払うことで決着
	(注) 本艦については除籍年月日が不明

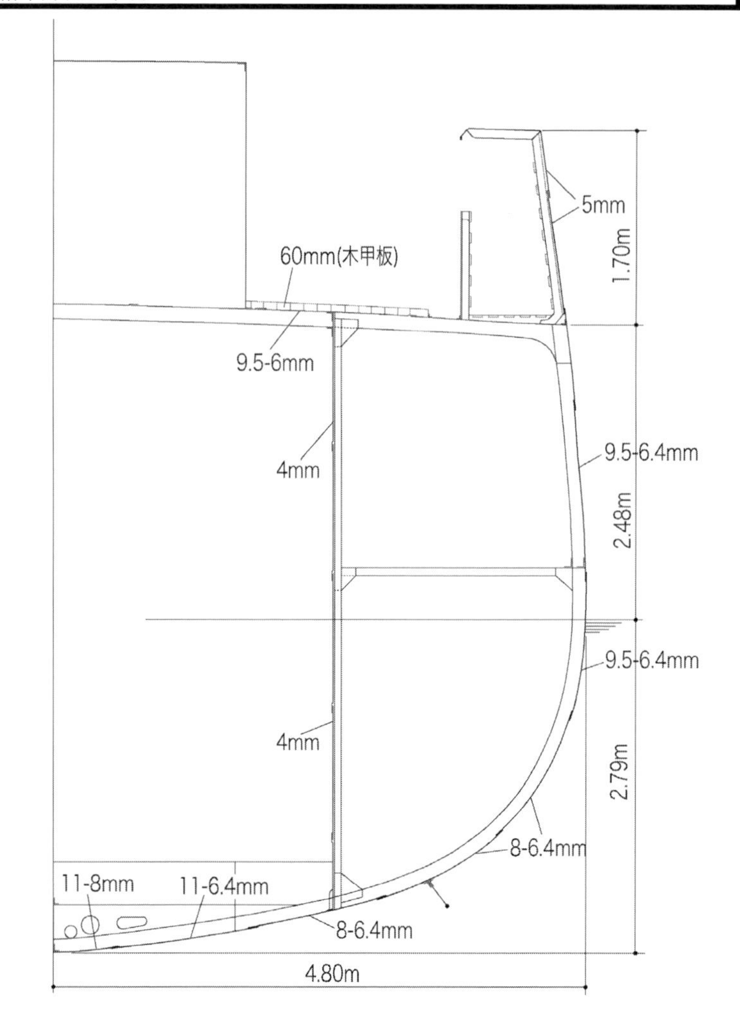

図 2-10-9
龍田 中央部構造切断面

艦　歴 /Ship's History (2)

艦　名	龍　田 (1/3)
年　月　日	記　事 /Notes
1893(M26)- 4- 7	英国ニューキャッスル、Armstrong 社エルジック工場で起工
1893(M26)-10-31	命名
1894(M27)- 2- 2	横須賀鎮守府入籍
1894(M27)- 4- 6	進水
1894(M27)- 6- 5	回航委員長出羽重遠中佐 (5 期) 就任
1894(M27)- 7-31	竣工、英国発
1894(M27)- 8-28	寄港先のアデンで英国政府に差し押えられる
1894(M27)-11- 2	艦長向山慎吉中佐 (5 期) 就任
1895(M28)- 3-19	横須賀着
1895(M28)- 3-20	横須賀工廠において機関部検査修理、4 月 9 日完成
1895(M28)- 3-21	警備艦隊に編入
1895(M28)- 5-25	艦長富岡定恭中佐 (5 期) 就任
1895(M28)-11-15	横須賀鎮守府警備艦、12 月より横須賀工廠で機関修理、翌年 3 月完成
1896(M29)- 4- 1	艦長藤田幸右衛門中佐 (4 期) 就任
1896(M29)- 9-21	艦長丹治寛雄中佐 (5 期) 就任
1896(M29)-11-19	解役
1897(M30)- 2- 4	艦長小倉鋲一郎中佐 (5 期) 就任
1897(M30)- 3- 8	第 1 予備艦、横須賀工廠で機関部総検査、汽缶煙突不良部入換え工事実施、翌 31 年 2 月 7 日完成予定
1897(M30)- 6- 1	艦長大久保喜造少佐 (5 期) 就任
1897(M30)- 6- 4	弾薬庫、倉庫新設改造認可
1898(M31)- 3-21	通報艦に類別
1898(M31)- 5- 2	徳島より神戸に向けて航行中函館丸と衝突、損傷軽微
1898(M31)- 5- 5	警備兼練習艦
1898(M31)-10- 5	第 1 予備艦
1899(M32)- 3- 9	常備艦隊
1899(M32)- 3-12	横須賀発清国警備、10 月 3 日佐世保着
1899(M32)- 9-29	艦長伊地知彦次郎中佐 (7 期) 就任
1899(M32)-10-16	横須賀鎮守府艦隊
1900(M33)- 4-30	神戸沖大演習観艦式参列
1900(M33)- 5-20	艦長志賀直蔵中佐 (7 期) 就任
1900(M33)- 6-18	常備艦隊
1900(M33)- 6-21	佐世保発清国事変に従事、9 月 4 日着
1900(M33)-12- 6	第 2 予備艦
1901(M34)-　-	艦長松居銈太郎中佐 (8 期) 就任
1901(M34)- 2-18	常備艦隊
1901(M34)- 4-22	横須賀発清国事変に従事、翌年 2 月 25 日佐世保着
1902(M35)- 3- 4	第 1 予備艦
1902(M35)- 3-15	常備艦隊
1902(M35)- 4- 1	呉鎮守府に転籍
1902(M35)- 4-22	第 3 予備艦、呉工廠で汽缶を艦本式水管缶 4 個に入換え、単煙突を 3 本煙突に改造

艦　歴 /Ship's History (3)

艦　名	龍　田 (2/3)
年　月　日	記　事 /Notes
1902(M35)- 9- 1	呉工廠にて船体機関総検査、翌年 3 月 31 日完成
1903(M36)-11-11	常備艦隊、艦長釜屋忠道中佐 (11 期) 就任
1903(M36)-12-28	第 3 艦隊
1904(M37)- 1- 4	第 1 艦隊
1904(M37)- 2- 9	旅順沖でロシア汽船マンチュリア (6,193 総トン) 捕獲
1904(M37)- 5-15	旅順沖の初瀬触雷沈没に際して初瀬の乗員 250 名を救助、同日夜間に座礁、6 月 12 日離礁仮修理の
	後横須賀に回航、7 月 16 日横須賀着、入渠修理、8 月 30 日完成
1904(M37)-12-24	第 5 戦隊
1905(M38)- 1-16	神戸川崎造船所で機関修理 2 月 18 日完成
1905(M38)- 3-15	艦長山縣文蔵中佐 (11 期) 就任
1905(M38)- 5-27	第 1 艦隊第 1 戦隊として日本海海戦に参加、被害なし、発射弾数 12cm 砲 -24
1905(M38)- 8-26	三菱長崎造船所で修理、9 月 9 日完成
1905(M38)-10-23	横浜沖凱旋観艦式に供奉艦として参列
1905(M38)-12-20	艦長佐藤鉄太郎中佐 (14 期) 就任
1905(M38)-12-12	通報艦に類別
1905(M38)-12-20	第 2 艦隊
1906(M39)- 1-15	六連島発韓国警備、1 月 28 日佐世保着
1906(M39)- 2- 5	佐世保発韓国警備、2 月 20 日竹敷着
1906(M39)- 3-14	部崎発韓国警備、4 月 10 日呉着
1906(M39)- 5-30	郷ノ浦発韓国警備、6 月 25 日竹敷着
1906(M39)- 6-26	竹敷発韓国警備、9 月 15 日呉着
1906(M39)-10-14	三浦湾発韓国警備、10 月 30 日長崎着
1906(M39)-11-10	長崎発韓国警備、11 月 24 日徳山着
1906(M39)-11-22	艦長大沢喜七郎中佐 (14 期) 就任
1907(M40)- 1-19	呉発韓国警備、2 月 21 日佐世保着
1907(M40)- 3- 9	佐世保発韓国および北清警備、3 月 21 日佐世保着
1907(M40)- 3-21	佐世保発韓国および北清警備、4 月 13 日着
1907(M40)- 4-17	佐世保発韓国南岸警備、5 月 17 日呉着
1907(M40)- 5-17	第 2 予備艦
1907(M40)-11-25	艦長竹内次郎中佐 (14 期) 就任
1908(M41)- 7- 6	呉工廠にて 14" 魚雷発射管を 18" 発射管に換装、8 月 31 日完成予定
1908(M41)- 9- 1	第 1 予備艦
1908(M41)- 9-22	第 1 艦隊
1908(M41)- 9-25	艦長志津田定一郎中佐 (15 期) 就任
1908(M41)-10-17	横浜で米白色艦隊接待艦を務める、24 日まで
1908(M41)-11-18	神戸沖大演習観艦式参列
1908(M41)-11-20	第 2 予備艦
1910(M43)- -	艦長兼子昱中佐 (15 期) 就任
1910(M43)-10-25	無線電信室および檣改造認可
1910(M43)-12- 1	警備艦、旅順鎮守府長官の指揮下におかれる

艦　歴 /Ship's History (4)

艦　名	龍　田 (3/3)
年　月　日	記　事 /Notes
1910(M43)-12-13	所安島発旅順及び南清方面警備、45 年 6 月 18 日まで
1911(M44)-10-13	第 3 艦隊
1911(M44)- -	艦長原篤慶中佐 (15 期) 就任
1912(M45)- 6-20	第 2 予備艦
1912(T 1)- 8-28	1 等砲艦に類別
1912(T 1)-11-12	横浜沖大演習観艦式参列
1912(T 1)-12- 1	艦長有馬純位中佐 (17 期) 就任
1913(T 2)- 4- 1	第 3 艦隊
1913(T 2)- 4- 7	宮島発南清警備、翌年 2 月 8 日富江着
1913(T 2)-12- 1	艦長井手篤行大佐 (17 期) 就任
1914(T 3)- 2-13	第 3 予備艦
1914(T 3)-10- 1	警備艦在神戸
1915(T 4)- 8- 1	第 3 予備艦
1916(T 5)- 4- 1	除籍
1916(T 5)-12- 8	旧龍田を潜水母艇に改造する件認可
1916(T 5)-12- 9	命名雑役船潜水母船長浦丸、横須賀防備隊付属
1919(T 8)- -	特務艦長加々良乙比古大佐 (27 期) 就任
1920(T 9)- 4- 1	雑役船から潜水母船を除き特務艇に類別
1920(T 9)- 7- 1	潜水母艇長浦と改名
1925(T14)-12-15	廃船
1926(T15)- 4- 6	売却

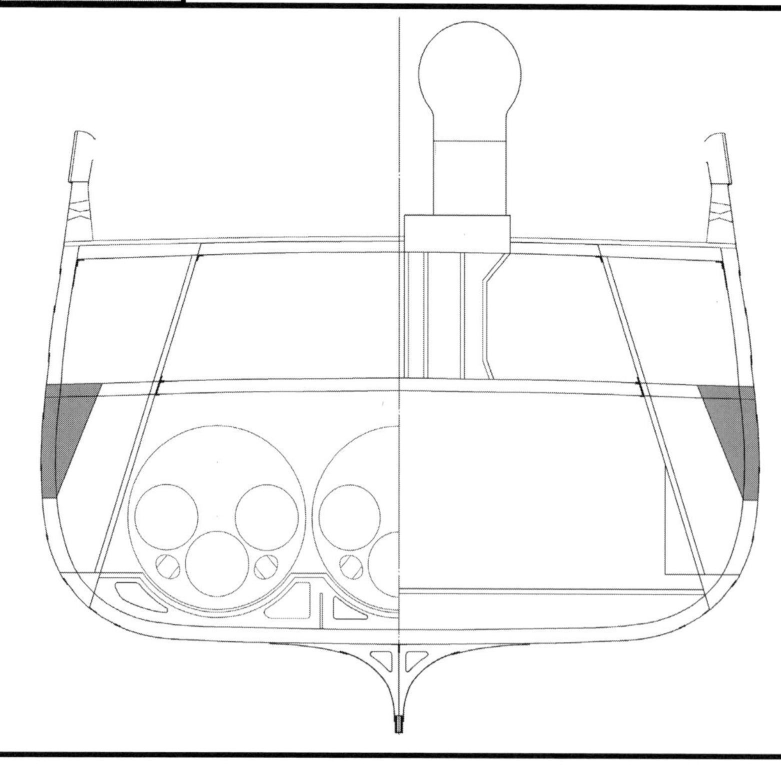

図 2-10-10
八重山 中央部構造切断面

艦　歴/Ship's History (5)

艦　名	八重山 (1/2)
年　月　日	記　事/Notes
1887(M20)- 6- 6	命名
1887(M20)- 6- 7	横須賀造船所で起工
1889(M22)- 3-12	進水
1889(M22)- 5-28	横須賀鎮守府入籍
1889(M22)- 8- 2	艦長三浦功大佐 (期前) 就任
1890(M23)- 2-24	天皇横須賀に行幸、八重山にご乗試
1890(M23)- 3-15	竣工
1890(M23)- 9-21	荒天下遠州灘航行中大島樫野崎の東方 7 浬でトルコ人の漂流遺体 17 体を収容、前日同地で遭難沈没
	したトルコ軍艦エルトゥールルの乗員と判明
1891(M24)- 4-15	警備艦
1891(M24)- 7- 3	艦底部に漆塗りを試験実施
1892(M25)- -	艦長平山藤次郎大佐 (1 期) 就任
1892(M25)- 1-29	横須賀発韓国航海、2 月 29 日長崎着
1892(M25)- 6-26	横須賀発韓国航海、7 月 28 日門司着
1893(M26)- 4-13	横須賀発韓国航海、5 月 25 日長崎着
1893(M26)-10-12	第 1 予備艦
1894(M27)- 5-25	警備艦
1894(M27)- 7-19	常備艦隊
1895(M28)- 1-20	栄城湾上陸掩護において発射弾数 12cm 砲 -19、47mm 砲 -96
1895(M28)- 3- 6	呉着入渠修理、3 月 27 日完成
1895(M28)- 8-16	三菱長崎造船所で入渠修理、右舷推進翼 2 枚取替え、9 月 20 日完成
1895(M28)-11-15	警備艦
1895(M28)-12- 7	解役
1895(M28)-12-24	艦長鹿野勇之進大佐 (4 期) 就任
1896(M29)- 4-13	艦長外記康昌大佐 (3 期) 就任、4 月横須賀工廠で機関修理、9 月まで
1897(M30)- 3- 9	第 1 予備艦、艦長東郷正路大佐 (5 期) 就任
1897(M30)- 7- 7	警備兼練習艦
1897(M30)-10- 7	第 1 予備艦、横須賀工廠にて機関部修理、翌年 5 月完成
1898(M31)- 3- 1	艦長酒井忠利大佐 (期前) 就任
1898(M31)- 3-21	通報艦に類別
1898(M31)- 5- 3	警備兼練習艦
1898(M31)-10-15	第 1 予備艦
1899(M32)- 3-22	艦長大井上久麿大佐 (5 期) 就任
1899(M32)- 6-17	横須賀鎮守府艦隊、艦長松本和中佐 (7 期) 就任
1899(M32)- 9- 4	常備艦隊
1899(M32)- 9-10	横須賀発清国警備、翌年 2 月 22 日久慈着
1900(M33)- 2-13	新製缶製造認可、ニクロース缶採用外国発注
1900(M33)- 3- 9	第 1 予備艦
1900(M33)- 4-30	神戸沖大演習観艦式に供奉艦として参列

艦　歴/Ship's History (6)

艦　名	八重山 (2/2)
年　月　日	記　事/Notes
1900(M33)- 5-20	横須賀鎮守府艦隊
1900(M33)- 6- 7	艦長梶川良吉中佐 (7 期) 就任
1900(M33)- 6-18	常備艦隊
1900(M33)- 6-25	佐世保発清国事変に従事、12 月 11 日着
1900(M33)-12-18	第 2 予備艦
1901(M34)- 4-23	艦長徳久武宣大佐 (期前) 就任
1901(M34)- 6-10	第 3 予備艦、6 月 18 日より横須賀工廠で船体機関部大修理、翌年 3 月完成
1902(M35)- 3-11	第 1 予備艦
1902(M35)- 3-15	常備艦隊
1902(M35)- 4-22	第 2 予備艦
1902(M35)- 5- 1	第 1 予備艦
1902(M35)- 5-11	根室港口で座礁した武蔵救援のため派遣された本艦も同地で座礁、艦底部を破損沈没状態となる、9 月 1 日浮揚、
	10 月 2 日笠置に曳航されて現地発、10 月 7 日横須賀着、翌日から翌年 6 月 16 日まで入渠修復工事にかかる
1902(M35)- 6- 5	第 3 予備艦
1903(M36)- 3- 2	横須賀工廠で缶入換え改正認可、缶配置を変更 2 本煙突に改正、工期約 260 日、予算 16,000 円
1904(M37)- 4- 2	無線電信装備認可、37 年 2 月に到着した日進の兵装工事を優先するため八重山の兵装工事を一時中断
1904(M37)- 4-21	第 1 予備艦、艦長西山実親中佐 (8 期) 就任、5 月 20 日の水雷公試をもって座礁事故以来の工事完了
1904(M37)- 5-17	第 2 艦隊
1904(M37)- 8-10	黄海海戦に参加、被害なし発射弾数 12cm 砲 -33
1904(M37)- 9-22	横須賀工廠で汽缶水管破裂焼損修理、10 月 20 日完成
1905(M38)- 2-13	佐世保工廠で機関その他修理、3 月 11 日完成
1905(M38)- 5-27	第 5 戦隊として日本海海戦に参加、損害なし、発射弾数 12cm 砲 -11、8cm 砲 -16
1905(M38)- 8-31	艦長築山清智中佐 (11 期) 就任
1905(M38)- 9-21	横須賀着、同 27 日横浜に回航、横浜船渠会社で船体機関修理、10 月 12 日完成
1905(M38)-10-23	横浜沖凱旋観艦式に供奉艦として参列
1905(M38)-12-12	通報艦に類別、艦長藤田定市中佐 (12 期) 就任
1905(M38)-12-20	第 1 予備艦
1906(M39)- 6- 8	重油掛燃焼装置装備認可
1906(M39)- 7- 6	艦長真野厳次郎中佐 (期外) 就任
1906(M39)- 9-20	横須賀工廠で重油タンク新設のため 11 月 14 日まで入渠
1906(M39)- 9-28	艦長上村行敏中佐 (14 期) 就任
1907(M40)- 7- 1	艦長中島市太郎中佐 (14 期) 就任
1907(M40)-12-22	横須賀工廠で機関部修理着手、翌年 2 月 28 日完成
1908(M41)- 4- 7	艦長松岡修蔵中佐 (14 期) 就任
1908(M41)-10- 8	第 3 艦隊
1908(M41)-11-18	神戸沖大演習観艦式参列
1908(M41)-12-10	第 2 艦隊
1909(M42)- 1- 6	佐世保発韓国および清国警備、12 月 2 日徳山着、この間 6 度一時帰朝
1909(M42)-12- 1	第 2 予備艦
1910(M43)- 1- 5	艦長向井弥一中佐 (15 期) 就任 / 1911(M44)- 4- 1 除籍 / 1912(M45)- 3-23 売却引渡し

艦　歴 /Ship's History (7)

艦　名	宮　古 (1/1)
年　月　日	記　事 /Notes
1894(M27)- 5-26	呉工廠で起工
1895(M28)- 8-16	命名
1897(M30)-10-21	佐世保鎮守府入籍
1897(M30)-10-27	進水
1898(M31)- 3-21	通報艦に類別
1899(M32)- 3-	艦長高桑勇中佐 (6 期) 就任
1899(M32)- 3-30	竣工
1899(M32)- 9-29	艦長松本有信中佐 (7 期) 就任
1899(M32)- 7- 1	第 2 予備艦、汽缶焼曲垂下が発見され佐世保工廠で修理実施
1899(M32)- 9-29	佐世保鎮守府艦隊に編入
1900(M33)- 4-30	神戸沖大演習観艦式に供奉艦として参列、5 月佐世保工廠で機関修理
1900(M33)- 6- 7	艦長八代六郎中佐 (8 期) 就任
1900(M33)- 6-18	常備艦隊
1900(M33)- 6-21	佐世保発清国及び韓国訪問、6 月 27 日着
1900(M33)- 9-17	佐世保発清国事変従事、翌年 4 月 25 日着
1901(M34)- 5-13	第 1 予備艦、呉工廠で入渠機関修理、6 月以降佐世保工廠で機関修理、9 月まで
1902(M35)-　-	艦長小橋篤蔵中佐 (8 期) 就任
1902(M35)- 3-15	常備艦隊
1902(M35)- 6-13	2 号缶に膨垂部 2 ヶ所発見、取扱い上の不備によるものとして機関長、担当機関士に懲罰言い渡さ
	れる、横須賀工廠で修理
1902(M35)- 8-23	室蘭発韓国警備、9 月 8 日舞鶴着
1902(M35)-11-	佐世保工廠で機関修理、12 月まで
1903(M36)- 4-10	神戸沖大演習観艦式に供奉艦として参列
1903(M36)- 4-	佐世保工廠で機関修理、6 月まで
1903(M36)- 6- 8	佐世保発南清方面警備、10 月 11 日基隆着
1903(M36)- 7- 7	艦長川島令次郎中佐 (12 期) 就任
1903(M36)- 9-26	艦長栃内曾次郎中佐 (13 期) 就任
1903(M36)-10-31	馬公発南清方面警備、12 月 1 日佐世保着
1903(M36)-12-28	第 1 艦隊、佐世保工廠で入渠修理
1904(M37)- 1- 4	第 3 艦隊
1904(M37)- 1- 9	佐世保発韓国南岸警備、1 月 14 日宮島着
1904(M37)- 2- 6	六連島発日露戦争従事
1904(M37)- 5-14	陸軍第 2 軍の遼東半島上陸支援のため掃海隊掩護中左舷機械室に触雷、23 分で沈没、戦死 2、負傷
	22
1904(M37)- 5-18	第 3 予備艦
1905(M38)- 5-21	除籍

艦　歴 /Ship's History (8)

艦　名	千　早 (1/3)
年　月　日	記　事 /Notes
1897(M30)-10-18	命名
1898(M31)- 3-21	通報艦に類別
1898(M31)- 5- 7	横須賀工廠で起工
1899(M32)- 7-19	佐世保鎮守府入籍
1900(M33)- 5-26	進水
1901(M34)- 9- 9	竣工、艦長志賀直蔵中佐 (7 期) 就任
1901(M34)- 9-19	常備艦隊
1901(M34)-10- 1	舞鶴鎮守府転籍
1902(M35)- 2- 8	福江発南清警備、翌年 2 月 17 日佐世保着
1902(M35)- 8-22	艦長松村直臣中佐 (9 期) 就任、佐世保工廠で機関修理
1903(M36)- 2-	佐世保工廠で機関修理、3 月まで
1903(M36)- 4-10	神戸沖大演習観艦式に供奉艦として参列
1903(M36)- 4-12	第 2 予備艦、5 月より佐世保工廠にて機関部改造、6 月まで
1903(M36)- 6-18	第 1 予備艦
1903(M36)- 7- 6	第 2 予備艦、8 月より舞鶴工廠で機関修理、10 月まで
1903(M36)- 9-26	艦長福井正義中佐 (7 期) 就任
1903(M36)-11-11	常備艦隊
1903(M36)-12-28	第 2 艦隊、呉工廠で入渠
1904(M37)- 2- 6	佐世保発日露戦争に従事
1904(M37)- 5-31	佐世保工廠で入渠修理、6 月 5 日出渠
1904(M37)-10-29	佐世保工廠で入渠修理、11 月 1 日出渠
1905(M38)- 1- 7	艦長石田一郎中佐 (11 期) 就任
1905(M38)- 1-20	三菱長崎造船所で機関その他修理、2 月 10 日完成
1905(M38)- 1-31	錨換装および錨鎖延長認可
1905(M38)- 5- 8	艦長江口麟六中佐 (12 期) 就任
1905(M38)- 5-27	第 2 戦隊として日本海海戦に参加、被弾 3、負傷 4、翌 28 日までの発射弾数 12cm 砲 -156、8cm
	砲 -122、35cm 魚雷 4 本、第 2 戦隊 (装甲巡洋艦) 付属の通報艦として落後したスワロフ等の雷撃
	処分等に従事
1905(M38)- 6-20	舞鶴工廠で修理工事、7 月 6 日完成、9 月 1 日再度工事実施、9 月 9 日完成
1905(M38)-10-23	横浜沖凱旋観艦式に供奉艦として参列
1905(M38)-12-12	艦長築山清智中佐 (11 期) 就任
1905(M38)-12-20	第 1 艦隊
1906(M39)- 4- 1	第 2 予備艦、艦長岩村団次郎中佐 (14 期) 就任
1907(M40)- 2-28	第 1 予備艦
1907(M40)- 5-17	第 2 艦隊
1907(M40)- 5-28	江田島発韓国南岸警備、6 月 22 日佐世保着
1907(M40)- 6-22	佐世保発韓国警備、12 月 7 日着、この間 5 度帰朝
1907(M40)-12- 9	佐世保発韓国警備、翌年 9 月 22 日呉着、この間 11 度帰朝
1908(M41)- 2-20	艦長高木七太郎中佐 (15 期) 就任
1908(M41)-11-18	神戸沖大演習観艦式参列

艦　歴 /Ship's History (9)

艦　名	千　早 (2/3)
年　月　日	記　事 /Notes
1908(M41)-11-20	第 2 予備艦
1908(M41)-12-10	艦長船越揖四郎中佐 (16 期) 就任
1909(M42)- 4- 1	第 1 予備艦
1909(M42)-10-11	艦長片岡栄太郎中佐 (15 期) 就任、43 年 2 月 16 日から兼対馬艦長
1909(M42)-11- 1	第 2 予備艦
1910(M43)- 3-19	艦長山岡豊一中佐 (17 期) 就任、4 月 9 日まで兼対馬艦長
1910(M43)-12- 1	第 2 艦隊、艦長南里団一中佐 (17 期) 就任
1911(M44)- 4-10	佐世保発清国警備、4 月 26 日鎮南浦着
1911(M44)- 5- 9	佐世保より舞鶴に回航中異様な振動があり停止して調べた結果左舷推進器の 1 翼が根元より折損し
	ているのを発見
1911(M44)-10-16	第 3 艦隊
1911(M44)-10-18	呉発南清警備、翌年 2 月 28 日舞鶴着
1911(M44)-12- 1	艦長荒田鏡次郎中佐 (16 期) 就任
1912(M45)- 2-28	第 2 予備艦
1912(T 1)- 8-28	1 等砲艦に類別
1912(T 1)-11-12	横浜沖大演習観艦式参列
1912(T 1)-12- 1	艦長白石直介中佐 (17 期) 就任
1913(T 2)- 5-23	第 3 艦隊
1913(T 2)- 5-30	玉之浦発南清警備、翌年 1 月 26 日佐世保着
1913(T 2)-12- 1	艦長伊集院兼誠中佐 (18 期) 就任
1914(T 3)- 1-30	第 2 予備艦
1914(T 3)- 4- 1	第 1 予備艦
1914(T 3)- 8-10	警備艦
1914(T 3)- 8-23	内地にて第 1 次大戦に従事
1914(T 3)-12-17	横須賀鎮守府に転籍
1914(T 3)-12-28	南洋防備隊付属
1915(T 4)- 1- 6	測深儀装備訓令
1915(T 4)-10-15	第 1 予備艦、蒸留機改造工事
1915(T 4)-12- 4	横浜沖特別観艦式参列
1915(T 4)-12-13	第 2 予備艦、艦長花房太郎中佐 (24 期) 就任
1915(T 4)-12-27	火薬庫冷却装置新設認可
1916(T 5)- 3-22	第 1 予備艦、横須賀工廠で准士官浴室新設
1916(T 5)- 6-10	警備艦
1916(T 5)-12- 1	第 2 予備艦、艦長福田一郎中佐 (26 期) 就任、6 年 2 月 21 日から 5 月 1 日まで兼音羽艦長
1917(T 6)- 5- 7	横須賀工廠で入渠、外板修理、後部火薬庫冷却装置新設、9 月 1 日完成
1917(T 6)-10- 1	第 1 予備艦
1918(T 7)- 2-12	艦長横地錠二中佐 (27 期) 就任
1918(T 7)- 4- 1	警備艦
1918(T 7)- 7-27	第 3 艦隊第 3 水雷戦隊
1918(T 7)- 8- 4	大湊発露領沿岸警備、10 月 17 日函館着

艦　歴 /Ship's History (10)

艦　名	千　早 (3/3)
年　月　日	記　事 /Notes
1918(T 7)-12- 1	艦長原敢二郎中佐 (28 期) 就任
1919(T 8)- 4-29	横須賀工廠で無電機換装、測深儀装備、5 月 9 日完成
1919(T 8)- 5-16	大湊発露領沿岸警備、9 月 28 日佐世保着
1919(T 8)- 6- 4	艦長坂元貞二中佐 (28 期) 就任
1919(T 8)-10-28	横浜沖大演習観艦式参列
1919(T 8)-11- 1	警備艦
1920(T 9)- 5- 1	第 3 艦隊第 2 水雷戦隊
1920(T 9)-12- 1	第 3 艦隊第 3 水雷戦隊、艦長成沢美水中佐 (29 期) 就任
1921(T10)- 1-29	第 2 予備艦
1921(T10)- 4- 1	第 3 予備艦
1921(T10)- 4-22	横須賀工廠で特定大修理、10 月 29 日完成
1921(T10)-10-15	第 1 予備艦
1921(T10)-12- 1	第 2 予備艦、艦長栗原祐治中佐 (30 期) 就任
1922(T11)- 3-15	第 1 予備艦、艦長枝原百合一中佐 (31 期) 就任
1922(T11)- 3-23	横須賀工廠で 7 年式 3 号送信機仮装備、4 月 25 日完成
1922(T11)- 4-15	第 3 艦隊第 6 戦隊
1922(T11)- 5-22	小樽発露領沿岸警備、10 月 27 日着
1922(T11)-11-13	第 2 予備艦
1923(T12)- 2-16	横須賀工廠で電動測深儀装備、無電機改装、3 月 29 日完成
1923(T12)- 4- 1	第 1 予備艦、警備艦
1923(T12)- 5-19	小樽発露領沿岸警備、9 月 4 日着、関東大震災に際して大湊経由 9 月 7 日横須賀着、以後警備、避難
	民の名古屋方面への輸送に従事
1923(T12)-10- 1	第 2 予備艦
1924(T13)- 9- 1	第 1 予備艦
1924(T13)-11- 1	第 3 予備艦
1924(T13)-12- 1	第 4 予備艦
1926(T15)- 4-15	横須賀海兵団付属、海兵団の収容力不足を補うため使用
1926(S 3)- 5-30	横須賀工廠にて兵学校練習船に改造工事着手、10 月 22 日完成
1928(S 3)- 7- 1	横須賀海兵団付属を解く
1928(S 3)- 8-21	兵学校練習船として千早の塗色は軍艦に準じること
1928(S 3)- 9- 1	除籍、雑役船に変更、練習船として兵学校付属とする
1928(S 3)- 9- 7	雑役船千早を兵学校練習船として改造認可
1928(S 3)-10-19	千早の軍艦旗をその経歴書とともに教育資料として保管転換のこと
1930(S 5)- 2-26	呉工廠にて改造工事、4 月 20 日完成
1936(S11)- 2-27	兵学校練習船千早老朽化のため代替船を要求
1939(S14)- -	廃船、解体

第3部/Parts 3

◎ 日露戦争時の主力1等巡洋艦と2等巡洋艦

吉野系列巡洋艦は日清、日露戦争の主力2等巡洋艦
六六艦隊の花形、浅間以下6隻の装甲巡洋艦は太平洋戦争時まで生き残る長寿艦
春日・日進は戦没した八島、初瀬の代役を果たした殊勲大の功労艦
国産2等巡洋艦は地味な存在

目　次

吉野型 /Yoshino Class・笠置型 /Kasagi Class

型名 /Class name		同型艦数 /No. in class 2＋2	設計番号 /Design No.							
艦名 /Name	計画年度 /Prog. year	建造番号 /Build. No	起工 /Laid down	進水 /Launch	竣工 /Completed	建造所 /Builder	建造費 /Cost	設計者① /Designer	除籍 /Deletion	喪失原因・日時・場所 /Loss data
吉野 /Yoshino	M24/1891		M25/1892-03-01	M25/1892-12-20	M26/1893-09-30	英ニューキャッスル、Armstrong 社	¥2,578,515(内兵器 592,829)	(英)Sir Philip Watts	M38/1905- 5-21	M37/1904-5-15 春日と衝突沈没
高砂 /Takasago	M28/1895		M29/1896-05-29	M30/1897-05-18	M31/1898-05-17	英ニューキャッスル、Armstrong 社	①	(英)Sir Philip Watts	M38/1905- 6-15	M37/1904-12-12 旅順沖にて触雷沈没
笠置 /Kasagi	M28/1895		M30/1897-02-13	M31/1898-01-20	M31/1898-10-24	米フィラデルフィア、Cramp 社	②	③	T5/1916-11- 5	T5-7-20 津軽海峡付近で座礁全損
千歳 /Chitose	M28/1895		M30/1897-05-01	M31/1898-03-01	M32/1899-03-01	米サンフランシスコ、Union 鉄工所	②	③	S3/1928- 4- 1	

注 /NOTES ①明治 28、9 年の第 1、2 期拡張計画で建造されたこの 3 隻の 2 等巡洋艦の建造費については日本側の明確な数字は公表されていない、<写真日本軍艦史>では特定の数字を 3 で割った¥4,481,229 をこの 3 艦の 1 隻分の建造費としている、高砂については英<Engineering>誌ではトン当たりの建造費として£54.2 の数字を記しており、同誌記載の常備排水量を乗ずると£245,797(¥2,406,352) となり、これは船体、機関の建造費のみで兵器と諸費用は別と推定される ②この時期の国際感情を考慮して米国への発注を当時の駐米大使より進言されクランプ社とユニオン鉄工所から見積もりをとり比較の結果、最終的に両社に 1 隻ずつ 各$136 万で契約したもの、兵器、諸費用は別途と推定される、<帝国艦艇要領表>では千歳の総建造費を¥4,189,000 としておりほぼ妥当な数字と思われる
③この米国発注艦の設計は基本的には高砂と略同型であるも幾分大型化されており、これらは日本側からの要求によるもので基本仕様も当然高砂に準じている 【出典】海軍軍備沿革 / 海軍省年報 / 帝国艦艇要領表 /Engineerig 誌

船体寸法 /Hull Dimensions

艦名 /Name	状態 /Condition	排水量 /Displacement		長さ /Length(m)			幅 /Breadth (m)			深さ /Depth(m)		吃水 /Draught(m)			乾舷 /Freeboad (m)			備考 /Note
				全長 /OA	水線 /WL	垂線 /PP	全幅 /Max	水線 /WL	水線下 /uw	上甲板 /m	最上甲板	前部 /F	後部 /A	平均 /M	艦首 /B	中央 /M	艦尾 /S	
吉野 /Yoshino	新造完成 /New (T)	常備 /Norm.	4,180															
	新造計画 /Design (T)	常備 /Norm.	4,150	118.26		109.73	14.17							5.18				4,216 トンと表記したときは仏トンを示す
	公称排水量 /Official(T)	常備 /Norm.	4,160															4,267 トンと表記したときは仏トンを示す
高砂 /Takasago	新造完成 /New (T)	常備 /Norm.	4,536															
	新造計画 /Design (T)	常備 /Norm.	4,300	118.26		109.73	14.17							5.18				
	公試排水量 /Trial (T)		4,463															
	公称排水量 /Official(T)	常備 /Norm.	4,160															
笠置 /Kasagi	新造完成 /New (T)	常備 /Norm.	4,978															
	新造計画 /Design (T)	常備 /Norm.	4,900	122.48		114.15	14.91			9.30				5.41		4.06	6.60	乾舷は笠置船体寸法図による
	公試排水量 /Trial (T)		5,416															
	常備排水量 /Norm (T)		5,717.946									5.45	5.83	5.64		3.66		笠置要目簿による、多分明治末期に入ってからのデータと推定
	満載排水量 /Full (T)		6,175.366									6.53	6.38	6.46		2.84		
	軽荷排水量 /Light (T)		4,572.670									4.52	5.62	5.07		4.23		
	総噸数 /Gross ton (T)		3,384.51															
	公称排水量 /Official(T)	常備 /Norm.	4,862															
千歳 /Chitose	新造完成 /New (T)	常備 /Norm.	4,836												4.57	3.49	3.96	千歳要目簿による、艦首尾は上甲板高さ
	新造計画 /Design (T)	常備 /Norm.	4,760	123.49		114.94	14.99			8.89				5.37	7.06	4.05	6.43	乾舷は千歳船体寸法図による
	公試排水量 /Trial (T)		5,003.6															M32-9-30/10-10 公試
	軽荷排水量 /Light (T)		4,011											4.45				
	公称排水量 /Official(T)	常備 /Norm.	4,992															
	公称排水量 /Official(T)	基準 /St'd	4,395															大正末期以降の公表数値

注 /NOTES ①吉野、高砂の排水量については公表値が同じ理由は不明だが両艦の船体寸法が、同一ということに関係しているかもしれない 【出典】笠置要目簿 / 千歳要目簿 / 英 Engineering 誌 / 海軍省報告書

解説 /COMMENT

明治期の日本海軍において巡洋艦は明治 31 年 3 月の軍艦、水雷艇の類別等級の制定によりはじめて 1-3 等の類別が定められて、その艦種名と等級がはっきりしたということができる。それまでは日本軍艦の類別は明治 6 年に 7 等級の類別を規定、さらに明治 23 年に第 1-5 種に分けることになっていた。すなわち、巡航艦、巡洋艦という国際的な艦種名、さらに防護巡洋艦、装甲巡洋艦といった構造的な名称は概念的には用いられていたものの、正式な艦種名ではなかったのである。

この明治 31 年の類別制定により、巡洋艦は 7,000 トン以上を 1 等、7,000 トン未満 3,500 トン以上を 2 等、3,500 トン未満を 3 等とすることが明文化されるにいたった。

この項の吉野、高砂、笠置及び千歳はこの類別では 2 等巡洋艦に類別されることになる。最初の吉野は明治 23 年度の計画になるもので、この時海軍大臣は西郷大臣から樺山資紀大臣に代わっていた。この時期海軍大臣の提出する海軍拡張計画はことごとく議会で反対され、計画のごく一部のみを何とか実施出来る予算が認められるだけで、起案した長期計画の実現はできず西郷大臣はその責任をとったものとされていた。代わった樺山大臣はこれを受けて再度新たな艦船新造等の計画を時の山県内閣に提出するに至った。

新計画では列強の海軍力を斟酌するに、日本の海軍力としては総計 20 万トンの艦船を必要としており、現状での既成艦及び建造中の艦船の合計は約 5 万トンであり、ここに第 1 期 7 か年計画として 12 万トンの艦船を整備することを目標とすると、残り 7 万トンの艦船を増加する必要があるとしている。12 万トンの内訳は、■甲鉄艦 (9,500 トン)2 隻 ■巡航甲鉄艦 (6,000 トン)3 隻 ■ 1 等巡航艦 (4,500 トン)1 隻 ■ 2 等巡航艦 (3,500 トン)3 隻 ■ 3 等巡航艦 (2,500 トン)2 隻 ■ 4 等巡航艦 (1,500 トン)3 隻 ■ 1 等水雷艦 (水雷砲艦 750 トン)8 隻 ■ 2 等水雷艦 (水雷砲艦 500 トン)3 隻 ■水雷艇 26 隻 ■ 2 等運送船 (2,000 トン)1 隻 ■練習艦 (2,500 トン)

機　関 /Machinery

		吉 野 /Yoshino	高 砂 /Takasago	笠 置 /Kasagi	千 歳 /Chitose
主機械 /Main mach.	型式 /Type ×基数 (軸数)/No.	直立 3 段膨張式 4 気筩機関 /Recipro. engine × 2		直立 3 段膨張式 4 気筩機関 /Recipro. engine × 2	
缶 /Boiler	型式 /Type ×基数 /No.	高式円缶 / × 12	円缶 / 単× 4、両面× 4	高円缶 / × 12	
	蒸気圧力 /Steam pressure (kg/cm²)	10.98	10.98	11.0	11.0
	蒸気温度 /Steam temp.(℃)				
	缶換装年月日 /Exchange date			M43/1910-3	M45/1912-4
	換装缶型式・製造元 /Type & maker			宮原式缶× 12　佐世保工廠	艦本式缶× 12　舞鶴工廠
計画 /Design (自然通風 / 強圧通風)	速力 /Speed(ノット /kt)	20.5/22.5	20.5/22.5	20.5/22.5	20.5/22.5
	出力 /Power(実馬力 /IHP)	7,984/15,968	7,984/15,968	/17,235	10,645/15,715
	回転数 /(rpm)	150/165	150/165	/	/
新造公試 /New trial (自然通風 / 強圧通風)	速力 /Speed(ノット /kt)	/23.31　英国公試	/22.9　英国公試	21.67/22.75　米国公試	/22.9　米国公試
	出力 /Power(実馬力 /IHP)	/15,819	/13,143	/13,689.5	/12,740.67
	回転数 /(rpm)	/163	/154.3	/160.8	/154.4
改造公試 /Repair T. (自然通風 / 強圧通風)	速力 /Speed(ノット /kt)	21.25/ M35/1902-12-27	20.25/ M36/1903-7-15	19.0/ M35/1902-10-29	19.4/ M35/1902-7-2
	出力 /Power(実馬力 /IHP)	9,016.86/	8,182.08/	8,595.19/	9,149.18/
	回転数 /(rpm)	144.7/	129.4/	138/	133.8/
推進器 /Propeller	直径 /Dia.(m)・翼数 /Blade no.	4.19・3 翼	4.19・3 翼	3.96・3 翼	3.96・3 翼
	数 /No.・型式 /Type	× 2・青銅グリフィス型	× 2・青銅グリフィス型	× 2・青銅グリフィス型	× 2・青銅グリフィス型
舵 /Rudder	舵型式 /Type・舵面積 /Rudder area(m²)	半釣合舵 /Semi balance・9.77	半釣合舵 /Semi balance・14.40	半釣合舵 /Semi balance・10.80	半釣合舵 /Semi balance・11.63
燃料 /Fuel	石炭 /Coal(T)・定量 (Norm.)/ 全量 (Max.)	300/1,016	350/1,000	350/1,148	350/1,000
航続距離 /Range(浬 /SM- ノット /Kts)		1 時間 1 馬力当消費石炭量 2.05T(M35-12 公試)	1 時間 1 馬力当消費石炭量 2.064T(M35-7 公試)	4,000 − 10.0　2,625 − 14.0	4,800 − 10.0　3,152 − 14.0
発電機 /Dynamo・発電量 /Electric power(V/A)		アーネストスコット＆マウント社製・80V/400A × 2	シーメンス式・80V/400A × 2	エジソン式・80V/400A × 3	ユニオン鉄工式・80V/400A × 3
新造機関製造所 / Machine maker at new		英デッドフォード、ハムプレーズ・テナント社	英デッドフォード、ハムプレーズ・テナント社	米クランプ社	米ユニオン鉄工所
帆装形式 /Rig type・総帆面積 /Sail area(m²)		スクーナー /Schooner ・355	スクーナー /Schooner	スクーナー /Schooner	スクーナー /Schooner・361.941

注 /NOTES ①吉野は完成当時世界最高速力の軍艦といわれた快速艦で、日本軍艦として最初に 3 段膨張式主機械に 2 個の低圧気筒を備えた艦とされている、吉野、高砂は日露戦争で戦没したため缶換装の機会がなかったもの。
【出典】笠置要目簿 / 千歳要目簿 / 帝国海軍機関史 / 日清戦争書類 / 極秘版明治三十七、八年海戦史 /

1 隻　合計 53 隻 (75,680 トン) であった。これに要する費用は 58,552,645 円にして、さらに艦船増強に伴い鎮守府の設置も現在整備中の佐世保、呉の他に舞鶴と室蘭両鎮守府の設置も必要とし、合計総額 70,316,052 円を 7 か年で支出するものとしていた。

これに対して財源として国庫より支出可能な金額は 521 万が限度とされて、とりあえずこの金額で明治 24 年から 6 か年継続で巡航艦 2 隻、水雷艦 (水雷砲艦)1 隻、水雷艇 2 隻の新造に着手することとし、議会の承認を得ることができた。これにより建造されたのが巡洋艦吉野、須磨、水雷砲艦龍田であった。すなわち、金額的には僅か 1/10 が認められたに過ぎず、12 万トン海軍の実現は先送りせざるをえなかった。

この時の新艦吉野と龍田は英国に発注され、須磨は横須賀造船所で国産艦として建造されることになった。吉野は浪速と同じアームストロング社に発注され、明治 25 年 /1892 3 月に起工、1 年半という短期間で完成している。設計は英海軍造船局長を退職してアームストロング社に招聘されていたサー・フィリップ・ワッツが設計、同氏が 2 年前にアルゼンチン向けに設計、建造した防護巡洋艦 25 デ・マーヨ (3,180 トン) を改良したデザインといわれている。当時横須賀では最初の国産防護巡洋艦秋津洲が建造中であったが、やはり日本側の設計の実力では小型の須磨の国産にとどめて、吉野として計画した 4,000 トン級の有力巡洋艦は英国、それもエルジック巡洋艦として定評のあるアームストロング社に発注することになったのも、これまでの同社の付き合いからも自然であったといえよう。

先の浪速型と同様、基本仕様を提示したのみで設計はワッツに任せたらしく、しかも兵装も既にクルップ式を改めて、安式に統一することになっていたので問題はなかった。備砲は安式 15cm 砲 4 門、同 12cm 砲 8 門と安式速射砲でかためており、より排水量の少ないアルゼンチンの 25 デ・マーヨ ですら 8.2 インチ砲 (20.8cm) を搭載していたから、後の高砂のように 20cm 砲の搭載も可能であったが、ここでは 15cm 砲にとどめていたのは日本側の要望らしく、他艦との搭載砲の互換性や統一を重要視したものらしい。

機関計画は 15,500 実馬力、速力 22.5 ノット (強圧通風) と当時の日本艦艇にあっては抜群の大出力、高速艦で、英国での公試では 15,819 実馬力、速力 23.31 ノットを発揮、当時における世界一の高速艦として注目された。

吉野は明治 27 年 3 月 9 日に呉軍港に到着、日清戦争に間に合った。吉野は英国より武式測距儀を持ち帰り、当時製品化されたばかりだったという。

吉野は後の黄海海戦で第 1 遊撃隊の旗艦としてよく活躍した。速力こそ他艦に合わせて 15 ノットに落としていたので、十分余裕があった。安式速射砲の砲力は日本艦艇中最高であった。

本艦の完成から 3 年弱、日清戦争後の明治 28-29 年度計画 (第 1、2 期拡張計画) により、吉野と略同型の 2 等巡洋艦 3 隻が計画される。最初の高砂は吉野と同じ安社に発注され、備砲を安式 20cm 砲 2 門に変更、12cm 砲を 10 門とした以外は全く同設計で建造された。それだけ吉野に日本海軍は満足していたということであろう。残りの 2 隻についても当初は英国発注を予定していたらしいが、国際感情を考慮して米国に発注を決めたらしい。装甲巡を仏、独に 1 隻ずつ発注したのも同様であった。

この 2 隻の発注先としては日系人の多い東海岸サンフランシスコのユニオン鉄工所と西海岸フィラデルフィアのクランプ社より見積をとることになった。ユニオン鉄工所の見積もりは 1 隻 1,695,000 ドル、2 隻で 337 万ドル、クランプ社は同 1,685,000 ドル、同 3,332,000 ドルと高めの見積もりで日本側はちゅうちょした。これに対して駐米公使の星が多少高めでも米国世論を味方につけるためには思い切って発注すべきと意見具申、また彼自身がいろいろ画策したらしく、クランプ社は 136 万ドルまで下げてきたので、同社に 2 隻を頼もうとしたが、今度はユニオン鉄工所が 130 万ドルを提示、監督官の駐在費用等海軍としては 1 か所での建造が望ましかったが、結局星の意見に翻弄されて、最終的に両社に 1 隻ずつが発注されることで決着した。

当時少し前にユニオン鉄工所が米海軍のために建造した防護巡洋艦サンフランシスコ (4,088 トン) の建造費 (船体、機関のみ) が 173.8 万ドルだから最初の見積も特に高いとも言えないが、いずれにしろ東海岸で建造された笠置は完成後英国に回航、安社で兵装を施した後日本に回航、西海岸の千歳は現地で兵装を施して直接日本に回航された。

この 2 隻は基本仕様に基づき現地の設計にまかせたようで、常備排水量は高砂より 650 トン以上大きく、2 隻とも船体寸法が僅かだが異なっている。公試ではいずれも計画速力を上回っており米国の造艦技術も英国に劣らないことを示していたが、以後米国への軍艦発注は大正後期の給油艦神威の建造まで途絶えることになる。

吉野以下この 4 隻は日露戦争時には第 3 戦隊を編制して第 1 艦隊に属し、主力戦艦部隊第 1 戦隊に随伴する最も強力な防護巡洋艦

吉野型 /Yoshino Class・笠置型 /Kasagi Class

兵装・装備 /Armament & Equipment

		吉 野 /Yoshino・新造時 /New	高 砂 /Takasago・明治 37 年 /1904	笠 置 /Kasagi・明治 37 年 /1904	千 歳 /Chitose・明治 37 年 /1904
砲熕兵器 / Guns	主砲 /Main guns	安式 40 口径 15cm 砲 /Armstrong × 4 弾× 600	安式 45 口径 20cm 砲 /Armstrong × 2 弾× 200	安式 45 口径 20cm 砲 /Armstrong × 2 弾× 200	安式 45 口径 20cm 砲 /Armstrong × 2 弾× 200 ③
	備砲 /2nd guns	安式 40 口径 12cm 砲 /Armstrong × 8 弾× 1,200	安式 40 口径 12cm 砲 /Armstrong × 10 弾× 2,000 安式 40 口径 8cm 砲 /Armstrong × 12 弾× 3,600	安式 40 口径 12cm 砲 /Armstrong × 10 弾× 2,000 安式 40 口径 8cm 砲 /Armstrong × 12 弾× 3,600	安式 40 口径 12cm 砲 /Armstrong × 10 弾× 2,000 ④ 安式 40 口径 8cm 砲 /Armstrong × 12 弾× 3,600 ⑤
	小砲 /Small cal. guns	47mm 重山内砲 /Yamanouchi × 22 弾× 6,600 ①	47mm 軽山内砲 /Yamanouchi × 6 弾× 2,400	47mm 軽山内砲 /Yamanouchi × 6 弾× 2,400	⑥ 47mm 軽山内砲 /Yamanouchi × 6 弾× 2,400 ⑦
	機関砲 /M. guns				
個人兵器 /Personal weapons	小銃 /Rifle	マルチニー銃× 108 弾× 62,400 ②	35 年式海軍銃× 143 弾× 85,800	35 年式海軍銃× 143 弾× 85,800	35 年式海軍銃× 143 弾× 85,800
	拳銃 /Pistol	拳銃× 78 弾× 9,360	1 番形拳銃× 33 弾× 3,960、モーゼル拳銃× 6 弾× 720	1 番形拳銃× 33 弾× 3,960、モーゼル拳銃× 6 弾× 720	1 番形拳銃× 33 弾× 3,960、モーゼル拳銃× 6 弾× 720
	舶刀 /Cutlass				
	槍 /Spear				
	斧 /Axe				
水雷兵器 /Torpedo weapons	魚雷発射管 /T. tube	保式× 5(水上 /Surface 旋回式× 4、固定式× 1)	保式× 5(水上 /Surface 旋回式× 4、固定式× 1)	安式× 4(水上 /Surface 旋回式× 4)	安式× 4(水上 /Surface 旋回式× 4) ⑧
	魚雷 /Torpedo	14"(35cm) 保式 /Whitehead × 10	14"(35cm) 保式 /Whitehead × 10	14"(35cm) 保式 /Whitehead × 10 ⑨	14"(35cm) 保式 /Whitehead × 10 ⑨
	その他	外装水雷× 18	反装水雷× 6	反装水雷× 6	反装水雷× 6
電気兵器 /Elec.Weap.	探照灯 /Searchlight	× 4	× 4	× 4	× 4
艦載艇 /Boats	汽艇 /Steam launch	× 1	× 1	× 1(スチーム・ピンネース 9.75m、7.216T、7.84kt)	× 1(スチーム・ピンネース 9.14m)
	ランチ /Launch				× 1(救命ホエール 8.22m)
	ピンネース /Pinnace	× 1	× 1	× 1(9.75m)	× 1(9.75m)
	カッター /Cutter	× 2	× 2	× 2(9.14m)	× 2(9.14m)
	ギグ /Gig	× 2	× 2	× 2(8.23m)	× 2(8.22m)
	通船 /Jap. boat	× 1	× 2	× 3(8.23m × 2、6.1m × 1)	× 2(ディンギー 4.26m、バルサ 4.26m)
	(合計)	× 7	× 8	× 9	× 9 ⑩

注 /NOTES ①日清戦争後 47mm 軽山内砲 2 門を追加装備 ② M37 年現在 35 年式海軍銃 139 挺、1 番形拳銃 36 挺、モーゼル拳銃 6 挺 ③砲架構造中心軸砲架 ④砲架構造高脚砲架 ⑤砲架構造高脚砲架 10 基、中心軸砲架 2 基 ⑥ T8/1919-9 に 3 年式 40 口径 8cm 高角砲 1 門を装備、この際従来の安式 8cm 砲 2 門を撤去 (千歳のみ) ⑦ T5/1916 に 4 門撤去さらに T9/1920 に残り撤去、麻式 6.5mm 機銃 1 基を装備 ⑧大正後期に撤去か ⑨ M43 に 18" 魚雷と換装 ⑩ M41 の調査では 30' 小蒸気 1 隻、32' ピンネース 1 隻、30' カッター 2 隻、27' ギグ 1 隻、26.5' ガレー 1 隻、27' 船 1 隻、20' 通船 1 隻 (合計 8 隻)、同調査笠置の場合は 30' 小蒸気 1 隻、32' ピンネース 1 隻、30' カッター 2 隻、27' ギグ 2 隻、27' 通船 2 隻、20' 外舷艇 1 隻 (合計 9 隻)

【出典】笠置要目簿 / 千歳要目簿 / 掌砲必携 / 公文備考 / 日清戦争戦時書類

戦隊であった。しかし戦争中は不運に見舞われ、明治 37 年 5 月に吉野が夜間濃霧の中僚艦春日に突かれて沈没、さらに 12 月には高砂が触雷沈没して失われてしまった。

残った笠置と千歳は日露戦争掉尾の日本海海戦では新高と音羽を加えて第 3 戦隊を編制して奮戦した。戦後、明治 43 年に 2 隻とも缶の換装を行い、明治 42 年からは機関学校少尉候補生の練習艦、遠洋航海に従事することもたびたびあったが、笠置が大正 5 年 7 月に津軽海峡で座礁全損となり失われている。

大正 10 年に残った千歳は 2 等巡洋艦から 2 等海防艦に変更、以後は昭和 3 年に除籍されるまで予備艦として軍港に留まることが多く、除籍後は廃艦 1 号として昭和 6 年に実艦的として最期を迎えている。

吉野の艦名は四国の川名による、高砂は兵庫県加古川河口にある名所高砂浦による、笠置は京都府南東部にある山名、なお笠置の艦名は明治 15 年購入予定の外国艦に命名されたものの 3 か月後に取り消されているという < 艦船名考 - 高須 >

笠置の名は後の太平洋戦争中戦時計画の空母 (未成) に命名されているが、吉野、高砂の戦没艦の襲名は海軍時代にはなく、戦後の海上自衛隊護衛艦「よしの」に襲名されている。最後の千歳は成語で、千年、千載、千代等の永遠の意味による、昭和 9 年度計画水上機母艦に襲名、後空母に改造、戦後の海上自衛隊護衛艦「ちとせ」は北海道の千歳川よりとったもの。

[資料] 吉野については日本側の公式図面はないが、< 英 Engineering 誌 >1899 年 8 月号に簡単な艦型図と最大中央切断図の公式図および記事が掲載されている。本艦の写真は日露戦争中喪失したため残っているものはそう多くない。

高砂については < 平賀資料 > に新造時の舷外側面、上部平面及び最大中央切断図がある。(P-174 に続く)

装 甲 /Armor

		各艦共通 /Common
司令塔 /Conning tower		4"/102mm(前側部 /Forw. side)
司令塔障壁 /Back board		3"/76mm
防禦甲板	中央平坦部 /Flat	0.875"/22mm × 2
	傾斜部 /Slope	3.5-4.5"/89-114mm
	前後部 /Forward & After	0.875"/22mm × 2
砲楯	20cm 砲 /15cm 砲	(前 /Front)101/114mm (側 /Side)32/ mm
	12cm 砲	(前 /Front)114mm (側 /Side)51mm
	8cm 砲	(高脚砲架)76mm (中心軸砲架)6.5mm
	47mm 砲	1"/25.4mm
揚弾薬筒 /Ammunition tube		1"/25.4mm

注 /NOTES 新造時状態を示す【出典】笠置要目簿 / 千歳要目簿 / 写真日本軍艦史 /

重量配分 /Weight

		笠 置 /Kasagi		千 歳 /Chitose	
		重量 /Weight(T)	%	重量 /Weight(T)	%
船殻 /Hull		2,513.02	46.4	2,038.58	41.2
防禦 /Protect		568.68	10.5	598.71	12.1
斉備 /Equipment		292.46	5.4	306.78	6.2
兵装 /Armament		352.04	6.5	381.00	7.7
機関 /Machinery		1,326.92	24.5	1,271.64	25.7
燃料 /Fuel	石炭 /Coal	352.04	6.5	351.31	7.1
	重油 /Oil				
その他 /Others					
(合計 /Total)		5,416.00	100.0	4,948.00	100.0

注 /NOTES 新造時常備状態を示す【出典】軍艦基本計画

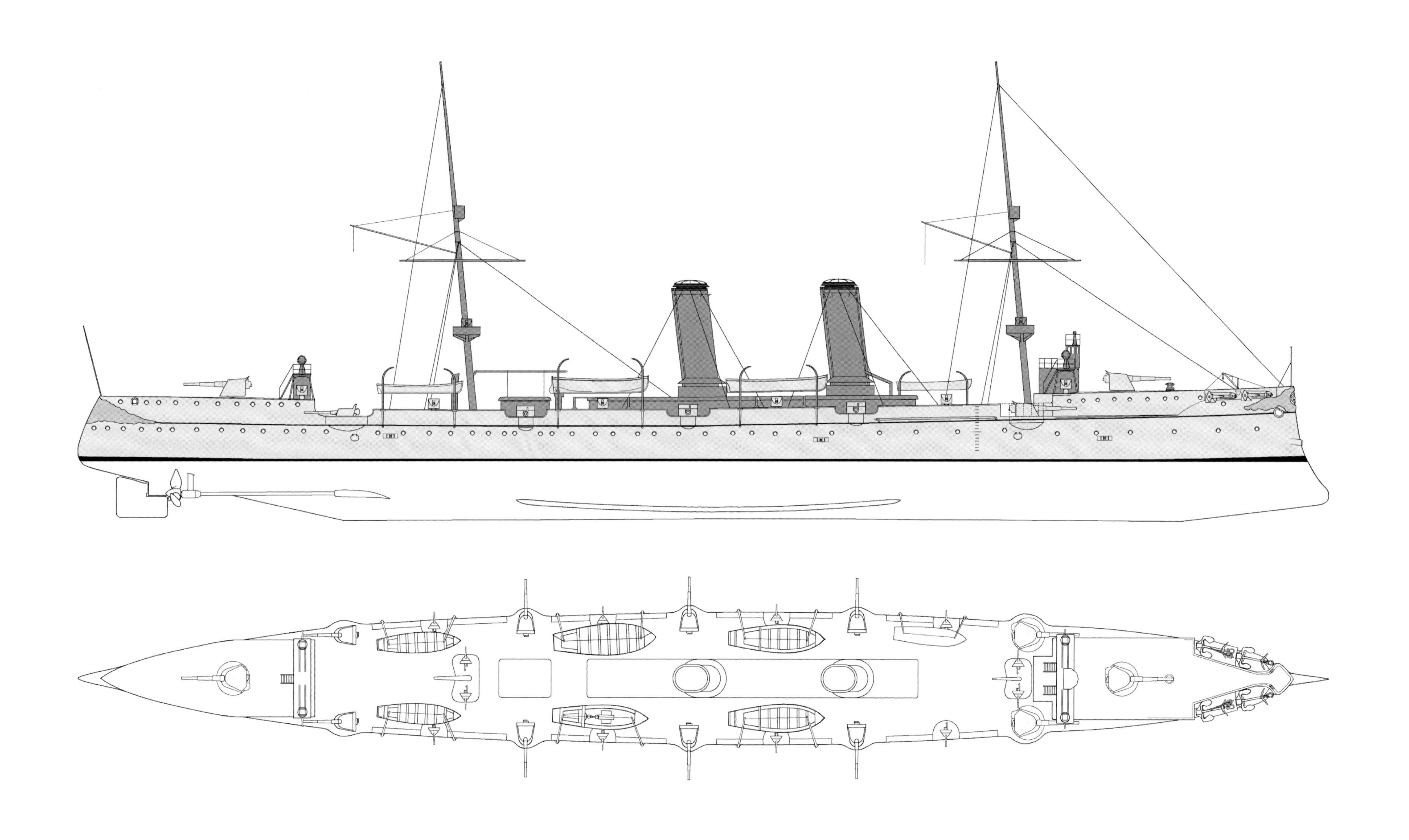

図 3-1-1 [S=1/400] 吉野 側平面 (新造時)

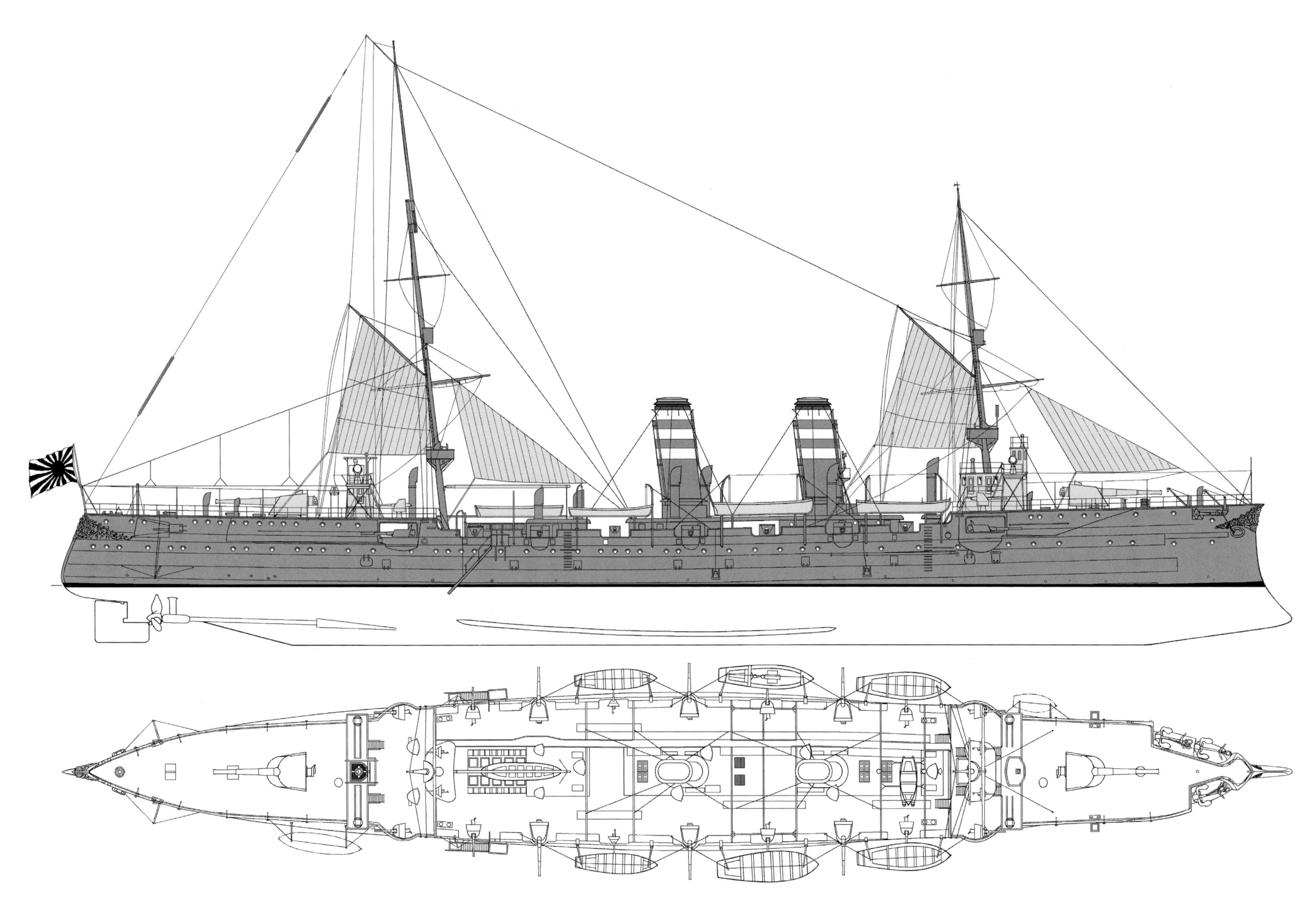

図 3-1-2 [S=1/400] 高砂 側平面(新造時)

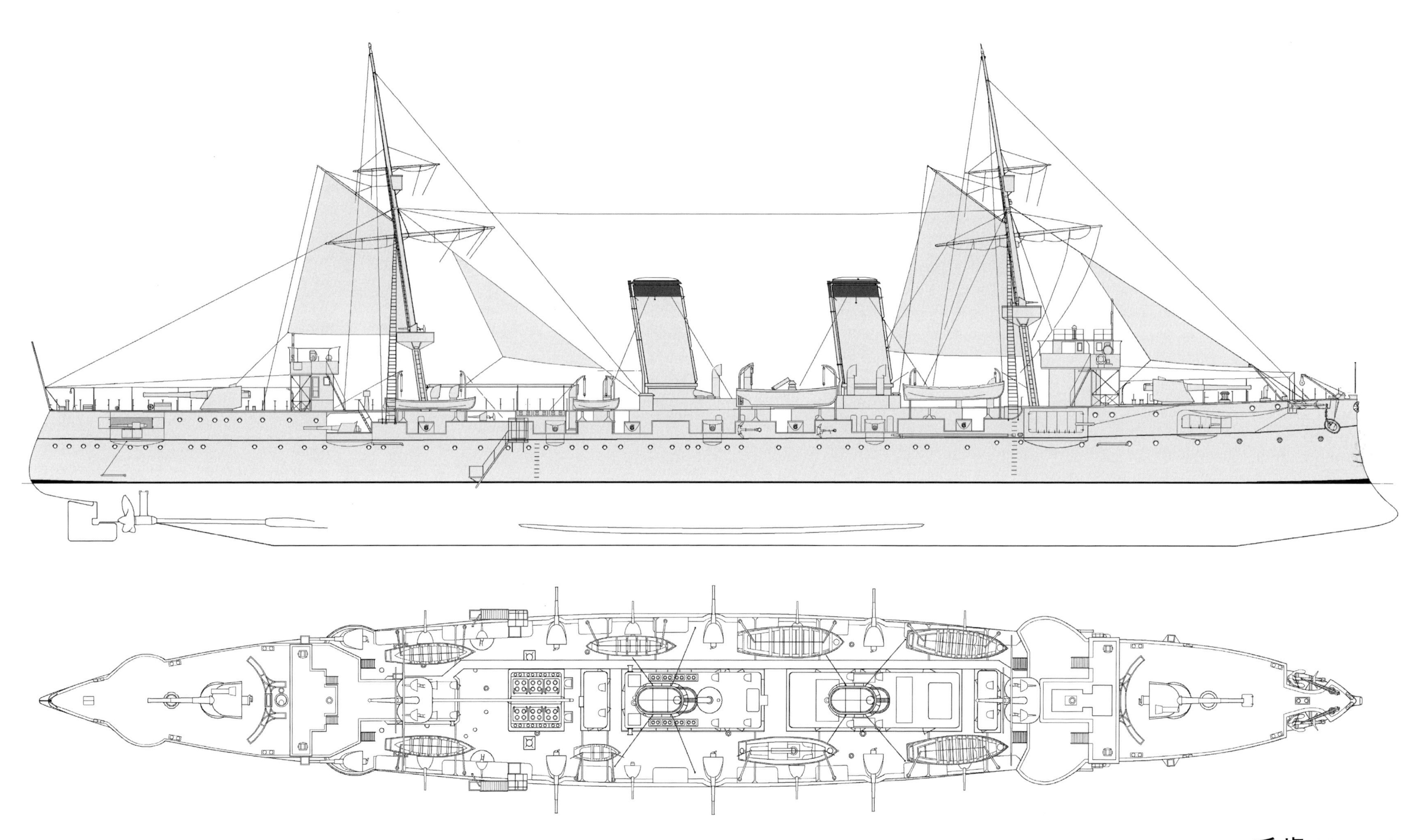

図 3-1-3 [S=1/400]　千歳 側平面 (新造時)

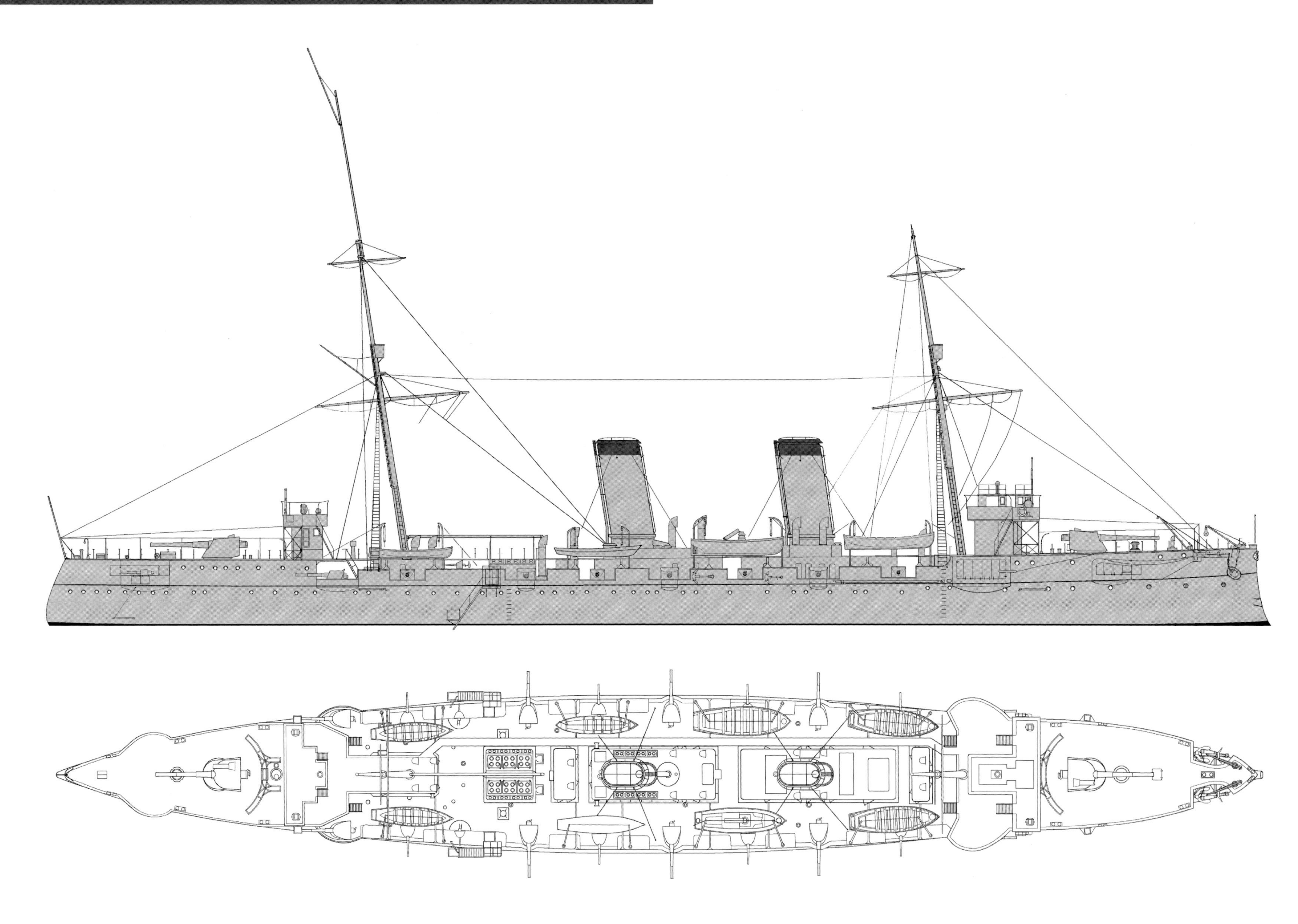

図 3-1-4 [S=1/400] 千歳 側平面 (M38/1905)

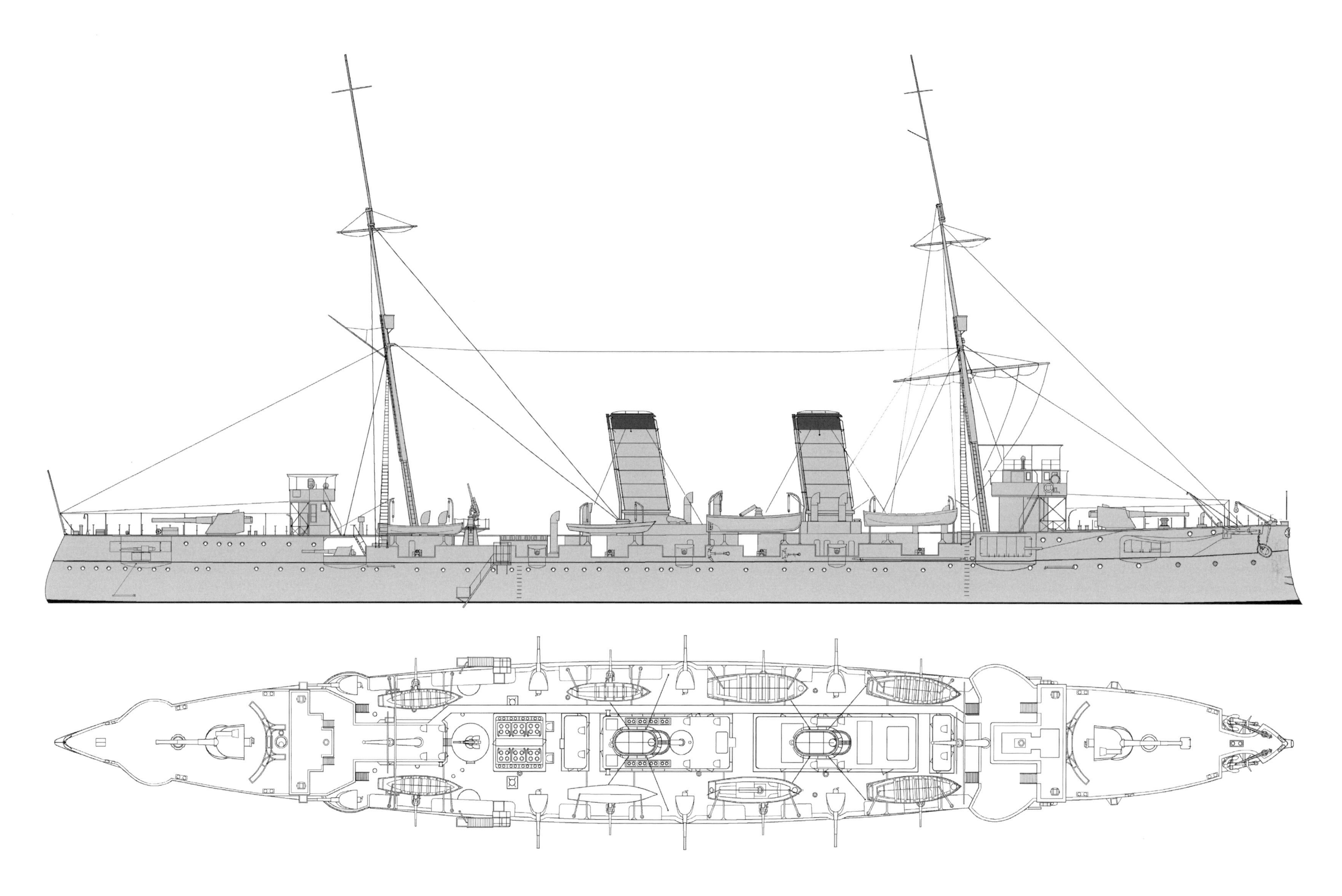

◎T8に後檣前に8cm高角砲を装備した状態、新設の砲台を設けて高い位置に装備された。本型で高角砲を搭載したのは、もちろん本艦のみで、笠置はT5に海難事故で失われているためその機会はなかった。

図 3-1-5［S=1/400］ 千歳 側平面 (T8/1919)

図 3-1-6 [S=1/400] 笠置 側平面 (新造時)

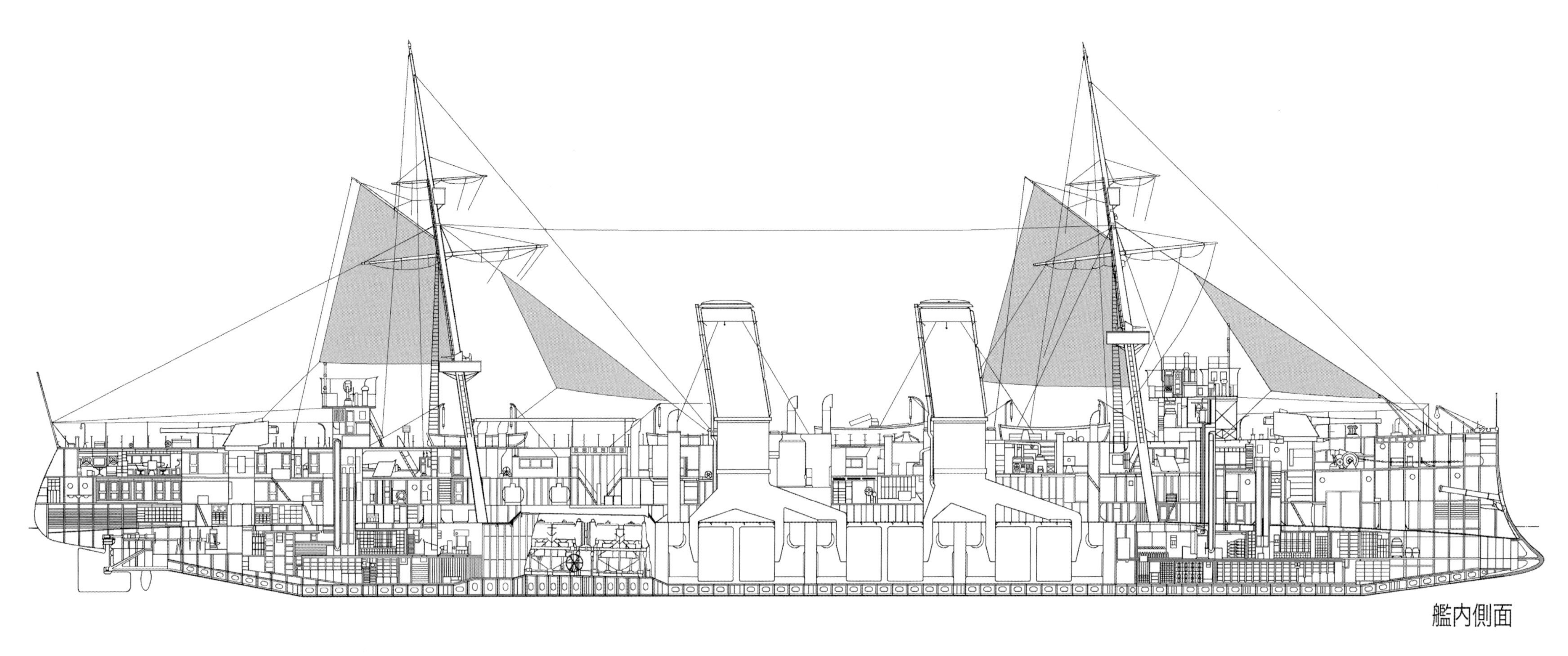

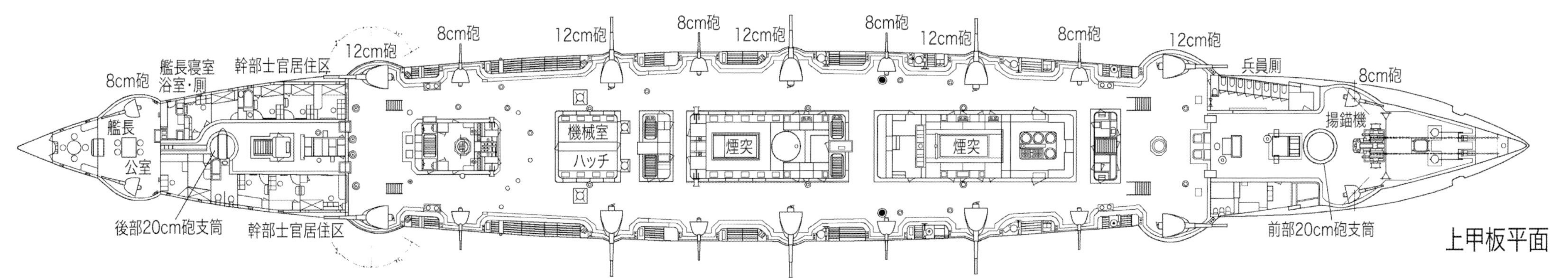

図 3-1-7 [S=1/400] **千歳** **艦内側面 上甲板平面**

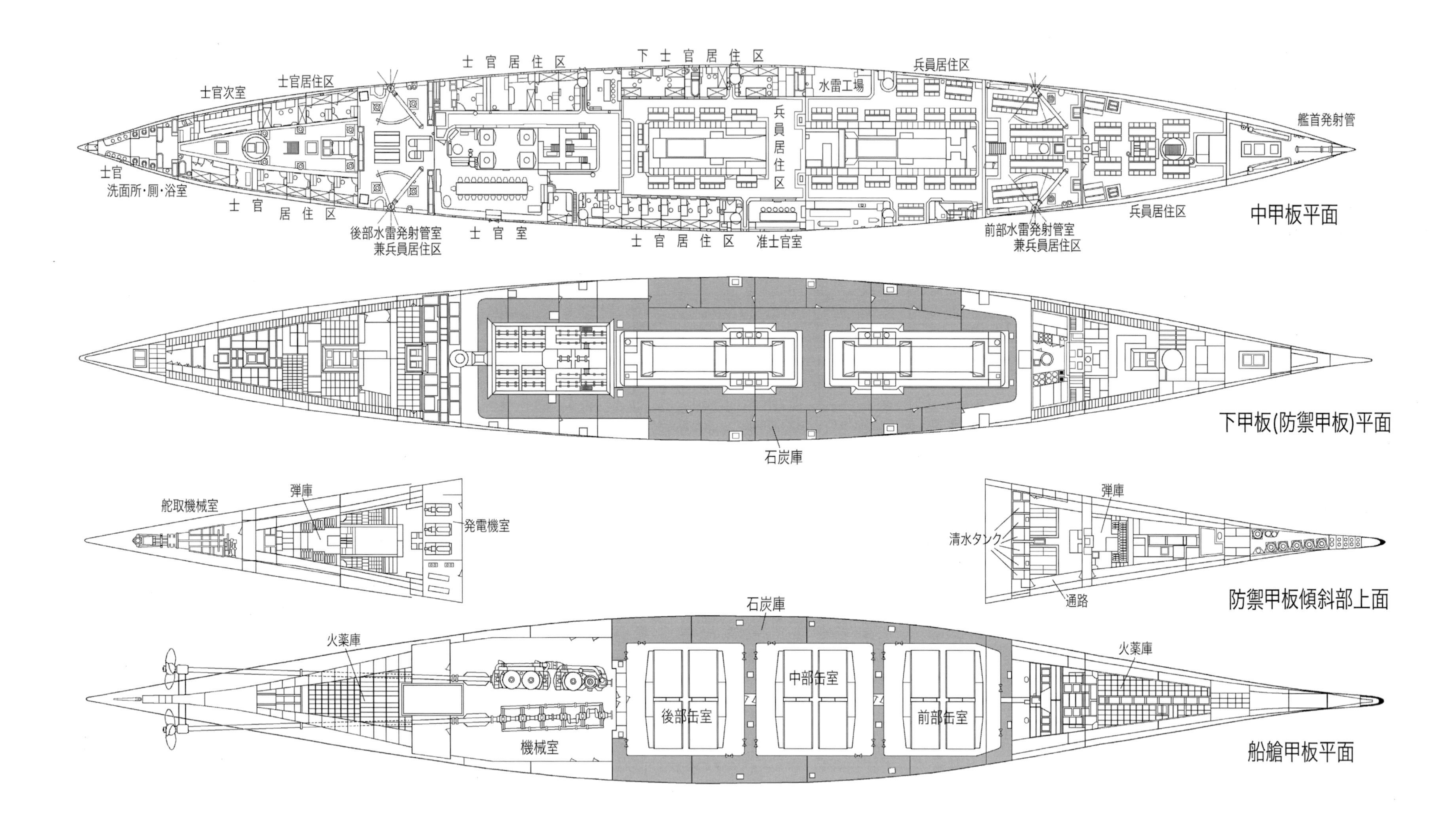

図 3-1-8 [S=1/400] 千歳 各甲板平面

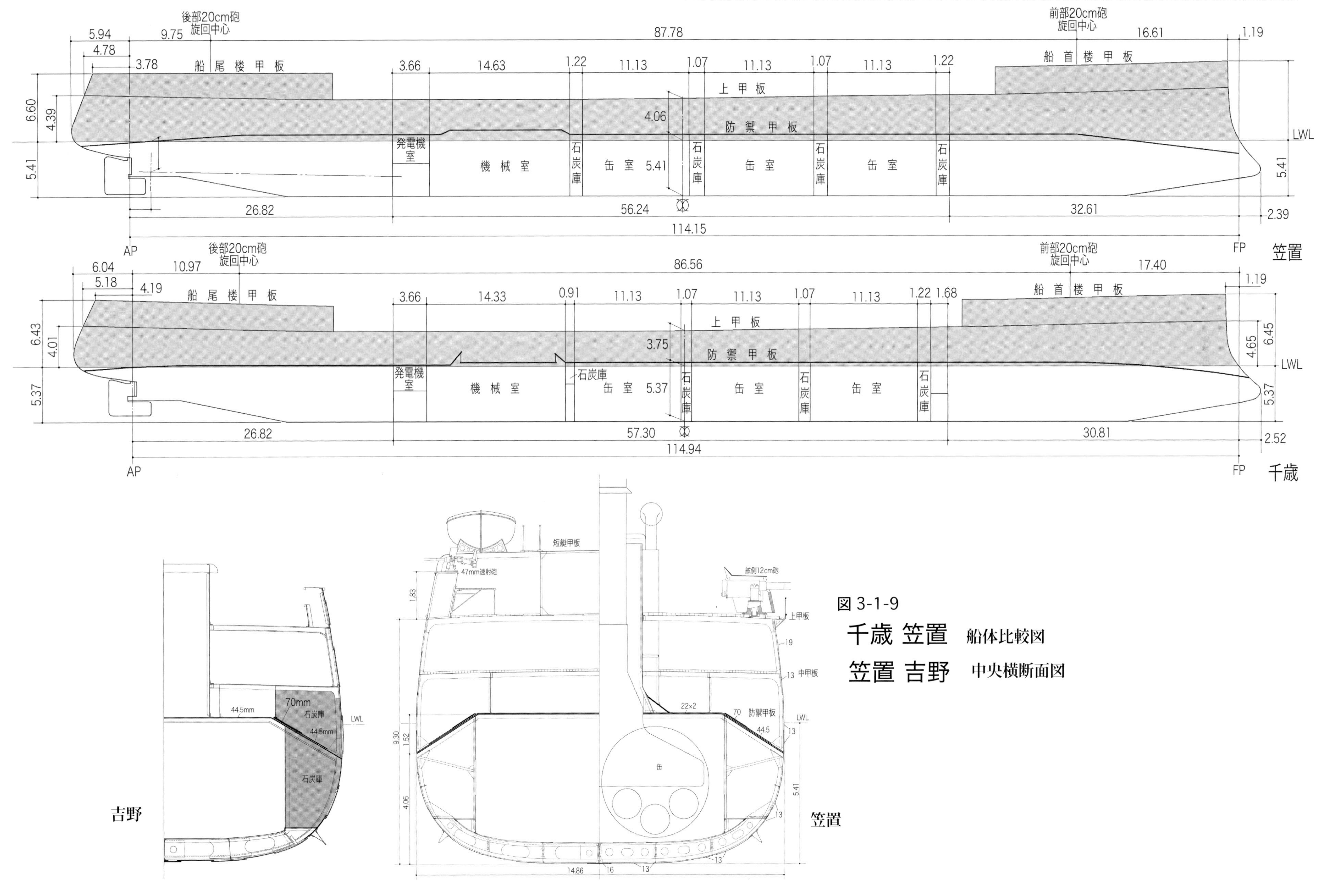

図 3-1-9
千歳 笠置 船体比較図
笠置 吉野 中央横断面図

吉野型 /Yoshino Class・笠置型 /Kasagi Class

吉野　定　員 /Complement (1)

職名 /Occupation	官名 /Rank	定数 /No.		職名 /Occupation	官名 /Rank	定数 /No.	
艦長	大佐	1		前檣楼長	2等兵曹	1	
副長	少佐	1		〃	3等兵曹	1	
砲術長	大尉	1		後甲板長	2等兵曹	1	
水雷長	〃	1		〃	3等兵曹	1	
航海長	〃	1		船艙手	1等兵曹	1	
分隊長	〃	4		帆縫手	1等兵曹	1	
航海士	少尉	1			1等信号手	1	
分隊士	〃	6			1等船匠手	1	
機関長	機関少監	1	士官 /26		2等船匠手	1	下士 /35
水雷主機	大機関士	1			1等鍛冶手	1	
機関士	〃	2			2等鍛冶手	1	
	少機関士	1			1等機関手	4	
軍医長	大軍医	1			2等機関手	6	
	少軍医	1			3等機関手	9	
主計長	大主計	1			1等看護手	1	
	〃	1			1等主帳	1	
	少主計	1			2等主帳	1	
掌砲長	兵曹長	2			3等主帳	2	
掌水雷長	〃	1	准士 /14		1等水兵	39	
掌帆長	〃	1			2等水兵	65	
	船匠師	1			3、4等水兵	73	
	機関師	9			1等信号水兵	1	
砲術教員	1等兵曹	1			2等信号水兵	2	
〃	2等兵曹	1			3等信号水兵	3	
掌砲長属	1等兵曹	3			1等木工	1	
〃	2等兵曹	4			2等木工	1	
〃	3等兵曹	3			3、4等木工	1	卒 /284
水雷術教員	1等兵曹	1			1等鍛冶	1	
掌水雷長属	1等兵曹	1			2等鍛冶	1	
〃	2等兵曹	1	下士 /29		3、4等鍛冶	1	
〃	3等兵曹	1			1等火夫	13	
掌帆長属	1等兵曹	3			2等火夫	25	
前甲板長	〃	2			3、4等火夫	43	
〃	2等兵曹	2			1等看病夫	1	
按針手	1等兵曹	1			2等看病夫	1	
〃	2等兵曹	1			1等厨夫	3	
〃	3等兵曹	1			2等厨夫	4	
艦長端舟長	2等兵曹	1			3、4等厨夫	5	
大檣楼長	〃	1		(合　計)		388	
〃	3等兵曹	1					

注 /NOTES　明治 25 年 9 月 26 日達 70 による吉野の最初の定員を示す【出典】海軍制度沿革

吉野　定　員 /Complement (2)

職名 /Occupation	官名 /Rank	定数 /No.		職名 /Occupation	官名 /Rank	定数 /No.	
艦長	大佐	1			1等鍛冶手	1	
副長	中佐	1			2等鍛冶手	1	
砲術長	少佐 / 大尉	1			1等看護手	1	下士 / 7
水雷長	〃	1			1等筆記	1	
航海長	〃	1			3等筆記	1	
分隊長	大尉	4			1等厨宰	1	
	少尉	7			2等厨宰	1	
機関長	機関中監	1			1等水兵	44	
分隊長	機関少監 / 大機関士	1	士官 /26		2、3等水兵	108	
分隊長	大機関士	2			4等水兵	31	
	中少機関士	1			1等信号水兵	5	
軍医長	軍医少監 / 大軍医	1			2等信号水兵	6	
	大軍医	1			1等木工	1	
主計長	主計少監 / 大主計	1			2等木工	2	
	大主計	1			3、4等木工	2	
	中少主計	1			1等鍛冶	1	卒 /313
					2等鍛冶	2	
	上等兵曹長	3			3、4等鍛冶	2	
	船匠師	1			1等火夫	23	
	機関兵曹長 / 上等機関兵曹	1	准士 / 9		2等火夫	43	
	上等機関兵曹	4			3、4等火夫	30	
					1等看病夫	1	
	1等兵曹	11			2等看病夫	1	
	2等兵曹	11			1等厨夫	3	
	3等兵曹	10			2等厨夫	3	
	1等信号兵曹	2			3、4等厨夫	5	
	2、3等信号兵曹	3	下士 /61				
	1等船匠手	1					
	2等船匠手	1					
	1等機関兵曹	7					
	2等機関兵曹	8					
	3等機関兵曹	7		(合　計)		416	

注 /NOTES

明治 33 年 6 月 1 日内令 54 による吉野の定員を示す【出典】海軍制度沿革

(1) 上等兵曹の 3 人は掌砲長、掌水雷長、掌帆長の職にあたるものとする

(2) 兵曹中の 3 人は砲術教員、水雷術教員にあて、他は掌砲長属、掌水雷長属、掌帆長属、船艙手及び各部の長職につくものとする

(3) 信号兵曹中の 4 人は按針手にあてるものとする

高砂　定　員/Complement (3)

職名 /Occupation	官名 /Rank	定数 /No.		職名 /Occupation	官名 /Rank	定数 /No.	
艦長	大佐	1	士官/26		1等鍛冶手	1	下士/7
副長	中佐	1			2等鍛冶手	1	
砲術長	少佐 / 大尉	1			1等看護手	1	
水雷長	〃	1			1等筆記	1	
航海長	〃	1			3等筆記	1	
分隊長	大尉	4			1等厨宰	1	
	中少尉	7			3等厨宰	1	
機関長	機関中監	1			1等水兵	40	卒/290
分隊長	機関少監 / 大機関士	1			2、3等水兵	101	
分隊長	大機関士	2			4等水兵	34	
	中少機関士	1			1等信号水兵	5	
軍医長	軍医少監 / 大軍医	1			2等信号水兵	6	
	大軍医	1			1等木工	2	
主計長	主計少監 / 大主計	1			2、3等木工	2	
	大主計	1			1等鍛冶	2	
	中少主計	1			2、3等鍛冶	2	
					1等機関兵	14	
	上等兵曹長	3	准士/10		2、3等機関兵	46	
	船匠師	1			4等機関兵	22	
	機関兵曹長 / 上等機関兵曹	1			1等看護	1	
	上等機関兵曹	5			2等看護	1	
					1等主厨	3	
	1等兵曹	11	下士/60		2等主厨	4	
	2等兵曹	11			3、4等主厨	5	
	3等兵曹	12					
	1等信号兵曹	2					
	2、3等信号兵曹	3					
	1等船匠手	1					
	2等船匠手	1					
	1等機関兵曹	4					
	2等機関兵曹	6					
	3等機関兵曹	9		（合　計）		393	

注 /NOTES

明治30年9月内令38による高砂の定員を示す【出典】海軍制度沿革
(1) 上等兵曹の3人は掌砲長、掌水雷長、掌帆長の職にあたるものとする
(2) 兵曹中の3人は砲術教員、水雷術教員にあて、他は掌砲長属、掌水雷長属、掌帆長属、按針手、艦長端舟長、船艙手及び各部の長職につくものとする

笠置・千歳　定　員/Complement (4)

職名 /Occupation	官名 /Rank	定数 /No.		職名 /Occupation	官名 /Rank	定数 /No.	
艦長	大佐	1	士官/26		1等鍛冶手	1	下士/7
副長	中佐	1			2等鍛冶手	1	
砲術長	少佐 / 大尉	1			1等看護手	1	
水雷長	〃	1			1等筆記	1	
航海長	〃	1			3等筆記	1	
分隊長	大尉	4			1等厨宰	1	
	中少尉	7			3等厨宰	1	
機関長	機関中監	1			1等水兵	40	卒/302
分隊長	機関少監 / 大機関士	1			2等水兵	62	
分隊長	大機関士	2			3、4等水兵	88	
	中少機関士	1			1等信号水兵	2	
軍医長	軍医少監 / 大軍医	1			2等信号水兵	3	
	大軍医	1			3、4等信号水兵	3	
主計長	主計少監 / 大主計	1			1等木工	1	
	大主計	1			2等木工	2	
	中少主計	1			3、4等木工	1	
					1等鍛冶	1	
	上等兵曹長	3	准士/10		2等鍛冶	2	
	船匠師	1			3、4等鍛冶	1	
	機関兵曹長 / 上等機関兵曹	1			1等機関兵	14	
	上等機関兵曹	5			2等機関兵	25	
					3、4等機関兵	43	
	1等兵曹	12	下士/60		1等看護	1	
	2等兵曹	13			2等看護	1	
	3等兵曹	13			1等主厨	3	
	1等信号兵曹	1			2等主厨	4	
	1等船匠手	1			3、4等主厨	5	
	2等船匠手	1					
	1等機関兵曹	4					
	2等機関兵曹	6					
	3等機関兵曹	9					
				（合　計）		405	

注 /NOTES

明治31年7月22日内令58による笠置、同年10月10日内令80による千歳の定員を示す【出典】海軍制度沿革
(1) 上等兵曹の3人は掌砲長、掌水雷長、掌帆長の職にあたるものとする
(2) 兵曹中の3人は砲術教員、水雷術教員にあて他は、掌砲長属、掌水雷長属、掌帆長属、按針手、艦長端舟長、船艙手及び各部の長職につくものとする

吉野型 /Yoshino Class・笠置型 /Kasagi Class

笠置・千歳　定　員 /Complement (5)

職名 /Occupation	官名 /Rank	定数 /No.		職名 /Occupation	官名 /Rank	定数 /No.	
艦長	大佐	1			1 等船匠手	1	
副長	中佐	1			2、3 等船匠手	1	
砲術長	少佐 / 大尉	1			1 等機関兵曹	8	
水雷長兼分隊長	〃	1			2、3 等機関兵曹	18	下士 / 33
航海長	〃	1			1 等看護手	1	
分隊長	大尉	4			1 等筆記	1	
	中少尉	7			2、3 等筆記	1	
機関長	機関中監	1	士官 /26		1 等厨宰	1	
分隊長	機関少監 / 大機関士	1			2、3 等厨宰	1	
分隊長	大機関士	2			1 等水兵	53	
	中少機関士	2			2、3 等水兵	94	
軍医長	軍医少監 / 大軍医	1			4 等水兵	45	
軍医		1			1 等信号水兵	5	
主計長	主計少監 / 大主計	1			2、3 等信号水兵	6	
主計		1			1 等木工	2	
	兵曹長 / 上等兵曹長	1			2、3 等木工	3	卒 /336
	上等兵曹	2	准士 / 8		1 等機関兵	42	
	船匠師	1			2、3 等機関兵	52	
	機関兵曹長 / 上等機関兵曹	1			4 等機関兵	20	
	上等機関兵曹	3			1、2 等看護	2	
	1 等兵曹	8			1 等主厨	4	
	2、3 等兵曹	24	下士 / 37		2 等主厨	4	
	1 等信号兵曹	2			3、4 等主厨	4	
	2、3 等信号兵曹	3		（合　計）		440	

注 /NOTES　明治 38 年 12 月内令 755 による笠置、千歳の定員を示す【出典】海軍制度沿革
(1) 兵曹長、上等兵曹は掌砲長の職にあたるものとする
(2) 上等兵曹 1 人は掌水雷長、1 人は掌帆長の職にあたるものとする
(3) 兵曹中は掌砲長属、掌水雷長属、掌帆長属及び各部の長職につくものとする
(4) 信号兵曹 1 人は信号長に、他は按針手の職にあてるものとする

千歳　定　員 /Complement (6)

職名 /Occupation	官名 /Rank	定数 /No.		職名 /Occupation	官名 /Rank	定数 /No.	
艦長	大佐	1			1 等兵曹	13	
副長	中佐	1			2、3 等兵曹	34	
砲術長	少佐 / 大尉	1			1 等機関兵曹	8	
水雷長兼分隊長	〃	1			2、3 等機関兵曹	18	下士 / 80
航海長兼分隊長	〃	1			1 等船匠兵曹	1	
運用長兼分隊長	〃	1			2、3 等船匠兵曹	1	
分隊長	〃	2	士官 /21		1 等看護兵曹	1	
	中少尉	4			1 等主計兵曹	2	
機関長	機関中少佐	1			2、3 等主計兵曹	2	
分隊長	機関少佐 / 大尉	3			1 等水兵	58	
	機関中少尉	2			2、3 等水兵	139	
軍医長兼分隊長	軍医少佐 / 大尉	1			1 等機関兵	42	
	軍医中少尉	1			2、3 等機関兵	72	
主計長兼分隊長	主計少佐 / 大尉	1			1 等船匠兵	2	兵 /332
	特務中少尉	2	特務士官 / 4		2、3 等船匠兵	3	
	機関特務中少尉	1			1 等看護兵	1	
	主計特務中少尉	1			2、3 等看護兵	1	
	兵曹長	4			1 等主計兵	4	
	機関兵曹長	3	准士 / 8		2、3 等主計兵	10	
	船匠兵曹長	1		（合　計）		445	

注 /NOTES　大正 9 年 8 月内令 267 による千歳の定員を示す【出典】海軍制度沿革
(1) 専務兵科分隊長の内 1 人は砲台長の職にあたるものとする
(2) 機関科分隊長の内 1 人は機械部、1 人は缶部、1 人は補機部の各指揮官にあたる
(3) 兵曹長の 1 人は掌砲長、1 人は掌水雷長、1 人は掌帆長、1 人は電信長の職にあたるものとする
(4) 機関特務中少尉及び機関兵曹長の内 1 人は掌機長、1 人は機械長、1 人は缶長、1 人は補機長にあてる
(5) 運用長兼分隊長又は兵科分隊長の内 1 人は特務大尉をもって、機関科分隊長中 1 人は機関特務大尉をもって補することができる

(P- 162 から続く) また <Warship Internaional>1971 No.3 に掲載の The Elswick Cruisers by Peter Brook において吉野、高砂についての説明あり、また高砂搭載の安式 45 口径 8 インチ砲の公式図が Trans. Inst. Naval Architects Vol. X LV 1899 より転載の形で掲載されている。

笠置については呉大和ミュージアムの < 福井資料 > に図面一式が 2 組あり、一つは米国クランプ社作成図、もう一つは日本側で一部描き直した公式図で、米国作成図には線図及び最大中央切断図も含まれる。残念なことに諸要部切断図はないが保存状態もよく一部は絹地の原図らしい。他に笠置については要目簿 (明細表) もあるが船体部のみで、機関、兵装はない。

千歳については < 平賀資料 > に新造時米側作成とおもわれる艦内側面、上部平面及び各甲板平面図があり、他に千歳及び笠置の船体寸法図、同両艦の最大中央切断図もある。また千歳の要目簿 (明細表) は完成時と明治 37 年の 2 冊があり、後者は船体関係だけで機関、兵装関係はない。なお平賀資料の千歳公式図のうち艦内側面平面及び各甲板平面図は < 戦前船舶 > 第 33 号に転載されている。

艦　歴 /Ship's History (1)

艦　名	吉　野 (1/2)
年　月　日	記　事 /Notes
1892(M25)- 3- 1	英国ニューキャッスル、Armstrong 社エルジック工場で起工
1892(M25)- 8-30	命名
1892(M25)- 9-17	呉鎮守府に入籍
1892(M25)-12-20	進水
1893(M26)- 5-20	回航委員長河原要一大佐 (2 期) 就任
1893(M26)- 6- 7	艦長河原要一大佐 (2 期) 就任
1893(M26)- 9-30	竣工
1893(M26)-11-26	英国発
1894(M27)- 3- 6	呉着
1894(M27)- 3- 8	警備艦
1894(M27)- 4- 2	品川で皇太子ご観覧
1894(M27)- 4-17	松島、千代田とともに横須賀で天覧、吉野では 12cm 速射砲、3 斤砲、保式魚雷、新式距離測定器を
	巡覧
1894(M27)- 6- 5	常備艦隊
1894(M27)- 6- 7	横須賀発韓国訪問、6 月 25 日佐世保着
1894(M27)- 7-19	連合艦隊、第 1 遊撃隊
1894(M27)- 7-25	佐世保発日清戦争に従事、豊島沖海戦での被弾 3、人員被害なし、発射弾数 15cm 砲 -67、12cm 砲
	120、47mm 砲 -101
1894(M27)- 9-17	黄海海戦における被弾 8、戦死 2、負傷 10、損害軽微戦闘力発揮に支障なし、発射弾数 15cm 砲
	-218、12cm 砲 -331、47mm 砲 -505
1895(M28)- 1-19	登州府砲撃、以後 2 月 7 日の威海衛攻撃までの被害戦死 2、負傷 5、発射弾数 15cm 砲 -66、12cm
	砲 -113、47mm 砲 -222
1895(M28)- 3-21	澎湖島占領作戦中座礁、間もなく離礁したものの艦底部を損傷、汽缶室に浸水をきたし戦列を離脱する
1895(M28)- 4-16	三菱長崎造船所立神船渠に入渠、仮工事実施後、横須賀に回航
1895(M28)- 5- 5	横須賀工廠で修理に着手
1895(M28)- 6- 4	艦長諸岡頼之大佐 (2 期) 就任
1895(M28)- 6- 7	警備艦
1895(M28)- 6-21	横須賀での修理完了、公試
1895(M28)- 6-27	横須賀発台湾方面で戦役に従事、11 月 4 日着
1895(M28)- 7- 6	常備艦隊
1895(M28)-11-15	呉鎮守府警備艦、横須賀工廠で機関修理
1896(M29)- 5- 8	兼練習艦
1896(M29)- 6- 7	横須賀発台湾、厦門方面警備、6 月 27 日長崎着
1896(M29)-11-26	艦長島崎好忠大佐 (2 期) 就任、9 月より横須賀工廠で機関修理中
1896(M29)-12- 1	横須賀発マニラ騒乱事件警備、翌年 4 月 3 日呉着
1897(M30)- 7-	機関学校生徒乗艦実習航海内地巡航、10 月まで
1897(M30)-12- 1	艦長上村永孚大佐 (2 期) 就任、翌年 1 月より横須賀工廠で機関修理、推進軸推進器取外、3 月完成
1898(M31)- 3-21	2 等巡洋艦に類別
1898(M31)- 4-29	機関学校少機関士候補生乗艦実習航海内地巡航、8 月 26 日まで
1898(M31)- 6-13	艦長丹治寛雄大佐 (5 期) 就任

艦　歴 /Ship's History (2)

艦　名	吉　野 (2/2)
年　月　日	記　事 /Notes
1899(M32)- 6-17	呉鎮守府艦隊、艦長大井上久麿大佐 (5 期) 就任、7 月より横須賀工廠で機関修理、9 月より呉工廠で
	2 号発電機修理
1899(M32)-10- 2	呉発清国、韓国方面航海、10 月 13 日着
1900(M33)- 2-13	艦長酒井忠利大佐 (期前) 就任、呉工廠で 1 号発電機修理
1900(M33)- 4-30	神戸沖大演習観艦式に参列
1900(M33)- 5-20	常備艦隊
1900(M33)- 6-16	徳山発清国事変に従事、9 月 13 日佐世保着
1900(M33)-12-6	第 1 予備艦、翌年 1 月呉工廠で機関修理、3 月 15 日完成
1901(M34)- 2- 4	艦長寺垣猪三大佐 (6 期) 就任 (長井群吉中佐艦長代理)
1901(M34)- 4-23	艦長松本有信大佐 (7 期) 就任
1901(M34)- 4-30	常備艦隊
1901(M34)- 5-23	呉発南清方面警備、10 月 15 日佐世保着
1901(M34)- 8-20	上海で停泊中のハンブルク・アメリカ会社のドイツ商船グヴェルネーア・イェシュケと衝突、賠償額 34,767 円
1901(M34)-11- 7	呉発南清方面警備、3 月 17 日着
1902(M35)- 4-22	第 3 予備艦、呉工廠にて改造工事実施、兵員病室改造、メインマストのデリック撤去、前部艦橋測距儀
	備付け位置変更、機関修理その他、11 月完成
1903(M36)- 1-24	艦首尾飾撤去報告
1903(M36)- 2-20	第 1 予備艦
1903(M36)- 3- 1	連合艦隊
1903(M36)- 3-31	呉発韓国警備、4 月 3 日三津浜着
1903(M36)- 4-10	神戸沖大演習観艦式参列
1903(M36)- 4-12	常備艦隊
1903(M36)- 5- 14	艦長佐伯誾大佐 (8 期) 就任
1903(M36)- 7-15	横須賀工廠で入渠、7 月 20 日出渠
1903(M36)- 8-16	佐世保発韓国警備、8 月 23 日竹敷着
1903(M36)- 9-28	佐世保発韓国警備、10 月 4 日着
1903(M36)-10-12	無線電信装置に関して後檣トップガフ装置を極力高くするための改造認可
1903(M36)-12-28	第 1 艦隊
1904(M37)- 2- 7	佐世保発日露戦争従事
1904(M37)- 5-15	旅順封鎖作戦中午前 1 時半頃濃霧のなか隣接の春日の艦首が本艦の右舷を突き短時間で沈没、乗員
	423 名中佐伯艦長以下 319 名が死亡
1904(M37)- 5-24	第 3 予備艦
1905(M38)- 5-21	除籍

吉野型/Yoshino Class・笠置型/Kasagi Class

艦　歴/Ship's History (3)

艦　名	高　砂(1/2)
年　月　日	記　事/Notes
1896(M29)- 5-29	英国ニューキャッスル、Armstrong社エルジック工場で起工
1897(M30)- 3-26	命名
1897(M30)- 3-27	横須賀鎮守府に入籍
1897(M30)- 5-18	進水
1897(M30)- 6-23	回航委員長内田正敏大佐(3期)就任
1897(M30)-12-10	艦長内田正敏大佐(3期)就任
1898(M31)- 3-21	2等巡洋艦に類別
1898(M31)- 5-17	竣工
1898(M31)- 5-25	英国発
1898(M31)- 8-14	横須賀着
1898(M31)- 8-15	警備艦
1898(M31)-11- 2	艦長早崎源吾大佐(3期)就任
1898(M31)-11-14	常備艦隊
1899(M32)- 6-17	艦長丹治寛雄大佐(5期)就任、5月から横須賀工廠で機関修理
1899(M32)- 7-17	佐世保発清国、韓国訪問、8月13日竹敷着
1899(M32)-11-20	艦長中山長明大佐(5期)就任、12月から横須賀工廠で機関修、理翌年6月まで
1900(M33)- 4-30	神戸沖大演習観艦式参列
1900(M33)- 5-20	艦長滝川具和大佐(6期)就任
1900(M33)- 6-19	佐世保発清国事変に従事、12月26日着
1900(M33)- 9-25	艦長成川揆大佐(6期)就任
1900(M33)-12- 6	艦長梨羽時起大佐(期外)就任、横須賀工廠で機関修理、翌年1月まで
1901(M34)- 1-23	艦長岩崎達人大佐(期前)就任
1901(M34)- 4-26	呉発清国事変に従事、8月31日横須賀着
1901(M34)- 9-10	艦長吉松茂太郎大佐(7期)就任
1901(M34)-10- 1	第1予備艦
1901(M34)-11-26	第2予備艦、呉工廠で機関修理、翌年3月まで
1902(M35)- 3-15	常備艦隊
1902(M35)- 4- 1	呉鎮守府に転籍
1902(M35)- 4- 7	横浜発英国王エドワード7世戴冠式観艦式参列のため浅間に随伴派遣される、11月28日横
	須賀着
1903(M36)- 2-10	徳山発韓国警備、3月7日佐世保着
1903(M36)- 4-10	神戸沖大演習観艦式参列
1903(M36)- 4-12	第1予備艦
1903(M36)- 5-21	春季演習中艦首発射管から発射した魚雷が帆船幸福丸に命中、同船は沈没乗員は高砂に救助される
1903(M36)- 7- 7	艦長心得石橋甫中佐(10期)就任、翌年1月17日大佐艦長
1903(M36)- 9-11	常備艦隊
1903(M36)- 9-28	佐世保発韓国警備、10月1日呉着
1903(M36)-12-28	第1艦隊、呉工廠で入渠
1904(M37)- 2- 6	佐世保発日露戦争に従事
1904(M37)- 2- 9	旅順港外での露艦隊との交戦に参加、被害なし、発射弾数20cm砲-13、12cm砲-114、8cm砲-6

艦　歴/Ship's History (4)

艦　名	高　砂(2/2)
年　月　日	記　事/Notes
1904(M37)- 2-24	旅順封鎖作戦に参加、以後5月15日までの戦闘での発射弾数20cm砲-15、12cm砲-29、8cm砲-6
1904(M37)- 8-10	黄海海戦に参加、被害なし、発射弾数20cm砲-19、12cm砲-14
1904(M37)-11-25	呉工廠にて無電室一箇所増設、その他修理、12月2日完成
1904(M37)-12-12	午後11時50分旅順港外にて触雷、左舷中央部に破口を生じ1時8分沈没、乗員436名中副長以下
	274名が死亡、負傷29名、音羽が救助にあたるも厳寒期で暗夜風雪が激しく死亡者の多くは凍死し
	たものとされている
1905(M38)- 1-12	第3予備艦
1905(M38)- 6-15	除籍

艦　歴/Ship's History (11)

艦　名	千　歳(4/4)
年　月　日	記　事/Notes
1920(T 9)- 8- 8	上海で繋留作業中風圧と潮流により推進器損傷
1920(T 9)- 9- 7	佐世保発中国警備、翌年4月30日着
1920(T 9)-11-20	艦長遠藤格大佐(28期)就任
1921(T10)- 5- 1	第1予備艦
1921(T10)- 5-20	警備艦
1921(T10)- 6-15	大湊発カムチャツカ方面警備、10月2日函館着
1921(T10)- 9- 1	2等海防艦に類別
1921(T10)-11-10	第2予備艦
1921(T10)-12-10	第4予備艦
1922(T11)-12- 1	第3予備艦、艦長木岡英男大佐(30期)就任、兼球磨艦長
1923(T12)- 9- 1	第1予備艦、関東大震災に際して救援物資を搭載9月20日品川着
1923(T12)-11-10	艦長益子六弥大佐(30期)就任
1923(T12)-12- 1	第3予備艦
1924(T13)- 2- 1	呉海兵団付属
1924(T13)- 9- 1	第3予備艦
1924(T13)-11- 1	第1予備艦
1924(T13)-12- 1	第3予備艦、艦長今川真金大佐(31期)就任
1925(T14)- 3- 1	呉海兵団付属
1928(S 3)- 4- 1	除籍、廃艦第1号
1928(S 3)- 8-15	横須賀工廠で除籍に伴い機関撤去、翌年3月31日完成
1931(S 6)- 7-19	佐伯湾沖で第2水雷戦隊、潜水艦による艦砲射撃及び第1航空戦隊による爆撃の実艦的として沈没

艦　歴 /Ship's History (5)

艦　名	笠　置 (1/3)
年　月　日	記　事 /Notes
1897(M30)- 2-13	米国フィラデルフィア、Cramp 社で起工
1897(M30)- 3-26	命名
1898(M31)- 1-20	進水
1898(M31)- 3- 1	回航委員長柏原長繁大佐 (期前) 就任、8 月 6 日艦長就任、翌年 6 月 9 日笠置艦長免ぜられる
1898(M31)- 3-10	佐世保鎮守府に入籍
1898(M31)- 3-21	2 等巡洋艦に類別
1898(M31)-10-24	竣工
1898(M31)-11- 2	米国発
1898(M31)-11-21	英国プリマス着、ニューキャッスル - タインのアームストロング社に回航砲熕、水雷兵器の装備、公
	試を実施、翌年 2 月 16 日英国発
1899(M32)-	艦長永峰光孚大佐 (5 期) 就任
1899(M32)- 5-16	横須賀着
1899(M32)- 5-17	警備艦
1899(M32)- 6-17	第 1 予備艦
1899(M32)-11- 1	佐世保鎮守府艦隊
1900(M33)- 4-13	鹿児島湾において午前 4 時 16 分碇泊中の本艦の艦首衝角に入港中の大阪商船宮島丸 1,610 総トンが
	衝突沈没、乗客乗員は全員本艦の救助艇等に救助される
1900(M33)- 4-30	神戸沖大演習観艦式参列
1900(M33)- 5-18	セマホア信号器設置認可
1900(M33)- 5-20	常備艦隊
1900(M33)- 5-30	横須賀発清国警備、9 月 6 日佐世保着、佐世保工廠で機関修理
1901(M34)-10- 1	艦長坂本一大佐 (7 期) 就任
1901(M34)- 7-29	佐世保発北清、韓国警備、8 月 21 日着
1901(M34)- 9- 1	佐世保発韓国、露領沿岸警備、9 月 17 日函館着
1902(M35)- 1-26	佐世保発韓国南岸警備、2 月 9 日横須賀着
1902(M35)- 4-22	第 1 予備艦
1902(M35)-11- 8	常備艦隊、12 月佐世保工廠で機関修理
1903(M36)- 3- 1	連合艦隊
1903(M36)- 4-10	神戸沖大演習観艦式参列
1903(M36)- 4-12	第 1 予備艦、5 月より佐世保工廠で機関修理、7 月まで
1903(M36)- 5-14	艦長西紳六郎大佐 (8 期) 就任
1903(M36)- 7-22	浮船渠を曳航佐世保より大湊に向かう途中午前 3 時 48 分油谷湾手前の角島西端に座礁、救援の高砂
	により 25 日午前 10 時離礁に成功、油谷湾で艦底調査の上自力で佐世保に回航、浮船渠は高砂が代わっ
	て曳航大湊にとどける、8 月佐世保工廠で修理
1903(M36)- 9- 8	今福発韓国南岸警備、10 月 5 日佐世保着
1903(M36)- 9-11	常備艦隊、艦長井手麟六大佐 (8 期) 就任
1903(M36)-12-28	第 1 艦隊
1904(M37)- 2- 6	佐世保発日露戦争に従事
1904(M37)- 2- 9	旅順港外での露艦隊との交戦に参加、被害なし、発射弾数 20cm 砲 -13、12cm 砲 -4
1904(M37)- 2-24	旅順封鎖作戦に参加、以後 5 月 15 日までの戦闘での発射弾数 20cm 砲 -88、12cm 砲 -47、8cm 砲 -7

艦　歴 /Ship's History (6)

艦　名	笠　置 (2/3)
年　月　日	記　事 /Notes
1904(M37)- 8-10	黄海海戦に参加、被害なし、発射弾数 20cm 砲 -21、12cm 砲 -18、8cm 砲 -6
1904(M37)- 9-16	佐世保工廠で機関修理、9 月 30 日完成
1904(M37)-10- 7	第 2 艦隊第 4 戦隊
1904(M37)-11-29	佐世保工廠で船体機関修理、前後檣の戦闘檣楼を撤去、47mm 砲を艦橋部に移設、12 月 22 日完成
1905(M38)- 1- 7	艦長心得山屋他人中佐 (12 期) 就任、1 月 12 日大佐艦長
1905(M38)- 1-18	佐世保工廠で缶修理、1 月 23 日完成、2 月 23 日から同 26 日まで再度修理
1905(M38)- 1-24	第 1 艦隊
1905(M38)- 5-27	日本海海戦に参加、被弾 2、戦死 1、負傷 9、発射弾数 20cm 砲 -41、12cm 砲 -340、8cm 砲 -199
1905(M38)- 6- 5	呉工廠で修理着手、6 月 18 日完成
1905(M38)- 6-14	第 2 艦隊
1905(M38)- 8-12	佐世保工廠で本修理着手、9 月 25 日完成
1905(M38)-12-12	艦長西山保吉大佐 (10 期) 就任
1905(M38)-12-20	第 1 予備艦
1905(M38)-12-22	佐世保発清国警備、翌年 1 月 1 日横浜着
1906(M39)- 9-26	佐世保発韓国南岸警備、11 月 30 日徳山着、この間 2 度一時帰朝
1906(M39)-10-20	第 2 艦隊
1907(M40)- 1-11	竹敷発韓国警備、2 月 21 日佐世保着
1907(M40)- 3- 9	佐世保発韓国、北清方面警備、11 月 19 日着、この間 7 度一時帰朝
1907(M40)- 8- 5	艦長山県文蔵大佐 (11 期) 就任
1907(M40)-11-22	第 3 予備艦
1908(M41)- 9-15	第 1 予備艦、艦長東郷吉太郎大佐 (13 期) 就任
1908(M41)-10-8	第 2 艦隊
1908(M41)-11-18	神戸沖大演習観艦式参列
1908(M41)-11-20	第 3 予備艦、佐世保工廠で特定修理工事実施
1908(M41)-12-10	艦長築山清智大佐 (11 期) 就任、兼肥前艦長
1908(M41)-12-18	練習艦設備設置認可、候補生用諸室改造
1909(M42)- 2-14	艦長久保田彦七大佐 (11 期) 就任、兼肥前艦長
1909(M42)- 9-27	佐世保工廠にて 14" 安式発射管を 18" 保式発射管に換装認可
1910(M43)- 2-16	艦長北野勝也大佐 (期外) 就任、兼磐手艦長
1910(M43)- 3-19	艦長山路一善大佐 (17 期) 就任
1910(M43)- 3-24	佐世保工廠で無電室改造認可
1910(M43)- 4-16	佐世保工廠で砲火指揮伝声管、下部発令所、弾着観測所新設認可
1910(M43)- 4-21	30' 小蒸気船と津軽搭載の 32' 小蒸気船を交換
1910(M43)- 5- 3	佐世保工廠で修理改造公試実施
1910(M43)- 5- 5	第 1 予備艦
1910(M43)- 6- 1	練習艦隊
1910(M43)- 7-21	江田島発旅順、大連、仁川、鎮海、佐世保等少尉候補生近海航海、旗艦浅間、9 月 4 日横須賀着
1910(M43)-10-13	練習艦在役中右舷ギグ 1 隻を 28' 小蒸気船 (公称 225、横須賀工廠在庫) と換装
1910(M43)-10-16	横須賀発ハワイ、米国西岸、メキシコ、パナマ方面少尉候補生遠洋航海、旗艦浅間、翌年 3 月 6 日着
1911(M44)- 4- 1	第 1 予備艦

艦　歴 /Ship's History (7)

艦　名	笠　置 (3/3)
年　月　日	記　事 /Notes
1911(M44)- 5-23	艦長近藤常松大佐 (15 期) 就任
1911(M44)- 6-29	津軽 32' 小蒸気船を返還、代わりに新造 32' 小蒸気船を備える
1911(M44)-10-19	弾火薬庫改造認可
1911(M44)-11-20	第 2 艦隊
1911(M44)-1-30	佐世保発南清方面警備、12 月 8 日竹敷着
1911(M44)-12- 1	艦長志摩猛大佐 (15 期) 就任
1912(M45)- 1- 1	竹敷発北清方面警備、9 月 18 日佐世保着
1912(T 1)-11-12	横浜沖大演習観艦式参列
1912(T 1)-12- 1	第 2 予備艦
1913(T 2)- 5-24	艦長岡田三善大佐 (16 期) 就任
1913(T 2)- 7- 1	第 1 予備艦
1913(T 2)- 9-12	第 3 艦隊
1913(T 2)- 9-14	佐世保発中国方面警備、翌年 7 月 14 日着、この間 2 度一時帰朝
1913(T 2)-12- 1	艦長飯田久恒大佐 (19 期) 就任
1914(T 3)- 5-27	艦長馬場祐内大佐 (17 期) 就任
1914(T 3)- 7- 1	第 2 予備艦
1914(T 3)- 8-18	第 1 艦隊第 5 戦隊
1914(T 3)- 8-23	第 1 次大戦に従事
1914(T 3)-10- 1	警備艦
1914(T 3)-11-10	艦長心得古川鈊三郎中佐 (21 期) 就任、12 月 1 日大佐艦長
1914(T 3)-11-15	練習艦、機関少尉候補生用
1914(T 3)-12-16	横須賀発内地巡航台湾、香港、旅順、韓国方面機関候補生練習航海、7 月 12 日着
1915(T 4)- 7-15	第 1 予備艦
1915(T 4)- 9-25	艦長心得松村菊勇中佐 (23 期) 就任、12 月 13 日大佐艦長
1915(T 4)-11-15	練習艦、機関少尉候補生用
1915(T 4)-12- 4	横浜沖特別観艦式参列
1915(T 4)-12-13	警備艦、艦長桜井真清大佐 (22 期) 就任
1915(T 4)-12-21	横須賀発内地巡航台湾、香港、旅順、韓国方面機関候補生練習航海、7 月 10 日着
1915(T 4)-12-24	佐世保工廠で特定修理工事認可 (翌年の事故で未実施に終わる)
1916(T 5)- 7-14	第 1 予備艦
1916(T 5)- 7-20	秋田女川湾に座州した運送船志自岐を舞鶴に曳航するため横須賀を出港したが途中津軽海峡に入る
	手前で濃霧のため艦位失い 20 日午後 2 時 36 分北海道渡島日浦岬の北東尻岸内の砂州に座州する、
	その後大湊、横須賀より救難のため最上、津軽等 4 隻が来援したが離州できず、8 月 8 日に至り波浪
	が強まりますます陸方向に圧流され、8 月 13 日には傾斜右舷 20 度に達し総員退去する、この間装
	備品の大半は陸揚げされた
1916(T 5)- 8-21	第 3 予備艦
1916(T 5)-11-15	除籍
1917(T 6)-11- 7	売却 240,000 円

艦　歴 /Ship's History (8)

艦　名	千　歳 (1/4)
年　月　日	記　事 /Notes
1897(M30)- 3-26	命名
1897(M30)- 5- 1	米国サンフランシスコ、Union 鉄工所で起工
1898(M31)- 1-22	進水
1898(M31)- 3- 1	回航委員長桜井規矩之左右大佐 (3 期) 就任
1898(M31)- 3-12	呉鎮守府に入籍
1898(M31)- 3-21	2 等巡洋艦に類別
1898(M31)-10-27	艦長桜井規矩之左右大佐 (3 期) 就任
1899(M32)- 3- 1	竣工
1899(M32)- 3-21	米国発
1899(M32)- 4-20	横須賀着
1899(M32)- 4-27	第 2 予備艦
1899(M32)-10-13	艦長細谷資氏大佐 (5 期) 就任
1899(M32)-10-15	常備艦隊
1900(M33)- 4-30	神戸沖大演習観艦式参列
1900(M33)- 5-20	呉鎮守府艦隊、艦長中尾雄大佐 (5 期) 就任
1900(M33)- 6-18	常備艦隊
1900(M33)- 7-15	宇品発清国事変に従事、8 月 2 日着、呉工廠で機関修理
1900(M33)-12-17	呉発清国事変に従事、翌年 9 月 19 日横須賀着
1901(M34)- 2-13	艦長寺垣猪三大佐 (6 期) 就任
1901(M34)-10- 1	舞鶴鎮守府に転籍、第 1 予備艦 、11 月より呉工廠で機関修理
1902(M35)- 3-15	常備艦隊
1902(M35)- 7-31	馬公発南清警備、11 月 14 日着、呉工廠で機関修理
1903(M36)- 1-12	艦長佐々木広勝大佐 (7 期) 就任
1903(M36)- 4-10	神戸沖大演習観艦式参列
1903(M36)- 7- 7	艦長高木助一大佐 (9 期) 就任
1903(M36)- 8-16	佐世保発韓国南岸警備、8 月 23 日竹敷着
1903(M36)- 9-26	佐世保発韓国南岸警備、10 月 4 日着
1903(M36)-12-28	第 1 艦隊
1904(M37)- 2- 6	佐世保発日露戦争に従事
1904(M37)- 2- 9	旅順港外での露艦隊との交戦に参加、12cm 砲 1 門弾片により損傷後換装、発射弾数 20cm 砲 -11、
	12cm 砲 -14、8cm 砲 -1
1904(M37)- 2-24	旅順封鎖作戦に参加、以後 4 月 14 日までの戦闘での発射弾数 20cm 砲 -25、12cm 砲 -18、8cm 砲 -7
1904(M37)- 8-10	黄海海戦に参加、軽傷 2、発射弾数 20cm 砲 -48、12cm 砲 -6、8cm 砲 -6
1904(M37)- 8-14	第 2 艦隊
1904(M37)- 8-31	佐世保工廠で修理、9 月 9 日完成
1904(M37)- 9-10	第 1 艦隊
1904(M37)-11-26	横須賀工廠で入渠機関修理、12 月 12 日出渠、安式 20cm 砲 1 門腟中不良のため換装、前後檣の戦
	闘檣楼撤去、同所 47mm 砲を艦橋部に移設、翌年 1 月 4 日完成
1905(M38)- 5-20	30' 汽艇 1 隻授受
1905(M38)- 5-27	日本海海戦に参加、被弾 3、8cm 砲 1 門使用不能腟発、戦死 2、負傷 4、発射弾数 20cm 砲 -62、

艦　歴 /Ship's History (9)

艦　名	千　歳 (2/4)
年　月　日	記　事 /Notes
	12cm 砲 -327、8cm 砲 -195
1905(M38)- 7-22	舞鶴工廠で修理着手、8 月 5 日完成
1905(M38)-10-23	横浜沖凱旋観艦式参列
1905(M38)-12-12	艦長小花三吾大佐 (11 期) 就任
1905(M38)-12-20	南清艦隊
1906(M39)- 2-10	佐世保発南清警備、6 月 4 日舞鶴着
1906(M39)- 5-10	第 2 予備艦
1906(M39)- 9-28	第 1 予備艦
1906(M39)-12- 9	本艦通船品川沖で暴風雨のため転覆、75 名が死亡、内 53 人は同乗中の陸軍軍人
1907(M40)- 1-14	艦長山屋他人大佐 (12 期) 就任
1907(M40)- 1-18	第 2 艦隊
1907(M40)- 2-28	横浜発米国ジェームズタウン植民地 300 年記念祝典参列のため筑波に随伴、帰途欧州諸国歴訪、
	11 月 16 日横須賀着
1907(M40)-12-27	艦長茶山豊也大佐 (12 期) 就任、41 年 8 月 28 日より兼丹後艦長
1908(M41)- 1-10	第 2 予備艦
1908(M41)-11-18	神戸沖大演習観艦式参列
1908(M41)-12-10	艦長高島萬太郎大佐 (14 期) 就任
1909(M42)- 3- 5	練習艦、機関少尉候補生用
1909(M42)- 6-14	馬公発清国警備、6 月 17 日佐世保着
1909(M42)- 9-25	第 2 予備艦
1909(M42)-12- 1	艦長釜屋六郎大佐 (14 期) 就任
1910(M43)- 2-16	第 1 予備艦
1910(M43)- 3-15	練習艦、機関少尉候補生用
1910(M43)- 6-18	馬公発清国警備、7 月 19 日竹敷着
1910(M43)- 9-26	第 2 予備艦
1910(M43)-10-26	艦長榊原忠三郎大佐 (17 期) 就任、復旧修理工事認可、12 月より舞鶴工廠で缶新製入換え、機関総
	検査着手
1911(M44)- 1-16	艦長水町元大佐 (14 期) 就任、4 月 1 日より兼見島艦長
1911(M44)- 1-16	艦長山口鋭大佐 (17 期) 就任
1911(M44)- 7-28	弾薬庫改造認可
1912(M45)- 5-22	艦長荒西鏡次郎大佐 (15 期) 就任
1912(T 1)-11-12	横浜沖大演習観艦式参列
1912(T 1)-12- 1	第 2 予備艦
1913(T 2)- 4- 1	舞鶴水雷隊旗艦
1913(T 2)- 8-10	第 2 艦隊
1913(T 2)-11-10	横須賀沖恒例観艦式参列
1913(T 2)-11-15	第 1 予備艦
1913(T 2)-12-1	舞鶴水雷隊より除く、艦長中川繁丑大佐 (19 期) 就任
1914(T 3)- 4- 1	第 2 艦隊

艦　歴 /Ship's History (10)

艦　名	千　歳 (3/4)
年　月　日	記　事 /Notes
1914(T 3)- 5-27	艦長本田親民大佐 (17 期) 就任
1914(T 3)-11-16	艦長心得土師勘四郎中佐 (20 期) 就任、12 月 1 日大佐艦長
1914(T 3)- 8-18	佐世保発中国警備、11 月 26 日着
1914(T 3)-12- 1	第 2 艦隊第 3 戦隊
1914(T 3)-12-28	呉鎮守府に転籍
1915(T 4)- 2- 1	第 2 艦隊第 4 戦隊
1915(T 4)- 2-20	横須賀発メキシコ沿岸で座礁した浅間救援のため出動、10 月 15 日着
1915(T 4)- 6-30	警備艦
1915(T 4)-10-20	第 2 予備艦
1915(T 4)-12- 4	横浜沖特別観艦式参列
1915(T 4)-12-25	第 2 艦隊第 4 戦隊
1915(T 4)-12-29	横須賀発ウラジオストク警備、翌年 1 月 8 日舞鶴着
1916(T 5)- 1-19	横須賀発米国西岸警備、4 月 8 日着
1916(T 5)- 4-15	第 2 予備艦
1916(T 5)- 5-11	艦長中村正奇大佐 (20 期) 就任
1916(T 5)-10- 1	第 1 予備艦
1916(T 5)-10-25	横浜沖恒例観艦式参列
1916(T 5)-10-26	練習艦、機関少尉候補生用
1916(T 5)-12- 9	横須賀発機関少尉候補生実習訓練航海、内地巡航、韓国、旅順、台湾、香港方面、翌年 6 月 20 日着
1917(T 6)- 6-25	第 2 予備艦
1917(T 6)-10- 1	第 1 予備艦
1917(T 6)-11- 1	練習艦、機関少尉候補生用
1917(T 6)-12-10	横須賀発機関少尉候補生実習訓練航海、内地巡航、韓国、旅順、台湾、香港、マニラ方面、翌年 6 月
	30 日着
1917(T 6)-11- 9	艦長白根熊三大佐 (24 期) 就任
1918(T 7)- 7- 8	第 2 予備艦
1918(T 7)- 7-25	第 2 艦隊
1918(T 7)- 8-12	呉工廠で機関部、汽艇修理、10 月 31 日完成
1918(T 7)- 8-24	第 2 予備艦
1918(T 7)-10- 1	第 1 予備艦
1918(T 7)-11-11	第 1 特務艦隊
1918(T 7)-11-23	馬公発シンガポール方面警備、翌年 6 月 23 日呉着
1919(T 8)- 7-16	第 2 予備艦、呉工廠にて 8cm 高角砲 1 門装備
1919(T 8)- 9- 1	第 1 予備艦
1919(T 8)- 9-27	高角砲公試
1919(T 8)-10-28	横浜沖大演習観艦式参列
1919(T 8)-11- 1	第 2 予備艦
1920(T 9)- 4- 1	第 1 予備艦
1920(T 9)- 6- 7	佐世保発中国警備、8 月 23 日着
1920(T 9)- 6-10	第 1 遣外艦隊

浅間(Ⅱ)型 /Asama Class・出雲型 /Izumo Class・八雲 /Yakumo・吾妻 /Azuma

型名 /Class name　　同型艦数 /No. in class 2＋2　設計番号 /Design No.

艦名 /Name	計画年度 /Prog. year	建造番号① /Build. No	起工 /Laid down	進水 /Launch	竣工 /Completed	建造所 /Builder	建造費 /Cost	設計者③ /Designer	除籍 /Deletion	喪失原因・日時・場所 /Loss data
浅間(Ⅱ)/Asama	M28/1895	第3号1等巡洋艦	M29/1896-10-20	M31/1898-03-22	M32/1899-03-18	英ニューキャッスル、Armstrong 社	¥8,264,294 ②	(英)Sir Philip Watts	S20/1945-11-30	
常磐 /Tokiwa	M28/1895	第4号1等巡洋艦	M30/1897-01-06	M31/1898-07-06	M32/1899-05-18	英ニューキャッスル、Armstrong 社	¥8,216,033	(英)Sir Philip Watts	S20/1945-11-30	S20-8-9 大湊で被爆擱座
出雲 /Izumo	M28/1895	第5号1等巡洋艦	M31/1898-05-16	M32/1899-09-19	M33/1900-09-25	英ニューキャッスル、Armstrong 社	¥8,773,619	(英)Sir Philip Watts	S20/1945-11-20	S20-7-24 江田島で被爆転覆
磐手 /Iwate	M28/1895	第6号1等巡洋艦	M31/1898-11-11	M33/1900-03-29	M34/1901-03-18	英ニューキャッスル、Armstrong 社	¥8,757,214	(英)Sir Philip Watts	S20/1945-11-20	S20-7-24 呉港外で被爆擱座
八雲 /Yakumo	M28/1895	第1号1等巡洋艦	M31/1898-09-01	M32/1899-07-08	M33/1900-06-20	独ステッチン、Vulcan 社	¥9,695,517		S20/1945-10-05	
吾妻 /Azuma	M28/1895	第2号1等巡洋艦	M31/1898-02-01	M32/1899-06-24	M33/1900-07-28	仏サンナゼール、Loire 社	¥9,587,711		S19/1944-02-15	

注 /NOTES ①アームストロング･エルジック工場の建造番号は浅間 #661、常磐 #662、出雲 #681、磐手 #689 ②この数字は清国事変書類にある <1 等巡洋艦製造費 > によった、この数字は船体及び機関、兵器、備品、進水、回航、運搬並びに保険の各費用を合算したもの (P-219 参照)、英 <Engineering> 誌 (1904) ではトン当たりの建造費として以下の数字を記している、浅間£58.1、常磐£58.3、出雲£62.6、磐手£61.0、八雲£69.1、吾妻£70.1、これらに同誌記載の常備排水量を乗ずると浅間£564,151(¥5,523,038)、常磐£589,687(¥5,773,036)、出雲£589,186(¥5,768,131)、磐手£574,803(¥5,627,321)、八雲£666,539(¥6,525,413)、吾妻£686,279(¥6,367,297) となる、船体・機関の建造費で兵装費は含まれていないものと推定する ③英国以外の発注艦については、英艦を基本仕様として細かい設計は現地の造船所にまかせたものらしい 【出典】清国事変書類 / 海軍軍備沿革 / 海軍省年報 /Engineerig 誌

船体寸法 /Hull Dimensions

艦名 /Name	状態 /Condition	排水量 /Displacement		長さ /Length(m)			幅 /Breadth (m)			深さ /Depth(m)		吃水 /Draught(m)			乾舷 /Freeboard (m)			備考 /Note
				全長 /OA	水線 /WL	垂線 /PP	全幅 /Max	水線 /WL	水線下 /uw	上甲板 /m	最上甲板	前部 /F	後部 /A	平均 /M	艦首 /B	中央 /M	艦尾 /S	
浅間 /Asama	新造完成 /New (T)	常備 /Norm.	9,710															
	新造計画 /Design (T)	常備 /Norm.	9,700	134.72		124.36	20.48			12.50				7.43		5.11		9,855 トンの場合は仏トン(t)を示す
	公試排水量 /Trial (T)		9,710															
	常備排水量 /Norm. (T)		9,897.03									7.50	7.61	7.56				重心査定公試成績による、大正後期か昭和初期の実施例と推定
	満載排水量 /Full (T)		10,932.55									8.33	8.00	8.17				
	軽荷排水量 /Light (T)		8,740.14									6.42	7.27	6.85				
	公称排水量 /Official(T)	常備 /Norm.	9,700															9,855 トンの場合は仏トン(t)を示す
	公称排水量 /Official(T)	基準 /St'd	9,240															ワシントン条約以降の公表排水量
	実際排水量 /Actual (T)	常備 /Norm.	9,980															S11 年以降の海軍部内発表実際値
常磐 /Tokiwa	新造完成 /New (T)	常備 /Norm.	9,667															
	新造計画 /Design (T)	常備 /Norm.	9,700	134.72		124.36	20.48			12.50				7.41				9,855 トンの場合は仏トン(t)を示す
	公試排水量 /Trial (T)		9,747									7.39	7.57	7.48				重心査定公試成績による、大正後期か昭和初期の実施例と推定
	常備排水量 /Norm. (T)		9,827.129									7.53	8.53	8.03				
	満載排水量 /Full (T)		10,861.299									6.24	7.27	6.71				
	軽荷排水量 /Light (T)		8,651.683															
	公称排水量 /Official(T)	常備 /Norm.	9,700															9,855 トンの場合は仏トン(t)を示す
	公称排水量 /Official(T)	基準 /St'd	9,240															ワシントン条約以降の公表排水量
	実際排水量 /Actual (T)	常備 /Norm.	9,917															S11 年以降の海軍部内発表実際値

注 /NOTES ①明治期の常備排水量については公表された数値に英トンと仏トンの混同が見られ、各数値の定義を上記のようにまとめてみたが推定によるものも多い
【出典】極秘版海軍省年報 / 海軍省年報 / 各種艦船 KG 及び GM 等に関する参考資料 S8-6 調整 ＜平賀資料＞/ 英 Engineering 誌 (1904)

解説 /COMMENT

[装甲巡洋艦とは] 明治期における装甲巡洋艦という艦種名は防護巡洋艦の場合と同様、その艦の防禦方式を表す名称で、一般的な巡洋艦の等級を示す類別とは別解釈の呼称名である。そもそも 1860 年に英国で進水した装甲艦ウォーリア Warrior(9,137 トン) は近代戦艦の元祖と位置づけられている装甲艦だが、実質は装甲フリゲイトですなわち装甲巡洋艦の元祖といっていい存在である。これ以降の装甲艦は矛と盾の原則通り、砲の大型高性能化により攻撃威力を増すとともに、これに対する防禦策は船体を厚い鉄材による装甲で覆うことで対抗してきた。この最たるものが各国が海戦の主兵力として計画建造してきた装甲艦だが、これとは別により小型で機動力に富んだ艦フリゲイト、コルベット、スループ等の帆走軍艦時代の末裔が、巡洋艦 Cruiser の名称で統一されることになる。

こうした巡洋艦のうち大型で主力装甲艦に次ぐ舷側装甲帯を設けた艦は 1880 年代はじめにも存在したが、近代装甲巡洋艦は 1883 年に英国アームストロング社がウィリアム・ホワイトの設計で進水させた、チリ向けの巡洋艦エスメラルダ Esmeralda、いわゆる防護巡洋艦第 1 号の出現以降に登場した艦をいう。防護巡洋艦の防禦構造方式、すなわち艦全長に渡る比較的薄い防禦甲板を設け、艦の中央部では両舷側で傾斜させて船体外板と水線下で結合、この傾斜部舷側部を石炭庫とするという防禦構造を持ち舷側甲帯を廃したもので、以後の各国巡洋艦の基本構造となったのである。当時あらゆる艦種で世界をリードしていた英海軍は、1 等巡洋艦と呼ばれた大型巡洋艦にもこの防禦方式を採用、1895 年進水のパワフル Powerful では排水量 14,200 トンと戦艦を上回る大型の防護巡洋艦まで出現した。これに対してフランス海軍は 1890 年に進水させたデュピュイ・ド・ローム Dupuy de Lome6,676 トンでこの防護巡の防禦方式に加えて舷側水線部に甲帯を復活させ、その下端を防禦甲板傾斜部下端と結合させる構造の、いわゆる近代的装甲巡洋艦を完成させた。

浅間(II)型/Asama Class・出雲型/Izumo Class・八雲/Yakumo・吾妻/Azuma

船体寸法/Hull Dimensions

艦名/Name	状態/Condition	排水量/Displacement		長さ/Length(m)			幅/Breadth (m)			深さ/Depth(m)		吃水/Draught(m)			乾舷/Freeboard (m)			備考/Note
				全長/OA	水線/WL	垂線/PP	全幅/Max	水線/WL	水線下/uw	上甲板/m	最上甲板	前部/F	後部/A	平均/M	艦首/B	中央/M	艦尾/S	
出雲/Izumo	新造完成/New (T)	常備/Norm.	9,503															
	新造計画/Design (T)	常備/Norm.	9,750	132.28		121.92	20.88			11.56				7.39	6.71	5.22	5.80	9,906トンの場合は仏トン(t)を示す
	公試排水量/Trial (T)		9,733															
	常備排水量/Norm. (T)		10,199.252									7.25	7.81	7.53				重心査定公試成績による、大正後期か昭和初期の実施例と推定
	満載排水量/Full (T)		11,188.213									8.12	8.09	8.10				
	軽荷排水量/Light (T)		9,164.165									6.39	7.49	6.94				
	公称排水量/Official(T)	常備/Norm.	9,750															9,906トンの場合は仏トン(t)を示す
	公称排水量/Official(T)	基準/St'd	9,180															ワシントン条約以降の公表排水量
	実際排水量/Actual (T)	常備/Norm.	10,692															S11年以降の海軍部内発表実際値
磐手/Iwate	新造完成/New (T)	常備/Norm.	9,423															
	新造計画/Design (T)	常備/Norm.	9,750	132.28		121.92	20.88			11.56				7.39				9,906トンの場合は仏トン(t)を示す
	公試排水量/Trial (T)		9,760									7.40	7.47	7.43				重心査定公試成績による、昭和8年ごろの実施例と推定
	常備排水量/Norm. (T)		9,849.7									8.51	8.10	8.31				
	満載排水量/Full (T)		11,423.2									6.38	7.04	6.71				
	軽荷排水量/Light (T)		8,664.1															
	公称排水量/Official(T)	常備/Norm.	9,750															9,906トンの場合は仏トン(t)を示す
	公称排水量/Official(T)	基準/St'd	9,180															ワシントン条約以降の公表排水量
	実際排水量/Actual (T)	常備/Norm.	10,692															S11年以降の海軍部内発表実際値
八雲/Yakumo	新造完成/New (T)	常備/Norm.	9,646															
	新造計画/Design (T)	常備/Norm.	9,646	132.30		124.64	19.67							7.21		4.99		9,800トンの場合は仏トン(t)を示す
	公試排水量/Trial (T)		9,646															
	公称排水量/Official(T)	常備/Norm.	9,646															9,800トンの場合は仏トン(t)を示す
	公称排水量/Official(T)	基準/St'd	9,010															ワシントン条約以降の公表排水量
	実際排水量/Actual (T)	常備/Norm.	9,800															S11年以降の海軍部内発表実際値
吾妻/Azumo	新造完成/New (T)	常備/Norm.	9,278															
	新造計画/Design (T)	常備/Norm.	9,307	137.90		131.55	18.14			14.10				7.18		5.04		9,456トンの場合は仏トン(t)を示す
	公試排水量/Trial (T)		9,710															
	常備排水量/Norm. (T)		9,370.705									6.45	8.03	7.24				重心査定公試成績による、大正後期か昭和初期の実施例と推定
	満載排水量/Full (T)		10,117.84									6.80	8.50	7.65				
	軽荷排水量/Light (T)		8,275.04									5.70	7.53	6.62				
	公称排水量/Official(T)	常備/Norm.	9,307															9,456トンの場合は仏トン(t)を示す
	公称排水量/Official(T)	基準/St'd	8,640															ワシントン条約以降の公表排水量
	実際排水量/Actual (T)	常備/Norm.	9,452															S11年以降の海軍部内発表実際値

注/NOTES ①明治期の常備排水量については公表された数値に英トンと仏トンの混同が見られ、各数値の定義を上記のようにまとめてみたが推定によるものも多い
【出典】出雲要目簿/極秘版海軍省年報/海軍省年報/各種艦船KG及びGM等に関する参考資料S8-6調整 <平賀資料>/英Engineering誌(1904)

フランス海軍は当時中小口径速射砲が発達、その弾丸威力も増して無防禦の舷側部を破壊する危険性を考慮して、以後主力巡洋艦は全てこうした装甲巡洋艦とし、防護巡洋艦は中小艦にとどめて、装甲巡洋艦の整備に集中することになる。これに対して当初は防護巡洋艦で十分対抗出来るとしていた英国海軍も1897/98年計画のクレッシーCressy級12,000トンから、舷側甲帯を設けた装甲巡洋艦を復活、以後1等巡洋艦は全て装甲巡洋艦に切り換えて、フランス海軍に対抗することになる。こうして、装甲巡洋艦は戦艦に次ぐ有力艦として列強各国海軍がその整備に力を入れるところとなった。欧州列強ではこうした装甲巡洋艦は艦隊用というより海外植民地の警備や駐在艦、通商路保護に、またその反対の通商破壊戦にも投入することを主な任務としていた。

[日本海軍における装甲巡の導入] 日本海軍最初の装甲巡洋艦は前章で述べた千代田で、明治24年/1891の完成だからフランスのデュピュイ・ド・ロームの完成1895年より4年も早く、その意味では時代を先取りしたとも言えるが、なにせ排水量2,500トン弱の小巡洋艦故、その威力は微々たるものであった。これより早く明治18年/1885日本海軍は艦艇の新造計画に1等巡航艦6,000トン1隻を計上していたが、実現せず、引き続き明治23年度/1890計画では巡航甲鉄艦6,000トン3隻の購入を提示しており(P-184に続く)

浅間(II)型/Asama Class・出雲型/Izumo Class・八雲/Yakumo・吾妻/Azuma

機　関/Machinery

		浅間・常磐/Asama・Tokiwa	出雲・磐手/Izumo・Iwate	八雲/Yakumo	吾妻/Azuma
主機械/Main mach.	型式/Type ×基数(軸数)/No.	直立3段膨張式3気筩機関/Recipro. engine × 2		直立3段膨張式4気筩機関/Recipro. engine × 2	
缶/Boiler	型式/Type ×基数/No.	高円筒式缶/× 12	ベルビル式水管缶/× 24	ベルビル式水管缶/× 24	
	蒸気圧力/Steam pressure (kg/cm²)	10.90	18.98	14.98	18.98
	蒸気温度/Steam temp.(℃)	飽和	飽和	飽和	飽和
	缶換装年月日/Exchange date	M44/1911(浅間)　M43/1910(常磐)	S10/1935(出雲)　S6/1931(磐手)	S5/1930	④
	換装缶型式・製造元/Type & maker	宮原式水管缶× 12・浅間/横須賀工廠、常磐/佐世保工廠	艦本式ロ号缶× 6・出雲、ヤーロー式水管缶× 6・磐手①	ヤーロー式水管缶× 6(金剛陸揚缶)　横須賀工廠	
計画/Design(自然通風/強圧通風)	速力/Speed(ノット/kt)	/21.5	20.75/	/20	/20
	出力/Power(実馬力/IHP)	/18,000	14,700/	/17,000	/17,000
	回転数/(rpm)	/155	155/	/140	/140
新造公試/New trial(自然通風/強圧通風)	速力/Speed(ノット/kt)	英国公試　浅間 /22.1　常磐 /23.1	英国公試　出雲 /22.0　磐手 /21.8	/21.0　独国公試	/19.9　仏国公試
	出力/Power(実馬力/IHP)	/18,277.73　/20,842.44	/15,738.98　/16,077.61	/16,959.5	/13,371.48
	回転数/(rpm)	/145.5　/159.9	/161.3　/160.5	/138.8	/134.5
改造公試/Repair T.(自然通風/強圧通風)	速力/Speed(ノット/kt)	浅間 19.5/ M34-8-28 常磐 19.0/ M36-6-13	出雲 19.6/ M36-3-2 磐手 20.8/ M35-7-8	19.0/ M38/1905-5-29(高力運転)③	19.4/ M35/1902-7-2
	出力/Power(実馬力/IHP)	14,021.72/　12,480.9/	10,255.64/　13,548.68/	11,915.4/	9,149.18/
	回転数/(rpm)	186.0/　188.8/	142.8/　154.1/	124.7/	133.8/
推進器/Propeller	直径/Dia.(m)・翼数/Blade no.	・3翼	4.57・3翼	・3翼	4.79・3翼⑤
	数/No.・型式/Type	× 2・青銅グリフィス型	× 2・青銅グリフィス型	× 2・青銅グリフィス型	× 2・青銅グリフィス型
舵/Rudder	舵型式/Type・舵面積/Rudder area(m²)	半釣合舵/Semi balance・21.46	半釣合舵/Semi balance・21.46	半釣合舵/Semi balance・19.57	半釣合舵/Semi balance・21.55
燃料/Fuel	石炭/Coal(T)・定量(Norm.)/全量(Max.)	600/1,405(浅間)、600/1,383(常磐)	600/1,402(出雲)、600/1,412(磐手)②	600/1,082(新造時) 306重油+ 1,210石炭(S6以降)	600/1,105
航続距離/Range(浬/SM-ノット/Kts)		(浅間)4,961-10/4,057-14 (常磐)4,560-10/3,990-14	(出雲)4,643-10/3,310-14 (磐手)4,614-10/3,296-14	3,792-10.0　2,708-14.0(缶換装前)	4,207-10.0　2,902-14.0
発電機/Dynamo・発電量/Electric power(V/A)		安式・80V/400A × 3 (32kW × 3)	シーメンス式・80V/600A × 3 (48kW × 3)	シュッケルト式・80V/400A × 4	ソーデルハーレー社製・80V/400A × 3、80V/600A × 1 ⑥
新造機関製造所/Machine maker at new		英デッドフォード、Humphrys Tennant社	英デッドフォード、Humphrys Tennant社	独フルカン社	仏ロワール社

注/NOTES ①ヤーロー式缶は金剛の陸揚缶を流用、両艦とも佐世保工廠で実施 ②缶換装後出雲の燃料搭載量は石炭1,405t、重油324t、磐手は石炭1,412t、重油300t ③T5-7-15八雲公試/速力-19.2kt 出力-12,119 回転数-124.8の記録あり ④吾妻のみはS7以降実質的に現役復帰を断念した予備艦となったため缶換装は未実施に終わっている ⑤吾妻は就役以降計画速力に達せず、M38-3に横須賀工廠で試験的に推進器の換装を実施、M38-4-9館山沖で公試を実施、速力-19.77kt 出力-14,771 回転数-125、公試排水量9,118T、平均吃水7.09mを記録していた、推進器径は従来と同じでピッチ距離を変更したものといわれている、しかし速力の向上が認められなかったためM40-12に再度推進器の換装を行い館山沖で公試を実施したものの速力-18.998kt 出力-13,317 回転数-128、公試排水量9,217T、平均吃水7.16mと前回の成績に達せず以後の改善は断念された、吾妻はこの時期に建造された6隻の装甲巡中新造公試で唯一計画速力に達しなかった艦で船体形状の設計に不備があった可能性がある ⑥T4に80V/400A発電機1基を80V/600A1基に換装
【出典】出雲要目簿/公文備考/帝国海軍機関史/極秘版明治三十七、八年海戦史/Engineering誌

装　甲/Armor

	水線甲帯/WL Belt		上部甲帯	防禦隔壁	横向隔壁	防禦甲板/Protect deck			20cm砲塔/Turret				15cm砲郭	砲楯/Gun shield			揚弾筒	司令塔/Conning tower					通報筒/Comm. tube	
	中央部	前後部	/U Belt	前後部	船尾	中央平坦部	中央傾斜部	前後部	前側面	後面	天蓋	バーベット	ケースメイト	15cm砲	8cm砲	47mm砲	/Amm.tube	前側面	後面	天蓋	障壁前部	障壁後部	前部	後部
浅間・常磐/Asama・Tokiwa	7/178 HS③	3.5/89 HS	5/127 HS④	5/127 HS	3.5/89 NS	1/25.4 × 2(MS)	1/25.4 × 2(MS)	1/25.4 × 2(MS)	6/152 HS		1/25.4	6/152 HS	6/152 NS	3/76	2/51	1/25.4	3/76 NS	14/356 HS/NS		1/25.4			6/152 NS	3/76 NS
出雲・磐手/Izumo・Iwate	7/178 KC③	3.5/89 KC	5/127 KC④	5/127 KC	3.5/89 NS	1.25/32 × 2(MS)	1.25/32 × 2(MS)	1.25/32 × 2(MS)	6/152 KC		1/25.4	6/152 KC	6/152 NS	3/76	2/51	1/25.4	3/76 NS	14/356 KC	3/76 NS	1/25.4	12/305 KC	3/76 NS	6/152 NS	3/76 NS
八雲/Yakumo	7/178 KC③	3.5/89 KC	5/127 KC④	5/127 KC⑤	3.5/89 NS	1.25/32 × 2(MS)	1.25/32 × 2(MS)	1.25/32 × 2(MS)	6/152 KC		1/25.4	6/152 KC	6/152 KC	3/76	2/51	1/25.4	3/76 NS	10/254 KC/NS		1/25.4			6/152 NS	3/76 NS
吾妻/Azuma	7/178 KC③	3.5/89 KC	5/127 KC④	5/127 KC⑤	3.5/89 NS	1.25/32 × 2(MS)	1.25/32 × 2(MS)	1.25/32 × 2(MS)	6/152 KC		1/25.4	6/152 KC	6/152 NS	3/76	2/51	1/25.4	3/76 NS	14/356 KC/NS		1/25.4			6/152 NS	3/76 NS

注/NOTES ①装甲厚は"/mmで示す ②下段の英文字は装甲鋼鈑の種類を示す、KC/クルップ浸炭甲鈑、HS/ハーベイ式浸炭甲鈑、NS/ニッケル鋼鈑、MS/軟(マイルド)鋼板 ③主甲帯長さ浅間型86.56m、出雲型83.82m、八雲68.38m、吾妻63.12m、各艦共通高さ2.1m(水線下1.52m計画) ④上部甲帯長さ浅間型65.38m、出雲51.15m、磐手53.28m、八雲61.45m、吾妻63.12m、各艦共通高さ2.7m ⑤八雲と吾妻は後部の隔壁なし ⑥出雲の各甲鈑背材 主甲帯102mmチーク材、上部甲帯133mmチーク材、防禦隔壁76mmチーク材、横向隔壁64mmチーク材　【出典】出雲要目簿/Engineering誌/平賀資料/写真日本軍艦史/Warship International

浅間(II)型/Asama Class・出雲型/Izumo Class・八雲/Yakumo・吾妻/Azuma

兵装・装備/Armament & Equipment

		浅間・常磐/Asama・Tokiwa	出雲・磐手/Izumo・Iwate	八雲/Yakumo	吾妻/Azuma ⑬
砲熕兵器/Guns	主砲/Main guns	安式45口径20cm砲/Armstrong II×2 弾×400 ①	安式45口径20cm砲/Armstrong II×2 弾×400	安式45口径20cm砲/Armstrong II×2 弾×400	安式45口径20cm砲/Armstrong II×2 弾×400 ⑫
	備砲/2nd guns	安式40口径15cm砲/Armstrong×14 弾×1,680 ②	安式40口径15cm砲/Armstrong×14 弾×1,680	安式40口径15cm砲/Armstrong×12 弾×1,440	安式40口径15cm砲/Armstrong×12 弾×1,680
	小砲/Small cal. guns	安式40口径8cm砲/Armstrong×12 弾×2,400 ③ 47mm軽山内砲/Yamanouchi×8 弾×3,200 ④	安式40口径8cm砲/Armstrong×12 弾×2,400 47mm軽山内砲/Yamanouchi×8 弾×3,200	安式40口径8cm砲/Armstrong×12 弾×2,400 ⑩ 47mm軽山内砲/Yamanouchi×8 弾×3,200	安式40口径8cm砲/Armstrong×12 弾×2,400 47mm軽山内砲/Yamanouchi×8 弾×3,200
	機関砲/M. guns				
個人兵器/Personal weapons	小銃/Rifle	35年式海軍銃×196 弾×58,800	35年式海軍銃×196 弾×58,800	35年式海軍銃×190 弾×57,000	35年式海軍銃×190 弾×57,000
	拳銃/Pistol	1番形×55 弾×6,600、モーゼル×7 弾×840	1番形×57 弾×6,840、モーゼル×7 弾×840	1番形×57 弾×6,840、モーゼル×7 弾×840	1番形×57 弾×6,840、モーゼル×7 弾×840
	舶刀/Cutlass				
	槍/Spear				
	斧/Axe				
水雷兵器/Torpedo weapons	魚雷発射管/T. tube	安式×5(水中/Sub.旋回式×4、水上/Suf.固定式×1) ⑥	安式×4(水中/Submerged 旋回式×4)	安式×5(水中/Sub.旋回式×4、水上/Suf.固定式×1)	安式×5(水中/Sub.旋回式×4、水上/Suf.固定式×1)
	魚雷/Torpedo	18"(45cm)保式/Whitehead×10	18"(45cm)保式/Whitehead×8	18"(45cm)保式/Whitehead×10	18"(45cm)保式/Whitehead×10
	その他	反装水雷×6	反装水雷×6	反装水雷×6	反装水雷×6
電気兵器/Elec.Weap.	探照灯/Searchlight	×4(60cmソウェー・ハレー式手動×2、電動×2) ⑦	×4(60cmソウェー・ハレー式手動×2、電動×2)	×4(75cm手動×2、電動×2) ⑤	×4(60cm手動×2、電動×2)
艦載艇/Boats	汽艇/Steam launch	×3(艦載水雷艇17m×1、小蒸気9.1m×2)	×3(艦載水雷艇17m×1、Sピンネース11m×1、10.4m×1)	×3(艦載水雷艇17m×1、小蒸気9.2m×2)	×3(艦載水雷艇17.2m×1、小蒸気9.3m×2)
	ランチ/Launch	×1(12.8m)	×1(12.8m)	×1(12.9m)	×1(13.3m)
	ピンネース/Pinnace	×1(9.8m)	×1(9.6m)	×1(9.8m)	×1(9.8m)
	カッター/Cutter	×3(9.1m×2、8.5m×1)	×3(9.1m×2、8.5m×1)	×3(9.2m×2、8.5m×1)	×3(9.2m×2、8.8m×1)
	ギグ/Gig	×2(9.1m×1、7.9m×1)	×3(11.3m×1、9.1m×1、救命ホエール8.2m×1)	×1(8.5m)	×1(8.4m)
	通船/Jap. boat	×3(9.1m×2、8.2m×1)	×2(ディンギー4.3m×1、バルサ4.3m×1)	×4(通船8.2m×2、6.1m×1、ガレー9.2m×1)	×4(通船8.5m×2、7.1m×1、ガレー9.3m×1)
	(合計)	×13(艦載艇についてはM41の調査による) ⑧	×13 ⑨	×13(艦載艇についてはM41の調査による) ⑪	×13(艦載艇についてはM41の調査による)

注/NOTES ①弾丸定数(1門100発)は平時の定数、戦時定数は110発か(常磐の例) ②同じく平時定数を示す、戦時定数は150発か(常磐の例) T12以降中甲板の15cm砲6門は練習艦任務のため遠洋航海中は陸揚げして居住区の拡大に当てていた模様、S3に浅間では中甲板前部砲門閉塞が認可、この時期は実質的に15cm砲の搭載数は8門であったと推定される、敷設艦になった常磐を除く他艦もほぼ同様、海軍省年報等で15cm砲の搭載数を8門に減じたのはS8以降 ③T8前後に3年式40口径8cm高角砲1門を装備した際に従来の8cm砲2門を撤去、S10までに2門を残して他を撤去同時に8cm高角砲を2門増備、浅間では残った8cm砲2門を礼砲として使用 ④M39に4門を撤去麻式6.5mm機銃2挺を装備、大正中期以降残りを撤去麻式機銃1挺を増備、他艦も同様、機銃は昭和期に入って3年式機銃等に換装 ⑤ドイツ建造の八雲のみ75cm探照灯を装備 ⑥大正中期に艦首固定発射管撤去、昭和期に入ってS13まで発射管を残していたのは吾妻と2門に減じた浅間のみ ⑦M40に手動60cm2基を同75cm4基に換装、M44に後檣の60cm1基を撤去、各艦も同様 ⑧常磐の同時期の調査では通船が1隻が少ない以外は同じ ⑨出雲要目簿によるほぼ新造時の艦載艇と推定、なお、S6調べの磐手の艦載艇は、艦載水雷艇(旧)1隻、汽艇(旧及びT4製)2隻、ランチ(M39製)1隻、ピンネース(旧)1隻、カッター(M43製)3隻 通船(T12製)3隻(合計11隻) ⑩八雲のみS13現在で従来の8cm砲を全て撤去、礼砲として短5cm砲2門を装備 ⑪八雲のS6の艦載艇は、艦載水雷艇(旧)1隻、汽艇(旧)2隻、ランチ1隻、カッター(T3/S5製)4隻、通船(T3製)3隻(合計11隻) ⑫日露戦争中の吾妻のM37-4月の戦時日誌によると、小倉丸より移載した砲弾として20cm砲1門当たり161発、15cm砲同165発という数字をあげており、20cm砲弾種は1号徹甲弾214発、2号徹甲弾24発、鍛鉄榴弾290発、普通榴弾120発となっている、これが吾妻のみの特例なのか、他艦にも適用出来る数値なのかは不明 ⑬吾妻のS7に舞鶴で実質的に除籍され展示艦となった際の装備は20cm、15cm砲は新造時と同じ、安式8cm砲4門、8cm高角砲1門、麻式機銃3挺、安式45cm発射管4門、75cm探照灯4基、艦載水雷艇1隻、汽艇2隻、ランチ1隻、ピンネース1隻、カッター2隻、通船2隻と記録されている、(追記)大正10年度の小演習において磐手に航空機(横廠式)1機を臨時搭載 【出典】出雲要目簿/掌砲必携/公文備考/極秘版明治三十七、八年海戦史/極秘版海軍省年報

旧装甲巡戦時兵装	出雲/Izumo	磐手/Iwate	八雲/Yakumo	常磐/Tokiwa
安式40口径15cm砲/Armstrong	×0(上甲板前後砲郭)	×0(上甲板前後砲郭)	×0(上甲板前後砲郭)	×4(上甲板前後砲郭)
89式40口径12.7cm連装高角砲/89 Type AA gun	×2(上甲板前後砲座新設)	×2(上甲板前後砲座新設)	×2(上甲板前後砲座新設)	
3年式40口径8cm高角砲/3 Year mod. AA gun	×1	×3	×3	×1
毘式40mm機銃/Vickers mod. MG				I×2
96式25mm機銃/96 Type MG	III×2、II×2、I×4	III×3、II×2、I×2	III×3、II×2	III×2、II×4
13mm機銃/MG	I×2	I×2		
探照灯/Searchlight			須式75cm×2、シーメンス式75cm×2	
電探/Radar				22号×1、13号×1
その他			武式2.5mRF、97式高角2mRF各1	機雷×200～300個搭載

注/NOTES ①ここに掲げた4艦の戦時改装についてはその改装時期に関し1次資料がきわめて少なく、常磐以外にはその時期を断定することは非常に難しいが、3艦の工事は至近の呉工廠でS20年2-4月に実施したものと推定、兵装改装内容については<終戦時の日本艦艇-福井>以外に磐手砲術長の回想記による、ただし八雲については終戦後の引渡目録による
②常磐についてはS19-3-26/4-16佐世保工廠で前部20cm砲塔を撤去、後部艦橋の40mm機銃単装2基をその撤去跡に移し、艦橋前の8cm高角砲2門を撤去、新規に25mm連装機銃4基を装備、同6-20/7-19に同所で水測兵器、電探装備、S20-1-12/2-4同所で機銃増備
【出典】終戦時の日本艦艇-福井/佐世保工廠戦時日誌/軍艦八雲引渡目録(S20-10-5現在)/呉練習戦隊戦時日誌S18-20

浅間(II)型/Asama Class・出雲型/Izumo Class・八雲/Yakumo・吾妻/Azuma

重量配分/Weight Distribution

	浅間/Asama		常磐/Tokiwa		出雲/Izumo		磐手/Iwate		八雲/Yakumo		吾妻/Azuma	
	重量/Weight(T)	%	重量/Weight(T)	%	重量/Weight(T)	%	重量/Weight(T)	%	重量/Weight(T)	%	重量/Weight(T)	%
船殻/Hull	3,293.72	33.9	3,257.78	33.7	3,459.09	36.4	3,382.86	35.9	3,790.88	39.3	3,330.80	39.5
防禦/Protect	2,701.05	27.8	2,697.09	27.9	2,632.33	27.7	2,638.44	28.0	2,585.13	26.8	2,458.67	26.5
齐備/Equipment	466.37	4.8	464.02	4.8	465.65	4.9	461.73	4.9	424.42	4.4	426.79	4.6
兵装/Armament	1,214.50	12.5	1,218.04	12.6	1,225.89	12.9	1,224.99	13.0	926.02	9.6	918.52	9.9
機関/Machinery	1,428.25	14.7	1,430.72	14.8	1,121.35	11.8	1,121.34	11.9	1,321.50	13.7	1,206.14	13.0
燃料/Fuel 石炭/Coal	602.39	6.2	599.35	6.2	598.69	6.3	584.23	6.2	580.05	6.2	603.07	6.5
燃料/Fuel 重油/Oil												
その他/Others												
(合計/Total)	9,716.00	100.0	9,667.00	100.0	9,503.00	100.0	9,423.00	100.0	9,646.00	100.0	9,278.00	100.0

注/NOTES 新造時常備状態【出典】軍艦基本計画

(P-181より続く) これが日本海軍が装甲巡洋艦に着目した最初であった。当時お手本の英国海軍はまだ装甲巡洋艦の建造に着手しておらず、フランス海軍のデュピュイ・ド・ロームあたりを手本としていたのかもしれない。

明治25年/1892の軍艦建造計画で三度1等巡洋艦5,200トン4隻を計上したものの、これも実現しないままに日清戦争を迎えることになる。戦後の明治28年/1895の第1期拡張計画に至ってこの明治25年度計画の1等巡洋艦を7,300トンに大型化して再度計画することになった。この場合は付属の提案理由書においてこの1等巡洋艦を英国海軍のエドガーEdgar級に準じたと艦と説明していたが、エドガー級7,350トン、明治26年/1893完成は装甲巡洋艦ではなく防護巡洋艦に過ぎず、この時点で日本海軍がこうした1等巡洋艦の価値について明確に認識していたかは多分に疑問である。

日清戦争では黄海海戦において日本艦隊はその速射砲の威力と機動性に優れた艦艇で、厚い装甲は備えていたものの鈍足かつ旧式装備の清国艦隊をなんとか打ち破ることができたが、その勝利は確定的なものではなかった。

いわゆる六六艦隊の発想がここから発したなどというのは、いささか先走りで、当時の日本海軍の兵力整備の発想にはまだそんな戦術思想はなかったと見るのが自然であろう。

しかし明治30年/1897においてこの1等巡洋艦は隻数を2隻追加して6隻を建造することとし、かつ単艦排水量を9,200トンに増大しこれ等に要する費用の増額も認められた。この対露海軍兵力整備計画においては戦艦も6隻の建造を予定していたから、期せずして六六艦隊が実現することになった。この1等巡洋艦の隻数増加と艦型大型化は、当時の情勢判断として今後極東に派遣される列強の海軍兵力が強化され、個艦についても有力化されつつあるからそれに対抗するものとされている。

この当時英国海軍はまだ1等巡洋艦の装甲巡洋艦化に着手したばかりで、東洋に有力な装甲巡洋艦を送り込んでいたのはフランスをはじめ、ロシア、ドイツあたりで、特にロシア海軍は装甲巡洋艦の建造ではフランスよりも長い歴史を有するほどで、隻数は多くはなかったが1万トンを越える大型装甲巡洋艦リューリックRurik等が極東に回航されており、日本の長崎などに入港する機会もあったからその戦艦をも上回る巨大な艦姿を目の前にして、脅威に感じたのは当然であった。

当時、日本海軍の艦政部門は軍務局の造船課にあり、造船課長の造船総監佐雙左仲がこの第1、2拡張計画の新造艦船の責任者であったらしく、日露戦争中の明治37年/1904年8月12日号のエンジニアリング誌(Engineering英国の造船技術専門誌)に「日本海軍における最新艦艇」/On Recent Warships in the Japanese Navyと題する技術レポートを佐雙の名で掲載していたが、この中でこの拡張計画で新造した艦艇の極めて詳細な報告を行っており、要目簿に匹敵するような数値データを掲載していたのは驚きであった。というのも前述のように当時日露戦争の真っ盛りであり、敵であるロシア海軍に日本艦艇の詳細性能を全て教えるようなものであったからである。もっとも当時はエンジニアリング誌にはこうした特集記事とは別に、英国で建造される諸外国の艦艇についてはそのつど詳細なデータが公表されるのが常であったので、特に秘密にすべき事項があったとも言えなかったが、いずれにしても後の日本海軍の秘密主義からは考えられないことであった。

さてこの時日本海軍の新造した装甲巡洋艦はここに掲げた浅間、常磐、出雲、磐手、八雲、吾妻の6隻であった。この内、前4隻は全て英国のアームストロング社(安社)に一括発注されることになった。これには理由があり当時安社がチリ向けに極めて注目すべき装甲巡洋艦を建造していたからである。前述のように本家の英国海軍はこの時期やっと大型巡洋艦の装甲巡洋艦化に着手したばかりで、日本海軍のお手本にすべき装甲巡洋艦はなかったことも、安社に傾いた要因のひとつであろう。

安社の建造したチリ向け装甲巡は2隻があり、最初のエスメラルダ7,000トンは1896年(明治29年)進水のチリ海軍では2代目のエスメラルダ(初代は日本に売却)の艦名を持つ艦であった。しかし、日本海軍が注目したのは2隻目のオイギンスO' Higgins 8,500トンの方と思われ、1897年(明治30年)進水、主砲の8"(20cm)砲を単装砲塔4基として、前後及び艦橋後方の両舷に配し、舷側に15cm砲10門を装備、速力21.5ノット、水線甲帯7"(178mmハーベイ・ニッケル甲鈑)という当時としては非常に有力な装甲巡洋艦であった。設計はいずれも著名な造船官だったフィリップ・ワッツPhilip Wattsの設計であった。1番艦浅間の起工はこのオヒッギンズの起工より僅か5か月弱後のことであったことからも、オイギンの実艦を評価したというよりは、多分安社がオイギンスを見本とした売り込みを行ったのではないかとも推測される。多分幾つかの試案を提示して日本側の要求を盛り込むかたちで、早々に浅間型の設計がワッツにより完成した形跡が認められる。

日本側としてはこの時期新造艦艇を英国式デザインで統一しており、装甲巡洋艦では建造実績も多いフランス式デザインを導入する気はまったくなかったようで、この時八雲をドイツ、吾妻をフランスに発注したのは、先の笠置、千歳を米国に発注したのと同様、英国以外の欧米の主要国に分散発注することで国際感情を配慮した結果と言われている。

[浅間型] 浅間型は計画常備排水量9,700トンと当初計上の9,200トンより500トンほど大型化されており、オイギンスに比べて1,200トンほど大型化され、主砲の8"(20cm)砲は連装砲塔として前後に配置、15cm砲は14門に強化、速力21.5ノット、水線甲帯厚7"(178mm)と当時にあっては有力な装甲巡洋艦であった。主砲や副砲の配置は当時の敷島型戦艦に準じたもので、司令塔の装甲厚を14"(356mm)としていたことでもわかるように、ある程度戦艦との交戦も辞さない、艦隊作戦目的で対露戦備においては戦艦に次ぐ準主力艦といえる存在であった。

主砲塔の安式45口径8"(20cm)砲はオイギンスの単装砲塔を連装に改めたもので、駆動力に電力を多用しており、戦艦の搭載する安式40口径12"(30cm)連装砲とほぼ同等の射程を持ち、発射速度は倍近い能力を有していた。水線甲帯厚は戦艦に比べて2"(51mm)薄くハーベイ・ニッケル甲鈑を採用しているのは戦艦と同じである。機関出力は戦艦より3,000実馬力大きい18,000実馬力で速力では2.5ノット優速の21.5ノットを計画値としていた。

浅間は明治29年/1896 10月に起工、2か月半後に同型の常磐が起工、同32年/1899 3月と5月にそれぞれ竣工した。この時英国海軍の最初の装甲巡洋艦クレッシーCressy級12,000トンは1番艦のクレッシーが進水したばかりであった。クレッシーは排水量では浅間型を上回っていたものの、備砲は23cm砲2門、15cm砲12門、速力21ノット、水線甲帯厚152mmと、攻撃力、運動力及び防禦力の全てで浅間型が勝っており、安社製の装甲巡洋艦の優位性は確かであった。

[出雲型] 出雲型は浅間型の進水後に安社の同じエルジック工場で起工された。基本仕様はもちろん同じであったが、計画常備排水量は50トンほど増大7,750トンとし、機関は計画速力を20.75ノットと0.75ノット落とし、缶を高円筒式12基から効率の高いベルビル式水管缶24基に変更したが、公試速力は出雲が22ノット、磐手21.8ノットと好成績であった。船体甲鈑はハーベイ・ニッケル甲鈑に替えてクルップ甲鈑が採用されており、甲鈑厚は変わりないものの主甲帯の長さを2.7mほど短縮している。即ち缶の変更により機関区画が若干短縮されたことでバイタル・パートも短縮できたものらしい。その他防禦甲板厚が6.4mmほど増加強化されている。　艦型は煙突が2本から3本に変わったことを除けば同型と言っていい。当初、磐手は横須賀工廠で国産することを意図していたらしいが早期の完成が望みないことから英国に発注されたという。

上記の重量配分を見てわかるように、機関重量で浅間型より300トン前後減少しており、これは缶の効率化によるもので、船殻重量が200トン弱増えているが、防禦と兵装はほとんど変わっていない。完成排水量そのものが計画では50トン増加しているものの、実際には浅間型より200トンほど減少しているのは建造中の何らかの改正によるものなのか明確ではない。

出雲と磐手はそれぞれ2年4か月ほどの工期でそれぞれ明治33年/1900 9月と同34年/1901 3月に完成、無事に日本に回航されている。

[八雲] 八雲はドイツのステッチンのフルカン社に発注され、出雲より4か月遅れで明治31年/1898 9月に起工されている。フルカン社はドイツの大手民間造船所の一つで、ドイツ海軍の装甲巡洋艦や防護巡洋艦の建造所として知られており、同時期ロシア向けの防護巡洋艦ボガツイリBogatyr 6,645トンを受注ずみであった。

本来八雲は吾妻とともに予算的には第1期拡張計画に属するものであったが、安社での浅間、出雲型の詳細設計が完了するのを待って起工されたようで、基本的に防禦、兵装、機関等が類似しているのは当然である。兵装は安社建造艦と同じく全て安式で統一されていたものの、副砲の15cm砲が2門少なく、これはもちろん日本側の承認した仕様らしいが、基本的に仏独建造艦は建造費が英建造艦より1割前後割高になるのを承知で発注した経緯もあり、15cm砲の減少で建造費の予定超過を避けたとも思われる。

計画常備排水量は出雲型に準じたものらしく、船体寸法もほぼ同様だが、前後の砲塔間のバイタル・パートは幾分長いようである。

ただし、八雲においてはバイタル・パートの防禦構造が英国製艦と異なり、主甲帯は機関区画のみを長方形に囲うかたちで、しかも後部の防禦隔壁は設けられていない。したがって前後の砲塔と弾火薬庫は主防禦区画から外れているという一見非常識な設計となっているが、船体の水密区画数は出雲の136から209と大きく増加しており、こうした船体の防禦方式は当時英国とフランス・ドイツ等ではかなり相違していた。これ等は上記の重量配分表を見てもわかるように、出雲に比べて船殻重量が330トン増加、防禦で50トン減じて、兵装で300トン減じ、機関では200トン増加している。船殻重量の増加は当然水密区画の増加を裏付けるもので、機関重量の増加は缶は同じベルビル缶なので、主機や補機の相違とするとかなり大きな差である。(P-216に続く)

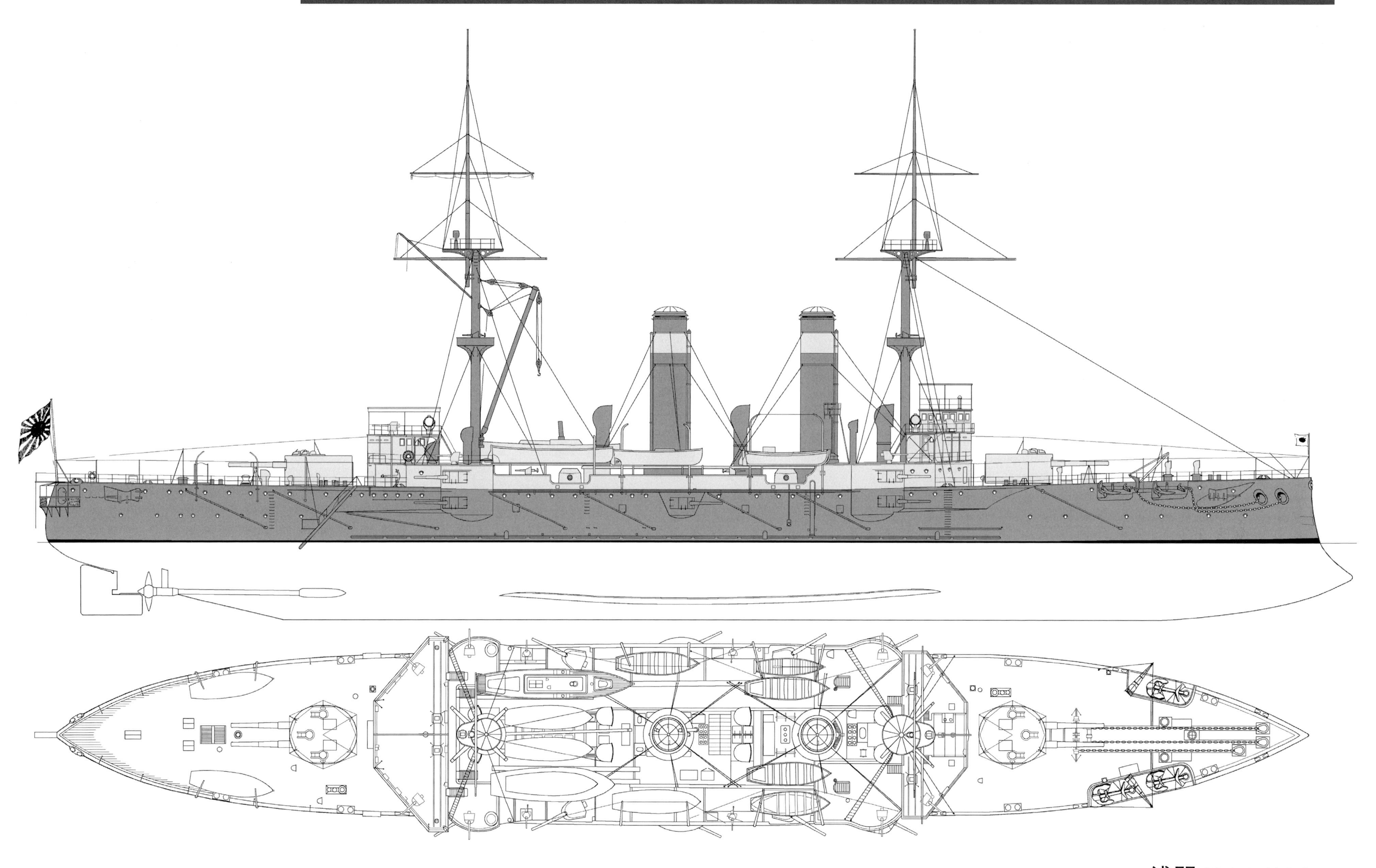

図3-2-1 [S=1/400] 浅間 側平面(新造時)

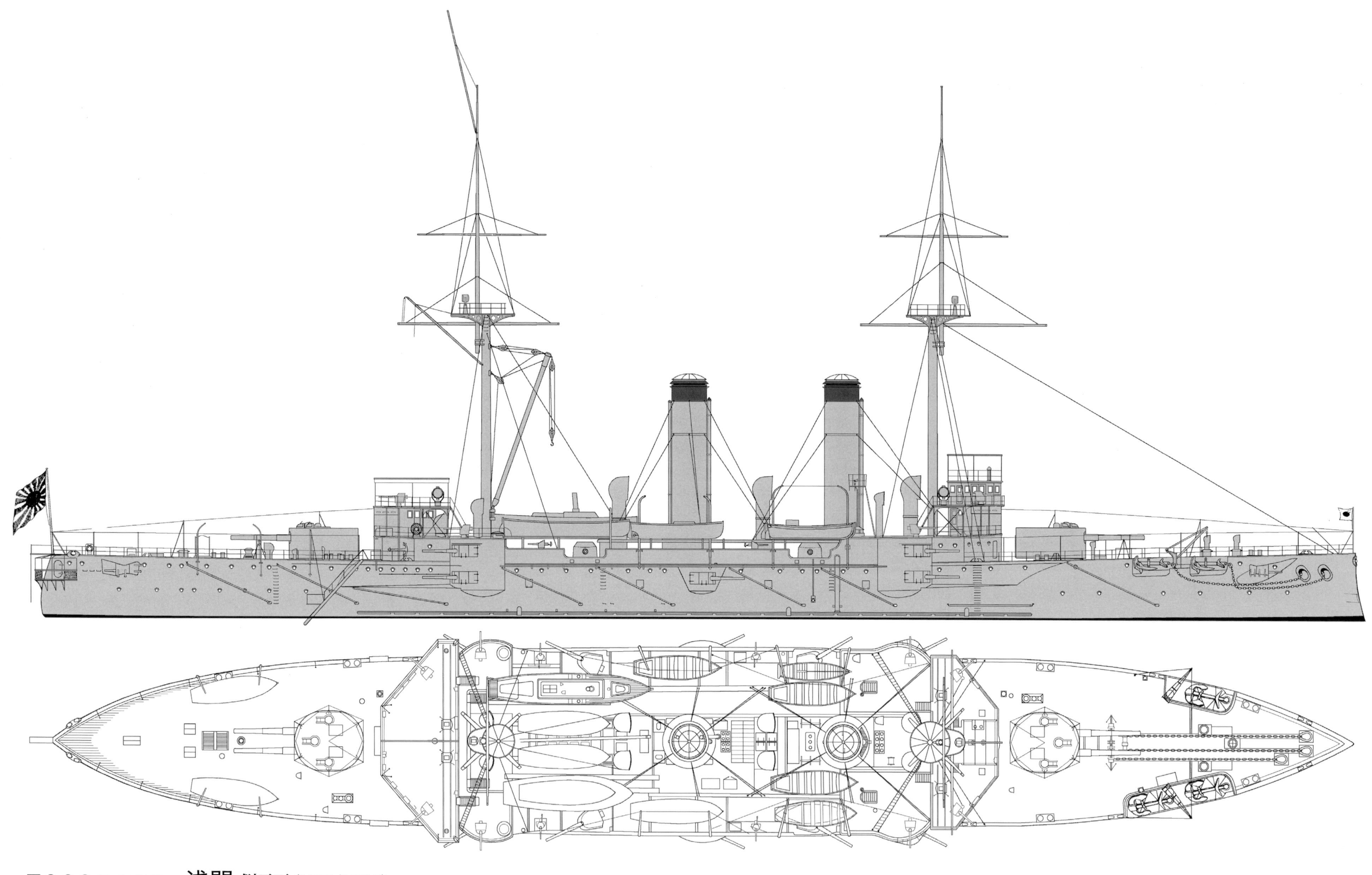

図 3-2-2 [S=1/400]　浅間 側平面 (M38/1905)

◎M43から練習艦任務に従事、M44に缶を換装、T8に8cm高角砲1門を後部艦橋に装備、練習艦任務のため艦内の居住区を増やすため、中甲板レベルの15cm砲は撤去されている。本艦はT4とS10に重度の座礁事故を起こし、特に後者の事故後は老朽のため修復を断念して、事実上除籍に近い状態にあった。したがってこのS11の状態は実質的には座礁前の状態を示すものと理解してよく、本艦の現役最終状態を表すものと考えられる。(公式図面からの復原図)

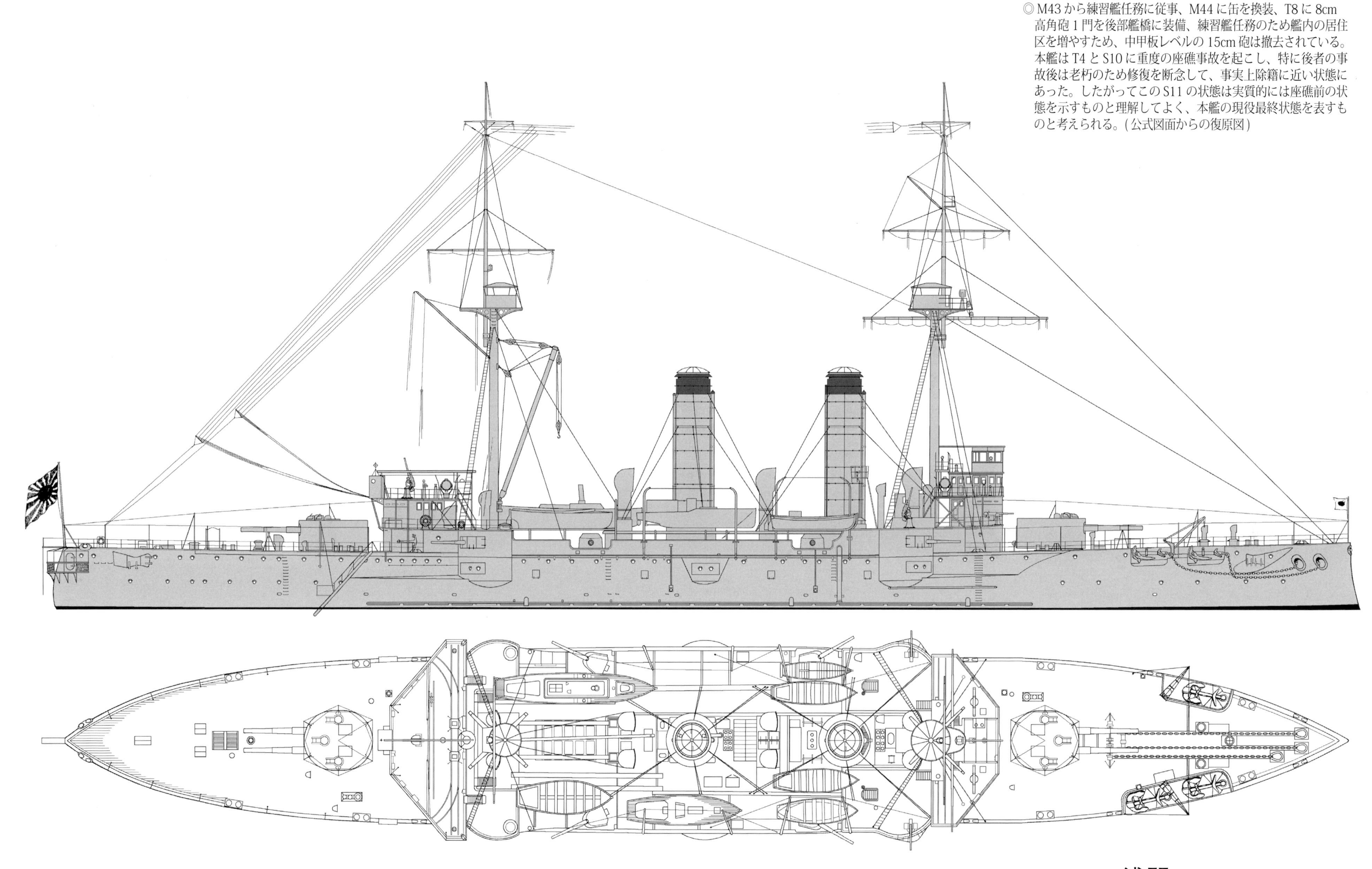

図 3-2-3 [S=1/400] 浅間 側平面(S11/1936)

◎本艦はT10-12に敷設艦に改装された。除籍された津軽の代艦として敷設艦に変更されたものらしく、これまでの改装敷設艦では最も大規模な改装が施され、以後終戦時まで第一線の敷設艦として活躍した。機雷投下軌条は上甲板と中甲板両舷に設けられ、T13当時で5号機雷500個を搭載可能、一時に敷設できる機雷数は、上甲板180個、中甲板176個と称されていた。機雷の移動は機力で上記機雷の軌条上に移動させる準備時間は4時間という。

改装に際して後部20cm砲塔と舷側の15cm砲は前後の砲郭部の片舷4門を残して撤去された。8cm高角砲はこれ以前のT9に装備されたもの。缶の換装はM42に実施済みであった。艦尾上甲板に新設した甲板室は機雷投下の管制室である。

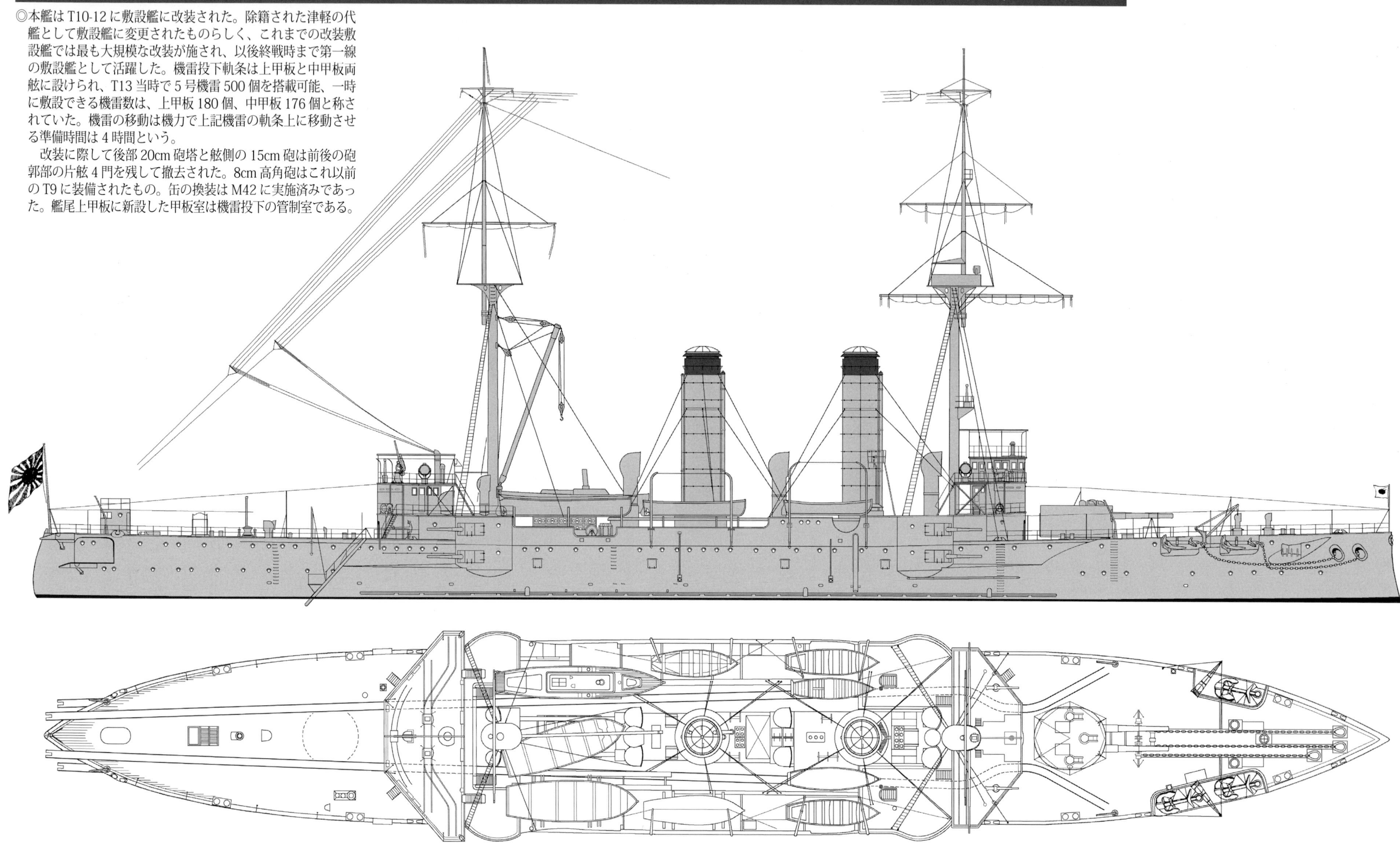

図3-2-4 [S=1/400]　常磐 側平面(S2/1927敷設艦改装時)

◎本艦は敷設艦として就役後、S2に機雷爆発事故を生じ多くの死者をだしたが、その後は無事故で太平洋戦争を迎え、大戦中は前半は中部太平洋に進出して同方面の機雷敷設に従事、半は日本近海の対潜用機雷礁の敷設に活動した。

S19-3に前部20cm砲塔と15cm砲の半数を撤去して機銃を大幅に増備している。

なお、本艦はS14に前部艦橋ウイングに8cm高角砲2門と後部艦橋ウイングに40mm機銃単装2基を装備しており、これはS13の要目(極秘版海軍省年報)に載っていないので、この時期の装備であることは間違いない。S19の工事ではこの内の前部艦橋ウイングの8cm高角砲2門は撤去され、その跡に25mm連装機銃を装備、後部ウイングの40mm機銃は艦橋前に移設、跡には同様に25mm連装機銃を装備した。

この時には他に22号電探、93式水中聴音機、93式探信儀と艦尾に81式爆雷投射機2基と投下軌条等を装備したものらしい。

爆雷搭載数は80個という。

S20-1に再度、機銃増備を実施、この時は25mm機銃連装　4基、3連装2基、13号電探等を装備したと推定される。

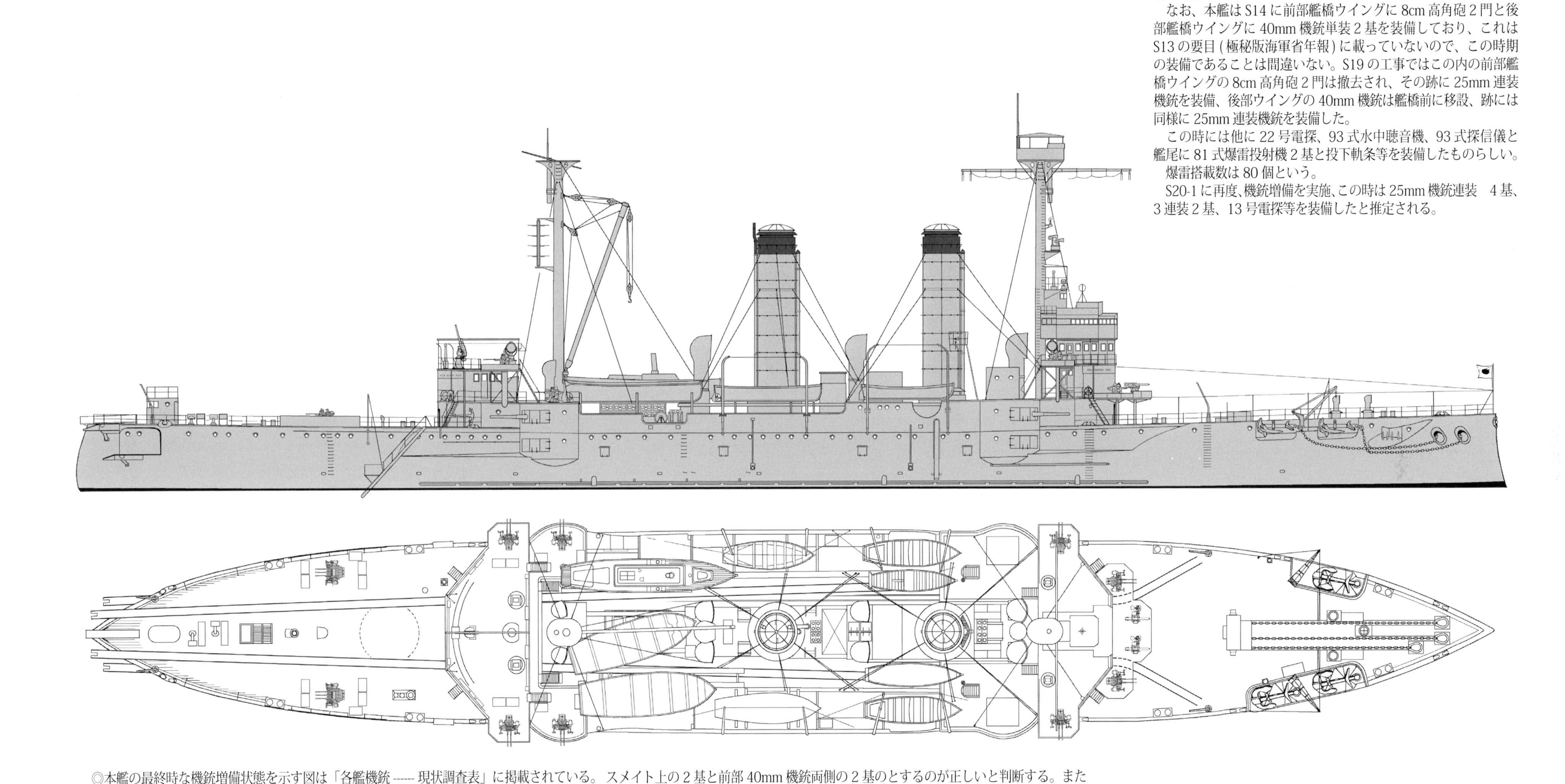

◎本艦の最終時な機銃増備状態を示す図は「各艦機銃 ----- 現状調査表」に掲載されている。

日付はS20-1-20となっているので、この最終状態を示すものと思われるが、ここで平面図では後部の25mm連装機銃6基にかすかに朱色が見られ、この6基がS20-1に増設されたという意味と解釈すると、これでは艦の後部にはこれまで25mm機銃は皆無であったことになりこのような配備は考えられない。、したがってこの際増備されたのは、後部ケースメイト上の2基と前部40mm機銃両側の2基のとするのが正しいと判断する。また後部上甲板の2基は連装とされているが3連装が正しく、図では一段高い機銃台に装備するごとく描かれているが、他艦と同様上甲板に直接装備したものと判断する。また13号電探についても調査表では表記されていないが、本艦の擱座写真には明確に確認でき、記載もれと判断した。

図 3-2-5 [S=1/400]　常磐 側平面 (S20/1945)

浅間(II)型/Asama Class・出雲型/Izumo Class・八雲/Yakumo・吾妻/Azuma

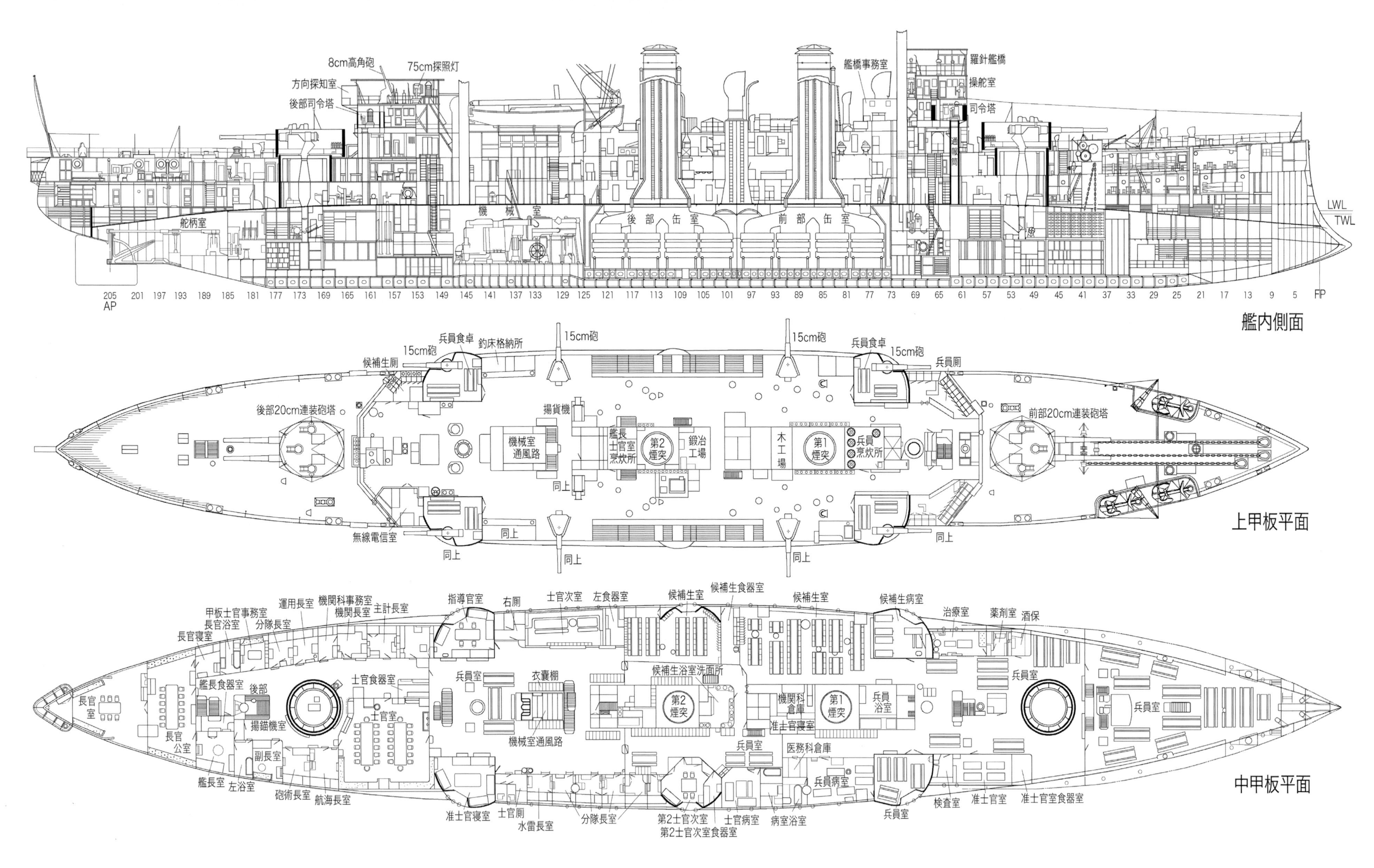

図 3-2-6 [S=1/400] 浅間 艦内側面各甲板平面 (S11/1936)

◎浅間のほぼ現役最終状態を示すもので、長年の練習艦任務のために艦内が候補生のためにいろいろ改正されている箇所があり、注意して見ていただきたい。

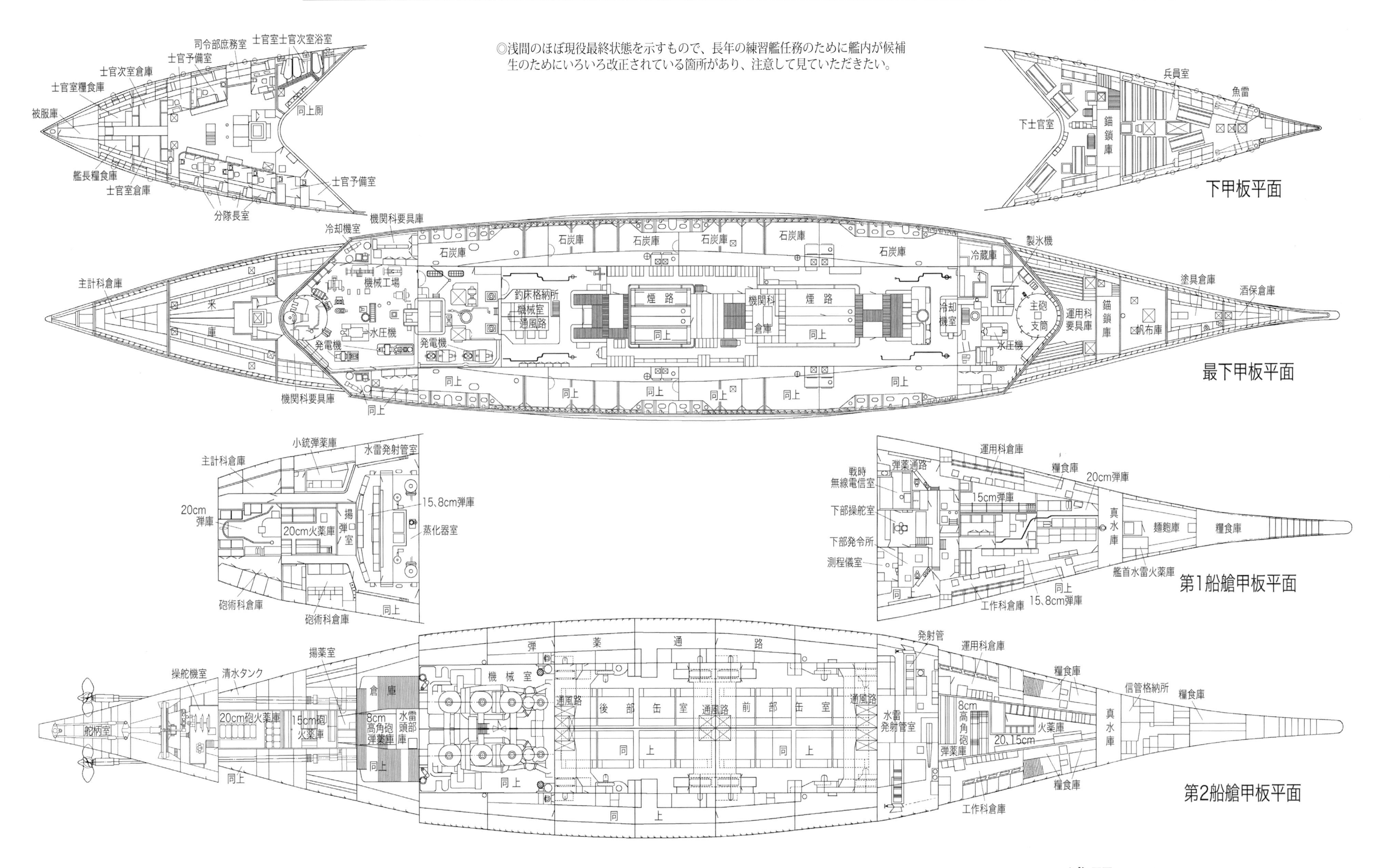

図 3-2-7 [S=1/400] 浅間 各甲板平面 (S11/1936)

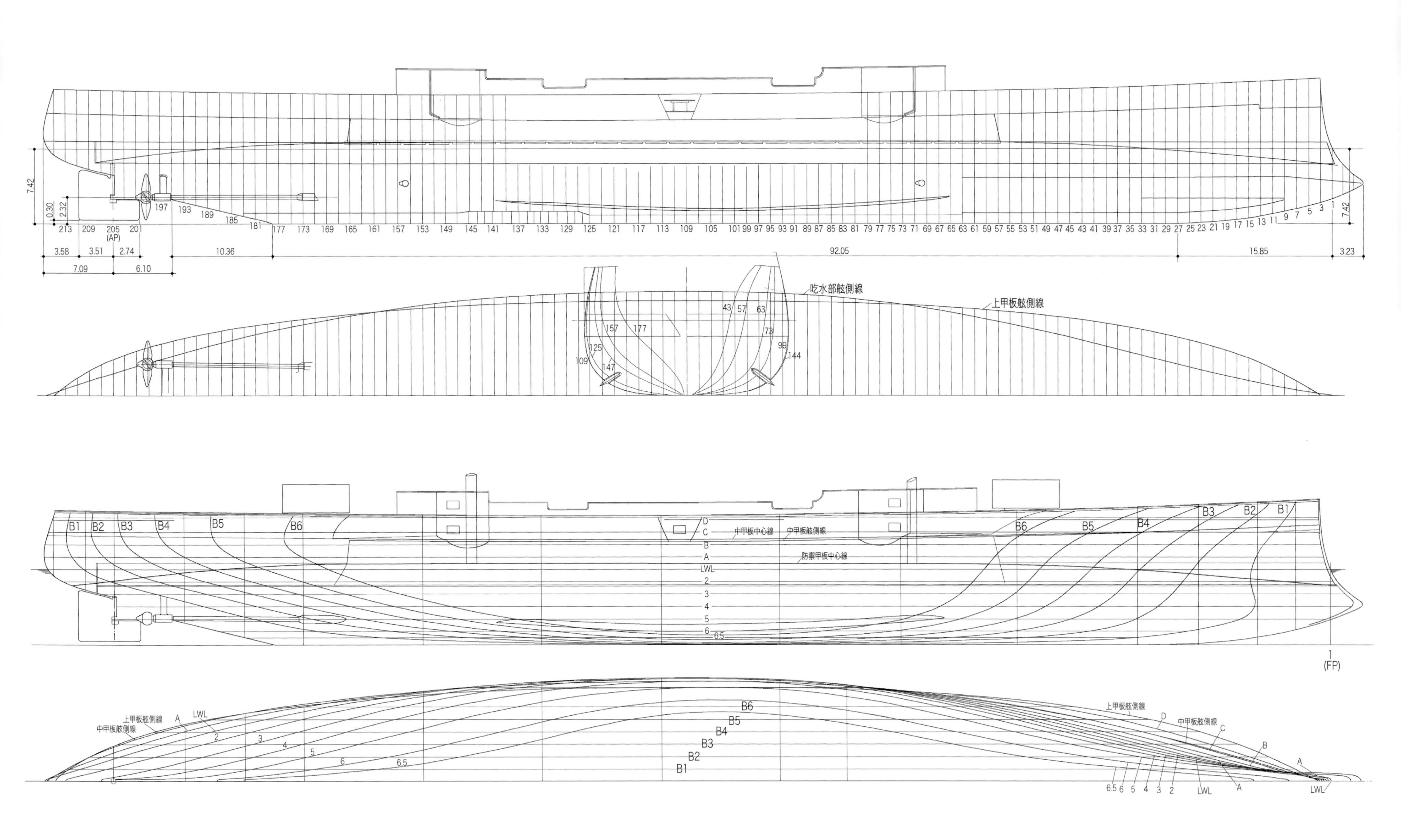

図 3-2-8 [S=1/400]　常磐 船体線図及び入渠図

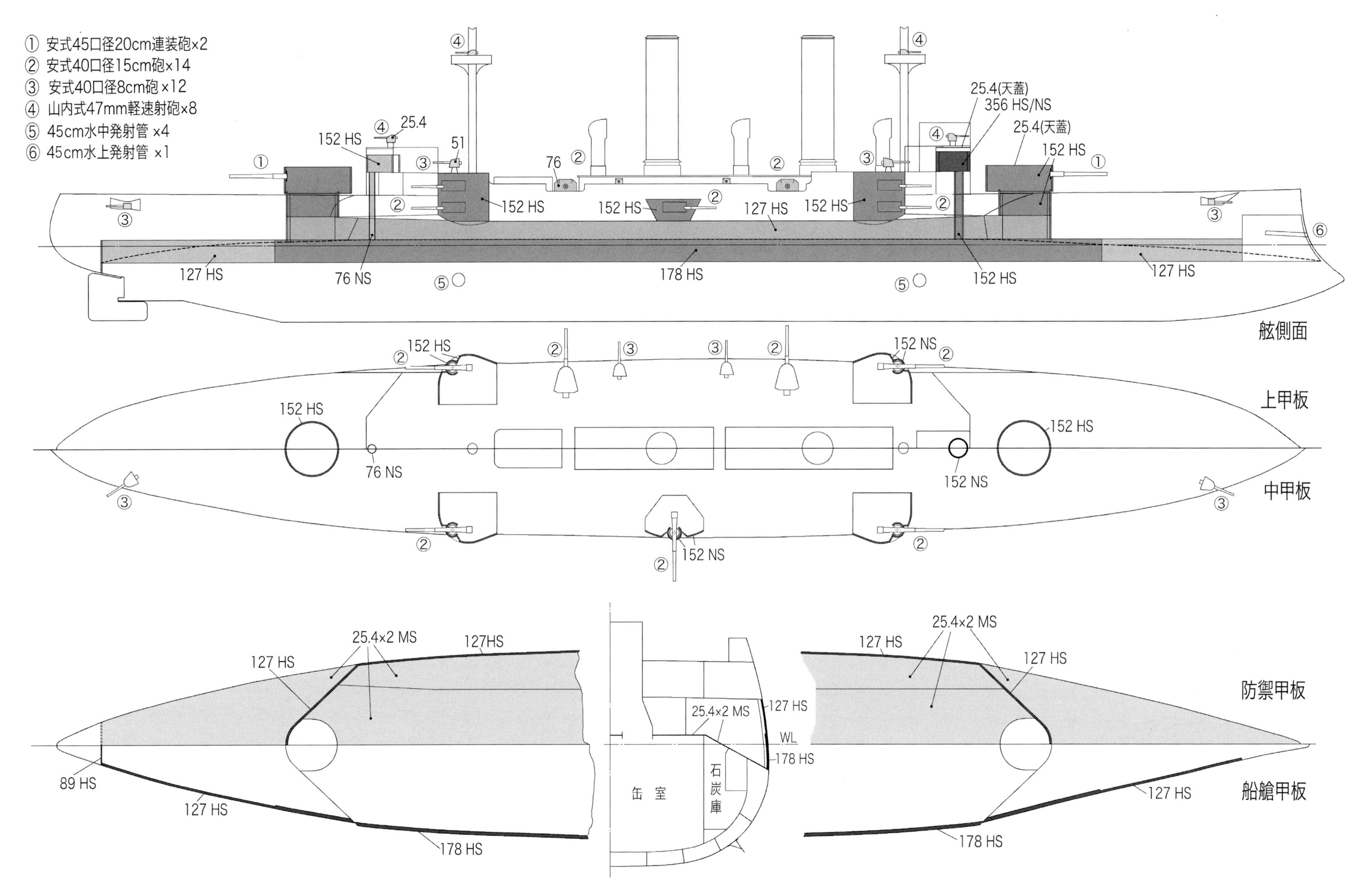

◎本防禦配置図は浅間型に基づいて作成されたが、他の出雲型、八雲、吾妻とは細かい部分(甲鈑厚等)で異なるところはあるものの、全体の配置はほぼ同様なので、参照されたい。図 3-2-9 浅間 兵装 防禦配置図(新造時)

図 3-2-10 [S=1/400] 出雲 側平面(新造時)

図 3-2-11 [S=1/400] 出雲 側平面 (M38/1905)

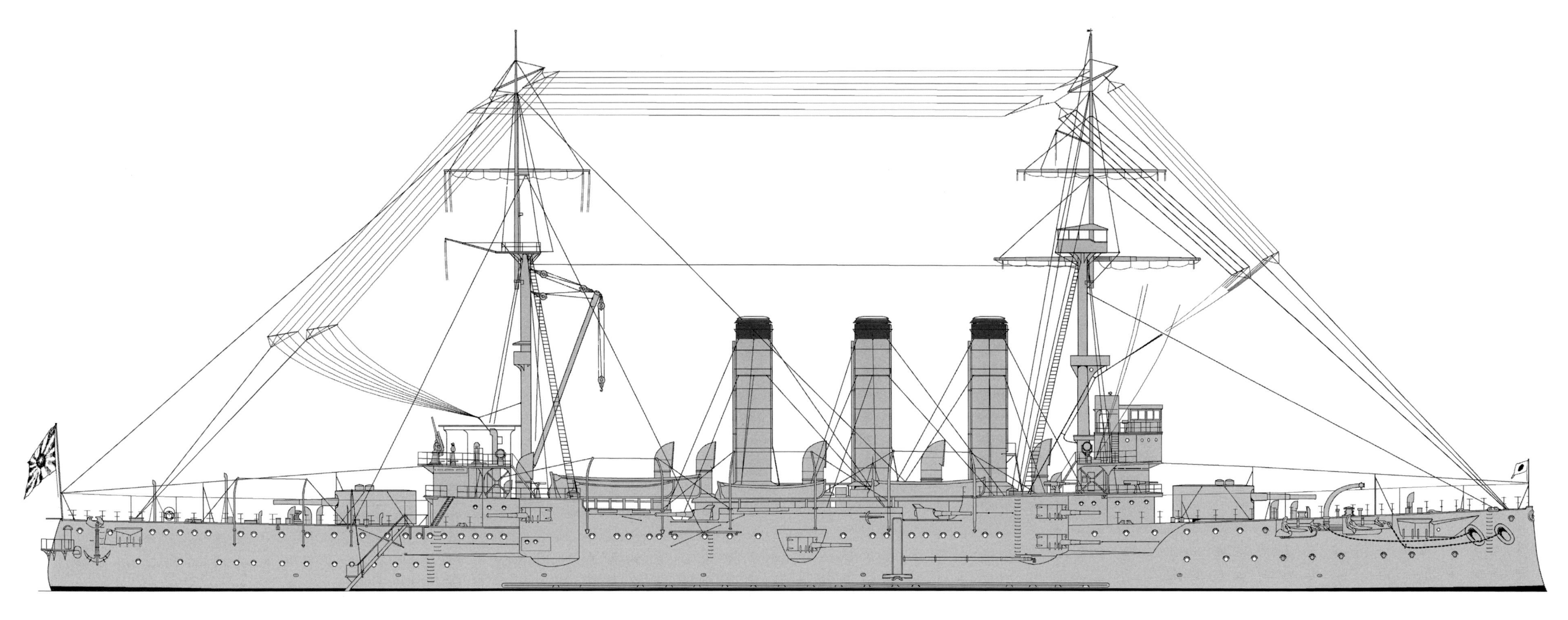

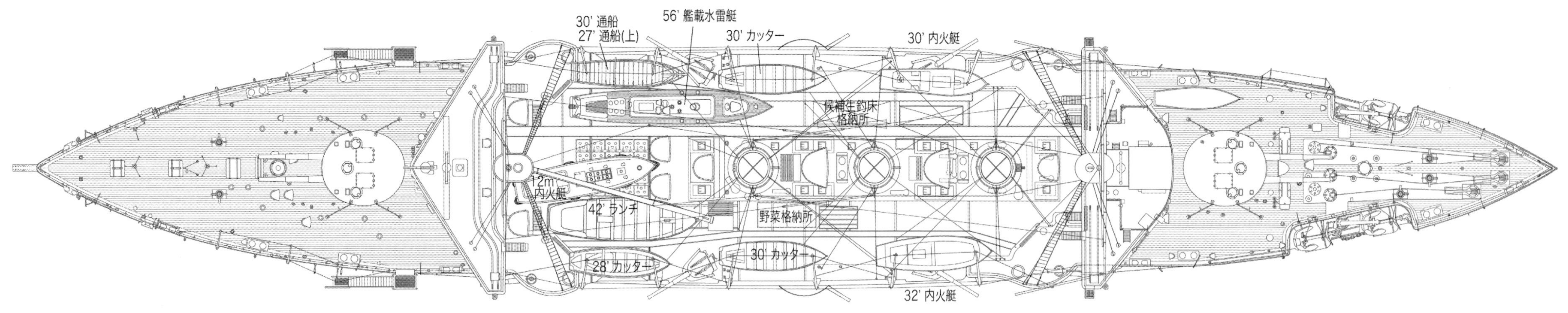

図 3-2-12 [S=1/400] **出雲** 側平面 (S7/1932)

◎本艦のS7の公式図面を復元したもの。この時期練習艦任務もかなり長期に渡るが、兵装は中甲板レベル最後部の15cm砲を撤去したのみで、大きな変化はない。小口径砲は艦橋付近の短艇甲板に8cm砲4門が礼砲を兼ねて装備されており、後部15cm砲砲郭上に7.7mm留式機銃が装備されている。この時期における各種艦載艇の搭載状態がわかるように、種別を記載しておいたので参照されたい。一時、撤去した前檣楼に似たプラットフォームが再度設けられている。艦橋構造も新造時とは大きく変わっている。

◎出雲のS14の状態で、日中戦争の勃発に伴い第3艦隊旗艦として黄浦江に係留、停泊していたころの形態を示す。S10に缶の換装を実施、中甲板レベルの15cm砲を全て撤去、S12に中国出陣に際して毘式40mm機銃単装2基を後部艦橋ウイングに、同連装2基を艦橋下部の新設機銃座に装備した。この際、後部艦橋上の8cm高角砲は撤去されている。また時期は不明だが艦尾上甲板に13mm連装機銃1基を装備した写真があるが、多分これは、出先における臨時的な装備と推定される。

また S9に前後檣にデリック・ブームが装備されており、これは本艦に水偵を搭載するためで、S9-13まで正式に航空機搭載艦として搭乗員が配員されており、95式水偵1機を搭載した。もちろん、射出機はなく上の平面図で、艦載水雷艇を搭載している辺りに、水偵を搭載するスペースを確保していた。この場合艦載艇の一部は陸揚げする処置をとったかもしれず、また空襲等に備えるのであれば付近の水面で待機することも多かったのではと推測される。

図3-2-13 [S=1/400] 出雲 側平面 (S14/1939)

◎旧装甲巡洋艦の海防艦でS17に一等巡洋艦に復帰したのは出雲、磐手、八雲の3艦で、S19から呉練習戦隊を編制し候補生の練習艦として用いられることになった。

出雲はS19-2に中国から呉に帰還、練習艦任務に就いていたが、S19-10に改装訓令が出され、前後20cm砲塔を撤去、12.7cm連装高角砲に換装、機銃増備を行うことになったが、実際に工事を行った時期は明確でなく、S20に入ってから、2-4月の間に呉工廠で断続的に工事を行ったものと推定される。

機銃は25mm機銃連装2基を後部艦橋ウイングに、同3連装機銃はかつての40ミリ連装機銃跡に装備された。他に25mm単装機銃と13mm単装機銃が各2基ずつ前後の15cm砲砲郭上に装備されている。

本艦のS19中国からの帰還時の兵装については特に情報はないがS14時と同じとすれば、この改装で毘式40mm機銃は全て撤去されて、8cm高角砲1門が再度後部艦橋上に装備されているのが、この時の増備なのか、以前から際装備していたのかは不明。

15cm砲については上甲板前レベルの前後砲郭部の4門は残されたとする説もあるが、一部の乗員の証言では時間をおいて撤去したと言われており、ここではそれをとった。

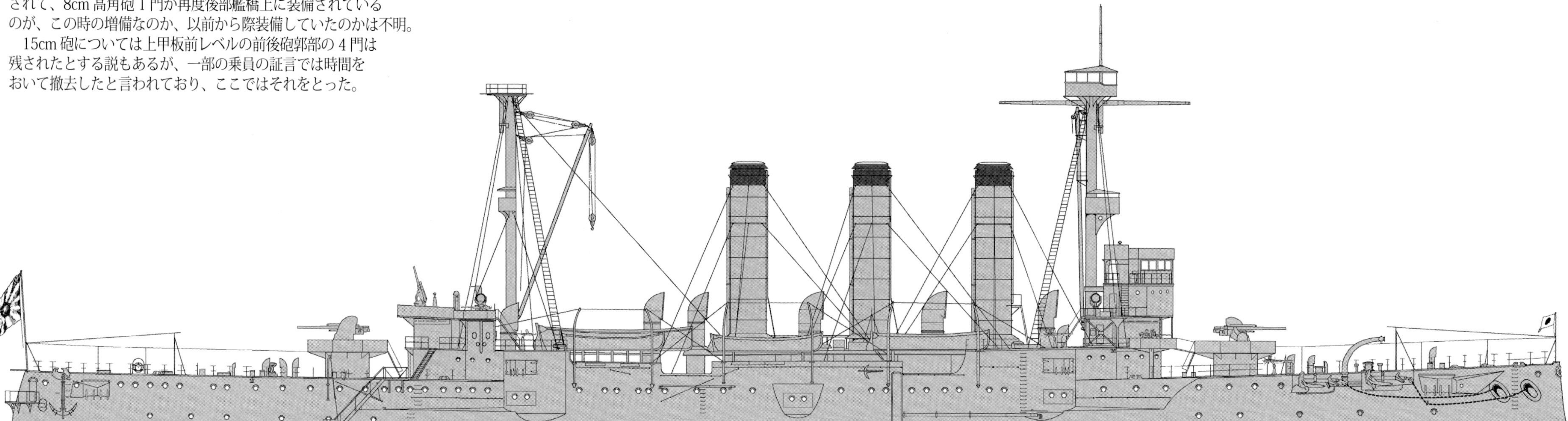

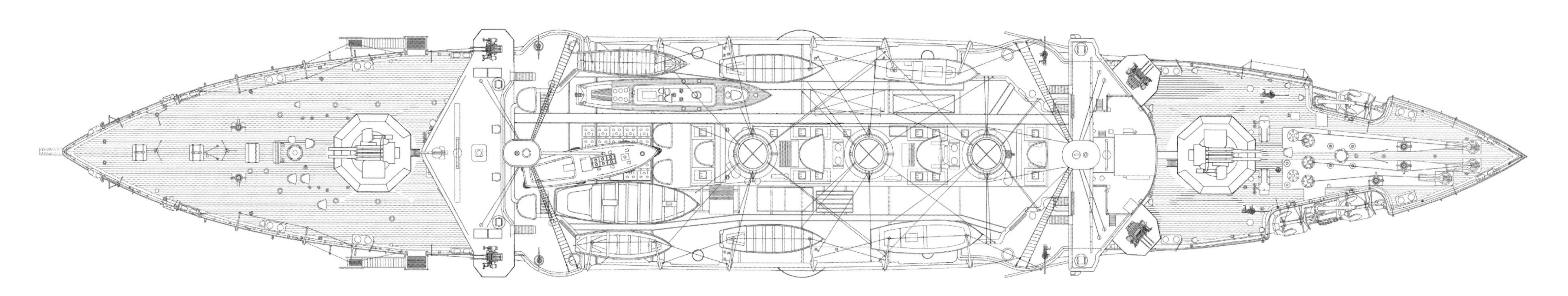

図3-2-14 [S=1/400] 出雲 側平面(S20/1945)

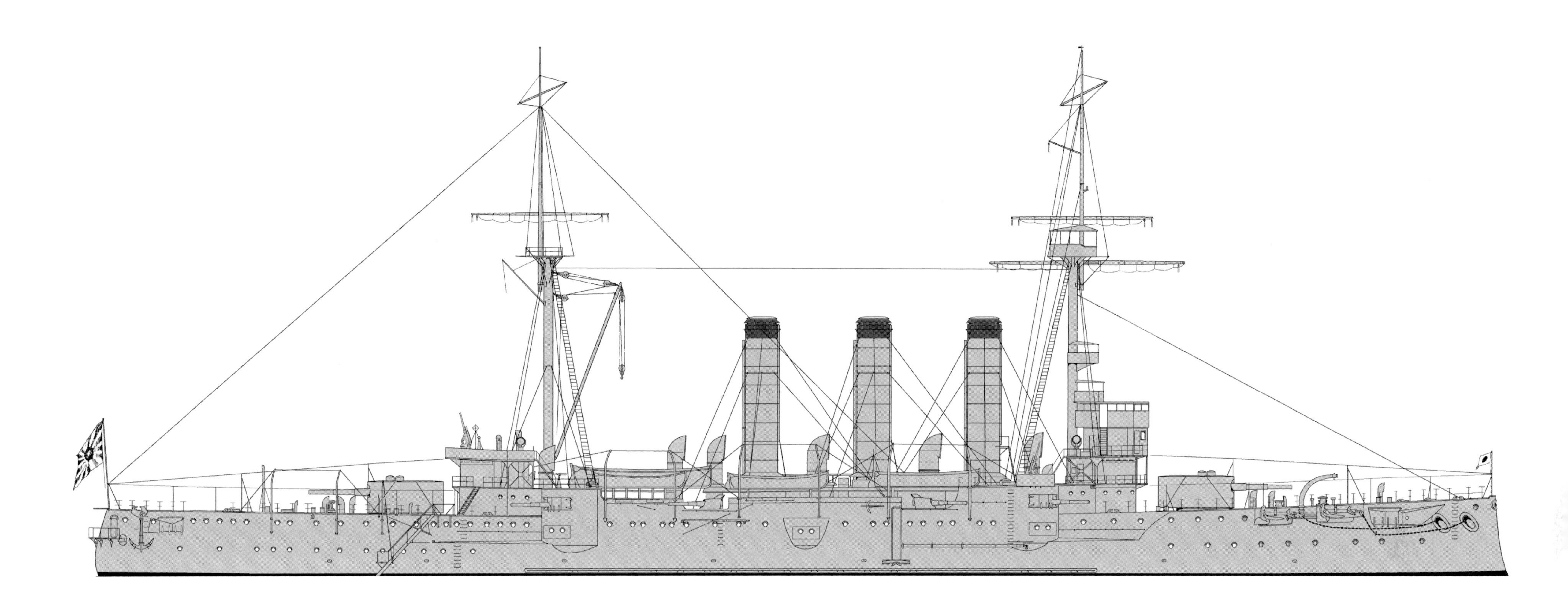

◎出雲の同型磐手もたびたび練習艦任務についており、この時期の出雲と形態的には大差ないが、本艦の場合は40mm機銃や水偵の搭載はなく、S8前後に前部15cm砲砲郭部上に8cm高角砲を2門増備しており、これは本艦と八雲に実施された。15cm砲は、中甲板レベルの砲は全て撤去され、居住区等にあてられていた。

図3-2-15 [S=1/400] 磐手 側面(S12/1937)

◎磐手の最終状態を示すが、改装の経過は出雲の場合と同様で、工事期間を特定できていない。ただ、機銃の装備は配置位置が出雲とは異なり、25mm 連装2基は後部艦橋ウイングに、同3連装機銃は艦尾上甲板と艦橋両側の新設機銃座に3基が装備された。他に 25mm 単装機銃と 13mm 単装機銃各2基が後部 15cm 砲砲郭部上と前部艦橋ウイングに装備されている。従来の 8cm 高角砲3門はそのまま残されている。
12.7cm 高角砲用の高射装置は出雲と同様、特に設けられていない様子で、砲側での直接照準で射撃するらしい。

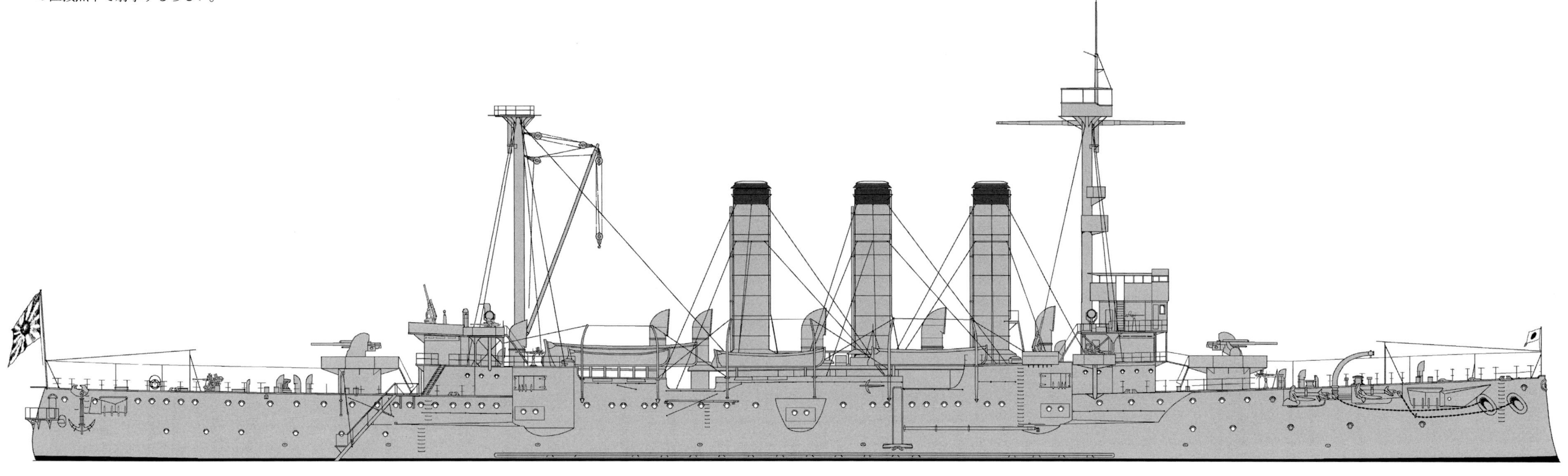

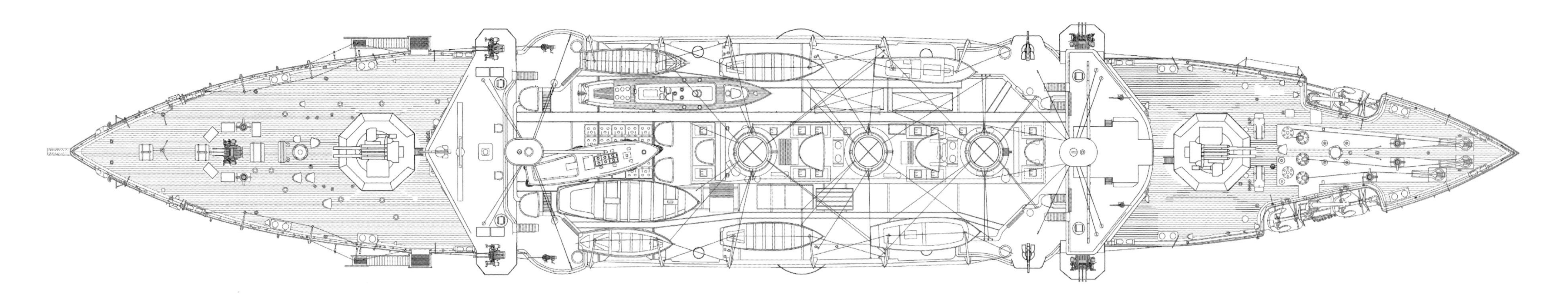

図 3-2-16 [S=1/400] 磐手 一般配置図 (S20/1945)

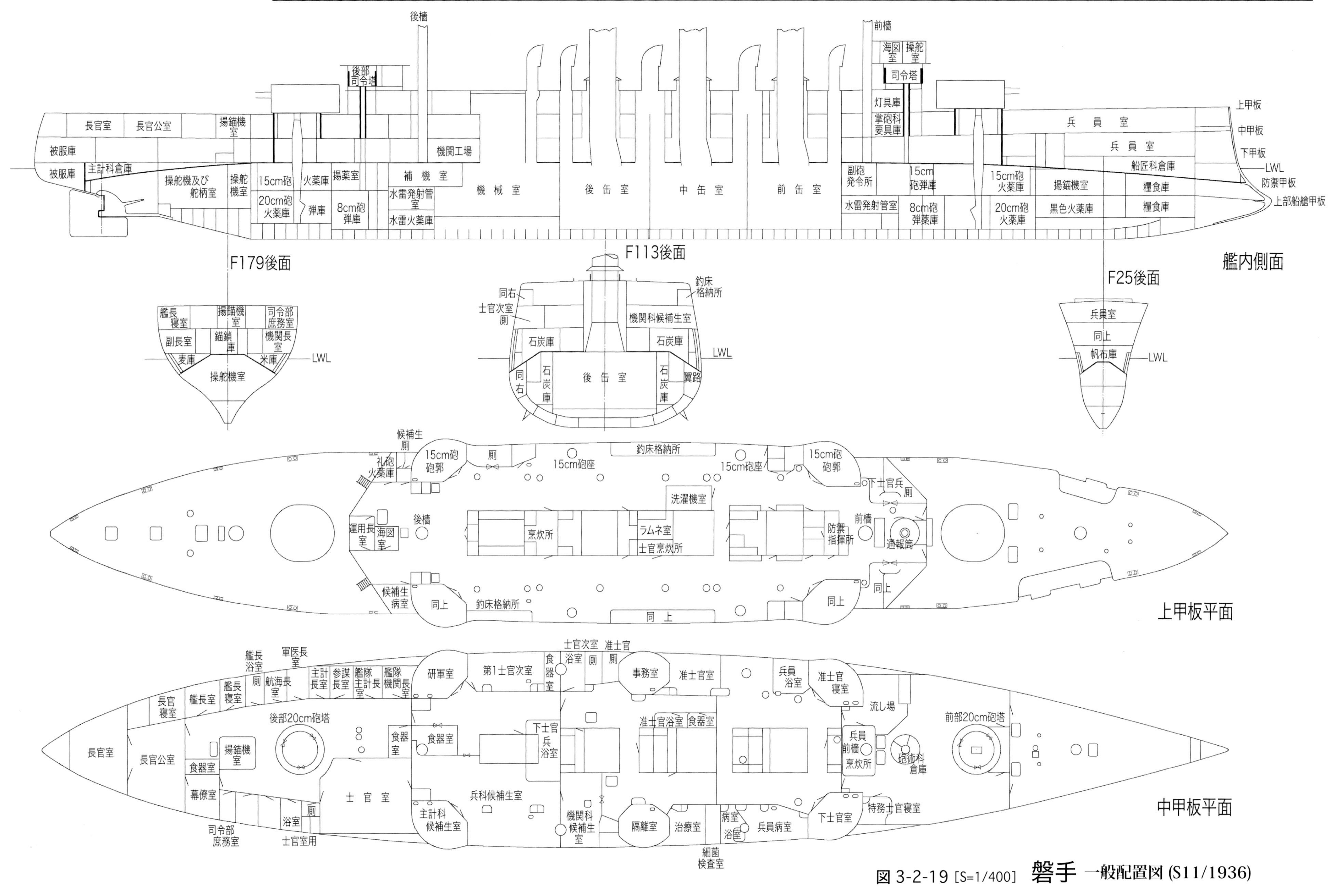

図 3-2-19 [S=1/400] 磐手 一般配置図 (S11/1936)

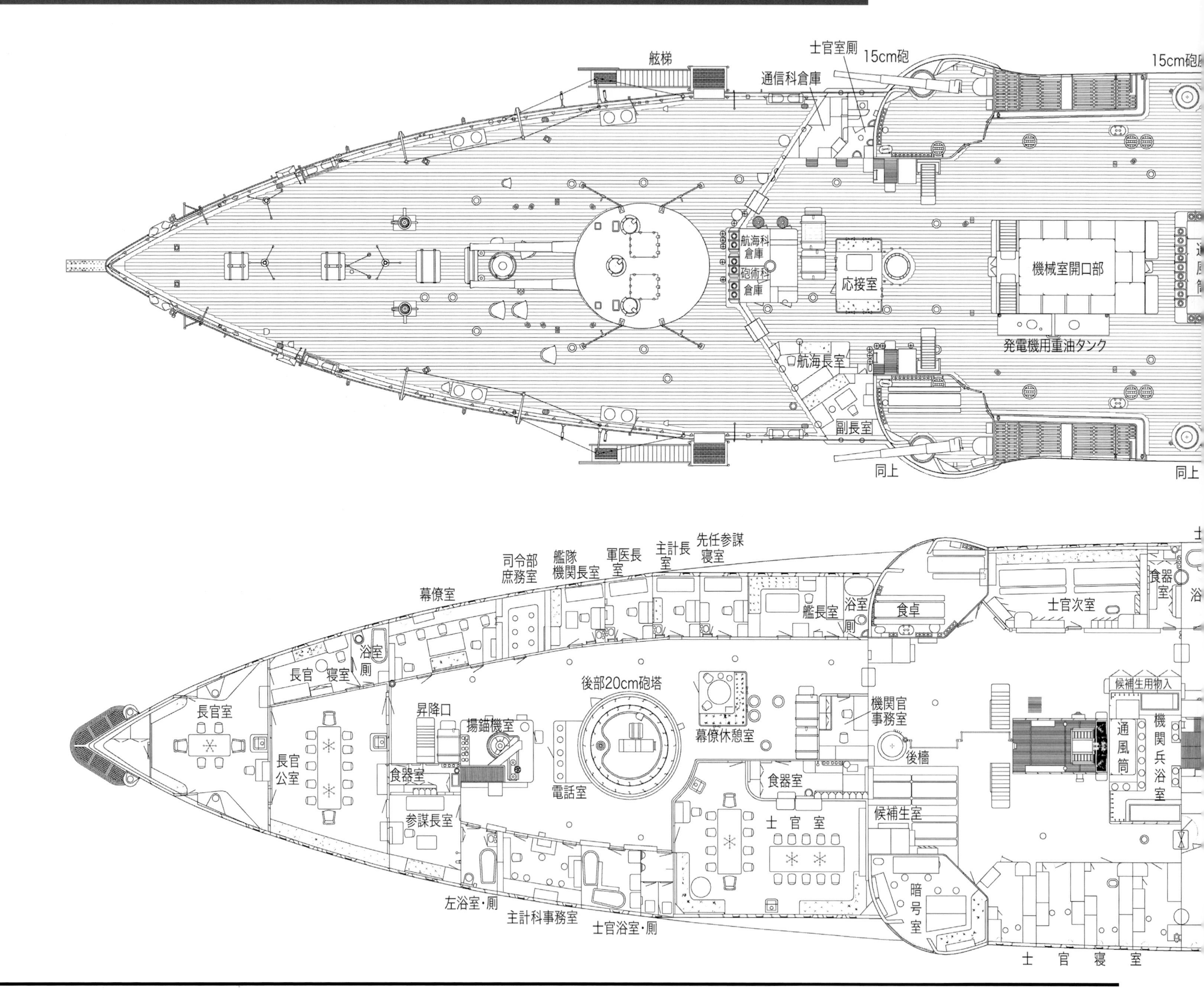
舷梯
士官室厠
15cm砲
15cm砲
通信科倉庫
航海科倉庫
砲術科倉庫
応接室
機械室開口部
発電機用重油タンク
航海長室
副長室
同上
同上
司令部庶務室
艦隊機関長室
軍医長室
主計長室
先任参謀寝室
幕僚室
艦長室
浴室
厠
食卓
士官次室
食器室
長官
寝室
長官室
長官公室
昇降口
揚錨機室
後部20cm砲塔
幕僚休憩室
機関官事務室
候補生用物入
通風筒
機関兵浴室
後檣
食器室
電話室
参謀長室
士官室
候補生室
暗号室
左浴室・厠
主計科事務室
士官浴室・厠
士官寝室

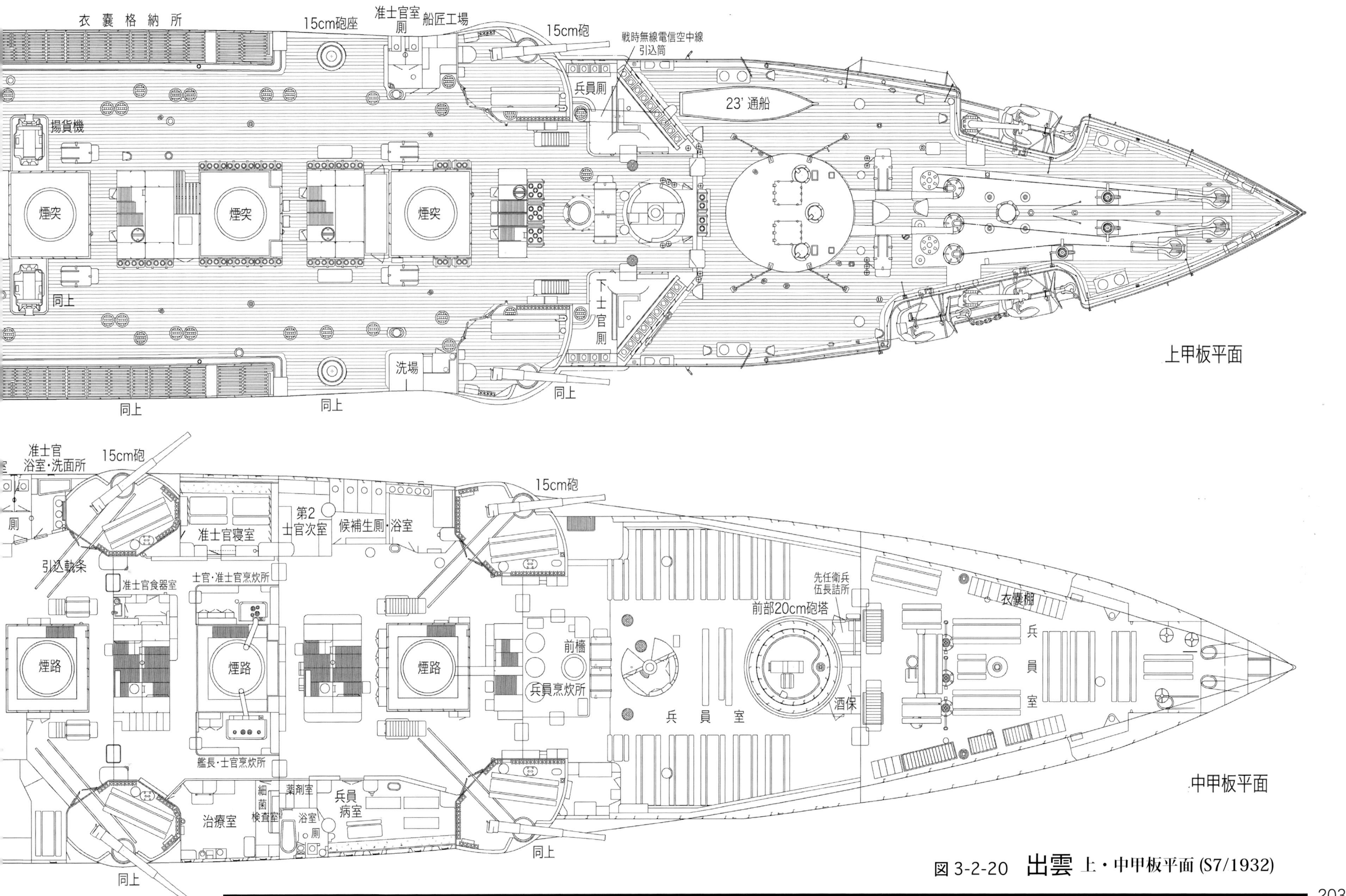

図 3-2-20 出雲 上・中甲板平面 (S7/1932)

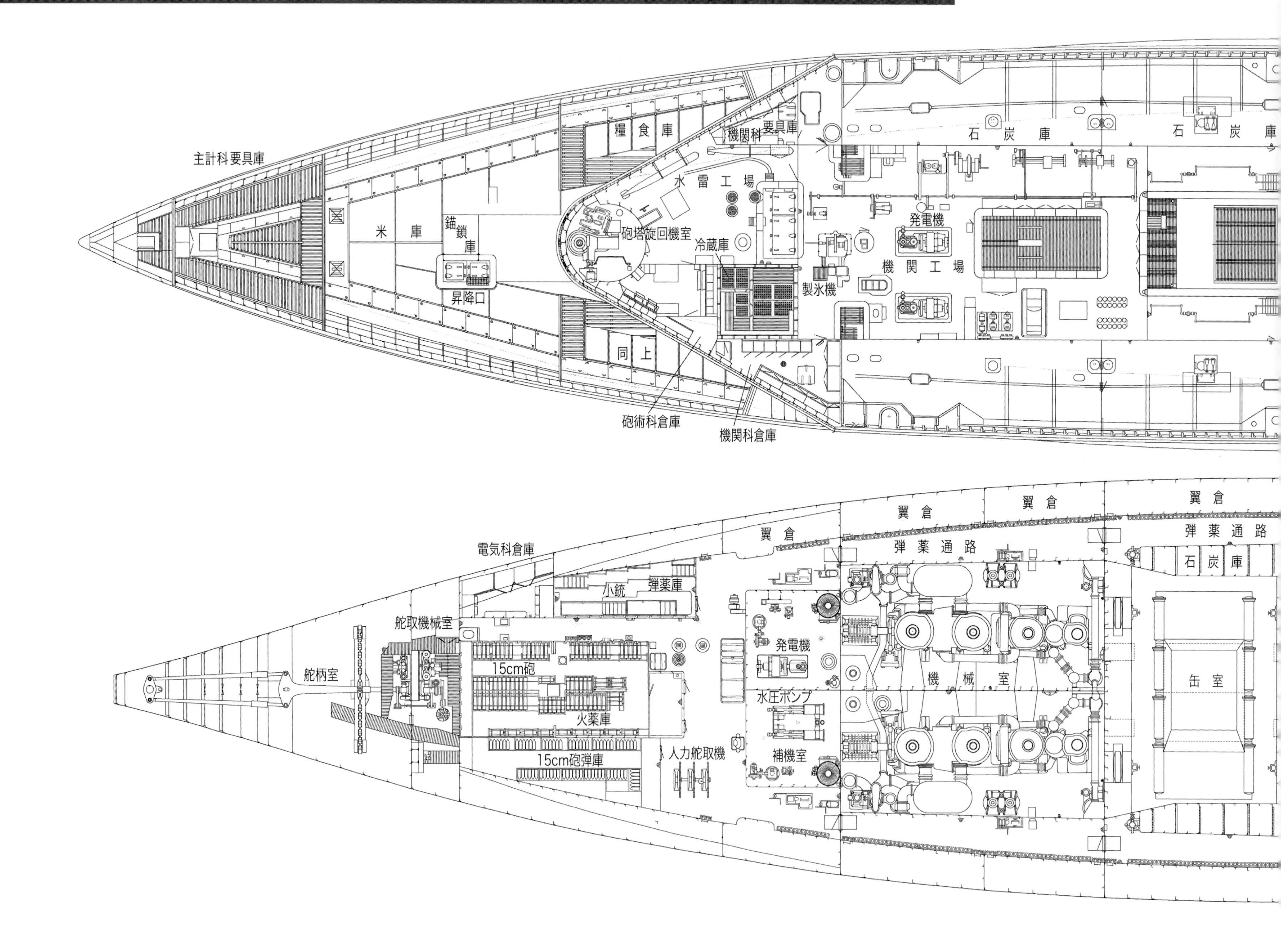

主計科要具庫
米庫
錨鎖庫
昇降口
糧食庫
同上
機関科要具庫
水雷工場
砲塔旋回機室
冷蔵庫
製氷機
発電機
機関工場
石炭庫
石炭庫
砲術科倉庫
機関科倉庫
電気科倉庫
小銃弾薬庫
舵取機械室
舵柄室
15cm砲
火薬庫
15cm砲弾庫
人力舵取機
発電機
水圧ポンプ
補機室
翼倉
翼倉
翼倉
翼倉
弾薬通路
弾薬通路
石炭庫
機械室
缶室

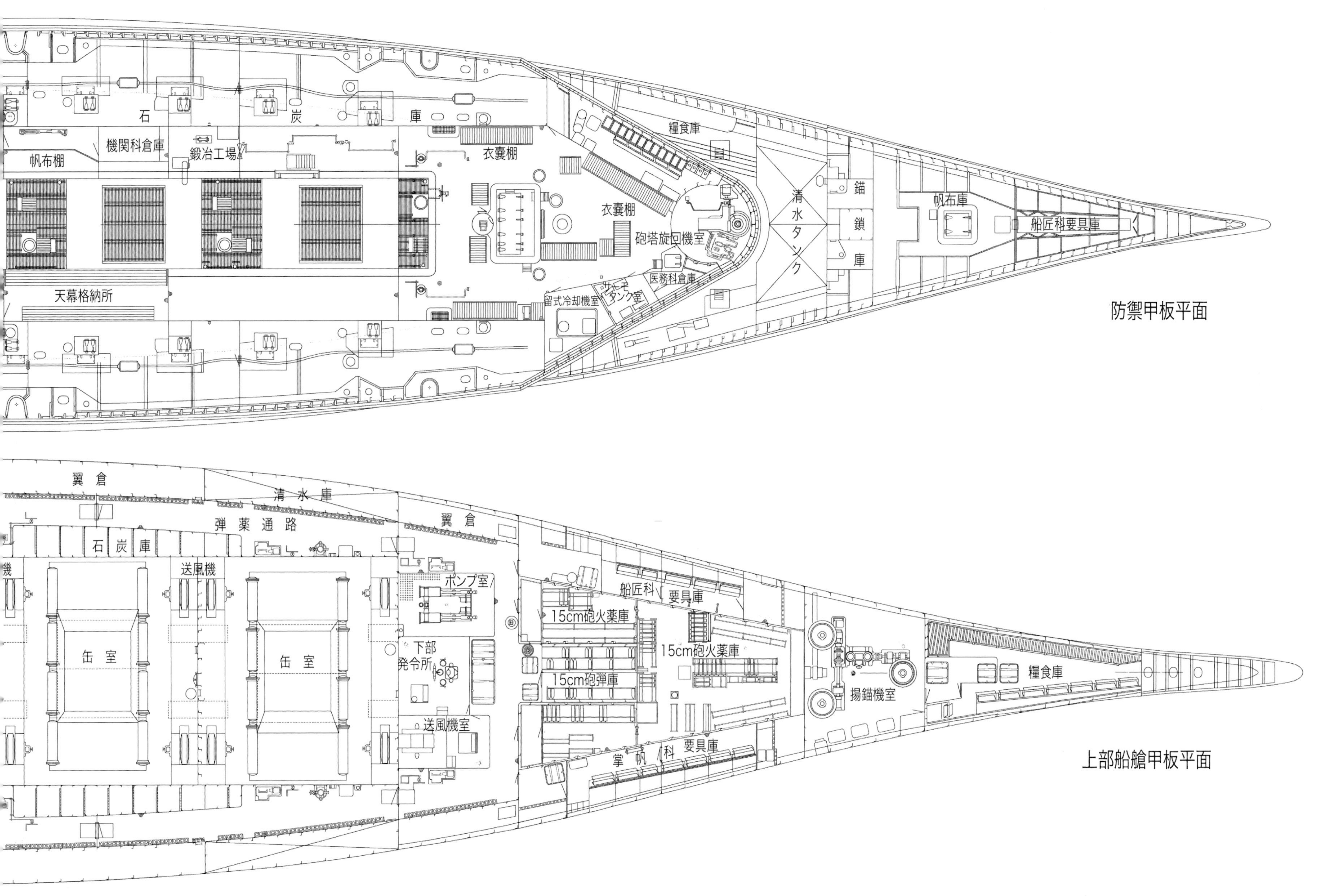

図 3-2-21　出雲 防禦甲板・船艙甲板平面 (S7/1932)

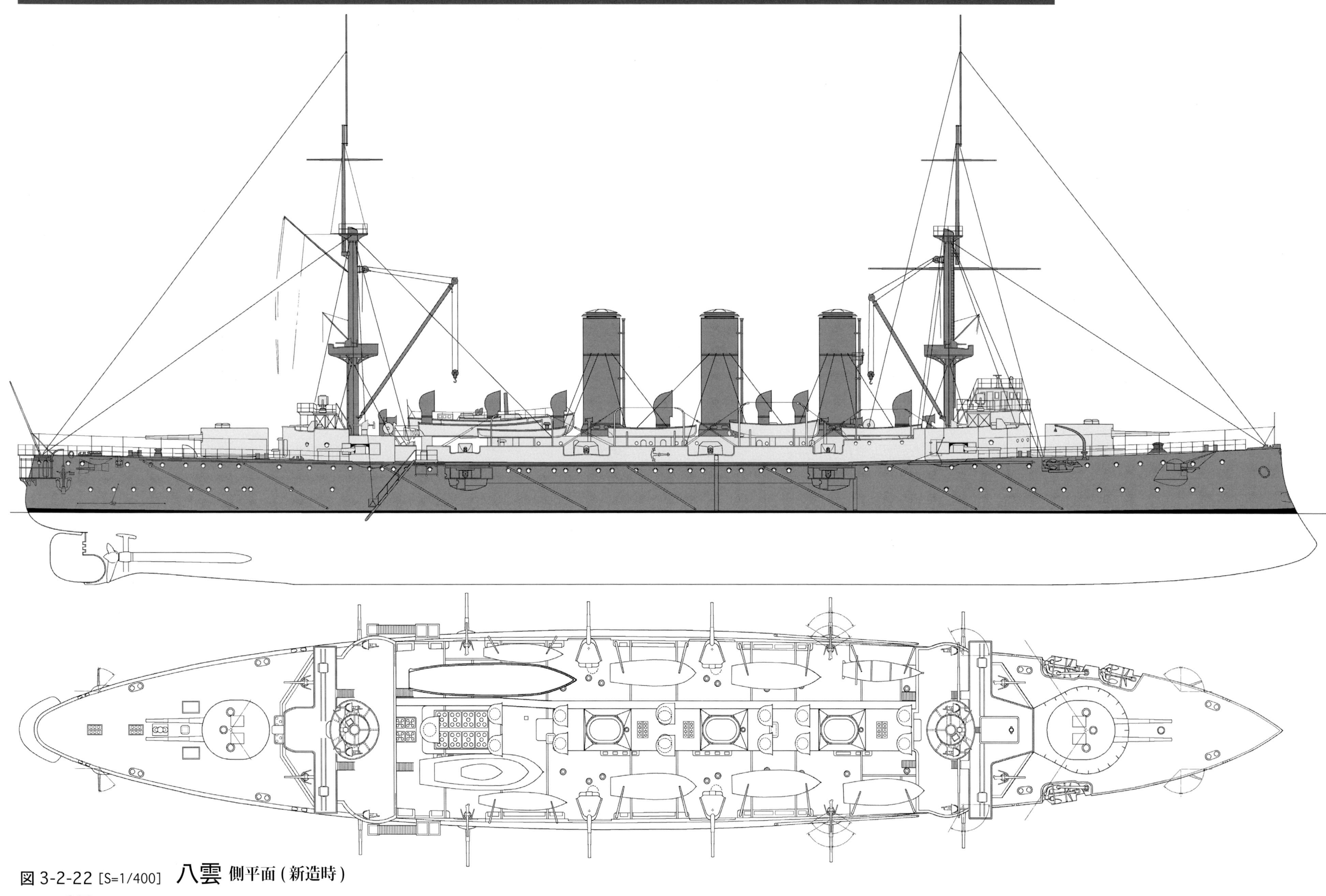

図 3-2-22 [S=1/400] 八雲 側平面(新造時)

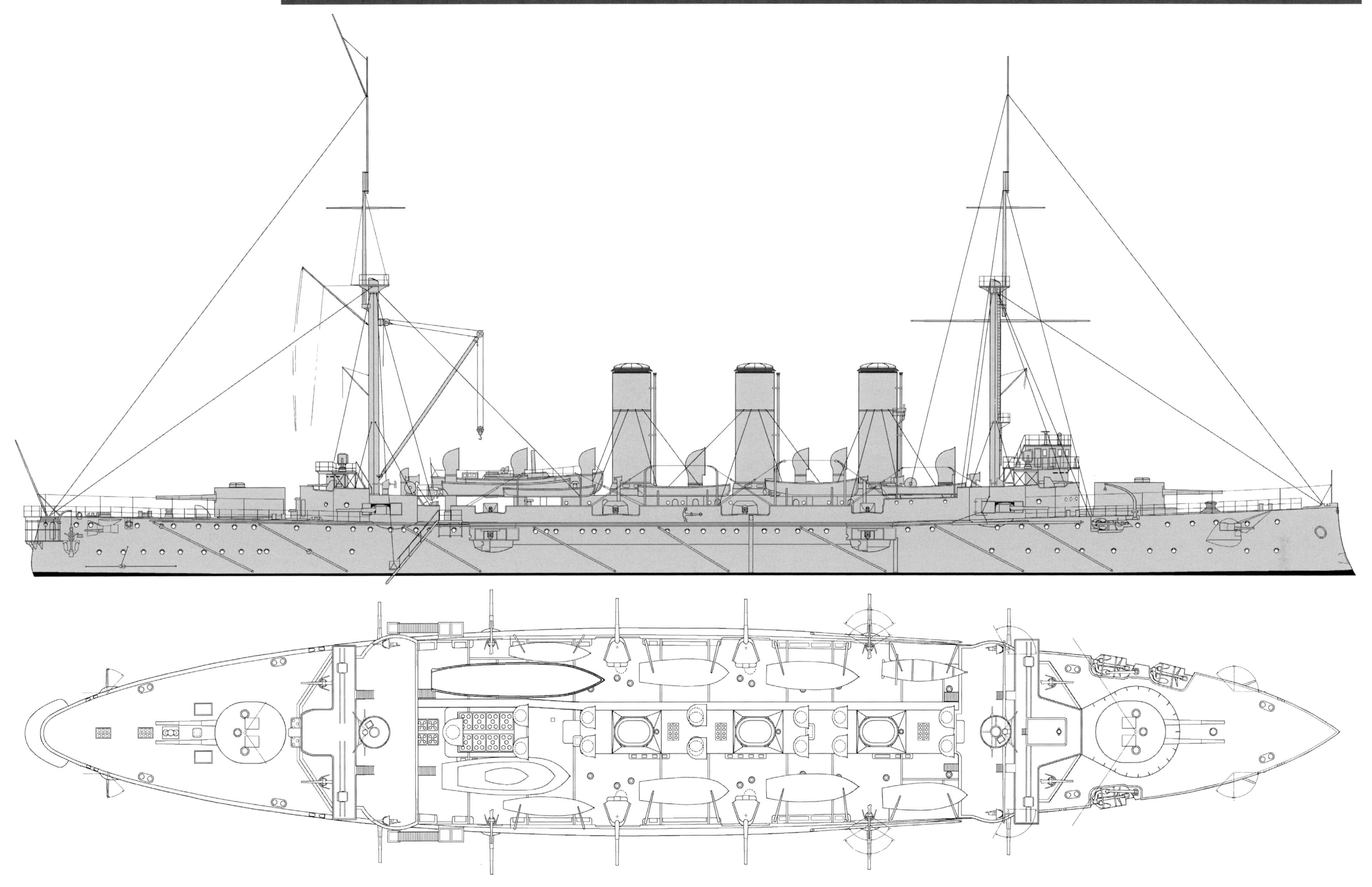

図 3-2-23 [S=1/400] 八雲 側平面 (M38/1905)

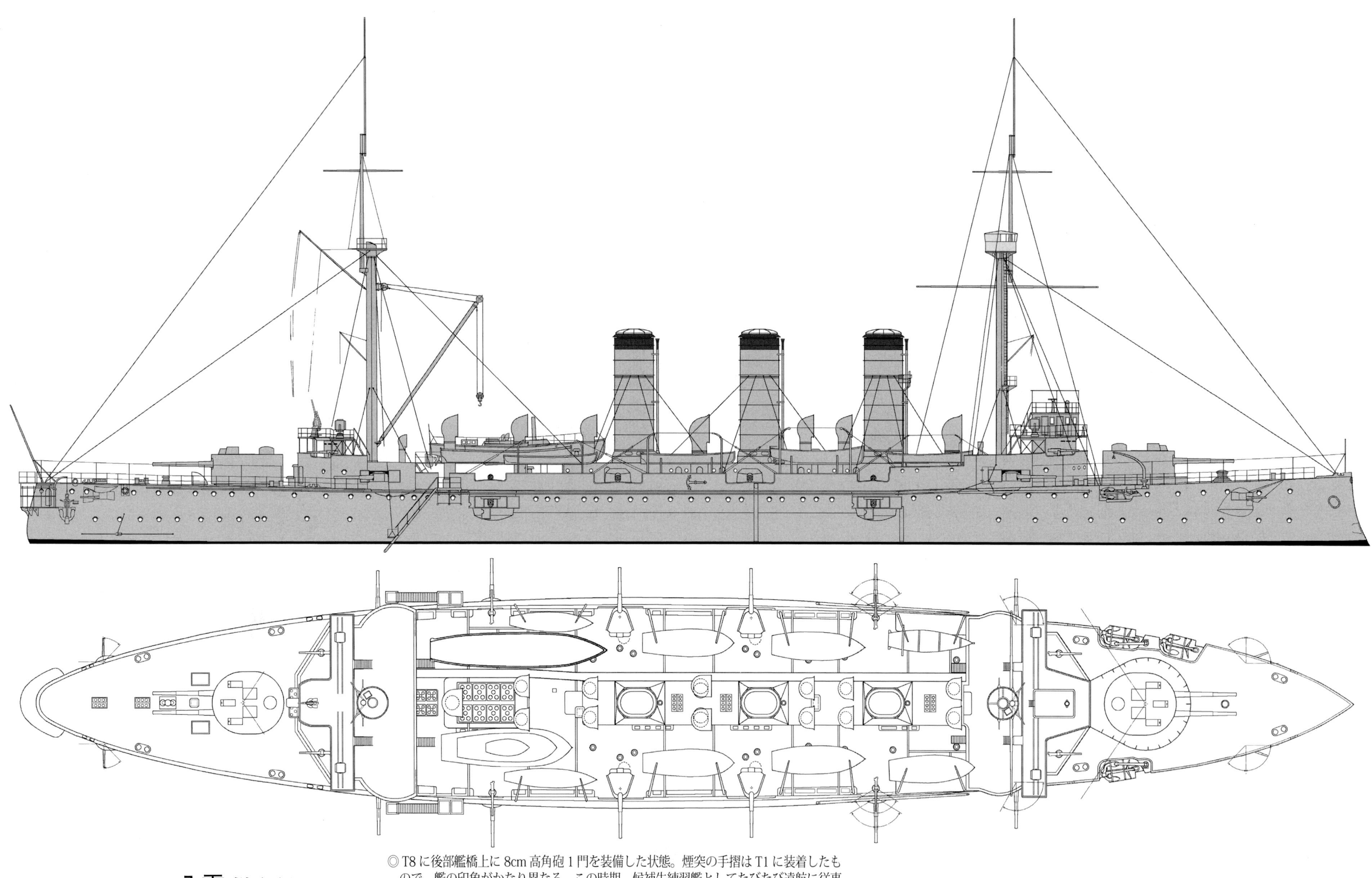

図 3-2-24 [S=1/400] 八雲 側平面 (T8/1919)

◎T8に後部艦橋上に8cm高角砲1門を装備した状態。煙突の手摺はT1に装着したもので、艦の印象がかなり異なる。この時期、候補生練習艦としてたびたび遠航に従事していた。

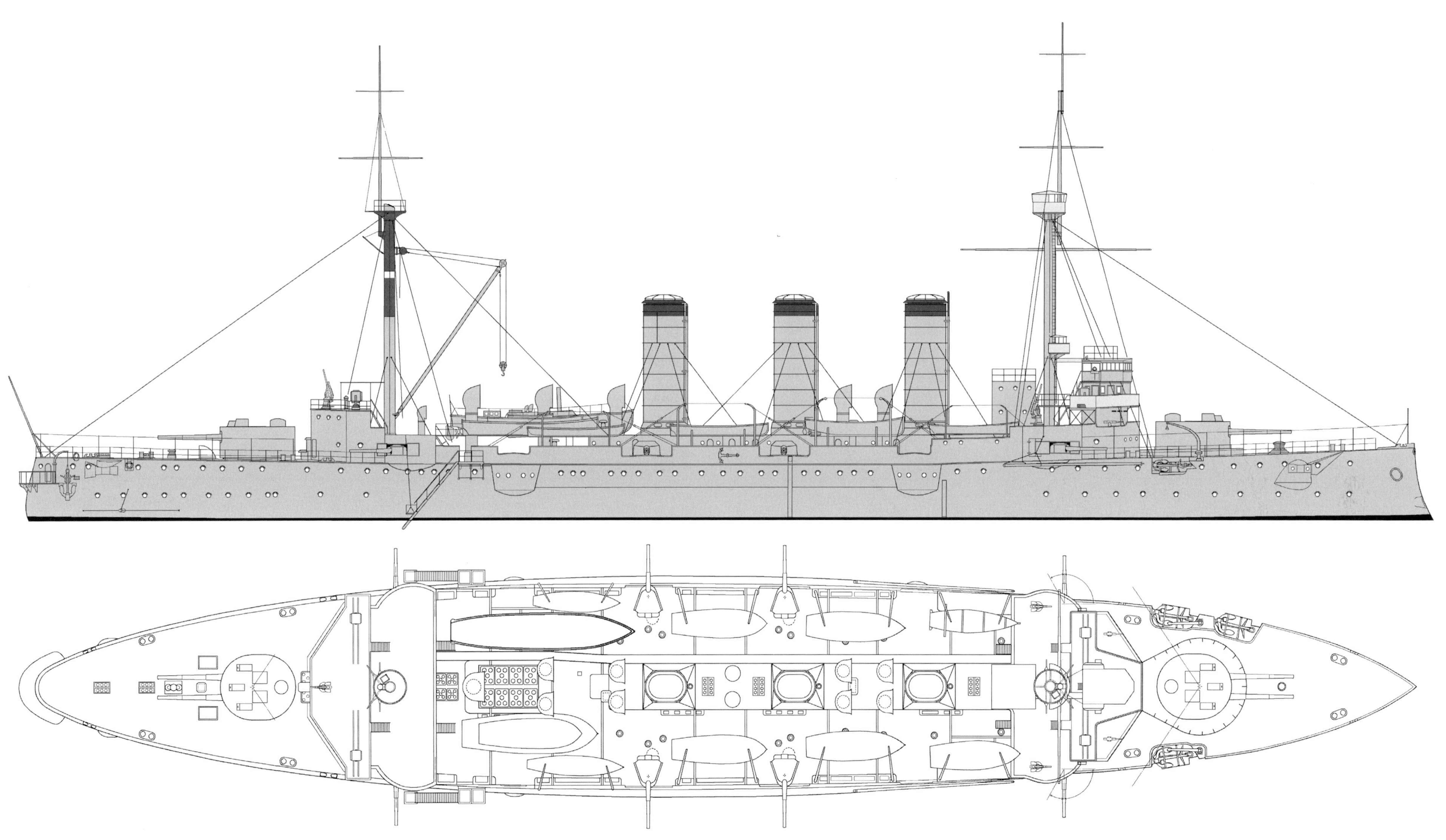

◎S11の八雲でS5に缶の換装を実施済みで、中甲板レベルの15cm砲は大　正末期に撤去されていた。この状態では後部艦橋構造物が艦橋ウイングまでエンクローズされた形状に変更されており、これはS8前後の工事と推定される。　8cm高角砲はこの時期2門が前部15cm砲砲郭部上に増備されており、さらに前檣背後に2層甲板高さの方形の甲板室が新設されている。

図3-2-25 [S=1/400]　八雲 側平面(S11/1936)

◎T1

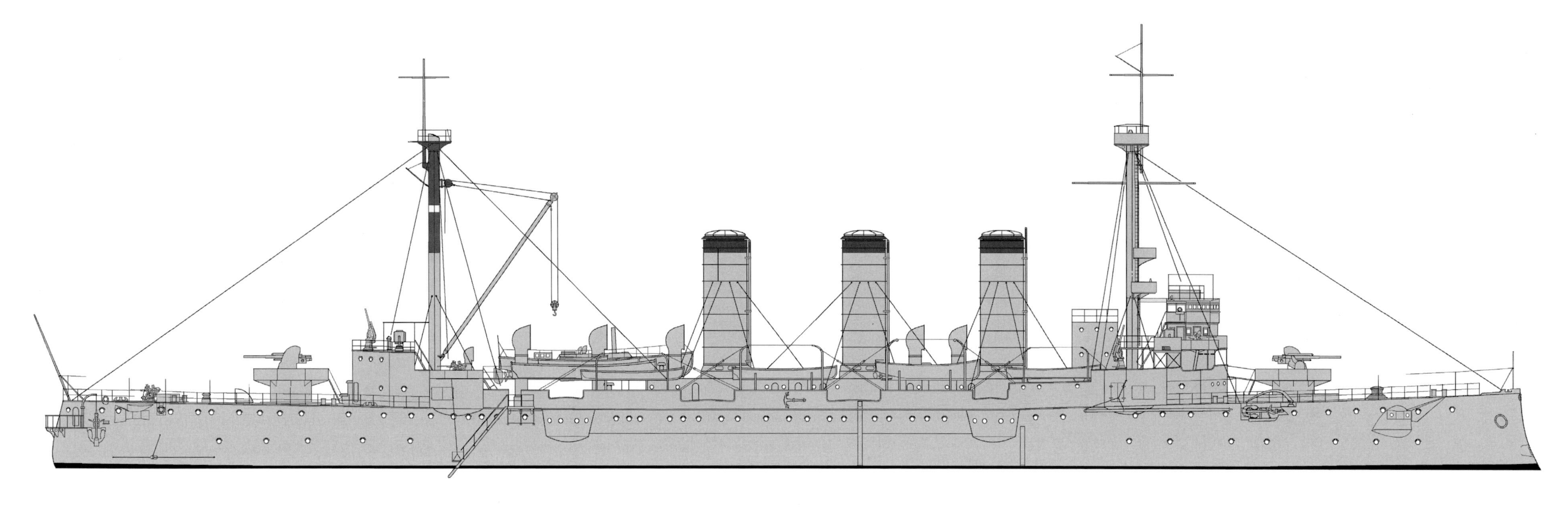

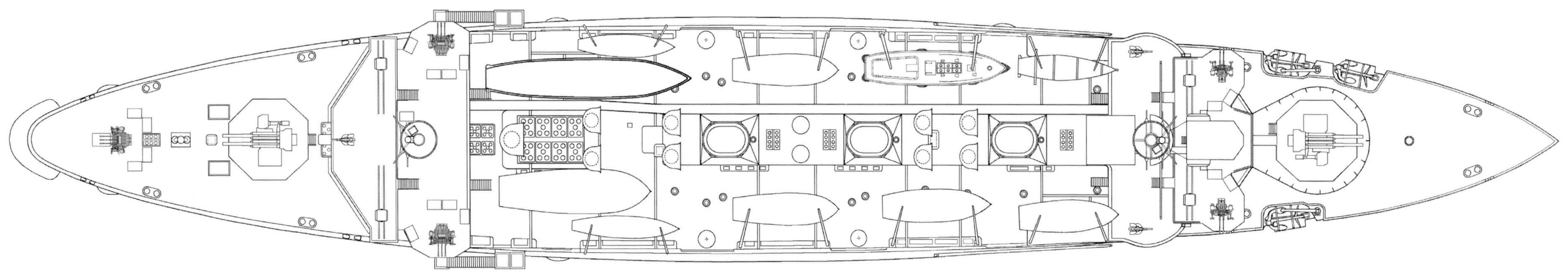

◎S20 八雲の最終状態を示す。改装の経緯は出雲、磐手と同様で、25mm 機銃の配置は磐手に類似しており、艦尾上甲板と後部艦橋ウイングに3連装機銃計3基を、前部艦橋ウイングを拡大し新機銃台として連装2基を装備している。単装機銃については知られていない。8cm 高角砲は磐手同様3門を残している。これら3艦の舷外電路については特に図示していないが、その装備の有無については不明で、本艦の引揚げ輸送任務中の動画写真には舷外電路は見られない。

図 3-2-26 [S=1/400] 八雲 側平面 (S20/1945)

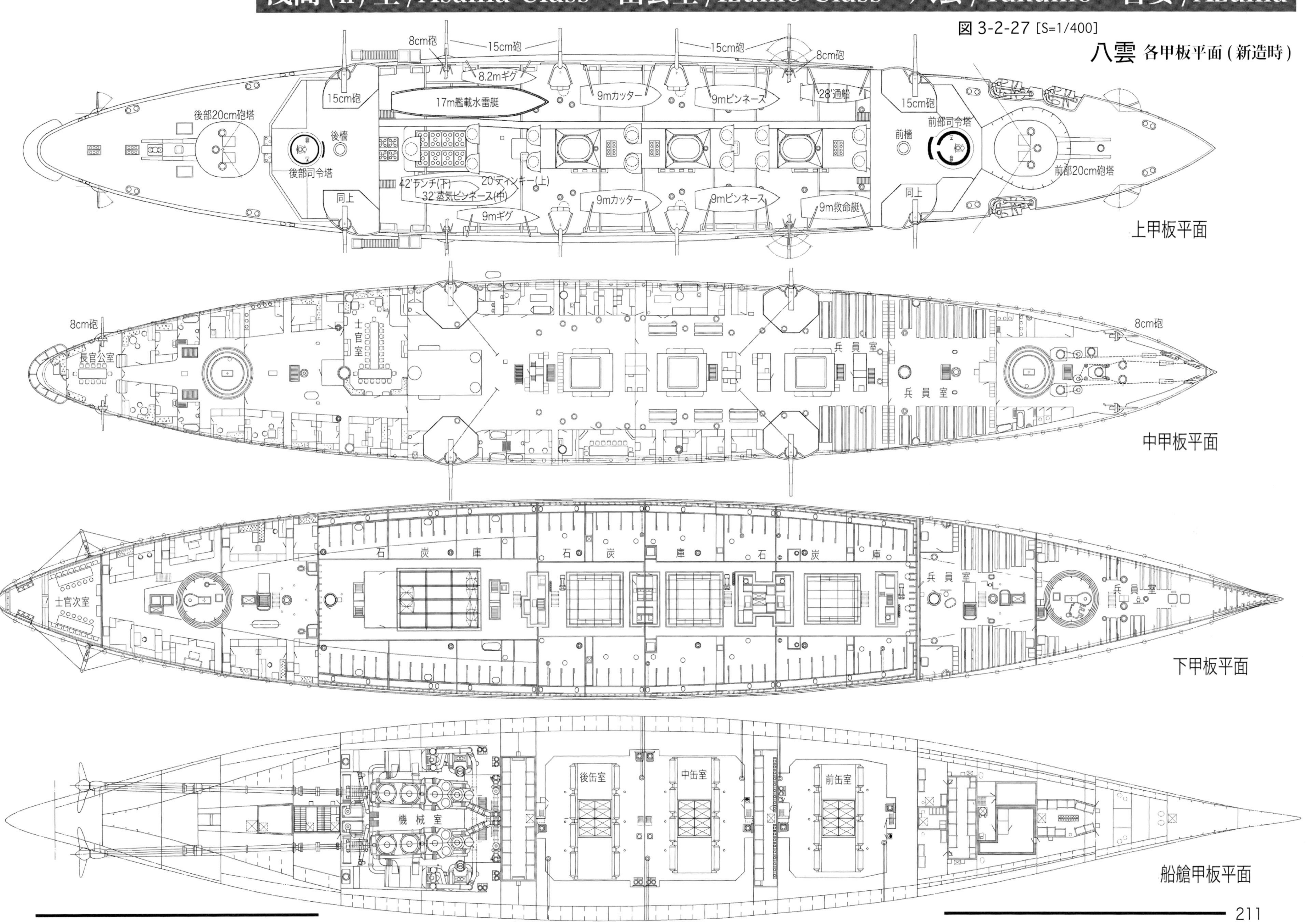
図 3-2-27 [S=1/400]
八雲 各甲板平面(新造時)
8cm砲
15cm砲
15cm砲
8cm砲
8.2mギグ
17m艦載水雷艇
9mカッター
9mピンネース
28'通船
15cm砲
15cm砲
後部20cm砲塔
後檣
後部司令塔
前檣
前部司令塔
前部20cm砲塔
42'ランチ(下)
20'ディンギー(上)
32'蒸気ピンネース(中)
同上
同上
9mカッター
9mピンネース
9m救命艇
9mギグ
上甲板平面
8cm砲
8cm砲
長官公室
士官室
兵員室
兵員室
中甲板平面
石炭庫
石炭庫
石炭庫
士官次室
兵員室
兵員室
下甲板平面
後缶室
中缶室
前缶室
機械室
船艙甲板平面

浅間(II)型/Asama Class・出雲型/Izumo Class・八雲/Yakumo・吾妻/Azuma

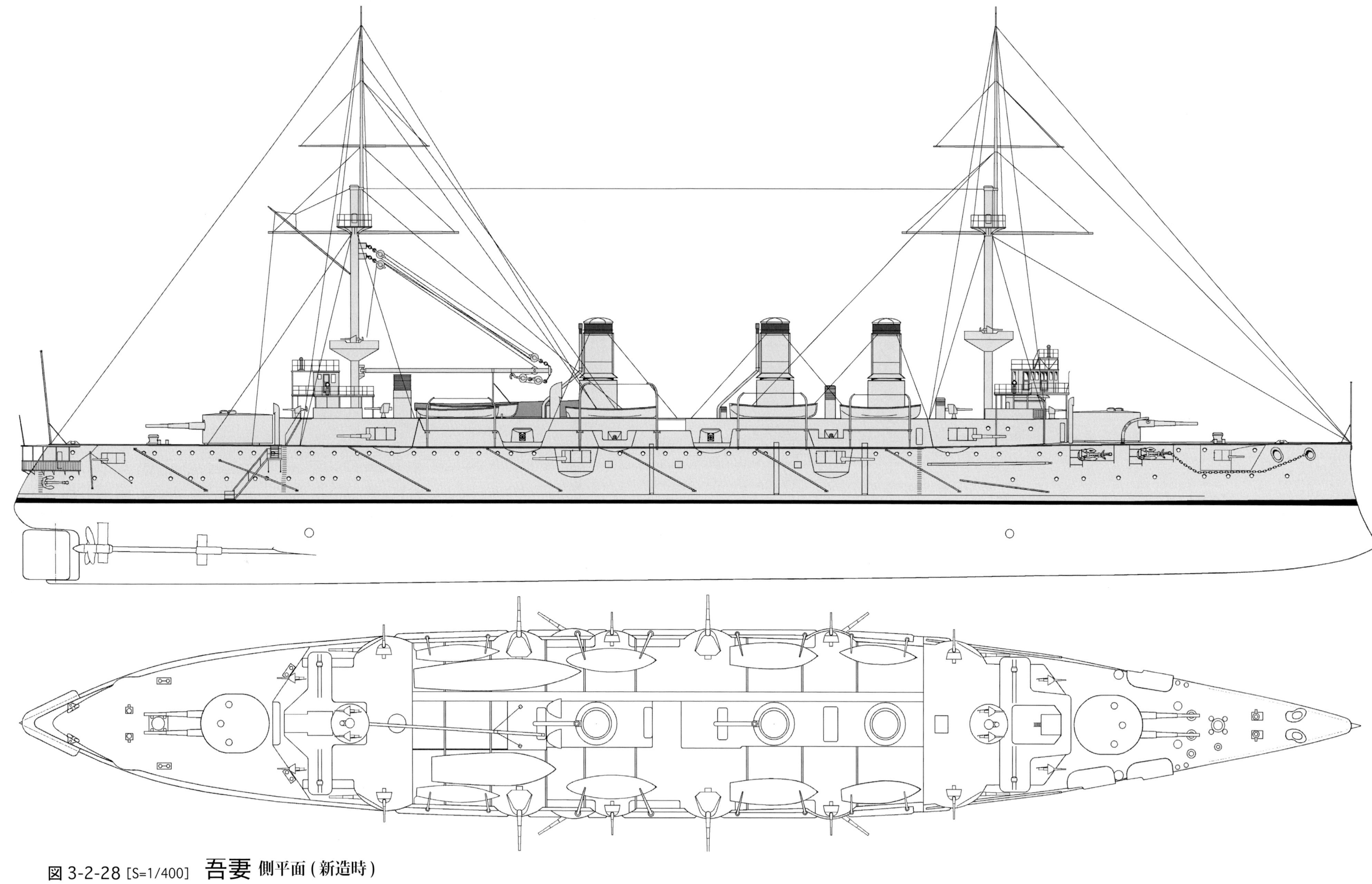

図 3-2-28 [S=1/400] 吾妻 側平面(新造時)

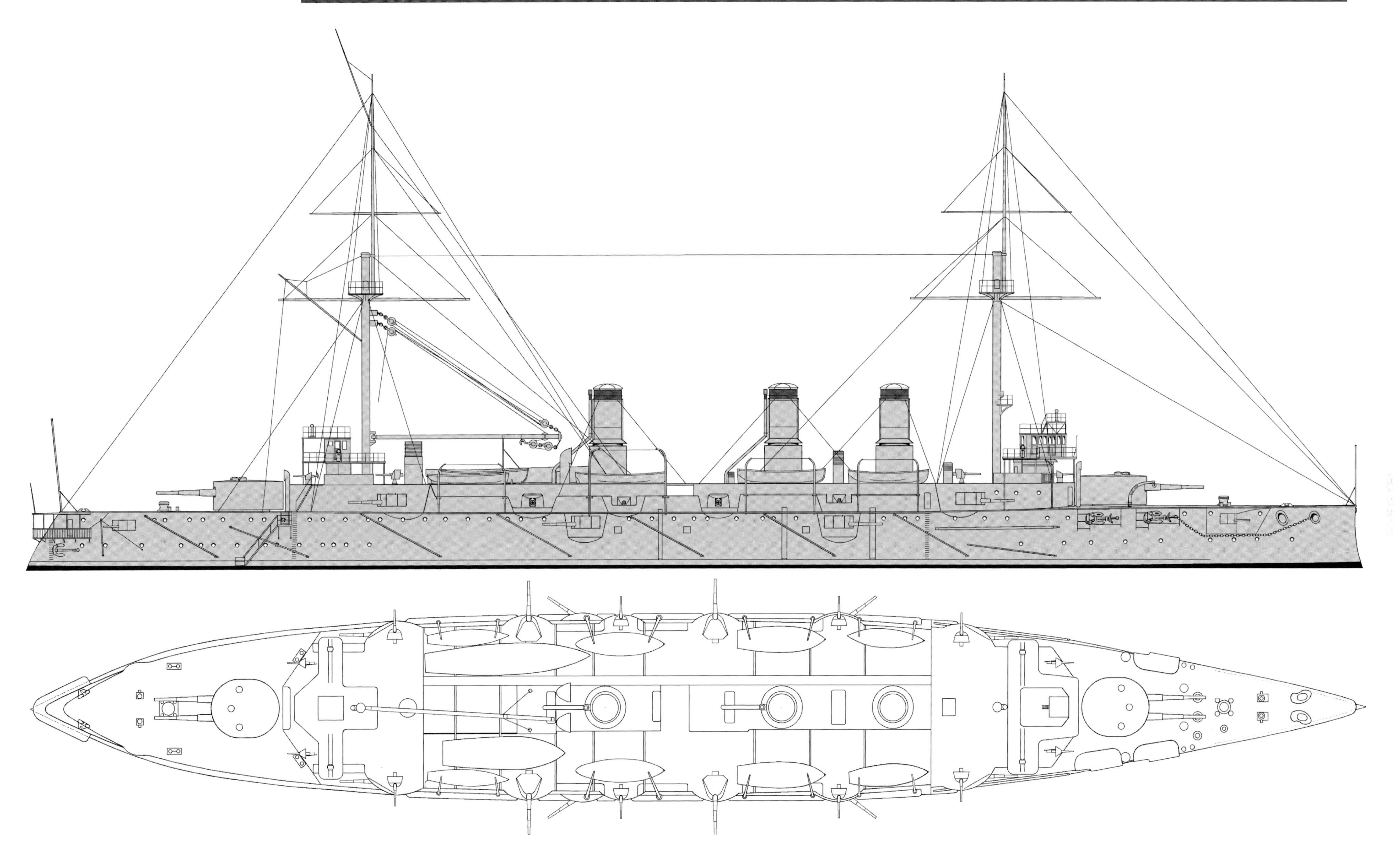

図 3-2-29 [S=1/400] 吾妻 側平面(M38/1905)

◎M44に煙突を新製、T7には8cm高角砲1門を装備。この間練習艦として用いられたが、S7に6隻の装甲巡洋艦の中で最初に除籍予定艦とされていたが、舞鶴鎮守府参謀長の意見具申で、しばらく舞鶴に繋留して軍事思想の普及のため展示艦とすることになり、S17までほぼこの状態で保管されていた。

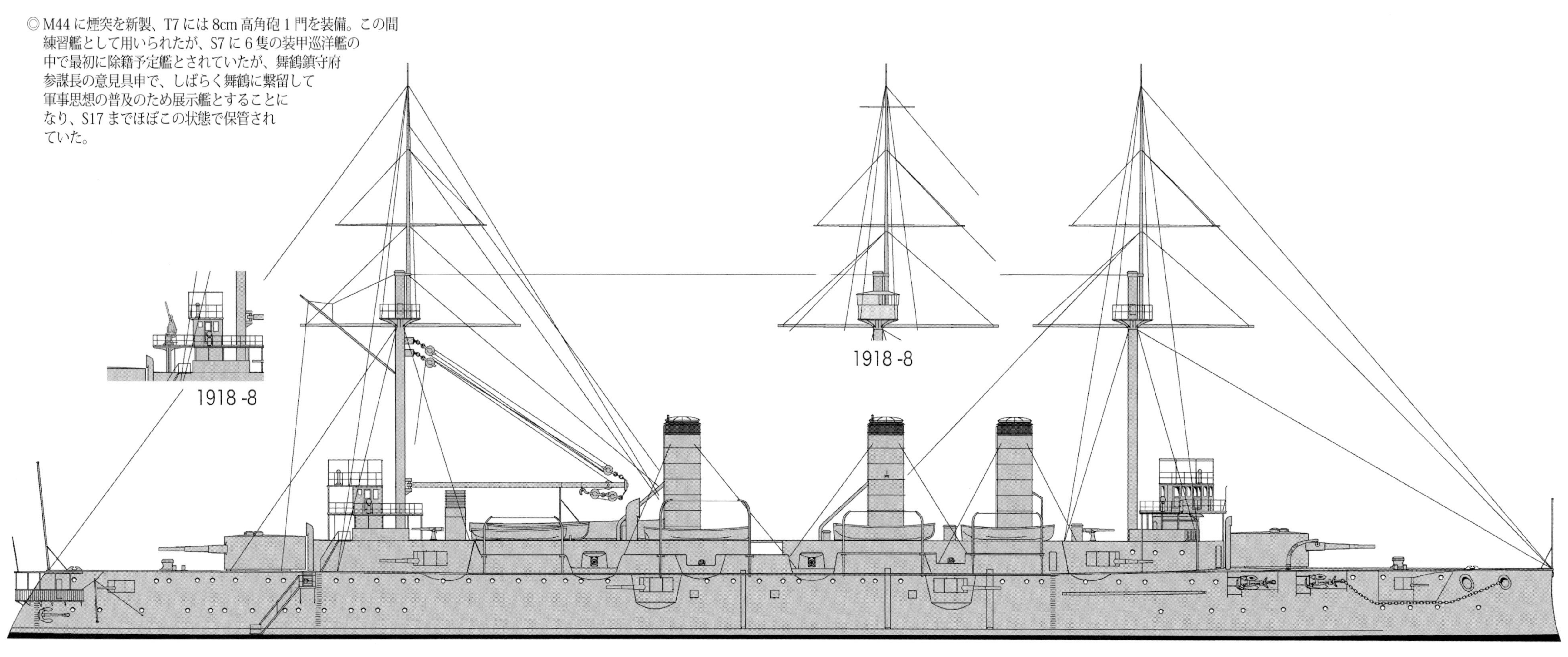

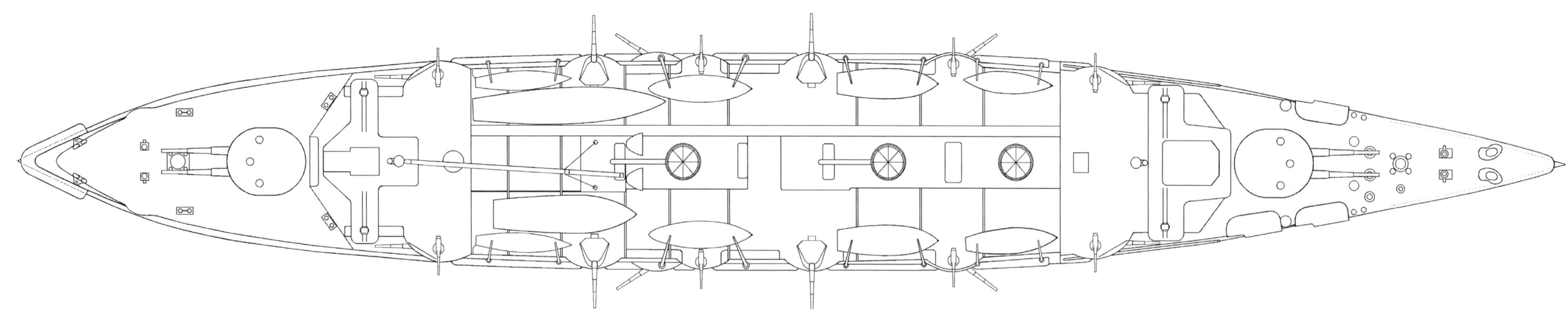

図 3-2-30 [S=1/400] 吾妻 側平面(T1/1912)

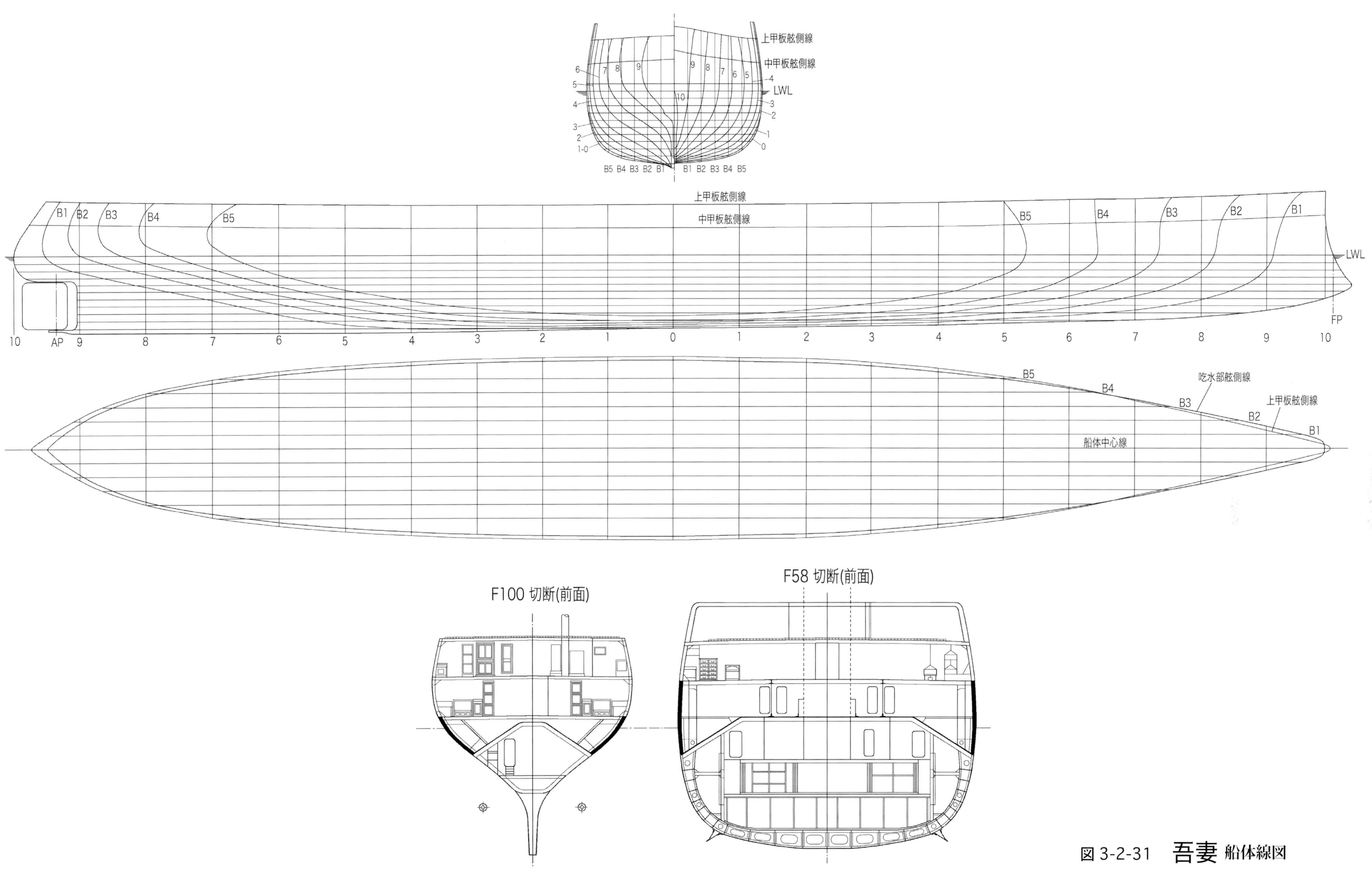

図 3-2-31　吾妻 船体線図

浅間・常磐　定　員/*Complement (1)*

職名/Occupation	官名/Rank	定数/No.		職名/Occupation	官名/Rank	定数/No.	
艦長	大佐	1			3等機関兵曹	15	
副長	中佐	1			1等鍛冶手	1	
航海長	中少佐	1			2等鍛冶手	1	
砲術長	少佐	1			3等鍛冶手	1	
水雷長	〃	1			1等看護手	1	
分隊長	〃	1			2等看護手	1	下士/26
分隊長	大尉	4			1等筆記	1	
	中少尉	9			2等筆記	1	
機関長	機関中監	1	士官/32		3等筆記	1	
分隊長	機関少監/大機関士	1			1等厨宰	1	
分隊長	大機関士	2			2等厨宰	1	
	中少機関士	3			3等厨宰	1	
軍医長	軍医中少監	1			1等水兵	70	
	軍医少監/大軍医	1			2等水兵	97	
	中少軍医	1			3、4等水兵	86	
主計長	主計中少監	1			1等信号水兵	2	
	主計少監/大主計	1			2等信号水兵	3	
	中少主計	1			3、4等信号水兵	3	
	兵曹長	1			1等木工	2	
	上等兵曹	4			2等木工	2	
	上等信号兵曹	1			3、4等木工	2	
	船匠師	1	准士/14		1等鍛冶	1	卒/477
	機関兵曹長/上等機関兵曹	1			2等鍛冶	2	
	上等機関兵曹	5			3、4等鍛冶	2	
	上等筆記	1			1等機関兵	61	
	1等兵曹	17			2等機関兵	61	
	2等兵曹	24			3、4等機関兵	66	
	3等兵曹	22			1等看護	1	
	1等信号兵曹	1			2等看護	1	
	1等船匠手	1	下士/94		1等主厨	5	
	2等船匠手	1			2等主厨	5	
	3等船匠手	1			3、4等主厨	5	
	1等機関兵曹	14					
	2等機関兵曹	13		(合　計)		643	

注/NOTES
明治31年6月22日内令45による浅間、同年7月22日、内令58による常磐の定員を示す【出典】海軍制度沿革
(1) 兵曹長は掌砲長の職にあたるものとする
(2) 上等兵曹の内2人は掌砲長の職務を分担しかつ砲塔長の職を兼ね、他の2人は掌水雷長、掌帆長の職にあて、また上等信号兵曹は信号長兼按針長の職にあたるものとする
(3) 兵曹の内3人は砲術教員、水雷術教員にあて他は掌砲長属、掌水雷長属、掌帆長属、按針手、艦長端舟長、船艙手、帆縫手及び各部の長職につくものとする

浅間・常磐　定　員/*Complement (2)*

職名/Occupation	官名/Rank	定数/No.		職名/Occupation	官名/Rank	定数/No.	
艦長	大佐	1			1等信号兵曹	2	
副長	中佐	1			2、3等信号兵曹	3	
航海長	中少佐	1			1等船匠手	1	
砲術長	少佐	1			2、3等船匠手	2	
水雷長兼分隊長	〃	1			1等機関兵曹	12	
分隊長	少佐/大尉	1			2、3等機関兵曹	29	下士/57
分隊長	大尉	4			1等看護手	1	
	中少尉	10			2、3等看護手	1	
機関長	機関中監	1	士官/33		1等筆記	1	
分隊長	機関少監/大機関士	1			2、3等筆記	2	
分隊長	大機関士	2			1等厨宰	1	
	中少機関士	3			2、3等厨宰	2	
軍医長	軍医中少監	1			1等水兵	91	
	大軍医	1			2等水兵	138	
	中少軍医	1			3、4等水兵	59	
主計長	主計中少監	1			1等信号水兵	6	
	大主計	1			2、3等信号水兵	6	
	中少主計	1			1等木工	2	
	兵曹長/上等兵曹	3			2等木工	4	卒/513
	上等兵曹	4			1等機関兵	61	
	上等信号兵曹	1			2等機関兵	94	
	船匠長/船匠師	1	准士/16		3、4等機関兵	33	
	機関兵曹長	1			1、2等看護	2	
	機関兵曹長/上等機関兵曹	1			1等主厨	5	
	上等機関兵曹	4			2等主厨	6	
	上等筆記	1			3、4等主厨	6	
	1等兵曹	13	下士/61				
	2、3等兵曹	48		(合　計)		680	

注/NOTES 明治38年12月内令755による浅間、常磐の定員を示す【出典】海軍制度沿革
(1) 兵曹長、上等兵曹の1人は掌砲長、1人は掌水雷長、1人は掌帆長の職にあたるものとする
(2) 上等兵曹の3人は掌砲長の職務を分担しかつ砲塔長又は砲台付の職を兼ね、他の1人は掌水雷長の職務を分担する
(3) 上等信号兵曹は信号長兼按針長の職にあたるものとする
(4) 兵曹は教員、掌砲長属、掌水雷長属、掌帆長属及び各部の長職につくものとする
(5) 信号兵曹は按針手の職を兼ねるものとする

(P-184から続く)
こうした違いは日本側が詳細設計を現地にまかせた結果らしく、また工期を急がせたのも原因しているかもしれない。八雲は最短の1年10か月の工期で明治33年/1900 6月に完成、公試でも計画を上回る21ノットを発揮しており、回航後の実績も十分であった。

[吾妻] 最後の吾妻はフランス、サンナゼールのロワール社 Ateliers et Ch de La Loire に発注された。フランス製軍艦としては先の三景艦厳島、松島以来であったが、これが日本海軍がフランスに発注した最後の軍艦となった。基本仕様は八雲と同様で、細かい設計は現地にまかされたものらしく、外観的にはタンブルホームこそ見られないがフランス式特色があちこちに見られる。船体寸法は6隻中最も長い全長を有し，反対に幅は最も小さく最大の出雲型より3m弱せまい。即ち水線長と吃水幅の比が最も大きく、船体形状上では最も高速を発揮しやすい船型といえた。しかし、計画速力は八雲より落とした20ノット、機関出力は八雲より1,500実馬力上乗せした17,000実馬力という矛盾した機関計画を有していた。案の定というか日本回航後の公試成績は6隻中最低の19.935ノットと唯一

浅間・常磐　定　員/Complement (3)

職名/Occupation	官名/Rank	定数/No.		職名/Occupation	官名/Rank	定数/No.	
艦長	大佐	1			1等船匠手	1	
副長	中少佐	1			2、3等船匠手	2	
航海長	少佐	1			1等機関兵曹	12	
砲術長	〃	1			2、3等機関兵曹	29	
水雷長兼分隊長	〃	1			1等看護手	1	下士/52
分隊長	少佐/大尉	1			2、3等看護手	1	
分隊長	大尉	5			1等筆記	1	
	中少尉	9	士官/31		2、3等筆記	2	
機関長	機関中少佐	1			1等厨宰	1	
分隊長	機関少佐/大尉	1			2、3等厨宰	2	
分隊長	機関大尉	2			1等水兵	97	
	機関中少尉	3			2等水兵	145	
軍医長	軍医中少監	1			3、4等水兵	63	
軍医		1			1等木工	2	
主計長	主計少監/大主計	1			2等木工	4	
主計		1			1等機関兵	61	卒/520
	兵曹長/上等兵曹	3			2等機関兵	94	
	上等兵曹	6			3、4等機関兵	33	
	船匠師	1	准士/16		1、2等看護	2	
	機関兵曹長	1			1等主厨	6	
	上等機関兵曹	4			2等主厨	6	
	上等筆記	1			3、4等主厨	7	
	1等兵曹	16	下士/67				
	2、3等兵曹	51		(合　計)		686	

注/NOTES 大正5年7月内令158による浅間、常磐の定員を示す【出典】海軍制度沿革
(1) 将校分隊長の内4人は砲台長、1人は射撃幹部にあてる
(2) 兵曹長、上等兵曹の1人は掌砲長、1人は掌水雷長、1人は掌帆長の職にあたるものとする
(3) 上等兵曹の3人は砲塔長又は砲台付にあて掌砲長の職務を分担せしめ、1人は掌信号長の職にあて、1人は掌電信長の職にあて、1人は水雷砲台付にあて掌水雷長の職務を分担する

浅間・常磐　定　員/Complement (4)

職名/Occupation	官名/Rank	定数/No.		職名/Occupation	官名/Rank	定数/No.	
艦長	大佐	1			1等兵曹	16	
副長	中佐	1			2、3等兵曹	51	
航海長兼分隊長	少佐	1			1等機関兵曹	12	
砲術長	〃	1			2、3等機関兵曹	29	
水雷長兼分隊長	〃	1			1等船匠手	1	下士/119
運用長兼分隊長	少佐/大尉	1			2、3等船匠手	2	
副砲長兼分隊長	〃	1			1等看護兵曹	1	
分隊長	〃	3			2、3等看護兵曹	1	
	中少尉	5	士官/25		1等主計兵曹	2	
機関長	機関中少佐	1			2、3等主計兵曹	4	
分隊長	機関少佐/大尉	3			1等水兵	93	
	機関中少尉	2			2、3等水兵	196	
軍医長兼分隊長	軍医少佐	1			1等船匠兵	2	
	軍医中少尉	1			2、3等船匠兵	4	
主計長兼分隊長	主計少佐/大尉	1			1等機関兵	61	兵/504
	主計中少尉	1			2、3等機関兵	127	
	特務中少尉	3	特士/4		1、2等看護	1	
	機関特務中少尉	1			2、3等看護	1	
	兵曹長	8			1等主計兵	6	
	機関兵曹長	4	准士/14		2、3等主計兵	13	
	船匠兵曹長	1					
	主計兵曹長	1		(合　計)		666	

注/NOTES 大正9年8月内令267による浅間、常磐の定員を示す【出典】海軍制度沿革
(1) 副砲長たる兼務分隊長は砲台長、専務兵科分隊長3人は砲台長にあてる
(2) 機関科分隊長の内1人は機械部、1人は缶部、1人は補機部の各指揮にあてる
(3) 特務中少尉1人及び兵曹長の1人は掌砲長、1人は掌水雷長、1人は掌帆長、1人は掌信号長、1人は掌電信長、3人は砲塔長又は砲台付、1人は水雷砲台付にあてる
(4) 機関特務中少尉及び機関兵曹長の内1人は掌機長、1人は機械長、2人は缶長、1人は補機長にあてる
(5) 兵科分隊長中1人は特務大尉を以て、機関科分隊長中1人は機関特務大尉を以て補することができる

計画値を下回る成績を記録している。当時、海外発注艦の場合公試成績が計画を下回ると、それに応じたペナルティを課せられるのが一般的であったが、この吾妻の場合については定かでない。日本側としても有力な装甲巡洋艦の1隻であり、完成を遅らせられないという弱みもあったため、余り文句も言わずに受け取ったものらしい。その後の日本側の調整でもこれを上回る速力を出すことができず、日露戦争中、日本海海戦をひかえた明治38年/1905 4月に形状を改正した新推進器と換装して公試を行った結果でも19.77ノットが最高であった。また明治40年に再度推進器を換装して公試を実施したが、1ノット弱下回る成績を得ただけで、さすがに海軍当局もあきらめて、以後はそのままとされ、6隻中吾妻が最も早くに現役を離れたのも、こうした背景があったものと推定される。実質的には日露戦争中戦隊としての編隊運動では20ノット以上を出すこともなかったので、大きな支障がなかったものの、単艦で追跡または離脱のような場面になるとそれはまた別である。当時新造艦の船型はいちいち実験水槽で模型実験を行うような時代でもなく、ほぼ経験則や類似艦のコピーですませていたと推測されるだけに、この吾妻の一見高速艦にふさわしい船型が全くの不成績に終わったのには何か船体形状における欠陥が存在した可能性もある。しかも、皮肉なことにこの吾妻のトン当たりの建造費は6隻中最も高額で、最も安かった浅間に比べると12万ポンドも高額であった。

[日露戦争における装甲巡の用兵策] これ等6隻の装甲巡洋艦は明治34年/1901完成の磐手を最後に全て完成、明治35年/1902完成の戦艦三笠によってここに六六艦隊、即ち戦艦6隻、装甲巡洋艦6隻による艦隊構成が実現した。これは単に隻数のみでのことだけではなく、各艦がほぼ同大、同一の装備を有し、当時のレベルから言えばトップクラスの性能を持つ、しかもここ5、6年のうちに完成した艦で構成されているという事実が重要であった。

明治34年/1902当時、東洋でこのようなバランスのとれた艦隊を有していた列強海軍はなく、英国海軍すら戦艦5隻と大型防護巡洋艦2隻を派遣していただけで、装甲巡洋艦はまだなかった。最も有力だったのは旅順に恒久基地を建設中だったロシア太平洋艦隊で、戦艦5隻と装甲巡6隻を東洋に送り込んでいた。いうまでもなく日本海軍の当面の仮想敵国だから、当然ロシア海軍にしても日本海軍に対抗するのはなりゆきであった。ただしその構成艦は旧式艦が多く、特に装甲巡洋艦は日本の6隻に対抗出来るのはリューリック Rurik、ロシーア Rossia、グロモボイ Gromoboi の3隻だけで、いずれも1万トンを越える大艦で重防禦だったが、兵装の配置等設計が旧式で日本の装甲巡洋艦に劣る面が多かった。しかし、後の日露戦争ではこの3隻のロシア装甲巡洋艦に、日本の装甲巡洋艦は大きく振り回されることになるのであった。

明治37年/1904 2月日露開戦時、日本艦隊主力は戦艦6隻を中核とした第1艦隊と装甲巡6隻よりなる第2艦隊からなっていた。

これに対してロシア太平洋艦隊は戦艦7隻、装甲巡1隻(バヤーン Bayan)が旅順に、グロモボイ以下装甲巡3隻がウラジオストックに配置されていた。緒戦で奇襲を受けたロシア艦隊は以後旅順沖で封鎖する日本艦隊と小競り合いを続けるが、4月にいたって上村中将の指揮する第2艦隊は装甲巡2隻その他一部の兵力を残して対馬に常駐することになる。これはウラジオのロシア装甲巡がしばしば日本海に出撃、通商破壊戦を実施したためこれに備えたもので、この時点で日本海軍は戦艦と装甲巡の合同作戦が不可能になってしまった。

旅順封鎖戦は日本側はロシア艦隊を引き出して外洋での艦隊決戦で撃滅することを望んだが、4月にロシア艦隊司令長官マカロフが

浅間(II)型 /Asama Class・出雲型 /Izumo Class・八雲 /Yakumo・吾妻 /Azuma

常磐　定　員 /Complement (5)

職名 /Occupation	官名 /Rank	定数 /No.		職名 /Occupation	官名 /Rank	定数 /No.	
艦長	大佐	1	士官 /22		兵曹長	6	准士 / 12
副長	中佐	1			機関兵曹長	4	
航海長兼分隊長	少佐	1			船匠兵曹長	1	
砲術長	〃	1			主計兵曹長	1	
水雷長兼分隊長	〃	1			兵曹	55	下士 /105
分隊長	少佐 / 大尉	3			機関兵曹	41	
	中少尉	4			船匠兵曹	3	
機関長	機関中少佐	1			看護兵曹	2	
分隊長	機関少佐 / 大尉	3			主計兵曹	4	
	機関中少尉	2			水兵	234	兵 /453
軍医長兼分隊長	軍医少佐	1			機関兵	192	
	軍医中少尉	1			船匠兵	6	
主計長兼分隊長	主計少佐 / 大尉	1			看護兵	2	
	主計中少尉	1			主計兵	19	
	特務中少尉	3	特士 / 4				
	機関特務中少尉	1		（合　計）		596	

注 /NOTES　大正 11 年 9 月 30 日内令 330 による敷設艦常磐の定員を示す【出典】海軍制度沿革
(1) 専務兵科分隊長の内 2 人は砲台長にあてる
(2) 機関科分隊長の内 1 人は機械部、1 人は缶部、1 人は補機部の各指揮官にあてる
(3) 特務中少尉 1 人及び兵曹長の 1 人は掌砲長、1 人は掌水雷長、1 人は掌帆長、1 人は掌信号長、1 人は掌電信長、1 人は射撃幹部付、1 人は機雷部付にあてる
(4) 機関特務中少尉及び機関兵曹長の内 1 人は掌機長、1 人は機械長、2 人は缶長、1 人は補機長にあてる
(5) 兵科分隊長中 1 人は特務大尉を以て、機関科分隊長中 1 人は機関特務大尉を以て補することができる

戦艦ペトロパブロフスク Petropavlovsk で出撃した際触雷爆沈して戦死、さらに 5 月に今度は日本側の八島と初瀬が触雷沈没するという大損失を生じるに至った。日本側は 4 月に戦線に加わった春日，日進の 2 装甲巡を戦艦部隊に編入して穴埋めしたものの、兵力の弱体化はいなめなかった。8 月 10 日ロシア艦隊は大挙して旅順を脱出、ウラジオへの逃走をはかり、これを日本艦隊は一時追撃に失敗遁走を許し、約 2 時間の追撃の後やっと砲戦距離にとらえて戦闘再開、なんとかロシア戦艦部隊を旅順に追い返すことができた。この黄海海戦では日本側にあった装甲巡は戦艦部隊にあった春日、日進以外には浅間と八雲があったのみで、この日はあいにく浅間が別行動していたため、装甲巡部隊として行動できず、結果的に六六艦隊としての艦隊行動は実現できなかった。

この 4 日後、対馬の上村艦隊は朝鮮半島の蔚山沖で宿敵のウラジオ艦隊装甲巡 3 隻を捕捉、出雲、磐手、常磐、吾妻の 4 隻で約 3 時間に及ぶ砲戦を交えた。結果的にリューリックを沈めることはできたものの、ロシーアとグロモボイを取り逃がし、戦闘はけっしてほめたものではなかった。このため、この後も上村艦隊は対馬にとどまざるをえず、結局年末まで対馬を離れることは出来なかった。

明治38年/1905 5月の日本海海戦は日本海軍の第1戦隊と第2戦隊ら、いわゆる六六艦隊が十分機能した唯一かつ最後の海戦であった。第 1 戦隊の戦艦等 6 隻と第 2 戦隊の装甲巡 6 隻の主戦部隊が単縦陣でロシア第 2 太平洋艦隊を迎え撃ち、装甲巡洋艦が戦艦の主砲とわたり合い、今度は第 2 戦隊がうまくたちまわって黄海海戦のように敵に逃走の機会を与えず、全滅させることができた。

この海戦はあまりにうまく行き過ぎ、全てが神話となって以後の日本海軍の呪縛となり、最後の太平洋戦争まで続くことになる。かくして六六艦隊構想は日露戦争後、米国が仮想敵国になると日本海軍の艦隊整備計画の中核として生まれ変わり、ド級艦時代においては戦艦、巡洋戦艦を主力艦隊の中心とする大艦巨砲時代を迎えると、計画は八八艦隊、さらには八八八艦隊にまでふくらみ、後のワシントン条約でストップするまでヒートアップするに至った。

この 6 隻も日露戦争を終えるともはや役目は終わっていた、というよりは装甲巡洋艦そのものが明治 39 年 /1906 のドレッドノート Doreadnought の出現、続くインヴィンシブル Invincible の出現により一挙に没落したのである。

しかしこの 6 隻は日本海軍にあって極めて長寿を保つことになる。明治 43 年 /1910 の浅間以来、昭和 14 年 /1939 まで実に 30 年弱の長期にわたり練習艦として 28 回の遠洋航海に従事することになるのであった。途中、大正末期に常磐は敷設艦に改装、他の艦も 1 等巡洋艦から海防艦に格下げされるものの、太平洋戦争開戦後、昭和 17 年 /1942 に出雲、磐手、八雲の 3 隻は再び 1 等巡洋艦に復帰、兵学校練習艦として瀬戸内海で対空戦闘まで経験することになる。終戦時、戦時下で解体された吾妻以外の 4 隻はその老骨を海中に横たえていたが、唯一無傷だった八雲は戦後の復員引揚げに従事、47 年間の艦歴をまっとうしている。

出雲・磐手　定　員 /Complement (6)

職名 /Occupation	官名 /Rank	定数 /No.		職名 /Occupation	官名 /Rank	定数 /No.	
艦長	大佐	1	士官 /32		2 等機関兵曹	15	下士 / 43
副長	中佐	1			3 等機関兵曹	17	
航海長	中少佐	1			1 等鍛冶手	1	
砲術長	少佐	1			2 等鍛冶手	1	
水雷長	〃	1			3 等鍛冶手	1	
分隊長	少佐 / 大尉	1			1 等看護手	1	
分隊長	大尉	4			2 等看護手	1	
	中少尉	9			1 等筆記	1	
機関長	機関中監	1			2 等筆記	1	
分隊長	機関少監 / 大機関士	1			3 等筆記	1	
分隊長	大機関士	2			1 等厨宰	1	
	中少機関士	3			2 等厨宰	1	
軍医長	軍医中少監	1			3 等厨宰	1	
	軍医少監 / 大軍医	1			1 等水兵	70	卒 /486
	中少軍医	1			2 等水兵	133	
主計長	主計中少監	1			3、4 等水兵	46	
	主計少監 / 大主計	1			1 等信号水兵	6	
	中少主計	1			2 等信号水兵	6	
	兵曹長	1	准士 / 14		1 等木工	2	
	上等兵曹	4			2 等木工	2	
	上等信号兵曹	1			3、4 等木工	2	
	船匠師	1			1 等鍛冶	1	
	機関兵曹長	1			2 等鍛冶	2	
	上等機関兵曹	5			3、4 等鍛冶	2	
	上等筆記	1			1 等機関兵	63	
	1 等兵曹	15	下士 /83		2 等機関兵	100	
	2 等兵曹	22			3、4 等機関兵	34	
	3 等兵曹	22			1 等看護	1	
	1 等信号兵曹	3			2 等看護	1	
	2、3 等信号兵曹	2			1 等主厨	5	
	1 等船匠手	1			2 等主厨	5	
	2 等船匠手	1			3、4 等主厨	5	
	3 等船匠手	1					
	1 等機関兵曹	16		（合　計）		658	

注 /NOTES
明治 32 年 7 月 6 日内令 62 による出雲、同 33 年 7 月 17 日内令 91 による磐手の定員を示す【出典】海軍制度沿革
(1) 兵曹長は掌砲長の職にあたるものとする
(2) 上等兵曹の内 2 人は掌砲長の職務を分担しかつ砲塔長の職を兼ね、他の 2 人は掌水雷長、掌帆長の職にあて、また上等信号兵曹は信号長兼按針長の職にあたるものとする
(3) 兵曹の内 3 人は砲術教員、水雷術教員にあて、他は掌砲長属、掌水雷長属、掌帆長属、船艙手、帆縫手及び各部の長職につくものとする
(4) 信号兵曹中の 4 人は按針手及び艦長端舟長の職にあてる

浅間(Ⅱ)型 /Asama Class・出雲型 /Izumo Class・八雲 /Yakumo・吾妻 /Azuma

出雲・磐手　定　員 /Complement (7)

職名 /Occupation	官名 /Rank	定数 /No.		職名 /Occupation	官名 /Rank	定数 /No.	
艦長	大佐	1			1等信号兵曹	2	
副長	中佐	1			2、3等信号兵曹	3	
航海長	中少佐	1			1等船匠手	1	
砲術長	少佐	1			2、3等船匠手	2	
水雷長兼分隊長	〃	1			1等機関兵曹	14	
分隊長	少佐 / 大尉	1			2、3等機関兵曹	33	下士 / 63
分隊長	大尉	4			1等看護手	1	
	中少尉	10			2、3等看護手	1	
機関長	機関中監	1	士官 /33		1等筆記	1	
分隊長	機関少監 / 大機関士	1			2、3等筆記	2	
分隊長	大機関士	2			1等厨宰	1	
	中少機関士	3			2、3等厨宰	2	
軍医長	軍医中少監	1			1等水兵	89	
	大軍医	1			2等水兵	136	
	中少軍医	1			3、4等水兵	59	
主計長	主計中少監	1			1等信号水兵	6	
	大主計	1			2、3等信号水兵	6	
	中少主計	1			1等木工	2	
	兵曹長 / 上等兵曹	3			2等木工	4	卒 /512
	上等兵曹	4			1等機関兵	62	
	上等信号兵曹	1			2等機関兵	95	
	船匠長 / 船匠師	1	准士 / 16		3、4等機関兵	34	
	機関兵曹長	1			1、2等看護	2	
	機関兵曹長 / 上等機関兵曹	1			1等主厨	5	
	上等機関兵曹	4			2等主厨	6	
	上等筆記	1			3、4等主厨	6	
	1等兵曹	13	下士 /59	(合　計)		683	
	2、3等兵曹	46					

注 /NOTES 明治38年12月内令755による出雲、磐手の定員を示す【出典】海軍制度沿革
(1) 兵曹長、上等兵曹の1人は掌砲長、1人は掌水雷長、1人は掌帆長の職にあたるものとする
(2) 上等兵曹の3人は掌砲長の職務を分担しかつ砲塔長又は砲台付の職を兼ね、他の1人は掌水雷長の職務を分担する
(3) 上等信号兵曹は信号長兼按針長の職にあたるものとする
(4) 兵曹は教員、掌砲長属、掌水雷長属、掌帆長属及び各部の長職につくものとする
(5) 信号兵曹は按針手の職を兼ねるものとする

艦名の浅間は2代目、常磐は成語で永久不変の意味、出雲は国名、島根県東部、磐手は山名、岩手県の岩手山、八雲は成語、幾重にも重なる雲の意、和歌出雲の枕詞「八雲起ツ---」にとる、吾妻は国名、京都より東方の國の総称、横須賀、箱崎半島の山名、吾妻山との説もあり、装甲艦東(旧甲鉄)を初代とすると2代目になる。以上いずれも終戦時まで在籍したため帝国海軍における襲名艦なし、海上自衛隊では「あづま」がS42度の訓練支援艦、「いずも」がH22度護衛艦(空母型)に襲名。

[資料] まず公式図については浅間の昭和11年晩年の状態の図面一式が呉の<福井資料>にある。この内の大半は<海軍艦艇公式図面集 - 今日の話題社>に収録されている。常磐については同じく<福井資料>に2組の図面一式があり、一つは明治40年代の状態他は昭和14年の敷設艦時代のものと思われる。後者の一部は前述の図面集に掲載されている。なお、<平賀資料>にも常磐の線図が存在する。出雲についても昭和7年の図面一式が<福井資料>にあり、同じく磐手についても昭和12年の一般艤装図一式があるが、これは公式図

出雲・磐手　定　員 /Complement (8)

職名 /Occupation	官名 /Rank	定数 /No.		職名 /Occupation	官名 /Rank	定数 /No.	
艦長	大佐	1			1等船匠手	1	
副長	中少佐	1			2、3等船匠手	2	
航海長	少佐	1			1等機関兵曹	14	
砲術長	〃	1			2、3等機関兵曹	33	
水雷長兼分隊長	〃	1			1等看護手	1	下士 / 58
分隊長	少佐 / 大尉	1			2、3等看護手	1	
分隊長	大尉	5			1等筆記	1	
	中少尉	9			2、3等筆記	2	
機関長	機関中少佐	1	士官 /31		1等厨宰	1	
分隊長	機関少佐 / 大尉	1			2、3等厨宰	2	
分隊長	機関大尉	2			1等水兵	97	
	機関中少尉	3			2等水兵	145	
軍医長	軍医中少監	1			3、4等水兵	63	
軍医		1			1等木工	2	
主計長	主計少監 / 大主計	1			2等木工	4	
主計		1			1等機関兵	62	卒 /523
	兵曹長 / 上等兵曹	3			2等機関兵	95	
	上等兵曹	6			3、4等機関兵	34	
	船匠師	1	准士 / 16		1、2等看護	2	
	機関兵曹長	1			1等主厨	6	
	上等機関兵曹	4			2等主厨	6	
	上等筆記	1			3、4等主厨	7	
	1等兵曹	16	下士 / 67				
	2、3等兵曹	51				695	

注 /NOTES 大正5年7月内令158による出雲、磐手の定員を示す【出典】海軍制度沿革
(1) 将校分隊長の内4人は砲台長、1人は射撃幹部にあてる
(2) 兵曹長、上等兵曹の1人は掌砲長、1人は掌水雷長、1人は掌帆長の職にあたるものとする
(3) 上等兵曹の3人は砲塔長又は砲台付にあて掌砲長の職務を分担せしめ、1人は掌信号長の職にあて、1人は掌電信長の職にあて、1人は水雷砲台付にあて掌水雷長の職務を分担する

第1・2期拡張計画装甲巡洋艦製造費内訳

艦名	船体・機関	兵器	備品	進水	回航	運搬・保険	合計
浅間 /Asama	5,638,099	2,273,987	28,463	1,315	319,542	2,889	8,264,294
常磐 /Tokiwa	5,620,762	2,269,426	25,932	1,324	295,989	2,601	8,216,033
出雲 /Izumo	5,836,485	2,505,841	39,857	1,420	388,440	1,577	8,773,619
磐手 /Iwate	5,681,095	2,659,222	24,322	1,372	389,038	2,164	8,757,214
八雲 /Yakumo	6,618,933	2,714,921	12,243	1,434	329,609	18,029	9,695,169
吾妻 /Azuma	6,484,455	2,710,286	33,507	1,227	334,499	23,737	9,587,711
(合計 /Total)	35,879,828	15,133,862	164,325	8,091	2,057,119	50,997	53,294,041
(1隻平均 /Mean)	6,597,971	2,522,280	27,388	1,348	342,852	8,499	8,882,340

注 /NOTES 金額は(円 / ¥)　【出典】清国事変戦時書類
①八雲と吾妻は搭載兵器を英アームストロング社から運搬したため運搬費が英国建造艦より著しく増加しているのに注意

浅間(II)型/Asama Class・出雲型/Izumo Class・八雲/Yakumo・吾妻/Azuma

出雲・磐手　定　員/Complement (9)

職名/Occupation	官名/Rank	定数/No.		職名/Occupation	官名/Rank	定数/No.	
艦長	大佐	1			1等兵曹	16	
副長	中佐	1			2、3等兵曹	51	
航海長兼分隊長	少佐	1			1等機関兵曹	14	
砲術長	〃	1			2、3等機関兵曹	33	
水雷長兼分隊長	〃	1			1等船匠手	1	下士/125
運用長兼分隊長	少佐/大尉	1			2、3等船匠手	2	
副砲長兼分隊長	〃	1			1等看護兵曹	1	
分隊長	〃	3			2、3等看護兵曹	1	
	中少尉	5	士官/25		1等主計兵曹	2	
機関長	機関中少佐	1			2、3等主計兵曹	4	
分隊長	機関少佐/大尉	3			1等水兵	93	
	機関中少尉	2			2、3等水兵	200	
軍医長兼分隊長	軍医少佐	1			1等船匠兵	2	
	軍医中少尉	1			2、3等船匠兵	4	
主計長兼分隊長	主計少佐/大尉	1			1等機関兵	62	兵/511
	主計中少尉	1			2、3等機関兵	129	
	特務中少尉	3	特士/4		1、2等看護	1	
	機関特務中少尉	1			2、3等看護	1	
	兵曹長	8			1等主計兵	6	
	機関兵曹長	4	准士/14		2、3等主計兵	13	
	船匠兵曹長	1		(合　計)		679	
	主計兵曹長	1					

注/NOTES 大正9年8月内令267による出雲、磐手の定員を示す【出典】海軍制度沿革
(1) 副砲長たる兼務分隊長は砲台長、専務兵科分隊長3人は砲台長にあてる
(2) 機関科分隊長の内1人は機械部、1人は缶部、1人は補機部の各指揮にあてる
(3) 特務中少尉1人及び兵曹長の1人は掌砲長、1人は掌水雷長、1人は掌帆長、1人は掌信号長、1人は掌電信長、3人は砲塔長又は砲台付、1人は水雷砲台付にあてる
(4) 機関特務中少尉及び機関兵曹長の内1人は掌機長、1人は機械長、2人は缶長、1人は補機長にあてる
(5) 兵科分隊長中1人は特務大尉を以て、機関科分隊長中1人は機関特務大尉を以て補することができる

の写図らしく舷外側面はない。八雲についても新造時の図面一式が同じく呉にあり、これは<昭和造船史 - 原書房>の別冊図面集に収録されている。吾妻については<福井資料>には舷外側面、上部平面のみがあるようだが時期については不明である。

また<平賀資料>に吾妻の線図があり、この6隻の装甲巡の中では特異な船体を持つ本艦の船体形状を知ることができる。
以上のようにこの6隻の装甲巡については公式図が豊富に残されており、ほぼ各時代の図面が網羅されているが、これ以外にも<極秘版明治三十七、八年海戦史>の日本海海戦の各艦の被害の項に公式図を写図した説明図が多数掲載されており、いろいろ参考になる。

さらにこの元図になった吾妻等の公式図が<日露戦争戦時書類>等にも掲載されており、いずれも<アジア歴史資料センター>で閲覧できる。こうした図面類に比べて要目簿の類は存在が知られているのは出雲だけで、明細表があるが船体と機関のみで兵器が欠けている。これと同じものが平賀資料にも存在する。

民間の出版物でこの6隻の装甲巡について公式資料を上回る精度と詳細を記述しているのは、先に述べた1904年8月12日付の<Engineering誌(英国)>で、The Japanese Navy--On Recent Warships in the Japanese Navyとタイトルされた記事は当時の艦政本部第3部長左雙佐仲造船総監の寄稿であった。この記事は日露戦争開戦時の最新の日本艦艇に関する技術資料としては日本国内では絶対に公表しないような詳細な要目、船舶性能上の各種係数、重量配分等について述べられており、今日的にも極めて貴重な文献である。

その他<平賀資料>においてもこの6隻の装甲巡についていろいろな技術データを取得でき、特に重心公試等の艦本のデータは得難いものである。

八雲・吾妻　定　員/Complement (10)

職名/Occupation	官名/Rank	定数/No.		職名/Occupation	官名/Rank	定数/No.	
艦長	大佐	1			2等機関兵曹	15	
副長	中佐	1			3等機関兵曹	17	
航海長	中少佐	1			1等鍛冶手	1	
砲術長	少佐	1			2等鍛冶手	1	
水雷長	〃	1			3等鍛冶手	1	
分隊長	少佐/大尉	1			1等看護手	1	
分隊長	大尉	4			2等看護手	1	下士/43
	中少尉	9			1等筆記	1	
機関長	機関中監	1	士官/32		2等筆記	1	
分隊長	機関少監/大機関士	1			3等筆記	1	
分隊長	大機関士	2			1等厨宰	1	
	中少機関士	3			2等厨宰	1	
軍医長	軍医中少監	1			3等厨宰	1	
	軍医少監/大軍医	1			1等水兵	66	
	中少軍医	1			2等水兵	131	
主計長	主計中少監	1			3、4等水兵	44	
	主計少監/大主計	1			1等信号水兵	6	
	中少主計	1			2等信号水兵	6	
	兵曹長	1			1等木工	2	
	上等兵曹	4			2等木工	2	
	上等信号兵曹	1			3、4等木工	2	
	船匠師	1	准士/14		1等鍛冶	1	卒/478
	機関兵曹長	1			2等鍛冶	2	
	上等機関兵曹	5			3、4等鍛冶	2	
	上等筆記	1			1等機関兵	63	
	1等兵曹	15			2等機関兵	100	
	2等兵曹	21			3、4等機関兵	34	
	3等兵曹	21			1等看護	1	
	1等信号兵曹	3	下士/81		2等看護	1	
	2、3等信号兵曹	2			1等主厨	5	
	1等船匠手	1			2等主厨	5	
	2等船匠手	1			3、4等主厨	5	
	3等船匠手	1					
	1等機関兵曹	16		(合　計)		648	

注/NOTES
明治32年7月6日内令62による八雲、吾妻の定員を示す【出典】海軍制度沿革
(1) 兵曹長は掌砲長の職にあたるものとする
(2) 上等兵曹の内2人は掌砲長の職務を分担しかつ砲塔長の職を兼ね、他の2人は掌水雷長、掌帆長の職にあて、また上等信号兵曹は信号長兼按針長の職にあたるものとする
(4) 兵曹の内3人は砲術教員、水雷術教員にあて他は掌砲長属、掌水雷長属、掌帆長属、船艙手、帆縫手及び各部の長職につくものとする
(5) 信号兵曹中の4人は按針手及び艦長端舟長の職にあてる

八雲・吾妻　定　員/Complement (11)

職名/Occupation	官名/Rank	定数/No.		職名/Occupation	官名/Rank	定数/No.	
艦長	大佐	1	士官/33		2、3等機関兵曹	33	下士/41
副長	中佐	1			1等看護手	1	
航海長	中少佐	1			2、3等看護手	1	
砲術長	少佐	1			1等筆記	1	
水雷長兼分隊長	〃	1			2、3等筆記	2	
分隊長	少佐/大尉	1			1等厨宰	1	
分隊長	大尉	4			2、3等厨宰	2	
	中少尉	10					
機関長	機関中監	1					
分隊長	機関少監/大機関士	1					
分隊長	大機関士	2					
	中少機関士	3					
軍医長	軍医中少監	1			1等水兵	89	卒/512
	大軍医	1			2等水兵	136	
	中少軍医	1			3、4等水兵	59	
主計長	主計中少監	1			1等信号水兵	6	
	大主計	1			2、3等信号水兵	6	
	中少主計	1			1等木工	2	
	兵曹長/上等兵曹	3	准士/16		2等木工	4	
	上等兵曹	4			1等機関兵	62	
	上等信号兵曹	1			2等機関兵	95	
	船匠長/船匠師	1			3、4等機関兵	34	
	機関兵曹長	1			1、2等看護	2	
	機関兵曹長/上等機関兵曹	1			1等主厨	5	
	上等機関兵曹	4			2等主厨	6	
	上等筆記	1			3、4等主厨	6	
	1等兵曹	13	下士/81				
	2、3等兵曹	46					
	1等信号兵曹	2					
	2、3等信号兵曹	3					
	1等船匠手	1					
	2、3等船匠手	2					
	1等機関兵曹	14					
				（合　計）		683	

注/NOTES
明治38年12月内令755による八雲、吾妻の定員を示す【出典】海軍制度沿革
(1) 兵曹長、上等兵曹の1人は掌砲長、1人は掌水雷長、1人は掌帆長の職にあたるものとする
(2) 上等兵曹の3人は掌砲長の職務を分担しかつ砲塔長又は砲台付の職を兼ね、他の1人は掌水雷長の職務を分担する
(3) 上等信号兵曹は信号長兼按針長の職にあたるものとする
(4) 兵曹は教員、掌砲長属、掌水雷長属、掌帆長属及び各部の長職につくものとする
(5) 信号兵曹は按針手の職を兼ねるものとする

八雲・吾妻　定　員/Complement (12)

職名/Occupation	官名/Rank	定数/No.		職名/Occupation	官名/Rank	定数/No.	
艦長	大佐	1	士官/31		1等看護手	1	下士/8
副長	中少佐	1			2、3等看護手	1	
航海長	少佐	1			1等筆記	1	
砲術長	〃	1			2、3等筆記	2	
水雷長兼分隊長	〃	1			1等厨宰	1	
分隊長	少佐/大尉	1			2、3等厨宰	2	
分隊長	大尉	5					
	中少尉	9					
機関長	機関中少佐	1					
分隊長	機関少佐/大尉	1					
分隊長	機関大尉	2					
	機関中少尉	3					
軍医長	軍医中少監	1			1等水兵	97	卒/525
軍医		1			2等水兵	145	
主計長	主計少監/大主計	1			3、4等水兵	65	
主計		1			1等木工	2	
					2等木工	4	
					1等機関兵	62	
	兵曹長/上等兵曹	3	准士/16		2等機関兵	95	
	上等兵曹	6			3、4等機関兵	34	
	船匠師	1			1、2等看護	2	
	機関兵曹長	1			1等主厨	6	
	上等機関兵曹	4			2等主厨	6	
	上等筆記	1			3、4等主厨	7	
	1等兵曹	16	下士/115				
	2、3等兵曹	49					
	1等船匠手	1					
	2、3等船匠手	2					
	1等機関兵曹	14					
	2、3等機関兵曹	33					
				（合　計）		695	

注/NOTES
大正5年7月内令158による八雲、吾妻の定員を示す【出典】海軍制度沿革
(1) 将校分隊長の内4人は砲台長、1人は射撃幹部にあてる
(2) 兵曹長、上等兵曹の1人は掌砲長、1人は掌水雷長、1人は掌帆長の職にあたるものとする
(3) 上等兵曹の3人は砲塔長又は砲台付にあて掌砲長の職務を分担せしめ、1人は掌信号長、1人は掌電信長、1人は水雷砲台付にあて掌水雷長の職務を分担する

浅間 (II) 型 /Asama Class・出雲型 /Izumo Class・八雲 /Yakumo・吾妻 /Azuma

八雲・吾妻　定　員 /Complement (13)

職名 /Occupation	官名 /Rank	定数 /No.		職名 /Occupation	官名 /Rank	定数 /No.	
艦長	大佐	1	士官 /25		1 等水兵	91	兵 /507
副長	中佐	1			2、3 等水兵	198	
航海長兼分隊長	少佐	1			1 等船匠兵	2	
砲術長	〃	1			2、3 等船匠兵	4	
水雷長兼分隊長	〃	1			1 等機関兵	62	
運用長兼分隊長	少佐 / 大尉	1			2、3 等機関兵	129	
副砲長兼分隊長	〃	1			1、2 等看護	1	
分隊長	〃	3			2、3 等看護	1	
	中少尉	5			1 等主計兵	6	
機関長	機関中少佐	1			2、3 等主計兵	13	
分隊長	機関少佐 / 大尉	3					
	機関中少尉	2					
軍医長兼分隊長	軍医少佐	1					
	軍医中少尉	1					
主計長兼分隊長	主計少佐 / 大尉	1					
	主計中少尉	1					
	特務中少尉	3	特士 / 4				
	機関特務中少尉	1					
	兵曹長	8	准士 / 14				
	機関兵曹長	4					
	船匠兵曹長	1					
	主計兵曹長	1					
	1 等兵曹	16	下士 /123				
	2、3 等兵曹	49					
	1 等機関兵曹	14					
	2、3 等機関兵曹	33					
	1 等船匠手	1					
	2、3 等船匠手	2					
	1 等看護兵曹	1					
	2、3 等看護兵曹	1					
	1 等主計兵曹	2					
	2、3 等主計兵曹	4					
				(合　計)		673	

注 /NOTES

大正 9 年 8 月内令 267 による八雲、吾妻の定員を示す【出典】海軍制度沿革
(1) 副砲長たる兼務分隊長は砲台長、専務兵科分隊長 3 人は砲台長にあてる
(2) 機関科分隊長の内 1 人は機械部、1 人は缶部、1 人は補機部の各指揮にあてる
(3) 特務中少尉 1 人及び兵曹長の 1 人は掌砲長、1 人は掌水雷長、1 人は掌帆長、1 人は掌信号長、1 人は掌電信長、3 人は砲塔長又は砲台付、1 人は水雷砲台付にあてる
(4) 機関特務中少尉及び機関兵曹長の内 1 人は掌機長、1 人は機械長、2 人は缶長、1 人は補機長にあてる
(5) 兵科分隊長中 1 人は特務大尉をもって、機関科分隊長中 1 人は機関特務大尉をもって補することができる

艦　歴 /Ship's History (1)

艦　名	浅　間 (1/6)
年　月　日	記　事 /Notes
1896(M29)-10-20	英国ニューキャッスル、Armstrong 社 Elswick 工場で起工
1897(M30)-10-18	命名
1897(M30)-10-21	横須賀鎮守府に入籍
1897(M30)-12- 1	回航委員長島崎好忠大佐 (2 期) 就任
1898(M31)- 3-21	1 等巡洋艦に類別
1898(M31)- 3-22	進水
1898(M31)- 6-17	艦長島崎好忠大佐 (2 期) 就任
1899(M32)- 3-18	竣工
1899(M32)- 3-19	英国発
1899(M32)- 5-17	横須賀着
1899(M32)- 5-18	警備艦
1899(M32)- 6-17	第 1 予備艦、艦長向山慎吉大佐 (5 期) 就任
1899(M32)- 6-22	ドイツ皇族ハインリッヒ親王訪日 (ドイッチュラント乗艦) 奉迎艦として出動
1899(M32)-10-29	横須賀鎮守府艦隊
1900(M33)- 4-30	神戸沖大演習観艦式にお召艦として参列
1900(M33)- 5-20	艦長細谷資氏大佐 (5 期) 就任
1900(M33)- 6-18	常備艦隊
1900(M33)- 8-22	横須賀発清国事変に従事、12 月 26 日佐世保着
1901(M34)- 3-13	艦長中尾雄大佐 (5 期) 就任、2 月から横須賀工廠で機関部小修理
1901(M34)- 7-29	佐世保発北清国、韓国警備、8 月 22 日着
1901(M34)- 8-14	横須賀工廠で中甲板前部 8cm 砲引込装置新設認可
1901(M34)-10- 1	第 1 予備艦
1901(M34)-10-18	台湾神社御祭典勅使として能久親王妃殿下乗艦、横浜発台湾まで往復航海、11 月 10 日着
1902(M35)- 3-15	常備艦隊
1902(M35)- 4- 1	呉鎮守府に転籍
1902(M35)- 4- 7	横浜発英国王エドワード 7 世戴冠式記念観艦式に参列のため高砂とともに欧州往復、11 月 28 日横須賀着
1903(M36)- 1-12	艦長寺垣猪三大佐 (6 期) 就任
1903(M36)- 4-10	神戸沖大演習観艦式にお召艦として参列
1903(M36)- 4-12	第 1 予備艦
1903(M36)- 4-20	第 2 予備艦
1903(M36)- 5-13	第 1 予備艦
1903(M36)- 5-18	呉工廠で機関部修理、9 月完成
1903(M36)- 7- 7	艦長八代六郎大佐 (8 期) 就任
1903(M36)- 7-10	射撃指揮通信装置改造増設認可
1903(M36)- 9- 1	常備艦隊
1903(M36)-12-28	第 2 艦隊
1904(M37)- 1-12	横須賀工廠で無線電信機改装、1 月 28 日完成
1904(M37)- 2- 6	佐世保発日露戦争に従事

艦　歴/Ship's History (2)

艦　名	浅　間(2/6)
年　月　日	記 事/Notes
1904(M37)- 2- 9	仁川沖海戦に参加、露艦ワリヤーグ、コーレッツと交戦被害なし、発射弾数 20cm 砲 -27、15cm 砲
	-105、8cm 砲 -9
1904(M37)- 2-25	旅順封鎖作戦に参加、以後 3 月 7 日までの戦闘での発射弾数 20cm 砲 -35、15cm 砲 -39
1904(M37)- 8-10	黄海海戦に参加、軽傷 1、発射弾数 20cm 砲 -51、15cm 砲 -116
1904(M37)- 9-18	臨時に第 1 戦隊
1904(M37)-12-12	呉工廠で入渠修理、前後檣の戦闘檣楼撤去、12 月 31 日完成
1905(M38)- 5-27	第 2 戦隊として日本海海戦に参加、被弾 12、戦死 3、負傷 13、20cm 砲 -1、15cm 砲 -1、8cm 砲
	-2 使用不能、発射弾数 20cm 砲 -74、15cm 砲 -460、8cm 砲 -266
1905(M38)- 5-30	舞鶴工廠で仮修理着手、6 月 3 日完成
1905(M38)- 6-15	横須賀工廠で修理着手、7 月 21 日完成
1905(M38)-10-23	横浜沖凱旋観艦式にお召艦として参列
1905(M38)-11-25	呉工廠で総検査実施、翌年 2 月 22 日完成
1905(M38)-12-12	艦長小泉鐵太郎大佐 (8 期) 就任
1905(M38)-12-20	第 1 艦隊
1906(M39)- 6- 6	竹敷発韓国南岸警備、6 月 23 日佐世保着
1906(M39)-11-10	倉橋湾発韓国南岸警備、11 月 18 日竹敷着
1906(M39)-11-22	艦長宮地貞辰大佐 (9 期) 就任
1907(M40)- 4- 6	佐世保発韓国南岸警備、4 月 26 日尾崎着
1907(M40)- 8-13	佐世保発大連方面警備、8 月 30 日着
1907(M40)- 9-28	艦長野間口兼雄大佐 (13 期) 就任
1907(M40)-10-13	宇品発韓国警備、10 月 13 日佐世保着
1907(M40)-12-10	艦長伊藤乙次郎大佐 (13 期) 就任
1908(M41)- 2-20	佐世保発韓国警備、3 月 6 日着
1908(M41)- 4-16	馬公発南清方面警備、4 月 21 日佐世保着
1908(M41)- 4-20	第 1 予備艦
1908(M41)- 5-15	艦長山澄太郎三大佐 (11 期) 就任
1908(M41)-11-18	神戸沖大演習観艦式にお召艦として参列
1908(M41)-12-10	艦長田中盛秀大佐 (13 期) 就任
1909(M42)- 5-22	艦長山本竹三郎大佐 (13 期) 就任
1909(M42)-12- 1	第 2 予備艦
1910(M43)- 3-29	呉工廠で無線電信室改造認可
1910(M43)- 4- 9	艦長田中盛秀大佐 (13 期) 就任
1910(M43)- 5- 5	第 1 予備艦
1910(M43)- 6- 1	練習艦隊
1910(M43)- 7-21	江田島発旅順、大連、仁川、鎮海、佐世保等少尉候補生近海航海、同航笠置、9 月 4 日横須賀着
1910(M43)-10-16	横須賀発ハワイ、米国西岸、メキシコ、パナマ方面少尉候補生遠洋航海、同航笠置、翌年 3 月 6 日着
1911(M44)- 4- 1	第 2 予備艦
1911(M44)- 5-23	艦長松岡修蔵大佐 (14 期) 就任
1911(M44)- 4- 6	横須賀工廠で復旧修理工事訓令、缶入換え、復水器管取替え等
1912(M45)- 4- 1	第 3 予備艦

艦　歴/Ship's History (3)

艦　名	浅　間(3/6)
年　月　日	記 事/Notes
1912(M45)- 7- 5	大正 2 年度より練習艦として使用可能な生徒又は候補生 70 名の収容設備を整えることを命じらる
1913(T 2)- 3- 1	第 2 予備艦
1913(T 2)- 5-24	第 1 予備艦、艦長平賀徳太郎大佐 (18 期) 就任
1913(T 2)- 8-10	練習艦
1913(T 2)-12- 1	練習艦隊
1913(T 2)-12-20	江田島発、鹿児島、旅順、仁川、鎮海、舞鶴等少尉候補生近海航海、同航吾妻、3 月 28 日横須賀着
1914(T 3)- 4-20	横須賀発ハワイ、米国西岸、カナダ、アラスカ方面少尉候補生遠洋航海、同航吾妻、8 月 11 日着
1914(T 3)- 8-18	第 2 予備艦
1914(T 3)- 8-23	艦長吉岡範策大佐 (18 期) 就任
1914(T 3)- 8-26	警備艦
1914(T 3)-10- 1	第 1 南遣艦隊枝隊
1914(T 3)-12- 1	遣米支隊
1915(T 4)- 1-31	メキシコ沿岸サンバルトロメ港口に座礁、千歳、常磐、出雲、関東丸等が救援に駆けつけたが離礁
	に手間取り、98 日目の 5 月 8 日離礁、8 月 23 日千歳、関東丸の護衛の下エスカイモルトに向かう、
	同地で仮工事の後ハワイ経由 12 月 18 日横須賀着、同 28 日呉着、修復工事に入る、離礁にあたっ
	ては後部 20cm 砲塔および 15cm 砲を取り外して関東丸等に移載別途運送
1915(T 4)- 5- 7	第 2 艦隊第 4 戦隊
1915(T 4)- 6-30	第 2 艦隊より除く、警備艦
1915(T 4)-12-13	第 1 予備艦
1916(T 5)- 1-10	第 2 予備艦
1916(T 5)- 7-15	艦長白石直介大佐 (17 期) 就任
1916(T 5)-12- 1	艦長内田虎三郎大佐 (22 期) 就任
1916(T 5)-12-26	水雷防御網撤去認可
1917(T 6)- 4-12	第 2 艦隊第 2 水雷戦隊
1917(T 6)- 4-19	曳航装置新設認可
1917(T 6)- 8- 4	第 1 予備艦
1917(T 6)- 8-25	練習艦隊
1917(T 6)-12- 1	兼警備艦
1917(T 6)-12-24	江田島発、上海、青島、旅順、仁川、鎮海等少尉候補生近海航海、旗艦磐手 2 月 9 日横須賀着
1918(T 7)- 3- 2	横須賀発ハワイ、米国西岸、メキシコ、パナマ、南洋方面同遠洋航海、旗艦磐手、7 月 6 日着
1918(T 7)- 7-17	警備艦を解く、艦長古川弘大佐 (22 期) 就任
1918(T 7)- 8-10	警備艦、特別任務
1919(T 8)- 2-11	第 2 予備艦
1919(T 8)- 3- 1	呉工廠で機関部、汽艇修理
1919(T 8)- 3-27	艦長青木薫平大佐 (27 期) 就任
1919(T 8)- 7-14	艦長今泉哲太郎大佐 (25 期) 就任
1919(T 8)- 9- 1	第 1 予備艦、この間呉工廠で 8cm 高角砲 1 門装備及び 15cm 砲身 14 門換装
1919(T 8)-10-28	横浜沖大演習観艦式参列
1919(T 8)-11- 1	第 2 予備艦

浅間(II)型/Asama Class・出雲型/Izumo Class・八雲/Yakumo・吾妻/Azuma

艦　歴/Ship's History (4)

艦　名	浅　間(4/6)
年　月　日	記　事/Notes
1919(T 8)-12- 1	艦長小山田繁蔵大佐(27期)就任
1920(T 9)- 1- 6	呉工廠で機関修理、5月31日完成
1920(T 9)- 2-17	候補生室拡張認可
1920(T 9)- 2-24	呉工廠で操舵機室通風装置改造新設
1920(T 9)- 6- 4	練習艦隊
1920(T 9)- 6-17	警備艦
1920(T 9)- 8-21	横須賀発台湾、シンガポール、コロンボ、ケープタウン、南米、タヒチ、南洋方面少尉候補生遠洋航海、
	同航磐手、翌年4月2日着
1921(T10)- 5- 1	第2予備艦
1921(T10)- 9- 1	1等海防艦に類別
1921(T10)- 9-15	第1予備艦
1921(T10)-10-31	第2予備艦、10月12日より呉工廠で候補生室拡張工事
1921(T10)-11-20	艦長白石信成大佐(28期)就任
1922(T11)- 3-15	第1予備艦
1922(T11)- 4-15	練習艦隊
1922(T11)- 6-26	横須賀発ハワイ、パナマ、ブラジル、アルゼンチン、南ア、コロンボ、シンガポール、香港、台湾
	上海方面少尉候補生遠洋航海、同航磐手(旗艦)、出雲、翌年2月17日着
1923(T12)- 3- 1	第2予備艦、艦長米村末喜大佐(29期)就任、4月28日より呉工廠で中甲板15cm砲一時撤去跡に
	居住区仮設、艦底測程儀装備、転輪羅針儀撤去、主復水器海水管改造、5月24日完成
1923(T12)- 5- 1	第1予備艦
1923(T12)- 6- 1	練習艦隊
1923(T12)- 7-14	江田島発横須賀、室蘭、大湊、新潟、舞鶴、鎮海、仁川、大連、旅順、佐世保少尉候補生近海航海、
	9月1日佐世保にて関東大震災の報により航海予定を変更、救援物資を搭載して9月6日品川着、
	以後東京-清水間の避難民輸送に従事5往復約5,000人(浅間実績)を輸送後9月24日横須賀に戻
	り遠航準備に入る、同航磐手(旗艦)、八雲
1923(T12)-10-20	兼警備艦
1923(T12)-11- 7	横須賀発上海、マニラ、シンガポール、蘭印、豪州、ニュージーランド、南洋方面少尉候補生遠洋航
	海、同航磐手(旗艦)、八雲、翌年4月5日着
1924(T13)- 4-15	艦長七田今朝一大佐(29期)就任
1924(T13)- 9-18	艦載水雷艇榛名と交換臨時搭載
1924(T13)-10- 8	練習艦
1924(T13)-11-10	横須賀発ハワイ、メキシコ、北米、カナダ、南洋方面少尉候補生遠洋航海、同航八雲(旗艦)、出雲、
	翌年4月4日着
1925(T14)- 4-15	第3予備艦
1925(T14)- 4-20	艦長今川真金大佐(30期)就任
1925(T14)- 7- 1	第2予備艦
1925(T14)-11-20	艦長山口延一大佐(31期)就任、12月1日まで兼平戸艦長
1926(T15)- 6-15	艦長藤吉畯大佐(31期)就任
1926(T15)-11- 1	第1予備艦

艦　歴/Ship's History (5)

艦　名	浅　間(5/6)
年　月　日	記　事/Notes
1927(S 2)- 2- 1	練習艦隊
1927(S 2)- 5-20	兼警備艦
1927(S 2)- 3-28	江田島発鎮海、上海、佐世保、徳山、呉、大阪等少尉候補生近海航海、旗艦磐手5月19日横須賀着
1927(S 2)- 6-30	横須賀発ハワイ、米西岸、パナマ、カリブ海、米東岸方面同遠洋航海、旗艦磐手、12月26日着
1927(S 2)- 8- 5	サンフランシスコ、バルボア間航行中および8月7日サンペドロ碇泊中主機に故障を生じ、7月25
	日バルボア入港後米官営工場で修理、7月30日完成、代金$2,821
1927(S 2)- 8-30	バルボア碇泊中3等水兵1名桟橋より転落死亡す
1927(S 2)- -	艦長古川良一大佐(31期)就任
1928(S 3)- 1-15	第3予備艦、6月1日より呉工廠で第2士官次室新設その他船体修理
1928(S 3)-11- 1	第1予備艦
1928(S 3)-12- 4	横浜沖大礼特別観艦式参列
1928(S 3)-12-10	艦長日比野正治大佐(34期)就任
1929(S 4)- 2- 1	練習艦隊
1929(S 4)- 3-27	江田島発舞鶴、鎮海、大連、青島、上海、呉等少尉候補生近海航海、旗艦磐手、5月23日横須賀着
1929(S 4)- 3-29	兼警備艦、中国水域航行中
1929(S 4)- 5-	横須賀工廠で主機械修理、6月15日完成
1929(S 4)- 7- 1	兼警備艦、外国水域航行中
1929(S 4)- 7- 1	横須賀発ハワイ、米西岸、パナマ、カリブ海、米東岸、南洋方面同遠洋航海、旗艦磐手、12月27日着
1929(S 4)-12-24	艦長中島直熊大佐(34期)就任
1930(S 5)- 1-15	呉にて第3予備艦
1931(S 6)- 2- 1	艦長糟谷宗一大佐(35期)就任
1931(S 6)- 2-20	呉工廠で機関修理
1931(S 6)- 5- 1	第2予備艦
1931(S 6)- 6- 1	海防艦に類別
1931(S 6)- 8-15	公称688、782　12m内火艇搭載、同年9月末まで
1931(S 6)- 9- 1	第1予備艦
1931(S 6)-10- 1	練習艦隊
1931(S 6)-11-17	江田島発舞鶴、鎮海、大連、青島、上海等少尉候補生近海航海、旗艦磐手、翌年1月20日横須賀着
1931(S 6)-11-28	兼警備艦、中国水域航行中
1932(S 7)- 2-26	兼警備艦、外国水域航行中
1932(S 7)- 3- 1	横須賀発台湾、香港、シンガポール、蘭印、豪州、ニュージーランド、南洋方面同遠洋航海、旗艦磐手、
	7月14日着
1932(S 7)- 8- 1	呉にて第3予備艦
1932(S 7)-12- 1	艦長太田泰治大佐(37期)就任
1933(S 8)- 5- 1	第2予備艦
1933(S 8)- 5- 6	羅針艦橋ガラス窓及び後部羅針艦橋遮風スクリーン新設
1933(S 8)- 5-31	42'ランチ1隻を日向に貸与、代わりに日向用新造12m30馬力ランチを搭載、遠航帰着後入換え
1933(S 8)- 7-19	呉工廠で発電機換装
1933(S 8)- 8- 1	第1予備艦
1933(S 8)- 9- 1	練習艦隊

艦　歴/Ship's History (6)

艦　名	浅　間(6/6)
年　月　日	記　事/Notes
1933(S 8)-11-18	江田島発舞鶴、鎮海、大連、青島、上海等少尉候補生近海航海、旗艦磐手、翌年1月17日横須賀着
1933(S 8)-12- 1	兼警備艦、中国水域航行中
1933(S 8)-12-23	ピンネース1隻を新造12m30馬力内火ランチと換装、翌年2月までに
1934(S 9)- 2-15	横須賀発台湾、マニラ、シンガポール、アデン、ポートサイド、イスタンブール、アテネ、マルセイユ、バルセロナ、
	マルタ、コロンボ、バタビア、南洋方面少尉候補生遠洋航海、旗艦磐手、7月26日着
1934(S 9)- 8-10	12m80馬力内火艇2隻のうち1隻を練習艦隊旗艦八雲に貸与
1934(S 9)- 8-20	艦長大川内伝七大佐(37期)就任
1934(S 9)-10-22	40'20馬力内火ランチ1隻を日向の12m30馬力ランチと交換搭載、翌年11月中まで
1934(S 9)-11-17	江田島発舞鶴、鎮海、大連、青島、上海、宮島等少尉候補生近海航海、同航八雲、翌年1月11日横
	須賀着
1935(S10)- 2- 1	兼警備艦、外国水域航行中
1935(S10)- 2-20	横須賀発台湾、マニラ、バンコク、シンガポール、蘭印、豪州、ニュージーランド、スーバ、ハワイ、南洋方
	面同遠洋航海、同航八雲、7月22日着
1935(S10)- 8- 1	練習艦隊より除く、第1予備艦、呉警備戦隊
1935(S10)-10-13	通船定数3を1に改める、8年5月より2隻は陸揚げずみ
1935(S10)-10-13	大阪より呉に向かう途中安芸灘を出たところで座礁、缶室全て浸水使用不能となる、呉より救難のた
	め朝日、掃海艇2隻、曳船が出動、10月17日までに前後の主砲塔、15cm砲7門等を撤去翌18日
	離礁、19日呉着、応急修理12月20日完成、老朽艦のため本格的復旧修理は行わず
1935(S10)-10-15	第3予備艦、呉警備戦隊より除く
1935(S10)-11-15	艦長小橋義亮大佐(37期)就任
1935(S10)-12-14	搭載の17m艦載水雷艇、12m内火艇、12m内火ランチを磐手の56'艦載水雷艇、36'汽艇、10m内
	火ランチと交換のこと、翌年1月末まで
1936(S11)-12- 1	艦長橋本愛次大佐(39期)就任
1937(S12)- 6-15	第4予備艦、江田内に繋留、兵学校教材として使用
1937(S12)- 6-22	兵学校長保管中の浅間に軍艦旗掲揚認可上申、当時居住教材として使用中、保管員として准士官2名
	下士官兵84名乗艦
1938(S13)- 7- 5	呉に戻し呉海兵団付属となる
1942(S17)- 7- 1	海防艦籍より除籍、特務艦(練習特務艦)に変更
1942(S17)- 8- 5	旧平戸と交代して江田島に繋留、終戦直前下関港外の六連島に曳航、同地でハルクとして宿泊、港務、
	通信、会議用として使用、終戦を迎える
1945(S20)-11-20	除籍、21年8月15日から翌年3月25日まで日立造船因島工場で解体

艦　歴/Ship's History (7)

艦　名	常　磐(1/6)
年　月　日	記　事/Notes
1897(M30)- 1- 6	英国ニューキャッスル、Armstrong社Elswick工場で起工
1897(M30)-10-18	命名
1897(M30)-10-21	呉鎮守府に入籍
1898(M31)- 3-21	1等巡洋艦に類別
1898(M31)- 7- 6	進水
1898(M31)-10- 3	艦長出羽重遠大佐(5期)就任
1899(M32)- 5-18	竣工
1899(M32)- 5-19	英国発
1899(M32)- 7-16	横須賀着
1899(M32)- 7-25	第1予備艦
1899(M32)-10-29	呉鎮守府艦隊
1900(M33)- 4-30	神戸沖大演習観艦式参列
1900(M33)- 5-20	常備艦隊、艦長中山長明大佐(5期)就任
1900(M33)- 6-19	佐世保発清国事変に従事、8月20日呉着
1900(M33)- 8-11	艦長丹治寛雄大佐(5期)就任
1900(M33)-12- 6	第1予備艦
1901(M34)- 1-23	艦長梨羽時起大佐(期外)就任
1901(M34)- 6- 8	常備艦隊
1901(M34)- 7- 5	艦長矢島功大佐(期外)就任
1901(M34)- 7-29	佐世保発北清、韓国警備、8月22日着
1901(M34)- 8-23	第1予備艦
1902(M35)- 3-15	常備艦隊
1902(M35)- 8-16	佐世保発北清警備、8月26日神戸着
1902(M35)-10- 6	艦長野元綱明大佐(7期)就任
1903(M36)- 4-10	神戸沖大演習観艦式参列
1903(M36)- 5-12	三角発韓国南岸警備、5月21日竹敷着
1903(M36)- 7-10	射撃指揮通信装置改造増設認可
1903(M36)-12-28	第2艦隊
1904(M37)- 1-11	横須賀工廠で無線電信機改装、1月28日完成
1904(M37)- 1-19	艦長吉松茂太郎大佐(7期)就任
1904(M37)- 2- 6	佐世保発日露戦争に従事
1904(M37)- 2- 9	旅順口第1次攻撃作戦に参加、発射弾数20cm砲-39、15cm砲-110、8cm砲-15
1904(M37)- 2-25	旅順封鎖作戦に参加、以後4月14日までの戦闘の発射弾数20cm砲-44、15cm砲-121、8cm砲-4
1904(M37)- 8-14	蔚山沖海戦に参加、被弾3、負傷3、発射弾数20cm砲-222、15cm砲-1,150、8cm砲-465
1904(M37)- 9- 9	佐世保工廠で入渠損傷修理、9月13日完成
1904(M37)-11-19	呉工廠で入渠修理、20cm砲身2門同砲架1基換装、前後檣の戦闘檣楼撤去、12月22日完成
1905(M38)- 2-16	佐世保工廠で入渠塗替え修理、27日完成
1905(M38)- 5-27	第2戦隊として日本海海戦に参加、被弾8、戦死1、負傷14、8cm砲-1使用不能、発射弾数20cm
	砲-195、15cm砲-719、8cm砲-675
1905(M38)- 5-30	佐世保工廠で仮修理、6月4日完成

艦　歴/Ship's History (8)

艦　名	常　磐(2/6)
年　月　日	記　事/Notes
1905(M38)-6-14	艦長今井兼昌大佐(7期)就任
1905(M38)- 9- 9	呉工廠で修理着手、10月6日完成
1905(M38)-10-23	横浜沖凱旋観艦式参列
1905(M38)-12-12	艦長和田賢助大佐(8期)就任
1905(M38)-12-20	第1艦隊
1906(M39)- 5-10	第1予備艦
1906(M39)-11-22	艦長藤本秀四郎大佐(11期)就任
1907(M40)- 1-18	第1艦隊
1907(M40)- 4- 9	佐世保発韓国南岸警備、4月26日着
1907(M40)- 8-13	佐世保発大連方面警備、8月31日着
1907(M40)-10-13	宇品発韓国警備、23日佐世保着
1907(M40)-11-22	第1予備艦
1908(M41)- 8-28	艦長山県文蔵大佐(11期)就任
1908(M41)-10- 8	第2艦隊
1908(M41)-11-18	神戸沖大演習観艦式参列
1909(M42)- 2-17	富士、浅間、常磐の単縦陣で航行中鹿児島坊ノ岬沖で航路を逸脱馬毛島南西端の暗礁に富士と本艦
	が座礁、12分後離礁したものの後部弾薬庫と水雷頭部庫に浸水、推進器翼を若干切損する
1909(M42)- 4- 1	第2予備艦
1909(M42)- 4-21	佐世保工廠で缶入換え缶室二重底張替え訓令
1909(M42)-10- 1	艦長依田光二大佐(12期)就任
1910(M43)- 3- 4	佐世保工廠で遭難箇所の復旧工事着手訓令
1910(M43)- 4- 9	艦長築山清智大佐(11期)就任
1910(M43)-12- 1	艦長水町元大佐(14期)就任
1910(M43)-12- 8	佐世保工廠で船体改造新設認可
1911(M44)- 1-16	艦長高木七太郎大佐(15期)就任
1911(M44)- 4- 1	第1予備艦
1911(M44)- 8-18	呉工廠で羅針艦橋拡張認可
1911(M44)-12- 1	第2艦隊
1911(M44)-12-11	佐世保発北清警備、翌年5月22日呉着
1912(M45)- 4-30	艦長小笠原長生大佐(14期)就任
1912(M45)- 6-10	呉発北清警備、8月30日六連島着
1912(T 1)-11-12	横浜沖大演習観艦式参列
1912(T 1)-12- 1	第2予備艦、艦長志摩猛大佐(15期)就任
1913(T 2)- 4- 1	第1予備艦、呉鎮守府水雷隊付属
1913(T 2)-11-10	横須賀沖恒例観艦式参列
1913(T 2)-12- 1	第2艦隊、艦長片岡栄太郎大佐(15期)就任
1914(T 3)- 2-28	仁川発中国方面警備、3月24日鎮南浦着
1914(T 3)- 8-18	第2艦隊第4戦隊
1914(T 3)- 8-23	第1次大戦に従事

艦　歴/Ship's History (9)

艦　名	常　磐(3/6)
年　月　日	記　事/Notes
1914(T 3)-10- 1	第1艦隊第3戦隊
1914(T 3)-12- 1	第2艦隊第4戦隊、艦長吉田孟子大佐(18期)就任
1915(T 4)- 2- 1	艦長坂本則俊大佐(20期)就任
1915(T 4)- 2-20	横須賀発メキシコ西岸サンバルトロメでの浅間遭難救援のため出動、4月25日着
1915(T 4)- 8- 3	艦長白石直介大佐(17期)就任
1915(T 4)-12- 4	横浜沖特別観艦式に供奉艦として参列
1915(T 4)-12- 9	警備艦
1915(T 4)-12-11	呉工廠で少尉候補生練習艦としての設備工事実施
1915(T 4)-12-13	第2予備艦
1915(T 4)-12-15	第4艦隊
1915(T 4)-12-29	横須賀発ウラジオストク方面警備、翌年1月8日着
1916(T 5)- 1-19	横須賀発米西岸警備、4月8日着
1916(T 5)- 4-15	第2予備艦
1916(T 5)- 7-15	艦長谷口尚真大佐(19期)就任
1916(T 5)- 8- 1	第1予備艦
1916(T 5)- 9- 1	練習艦隊
1916(T 5)-10-28	横浜沖恒例観艦式参列
1916(T 5)-11-22	江田島発鹿児島、佐世保、青島、威海衛、大連、旅順、仁川、鎮海、舞鶴、大阪、清水等少尉候補生
	近海航海、同航八雲、翌年3月3日横須賀着
1916(T 5)-12-11	兼警備艦
1917(T 6)- 4- 5	横須賀発カナダ、米国西岸、ハワイ、南洋諸島、香港、台湾、那覇等同遠洋航海、同航八雲、
	8月17日横須賀着
1917(T 6)- 8-25	兼警備艦を解く、第2予備艦
1917(T 6)-10- 1	第1予備艦
1917(T 6)-10-10	艦長森本義寛大佐(22期)就任
1917(T 6)-11- 1	警備艦
1918(T 7)- 8-10	練習艦隊
1918(T 7)- 9- 6	兼警備艦
1918(T 7)- 9-10	艦長小松直幹大佐(25期)就任
1918(T 7)-11-21	江田島発佐世保、青島、大連、旅順、仁川、鎮海、舞鶴、大阪等少尉候補生近海航海、同航吾妻、
	翌年2月7日横須賀着
1919(T 8)- 3- 1	横須賀発上海、台湾、香港、マニラ、シンガポール、フリーマントル、コロンボ、セブ、南洋諸島、
	小笠原等同遠洋航海、同航吾妻、7月26日横須賀着
1919(T 8)- 7-26	警備艦を解く
1919(T 8)- 8- 8	艦長松村菊勇大佐(23期)就任
1919(T 8)-10-28	横浜沖大演習観艦式参列
1919(T 8)-10- 1	兼警備艦
1919(T 8)-11-24	横須賀発台湾、香港、シンガポール、コロンボ、アデン、ポートサイド、ナポリ、マルセイユ、ビゼルタ、
	マルタ、バタビア、マニラ等少尉候補生遠洋航海、同航吾妻、翌年5月22日横須賀着

艦　歴/Ship's History (10)

艦　名	常　磐(4/6)
年　月　日	記　事/Notes
1920(T 9)- 5-22	警備艦を解く
1920(T 9)- 6- 4	第2予備艦、呉工廠で8cm高角砲1門装備
1920(T 9)- 8- 1	呉工廠で缶及び汽艇修理、12月30日完成
1920(T 9)- 9- 1	当分の間予備艦のまま呉海兵団練習艦
1921(T10)- 4- 1	第3予備艦
1921(T10)- 7-21	呉海兵団練習艦を解く
1921(T10)- 9- 1	1等海防艦に類別
1921(T10)-11- 2	佐世保鎮守府に転籍、第3予備艦
1921(T10)-12-22	佐世保工廠で敷設艦に改装工事、12年3月31日完成
1922(T11)- 9-30	第2予備艦、敷設艦に類別
1922(T11)-11-20	艦長副島慶親大佐(28期)就任
1923(T12)- 3- 1	艦長白石信成大佐(28期)就任、兼出雲艦長5月1日まで
1923(T12)- 4- 1	第1予備艦
1923(T12)- 5- 1	第1艦隊
1923(T12)- 8-28	佐世保発中国沿岸警備、9月4日着、関東大震災の救援物資を搭載9月22日品川着
1923(T12)-11- 1	第2予備艦
1923(T12)-12- 1	艦長和田健吉大佐(29期)就任
1924(T13)- 4- 1	第1予備艦
1924(T13)- 5- 1	第1艦隊
1924(T13)-12- 1	連合艦隊付属、艦長池田他人大佐(30期)就任
1925(T14)- 3-29	佐世保発秦皇島方面警備、4月5日旅順着
1925(T14)-12- 1	第3予備艦、艦長徳田伊之助大佐(30期)就任
1926(T15)- 5-20	艦長市来崎慶一大佐(31期)就任、11月1日から12月1日まで兼名取艦長
1926(T15)-11- 1	第1予備艦
1926(T15)-12- 1	連合艦隊付属
1927(S 2)- 3-27	佐伯発青島方面警備、4月5日旅順着
1927(S 2)- 5-27	佐世保発青島方面警備、7月19日着
1927(S 2)- 8- 1	佐伯湾にて戦闘敷設機雷炸薬実装作業中機雷が爆発火災を生じ、引き続き2回に渡り付近の2個の
	機雷が誘発、爆発箇所の船体損傷、水雷長以下35名死亡、49名が重軽傷を負う、原因は絶縁不良
	による漏電とみられている
1927(S 2)- 8-10	第1予備艦
1927(S 2)- 9- 1	第3予備艦
1927(S 2)-10 - 1	佐世保工廠で損傷復旧工事着手、翌年4月15日完成
1927(S 2)-12- 1	艦長立川七郎大佐(32期)就任
1928(S 3)- 3-16	測距所新設着手、この間2次電池放電装置改修、後部機雷揚卸用ダビット改修、4月15日完成
1928(S 3)- 4- 1	第1予備艦
1928(S 3)- 5- 1	警備艦
1928(S 3)- 5- 6	第2遣外艦隊、佐世保発中国沿岸警備、9月2日着
1928(S 3)-12- 4	横浜沖大礼特別観艦式参列
1928(S 3)-12-10	第1予備艦、艦長北岡春雄大佐(34期)就任

艦　歴/Ship's History (11)

艦　名	常　磐(5/6)
年　月　日	記　事/Notes
1929(S 4)- 2- 6	9mカッター2隻新造引換え
1929(S 4)- 3-26	第1遣外艦隊、佐世保発揚子江流域警備、5月10日着
1929(S 4)- 5- 7	第1予備艦(佐世保)
1929(S 4)-11- 1	艦長服部豊彦大佐(33期)就任
1930(S 5)-10-26	神戸沖特別大演習観艦式参列
1930(S 5)-12- 1	艦長三木太市大佐(35期)就任
1931(S 6)- 8-14	運貨船搭載
1931(S 6)-10- 9	第1遣外艦隊、佐世保発揚子江流域警備、翌年9月9日着、この間3度一時帰朝
1931(S 6)-12-19	上海で艦載水雷艇が夜間、英国汽船と衝突沈没
1932(S 7)- 1-25	艦長山田定男大佐(36期)就任
1932(S 7)- 2- 2	第3艦隊第1遣外艦隊
1932(S 7)- 9-10	第1予備艦
1932(S 7)-12- 1	艦長高須三二郎大佐(37期)就任
1933(S 8)- 1- 4	警備艦、佐世保発中国沿岸警備、5月17日着
1933(S 8)- 5-17	第1予備艦
1933(S 8)-11-15	艦長若木元治大佐(36期)就任
1933(S 8)-12-11	予備艦のまま佐世保防備隊付属
1934(S 9)- 6-23	佐世保工廠で重心査定公試実施
1934(S 9)-11-15	艦長片原常次郎大佐(37期)就任
1934(S 9)-12-15	佐世保防備戦隊
1935(S10)- 1-20	艦載水雷艇換装
1936(S11)- 3- 2	艦長青柳宗重大佐(37期)就任
1936(S11)-12- 1	艦長久保九次大佐(38期)就任
1937(S12)- 2- 1	佐世保工廠で前部機雷庫に空所新設、3月5日完成
1937(S12)- 5- 1	第3予備艦
1937(S12)-12- 1	艦長杉本道雄大佐(41期)就任、第4予備艦
1938(S13)- 1-31	播磨造船所で船体部大修理及び改造、9月19日完成
1940(S15)- 3- 1	艦長稲垣義龝大佐(40期)就任
1940(S15)- 3-15	第3予備艦
1940(S15)- 4-15	第1予備艦
1940(S15)- 5- 1	第4艦隊第18戦隊
1940(S15)-11-15	艦長富沢不二彦大佐(41期)就任、第4艦隊第19戦隊
1941(S16)- 8-27	横須賀発、9月4日トラック着
1941(S16)-12- 6	クエゼリン発、12月24日着、以後マーシャル方面防備任務として同地で警泊、補給整備作業に従事
1942(S17)- 2- 1	クエゼリン在泊中米空母機の攻撃を受け小破、戦死8、負傷15
1942(S17)- 2- 8	艦載水雷艇沈没の補充として佐世保工廠保管中の17m艦載水雷艇を搭載指令
1942(S17)- 3-11	クエゼリン発、同24日佐世保着、以後佐世保工廠で入渠修理整備作業
1942(S17)- 4- 1	艦長渓口豪介大佐(41期)就任
1942(S17)- 5-11	佐世保発室積経由同26日トラック着
1942(S17)- 6- 6	トラック発、同11日クエゼリン着、以後同地で警泊海面防備任務

艦　歴/Ship's History (12)

艦　名	常　磐(6/6)
年　月　日	記　事/Notes
1942(S17)- 7-14	第4艦隊付属
1942(S17)- 8-18	クエゼリン発マキン増援のため出動、9月7日クエゼリン着、以後同地で警泊
1943(S18)- 5- 1	第5艦隊第52根拠地隊
1943(S18)- 5- 5	クエゼリン発トラック経由6月5日横須賀着
1943(S18)- 6-19	佐世保工廠で入渠整備、6月28日出渠
1943(S18)- 7- 7	佐世保発舞鶴経由7月20日大湊着、以後同地で訓練作業
1943(S18)-11- 1	艦長千葉成男大佐(36期)就任
1943(S18)-12-20	大湊発舞鶴経由同地で機雷搭載後同28日佐世保着、同30日入渠、翌年1月14日出渠
1944(S19)- 1-15	艦長河西虎三大佐(42期)就任
1944(S19)- 1-25	佐世保発舞鶴で機雷搭載後第18戦隊の他3艦とともに東支那海機雷礁設置作業に従事
1944(S19)- 2-17	恵美須湾発機雷敷設作業、徳山経由2月27日佐世保着
1944(S19)- 3- 3	佐世保発、同4日恵美須湾着、同12日同地発翌日機雷敷設作業、同15日佐世保着
1944(S19)- 3-23	佐世保発、同24日機雷敷設作業、同25日佐世保着、以後佐世保工廠で前部20cm連装砲塔撤去、
	撤去跡を鋼板で閉塞、後部の40mm単装機銃2基を移設、25mm連装機銃4基を増備、8cm高角
	砲2門撤去
1944(S19)- 4-17	佐世保発、同23日機雷敷設作業、基隆経由同29日佐世保着
1944(S19)- 5-10	佐世保発、同15日台湾海峡で機雷敷設作業、基隆経由同22日佐世保着
1944(S19)- 6- 3	佐世保発、同5日機雷敷設作業、同7日佐世保着
1944(S19)- 6-17	佐世保発、同20日宮古島付近で機雷敷設作業、同22日佐世保着、同工廠で水測兵器電探装備
1944(S19)- 8- 5	佐世保発、奄美大島へ輸送任務、同10日佐世保着
1945(S20)- 1- 1	佐世保発、同2日対馬海峡で第18戦隊の他艦とともに機雷敷設作業、同3日佐世保着
1945(S20)- 1- 5	佐世保発、同6日対馬海峡で機雷敷設作業、同7日佐世保着、同12日佐世保工廠で入渠、27日出
	渠、機銃増備実施2月4日完成
1945(S20)- 1-20	海上護衛総司令部第18戦隊
1945(S20)- 2-25	佐世保発、同27日対馬海峡で機雷敷設作業、同28日佐世保着
1945(S20)- 3- 5	佐世保発、同7日対馬海峡で機雷敷設作業、瀬相経由同12日佐世保着
1945(S20)- 4- 9	佐世保発、同12日佐伯で機雷搭載
1945(S20)- 4-14	佐伯発、同日触雷損傷、同15日佐世保着、同工廠で18日入渠修理、同28日出渠
1945(S20)- 5- 2	佐世保発、八幡浜経由同13日対馬海峡で機雷敷設作業、同14日佐世保着
1945(S20)- 5-19	佐世保発、同21日対馬海峡で機雷敷設作業、同22日佐世保着
1945(S20)- 5-28	佐世保発、1日対馬海峡で機雷敷設作業、同3日舞鶴湾口で触雷、舞鶴工廠で修理6月30日完成
1945(S20)- 6- 3	第7艦隊
1945(S20)- 7- 2	舞鶴発、同4日大湊着
1945(S20)- 7-10	海上護衛総司令部付属
1945(S20)- 8- 9	大湊沖で米空母機による攻撃を受け被弾4、戦死109、負傷82、浸水をビルジポンプで排水沈没を
	まぬがれていたが終戦時芦崎海岸に艦首を乗り上げて沈没を防止後、総員退去
1945(S20)- 8-25	第1予備艦
1945(S20)- 9-15	第4予備艦
1945(S20)-11-30	除籍
1946(S21)-	函館船渠大湊造船所で解体

艦　歴/Ship's History (13)

艦　名	八　雲(1/7)
年　月　日	記　事/Notes
1897(M30)-10-18	命名
1898(M31)- 3-21	1等巡洋艦に類別
1898(M31)- 9- 1	ドイツ、ステッチン、Vulcan社で起工
1898(M31)-12-16	佐世保鎮守府に入籍
1899(M32)- 7- 8	進水
1899(M32)- 3-22	回航委員長東郷正路大佐(5期)就任
1899(M32)-12-25	艦長東郷正路大佐(5期)就任
1900(M33)- 6-20	竣工
1900(M33)- 6-22	ドイツ発
1900(M33)- 6-25	キールに寄港、独皇帝本艦に臨幸
1900(M33)- 8-30	横須賀着
1900(M33)- 8-31	第1予備艦
1900(M33)-10- 9	常備艦隊
1900(M33)-11- 1	艦長富岡定恭大佐(5期)就任
1901(M34)- 6- 8	第1予備艦
1901(M34)- 7- 6	艦長安原金次大佐(5期)就任
1901(M34)-10- 1	常備艦隊
1902(M35)- 4- 1	横須賀鎮守府に転籍
1902(M35)- 6-21	佐世保発北清警備、7月5日着
1902(M35)- 8-16	佐世保発北清警備、8月26日神戸着
1903(M36)- 4-10	神戸沖大演習観艦式参列
1903(M36)- 4-21	第1予備艦
1903(M36)- 6-25	艦長松本有信大佐(7期)就任
1903(M36)- 7- 1	常備艦隊
1903(M36)-12-28	第2艦隊
1904(M37)- 1-12	横須賀工廠で無線電信機改装、28日完成
1904(M37)- 2- 6	佐世保発日露戦争に従事
1904(M37)- 2- 9	旅順口第1次攻撃作戦に参加、被弾1、負傷1、発射弾数20cm砲-25、15cm砲-19
1904(M37)- 2-25	旅順封鎖作戦に参加、以後3月6日までの戦闘での発射弾数20cm砲-34、15cm砲-36
1904(M37)- 4-23	臨時に第3戦隊に編入
1904(M37)- 8-10	黄海海戦に参加、被弾1、戦死12、負傷10、発射弾数20cm砲-99、15cm砲-247
1904(M37)- 9-28	佐世保工廠で入渠損傷修理、10月2日完成
1904(M37)-12-21	横須賀工廠で入渠修理、前後檣の戦闘檣楼撤去、8cm砲身4門換装、無線電信機換装、1月26日完成
1905(M38)- 3-23	呉工廠で流氷による船体、推進器損傷入渠修理、4月10日完成
1905(M38)- 5-27	第2戦隊として日本海海戦に参加、被弾6、戦死3、負傷9、発射弾数20cm砲-191、15cm砲
	-676、8cm砲-899、45cm魚雷-1
1905(M38)- 6- 1	佐世保工廠で仮修理、5日完成
1905(M38)- 6-14	第3艦隊
1905(M38)-10-23	横浜沖凱旋観艦式参列
1905(M38)-11- 2	艦長斉藤孝至大佐(7期)就任

艦 歴/Ship's History (14)

艦 名	八 雲 (2/7)
年 月 日	記 事/Notes
1905(M38)-11-10	横須賀工廠で修理総検査、翌年1月15日完成
1905(M38)-12-20	第1艦隊
1906(M39)- 3-16	横浜港で英皇族アーサー・コンノート殿下エンプレス・オブ・ジャパンで来航の際奉迎にあたる
1906(M39)- 4- 7	艦長仙頭武央大佐(10期)就任
1906(M39)- 6- 6	竹敷発韓国南岸警備、6月22日佐世保着
1906(M39)-11-10	倉橋湾発韓国南岸警備、11月18日竹敷着
1907(M40)- 1-18	第1予備艦
1907(M40)- 7- 1	艦長外波内蔵吉大佐(11期)就任
1908(M41)- 1-10	第1艦隊
1908(M41)- 2-20	佐世保発韓国警備、3月6日着
1908(M41)- 4-16	馬公発南清警備、4月21日佐世保着
1908(M41)- 5-15	第1予備艦
1908(M41)- 8-28	艦長西山実親大佐(8期)就任
1908(M41)- 9-22	第1艦隊
1908(M41)-10-17	横浜で米白色艦隊の接待艦を務める、24日まで
1908(M41)-11-18	神戸沖大演習観艦式参列
1908(M41)-11-20	第1予備艦
1908(M41)-12-10	艦長秀島七三郎大佐(13期)就任
1909(M42)- 3- 4	艦長中野直枝大佐(15期)就任
1909(M42)- 4- 1	第2予備艦
1909(M42)- 9- 1	第1予備艦
1909(M42)-12- 1	第2艦隊、艦長今井兼胤大佐(13期)就任
1910(M43)- 3- 1	馬公発韓国、北清方面警備、9月7日下関着、この間7度一時帰朝
1910(M43)-12- 1	第2予備艦
1911(M44)- 1-31	艦長江口麟六大佐(12期)就任、兼横須賀工廠艤装員
1911(M44)- 5-23	艦長森義臣大佐(14期)就任
1911(M44)- 6-27	無電室改造認可
1911(M44)-10-25	艦長原静吾大佐(13期)就任、兼浪速艦長
1912(M45)- 4-30	カッター換装認可、28' カッターを 30' カッターへ
1912(M45)- 5-22	艦長原静吾大佐(13期)就任
1912(M45)- 7-13	艦長船越揖四郎大佐(16期)就任
1912(T 1)- 8-30	横須賀工廠で煙突への手摺増設認可
1912(T 1)-11- 8	横須賀工廠で黒色火薬庫新設認可
1912(T 1)-11-12	横浜沖大演習観艦式参列
1912(T 1)-11-13	艦長千坂智次郎大佐(14期)就任、翌年2月12日から兼香取艦長
1913(T 2)- 4- 1	第1予備艦、横須賀鎮守府水雷隊付属、艦長荒川仲吾大佐(15期)就任
1913(T 2)-11-10	横須賀沖恒例観艦式参列
1913(T 2)-12- 1	第2艦隊

艦 歴/Ship's History (15)

艦 名	八 雲 (3/7)
年 月 日	記 事/Notes
1914(T 3)- 2-28	仁川発中国方面警備、3月24日鎮南浦着
1914(T 3)- 4- 7	艦長下平英太郎大佐(17期)就任
1914(T 3)- 5-14	大正5年度練習艦としての設備を大正5年6月までに完成の訓令
1914(T 3)- 8-18	第2艦隊第4戦隊
1914(T 3)- 8-23	第1次大戦に従事
1914(T 3)-10- 1	第1艦隊第3戦隊
1914(T 3)-12- 1	第2艦隊第4戦隊、艦長白石直介大佐(17期)就任
1915(T 4)- 4- 1	第1艦隊第1水雷戦隊
1915(T 4)- 5-19	艦長桑島省三大佐(20期)就任
1915(T 4)-11-22	横須賀工廠で特定修理認可、翌年7月中旬完成予定
1915(T 4)-12- 4	横浜沖特別観艦式参列
1915(T 4)-12-13	第2予備艦、艦長吉田孟子大佐(18期)就任
1916(T 5)- 3- 4	水雷防御網撤去認可
1916(T 5)- 8- 1	第1予備艦、艦長斉藤七五郎大佐(20期)就任
1916(T 5)- 8- 8	前後機砲弾薬庫及び 47mm 砲揚弾筒取除き認可
1916(T 5)- 9- 1	練習艦隊
1916(T 5)-10-28	横浜沖恒例観艦式参列
1916(T 5)-11-22	江田島発鹿児島、佐世保、青島、威海衛、大連、旅順、仁川、鎮海、舞鶴、大阪、清水等少尉候補生
	近海航海、旗艦常磐、翌年3月3日横須賀着
1916(T 5)-12-11	兼警備艦
1917(T 6)- 4- 5	横須賀発カナダ、米国西岸、ハワイ、南洋諸島、香港、台湾、那覇等同遠洋航海、旗艦常磐、8月
	17日横須賀着
1917(T 6)- 8-25	兼警備艦を解く、第2予備艦
1917(T 6)-10- 1	第1予備艦
1917(T 6)-10-20	第1特務艦隊
1917(T 6)-10-31	徳山発シンガポール方面警備、翌年10月13日横須賀着
1917(T 6)-12- 1	艦長鳥巣玉樹大佐(25期)就任
1918(T 7)-10-13	第1予備艦
1918(T 7)-10-18	艦長野村吉三郎大佐(26期)就任
1918(T 7)-11- 6	横須賀工廠で無線電信機及び発電機換装、11月24日完成
1918(T 7)-11-10	艦長今泉哲太郎大佐(25期)就任
1918(T 7)-11-15	練習艦、機関少尉候補生用
1918(T 7)-11-25	艦長大見丙子郎大佐(23期)就任
1918(T 7)-12-10	横須賀発内地巡航、韓国、中国、香港、シンガポール、台湾等機関少尉候補生練習航海、翌年6月
	23日横須賀着
1919(T 8)- 7-10	第2予備艦
1919(T 8)- 8- 5	艦長宇佐川知義大佐(26期)就任
1919(T 8)- 9- 1	第1予備艦
1919(T 8)- 9- 6	横須賀工廠で 8cm 砲2門撤去 8cm 高角砲1門装備、10月7日完成
1919(T 8)-10- 1	練習艦兼警備艦

艦　歴/Ship's History (16)

艦　名	八　雲 (4/7)
年　月　日	記　事/Notes
1919(T 8)-10-28	横浜沖大演習観艦式参列
1919(T 8)-11-10	横須賀発ハワイ、米国西岸、中米、南洋諸島等機関少尉候補生練習航海、翌年4月24日横須賀着
1920(T 9)- 4-30	第2予備艦
1920(T 9)- 5- 1	艦長新納司大佐(22期)就任
1921(T10)- 2-22	横須賀工廠で候補生室拡張工事、6月10日完成
1921(T10)- 4- 1	第1予備艦、艦長兼坂隆大佐(27期)就任、横須賀工廠で中甲板15cm砲撤去
1921(T10)- 5- 1	練習艦隊
1921(T10)- 6- 5	榛名の40' 発動機付ランチを本艦に搭載
1921(T10)- 7-13	無線電話機仮装備
1921(T10)- 8-20	横須賀発台湾、香港、シンガポール、コロンボ、アデン、ポートサイド、ナポリ、マルセイユ、ツー
	ロン、ビゼルタ、マルタ、バタビア、マニラ等少尉候補生遠洋航海、旗艦出雲、翌年4月4日横須賀着
1921(T10)- 9- 1	1等海防艦に類別
1921(T10)- 9-20	横須賀工廠で機関部特定修理、12年6月19日完成
1922(T11)- 4-12	練習艦より除く、警備艦
1922(T11)- 4-15	艦長河合退蔵大佐(27期)就任
1922(T11)- 5-15	運用術練習艦
1922(T11)- 7-17	横須賀発中国方面練習航海、7月29日佐世保着
1922(T11)- 8-31	横須賀発カムチャツカ方面警備、10月5日小樽着
1922(T11)- 9- 1	艦長石渡武章大佐(28期)就任
1922(T11)- 9-13	兼警備艦
1922(T11)-10- 9	兼警備艦を解く
1922(T11)-12- 1	第2予備艦、艦長宇川済大佐(28期)就任
1923(T12)- 3-19	無線電信機改修、5月31日完成
1923(T12)- 5- 1	第1予備艦
1923(T12)- 6- 1	練習艦隊
1923(T12)- 7-14	江田島発横須賀、室蘭、大湊、新潟、舞鶴、鎮海、仁川、大連、旅順、佐世保少尉候補生近海航海、
	9月1日佐世保にて関東大震災の報により航海予定を変更、救援物資を搭載して9月6日品川着、
	以後東京 - 清水間の避難民輸送に従事6往復約6,000人(八雲実績)を輸送後、9月24日横須賀に
	戻り遠航準備に入る、同航磐手(旗艦)、浅間
1923(T12)-10-20	兼警備艦
1923(T12)-11- 7	横須賀発上海、マニラ、シンガポール、蘭印、豪州、ニュージーランド、南洋方面少尉候補生遠洋航
	海、同航磐手(旗艦)、浅間、翌年4月5日着
1924(T13)- 4-15	艦長鹿江三郎大佐(30期)就任
1924(T13)-11-10	横須賀発ハワイ、メキシコ、北米、カナダ、南洋方面少尉候補生遠洋航海、同航浅間、出雲、翌年4
	月4日着
1925(T14)- 4-15	第3予備艦、艦長近藤直方大佐(30期)就任、兼榛名艦長
1925(T14)- 7-10	艦長石川清大佐(33期)就任、兼榛名艦長
1925(T14)-12- 1	第1予備艦、艦長植村茂夫大佐(31期)就任
1926(T15)- 1-15	練習艦隊
1926(T15)- 6-11	兼警備艦

艦　歴/Ship's History (17)

艦　名	八　雲 (5/7)
年　月　日	記　事/Notes
1926(T15)- 6-30	横須賀発上海、香港、シンガポール、コロンボ、アデン、ポートサイド、イスタンブール、アテネ、
	ナポリ、ツーロン、バルセロナ、ビゼルタ、マルタ、ジブチ、モンバサ、バタビア、マニラ方面少
	尉候補生遠洋航海、同航出雲、翌年1月17日着
1927(S 2)- 2- 1	第3予備艦、艦長宮部光利大佐(31期)就任
1927(S 2)- 3- 7	練習艦兼警備艦
1927(S 2)- 4- 3	横須賀発揚子江流域警備、9月14日佐世保着
1927(S 2)- 4-20	第1遣外艦隊
1927(S 2)- 9-20	第1予備艦
1927(S 2)-11-20	横須賀工廠で第2士官次室新設、翌年2月19日完成
1927(S 2)-12- 1	艦長出光万兵衛大佐(33期)就任
1927(S 2)-12-13	横須賀工廠で主機軸系修理、翌年3月4日完成
1927(S 2)-12-15	本艦の普通ランチと磐手の内火式ランチを交換装備、翌年1月15日まで
1928(S 3)- 1-15	練習艦隊
1928(S 3)- 1-16	公称702内火艇を搭載同搭載装置を設ける、2月15日までに
1928(S 3)- 3- 5	兼警備艦
1928(S 3)- 4-23	横須賀発台湾、上海、香港、マニラ、シンガポール、バタビア、豪州、ニュージーランド、ハワイ、
	南洋諸島方面少尉候補生遠洋航海、同航出雲、10月3日着
1928(S 3)-12- 4	横浜沖大礼特別観艦式参列
1929(S 4)- 2- 1	第3予備艦
1929(S 4)- 8-29	横須賀工廠で機関部修理、翌年5月20日完成
1929(S 4)- 9- 5	翌年3月末までに第2、3カッターを新造艇と換装認可
1929(S 4)-11-30	艦長田尻敏郎大佐(33期)就任、兼古鷹艦長
1930(S 5)- 1-17	横須賀工廠で缶換装、ベルビル缶24基を撤去、金剛より陸揚のヤーロー式水管缶6基を搭載、9月末完成
1930(S 5)- 6- 1	第2予備艦
1930(S 5)- 8- 1	艦長佐藤三郎大佐(34期)就任
1930(S 5)- 9- 1	第1予備艦
1930(S 5)- 9-10	9月末までに公称774、12m内火艇搭載認可
1930(S 5)-10- 1	練習艦隊
1930(S 5)-11-18	江田島発内地巡航韓国、中国沿岸少尉候補生近海航海、同航出雲、翌年1月26日横須賀着
1930(S 5)-11-29	兼警備艦、中国水域航行中
1930(S 5)-12-24	公称783内火艇を臨時搭載認可(練習艦隊行動時)
1931(S 6)- 3- 5	横須賀発台湾、香港、シンガポール、コロンボ、アデン、ポートサイド、ナポリ、ツーロン、マル
	セイユ、マルタ、アレキサンドリア、ジブチ、コロンボ、バタビア、マニラ、パラオ方面同遠洋航海、
	同航出雲、8月15日着
1931(S 6)- 6- 1	海防艦に類別(等級廃止)
1931(S 6)- 8-11	搭載中の公称774、783内火艇を磐手に移載
1931(S 6)- 8-17	搭載中の内火式ランチを磐手の普通ランチと交換
1931(S 6)-10- 1	第3予備艦
1931(S 6)-10-15	第1予備艦、艦長新見政一大佐(36期)就任
1931(S 6)-11-13	警備艦

艦　歴/Ship's History (18)

艦　名	八　雲(6/7)
年　月　日	記　事/Notes
1931(S 6)-11-28	第2遣外艦隊
1932(S 7)- 7- 8	第1予備艦
1932(S 7)- 8- 1	練習艦隊
1932(S 7)-11-19	江田島発内地巡航韓国、中国沿岸少尉候補生近海航海、旗艦磐手、翌年1月24日横須賀着
1932(S 7)-12- 7	兼警備艦、中国水域航行中
1933(S 8)- 3- 6	横須賀発北米西岸、中米、ハワイ、南洋諸島方面同遠洋航海、旗艦磐手、7月26日着
1933(S 8)- 3-26	機関部改造認可
1933(S 8)- 9- 1	第3予備艦
1933(S 8)-11-15	艦長副島大助大佐(38期)就任
1933(S 8)-12-11	横須賀鎮守府警備戦隊
1934(S 9)- 2-20	艦長杉山六蔵大佐(38期)就任
1934(S 9)- 7- 1	第2予備艦
1934(S 9)- 7-31	短艇甲板拡張認可
1934(S 9)- 8- 1	第1予備艦
1934(S 9)- 9- 1	練習艦隊、横須賀鎮守府警備戦隊より除く
1934(S 9)-11-17	江田島発舞鶴、鎮海、大連、青島、上海等少尉候補生近海航海、旗艦浅間、翌年1月11日横須賀着
1934(S 9)-12-15	兼警備艦、中国水域航行中
1935(S10)- 2-20	横須賀発台湾、マニラ、バンコク、シンガポール、蘭印、豪州、ニュージーランド、スーバ、ハワイ、南洋方
	面同遠洋航海、旗艦浅間、7月22日着
1935(S10)- 8- 1	横須賀鎮守府警備戦隊、第3予備艦
1935(S10)- 9- 1	艦長千葉慶蔵大佐(38期)就任
1935(S10)-11-15	第1予備艦、横須賀鎮守府警備戦隊より除く、艦長中村俊久大佐(39期)就任
1936(S11)- 2- 1	練習艦隊、中国水域航行中
1936(S11)- 3-19	江田島発舞鶴、油谷湾、仁川、大連、旅順、上海等少尉候補生近海航海、同航磐手5月9日横須賀着
1936(S11)- 3-26	長官室砲門改造認可
1936(S11)- 4- 6	兼警備艦、外国航海中
1936(S11)- 6- 9	横須賀発北米西岸、パナマ、キューバ、ボルチモア、ニューヨーク、パナマ、ハワイ、南洋諸島方面
	同遠洋航海、同航磐手、11月20日着
1936(S11)-11- 6	トラックよりサイパンに向け航行中、前部火薬庫付近乾物倉庫より出火、15分後に鎮火したものの
	消火作業中4名が煙にまかれて死亡、1名負傷、またこれにより浸水が止まらず磐手に曳航されて
	サイパン到着、応急工事を施す、二重底内の可燃性ガスに作業員の携帯した灯火に引火したもの
1936(S11)-11-30	発射管、8cm砲2門撤去、礼砲として短5cm砲2門を装備
1936(S11)-12- 1	艦長宇垣纒大佐(40期)就任
1937(S12)- 4-10	兼警備艦、中国水域航行中
1937(S12)- 6- 1	兼警備艦、外国航海中
1937(S12)- 6- 7	横須賀発台湾、マニラ、シンガポール、コロンボ、ジブチ、イスタンブール、アテネ、パレルモ、ナ
	ポリ、マルセイユ、アレキサンドリア、アデン、バタビア方面少尉候補生遠洋航海、同航磐手、11
	月1日着
1937(S12)-12- 1	艦長醍醐忠重大佐(40期)就任
1938(S13)- 1-25	艦長前田稔大佐(41期)就任

艦　歴/Ship's History (19)

艦　名	八　雲(7/7)
年　月　日	記　事/Notes
1938(S13)- 3-30	兼警備艦、外国航海中
1938(S13)- 4- 6	横須賀発伊勢、佐世保、大連、旅順、青島、上海、台湾、バンコク、南洋諸島方面少尉候補生遠洋
	航海、同航磐手、6月29日着
1938(S13)- 7- 1	艦長阿部嘉輔大佐(39期)就任
1938(S13)- 8-20	艦長近藤泰一郎大佐(42期)就任
1938(S13)- 9-15	兼警備艦、外国航海中
1938(S13)-11-16	横須賀発大連、青島、上海、台湾、厦門、マニラ、南洋諸島方面少尉候補生遠洋航海、同航磐手、
	翌年1月28日着
1939(S14)- 2- 1	艦長五藤存知大佐(38期)就任、兼陸奥艦長
1939(S14)- 5-15	艦長山崎重暉大佐(41期)就任
1939(S14)-7-25	江田島発舞鶴、鎮海、旅順、大連、青島、上海、台湾、厦門、佐世保、横須賀、ハワイ、南洋諸
	島方面少尉候補生遠洋航海、同航磐手、12月20日着
1939(S14)- 9-30	兼警備艦、外国航海中
1939(S14)-12-23	特別任務
1939(S14)-12-27	艦長緒方勉大佐(42期)就任
1940(S15)- 1-15	呉鎮守府に転籍、練習艦兼警備艦(兵学校練習艦)
1940(S15)- 7- 9	艦長久邇宮朝融王大佐(49期)就任
1940(S15)-11- 1	艦長山森亀之助大佐(45期)就任
1942(S17)- 3-16	第71期生徒乗艦実習、内海西部、磐手とともに21日まで
1942(S17)- 5- 5	艦長兒部勇次大佐(45期)就任
1942(S17)- 6- 1	練習艦兼警備艦
1942(S17)- 6- 8	第72期生徒乗艦実習、内海中部、磐手とともに13日まで
1942(S17)- 7- 1	1等巡洋艦に類別
1942(S17)- 7-14	艦長加藤文太郎大佐(43期)就任
1943(S18)- 1-25	第74期生徒乗艦実習、江田内周辺、磐手とともに30日まで
1943(S18)-12- 1	呉練習戦隊、磐手に替わり練習艦兼警備艦、兵学校長機関学校長の指揮下におく
1944(S19)- 7-31	第11潜水戦隊旗艦、10月7日解く
1944(S19)- 8- 5	艦長佐々木喜代治大佐(40期)就任
1944(S19)-11 -	主砲撤去、高角砲、機銃増備等訓令工事を呉工廠で実施の予定
1945(S20)- 1-30	艦長寺岡正雄大佐(46期)就任
1945(S20)- 2	呉工廠で改装に着手、途中数回中断があるも4月末ごろまでに完成、主砲15cm砲を全て撤去、主
	砲跡に12.7cm連装高角砲2基、その他25mm機銃3連装3基、同連装2基を装備する
1945(S20)- 3-19	江田内在泊中米空母機の空襲を受ける、機銃掃射等により重傷2、軽傷8、船体機関に支障なし
1945(S20)- 5-14	艦長佐藤慶蔵大佐(38期)就任
1945(S20)- 6- 1	呉より舞鶴に疎開、同地で無傷で終戦を迎える
1945(S20)- 9-15	第1予備艦、艦長宮田栄造大佐(49期)就任
1945(S20)-10- 5	除籍、戦後の復員輸送任務に従事
1945(S20)-10-28	艦長沢村成二大佐(49期)就任
1946(S21)- 6-19	輸送任務解除、同年7月20日より翌年4月1日まで舞鶴、飯野産業舞鶴造船所で解体処分

艦　歴/Ship's History (20)

艦　名	吾　妻(1/4)
年　月　日	記　事/Notes
1897(M30)-10-18	命名
1898(M31)- 2- 1	フランス、サンナゼール、Loire社St Nazaire工場で起工
1898(M31)- 3-21	1等巡洋艦に類別
1898(M31)-12-16	佐世保鎮守府に入籍
1899(M32)- 5- 1	回航委員長小倉鋲一郎大佐(5期)就任
1899(M32)- 6-24	進水
1900(M33)- 3-14	艦長小倉鋲一郎大佐(5期)就任
1900(M33)- 7-28	竣工
1900(M33)- 7-29	仏国発
1900(M33)-10-29	横須賀着、第1予備艦
1901(M34)- 2- 9	常備艦隊
1901(M34)- 7-14	佐世保発南清警備、8月18日着
1901(M34)- 8-31	佐世保発北清警備、11月14日着
1901(M34)-10- 1	舞鶴鎮守府に転籍
1901(M34)-12-19	船体機関の未完成工事翌年2月末まで浦賀船渠で実施、その後横須賀工廠に戻り3月末完成予定
1901(M34)-12-28	第1予備艦
1902(M35)- 3-15	常備艦隊
1902(M35)- 4-22	第1予備艦
1902(M35)- 5-31	艦長成田勝郎大佐(7期)就任
1903(M36)- 4-10	神戸沖大演習観艦式参列
1903(M36)- 9- 1	常備艦隊
1903(M36)-10-15	艦長藤井較一大佐(7期)就任
1903(M36)-12-28	第2艦隊
1904(M37)- 1-12	横須賀工廠で無線電信機改装、28日完成
1904(M37)- 2- 6	佐世保発日露戦争に従事
1904(M37)- 2- 9	旅順口第1次攻撃作戦に参加、発射弾数20cm砲-26、15cm砲-71
1904(M37)- 2-25	旅順封鎖作戦に参加、以後3月6日までの戦闘での発射弾数20cm砲-24、15cm砲-3
1904(M37)- 8-14	蔚山沖海戦に参加、被弾8、負傷8、発射弾数20cm砲-216、15cm砲-609、8cm砲-342
1904(M37)- 8-15	佐世保工廠で入渠、損傷修理、9月9日完成
1904(M37)-12- 2	横須賀工廠で入渠修理、前後檣の戦闘檣楼撤去、47mm砲4門8cm砲に換装、25日完成
1905(M38)- 1-12	艦長村上格一大佐(11期)就任
1905(M38)- 2-27	横須賀工廠で入渠、機関修理、推進器換装、4月10日完成
1905(M38)- 5-27	第2戦隊として日本海海戦に参加、被弾15、戦死11、負傷29、発射弾数20cm砲-173、15cm砲
	-719、8cm砲-752、45cm魚雷-1
1905(M38)- 6- 2	呉工廠で損傷部修理、20cm砲1門、15cm砲1門、8cm砲2門換装、23日完成
1905(M38)- 6-14	第3艦隊
1905(M38)- 8- 5	艦長井手麟六大佐(8期)就任
1905(M38)-10-23	横浜沖凱旋観艦式参列
1905(M38)-10-24	横須賀工廠で修理検査、12月29日完成

艦　歴/Ship's History (21)

艦　名	吾　妻(2/4)
年　月　日	記　事/Notes
1905(M38)-10-20	第1艦隊
1906(M39)- 2-19	東京湾で英皇族コンノート殿下乗艦ダイアダムを奉迎
1906(M39)- 5-10	第1予備艦
1906(M39)- 8-30	艦長石橋甫大佐(10期)就任
1906(M39)-12-24	艦長上泉徳弥大佐(12期)就任
1907(M40)- 4- 1	舞鶴工廠で機関船体工事、10月25日完成
1907(M40)-11-22	第1艦隊
1907(M40)-12-20	館山沖標柱間で公試
1907(M40)-12-28	第2艦隊
1908(M41)- 1-26	志布志発韓国、清国警備、8月5日佐世保着、この間7度一時帰朝
1908(M41)- 8-28	艦長久保田彦七大佐(11期)就任
1908(M41)- 9-22	第1艦隊
1908(M41)-10-17	横浜にて米白色艦隊接待艦を務める、24日まで
1908(M41)-11-20	第2艦隊
1909(M42)- 1- 6	佐世保発韓国、清国警備、7月6日佐世保着、この間4度一時帰朝
1909(M42)- 2-14	艦長築山清智大佐(11期)就任
1909(M42)-10- 1	艦長栃内曽次郎大佐(13期)就任
1909(M42)-11-18	佐世保発韓国、清国警備、12月2日舞鶴着
1909(M42)-12- 1	第2予備艦
1910(M43)- 2-16	艦長山中柴吉大佐(15期)就任、兼日進艦長
1910(M43)- 4- 1	舞鶴工廠で機関部復旧修理認可
1910(M43)- 4- 9	艦長花房祐四郎大佐(13期)就任
1910(M43)- 6- 4	舞鶴工廠で機関部改造新設認可、補助復水装置改造、煙突取替え、主機補助蒸気管弁新設
1910(M43)- 6-22	艦長山中柴吉大佐(15期)就任、兼日進艦長
1910(M43)- 7-25	艦長笠間直大佐(13期)就任、兼阿蘇艦長
1910(M43)-10-11	艦載水雷艇新造艇と引換え認可
1911(M44)- 4- 1	艦長土山哲三大佐(12期)就任、兼三笠艦長
1911(M44)- 5-23	艦長岩村団次郎大佐(14期)就任
1911(M44)- 6-26	羅針艦橋拡張、測距儀装備認可
1911(M44)- 9- 1	第1予備艦
1911(M44)- 9-19	舞鶴工廠で前後檣観測所雨覆及び風除、前檣見張所新設
1911(M44)-12- 1	艦長岩村俊武大佐(14期)就任
1911(M44)-12-27	翌年4月より少尉候補生練習艦として使用のため、候補生70名乗組みの施設を設けることを訓令
1912(M45)- 3-19	カッター(仏製)を舞鶴港務部保管の28'カッターと引換え認可
1912(M45)- 4-20	練習艦隊
1912(M45)- 7-17	江田島発内地巡航、韓国、山東半島方面少尉候補生近海練習航海、同航宗谷、10月13日津着
1912(T 1)-12- 5	横須賀発香港、シンガポール、豪州、フィリピン方面少尉候補生遠洋航海、同航宗谷、翌年4月21日着
1913(T 2)- 5- 1	第1予備艦
1913(T 2)- 5-24	艦長佐藤皐蔵大佐(18期)就任

浅間(Ⅱ)型/Asama Class・出雲型/Izumo Class・八雲/Yakumo・吾妻/Azuma

艦　歴/Ship's History (22)

艦　名	吾　妻(3/4)
年　月　日	記　事/Notes
1913(T 2)- 8-10	練習艦、兵学校
1913(T 2)- 8-23	15cm 砲2門砲身換装
1913(T 2)-12- 1	練習艦隊
1913(T 2)-12-20	江田島発、鹿児島、旅順、仁川、鎮海、舞鶴等少尉候補生近海航海、旗艦浅間、3月28日横須賀着
1914(T 3)- 4-20	横須賀発ハワイ、米国西岸、カナダ、アラスカ方面少尉候補生遠洋航海、旗艦浅間、8月11日着
1914(T 3)- 8-18	第3予備艦
1914(T 3)- 8-23	艦長久保来復大佐(17期)就任
1914(T 3)-12- 1	艦長三村錦三郎大佐(18期)就任
1915(T 4)- 4-12	艦長竹内重利大佐(20期)就任
1915(T 4)- 6-28	発電機換装認可
1915(T 4)- 6-30	第1予備艦
1915(T 4)- 8- 5	練習艦、兵学校
1915(T 4)- 9- 1	練習艦隊
1915(T 4)-10- 7	広島湾で艦載水雷艇をメインデリックで吊上げ揚収中大橋が後部艦橋甲板面より折損左舷前方に倒
	れ、これにより第3通船が圧壊、艦載水雷艇海面に落下船底を損傷する、軽傷3名
1915(T 4)-11- 1	兼警備艦
1915(T 4)-12-12	艦長飯田久恒大佐(19期)就任
1915(T 4)-12-16	江田島発佐世保、旅順、仁川、鎮海、舞鶴等少尉候補生近海航海、旗艦磐手、3月24日横須賀着
1916(T 5)- 4-30	横須賀発香港、シンガポール、豪州、ニュージーランド、南洋諸島方面同遠洋航海、旗艦磐手、
	8月22日着
1916(T 5)- 9- 1	第2予備艦
1916(T 5)-11- 1	第1予備艦
1916(T 5)-12- 1	第2艦隊第2水雷戦隊、艦長新納司大佐(22期)就任
1917(T 6)- 3-28	警備艦
1917(T 6)- 4-28	横浜発米国大使ガスリー氏の遺骸を米本国サンフランシスコまで護送、7月3日着
1917(T 6)- 8- 4	第2艦隊第2水雷戦隊
1918(T 7)- 1-24	第1特務艦隊
1918(T 7)- 2- 2	佐世保発シンガポール方面警備、6月3日着
1918(T 7)- 6- 6	第1予備艦、この間舞鶴工廠で8cm 高角砲1門装備
1918(T 7)- 7- 5	艦長飯田延太郎大佐(24期)就任
1918(T 7)- 7-17	練習艦隊
1918(T 7)- 9-16	兼警備艦
1918(T 7)-11-21	江田島発佐世保、青島、大連、旅順、仁川、鎮海、舞鶴、大阪等少尉候補生近海航海、旗艦常磐、
	翌年2月7日横須賀着
1919(T 8)- 3- 1	横須賀発上海、台湾、香港、マニラ、シンガポール、フリーマントル、コロンボ、セブ、南洋諸島、
	小笠原等同遠洋航海、旗艦常磐、7月26日横須賀着
1919(T 8)- 7-26	兼警備艦を解く
1919(T 8)- 8- 5	艦長原田正作大佐(24期)就任
1919(T 8)-10- 1	兼警備艦
1919(T 8)-11-24	横須賀発台湾、香港、シンガポール、コロンボ、アデン、ポートサイド、ナポリ、マルセイユ、ビゼルタ、

艦　歴/Ship's History (23)

艦　名	吾　妻(4/4)
年　月　日	記　事/Notes
	マルタ、バタビア、マニラ等少尉候補生遠洋航海、旗艦常磐、翌年5月22日横須賀着
1920(T 9)- 5-22	兼警備艦を解く
1920(T 9)- 6- 6	第3予備艦
1921(T10)- 8- 1	予備艦のまま舞鶴海兵団付属、新兵訓練用、この間8cm 砲撤去
1921(T10)- 9- 1	1等海防艦に類別
1921(T10)-11-20	艦長高橋宗三郎中佐(28期)就任
1922(T11)-12- 1	第3予備艦、佐世保鎮守府に転籍
1923(T12)- 9- 1	第1予備艦、関東大震災に際して佐世保より救難物資搭載6日品川着
1923(T12)-12- 1	第3予備艦
1923(T12)- -	艦長吉田茂明中佐(30期)就任
1924(T13)- 9- 1	第2予備艦、以後出動することなく舞鶴で繋留
1924(T13)-11- 1	舞鶴要港付属、第4予備艦、予備艦のまま兵学校練習用
1924(T13)-12- 1	呉鎮守府に転籍、第4予備艦、舞鶴要港付属
1925(T14)- -	艦長三矢四郎中佐(31期)就任
1927(S 2)-10- 1	予備艦のまま機関学校練習用
1927(S 2)-12- 1	艦長江頭貞三中佐(34期)就任
1929(S 4)-11-30	艦長山内裳吉中佐(34期)就任
1930(S 5)-12- 1	艦長楠岡準一中佐(36期)就任
1931(S 6)- 6- 1	海防艦に類別(等級廃止)
1930(S 6)- -	艦長武藤浩中佐(35期)就任
1932(S 7)- 1-14	昭和7年4月に除籍を予定していたが舞鶴要港参謀長の提言により、除籍を延期舞鶴に繋留して平時
	軍事思想の普及に用いることを決定、ただし今後4年間とし昭和11年度にはロンドン条約により廃
	艦処分とする、定員は置かず准士官、下士官各1名程度の保管員を常駐させる、短艇は一部を残し
	て陸揚げ、兵装は麻式機銃以外はそのままとする
1933(S 8)-11-15	練習用を解く
1939(S14)-12- 1	舞鶴鎮守府に転籍
1942(S17)- 1-15	前後の20cm 砲塔撤去訓令
1942(S17)- 7- 1	特務艦(練習特務艦)に類別
1944(S19)- 2-15	除籍、廃艦第15号、昭和19年夏頃に西舞鶴岸壁で解体着手、翌年はじめに完了

艦　歴/Ship's History (24)

艦　名	出　雲(1/6)
年　月　日	記　事/Notes
1898(M31)- 4-27	命名
1898(M31)- 5-16	英国ニューキャッスル、Armstrong 社 Elswick 工場で起工
1898(M31)-12- 3	回航委員長三須宗太郎大佐(5期)就任
1898(M31)-12-16	呉鎮守府に入籍
1899(M32)- 9- 9	回航委員長井上敏夫大佐(5期)就任
1899(M32)- 9-19	進水
1899(M32)-10-18	1等巡洋艦に類別
1900(M33)- 3-14	艦長井上敏夫大佐(5期)就任
1900(M33)- 9-25	竣工
1900(M33)-10- 2	英国発
1900(M33)-12- 8	横須賀着、第1予備艦
1901(M34)- 2- 9	常備艦隊
1901(M34)- 7-29	佐世保発北清、韓国警備、8月22日着
1902(M35)- 3-12	艦長宮岡直記大佐(6期)就任
1902(M35)- 4- 1	佐世保鎮守府に転籍
1902(M35)- 4-22	第1予備艦
1902(M35)- 7- 9	佐世保発韓国南岸警備、17日三角着
1903(M36)- 4-10	神戸沖大演習観艦式参列
1903(M36)- 4-12	常備艦隊
1903(M36)- 5-14	伊万里発韓国南岸警備、19日竹敷着
1903(M36)- 8-12	常備艦隊夏期演習中奥尻海峡にて本艦富士を曳航作業中艦尾のキャプスタン折損、死傷者2名を生じる
1903(M36)- 9-26	艦長伊地知季珍大佐(7期)就任
1903(M36)-12-28	第2艦隊
1904(M37)- 1-11	横須賀工廠で無線電信機改装、28日完成
1904(M37)- 2- 6	佐世保発日露戦争に従事
1904(M37)- 2- 9	旅順口第1次攻撃作戦に参加、発射弾数20cm砲-34、15cm砲-85
1904(M37)- 2-25	旅順封鎖作戦に参加、発射弾数20cm砲-6
1904(M37)- 3- 6	ウラジオストク砲撃に参加、発射弾数20cm砲-27、15cm砲-48
1904(M37)- 8-14	蔚山沖海戦に参加、被弾20、戦死3、負傷6、15cm砲2門使用不能、発射弾数20cm砲-255、
	15cm砲-1,085、8cm砲-910
1904(M37)- 8-15	佐世保工廠で入渠修理、15cm砲2門換装、9月20日完成
1904(M37)-12-18	佐世保工廠で入渠修理、前後檣の戦闘檣楼撤去その他、翌年1月7日完成
1905(M38)- 5-27	第2艦隊として日本海海戦に参加、被弾9、戦死4、負傷26、、発射弾数20cm砲-166、15cm砲
	-704、8cm砲-388
1905(M38)- 5-30	佐世保工廠で仮修理着手、6月4日完成
1905(M38)- 6-18	三菱長崎造船所で修理着手、7月10日完成
1905(M38)-10-23	横浜沖凱旋観艦式参列
1905(M38)-12-12	艦長加藤定吉大佐(10期)就任
1905(M38)-12-20	第1艦隊
1906(M39)- 1-18	佐世保工廠で総検査修理実施、翌年3月24日完成

艦　歴/Ship's History (25)

艦　名	出　雲(2/6)
年　月　日	記　事/Notes
1906(M39)- 2- 2	艦長名和又八郎大佐(10期)就任
1906(M39)- 3-27	長官寝室新設その他諸室変更認可
1906(M39)- 6- 6	竹敷発韓国南岸警備、23日佐世保着
1906(M39)-10-12	艦長奥宮衛大佐(10期)就任
1906(M39)-11-10	倉橋湾発韓国南岸警備、18日竹敷着
1907(M40)- 4- 6	佐世保発韓国南岸警備、26日尾崎着
1907(M40)- 8- 5	艦長釜屋忠道大佐(11期)就任
1907(M40)- 8-13	佐世保発大連方面警備、31日着
1907(M40)-10-13	宇品発韓国警備、22日尾崎着
1907(M40)-11-22	第1予備艦
1907(M40)-12-24	佐世保工廠で機関部修理着手、翌年4月30日完成
1908(M41)- 2-20	艦長矢島純吉大佐(12期)就任
1908(M41)- 9-15	艦長茶山豊也大佐(12期)就任
1908(M41)-11-18	神戸沖大演習観艦式参列
1908(M41)- 5-15	第1艦隊
1908(M41)- 9-22	第2艦隊
1908(M41)-11-20	第1予備艦
1909(M42)- 2-20	大檣ガーフ改造認可
1909(M42)- 5-12	小蒸気格納位置変更認可
1909(M42)- 5-22	艦長山口九十郎大佐(13期)就任
1909(M42)- 7-10	艦長竹下勇大佐(15期)就任
1909(M42)- 7-17	警備艦
1909(M42)- 9-20	横浜発北米西岸方面派遣サンフランシスコのポートランド祭参列、12月8日横須賀着
1909(M42)-12-25	第1予備艦
1910(M43)- 4- 9	艦長秋山真之大佐(17期)就任
1910(M43)- 5-26	端艇用砲架4基を削減、艦用砲架兼用とする
1910(M43)-10-26	無線電信室改造認可
1910(M43)-12- 1	艦長関野謙吉大佐(13期)就任
1911(M44)- 2-21	島原湾で投錨中左舷錨鎖が破断跳ねたため付近で作業中の乗員5名が重軽傷を負い1名が後死亡
1911(M44)- 4- 1	第2予備艦
1911(M44)- 5-23	艦長田所広海大佐(17期)就任、12月1日より翌年4月1日まで兼肥前艦長
1911(M44)- 6-19	復旧修理工事認可、11月着手翌年10月完成予定
1911(M44)-10-22	佐伯湾碇泊中第2汽艇揚収に際し吊索切断海中に落下沈没したが26日に回収
1912(M45)- 1-18	40口径8cm砲装填演習砲1基装備
1912(T 1)-11-12	横浜沖大演習観艦式参列
1912(T 1)-12- 1	艦長竹内次郎大佐(14期)就任
1912(T 1)-12-25	第1予備艦
1913(T 2)- 2-15	第2艦隊
1913(T 2)- 3- 7	仁川発北清方面警備、5月13日佐世保着

艦　歴/Ship's History (26)

艦　名	出　雲(3/6)
年　月　日	記　事/Notes
1913(T 2)-11- 2	佐世保港外で本艦艦載水雷艇哨戒任務中、常磐の艦載水雷艇と衝突沈没、人員被害なし
1913(T 2)-11-10	横須賀沖恒例観艦式参列
1913(T 2)-11-12	警備艦、艦長森山慶三郎大佐(17期)就任
1913(T 2)-11-20	横須賀発北米、メキシコ方面居留民保護、4年4月29日館山着、この間メキシコ沿岸で遭難した浅
	間の救援に従事後帰国
1914(T 3)- 8-20	サンフランシスコ、ユニオン鉄工所で入渠、船底清掃
1914(T 3)- 9- 3	エスカイモルトにおいて入渠修理、10月5日完成、その後ヤーロー社造船所で機関部修理、11月
	10日完成
1914(T 3)-10- 1	第1南遣艦隊遣米支隊
1915(T 4)- 1-25	艦長三村錦三郎大佐(18期)就任
1915(T 4)- 5- 7	第3予備艦
1915(T 4)-11- 5	第1予備艦
1915(T 4)-12- 4	横浜沖特別観艦式参列
1915(T 4)-12-13	第2艦隊第2水雷戦隊、艦長河田勝治大佐(17期)就任
1916(T 5)- 4- 9	佐世保発中国警備、18日鎮海着
1916(T 5)-10-25	横浜沖恒例観艦式参列
1916(T 5)-11- 6	艦長小林研蔵大佐(19期)就任
1916(T 5)-12- 1	第1艦隊第1水雷戦隊
1916(T 5)-12-12	第1艦隊第2戦隊
1916(T 5)-12-27	警備艦
1917(T 6)- 1-15	大湊発北米方面警備、3月20日横須賀着
1917(T 6)- 4-18	馬公発シンガポール、地中海方面警備、8年7月2日横須賀着
1917(T 6)- 3-28	第1特務艦隊
1917(T 6)- 6-20	第2特務艦隊
1918(T 7)- 7- 5	艦長増田幸一大佐(23期)就任
1919(T 8)- 7-20	第2予備艦
1919(T 8)- 9- 1	第1予備艦
1919(T 8)-10-28	横浜沖大演習観艦式参列
1919(T 8)-11- 1	第2予備艦
1919(T 8)-11-20	艦長宮村暦造大佐(27期)就任
1920(T 9)- 5- 3	後檣ロアトップ撤去上申
1920(T 9)- 5-10	公589内火艇を新造12m30馬力石油ランチと換装
1920(T 9)- 5-18	機関少尉候補生室新設改造認可
1920(T 9)- 7-14	8cm高角砲装備に伴う伝声管改造認可
1921(T10)- 2-15	艦長小泉親治大佐(27期)就任、兼肥前艦長
1921(T10)- 4- 1	第1予備艦
1921(T10)- 4-14	艦長植村信男大佐(26期)就任
1921(T10)- 5- 1	練習艦隊
1921(T10)- 8-20	横須賀発台湾、香港、シンガポール、コロンボ、アデン、ポートサイド、ナポリ、マルセイユ、ツー
	ロン、ビゼルタ、マルタ、バタビア、マニラ等少尉候補生遠洋航海、同航八雲、翌年4月4日横須賀着

艦　歴/Ship's History (27)

艦　名	出　雲(4/6)
年　月　日	記　事/Notes
1921(T10)- 9- 1	1等海防艦に類別
1922(T11)- 4-15	艦長原敢二郎大佐(28期)就任
1922(T11)- 6-26	横須賀発ハワイ、パナマ、ブラジル、アルゼンチン、南ア、コロンボ、シンガポール、香港、台湾、
	上海方面少尉候補生遠洋航海、同航磐手(旗艦)、浅間、翌年2月17日着
1923(T12)- 3- 1	第3予備艦、艦長白石信成大佐(28期)就任、兼常磐艦長
1923(T12)- 5- 1	艦長佐藤巳之吉大佐(30期)就任、兼佐多特務艦長
1923(T12)- 9- 1	第1予備艦
1923(T12)- 9- 3	佐世保工廠で中甲板15cm砲一時撤去、翌年1月31日完成
1923(T12)- 9- 6	関東大震災に際して佐世保より救援物資搭載品川着、清水への避難民輸送任務後佐世保に帰着
1923(T12)-10- 1	第3予備艦
1923(T12)-11-10	艦長重岡信治郎大佐(30期)就任、14年7月2日から同8月25日まで兼由良艦長
1924(T13)- 2-15	28' 30' カッター各1隻を旧沖島30' カッターと佐世保航空隊30' カッターと交換
1924(T13)- 4-21	艦底測程儀装備、5月26日完成
1924(T13)- 5- 1	第1予備艦
1924(T13)- 5- 5	佐世保工廠で居住区設備改修、31日完成
1924(T13)- 6- 1	練習艦隊
1924(T13)-10- 8	兼警備艦
1924(T13)-11-10	横須賀発ハワイ、メキシコ、北米、カナダ、南洋方面少尉候補生遠洋航海、同航八雲(旗艦)浅間、
	翌年4月4日着
1925(T14)- 2- 7	バンクーバー港で本艦汽艇とカナダ太平洋鉄道会社の曳航中の運貨船が衝突、汽艇は沈没、11名溺死
	す、汽艇及び遺体を12日までに収容
1925(T14)- 4-15	第1予備艦
1925(T14)- 6-15	第3予備艦
1925(T14)-12- 1	第1予備艦、艦長井上継松大佐(32期)就任
1926(T15)- 1-15	練習艦隊
1926(T15)- 6-11	兼警備艦、外国航行中
1926(T15)- 6-30	横須賀発上海、香港、シンガポール、コロンボ、アデン、ポートサイド、イスタンブール、アテネ、
	ナポリ、ツーロン、バルセロナ、ビゼルタ、マルタ、ジブチ、モンバサ、バタビア、マニラ方面少
	尉候補生遠洋航海、旗艦八雲、翌年1月17日着
1927(S 2)- 2- 1	第3予備艦
1927(S 2)- 7- 1	佐世保工廠で缶改造、翌年2月16日完成
1927(S 2)-11-30	佐世保工廠で第2士官次室新設、翌年2月21日完成
1927(S 2)-12- 1	第1予備艦、艦長広田稔大佐(32期)就任
1928(S 3)- 1-15	練習艦隊
1928(S 3)- 1-25	佐世保工廠で15式4号送信機装備、2月16日完成
1928(S 3)- 2-10	佐世保工廠で公688内火艇臨時搭載
1928(S 3)- 3- 5	兼警備艦
1928(S 3)- 4-23	横須賀発台湾、上海、香港、マニラ、シンガポール、バタビア、豪州、ニュージーランド、ハワイ、
	南洋諸島方面少尉候補生遠洋航海、旗艦八雲、10月3日着
1928(S 3)-12- 4	横浜沖大礼特別観艦式参列

艦　歴/Ship's History (28)

艦　名	出　雲 (5/6)
年　月　日	記　事/Notes
1929(S 4)- 2- 1	第3予備艦
1929(S 4)-11-30	艦長川名彪雄大佐 (34 期) 就任、兼龍田艦長
1930(S 5)- 2- 2	艦長星埜守一大佐 (35 期) 就任
1930(S 5)- 6- 1	第2予備艦
1930(S 5)- 9- 1	第1予備艦
1930(S 5)- 9-10	練習艦隊期間中公 774 12m 内火艇を臨時搭載
1930(S 5)-10- 1	練習艦隊
1930(S 5)-11-29	兼警備艦
1930(S 5)-12-17	旅順発青島方面警備、12 月 30 日佐世保着
1931(S 6)- 3- 2	兼警備艦
1931(S 6)- 3- 5	横須賀発台湾、香港、シンガポール、コロンボ、アデン、ポートサイド、ナポリ、ツーロン、マル
	セイユ、マルタ、アレキサンドリア、ジブチ、コロンボ、バタビア、マニラ、パラオ方面同遠洋航海、
	旗艦八雲、8 月 15 日着
1931(S 6)- 6- 1	海防艦に類別 (等級廃止)
1931(S 6)- 7-31	南洋パラオ港外で練習艦隊教練射撃施行後標的を曳航帰港中に暗礁に触れ、予定を変更佐世保に向かう
1931(S 6)- 8-22	佐世保工廠で上記損傷修理着手、9 月 30 日完成
1931(S 6)-10- 1	第3予備艦
1931(S 6)-11- 1	第1予備艦
1931(S 6)-12- 1	第2遣外艦隊
1931(S 6)-12-24	佐世保発青島、揚子江流域方面警備、8 年 7 月 15 日佐世保着、この間数度一時帰朝
1932(S 7)- 2- 2	第3艦隊、警備艦中国水域航行中
1932(S 7)- 2- 3	佐世保工廠で無電装置改修、30cm 信号探照灯装備、内火艇換装、28 日完成
1932(S 7)- 3-17	佐世保工廠で無線電話室諸装置新設、発電機仮装備、4 月 7 日完成
1932(S 7)-10-15	佐世保工廠で第2汽艇を公 589 と換装、12 月 24 日完成
1932(S 7)-11- 5	佐世保工廠で艦橋防弾装置、二重天幕新設、翌年 3 月 31 日完成
1932(S 7)-11-15	艦長中村重一大佐 (37 期) 就任
1933(S 8)- 4- 9	上海で英国船スペイバンクと接触、軽微な損傷を生ず
1933(S 8)- 5-20	第3艦隊第 10 戦隊
1933(S 8)- 8- 1	佐世保発青島、揚子江流域、台湾方面警備、10 年 2 月 4 日佐世保着、この間数度一時帰朝
1933(S 8)-11-15	艦長高須三二郎大佐 (37 期) 就任
1934(S 9)- 4- 5	佐世保工廠で機関部修理、6 月 4 日完成
1934(S 9)- 4-16	佐世保工廠で飛行機搭載設備新設、7 月 20 日完成
1934(S 9)-11- 1	艦長大島四郎大佐 (36 期) 就任
1935(S10)- 3- 1	第2予備艦、佐世保工廠及び三菱長崎で缶入換え艦本式ロ号混焼缶 6 基と換装、重油タンク新設工事
1935(S10)-10-15	第1予備艦
1935(S10)-10-21	第3艦隊旗艦施設設置、11 月 4 日完成
1935(S10)-11- 1	第3艦隊第 10 戦隊、佐世保発揚子江流域警備、翌年 5 月 19 日着
1936(S11)- 6- 3	佐世保発揚子江流域警備、翌年 5 月 10 日着
1936(S11)-10- 4	防空兵装増備、10 月 14 日完成、機銃増備
1936(S11)-11-16	艦長鎌田道章大佐 (39 期) 就任

艦　歴/Ship's History (29)

艦　名	出　雲 (6/6)
年　月　日	記　事/Notes
1937(S12)- 2-22	長官艇を換装、搭載中の 12m 長官艇を陸揚げ公 862 12m 長官艇を搭載
1937(S12)- 5-14	水中発射管撤去
1937(S12)- 5-29	佐世保工廠で 8cm 高角砲撤去、40mm 機銃連装及び単装各 2 基装備及び弾薬庫改造、6 月 8 日完成
1937(S12)- 6- 9	佐世保発揚子江流域、青島方面警備、14 年 1 月 17 日着
1937(S12)-10-20	支那方面艦隊
1937(S12)-12- 1	艦長岡新大佐 (40 期) 就任
1938(S13)- 7- 1	第3艦隊付属
1938(S13)- 9- 1	艦長原田清一大佐 (39 期) 就任
1939(S14)- 1-31	佐世保発中支方面警備、翌年 8 月 7 日着
1939(S14)- 2- 1	艦長後藤存知大佐 (38 期) 就任、兼陸奥艦長
1939(S14)-11-15	支那方面艦隊付属、艦長吉富説三大佐 (39 期) 就任
1940(S15)- 8- 7	佐世保発中支方面警備、19 年 2 月 29 日呉着、この間数度一時帰朝
1940(S15)-11- 1	艦長秋山勝三大佐 (40 期) 就任
1941(S16)- 9-13	艦長魚住治策大佐 (42 期) 就任
1942(S17)- 7- 1	1 等巡洋艦に類別
1942(S17)-10- 7	艦長村山清六大佐 (42 期) 就任
1943(S18)- 9-12	艦長西岡茂泰大佐 (40 期) 就任
1943(S18)-12-30	艦長加藤興四郎大佐 (43 期) 就任
1944(S19)- 2-20	呉練習戦隊、以後内海で兵学校生徒の乗艦実習、所定海面の防衛、対潜、対空警戒にあたる
1944(S19)- 2-24	上海発、2 月 29 日呉着
1944(S19)- 8-10	艦長草川淳大佐 (38 期) 就任
1944(S19)-10-	呉工廠にて兵装換装等訓令、実際の工事は翌年 2 ～ 4 月に断続的に実施、前後の 20cm 砲塔
	を撤去、12.7cm 連装高角砲に換装、25mm 機銃連装 2 基、同 3 連装各 2 基を装備、15cm 砲 4 門、
	40mm 機銃は撤去
1945(S20)- 2-25	艦長鳥居威美大佐 (47 期) 就任
1945(S20)- 4-10	内海を航行中触雷、推進器を損傷、航行は可能、11 日因島工場で入渠修理 25 日出渠
1945(S20)- 7-24	江田島高須浜で米空母機の攻撃により転覆擱座状態
1945(S20)- 8-15	第4予備艦
1945(S20)-11-20	除籍、21 年に播磨造船の手でとりあえず水上部分のみ解体、水中部分は 22 年 5 月 23 日より 9 月
	30 日まで播磨造船により別途引揚げ解体

艦　歴/Ship's History (30)

艦　名	磐　手(1/7)
年　月　日	記　事/Notes
1898(M31)-11-11	英国ニューキャッスル、Armstrong 社 Elswick 工場で起工
1899(M32)- 1-23	命名
1899(M32)- 7-19	横須賀鎮守府に入籍
1899(M32)-10-18	1等巡洋艦に類別
1900(M33)- 3-29	進水
1900(M33)- 9- 1	艦長山田彦八大佐(5期)就任
1901(M34)- 3-18	竣工
1901(M34)- 3-19	英国発
1901(M34)- 5-17	横須賀着、第1予備艦
1901(M34)- 7- 6	艦長武富邦鼎大佐(期外)就任
1901(M34)- 8-21	常備艦隊
1901(M34)- 8-26	横須賀発韓国、露領沿岸方面警備、9月17日函館着
1902(M35)- 4- 1	佐世保鎮守府に転籍
1902(M35)- 4-22	第1予備艦
1902(M35)- 8- 5	佐世保発韓国南岸警備、9日竹敷着
1902(M35)-12-17	佐世保発韓国南岸警備、23日着
1903(M36)- 3- 1	第2艦隊
1903(M36)- 4-10	神戸沖大演習観艦式参列
1903(M36)- 7- 1	常備艦隊
1903(M36)-12-28	第2艦隊
1903(M36)-12-29	横須賀工廠で無線電信機改装、翌年1月28日完成
1904(M37)- 2- 6	佐世保発日露戦争に従事
1904(M37)- 2- 9	旅順口第1次攻撃作戦に参加、負傷14、発射弾数20cm砲-48、15cm砲-138、8cm砲-32
1904(M37)- 2-25	旅順封鎖作戦に参加、発射弾数20cm砲-14、15cm砲-9
1904(M37)- 3- 6	ウラジオストク砲撃に参加、発射弾数20cm砲-30、15cm砲-26
1904(M37)- 8-14	蔚山沖海戦に参加、被弾2、戦死39、負傷37、1番ケースメイトを貫通した15cm敵弾が炸裂周囲
	の装薬に引火、海戦参加艦で最大の人的被害を生じる、15cm砲及び8cm砲各3門使用不能、発射
	弾数20cm砲-222、15cm砲-722、8cm砲-586
1904(M37)- 8-15	佐世保工廠で入渠修理、9月2日完成
1904(M37)-12-14	呉工廠で入渠修理、15cm砲及び8cm砲各1門換装、前後橋の戦闘檣楼撤去その他、翌年2月11
	日完成
1905(M38)- 1-12	艦長川島令次郎大佐(12期)就任
1905(M38)- 5-27	第2戦隊として日本海海戦に参加、被弾16、戦死-1、負傷14、発射弾数20cm砲-205、15cm砲
	-805、8cm砲-500
1905(M38)- 6- 1	佐世保工廠で仮修理着手、9日完成
1905(M38)- 7-21	佐世保工廠で修理着手、9月6日完成
1905(M38)-10-23	横浜沖凱旋観艦式参列
1905(M38)-11- 8	竹敷発韓国南岸警備、12月2日下関着
1905(M38)-12-20	第1艦隊

艦　歴/Ship's History (31)

艦　名	磐　手(2/7)
年　月　日	記　事/Notes
1906(M39)- 3- 2	英皇族コンノート殿下訪日奉迎任務、16日まで
1906(M39)- 2- 2	艦長山下源太郎大佐(10期)就任
1906(M39)- 6- 6	竹敷発韓国南岸警備、23日佐世保着
1906(M39)-11- 7	舟志湾発韓国南岸警備、11日佐世保着
1906(M39)-11-12	艦長有馬良橘大佐(12期)就任
1907(M40)- 4- 6	佐世保発韓国南岸警備、26日尾崎着
1907(M40)- 8-13	佐世保発大連方面警備、31日着
1907(M40)-10-13	宇品発韓国警備、23日佐世保着
1907(M40)-12-27	艦長石田一郎大佐(11期)就任
1908(M41)- 2-20	佐世保発韓国警備、3月6日着
1908(M41)- 4-16	馬公発清国南部警備、21日佐世保着
1908(M41)- 9-15	艦長真野厳次郎大佐(期外)就任
1908(M41)- 9-22	第2艦隊
1908(M41)-11-18	神戸沖大演習観艦式参列
1908(M41)-11-20	第1予備艦
1909(M42)- 3- 4	艦長北野勝也大佐(期外)就任、翌年2月16日から3月19日まで兼笠置艦長
1909(M42)-12- 1	第2予備艦
1910(M43)- 6- 9	佐世保工廠で復旧修理工事着手、翌年3月完成
1910(M43)- 6-26	佐世保工廠で弾火薬庫改造の件認可
1910(M43)-10-26	佐世保工廠で無電室改造認可
1911(M44)- 2- 8	佐世保工廠で戦時無電室新設認可
1911(M44)- 3- 6	佐世保工廠で改造修理公試認可
1911(M44)- 4- 1	第1予備艦
1911(M44)- 5-23	艦長橋本又吉郎大佐(13期)就任
1911(M44)-12- 1	第2艦隊、艦長船越揖四郎大佐(16期)就任
1911(M44)-12-11	佐世保発清国南部警備、翌年6月18日着
1912(M45)- 6-18	佐世保発清国南部警備、9月7日横浜着
1912(M45)- 7-13	艦長原静吾大佐(13期)就任
1912(T 1)-11-12	横浜沖大演習観艦式参列
1913(T 2)- 1-18	打狗発清国南部警備、2月22日佐世保着
1913(T 2)- 2-15	第2予備艦
1913(T 2)- 3- 7	艦長山口九十郎大佐(13期)就任、兼薩摩艦長
1913(T 2)- 4- 1	第1予備艦
1913(T 2)- 5-24	艦長上村行敏大佐(14期)就任、兼薩摩艦長
1913(T 2)- 8-31	艦長井手謙治大佐(16期)就任
1913(T 2)- 9-12	第3艦隊
1913(T 2)- 9-15	佐世保発中国方面警備、11月22日着
1913(T 2)-12- 1	第2艦隊、艦長広瀬弘毅大佐(17期)就任
1914(T 3)- 2-28	仁川発中国方面警備、3月24日鎮南浦着

艦　歴/Ship's History (32)

艦　名	磐　手(3/7)
年　月　日	記　事/Notes
1914(T 3)- 8-17	佐世保発中国方面警備、22日着
1914(T 3)-10- 1	第1艦隊第3戦隊
1914(T 3)-10-27	艦長山口鋭大佐(17期)就任
1914(T 3)-11- 9	第1南遣艦隊
1914(T 3)-12- 1	第2南遣艦隊
1914(T 3)-12-28	第2艦隊第4戦隊
1915(T 4)- 4- 1	第2予備艦
1915(T 4)- 5- 3	佐世保工廠で特定修理認可
1915(T 4)- 6-30	第1予備艦
1915(T 4)- 7-19	艦長百武三郎大佐(19期)就任
1915(T 4)- 8-15	練習艦
1915(T 4)- 9- 1	練習艦隊
1915(T 4)-12- 4	横浜沖特別観艦式参列
1915(T 4)-12-13	兼警備艦
1915(T 4)-12-16	江田島発佐世保、旅順、仁川、鎮海、舞鶴等少尉候補生近海航海、同航吾妻、翌年3月24日横須賀着
1916(T 5)- 4-30	横須賀発香港、シンガポール、豪州、ニュージーランド、南洋諸島方面同遠洋航海、同航吾妻、
	8月22日着
1916(T 5)- 9- 1	第2予備艦
1916(T 5)-12- 1	艦長中里重次大佐(20期)就任
1916(T 5)-12-12	第1艦隊第2戦隊
1916(T 5)-12-27	警備艦
1917(T 6)- 1-15	大湊発北米方面警備、3月20日横須賀着
1917(T 6)- 4-21	佐世保発青島方面警備、28日鎮海着
1917(T 6)- 3-28	第2予備艦
1917(T 6)- 7-10	第1予備艦
1917(T 6)- 8-25	練習艦隊
1917(T 6)-12- 1	兼警備艦
1917(T 6)-12-24	江田島発上海、青島、旅順、仁川、鎮海等少尉候補生近海航海、同航浅間、翌年2月9日横須賀着
1918(T 7)- 3- 2	横須賀発ハワイ、米国西岸、メキシコ、パナマ、南洋方面同遠洋航海、同航浅間、7月6日着
1918(T 7)- 7-17	第1予備艦
1918(T 7)- 8-15	艦長筑土次郎大佐(24期)就任
1918(T 7)- 9- 5	第1特務艦隊
1918(T 7)- 9-16	馬公発シンガポール方面警備、翌年9月19日着、この間数度一時帰朝
1919(T 8)- 5-15	香港在泊中本艦汽艇と米スタンダード石油使用船衝突
1919(T 8)- 8- 9	第2遣外艦隊
1919(T 8)-10-24	候補生室拡張認可
1919(T 8)-10-28	横浜沖大演習観艦式参列
1919(T 8)-11- 1	第2予備艦、佐世保工廠で機関部修理
1919(T 8)-11-20	艦長鳥崎保三大佐(27期)就任
1920(T 9)- 6- 4	練習艦隊

艦　歴/Ship's History (33)

艦　名	磐　手(4/7)
年　月　日	記　事/Notes
1920(T 9)- 6-17	兼警備艦
1920(T 9)- 8-21	横須賀発台湾、シンガポール、コロンボ、ケープタウン、南米、タヒチ、南洋方面少尉候補生遠洋航海、
	旗艦浅間、翌年4月2日着
1920(T 9)- 9-21	シンガポール在泊中黒色火薬庫二重底に浸水満水
1921(T10)- 5- 1	第2予備艦、佐世保工廠で8cm高角砲1門装備代わりに従来の8cm砲2門撤去
1921(T10)- 9- 1	1等海防艦に類別
1921(T10)- 9-15	第1予備艦、佐世保工廠で小演習中使用の航空機搭載装置装備
1921(T10)-10-31	第2予備艦
1921(T10)-11-20	艦長大寺量吉大佐(27期)就任
1921(T10)-11-12	横須賀鎮守府に転籍、第2予備艦
1921(T10)-12-13	鳶ヶ鼻付近で本艦艦載水雷艇長門の同艇と衝突大破する
1922(T11)- 3-15	第1予備艦
1922(T11)- 4- 1	横須賀工廠で機関部修理、候補生室拡張、無電機換装、兵員烹炊室改造、6月23日完成
1922(T11)- 4-15	練習艦隊
1922(T11)- 6-26	横須賀発ハワイ、パナマ、ブラジル、アルゼンチン、南ア、コロンボ、シンガポール、香港、台湾
	上海方面少尉候補生遠洋航海、同航出雲、浅間、翌年2月17日着
1923(T12)- 1-24	基隆より上海に向け航行中第2号缶より蒸気熱湯噴出、2名死亡、5名重傷
1923(T12)- 3- 1	第2予備艦
1923(T12)- 3- 5	艦長米内光政大佐(29期)就任
1923(T12)- 3-16	横須賀工廠で中甲板15cm砲全門撤去、転輪羅針儀撤去、艦底測程儀装備、5月31日完成
1923(T12)- 4-11	横須賀工廠で中甲板15cm砲撤去跡、居住区仮設置、6月14日完成
1923(T12)- 5- 1	第1予備艦
1923(T12)- 5-21	30' カッター2隻、28' カッター1隻を旧薩摩搭載30' カッター3隻と換装
1923(T12)- 6- 1	練習艦隊
1923(T12)- 7-14	江田島発横須賀、室蘭、大湊、新潟、舞鶴、鎮海、仁川、大連、旅順、佐世保少尉候補生近海航海、
	9月1日佐世保にて関東大震災の報により航海予定を変更、救援物資を搭載して9月6日品川着、
	以後東京 - 清水間の避難民輸送に従事5往復約5,000人(磐手実績)を輸送後、24日横須賀に戻り
	遠航準備に入る、同航八雲、浅間
1923(T12)-10-20	兼警備艦
1923(T12)-11- 7	横須賀発上海、マニラ、シンガポール、蘭印、豪州、ニュージーランド、南洋方面少尉候補生遠洋航
	海、同航八雲、浅間、翌年4月5日着
1924(T13)- 4-26	第2予備艦
1924(T13)- 5-30	臨時に内火式ランチを出雲の42' ランチと交換搭載
1924(T13)- 7-18	艦長八角三郎大佐(29期)就任
1924(T13)- 9- 1	第1予備艦
1924(T13)-11- 1	第2予備艦、艦長石川清大佐(33期)就任
1925(T14)- 4- 1	第1予備艦
1925(T14)- 5- 1	練習艦
1925(T14)- 7-14	兼警備艦、中国海域航行中
1925(T14)- 7-18	江田島発大阪、青島、旅順、大連、仁川、鎮海、佐世保、舞鶴、ウラジオストク、小樽、大湊等少

艦　歴/Ship's History (34)

艦　名	磐　手(5/7)
年　月　日	記　事/Notes
	尉候補生近海航海、9月22日横須賀着
1925(T14)-10-30	兼警備艦、外国航行中
1925(T14)-11-10	横須賀発上海、馬公、香港、マニラ、シンガポール、蘭印、豪州、ニュージーランド、南洋方面少尉
	候補生遠洋航海、翌年4月6日着
1925(T14)-12- 1	艦長枝原百合一大佐(31期)就任
1926(T15)- 4-20	第3予備艦
1926(T15)- 7- 1	第2予備艦
1926(T15)-9-15	艦長亥角喜蔵大佐(31期)就任
1926(T15)-11- 1	第1予備艦
1927(S 2)- 2- 1	練習艦隊
1927(S 2)- 3-28	江田島発鎮海、上海、佐世保、徳山、呉、大阪等少尉候補生近海航海、同航浅間、5月19日横須賀着
1927(S 2)- 6-30	横須賀発ハワイ、米西岸、パナマ、カリブ海、米東岸方面同遠洋航海、同航浅間、12月26日着
1927(S 2)- 5-20	兼警備艦、外国航行中
1928(S 3)- 1-15	第3予備艦
1928(S 3)- 2-10	内火式ランチを八雲ランチと交換
1928(S 3)- 9-13	横須賀工廠で第2士官次室新設、翌年2月25日完成
1928(S 3)-11- 1	第1予備艦
1928(S 3)-12- 4	横浜沖大礼特別観艦式参列
1928(S 3)-12-10	艦長鈴木義一大佐(32期)就任
1929(S 4)- 2- 1	練習艦隊
1929(S 4)- 3-25	兼警備艦、中国海域航行中
1927(S 4)- 3-27	江田島発舞鶴、鎮海、大連、青島、上海、呉等少尉候補生近海航海、同航浅間、5月23日横須賀着
1929(S 4)- 7- 1	横須賀発ハワイ、米西岸、パナマ、カリブ海、米東岸、南洋方面同遠洋航海、同航浅間、12月27日着
1929(S 4)- 7- 1	兼警備艦、外国航行中
1929(S 4)-12-24	艦長井上勝純大佐(34期)就任
1930(S 5)- 1-15	第3予備艦
1930(S 5)- 5- 1	第2予備艦
1930(S 5)-12- 1	艦長白石邦夫大佐(35期)就任
1931(S 6)- 1-26	横須賀工廠で缶換装、ベルビル缶24基を金剛陸揚のヤーロー式水管缶6基と入換え、9月20日完成
1931(S 6)- 4- 1	艦長岡田偆一大佐(35期)就任
1931(S 6)- 6- 1	海防艦に類別(等級廃止)
1931(S 6)- 8-25	横須賀工廠で87式方向探知機装備、舵角指示器換装、10月15日完成
1931(S 6)- 9- 1	第1予備艦
1931(S 6)- 9- 3	横須賀工廠で公774、783 12m内火艇搭載、本艦普通ランチと八雲内火ランチを交換、10月15日完成
1931(S 6)-10- 1	練習艦隊
1931(S 6)-11-17	江田島発舞鶴、鎮海、大連、青島、上海等少尉候補生近海航海、同航浅間、翌年1月20日横須賀着
1931(S 6)-11-28	兼警備艦、中国水域航行中
1932(S 7)- 2- 9	横須賀工廠で2号無線電話機装備、29日完成
1932(S 7)- 2-26	兼警備艦、外国水域航行中
1932(S 7)- 3- 1	横須賀発台湾、香港、シンガポール、蘭印、豪州、ニュージーランド、南洋方面同遠洋航海、同航浅間、

艦　歴/Ship's History (35)

艦　名	磐　手(6/7)
年　月　日	記　事/Notes
	7月14日着
1932(S 7)- 2-26	兼警備艦、外国海域航行中
1932(S 7)- 8-10	佐世保鎮守府に転籍
1932(S 7)- 9-26	艦長鈴木喜助大佐(36期)就任
1932(S 7)-11-19	江田島発内地巡航韓国、中国沿岸少尉候補生近海航海、同航八雲、翌年1月24日横須賀着
1932(S 7)-12- 7	兼警備艦、中国水域航行中
1933(S 8)- 3- 6	横須賀発北米西岸、中米、ハワイ、南洋諸島方面同遠洋航海、同航八雲、7月26日着
1933(S 8)- 3- 2	兼警備艦、外国航行中
1933(S 8)- 8-25	艦長原清大佐(38期)就任
1933(S 8)-11-18	江田島発舞鶴、鎮海、大連、青島、上海等少尉候補生近海航海、同航浅間、翌年1月17日横須賀着
1934(S 9)- 2- 1	兼警備艦、中国水域航行中
1934(S 9)- 2-15	横須賀発台湾、マニラ、シンガポール、アデン、ポートサイド、イスタンブール、アテネ、マルセイユ、バロセロナ、
	マルタ、コロンボ、バタビア、南洋方面少尉候補生遠洋航海、同航浅間、7月26日着
1934(S 9)- 9- 1	第1予備艦、佐世保防備戦隊、艦長藤森清一郎大佐(37期)就任
1934(S 9)-10-22	第3予備艦
1934(S 9)-11-15	艦長山田省三大佐(37期)就任
1935(S10)- 2-15	第1予備艦
1935(S10)- 3- 1	第3戦隊第10戦隊
1935(S10)-11- 1	第1予備艦、佐世保防備戦隊
1935(S10)-11-15	艦長角田覚治大佐(39期)就任
1936(S11)- 1-13	佐世保工廠で第3艦隊旗艦施設撤去、通風装置増設
1936(S11)- 2- 1	練習艦隊
1936(S11)- 3-19	江田島発舞鶴、仁川、大連、旅順、上海、呉等少尉候補生近海航海、旗艦八雲、5月9日横須賀着
1936(S11)- 4- 6	兼警備艦、中国水域航行中
1936(S11)- 5-11	兼警備艦、外国航行中
1936(S11)- 6- 9	横須賀発北米西岸、パナマ、キューバ、ボルチモア、ニューヨーク、パナマ、ハワイ、南洋諸島方面
	同遠洋航海、旗艦八雲、11月20日着
1936(S11)-12- 1	艦長醍醐忠重大佐(40期)就任
1936(S11)-12-11	佐世保工廠で候補生増員に伴う艤装一部改造、翌年1月31日完成
1936(S11)-12-13	佐世保工廠で探照灯換装、翌年2月13日完成
1937(S12)- 1-24	基隆、上海間航行中2号缶の漏水防止作業中熱湯が噴出7名が全身に火傷を負う、作業手順のミス
1937(S12)- 4-10	兼警備艦、中国水域航行中
1937(S12)- 4-23	佐世保工廠で司令官休憩室新設、27日完成
1937(S12)- 5-23	佐世保工廠で砲戦指揮装置新設改造
1937(S12)- 6- 1	兼警備艦、外国航行中
1937(S12)- 6- 7	横須賀発台湾、マニラ、シンガポール、コロンボ、ジブチ、イスタンブール、アテネ、パレルモ、ナ
	ポリ、マルセイユ、アレキサンドリア、アデン、バタビア方面少尉候補生遠洋航海、旗艦八雲、11
	月1日着
1937(S12)-12- 1	艦長一瀬信一大佐(41期)就任
1938(S13)- 3-30	兼警備艦、外国航行中

艦　歴/Ship's History (36)

艦　名	磐　手(7/7)
年　月　日	記　事/Notes
1938(S13)- 4- 6	横須賀発伊勢、佐世保、大連、旅順、青島、上海、台湾、バンコク、南洋諸島方面少尉候補生遠洋
	航海、旗艦八雲、6月29日着
1938(S13)- 7-15	艦長小柳富次大佐(42期)就任
1938(S13)- 9-15	兼警備艦、外国航行中
1938(S13)-11-16	横須賀発大連、青島、上海、台湾、厦門、マニラ、南洋諸島方面少尉候補生遠洋航海、旗艦八雲、
	翌年1月28日着
1939(S14)- 1-28	艦長岩越寒季大佐(38期)就任、兼那智艦長
1939(S14)- 5- 1	艦長緒方真記大佐(41期)就任
1939(S14)-7-25	江田島発舞鶴、鎮海、旅順、大連、青島、上海、台湾、厦門、佐世保、横須賀、ハワイ、南洋諸島
	方面少尉候補生遠洋航海、旗艦八雲、12月20日着
1939(S14)- 9-30	兼警備艦、外国航行中
1939(S14)-12-23	特別役務
1940(S15)- 2- 1	第3遣支艦隊第12戦隊に編入、以後17年1月まで北支旅順方面で戦地任務に従事、この間数回佐
	世保に補給、整備のため帰港、16年4月10日以降第3遣支艦隊、翌17年1月19日佐世保着
1940(S15)-11-10	艦長大和田昇大佐(44期)就任
1941(S16)- 1- 6	艦長平塚四郎大佐(40期)就任
1941(S16)- 4-10	支那方面艦隊第3遣支艦隊
1941(S16)-10-15	艦長石畑四郎大佐(46期)就任
1942(S17)- 1-15	特別役務
1942(S17)- 1- 2	艦長岡恒夫大佐(41期)就任
1942(S17)- 1-29	佐世保工廠にて生徒200名の居住施設その他工事受令
1942(S17)- 5- 1	練習艦、兵学校
1942(S17)- 6- 1	練習艦、兵学校及び機関学校
1942(S17)- 7- 1	1等巡洋艦に類別
1942(S17)- 9- 5	艦長佐々木喜代治大佐(40期)就任
1943(S18)- 1-12	15日まで潜水学校教務(襲撃訓練)の目標艦となる
1943(S18)- 2-18	艦長猪瀬正盛大佐(40期)就任
1943(S18)-10- 1	呉鎮守府に転籍、練習兼警備艦、兵学校長及び機関学校長の指揮下におく
1943(S18)-10-13	艦長大石堅志郎大佐(42期)就任
1943(S18)-12- 1	呉練習戦隊、兵学校長、機関学校長の指揮下を解く
1944(S19)- 7-25	艦長田中保郎大佐(42期)就任
1944(S19)-10-25	艦長岡田有作大佐(47期)就任
1944(S19)-11 -	呉工廠にて兵装換装工事訓令、翌年2-5月に断続時に工事を実施、主砲、15cm砲全てを撤去、新た
	に12.7cm連装高角砲2基、25mm機銃3連装3基、同連装2基、同単装2基を装備
1945(S20)- 1- 6	艦長清水他喜雄大佐(39期)就任
1945(S20)- 3-19	来島水道で米空母機と交戦、戦死1、負傷11
1945(S20)- 7-24	呉港外で米空母機の攻撃を受け至近弾により擱座
1945(S20)- 8- 5	第4予備艦
1945(S20)-11-20	除籍、21年4月11日より翌年1月31日まで播磨造船で解体

春日（Ⅱ）型 /Kasuga Class

型名 /Class name 春日（Ⅱ）/Kasuga　同型艦数 /No. in class　2　設計番号 /Design No.　設計者 /Designer Edoardo Masdea（伊国）①　建造費 /Cost 2 隻合計¥16,011,320（回航費保険費を除く金額¥14,937,390）②

艦名 /Name	計画年度 /Prog. year	建造番号 /Build. No	起工 /Laid down	進水 /Launch	竣工 /Completed	建造所 /Builder	旧名 /Ex. name	除籍 /Deletion	喪失原因・日時・場所 /Loss data
春日（Ⅱ）/Kasuga	M36/1903 臨時		M35/1902-03-10	M35/1902-10-22	M37/1904-01-07	伊国ジェノバ、Ansaldo 社	アルゼンチン Rivadavia	S20/1945-11-20	
日進（Ⅱ）/Nisshin	M36/1903 臨時		M35/1902-03-29	M36/1903-02-09	M37/1904-01-07	〃	〃 Mariano Moreno	S10/1935-04-01	

注 /NOTES ①イタリア海軍の造船官、本型装甲巡洋艦は戦艦と装甲巡の中間的存在として計画され高い評価を得ている　②本来アルゼンチンの注文で建造していたが、既に同国が同型 4 隻を取得していたことと財政難から建造中に売却を希望、日本が購入を決定取得したもの　【出典】

船体寸法 /Hull Dimensions

艦名 /Name	状態 /Condition	排水量 /Displacement		長さ /Length(m)			幅 /Breadth (m)			深さ /Depth(m)		吃水 /Draught(m)			乾舷 /Freeboard (m)			備考 /Note
				全長 /OA	水線 /WL	垂線 /PP	全幅 /Max	水線 /WL	水線下 /uw	上甲板 /m	最上甲板	前部 /F	後部 /A	平均 /M	艦首 /B	中央 /M	艦尾 /S	
春日 /Kasuga	新造完成 /New (T)	常備 /Norm.	7,874	111.56		104.869	18.71			12.19		7.07	7.80	7.435	6.10	5.30	6.00	
	新造計画 /Design (T)	常備 /Norm.	7,750									7.00	7.70	7.35				
	公試排水量 /Trial (T)		7,400		108.86							6.75	7.45	7.10				1903-9-29 公試（イタリア）
	常備排水量 /Norm. (T)		7,795.22									7.053	7.798	7.437				重心査定公試成績による、大正後期か昭和初期の実施例と推定
	満載排水量 /Full (T)		8,639.50									7.838	8.284	8.061				
	軽荷排水量 /Light (T)		6,770.21									7.512	7.491	6.679				
	公称排水量 /Official(T)	常備 /Norm.	7,700															7,628 トンと記載される場合あり
	公称排水量 /Official(T)	基準 /St'd	7,080															ワシントン条約以降の公表排水量
	実際排水量 /Actual (T)	常備 /Norm.	8,178															S10 年以降の海軍部内発表実際値
日進 /Nisshin	新造完成 /New (T)	常備 /Norm.	7,771	111.73		104.865	18.71			12.135		7.10	7.60	7.40				
	新造計画 /Design (T)	常備 /Norm.																
	公試排水量 /Trial (T)		7,413									6.76	7.47	7.11				1903-11-6 公試（イタリア）
	常備排水量 /Norm. (T)		8,116.44									7.428	7.963	7.695				重心査定公試成績による、大正後期か昭和初期の実施例と推定
	満載排水量 /Full (T)		8,827.24									7.692	8.711	8.201				
	軽荷排水量 /Light (T)		6,917.23									6.479	7.091	6.849				
	公称排水量 /Official(T)	常備 /Norm.	7,700															7,628 トンと記載される場合あり
	公称排水量 /Official(T)	基準 /St'd	7,080															ワシントン条約以降の公表排水量
	実際排水量 /Actual (T)	常備 /Norm.																

注 /NOTES ①明治期の常備排水量については公表された数値に英トンと仏トンの混同が見られ、各数値の定義を上記のようにまとめてみたが推定によるものも多い
【出典】極秘版海軍省年報 / 海軍省年報 / 各種艦船 KG 及び GM 等に関する参考資料 S8-6 調整 <平賀資料>/ 英 Engineering 誌 (1904)

解説 /COMMENT

明治 29、30 年の第 1、2 期拡張計画による新造艦艇は全て明治 35 年ごろまでに完成、待望の六六艦隊が実現、一応対露戦備は整ったかに見えたが、この年 10 月、山本海軍大臣は明治 36 年以降 11 か年間に 1 億 5 千万円を支出する第 3 期拡張計画を計画、戦艦 (15,000 トン)4 隻、1 等巡洋艦 (1 万トン)4 隻、2 等巡洋艦 (4,500 トン)3 隻及び陸上基地整備をはかり、財政状態に鑑み、総額を 1 億 1,500 万円に圧縮、新造計画艦船の隻数を 1 隻ずつ減じて議会に提出された（第 1、2 期拡張計画の総額は 2 億 1,910 万円）。

ここで山本大臣は現状では日本の海軍力は世界第 4 位（翌年 6 月の再提案で第 5 位に訂正）だが、昨今の列強の海軍増強計画をみるに、このままでは再び下位に転落は必至として、新たな海軍拡張計画の必要性を訴えたのであった。この議案は総額を 9,986 万円に減じて新造艦数はそのままに第 18 帝国議会で承認された。

一方、この間明治 36 年 /1903　1 月に南米チリとアルゼンチン両国間で海軍軍拡を制限する条約が調印され、両国が欧州に発注建造中の軍艦相当数が売りに出されるという事態が生じていた。特にチリが英国のアームストロング社とヴィッカース社に 1 隻ずつ発注していた戦艦コンスティテュシオン Constitucion とリベルタ Libertad(11,800 トン、10" 連装砲 2 基、7.5" 砲 14 門、速力 19 ノット、主甲帯厚 7") は前述の英国の著名な造船官リードの設計になるという、特色ある軽戦艦であった。

当然、東洋にあって覇を競っていた日本とロシアに対しては売り込む絶好の機会であり、早くに情報を得た英国は外交筋を通して日本に購入をすすめていた。こうしたケースではいつものことながら利にめざとい海外の商社や武器商人が間に入って、高額のマージンを稼ぐのが常で、このときも英、米、独等の複数の商社が仲介に加わっていた。当初、2 隻で 180 万ポンドという値段が提示されていたが、日本は財政のめどがたたずロシアも両艦の兵装が全て英国式であることなどからも、ともに拒否の姿勢を示していた。このため同年 8 月ごろには 150 万ポンドまで値を下げていた。

同年 10 月にいたって山本大臣は戦艦 2 隻臨時購入と第 3 期拡張計画の戦艦 3 隻中 1 隻の繰り上げ製造の議を閣議に提出している。

これは最近のロシア海軍の増強策に対抗するにはこうした緊急策が必要と訴えたもので、議会の承認が得られぬまま購入の折衝を英国大使に命じていた。しかしこうした状況を読んで、値段は 160 万さらに 175 万ポンドまでつり上がってきた。この間英国は日本に対して一貫して購入を勧めていたものの、日本側は価格がつり上がったことで購入をしぶり、また 7.5" 砲の 6" 砲への換装を打診するなどの行動はあったものの交渉は進展しなかった。

結局、同年 12 月 3 日に英国が 2 隻を 180 万ポンドで購入してこの問題は決着した。この英国の行為は同盟国としてロシアへの売却を防ぐための英国の好意として一般には受けとられているが、一説には当時英国海軍のこの両艦に対する評価が高く、新造すれば 300 万ポンドを要するため安い買い物で、自国海軍の増強をはかったということも言われている。事実、英国が取得後日本が転売再購入を打診したが、英国はそうした行為はロシアに対する明らかな敵対行為になるとして拒絶したという。英国はその代わりにイタリアのジェノバのアンサルド社で建造中のアルゼンチン注文の装甲巡洋艦の購入を勧めた。

この装甲巡洋艦はイタリア海軍の造船大佐 Edoardo Masdea の設計した特色あるデザインで、排水量は 7,000 トンと小さめであったが、主砲を 10" または 8" 砲として副砲も艦型のわりに重装備で主甲帯厚 6"、速力 19-20 ノットと、(P- 251 に続く)

春日(Ⅱ)型/Kasuga Class

機　関/Machinery

		明治37-4/Apr.1904	
主機械/Main mach.	型式/Type ×基数(軸数)/No.	直立3段膨式3気筩機関/Recipro. engine × 2	
缶/Boiler	型式/Type ×基数/No.	高円筒式缶/ × 8(両面× 4、片面× 4)	
	蒸気圧力/Steam pressure (kg/cm²)	11.60	
	蒸気温度/Steam temp.(℃)		
	缶換装年月日/Exchange date	(春日)T2/1913-8	(日進)T1/1912-8
	換装缶型式・製造元/Type & maker	艦本式缶× 12	艦本式缶× 12
計画/Design (自然通風/強圧通風)	速力/Speed(ノット/kt)	(春日)　/20	(日進)　/20
	出力/Power(実馬力/IHP)	/13,500	/13,500
	回転数/(rpm)	/106	/106
新造公試/New trial (自然通風/強圧通風) 伊国実施	速力/Speed(ノット/kt)	①/20.05(1903-9-20公試)	/20.15(1903-11-6公試)
	出力/Power(実馬力/IHP)	/14,944.10	/14,895
	回転数/(rpm)	/106.2	/106.5
改造公試/Repair T. (自然通風/強圧通風)	速力/Speed(ノット/kt)	17.87/18.85(M40-4-22公試)	/19.79(T10-11-18公試)
	出力/Power(実馬力/IHP)	7,373.8/11,806 ②	/15,313 ③
	回転数/(rpm)	92.08/96	/106.4
推進器/Propeller	直径/Dia.(m)・翼数/Blade no.	・3翼	
	数/No.・型式/Type	× 2・マンガン青銅	
舵/Rudder	舵型式/Type・舵面積/Rudder area(m²)	半釣合舵/Semi balance・16.98	
燃料/Fuel	石炭/Coal(T)・定量(Norm.)/全量(Max.)	(春日)600/1,150	(日進)600/1,104
航続距離/Range(浬/SM-ノット/Kts)		4,224-10　2,908-14	4,696-10　3,014-14
発電機/Dynamo・発電量/Electric power(V/A)		110V/300A × 5、シーメンス式	
新造機関製造所/Machine maker at new		伊国アンサルド社	
帆装形式/Rig type・総帆面積/Sail area(m²)			

注/NOTES ①いずれもイタリアで実施したもの　②戦時編入のため未完だった公試をこの時期に実施　③缶管換装後の公試
【出典】春日要目簿/英Engineering誌/極秘版明治三十七、八年海戦史

兵装・装備/Armament & Equipment

		明治37年/1904	
砲熕兵器/Guns	主砲/Main guns	安式40口径25cm砲/Armstrong Ⅰ × 1(春日のみ)　弾× 100 ①	
	備砲/2nd guns	安式45口径20cm砲/Armstrong Ⅱ × 2(Ⅱ × 1春日のみ)　弾× 400 ②	
		安式40口径15cm砲/Armstrong × 14　弾× 1,680 ③	
	小砲/Small cal. guns	安式40口径8cm砲/Armstrong × 10　弾× 2,500 ④	
		47mm軽山内砲/Yamanouchi × 6　⑤	
	機関砲/M. guns	麻式6.5mm機銃× 2 ⑥	
個人兵器/Personal weapons	小銃/Rifle	35年式海軍銃× 198　弾× 59,400　⑦	
	拳銃/Pistol	1番形拳銃× 50　弾× 6,000、モーゼル拳銃× 7　弾× 840	
	舶刀/Cutlass		
	槍/Spear		
	斧/Axe		
水雷兵器/Torpedo weapons	魚雷発射管/T. tube	伊式× 4(水上/Surface旋回式× 4) ⑧	
	魚雷/Torpedo	18"(45cm)保式/Whitehead × 8	
	その他		
電気兵器/Elec.Weap.	探照灯/Searchlight	× 5(60cm手動) ⑨	
艦載艇/Boats	汽艇/Steam launch	× 2(艦載水雷艇11.3m × 1、小蒸気11m × 1)	× 2(小蒸気11m)
	ピンネース/Pinnace	× 1(11m)	× 1(10.3m)
	カッター/Cutter		
	ギグ/Gig	× 4(9.0m)	× 6(9.1m × 1、9.0m × 3、8.5m × 2)
	ガレー/Galley		
	通船/Jap. boat	× 3(8.23m × 2、6.1m × 1)	× 2(8.1m × 1、外舷艇5.8m × 1)
	(合計)	× 10(春日のM37当時を示す) ⑩	× 12(日進のM41当時を示す)

注/NOTES ①春日の前部に装備、イタリアで建造の同型艦では前後ともこの25cm砲を装備した艦が4隻、艦首のみ装備の艦が4隻あり、日進のような前後とも20cm砲の艦は少ない、この25cm砲は35度の高仰角が可能で大射程で知られていた。②春日の場合は弾丸定数は半分、ただしこれらは平時定数で戦時の場合はこの限りでない　③昭和期に入ってからは実際に常時14門を装備していた わけではなく定数としては14門を維持していたが、S12ごろ残存していた春日の定数が4門に減少している、M37に到着後中甲板装備の4門は石炭積込み作業時の障害になるとして引込み装置を新設　④日本に到着後搭載していた8cm砲は安式40口径砲ではなく弾薬の共通使用が不可であったため、日進の場合は建造中の音羽、修理中の八重山等の搭載砲を流用、春日は予備砲から全砲安式40口径砲に換装された、これらの8cm砲はT8前後に3年式40口径8cm高角砲1門を装備した際に2門を撤去、T12以降は4門に削減　⑤明治末期4門にさらに大正中期に全数撤去されている、なお春日のみ回航時装備していた7.5cm砲1門を日露戦争中装備　⑥同じく到着時装備していた麻式機銃も口径が7.65mmと日本海軍の規格と異なるため、建造中の音羽、伏見、隅田の予備品を流用6.5mm機銃と換装された、昭和期に入って3年式機銃と換装　⑦M37の春日の定数だが同時期の日進では定数で10挺多い　⑧日本に到着時保式魚雷の使用に支障があり改造を要した、昭和初期までに2門に削減、同8年ごろまでに撤去されたもよう⑨M40に75cm電動1基、同手動4基に換装　⑩S6の調査では春日の艦載艇、汽艇2隻(旧)、内火艇1隻(S3製)、ランチ1隻、カッター4隻(T9-S3製)、通船3隻(M37製)、日進の艦載艇、汽艇2隻(旧)、ピンネース1隻(旧)、カッター4隻(T8-S3製)、通船3隻(M37製)

※春日はT10横須賀工廠で飛行機搭載施設装備、横廠式200馬力水上機常備1機、予備1機搭載、さらにS3-4に同じく横須賀工廠で14式水偵搭載設備設置、以上の飛行機搭載はいずれも臨時的なもので搭載時期は短い
【出典】春日要目簿/公文備考/極秘版明治三十七、八年海戦史/英Engineering誌/極秘版海軍省年報

重量配分/Weights

		春日/Kasuga	
		重量/Weight(T)	%
船殻/Hull		3,014.61	39.1
防禦/Protect		1,318.41	17.1
艤装/Equipment		385.50	5.0
兵装/Armament		724.74	9.4
機関/Machinery		1,649.94	21.4
燃料/Fuel	石炭/Coal	593.67	7.7
	重油/Oil		
その他/Others			
(合計/Total)		7,710.00	100.0

注/NOTES
新造時常備状態【出典】軍艦基本計画

装　甲/Armor

水線甲帯/W.L. belt	中央部/Mid.-150mm、前後部/Forw. & Aft.-90mm
	全長/OA-109.86m、幅/Breadth-2.5m、水線下/UW-1.5m
上部甲帯/Upper belt	中央部/Mid.-150mm、前後部/Forw. & Aft.-90mm
	全長/OA-50.6m、高さ/Hight-5.5m
防禦甲板/Protect deck	中央平坦部/Mid. flat-12mm × 2
	傾斜部/Slope-37mm
上甲板/Upper deck	20mm × 2
防禦隔壁/Traverse belt	前部/Forw.-250mm、後部/Aft.-240mm
司令塔/Conning tower	150mm、障壁/Protect board-150mm
砲塔/Turret	25cm砲塔(前部/Front)150mm、(側面/Side)102mm
	(後面/Rear) 50mm、(天蓋/Roof)25.4mm
	20cm砲塔(側部/Side)102mm、(天蓋/Roof)40mm
バーベット/Barbettes	前部砲塔/Forw.-152.4mm、後部砲塔/Aft.-170mm

注/NOTES 春日新造時を示す【出典】春日要目簿

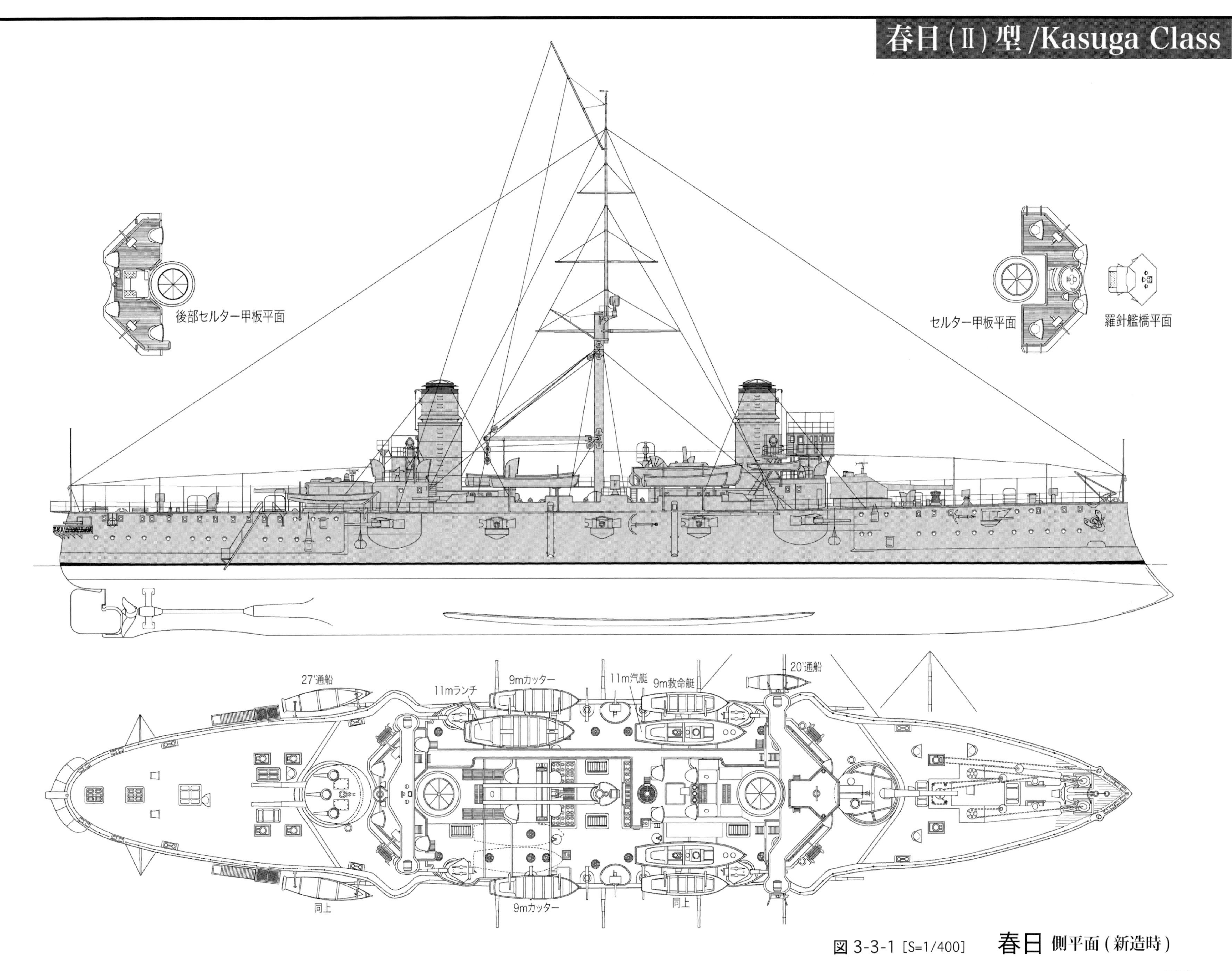

図 3-3-1 [S=1/400]　春日 側平面(新造時)

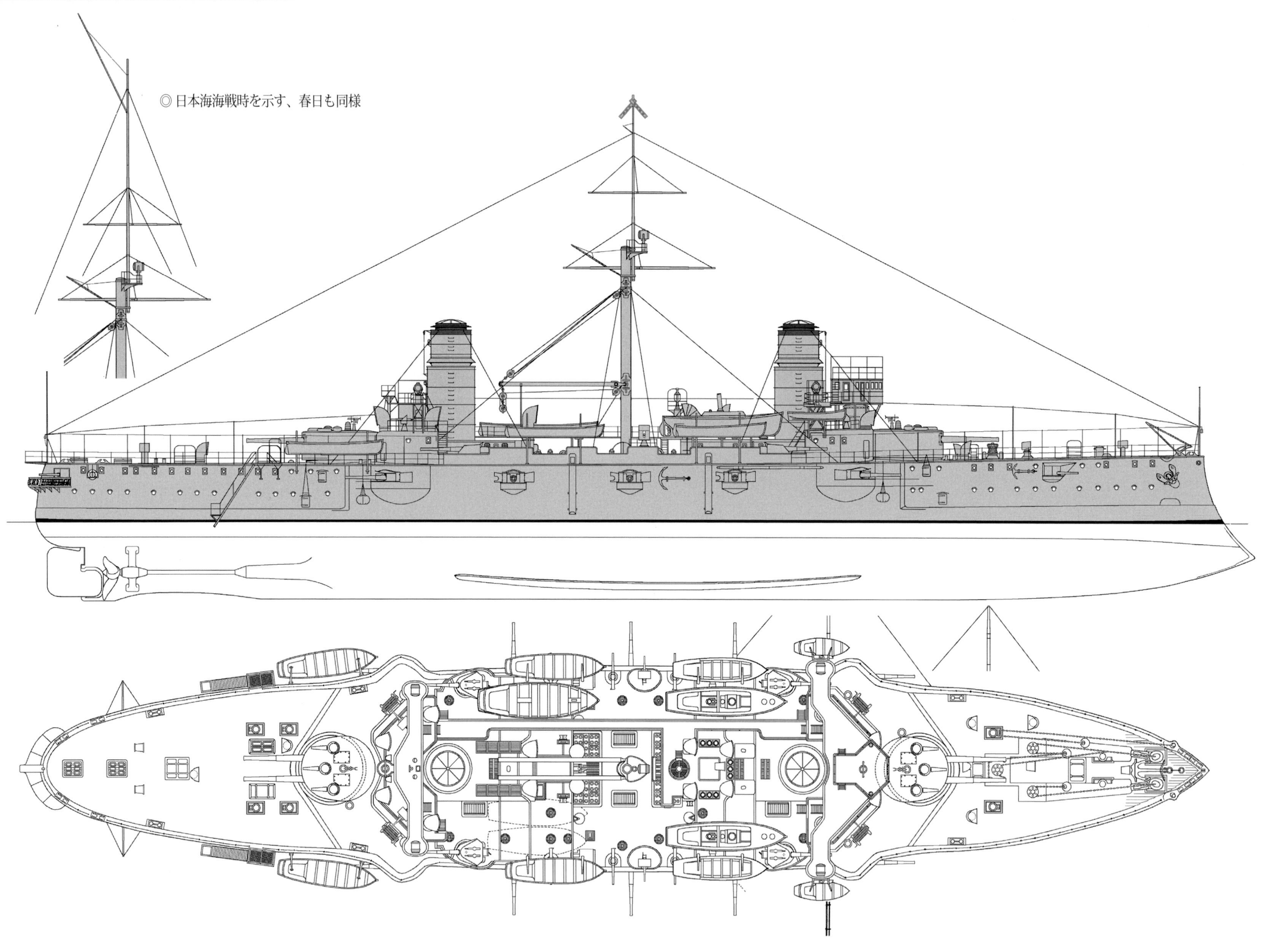

図 3-3-2 [S=1/400]　日進 側平面（新造時）

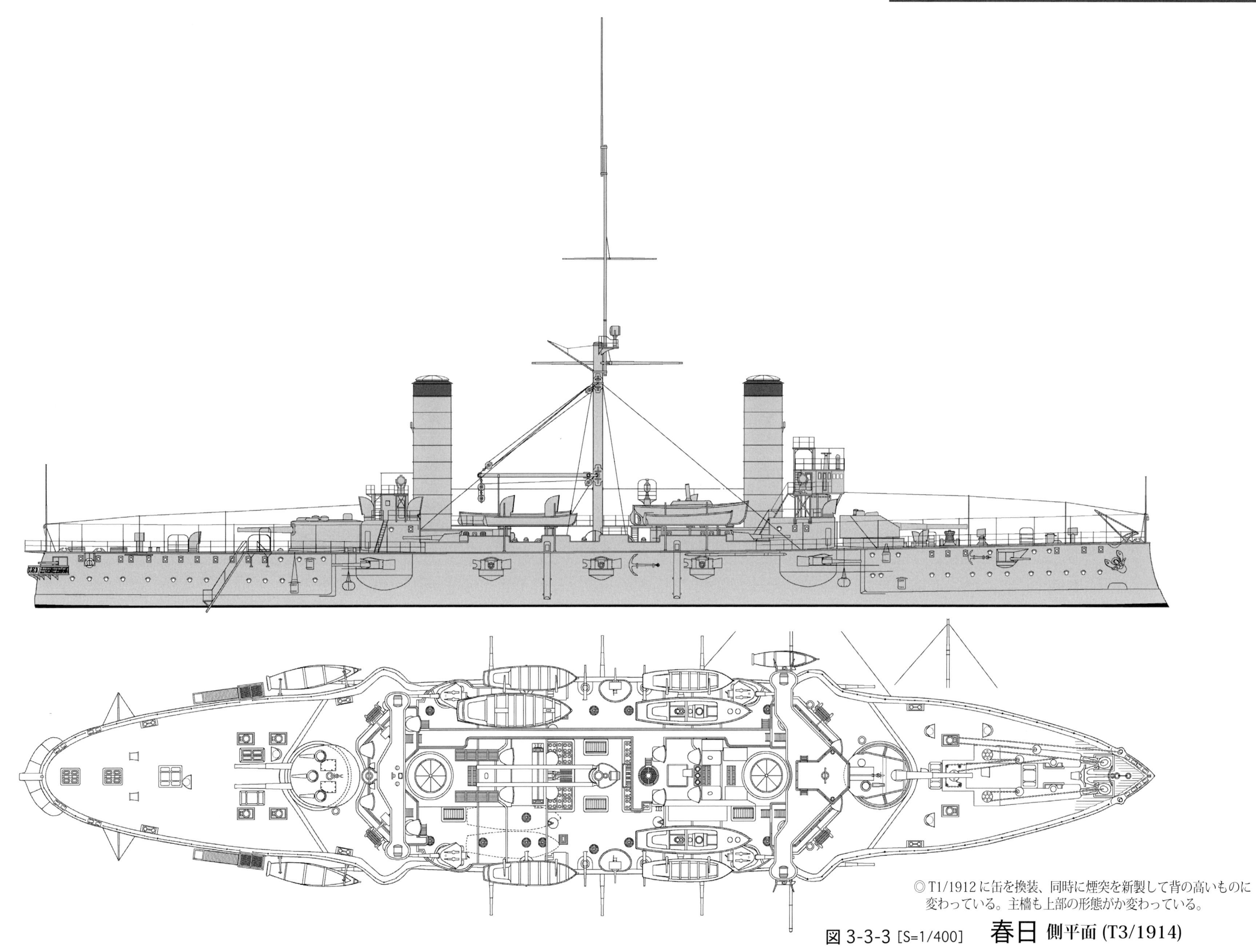

◎T1/1912に缶を換装、同時に煙突を新製して背の高いものに変わっている。主檣も上部の形態がか変わっている。

図 3-3-3 [S=1/400]　春日 側平面 (T3/1914)

春日（Ⅱ）型 /Kasuga Class

◎ 8cm 高角砲１門を後部艦橋上に装備したのは T8 で、日進より後のことであった。艦橋構造物も拡張されて艦橋甲板も高められ、前部煙突周囲にも甲板室が設けられている。
　舷側の 15cm 砲は中甲板レベルの片舷５門が撤去されて、小口径砲は 8cm 砲片舷２門のみが残されている。

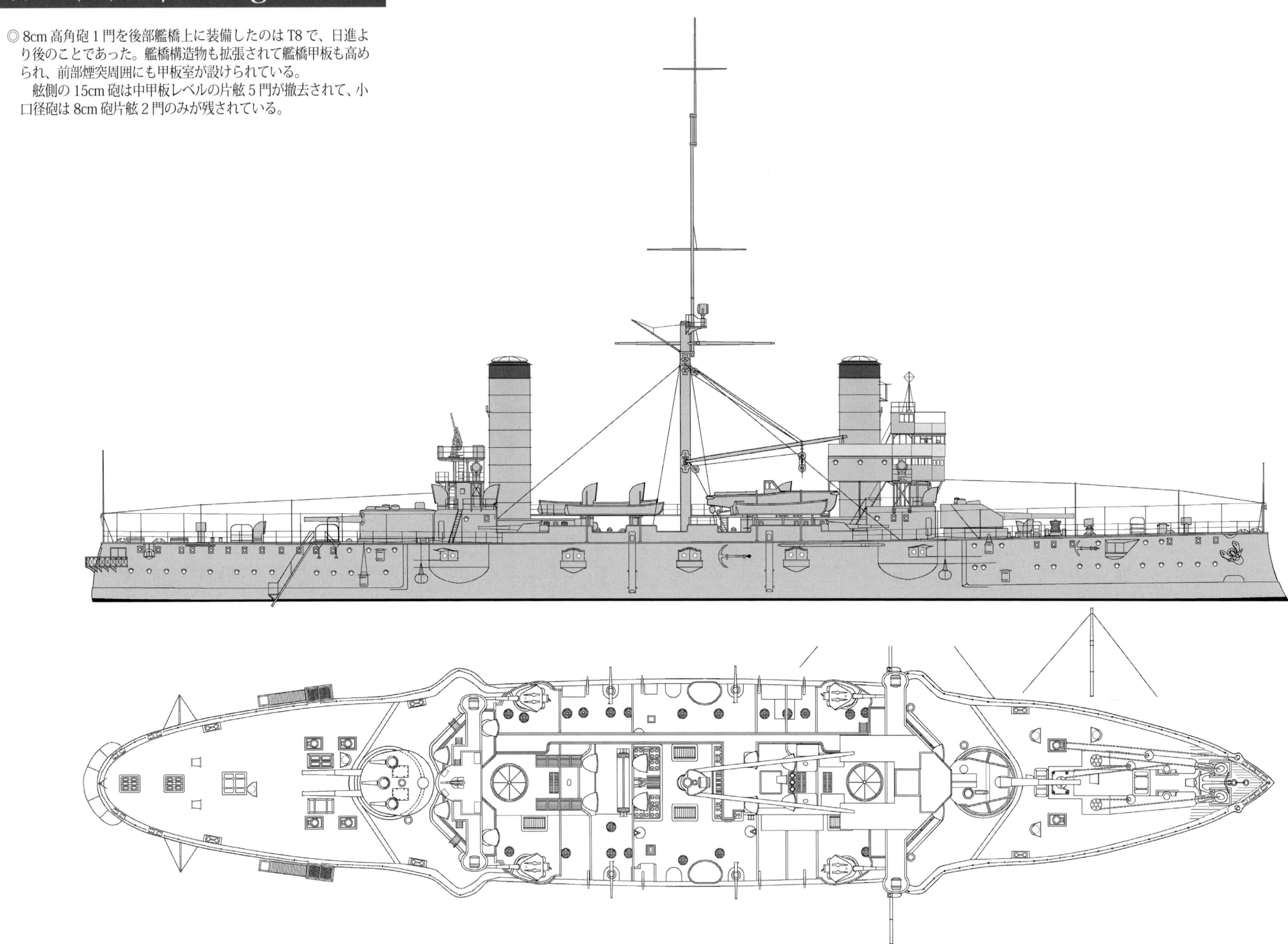

図 3-3-4 [S=1/400]　春日 側平面 (S11/1936)

◎ T2/1913に缶の換装時に煙突を新製して高さを高めた状態。主檣の形状も無線装置の変更に合わせて変化している。
部分図はT6に8cm高角砲1門を後部艦橋に装備した状態を示す。本艦のみ早期に高角砲を装備したのは、地中海方面への出動に備えたため。

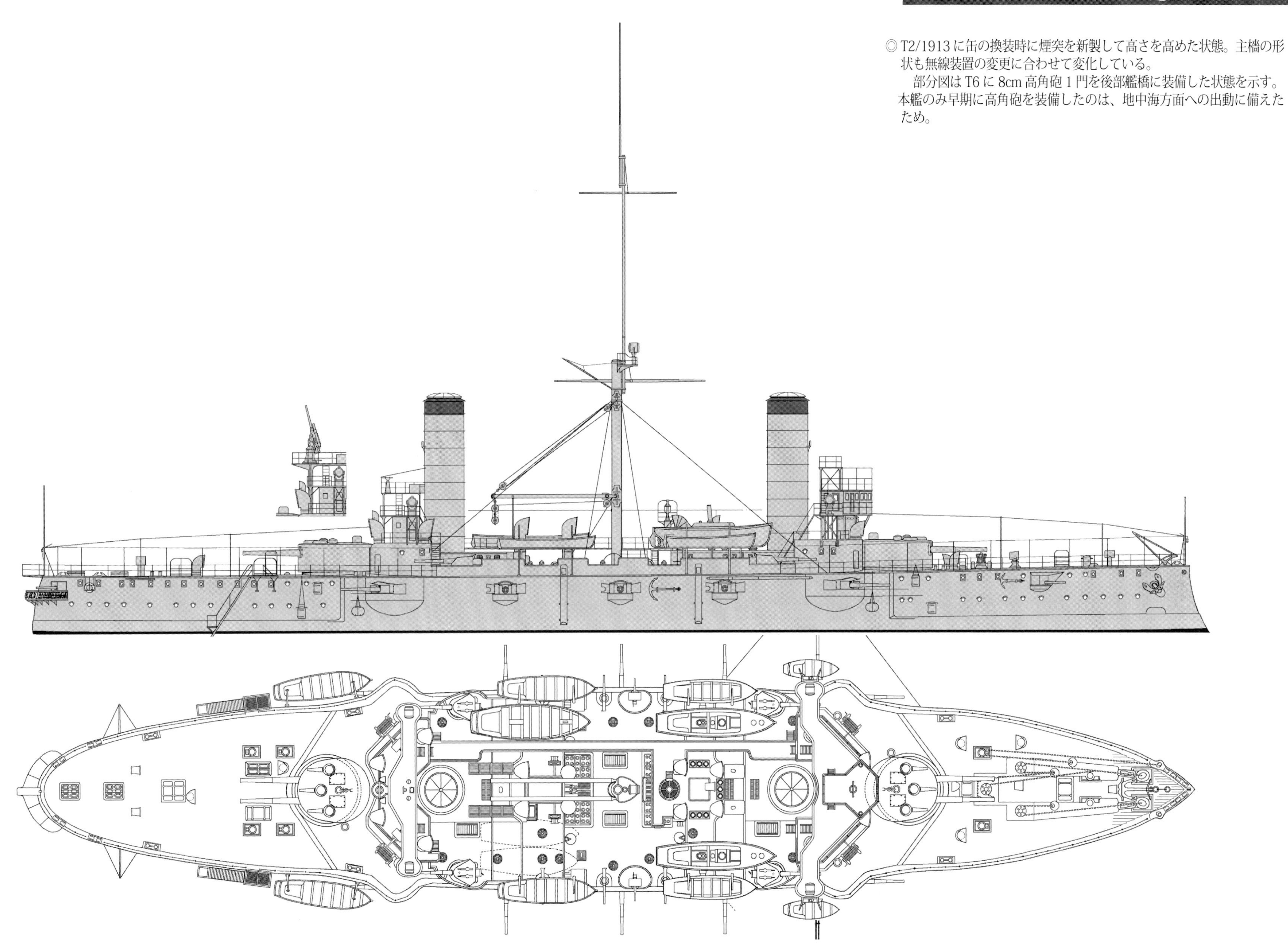

図3-3-5 [S=1/400] 日進 側平面 (T3/1914)

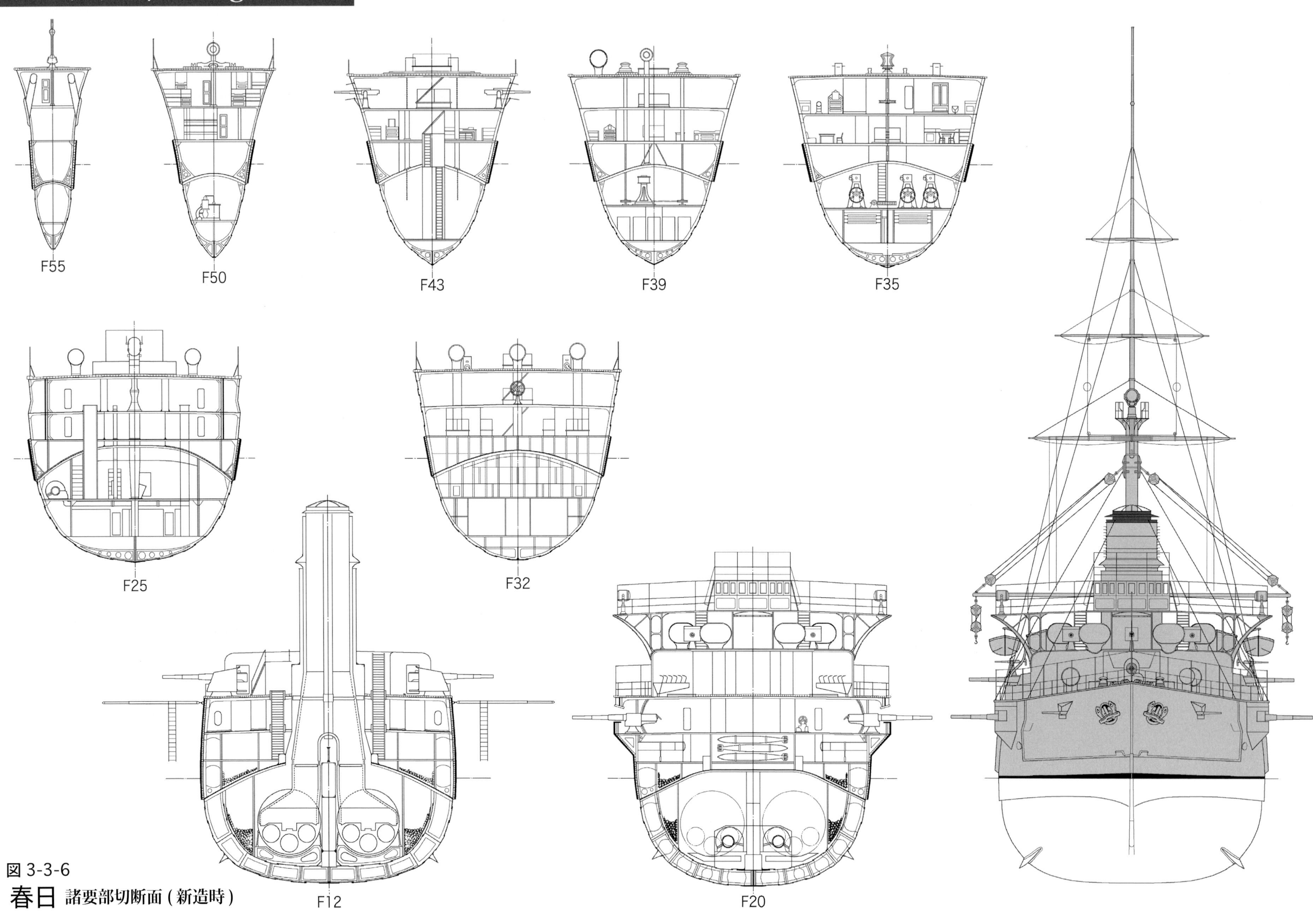

図 3-3-6
春日 諸要部切断面(新造時)

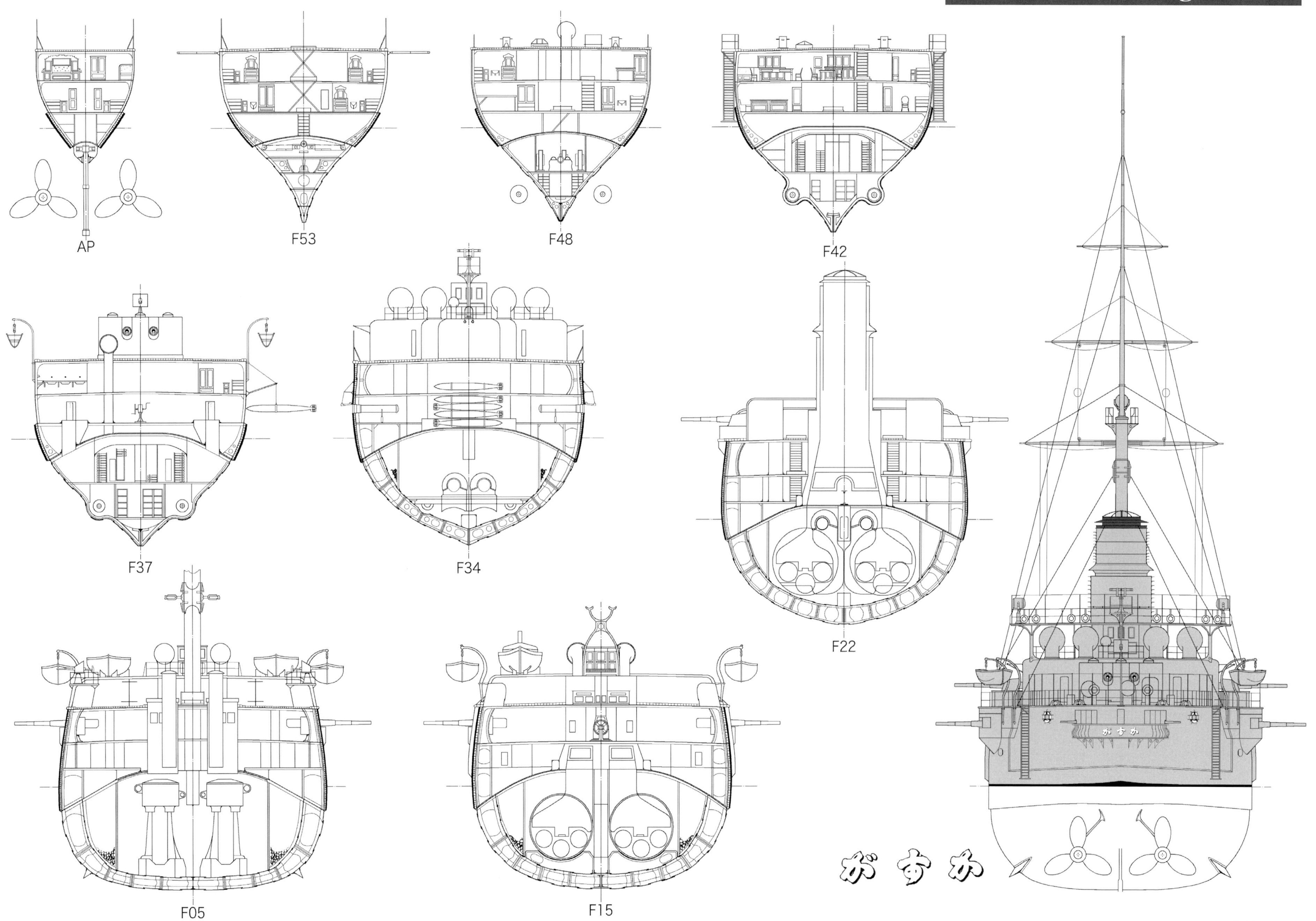
AP
F53
F48
F42
F37
F34
F22
F05
F15
かすか

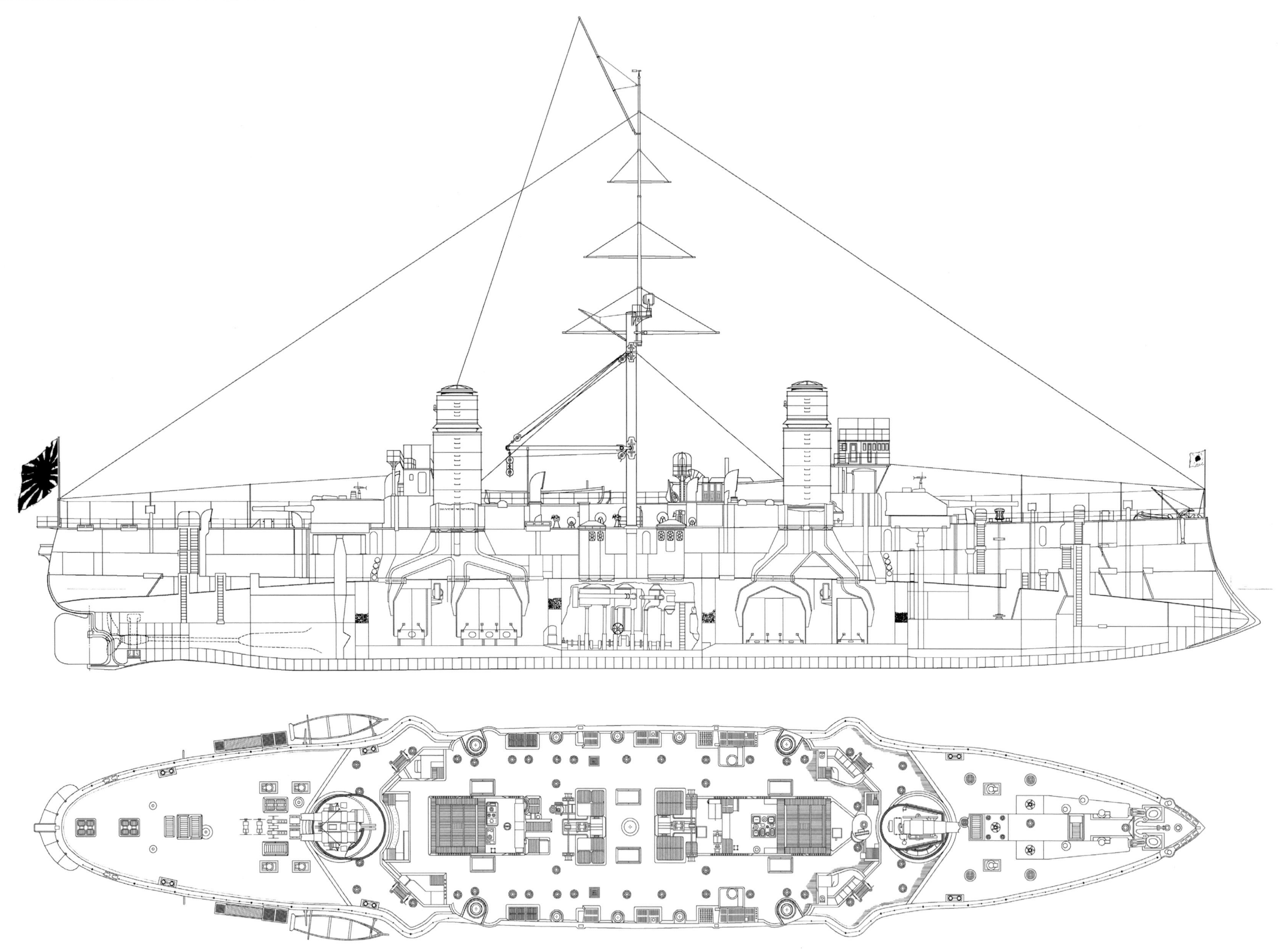

図 3-3-7 [S=1/400] 春日 艦内側面・上甲板平面(新造時)

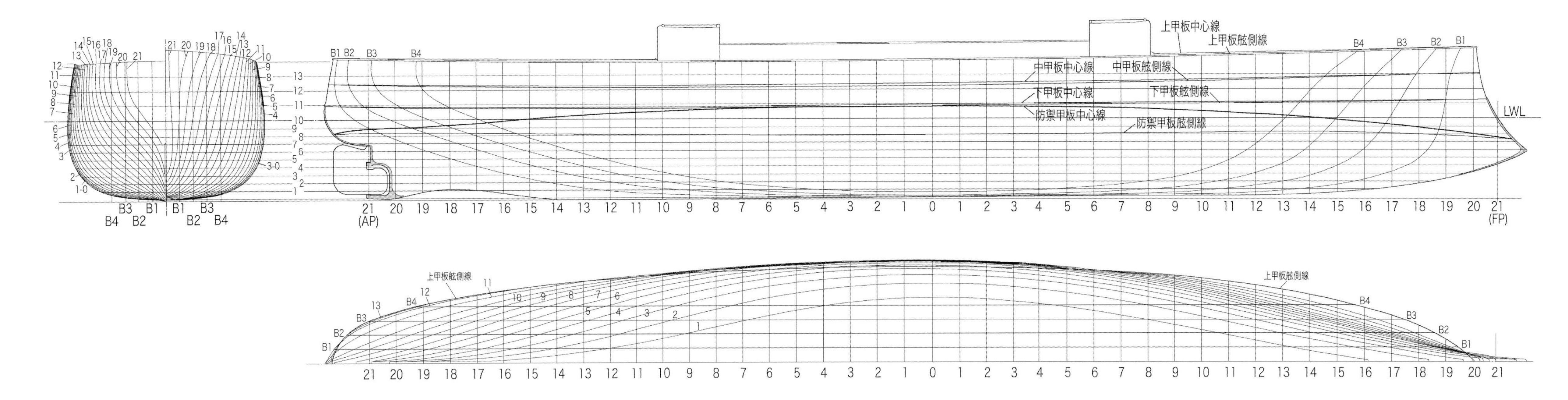

図 3-3-8 春日 船体線図(新造時)

(P-241から続く)軽戦艦的性格を有する艦としてその実力は高く評価されていた。この型は合計10隻が建造されたが、8隻は当初はイタリア海軍向けとして建造されたが途中4隻がアルゼンチンに、さらに1隻がスペインに売却、3隻はイタリアに残り、この2隻はアルゼンチンの注文で建造中であったリバダビア Rivadavia とマリアノ・モレノ Mariano Moreno で最終建造艦であった。

この場合も当然ロシアにも売り込みを行っており、ただロシアは両艦の兵装がアームストロング式であることに難色を示したといわれている。今度は日本側の動きは速く、在英、在仏の駐在武官をただちに現地に派遣、船体、機関の現状、公試成績の確認等を行って、12月24日に153万ポンドの価格で仮契約を行い、同30日に正式調印している。この価格はチリ戦艦の最低価格と同額で結果的にはお買い得を逃がしたことになる。年明け1月1日にはリバダビアを春日、モレノを日進と命名して、回航はアームストロング社が55,000ポンドで請け負うことになった。というのもこの時アンサルド社は資本的にアームストロング社の支配下にあり、これらの装甲巡が全てアームストロング式砲装備であった理由も理解でき、これは日本側の希望に完全にそうものであった。

この時アルゼンチンは残りの4隻も日本に売却したかったらしく、年明け早々意向を打診してきたがさすがに日本側は断っている。

この時2隻の状態は正常ならまだ2か月分ぐらいの工事を残していたといわれ、とにかく造船所側を督促して回航準備を急ぎ、1月9日にジェノバを出港している。当時、日露開戦は時間の問題とされており、途中同じく旅順に向かうロシア艦艇が相当数あり、これと遭遇する可能性を避けるため、当初予定の寄港地を極力省いてポートサイド、スエズ、アデン、コロンボ、シンガポール経由の最短ルートで本国に辿り着いている。いずれも英国の拠点で英艦等も駐在しているから石炭補給等は英国の保護下にあるとはいえるが、実際はそれほど甘いものではなく、当初英国人の回航員で航海するので英国商船旗を掲げる許可を求めたが、英国政府はこれを拒絶、その上両艦の船長が英国海軍の予備士官であることをあやぶんで、予備士官名簿より削除することまで行っていたという。結局、両艦は日本の軍艦旗を掲げて出港することになり、乗り組んでいた少数の日本海軍士官は途中開戦となって露艦と遭遇したときは一戦を覚悟していたという。事実、ポートサイドに寄港した際はロシアの巡洋艦アウロラ Aurora やドミトリ・ドンスコイ Domitri Donskoi 等が碇泊していたが、大きなトラブルはなく、とにかくシンガポールを出港した2月6日は日露国交断絶を通告した日であり、事実上の開戦日であった。

両艦は2月16日に無事横須賀に到着する。既に連合艦隊は旅順沖で作戦中で、両艦は最優先で残工事や整備を行って艦隊編入を急ぐことになるが、日進は横須賀工廠で春日は呉工廠で工事を実施した。

工事はこの際戦闘航海に耐える程度にとどめるとされていたが、8cm砲及びマキシム(麻式)機銃は弾薬が日本側のものに合わず、全数換装、上甲板の15cm砲も回航中に波をかぶったらしく錆び等が発見されて砲身を引き抜いて再組立てされ、また魚雷発射管も現用の魚雷に合わず改造を要したという。その他特に電気関係の残工事や回航中の波浪による損傷部が多数発見されて艦の詳細を把握している人がいないだけに、工事は煩雑をきわめたらしい。

横須賀では八重山、音羽の兵装工事を中断して、さらにマキシム機銃は音羽、伏見に装備予定のものを流用した。日進は3月7日に兵装工事を完成、9日横須賀出港、清水沖で砲と水雷の試射を実施した後呉に向かい、3月16日から4月5日まで呉工廠で再度修理工事及び出撃準備等を実施、一方、春日は2月22日に呉着、以後同様の工事と出撃準備を実施、両艦は4月4日に第3艦隊に編入され、同9日呉を出撃、同11日に連合艦隊に合同した。

この2隻の装甲巡洋艦は極めて短期間に購入を決定、回航に成功、特に明治37年5月の2戦艦の触雷による喪失という大失態において、その後を埋めるという極めて重大な役割を果たしたわけで、もしこの2艦の取得がなかったら以後の連合艦隊の作戦に大きな齟齬をきたす結果になったであろう。この2隻は他の装甲巡に比べて主甲帯厚は6"と最も薄かったが、戦役中大きな損害を出すこともなく、戦艦の代役を務めきり、特に春日に搭載された10"砲は高仰角の大射程を生かして、旅順要塞の砲撃等に用いられた。この2隻も先の6隻の装甲巡と同様日露戦争後の艦歴は長く、日進は第1次大戦では地中海まで派遣されて、生まれ故郷の近くで行動していた。大正後期、昭和期は海防艦に変更されて警備任務や訓練、練習艦として用いられることが多く、日進のみ昭和10年に除籍、処分されたが、春日は終戦時まで残存していた。

艦名の春日は2代目で、先代は維新戦争時薩摩藩の購入した英国製外輪式通報艦。日進も同じく2代目で先代は維新戦争後佐賀藩が購入したオランダ製スループ、3代目は昭和12年度計画の水上機母艦(甲標的母艦)に除籍直後に襲名された。

[資料] 本型の資料は呉の<福井資料>に春日の図面一式がある。舷外側面、艦内側面、上部平面、上、中、下甲板平面、諸要部断面図があり、原図はアンサルド社作成の原図を手直ししたものらしく、艦内名称等は伊語?記述のままとなっている。これらの公式図の一部は1905年4月28日号の<Engineering>誌に掲載されており、ここには春日、日進についての詳細な解説と要目が掲載されている。<平賀資料>には春日の線図一式があり、これも現地造船所の作成らしい。また春日の要目簿(明細表)もあるが、これについては船体と機関のみで兵器は記載されていない。

その他アジア歴史資料センターの公開資料のうち、防衛研究所の日露戦争関係書類の日本艦艇の被弾損傷報告書の付図として春日、日進の公式図、舷外側面、上部平面、各甲板平面図等が添付されており、非常に鮮明な大型図面で大変参考になる。

春日（Ⅱ）型 /Kasuga Class

春日・日進　定　員 /Complement (1)

職名 /Occupation	官名 /Rank	定数 /No.		職名 /Occupation	官名 /Rank	定数 /No.	
艦長	大佐	1	士官 /28		2、3 等信号兵曹	3	下士 春日 /105 日進 /107
副長	中佐	1			1 等船匠手	1	
航海長	少佐	1			2、3 等船匠手	1	
砲術長	少佐 / 大尉	1			1 等機関兵曹	11	
水雷長兼分隊長	〃	1			2 等機関兵曹	12	
分隊長	〃	1			3 等機関兵曹	16	
分隊長	大尉	4			1、2 等看護手	1	
	中少尉	8			1 等筆記	1	
機関長	機関中監	1			2、3 等筆記	1	
分隊長	機関少監 / 大機関士	1			1 等厨宰	1	
分隊長	大機関士	2			2、3 等厨宰	1	
	中少機関士	2			1 等水兵	③	卒 春日 /392 日進 /394
軍医長	軍医中少監	1			2 等水兵	103	
軍医		1			3、4 等水兵	35	
主計長	主計中少監	1			1 等信号水兵	5	
主計		1			2、3 等信号水兵	6	
	兵曹長 / 上等兵曹	1	准士 / 13		1 等木工	2	
	上等兵曹	4			2 等木工	3	
	上等信号兵曹	1			1 等機関兵	49	
	船匠師	1			2 等機関兵	68	
	機関兵曹長 / 上等機関兵曹	1			3、4 等機関兵	24	
	上等機関兵曹	4			1 等看護	1	
	上等筆記	1			2、3 等看護	1	
	1 等兵曹	13	下士		1 等主厨	4	
	2 等兵曹	①			2 等主厨	4	
	3 等兵曹	②			3、4 等主厨	5	
	1 等信号兵曹	2		（合　計）		④	

注 /NOTES　明治 37 年 1 月 15 日内令 27 による春日、日進の定員を示す【出典】海軍制度沿革
①春日 -23、日進 -24 ②春日 -18、日進 -19 ③春日 -82、日進 -84 ④春日 -538、日進 -542
(1) 兵曹長、上等兵曹は掌砲長の職にあたるものとする
(2) 上等兵曹の 1 人は掌水雷長、1 人は掌帆長の職にあて、2 人は掌砲長の職務を分担しかつ砲塔長の職を兼ねるものとする
(3) 上等信号兵曹は信号長兼按針長の職にあたるものとする
(4) 兵曹は教員、掌砲長属、掌水雷長属、掌帆長属及び各部の長職につくものとする
(5) 信号兵曹は按針手の職を兼ねるものとする

春日・日進　定　員 /Complement (2)

職名 /Occupation	官名 /Rank	定数 /No.		職名 /Occupation	官名 /Rank	定数 /No.	
艦長	大佐	1	士官 /31		1 等船匠手	1	下士 春日 /114 日進 /116
副長	中少佐	1			2、3 等船匠手	2	
航海長	少佐	1			1 等機関兵曹	12	
砲術長	〃	1			2、3 等機関兵曹	29	
水雷長兼分隊長	〃	1			1 等看護手	1	
分隊長	少佐 / 大尉	1			2、3 等看護手	1	
分隊長	大尉	5			1 等筆記	1	
	中少尉	9			2、3 等筆記	2	
機関長	機関中少佐	1			1 等厨宰	1	
分隊長	機関少佐 / 大尉	1			2、3 等厨宰	2	
分隊長	機関大尉	2			1 等水兵	③	卒 春日 /448 日進 /454
	機関中少尉	3			2 等水兵	124	
軍医長	軍医少監	1			3、4 等水兵	④	
軍医		1			1 等木工	2	
主計長	主計少監 / 大主計	1			2 等木工	4	
主計		1			1 等機関兵	53	
	兵曹長 / 上等兵曹	1	准士 / 13		2 等機関兵	75	
	上等兵曹	6			3、4 等機関兵	28	
	船匠師	1			1、2 等看護	2	
	機関兵曹長	1			1 等主厨	5	
	上等機関兵曹	3			2 等主厨	6	
	上等筆記	1			3、4 等主厨	6	
	1 等兵曹	①	下士	（合　計）		⑤	
	2、3 等兵曹	②					

注 /NOTES　大正 5 年 10 月 4 日内令 212 による春日、日進の定員を示す【出典】海軍制度沿革
①春日 -15、日進 -16 ②春日 -47、日進 -48 ③春日 -89、日進 -92 ④春日 -54、日進 -57 ⑤春日 -606、日進 -614
(1) 将校分隊長の内 4 人は砲台長、1 人は射撃幹部にあてる
(2) 兵曹長、上等兵曹の 1 人は掌砲長、1 人は掌水雷長、1 人は掌帆長の職にあたるものとする
(3) 上等兵曹の 3 人は砲塔長又は砲台付にあて掌砲長の職務を分担せしめ、1 人は掌信号長の職にあて、1 人は掌電信長の職にあて、1 人は水雷砲台付にあて掌水雷長の職務を分担する

春日・日進　定　員/Complement（3）

職名/Occupation	官名/Rank	定数/No.		職名/Occupation	官名/Rank	定数/No.	
艦長	大佐	1	士官/24		1等兵曹	①	下士 春日/114 日進/116
副長	中佐	1			2、3等兵曹	②	
航海長兼分隊長	少佐	1			1等機関兵曹	12	
砲術長	〃	1			2、3等機関兵曹	29	
水雷長兼分隊長	〃	1			1等船匠手	1	
運用長兼分隊長	少佐/大尉	1			2、3等船匠手	2	
副砲長兼分隊長	〃	1			1等看護兵曹	1	
分隊長	〃	3			2、3等看護兵曹	1	
	中少尉	5			1等主計兵曹	2	
機関長	機関中少佐	1			2、3等主計兵曹	4	
分隊長	機関少佐/大尉	3			1等水兵	③	兵 春日/448 日進/454
	機関中少尉	2			2、3等水兵	④	
軍医長兼分隊長	軍医少佐	1			1等船匠兵	2	
	軍医中少尉	1			2、3等船匠兵	4	
主計長兼分隊長	主計少佐/大尉	1			1等機関兵	53	
	特務中少尉	3	特士/5		2、3等機関兵	103	
	機関特務中少尉	1			1、2等看護	1	
	主計特務中少尉	1			2、3等看護	1	
	兵曹長	6	准士/11		1等主計兵	5	
	機関兵曹長	3			2、3等主計兵	12	
	船匠兵曹長	1		（合　計）		⑤	
	主計兵曹長	1					

注/NOTES 大正9年8月内令267による春日、日進の定員を示す【出典】海軍制度沿革
①春日-15、日進-16 ②春日-47、日進-48 ③春日-89、日進-92 ④春日-178、日進-181 ⑤春日-602、日進-610
(1) 副砲長たる兼務分隊長は砲台長、専務兵科分隊長3人は砲台長にあてる
(2) 機関科分隊長の内1人は機械部、1人は缶部、1人は補機部の各指揮にあてる
(3) 特務中少尉1人及び兵曹長の1人は掌砲長、1人は掌水雷長、1人は掌帆長、1人は掌信号長、1人は掌電信長、3人は砲塔長又は砲台付、1人は水雷砲台付にあてる
(4) 機関特務中少尉及び機関兵曹長の内1人は掌機長、1人は機械長、2人は缶長、1人は補機長にあてる
(5) 兵科分隊長中1人は特務大尉をもって、機関科分隊長中1人は機関特務大尉をもって補することができる

艦　歴/Ship's History（1）

艦　名	春　日(1/5)
年　月　日	記　事/Notes
1902(M35)-3-10	伊国ジェノバ、Ansaldo社でアルゼンチン巡洋艦Rivadaviaとして起工
1902(M35)-10-22	進水
1903(M36)-12-30	売買契約成立、入籍
1904(M37)-1-1	命名、1等巡洋艦に類別
1904(M37)-1-3	呉鎮守府に入籍
1904(M37)-1-7	竣工
1904(M37)-1-9	伊国発
1904(M37)-2-16	横須賀着、第1予備艦、艦長大井上久磨大佐(5期)就任
1904(M37)-2-22	呉着、未成工事その他整備工事を最小限に実施、3月10日完成
1904(M37)-3-1	警備艦
1904(M37)-4-4	第3艦隊
1904(M37)-4-11	旅順封鎖作戦に参加、以後7月27日までの発射弾数25cm砲-20、20cm砲-26
1904(M37)-4-23	第2戦隊臨時編入
1904(M37)-5-15	旅順沖で封鎖任務中濃霧のため吉野と衝突、吉野は沈没
1904(M37)-5-25	呉工廠で入渠、損傷部修理、6月5日完成
1904(M37)-8-10	黄海海戦に参加、被弾3、負傷11、15cm砲1門使用不能、発射弾数25cm砲-38、20cm砲-95、
	15cm砲-532
1904(M37)-12-20	横須賀工廠で入渠修理、未成工事残り分その他全般、翌年1月24日完成
1905(M38)-1-7	艦長加藤定吉大佐(10期)就任
1905(M38)-1-12	第1艦隊
1905(M38)-5-27	日本海海戦に参加、被弾4、戦死-7、負傷20、発射弾数25cm砲-50、20cm砲-103、15cm砲
	-868、8cm砲-270
1905(M38)-5-31	佐世保工廠で仮修理着手、7月2日完成
1905(M38)-6-14	第3艦隊
1905(M38)-9-18	呉工廠で修理着手、10月11日完成
1905(M38)-10-23	横浜沖凱旋観艦式参列
1905(M38)-12-12	艦長仙頭武央大佐(10期)就任
1905(M38)-12-20	第1予備艦
1906(M39)-1-17	8cm砲1門還納、戦時臨時搭載のもの
1906(M39)-4-7	艦長東伏見宮依仁親王大佐(期外)就任
1906(M39)-5-10	第1艦隊
1906(M39)-11-10	倉橋湾発韓国南岸警備、18日竹敷着
1906(M39)-12-24	艦長土屋光金大佐(12期)就任
1907(M40)-1-18	第1予備艦
1907(M40)-5-22	公試運転実施、就役時戦時下のため未実施の公試を実施したもの
1907(M40)-6-11	前後艦橋上の60cm探照灯4基を鹿島、香取より還納のソーラアレー式手動75cm探照灯に、さらに
	檣楼の60cm探照灯1基を電動75cmシーメンス・シュケルト式探照灯に換装訓令
1908(M41)-1-25	端舟搭載定数変更認可、現状小蒸気-2、ピンネース-1、カッター-4、通船-2に対してカッター-1
	を廃してランチ-1、ギグ-2、外舷艇-1を加えることを認可
1908(M41)-1-24	第1艦隊

春日(Ⅱ)型/Kasuga Class

艦　歴/Ship's History (2)

艦　名	春　日(2/5)
年　月　日	記　事/Notes
1908(M41)- 2-20	佐世保発韓国方面警備、翌月6日着
1908(M41)- 4-16	馬公発南清方面警備、21日着
1908(M41)- 4-20	艦長山県文蔵大佐(11期)就任
1908(M41)- 8-28	艦長荒川規志大佐(10期)就任
1908(M41)-10-17	横浜にて米白色艦隊接待艦を務める、24日まで
1908(M41)-12-10	艦長竹下勇大佐(15期)就任
1909(M42)- 7-10	艦長山口九十郎大佐(13期)就任
1909(M42)-11-20	佐世保発北清方面警備、12月2日厳島着
1909(M42)-12- 1	第1予備艦、艦長笠間直大佐(13期)就任
1910(M43)- 4- 1	第2予備艦
1910(M43)- 7-25	艦長岡田啓介大佐(15期)就任
1910(M43)- 9-22	呉工廠で無線電信室改造、橋改造工事認可
1910(M43)-12- 1	第2艦隊
1911(M44)- 1-16	艦長森山慶三郎大佐(17期)就任
1911(M44)- 4- 1	第2予備艦
1911(M44)- 4- 8	佐世保発北清方面警備、26日鎮南浦着
1911(M44)- 9- 2	呉発ウラジオストク方面警備、14日着
1911(M44)-10-28	佐世保発南清方面警備、12月7日呉着
1911(M44)-12-22	艦長町田駒次郎大佐(15期)就任
1912(T 1)- 9- 1	第3艦隊
1912(T 1)- 9- 9	佐世保発南清方面警備、12月5日呉着
1912(T 1)-12-1	第3予備艦、艦長水町元大佐(14期)就任、呉工廠で缶入換え艦本式缶12基に換装
1913(T 2)-12-1	艦長奥田貞吉大佐(15期)就任
1914(T 3)- 4- 1	第1予備艦、呉水雷隊付属
1914(T 3)- 8-18	警備艦
1914(T 3)- 8-24	第3艦隊
1914(T 3)- 8-27	呉発第1次大戦従事、台湾方面警備、11月26日着
1914(T 3)-12- 1	第1艦隊第1水雷戦隊、艦長坂本重国大佐(18期)就任
1914(T 3)-12-28	舞鶴鎮守府に転籍
1915(T 4)- 4- 1	第1艦隊第2水雷戦隊
1915(T 4)-12-13	第3艦隊第3水雷戦隊、艦長中里重次大佐(20期)就任
1916(T 5)- 2-28	佐世保発中国方面警備、3月24日仁川着
1916(T 5)- 7- 1	舞鶴発ウラジオストク方面警備、8日着
1916(T 5)- 7-15	大湊発北米カナダ方面警備、8月31日横須賀着
1916(T 5)- 5-13	第4戦隊
1916(T 5)- 9-12	第3水雷戦隊
1916(T 5)-12- 1	第3艦隊第3水雷戦隊、艦長大谷幸四郎大佐(23期)就任
1917(T 6)- 4-13	第1特務艦隊
1917(T 6)- 4-16	佐世保発シンガポール方面警備、翌年7月25日馬公着

艦　歴/Ship's History (3)

艦　名	春　日(3/5)
年　月　日	記　事/Notes
1917(T 6)- 9-14	フリーマントル出港後ゼラルトンに向け航行中強風下リーフに接触その後風圧で自然に離礁艦底部
	に擦過損傷、若干の浸水を生じる
1917(T 6)-12- 1	艦長宇佐川知義大佐(26期)就任
1918(T 7)- 1-11	シンガポールからフリーマントルに向かう途中バンカ海峡北口付近で座礁、第2缶室その他に浸水
1918(T 7)- 1-20	横須賀工廠で上記損傷修理、15cm砲14門換装、6月22日完成
1918(T 7)- 8- 3	第3予備艦
1919(T 8)- 2- 6	艦長南郷次郎大佐(26期)就任
1919(T 8)- 3- 6	第2予備艦
1919(T 8)- 3-20	第3予備艦
1919(T 8)- 4- 1	横須賀工廠で特定修理実施、翌年5月下旬完成、この間8cm砲2門撤去、8cm高角砲1門装備
1919(T 8)- 6-18	横須賀工廠で御法川式火床機装備認可
1919(T 8)- 7-14	横須賀工廠で冷却機室新設、諸室改造認可
1919(T 8)- 8- 5	艦長寺岡平吾大佐(27期)就任
1920(T 9)- 5-21	警備艦
1920(T 9)- 5-25	横須賀発米国メイン州の合衆国加入100年祭参列のためポートランドまで、7月2日同地着、ニュー
	ヨーク、ハンプトンローズ、パナマ、サンディエゴ、ハワイ経由9月29日着
1920(T 9)-10-20	第1予備艦
1920(T 9)-12- 1	第2遣外艦隊
1921(T10)- 1- 6	横須賀工廠で飛行機搭載施設装備、15日完成、横廠式200馬力機2機搭載内1機補用
1921(T10)- 1-15	横須賀発南洋群島における飛行機に関する研究のため南洋巡航、3月30日着
1921(T10)- 4- 4	第2予備艦
1921(T10)- 9- 1	1等海防艦に類別
1921(T10)- 9-15	第1予備艦
1921(T10)- 9-17	警備艦
1921(T10)- 9-19	舞鶴発ウラジオストク方面で座礁した三笠の救援にあたる、10月9日着
1921(T10)-10-30	舞鶴発ウラジオストク方面警備、11月3日着
1921(T10)-12- 1	鎮海要港司令官の指揮下におく、艦長大湊直太郎大佐(29期)就任
1922(T11)- 3- 1	舞鶴工廠で8cm砲撤去、防寒装置設置
1922(T11)- 4- 1	第3艦隊第6戦隊
1922(T11)- 5-24	舞鶴発露領沿岸方面警備、6月27日大湊着
1922(T11)- 7-25	舷側水上発射管3、4番陸揚げ上申、参謀及び副官事務室として使用のため
1922(T11)- 9-25	舞鶴発露領沿岸方面警備、11月9日横須賀着
1922(T11)- 8-25	艦長中村良三大佐(27期)就任
1922(T11)-12- 1	横須賀鎮守府に転籍、第2予備艦、艦長米内光政大佐(29期)就任
1923(T12)- 3- 1	第1予備艦
1923(T12)- 3- 5	艦長百武源吾大佐(30期)就任
1923(T12)- 4- 1	警備艦、大湊要港部付属
1923(T12)- 5-11	大湊発露領沿岸方面警備、6月12日函館着
1923(T12)- 8-12	鶴城発露領沿岸方面警備、27日函館着
1923(T12)- 9- 6	関東大震災に際して横浜で警備任務、その後函館又は青森方面に避難民輸送にあたる

艦　歴/Ship's History (4)

艦　名	春　日(4/5)
年　月　日	記　事/Notes
1923(T12)-12- 1	艦長浜野英次郎大佐(30期)就任
1924(T13)- 3-15	大湊入港時浮標繋留用短艇沈没、1名行方不明
1924(T13)- 4- 1	第1予備艦、舞鶴要港部付属
1924(T13)- 5- 7	艦長向田金一大佐(30期)就任
1924(T13)- 9- 1	第1予備艦
1924(T13)-10- 9	館山発南洋諸島方面、21日佐世保着
1924(T13)-11- 1	第2予備艦
1924(T13)-12- 1	艦長湯地秀生大佐(30期)就任、兼吾妻艦長
1924(T13)-12-12	関東遭難救援のため出動
1925(T14)- 1- 8	大湊発大泊救援のため出動
1925(T14)- 3- 1	兼練習艦、機関学校
1925(T14)- 4-15	艦長大谷四郎大佐(31期)就任
1925(T14)- 6-22	舞鶴発機関学校学生実習航海、26日着
1925(T14)-10-24	舞鶴発機関学校学生実習航海、29日着
1925(T14)-12- 1	運用術練習艦、艦長太田質平大佐(32期)就任、兼富士特務艦長翌年12月1日まで
1926(T15)- 2-17	横須賀工廠にて防寒設備の一部撤去認可
1926(T15)- 6- 2	横須賀工廠にて艤装改造認可、4番発射管室を士官10人分の寝室に充当その他
1926(T15)- 6-30	徳山発運用術練習生、航海学校学生実習航海パラオ方面、7月4日着
1927(S 2)- 4-10	馬公発運用術練習生、航海学校学生実習航海マニラ方面、20日基隆着
1927(S 2)- 9-26	横須賀発運用術練習生、航海学校学生実習航海南洋諸島方面、11月2日着
1927(S 2)- 9-27	内火艇1隻増備訓令、9m30馬力艇横須賀工廠にて3年3月中に
1928(S 3)- 2- 6	馬公発運用術練習生、航海学校学生実習航海マニラ方面、3月1日徳山着
1928(S 3)- 2-10	横須賀工廠で14式水偵搭載設備新設、7月6日完成
1928(S 3)- 4-20	横須賀発中国方面警備、5月1日徳山着
1928(S 3)- 8-20	横須賀工廠で第2士官次室新設、9月17日完成
1928(S 3)-12- 4	横浜沖大礼特別観艦式参列
1929(S 4)- 2- 8	艦長小野弥一大佐(33期)就任、兼富士特務艦長
1929(S 4)- 3-28	兼警備艦、南洋群島航海中
1929(S 4)- 3-28	横須賀発運用術練習生、航海学校学生実習航海内地、サイパン、基隆、上海方面、5月4日佐世保着
1930(S 5)- 4-12	兼警備艦、南洋群島航海中
1930(S 5)- 4-12	横須賀発運用術練習生、航海学校学生実習航海内地、サイパン、基隆、上海方面、5月18日着
1930(S 5)- 6-28	横須賀発運用術練習生、航海学校学生実習航海内地巡航、7月25日着
1930(S 5)- 7-21	周防灘にて実習航海中オランダ汽船チバナスとほぼ平行状態で触衝、5cm砲、カッター、舷側破損
1930(S 5)- 8- 2	ピンネース1隻を特務艦富士の内火ランチと相互交換装備
1931(S 6)- 1-22	横須賀発運用術練習生、大中佐講習員実習航海内地巡航、2月4日着
1931(S 6)- 4-20	横須賀発運用術練習生、選修学生卒業者実習航海内地、青島、大連方面、5月14日着
1931(S 6)- 6- 1	海防艦に類別(等級廃止)
1931(S 6)- 6-25	横須賀発運用術練習生、航海学校学生実習航海内地、馬公、上海方面、7月28日着
1931(S 6)- 9-28	横須賀発運用術練習生、航海学校学生実習航海内地、鎮海方面、10月17日着
1931(S 6)-11- 4	横須賀発運用術練習生、航海学校学生実習航海内地巡航、15日着

艦　歴/Ship's History (5)

艦　名	春　日(5/5)
年　月　日	記　事/Notes
1931(S 6)-12- 1	艦長太田垣富三郎大佐(34期)就任、兼富士特務艦長7年6月10日まで
1932(S 7)- 6-30	横須賀発実習航海、7月29日着
1932(S 7)-10-10	大連発揚子江流域警備、18日佐世保着
1933(S 8)- 4-	横須賀発実習航海、5月30日着
1933(S 8)- 7-	横須賀発実習航海、8月着
1933(S 8)- 8-25	横浜沖大演習観艦式参列
1933(S 8)-11-15	艦長丹後薫二大佐(36期)就任、兼海大教官
1934(S 9)- 1-15	横浜発南洋群島ロサップ、オルロック島での日食観測、3月3日着
1934(S 9)- 4- 1	練習艦、航海学校
1934(S 9)- 6-	横須賀発南洋諸島その他実習航海、23日着
1934(S 9)- 7-	横須賀発南洋諸島その他実習航海、8月18日着
1934(S 9)-11-15	前後部左舷魚雷取入口閉塞、翌年1月20日完成
1934(S 9)-11-15	艦長松浦永次郎大佐(38期)就任
1935(S10)- 3- 9	航海学校所属11m内火艇1隻を臨時に貸与される
1935(S10)- 6- 3	横須賀発南洋諸島その他実習航海、21日佐世保着
1936(S11)- 2-13	横須賀工廠で錨鎖の一部を旧日進錨鎖と換装
1936(S11)- 3-15	横須賀発南洋諸島その他実習航海、26日徳山着
1936(S11)- 5-13	10m内火艇搭載訓令、龍驤より陸揚げの内火艇に鳴戸より陸揚げの12m配給艇搭載30馬力石油発
	動機を搭載して7月末までに引渡しのこと
1936(S11)- 5-26	23' 通船撤去認可
1936(S11)-10-19	第3通船を対馬の第1通船と換装認可
1936(S11)-12- 1	艦長梶尾定道大佐(39期)就任
1936(S11)-12- 4	36' 汽艇1隻陸揚げ訓令、代わりに旧長門11m内火艇船体修理の上60馬力石油発動機を搭載して翌
	年3月末までに引渡しのこと
1937(S12)- 3-22	横須賀工廠で電気冷蔵庫装備、南洋航海中
1937(S12)- 3-30	横須賀発南洋諸島その他実習航海、4月13日着
1938(S13)- 2- 9	呉発華中方面警備、22日横須賀着
1938(S13)- 3-19	横須賀発中部中国方面警備、4月1日着
1938(S13)- 6-15	第4予備艦、予備艦のまま航海学校練習用、以後出動することなく横須賀で繋留
1938(S13)- 7-15	航海学校練習任務を解く、横須賀海兵団付属
1938(S13)- 7-15	第4予備艦
1942(S17)- 7- 1	軍艦籍(海防艦)除籍、特務艦(練習特務艦)に変更、第4予備艦
1945(S20)-11-20	除籍、終戦時横須賀で浸水傾斜着底状態、23年解体

春日(Ⅱ)型/Kasuga Class

艦 歴/Ship's History (6)

艦 名	日 進(1/4)
年 月 日	記 事/Notes
1902(M35)- 3-29	伊国ジェノバ、Ansaldo社でアルゼンチン巡洋艦Mariano Morenoとして起工
1903(M36)- 2- 9	進水
1903(M36)-12-30	売買契約成立、入籍
1904(M37)- 1- 1	命名、1等巡洋艦に類別
1904(M37)- 1- 3	舞鶴鎮守府に入籍
1904(M37)- 1- 7	竣工
1904(M37)- 1- 9	伊国発
1904(M37)- 2-16	横須賀着、第1予備艦、艦長竹内平太郎大佐(8期)就任
1904(M37)- 2-23	横須賀工廠で未成工事その他整備工事を最小限に実施、8cm砲10門、麻式機銃2基換装、3月10日完成
1904(M37)- 3- 1	警備艦
1904(M37)- 4- 4	第3艦隊
1904(M37)- 4-11	旅順封鎖作戦に参加、以後同14日までの発射弾数20cm砲-46、15cm砲-64
1904(M37)- 4-23	第5戦隊
1904(M37)- 8-10	黄海海戦に参加、被弾3、戦死14、負傷15、発射弾数20cm砲-218、15cm砲-398、8cm砲-2
1904(M37)-12- 4	艦載水雷艇1隻亡失、鎮遠に貸出中旅順沖で沈没
1904(M37)-12-31	横須賀工廠で入渠、損傷部修理、未成工事残り分その他全般、翌年2月9日完成
1905(M38)- 1-12	第1艦隊
1905(M38)- 5-27	日本海海戦に参加、被弾11、戦死6、負傷14、20cm砲4門、8cm砲1門、47mm砲1門使用不能、
	通船1隻亡失、発射弾数20cm砲-181、15cm砲-1,191、8cm砲-771
1905(M38)- 5-30	佐世保工廠で仮修理着手、31日完成
1905(M38)- 6-14	第3艦隊
1905(M38)- 6- 5	呉工廠で修理着手、20cm4門、8cm砲1門、47mm砲1門換装、通船1隻新規備付け、22日完成
1905(M38)-10-23	横浜沖凱旋観艦式参列
1905(M38)-12-12	艦長福井正義大佐(7期)就任
1905(M38)-12-20	第1予備艦
1905(M38)-12-20	舞鶴工廠で修理検査、翌年3月下旬完成、公試実施
1906(M39)- 5-10	第1艦隊
1906(M39)- 6- 6	竹敷発韓国南岸警備、23日佐世保着
1906(M39)-10-22	艦長釜屋忠道大佐(11期)就任
1906(M39)-11-10	倉橋湾発韓国南岸警備、18日竹敷着
1907(M40)- 1-18	第1予備艦
1907(M40)- 6-11	前後艦橋上の60cm探照灯4基を鹿島、香取より還納のソーラアレー式手動75cm探照灯に換装訓令
1907(M40)- 8- 5	艦長西山保吉大佐(10期)就任
1907(M40)-10-10	美保関発韓国南岸警備、22日舞鶴着
1908(M41)- 1-15	舞鶴工廠で機関部修理、3月20日完成
1908(M41)- 4- 7	艦長牛田従三郎大佐(12期)就任
1908(M41)- 4-20	第1艦隊
1908(M41)-10-17	横浜にて米白色艦隊接待艦を務める、24日まで
1908(M41)-11-18	神戸沖大演習観艦式参列
1908(M41)-11-20	艦長三上兵吉大佐(11期)就任

艦 歴/Ship's History (7)

艦 名	日 進(2/4)
年 月 日	記 事/Notes
1908(M41)-12-10	艦長山田猶之助大佐(13期)就任
1909(M42)-11-23	佐世保発北清方面警備、12月1日着
1909(M42)-12- 1	第2予備艦、艦長山中柴吉大佐(15期)就任、翌年2月16日から4月9日及び同6月2日から7
	月25日まで兼吾妻艦長
1910(M43)-10-26	艦長木村剛大佐(15期)就任
1910(M43)-12- 1	第2艦隊
1911(M44)- 4- 8	佐世保発北清方面警備、26日鎮南浦着
1911(M44)- 7-15	36式無電受信機を43式受信機に換装
1911(M44)- 9- 2	呉発ウラジオストク方面警備、14日着
1911(M44)-10-31	佐世保発北清方面警備、
1911(M44)-12- 1	第2予備艦
1912(M45)- 4-30	艦長高木七太郎大佐(15期)就任、兼周防艦長
1912(T 1)- 7-31	艦長広瀬順太郎大佐(14期)就任、9月27日から12月1日まで兼阿蘇艦長、12月20日から
	兼吾妻艦長
1912(T 1)-11-12	横浜沖大演習観艦式参列
1912(T 1)-11-18	清水港碇泊中午後6時50分後部砲塔付近で軽い爆発音後火災発生、火薬庫に注水同7時9分鎮火、
	重傷11名後1名死亡、軽傷8名、原因は乗員の放火によるもの
1913(T 2)- 4- 1	第3予備艦、舞鶴工廠で缶入換え艦本式缶12基に換装
1913(T 2)- 5-24	艦長九津見雅雄大佐(15期)就任
1913(T 2)- 8-14	前後煙突高さ変更認可、水線上高さ前部煙突59'9"から68'10"に後部煙突58'10"から68'10"に延長
1913(T 2)- 9-10	回転通信機新設、無線電信橋改造認可
1914(T 3)- 1-24	艦長水町元大佐(14期)就任、兼鹿島艦長
1914(T 3)- 4- 1	第1予備艦
1914(T 3)- 5-27	艦長川原袈裟太郎大佐(17期)就任
1914(T 3)- 8-24	第3艦隊、第1次大戦に従事
1914(T 3)- 9-23	警備艦、馬公発台湾方面で戦役に従事、翌年4月30日横須賀着
1914(T 3)-10- 1	特別南遣支隊
1914(T 3)-10- 4	サンダカン港にて午前8時31分座礁、午後11時18分離礁
1914(T 3)-12- 1	第2南遣支隊
1914(T 3)-12-28	第2艦隊第2戦隊
1915(T 4)- 5- 1	艦長増田高瀬大佐(18期)就任
1915(T 4)-12- 4	横浜沖特別観艦式参列
1915(T 4)-12-13	第1艦隊第1水雷戦隊、艦長島内恒太大佐(20期)就任
1916(T 5)- 5-13	第4艦隊
1916(T 5)- 7- 1	舞鶴発ウラジオストク方面警備、8日着
1916(T 5)- 7-15	大湊発カナダ、エスカイモルト方面警備、8月31日横須賀着
1916(T 5)-12-20	舞鶴発ウラジオストク方面警備、28日着
1916(T 5)- 9-12	第1水雷戦隊
1916(T 5)-10-25	横浜沖恒例観艦式参列

艦　歴/Ship's History (8)

艦　名	日　進(3/4)
年　月　日	記　事/Notes
1916(T 5)-12- 1	第2予備艦、艦長小牧自然大佐(25期)就任
1916(T 5)-12-12	第1艦隊第2戦隊
1917(T 6)- 1-15	大湊発北米西岸方面警備、3月20日横須賀着
1917(T 6)- 3-28	第2艦隊第2水雷戦隊
1917(T 6)- 4-13	第1特務艦隊
1917(T 6)- 4-29	佐世保発シンガポール方面警備、8月15日舞鶴着
1917(T 6)- 9-15	佐世保発地中海方面警備、12月22日着
1917(T 6)- 8-16	警備艦
1917(T 6)-12-26	第2予備艦、艦長安村介一大佐(23期)就任、舞鶴工廠で8cm高角砲1門装備、9' 測距儀装備、
	中央弾火薬庫冷却装置新設、船体破損箇所修理
1918(T 7)- 5- 1	第1予備艦
1918(T 7)- 5- 3	艦長長沢直太郎大佐(26期)就任
1918(T 7)- 5-12	第1特務艦隊
1918(T 7)- 5-28	佐世保発シンガポール、地中海方面警備、翌年6月7日馬公着
1918(T 7)-11-16	第2特務艦隊
1919(T 8)- 7- 9	横須賀沖御親閲式参列
1919(T 8)- 7-16	第1予備艦
1919(T 8)- 8-12	第2予備艦
1919(T 8)- 8-12	舞鶴工廠で前部居住区通風装置新設、端艇換装、測深儀装備認可
1919(T 8)-10- 1	第1予備艦
1919(T 8)-11- 1	第2遣外艦隊
1919(T 8)-11- 3	艦長江口金馬大佐(27期)就任
1920(T 9)- 1-29	打狗(高雄)発シンガポール警備、10月13日馬公着
1920(T 9)-12- 1	第3予備艦、佐世保工廠で防寒装置装備、8cm砲撤去
1921(T10)- 2-23	呉工廠で缶管総入換え、11月末完成
1921(T10)- 9- 1	1等海防艦に類別
1921(T10)-12- 1	第2予備艦、艦長水谷耕喜大佐(28期)就任
1922(T11)- 1-10	艦長森初次大佐(27期)就任
1922(T11)- 2-16	舞鶴工廠で防寒装置改造
1922(T11)- 3- 1	第1予備艦
1922(T11)- 4- 1	第3艦隊第6戦隊
1922(T11)- 4- 4	舞鶴発ウラジオストク方面警備、7月19日着
1922(T11)- 7-21	舞鶴工廠で准士官室改造、28日完成
1922(T11)- 7-29	舞鶴発ウラジオストク方面警備、翌年4月4日着
1922(T11)-11-10	艦長七田今朝一大佐(29期)就任
1922(T11)-11-12	警備艦
1922(T11)-12- 1	横須賀鎮守府に転籍、警備艦
1923(T12)- 5- 1	第2予備艦、艦長松本匠大佐(29期)就任
1923(T12)- 9- 1	第1予備艦、関東大震災に際して清水へ一般人の輸送に従事
1923(T12)-11- 1	第2予備艦、艦長藤井謙介大佐(30期)就任

艦　歴/Ship's History (9)

艦　名	日　進(4/4)
年　月　日	記　事/Notes
1923(T12)-11- 5	舞鶴要港部付属
1924(T13)- 4-15	第1予備艦
1924(T13)- 5- 1	警備艦
1924(T13)- 6-24	大湊発露領沿岸方面警備、7月3日着
1924(T13)-12- 1	第2予備艦、艦長福岡成一大佐(30期)就任
1925(T14)- 9- 1	第1予備艦
1925(T14)-12- 1	警備兼練習艦、機関学校
1926(T15)- 5- 1	艦長長谷川清大佐(31期)就任
1926(T15)- 6-14	機関学校第1、3学年生徒乗艦実習、19日まで
1926(T15)-11- 1	第3予備艦、横須賀海兵団付属、以後出動することなく繋留
1926(T15)-12- 1	艦長高橋雄三郎大佐(32期)就任
1927(S 2)-12- 1	艦長田尻敏郎大佐(33期)就任
1929(S 4)-11-30	艦長波多野二郎大佐(34期)就任
1930(S 5)-11-15	艦長竹下志計理中佐(35期)就任
1930(S 5)-12- 1	第4予備艦
1931(S 6)- 6- 1	海防艦に類別(等級廃止)
1932(S 7)-12- 1	艦長蓑妻準二大佐(37期)就任
1933(S 8)-11-15	艦長井沢徹大佐(38期)就任
1934(S 9)- 5-25	艦長柴山昌生大佐(35期)就任、兼横須賀海兵団長
1935(S10)- 3- 9	横須賀工廠で標的艦に改造、兵装機関艤装品撤去、31日完成
1935(S10)- 4- 1	除籍、廃艦第6号、
	この後呉に曳航亀ヶ首試射場沖に繋留、大和型新戦艦主砲弾の縮尺実験として水中弾効果の調査に
	供されたが、同年9月の最初の発射弾で横転沈没、同12月にはそのまま浮揚、近くの海岸に擱座さ
	せ解体された

須磨 /Suma・明石 /Akashi

型名 /Class name		同型艦数 /No. in class		設計番号 /Design No.		設計者 /Designer	主船局造船課①		
艦名 /Name	計画年度 /Prog. year	仮名称 /Temp. name	起工 /Laid down	進水 /Launch	竣工 /Completed	建造所 /Builder	建造費 /Cost	除籍 /Deletion	喪失原因・日時・場所 /Loss data
須磨 /Suma	M24/1891	乙号巡洋艦	M25/1892-08-06	M28/1895-03-09	M29/1896-12-02	横須賀造船所	¥1,512,390(内兵器¥484,462)	T12/1923-04-01	T13-09-22 に売却
明石 /Akashi	M26/1893	丙号巡洋艦	M27/1894-08-06	M30/1897-11-08	M32/1899-03-30	横須賀造船所	¥1,679,411(内兵器¥485,983)	S03/1928-04-01	S05-08-03 野島崎沖で実艦的として沈没

注 /NOTES ①横須賀造船所で建造された国産小型防護巡洋艦、計画、設計は秋津洲に続いて日本の手になるもので、いずれも英国式設計となっている。【出典】海軍軍備沿革 / 横須賀海軍船廠史 / 役務一覧 (沿革史資料)

船体寸法 /Hull Dimensions

艦名 /Name	状態 /Condition	排水量 /Displacement		長さ /Length(m)			幅 /Breadth (m)			深さ /Depth(m)		吃水 /Draught(m)			乾舷 /Freeboard (m)			備考 /Note
				全長 /OA	水線 /WL	垂線 /PP	全幅 /Max	水線 /WL	水線下 /uw	上甲板 /m	最上甲板	前部 /F	後部 /A	平均 /M	艦首 /B	中央 /M	艦尾 /S	
須磨 /Suma	新造完成 /New (T)	常備 /Norm.	2,657	98.35		93.50	12.25			7.60				4.86				2,700 トンと表記される場合は仏トン換算
	新造計画 /Design (T)	常備 /Norm.	2,500									4.40	5.00	4.70				横須賀海軍船廠史による
	公試排水量 /Trial (T)																	
	常備排水量 /Norm. (T)		2,706.598									3.986	5.307	4.647		3.112		重心査定公試成績による、大正後期か昭和初期の実施例と推定
	満載排水量 /Full (T)		3,375.858									5.177	5.710	5.444		2.258		
	軽荷排水量 /Light (T)		2,340.506									3.442	4.950	4.195		3.510		
	公称排水量 /Official(T)	常備 /Norm.	2,657															2,700 トンと表記される場合は仏トン換算
	総噸数 /Gross ton (T)		2,143.248															須磨要目簿による
明石 /Akashi	新造完成 /New (T)	常備 /Norm.	2,920	94.79		90.00	12.75			7.60				5.03				
	新造計画 /Design (T)	常備 /Norm.																
	公試排水量 /Trial (T)		2,896															
	公称排水量 /Official(T)	常備 /Norm.	2,756									6.76	7.47	7.11				2,800 トンと表記される場合は仏トン換算
	公称排水量 /Official(T)	基準 /St'd	2,590									7.428	7.963	7.695				ワシントン条約以降の公表排水量

注 /NOTES ①明治期の常備排水量については公表された数値に英トンと仏トンの混同が見られ、各数値の定義を上記のようにまとめてみたが推定によるものも多い
【出典】極秘版海軍省年報 / 海軍省年報 / 須磨要目簿 / 英 Engineering 誌 (1904)

解説 /COMMENT

明治 23 年西郷大臣は明治 24 年起業の艦船建造計画を提議するが成立せず、その責任をとって樺山大臣と交代するも、同大臣もその建造案を継承して以下の艦船建造計画を閣議にはかることとなった。

■甲鉄艦 9,500 トン 2 隻　■巡航甲鉄艦 6,000 トン 3 隻　■ 1 等巡航艦 4,500 トン 1 隻　■ 2 等巡航艦 3,500 トン 3 隻　■ 3 等巡航艦 2,500 トン 2 隻　■ 4 等巡洋艦 1,500 トン 3 隻　■ 1 等水雷艦 750 トン 8 隻　■ 2 等水雷艦 3 隻　■水雷艇 26 隻　■運送艦 2,000 トン 1 隻　■練習艦 2,500 トン 1 隻　■合計 53 隻、75,680 トン

これに要する予算は 5,855 万円として 7 か年で完成させるものとしていたが、いかんせん当時の財政状態ではこれ以外にも新鎮守府の開設や各陸上施設の建設等にも費用がかかり、政府としては対応不可能として、予算を大幅に縮小、明治 24 年以降 5 か年の艦船新造支出を 534 万円と 1/10 にまで削減してやっと議会の承認を得た。その結果建造艦船は 2 等巡洋艦 1 隻、3 等巡洋艦 1 隻、水雷砲艦 1 隻、水雷艇 2 隻とされ、ここで建造されたのが吉野、須磨、龍田であった。こうした傾向は明治期前半の海軍の艦船新造計画にたびたび見られたことで、提出される計画と実現する建造艦船との格差があまりに大き過ぎて、結果的に実際の海軍兵力の整備は遅々として進まなかった。

須磨は横須賀造船所で建造された 3 等巡洋艦で、当時同造船所では最初の国産防護巡洋艦秋津洲が建造中であったが、本艦はこれに続くもので計画から設計まで全て日本側が行った。秋津洲のようにベルタンの干渉もなかったようである。明治 22 年 5 月に大技監佐雙左仲が第 2 局 (旧艦政局) から横須賀鎮守府造船部長の席につき明治 25 年初めまで同職にあったので、須磨の計画、設計は彼の指導の下行われたものと推定される。後に明治末期の日本海軍の主力艦艇の計画、設計に腕をふるうことになる近藤基樹大技士も明治 23 年に造船部計画科主幹に就いており、当然この須磨の計画、設計に関わったものと思われる。

明石も同じく明治 25 年に提議された、明治 26 年起業の艦船新造計画により建造されたもので、甲鉄艦 11,400 トン 4 隻以下 19 隻、87,800 トン、予算 5,920 万円という原計画だったが、とうてい望むべくもないということで、例によって金額を 1,956 万円、甲鉄戦艦 2 隻、3 等巡洋艦 1 隻、報知艦 1 隻に圧縮して議会に提出されるが、明治 26 年 1 月の議会で否決されてしまった。

これにはさすがに明治天皇も黙っておられず、今後 6 年間毎年 30 万円を皇室より下付するとともに、公務員の俸給 1/10 を献納すべきとの詔勅が下った。これにより議会は先の予算案を再議して軍艦製造費として若干の減額はあったものの、1,808 万円を承認するに至った。こうして建造されたのが日本海軍最初の戦艦富士と八島で英国注文が実現、巡洋艦明石と報知艦宮古は国内建造が決定した。

須磨と明石はともに横須賀造船所の建造で略同型艦といえる艦型であるが、完成期に約 2 年の差があるため改正点も少なくない。

排水量は明石の方が若干増加しているが、全長が逆に若干短く、幅は増加している。ということは船型が異なっているわけであるが当時はこうしたカット・アンド・トライ式設計は比較的容易に行っていたようである。兵装は前後の船首楼及び艦尾甲板に安式 15cm 砲を置き、中央部の一段落ちた上甲板両舷に安式 12cm 砲 6 門を配しており、舷側にあまり飛び出さないかたちでスポンソンを設けている。

須磨は前後檣に戦闘檣楼を設けて小砲を配していたが、明石ではこれを廃して前檣の見張所のみとして、また明石では船首楼と艦尾甲板を結ぶ舷側通路を設けており、一見水平甲板型船体に見られる。全体のデザインは英国式で当時の英海軍 3 等巡洋艦パール Pearl 級 2,575 トン、明治 24 年 /1891 完成等に類似点が多く、当然計画に際しては手本になったものと推定される。ただ兵装では英艦が 12cm 砲 8 門のところ須磨では 2 門を 15cm 砲としており、重兵装ともいえる。

須磨の例では同時に英国アームストロング社で建造された吉野に比べて、建造費は約 100 万円ほど安いが、吉野の方は排水量で 1 千トンほど大きい 2 等巡洋艦で、速力も 3 ノット近く優速で兵装も強力であった。しかも吉野の建造期間は 1 年半強で日清戦争に間に合ったのに対し、須磨の建造期間は 4 年 7 か月を要しており、日清戦争が終わってもまだ建造中であったことを思うと、どちらが高い買い物であったか一概には言えない。

明治期の日本海軍国産巡洋艦の流れを見ると、主力の装甲巡洋艦 (1 等巡洋艦) と 2 等巡洋艦は全て海外建造艦で、3 等巡洋艦のみを国産していたのは、必然的にこの程度の艦が日本人だけで計画、設計する上で適切なレベルの艦艇であり、これで腕を磨いて次のレベルにステップアップすることを目的としていたと理解できる。

須磨 /Suma・明石 /Akashi

機　関 /Machinery

		須磨 /Suma・明石 /Akashi 新造時
主機械 /Main mach.	型式 /Type ×基数 (軸数)/No.	直立 3 段膨式 3 気筩機関 /Recipro. engine × 2
缶 /Boiler	型式 /Type ×基数 /No.	円筒式缶 / × 8(須磨)、× 9(明石)
	蒸気圧力 /Steam pressure (kg/cm²)	12.66(須磨)、10.55(明石)
	蒸気温度 /Steam temp.(℃)	
	缶換装年月日 /Exchange date	(須磨)M41/1908-3　(明石)M44/1911-7
	換装缶型式・製造元 /Type & maker	宮原式缶× 4　ニクロース式缶× 9
計画 /Design (自然通風 / 強圧通風)	速力 /Speed(ノット /kt)	(須磨) 17.5/20　(明石) /19.5
	出力 /Power(実馬力 /IHP)	5,000/8,500　/8,000
	回転数 /(rpm)	145/170　/
新造公試 /New trial (自然通風 / 強圧通風)	速力 /Speed(ノット /kt)	/17.33　17.8/19.52
	出力 /Power(実馬力 /IHP)	/5,503　5,497/7,396
	回転数 /(rpm)	/143　/
改造公試 /Repair T. (自然通風 / 強圧通風)	速力 /Speed(ノット /kt)	17.02/(M31-7 缶修理公試) ①　/19.19(T10-3-25 公試) ②
	出力 /Power(実馬力 /IHP)	5,362/　/6,797.93
	回転数 /(rpm)	139/　/151.81
推進器 /Propeller	直径 /Dia.(m)・翼数 /Blade no.	3.75・3 翼 (須磨)、　・3 翼 (明石)
	数 /No.・型式 /Type	× 2・マンガン青銅
舵 /Rudder	舵型式 /Type・舵面積 /Rudder area(m²)	半釣合舵 /Semi balance・10.3
燃料 /Fuel	石炭 /Coal(T)・定量 (Norm.)/ 全量 (Max.)	(須磨) 197/590　(明石)197/576
航続距離 /Range(浬 /SM- ノット /Kts)		3,252-10　1,821-14　3,627-10　2,962-14
発電機 /Dynamo・発電量 /Electric power(V/A)		シーメンス式 80V/100A × 4(須磨) ③、同× 2、80V/200A × 1(明石)
新造機関製造所 / Machine maker at new		横須賀造船所
帆装形式 /Rig type・総帆面積 /Sail area(m²)		

注 /NOTES ①横須賀工廠で機関修理後の公試　②缶管総入換え修理完成後　③ M36-3 に第 3 発電機を 80V/300A に換装
【出典】帝国海軍機関史 / 英 Engineering 誌 / 日本近世造船史 / 公文備考

重量配分 /Weight

		明 石 /Akashi	
		重量 /Weight(T)	%
船殻 /Hull		1,249.76	42.8
防禦 /Protect		207.32	7.1
齐備 /Equipment		224.84	7.7
兵装 /Armament		198.56	6.8
機関 /Machinery		840.96	28.8
燃料 /Fuel	石炭 /Coal	195.64	6.7
	重油 /Oil		
その他 /Others			
(合計 /Total)		2,920.00	100.0

注 /NOTES
新造時常備状態【出典】軍艦基本計画

装　甲 /Armor

防禦甲板 /Protect deck	中央平坦部 /Mid. flat-9.5mm
	傾斜部 /Slope-31.8mm ＋ 19mm
	前後 9.5mm × 2
司令塔 /Conning tower	50mm、障壁 /Protect board-50mm
揚弾筒 /Ammunition tube	8-9mm(防禦甲板上部 /Upper of protect deck)
	8mm(防禦甲板下部 /Under of protect deck)
砲楯 /Gun shield	114mm(15cm 砲、12cm 砲)

注 /NOTES 須磨新造時を示す【出典】須磨要目簿

兵装・装備 /Armament & Equipment

		須磨 /Suma・明石 /Akashi 新造時	
砲熕兵器 / Guns	主砲 /Main guns	安式 40 口径 15cm 砲 /Armstrong × 2　鍛鋼榴弾× 160、徹甲榴弾× 160	
	備砲 /2nd guns	安式 40 口径 12cm 砲 /Armstrong × 6　鍛鋼榴弾× 390、徹甲榴弾× 390	
	小砲 /Small cal. guns	47mm 重保式砲 /Hotchkiss × 10　鍛鋼榴弾× 2,000、徹甲榴弾× 2,000 ① 47mm 軽保式砲 /Hotchkiss × 2　鍛鋼榴弾× 376、徹甲榴弾× 376 ①	
	機関砲 /M. guns	11mm5 連ノルデンフェルト砲 /Nordenfelt × 4 ②	
個人兵器 /Personal weapons	小銃 /Rifle	35 年式海軍銃× 102　弾× 30,600 ③	
	拳銃 /Pistol	1 番形拳銃× 29　弾× 30,600 、 モーゼル拳銃 /Mauser × 5　弾× 600 ③	
	舶刀 /Cutlass		
	槍 /Spear		
	斧 /Axe	× 3 ③	
水雷兵器 /Torpedo weapons	魚雷発射管 /T. tube	× 2(水上 /Surface 旋回式× 2) ④	
	魚雷 /Torpedo	14"(35cm) × 4	
	その他		
電気兵器 /Elec.Weap.	探照灯 /Searchlight	× 3(60cm 手動) ⑤	
艦載艇 /Boats	汽艇 /Steam launch	× 1(スチーム・カッター 8.5m、5.4T、7kt)	× 1(小蒸気 7.6m)
	ピンネース /Pinnace	× 1(9.1m、2.3T)	× 1(9.1m)
	カッター /Cutter	× 2(8.56m、2.2T)	× 1(7.9m)
	ギグ /Gig		× 2(8.5m)
	ガレー /Galley	× 1(8.2m、0.55T)	
	通船 /Jap. boat	× 3 (8.8m × 1、8.23m × 1、6.1m × 1)	× 3 (8.2m × 1、7.0m × 1、外舷艇× 1)
	(合計)	× 8(須磨の M37 当時を示す) ⑥	× 8(明石の M41 当時を示す) ⑦

注 /NOTES ① M36 までにそれぞれ山内式砲架に換装、47mm 重砲は M44 に 6 門を撤去、大正中期以降 47mm 軽砲は麻式 6.5mm 機銃 1 挺と換装　② M30 代はじめに撤去　③須磨の M37 当時を示すもので、明石の場合も同数　④ T7 に撤去　⑤明治末ごろに 75cm 探照灯に換装した可能性あり　⑥須磨要目簿によったが、本艦の M41 の搭載艇調査とは幾分異なる　⑦ギグは M44 に廃止、以後搭載艇の合計は 6 隻となっている
【出典】須磨要目簿 / 公文備考 / 横須賀海軍船廠史 / 英 Engineering 誌 / 極秘版海軍省年報

これに次の新高型についてもいえることであるが、3 等巡洋艦という存在では戦闘においても当然補助的な任務に終始せざるを得ず、後の日露戦争で目立つことはあまりなかった。

2 隻とも 30 年前後と比較的長寿を保ち大正末から昭和はじめに除籍されたが、この間第 1 次大戦ではインド洋、地中海 (明石) まで進出して作戦に従事しており、明治末期に缶の換装を実施していた他、後檣の撤去等を行っていたが、大きな変遷はなかった。

艦名の須磨は名所名、現在の神戸市西部の名所、須磨の浦よりとったもの、後に太平洋戦争中の捕獲英河用砲艦モス Moth に襲名、さらに戦後の海上自衛隊特務艇に襲名。明石は同じく名所又は海峡名、兵庫県の名所明石海岸またはこれと淡路島の間の明石海峡からとったもの、後昭和 9 年計画工作艦に、さらに戦後海上自衛隊海洋観測艦に襲名。なお、明石の命名時の候補艦名として他に「河内」「利根」の二つがあったことが当時の海軍の公式文書に残されている。

[資料] 本型の公式図面は < 平賀資料 > に明石の正面線図と中央大切断図があるのみで、呉の < 福井資料 > にも本型の図面はない。他に須磨の要目簿 (明細表) 明治 39 年があり船体と兵器関係だけで機関はない。写真も幾つかはあるが就役期間を考えるとそう多い数ではない。

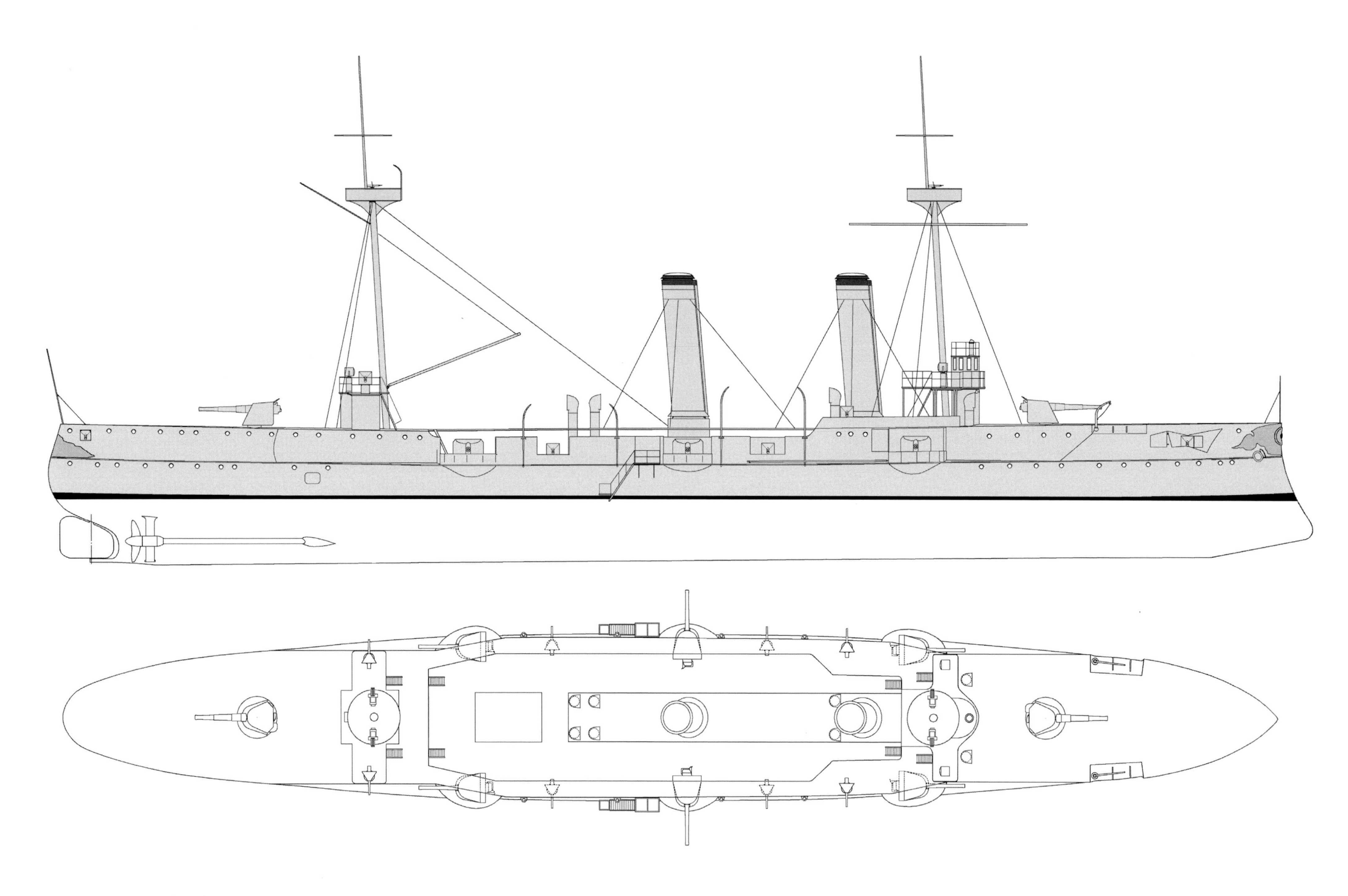

図 3-4-1 [S=1/350]　須磨 側平面 (新造時)

図 3-4-2 [S=1/350] 須磨 側面 (M38/1905・M42/1909)

◎ 須磨、明石の両艦については写真以外に外観を示す図面類は全くなく、詳細な図解は困難となっている。須磨が新造時に有していた前後檣の戦闘楼は日露戦争末期には撤去されており、明石では新造時から装備されなかった。下図のようにM42には後檣を撤去しており、明石においても同様であった。

明石は須磨に比べて舷側部の上縁が水平甲板型のように連続しており、識別は容易である。この2隻にはT8以降も8cm高角砲は装備されなかった。

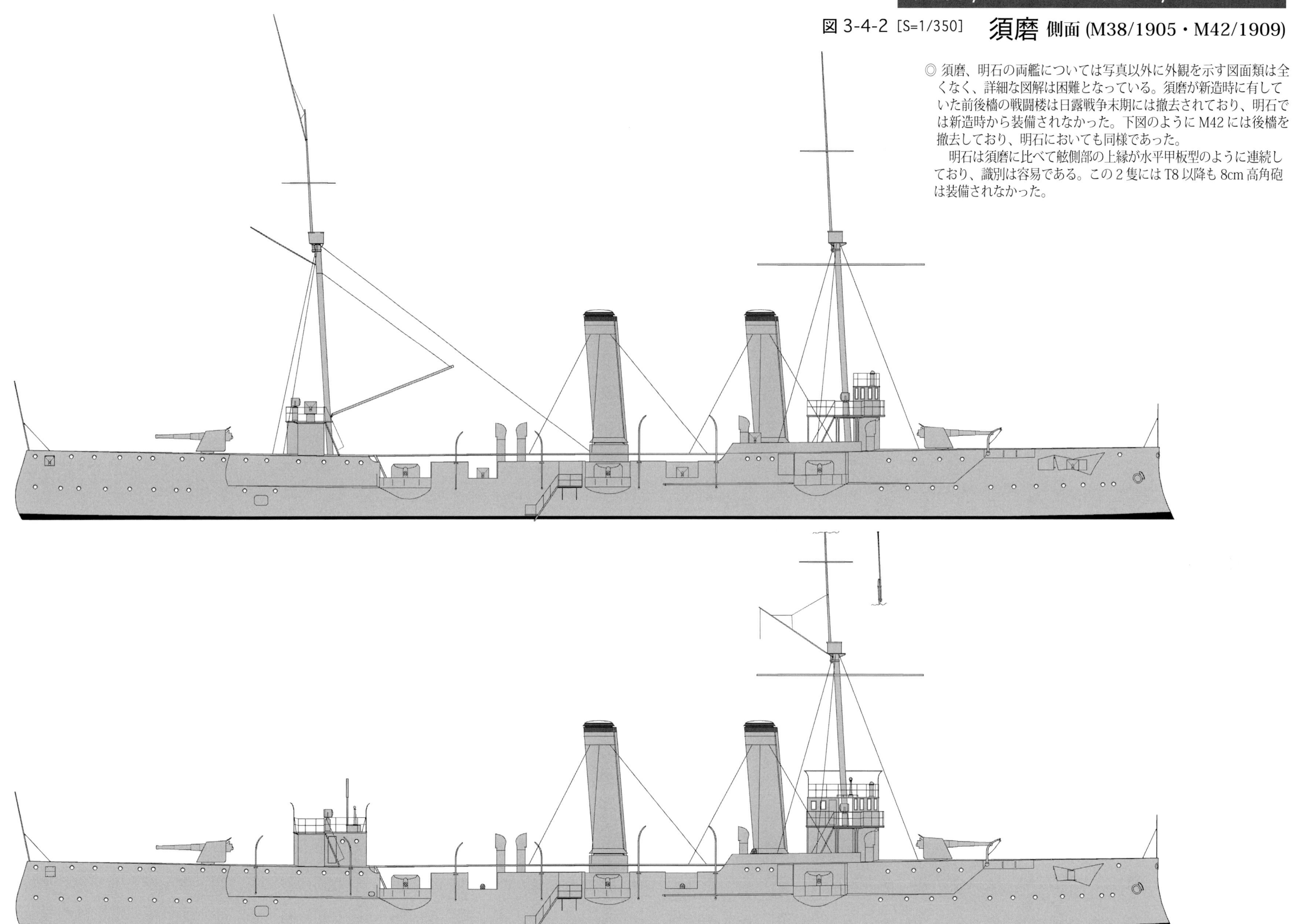

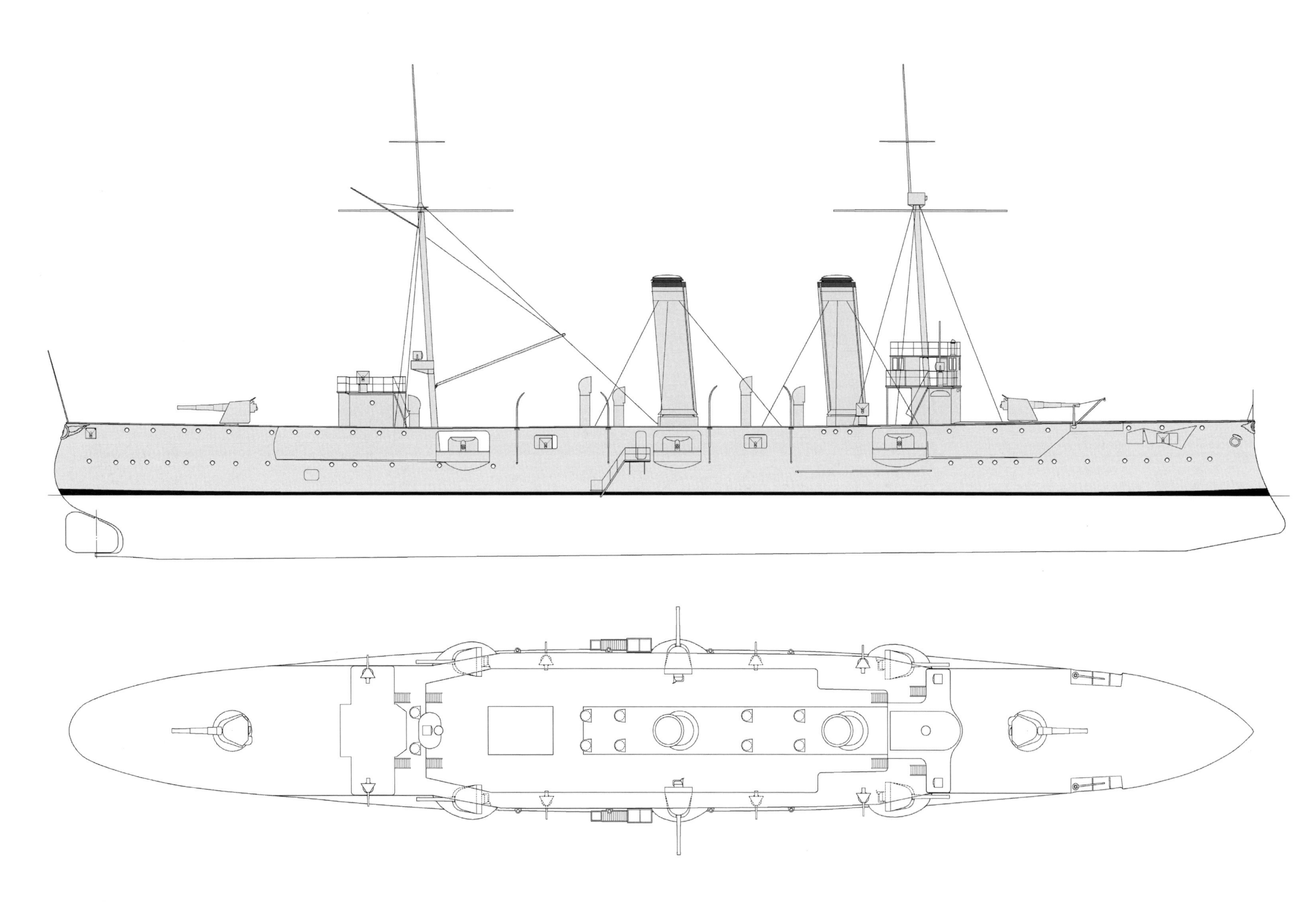

図 3-4-3 [S=1/350]　明石 側平面 (新造時)

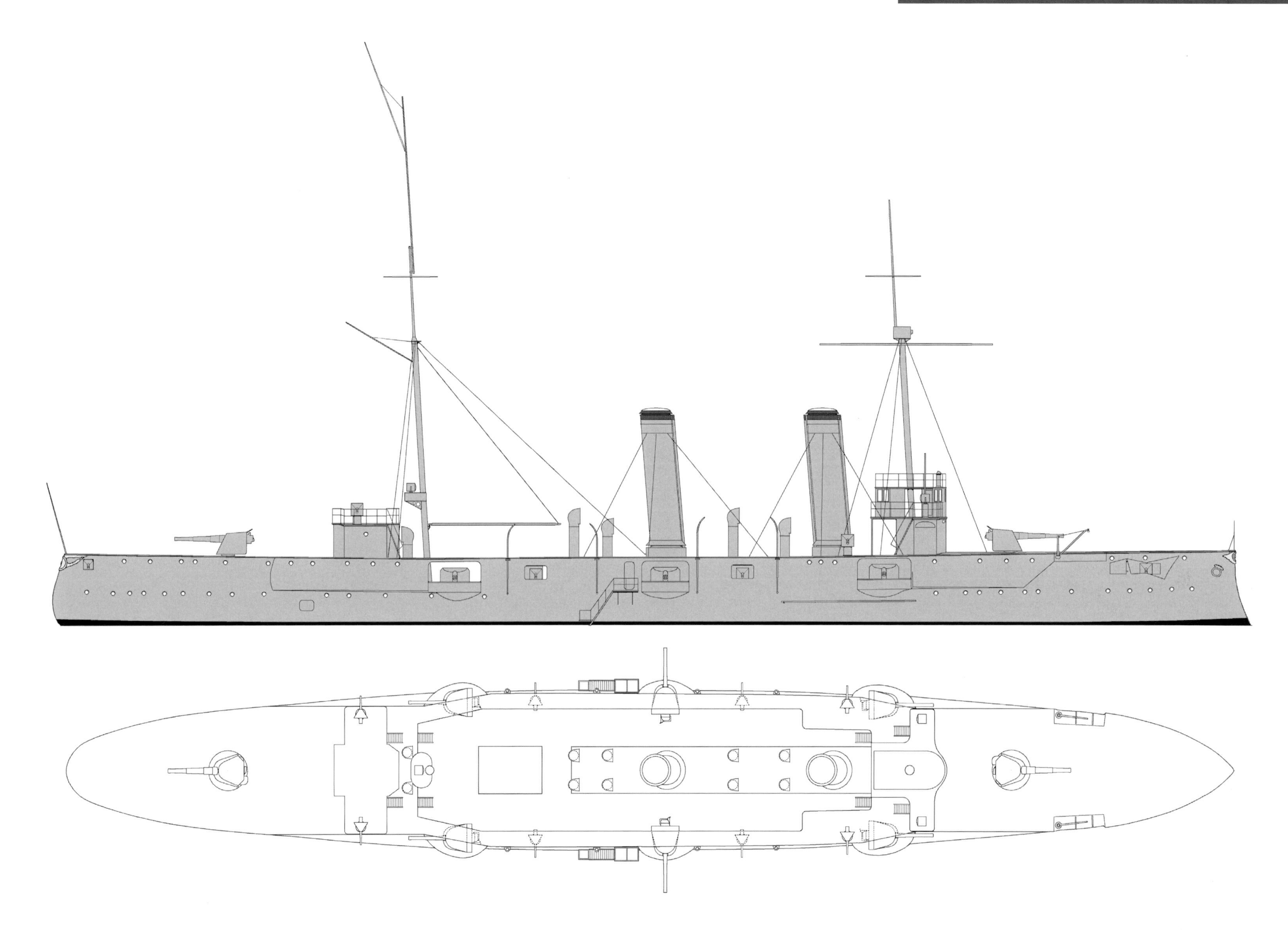

図 3-4-4 [S=1/350]　明石 側平面 (M38/1905)

須磨 /Suma・明石 /Akashi

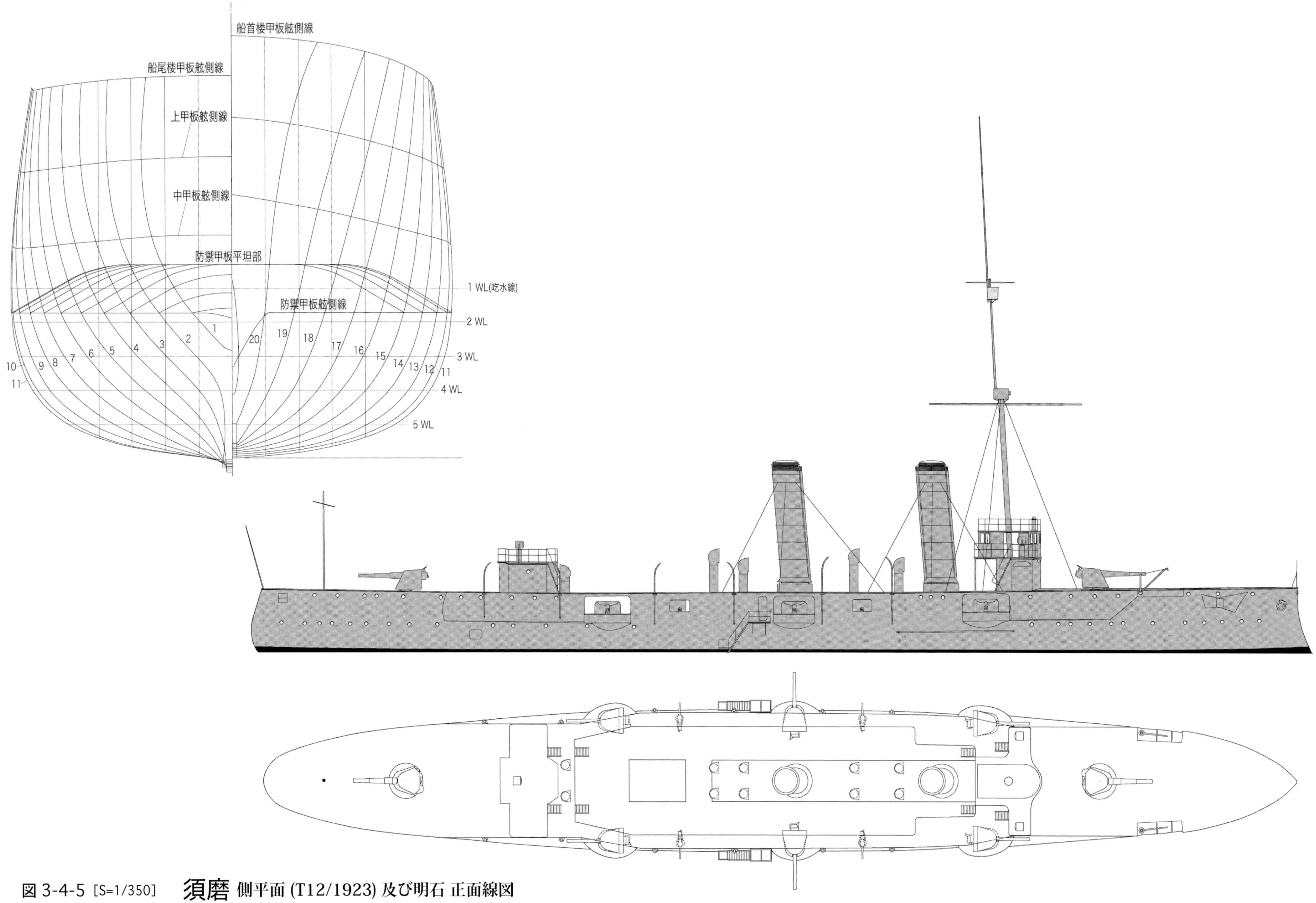

図 3-4-5 [S=1/350]　**須磨** 側平面 (T12/1923) 及び明石 正面線図

須磨　定　員 /Complement (1)

職名 /Occupation	官名 /Rank	定数 /No.		職名 /Occupation	官名 /Rank	定数 /No.	
艦長	大佐	1	士官 /22		1等筆記	1	下士 / 4
副長	少佐	1			3等筆記	1	
航海長	大尉	1			1等厨宰	1	
砲術長	〃	1			3等厨宰	1	
水雷長	〃	1			1等水兵	29	卒 /202
分隊長	〃	3			2等水兵	41	
	少尉	5			3、4等水兵	48	
機関長	機関少監	1			1等信号兵	1	
分隊長	大機関士	2			2等信号兵	2	
	少機関士	2			3、4等信号兵	3	
軍医長	大軍医	1			1等木工	1	
	少軍医	1			2等木工	1	
主計長	大主計	1			3、4等木工	2	
	少主計	1			1等機関兵	18	
					2等機関兵	18	
	上等兵曹	3	准士 / 8		3、4等機関兵	24	
	上等機関兵曹	4			1等鍛冶	1	
	船匠師	1			2等鍛冶	1	
	1等兵曹	7	下士 /48		3、4等鍛冶	1	
	2等兵曹	9			1等看護	1	
	3等兵曹	11			2等看護	1	
	2等信号兵曹	1			1等主厨	2	
	1等船匠手	1			2等主厨	3	
	3等船匠手	1			3、4等主厨	4	
	1等機関兵曹	3					
	2等機関兵曹	6					
	3等機関兵曹	6					
	1等鍛冶手	1					
	3等鍛冶手	1					
	1等看護手	1		(合　計)		284	

注 /NOTES

明治29年3月内令1号改訂による須磨の定員を示す【出典】海軍制度沿革

(1) 上等兵曹の3人は掌砲長、掌水雷長、掌帆長の職にあたるものとする

(2) 兵曹長中の3人は砲術教員と水雷術教授にあて、他は掌砲長属、掌水雷長属、掌帆長属、按針手、艦長端舟長、船艙手及び各部の長職につくものとする

明石　定　員 /Complement (2)

職名 /Occupation	官名 /Rank	定数 /No.		職名 /Occupation	官名 /Rank	定数 /No.	
艦長	大佐	1	士官 /22		1等筆記	1	下士 / 4
副長	中少佐	1			3等筆記	1	
航海長	少佐 / 大尉	1			1等厨宰	1	
砲術長	〃	1			3等厨宰	1	
水雷長	大尉	1			1等水兵	33	卒 /225
分隊長	〃	3			2等水兵	44	
	中少尉	5			3、4等水兵	58	
機関長	機関中少監	1			1等信号兵	1	
分隊長	大機関士	2			2等信号兵	2	
	中少機関士	2			3、4等信号兵	3	
軍医長	軍医少監 / 大軍医	1			1等木工	1	
	中少軍医	1			2等木工	1	
主計長	主計少監 / 大主計	1			3、4等木工	2	
	中少主計	1			1等機関兵	20	
					2等機関兵	20	
	上等兵曹	3	准士 / 8		3、4等機関兵	26	
	上等機関兵曹	4			1等鍛冶	1	
	船匠師	1			2等鍛冶	1	
	1等兵曹	7	下士 /51		3、4等鍛冶	1	
	2等兵曹	9			1等看護	1	
	3等兵曹	11			2等看護	1	
	2等信号兵曹	1			1等主厨	2	
	1等船匠手	1			2等主厨	3	
	3等船匠手	1			3、4等主厨	4	
	1等機関兵曹	3					
	2等機関兵曹	7					
	3等機関兵曹	8					
	1等鍛冶手	1					
	3等鍛冶手	1					
	1等看護手	1		(合　計)		310	

注 /NOTES

明治31年10月内令80号改訂による明石の定員を示す【出典】海軍制度沿革

(1) 上等兵曹の3人は掌砲長、掌水雷長、掌帆長の職にあたるものとする

(2) 兵曹長中の3人は砲術教員と水雷術教授にあて、他は掌砲長属、掌水雷長属、掌帆長属、按針手、艦長端舟長、船艙手及び各部の長職につくものとする

須磨・明石　定　員 /Complement (3)

職名 /Occupation	官名 /Rank	定数 /No.		職名 /Occupation	官名 /Rank	定数 /No.	
艦長	大中佐	1			1 等水兵	38	
副長	少佐	1			2、3 等水兵	67	
砲術長	大尉	1			4 等水兵	26	卒
航海長	〃	1			1 等信号水兵	4	
水雷長兼分隊長	〃	1			2、3 等信号水兵	5	
分隊長	〃	3			1 等木工	1	須磨 /224
	中少尉	5	士官 /22		2、3 等木工	2	
機関長	機関少監	1			1 等機関兵	24	明石 /226
分隊長	大機関士	2			2、3 等機関兵	①	
	中少機関士	2			4 等機関兵	12	
軍医長	大軍医	1			1、2 等看護	2	
	中少軍医	1			1 等主厨	3	
主計長	大主計	1			2 等主厨	3	
	中少主計	1			3、4 等主厨	3	
	上等兵曹	3	准士 / 7				
	船匠師	1					
	上等機関兵曹	3					
	1 等兵曹	7					
	2、3 等兵曹	18					
	1 等信号兵曹	1					
	2、3 等信号兵曹	4					
	1 等船匠師	1					
	2、3 等船匠師	1	下士 /55				
	1 等機関兵曹	6					
	2、3 等機関兵曹	12					
	1 等看護手	1					
	1 等筆記	1					
	2、3 等筆記	1					
	1 等厨宰	1					
	2、3 等厨宰	1					
				（合　計）		②	

注 /NOTES

明治 38 年 12 月内令 755 による 3 等巡洋艦須磨、明石の定員を示す【出典】海軍制度沿革
①須磨 -34、明石 -36　②須磨 -308、明石 -310
(1) 上等兵曹は掌砲長、掌水雷長、掌帆長の職にあたるものとする
(2) 兵曹は教員、掌砲長属、掌水雷長属、掌帆長属及び各部の長職につくものとする
(3) 信号兵曹の 1 人は信号長に、他は按針手の職につくこととする

須磨・明石　定　員 /Complement (4)

職名 /Occupation	官名 /Rank	定数 /No.		職名 /Occupation	官名 /Rank	定数 /No.	
艦長	大佐	1			1 等水兵	34	
副長	中少佐	1			2、3 等水兵	82	
航海長兼分隊長	少佐 / 大尉	1			1 等船匠兵	1	
砲術長	〃	1			2、3 等船匠兵	2	
分隊長	〃	3			1 等機関兵	24	兵 /303
	中少尉	3	士官 /17		2、3 等機関兵	48	
機関長	機関中少佐	1			1 等看護	1	
分隊長	機関少佐 / 大尉	2			2、3 等看護兵	1	
	機関中少尉	1			1 等主計兵	3	
軍医長兼分隊長	軍医少佐 / 大尉	1			2、3 等主計兵	7	
	軍医中少尉	1					
主計長兼分隊長	主計少佐 / 大尉	1					
	特務中少尉	1	特士 / 3				
	機関特務中少尉	1					
	主計特務中少尉	1					
	兵曹長	2	准士 / 6				
	機関兵曹長	3					
	船匠兵曹長	1					
	1 等兵曹	8					
	2、3 等兵曹	20					
	1 等船匠兵曹	1					
	2、3 等船兵曹	1					
	1 等機関兵曹	6	下士 /53				
	2、3 等機関兵曹	12					
	1 等看護兵曹	1					
	1 等主計兵曹	2					
	2、3 等主計兵曹	2					
				（合　計）		282	

注 /NOTES

大正 9 年 8 月内令 267 による 2 等巡洋艦須磨、明石の定員を示す【出典】海軍制度沿革
(1) 兵曹長 1 人は掌砲長、1 人は掌帆長の職にあたるものとする
(2) 機関兵曹長の内 1 人は掌機長、1 人は機械長、1 人は缶長にあたる
(3) 兵科分隊長中 1 人は特務大尉をもって、機関科専務分隊長は機関特務大尉をもってあてることを可とする

艦　歴 /Ship's History (1)

艦　名	須　磨 (1/3)
年　月　日	記　事 /Notes
1892(M25)- 8- 6	横須賀造船所で起工
1895(M28)- 5- 9	命名
1895(M28)- 3- 9	進水
1895(M28)- 3-16	佐世保鎮守府に入籍
1895(M28)-12-27	艤装委員長橋元正明大佐 (4 期) 就任
1896(M29)- 4-13	艤装委員長鹿野勇之進大佐 (4 期) 就任
1896(M29)- 5- 2	艦長鹿野勇之進大佐 (4 期) 就任
1896(M29)-12- 2	竣工
1896(M29)-12-10	常備艦隊
1897(M30)- 9- 6	青森発近隣諸国訪問、10 月 19 日佐世保着
1897(M30)-12-27	艦長三須宗太郎大佐 (5 期) 就任
1898(M31)- 3-21	3 等巡洋艦に類別、2 月から 7 月まで横須賀工廠で機関修理
1898(M31)- 5-23	艦長山田彦八大佐 (5 期) 就任
1898(M31)-10- 4	横須賀発清国警備、11 月 29 日佐世保着
1899(M32)- 2- 8	津発マニラ警備、4 月 30 日佐世保着
1899(M32)-11- 8	横須賀発清国警備、翌年 5 月 30 日馬公着
1899(M32)- 6-17	佐世保鎮守府艦隊、横須賀工廠で機関修理 11 月まで
1899(M32)-10- 7	艦長島村速雄大佐 (7 期) 就任
1899(M32)-10-15	常備艦隊
1900(M33)- 6- 7	馬公発清国警備、7 月 9 日横須賀着、横須賀工廠で機関修理 8 月まで
1900(M33)- 8-23	呉発韓国警備、9 月 2 日佐世保着
1900(M33)- 9-25	艦長上原伸次郎大佐 (7 期) 就任
1900(M33)-10-18	皇太子中国、四国及び九州行啓供奉艦、お召艦千歳、11 月 16 日まで
1900(M33)-12- 6	第 1 予備艦、翌年 1 月より佐世保工廠で機関修理 2 月まで
1901(M34)- 2-18	常備艦隊、艦長太田盛実大佐 (期外) 就任
1901(M34)- 3-27	横須賀発南清警備、12 月 17 日馬公着
1902(M35)- 1-28	艦長有川貞白大佐 (期外) 就任
1902(M35)- 4-22	第 3 予備艦、佐世保工廠で機関総検査、翌年 3 月まで
1903(M36)- 2-20	第 1 予備艦
1903(M36)- 4-10	神戸沖大演習観艦式参列
1903(M36)- 4-12	練習艦、機関少尉候補生用、艦長和田賢助大佐 (8 期) 就任
1903(M36)- 5- 7	横須賀発韓国、清国巡航機関少尉候補生実習航海、8 月 24 日着
1903(M36)- 9- 7	常備艦隊
1903(M36)- 9-28	佐世保発韓国南岸警備、10 月 4 日着
1903(M36)-10-15	艦長土屋保大佐 (9 期) 就任
1903(M36)-12-28	第 2 艦隊
1904(M37)- 2- 5	第 3 艦隊
1904(M37)- 2- 7	尾崎発日露戦争に従事
1904(M37)- 8-10	黄海海戦に参加、被害なし、発射弾数 15cm 砲 -62、12cm 砲 -97
1904(M37)-12-16	佐世保工廠で入渠修理、21 日出渠、翌年 1 月 14 日完成

艦　歴 /Ship's History (2)

艦　名	須　磨 (2/3)
年　月　日	記　事 /Notes
1905(M38)- 1-21	艦長栃内曽次郎大佐 (13 期) 就任、4 月 30 日三菱長崎造船所で入渠機関修理、5 月 2 日出渠
1905(M38)- 5-27	日本海海戦に参加、軽傷 3、発射弾数 15cm 砲 -77、12cm 砲 -183、47mm 砲 -85
1905(M38)-10-23	横浜沖凱旋観艦式参列
1905(M38)-11- 8	六連島発韓国警備、12 月 10 日佐世保着
1905(M38)-12-12	艦長江口麟六大佐 (12 期) 就任
1905(M38)-12-20	第 2 艦隊
1906(M39)- 3-14	練習艦、機関少尉候補生用
1906(M39)- 4- 6	横浜発機関少尉候補生実習航海、内地、台湾、香港、上海、大連、旅順、鎮海等巡航、8 月 4 日横須賀着
1906(M39)- 8-10	第 2 予備艦
1906(M39)-11-28	艦長臼井幹蔵大佐 (期前) 就任
1907(M40)- 2-28	第 1 予備艦
1907(M40)- 4- 5	練習艦、機関少尉候補生用
1907(M40)- 4-28	横須賀発機関少尉候補生実習航海、内地、台湾、香港、上海、大連、旅順、仁川、鎮海、釜山等巡航、8 月 23 日横須賀着
1907(M40)- 9- 3	第 3 予備艦、佐世保工廠で機関特定修理
1907(M40)-12-27	艦長竹下勇大佐 (15 期) 就任
1908(M41)- 5-15	第 1 予備艦
1908(M41)-11-18	神戸沖大演習観艦式参列
1908(M41)-11-20	第 2 艦隊
1908(M41)-12- 2	佐世保工廠で船体改造認可、艦橋改造、短艇装備位置変更、47mm 砲撤去等
1908(M41)-12-10	第 2 予備艦、艦長竹内次郎中佐 (14 期) 就任
1909(M42)- 4- 1	第 1 予備艦
1909(M42)- 7-24	第 1 艦隊
1909(M42)-11-16	第 3 艦隊
1909(M42)-11-30	福江発清国警備、翌年 12 月 20 日佐世保着
1910(M43)-12- 1	第 2 予備艦
1911(M44)- 3-21	無電室改造認可、43 式 1 号無電器装備
1911(M44)- 5-23	艦長布目満造大佐 (15 期) 就任
1911(M44)- 8-16	艦長片岡栄太郎大佐 (15 期) 就任、10 月 25 日まで兼佐世保工廠艤装員
1911(M44)-10-25	艦長堀輝房中佐 (16 期) 就任
1911(M44)-11- 7	第 1 予備艦
1911(M44)-12- 1	第 3 艦隊
1911(M44)-12- 4	佐世保発清国警備、翌年 10 月 4 日着
1912(T 1)- 8-28	2 等巡洋艦に類別
1912(T 1)-11-12	横浜沖大演習観艦式参列
1912(T 1)-11-15	第 2 予備艦
1912(T 1)-12- 1	艦長三輪修三大佐 (17 期) 就任
1912(T 1)- -	艦長幸田銈太郎大佐 (17 期) 就任
1913(T 2)- 4- 1	第 1 予備艦

艦　歴/Ship's History (3)

艦　名	須　磨(3/3)
年　月　日	記　事/Notes
1913(T 2)- 7-15	第3艦隊
1913(T 2)- 7-23	佐世保発中国警備、翌年11月15日着
1913(T 2)-12- 1	警備艦、馬公要港司令官に付属、艦長白石直介大佐(17期)就任
1913(T 2)-12-29	馬公発中国警備、翌年10月13日着
1914(T 3)-12- 1	艦長四元賢助大佐(20期)就任
1915(T 4)- 1-31	馬公発中国警備、翌年1月1日着
1915(T 4)-12-13	艦長福地嘉太郎大佐(20期)就任
1915(T 4)-12-27	同上役務を解く
1916(T 5)- 1-13	第2予備艦
1916(T 5)- 3-20	特務艦隊
1916(T 5)- 3-31	佐世保発ウラジオストク警備、4月8日舞鶴着
1916(T 5)- 4-15	佐世保発中国警備、10月9日佐世保着
1916(T 5)- 4-10	警備艦
1916(T 5)- 4-13	第5艦隊
1916(T 5)-12- 1	第3艦隊、艦長犬塚太郎大佐(25期)就任
1916(T 5)-12-19	馬公発シンガポール方面警備、7年5月13日佐世保着、この間インド洋で常陸丸の捜索にあたる
1916(T 5)-12-22	プタラタス礁に擱座難破した汽船海邦丸の残存乗員救助の際8cm砲1門損傷
1917(T 6)- 2- 7	第1特務艦隊、艦長安村介一大佐(23期)就任
1918(T 7)- 5-13	第2予備艦、佐世保工廠で発射管撤去その他工事実施、艦長大谷幸四郎大佐(23期)就任、兼敷島艦長
1918(T 7)- 9-10	艦長宮村暦造中佐(27期)就任
1918(T 7)- 9-20	第1予備艦
1918(T 7)-10-15	遣支艦隊、佐世保発中国警備、9年6月13日玉ノ浦着
1919(T 8)- 8- 9	第1遣外艦隊
1920(T 9)- 6-14	第2予備艦
1920(T 9)- 7-26	警備艦
1920(T 9)- 8- 4	佐世保発中国警備、9月23日着
1920(T 9)- 8-17	第1遣外艦隊
1920(T 9)- 9-24	第2予備艦
1920(T 9)-11- 6	第1予備艦
1920(T 9)-12- 1	警備艦、鎮海要港部司令官の指揮下におく、艦長藤田尚徳大佐(29期)就任
1921(T10)- 4- 1	同上指揮下を解く
1921(T10)- 9- 1	2等海防艦に類別
1922(T11)- 4-26	佐世保発青島往復航海、5月5日着
1922(T11)- 5-15	艦長池田他人大佐(30期)就任
1922(T11)- 7- 7	第1遣外艦隊
1922(T11)- 7- 8	佐世保発中国警備、9月16日着
1922(T11)- 9-15	警備艦
1922(T11)-11- 1	第4予備艦
1923(T12)- 4- 1	除籍、佐世保防備隊雑役船として使用
1924(T13)- 9-22	売却、138,100円

艦　歴/Ship's History (4)

艦　名	明　石(1/3)
年　月　日	記　事/Notes
1894(M27)- 8- 6	横須賀工廠で起工
1895(M28)- 5-27	命名
1897(M30)-10-21	呉鎮守府に入籍
1897(M30)-11- 8	進水
1899(M32)- 3-30	竣工、3等巡洋艦に類別
1899(M32)- 4-10	警備艦
1899(M32)- 6-17	常備艦隊、艦長心得中村静嘉中佐(7期)就任、9月29日大佐艦長
1899(M32)- 7-16	佐世保発清国航海、8月18日着、10月横須賀工廠で機関修理
1899(M32)-12-16	清水港で錨泊中強風に流されて艦尾方向に錨泊中の八島と接触、船体損傷す
1900(M33)- 1-23	横須賀工廠で入渠、損傷部及び機関修理
1900(M33)- 4-30	神戸沖大演習観艦式に供奉艦として参列
1900(M33)- 5-20	呉鎮守府艦隊、横須賀工廠で機関修理
1900(M33)- 5-23	艦長心得太田盛実中佐(期外)就任、9月25日大佐艦長
1900(M33)- 6-18	常備艦隊、7月佐世保工廠で機関修理
1900(M33)- 7-27	福岡発清国、韓国航海、11月16日佐世保着
1900(M33)-12- 6	第1予備艦
1901(M34)- 4- 1	常備艦隊、艦長上原伸次郎大佐(7期)就任
1901(M34)- 4-15	呉発南清警備、10月3日長州着、12月呉工廠で機関修理、1月まで
1902(M35)- 2-17	馬公発南清警備、3月17日佐世保着
1902(M35)- 6- 7	馬公発南清警備、11日宮古島着
1902(M35)- 6- 9	八重山諸島にて座礁した東雲救援のため厦門より急行する
1902(M35)- 7-18	艦長佐伯誾大佐(8期)就任
1902(M35)- 7-28	第1予備艦
1903(M36)- 4-10	神戸沖大演習観艦式参列
1903(M36)- 4-12	練習艦、機関少尉候補生用
1903(M36)- 6-22	長崎発清国、韓国警備、7月29日舞鶴着
1903(M36)- 9- 7	常備艦隊
1903(M36)-12-25	艦長宮地貞辰中佐(9期)就任
1903(M36)-12-26	無線電信装置取付け完了
1903(M36)-12-28	第2艦隊、12月佐世保工廠で機関修理、翌年1月三菱長崎造船所で入渠
1904(M37)- 2-16	第3艦隊
1904(M37)- 5-10	旅順封鎖戦に参加、6月8日までの発射弾数15cm砲-31、12cm砲-11
1904(M37)- 8-10	黄海海戦参加、発射弾数15cm砲-60、12cm砲-63
1904(M37)-12-10	旅順沖哨戒中浮流機雷に触雷、右舷#79フレーム付近に破口を生じ浸水するも沈没をまぬがれる
1904(M37)-12-23	艦長宇敷甲子郎大佐(10期)就任
1905(M38)- 1- 6	舞鶴工廠で損傷修理、3月20日完成
1905(M38)- 1-12	第2艦隊第4戦隊
1905(M38)- 5-27	日本海海戦に参加、被弾3、戦死4、負傷4、発射弾数15cm砲-164、12cm砲-197
1905(M38)- 6-14	第1艦隊
1905(M38)- 7- 7	呉工廠にて損傷修理、28日完成

艦　歴/Ship's History (5)

艦　名	明　石(2/3)
年　月　日	記　事/Notes
1905(M38)-10-23	横浜沖凱旋観艦式参列
1905(M38)-12-20	第1予備艦
1905(M38)-12-29	艦長外波内蔵吉大佐(11期)就任
1906(M39)- 3-14	練習艦、機関少尉候補生用
1906(M39)- 4- 6	横須賀発内地巡航、香港、上海、山東半島、韓国方面機関少尉候補生実習航海、7月25日着
1906(M39)- 8-10	第2予備艦
1906(M39)- 8-29	機関部特定修理認可
1906(M39)-10-12	艦長橋本又吉郎大佐(13期)就任
1907(M40)- 2-28	第1予備艦
1907(M40)- 4- 5	練習艦、機関少尉候補生用
1907(M40)- 4-28	横須賀発内地巡航、台湾、香港、上海、山東半島、韓国方面機関少尉候補生実習航海、8月23日着
1907(M40)- 9- 3	第2予備艦
1907(M40)-12-21	第1予備艦
1907(M40)-12-27	艦長田中盛秀大佐(13期)就任
1908(M41)- 2- 1	第2艦隊
1908(M41)- 9- 1	艦長鈴木貫太郎大佐(14期)就任
1908(M41)-11-18	神戸沖大演習観艦式参列
1908(M41)-12- 3	南清艦隊
1908(M41)-12-16	佐世保発南清警備、翌年12月5日六連島着
1908(M41)-12-24	第3艦隊
1909(M42)-10- 1	艦長真田鶴松大佐(15期)就任
1910(M43)- 2- 7	佐世保発南清警備、11月7日着
1910(M43)-12- 1	第2予備艦
1910(M43)-12-28	復旧工事着手認可
1911(M44)- 1- 6	呉工廠で復旧工事着手、新製缶入換え、電信室火薬庫改造、後檣撤去、石炭庫増設、短艇装備位置変更、
	諸室改造新設、47mm砲6門撤去その他、9月30日完成予定
1911(M44)- 5- 9	艦長花房祐四郎大佐(13期)就任、兼石見艦長
1911(M44)- 5-22	艦長大島正毅大佐(15期)就任、兼淀艦長7月15日まで
1911(M44)-12- 1	第1予備艦、艦長小山田仲之丞大佐(17期)就任
1912(T 1)- 8-28	2等巡洋艦に類別
1912(T 1)-11-12	横浜沖大演習観艦式参列
1912(T 1)-11-13	艦長斉藤半六大佐(17期)就任
1912(T 1)-11-15	警備艦、馬公要港司令官の指揮下におく
1912(T 1)-12-28	馬公発南清警備、翌年12月28日厳島着
1913(T 2)-12- 1	第1予備艦、艦長笠島直次郎大佐(16期)就任
1914(T 3)- 4- 1	警備艦、旅順要港司令官の指揮下におく
1914(T 3)- 4- 4	呉発旅順警備、12月4日佐世保着
1914(T 3)-12- 1	第3艦隊、艦長田口久盛中佐(21期)就任
1914(T 3)-12-19	佐世保発第1次大戦従事、南清方面行動、翌年10月3日六連島着

艦　歴/Ship's History (6)

艦　名	明　石(3/3)
年　月　日	記　事/Notes
1915(T 4)- 9-25	艦長筑土次郎中佐(24期)就任
1915(T 4)-12-13	第1予備艦
1916(T 5)- 1- 2	馬公発南清、香港、シンガポール、インド洋、地中海方面行動、翌年10月22日横須賀着
1916(T 5)-12- 1	艦長三宅大太郎中佐(25期)就任
1917(T 6)- 2- 7	第3艦隊第6戦隊
1917(T 6)-11- 4	第2予備艦
1917(T 6)-12- 1	艦長平岩元雄大佐(26期)就任
1918(T 7)- 3- 1	第1予備艦
1918(T 7)- 4- 1	第1特務艦隊
1918(T 7)- 4-16	馬公発シンガポール方面警備任務、翌年2月9日着
1919(T 8)- 2- 6	艦長福村篤男大佐(27期)就任
1919(T 8)- 2-20	第3艦隊第3水雷戦隊
1919(T 8)- 4- 5	第12駆逐隊応用教練発射の際浦波の発射した魚雷が標的曳航中の明石の右舷推進器付近に命中推進
	器を小破
1919(T 8)- 6-16	小樽発露領沿岸警備任務、8月22日着
1919(T 8)- 8-30	第2予備艦
1919(T 8)-12- 1	艦長福与平三郎大佐(28期)就任
1920(T 9)- 7-29	呉工廠で機関特定修理着手、缶管総入換え等、翌年3月31日完成
1921(T10)- 3- 1	第1予備艦
1921(T10)- 4- 1	第1遣外艦隊
1921(T10)- 4-23	佐世保発中国警備任務、翌年4月25日呉着
1921(T10)- 9- 1	2等海防艦に類別
1922(T11)- 4-25	警備艦
1922(T11)- 5- 1	艦長田岡勝太郎大佐(30期)就任、呉工廠にて缶修理、30日完成
1922(T11)- 5- 3	兼測量艦
1922(T11)-10-28	第2予備艦
1922(T11)-11-20	艦長本宿直次郎大佐(30期)就任、同12月1日艦長岩崎猛大佐(30期)就任
1923(T12)- 1-19	呉工廠で缶レンガ修理、5月31日完成
1923(T12)- 3- 1	第1予備艦
1923(T12)- 4- 1	警備兼測量艦
1923(T12)- 4- 7	佐世保発南洋警備測量任務(機雷敷設に関連した海中透明度調査等)、翌年4月22日二見着
1923(T12)-10- 1	艦長心得菊井信義中佐(31期)就任、12月1日大佐艦長
1924(T13)- 5- 3	第2予備艦
1924(T13)- 9- 1	第1予備艦
1924(T13)-11- 1	第3予備艦
1924(T13)-12- 1	第4予備艦、艦長福島貫三大佐(32期)就任、兼平戸艦長
1928(S 3)- 4- 1	除籍、廃艦第2号
1928(S 3)- 5-10	呉工廠で機関及び付属物撤去工事着手、翌年3月31日完成
1930(S 5)- 8- 3	野島崎沖で海軍航空隊(赤城母艦機及び横須賀航空隊)の昼間雷爆撃および夜間爆撃の実艦的とし
	て沈没

新高型 /Niitaka Class

型名 /Class name		同型艦数 /No. in class		設計番号 /Design No.		設計者 /Designer ①				
艦名 /Name	計画年度 /Prog. year	仮名称 /Temp. name	起工 /Laid down	進水 /Launch	竣工 /Completed	建造所 /Builder	建造費 /Cost	除籍 /Deletion	喪失原因・日時・場所 /Loss data	
新高 /Niitaka	M29/1896	第1号3等巡	M35/1902-01-07	M35/1902-11-15	M37/1904-01-27	横須賀工廠	¥2,393,250(内兵器¥690,292) ②	T12/1923-04-01	T11/1922-08-26 カムチャツカ沿岸にて暴風により擱座沈没	
対馬 /Tsushima	M29/1896	第2号3等巡	M34/1901-10-01	M35/1902-12-15	M37/1904-02-14	呉工廠	¥2,492,231(内兵器¥687,860)	S14/1939-04-01	S19/1944 三浦半島大津海岸で実艦的として沈没	
音羽 /Otowa	M29/1896	第3号3等巡	M36/1903-01-06	M36/1903-11-02	M37/1904-09-06	横須賀工廠	¥2,160,255(内兵器¥659,636)	T06/1917-12-01	T06/1917-07-25 大王崎付近で濃霧のため擱座沈没	

注 /NOTES ①明治 33 年 5 月に軍務局より艦政本部が独立、同第 3 部長造船総監佐雙左仲が造船部署の責任者で、同氏の指導で配下の造船官が計画、基本設計を担当したものと推定 ②海軍省年報記載の金額の明治 32 年度以降の累計

【出典】海軍軍備沿革 / 海軍省年報 / 横須賀海軍船廠史 / 役務一覧 (沿革史資料)

船体寸法 /Hull Dimensions

艦名 /Name	状態 /Condition	排水量 /Displacement		長さ /Length(m)			幅 /Breadth (m)			深さ /Depth(m)		吃水 /Draught(m)			乾舷 /Freeboard (m)			備考 /Note
				全長 /OA	水線 /WL	垂線 /PP	全幅 /Max	水線 /WL	水線下 /uw	上甲板 /m	最上甲板	前部 /F	後部 /A	平均 /M	艦首 /B	中央 /M	艦尾 /S	
新高 /Niitaka	新造完成 /New (T)	常備 /Norm.	3,315.83	110.00		102.00	13.44			8.30		4.33	5.22	4.78				
	新造計画 /Design (T)	常備 /Norm.	3,420									4.60	5.20	4.90				
	公試排水量 /Trial (T)		3,500															
	公称排水量 /Official(T)	常備 /Norm.	3,366															3,420 トンと表記される場合は仏トン換算
	総噸数 /Gross ton (T)		2,525.417															新高要目簿による
対馬 /Tsushima	新造完成 /New (T)	常備 /Norm.	3,360	110.00		102.00	13.44			8.30		4.70	5.10	4.90				
	新造計画 /Design (T)	常備 /Norm.																
	公試排水量 /Trial (T)		3,456.642															
	常備排水量 /Norm. (T)		3,349.04															重心査定公試成績による、大正後期か昭和初期の実施例と推定
	満載排水量 /Full (T)		3,667.86															
	軽荷排水量 /Light (T)		2,829.39															
	公称排水量 /Official(T)	常備 /Norm.	3,366															3,420 トンと表記される場合は仏トン換算
	公称排水量 /Official(T)	基準 /St'd	3,120															ワシントン条約以降の公表排水量
音羽 /Otowa	新造完成 /New (T)	常備 /Norm.	3,000	103.89		97.99	12.62			7.98				4.80		3.175		
	新造計画 /Design (T)	常備 /Norm.																
	公試排水量 /Trial (T)		3,045															
	公称排水量 /Official(T)	常備 /Norm.	3,000															

注 /NOTES ①明治期の常備排水量については公表された数値に英トンと仏トンの混同が見られ、各数値の定義を上記のようにまとめてみたが推定によるものも多い

【出典】新高要目簿 / 英 Engineering 誌 (1904)/ 日本近世造船史 / 海軍省年報

解説 /COMMENT

新高型 3 隻の 3 等巡洋艦はいずれも明治 29・30 年度第 1、2 期拡張計画により建造された国産巡洋艦で新高と音羽が横須賀工廠、対馬は呉工廠で建造された。1 番艦の新高については明治 33 年 2 月 21 日に大臣より基本計画図、製造方法書、予算書が提出され、横須賀工廠において詳細設計図面の作成が命じられ、その提出、承認を得て同年 10 月 18 日に製造訓令が発せられている。実際の起工は 1 年以上後の明治 35 年初頭と遅れた。呉工廠の対馬は若干早く同 34 年 10 月に起工されており、多分横須賀で作成した図面を用いたものであろう。3 番艦の音羽の製造訓令は明治 35 年 4 月 23 日で、横須賀工廠では新高の進水を待って同じ船台で 1 年遅れで起工している。この 3 艦は前の須磨、明石と違って建造工期は大幅に短縮しており、新高は 2 年で、対馬は 2 年 3 か月ほどで竣工、日露開戦直前直後に完成し何とか間に合わせている。音羽は黄海海戦後の明治 37 年 9 月に完成、公試は機関と砲関係にとどめて他は省略された。

明治 33 年 5 月に従来の艦政業務を行っていた軍務局から海軍艦政本部が分離誕生、造船部門の第 3 部長は造船総監佐雙左仲が務めていたが、日露戦争を戦った第 1、2 期拡張計画建造艦艇についての艦政業務は全て彼の指揮下で行われたもので、明治 38 年に若くして病没した佐雙の後を継ぐ近藤基樹造船中監 (当時) は艦政本部誕生と同時に同本部員となり、彼の下で新造艦船の基本計画にたずさわっていたと推定され、時期的にこの新高型の計画に関係していた可能性は少ない。

新高型は 3 等巡洋艦ではあるが、先の須磨型より計画常備排水量で 500 トン前後増加しており、全般に須磨型の拡大型といえるもので、兵装は安式 15cm 砲 6 門 (片舷 4 門) に強化、防禦甲板厚も増加している。機関計画は計画速力 20 ノット、計画実馬力 9,400、缶はフランス製ニクロース式缶 16 基で、据え付け及び公試運転には来日したフランス人技術者が立ち会っている。公試成績は日露開戦が迫っていたため簡略化されたらしく、新高は 17 ノット強に留まったが、対馬は 20 ノットを越える好成績であった。

なお、3 番艦の音羽は前 2 艦とかなり異なっており、排水量は約 350 トンほど小さく、船体寸法も相違しており、艦型そのものは類似しているが同型艦というにはあたらないかもしれない。兵装も安式 15cm 砲 2 門を艦首尾に置くのは同じだが、他は安式 12cm 砲 6 門に変更、防禦甲板の厚みも減じている。反面機関は計画速力を 1 ノットアップして 21 ノットとしている。缶は艦本水管式 10 基に改めており、外観は同じ 2 檣 3 本煙突艦であるが、ただ煙突の太さが前 2 艦より細く、識別は比較的容易である。なお、音羽は明治 37 年 2 月に到着した日進の残工事と整備工事を優先するために、一時期兵装艤装工事を中断した経緯があったが工期はほぼ予定通りに 1 年 8 か月という短期間で完成しており、これは日本巡洋艦としては最短工期記録であろう。

3 艦とも兵装面でこの手の巡洋艦に従来装備してきた魚雷発射管を全廃しており、これはこの種巡洋艦では魚雷発射管及び魚雷の防禦が十分でなく、被弾誘爆の危険性が高いという理由であったとしている。もっともこの理由はいささか曖昧で、魚雷装備の軽艦艇は皆この危険があるわけで、本型に限ったことではない。

開戦後に完成編入された対馬と音羽は、5 月と 12 月に失われた吉野と高砂の後を埋めるのに役立ち、日本海海戦では第 3 戦隊には新高と音羽が加わって、対馬は第 4 戦隊に配属され、それぞれ主力の戦艦部隊と装甲巡部隊の第 1 艦隊と第 2 艦隊の索敵、偵察任務に就いていた。

対馬は昭和期に入ってからも海防艦として保有され続けられ、中国方面の警備任務等に就いていたが、昭和 10 年に退役、同 14 年に除籍されたが船体は後の大戦中に標的に用いられて最期をとげている。

艦名の新高は台湾の山名、この新高山は明治天皇が命名したもので、富士山より高い山「新たに我が国最高の高さになった山」の意味という。

対馬は長崎県の島名、日本本土と朝鮮半島のほぼ中間に位置する島で、日本海海戦は海外では Tsushima と呼ばれることが多い。後昭和 16 年計画の海防艦に命名、戦後の海上自衛隊掃海艇 (米供与艇) と掃海艦に命名。

音羽は京都東山三十六峰の音羽山からとったという説と、この山腹の清水寺境内にある音羽の滝によるものとの説がある。

[資料] 本型の資料としては対馬の公式図が <近世日本造船史> の付図に収録されており、艦内側面及び上部平面、上、中、下、各甲板平面図で圧縮されていてかなり見にくい。同じ対馬の公式図一式が <戦前船舶> 第 29 号に掲載されている。ここには舷外側面、上部平面、艦内側面、各甲板平面、諸要部切断面、線図、最大中央切断面図と完全に一式が掲載されている。いずれも新造時のものと推定される。

最大中央切断面図は <平賀資料> に新高と音羽の同図があり、構造の違いは判明する。呉の大和ミュージアムの <福井資料> には本型の図面はない。

その他公式資料では新高の要目簿 (明治 41 年) が存在する。同書は船体、機関、兵器の全てが記載されている。

以上が公式資料としてまとまったものだが、2 艦が横須賀工廠で建造されているので、<横須賀海軍船廠史> に簡単な要目や断片的な記述がみられる。音羽の起工年月日については明治 36 年 1 月 3 日としている資料が多いが、<横須賀海軍船廠史> によれば 1 月 6 日が正しいようである。

<日本近世造船史> では新高が新造公試で 20.14 ノットを記録したとあるが、極秘版明治三十七、八年海戦史においては明治 37 年 1 月 26 日の公試運転において 17.294 ノットを出した時点で、就役を急ぐために先に大臣より公試はできるだけ簡略化すべしとの訓令があり、以後の公試運転を中止している経緯があるため、この記述は後の公試成績と混同したものと推定される。

新高型 /Niitaka Class

機　関 /Machinery

		新高 /Niitaka・対馬 /Tsushima 新造時	音羽 /Otowa 新造時
主機械 /Main mach.	型式 /Type ×基数 (軸数)/No.	直立 3 段膨式 4 気筩機関 /Recipro. engine × 2	直立 3 段膨式 4 気筩機関 /Recipro. engine × 2
缶 /Boiler	型式 /Type ×基数 /No.	仏製ニクロース式缶 /Niclausse × 16	イ号艦本式缶 / × 10
	蒸気圧力 /Steam pressure (kg/cm²)	14.77	16.17(計画)、14.06(実際)
	蒸気温度 /Steam temp.(℃)	飽和 /Saturation	飽和 /Saturation
	缶換装年月日 /Exchange date		
	換装缶型式・製造元 /Type & maker		
計画 /Design (自然通風 / 強圧通風)	速力 /Speed(ノット /kt)	/20	/21
	出力 /Power(実馬力 /IHP)	/9,400	/10,000
	回転数 /(rpm)	/185	/200
新造公試 /New trial (自然通風 / 強圧通風)	速力 /Speed(ノット /kt)	(新高) 17.294/ ①　(対馬) /20.205 ②	/20.839 ③
	出力 /Power(実馬力 /IHP)	3,942.27/　/6,286.99	/8,021.10
	回転数 /(rpm)	140/　/164.9	/191.9
改造公試 /Repair T. (自然通風 / 強圧通風)	速力 /Speed(ノット /kt)	/20.57(T4-9-27 缶修理公試)　/20.22(T10-11-18 公試)	
	出力 /Power(実馬力 /IHP)	/8,470　/7,952	
	回転数 /(rpm)	/177　/172.2	
推進器 /Propeller	直径 /Dia.(m)・翼数 /Blade no.	3.81・3 翼	・3 翼
	数 /No.・型式 /Type	× 2・モジノワイドグリフィス式マンガン青銅	× 2・マンガン青銅
舵 /Rudder	舵型式 /Type・舵面積 /Rudder area(m²)	半釣合舵 /Semi balance・12.4	半釣合舵 /Semi balance・
燃料 /Fuel	石炭 /Coal(T)・定量 (Norm.)/ 全量 (Max.)	(新高) 285/633　(対馬)280/641	270/695
航続距離 /Range(浬 /SM- ノット /Kts)		2,774-10　2,478-14　2,600-10　2,184-14	3,522-10　2,651-14
発電機 /Dynamo・発電量 /Electric power(V/A)		シーメンス式 80V/100A × 3	シーメンス式 80V/100A × 3
新造機関製造所 / Machine maker at new		横須賀工廠 (新高)、呉工廠 (対馬)	横須賀工廠
帆装形式 /Rig type・総帆面積 /Sail area(m²)			

注 /NOTES ① M37/1904-1-26 に実施されたが正式な公試ではなかったという　② M37/1904-2-6 に公試実施　③ M37/1904-9-5 に公試実施
【出典】帝国海軍機関史 / 英 Engineering 誌 / 日本近世造船史 / 公文備考 / 新高要目簿

重量配分 /Weight Distribution

		対馬 /Tsushima		新 高 /Niitaka		音 羽 /Otowa	
		重量 /Weight(T)	%	重量 /Weight(T)	%	重量 /Weight(T)	%
船殻 /Hull		1,845.80	55.1	1,475.62	44.5	1,396.60	45.3
防禦 /Protect				368.08	11.1	212.73	6.9
斉備 /Equipment		194.60	5.8	215.54	6.5	197.31	6.4
兵装 /Armament		260.80	7.8	248.70	7.5	178.81	5.8
機関 /Machinery		729.90	21.8	729.52	22.0	773.83	25.1
燃料 /Fuel	石炭 /Coal	280.00	8.4	278.54	8.4	277.47	9.0
	重油 /Oil						
その他 /Others		37.60	1.1				
(合計 /Total)		3,349.00	100.0	3,316.00	100.0	3,083.00	100.0

注 /NOTES 新造時常備状態を示す、対馬は船殻に防御を含む【出典】軍艦基本計画

装　甲 /Armor

防禦甲板 /Protect deck	中央平坦部 /Mid. flat-19mm × 2
	9.5mm × 2 (音羽)
	傾斜部 /Slope-19mm × 2 + 38mm
	9.5mm × 2 + 32mm(音羽)
	前後 /Forw. & Aft.-19mm × 2
	9.5mm × 2 (音羽)
司令塔 /Conning tower	102mm
砲楯 /Gun shield 15cm 砲	114mm(前 /Front)、32mm(側部 /Side)
8cm 砲	76mm
47mm 砲	25mm

注 /NOTES 各艦新造完成時を示す、砲楯は新高の例を示す、音羽の場合もこれに準じたものと推定、他に揚弾薬筒の防禦については不明
【出典】新高要目簿 / 写真日本軍艦史

新高型 /Niitaka Class

兵装・装備 /Armament & Equipment

		新高 /Niitaka・対馬 /Tsushima 新造時		音羽 /Otowa 新造時
砲熕兵器 / Guns	主砲 /Main guns	安式 40 口径 15cm 砲 /Armstrong × 6　鍛鋼榴弾× 450、徹甲榴弾× 450		安式 40 口径 15cm 砲 /Armstrong × 2　弾× 300 ⑧
	備砲 /2nd guns	安式 40 口径 8cm 砲 /Armstrong × 10　鍛鋼榴弾× 1,250、徹甲榴弾× 1,250 ①		安式 40 口径 12cm 砲 /Armstrong × 6 安式 40 口径 8cm 砲 /Armstrong × 4　弾× 1,000
	小砲 /Small cal. guns	47mm 軽山内砲 /Yamanouchi × 4　鍛鋼榴弾× 2,000、徹甲榴弾× 2,000 ②		
	機関砲 /M. guns			麻式 6.5mm 機砲 /Maxim × 2　弾× 20,000
個人兵器 /Personal weapons	小銃 /Rifle	35 年式海軍銃× 94　弾× 28,200 ③		35 年式海軍銃× 85　弾× 25,500 ⑨
	拳銃 /Pistol	1 番形× 29　弾× 3,480 、モーゼル× 5　弾× 600 ④		1 番形× 28　弾× 3,360、モーゼル× 3　弾× 360
	舶刀 /Cutlass			
	槍 /Spear			
	斧 /Axe	× 6 ⑤		
水雷兵器 /Torpedo weapons	魚雷発射管 /T. tube			
	魚雷 /Torpedo			
	その他			
電気兵器 /Elec.Weap.	探照灯 /Searchlight	× 3(60cm シーメンス式手動、3 万燭光) ⑥		× 3(60cm シーメンス式手動、3 万燭光) ⑥
艦載艇 /Boats	汽艇 /Steam launch	× 1(スチーム・カッター 9.1m、6.6T、7kt)	× 1(小蒸気 9.1m)	× 1(小蒸気 9.1m)
	ピンネース /Pinnace	× 1(9.1m、2.6T)	× 1(9.1m)	× 1(9.6m)
	カッター /Cutter	× 2(9.1m、1.6T × 1、8.1m 、1.3T × 1)	× 1(8.2m)	× 2(8.5m)
	ギグ /Gig	× 1(8.2m、0.63T)	× 2(9.1m、8.5m)	× 1(8.2m)
	ガレー /Galley			
	通船 /Jap. boat	× 3 (8.1m、0.9T × 2、6.1m、0.42T × 1)	× 3(8.2m × 2、6.1m × 1)	× 3 (7.9m、7.0m、4.9m)
	(合計)	× 8(新高の M37 当時を示す) ⑦	× 8(対馬の M41 当時を示す)	× 8(M41 当時を示す)

注 /NOTES　① T7-8 に 3 年式 40 口径 8cm 高角砲 1 門を装備、この際従来の 8cm 砲 2 門を撤去、 ②大正中期以降に撤去、麻式 6.5mm 機銃 1 挺を装備、対馬は昭和期に入って安式機銃に換装　③ M37 現在の兵器表によったが M42/43 の新高兵器簿によれば、35 年式海軍銃 80 + 16(予備)挺、弾 28,800 発、対馬の M39 定数では同 80 + 10、弾 28,800 + 3,000 としている　④同じく M42/43 の新高兵器簿によれば、1 番形拳銃 25 挺、弾 3,000、モーゼル式拳銃 5 挺、弾 600　⑤新高要目簿による　⑥ M40 以降に 75cm 探照灯に換装された可能性あり　⑦新高要目簿によったが M41 調査によれば、カッター 2 隻の代わりにギグ 2 隻を搭載　⑧当初計画では国産の 45 口径砲の採用を予定していたが、開発製造が遅れ完成期に間に合わないため、従来の安式 40 口径を搭載して竣工　⑨ M37 現在の定数、なお音羽は T6 に海難沈没したため 8cm 高角砲は未装備に終わっている
【出典】新高要目簿 / 公文備考 / 日露戦時書類 / 極秘版海軍省年報

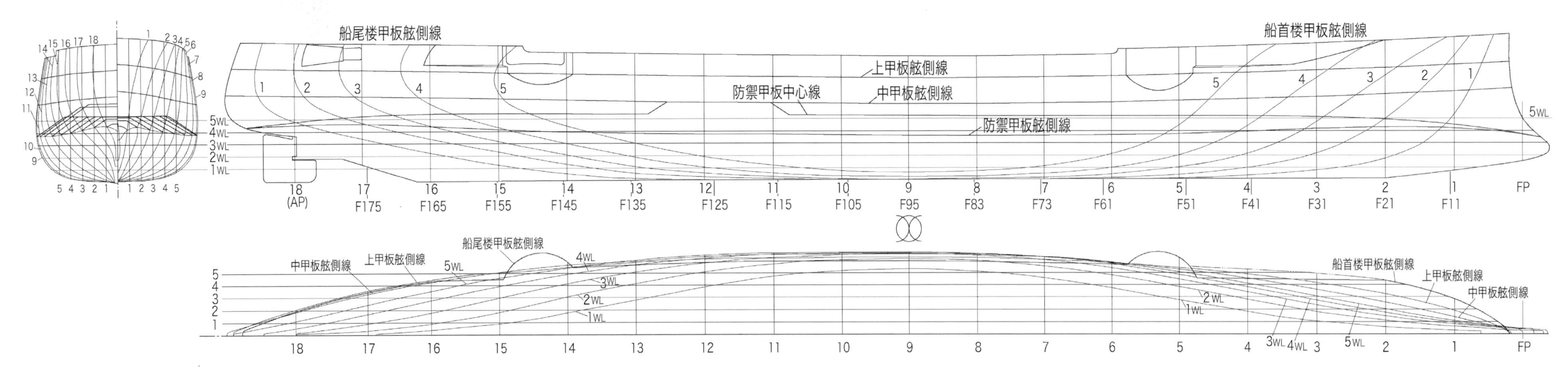

図 3-5-1　対馬 船体線図(新造時)

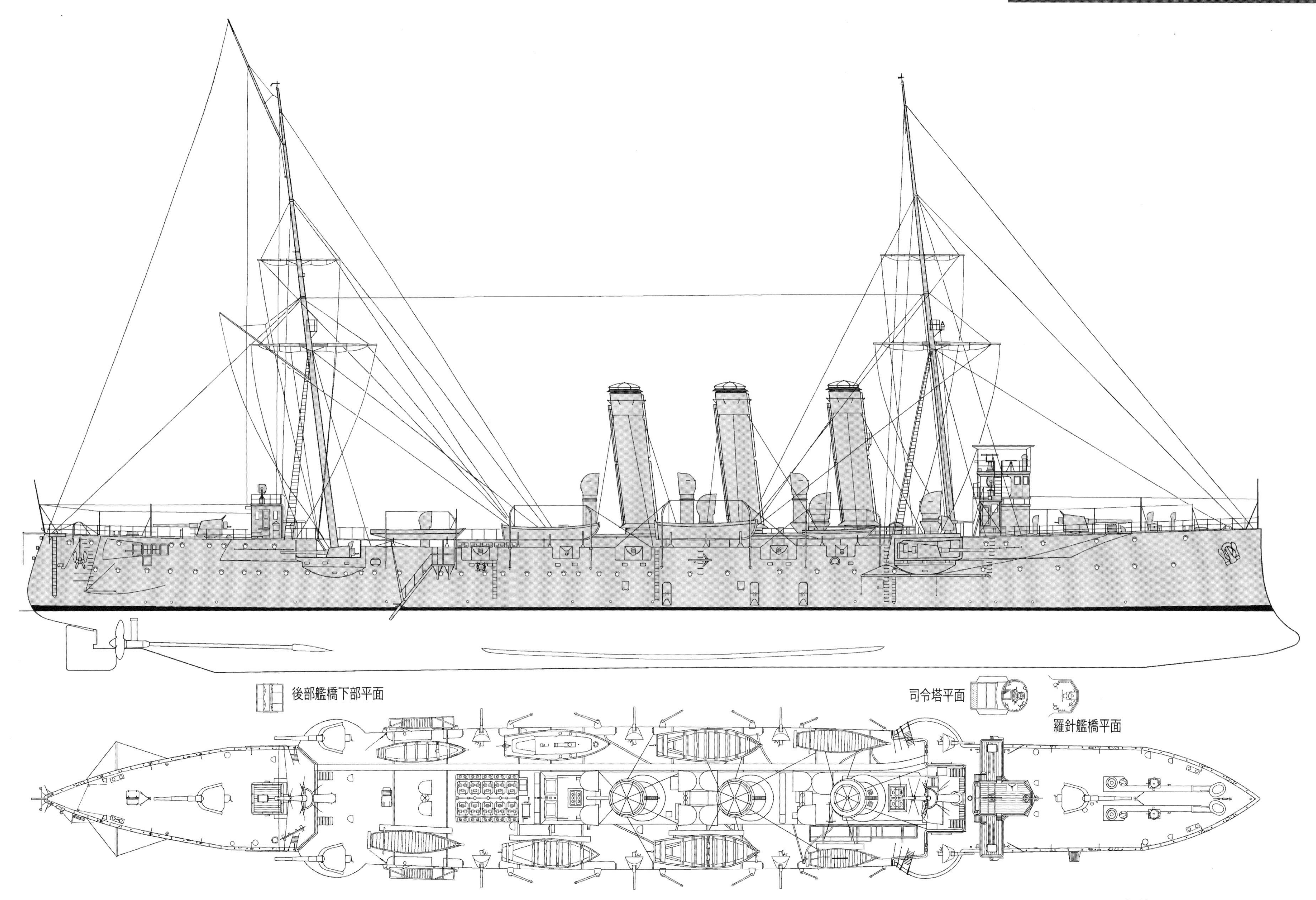

図 3-5-2 [S=1/350] 対馬 側平面(新造時)

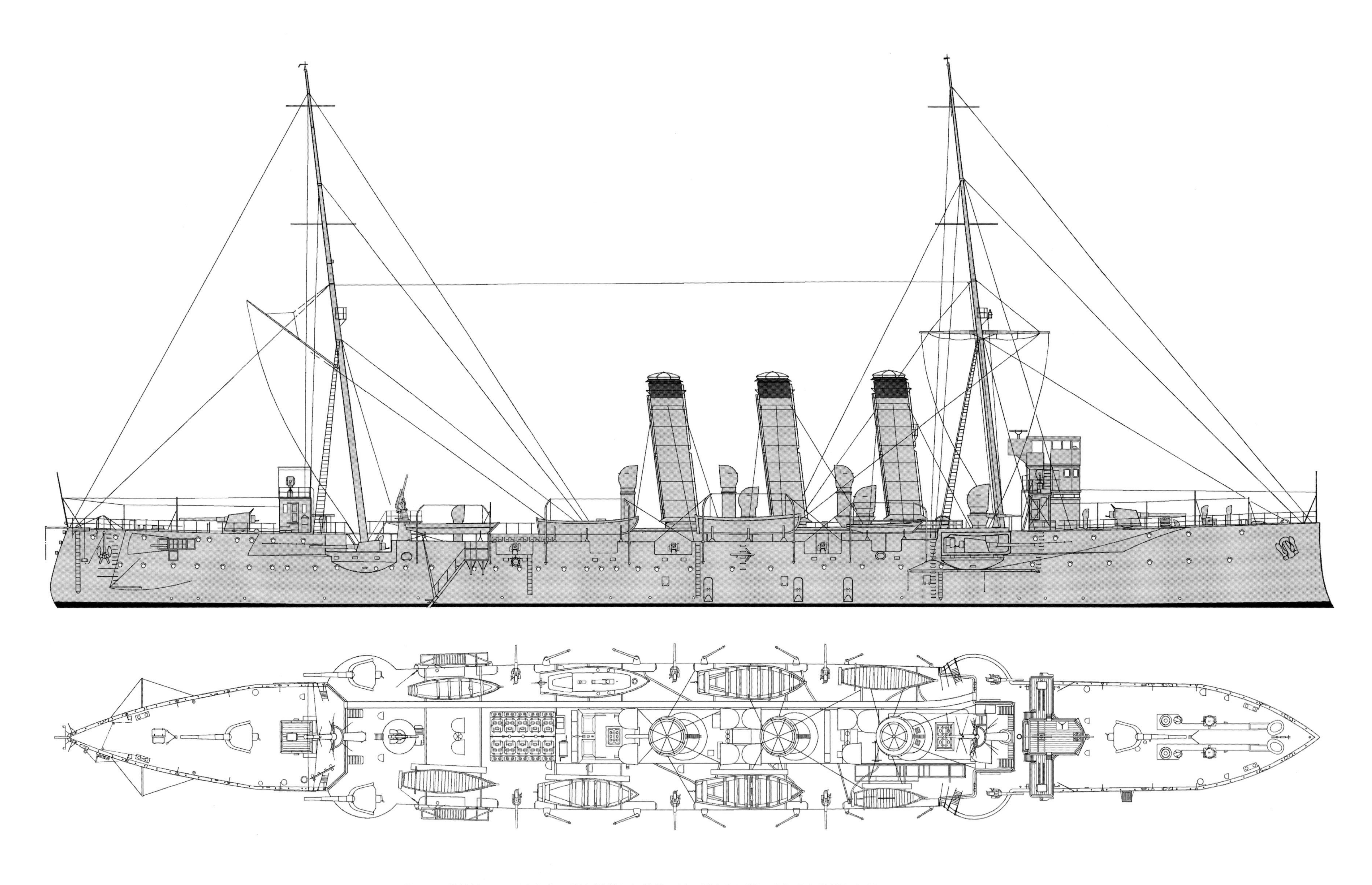

図 2-7-3 [S=1/350] **対馬** 側平面 (T8/1919)

◎ T8 に後檣前に 8cm 高角砲 1 門を増設した状態。他に新高も同様に高角砲を装備したが、音羽はその前に海難事故で失われて未装備であった。

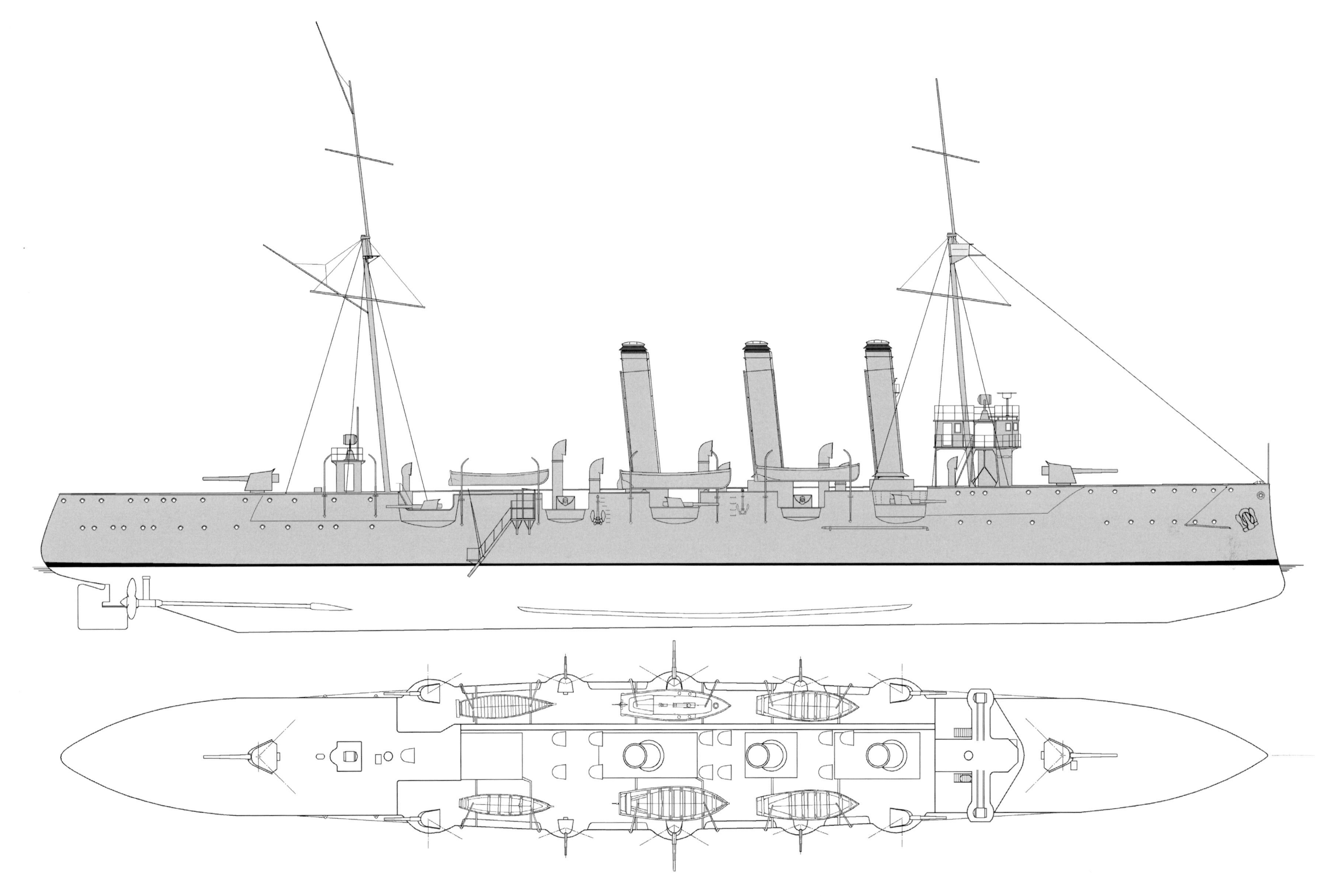

◎ 音羽は他の同型艦と比べて舷側の 15cm 砲を 12cm 砲に変更しており煙突の形状もより細い形態を有して、識別は容易である。備砲の変更は復原性能上の問題があったのかもしれない。

図 2-7-4 [S=1/350]　**音羽** 側平面 (新造時)

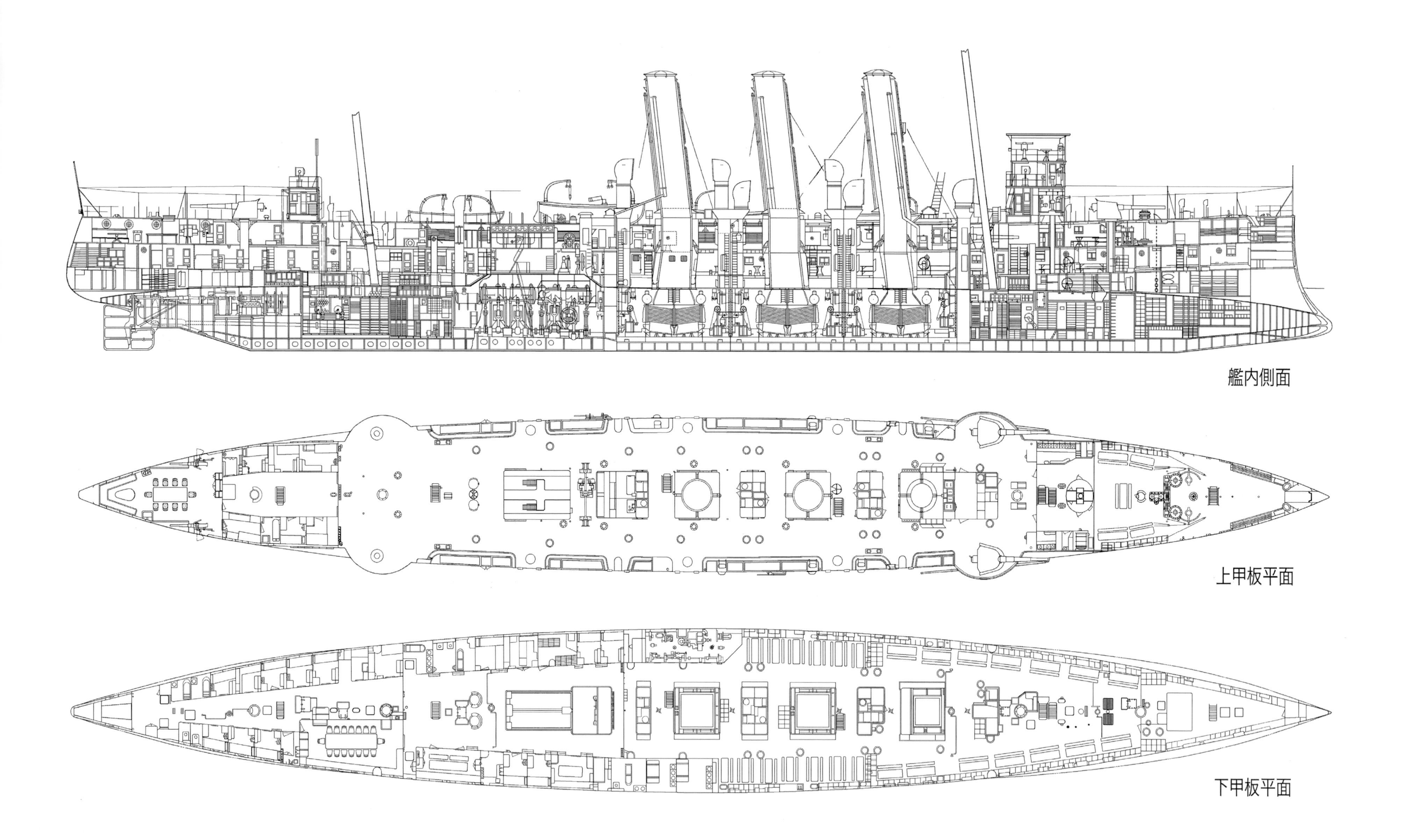

図 3-5-5 [S=1/350] 対馬 艦内側面・上下甲板平面 (新造時)

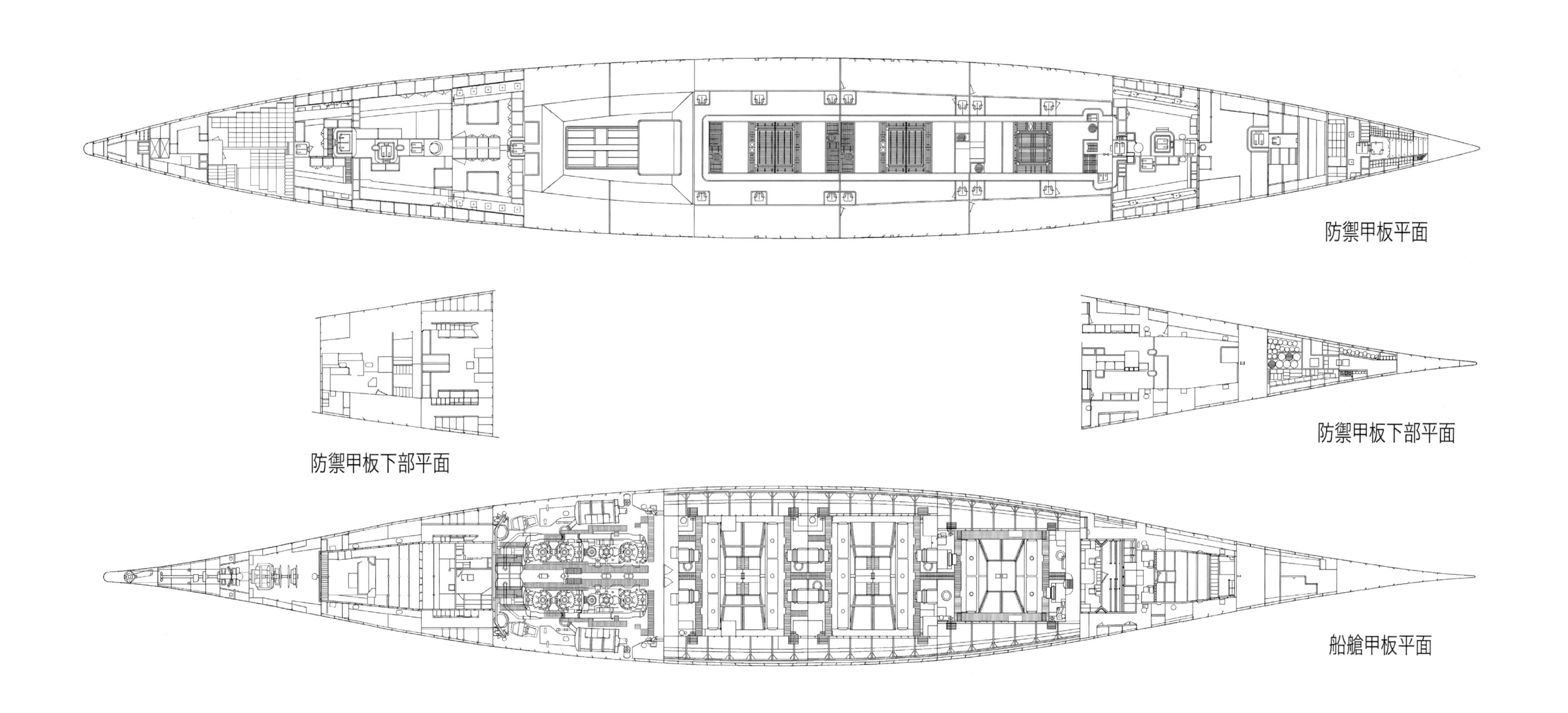

図 3-5-6 [S=1/350]　対馬 各甲板平面 (新造時)

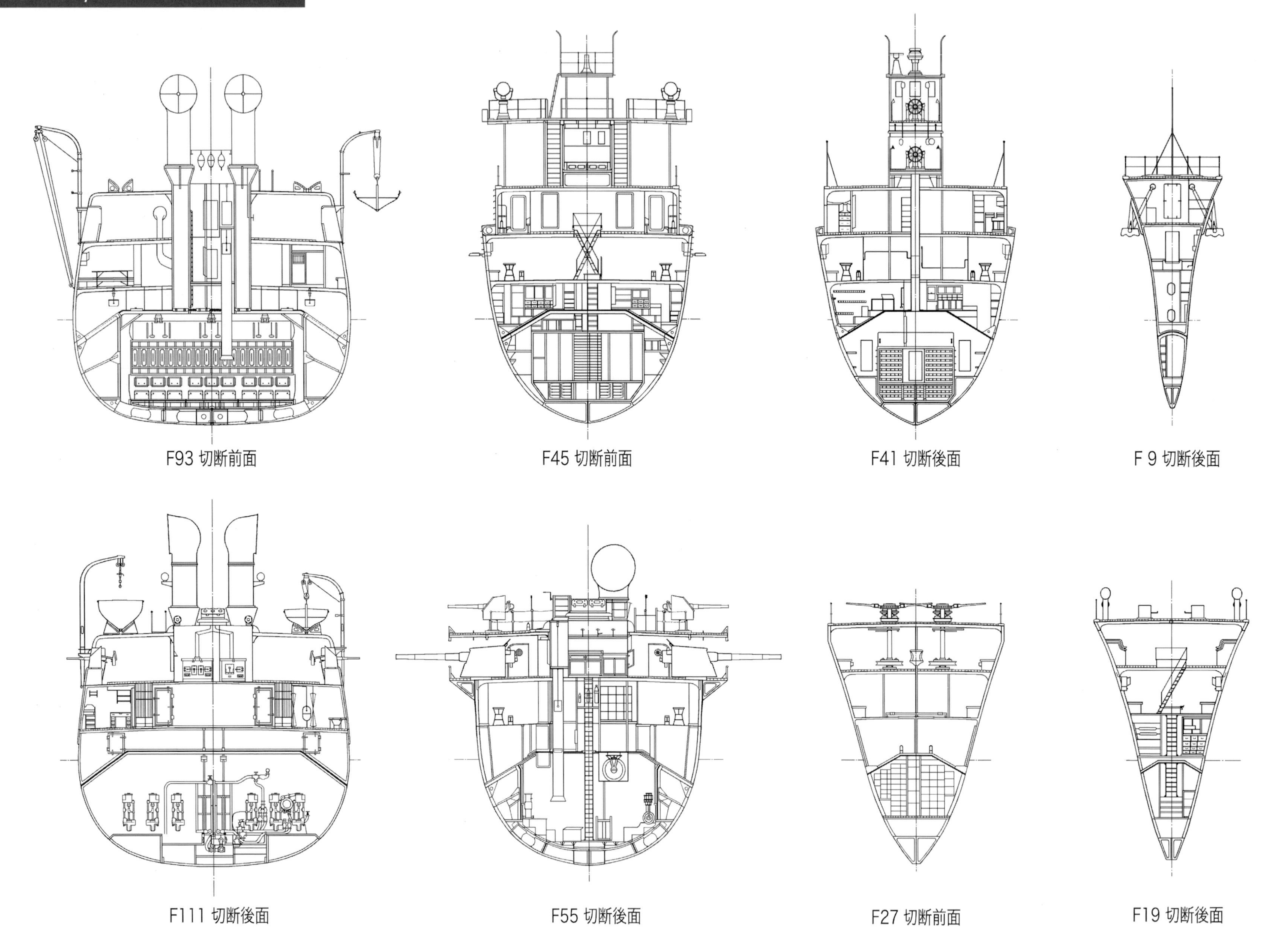

図 3-5-7　**対馬** 諸要部切断面・1(新造時)

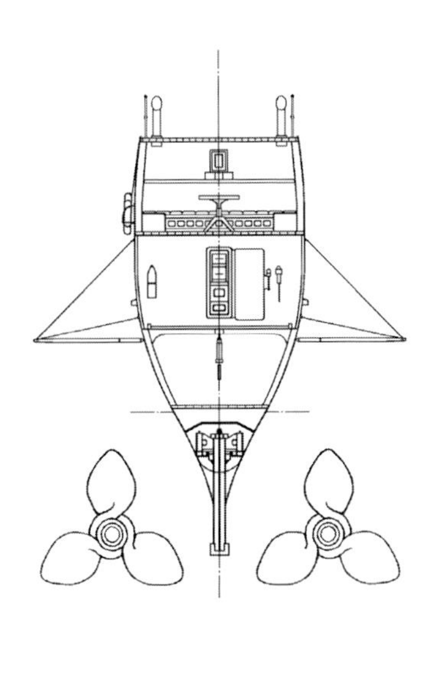
AP部切断前面

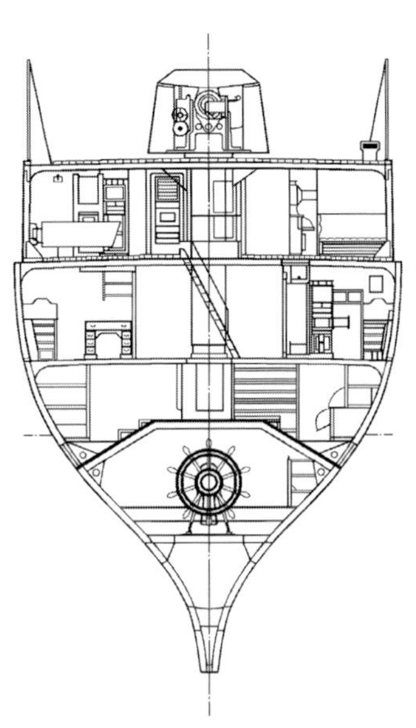
F165 切断後面

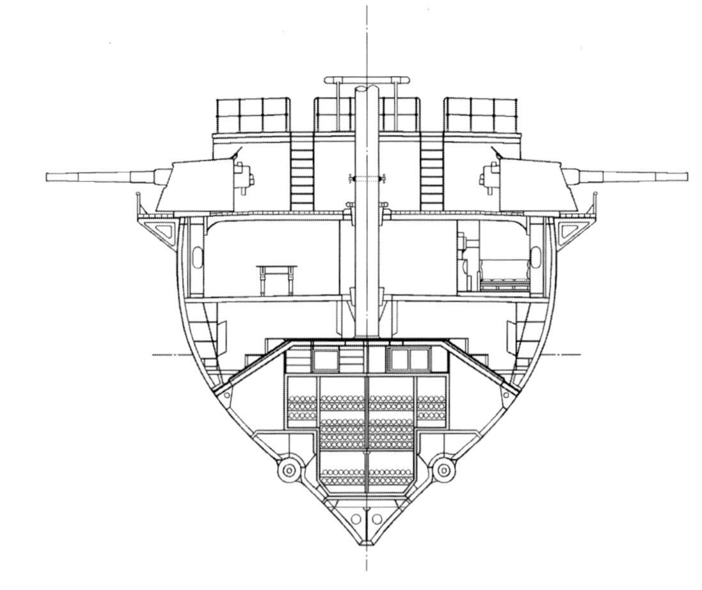
F149 切断前面

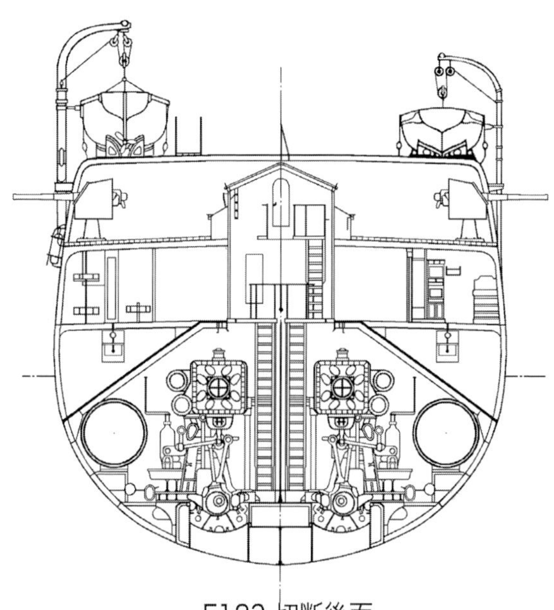
F123 切断後面

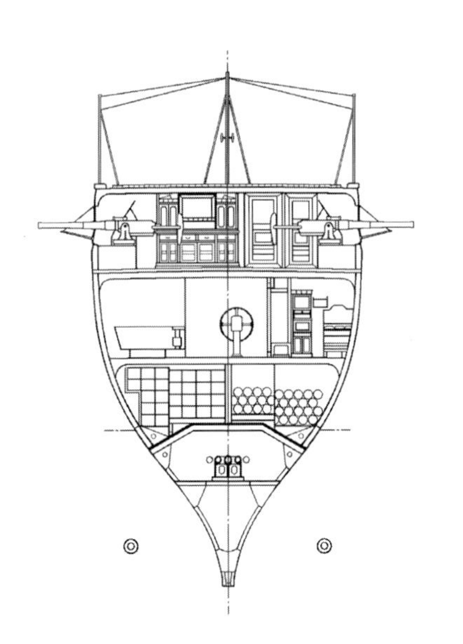
F175 切断後面

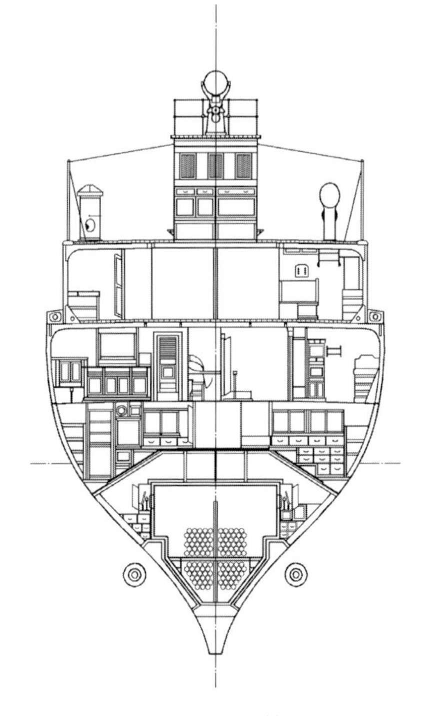
F159 切断後面

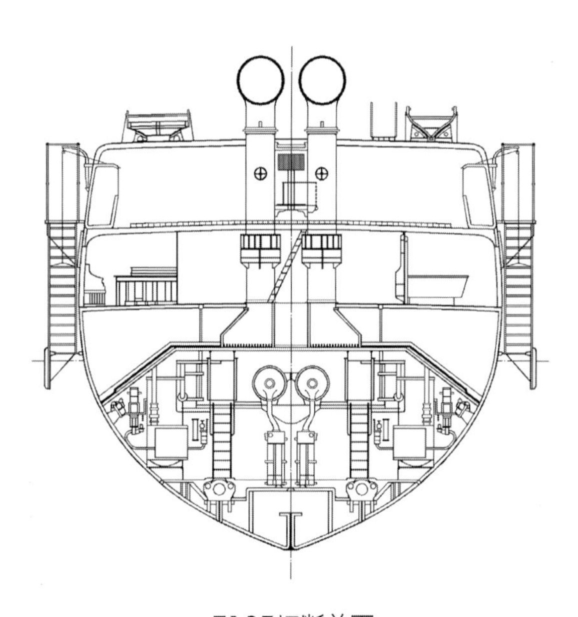
F135切断前面

図 3-5-8 対馬 諸要部切断面・2(新造時)

新高型 /Niitaka Class

新高・対馬　定　員 /Complement (1)

職名 /Occupation	官名 /Rank	定数 /No.		職名 /Occupation	官名 /Rank	定数 /No.	
艦長	大中佐	1	士官/21		1等筆記	1	下士/4
副長	少佐	1			2、3等筆記	1	
航海長	大尉	1			1等厨宰	1	
砲術長	〃	1			2、3等厨宰	1	
分隊長	〃	3			1等水兵	37	卒/230
	中少尉	5			2、3等水兵	59	
機関長	機関少監	1			4等水兵	29	
分隊長	大機関士	2			1等信号兵	3	
	中少機関士	2			2、3等信号兵	3	
軍医長	大軍医	1			1等木工	1	
	中少軍医	1			2等木工	1	
主計長	大主計	1			3、4等木工	1	
	中少主計	1			1等機関兵	31	
	上等兵曹	2	准士/6		2、3等機関兵	39	
	上等機関兵曹	3			4等機関兵	13	
	船匠師	1			1等鍛冶	1	
	1等兵曹	6	下士/46		2等鍛冶	1	
	2等兵曹	8			1等看護	1	
	3等兵曹	7			2等看護	1	
	1等信号兵曹	2			1等主厨	3	
	2、3等信号兵曹	2			2等主厨	3	
	1等船匠手	1			3、4等主厨	3	
	2等船匠手	1					
	1等機関兵曹	5					
	2等機関兵曹	5					
	2、3等機関兵曹	6					
	1等鍛冶手	1					
	2、3等鍛冶手	1					
	1等看護手	1					
				（合　計）		307	

注 /NOTES

明治36年6月2日内令53改訂による新高、対馬の定員を示す【出典】海軍制度沿革
(1) 上等兵曹の1人は掌砲長兼掌水雷長、1人は掌帆長の職にあたるものとする
(2) 兵曹は教員、掌砲長属、掌水雷長属、掌帆長属及び各部の長職につくものとする
(3) 信号兵曹3人は按針手の職にあてる

音羽　定　員 /Complement (2)

職名 /Occupation	官名 /Rank	定数 /No.		職名 /Occupation	官名 /Rank	定数 /No.	
艦長	大中佐	1	士官/21		1等筆記	1	下士/4
副長	少佐	1			2、3等筆記	1	
航海長	大尉	1			1等厨宰	1	
砲術長	〃	1			2、3等厨宰	1	
分隊長	〃	3			1等水兵	30	卒/211
	中少尉	5			2、3等水兵	48	
機関長	機関少監	1			4等水兵	30	
分隊長	大機関士	2			1等信号兵	4	
	中少機関士	2			2、3等信号兵	4	
軍医長	大軍医	1			1等木工	1	
	中少軍医	1			2等木工	1	
主計長	大主計	1			3等木工	1	
	中少主計	1			1等機関兵	28	
	上等兵曹	2	准士/6		2、3等機関兵	39	
	上等機関兵曹	3			4等機関兵	13	
	船匠師	1			1等鍛冶	1	
	1等兵曹	6	下士/46		2等鍛冶	1	
	2等兵曹	8			1等看護	1	
	3等兵曹	7			2等看護	1	
	1等信号兵曹	2			1等主厨	2	
	2、3等信号兵曹	2			2等主厨	3	
	1等船匠手	1			3、4等主厨	3	
	2等船匠手	1					
	1等機関兵曹	5					
	2等機関兵曹	5					
	2、3等機関兵曹	6					
	1等鍛冶手	1					
	2、3等鍛冶手	1					
	1等看護手	1					
				（合　計）		288	

注 /NOTES

明治36年11月2日内令128改訂による音羽の定員を示す【出典】海軍制度沿革
(1) 上等兵曹の1人は掌砲長兼掌水雷長、1人は掌帆長の職にあたるものとする
(2) 兵曹は教員、掌砲長属、掌水雷長属、掌帆長属及び各部の長職につくものとする
(3) 信号兵曹3人は按針手の職にあてる

新高・対馬・音羽　定　員 /Complement (3)

職名 /Occupation	官名 /Rank	定数 /No.		職名 /Occupation	官名 /Rank	定数 /No.	
艦長	大中佐	1	士官 /21		1等水兵	②	卒 新高 対馬 /235 音羽 /218
副長	少佐	1			2、3等水兵	③	
航海長	大尉	1			4等水兵	④	
砲術長	〃	1			1等木工	1	
分隊長	〃	3			2、3等木工	2	
	中少尉	5			1等機関兵	⑤	
機関長	機関少佐	1			2、3等機関兵	40	
分隊長	機関大尉	2			4等機関兵	⑥	
	機関中少尉	2			1、2等看護	2	
軍医長	大軍医	1			1等主厨	3	
軍医		1			2等主厨	3	
主計長	大主計	1			3、4等主厨	4	
主計		1					
	上等兵曹	2	准士 / 6				
	船匠師	1					
	上等機関兵曹	3					
	1等兵曹	8	下士 新高 対馬 /52 音羽 /53				
	2、3等兵曹	①					
	1等船匠師	1					
	2、3等船匠師	1					
	1等機関兵曹	6					
	2、3等機関兵曹	12					
	1、2等看護手	1					
	1等筆記	1					
	2、3等筆記	1					
	1等厨宰	1					
	2、3等厨宰	1					
				(合　計)		⑦	

注 /NOTES

大正5年7月内令158による3等巡洋艦新高、対馬、音羽の定員を示す【出典】海軍制度沿革
①新高、対馬 -19、音羽 -20　②新高、対馬 -42、音羽 -35　③新高、対馬 -59、音羽 -56　④新高、対馬 -34、音羽 -30
⑤新高、対馬 -30、音羽 -29　⑥新高、対馬 -15、音羽 -13　⑦新高、対馬 -314、音羽 -298
(1) 上等兵曹1人は掌砲長兼水雷長、1人は掌帆長の職にあたるものとする

新高・対馬　定　員 /Complement (4)

職名 /Occupation	官名 /Rank	定数 /No.		職名 /Occupation	官名 /Rank	定数 /No.	
艦長	大佐	1	士官 /17		1等水兵	42	兵 /235
副長	中少佐	1			2、3等水兵	93	
航海長兼分隊長	少佐 / 大尉	1			1等船匠兵	1	
砲術長	〃	1			2、3等船匠兵	2	
分隊長	〃	3			1等機関兵	30	
	中少尉	3			2、3等機関兵	55	
機関長	機関中少佐	1			1等看護	1	
分隊長	機関少佐 / 大尉	2			2、3等看護兵	1	
	機関中少尉	1			1等主計兵	3	
軍医長兼分隊長	軍医少佐 / 大尉	1			2、3等主計兵	7	
	軍医中少尉	1					
主計長兼分隊長	主計少佐 / 大尉	1					
	特務中少尉	1	特士 / 3				
	機関特務中少尉	1					
	主計特務中少尉	1					
	兵曹長	2	准士 / 6				
	機関兵曹長	3					
	船匠兵曹長	1					
	1等兵曹	8	下士 /52				
	2、3等兵曹	19					
	1等船匠兵曹	1					
	2、3等船匠兵曹	1					
	1等機関兵曹	6					
	2、3等機関兵曹	12					
	1等看護兵曹	1					
	1等主計兵曹	2					
	2、3等主計兵曹	2					
				(合　計)		313	

注 /NOTES

大正9年8月内令267による2等巡洋艦新高、対馬の定員を示す【出典】海軍制度沿革
(1) 兵曹長1人は掌砲長、1人は掌帆長の職にあたるものとする
(2) 機関兵曹長の内1人は掌機長、1人は機械長、1人は缶長にあたる
(3) 兵科分隊長中1人は特務大尉をもって、機関科専務分隊長は機関特務大尉をもってあてることを可とする

艦　歴 /Ship's History (1)

艦　名	音　羽 (1/2)
年　月　日	記　事 /Notes
1902(M35)- 6-20	命名
1903(M36)- 1- 6	横須賀工廠で起工
1903(M36)- 6-25	横須賀鎮守府に入籍
1903(M36)-11- 2	進水、3 等巡洋艦に類別
1904(M37)- 5-24	艦長有馬良橘中佐 (12 期) 就任
1904(M37)- 9- 6	第 3 戦隊
1904(M37)- 9- 7	竣工、旅順封鎖戦に参加
1905(M38)- 1-18	横須賀工廠で船体機関修理、2 月 10 日完成
1905(M38)- 5-27	日本海海戦に参加、被弾 2、戦死 5、負傷 22、発射弾数 15cm 砲 -251、12cm 砲 -325、8cm 砲 -224
1905(M38)- 6-14	第 2 艦隊、艦長小花三吾大佐 (11 期) 就任
1905(M38)- 9-26	佐世保工廠で損傷修理、10 月 1 日完成
1905(M38)-10-23	横浜沖凱旋観艦式参列
1905(M38)-12-12	艦長荒川規志大佐 (10 期) 就任、40 年 2 月 4 日から 2 月 28 日まで兼和泉艦長
1905(M38)-12-20	第 1 艦隊
1906(M39)- 2-18	横浜港で英国皇族コンノート親王殿下乗艦装甲巡洋艦ダイアダムを奉迎、以後 3 月 16 日まで八雲、
	吾妻、磐手とともに接待にあたる
1906(M39)- 6-25	韓国南岸警備、7 月 12 日長崎着
1906(M39)- 9-28	第 1 予備艦、以後横須賀工廠で 41 年 9 月までスクリュー関連の修理にあたる、この間 6 度入渠
1907(M40)- 7- 1	艦長上村行敏中佐 (14 期) 就任
1907(M40)- 9-28	艦長笠間直大佐 (13 期) 就任
1907(M40)-11-22	第 1 艦隊
1908(M41)- 5-15	第 2 予備艦
1908(M41)- 9- 1	第 1 予備艦
1908(M41)-10- 6	第 1 艦隊
1908(M41)-10-17	横浜で米白色艦隊接待艦を務める、24 日まで
1908(M41)-11-18	神戸沖大演習観艦式参列
1908(M41)-11-20	練習艦
1908(M41)-12-10	艦長秋山真之大佐 (17 期) 就任
1908(M41)-12-23	南清艦隊
1908(M41)-12-24	第 3 艦隊
1909(M42)- 1-14	佐世保発南清警備、11 月 11 日呉着
1909(M42)-11-16	第 2 予備艦、艦長榊原忠三郎大佐 (17 期) 就任
1910(M43)-10-26	艦長志摩猛中佐 (15 期) 就任
1910(M43)-12- 1	第 1 予備艦
1911(M44)- 9-15	弾薬庫防熱注水装置改造認可
1911(M44)-12- 1	第 2 艦隊、艦長吉田清風大佐 (18 期) 就任
1911(M44)-12-30	竹敷発北清警備、翌年 9 月 20 日鳥羽着
1912(T 1)- 8-28	2 等巡洋艦に類別
1912(T 1)-11-12	横浜沖大演習観艦式参列
1912(T 1)-12- 1	第 3 予備艦、横須賀工廠で入渠、船体機関修理

艦　歴 /Ship's History (2)

艦　名	音　羽 (2/2)
年　月　日	記　事 /Notes
1913(T 2)-12- 1	艦長田代愛次郎中佐 (17 期) 就任
1914(T 3)- 1- 2	第 1 予備艦
1914(T 3)- 1-24	艦長中川繁丑大佐 (19 期) 就任
1914(T 3)- 2-12	黒色火薬庫新設認可
1914(T 3)- 3- 6	修理改造公試
1914(T 3)- 3-27	艦長金丸清緝中佐 (20 期) 就任
1914(T 3)- 8-10	第 1 艦隊
1914(T 3)- 8- 18	第 1 水雷戦隊
1914(T 3)-12- 1	第 3 艦隊、艦長森本義寛中佐 (20 期) 就任
1915(T 4)- 2- 1	第 3 艦隊
1915(T 4)- 2-11	馬公発シンガポールでのインド兵による暴動発生のため派遣、現地で陸戦隊を上陸英軍を支援する、
	5 月 7 日佐世保着
1915(T 4)- 6-30	艦長横尾義達中佐 (22 期) 就任
1915(T 4)- 7-15	第 2 予備艦
1915(T 4)- 8-28	艦横須賀工廠で缶換装認可、ロ号艦本缶に改造
1915(T 4)-10- 1	第 1 予備艦
1915(T 4)-12- 4	横浜沖特別観艦式参列
1915(T 4)-12-13	第 2 予備艦、艦長田尻唯二大佐 (23 期) 就任
1916(T 5)- 2-15	火薬庫冷却装置新設訓令
1916(T 5)- 4- 4	艦長大石正吉大佐 (24 期) 就任
1916(T 5)- 5- 4	通船用ダビット撤去認可
1916(T 5)- 5-13	第 3 水雷戦隊、朱式 6.5mm 機銃 3 脚架付を貸与訓令
1916(T 5)- 9-12	第 2 予備艦
1916(T 5)-12- 1	艦長大見丙子郎大佐 (23 期) 就任
1917(T 6)- 2-21	艦長福田一郎中佐 (26 期) 就任、兼千早艦長
1917(T 6)- 4-16	測距儀位置変更新設工事認可
1917(T 6)- 5- 1	艦長鈴木乙免中佐 (26 期) 就任
1917(T 6)- 6-15	第 1 予備艦
1917(T 6)- 7-10	後部測距儀、探照灯位置変更認可
1917(T 6)- 7-15	第 1 特務艦隊
1917(T 6)- 7-25	横須賀から佐世保に向かう途中、霧中艦位を誤り午前 4 時 15 分志摩大王崎沖大王岩に擱座、津軽、
	高崎丸、栗橋丸が救援にかけつけたが 30 日より天候が悪化、台風の来襲で 8 月 1 日午後船体が 2、3
	番煙突間で折断、救助の見込みがなくなったため、総員退艦放棄された、人員の被害なし、重要物件
	は大半を陸揚げ回収された
1917(T 6)- 7-27	第 3 予備艦
1917(T 6)- 8- 4	沈没認定
1917(T 6)-12- 1	除籍
1917(T 6)-12-12	売却

艦　歴 /Ship's History (3)

艦　名	新　高 (1/3)
年　月　日	記　事 /Notes
1901(M34)- 2- 1	命名
1902(M35)- 1- 7	横須賀工廠で起工
1902(M35)-11-15	進水、3 等巡洋艦に類別、舞鶴鎮守府に入籍
1903(M36)- 7-17	艤装委員長庄司義基中佐 (11 期) 就任、7 月 21 日艦長
1904(M37)- 1-27	竣工、第 2 艦隊、旅順封鎖戦に参加
1904(M37)- 2- 9	旅順港外の戦闘に参加、発射弾数 15cm 砲 -53
1904(M37)- 5-21	佐世保工廠で入渠修理、26 日出渠
1904(M37)-10- 2	佐世保工廠で入渠修理、5 日出渠
1904(M37)-11-15	横須賀工廠で機関部修理、12 月 14 日完成
1905(M38)- 1-12	第 1 艦隊第 3 戦隊
1905(M38)- 3-15	横須賀工廠で機関部修理、4 月 3 日完成
1905(M38)- 5-27	日本海海戦に参加、被弾 2、戦死 1、負傷 3、発射弾数 15cm 砲 -342、7.6cm 砲 -380
1905(M38)- 6-14	第 2 艦隊
1905(M38)- 9-20	三菱長崎造船所で損傷修理、10 月 7 日完成
1905(M38)-10-23	横浜沖凱旋観艦式参列
1905(M38)-11- 6	竹敷発南清警備、29 日佐世保着
1905(M38)-12-19	第 3 艦隊
1905(M38)-12-20	第 2 艦隊、艦長山県文蔵大佐 (11 期) 就任
1906(M39)- 2-	舞鶴工廠で修理 3 月まで
1906(M39)- 3-16	六連島発韓国警備、4 月 11 日着
1906(M39)- 4- 1	第 1 予備艦
1906(M39)- 8-30	艦長宮地貞辰大佐 (9 期) 就任
1906(M39)-11-22	艦長秀島成忠中佐 (13 期) 就任
1907(M40)- 1-18	第 2 艦隊
1907(M40)- 1-20	舞鶴発韓国、北清方面警備、11 月 19 日佐世保着、この間 8 度一時帰朝
1908(M41)- 1-25	佐世保発韓国方面警備、2 月 5 日油谷湾着
1908(M41)- 2- 1	第 1 予備艦
1908(M41)- 4- 7	艦長中島市太郎中佐 (14 期) 就任
1908(M41)- 5-15	南清艦隊
1908(M41)- 7-11	馬公発南清方面警備、9 月 10 日横須賀着
1908(M41)-10-17	横浜で米白色艦隊接待艦を務める、24 日まで
1908(M41)-11-12	柱島水道東部を編隊航行中右舷推進軸が張出前端部において切断、推進器とともに落下する事故を生じる
1908(M41)-11-18	神戸沖大演習観艦式参列
1908(M41)-12-23	第 2 予備艦
1909(M42)-12- 1	第 1 予備艦
1910(M43)- -	艦長桜野光正中佐 (15 期) 就任
1911(M44)- -	艦長榊原忠三郎中佐 (17 期) 就任
1911(M44)- 7-15	第 1 艦隊
1911(M44)-11-15	第 3 艦隊

艦　歴 /Ship's History (4)

艦　名	新　高 (2/3)
年　月　日	記　事 /Notes
1911(M44)-11-29	佐世保発南清方面警備、翌年 12 月 13 日舞鶴着
1912(T 1)- 8-28	2 等巡洋艦に類別
1912(T 1)-11-15	第 2 予備艦
1913(T 2)- 4- 1	第 3 艦隊、艦長飯田久恒大佐 (19 期) 就任
1913(T 2)- 4-16	佐世保発南清方面警備、翌年 1 月 28 日舞鶴着
1913(T 2)- 9-13	艦長秋沢禄芳中佐 (18 期) 就任
1914(T 3)- 1-30	第 2 予備艦
1914(T 3)- 4- 1	第 3 予備艦
1914(T 3)- 8-13	艦長小林研蔵中佐 (19 期) 就任
1914(T 3)- 8-18	第 1 艦隊
1914(T 3)- 8-23	第 1 次大戦に従事
1914(T 3)-10- 1	第 3 艦隊
1914(T 3)-10-30	艦長野崎小十郎中佐 (21 期) 就任
1915(T 4)- 2- 1	第 3 予備艦
1915(T 4)- 2-15	舞鶴工廠で特定修理認可、不良缶取替え総検査修理船体部修理、4 月 15 日着手 11 月 30 日完成予定
1915(T 4)- 4- 2	艦長岩田秀雄中佐 (20 期) 就任
1915(T 4)-10- 1	第 1 予備艦
1915(T 4)-12- 4	横浜沖特別観艦式参列
1915(T 4)-12-13	第 3 艦隊第 6 戦隊
1915(T 4)-12-27	佐世保発香港、インド洋方面警備、6 年 11 月 13 日着
1916(T 5)-12- 1	第 3 艦隊第 6 戦隊、艦長安村介一大佐 (23 期) 就任
1917(T 6)- 2- 7	第 1 特務艦隊、艦長犬塚太郎大佐 (25 期) 就任
1917(T 6)-11-19	第 1 予備艦
1917(T 6)-12- 1	艦長黒瀬清一大佐 (26 期) 就任
1918(T 7)- 2-22	第 2 予備艦、舞鶴工廠で前後の弾火薬庫改造、8cm 高角砲 1 門装備、同砲台補強工事実施
1918(T 7)- 5- 1	第 1 予備艦
1918(T 7)- 5-23	第 1 特務艦隊
1918(T 7)- 6-15	馬公発シンガポール方面警備、翌年 5 月 21 日佐世保着
1919(T 8)- 5-20	生月島西方航行中、左舷推進器落下事故を生じる
1919(T 8)- 5-26	第 2 予備艦
1919(T 8)-11-20	艦長有田秀通中佐 (27 期) 就任
1919(T 8)-12- 1	第 1 予備艦
1920(T 9)- 1-15	第 2 艦隊第 1 潜水戦隊
1920(T 9)- 2- 4	第 1 潜水戦隊の旗艦を流感発生により韓崎に移す
1920(T 9)- 5- 1	第 2 予備艦
1920(T 9)- 7- 1	警備艦
1920(T 9)- 7- 7	小樽発カムチャツカ方面警備、10 月 8 日函館着
1920(T 9)-10-16	第 1 予備艦
1920(T 9)-11-20	艦長心得今村信次郎中佐 (30 期) 就任、12 月 1 日大佐艦長
1920(T 9)-12- 1	第 2 遣外艦隊

艦　歴 /Ship's History (5)

艦　名	新　高 (3/3)
年　月　日	記　事 /Notes
1920(T 9)-12-18	前後檣復旧工事認可、M44 年 11 月延長工事を実施したが荒天下で振動が生じる不具合あり
1921(T10)- 1-27	馬公発華南および蘭領東インド方面警備、9 月 5 日着
1921(T10)- 4- 4	警備艦、馬公要港司令官の指揮下におく
1921(T10)- 9- 1	2 等海防艦に類別
1921(T10)- 9- 2	艦長古賀琢一大佐 (29 期) 就任
1921(T10)- 9-12	馬公要港司令官の指揮下を解く
1921(T10)-10-31	第 2 予備艦
1922(T11)- 4- 1	舞鶴工廠で前後檣復旧工事、5 月 2 日完成
1922(T11)- 5- 1	第 1 予備艦
1922(T11)- 5-15	警備艦
1922(T11)- 6-10	室蘭発カムチャツカ方面警備
1922(T11)- 8-26	オゼルナヤ付近日魯漁業第 1 工場沖合に碇泊中午前 6 時ごろ台風による荒天のため陸岸に吹き寄せら
	れ座礁浸水、傾斜したところ大波により転覆沈没状態となる、古賀艦長以下 328 名が死亡、生存者
	はわずか 15 名のみ、八雲が救難のため派遣される
1922(T11)-10-10	第 4 予備艦
1923(T12)- 4- 1	除籍
1924(T13)-10-18	新高残骸は現状のまま日魯漁業会社に売却払い下げられたことを通告

艦　歴 /Ship's History (6)

艦　名	対　馬 (1/4)
年　月　日	記　事 /Notes
1901(M34)- 2- 1	命名
1901(M34)-10- 2	呉工廠で起工
1902(M35)-12-15	進水、3 等巡洋艦に類別、舞鶴鎮守府に入籍
1903(M36)- 8- 6	艤装委員長仙頭武央中佐 (10 期) 就任
1904(M37)- 2-15	竣工、艦長仙頭武央中佐 (10 期) 就任、第 2 艦隊
1904(M37)- 8-20	黄海海戦後逃走したロシア巡洋艦ノーウィックを追跡、樺太エゾマツ岬付近で同艦を発見砲火を交え
	るが、敵の 1 弾が左舷石炭庫に命中、浸水を来したため一時砲戦を中止、敵の着弾外に出て応急修
	理に努め翌朝完成す、この間会合した千歳に戦闘をゆずるが敵艦は既に自爆放棄されていた
1904(M37)-10- 9	佐世保工廠で入渠、10 月 12 日出渠
1904(M37)-12-19	蔚山沖で英汽船ニグレシア 2,368 総トンを捕獲
1905(M38)- 1-12	第 1 艦隊第 3 戦隊、対馬沖で英汽船ローズリー 4,370 総トンを捕獲
1905(M38)- 4-10	呉工廠で修理、15 日完成
1905(M38)- 5-27	日本海海戦に参加、被弾 2、戦死 4、負傷 17、発射弾数 15cm 砲 -375、8cm 砲 -550
1905(M38)- 6-14	第 1 艦隊
1905(M38)- 7-12	舞鶴工廠で損傷修理、29 日完成
1905(M38)- 8-31	艦長西山実親大佐 (8 期) 就任
1905(M38)-10- 7	対馬海峡にて独汽船カウルン 2,325 総トンを捕獲
1905(M38)-10-23	横浜沖凱旋観艦式参列
1905(M38)-11- 8	六連島発南清、韓国警備、12 月 2 日佐世保着
1905(M38)-12-19	六連島発南清警備、翌年 2 月 7 日佐世保着
1906(M39)- 4- 1	第 1 予備艦
1906(M39)- 5-28	第 1 艦隊
1906(M39)- 6-29	夜間演習中水雷艇 63 号と衝突損傷軽微、63 号も沈没をまぬがれる
1906(M39)- 9-11	公試実施認可、竣工時戦時下のため未実施のもの
1906(M39)-11-10	倉橋湾発韓国南岸警備、12 月 27 日安下庄着
1907(M40)- 4- 8	佐世保発韓国南岸方面警備、4 月 28 日竹敷着
1907(M40)- 8- 5	艦長三上兵吉大佐 (11 期) 就任
1907(M40)- 8-13	佐世保発韓国南岸方面警備、9 月 9 日竹敷着
1907(M40)-11-22	第 2 予備艦
1908(M41)- 4- 1	後部艦橋上に測距儀設置認可
1908(M41)- 4-20	第 1 予備艦
1908(M41)- 5-15	南清艦隊
1908(M41)- 6-11	佐世保発南清方面警備、9 月 25 日呉着
1908(M41)-10-17	横浜で米白色艦隊の接待艦を務める 24 日まで
1908(M41)-11-20	艦長森義臣大佐 (14 期) 就任
1908(M41)-11-18	神戸沖大演習観艦式参列
1908(M41)-12-10	第 2 予備艦
1909(M42)- 2-20	艦長水町元中佐 (14 期) 就任、
1909(M42)- 7-10	艦長高木七太郎中佐 (15 期) 就任

艦　歴 /Ship's History (7)

艦　名	対　馬 (2/4)
年　月　日	記　事 /Notes
1909(M42)-10-16	舞鶴港外で追風の中腹に衝突、追風を曳航、舞鶴に戻る
1910(M43)- 2-16	艦長片岡栄太郎中佐 (15 期) 就任、兼千早艦長
1910(M43)- 3-19	艦長山岡豊一中佐 (17 期) 就任、兼千早艦長
1910(M43)- 4- 9	艦長船越楫四郎大佐 (16 期) 就任
1910(M43)-12- 1	第 3 艦隊、艦長町田駒次郎大佐 (15 期) 就任
1910(M43)-12-15	佐世保発南清方面警備、翌年 12 月 19 日舞鶴着
1911(M44)-12- 1	第 1 予備艦
1911(M44)-12-27	艦長山口鋭大佐 (17 期) 就任
1912(M45)- 5-22	艦長下平英太郎大佐 (17 期) 就任
1912(T 1)- 8-28	2 等巡洋艦に類別
1912(T 1)- 9-27	艦長平賀徳太郎大佐 (18 期) 就任
1912(T 1)-11-12	横浜沖大演習観艦式参列
1912(T 1)-11-15	第 3 艦隊
1912(T 1)-12- 5	佐世保発南清方面警備、翌年 12 月 11 日舞鶴着
1913(T 2)- 5-24	艦長三輪修三大佐 (17 期) 就任
1913(T 2)-12- 1	第 3 予備艦
1914(T 3)- 1-24	艦長笠島新太郎大佐 (16 期) 就任
1914(T 3)- 2- 4	鍛冶工場新設認可
1914(T 3)- 7- 1	第 3 艦隊
1914(T 3)- 7- 7	佐世保発中国方面警備、11 月 13 日着
1914(T 3)- 8-23	第 1 次大戦に従事、翌年 9 月 21 日佐世保着まで主に馬公を基地に活動
1914(T 3)-12- 4	艦長松下東治郎中佐 (23 期) 就任
1914(T 3)-12-13	第 3 艦隊第 6 戦隊
1915(T 4)-11- 3	部崎発香港方面警備、21 日佐世保着
1915(T 4)-12- 4	横浜沖特別観艦式参列
1916(T 5)- 2-20	馬公発香港、フィリピン方面警備、12 月 8 日着
1916(T 5)-12- 1	第 3 艦隊第 6 戦隊、艦長小松直幹大佐 (25 期) 就任
1917(T 6)- 1-17	電動測深儀装備認可
1917(T 6)- 2- 7	第 1 特務艦隊
1917(T 6)- 2-27	馬公発インド洋方面行動、翌年 10 月 20 日着
1917(T 6)-10-15	南アフリカ、イースト・ロンドン、バッファロー河口泊地で繋留作業中浮標の繋留鎖に左舷推進器
	をひっかけ損傷、現地英海軍船渠に入渠、翌年 1 月予備品と交換
1917(T 6)-12- 1	艦長漢那憲和中佐 (27 期) 就任
1918(T 7)-10-29	第 1 予備艦
1918(T 7)-12- 1	第 3 艦隊第 3 水雷戦隊、艦長井上猪之吉大佐 (27 期) 就任
1919(T 8)- 2-20	第 2 予備艦、舞鶴工廠で 8cm 高角砲 1 門及び砲火指揮用伝声管装備、無電機換装、火薬庫冷却装置新設
1919(T 8)- 7- 1	第 1 予備艦
1919(T 8)- 8- 6	第 3 艦隊第 3 水雷戦隊
1919(T 8)- 8-14	小樽発露領沿岸方面行動、9 月 28 日佐世保着
1919(T 8)-10-28	横浜沖大演習観艦式参列

艦　歴 /Ship's History (8)

艦　名	対　馬 (3/4)
年　月　日	記　事 /Notes
1919(T 8)-12- 1	艦長丸橋清一郎大佐 (27 期) 就任
1920(T 9)- 5-20	小樽発露領沿岸方面行動、10 月 8 日舞鶴着
1920(T 9)-10- 9	第 2 予備艦、舞鶴工廠で特定修理船体
1920(T 9)-12- 1	第 3 予備艦、艦長野村仁作大佐 (28 期) 就任
1921(T10)- 9- 1	2 等海防艦に類別
1921(T10)-11- 1	艦長岸科政雄大佐 (28 期) 就任
1921(T10)-12- 1	第 2 予備艦
1922(T11)- 2-17	舞鶴工廠で内火艇搭載、諸室改造、4 月 8 日完成
1922(T11)- 3- 1	第 1 予備艦
1922(T11)- 4- 1	第 1 遣外艦隊
1922(T11)- 4-14	佐世保発中国方面警備、11 月 7 日舞鶴着
1922(T11)-11-10	艦長池田他人大佐 (30 期) 就任
1922(T11)-11-13	舞鶴工廠で無電機改造、翌年 1 月 23 日完成
1922(T11)-12- 1	佐世保鎮守府に転籍
1923(T12)- 8-26	漢口下流 30 浬で横抱き曳航中の公称 480 汽艇の前部舫索甲板の一部を破壊汽艇沈没乗員 3 名死亡
1923(T12)-10- 1	佐世保発中国方面警備、25 日着
1923(T12)-11-15	佐世保発中国方面警備、翌年 3 月 29 日着
1923(T12)-12- 1	艦長藤吉晙大佐 (31 期) 就任
1924(T13)- 4- 1	第 2 予備艦
1924(T13)- 5- 7	艦長津留雄三大佐 (30 期) 就任
1924(T13)- 9- 1	第 1 予備艦
1924(T13)- 9-15	第 1 遣外艦隊、佐世保発中国方面警備、11 月 17 日着
1924(T13)-11-18	第 2 予備艦
1924(T13)-12- 1	艦長梅田三郎大佐 (31 期) 就任
1925(T14)- 1- 6	第 1 予備艦
1925(T14)- 1-29	佐世保発中国揚子江流域警備、12 月 8 日着
1925(T14)- 1-31	第 1 遣外艦隊
1925(T14)-12- 1	第 2 予備艦、艦長柳沢恭高大佐 (32 期) 就任
1926(T15)-12- 1	艦長河村重幹大佐 (33 期) 就任
1927(S 2)- 4-19	第 1 予備艦
1927(S 2)- 4-20	艦長蔵田直大佐 (33 期) 就任
1927(S 2)- 5- 1	第 1 遣外艦隊
1927(S 2)- 5- 3	佐世保発中国揚子江、関東州方面警備、4 年 2 月 25 日着
1927(S 2)- 5-16	第 2 遣外艦隊
1927(S 2)- 5-22	対馬内火艇を木曽に貸与
1927(S 2)- 6- 6	隠戸の内火艇を当面本艦に搭載、15 日定数とする
1927(S 2)-11-15	艦長間崎霞大佐 (33 期) 就任
1928(S 3)- 3-15	艦長伴次郎大佐 (33 期) 就任
1928(S 3)- 3-30	若宮のカッター 1 隻を本艦に貸与
1928(S 3)-12-10	艦長佐藤修大佐 (35 期) 就任

艦　歴 /Ship's History (9)

艦　名	対　馬 (4/4)
年　月　日	記　事 /Notes
1929(S 4)- 3-27	佐世保発中国青島方面警備、12 月 2 日着
1929(S 4)-11-30	艦長湯野川忠一大佐 (34 期) 就任
1930(S 5)-10-26	神戸沖特別大演習観艦式参列
1930(S 5)-12- 1	艦長本田忠雄大佐 (37 期) 就任
1931(S 6)- 6- 1	海防艦に類別 (等級廃止)
1931(S 6)- 9-15	3 年式機銃 2 挺三脚架付属品とともに貸与、同年 11 月末まで
1931(S 6)- 9-26	第 1 遣外艦隊、佐世保発中国揚子江方面警備、翌年 10 月着、この間 6 度一時帰朝
1931(S 6)-10-21	佐世保工廠で艦橋防弾装置及び江水濾過装置新設
1931(S 6)-11- 5	本艦汽艇南京税関交通艇と衝突沈没、翌年 1 月 7 日矢矧の 11m 内火艇 (旧五十鈴搭載艇) を搭載
1932(S 7)- 2- 2	第 3 艦隊第 1 遣外艦隊
1932(S 7)-11-15	艦長松浦永次郎大佐 (38 期) 就任
1933(S 8)- 5-20	第 3 艦隊第 11 戦隊
1933(S 8)- 6- 1	佐世保発中国揚子江方面警備、翌年 8 月 12 日着
1933(S 8)-11-15	艦長中村一夫大佐 (37 期) 就任
1934(S 9)- 1-24	貸与中の機銃 : 3 年式機銃 4、11 式軽機 5、ベルグマン自動小銃 4
1934(S 9)- 9-13	佐世保発中国揚子江方面警備、翌年 8 月 1 日着
1934(S 9)-10-31	前後檣一部改造認可、前檣 5m 後檣 7m 短縮
1934(S 9)-11- 1	艦長畠山耕一郎大佐 (39 期) 就任
1935(S10)- 6- 6	漢口において右舷錨鎖切断、後回収に成功
1935(S10)- 8- 7	艦隊より除く、第 4 予備艦、横須賀海兵団付属、以後横須賀で繋留のまま出動なし
1935(S10)-11-15	艦長上野正雄中佐 (40 期) 就任
1935(S10)-11-27	本艦の内火艇を春日に貸与
1936(S11)-10-19	本艦の第 1 通船を春日の第 3 通船と交換
1937(S12)- 7- 1	横須賀海兵団付属を解く
1939(S14)- 4- 1	除籍
1940(S15)- 4- 1	廃艦第 10 号、横須賀海兵団練習船、後に航海学校応急実験艦
1944(S19)-　-	三浦半島大津海岸に回航、水中爆破目標として撃沈処分

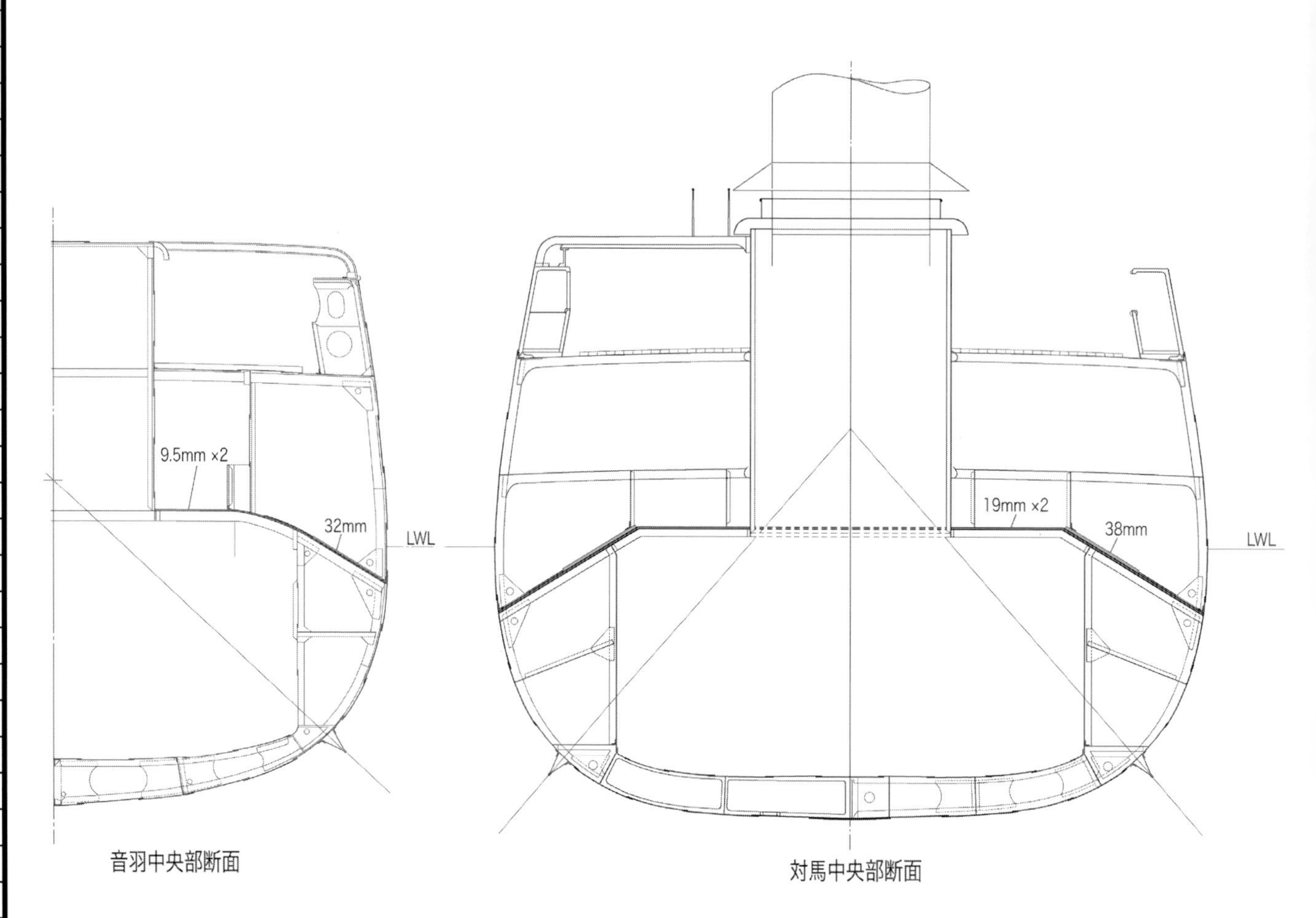

図 3-5-9　**対馬・音羽** 中央部構造切断面

第4部/Parts 4

◎ 日清・日露戦争の戦利艦、過渡期の巡洋艦と通報艦

広丙は清国国産の水雷砲艦
津軽と阿蘇は浪速型の代替敷設艦
鈴谷(ノーウィック)は露艦時代世界有数の快速巡洋艦として有名
満州は高官の接待に最適な豪華内装の捕獲ロシア船
筑摩型は日本海軍で最初に速力25ノットを超えた巡洋艦
最上は日本海軍で最初にタービン機関を搭載した艦

目 次

広丙 /Kohei・済遠 /Saien

型名 /Class name			同型艦数 /No. in class		設計番号 /Design No.		設計者 /Designer	建造費 /Cost		
艦名 /Name	計画年度 /Prog. year	建造番号 /Build. No	起工 /Laid down	進水 /Launch	竣工 /Completed	建造所 /Builder	旧名 /Ex.name	除籍 /Deletion	喪失原因・日時・場所 /Loss data	
広丙 /Kohei			M21/1888- -	M24/1891- -	M25/1892-04 -	清国福州、馬尾造船所	清国、広丙 /Kuang-Ping	M29/1896-2-18	M28/1895-12-21 台湾澎湖島付近で座礁沈没	
済遠 /Saien			M16/1883-01-16	M16/1883-12-01	M17/1884-08 -	ドイツ、ステッチン、フルカン Vulcan 造船所	清国、済遠 /Chi-Yuan	M37/1904-5-21	M37/1904-11-30 旅順沖で触雷沈没	

注 /NOTES ① 日清戦争による戦利艦で清国海軍では広丙は水雷砲艦、済遠は巡洋艦 (甲鉄艦) として建造されたもので、日本海軍では広丙は正式な艦種類別前に沈没、済遠は明治 31 年に 3 等海防艦に類別された【出典】極秘本明治 27、8 年海戦史 / その他

船体寸法 /Hull Dimensions

艦名 /Name	状態 /Condition	排水量 /Displacement		長さ /Length(m) 全長 /OA	水線 /WL	垂線 /PP	幅 /Breadth (m) 全幅 /Max	水線 /WL	水線下 /uw	深さ /Depth(m) 上甲板 /m	最上甲板	吃水 /Draught(m) 前部 /F	後部 /A	平均 /M	乾舷 /Freeboard (m) 艦首 /B	中央 /M	艦尾 /S	備考 /Note
廣丙 /Kwang-Ping(清国)	公称排水量 /Official(T)	常備 /Norm.	1,000			71.5	8.4							4.115				
広丙 /Kohei	公試排水量 /Trial (T)		1,234.635	74.773		71.933	8.410			6.000		3.353	4.267	3.810		2.200		広丙要目簿による
	公称排水量 /Official(T)	常備 /Norm.	1,000															
済遠 /Tsi-Yuen(清国)	公称排水量 /Official(T)	常備 /Norm.	2,300			71.933	10.7							4.942				
済遠 /Saien	公試排水量 /Trial (T)		2,560	74.46		72.00	10.68			7.24		4.495	5.08	4.788				済遠要目簿による
	公称排水量 /Official(T)	常備 /Norm.	2,440															

注 /NOTES ①広丙については就役期間が極めて短期間のためデータは限られているが，要目簿のおかげでほぼ基本データは埋めることができた　【出典】広丙要目簿 / 済遠要目簿 /The Chinese Steam Navy 1862-1945

機　関 /Machinery

		広丙 (清国時代)	広丙 (編入時)	済遠 (清国時代)	済遠 (編入時)
主機械 /Main mach.	型式 /Type ×基数 (軸数)/No.	横置 2 段膨張連成機関 /Recipro. engine × 2		横置 2 段膨張連成機関 /Recipro. engine × 2	
缶 /Boiler	型式 /Type ×基数 /No.	低円缶 /Straight flued boiler × 3		低円缶 /Straight flued boiler × 6	
	蒸気圧力 /Steam pressure (kg/cm²)	6.33			
	蒸気温度 /Steam temp.(℃)				
	缶換装年月日 /Exchange date				M33/1900-5
	換装缶型式・製造元 /Type & maker				低円缶× 6・石川島造船
計画 /Design (自然通風 / 強圧通風)	速力 /Speed(ノット /kt)	/17		15/	
	出力 /Power(実馬力 /IHP)	/1,200		2,800/	
	回転数 /(rpm)	/97		/	
新造公試 /New trial (自然通風 / 強圧通風) 英国実施	速力 /Speed(ノット /kt)			15/	12.66/ (M28/1895-4-27) ②
	出力 /Power(実馬力 /IHP)			2,839/	1,297/
	回転数 /(rpm)			/	99.6/
改造公試 /Repair T. (自然通風 / 強圧通風) 缶換装	速力 /Speed(ノット /kt)		11.168 / ①		12.8/(M33/1900-5 缶換装) ③
	出力 /Power(実馬力 /IHP)		710.404 /		2,147.62/
	回転数 /(rpm)		98.2/		105.8/
推進器 /Propeller	直径 /Dia.(m)・翼数 /Blade no.	3.00 ・3 翼		・3 翼	
	数 /No.・型式 /Type	× 2・マンガン青銅		× 2・マンガン青銅	
舵 /Rudder	舵型式 /Type・舵面積 /Rudder area(m²)	釣合舵 /Balance・6.44		非釣合舵 /Non balance・6.25	
燃料 /Fuel	石炭 /Coal(T)・定量 (Norm.)/ 全量 (Max.)	/140.992		230/400	/240
航続距離 /Range(浬 /SM- ノット /Kts)			11.17-1,005.5		
発電機 /Dynamo・発電量 /Electric power(V/A)					80V/100A シーメンス式④
新造機関製造所 / Machine maker at new		67V/800A × 1、67V/75A × 1			
帆装形式 /Rig type・総帆面積 /Sail area(m²)		185.30			

注 /NOTES
①広丙は M28-5-1 より同 7-30 まで呉工廠で修復工事実施、7-1 日には公試中、蒸気管破裂工員 6 名死亡事故を生じる、7-27 から 7-29 に最終公試実施、旋回公試では旋回圏径 430.573m、全周時間 5 分 84 秒を記録、この時は自然通風で全力 710.404 実馬力、速力 11.1675 ノット、右軸 98rpm、左軸 95.53rpm とほぼ新造計画値の半分強の出力発揮にとどまった

②済遠の修復工事は M28-3-29 から同 4-29 まで呉工廠で実施、4-27 日から 4-29 の公試で自然通風全力 1,297 実馬力、速力 12.66 ノット、回転数 95rpm を記録、旋回公試では以下の成績を記録
「右旋回」 速力 10.25kt、舵角 30°、回転数 (右)78.73rpm、(左)78.56ppm、全周時間 5.2 分、旋回圏 496.5m
「左旋回」 速力 10.25kt、舵角 30°、回転数 (右)78.73rpm、(左)78.56ppm、全周時間 5.0 分、旋回圏 423.4m
③済遠は M31-8-17 より横須賀工廠で石川島造船で新造した新缶と缶の換装工事その他を約 300 日の工期で実施、この時の改造公試の結果は左表の通り、出力の割に速力が上がっていないのに注意
④ M33 にシーメンス式発電機と換装、ただし基数不明

【出典】公文備考 / 日清戦争戦時書類 / 極秘版明治三十七、八年海戦史 / 広丙要目簿 / 済遠要目簿

兵装・装備 /Armament & Equipment

		広丙（接収時）	広丙（編入時）	済遠（接収時）	済遠（編入時）
砲熕兵器 / Guns	主砲 /Main guns	35 口径 12cm クルップ砲 /Krupp × 3	40 口径 12cm 安式砲 /Armstrong × 3 ①	35 口径 21cm クルップ砲 /Krupp Ⅱ × 1 ④	35 口径 21cm クルップ砲 /Krupp Ⅱ × 1 鋼鉄榴弾× 50　通常榴弾× 110 ⑦
	備砲 /2nd guns			35 口径 15cm クルップ砲 /Krupp × 1 ⑤	35 口径 15cm クルップ砲 /Krupp × 1 鋼鉄榴弾× 30　通常榴弾× 72 ⑧
	小砲 /Small cal. guns	57mm 保式砲 /Hotchkiss × 4	57mm 保式砲 /Hotchkiss × 4	47mm 重保式砲 /Hotchkiss × 2 4 斤金陵製銅砲 / × 4 ⑥	47mm 重保式砲 /Hotchkiss × 2 鋼鉄榴弾× 500 通常榴弾× 700 霰× 50 ⑨ 短 7.5cm クルップ砲 /Krupp × 1(短艇用) ⑩
	機関砲 /M. guns	37mm5 連保式砲 /Hotchkiss × 4 25mm ガトリング砲 /Gatling × 2	37mm5 連保式砲 /Hotchkiss × 4	37mm5 連保式砲 /Hotchkiss × 9	47mm5 連保式砲 /Hotchkiss × 2 ⑪ 37mm5 連保式砲 /Hotchkiss × 8 ⑫
個人兵器 /Personal weapons	小銃 /Rifle				マルチニー式海軍銃× 122　弾× 36,600 ⑬
	拳銃 /Pistol				1 番形拳銃× 46　弾× 5,420 ⑭
	舶刀 /Cutlass				× 46
	槍 /Spear				
	斧 /Axe				× 23
水雷兵器 /Torpedo weapons	魚雷発射管 /T. tube	朱式 / × 4(水上 /Surface × 2、固定 /Fix × 2)	朱式 / × 4(水上 /Surface × 2、固定 /Fix × 2)	朱式 /Schwartzkopff type × 4	朱式 /Schwartzkopff type × 4 ⑮
	魚雷 /Torpedo	朱式 (84 式)35cm/14"	朱式 (84 式)35cm/14"	朱式 (84 式)35cm/14"	朱式 (84 式)35cm/14" × 8
	その他				
電気兵器 /Elec.Weap.	探照灯 /Searchlight	60cm × 1	60cm × 1	60cm × 1(シーメンス式 16,000 燭光)	60cm × 1(シーメンス式 16,000 燭光)
艦載艇 /Boats	汽艇 /Steam launch				
	ピンネース /Pinnace	× 1(8.53m 、1.45T)	× 1(8.53m 、1.45T)		× 1(9.14m)
	カッター /Cutter	× 2(7.1m、1.14T)	× 2(7.1m、1.14T)		× 2(8.53m × 1、9.14m × 1)
	ギグ /Gig	× 2(8.63m、0.94T　6.4m、0.55T)	× 2(8.63m、0.94T　6.4m、0.55T)		× 1(8.22m)
	ガレー /Galley	× 1(7.46m、0.69T)	× 1(7.46m、0.69T)		× 1(9.14m)
	通船 /Jap. boat		× 1(6.35m、0.55T)		× 1(7.3m)
	(合計)	× 6 ③	× 7 ②		× 6 ⑯

注 /NOTES

①呉工廠にて台湾出撃前にクルップ 12cm 砲を安式 12cm 砲に換装
②広丙要目簿による
③広丙は接収後短期間の整備工事で出動したため広丙要目簿の記載短艇は和艇を除いて接収時の搭載短艇と推定
④日本式の 80 年式に相当
⑤日本式の 80 年式に相当
⑥清国製の備砲と推定
⑦沈没時の弾数、鋼鉄榴弾 42、通常榴弾 142
⑧沈没時の弾数、鋼鉄榴弾 36、通常榴弾 65
⑨ M36 までに重 47mm 山内砲 6 門に換装、沈没時の弾数、鋼鉄榴弾 1,200、通常榴弾 1,181
⑩弾丸定数花環榴弾 200
⑪ 47mm 山内砲を装備した際に撤去
⑫ 47mm 山内砲を装備した際に撤去
⑬ M30 以降 35 年式海軍銃 80、弾 24,000 に換装
⑭ M30 以降 1 番形拳銃 21、弾 2,520、モーゼル拳銃 3、弾 360 に換装
⑮水中固定 2 門、水上旋回式 2 門
⑯搭載短艇の明細は済遠要目簿による

【出典】広丙要目簿 (明細表)/ 済遠要目簿 (明細表)/ 公文備考 / 日清戦争戦時書類 / 日露戦争戦時書類

解説 /COMMENT

明治 27、8 年の日清戦争では装甲艦鎮遠のほか巡洋艦 1 隻、水雷砲艦 1 隻、砲艦 9 隻、水雷艇 3 隻等の捕獲艦が日本海軍籍に編入されたが、ここでは巡洋艦及び巡洋艦に準じる艦として巡洋艦済遠と水雷砲艦広丙をとりあげてある。

[広丙] 広丙は本来清国広東艦隊所属の艦船であったが、日清戦争に際して北洋艦隊に配属されて戦闘に参加した艦である。明治 24 年 /1891、清国歴光緒 17 年に福州馬尾造船所で進水した国産鋼製水雷砲艦 (清国艦種名 - 猟艦 -) で略同型艦に「広甲」「広乙」「広丁」があり、日清戦争には広丙とともに広乙と広甲も参加、広甲は黄海海戦で戦没している。本来フランス人の設計？ともいわれており、3 檣、単煙突の艦型は一見商船風に見え、2 軸、2,400 実馬力、新造時の速力は 16-17 ノットとも称されていた。艦橋両側のスポンソン及び艦尾に 12cm クルップ砲 3 門を装備、発射管 2 門を各舷側に装備していた。艦首部をタートルバック状の甲板で覆うなど独特の形態をしており、日本海軍では後の編入に当たって巡洋艦として扱っている。

広丙は明治 27 年 9 月 17 日の黄海海戦には別働隊として遅れて参加、赤城や西京丸と交戦したが軽微な損傷を受けたのみで戦場を離れている。後、明治 28 年 2 月 17 日威海衛が陥落した際、無傷で日本軍に接収され、同 19 日には早くも碇泊のまま試運転を開始、同 21 日には石炭を搭載、翌日には港内で 1 時間試運転を実施していた。同 23 日には探照灯、白熱電球の点灯試験も完了、同 24 日港内にて長時間試運転を行い速力 6-7 ノット、回転数 70-80rpm を確認、同 26 日に済遠、平遠、とともに橋立、千代田の護衛のもとに威海衛をたって呉に向かう。出港したものの波浪が高くその上機関の調子も悪く他の 2 艦に遅れ気味で、千代田が随伴して別行動となる。風波を避けて朝鮮半島海岸ぞいに南下、途中機関が停止することもあったが 3 月 1 日午後 3 時に竹敷に入港、汽管の修理を実施、翌日出港の予定だったが天候悪化のため 3 日同地発、同 6 日呉に到着した。

修復工事は 5 月 1 日よりはじまり 7 月末に一応完成したが、ここでは主に機関の修復工事をおこなったらしく機関公試では汽管の破裂事故で工員 6 名が死亡している。8 月 23 日には艦長が着任、準備出来次第台湾の基隆に回航命令がでていたが、備砲換装を行うことになり 12cm クルップ砲を安式 12cm 砲に換装して 9 月 23 日射撃公試を終えて、10 月 9 日に呉発、10 月 21 日常備艦隊に編入されている。修復した機関は 11 ノット発揮が最高らしく缶の圧力を抑えての使用と推定された。

11 月 5 日に常備艦隊より派遣される形で台湾総督の指揮下に入り、他の 2、3 の艦艇とともに同方面の警備にあたることなったが、12 月 21 日に澎湖島付近で暗礁に触れて沈没、日本海軍軍艦としての短い艦歴を終えている。艦名は清国海軍時代のまま。

[済遠] 清国海軍の二大装甲艦 (鎮遠、定遠) を英国に建造を依頼したもののロシアとの紛争を理由に断られ、ドイツで建造されたことを契機に急速にドイツと接近して、以後海軍の建設に同国との関わりが強まった時期にドイツ、ステッチンのフルカン造船所で建造された 3 隻の巡洋艦中の一隻である。

排水量 2,300T の小型防護巡洋艦の型式をとっているが、低乾舷の平坦な船体で艦首に 250mm 厚という厚い装甲のバーベットを設け、35 口径 21cm クルップ砲を連装として装備、上部を薄いシールド (50mm) で覆った、鎮遠等と同様の一種の露砲塔艦である。こうした方式の艦は当時イタリアの一部の造船官が提唱していたもので、露砲塔のみに重装甲を施し他の部分は無防禦に近いが重砲の威力を発揮して相手を圧倒できるとしていた。発射速度の速い速射砲 (P-293 に続く)

装　甲 /Armor

		広 丙	済 遠
司令塔 /Conning tower		25mm × 2	50mm
司令塔障壁 /Back board			
交通筒 /Communication tube			
防禦甲板	中央平坦部 /Flat	12mm	22mm
	傾斜部 /Slope	25mm	22mm
	前後部 /Forward & After		
砲楯	21cm 克砲 /Gun shield		50mm
	15cm 克砲 /Gun shield		30mm
21cm 克砲バーベット /Barbette			250mm

注 /NOTES 新造時を示す【出典】広丙要目簿 / 済遠要目簿 / 写真日本軍艦史

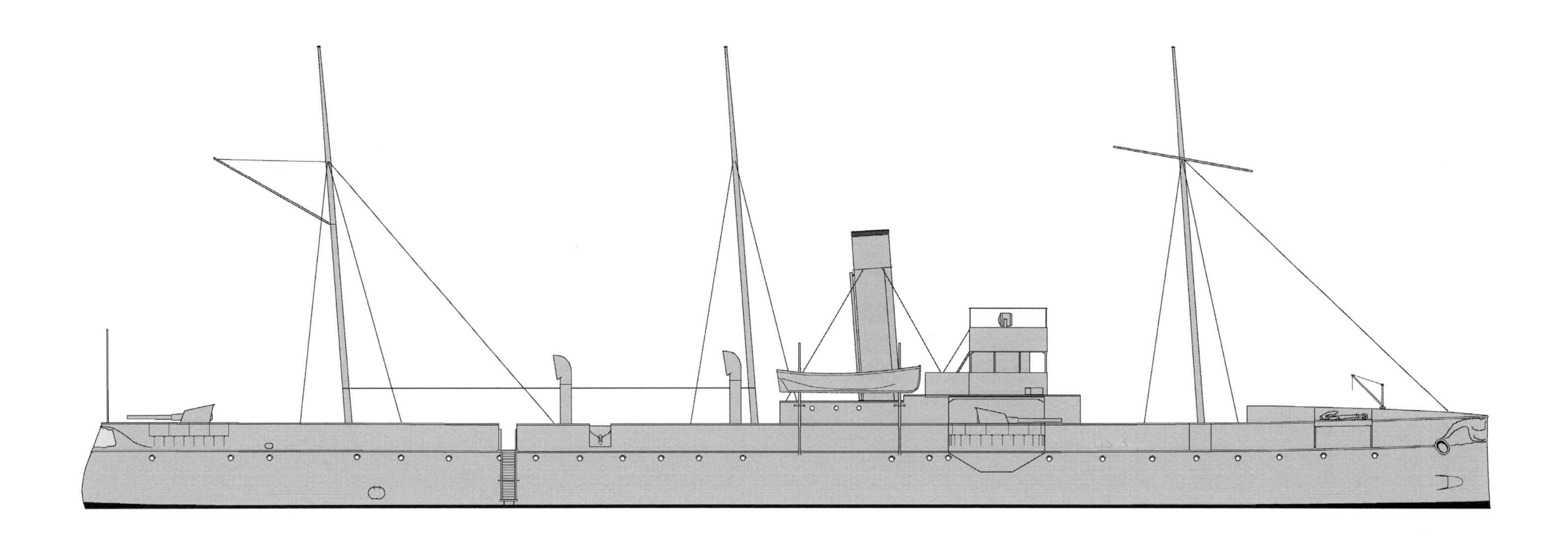

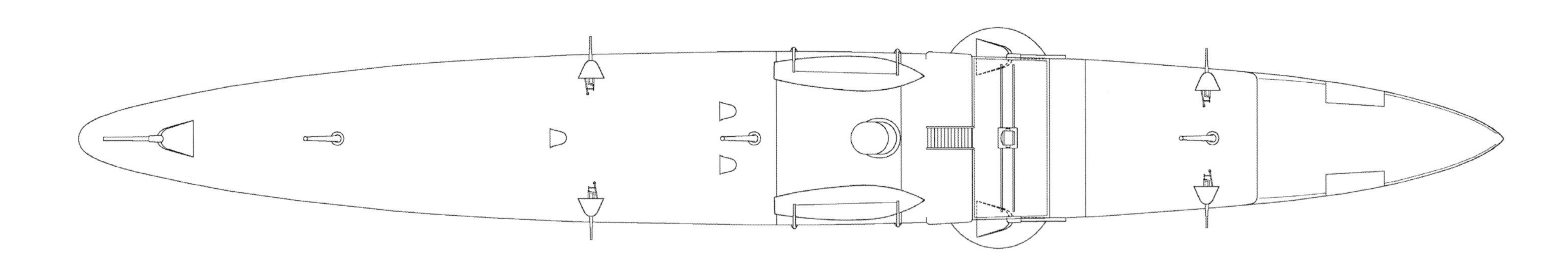

図 4-1-1 [S=1/300] 広丙 側平面(編入時)

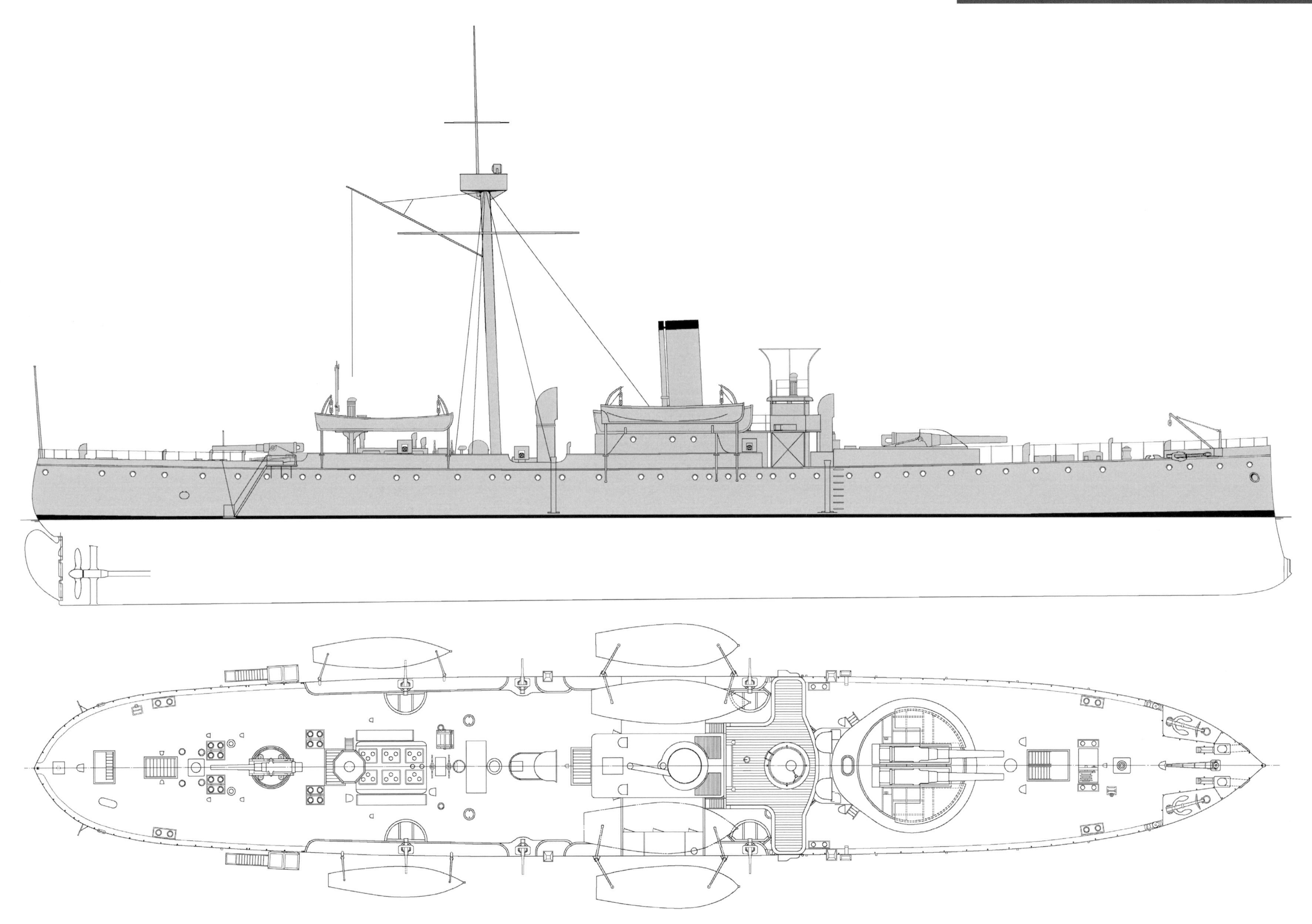

図 4-1-2 [S=1/250] 済遠 側平面(編入時)

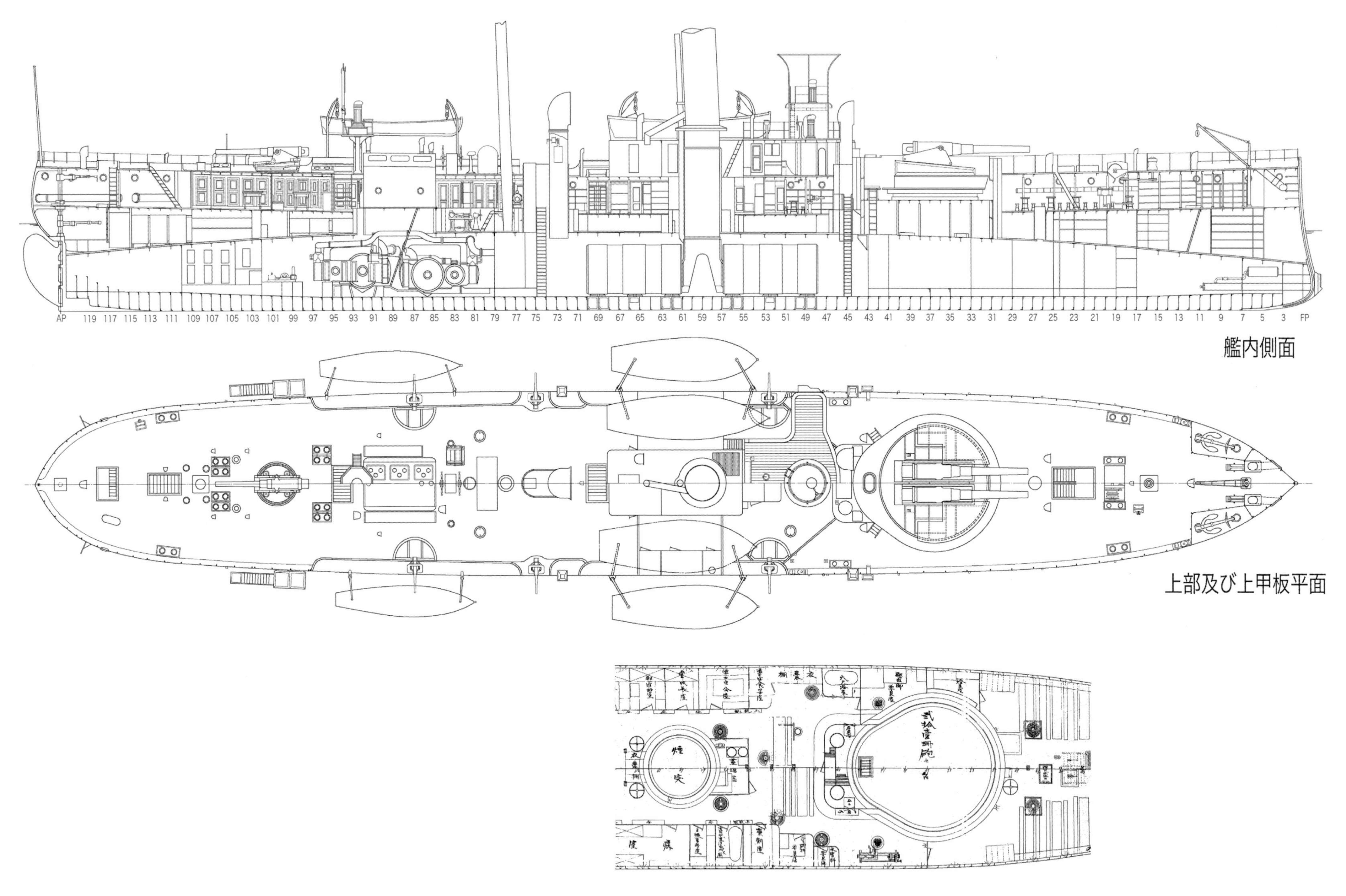

図 4-1-3 [S=1/250] 済遠 艦内側面・上甲板平面 (編入時)

廣丙　定　員/Complement (1)

職名/Occupation	官名/Rank	定数/No.		職名/Occupation	官名/Rank	定数/No.	
艦長	少佐	1	士官/15		1等鍛冶手	1	下士/5
航海長	大尉	1			2等看護手	1	
水雷長兼分隊長	〃	1			1等主帳	1	
分隊長	〃	2			2等主帳	1	
航海士	少尉	1			3等主帳	1	
分隊士	〃	2			1等水兵	13	卒/111
機関長	大機関士	1			2等水兵	22	
水雷主機兼務	〃	1			3、4等水兵	33	
	少機関士	1			1等信号兵	1	
軍医長	大軍医	1			2等信号兵	1	
	少軍医	1			3、4等信号兵	2	
主計長	大主計	1			1等木工	1	
	少主計	1			2等木工	1	
	上等兵曹	2	准士/4		1等火夫	7	
	機関師	2			2等火夫	9	
	1等兵曹	5	下士/25		3、4等火夫	12	
	2等兵曹	6			1等鍛冶	1	
	3等兵曹	5			2等鍛冶	1	
	1等船匠手	1			1等看病夫	1	
	1等機関手	2			1等厨夫	1	
	2等機関手	3			2等厨夫	2	
	3等機関手	3			3、4等厨夫	3	
				(合　計)		160	

注/NOTES 明治28年5月1日達39による広丙の定員を示す【出典】海軍制度沿革
(1) 上等兵曹の2人は掌砲長、掌水雷長の職にあたるものとする
(2) 兵曹中の2人は砲術教員と水雷術教授にあて、他は掌砲長属、掌水雷長属、掌帆長属、按針手、艦長端舟長及び各部の長職につくものとする

済遠　定　員/Complement (2)

職名/Occupation	官名/Rank	定数/No.		職名/Occupation	官名/Rank	定数/No.	
艦長	大中佐	1	士官/19		3等鍛冶手	1	下士/5
副長	少佐	1			2、3等看護手	1	
航海長	少佐/大尉	1			1等筆記	1	
水雷長	大尉	1			1等厨宰	1	
分隊長	〃	3			3等厨宰	1	
	中少尉	4			1等水兵	25	卒/172
機関長	機関少監	1			2等水兵	39	
分隊長	大機関士	1			3、4等水兵	44	
	中少機関士	2			1等信号兵	1	
軍医長	大軍医	1			2等信号兵	2	
	中少軍医	1			3、4等信号兵	2	
主計長	大主計	1			1等木工	1	
	中少主計	1			2等木工	1	
	上等兵曹	3	准士/7		3、4等木工	1	
	上等機関兵曹	3			1等機関兵	12	
	船匠師	1			2等機関兵	16	
	1等兵曹	6	下士/35		3、4等機関兵	18	
	2等兵曹	7			1等鍛冶	1	
	3等兵曹	6			2等鍛冶	1	
	2等信号兵曹	1			1等看護	1	
	1等船匠手	1			1等主厨	2	
	1等機関兵曹	3			2等主厨	2	
	2等機関兵曹	4			3、4等主厨	3	
	3等機関兵曹	6		(合　計)			
	1等鍛冶手	1				238	

注/NOTES 明治29年3月内令1号改訂による済遠の定員を示す【出典】海軍制度沿革
(1) 上等兵曹の3人は掌砲長、掌水雷長、掌帆長の職にあたるものとする
(2) 兵曹中の2人は砲術教員と水雷術教授にあて、他は掌砲長属、掌水雷長属、掌帆長属、按針手、艦長端舟長及び各部の長職につくものとする

(P-289より続く)時代になると無防禦に近い船体は急速な集中打に耐えきれず、鈍重な砲のみ防禦しても効果は低いことが黄海海戦において証明されている。

済遠は日清開戦の明治27年7月25日の豊島海戦において広丙とともに日本の吉野、浪速、秋津洲と交戦、海戦劈頭の第1弾は済遠の放ったものであった。済遠はこの戦闘では小損害のみで遁走、9月17日の黄海海戦には左翼先端に位置して日本艦隊と交戦、15発の命中弾を受け戦死5、負傷10を生じて戦場を離脱、後の威海衛の陥落で日本側に捕獲された。平遠、広丙とともに明治28年2月26日に威海衛をたって内地に回航、呉工廠において3月19日より修復工事に着手している。船体、機関、搭載兵器等は捕獲時特に損壊を加えた跡はなく、比較的短期間に修復工事を終えて4月29日に完成している。主な兵装はほぼ清国時代のまま残して小口径砲を追加したもので、速力は12ノット前後まで低下していたようである。

5月12日に西海艦隊に編入したが、同月29日に再度修理工事を実施、9月2日に常備艦隊に編入している。機関は不調が続いたらしく、明治31年に新缶に換装、その他機関全般、船体全体の修復工事を横須賀工廠で実施、約2年弱をかけて同33年5月に完成している。

当時他の巡洋艦ではクルップ式備砲を12cmまたは15cm安式速射砲に換装していたが、本艦の場合は旧式艦で第1線での使用は断念していたらしく、明治31年3月に3等海防艦に類別されたこともあってそのまま搭載を続けていたらしい。

日露戦争に際しては第3艦隊第7戦隊に編入、朝鮮海峡の警備に当たっていたが、明治37年11月30日乃木軍の旅順203高地攻撃を海上より支援中、触雷沈没、艦長以下38名が艦と運命を共にしている。

[資料] 広丙については就役期間が極めて短かったので、日本側の資料としては要目簿が唯一のものであるが、兵器の項は除かれている。清国側の資料も特に詳細を伝えるものがなく、通り一遍のデータしか知られていない。図面の類も全く残されていない。

日本時代の写真は3枚ほどあり、就役期間からいうとよく残っていたといえよう。

済遠については同じく要目簿が残されているが明治36年ごろの状態を示すもので、機関が省かれているのが惜しまれる。図面としては呉の<福井資料>に済遠の艦内側面と上部平面図がある。さらに同様の図面が<平賀資料>にあるが、艦橋、バーベット付近の部分図で全体図ではない。日本時代の写真は6枚ほどあり艦のディテールの変化を見るのには役立つ。

広丙 /Kohei・済遠 /Saien

艦　歴 /Ship's History (1)

艦　名	廣　丙
年　月　日	記　事 /Notes
1888(M21)- -	清国福州馬尾造船所で清国水雷砲艦広丙として起工
1891(M24)- -	進水
1892(M25)-04-	竣工
1895(M28)- 2-17	威海衛で捕獲
1895(M28)- 2-26	済遠、平遠とともに威海衛発、3 月 6 日呉着
1895(M28)- 3-16	呉鎮守府に入籍 、巡洋艦に類別
1895(M28)- 5- 1	呉工廠で修復工事着手
1895(M28)- 7- 1	公試運転中蒸気管が破裂して職工等 6 名が死亡す、30 日公試運転終了
1895(M28)- 8-22	警備艦
1895(M28)- 8-23	艦長藤田幸右衛門少佐 (4 期) 就任
1895(M28)- 8-27	広丙は準備できしだい基隆港に回航命令、到着の日をもって常備艦隊に編入
1895(M28)- 9-23	大砲公試実施、克式 12cm 砲を安式 12cm 速射砲に換装
1895(M28)-10- 9	呉発日清戦争に従事
1895(M28)-10-21	常備艦隊
1895(M28)-11- 1	秋津洲、福井丸とともに台北発打狗へ
1895(M28)-11- 5	台湾、澎湖島警備のため当分の間大和、操江とともに常備艦隊より派遣、台湾総督の指揮下におく
1895(M28)-12-21	澎湖島発罩嶋へ回航中倉島東南 2 浬の暗礁に触れ沈没、乗員 37 名死亡、藤田艦長以下乗員 83 名、
	陸軍軍人 36 名及び島司一行 14 名合計 133 名は、罩島へ上陸救助される
1896(M29)- 2-18	除籍
1896(M29)- 2-24	東京京橋区の山科礼蔵に引揚げ認可、その後現地商人に権利を譲り明治 38 年以降残骸引揚げ

艦　歴 /Ship's History (2)

艦　名	済　遠 (1/2)
年　月　日	記　事 /Notes
1883(M16)- 1-16	ドイツ、ステッチン、Vulcan 社で清国巡洋艦済遠として起工
1883(M16)-12- 1	進水
1884(M17)- 8-	竣工
1895(M28)- 2-16	威海衛で捕獲
1895(M28)- 2-26	済遠、平遠とともに威海衛発、3 月 4 日宇品着
1895(M28)- 3-16	佐世保鎮守府に入籍
1895(M28)- 3-19	呉工廠で修復工事に着手
1895(M28)- 4-29	呉工廠で修理完成、公試運転実施
1895(M28)- 5-11	艦長平尾福三郎大佐 (2 期) 就任
1895(M28)- 5-12	西海艦隊
1895(M28)- 5-29	呉工廠で再度修理工事、7 月 10 日完成
1895(M28)- 9- 2	常備艦隊
1895(M28)-11-27	佐世保鎮守府警備艦
1896(M29)- 1-27	解役、呉工廠で機関修理、4 月完成
1896(M29)- 5- 2	常備艦隊
1896(M29)- 9-20	青森発近隣諸国訪問、10 月 7 日根室着
1896(M29)-11-10	解役
1897(M30)- 3- 8	第 2 予備艦
1897(M30)- 4-12	警備兼練習艦
1897(M30)- 4-17	艦長東郷正路大佐 (5 期) 就任
1897(M30)-12-27	艦長徳久武宣大佐 (期前) 就任
1898(M31)- 3-21	3 等海防艦に類別
1898(M31)- 5- 3	艦長井上敏夫大佐 (5 期) 就任
1898(M31)- 8-17	第 3 予備艦、横須賀工廠で新缶入換え、ビルジキール新設等実施、工期約 300 日、費用船体 53,270 円、
	機関 46,351 円、缶入換 15,180 円、33 年 5 月完成
1899(M32)- -	艦長高橋助一郎大佐 (7 期) 就任
1899(M32)- 7- 5	横須賀工廠で総検査完了
1900(M33)- 5-20	佐世保鎮守府艦隊
1900(M33)- 8- 1	常備艦隊
1900(M33)-12-6	第 1 予備艦
1901(M34)- 4- 1	艦長佐伯誾大佐 (8 期) 就任
1901(M34)- 4- 1	常備艦隊、佐世保工廠で機関修理、5 月完成
1901(M34)- 5- 2	佐世保発韓国警備任務、11 月 2 日門司着
1901(M34)-11- 5	門司発韓国警備任務、12 月 28 日馬関着
1902(M35)- 2-13	第 1 予備艦、この間佐世保工廠で機関修理
1902(M35)-12- 8	竹敷発韓国沿岸警備任務、12 日大口湾着
1903(M36)- 2- 3	艦長但島惟孝大佐 (9 期) 就任
1903(M36)- 3-27	福岡湾発韓国沿岸警備任務、4 月 3 日六連島着
1903(M36)- 4-10	神戸沖大演習観艦式参列
1903(M36)- 4-12	常備艦隊

艦　歴 /Ship's History (3)

艦　名	済　遠 (2/2)
年　月　日	記　事 /Notes
1903(M36)- 4-26	佐世保発韓国警備任務、7 月 22 日着
1903(M36)- 6- 9	宮古列島北端で座礁した東雲救難のため佐世保より出動
1903(M36)- 8-12	佐世保発韓国警備任務、翌年 1 月 11 日倉橋着
1903(M36)-12-28	第 3 艦隊第 7 戦隊
1904(M37)- 1- 9	一時役務解く、呉工廠で入渠、機関修理
1904(M37)- 2- 6	第 3 艦隊第 7 戦隊の一艦として竹敷より出撃日露戦争に従事
1904(M37)- 5- 6	姐島沖で濃霧中帆船永徳丸と衝突、沈没させる
1904(M37)- 7-26	第 3 軍の作戦支援のため渤海湾に出動中午後 12 時 45 分強烈な風と潮流のため赤城に接触され船体
	外舷部を損傷
1904(M37)-11-30	旅順沖鳩湾方面で午後 2 時 24 分触雷、約 3 分弱で沈没、但島艦長以下 38 名が戦死、195 名が赤城と
	第 5 号砲艦に救助される
1904(M37)-12-13	第 3 予備艦
1905(M38)- 5-21	除籍

津軽 /Tsugaru・宗谷 /Soya・阿蘇 /Aso

型名 /Class name　同型艦数 /No. in class　設計番号 /Design No.　設計者 /Designer　建造費 /Cost

艦名 /Name	計画年度 /Prog. year	建造番号 /Build. No	起工 /Laid down	進水 /Launch	竣工 /Completed	建造所 /Builder	旧名 /Ex.name	除籍 /Deletion	喪失原因・日時・場所 /Loss data
津軽 /Tsugaru			M28/1895-12-	M32/1899-10-31	M35/1902-　-	ロシア、セントペテルブルグ、Galernii 島海軍工廠	ロシア、パルラダ /Pallada	T11/1922-04-01	T13/1924-5-27 横須賀軍港の航路標識として爆沈
宗谷 /Soya			M31/1898-10-	M32/1899-10-31	M34/1901-01-02	米国、フィラデルフィア、クランプ /Cramp 社	ロシア、ワリヤーグ /Variag	T05/1916-04-04	ロシア海軍に譲渡
阿蘇 /Aso			M32/1899-02-	M33/1900-05-12	M36/1903-04-	仏国、ラ・セーヌ、Mediterranee 社	ロシア、バヤーン /Bayan	S06/1931-04-01	S7-8-8 伊豆諸島付近で実艦的として沈没

注 /NOTES ① 日露戦争による戦利艦で津軽、阿蘇は旅順にて着底状態で接収、宗谷は仁川にて沈没状態をいずれも引揚げ修復工事を行って 1 等及び 2 等巡洋艦として編入、接収時の見積価格、津軽 363 万円、宗谷 285 万 1,200 円、阿蘇 834 万円、阿蘇の見積価格は接収ロシア艦船の中で最高額で、日本海海戦で降伏した戦艦アリヨールの 821 万 6,877 円を上回っていた 【出典】海軍制度沿革 / 露日戦争時のロシア艦船 / その他

船体寸法 /Hull Dimensions

艦名 /Name	状態 /Condition	排水量 /Displacement		長さ /Length(m)			幅 /Breadth (m)			深さ /Depth(m)		吃水 /Draught(m)			乾舷 /Freeboard (m)			備考 /Note
				全長 /OA	水線 /WL	垂線 /PP	全幅 /Max	水線 /WL	水線下 /uw	上甲板 /m	最上甲板	前部 /F	後部 /A	平均 /M	艦首 /B	中央 /M	艦尾 /S	
パルラダ /Pallada	常備排水量 /Norm. (T)		6,731	126.8	123.5	122.0	16.76							6.40				ロシア側資料①による
	満載排水量 /Full (T)		6,932															
津軽 /Tsugaru	常備排水量 /Norm. (T)		6.763.056	126.492		121.006	16.764					6.336	6.591	6.481		4.847		津軽要目簿による
	満載排水量 /Full (T)		7,581.692									6.763	7.304	7.033		4.295		
	軽荷排水量 /Light (T)		5,830.191									5.335	6.307	5.821		5.507		
	総噸数 /Gross ton (T)		4.959.088															
	公称排水量 /Official(T)	常備 /Norm.	6,630			397'-0"	55'-0"							21'-0"				公表要目
ワリヤーグ /Variag	常備排水量 /Norm. (T)		6,500	129.8	127.9	121.92	15.85							5.94				ロシア側資料①による
	満載排水量 /Full (T)		7,022															
宗谷 /Soya	公称排水量 /Official(T)	常備 /Norm.	6,500			400'	52'							21'				公表要目
バヤーン /Bayan	常備排水量 /Norm. (T)		7,725	137.03		135.0	17.5							6.50				ロシア側資料①による
	満載排水量 /Full (T)		7,802															
阿蘇 /Aso	常備排水量 /Norm. (T)		7,995.400	137.026		134.966	17.557			11.580		6.789	6.534	6.661		4.847		阿蘇要目簿による
	満載排水量 /Full (T)		8,761.457									7.318	6.944	7.131				
	軽荷排水量 /Light (T)		7,032.336									7.318	6.280	6.096				
	総噸数 /Gross ton (T)		4,603.957															
	公称排水量 /Official(T)	常備 /Norm.	7,800			442'-9・4/8"	57'-7・1/16"							21'-10・1/4"				ワシントン条約前公表要目
	公称排水量 /Official(T)	基準 /St'd	7,180			129.79	17.55							6.93				ワシントン条約後公表要目

注 /NOTES ① < 露日戦争時のロシア艦船 > by Syeriya Arsyenag 1993、同資料における満載排水量の定義は日本海軍における満載排水量の定義とは異なるものと推定　②宗谷についての日本側データは極めて少ない【出典】津軽要目簿 / 阿蘇要目簿 / 海軍省年報

解説 /COMMENT

明治 37、8 年の日露戦争では日清戦争以上に多数の捕獲艦船があったが、大部分は旅順で接収したもので、日本側の砲撃やロシア側の破壊処分により沈没状態で収容されたものが大半である。そのため浮揚作業やその後の修復工事に費やされた工数と金額はきわめて巨額に達し、費用対効果という観点からはこうした旧ロシア艦船の編入には当時から疑問がなかったわけではないが、日本人特有の几帳面さで多くの艦船が修復されて日本海軍艦船としてに入籍している。

[津軽] 前身のパルラダは明治 35 年 /1902 に自国のサンクト・ペテルブルグのガレルニ島海軍工廠で竣工した大型防護巡洋艦で、同型にディアナ /Diana とオウローラ /Aurora がある。常備排水量が 7,000 トン近く防護巡としては大ぶりの艦で、ロシア海軍は通商破壊艦として用いる意図があったともいわれ、また長期の海外駐在警備を考慮してか艦底部を銅板で覆い、入渠なしに長期の行動を可能にしていた。

兵装的には 2 千トンも小型な日本の高砂等が 20cm 砲を搭載していたのに対し、備砲は 15cm 砲 8 門 (旅順に派遣された当時は 10 門に増加)、7.6cm 砲 22 門と口径は小さかったが数的には多くを装備していた。速力も 20 ノットと当時としてはやや低めに抑えられ、防禦は比較的充実していた。開戦時、旅順にあったパルラダとディアナは黄海海戦に際してともに出撃日本艦隊と交戦したが、パルラダは旅順に引き返し、ディアナはサイゴンに逃れて抑留後ロシア海軍に復帰している。残りのオウローラは第 2 太平洋艦隊 (バルチック艦隊) に加わって日本海海戦を戦ったが、マニラに逃れて抑留、ディアナと同じ経過をたどり、現在もサンクト・ペテルブルグのネバ河河畔に革命の記念艦として繋留されている。現存する唯一の日露戦争参加ロシア軍艦である。

パルラダは黄海海戦では目立った被弾はなく弾片で戦死 2 を生じたのみで旅順に帰投、その後要塞での戦闘の激化とともに備砲の一部及び乗員を陸上戦闘用として派遣することになり、明治 37 年 12 月 7 日、日本軍の重砲弾 4 発が命中、炭庫に命中した 4 発目が吃水部に破口を生じて浸水、着底沈没状態となる。水深は浅く船体は左に 11 度傾いて、満潮時でも船体の上構は水面上にあり、翌日に残っていた艦内の弾薬や糧食を陸揚げし、残存乗員も陸上に避難したという。

明治 38 年 6 月に大連湾防備隊が浮揚に着手、8 月には早くも浮揚に成功、その後同地で内地回航可能状態に仮修復工事を実施、3 基の主機の内左舷機のみ可動状態に修復、缶も中部缶室の 8 基、後部缶室の 4 基を修復、その他発電機等臨時の機器を搭載して明治 39 年 6 月 25 日に旅順を出て、鎮遠に曳航されて 29 日に佐世保に到着した。以後佐世保工廠で本格修復工事に着手、約 4 年の長期を要して明治 43 年 7 月に完成した。工事の大半は機関関係の修復に要したらしく、機関全てを分解修検査、水管、蒸気管の類を検査、不良部分の交換を行って主機、缶、補機類をほぼ完全に修復するとともに、部分的に日本式の運用上の改造、新設工事を実施したものである。明治 38 年から同 43 年までに要した本艦の修理金額は 945,635 円で、それほど高額ではないがこれは工数費が多くを占めていたことによるものと推定される。

兵装については本艦は甲案と乙案が検討され、甲案では 45 口径 8" 砲 2 門、45 口径 6" 砲 4 門、3" 砲 16 門というもので、乙案は 8" 砲の代わりに 6" 砲 8 門としたものであった。結果的に全て日本式の 40 口径 15cm 安式砲 10 門、40 口径 8cm 安式砲 12 門を装備して完成した。

艦型的にはロシア艦時代と変化は少なく、煙突も露艦時代のままとされている。日本海軍では本艦を練習任務に使うことを計画、修復工事もそうした趣旨で行われ、明治 43 年度以降の機関学校少尉候補生の練習艦として 4 度遠洋航海に用いられた。

津軽 /Tsugaru・宗谷 /Soya・阿蘇 /Aso

機　関 /Machinery

		(ロシア艦時代)	津軽① (編入時)	(ロシア艦時代)	宗谷② (編入時)	(ロシア艦時代)	阿蘇③ (編入時)
主機械 /Main mach.	型式 /Type ×基数 (軸数)/No.	直立 3 段膨張式 3 気筩機関 /Recipro. engine × 3		直立 3 段膨張式 3 気筩機関 /Recipro. engine × 2		直立 3 段膨張式 4 気筩機関 /Recipro. engin × 2	
缶 /Boiler	型式 /Type ×基数 /No.	ベルビル式缶 /Belleville × 24		ニクロース式缶 /Niclausse × 30		ベルビル式缶 /Bellevill × 26	
	蒸気圧力 /Steam pressure (kg/cm²)			18.0			計画 /Des. 30、実際 /actual 29.75
	蒸気温度 /Steam temp.(℃)						
	缶換装年月日 /Exchange date						
	換装缶型式・製造元 /Type & maker						
計画 /Design (自然通風 / 強圧通風)	速力 /Speed(ノット /kt)	/20		/23		/21	
	出力 /Power(実馬力 /IHP)	/11,600		/20,000		/16,500	
	回転数 /(rpm)	/		/		/	
新造公試 /New trial (自然通風 / 強圧通風) 英国実施	速力 /Speed(ノット /kt)	/19.2		/23.25		/20.9	
	出力 /Power(実馬力 /IHP)	/13,100		/15,925		/17,400	
	回転数 /(rpm)	/		/		/	
改造公試 /Repair T. (自然通風 / 強圧通風) 缶換装	速力 /Speed(ノット /kt)		/19.268		21.05/22.71		20.106/20.974
	出力 /Power(実馬力 /IHP)		/		/17,126		12,758/17,128
	回転数 /(rpm)		/		/155		115/131.2
推進器 /Propeller	直径 /Dia.(m)・翼数 /Blade no.	・3 翼		4.389・3 翼		4.988・3 翼	
	数 /No.・型式 /Type	× 3・マンガン青銅		× 2・マンガン青銅		× 2・高力真鍮	
舵 /Rudder	舵型式 /Type・舵面積 /Rudder area(m²)	非釣合舵 /Non balance・		非釣合舵 /Non balance・12.0		半釣合舵 /Semi balance・16.41	
燃料 /Fuel	石炭 /Coal(T)・定量 (Norm.)/ 全量 (Max.)	800/972	500/988.9	770/1,350	/1,160	750/1,200	600/1,032
航続距離 /Range(浬 /SM- ノット /Kts)		10-3,700	10-3,378　14-2,219	10-3,682	10-3,408　14-2,562	10-3,900	10-3,430　14-3,006
発電機 /Dynamo・発電量 /Electric power(V/A)		ソッテーハレエ式× 4、シーメンス式× 1		105VDC、132kW × 2、66kW × 2		110V/600A × 6	100V/450A × 2、100V/650A × 2
新造機関製造所 / Machine maker at new							
帆装形式 /Rig type・総帆面積 /Sail area(m²)							

注 /NOTES ①津軽は旅順にて着底状態で接収、機関部は完全に水没泥土をかぶった状態にあり、さらに日本軍の砲撃及びロシア側の破壊の損傷はあったが、程度は比較的良好だったという、明治 39 年 6 月 24 日に左舷主機と中部缶室 8 缶、後部缶室 4 缶のみ可動状態として旅順発，途中鎮遠に曳航されて 29 日に佐世保着以後修復工事に着手、約 4 年を要して同 43 年 7 月に完成した　②宗谷 (ワリヤーグ) は仁川沖において日本艦隊と交戦後、仁川に引き返し自沈したもので左舷に横倒しとなって沈没、その引揚げにはかなりの手間を要した、このため機械室，缶室とも泥砂が堆積、左舷側の缶は泥砂に埋没していた、このため煙突等は引揚げ作業上全て撤去された、明治 38 年 8 月に浮揚したが両舷主機械、缶 12 基を使用可能として仮煙突等を設けて、11 月 5 日に仁川発 7 日佐世保に到着している、その後さらに横須賀に回航、同工廠で修復工事に着手、同 40 年 11 月に完成した、煙突は 4 本全て新製されたが主機械、缶は原型を修復して使用している　③阿蘇は旅順にて着底状態で接収、比較的短期間の工事で浮揚したが機械室、缶室は浸水及び日本軍の砲撃で損傷しており、左舷主機械と缶 6 基のみ可動状態で鎮遠に曳航されて明治 38 年 8 月 28 日舞鶴に到着、以後修復工事を行い約 3 年を要して同 41 年 7 月に完成、第 2 煙突のみ新製したが主機械，缶は汽管等を大幅に交換し、部分的に新設、改造は施されたが原主機械及び缶を修復している
【出典】公文備考 / 日露戦争戦時書類 / 極秘版明治三十七、八年海戦史 / 津軽要目簿 / 阿蘇要目簿

大正 3 年に横須賀工廠で機雷敷設任務用に改造されることになり、艦尾部の 15cm 砲 3 門を撤去、機雷敷設管制所を設けて、当時の機雷 (4 号) で 400 個を搭載、上甲板と中甲板に 200 個ずつを配置し、機力と人力併用による投下方式を採用、14 ノットの速力で投下可能だったといわれている。第 1 次大戦の最中に敷設艦に改造 (正式艦種は 2 等巡洋艦のまま) されたのは、先に同様に敷設艦に改造した高千穂が青島攻略戦に参加中、ドイツ水雷艇 S90 の雷撃で戦没したため、急遽その代替え敷設艦として改造工事を実施したものらしい。大正 7 年には 8cm 砲の一部を撤去して 8cm 高角砲 1 門を装備、同 9 年正式に敷設艦に類別変えになり、同 11 年に除籍、同 13 年に横須賀軍港の航路標識として爆沈処分された。
　艦名の津軽は本州、北海道間の海峡名、2 代目は昭和 12 年度計画の敷設艦さらに戦後海上自衛隊の敷設艦に命名
[宗谷] 前身のワリヤーグはロシアが米国クランプ社に発注建造した大型防護巡洋艦で、1898/ 明治 31 年に起工、1900/ 明治 33 年に完成している。当時海軍拡張中のロシアが自国だけでは計画を実行出来ないため、米国、ドイツ、フランス等に艦艇の発注を行ったもので、米国クランプ社には同時に戦艦レトゥイザン /Retvisan も発注されていた。クランプ社といえば日本の防護巡洋艦笠置を建造した会社でもあり、当時の日露関係を考慮してかワリヤーグの起工は笠置の竣工を待って行われたようであった。
　当時の日本艦艇と同様、基本仕様以外の詳細設計はクランプ社にまかされたようで、煙突の形態などは同時の戦艦レトゥイザンと共通するところがあり、4 本煙突 2 檣の外観も米国建造艦らしい特色を有している。
　当時ロシア海軍は 6 千トン級の比較的大型の防護巡洋艦を好んで整備していたのは装甲巡洋艦の代わりに通商破壊戦や海外駐在警備任務等をこの種巡洋艦に求めていたのではないかと推定される。

　兵装は同時期にドイツに発注された同大の防護巡洋艦アスコルッド /Askold、ボカツイリ /Bogatyr と共通する 45 口径 15cm 砲 12 門、50 口径 7.6cm 砲 12 門等で、いずれもロシア製のロシア海軍制式砲で米国に舶送されて装備された。発射管は艦首尾の固定発射管に加え前後の舷側部に旋回式発射管の合計 6 門を装備する。速力は 23 ノットとかなりの快速で、パルラダより 3 ノット優速である。
　本艦は開戦劈頭の仁川沖海戦において日本側の浅間等 4 艦と交戦、約 1 時間弱の戦闘で戦死 31，負傷 100 以上を生じ，備砲の大半を破壊されて仁川の錨地にもどり自沈、船体は左舷に横倒しとなり干潮時には右舷の船体の一部を水面に露出していた。
　本艦の引揚げ作業は困難をきわめ、明治 37 年 3 月に着手、同 5 月までは艦上、艦内の兵装、艤装部品の取外し重量物撤去作業を行い、次に船体の傾斜矯正、防水、排水による浮揚を試みるも数度にわたり失敗、11 月には厳寒期のため工事を中断、翌年 3 月に再開した。
　引揚げ作業は海軍少将を指揮官とする大規模な人員と船舶を動員したもので、まれに見る陣容でのぞんだが干満の差が 10m 近い現地の悪条件もあってはかどらなかったらしく、再開後はその 8 月にやっと浮揚に成功した。その後は回航に備えて船体、機関の仮修復工事を行い、3、4 番煙突の内筒を仮設、両舷主機と第 3、4 缶室の缶 12 基を可動状態として、同 11 月 5 日に仁川を出港、同 7 日に佐世保に到着、入渠して仮修理の後同 23 日佐世保発、30 日に横須賀に到着、以後横須賀工廠で本格的修復工事に着手、明治 40 年 11 月に完成した。本艦の修復にあたっても備砲装備には甲案と乙案の二つが検討され、甲案は 45 口径 8" 砲 2 門、45 口径 6" 砲 8 門、3" 砲 12 門、乙案は 8" 砲の代わりに 6" 砲 12 門を装備するというものであった。
　本艦の備砲は旅順接収艦と異なり戦闘による損傷はあったものの全数定位置に残っており、しかも、事前にほぼ全数取り外して佐世保に送られ保全されていたため、修復に当たっては乙案をいれ 15cm 砲 12 門を装備したが、これらは全て露式砲、すなわち本艦の装

兵装・装備/Armament & Equipment

		津軽 (ロシア艦時代)	津軽 (編入時)	宗谷 (ロシア艦時代)	宗谷 (編入時)	阿蘇 (ロシア艦時代)	阿蘇 (編入時)
砲熕兵器 / Guns	主砲 /Main guns	45口径15cm露式砲/Russian×8 ① 弾×176(1門当り以下同様)	40口径15cm安式砲/Armstrong×10 弾×150(1門当り以下同様) ④	45口径15cm露式砲/Russian×12 弾×198(1門当り以下同様)	45口径15cm露式砲/Russian×12 弾×120(1門当り以下同様) ⑩	45口径20cm露式砲/Russian×2 弾×100(1門当り以下同様) ⑬	45口径20cm安式砲/Armstrong×2 弾×120(1門当り以下同様) ⑮
	備砲 /2nd guns	50口径7.5cm露式砲/Russian×24 弾×260	40口径8cm 41式砲/41 Type×12 弾×200 ⑤	50口径7.5cm露式砲/Russian×12 弾×250	40口径8cm安式砲/Armstrong×10 弾×250	45口径15cm露式砲/Russian×8 弾×150 ⑬	45口径15cm毘式砲/Vickers×8 弾×158
	小砲 /Small cal. guns	19口径63.5mm砲×2(短艇用) ②		47mm重保式砲/Hotchkiss×8 19口径63.5mm砲×2(短艇用)	47mm軽山内砲/Yamanouchi×2	50口径7.5cm露式砲/Russian×20 弾×300 ⑬ 47mm重保式砲/Hotchkiss×8 ⑬ 19口径63.5mm砲×2(短艇用)	40口径8cm安式砲/Armstrong×16 弾×330 ⑯ 47mm軽山内式砲/Yamanouchi×4 弾×420 ⑰
	機関砲 /M. guns	37mm5連保式砲/Hotchkiss×8	6.5mm麻式機銃/Maxim×2 弾×30,000	37mm5連保式砲/Hotchkiss×2	6.5mm麻式機銃/Maxim×2	37mm5連保式砲/Hotchkiss×2 ⑬	6.5mm麻式機銃/Maxim×2
個人兵器 /Personal weapons	小銃 /Rifle		35年式海軍銃×139 弾×50,100				35年式海軍銃×187 弾×56,100
	拳銃 /Pistol		1番形×40、モーゼル×6				1番形×46、モーゼル×7
	舶刀 /Cutlass						
	槍 /Spear						
	斧 /Axe		×2				×10
水雷兵器 /Torpedo weapons	魚雷発射管 /T. tube	×3(水上/Sur.×1、水中/Sub.×2)	保式×2(水中/Sub.×2) ⑥	×6(固定/Fix×2、旋回/Train.×4)	×3(固定/Fix×1、旋回/Train.×2) ⑪	×2(水中固定/Sub. & Fix)	露式×2(水中固定/Sub. & Fix) ⑱
	魚雷 /Torpedo		保式(38式2号) 45cm×4				露式 38cm×4
	その他			機雷/Mine×22 ⑧			
電気兵器 /Elec.Weap.	探照灯 /Searchlight	×6	75cm電動×4	×6	75cm手動×4	×6	75cm電動×4 ⑲
艦載艇 /Boats	汽艇 /Steam launch	×2	×2	×2(12.2mスチーム・ランチ)	×1(9.8m)		×2(11m)
	ピンネース /Pinnace	×2	×1	×1(10.4mバージ)	×1(9.8m)		×1(9.8m)、ランチ×1(11.6m)
	カッター /Cutter	×2	×3(9.1m×2、7.9m×1)	×3(9.1m×2、9.8m×1)	×3(9,1m)		×3(9.1m)
	ギグ /Gig	×2		×2(8.5m×1、7.9m×1)	×2(8.2m)		×1(8.2m)
	ガレー /Galley	×2		×2(6.1m外舷艇)			
	通船 /Jap. boat		×3(9.1m×1、8.2m×1、6.1m×1)		×2(8.2m×1、6.1m×1)		×3(9.1m×1、8.2m×1、6.1m×1)
	(合計)	×10 ③	×9 ⑦	×10 ⑨	×9 ⑫	×12 ⑭	×11 ⑳

注/NOTES ① M37/1904-8-10の黄海海戦時は2門を陸揚げした状態で出撃 ②バラノフスキー砲と称する海兵隊の短艇搭載砲 ③公式図による、艇種は推定による ④ T4に敷設艦に改造された際7門に減少、後部の3門を撤去 ⑤ T8に8cm高角砲1門を装備したさい1門を撤去 ⑥艦首の固定発射管を廃止、使用魚雷を露式の38cmから45cmに変更 ⑦除籍時の状態を示す、編入時とは異なっているものと推定 ⑧艦上より敷設可能分は限られており搭載汽艇等により敷設するもの ⑨ワリヤーグ図面による ⑩ワリヤーグの搭載砲をほぼそのまま使用したもの ⑪艦首と前部両舷の3門を廃止、残りの3門を残す、露式38cm魚雷を45cm魚雷に換装したかどうかは不明 ⑫ M41の状態を示す ⑬黄海海戦後旅順で備砲の大半(15cm砲8門、7.5cm砲8門、47mm砲8門、37mm砲2門)を陸揚げ、陸上戦闘に転用していた ⑭図面からの推定による ⑮ T5敷設艦に改造された際前後の20cm砲塔を撤去、代わりに40口径安式15cm砲を装備 ⑯ T8に8cm高角砲1門を装備した際2門を撤去 ⑰大正中期以降撤去 ⑱露艦時のまま使用 ⑲明治末頃までに75cm電動2、手動4に変更、津軽、宗谷も同様 ⑳ M41の状態を示す 【出典】津軽要目簿(明細表)/阿蘇要目簿(明細表)/公文備考/露日戦争時のロシア艦船/1904-5年露日海戦史

備砲をもって修復された。一部は戦闘被害で使用不能、修理不能となっていた可能性もあり、これらは他の戦利艦の分を流用したのかもしれない。このワリヤーグの装備していた露式45口径15cm砲は砲楯を持たず、砲座の高さも低いもので、40口径安式15cm砲よりは初速も早く射程も長かった。

機関の修復もほぼ成功し公試では22.7ノットを発揮しており、ただ煙突のみは4本とも新規に製作され、原型の中段まで外筒を設けた煙突とは異なっている。

本艦も修復後は練習艦として用いることを最初から意図しており、明治41年度の機関学校少尉候補生の遠洋航海に使用された後は、大正4年度までに5度、兵学校少尉候補生の練習艦として遠洋航海に従事した。

大正5年4月4日に相模、丹後とともに帝政ロシア政府に譲渡されることになり、これには露式備砲を多く残していた艦が選ばれたようで、砲戦指揮、通信装置等は日本式に替えて、保管していた露式装備に復原し、さらに要求のあった居住区の暖房施設等を施して引き渡されたという。本艦の代価は約400万円といわれており、ほぼ修復費用を請求したものらしい。

艦名は北海道、樺太間の海峡名、昭和14年購入の特務艦(測量艦)に襲名、戦後は海上自衛隊機雷敷設艦に命名。(P-316に続く)

装　甲/Armor

		津軽	宗谷	阿蘇
司令塔 /Conning tower		6"/152mm	6"/152mm	160mm
司令塔障壁 /Back board		4"/102mm		
交通筒 /Communication tube		3"/76mm	3"/76mm	
防禦甲板	中央平坦部 /Flat	2"/51mm(38+13mm)	1.5"/38mm	50mm
	傾斜部 /Slope	3"/76mm(63+13mm)	3"/76mm(38+38mm)	80mm
	前後部 /Forward & After	2"/51mm(38+13mm)	1.5"/38mm	前部/Forw. 50mm、後部/Aft. 75mm
砲楯	20cm砲 /Turret			前・側/Front & Side 150mm、天蓋/Roof 30mm
	15cm砲 /Gun shield	4.5"/114mm		砲郭部/Casemate 80mm ①
舷側甲帯 /Side belt			煙路防禦 1.5"/38mm	主甲帯/Main belt 200mm、前後/Forw. & Aft. 100mm ②
20cm砲バーベット /Barbette				170mm

注/NOTES
新造時を示す
①砲郭部と主甲帯間も80mmの上部甲帯を有する
②主甲帯は幅3.094m、水線上2.156m、水線下0.938m、前後の副甲帯は水線上0.938m水線下0.805m
【出典】津軽要目簿/阿蘇要目簿/露日戦争時のロシア艦船

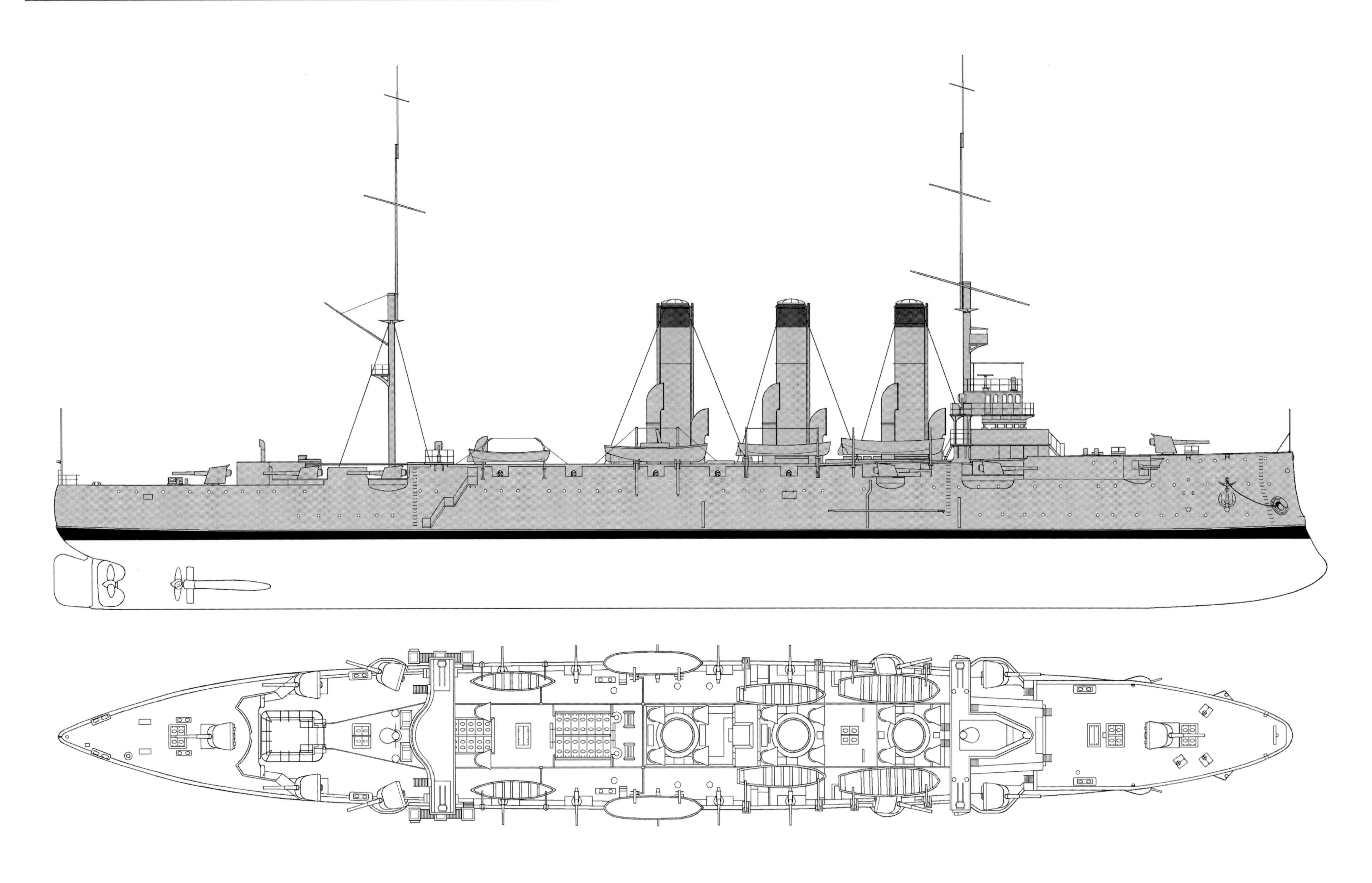

図 4-2-1 [S=1/400]　津軽 側平面(編入時)

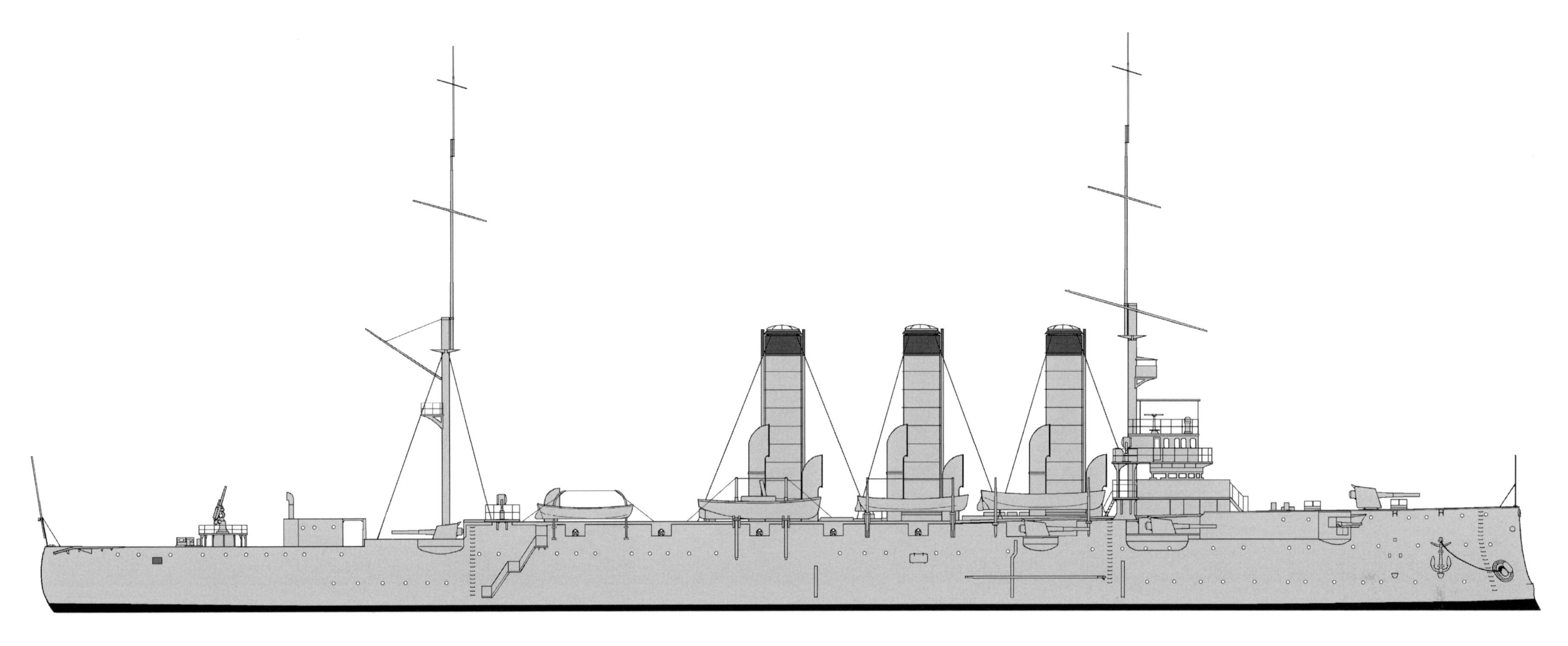

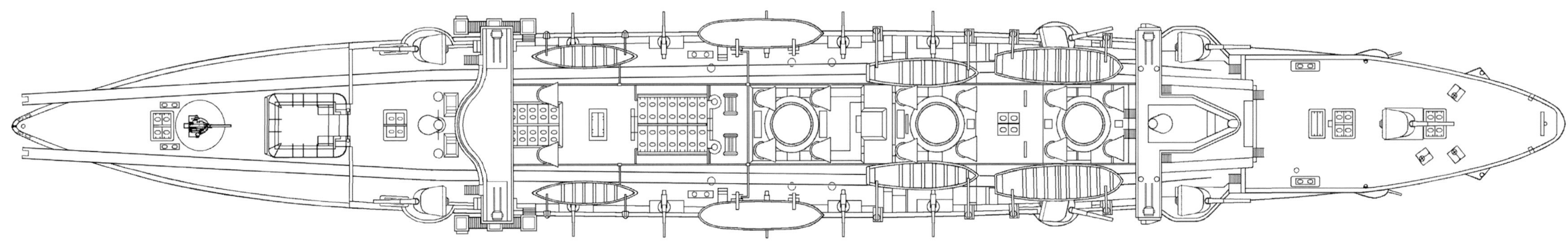

◎ 津軽の敷設艦への改装は青島で高千穂が戦没したための代艦で、T4-5 に実施されており機雷敷設軌条は上甲板両舷と中甲板両舷に設けられ、それぞれ 200 個の機雷 (4 号機雷) を収容でき、合計 400 個を搭載可能とされている。機雷の敷設は機力と人力の併用で、それほど本格的な敷設設備ではない。中甲板の投下口は写真等では明確でなく普段は閉塞しているのかもしれない。改装に際して艦尾の 15cm 砲 1 門を撤去しているだけで、大半の砲は残されており、T8 以降、図のように艦尾に 8cm 高角砲 1 門を装備した。

図 4-2-2 [S=1/400]　津軽 側平面 (敷設艦改装後)

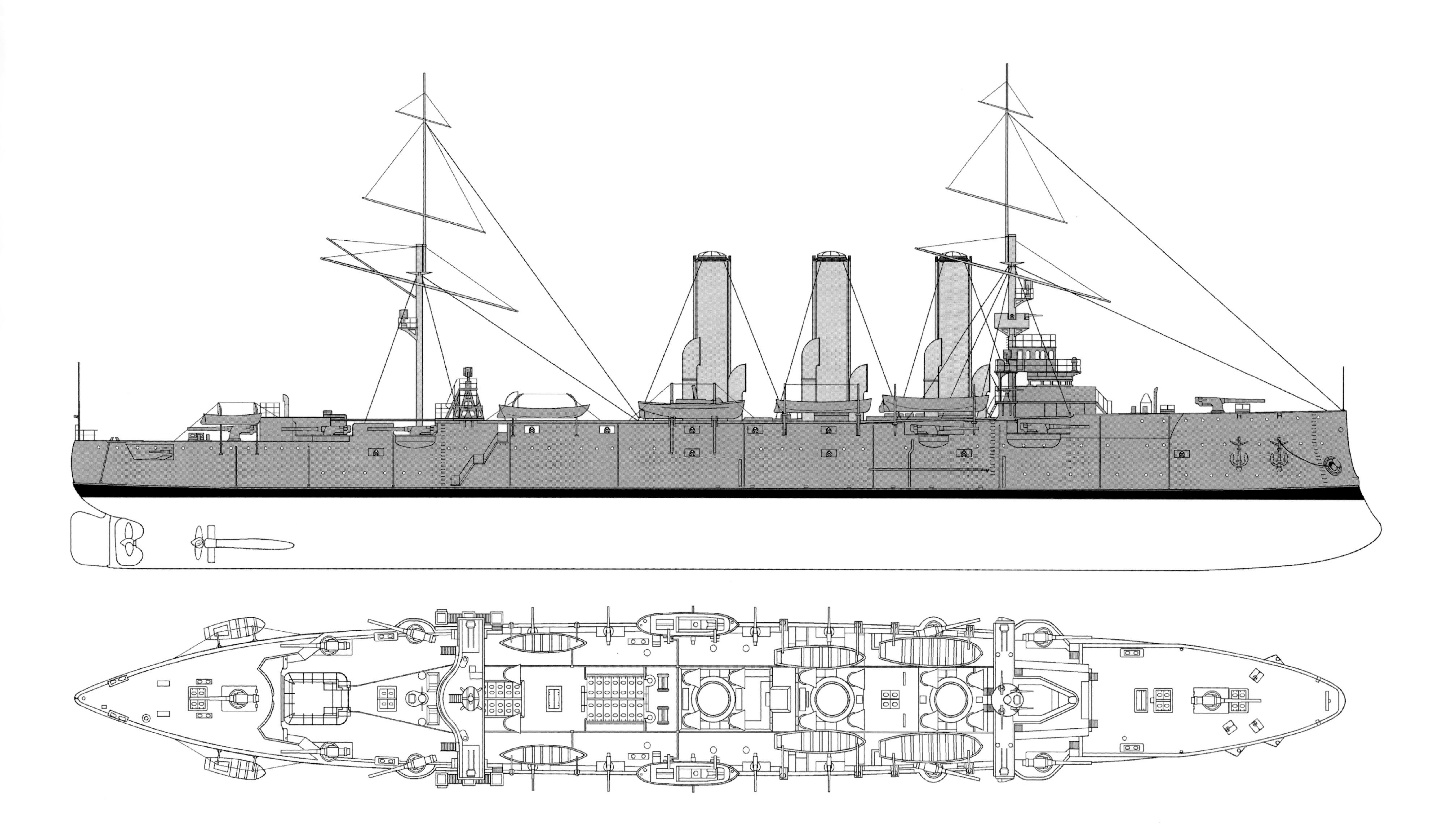

図 4-2-3 [S=1/400]　パルラダ 側平面 (露艦時)

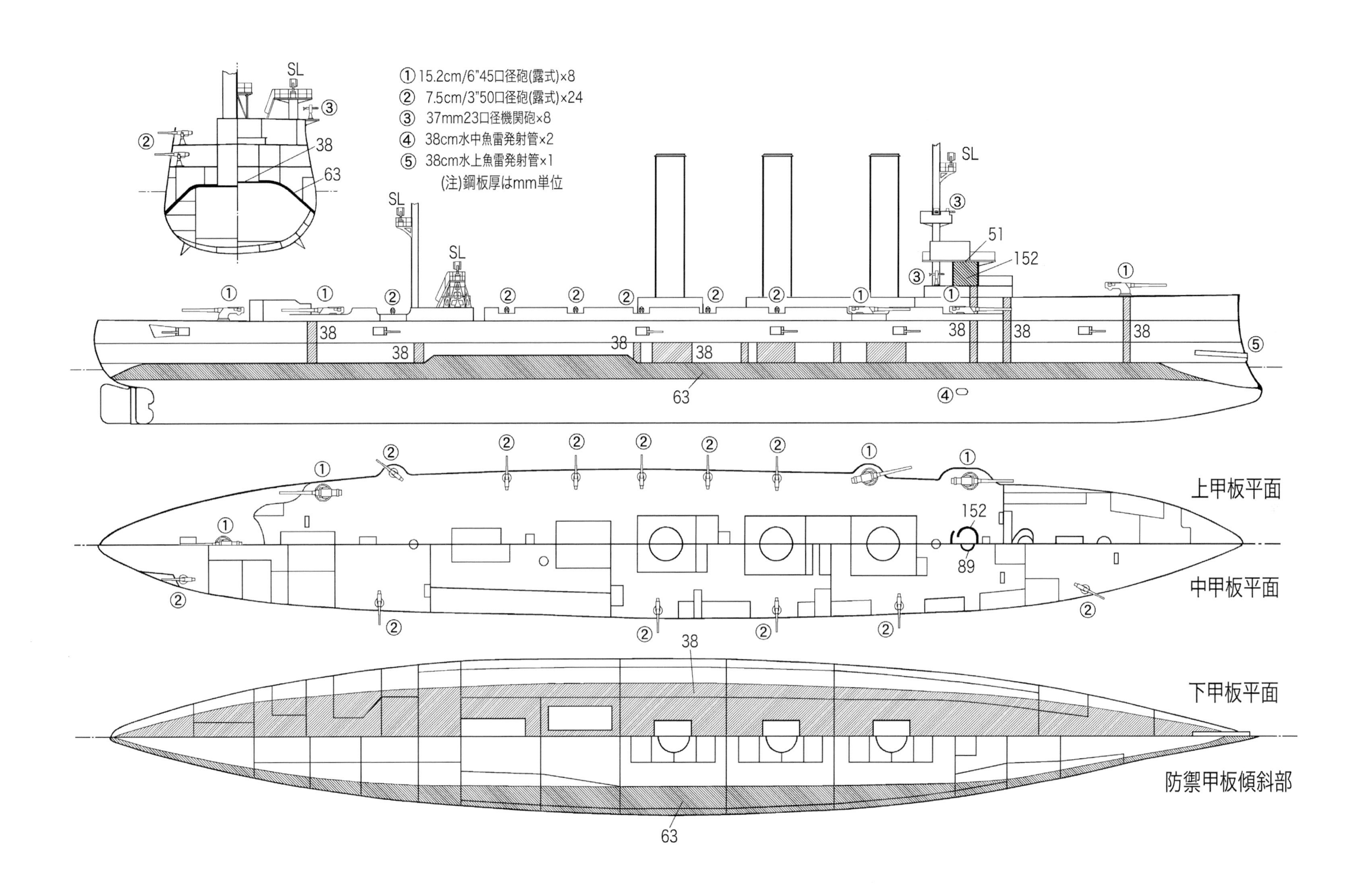

図 4-2-3 [S=1/500] パルラダ 兵装・防御配置図(露艦時)

図 4-2-5 [S=1/500] ワリヤーグ 側平面及び艦内側面 (露艦時)

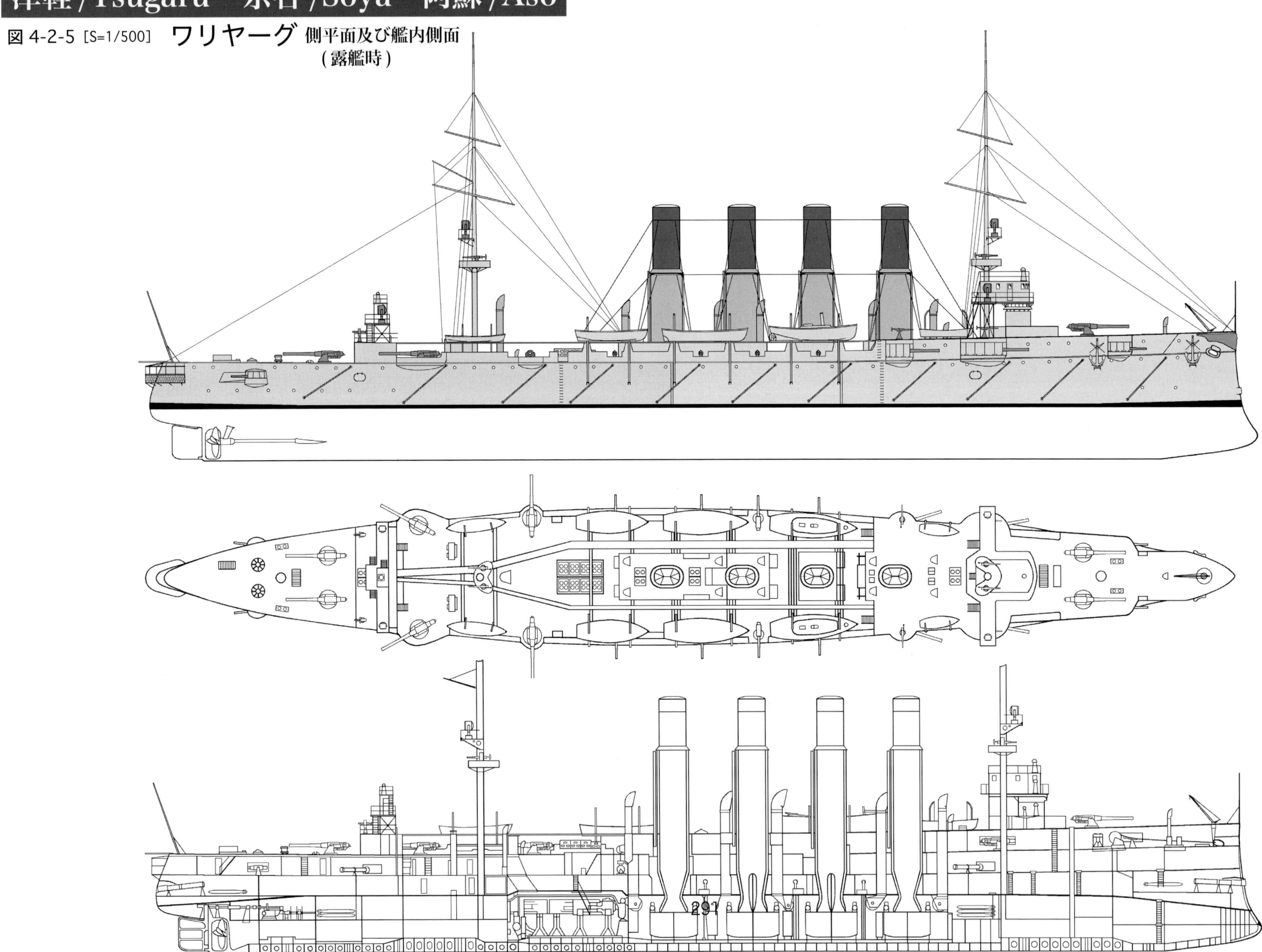

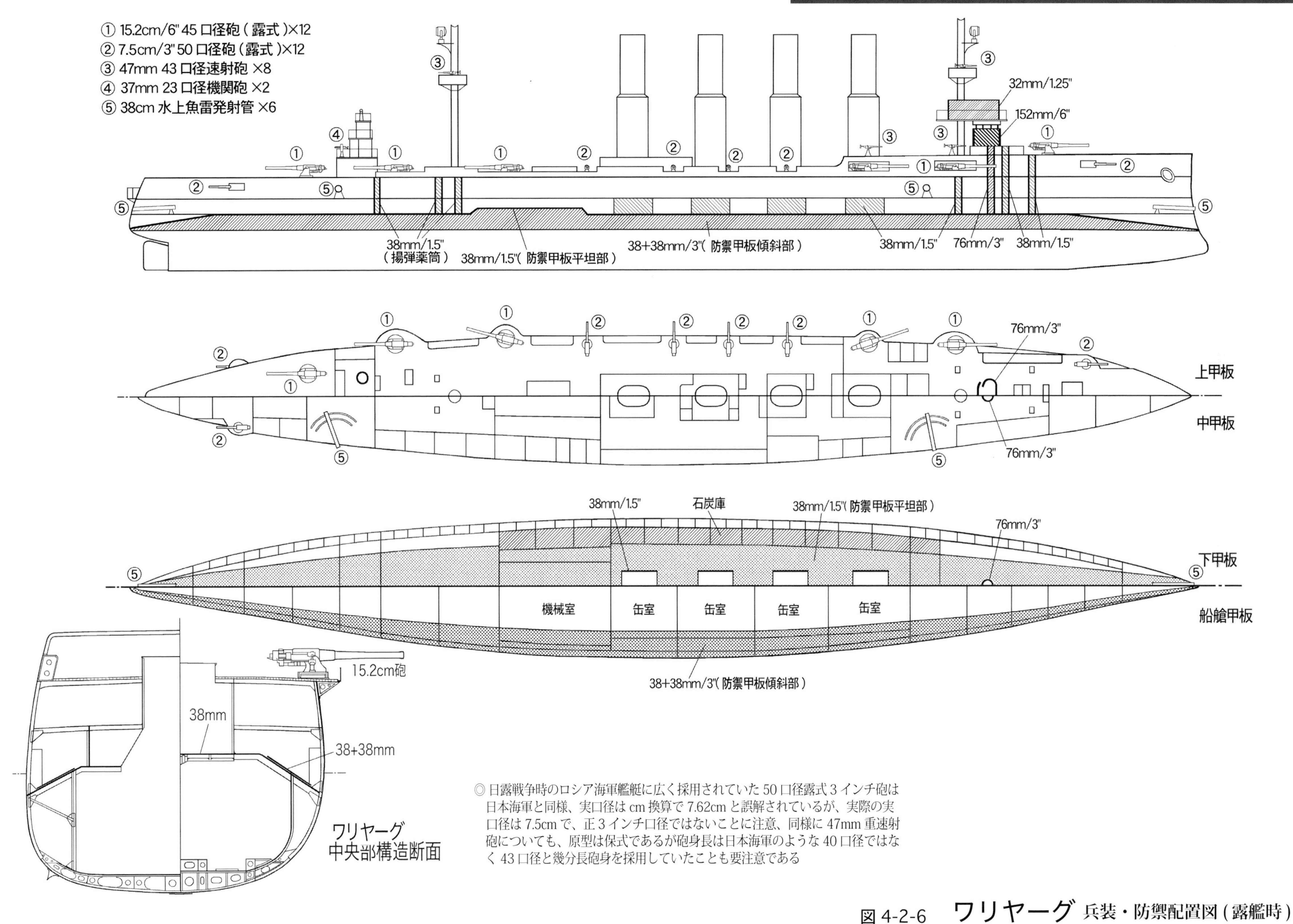

◎日露戦争時のロシア海軍艦艇に広く採用されていた 50 口径露式 3 インチ砲は日本海軍と同様、実口径は cm 換算で 7.62cm と誤解されているが、実際の実口径は 7.5cm で、正 3 インチ口径ではないことに注意、同様に 47mm 重速射砲についても、原型は保式であるが砲身長は日本海軍のような 40 口径ではなく 43 口径と幾分長砲身を採用していたことも要注意である

図 4-2-6　ワリヤーグ 兵装・防禦配置図（露艦時）

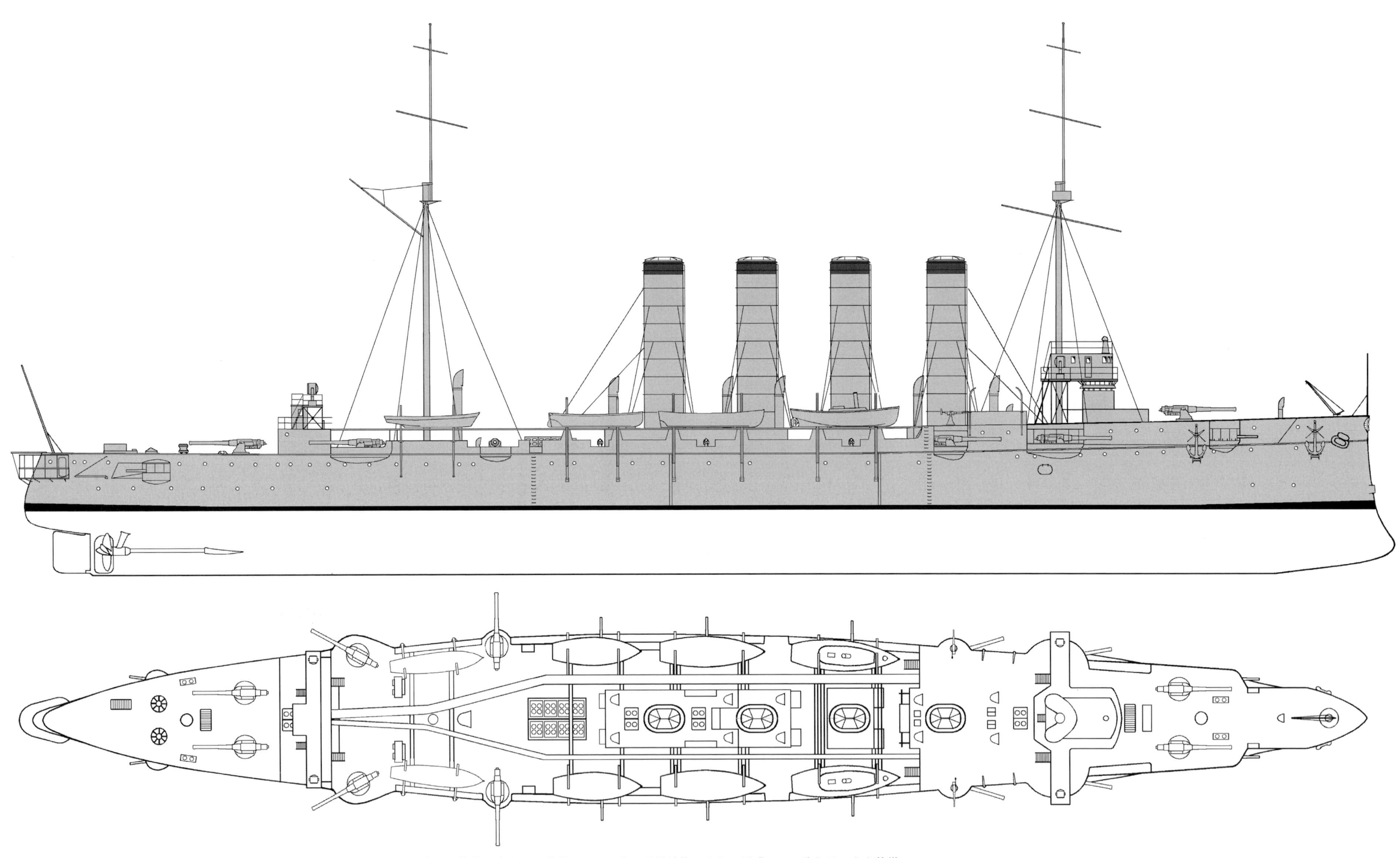

図 4-2-7 [S=1/400] 宗谷 側平面 (編入時)

◎ 宗谷は修復に当たって備砲の 15cm 砲は露艦時代のままの露式 15cm 砲をそのまま装備しており、後のロシアへの返還にも好都合であり、さらに返還に当たっては装備品を露式製品に付け替えたり、暖房施設を増設したりしたといわれている。

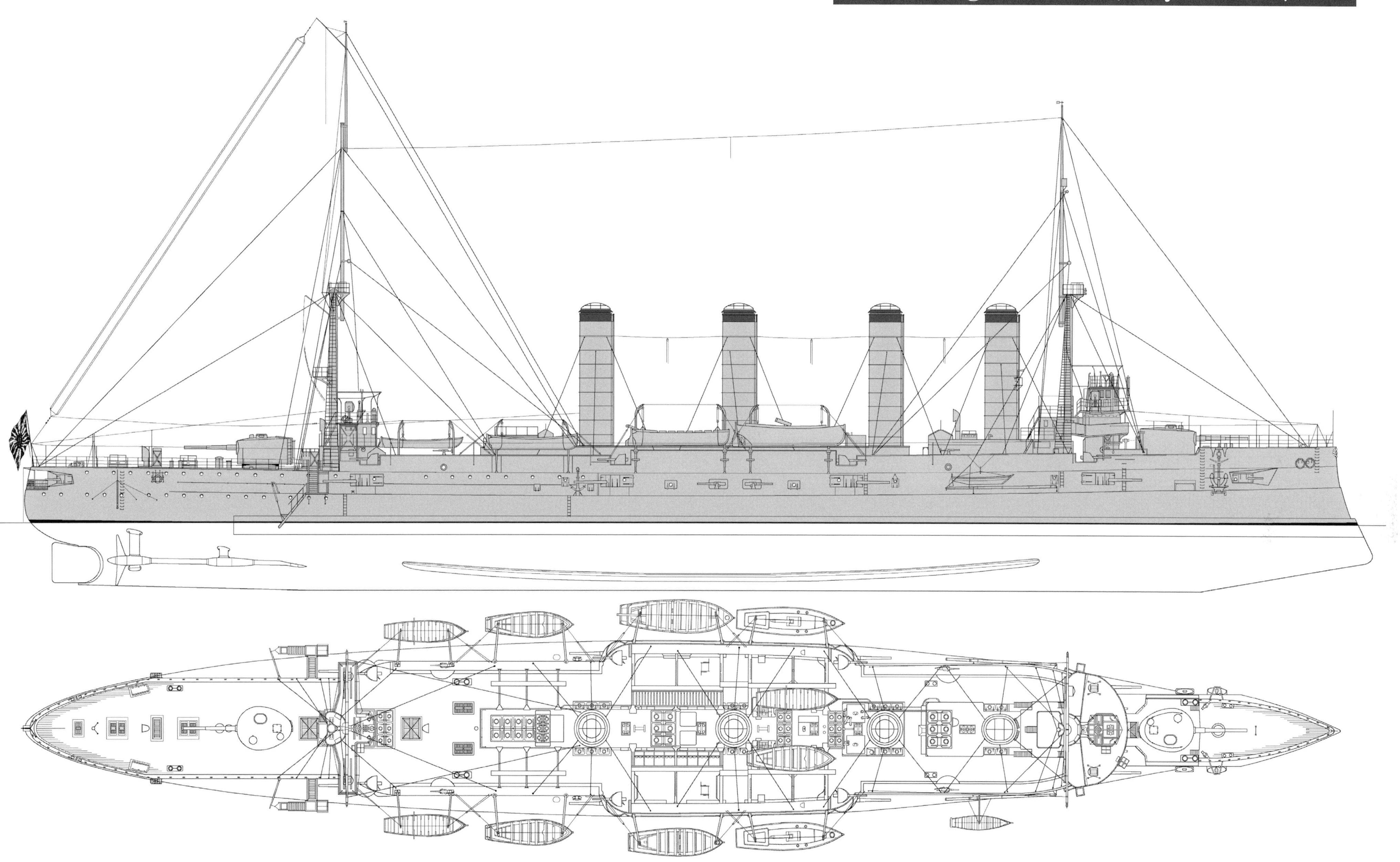

図 4-2-8 [S=1/400]　阿蘇 側平面 (編入時)

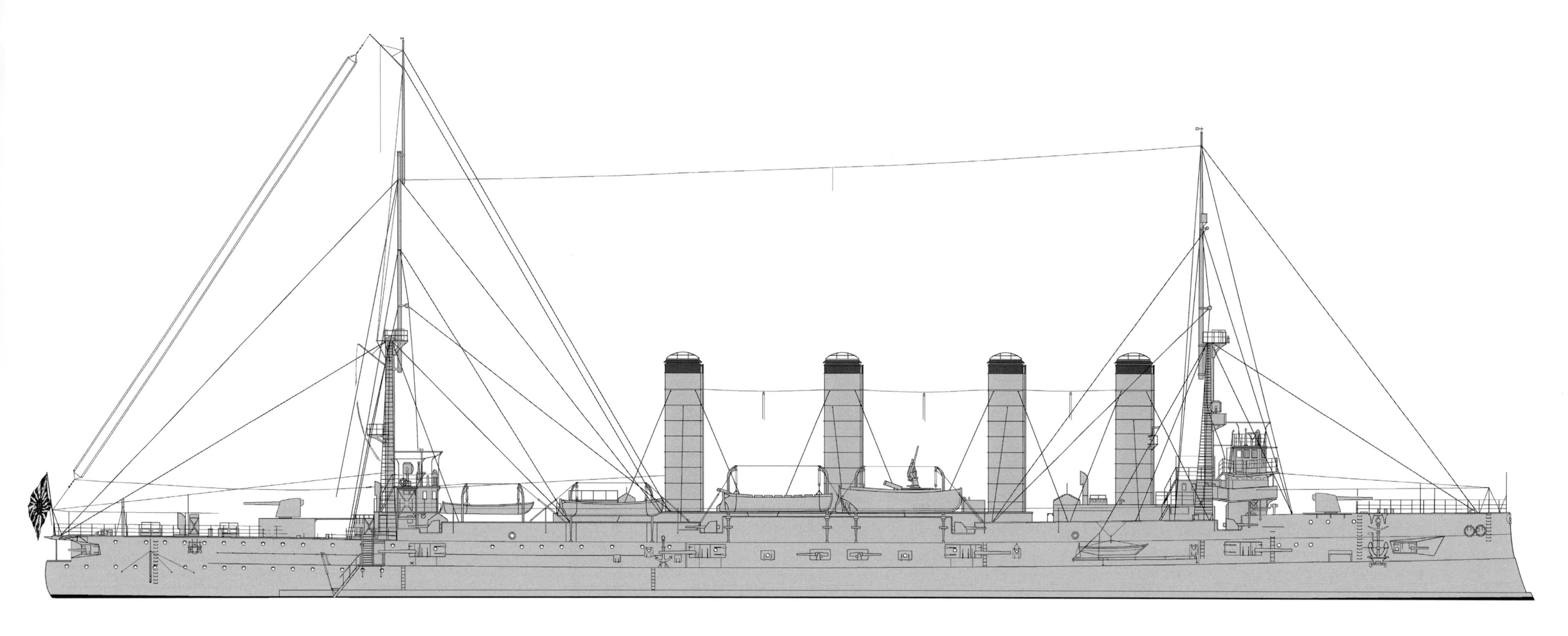

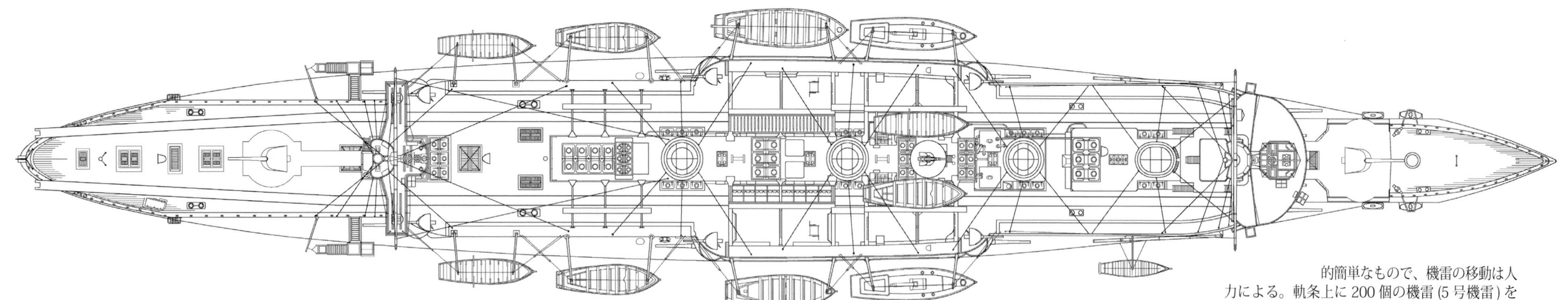

図 4-2-9 [S=1/400] 阿蘇 側平面 (敷設艦改装後)

◎阿蘇の敷設艦への改装は先に改装された津軽に次いで 2 隻目だが、これは最初の高千穂を青島戦で失い、改装を予定していた浪速も海難事故で失ったために選択されたもので、それほど本格的な改装ではなく、上甲板両舷に艦橋付近までの軌条を設けただけの比較的簡単なもので、機雷の移動は人力による。軌条上に 200 個の機雷 (5 号機雷) を収容でき、前部倉庫に 64 個、後部倉庫に 156 個の機雷を格納可能で、合計 220 個の機雷 (5 号機雷) を艦内に搭載できる。< 帝国海軍水雷術史 >

改装に当たっては後部の 20cm 砲塔を撤去し、代わりに 15cm 砲 1 門をその跡に装備、さらにこの時期、2、3 番煙突間に 8cm 高角砲を搭載しているのに注意。

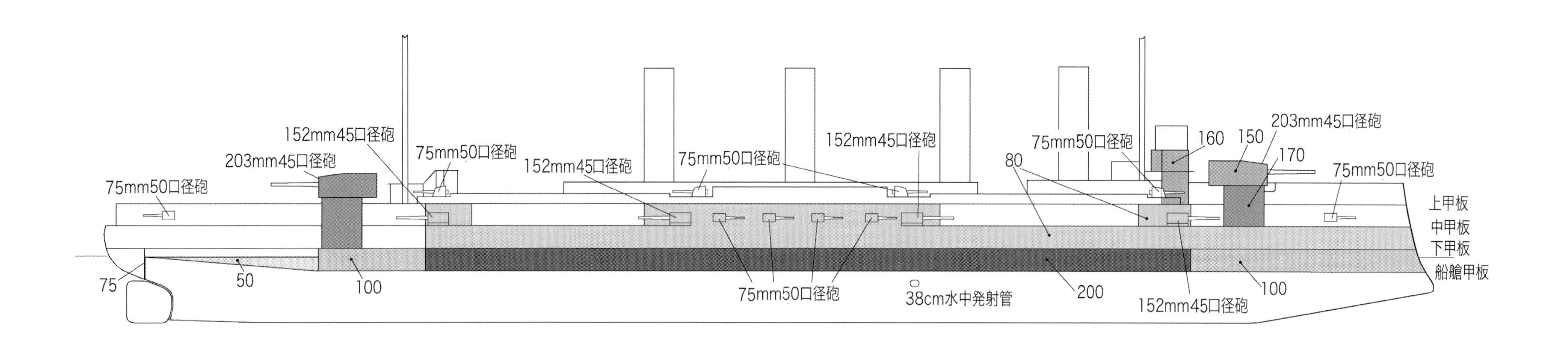

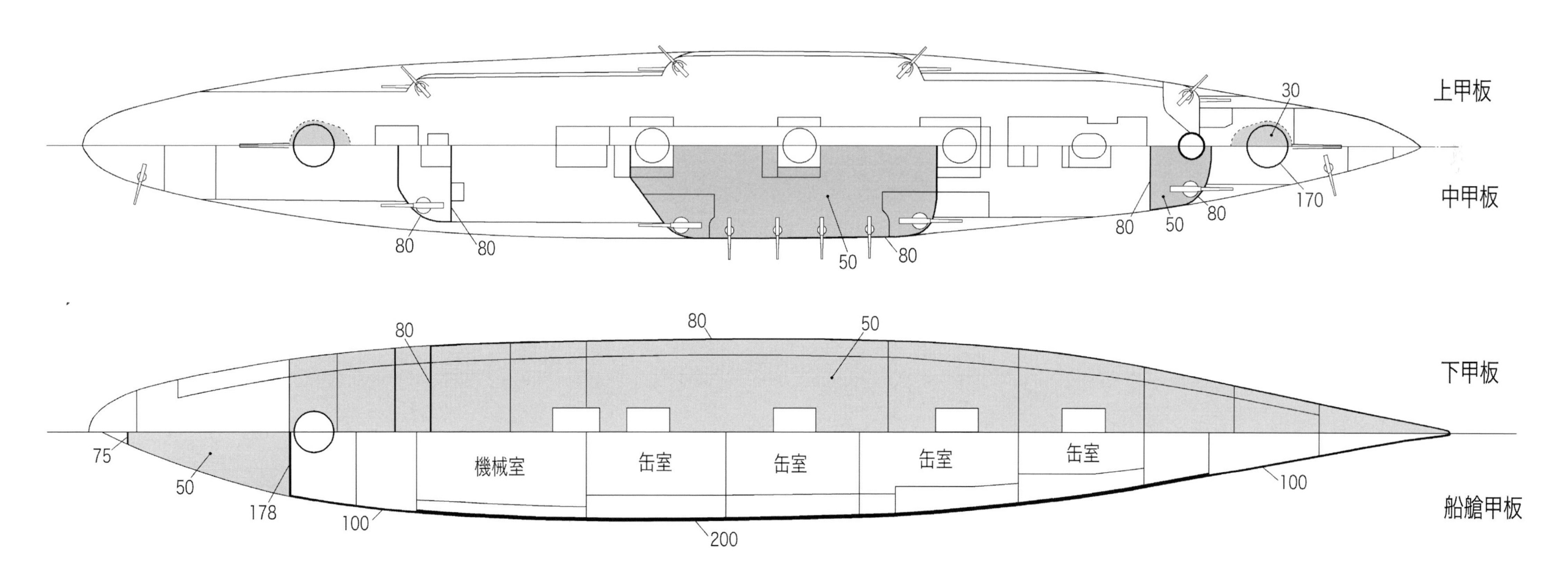

◎鋼鈑厚　単位 mm　図 4-2-10 バヤーン 兵装・防禦配置図（露艦時）

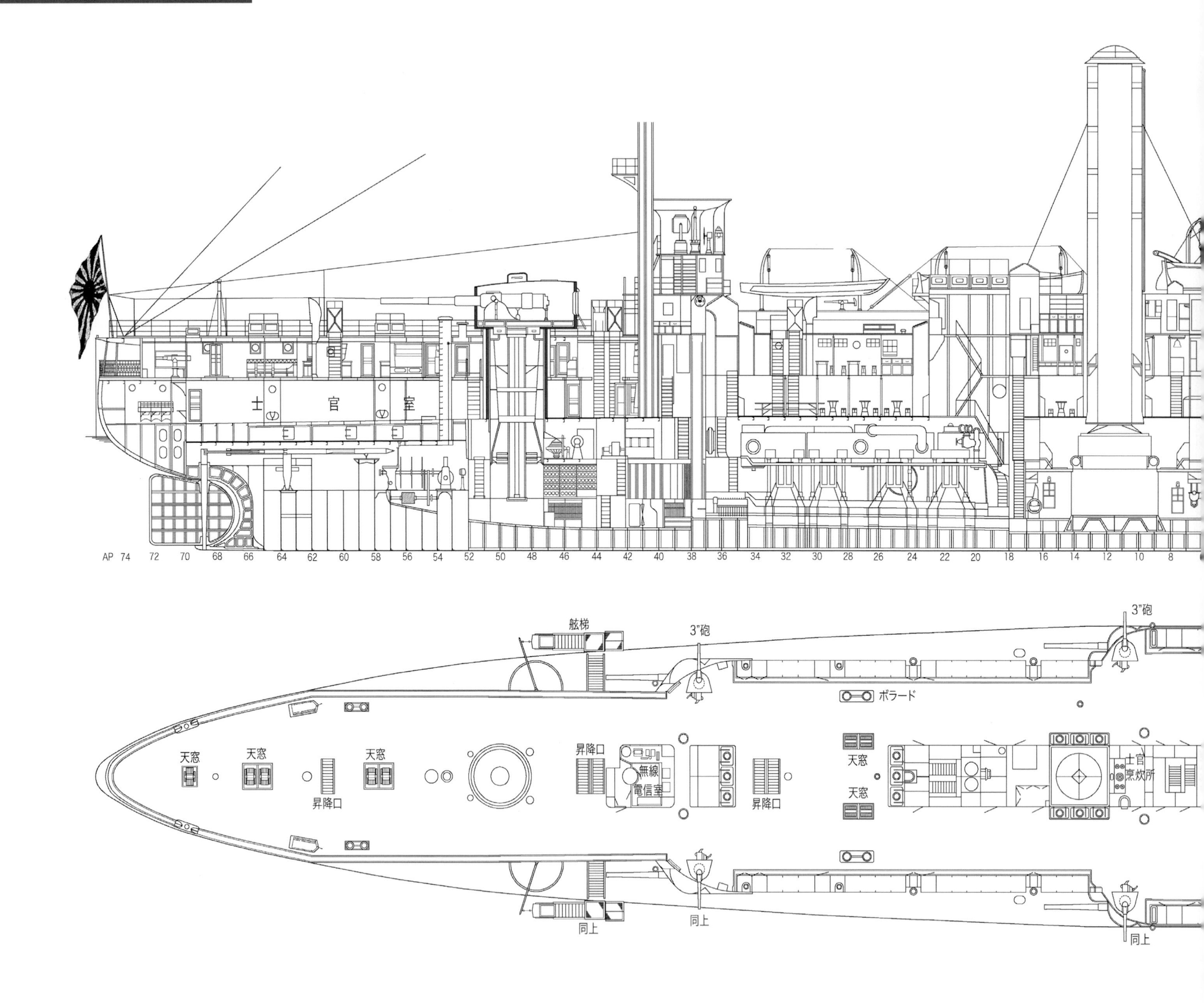

士
官
室
AP 74 72 70 68 66 64 62 60 58 56 54 52 50 48 46 44 42 40 38 36 34 32 30 28 26 24 22 20 18 16 14 12 10 8
舷梯
3"砲
3"砲
ボラード
天窓
天窓
天窓
昇降口
昇降口
無線
電信室
昇降口
天窓
天窓
士官
烹炊所
同上
同上
同上

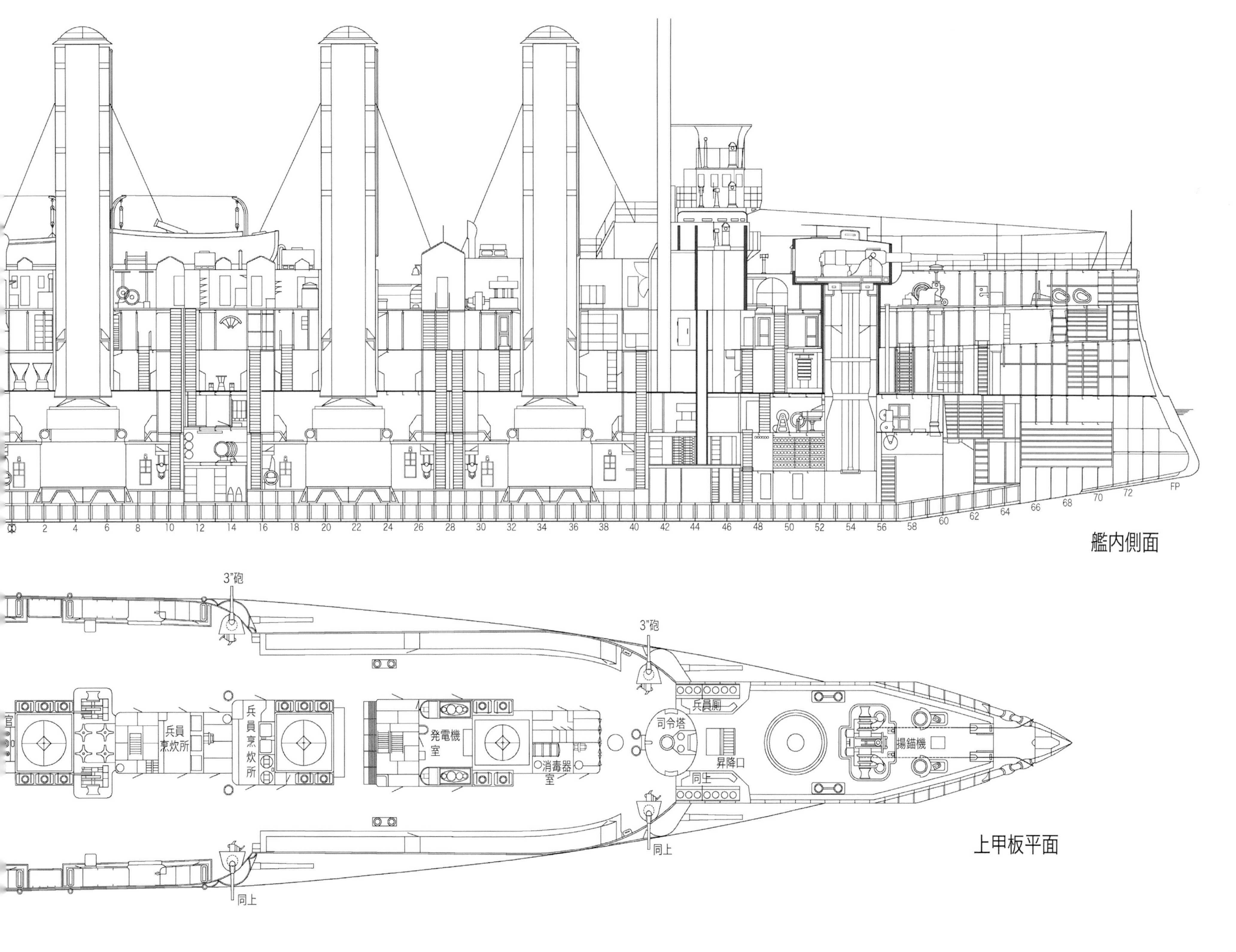

図 4-2-11　阿蘇 艦内側面・上甲板平面 (編入時)

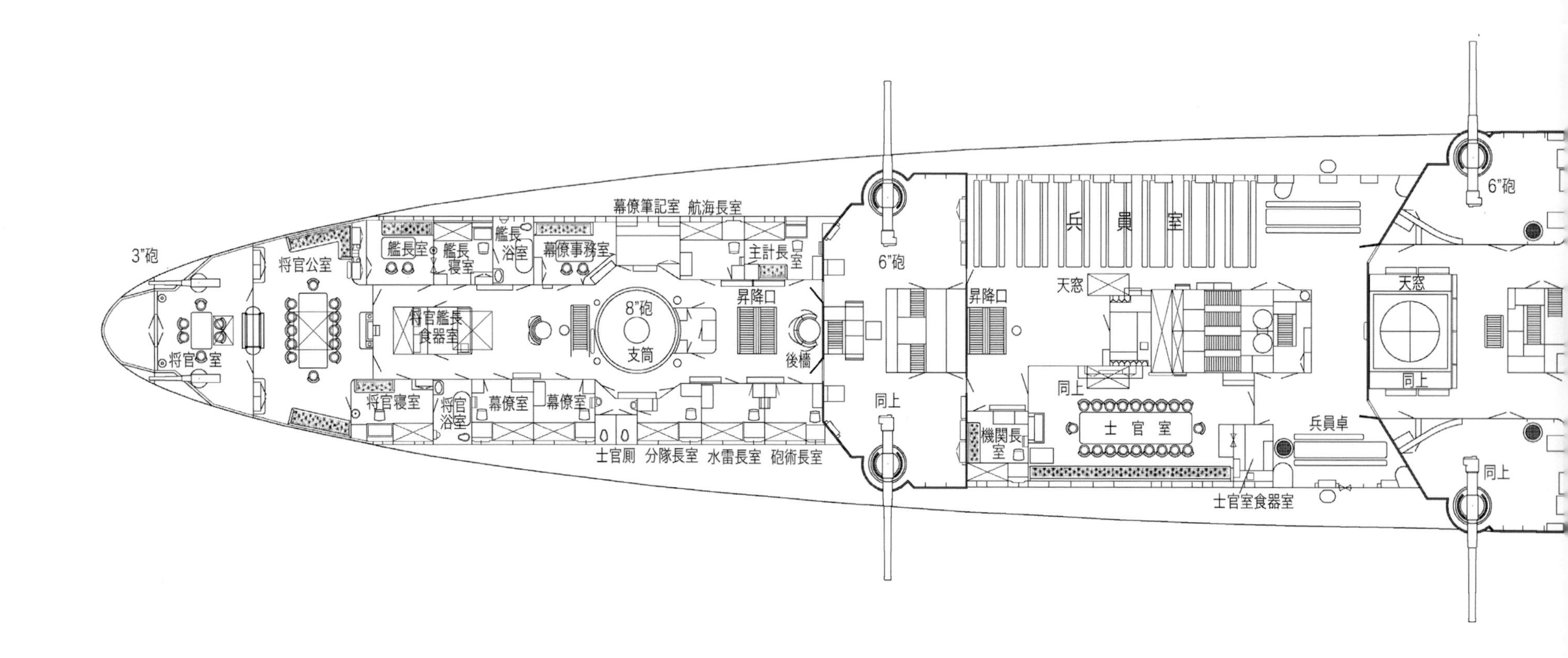
3"砲
将官公室
将官室
艦長室
艦長寝室
艦長浴室
幕僚事務室
幕僚筆記室
航海長室
主計長室
将官艦長食器室
8"砲
支筒
昇降口
後橋
将官寝室
将官浴室
幕僚室
幕僚室
士官厠
分隊長室
水雷長室
砲術長室
6"砲
同上
兵員室
昇降口
天窓
同上
機関長室
士官室
兵員卓
士官室食器室
天窓
同上
6"砲
同上

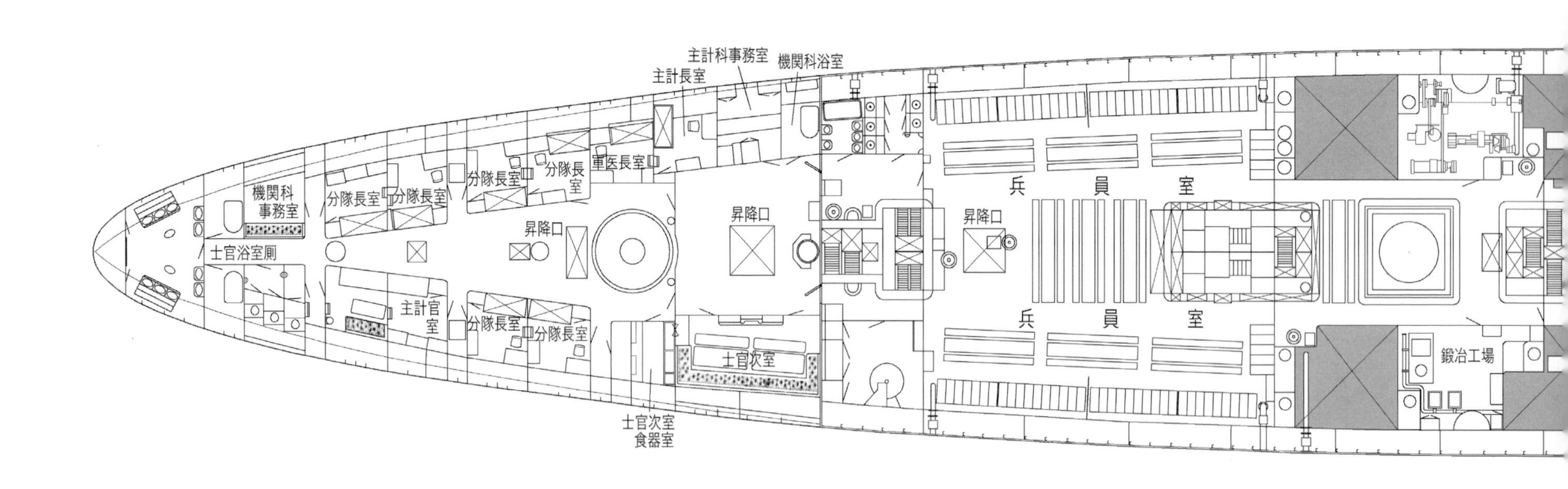
主計科事務室
機関科浴室
主計長室
機関科事務室
士官浴室厠
分隊長室
分隊長室
分隊長室
分隊長室
軍医長室
昇降口
主計官室
分隊長室
分隊長室
昇降口
士官次室
士官次室食器室
昇降口
兵員室
兵員室
鍛冶工場

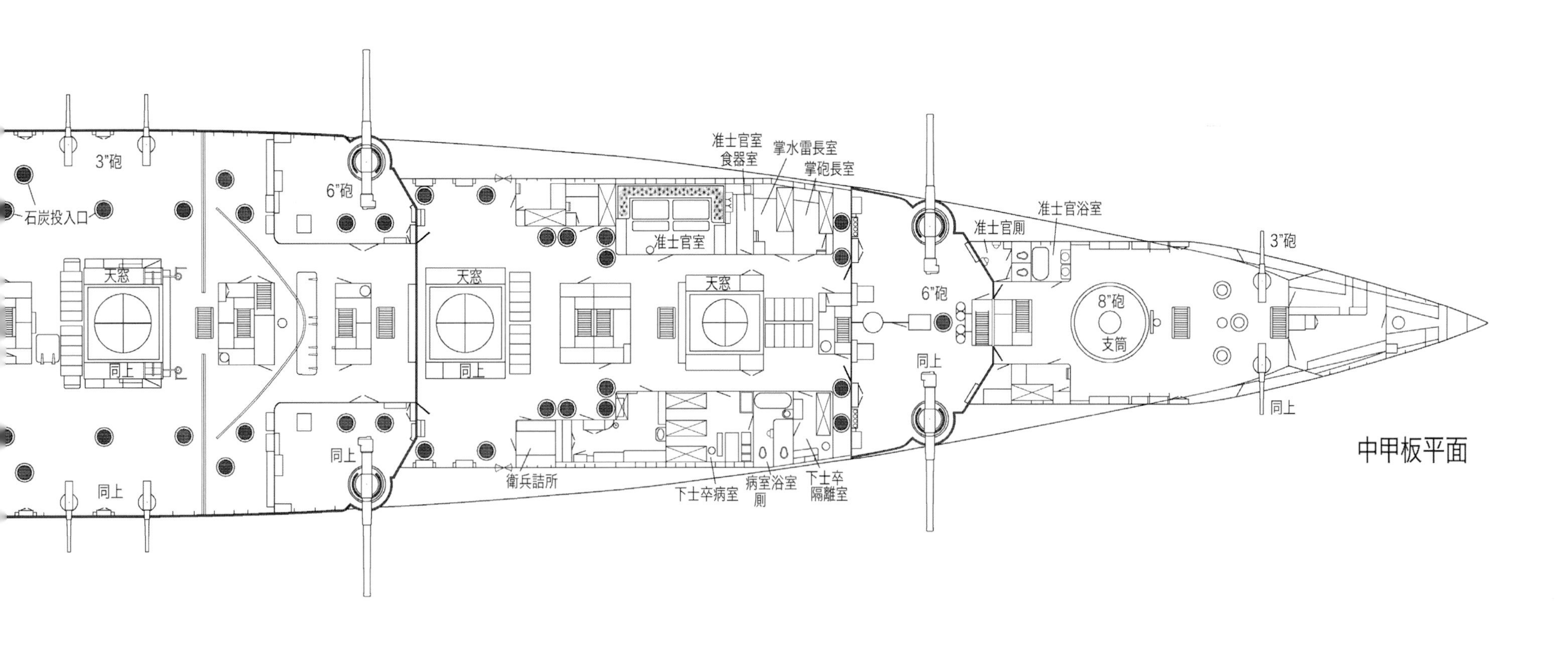

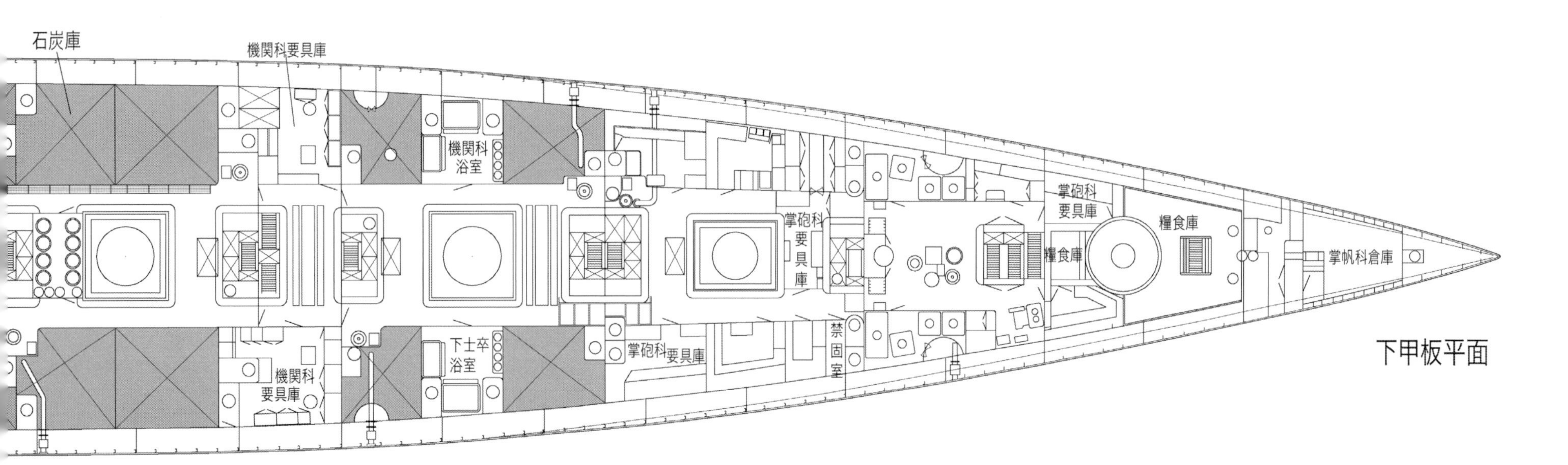

図 4-2-12　阿蘇 中・下甲板平面(編入時)

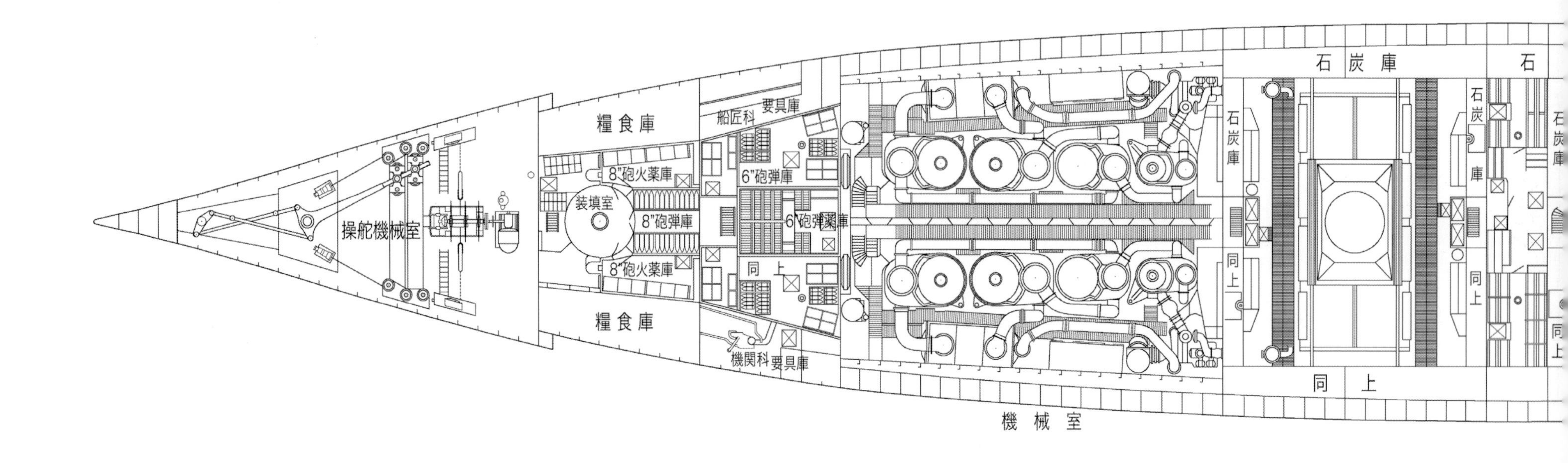
操舵機械室
糧食庫
8"砲火薬庫
装填室
8"砲弾庫
8"砲火薬庫
糧食庫
船匠科 要具庫
6"砲弾庫
6"砲弾薬庫
同上
機関科 要具庫
機械室
石炭庫
石炭庫
同上
石炭庫
同上
同上
石
石炭庫
同上

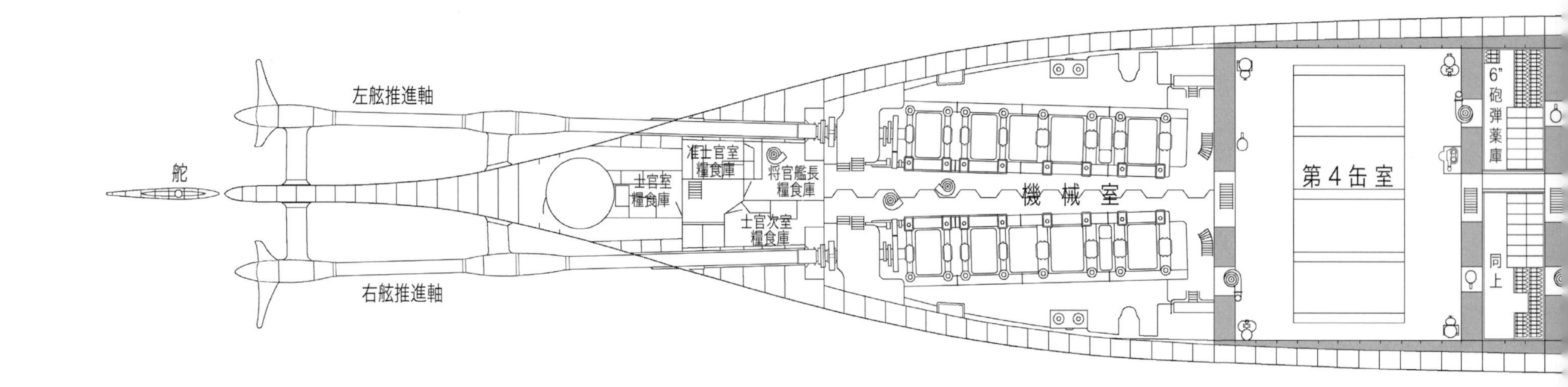
左舷推進軸
舵
右舷推進軸
士官室
糧食庫
准士官室
糧食庫
将官艦長
糧食庫
士官次室
糧食庫
機械室
第4缶室
6"
砲
弾
薬
庫
同
上

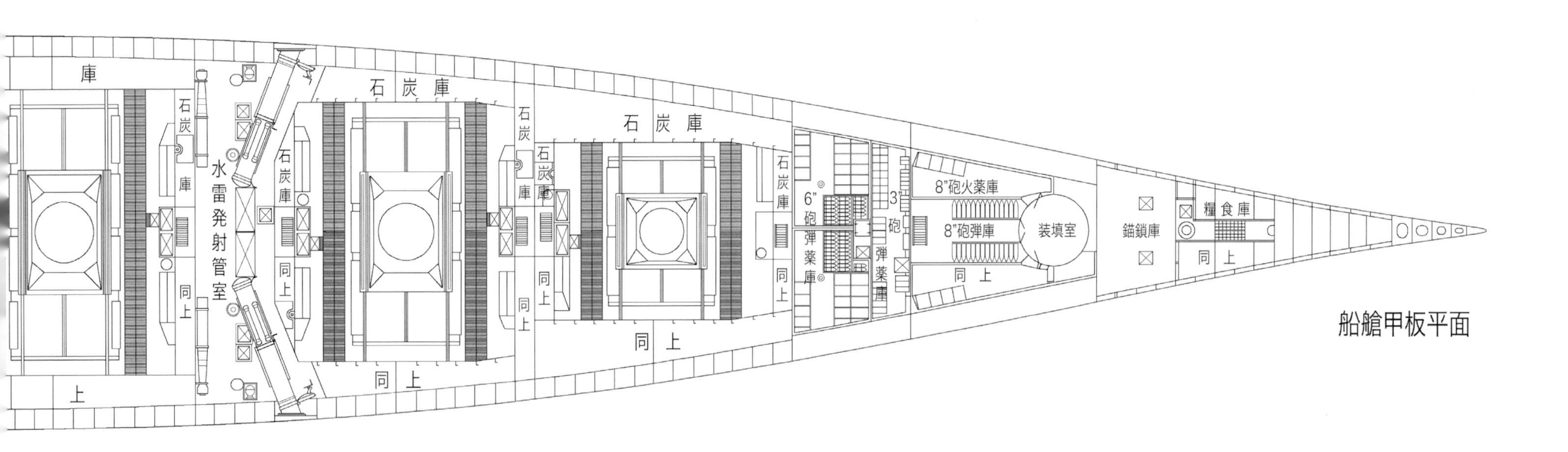

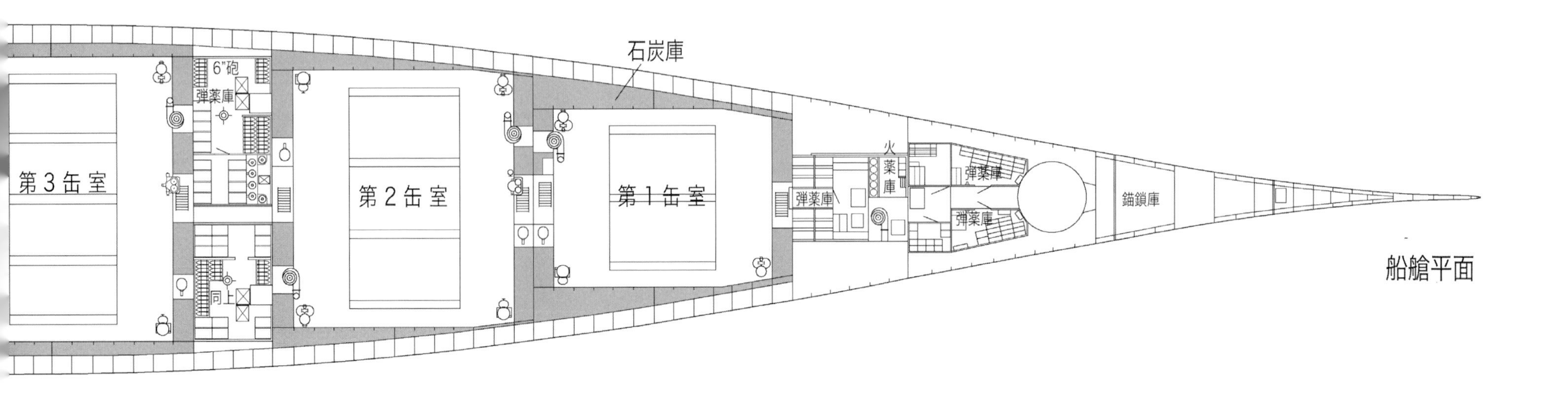

図 4-2-13　阿蘇 船艙甲板・船艙平面(編入時)

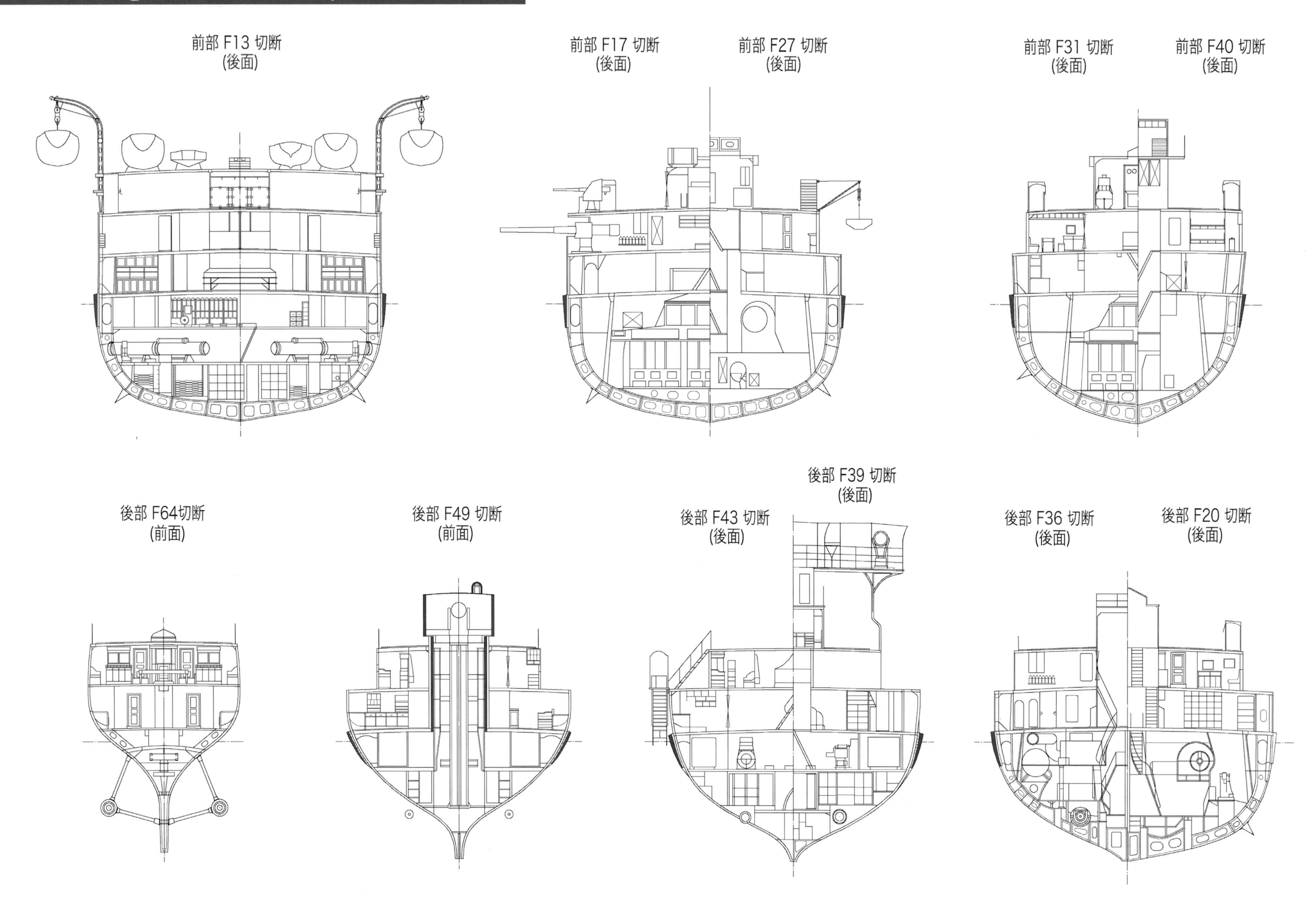
前部 F13 切断
(後面)
前部 F17 切断
(後面)
前部 F27 切断
(後面)
前部 F31 切断
(後面)
前部 F40 切断
(後面)
後部 F39 切断
(後面)
後部 F64切断
(前面)
後部 F49 切断
(前面)
後部 F43 切断
(後面)
後部 F36 切断
(後面)
後部 F20 切断
(後面)

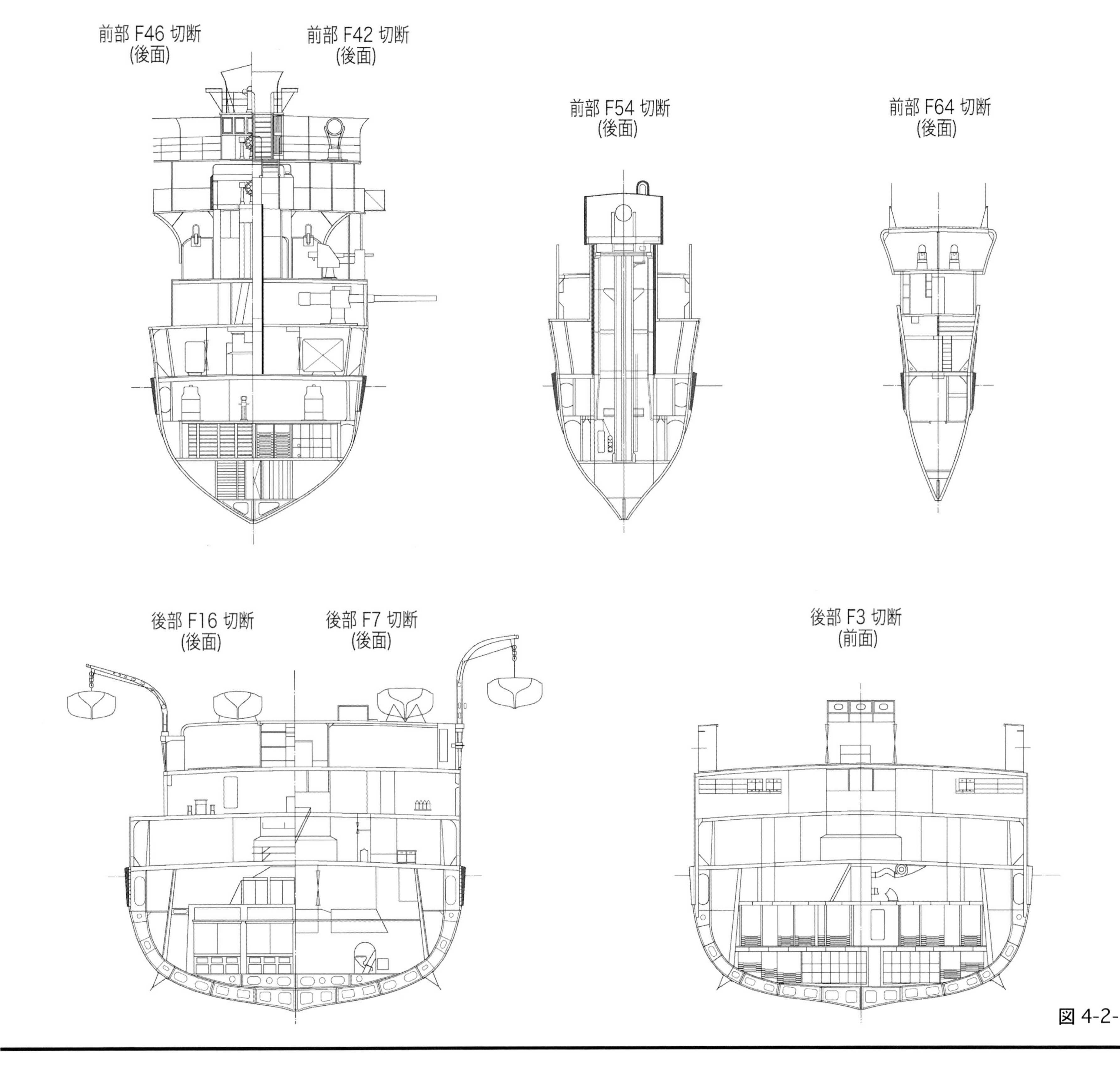

図 4-2-14　**阿蘇** 諸要部切断面(編入時)

津軽 /Tsugaru・宗谷 /Soya・阿蘇 /Aso

津軽　定　員 /Complement (1)

職名 /Occupation	官名 /Rank	定数 /No.		職名 /Occupation	官名 /Rank	定数 /No.	
艦長	大佐	1	士官 /28		1 等船匠手	1	下士 / 43
副長	中佐	1			2、3 等船匠手	1	
砲術長	少佐 / 大尉	1			1 等機関兵曹	9	
水雷長	〃	1			2、3 等機関兵曹	25	
航海長	〃	1			1 等看護手	1	
分隊長	大尉	4			2、3 等看護手	1	
	中少尉	8			1 等筆記	1	
機関長	機関中監	1			2、3 等筆記	2	
分隊長	機関少監 / 大機関士	1			1 等厨宰	1	
分隊長	大機関士	2			2、3 等厨宰	1	
	中少機関士	3			1 等水兵	71	卒 /404
軍医長	軍医少監	1			2、3 等水兵	112	
軍医	大軍医	1			4 等水兵	47	
主計長	主計少監	1			1 等信号水兵	5	
主計	大主計	1			2、3 等信号水兵	6	
	兵曹長 / 上等兵曹長	1	准士 / 9		1 等木工	3	
	上等兵曹	2			2、3 等木工	3	
	船匠師	1			1 等機関兵	51	
	機関兵曹長 / 上等機関兵曹	1			2、3 等機関兵	63	
	上等機関兵曹	4			4 等機関兵	27	
	1 等兵曹	13	下士 /45		1、2 等看護	2	
	2、3 等兵曹	27			1 等主厨	4	
	1 等信号兵曹	2			2 等主厨	5	
	2、3 等信号兵曹	3			3、4 等主厨	5	
				（合　計）		529	

注 /NOTES　明治 38 年 9 月 1 日内令 500 による津軽の定員を示す【出典】海軍制度沿革

(1) 兵曹長、上等兵曹は掌砲長、上等兵曹 1 人は掌水雷長、1 人は掌帆長の職にあたるものとする
(2) 兵曹中は教員、掌砲長属、掌水雷長属、掌帆長属及び各部の長職につくものとする
(3) 信号兵曹は按針手の職を兼ねるものとする

津軽　定　員 /Complement (2)

職名 /Occupation	官名 /Rank	定数 /No.		職名 /Occupation	官名 /Rank	定数 /No.	
艦長	大佐	1	士官 /27		1 等船匠手	1	下士 / 48
副長	中少佐	1			2、3 等船匠手	1	
砲術長	少佐 / 大尉	1			1 等機関兵曹	12	
水雷長兼分隊長	〃	1			2、3 等機関兵曹	28	
航海長兼分隊長	〃	1			1 等看護手	1	
運用長兼分隊長	大尉	1			2、3 等看護手	1	
分隊長	〃	2			1 等筆記	1	
	中少尉	8			2、3 等筆記	1	
機関長	機関中少佐	1			1 等厨宰	1	
分隊長	機関少佐 / 大尉	1			2、3 等厨宰	1	
分隊長	機関大尉	2			1 等水兵	63	卒 /424
	機関中少尉	3			2、3 等水兵	107	
軍医長兼分隊長	軍医少監	1			4 等水兵	53	
軍医	大軍医	1			1 等木工	3	
主計長兼分隊長	主計少監	1			2、3 等木工	3	
主計	大主計	1			1 等機関兵	52	
	兵曹長 / 上等兵曹長	1	准士 / 9		2、3 等機関兵	78	
	上等兵曹	3			4 等機関兵	46	
	船匠師	1			1、2 等看護	2	
	機関兵曹長 / 上等機関兵曹	1			1 等主厨	5	
	上等機関兵曹	3			2 等主厨	6	
	1 等兵曹	11	下士 /42		3、4 等主厨	6	
	2、3 等兵曹	31				550	

注 /NOTES　大正 5 年 7 月内令 158 による津軽の定員を示す【出典】海軍制度沿革

(1) 専務将校分隊長は砲台長にあてる
(2) 機関将校分隊長の内 1 人は機械部、1 人は缶部、1 人は補機部の各指揮官にあてる
(3) 兵曹長、上等兵曹は掌砲長、上等兵曹 1 人は掌水雷長、1 人は電信長、1 人は掌帆長の職にあたるものとする
(4) 機関兵曹長、上等機関兵曹は掌機長、上等機関兵曹の 1 人は機械長、1 人は缶長、1 人は補機長にあてる
(5) 練習艦の間機関長は機関中佐をもって補することを可とする

［阿蘇］前身のバヤーンは明治 36 年 /1903 にフランス、ツーロン近くのラ・セーヌのメディテラネ社で竣工した中型装甲巡洋艦で、日露戦争に参戦した最も新しいロシア装甲巡洋艦であった。戦争中ウラジオ艦隊で活躍したリューリック /Rurik 以下の大型装甲巡に比べて、排水量は 7,725 トンと小振りであるがより近代性を備えた装甲巡で、艦隊作戦用を意図したものらしく、兵装は前後に 20cm 単装砲塔、舷側のケースメイトに片舷 15cm 砲 4 門を装備して、日本の同じフランス製装甲巡吾妻に比べると片舷砲力はほぼ半分であったが、中央水線甲帯は 8" 厚と吾妻より 1" 厚かった。戦争中に同型 3 隻、1 隻はフランス、2 隻は国内で起工して、戦後しばらくして完成、国産艦の 1 隻は日露戦争で失われたこのバヤーンの艦名を襲名している。

旅順封鎖戦ではロシア側にあって積極的に迎撃に行動する巡洋艦として目立っていたが、明治 37 年 7 月 27 日に出撃した際、触雷かろうじて港内に戻ったもののその場で着底擱座状態となり、後に浮揚、入渠して修理を実施したが、本格的復旧は出来ず、8 月 10 日の黄海海戦には旅順にとどまり参加できなかった。10 月 16 日にいたってバヤーンは日本軍の 28cm 砲に狙われるのを嫌って港外泊地に移動したが、日本軍はこれに間接射撃を継続して行い命中弾 7 発を受け、射撃中止とともに夕刻曳船に引かれて旧位置に戻ったが、12 月 9 日の砲撃で同位置で命中弾 10 発を受け、左舷に 15 度傾斜して沈没着底したが、船体の大部分は水面上に残っていた。

明治 38 年 5 月に大連湾防備隊により引揚げ作業に着手、6 月に浮揚に成功しているが、砲撃による機関部の損傷がひどく、とりあえず左舷主機と第 3、4 缶室の缶の可動を目標に作業を行い、8 月 23 日に鎮遠に曳航されて大連湾発、同 28 日に舞鶴に無事到着した。以後同海軍工廠で修復工事に着手、約 3 年弱の長期を要して、明治 41 年 7 月に完成した。機関は全て搭載機器を修復して用い、第 2 煙突のみ損傷が激しかったために新製されており、ただ機関部については約 20 項目に及ぶ改造、新設等の改正が加えられていた。

備砲は原型通り復元されているが、全て日本式の制式砲に換装された。これは本来の備砲が日本軍の砲撃で破壊されたり、陸上要塞に流用されたりして撤去されたためと思われ、前後の 8" 砲は安式 45 口径砲、ケースメイトの 6" 砲は毘式 45 口径砲、3" 砲は安式 40 口径砲が装備されている。毘式 45 口径砲は巡洋艦では初めて搭載された 45 口径砲で珍しかった。発射管及び探照灯については当面露艦時代のものをそのまま流用することとされた。兵装は横須賀工廠に回航して装備したものらしい。

本艦の場合も練習任務に用いることを前提に修復工事を実施したらしく、明治 42 年度の遠洋航海に従事したのをはじめ、宗谷と組んで 4 度、兵学校少尉候補生の練習艦として遠洋航海に用いられた。大正 5 年末に敷設艦に改装されることになり、舞鶴工廠で改装工事を実施、先に改装された津軽とほぼ同規模の敷設能力を持つ敷設艦として完成した。その際、前後の 8" 砲を 6" 安式 40 口径砲に換装しており、舷側の毘式 45 口径砲と 2 種の 6" 砲を装備することになった。大正 7 年末に 8cm 砲の一部を撤去、8cm 高角砲 1 門を装備したが、昭和 2 年に第 4 予備艦になり、同 6 年除籍、同 7 年に実艦的として処分された。

艦名の阿蘇は熊本県東部の山名、昭和 18 年度計画の空母に襲名するも未成。

津軽 /Tsugaru・宗谷 /Soya・阿蘇 /Aso

津軽　定　員 /Complement (3)

職名 /Occupation	官名 /Rank	定数 /No.		職名 /Occupation	官名 /Rank	定数 /No.	
艦長	大佐	1	士官 /20		1等兵曹	10	下士 /90
副長	中佐	1			2、3等兵曹	31	
砲術長	少佐 / 大尉	1			1等船匠兵曹	1	
水雷長兼分隊長	〃	1			2、3等船匠兵曹	1	
航海長兼分隊長	〃	1			1等機関兵曹	11	
運用長兼分隊長	〃	1			2、3等機関兵曹	28	
分隊長	〃	2			1等看護兵曹	1	
	中少尉	4			2、3等看護兵曹	1	
機関長	機関中少佐	1			1等主計兵曹	2	
分隊長	機関少佐 / 大尉	3			2、3等主計兵曹	4	
	機関中少尉	1			1等水兵	63	兵 /424
軍医長兼分隊長	軍医少佐 / 大尉	1			2、3等水兵	160	
	軍医中少尉	1			1等船匠兵	3	
主計長兼分隊長	主計少佐 / 大尉	1			2、3等船匠兵	3	
	特務中少尉	1	特務士官 / 4		1等機関兵	52	
	機関特務中少尉	2			2、3等機関兵	124	
	主計特務中少尉	1			1、2等看護兵	1	
	兵曹長	5	准士 / 9		2、3等看護兵	1	
	機関兵曹長	3			1等主計兵	5	
	船匠兵曹長	1			2、3等主計兵	12	
				(合　計)		547	

注 /NOTES 大正9年8月内令267による敷設艦津軽の定員を示す【出典】海軍制度沿革

(1) 専務将校分隊長は砲台長にあてる
(2) 機関将校分隊長の内1人は機械部、1人は缶部、1人は補機部の各指揮官にあてる
(3) 兵曹長、上等兵曹は掌砲長、上等兵曹1人は掌水雷長、1人は電信長、1人は掌帆長、1人は機雷部付の職にあたるものとする
(4) 機関特務中少尉1人及び機関兵曹長の内1人は掌機長、1人は機械長、1人は缶長、1人は補機長にあてる
(5) 運用長兼分隊長又は兵科分隊長中の1人は特務大尉を以て、機械科分隊長中の1人は機関特務大尉を以て補することが可

戦時、事変または演習に際しては兵曹4人、水兵16人を増加することができるものとする

宗谷　定　員 /Complement (4)

職名 /Occupation	官名 /Rank	定数 /No.		職名 /Occupation	官名 /Rank	定数 /No.	
艦長	大佐	1	士官 /26		1等船匠手	1	下士 /43
副長	中佐	1			2、3等船匠手	1	
砲術長	少佐 / 大尉	1			1等機関兵曹	10	
水雷長	〃	1			2、3等機関兵曹	24	
航海長	〃	1			1等看護手	1	
分隊長	大尉	4			2、3等看護手	1	
	中少尉	7			1等筆記	1	
機関長	機関中監	1			2、3等筆記	2	
分隊長	機関少監 / 大機関士	1			1等厨宰	1	
分隊長	大機関士	2			2、3等厨宰	1	
	中少機関士	2			1等水兵	75	卒 /452
軍医長	軍医少監	1			2、3等水兵	110	
軍医	大軍医	1			4等水兵	47	
主計長	主計少監	1			1等信号水兵	5	
主計	大主計	1			2、3等信号水兵	6	
	兵曹長 / 上等兵曹長	1	准士 / 8		1等木工	3	
	上等兵曹	2			2、3等木工	3	
	船匠師	1			1等機関兵	67	
	機関兵曹長 / 上等機関兵曹	1			2、3等機関兵	85	
	上等機関兵曹	3			4等機関兵	34	
	1等兵曹	13	下士 /51		1、2等看護	2	
	2、3等兵曹	33			1等主厨	5	
	1等信号兵曹	2			2等主厨	5	
	2、3等信号兵曹	3			3、4等主厨	5	
				(合　計)		580	

注 /NOTES 明治38年9月1日内令500による宗谷の定員を示す【出典】海軍制度沿革

(1) 兵曹長、上等兵曹は掌砲長の職にあたるものとする
(2) 上等兵曹1人は掌水雷長、1人は掌帆長の職にあたるものとする
(3) 兵曹中は教員、掌砲長属、掌水雷長属、掌帆長属及び各部の長職につくものとする
(4) 信号兵曹は按針手の職を兼ねるものとする

[資料] 3艦の日本側の公式図面は阿蘇のみが呉の <福井資料> にあり、舷外側面、艦内側面、各甲板平面図があるが、これは元々戦後造工資料として大手造船所に配布されたもので、公式図を写図したものらしい。3艦ともロシア艦時代の公式図面はロシア国内に保管されているらしく、数種のロシア側出版物に掲載されている。その他宗谷については日本側の資料、<極秘版明治三十七、八年海戦史> やその元資料の <日露戦争戦時書類>(アジア歴史資料センター) に引揚げ作業の説明図として公式図の一部が流用掲載されている。

要目簿については津軽と阿蘇の分があるが、阿蘇については公式なものではなく筆写したものである。

また写真については3艦とも相当枚数が知られているが、特に宗谷、阿蘇は数度の遠洋航海に用いられたこともあって残っている写真は多い。

津軽/Tsugaru・宗谷/Soya・阿蘇/Aso

阿蘇　定　員/Complement (5)

職名/Occupation	官名/Rank	定数/No.		職名/Occupation	官名/Rank	定数/No.	
艦長	大佐	1			1等看護手	1	
副長	中佐	1			2、3等看護手	1	
航海長	少佐	1			1等筆記	1	下士/8
砲術長	少佐/大尉	1			2、3等筆記	2	
水雷長	〃	1			1等厨宰	1	
分隊長	〃	1			2、3等厨宰	2	
分隊長	大尉	4					
	中少尉	8					
機関長	機関中監	1	士官/29				
分隊長	機関少監/大機関士	1					
分隊長	大機関士	2					
	中少機関士	3					
軍医長	軍医中少監	1			1等水兵	78	
軍医	大軍医	1			2等水兵	115	
主計長	主計中少監	1			3、4等水兵	51	
主計	大主計	1			1等信号水兵	6	
					2、3等信号水兵	6	
					1等木工	2	
	兵曹長/上等兵曹	1			2等木工	4	卒/461
	上等兵曹	3			1等機関兵	63	
	上等信号兵曹	1			2等機関兵	85	
	船匠師	1	准士/12		3、4等機関兵	34	
	機関兵曹長/上等機関兵曹	1			1、2等看護	2	
	上等機関兵曹	4			1等主厨	5	
	上等筆記	1			2等主厨	5	
					3、4等主厨	5	
	1等兵曹	15					
	2、3等兵曹	33					
	1等信号兵曹	2					
	2、3等信号兵曹	3	下士/93				
	1等船匠手	1					
	2、3等船匠手	2					
	1等機関兵曹	11					
	2、3等機関兵曹	26		(合　計)		603	

注/NOTES

明治38年9月1日内令500による阿蘇の定員を示す【出典】海軍制度沿革
(1) 兵曹長の1人は掌砲長、1人は掌水雷長、1人は掌帆長の職にあたるものとする
(2) 上等兵曹の3人は掌砲長の職務を分担しかつ砲塔長又は砲台付の職を兼ね、他の1人は掌水雷長の職務を分担する
(3) 上等信号兵曹は信号長兼按針長の職にあたるものとする
(4) 兵曹は教員、掌砲長属、掌水雷長属、掌帆長属及び各部の長職につくものとする
(5) 信号兵曹は按針手の職を兼ねるものとする

阿蘇　定　員/Complement (6)

職名/Occupation	官名/Rank	定数/No.		職名/Occupation	官名/Rank	定数/No.	
艦長	大佐	1			1等看護手	1	
副長	中少佐	1			2、3等看護手	1	
航海長	少佐	1			1等筆記	1	下士/8
砲術長	〃	1			2、3等筆記	2	
水雷長兼分隊長	〃	1			1等厨宰	1	
分隊長	少佐/大尉	1			2、3等厨宰	2	
分隊長	大尉	4					
	中少尉	9	士官/30				
機関長	機関中少佐	1					
分隊長	機関少佐/大尉	1					
分隊長	機関大尉	2					
	機関中少尉	3					
軍医長	軍医少監	1			1等水兵	89	
軍医	大軍医	1			2等水兵	124	
主計長	主計少監/大主計	1			3、4等水兵	56	
主計	大主計	1			1等木工	2	
					2等木工	4	
					1等機関兵	65	卒/482
	兵曹長/上等兵曹	1			2等機関兵	89	
	上等兵曹	6			3、4等機関兵	34	
	船匠師	1	准士/13		1、2等看護	2	
	機関兵曹長	1			1等主厨	5	
	上等機関兵曹	3			2等主厨	6	
	上等筆記	1			3、4等主厨	6	
	1等兵曹	13					
	2、3等兵曹	40					
	1等船匠手	1	下士/93				
	2、3等船匠手	2					
	1等機関兵曹	11					
	2、3等機関兵曹	26					
				(合　計)		626	

注/NOTES

大正5年10月4日内令212による阿蘇の定員を示す【出典】海軍制度沿革
(1) 将校分隊長の内4人は砲台長にあてる
(2) 兵曹長、上等兵曹の1人は掌砲長兼掌水雷長の職にあたるものとする
(3) 上等兵曹の1人は掌帆長にあて1人は砲塔長又は砲台付にあて掌砲長の職務を分担せしめ、1人は掌信号長、1人は掌電信長の職にあてる
(4) 必要に応じて分隊長(大尉)1人、上等兵曹1人、兵曹4人、水兵16人を増加し得る

阿蘇　定　員 /Complement (7)

職名 /Occupation	官名 /Rank	定数 /No.		職名 /Occupation	官名 /Rank	定数 /No.	
艦長	大佐	1			1 等兵曹	13	
副長	中佐	1			2、3 等兵曹	40	
航海長兼分隊長	少佐	1			1 等機関兵曹	11	
砲術長	〃	1			2、3 等機関兵曹	26	
水雷長兼分隊長	〃	1			1 等船匠手	1	下士 /101
運用長兼分隊長	少佐 / 大尉	1			2、3 等船匠手	2	
分隊長	〃	2	士官 /21		1 等看護兵曹	1	
	中少尉	4			2、3 等看護兵曹	1	
機関長	機関中少佐	1			1 等主計兵曹	2	
分隊長	機関少佐 / 大尉	3			2、3 等主計兵曹	4	
	機関中少尉	2					
軍医長兼分隊長	軍医少佐	1			1 等水兵	89	
	軍医中少尉	1			2、3 等水兵	180	
主計長兼分隊長	主計少佐 / 大尉	1			1 等船匠兵	2	
					2、3 等船匠兵	4	
	特務中少尉	2			1 等機関兵	65	兵 /482
	機関特務中少尉	1	特士 / 4		2、3 等機関兵	123	
	主計特務中少尉	1			1、2 等看護	1	
	兵曹長	6			2、3 等看護	1	
	機関兵曹長	3	准士 / 11		1 等主計兵	5	
	船匠兵曹長	1			2、3 等主計兵	12	
	主計兵曹長	1					
				(合　計)		619	

注 /NOTES

大正 9 年 8 月内令 267 による敷設艦阿蘇の定員を示す【出典】海軍制度沿革
(1) 専務兵科分隊長は砲台長にあてる
(2) 機関科分隊長の内 1 人は機械部、1 人は缶部、1 人は補機部の各指揮官にあてる
(3) 特務中少尉 1 人及び兵曹長の 1 人は掌砲長、1 人は掌水雷長、1 人は掌帆長、1 人は掌信号長、1 人は掌電信長、1 人は砲台付、1 人は機雷部付にあてる
(4) 機関特務中少尉及び機関兵曹長の内 1 人は掌機長、1 人は機械長、2 人は缶長、1 人は補機長にあてる
(5) 兵科分隊長中 1 人は特務大尉を以て、機関科分隊長中 1 人は機関特務大尉を以て補することができる
(6) 戦時、事変又は演習に際しては兵曹 4 人、水兵 16 を増加しえる

艦　歴 /Ship's History (1)

艦　名	津　軽 (1/2)
年　月　日	記　事 /Notes
1895(M28)-12-	ロシア海軍巡洋艦 Pallada としてロシア、セント・ペテルブルグ、ガレルニ島海軍工廠で起工
1899(M32)- 8-28	進水
1902(M35)- -	竣工
1905(M38)- 8-13	旅順にて沈没着底状態から浮揚
1905(M38)- 8-22	命名、佐世保鎮守府入籍
1905(M38)- 8-27	2 等巡洋艦に類別
1905(M38)- 9- 1	第 3 予備艦
1906(M39)- 6-25	鎮遠が曳航旅順発、29 日佐世保着
1907(M40)-12-12	練習艦として艤装すること訓令
1910(M43)- 4- 9	艦長森義臣大佐 (14 期) 就任
1910(M43)- 5-11	32' 小蒸気船 2 隻を廃止 30' 小蒸気船 1 隻を備えるが 30' 小蒸気は笠置の搭載艇を充当認可
1910(M43)- 7-31	佐世保工廠で復旧修理工事完成
1910(M43)- 8-29	佐世保工廠で無電室改造認可
1910(M43)- 9- 1	第 1 予備艦
1910(M43)- 9-28	艦長田所広海大佐 (17 期) 就任
1910(M43)-10- 1	練習艦
1910(M43)-12-13	横須賀発内地巡航および台湾、香港、山東半島、韓国方面機関少尉候補生練習航海、翌年 5 月 14 日着
1911(M44)- 5-23	艦長千坂智次郎大佐 (14 期) 就任
1911(M44)- 6-24	手旗信号台 4 カ所新設認可
1911(M44)- 6-29	30' 小蒸気船を廃止笠置搭載の 32' 小蒸気船を備える
1911(M44)- 8- 4	横須賀発内地巡航および台湾、香港、山東半島、韓国方面機関少尉候補生練習航海、翌年 3 月 1 日着
1911(M44)- 8-16	金華山沖で漂流中の第 26 観音丸 1,013 総トンを発見、曳航を試みるも浸水が激しく乗員 28 名を救助
1912(M45)- 3- 1	艦長吉島重太郎大佐 (14 期) 就任
1912(T 1)- 8- 3	横須賀発内地巡航および台湾、香港、山東半島、韓国方面機関少尉候補生練習航海、翌年 2 月 6 日着
1912(T 1)-11-12	横浜沖大演習観艦式参列、この後さらに練習航海を継続
1913(T 2)- 4- 1	第 1 予備艦
1913(T 2)-11- 1	練習艦
1913(T 2)-11-15	艦長南里団一大佐 (17 期) 就任
1913(T 2)-12-10	佐世保工廠で機関部船体部修理、不良缶管交換
1914(T 3)- 1- 6	横須賀発内地巡航および台湾、香港、山東半島、韓国方面機関少尉候補生練習航海、7 月 11 日着
1914(T 3)- 2-14	中国人用学生室新設認可
1914(T 3)- 7-31	横須賀鎮守府に転籍、第 1 予備艦
1914(T 3)- 8-11	第 3 予備艦
1914(T 3)- 8-18	艦長堀江長吉大佐 (16 期) 就任
1914(T 3)- 9-15	機関総検査修理および船体部修理改造訓令、機雷敷設装置を装備
1914(T 3)-12- 1	艦長佐野常羽大佐 (18 期) 就任
1915(T 4)- 1-20	兵員に対する機雷講習を実施
1915(T 4)- 4-27	改造公試実施

艦　歴/Ship's History (2)

艦　名	津　軽(2/2)
年　月　日	記　事/Notes
1915(T 4)- 5- 1	練習艦
1915(T 4)- 6-30	兼警備艦
1915(T 4)-11- 1	兼警備艦を解く
1915(T 4)-12- 4	横浜沖特別観艦式参列
1916(T 5)- 4- 4	艦長伊集院俊大佐(21期)就任
1916(T 5)- 6- 8	艦長原口房太郎大佐(18期)就任
1916(T 5)- 7-21	遭難した笠置救難活動のため横須賀より出動
1916(T 5)-10-25	横浜沖恒例観艦式参列
1916(T 5)-12- 1	艦長四竈孝輔大佐(25期)就任
1917(T 6)- 2-21	艦長大見丙子郎大佐(23期)就任
1917(T 6)-10-16	横須賀工廠で無線電信装置換装
1917(T 6)-12- 1	艦長橋本虎六大佐(26期)就任
1918(T 7)- 9- 9	横須賀工廠で8cm砲2門撤去8cm高角砲1門装備工事、10月5日完成
1918(T 7)- 9-16	兼警備艦
1918(T 7)-12- 1	艦長迎邦一大佐(26期)就任
1919(T 8)- 6-25	横須賀工廠で機雷格納装置改造、翌年1月15日完成
1919(T 8)- 8- 1	兼警備艦を解く
1919(T 8)-10-17	特別大演習で夜間第4駆逐隊を率いて豊後水道に向かう途中午後11時6分右舷側より接近した槙の
	艦橋後部付近に艦首が斜めに触衝、槙の被害3名軽傷浸水を生じるが僚艦に護衛されて呉に向かう
1919(T 8)-12- 1	艦長山崎正策大佐(27期)就任
1920(T 9)- 1-12	横須賀工廠で火薬庫冷却装置新設および火薬庫鎖鑰装備、翌年4月30日完成
1920(T 9)- 4- 1	敷設艦に類別
1920(T 9)- 7-26	艦長三上良忠大佐(27期)就任
1921(T10)- 3-15	横須賀工廠にてA式方向探知器装備、4月16日完成
1921(T10)-12- 1	第4予備艦
1922(T11)- 4- 1	除籍、雑役船津軽となる
1924(T13)- 5-27	横須賀軍港外で爆撃標的として沈没、、爆破シーンを映画撮影、残骸上に航路標識を設定
1929(S 4)- 7-27	横須賀市に無償払下げ、戦後残骸を解体撤去

艦　歴/Ship's History (3)

艦　名	宗　谷(1/2)
年　月　日	記　事/Notes
1898(M31)-10-	ロシア海軍巡洋艦Variyagとして米国、フィラデルフィアCramp社で起工
1899(M32)-10-31	進水
1901(M34)- 1- 2	竣工
1904(M37)- 2- 9	仁川沖海戦後仁川で自沈
1904(M37)- 3-	浮揚工事着手、翌年8月8日浮揚
1905(M38)- 8-22	命名、横須賀鎮守府入籍
1905(M38)- 8-27	2等巡洋艦に類別
1905(M38)- 9- 1	第3予備艦
1905(M38)- 9- 9	回航委員長太田盛実大佐(期外)就任
1905(M38)-10-28	現地で試運転実施、両舷機械及び缶12個使用
1905(M38)-11- 5	仁川発、7日佐世保着、30日横須賀着
1907(M40)- 5-17	第1予備艦
1907(M40)- 9-28	艦長財部彪大佐(15期)就任
1907(M40)-11-	横須賀工廠での復旧工事完成、缶の水管835本新管と換装、煙突は全て新製
1907(M40)-11-29	佐世保発韓国航海、12月7日下関着
1908(M41)- 1- 9	横須賀工廠で機関部修理、2月12日完成
1908(M41)- 2-10	練習艦、機関少尉候補生用
1908(M41)- 5- 2	横須賀発台湾、香港、マニラ、韓国、山東半島方面機関少尉候補生実習航海、8月18日着
1908(M41)- 9- 5	練習艦隊
1908(M41)- 9-15	艦長佐藤鉄太郎大佐(14期)就任
1908(M41)-10- 8	第1艦隊、大演習中
1908(M41)-10-17	横浜で米白色艦隊接待艦を務める、24日まで
1908(M41)-11-18	神戸沖大演習観艦式参列
1908(M41)-11-22	広島湾発内地巡航、韓国、山東半島方面少尉候補生近海練習航海、旗艦阿蘇、翌年1月26日横須賀着
1909(M42)- 3-14	横須賀発ハワイ、米西岸方面少尉候補生遠洋航海、旗艦阿蘇、8月7日着
1909(M42)-10- 1	艦長鈴木貫太郎大佐(14期)就任
1909(M42)-11-20	江田島発内地巡航、韓国、山東半島方面少尉候補生近海練習航海、旗艦阿蘇翌年1月5日横須賀着
1910(M43)- 2- 1	横須賀発マニラ、豪州、蘭印、シンガポール、香港方面少尉候補生遠洋航海、旗艦阿蘇、7月23日着
1910(M43)- 7-25	第2予備艦、艦長西垣富太大佐(13期)就任
1910(M43)-10-26	横須賀工廠で機関部改造認可
1910(M43)-11-28	横須賀工廠で弾薬庫改造認可
1910(M43)-12-24	横須賀工廠で無電室改造認可
1911(M44)- 4- 1	練習艦隊、艦長平岡貞一大佐(16期)就任
1911(M44)- 4-11	横須賀工廠で改造公試認可
1911(M44)- 4-25	横須賀工廠で諸室変更認可
1911(M44)- 7-17	江田島発内地巡航、山東半島、韓国方面少尉候補生近海練習航海、旗艦阿蘇、10月13日津着
1911(M44)-11-25	横須賀発香港、シンガポール、豪州、フィリピン方面少尉候補生遠洋航海、旗艦阿蘇、翌年3月28日着
1912(M45)- 4-20	艦長堀内三郎大佐(17期)就任
1912(M45)- 7-17	江田島発内地巡航、韓国、山東半島方面少尉候補生近海練習航海、旗艦吾妻、10月13日津着

艦　歴/Ship's History (4)

艦　名	宗　谷(2/2)
年　月　日	記　事/Notes
1912(T 1)-11-12	横浜沖大演習観艦式参列
1912(T 1)-12- 5	横須賀発香港、シンガポール、豪州、フィリピン方面少尉候補生遠洋航海、旗艦吾妻、翌年4月21日着
1913(T 2)- 5- 1	第1予備艦
1913(T 2)- 5-24	艦長松村純一大佐(18期)就任
1913(T 2)-11-10	横須賀沖恒例観艦式参列
1913(T 2)-12- 1	横須賀水雷隊付属、艦長斉藤半六大佐(17期)就任
1914(T 3)- 2- 1	横須賀水雷隊付属を解く
1914(T 3)- 4-21	黒色火薬庫新設認可
1914(T 3)- 8-18	練習艦、兵学校少尉候補生用
1914(T 3)-12- 1	練習艦隊
1914(T 3)-12-19	江田島発内地巡航、韓国、山東半島方面少尉候補生近海練習航海、旗艦阿蘇、翌年3月27日横須賀着
1915(T 4)- 4-20	横須賀発香港、サイゴン、シンガポール、豪州、南洋方面少尉候補生遠洋航海、旗艦阿蘇、8月23日着
1915(T 4)- 9- 1	第2予備艦、艦長中川繁丑大佐(19期)就任
1915(T 4)-10- 1	第1予備艦
1915(T 4)-12- 4	横浜沖特別観艦式参列
1915(T 4)-12-13	第2予備艦、艦長伊集院俊大佐(21期)就任
1916(T 5)- 2-24	砲戦指揮装置改造訓令、40年式苗頭発信機、同受信機を撤去、造兵廠保管の外国製(ロシア製?)の
	ものに換装及び号令通報器、変距率通報器の発受信器を撤去、ロシアに譲渡準備
1916(T 5)- 3- 8	各私室にスチーム・ヒーター取付け認可、3月25日までに完成のこと、ロシア側の要求による
1916(T 5)- 3-20	特務艦隊
1916(T 5)- 3-31	佐世保発4月4日ウラジオストク着、ロシアに400万円の代価で譲渡
1916(T 5)- 4- 4	除籍、ロシア海軍に再編入、Variagと旧名に復帰
1916(T 5)- 6-18	ウラジオストク発コロンボ、ツーロン経由11月17日ムルマンスク着、15cm砲を英ヴィッカー
	ス社製13cm砲に換装
1917(T 6)- 2-25	ムルマンスク発Cammell Laird社で修理改造のため英国リバプールに向かう、3月4日着
1917(T 6)-12- 8	革命内戦勃発により英海軍に武力接収される
1918(T 7)- 2-15	アイルランド沿岸に座礁、離礁後英海軍でハルクとして使用
1920(T 9)- -	スクラップのため解体所に向かう途中スコットランド海岸に再度座礁、1923-25年に現地で解体

艦　歴/Ship's History (5)

艦　名	阿　蘇(1/3)
年　月　日	記　事/Notes
1899(M32)- 2-	ロシア海軍巡洋艦Bayanとして仏国、ラ・セーヌ、Mediterranee社で起工
1900(M33)- 5-12	進水
1903(M35)- 4-	竣工
1904(M38)- 6-24	浮揚(旅順にて沈没着底状態、5月に浮揚工事着手)
1905(M38)- 8-20	平安丸に曳航されて旅順発、21日大連着
1905(M38)- 8-23	鎮遠に曳航されて大連発、8ノットで自力航行、28日舞鶴着、以後復旧修理工事に着手
1905(M38)- 8-22	命名、舞鶴鎮守府入籍
1905(M38)- 8-27	1等巡洋艦に類別
1905(M38)- 9- 1	第3予備艦
1907(M40)- 7-10	船体部改造認可、練習艦としての設備を設けること
1907(M40)-10-11	檣装置改造認可
1907(M40)-10-15	艦長石井義太郎大佐(12期)就任
1908(M41)- 5-15	第2予備艦
1908(M41)- 6-15	第1予備艦
1908(M41)- 7-	復旧修理工事完成、第2煙突のみ新製他は修理使用
1908(M41)- 9- 7	練習艦隊
1908(M41)-11-18	神戸沖大演習観艦式参列
1908(M41)-11-22	広島湾発内地巡航、韓国、山東半島方面少尉候補生近海練習航海、同航宗谷、翌年1月26日横須賀着
1909(M42)- 3-14	横須賀発ハワイ、米西岸方面少尉候補生遠洋航海、同航宗谷、8月7日着
1909(M42)-10- 1	艦長佐藤鉄太郎大佐(14期)就任
1909(M42)-11-20	江田島発内地巡航、韓国、山東半島方面少尉候補生近海練習航海、同航宗谷翌年1月5日横須賀着
1910(M43)- 2- 1	横須賀発マニラ、豪州、蘭印、シンガポール、香港方面少尉候補生遠洋航海、同航宗谷7月23日着
1910(M43)- 7-25	第2予備艦
1910(M43)- 9-26	艦長笠間直大佐(13期)就任、兼吾妻艦長
1911(M44)- 4- 1	練習艦隊、艦長中島市太郎大佐(14期)就任
1911(M44)- 7-17	江田島発内地巡航、韓国、山東半島方面少尉候補生近海練習航海、同航宗谷、10月13日津着
1911(M44)-11-25	横須賀発香港、シンガポール、豪州、フィリピン方面少尉候補生遠洋航海、同航宗谷、翌年3月28日着
1912(M45)- 4-20	第2予備艦
1912(T 1)- 9-27	艦長広瀬順太郎大佐(14期)就任
1912(T 1)-11-12	横浜沖大演習観艦式参列
1913(T 2)- 4- 1	第1予備艦
1913(T 2)-11-10	横須賀沖恒例観艦式参列
1913(T 2)-12- 1	艦長小山田仲之丞大佐(17期)就任、兼薩摩艦長大正3年4月7日から5月6日まで
1914(T 3)- 8-18	練習艦
1914(T 3)-12- 1	練習艦隊
1914(T 3)-12-19	江田島発内地巡航、韓国、山東半島方面少尉候補生近海練習航海、同航宗谷、翌年3月27日横須賀着
1915(T 4)- 4-20	横須賀発香港、サイゴン、シンガポール、豪州、南洋方面少尉候補生遠洋航海、同航宗谷、8月23日着
1915(T 4)- 9- 1	第2予備艦

艦　歴 /Ship's History (6)

艦　名	阿　蘇 (2/3)
年　月　日	記　事 /Notes
1915(T 4)-10- 1	第 1 予備艦
1915(T 4)-12- 4	横浜沖特別観艦式参列
1915(T 4)-12-13	艦長桑島省三大佐 (20 期) 就任
1916(T 5)- 4- 1	第 2 予備艦
1916(T 5)- 5-13	第 1 艦隊
1916(T 5)- 9-15	第 2 予備艦
1916(T 5)- 9-22	舞鶴工廠で機雷敷設艦への改造訓令
1916(T 5)-12- 1	艦長花房太郎大佐 (24 期) 就任
1917(T 6)- 4- 1	第 1 予備艦
1917(T 6)- 4-15	第 3 艦隊第 3 水雷戦隊
1917(T 6)- 9-11	玉ノ浦発上海警備、20 着
1917(T 6)-12- 1	第 3 艦隊第 3 水雷戦隊、艦長大見丙四郎大佐 (23 期) 就任
1918(T 7)- 7-29	大湊発露領沿岸警備、10 月 17 日函館着
1918(T 7)-11-10	艦長井手元治大佐 (25 期) 就任
1918(T 7)-12- 1	第 2 予備艦、舞鶴工廠で 8cm 高角砲 1 門装備、代わりに 8cm 砲 2 門撤去
1919(T 8)- 3- 1	第 1 予備艦
1919(T 8)- 4- 1	第 1 艦隊第 1 潜水戦隊
1919(T 8)- 4-26	38' 及び 32' 内火艇を新造、機雷収容用
1919(T 8)- 5-20	呉工廠で缶室主蒸気管及び汽艇修理、10 月 8 日完成
1919(T 8)-10-11	舞鶴工廠で火薬庫冷却装置新設認可
1919(T 8)-10-28	横浜沖大演習観艦式参列
1919(T 8)-11-20	艦長小泉親治大佐 (27 期) 就任
1919(T 8)-12- 1	第 3 予備艦
1920(T 9)- 4- 1	敷設艦に類別、舞鶴工廠で機関総検査認可、缶管入換え
1920(T 9)-11-20	艦長森本兎久身大佐 (28 期) 就任
1921(T10)- 6-10	第 1 予備艦
1921(T10)- 7-15	第 1 艦隊付属
1921(T10)-10-31	横須賀鎮守府に転籍、練習艦
1922(T11)- 7- 1	艦長七田今朝一大佐 (29 期) 就任
1922(T11)- 7-30	第 1 艦隊付属
1922(T11)- 8-27	徳山発露領沿岸警備、9 月 10 日小樽着
1922(T11)-10-12	練習艦、水雷学校長および砲術学校長の指揮下におく
1923(T12)- 7-20	艦長徳田伊之助大佐 (30 期) 就任
1923(T12)-12- 1	兼警備艦
1924(T13)- 2-15	横須賀で繋留中艦尾方向にブイ繋留中の特務艦室戸の繋留索が強風により切断、艦尾に室戸が接触、
	本艦の通船ダビット 1 本が折損、機雷敷設用レールの先端が屈曲する
1924(T13)- 5- 7	艦長高橋三吉大佐 (29 期) 就任
1924(T13)- 5-15	第 1 艦隊付属
1924(T13)-11-10	艦長山口延一大佐 (31 期) 就任
1924(T13)-12- 1	第 1 艦隊付属

艦　歴 /Ship's History (7)

艦　名	阿　蘇 (3/3)
年　月　日	記　事 /Notes
1925(T14)-11-20	艦長畔柳三男三大佐 (31 期) 就任
1926(T15)-12- 1	第 1 予備艦、艦長清宮善高大佐 (33 期) 就任、兼北上艦長
1927(S 2)- 1-10	第 4 予備艦、横須賀防備隊付属
1931(S 6)- 4- 1	除籍、廃艦第 4 号
1931(S 6)-10-15	阿蘇推進器翼を靖国神社遊就館海軍参考室に陳列を認可
1932(S 7)- 6- 2	横須賀工廠に連合艦隊射撃演習の実艦的のため曳航準備命令
1932(S 7)- 8- 8	伊豆諸島付近で第 4 戦隊高雄型 20cm 砲及び第 2 潜水戦隊の雷撃により沈没、北緯 34 度 22 分、
	東経 140 度 1 分

鈴谷 /Suzuya・満州 /Mansyu・姉川 /Anekawa

型名 /Class name			同型艦数 /No. in class		設計番号 /Design No.	設計者 /Designer		建造費 /Cost		
艦名 /Name	計画年度 /Prog. year	建造番号 /Build. No	起工 /Laid down	進水 /Launch	竣工 /Completed	建造所 /Builder	旧名 /Ex.name	除籍 /Deletion	喪失原因・日時・場所 /Loss data	
鈴谷 /Suzuya ①			M31/1898- -	M33/1900-08-15	M35/1902- -	ドイツ、エルビンク、シーヒャウ /Schichau 社	ロシア、ノーウィック /Novik	T02/1913-04-01	T2/1913-11-1 売却	
満州 /Mansyu ②			M33/1900-04-01	M34/1901-03-13	M34/1901-06-	オーストリア、トリエスト、S. テクニコ社	ロシア、マンチュリア /Manchuria	S07/1932-04-01	S8/1933-9-15 実艦的として沈没	
姉川 /Anekawa ③			/ - -	M31/1898-09-	/ - -	英国、クライドバンク、ジョン・ブラウン社	ロシア、アンガラ /Angara	M44/1911-08-22	M44/1911-9-7 ロシア政府に譲渡	

注 /NOTES ① 当時快速 (25 ノット) を誇ったドイツ製小型巡洋艦、明治 37 年 8 月 10 日の黄海海戦で膠州湾に逃れ載炭後脱出、本州東側を迂回千島列島を抜けて 8 月 20 日に樺太コルサコフに到着、追跡してきた日本巡洋艦千歳、対馬と交戦擱座自爆したのを後に引き揚げ修復通報艦として編入したもの、見積価格 285 万 5,000 円 ②明治 37 年 2 月 17 日長崎港で葛城が捕獲したロシア東清鉄道会社所有船、船内インテリアが豪華で快速であったことから捕獲審検定決定前から海軍で特別任務に使用、明治 38 年 2 月に捕獲審検定確定後、仮装巡洋艦として艤装、明治 39 年に通報艦として正式に軍艦籍に編入、原名のマンチュリア Manchuria から満州丸、満州と命名、見積価格 63 万 4,890 円 ③旅順陥落後港内で着底状態で接収されたロシア海軍の仮装巡洋艦アンガラを引揚げ同じく仮装巡洋艦として修復艤装、明治 39 年に正式に軍艦、通報艦として編入したもの、元ロシア義勇艦隊所属のモスクワ /Moskva を 1903 年にアンガラと改名したもの、日本海軍での就役期間は短くロシア王室に贈与返還されている、見積価格 95 万 7,829 円
【出典】海軍制度沿革 / 日露戦争戦時書類 / 公文備考

船体寸法 /Hull Dimensions

艦名 /Name	状態 /Condition	排水量 /Displacement		長さ /Length(m)			幅 /Breadth (m)			深さ /Depth(m)		吃水 /Draught(m)			乾舷 /Freeboard (m)			備考 /Note
				全長 /OA	水線 /WL	垂線 /PP	全幅 /Max	水線 /WL	水線下 /uw	上甲板 /m	最上甲板	前部 /F	後部 /A	平均 /M	艦首 /B	中央 /M	艦尾 /S	
ノーウック /Novik	常備排水量 /Norm. (T)		3,000	110.5	109.9	106.0	12.2							5.0				ロシア側資料①による
	満載排水量 /Full (T)		3,080															
鈴谷 /Suzuya	常備排水量 /Norm. (T)		3,000			110.03	12.2							5.0				
	公称排水量 /Official(T)	常備 /Norm.	3,000															公表要目も同じ
満州 /Mansyu	常備排水量 /Norm. (T)		3,916	105.46		103.94	13.18			9.14				4.88				
	総噸数 /Gross Ton (T)		2,981															
	登記簿噸 /Resist. ton(T)		1,888															
	公称排水量 /Official(T)	常備 /Norm.	3,916															ワシントン条約前公表要目も同じ
	公称排水量 /Official(T)	基準 /St'd	3,510															ワシントン条約後公表要目も同じ
姉川 /Anekawa	常備排水量 /Norm (T)		11,700	154.84		142.34	17.71			11.28				6.50				
	総噸数 /Gross Ton (T)		7,267															
	登記簿噸 /Resist. ton(T)		3,967															
	公称排水量 /Official(T)	常備 /Norm.	11,700															公表要目も同じ

注 /NOTES ① < 露日戦争時のロシア艦船 > by Syeriya Arsyenag 1993、同資料における満載排水量の定義は日本海軍における満載排水量の定義とは異なるものと推定 【出典】極秘版明治三十七、八年海戦史 / 公文備考 / 極秘版海軍省年報 / 海軍省年報

解説 /COMMENT

明治 37、8 年の日露戦争の捕獲艦船のうち通報艦として編入された艦船についてここに収録した。特に姉川と満州については元来商船として建造されたもので、その生い立ちについては不明な部分も多く、今後の調査に負うところが大きい。

[鈴谷] 前身のノーウックはロシアがドイツのシーヒャウ社に発注、明治 34 年 /1901 に完成した小型防護巡洋艦で、当時出現しはじめたスカウト / 偵察巡と称された小型快速の巡洋艦のはしりであった。水雷艇のメーカーとして著名であったシーヒャウ社の設計だけに排水量 3,000 トンで速力 25 ノットは当時最速の巡洋艦の一隻で評判になったものである。開戦以来旅順艦隊にあってもっとも勇敢、挑戦的なロシア艦として有名になったが、もちろんこれは艦長のフォン・エッセン中佐の性格にもよるものだった。

ロシア海軍は本艦を成功とみなして引き続き国内で略同型艦 2 隻を建造、明治 37 年 /1904 に完成させていた。

明治 37 年 8 月 10 日の黄海海戦で本艦も出撃したが、旅順に戻らず中立地帯の膠州湾に逃れ給炭の後出港、太平洋側を迂回、千島列島を抜けて樺太に到着、ウラジオへの逃走をはかったが、捜索中の対馬、千歳に発見され戦闘を交えた後、コルサコフ湾で浅瀬に擱座自沈爆破の後乗員は撤去した。

明治 38 年 8 月より引揚げに着手、途中、悪天候及び厳寒期の中断もあり翌年 7 月浮揚に成功、7 月 30 日関東丸に曳航されて同地発、8 月 5 日函館に到着、函館船渠のドックに入渠、船体破損部の仮修理、推進軸 (3 軸) の撤去と防水処置等を行い、9 月 26 日に関東丸に曳航されて函館発、同 28 日横須賀に到着した。以後横須賀工廠で修復工事に着手、明治 41 年 10 月に 2 年余の工事期間で完成した。本艦の主機 3 基のうち左右の主機はロシア側の爆破処置により破壊の程度が著しく、使用を断念関連機器とともに撤去され、前中缶室の 8 缶はそのまま残されたが缶管は取り除き使用不可とし、後部缶室の 4 缶のみ修理再生された。煙突や通風筒は新製されたが、前部煙突はダミーで艦の外観上から設けられたものである。中央軸と推進器はほぼ原型通り新製されて装備、新造時の約 1/4 の出力で 19 ノット余を発揮出来たのはまずまずの成績であった。

兵装は全て日本式に換装され、12cm 砲は前後のみとし、舷側の旧 12cm 砲跡には 8cm 砲を装備、砲力そのものは大部低下している。

苦労して修復した割には存在価値が薄く、修復完成後は旅順方面の駐在警備任務に就いたが、大正 2 年には早くも除籍されてしまった。

艦名の鈴谷はノーウックの擱座した樺太亜庭湾にそそぐ川名で、日露戦争により樺太南部が日本領となった後に命名された川名であろう。後、昭和 6 年計画の最上型軽巡の 3 番艦に襲名。

[姉川] 前身のアンガラは明治 31 年 /1898 に英国のジョン・ブラウン社で進水したロシア義勇艦隊会社の所有船モスクワで、黒海のオデッサと極東ロシア諸港との間の航海に従事していたというが、明治 36 年 9 月にアンガラと改名して 15cm 砲等 16 門を装備する仮装巡洋艦に仕様を改めて、同年 12 月に他艦艇とともに旅順に到着した。旅順においては特務艦ということで、12cm 砲 6 門、8cm 砲 6 門を装備、開戦時、編成上は運送艦 (給炭) とされていた。

開戦劈頭の日本駆逐艦による旅順外港碇泊中の露艦隊襲撃時、アンガラは碇泊艦列の一番外側にあり、日本駆逐艦の襲撃に反撃、2 本の魚雷を回避している。さらに翌日の日本艦隊の旅順攻撃に際しては日本艦隊と交戦、被弾 2、戦死 3 を生じた。

5 月末に備砲の一部を撤去、病院船に変更、軍艦旗を降ろして病院船としての塗色を施し、その旨日本側に通告された。しかし、後の日本軍の港内在泊艦に対する背後からの間接、直接砲撃にさいして、10 月 1 日、本船に 2 発が命中、さらに 10 月 30 日に至って 2 発が命中し水線下に破口を生じ浸水、船首を着底沈没状態となる。旅順陥落後日本側に接収され、調査の結果備砲の搭載設備が残っていたことや、指揮官が海軍将校であったこと等から病院船と認定せず、海軍での使用を決定、明治 38 年 4 月 18 日に引揚げに着手、5 月 12 日に浮揚、6 月 3 日に姉川丸と命名、同月 24 日に旅順発、大連経由で 7 月 6 日に呉に到着した。

鈴谷 /Suzuya・満州 /Mansyu・姉川 /Anekawa

機　関/Machinery

		(ロシア艦時代) 鈴谷①	(編入時)	(ロシア時代) 満州②	(編入時)	(ロシア時代) 姉川③	(編入時)
主機械 /Main mach.	型式 /Type ×基数 (軸数)/No.	直立 3 段膨張式 4 気筩機関× 3	直立 3 段膨張式 4 気筩機関× 1	直立 3 段膨張式 3 気筩機関 /Recipro. engine × 2		直立 3 段膨張式 4 気筩機関 /Recipro. engine × 2	
缶 /Boiler	型式 /Type ×基数 /No.	ソーニクロフト式缶 /Thornycroft × 12	ソーニクロフト式缶 /Thornycroft × 4	円缶 / × 5		ベルビル式缶 /Bellevill × 30	
	蒸気圧力 /Steam pressure (kg/cm²)						
	蒸気温度 /Steam temp.(℃)						
	缶換装年月日 /Exchange date						
	換装缶型式・製造元 /Type & maker						
計画 /Design (自然通風 / 強圧通風)	速力 /Speed(ノット /kt)	25/		/		/	
	出力 /Power(実馬力 /IHP)	17,800/		/		/	
	回転数 /(rpm)	/		/		/	
新造公試 /New trial (自然通風 / 強圧通風) 英国実施	速力 /Speed(ノット /kt)	25.6/		/		/	
	出力 /Power(実馬力 /IHP)	19,000/		/		/	
	回転数 /(rpm)	/		/		/	
改造公試 /Repair T. (自然通風 / 強圧通風) 缶換装	速力 /Speed(ノット /kt)		/19.03		/17.6		/16.9
	出力 /Power(実馬力 /IHP)		/4,566		/5,000		/9,047
	回転数 /(rpm)		/ 161		/		宮島沖公試 3/5、M38-9-28
推進器 /Propeller	直径 /Dia.(m)・翼数 /Blade no.	3.56・3 翼					
	数 /No.・型式 /Type	× 4・マンガン青銅		× 2・		× 2・	
舵 /Rudder	舵型式 /Type・舵面積 /Rudder area(m²)	半釣合舵 /Semi balance・		非釣合舵 /Non balance・		非釣合舵 /Non balance・	
燃料 /Fuel	石炭 /Coal(T)・定量 (Norm.)/ 全量 (Max.)	400/500			500/1,218	/1,583	
航続距離 /Range(浬 /SM- ノット /Kts)		10-3,500					
発電機 /Dynamo・発電量 /Electric power(V/A)							
新造機関製造所 / Machine maker at new							
帆装形式 /Rig type・総帆面積 /Sail area(m²)							

注 /NOTES ①原型の主機 3 基の内左右の 2 基を撤去、中央機のみ使用、缶も同様に前部、中部缶室の 8 基は缶そのものは残したものの缶管は除去、後部缶室の 4 缶のみ修復使用、推進軸及び推進器は原型通りに複製装備、煙突は新製、ただし前煙突はダミー
②知られている機関データは非常に少ない、無傷で捕獲されたため機関部の損傷修復工事はなく、基本的に固有装備のまま使用したものと推定される　③同様に公知のデータは極端に少なく、浸水着底も前部だけであったため機関部の損傷は比較的軽かったと推定される
【出典】公文備考 / 極秘版明治三十七、八年海戦史 / 写真日本軍艦史

7 月 15 日、呉工廠において仮装巡洋艦としての修復工事を行うことになり、同年 10 月 1 日に完成した。着底といっても船首部の一部であったため、さらに病院船のため日本軍も故意に射撃を加えたわけではないことから全体の損傷の程度は軽く修復も早かった。

仮装巡洋艦の艤装に当たっては、15cm 安式砲 4 門、8cm 安式砲 4 門、山内式軽 47mm 砲 2 門を装備、船首尾楼に 15cm 砲を並列配置、8cm 砲は最上甲板前端と船尾楼甲板の前端の両舷に装備された。その他艦橋上に 75cm 探照灯と測距儀各 1 基を装備、短艇の一部を入れ換えかつ通船 2 隻を追加、船内の居住区や弾火薬庫の新設等を実施したが、外観的には大きな変化は加えられていない。本艦の外観は当時の義勇艦隊仮装巡洋艦の典型的な艦型で、クリッパー式艦首にバウスプリットを有し、傾斜した 3 橋、3 本煙突の艦姿は 1 万トンを超す大艦だけに、当時の日本側の仮装巡洋艦日本丸や香港丸に比べて威圧感のある印象を有していた。

明治 39 年はじめに航海科、機関科中少尉の練習艦に用いられることになり、改造工事を実施、同年 3 月には通報艦に類別されて正規の軍艦籍に編入され、同年ハワイまでの練習航海を実施している。

明治 44 年 8 月に除籍、宮内省に所管を移されたが、これは日本の皇室からロシア皇帝に本艦を贈与することになったもので、当然無償で譲渡されることになり、同 9 月 7 日にウラジオでロシア側に引き渡された。除籍に当たっては日本式の兵器類は取り除かれたらしく、ロシア海軍では以後モスクワの旧名に復帰、水雷母艦として使用、革命後の 1923 年にはペチェンガ Pechenga の艦名で航行不能な状態でウラジオにあったといわれている。従ってバルト海方面に回航されることなく、極東にとどまっていた模様。

艦名は滋賀県北東部の川名によるもので、原名のアンガラに発音が似ていることにちなんだといわれている。

[満州] 前身のマンチュリアは明治 34 年 /1901 にオーストリアのトリエストで完成したロシア東清鉄道会社の所有船で、明治 37 年 2 月 17 日に長崎港で葛城に捕獲され、捕獲審検にかけられていたが、船内インテリアが豪華で速力も早かったことから検定確定前から海軍で内々に外国観戦者の戦場への送迎等に用いられており、さらに同 5 月 27 日には無線電信機 1 組が装備されていた。明治 38 年 2 月に捕獲検定が確定したことで、海軍の通信船として用いることとなり、さらに 3 月 10 日に至り仮装巡洋艦満州丸として艤装することに決定した。艤装工事は 3 月 15 日に呉工廠で着手、同 24 日に完成している。備砲は安式 8cm 砲 2 門、47mm 重保式砲 2 門の軽装備で、ただ本来が商船構造のため、砲の装備に当たっては一部補強等が加えられ、その他艦橋後方に探照灯、測距儀各 1 基が装備された。また固有短艇の一部を降ろして小蒸気艇 1 隻、海軍式カッター 2 隻、通船 1 隻を搭載、前檣のデリックを小蒸気艇用に強化している。他に砲側弾薬函の装備、弾火薬庫の新設等の工事を実施していた。

工事を終えた本艦は日露戦争に従事、明治 39 年に通報艦に類別され正規の軍艦となった。同時に皇族、外国王族、大使等の迎賓用の設備を施す改装を実施、以後観艦式では供奉艦として用いられることが続いた。この間一般任務としては中国、韓国方面の警備に就くことが多く、大正元年には 1 等海防艦に類別変えされた。

大正 5 年ごろからは専用の測量艦として用いられるようになり、測量任務用に設備を改め、昭和 5 年ごろまで現役の測量任務に従事していた。同 6 年に 2 等海防艦に格下げ、翌年除籍、同 8 年に実艦的として処分されている。

艦名の満州は原名のマンチュリア (満州のロシア名) によったもの。なお、日露戦争中には他にもう 1 隻のマンチュリアの船名を持つロシア船が捕獲されており、海軍の工作艦関東となっている

[資料] 鈴谷についてはノーウィックのロシア側の公式図面は存在するが、日本側の図面類はまったく残されていない。満州と姉川については日本側で仮装巡洋艦に編入した際の資料が < 極秘版明治三十七、八年海戦史 > に掲載されており、艤装の詳細と公式図を写図したと思われる艦型略図が添付されている。要目簿もこの 3 隻については存在しない。鈴谷、姉川は就役期間が短かったこともあって残っている写真は数枚しかなく、満州についても写真はそう多くはない。

鈴谷 /Suzuya・満州 /Mansyu・姉川 /Anekawa

兵装・装備 /Armament & Equipment

		鈴谷① (ロシア艦時代)	鈴谷① (編入時)	満州② (ロシア時代)	満州② (編入時)	姉川③ (ロシア時代)	姉川③ (編入時)
砲熕兵器 / Guns	主砲 /Main guns	45 口径 12cm 露式砲 /Russian × 6	40 口径 12cm 安式砲 /Armstrong × 2		40 口径 8cm 安式砲 /Armstrong × 2 弾× 200(1 門当り以下同様)	45 口径 12cm 露式砲 /Russian × 6	40 口径 15cm 安式砲 /Armstrong × 4
	備砲 /2nd guns	47mm 重保式砲 /Hotchkiss × 6	40 口径 1 号 8cm 砲 /No.1 × 4		47mm 重保式砲 /Hotchkiss × 2 弾× 400	50 口径 8cm 露式砲 /Russian × 6	40 口径 8cm 安式砲 /Armstrong × 2
	小砲 /Small cal. guns						
	機関砲 /M. guns	37mm5 連保式砲 /Hotchkiss × 2	6.5mm 麻式機銃 /Maxim × 2				47mm 軽山内式砲 /Yamanouchi × 4
個人兵器 /Personal weapons	小銃 /Rifle				35 年式海軍銃 × 47+16 弾× 18,900		35 年式海軍銃 × 91+18 弾× 32,700
	拳銃 /Pistol				1 番形拳銃 × 24		1 番形拳銃 × 38 弾× 4,560
	舶刀 /Cutlass						
	槍 /Spear						
	斧 /Axe						
水雷兵器 /Torpedo weapons	魚雷発射管 /T. tube	× 5 水上 /Suf.(固定 /Fix. × 1、旋回 /Turn × 4)	× 2(水上旋回 /Suf. & Turn × 2)				
	魚雷 /Torpedo	38cm					
	その他						
電気兵器 /Elec.Weap.	探照灯 /Searchlight	× 3	75cm × 2		× 1		× 1
艦載艇 /Boats	汽艇 /Steam launch		× 1(9.6m)		× 1(9.1m)		× 2(9.1m × 1、10.2m × 1)
	ピンネース /Pinnace		× 1(9.1m)				
	カッター /Cutter		× 2(8.5m)		× 6(8.5m × 2、8.7m × 4)		× 5(8.5m × 2、9.1m × 3)
	ギグ /Gig		× 1(8.2m)				× 1(7.6m)
	ガレー /Galley				バージ× 1(9.1m)		× 1(7.6m)、外舷艇 (6.1m) × 1、バージ× 2
	通船 /Jap. boat		× 2(8.2m × 1、6.1m × 1)		× 1(7.5m)		× 2(8.2m × 1、7.0m × 1)
	(合計)	× 8	× 7	× 10	× 9		× 14

注 /NOTES ①短艇数はノーウィックについては艦型図による、鈴谷については明治 41 年時を示す ②満州の短艇は明治 41 年当時を示す、後に測量任務に従事した際は多分この一部を測量艇に換装したものと推定する
③姉川の短艇は明治 41 年の状態を示す、ロシアに贈与の際には兵装は撤去した状態で引き渡されたと思われる 【出典】公文備考 / 露日戦争時のロシア艦船 /1904-5 年露日海戦史 / 極秘版明治三十七、八年海戦史 / 海軍省年報

◎ ドイツ、シーヒャウ社建造の快速巡洋艦で、当時のレシプロ機関で 25 ノットを発揮する巡洋艦は珍しかった。ロシア海軍も気に入ったらしく、同型２隻を自国で建造したほどであった。３軸艦で機関配置を下図に示す。

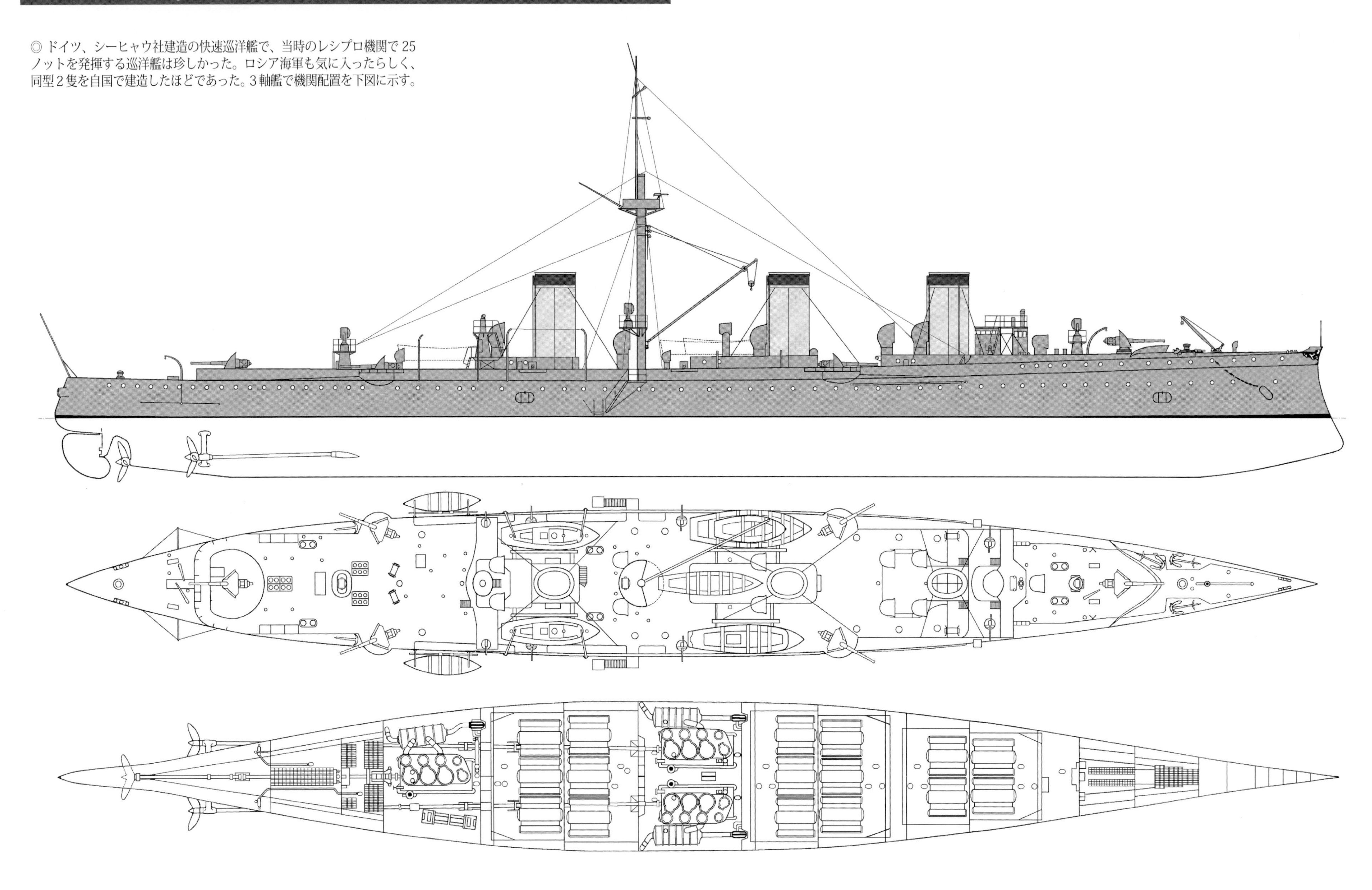

図 4-3-1 [S=1/350] ノーウィック 側平面 (露艦時)

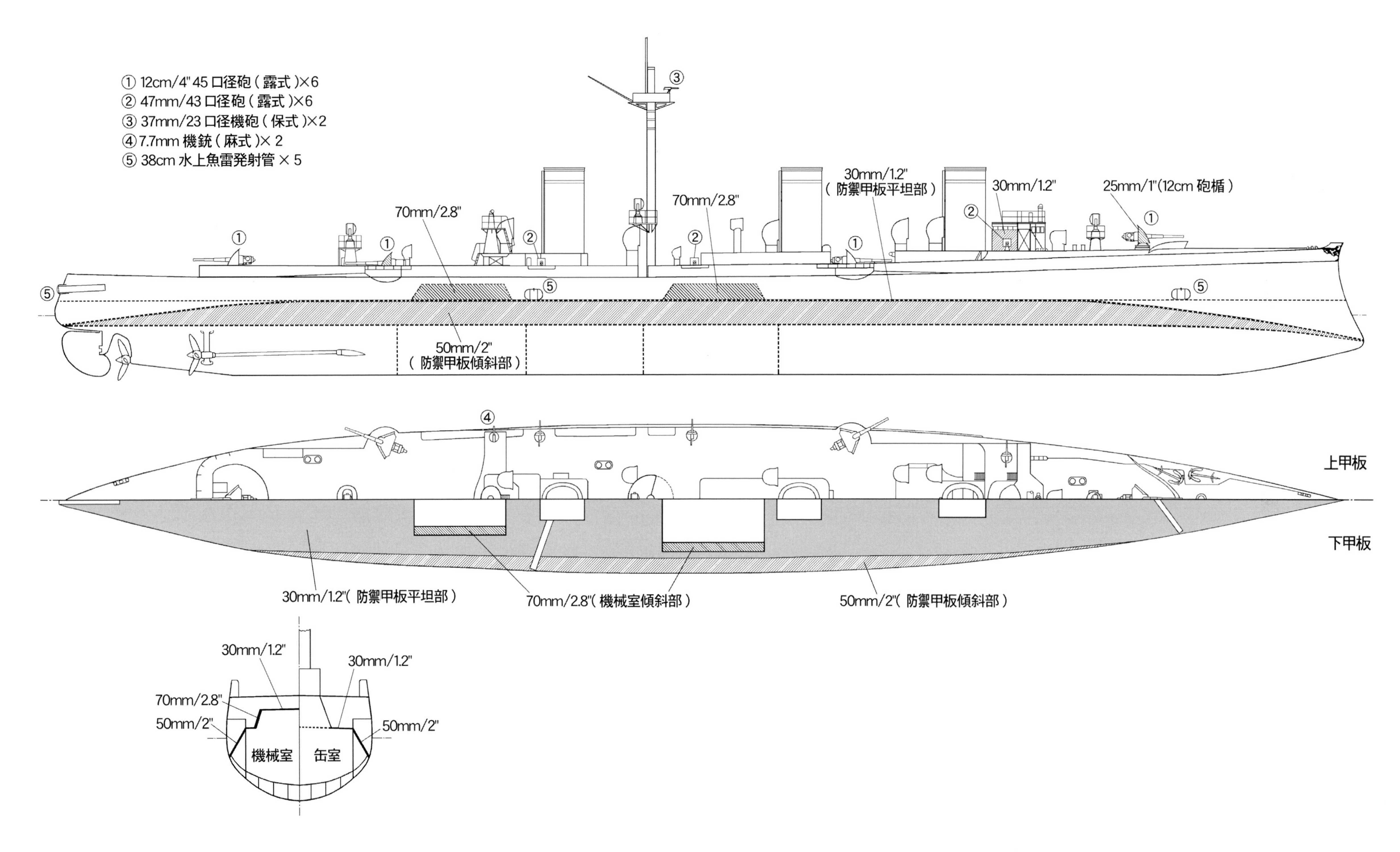

図 4-3-2 [S=1/350] ノーウィック 兵装・防禦配置図（露艦時）

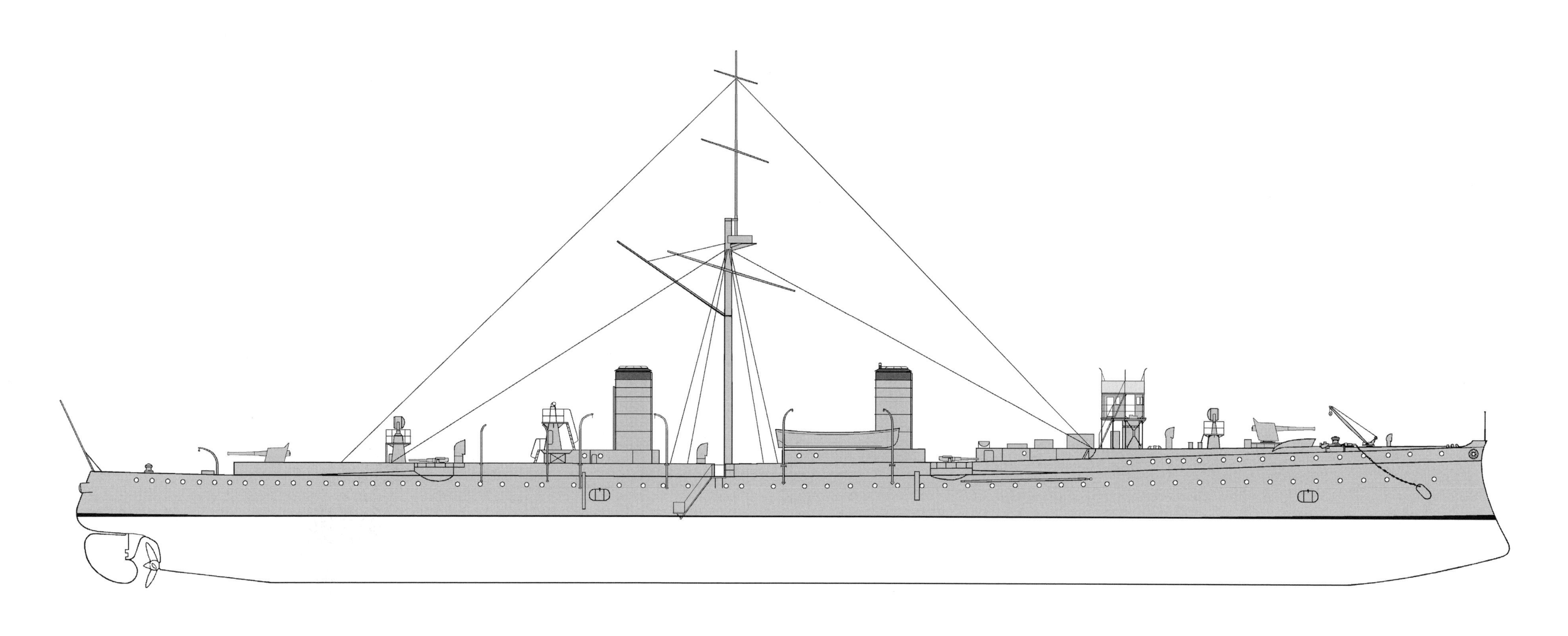

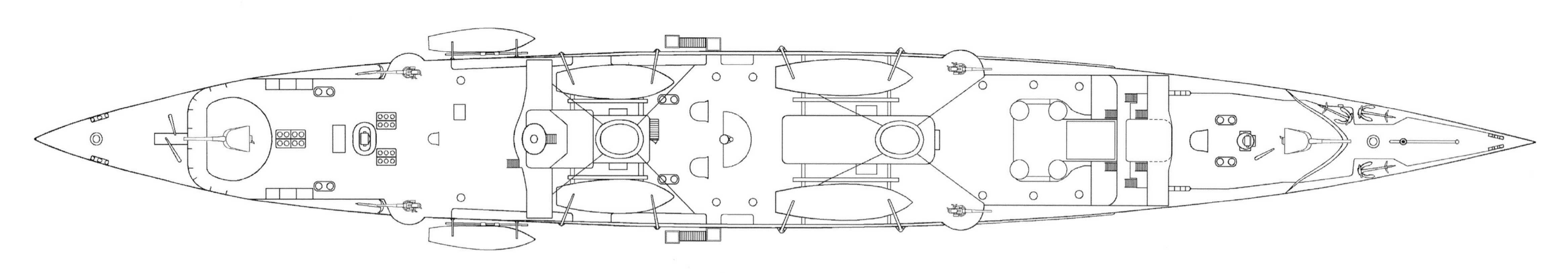

図 4-3-3 [S=1/350] **鈴谷 側平面 (編入時)**

◎ 修復に当たって左右軸を撤去、3軸から単軸艦に変更され原型の快速艦のイメージは失われた。前部煙突はダミーとして残されたもので、軍艦でダミー煙突は珍しい。

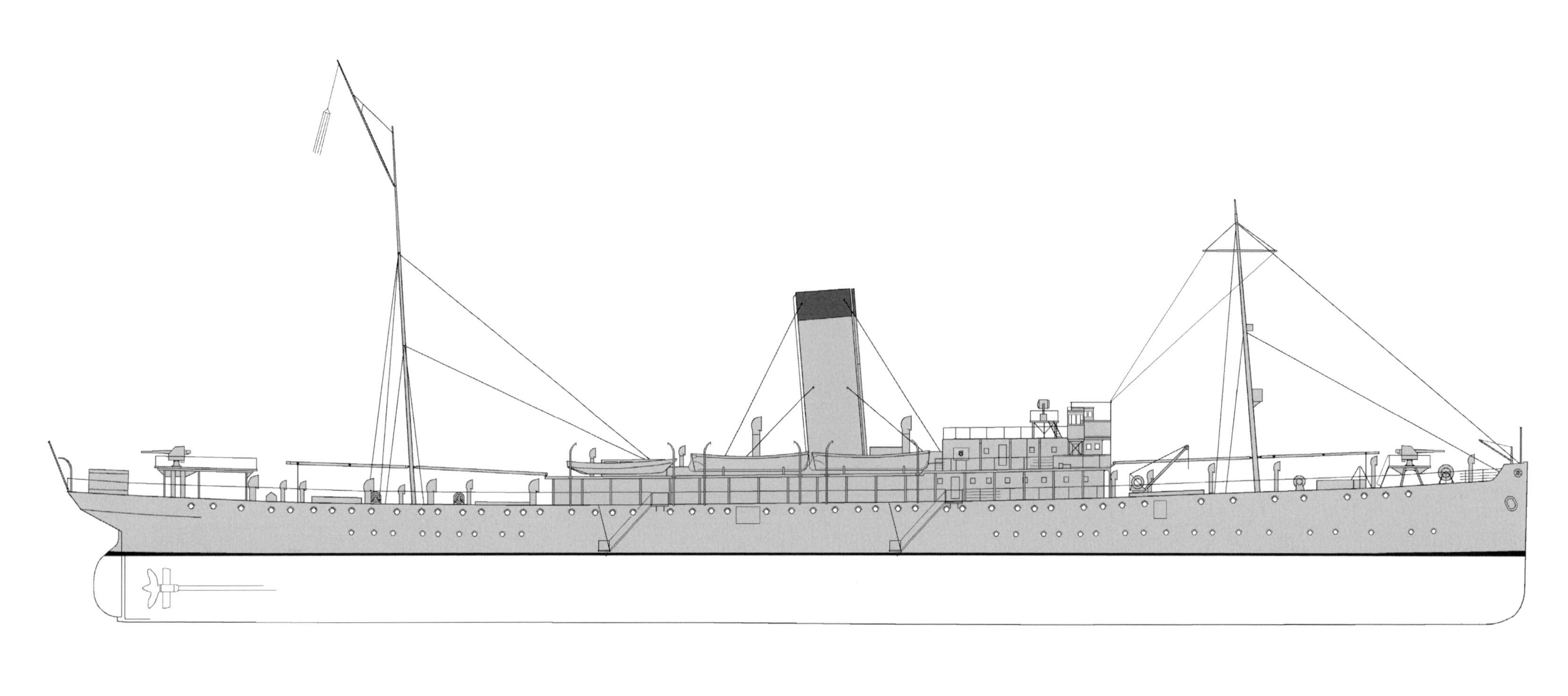

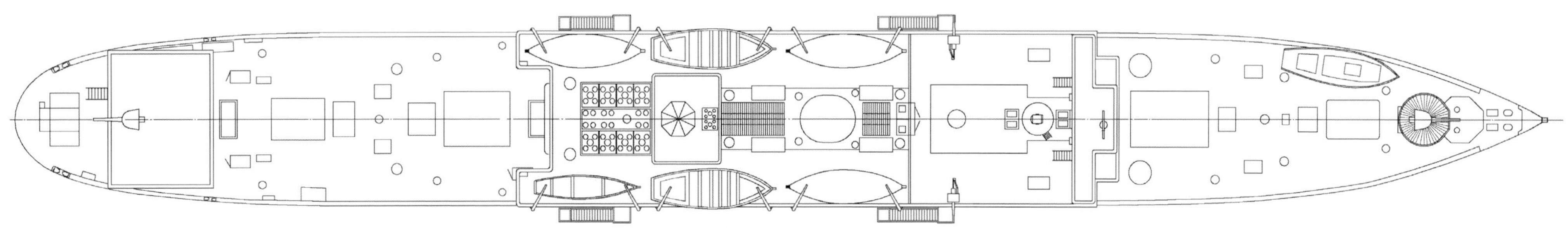

図 4-3-4 [S=1/400] 満州 側平面 (編入時)

鈴谷 /Suzuya・満州 /Mansyu・姉川 /Anekawa

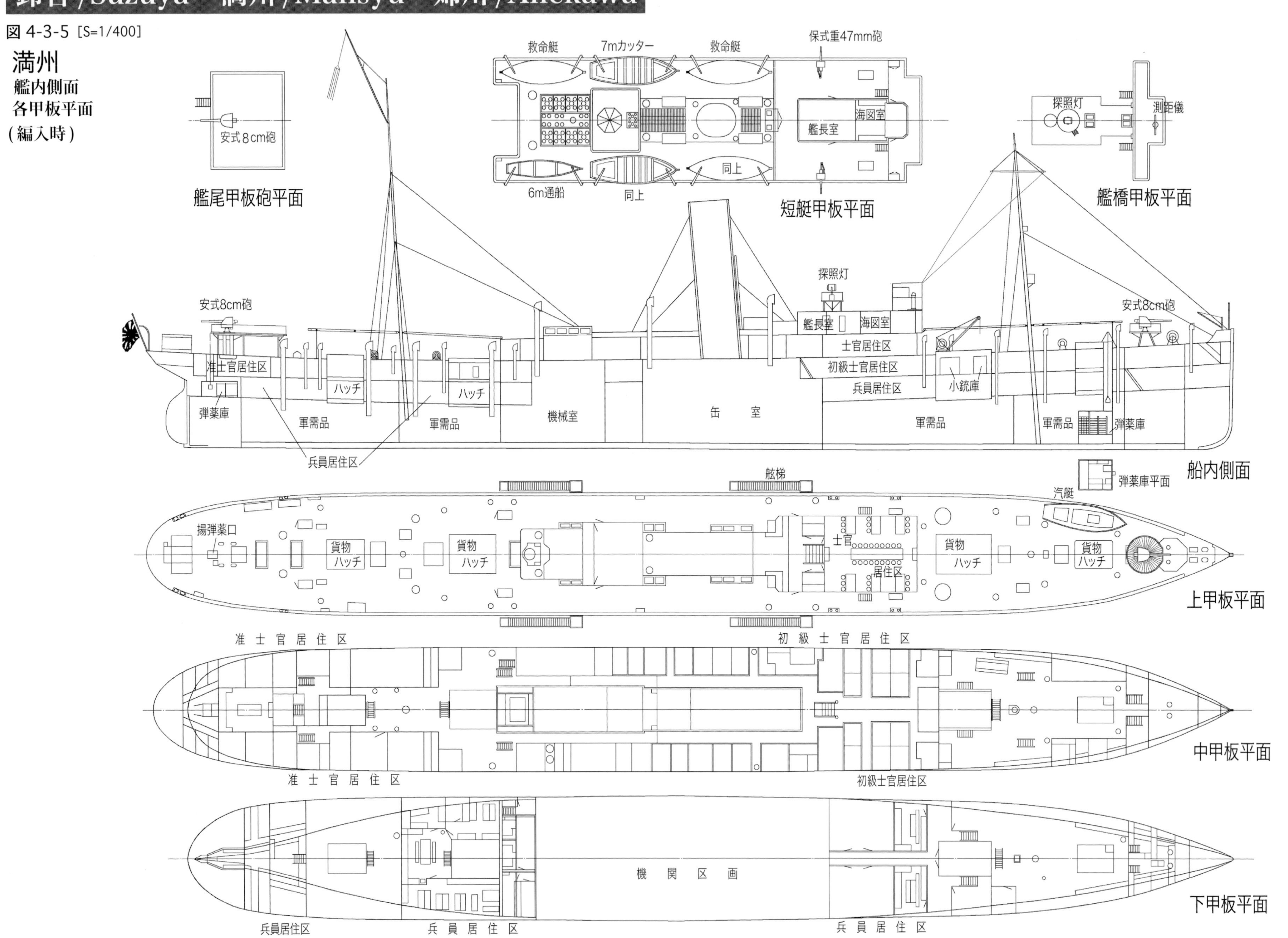

図 4-3-5 [S=1/400]

満州
艦内側面
各甲板平面
(編入時)

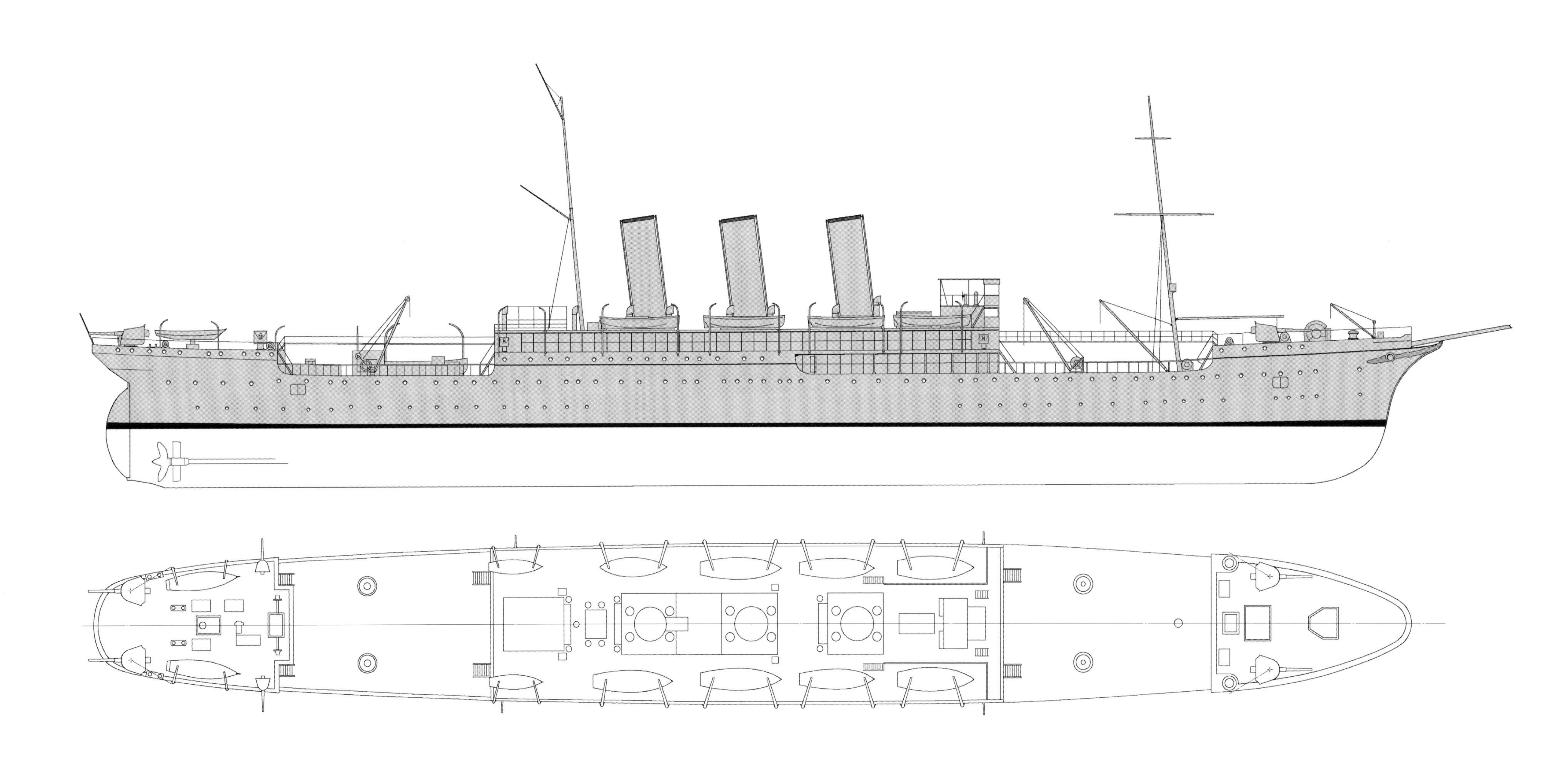

図 4-3-6 [S=1/500] 姉川 側平面 (編入時)

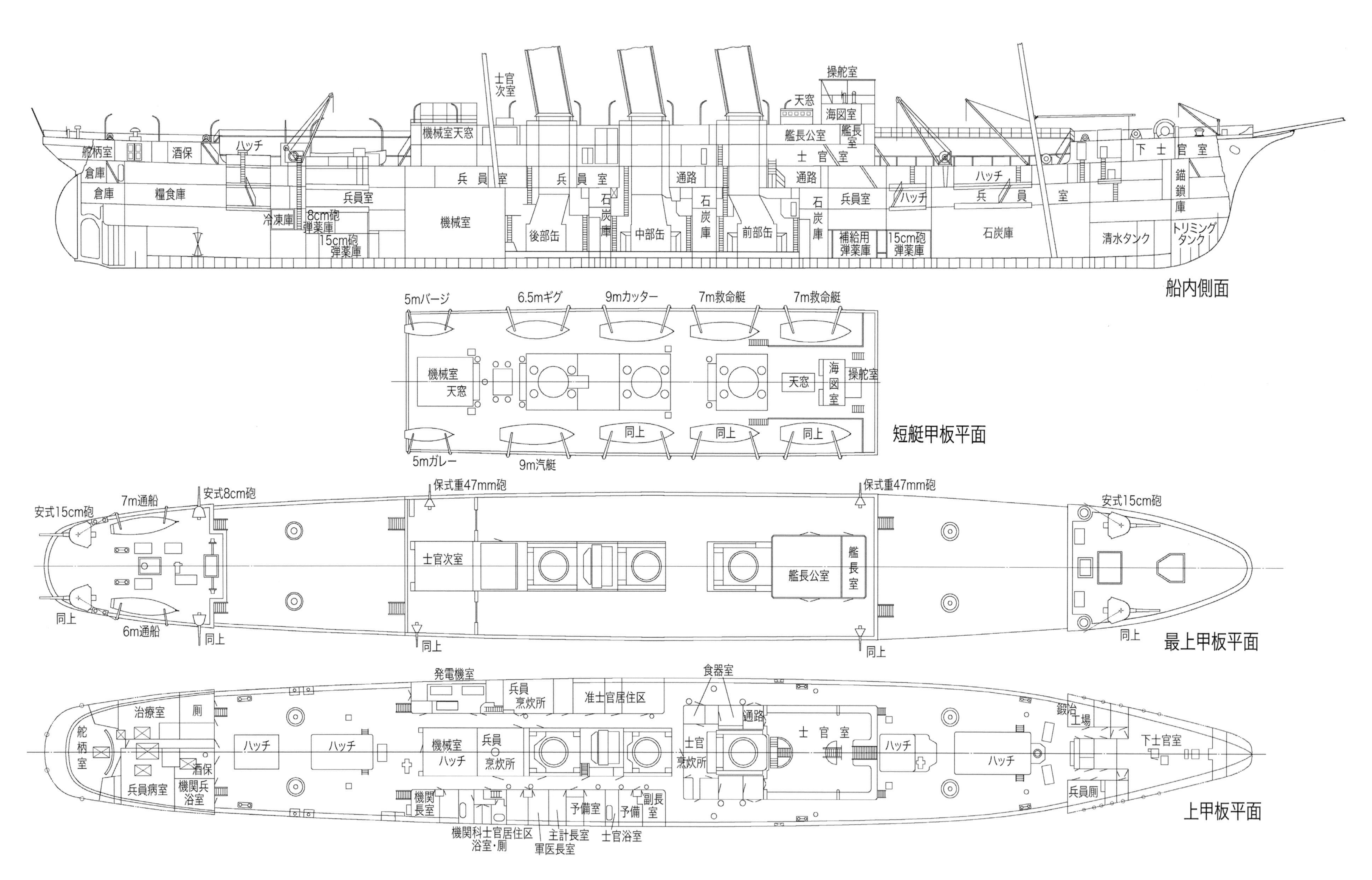

図 4-3-7 [S=1/500] 姉川 艦内側面・各甲板平面 (編入時)

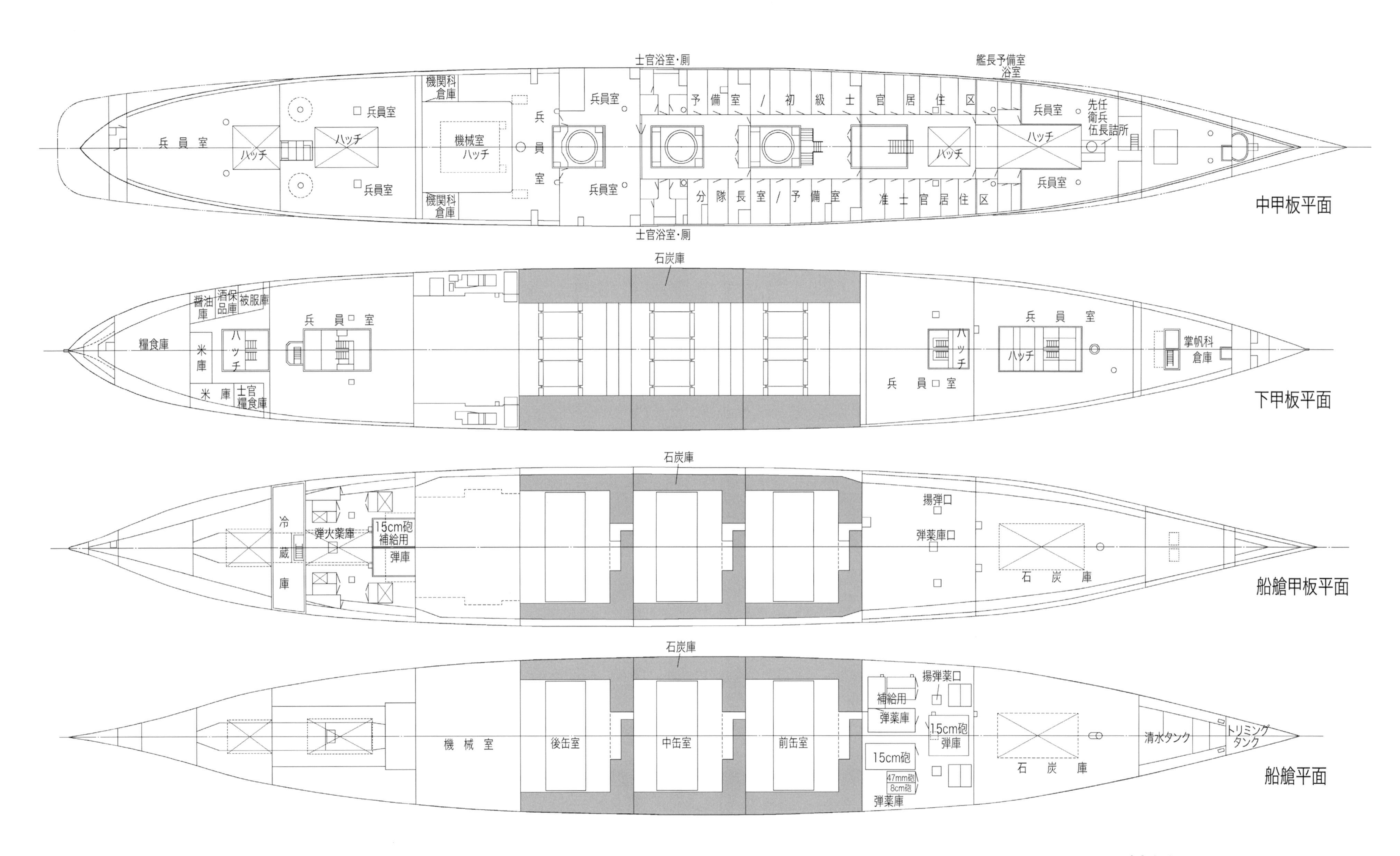

図 4-3-8 [S=1/500] 姉川 各甲板平面(編入時)

鈴谷 /Suzuya・満州 /Mansyu・姉川 /Anekawa

鈴谷　定　員 /Complement (1)

職名 /Occupation	官名 /Rank	定数 /No.		職名 /Occupation	官名 /Rank	定数 /No.	
艦長	大中佐	1	士官 /23		1 等水兵	30	卒 /222
副長	少佐	1			2、3 等水兵	50	
航海長	大尉	1			4 等水兵	22	
砲術長兼分隊長	〃	1			1 等信号水兵	4	
水雷長兼分隊長	〃	1			2、3 等信号水兵	5	
分隊長	〃	2			1 等木工	1	
	中少尉	5			2、3 等木工	2	
機関長	機関少佐	1			1 等機関兵	33	
分隊長	機関大尉	3			2、3 等機関兵	50	
	機関中少尉	3			4 等機関兵	14	
軍医長	大軍医	1			1、2 等看護	2	
	中少軍医	1			1 等主厨	3	
主計長	大主計	1			2 等主厨	3	
	中少主計	1			3、4 等主厨	3	
	上等兵曹	3	准士 / 7				
	船匠師	1					
	上等機関兵曹	3					
	1 等兵曹	6	下士 /60				
	2、3 等兵曹	17					
	1 等信号兵曹	1					
	2、3 等信号兵曹	4					
	1 等船匠手	1					
	2、3 等船匠手	1					
	1 等機関兵曹	7					
	2、3 等機関兵曹	18					
	1、2 等看護手	1					
	1 等筆記	1					
	2、3 等筆記	1					
	1 等厨宰	1					
	2、3 等厨宰	1		(合　計)		312	

注 /NOTES

明治 39 年 9 月 3 日内令 277 による通報艦鈴谷の定員を示す【出典】海軍制度沿革
(1) 上等兵曹 1 人は掌砲長、1 人は掌水雷長、1 人は掌帆長の職にあたるものとする
(2) 兵曹は教員、掌砲長属、掌水雷長属、掌帆長属及び各部の長職につくものとする
(3) 信号兵曹 1 人は信号長、他は按針手の職を兼ねるものとする

満州　定　員 /Complement (2)

職名 /Occupation	官名 /Rank	定数 /No.		職名 /Occupation	官名 /Rank	定数 /No.	
艦長	大中佐	1	士官 /17		1 等水兵	20	卒 /137
副長	中少佐	1			2、3 等水兵	38	
航海長	少佐 / 大尉	1			4 等水兵	16	
分隊長	大尉	3			1 等信号水兵	2	
	中少尉	4			2、3 等信号水兵	2	
機関長	機関中少佐	1			1 等木工	1	
分隊長	機関大尉	2			2、3 等木工	2	
	機関中少尉	2			1 等機関兵	18	
軍医長	大軍医	1			2、3 等機関兵	24	
主計長	大主計	1			4 等機関兵	7	
					1、2 等看護	1	
					1 等主厨	2	
					2 等主厨	2	
					3、4 等主厨	2	
	上等兵曹	1	准士 / 6				
	船匠師	1					
	上等機関兵曹	3					
	上等筆記	1					
	1 等兵曹	3	下士 /33				
	2、3 等兵曹	7					
	1 等信号兵曹	2					
	2、3 等信号兵曹	3					
	1、2 等船匠手	1					
	1 等機関兵曹	3					
	2、3 等機関兵曹	10					
	1、2 等看護手	1					
	1、2 等筆記	1					
	1 等厨宰	1					
	2、3 等厨宰	1					
				(合　計)		193	

注 /NOTES

明治 39 年 3 月 8 日内令 70 による通報艦満州の定員を示す【出典】海軍制度沿革
(1) 上等兵曹は掌砲長兼掌帆長の職にあたるものとする
(2) 兵曹は教員、掌砲長属、掌水雷長属、掌帆長属及び各部の長職につくものとする
(3) 信号兵曹 1 人は信号長、他は按針手の職を兼ねるものとする

姉川 定 員 /Complement (3)

職名 /Occupation	官名 /Rank	定数 /No.		職名 /Occupation	官名 /Rank	定数 /No.	
艦長	大佐	1	士官/20		1等水兵	44	卒/350
副長	中佐	1			2、3等水兵	76	
航海長	少佐	1			4等水兵	32	
分隊長	少佐 / 大尉	1			1等信号水兵	3	
分隊長	大尉	2			2、3等信号水兵	4	
	中少尉	5			1等木工	2	
機関長	機関中佐	1			2、3等木工	3	
分隊長	機関少佐 / 大尉	1			1等機関兵	61	
分隊長	機関大尉	2			2、3等機関兵	77	
	機関中少尉	2			4等機関兵	34	
軍医長	軍医少監 / 大軍医	1			1、2等看護	2	
軍医		1			1等主厨	4	
主計長	主計少監 / 大主計	1			2等主厨	4	
					3、4等主厨	4	
	上等兵曹	2	准士/8				
	船匠師	1					
	機関兵曹長 / 上等機関兵曹	1					
	上等機関兵曹	3					
	上等筆記	1					
	1等兵曹	6	下士/61				
	2、3等兵曹	11					
	1等信号兵曹	2					
	2、3等信号兵曹	3					
	1等船匠手	1					
	2、3等船匠手	1					
	1等機関兵曹	8					
	2、3等機関兵曹	24					
	1、2等看護手	1					
	1等筆記	1					
	2、3等筆記	1					
	1等厨宰	1					
	2、3等厨宰	1		(合 計)		439	

注 /NOTES

明治39年3月8日内令70による通報艦姉川の定員を示す【出典】海軍制度沿革
(1) 上等兵曹1人は掌砲長、1人は掌帆長の職にあたるものとする
(2) 兵曹は教員、掌砲長属、掌水雷長属、掌帆長属及び各部の長職につくものとする
(3) 信号兵曹1人は信号長、他は按針手の職を兼ねるものとする

艦 歴 /Ship's History (1)

艦 名	鈴 谷
年 月 日	記 事 /Notes
1899(M32)- 3-	ロシア海軍巡洋艦 Novik としてドイツ、エルビンク、Schichau 社で起工
1900(M33)- 6-12	進水
1901(M34)- -	竣工
1904(M37)- 8-28	黄海海戦後樺太コルサコフ湾に逃れたが追跡の対馬と交戦、被弾後擱座放棄された
1905(M38)- 8- 8	浮揚工事着手(厳寒期は中断)、翌年7月13日浮揚
1906(M39)- 7-31	工作艦関東が曳航現地発、8月5日函館着、函館船渠会社の船渠に入渠、船体破口閉塞、推進軸撤去
	等の仮修理実施
1906(M39)- 8-20	命名入籍
1906(M39)- 9- 3	横須賀鎮守府入籍、通報艦に類別、第3予備艦
1906(M39)- 9-26	関東が曳航函館発、28日横須賀着
1906(M39)-10-20	艦長茶山豊也大佐(12期)就任
1907(M40)- 4-18	艦長吉見乾海大佐(12期)就任、兼周防艦長
1907(M40)- 7- 1	艦長仙頭武央大佐(10期)就任、兼周防艦長
1908(M41)- 2-26	艦長小栗孝三郎大佐(15期)就任、兼音羽艦長5月15日から
1908(M41)- 4-14	船体機関部修理認可
1908(M41)- 7-11	艦長釜屋六郎大佐(14期)就任
1908(M41)- 9-15	第2予備艦
1908(M41)-10-16	第1予備艦、10月修復改造工事完成、破壊されていた両舷主機補機を撤去、前中部缶室缶はそのま
	ま保管、後部缶室の4缶は水管式新缶に換装、推進器はオリジナルに倣って新製、煙突、通風筒は新
	製、前部煙突はダミー
1908(M41)-11-18	神戸沖大演習観艦式参列
1908(M41)-11-20	第2予備艦
1909(M42)- 2-11	横須賀工廠で入渠、ビルジキール新設、艦底塗替、4月1日出渠
1909(M42)- 3-25	佐世保鎮守府に転籍
1909(M42)- 6-25	第1予備艦
1909(M42)-11-16	警備艦、旅順鎮守府司令長官の指揮下におく
1909(M42)-11-22	佐世保発旅順警備任務、翌年5月6日着
1910(M43)- 5-20	佐世保発旅順警備任務、翌年2月24日着
1910(M43)-11- 1	艦長志津田定一郎中佐(15期)就任
1910(M43)-12- 1	艦長川原袈裟太郎中佐(17期)就任
1911(M44)- 2- 7	艦長関侍郎中佐(16期)就任
1911(M44)- 3-12	佐世保発旅順警備任務、翌々年3月29日所安島着
1911(M44)- 8-19	電信用檣桁改造新設認可、旅順工作部
1911(M44)-10- 4	無電室改造認可、佐世保工廠、43式無電機装備
1911(M44)-12- 1	艦長佐藤皐蔵大佐(18期)就任
1912(T 1)- 8-28	2等海防艦に類別
1912(T 1)-11-12	横浜沖大演習観艦式参列
1913(T 2)- 4- 1	除籍
1913(T 2)-11- 1	売却

艦　歴 /Ship's History (2)

艦　名	満　州 (1/4)
年　月　日	記　事 /Notes
1900(M33)- 4- 1	オーストリア、トリエスト、Stabiliment Tecnico 社で起工
1901(M34)- 3-13	進水
1901(M34)- 6-	竣工
1904(M37)- 2-17	ロシア東清鉄道会社保有船 Manjuria、長崎で修理中に葛城が拿捕
1904(M37)- 4- 7	海軍での使用決定、長崎造船所で整備工事、仮命名満州丸
1904(M37)- 6-21	佐世保発日露戦争に従事、7 月 19 日長崎着
1904(M37)- 8- 7	津軽海峡方面警備のため函館着
1904(M37)-12-29	長崎発日露戦争に従事、翌年 1 月 14 日横浜着
1905(M38)- 2- 4	捕獲検定確定、3 月 10 日仮装巡洋艦としての工事、呉工廠で 3 月 15 日着工、24 日完成
1905(M38)- 3-15	連合艦隊付属特務艦隊、艦長西山保吉中佐 (10 期) 就任
1905(M38)- 4-11	尾崎発、10 月 8 日小樽着
1905(M38)- 6-14	第 4 艦隊
1905(M38)-10-23	横浜沖凱旋観艦式供奉艦として参列
1905(M38)-11- 6	横須賀発北清警備、19 日佐世保着
1905(M38)-11-27	佐世保発韓国航海、12 月 2 日下関着
1905(M38)-12-20	第 2 艦隊
1905(M38)-12-22	佐世保発清国航海、翌年 1 月横浜着
1906(M39)- 2- 5	皇族、特派大使等貴賓乗用に備えて設備工事訓令
1906(M39)- 3- 8	横須賀鎮守府入籍、通報艦に類別
1906(M39)- 3-21	佐世保発遼東半島及び韓国航海、31 日竹敷着
1906(M39)- 6- 8	恵比須湾発遼東半島及び韓国航海、22 日竹敷着
1906(M39)- 6-14	艦長矢代由徳大佐 (10 期) 就任
1906(M39)- 7- 4	第 2 予備艦
1907(M40)- 2-15	第 1 予備艦
1907(M40)- 3-26	横浜発韓国及び北清方面航海、4 月 26 日着
1907(M40)- 4-30	第 2 予備艦
1907(M40)- 5-17	艦長小沢喜七郎中佐 (14 期) 就任
1907(M40)-11-14	第 1 予備艦
1907(M40)-11-27	甲島発韓国方面航海、12 月 7 日下関着
1907(M40)-12-20	第 2 予備艦
1908(M41)- 2-20	艦長秀島七三郎大佐 (13 期) 就任
1908(M41)- 3-25	第 1 予備艦
1908(M41)- 4-20	第 2 予備艦
1908(M41)- 8-15	第 1 予備艦
1908(M41)-11-18	神戸沖大演習観艦式供奉艦として参列
1908(M41)-11-20	第 2 予備艦
1908(M41)-12-10	艦長松岡修蔵中佐 (14 期) 就任
1909(M42)- 3- 4	艦長中島市太郎大佐 (14 期) 就任、兼高千穂艦長
1909(M42)- 4- 2	第 1 予備艦
1909(M42)- 4-20	笠戸島発北清方面航海、5 月 16 日下関着

艦　歴 /Ship's History (3)

艦　名	満　州 (2/4)
年　月　日	記　事 /Notes
1909(M42)- 7-30	第 2 予備艦、艦長小黒秀夫中佐 (15 期) 就任
1909(M42)-10-11	艦長川浪安勝中佐 (15 期) 就任、12 月 3 日横須賀工廠で入渠推進器修理、翌年 1 月 17 日出渠
1910(M43)- 3- 1	改造公試
1910(M43)- 6- 3	第 1 予備艦
1910(M43)- 7-19	第 2 予備艦
1911(M44)- 1-11	第 1 予備艦
1911(M44)- 3- 1	端舟換装認可、鉄製 28' カッター 1 隻を撤去新たに 28' カッター、23' 通船各 1 隻を搭載
1911(M44)- 5-23	艦長向井弥一大佐 (15 期) 就任
1911(M44)- 9-19	無線電信室改造認可、横須賀工廠で同 20 日入渠推進器取替、10 月 5 日出渠
1911(M44)-10-24	警備艦
1911(M44)-10-28	佐世保発南清方面警備、11 月 22 日着
1911(M44)-12- 6	第 1 予備艦
1912(M45)- 1- 9	第 3 艦隊
1912(M45)- 1-19	佐世保発南清方面警備、4 月 5 日呉着
1912(M45)- 4- 9	第 1 予備艦
1912(M45)- 5- 7	鎮海発旅順方面警備、5 月 20 日宮島着
1912(M45)- 6- 6	警備艦
1912(M45)- 6-22	佐世保発南清方面警備、7 月 23 日馬公着
1912(T 1)- 8- 9	第 1 予備艦
1912(T 1)- 8-13	艦長堀輝房大佐 (16 期) 就任
1912(T 1)- 8-28	2 等海防艦に類別
1912(T 1)-11-12	横浜沖大演習観艦式に供奉艦として参列
1912(T 1)-12- 1	艦長平田得三郎大佐 (16 期) 就任
1913(T 2)- 5-11	六連島発南清方面警備、19 日馬公着
1913(T 2)- 9-23	横須賀工廠で入渠、亜鉛板取替え、艦底塗替え、10 月 6 日出渠
1914(T 3)- 9- 5	横須賀工廠で入渠、推進軸取外し修理、艦底塗替え、9 月 28 日出渠
1914(T 3)-11- 1	警備艦、第 1 次大戦に従事
1914(T 3)-12- 1	艦長島内桓太大佐 (20 期) 就任
1914(T 3)-12-28	臨時南清防備隊付属
1915(T 4)- 1- 6	測深儀装備認可
1915(T 4)- 6-30	第 1 予備艦
1915(T 4)-12- 1	艦長糸川成太郎大佐 (20 期) 就任
1915(T 4)-12- 4	横浜沖特別観艦式に供奉艦として参列
1916(T 5)- 2-26	測量艦
1916(T 5)- 4-22	佐世保発中国方面航海、5 月 3 日鎮海着
1916(T 5)- 6-29	兼警備艦
1916(T 5)- 9-16	第 1 予備艦
1916(T 5)-10-25	横浜沖恒例観艦式に列外拝観船として参列
1916(T 5)-12- 1	艦長関田駒吉大佐 (24 期) 就任
1917(T 6)- 6- 1	測量兼警備艦、5 月中旬から 9 月初旬まで台湾堆測量任務

艦　歴 /Ship's History (4)

艦　名	満　州 (3/4)
年　月　日	記　事 /Not
1917(T 6)- 9-18	第 2 予備艦
1917(T 6)-12- 1	艦長井手元治大佐 (25 期) 就任
1917(T 6)-12-15	警備艦、横須賀工廠で弾薬庫通風装置改正工事
1917(T 6)-12-31	中城湾発シンガポール方面警備、3 月 4 日佐世保着
1918(T 7)- 3-11	第 1 予備艦
1918(T 7)- 5- 7	測量兼警備艦、同月 8 日横須賀工廠で入渠舵修理 21 日出渠、5 月から 8 月下旬まで台湾で測量
1918(T 7)- 9- 7	馬公要港司令官の指揮下におく
1918(T 7)- 9- 8	馬公発厦門方面警備、10 月 8 日着
1918(T 7)-10- 9	第 2 予備艦、横須賀工廠で 13 ノット発揮程度にとどめて修理工事
1918(T 7)-11-20	艦長江口金馬大佐 (27 期) 就任
1919(T 8)- 3- 1	第 1 予備艦
1919(T 8)- 3-26	警備艦
1919(T 8)- 4-11	佐世保発青島方面警備、21 日鎮海着
1919(T 8)- 4-28	測量兼警備艦
1919(T 8)- 5-13	横須賀発南洋諸島方面警備、測量任務、8 月 19 日二見着
1919(T 8)- 8-23	第 1 予備艦
1919(T 8)-10-28	横浜沖大演習観艦式に供奉艦として参列
1919(T 8)-11- 3	艦長坂元貞二中佐 (28 期) 就任
1919(T 8)-12- 1	第 2 予備艦、艦長松坂茂中佐 (27 期) 就任、横浜船渠で修理
1920(T 9)- 4- 1	横須賀工廠にて特定修理認可、25 日着手、翌年 1 月 8 日完成
1920(T 9)-10-30	第 1 予備艦
1920(T 9)-12- 1	測量兼警備艦
1921(T10)- 8-10	横須賀工廠で入渠、舵修理
1922(T11)- 4-	4 月下旬から 9 月上旬まで南洋諸島測量任務
1922(T11)-10- 1	第 2 予備艦
1922(T11)-12- 1	第 1 艦隊第 1 潜水戦隊、艦長大谷四郎中佐 (31 期) 就任
1923(T12)- 1-16	横須賀工廠で潜水艦供給用蒸留水管装置新設、2 月 1 日完成
1923(T12)- 3- 9	横須賀工廠で汽艇推進器修理、31 日完成
1923(T12)- 4-17	佐世保発旅順方面警備、24 日鎮海着
1923(T12)- 6-21	横須賀工廠で給水ポンプ修理、27 日完成
1923(T12)- 8-28	佐世保発中国沿岸警備、9 月 5 日着
1923(T12)- 9-15	関東大震災に際し横須賀発逗子鎌倉方面の警備救難任務にあたる
1923(T12)-10- 1	第 1 予備艦
1923(T12)-11- 5	第 2 予備艦
1923(T12)-12- 1	艦長広瀬豊大佐 (31 期) 就任
1924(T13)- 3- 1	第 1 予備艦
1924(T13)- 4- 1	警備艦
1924(T13)- 5-16	測量艦、5 月上旬から 8 月下旬まで南洋諸島及び南西諸島測量任務
1924(T13)-11- 1	第 3 予備艦
1924(T13)-12- 1	艦長重松良一中佐 (32 期) 就任

艦　歴 /Ship's History (5)

艦　名	満　州 (4/4)
年　月　日	記　事 /Notes
1925(T14)- 3- 1	第 1 予備艦
1925(T14)- 4- 1	測量兼警備艦
1925(T14)- 3-19	横須賀工廠で入渠、舵修理
1925(T14)- 4- 2	横須賀工廠で無線電信機改装、15 日完成
1925(T14)- 4-15	横須賀発南洋諸島測量任務、5 月 29 日馬公着
1925(T14)- 8-20	横須賀工廠で入渠音響測深儀装備、9 月 5 日出渠
1925(T14)- 9-10	横須賀発南洋諸島測量任務、10 月 16 日着
1925(T14)-11-10	横須賀発南西諸島より伊豆諸島への黒潮調査、30 日着
1926(T15)- 2-21	横須賀工廠で造水装置改造、3 月 15 日完成
1926(T15)- 5-13	横須賀発南洋諸島測量任務、10 月 27 日着
1926(T15)-11-25	横須賀工廠で入渠、外板損傷腐食検査修理
1926(S 1)-12- 1	艦長佐藤英夫大佐 (33 期) 就任
1927(S 2)- 1-13	横須賀発沖縄、台湾方面測量任務、3 月 20 日着
1927(S 2)- 6-13	馬公発ルソン海峡方面測量任務、7 月 4 日呉着
1927(S 2)- 9-30	横須賀工廠で入渠、舵、外板修理
1927(S 2)-10-30	横浜沖大演習観艦式に列外で参加
1927(S 2)-11-16	横須賀発南洋諸島測量任務、翌年 3 月 5 日着
1928(S 3)- 3- 5	艦長竹原九一郎中佐 (35 期) 就任
1928(S 3)- 5- 1	第 1 予備艦
1928(S 3)- 6- 1	横須賀工廠で主機修理、兵員烹炊所通風筒新設、9 月 26 日完成
1928(S 3)- 8-20	測量兼警備艦
1928(S 3)- 9-27	横須賀発南洋諸島測量任務、12 月 15 日着
1928(S 3)-12-10	艦長難波営三郎大佐 (35 期) 就任
1929(S 4)- 1-17	横須賀発大湊、函館方面測量任務、3 月 23 日着
1929(S 4)- 4- 8	呉工廠で主機修理、14 日完成
1929(S 4)- 5-22	二見発南洋諸島測量任務、7 月 14 日横須賀着
1929(S 4)- 7-29	横須賀発潮岬沖、土佐沖測量任務、9 月 28 日着
1929(S 4)-10-23	横須賀発犬吠埼沖測量任務、11 月 21 日着
1930(S 5)- 1-15	横須賀発潮岬沖、土佐沖測量任務、3 月 23 日着
1930(S 5)- 7-15	馬公発ルソン海峡方面測量任務、8 月 6 日基隆着
1930(S 5)-10-13	横須賀発日本沿岸測量任務、11 月 21 日着
1930(S 5)-12-15	第 4 予備艦
1931(S 6)- 6- 1	2 等海防艦に類別
1932(S 7)- 4- 1	除籍
1933(S 8)- 1-12	廃艦第 5 号
1933(S 8)- 9-15	実艦的として撃沈される

艦　歴 /Ship's History (6)

艦　名	姉　川
年　月　日	記　事 /Notes
(M　)- -	英国クライドバンク、John Brown 社で起工
1898(M31)- 9-	進水
(M　)- -	竣工、ロシア義勇艦隊会社所有船モスクワ
1903(M36)- 9-	ロシア海軍仮装巡洋艦 Angara として太平洋艦隊に編入
1905(M38)- 1-	旅順で着底沈没状態で接収、4 月より浮揚作業開始
1905(M38)- 5-12	浮揚、回航のため仮修理実施
1905(M38)- 6- 7	姉川丸と命名
1905(M38)- 6-24	旅順口発、7 月 6 日呉着
1905(M38)- 7-24	呉鎮守府所轄仮装巡洋艦
1905(M38)- 8-12	艦長石橋甫大佐 (10 期) 就任
1905(M38)- 9- 5	第 2 艦隊
1905(M38)- 9-23	船体機関兵装改造新設認可、呉工廠
1905(M38)- 9-28	宮島沖で改造公試
1905(M38)-10- 1	仮装巡洋艦としての修復工事完成
1905(M38)-10-23	横浜沖凱旋観艦式参列
1905(M38)-11-21	艦長花房祐四郎大佐 (13 期) 就任
1905(M38)-12-20	第 1 艦隊
1906(M39)- 1-31	練習艦としての船体機関の改修工事完成予定
1906(M39)- 2- 6	練習艦、中少尉航海科、機関科練習航海用、300 名を 3 組に分けて各 4 か月間の練習航海を実施予定
1906(M39)- 3- 8	命名軍艦姉川、通報艦に類別、呉鎮守府入籍、練習艦
1906(M39)- 3-19	呉発清国、韓国練習航海、6 月 12 日徳山着
1906(M39)- 8-20	呉発ハワイ、韓国南岸練習航海、12 月 13 日着
1906(M39)-12- 5	第 2 予備艦
1907(M40)- 3- 9	第 1 予備艦
1907(M40)- 5-17	第 2 予備艦
1908(M41)- 8-12	艦長山本竹次郎大佐 (13 期) 就任
1908(M41)- 9-15	第 1 予備艦
1908(M41)-10- 8	第 2 艦隊、大演習中
1908(M41)-11-20	第 2 予備艦
1908(M41)-12-10	艦長笠間直大佐 (13 期) 就任
1910(M43)- 4- 9	艦長小黒秀夫大佐 (15 期) 就任、兼厳島艦長 6 月 3 日から
1910(M43)- 6-22	艦長田所広海大佐 (17 期) 就任、兼厳島艦長
1910(M43)- 9-26	艦長広瀬順太郎大佐 (14 期) 就任
1911(M44)- 4- 5	第 3 予備艦
1911(M44)- 8-22	除籍、宮内省に所管替
1911(M44)- 9- 2	呉発ウラジオストクへ、7 日着
1911(M44)- 9- 7	ロシア政府に贈与引渡

型名 /Class name		同型艦数 /No. in class		設計番号 /Design No. C 7		設計者 /Designer ①				
艦名 /Name	計画年度 /Prog. year	仮称艦名 /Build. No	起工 /Laid down	進水 /Launch	竣工 /Completed	建造所 /Builder	建造費 /Cost	除籍 /Deletion	喪失原因・日時・場所 /Loss data
利根 /Tone	M37/1904	甲号 2 等巡	M38/1905-11-27	M40/1907-10-24	M43/1910-05-15	佐世保海軍工廠	¥2,977,000 ②	S06/1931-04-01	廃艦第 2 号、昭和 8 年 4 月 30 日奄美大島方面で爆撃実艦的

注 /NOTES ① 佐世保海軍工廠建造の最初の巡洋艦、日本巡洋艦では最後のレシプロ・エンジン搭載艦で当時出現しはじめたより高速の軽巡にいたる過渡期の計画で基本計画は近藤基樹造船大監の手になるものとされている ②帝国艦艇要領表 (T14) による、公文備考では本艦の製造費予算として明治 38 ～ 41 年にわたる支出として総額 2,603,087 円を計上していると記載、予算項目は臨時軍事費艦艇補足費造船費 【出典】公文備考 / 海軍軍備沿革 / 平賀資料

船体寸法 /Hull Dimensions

艦名 /Name	状態 /Condition	排水量 /Displacement		長さ /Length(m)			幅 /Breadth (m)			深さ /Depth(m)		吃水 /Draught(m)			乾舷 /Freeboard (m)			備考 /Note
				全長 /OA	水線 /WL	垂線 /PP	全幅 /Max	水線 /WL	水線下 /uw	上甲板 /m	最上甲板	前部 /F	後部 /A	平均 /M	艦首 /B	中央 /M	艦尾 /S	
利根 /Tone	新造計画 /Design (T)	常備 /Norm.	4,113.457	122.834		109.728	14.377		14.377	8.585		4.753	5.414	5.058	7.213		6.299	
	公試排水量 /Trial (T)		4,103															
	常備排水量 /Norm. (T)		4,105.129									4.786	5.414	5.100		3.513		新造時のデータ
	満載排水量 /Full (T)		4,963.312									5.834	6.001	5.909		2.696		
	軽荷排水量 /Ligth (T)		3,507.081									3.948	5.110	4.528		4.085		
	総噸数 /Gross ton(T)		3,268.137															利根要目簿による
	公称排水量 /Official (T)	常備 /Norm.	4,100			360'-0"	47'-2"							16'-9・1/8"				ワシントン条約以前の公表値
	公称排水量 /Official (T)	基準 /St'd	3,760			109.72	14.33							5.09				ワシントン条約以後の公表値

注 /NOTES ①本艦の船体最大幅は中央切断公式図から水線下であることがわかる 【出典】利根要目簿 / 平賀資料 / 海軍省年報

解説 /COMMENT

明治 37 年 3 月に公布された日露戦争の戦費をまかなうための臨時軍事費特別会計法においては、艦艇を建造するための艦艇補足費が設けられ、これにより日露戦争中及び戦後に戦艦 2 隻 (薩摩、安芸)、装甲巡洋艦 4 隻 (筑波、生駒、鞍馬、伊吹)、巡洋艦 1 隻 (利根)、通報艦 2 隻 (淀、最上)、大型駆逐艦 1 隻、中型駆逐艦 2 隻、駆逐艦 28 隻、潜水艇 13 隻等の艦艇が建造または外国から購入している。

日本海軍は日露戦争に際し、2 等巡洋艦 9 隻、3 等巡洋艦 8 隻をようして参戦したが、戦争中に 2 等巡洋艦の有力艦吉野、高砂を失い、戦後戦利艦の宗谷と津軽を編入したから勢力的にはほぼ変化はなかった。

ただ、これらの巡洋艦を見た場合国産艦は 2 等巡洋艦は橋立ただ 1 隻、3 等巡洋艦は秋津洲以下須磨型 2 隻、新高型 3 隻があり、国産艦は 3,000 トン級の 3 等巡洋艦の建造にほぼ限られていた。

利根の起工は日露戦争終了直後で、従って計画そのものはほぼ 1 年前にスタートしたと見てよいであろう。本艦は佐世保工廠で建造された最初の巡洋艦であり、これまで水雷艇、駆逐艦の建造しか経験していない同工廠にとって最初の大艦であり、そうしたことを考慮して 4,000 トン級の 2 等巡洋艦が選ばれたものと推定される。基本計画は当時艦本第 3 部にあって計画主任格で各種新造艦の基本計画に関与していたと思われる近藤基樹造船大監が担当または指導したデザインと推定されている。艦本第 3 部長は明治 33 年以来、対露戦備各種艦艇の整備に尽力してきた佐雙左仲造船総監が就任していたが、近藤はこの下で基本計画をまかされるようになったもので、利根の起工約 2 か月前に佐雙が急逝、一時近藤が代理を務める時期もあった。

利根は仕様そのものは先の音羽と大差なく、常備排水量で千トン近く大型化されていたが、主機は従来通りのレシプロ・エンジンで、計画速力は 2 ノットほど増速して 23 ノットに設定されていた。兵装は音羽に準じて前後に 15cm 砲を置き、中間の上甲板舷側に 12cm 砲片舷 5 門を配置しており、魚雷発射管も復活装備された。ただし、15cm 砲は従来の 40 口径安式砲から 45 口径 41 式砲という国産砲に替えられ、同様に 12cm 砲も同じ 40 口径砲 41 式砲、8cm 砲も 40 口径 41 式砲に変わっていた。ただし 41 式とはいっても砲身そのものは安式と大差なく尾栓構造を変えたものと理解されている。

魚雷発射管は前型の新高型では無防禦の魚雷兵装装備は被弾に際して危険ということから一時装備を見送ってきたが、利根では魚雷室の舷側部に薄い装甲を施すことで復活している。

外観的に利根がこれまでの国産巡洋艦と異なるのは艦首と艦尾形状で、艦首は当時の王室ヨット等に似たいわゆるクリッパー・タイプで鋭く尖った先端が突き出しており、菊のご紋章は中央に装着出来ないので艦首先端両側に装着されている。日露戦争中の戦訓からも艦首水線下で突き出た従来の衝角 (ラム) 構造艦首は、戦後の新造艦では全て廃止されてクリッパー型の艦首に変わったわけだが、その中でも利根の艦首は突出しており、軍艦の艦首としてはいささか不自然さがないわけではない。

艦尾もナックル付のクルーザー・スタンで傾斜した前後檣と 3 本煙突の本艦の艦型を極めて美しいと形容する向きもあるが、近藤基樹造船大監は本艦のデザインに当たって、1899 年に進水した英国王室ヨット Victoria and Albert 4,700 トンを参照したと、< 巡洋艦 - 福井 > に記されている。いずれにしてもこうした形状はこの時期の他の新造艦にも共通するもので、利根と同じ予算で建造された通報艦 淀、最上が同様の艦首を有しており、この点からもこの 2 隻も近藤基樹造船大監のデザインと考えるのが自然であろう。

利根の起工された明治38年/1905末は、英国では巡洋艦に新しい変化が生じはじめており、いゆゆるスカウトと称される速力25ノット前後の小型巡洋艦が出現、機関にタービンを採用、さらに舷側装甲を復活した軽装甲巡洋艦、いわゆる軽巡出現のきざしが見え始めていた。従来型の装甲巡洋艦と防護巡洋艦の時代は日露戦争を境に終わったといってよく、日本海軍もその意味ではけっして後れを取っていたわけではなく、新しい形の装甲巡洋艦として筑波型を建造し、戦艦安芸と通報艦として建造した最上にタービン機関を採用するなどの努力はあったものの、ドレッドノートという巨大な変革の波には完全に乗り切れなかった。

利根もタービン機関を採用しておかしくなかったが、佐世保工廠で建造する最初の大艦ということで、ハードルを幾分下げた形で仕様を決定したとも推測できる。

利根は起工後約 4 年半を費やして明治 43 年 5 月に完成した。佐世保工廠として最初の大艦だけにかなりスローペースであったが、以後、佐世保工廠は各軽巡洋艦の第 1 艦を建造する先行建造海軍工廠として知られるところとなる。

利根の建造金額については、明治 38 年 5 月 20 日付で佐世保工廠に製造訓令が発せられた際に、訓令総予算額として 2,603,087 円が示されているが、この内訳は船体費 987,750 円、機関費 1,425,735 円、備品費 52,000 円、付属費 135,602 円、進水費 2,000 円とされている。ここでちょっと奇異に思うのは船体費より機関費の方が高いことだが、これは次の筑摩型においても同傾向が見られるところから、間違いではないらしい。この金額には兵器費は含まれていないはずで、明治 42 年 9 月 10 日付で軍艦利根兵装予算額として合計 198,769 円が提示されている。なお、先の訓令総予算とは別に 25,913 円が予備費として計上されている。

また、建造中の明治 40 年 12 月 13 日付訓令で重油混焼装置設備が発せられ、これに伴い船体にも重油庫を設置することになり、全体で 25,900 円の追加予算が組まれ、これが先の予備費とほぼ同額なのは偶然であろう。

竣工後 2 か月ほどで舷側装備の 12cm 砲の砲楯と照準鏡の位置関係の不備が発見され、一時砲楯を全て撤去し改修工事を実施している。

利根は竣工翌年 4 月 1 日より 11 月 12 日まで 6 か月半にわたって鞍馬に随伴して英国王ジョージ 5 世の戴冠式記念観艦式参列のため訪英しており、その瀟洒な艦姿を海外に披露している。

大正 3 年 8 月、第 1 次大戦勃発前の艦隊編制では第 2 艦隊第 2 水雷戦隊の旗艦に就いており、当時の水雷戦隊旗艦は後のように子隊の駆逐艦を掩護しつつ自身も突撃するという任務はなく、母艦的任務のため装甲巡洋艦等が就くことが多かったが、それらの中ではもっとも快速であった。また第 1 次大戦に際しては大正 6 年第 1 特務艦隊に配属され南支、シンガポール方面の警備任務に従事、インド洋方面にも進出していた。大正 7 年度には第 1 艦隊第 1 水雷戦隊の旗艦に就いたが、翌年には新鋭の軽巡龍田にその座を譲り、以後は中国方面等の警備任務に従事することが多く舞台裏に退くことになる。

大正 8 年には従来の 8cm 砲に替えて後部艦橋に 8cm 高角砲 2 門を装備、同艦橋にあった探照灯 2 基を後檣の下段に移設している。20 年余の就役中他には艦容を変えるような改装はなく最後までほぼ原型を保っており、兵装の変化も少なかった。

艦名の利根は関東地方の川名、後に昭和 9 年度計画の軽 (重) 巡洋艦に襲名、戦後、海上自衛隊の護衛艦に命名。

利根 /Tone

機　関 /Machinery

		新造完成時 /New
主機械 /Main mach.	型式 /Type ×基数 (軸数)/No.	縦置 3 段膨張 4 気筩式機関 /Recipro. engine × 2
缶 /Boiler	型式 /Type ×基数 /No.	宮原式水管缶 /Miyabara type × 16 (大× 8、小× 8)
	蒸気圧力 /Steam pressure (kg/cm²)	15.82
	蒸気温度 /Steam temp.(℃)	
	缶換装年月日 /Exchange date	
	換装缶型式・製造元 /Type & maker	
計画 /Design (自然通風 / 強圧通風)	速力 /Speed(ノット /kt)	/23.0
	出力 /Power(実馬力 /IHP)	/15,000
	回転数 /(rpm)	/160
新造公試 /New trial (自然通風 / 強圧通風)	速力 /Speed(ノット /kt)	/23.368
	出力 /Power(実馬力 /IHP)	/15,215
	回転数 /(rpm)	/152.15
改造公試 /Repair T. (自然通風 / 強圧通風)	速力 /Speed(ノット /kt)	
	出力 /Power(実馬力 /IHP)	
	回転数 /(rpm)	
推進器 /Propeller	直径 /Dia.・翼数 /Blade no.	・3 翼
	数 /No.・型式 /Type	× 2・青銅製
舵 /Rudder	舵型式・舵面積 /Rudder area(㎡)	半釣合舵 /Semi balance・13.12
燃料 /Fuel	石炭 /Coal(T)・定量 (Norm.)/ 全量 (Max.)	300/903
	重油 /Oil(T)・定量 (Norm.)/ 全量 (Max.)	/124
航続距離 /Range(浬 /SM- ノット /Kts)		4,135-10.0　3,185-14.0
発電機 /Dynamo・発電量 /Electric power(V/A)		ベリス式及びシーメンス式× 3・110V/400A
新造機関製造所 / Machine maker at new		佐世保工廠

注 /NOTES ① 日本巡洋艦としては最後のレシプロ・エンジン艦、また石炭と重油の混焼方式を採用した最初の巡洋艦
【出典】利根要目簿 / 平賀資料 / 帝国海軍機関史

[資料] 利根の公式資料としてはほぼ図面一式が呉大和ミュジアムの < 福井資料 > にある。舷外側面、艦内側面及び各甲板平面図がきわめて良好な状態で残されており、他に利根の要目簿も存在するが機関関係は除かれている。その他 < 平賀資料 > にも本艦の要目等に関する断片的なメモ類や貴重な資料では本艦の船体寸法図がある。
写真は < 福井写真集 > 等をはじめ各時代にまたがってかなりの数があるものの昭和期の鮮明な写真はあまりなく、これはこの時期外地で警備任務に当たることが多く、内地で行動する機会が少なかったからと推定される。

兵装・装備 /Armament & Equipment

		新造完成時 /New	昭和 5 年 /1930
砲熕兵器 / Guns	主砲 /Main guns	41 式 45 口径 15cm 砲 /41type × 2 弾× 200 ①	41 式 45 口径 15cm 砲 /41type × 2 弾× 200
	備砲 /2nd guns	41 式 40 口径 12cm 砲 /41type × 10 弾× 1,200 ②	41 式 40 口径 12cm 砲 /41type × 10 弾× 1,200
	小砲 /Small cal. guns	41 式 40 口径短 8cm 砲 /41type × 2 弾× 400	3 年式 40 口径 8cm 高角砲 /3 year AA type × 2 ③
	機関砲 /M. guns	麻式 6.5mm 機銃 /Maxim × 2 弾× 20,000	麻式 6.5mm 機銃 /Maxim × 1 弾× 10,000
個人兵器 /Personal weapons	小銃 /Rifle	35 年式海軍銃× 168　弾× 34,200	
	拳銃 /Pistol	1 番形拳銃× 39　弾× 4,680	
	舶刀 /Cutlass		
	槍 /Spear		
	斧 /Axe	× 2	
水雷兵器 /Torpedo weapons	魚雷発射管 /T. tube	保式 /Whitehead type × 3 (水上固定 1、旋回 2)	左に同じ④
	魚雷 /Torpedo	保式 (43 式)45cm/43 year type 18" × 6	
	その他		
電気兵器 /Elec.Weap.	探照灯 /Searchlight	75cm × 4 (シーメンス式)	左に同じ
艦載艇 /Boats	汽艇 /Steam launch	× 1(9.8m、7.216T)	
	ピンネース /Pinnace	× 1(9.8m、2.61T)	
	カッター /Cutter	× 2(9.1m、1.12T)	
	ギグ /Gig	× 2(8.2m、0.53T)	
	ガレー /Gallery		
	通船 /Jap. boat	× 2(8.2m、0.94T)、× 1(6.1m、0.52T)	
	(合計)	× 9	左に同じ

注 /NOTES ①各 1 組の揚弾薬筒を装備　②全体で 3 組の揚弾薬筒を装備　③ T8-5-23　8cm 高角砲の公試を実施、この高角砲装備にともない従来の 41 式 8cm 砲 2 門を撤去、海軍省年報極秘版の要目表は利根の高角砲搭載が欠落しているので要注意　④発射管は S6 除籍時まで残存　【出典】利根要目簿 / 公文備考 / 海軍省年報極秘版

重量配分 /Weight

		利 根 /Tone	
		重量 /Weight(T)	%
船殻 /Hull		1,435.00	35.0
防禦 /Protect		458.00	11.2
艤装 /Fitting		342.00	8.3
斉備 /Equipment		249.00	6.1
兵装 /Armament		261.00	6.4
機関 /Machinery		1,058.00	25.8
燃料 /Fuel	石炭 /Coal	300.00	7.3
	重油 /Oil		
(合計 /Total)		4,105.00	100.0

注 /NOTES 新造時常備状態
【出典】艦本資料 (平賀資料)

装　甲 /Armor

防禦甲板 /Protect deck	
中央平坦部 /Mid. flat	13mm (NS) ＋ 19mm(軟鋼)
傾斜部 /Slope	38mm(NS) ＋ 38mm(軟鋼)
前後 /Forw. & Aft	10 ～ 19mm (軟鋼)
発射管舷側甲帯 /TT Side armor	25mm(NS)
司令塔 /Conning tower	102mm/4"(NS)
通報筒 /Commun. tube	25mm × 2(軟鋼)
砲楯 /Gun shield 15cm 砲	114mm(前部 /Front) 32mm(側部 /Side) 38mm(天蓋 /Roof)
12cm 砲	114mm(前部 /Front) 51mm(側部 /Side) 25mm(天蓋 /Roof)
揚弾筒 /Ammun. tube	13mm(軟鋼)

注 /NOTES 新造完成時を示す、【出典】利根要目簿 / 造船協会雑纂

◎近藤基樹造船官の設計といわれている、クリッパー型艦首と傾斜した煙突等、一見ヨットと見間違えるような艦型は、当時の彼の設計の共通した形状で、次の筑摩型や淀にも見られる形態である。

図 4-4-1 [S=1/400] **利根** 側平面(新造時)

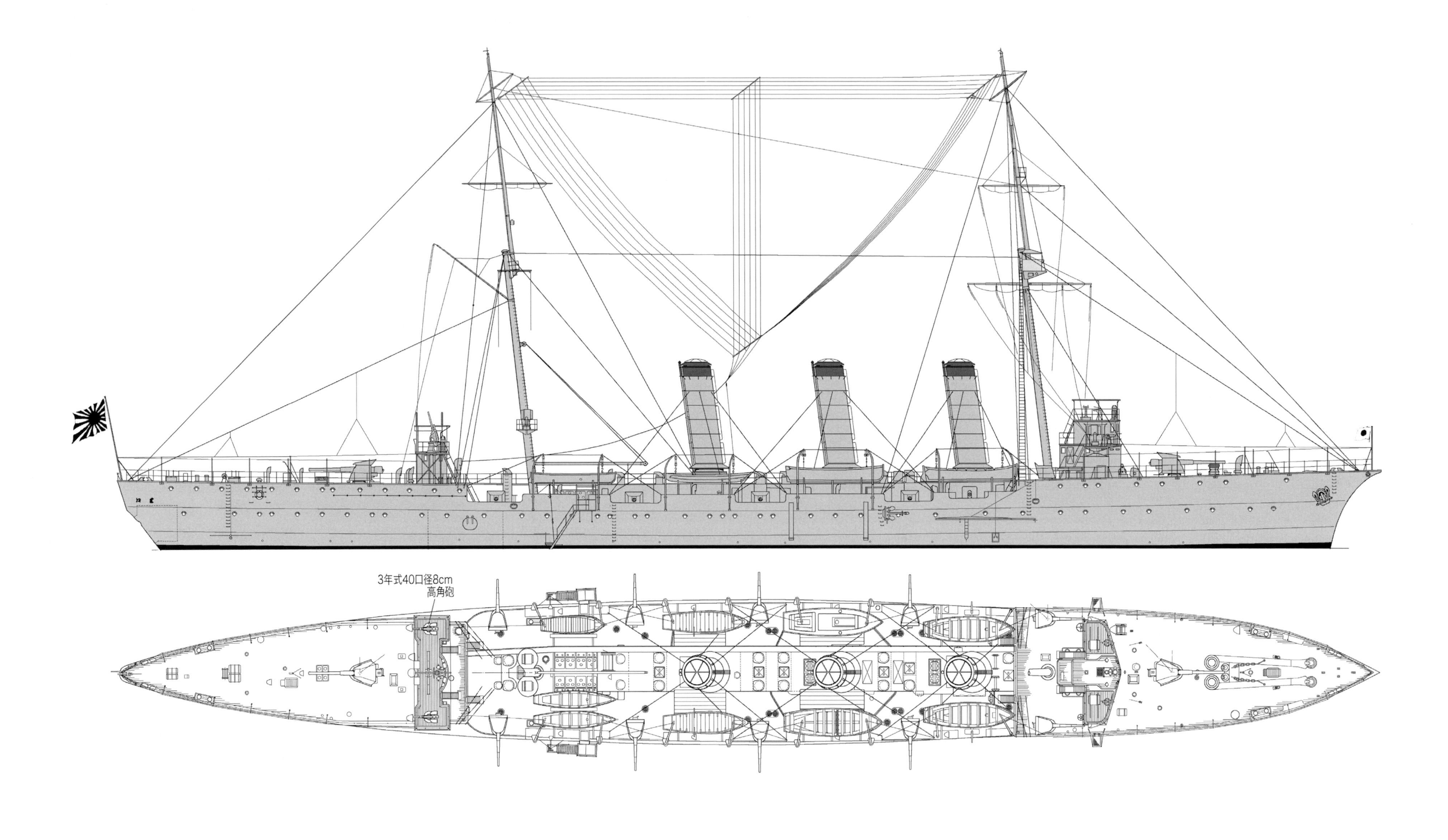

図 4-4-2 [S=1/400] 利根 側平面 (T8/1919)

◎ T8に後部艦橋ウイング両側に8cm高角砲を搭載した状態を示す。この当時、新造艦への搭載は実施済みであったが、既成の主要艦艇にも1-2門の高角砲を搭載することが実行されていた。

定 員/Complement (1)

職名 /Occupation	官名 /Rank	定数 /No.		職名 /Occupation	官名 /Rank	定数 /No.	
艦長	大佐	1			1 等船匠手	1	
副長	中佐	1			2、3 等船匠手	1	
砲術長	少佐 / 大尉	1			1 等機関兵曹	8	
水雷長兼分隊長	〃	1			2、3 等機関兵曹	18	下士 / 33
航海長	〃	1			1 等看護手	1	
分隊長	大尉	4			1 等筆記	1	
	中少尉	7			2、3 等筆記	1	
機関長	機関中佐	1	士官 /26		1 等厨宰	1	
分隊長	機関少佐 / 大尉	1			2、3 等厨宰	1	
分隊長	機関大尉	2			1 等水兵	40	
	機関中少尉	2			2、3 等水兵	61	
軍医長	軍医少監 / 大軍医	1			4 等水兵	40	
軍医	大軍医	1			1 等信号水兵	5	
主計長	主計少監 / 大主計	1			2、3 等信号水兵	6	
主計	大主計	1			1 等木工	2	
	兵曹長 / 上等兵曹長	1			2、3 等木工	3	
	上等兵曹	2			1 等機関兵	46	卒 /295
	船匠師	1	准士 / 8		2、3 等機関兵	55	
	機関兵曹長 / 上等機関兵曹	1			4 等機関兵	23	
	上等機関兵曹	3			1、2 等看護	2	
	1 等兵曹	8			1 等主厨	4	
	2、3 等兵曹	23	下士 /38		2 等主厨	4	
	1 等信号兵曹	3			3、4 等主厨	4	
	2、3 等信号兵曹	4		(合 計)		400	

注 /NOTES 明治 40 年 10 月 24 日内令 199 による 2 等巡洋艦利根の定員を示す【出典】海軍制度沿革
(1) 兵曹長、上等兵曹は掌砲長の職にあてる (2) 上等兵曹 1 人は掌水雷長、1 人は掌帆長の職にあたるものとする
(3) 兵曹は教員、掌砲長属、掌水雷長属、掌帆長属及び各部の長職につくものとする
(4) 信号兵曹中の 1 人は信号長にあて、他は無線電信機取扱及び按針手の職を兼ねるものとする

定 員/Complement (2)

職名 /Occupation	官名 /Rank	定数 /No.		職名 /Occupation	官名 /Rank	定数 /No.	
艦長	大佐	1			1 等兵曹	11	
副長	中佐	1			2、3 等兵曹	31	
砲術長	少佐 / 大尉	1			1 等船匠兵曹	1	
水雷長兼分隊長	〃	1			2、3 等船匠兵曹	1	下士 /75
航海長兼分隊長	〃	1			1 等機関兵曹	8	
運用長兼分隊長	〃	1			2、3 等機関兵曹	18	
分隊長	〃	2	士官 /21		1 等看護兵曹	1	
	中少尉	4			1 等主計兵曹	2	
機関長	機関中少佐	1			2、3 等主計兵曹	2	
分隊長	機関少佐 / 大尉	3			1 等水兵	49	
	機関中少尉	2			2、3 等水兵	102	
軍医長兼分隊長	軍医少佐 / 大尉	1			1 等船匠兵	2	
	軍医中少尉	1			2、3 等船匠兵	3	
主計長兼分隊長	主計少佐 / 大尉	1			1 等機関兵	46	兵 /295
	特務中少尉	2			2、3 等機関兵	78	
	機関特務中少尉	1	特士 / 4		1 等看護兵	1	
	主計特務中少尉	1			2、3 等看護兵	1	
	兵曹長	4			1 等主計兵	4	
	機関兵曹長	3	准士 / 8		2、3 等主計兵	9	
	船匠兵曹長	1		(合 計)		403	

注 /NOTES 大正 9 年 8 月内令 267 による 2 等巡洋艦利根の定員を示す【出典】海軍制度沿革
(1) 専務兵科分隊長の内 1 人は砲台長の職にあたるものとする
(2) 機関科分隊長の内 1 人は機械部、1 人は缶部、1 人は補機部の各指揮官にあたる
(3) 兵曹長の 1 人は掌砲長、1 人は掌水雷長、1 人は掌帆長、1 人は電信長の職にあたるものとする
(4) 機関特務中少尉及び機関兵曹長の内 1 人は掌機長、1 人は機械長、1 人は缶長、1 人は補機長にあてる
(5) 運用長兼分隊長又は兵科分隊長の内 1 人は特務大尉を以て、機関科分隊長中 1 人は機関特務大尉を以て補することが可

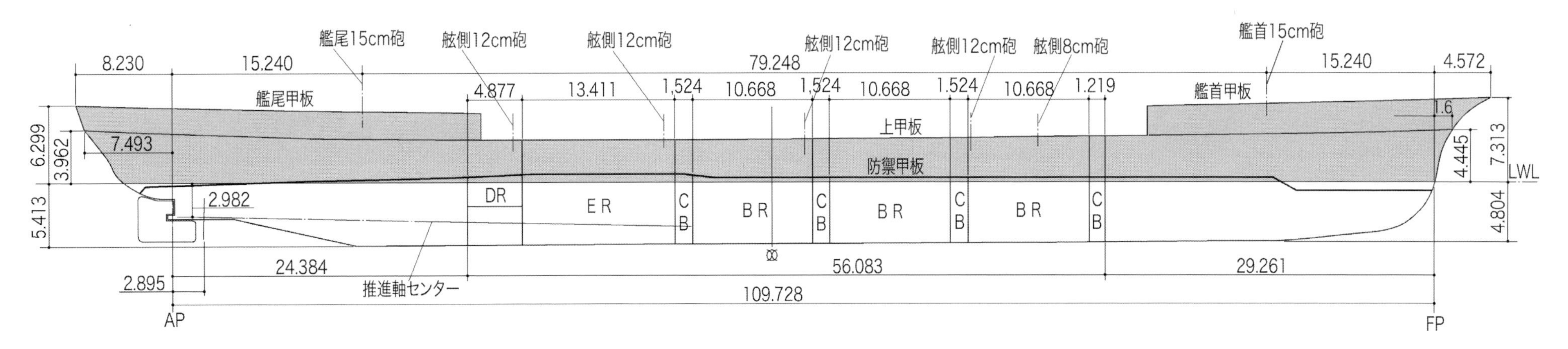

図 4-4-3 利根 船体寸法図

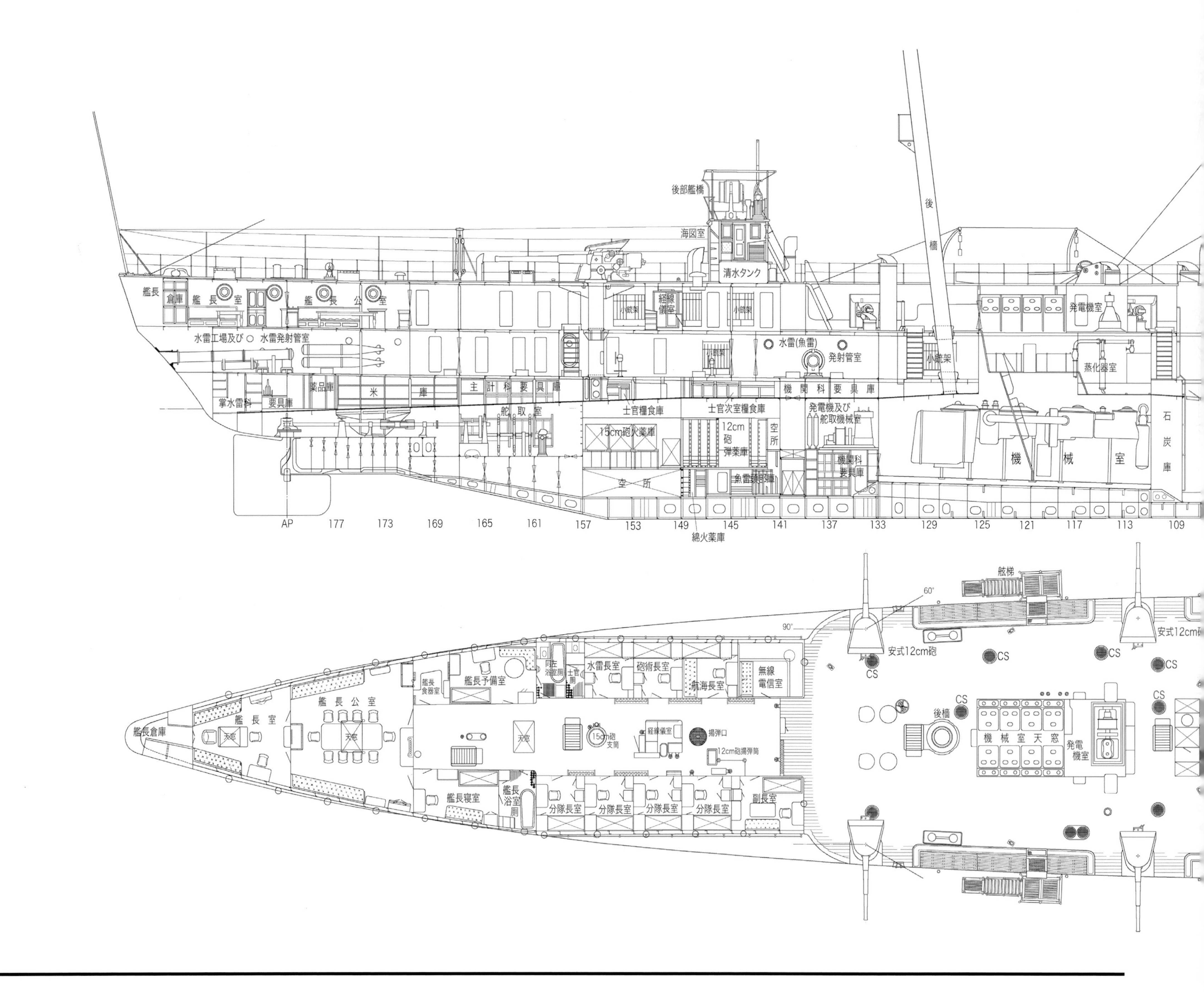
後部艦橋
海図室
清水タンク
後
檣
艦長
倉庫
艦長室
艦長公室
紹線
備室
小銃架
発電機室
水雷工場及び
水雷発射管室
水雷(魚雷)
発射管室
蒸化器室
薬品庫
米
庫
主計科要具庫
機関科要具庫
掌水雷科
要具庫
舵取室
士官糧食庫
士官次室糧食庫
発電機及び
舵取機械室
15cm砲火薬庫
12cm
砲
弾薬庫
空
所
機関科
要具庫
機械室
石
炭
庫
空所
魚雷頭部庫
綿火薬庫
AP
177
173
169
165
161
157
153
149
145
141
137
133
129
125
121
117
113
109
舷梯
60°
90°
安式12cm砲
CS
艦長倉庫
艦長室
艦長公室
艦長
食器室
艦長予備室
同左
浴室厠
士官
厠
水雷長室
砲術長室
航海長室
無線
電信室
天窓
15cm砲
支筒
紹線備室
揚弾口
12cm砲揚弾筒
後檣
機械室天窓
発電
機室
艦長寝室
艦長
浴室
厠
分隊長室
副長室

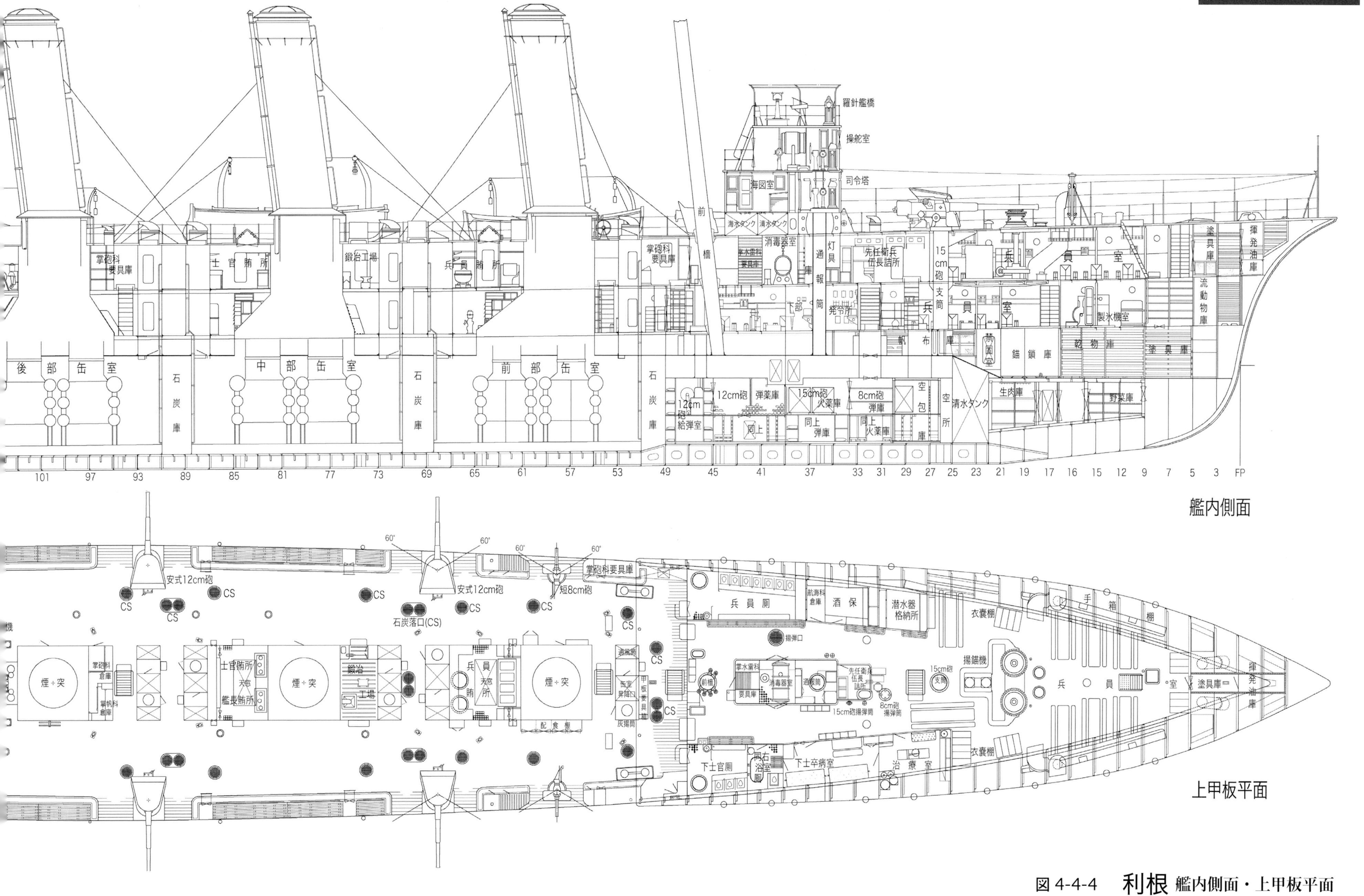

図 4-4-4　利根 艦内側面・上甲板平面

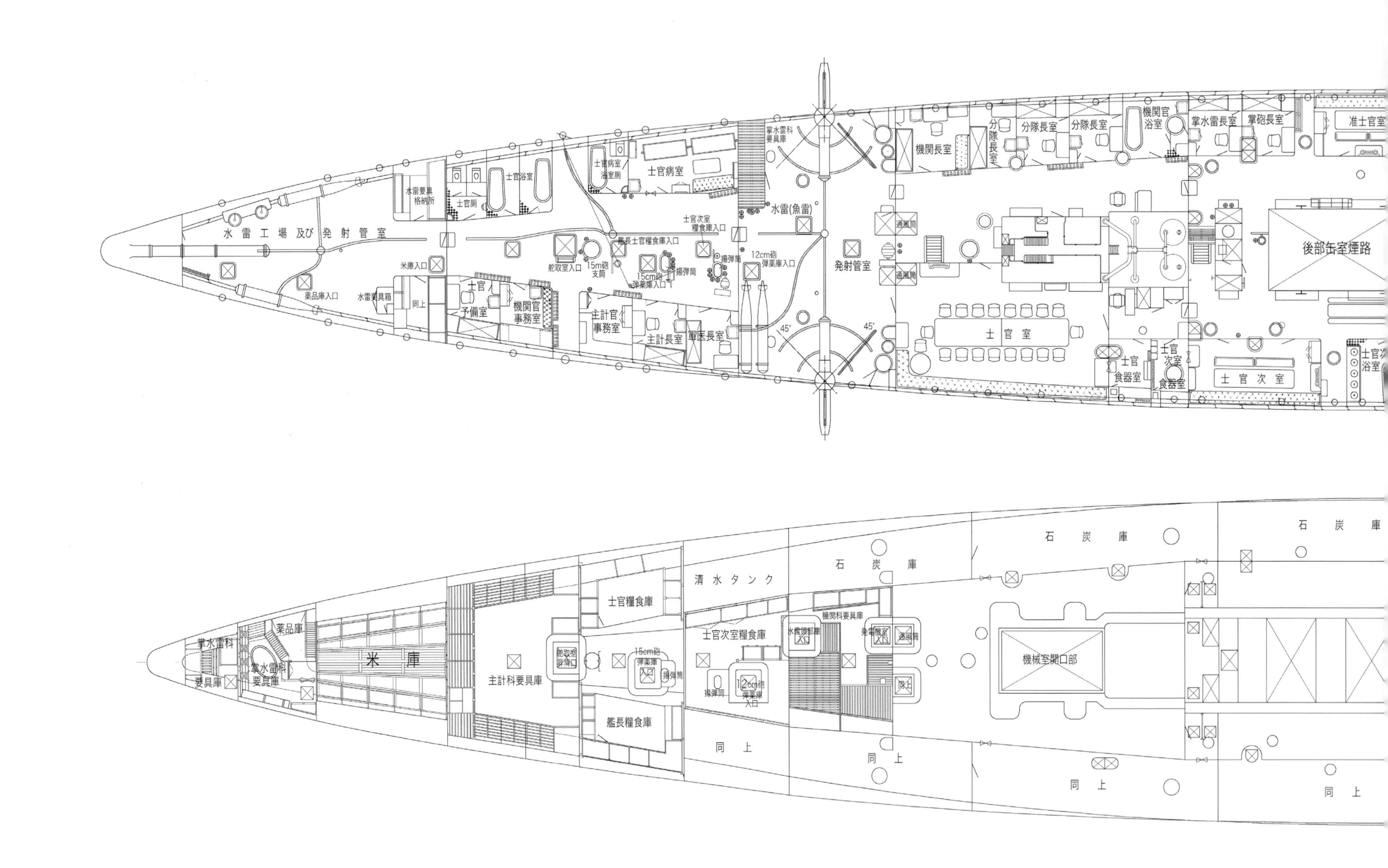
水雷工場及び発射管室
水雷要具格納所
士官厠
士官浴室
士官病室
士官病室浴室厠
掌水雷科要具庫
水雷(魚雷)
機関長室
分隊長室
分隊長室
分隊長室
機関官浴室
掌水雷長室
掌砲長室
准士官室
米庫入口
薬品庫入口
水雷要具箱
同上
士官予備室
機関官事務室
舵取室入口
15m砲支筒
艦長士官糧食庫入口
士官次室糧食庫入口
15cm砲弾薬庫入口
揚弾筒
12cm砲弾薬庫入口
主計官事務室
主計長室
軍医長室
発射管室
通風筒
士官室
士官食器室
士官次室食器室
士官次室
士官浴室
後部缶室煙路
掌水雷科要具庫
掌水雷科要具庫
薬品庫
米庫
主計科要具庫
士官糧食庫
艦長糧食庫
15cm砲弾薬庫
揚弾筒
清水タンク
士官次室糧食庫
12cm砲弾薬庫入口
石炭庫
同上
機関科要具庫
発電機室
通風筒
機械室開口部
石炭庫
同上
石炭庫
同上
同上

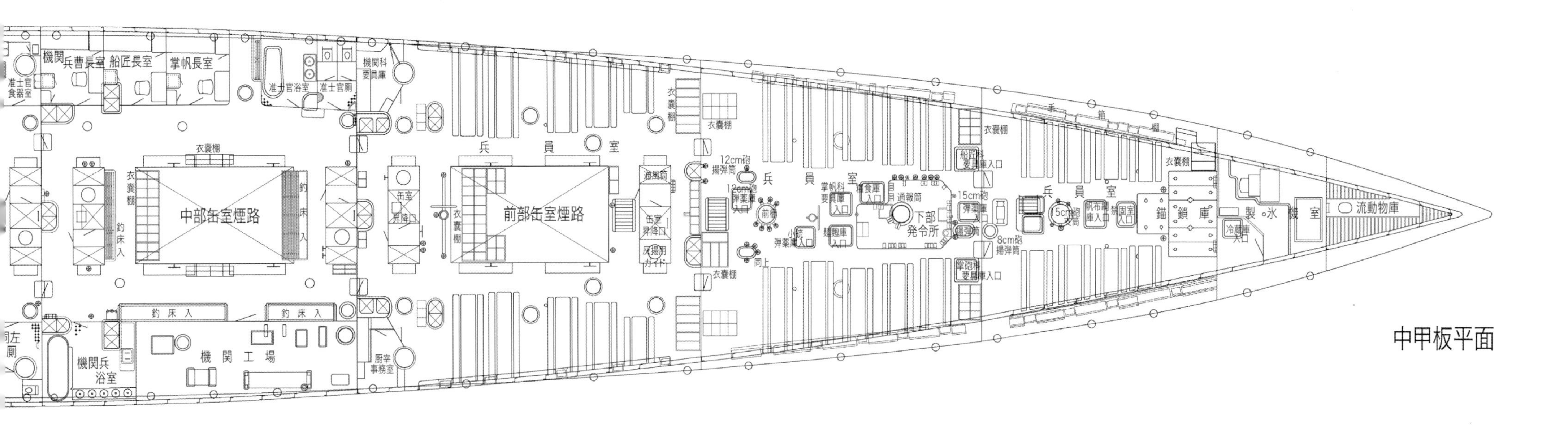

中甲板平面

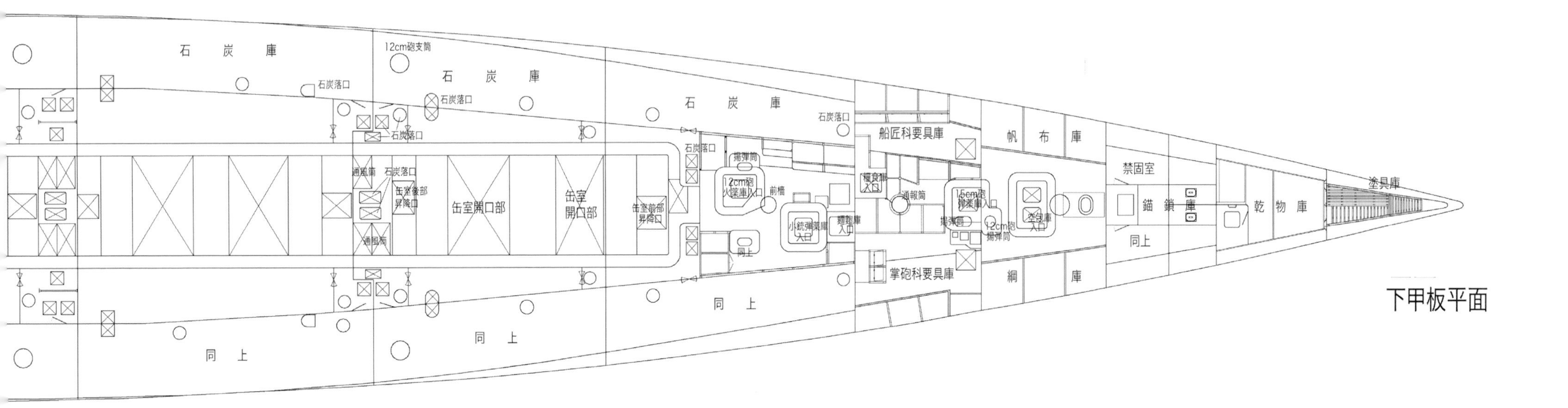

下甲板平面

図 4-4-5 **利根** 中・下甲板平面

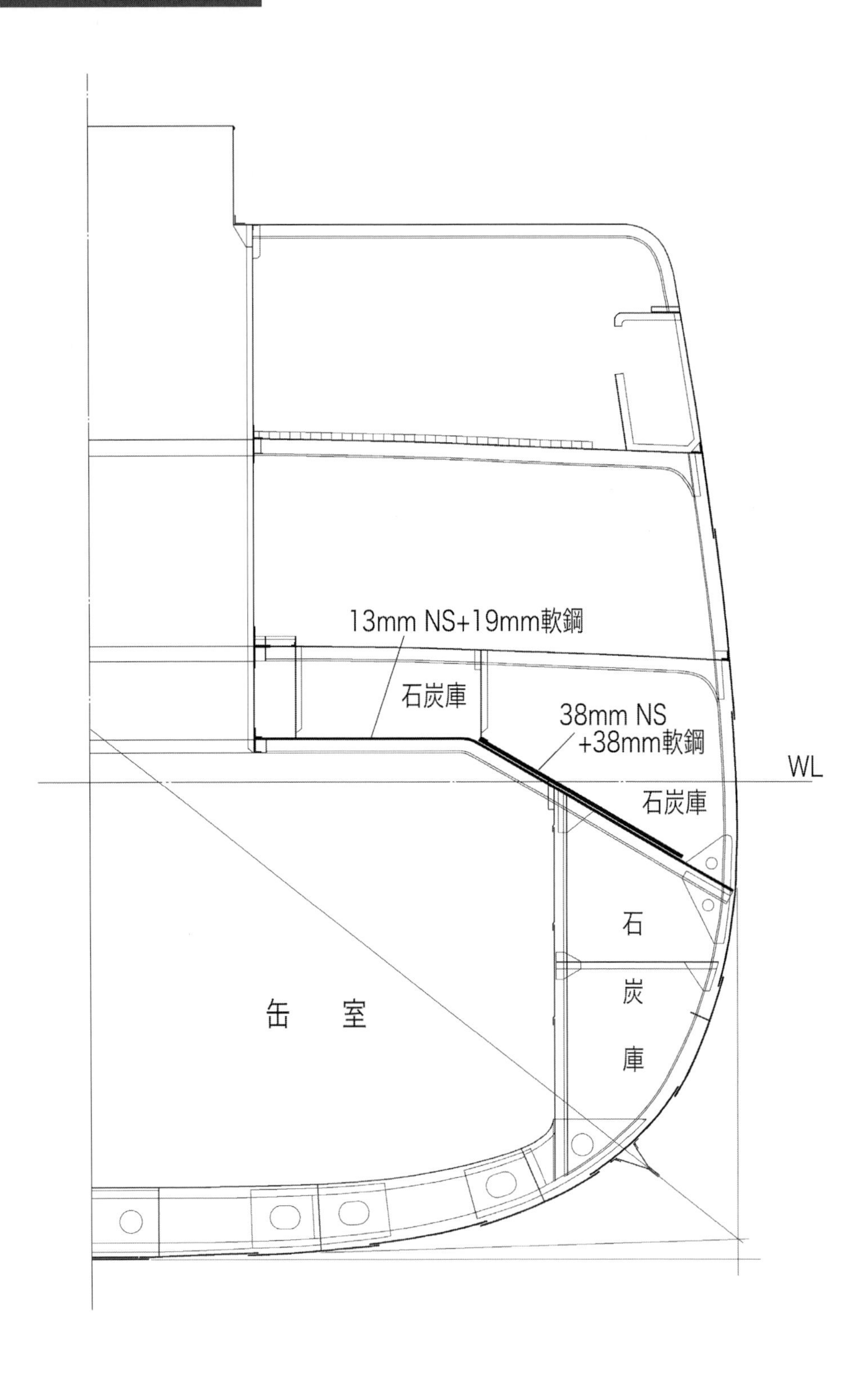

図 4-4-6　利根 中央部構造切断面

艦　歴 /Ship's History (1)

艦　名	利　根 (1/3)
年　月　日	記　事 /Notes
1905(M38)- 9-30	命名
1905(M38)-11-27	佐世保工廠で起工
1907(M40)-10-24	進水、進水式に皇太子行啓、2 等巡洋艦に類別、佐世保鎮守府に入籍
1908(M41)- -	艤装委員長臼井幹蔵大佐 (期前) 就任
1910(M43)- 5-15	竣工
1910(M43)- 5-16	第 1 予備艦
1910(M43)- 6-25	艦長森義臣大佐 (14 期) 就任
1910(M43)- 7-15	第 1 艦隊
1910(M43)-12- 1	第 1 予備艦
1911(M44)- 1-16	艦長山口九十郎大佐 (13 期) 就任
1911(M44)- 3- 1	第 1 艦隊
1911(M44)- 4- 1	横須賀発英国王ジョージ 5 世の戴冠式記念観艦式参列のため鞍馬に随伴欧州往復、11 月 12 日着
1911(M44)-11-20	艦長竹内次郎大佐 (14 期) 就任
1911(M44)-12- 1	第 1 予備艦
1912(M45)- 7-18	佐世保工廠で手旗信号台 4 個所新設認可
1912(T 1)- 8- 2	第 1 艦隊
1912(T 1)-11-12	横浜沖大演習観艦式参列
1912(T 1)-12- 1	艦長西尾雄治郎大佐 (17 期) 就任
1913(T 2)- 4- 1	佐世保鎮守府水雷隊、艦長佐藤皐蔵大佐 (18 期) 就任
1913(T 2)- 5-20	艦長原篤慶大佐 (15 期) 就任
1913(T 2)- 8-10	第 1 艦隊
1913(T 2)-11-10	横須賀沖恒例観艦式参列
1913(T 2)-11-15	第 1 予備艦
1913(T 2)-12- 1	艦長武部岸郎大佐 (15 期) 就任
1914(T 3)- 8- 7	第 2 艦隊
1914(T 3)- 8-17	佐世保発中国警備、11 月 22 日着
1914(T 3)- 8-18	第 2 艦隊第 2 水雷戦隊
1914(T 3)-12- 1	艦長吉川安平大佐 (22 期) 就任
1915(T 4)- 5- 7	佐世保発馬鞍諸島警備、12 日着
1915(T 4)- 8-24	鎮海湾に碇泊中戦闘運転に先立つ点検で第 1- 4 号缶に焼損部を発見、缶操縦不適切によるものと判定
1915(T 4)-12- 4	横浜沖特別観艦式参列
1915(T 4)-12-13	第 3 艦隊第 6 戦隊、艦長古川弘大佐 (22 期) 就任
1916(T 5)- 2- 4	馬公発香港、インド洋方面警備、12 月 15 日着
1916(T 5)-12- 1	第 3 予備艦、艦長石川秀三郎大佐 (25 期) 就任
1916(T 5)-12-12	第 1 艦隊第 1 水雷戦隊
1917(T 6)- 2- 7	第 2 予備艦
1917(T 6)- 3- 3	警備艦、馬公要港司令官の指揮下におく
1917(T 6)- 3- 7	馬公発中国、シンガポール方面警備、7 月 27 日着

艦　歴 /Ship's History (2)

艦　名	利　根 (2/3)
年　月　日	記　事 /Notes
1917(T 6)- 3-19	第 1 特務艦隊
1917(T 6)- 8- 4	第 2 予備艦
1917(T 6)-12- 1	艦長福田一郎大佐 (26 期) 就任
1918(T 7)- 3- 1	第 1 予備艦
1918(T 7)- 4-23	第 1 艦隊第 1 水雷戦隊
1918(T 7)-11-10	艦長心得関干城中佐 (27 期) 就任、12 月 1 日大佐艦長
1919(T 8)- 3-31	第 1 予備艦、舞鶴工廠で 8cm 砲 2 門撤去 8cm 高角砲 2 門装備、15cm 及び 12cm 砲身全数換装、
	探照灯位置変更、火薬庫改造
1919(T 8)- 6- 1	第 1 特務艦隊
1919(T 8)- 6- 8	馬公発厦門方面警備、24 日着
1919(T 8)- 7-10	馬公発シンガポール方面警備、9 月 20 日着
1919(T 8)- 8- 9	第 2 遣外艦隊
1919(T 8)-10-28	横浜沖大演習観艦式参列
1919(T 8)-12- 1	艦長常松憲三大佐 (27 期) 就任
1919(T 8)-12-18	佐世保港内で本艦汽艇と佐世保港務部汽艇公称 292 号と衝突、本艦汽艇小破、艇長海中に落下溺死
1920(T 9)- 1-29	打狗発シンガポール方面警備、10 月 13 日馬公着
1920(T 9)-12- 1	第 2 予備艦、艦長園田繁喜大佐 (28 期) 就任
1921(T10)- 3- 1	第 1 予備艦
1921(T10)- 4- 1	警備艦、馬公要港司令官の指揮下におく
1921(T10)- 6-23	打狗発南支那海方面警備、7 月 4 日馬公着
1921(T10)-11-28	馬公発南支那海方面警備、12 月 3 日着
1921(T10)-11- 1	艦長八角三郎大佐 (29 期) 就任
1922(T11)- 1-30	馬公発南支方面警備、12 月 3 日着
1922(T11)- 1-30	馬公発蘭印方面警備、5 月 5 日着
1922(T11)- 7-26	馬公発南支那海方面警備、11 月 28 日着、12 月 4 日馬公発佐世保へ
1922(T11)- 5-30	艦長森田登大佐 (30 期) 就任
1922(T11)-12- 1	艦長巨勢泰八大佐 (30 期) 就任
1923(T12)-11-10	艦長心得小林省三郎中佐 (31 期) 就任、12 月 1 日大佐艦長
1923(T12)- 9- 6	関東大震災に際し佐世保より救難物資を搭載横須賀着、帰路清水への避難民輸送にあたる
1923(T12)-12- 1	第 2 予備艦、12 月 21 日舞鶴工廠で無電装置改造、翌年 2 月 25 日完成
1924(T13)- 3- 1	第 1 予備艦
1924(T13)- 4- 1	第 1 遣外艦隊旗艦
1924(T13)- 4- 2	佐世保発中国方面警備、翌年 2 月 4 日着、11 月 5-14 日一時帰朝
1925(T14)- 1-31	第 2 予備艦
1925(T14)- 4-15	艦長高木平次大佐 (31 期) 就任
1925(T14)-10-20	艦長鈴木秀次大佐 (31 期) 就任
1925(T14)-11- 1	第 1 予備艦
1925(T14)-12- 1	第 1 遣外艦隊旗艦
1925(T14)-12- 3	佐世保発中国方面警備、翌年 11 月 10 日着
1926(T15)- 8-20	艦長植松練磨大佐 (33 期) 就任

艦　歴 /Ship's History (3)

艦　名	利　根 (3/3)
年　月　日	記　事 /Notes
1926(T15)-11-	佐世保工廠で約 1 か月間修理、12 月 6 日発上海方面の警備に従事、昭和 4 年 12 月 14 日まで
1926(T15)-12- 7	佐世保より上海に向け航行中荒天により前檣トップを切損、カッター 1 隻流失、機関兵 1 名重傷
1927(S 2)- 1-21	特務艦佐多の 28' カッター 1 隻を本艦に当面貸与、平戸が現地まで運送
1927(S 2)- 4- 5	艦長中村亀三郎大佐 (33 期) 就任
1927(S 2)- 6-15	佐世保港外で航行中左舷機械室で火災発生、10 分後に鎮火、原因は漏電
1927(S 2)-11-15	艦長藤沢宅雄大佐 (33 期) 就任
1928(S 3)- 4-28	32' 機動艇を新造 11m 内火艇に補充認可
1928(S 3)-12-10	艦長波多野二郎大佐 (34 期) 就任
1929(S 4)- 9- 4	水先案内人により上海に寄港中中国ジャンクと衝突沈没させたが人的被害なし、補償金 450 元
	を支払う
1929(S 4)- 9-27	水先案内人により上海より漢口に向かう途中陡城磯灯台の南東で座州、約 1 時間後離礁、損傷なし
1929(S 4)-11-30	第 4 予備艦、艦長佐藤康逸大佐 (34 期) 就任、翌 5-1 まで兼駒橋艦長
1930(S 5)-11- 1	除籍準備のため定員置かず
1931(S 6)- 4- 1	除籍、廃艦第 2 号
1933(S 8)- 2- 8	横須賀工廠に実艦的曳航準備命令、4 月下旬までに完成のこと
1933(S 8)- 4-30	奄美大島方面で爆撃実艦的として沈没

筑摩型 /Chikuma Class

型名 /Class name	筑摩 /Chikuma	同型艦数 /No. in class	3	設計番号 /Design No.	C18	設計者 /Designer	①		
艦名 /Name	計画年度 /Prog. year	仮名称 /Prog. name	起工 /Laid down	進水 /Launch	竣工 /Completed	建造所 /Builder	建造費 /Cost	除籍 /Deletion	喪失原因・日時・場所 /Loss data
筑摩 /Chikuma	M40/1907	伊号 2 等巡	M43/1910-05-23	M44/1911-04-01	M45/1912-05-17	佐世保工廠	¥4,505,000 ②	S06/1931-04-01	廃艦 3 号、昭和 10 年 /1935 爆撃実艦的として処分
矢矧 /Yahagi	M40/1907	呂号 2 等巡	M43/1910-06-20	M44/1911-10-03	M45/1912-07-27	三菱長崎造船所	¥4,647,000	S15/1940-04-01	廃艦 12 号、終戦時大竹在、後解体
平戸 /Hirato	M40/1907	波号 2 等巡	M43/1910-08-10	M44/1911-06-29	M45/1912-07-27	神戸川崎造船所	¥4,587,000	S15/1940-04-01	廃艦 11 号、終戦時岩国在、後解体

注 /NOTES ①艦本第 3 部員計画主任の近藤基樹の下で同氏の指導で配下の造船官が計画、基本設計を担当したものと推定 ②本型の建造費については多数の公式文書が存在するも、建造費総計についての明確な文書なし、ここでは帝国艦艇要領表 (T14) 記載の金額をとったが、ほぼ妥当なものと推定する、矢矧の三菱長崎造船所の建造契約金額は 3,493,509 円、引渡期限契約完了後 34 か月となっている。平戸については同 2,794,807 円で川崎造船所側と建造契約がかわされている、これらは船体と機関部の建造金額で兵器や鋼鈑等は官給品として別になっており、兵装は海軍工廠で実施したものらしい、筑摩については平賀資料中に船体 1,158,731 円、機関 1,512,265 円、兵器 958,119 円、備品費 44,617 円、合計 3,673,932 円の数字があるも、上記金額と百万近い差がある。この時期の海軍省年報記載の数字の集計でも明確な数値得られず　【出典】公文備考 / 平賀資料 / 帝国艦艇要領表 / 役務一覧 (沿革史資料)

船体寸法 /Hull Dimensions

艦名 /Name	状態 /Condition	排水量 /Displacement		長さ /Length(m)			幅 /Breadth (m)			深さ /Depth(m)		吃水 /Draught(m)			乾舷 /Freeboard (m)			備考 /Note
				全長 /OA	水線 /WL	垂線 /PP	全幅 /Max	水線 /WL	水線下 /uw	上甲板 /m	最上甲板	前部 /F	後部 /A	平均 /M	艦首 /B	中央 /M	艦尾 /S	
筑摩 /Chikuma	新造完成 /New (T)	常備 /Norm.	5,040															
	新造計画 /Design (T)	常備 /Norm.	4,950	144.78	140.665	134.112	14.221	14.221		8.687		4.750	5.055	5.360	7.366	3.836	6.350	船体寸法図による
	公試排水量 /Trial (T)		4,978															
	満載排水量 /Full (T)		5,652									5.147	5.947	5.546				新造時のデータと推定
	軽荷排水量 /Light (T)		4,148.9															
矢矧 /Yahagi	公試排水量 /Trial (T)		4,998															
	常備排水量 /Norm. (T)		5,026.12									4.760	5.468	5.114				重心査定公試成績による、大正初期の実施例と推定
	満載排水量 /Full (T)		6,005.596									5.385	6.166	5.775				
	軽荷排水量 /Light (T)		4,182.91									3.726	5.174	4.450				
	常備排水量 /Norm. (T)		5,041.940									4.760	5.468	5.114				重心査定公試成績による、大正後期か昭和初期の実施例と推定
	満載排水量 /Full (T)		6,155.816									5.385	6.166	5.775				
	軽荷排水量 /Light (T)		4,189.629									3.726	5.174	4.450				
	総噸数 /Gross ton		3,810.56															矢矧要目簿による
平戸 /Hirato	公試排水量 /Trial (T)		4,970															
	常備排水量 /Norm. (T)		5,133.970									4.645	5.759	5.214				重心査定公試成績による、大正後期か昭和初期の実施例と推定
	満載排水量 /Full (T)		6,004.880									5.750	6.264	6.007				
	軽荷排水量 /Light (T)		4,349.370									4.016	5.458	4.737				
共通	公称排水量 /Official(T)	常備 /Norm.	4,950			400'-0"	46'-6"						16'-7"					ワシントン条約以前の公表数値
	公称排水量 /Official(T)	基準 /St'd	4,400			134.11	14.15						5.06					ワシントン条約以降の公表数値

注 /NOTES ①昭和期まで就役していたため排水量等の数値は比較的残されているものの、寸法等については上記数値は計画値らしく同型艦における実際の完成値については知られていない
【出典】矢矧要目簿 / 各艦船 KG 及び GM 等に関する参考資料 (平賀資料)/ 海軍省年報

解説 /COMMENT

日露戦争後の明治 39 年 5 月に斉藤海軍大臣は、日本海軍は日露戦争で大捷し多数の戦利艦を得て数的には喪失分を上回る結果となったものの、大半は旧式艦で現況の新造艦艇の革新的進歩に対応出来ず、従ってわが国も列強の地位を保持するためにも艦艇の建造計画を必要としているとして、戦艦 (2 万トン)3 隻、装甲巡洋艦 (1.8 万トン)4 隻、2 等巡洋艦 (4,500 トン)3 隻、大型駆逐艦 (900 トン)6 隻、駆逐艦 (400 トン)24 隻、潜水艇 6 隻、合計 46 隻の建艦計画を閣議に提出した。しかし当面の財政状況より判断して隻数を 31 隻に圧縮して閣議決定し、総額 7,600 余万円、明治 40 年から同 46 年までの 7 か年継続事業として議会の協賛を得て、明治 40 年 3 月 18 日に公布された。この補充艦艇費により実際に建造された艦艇は計画より大幅に少なく、主要艦艇では戦艦 2 隻 (河内、摂津)、装甲巡洋艦 1 隻 (金剛)、2 等巡洋艦 3 隻 (筑摩、矢矧、平戸) にとどまった。

ただし、この計画案は当時戦争前及び戦争中の建艦計画が輻輳して混乱していたことから、さらに明治 40 年に決定された国防方針いわゆる八八艦隊整備計画を実行するためにも、同 43 年 7 月の閣議決定で 3 計画整理案が決定された。

すなわち明治 36 年の軍艦製造及び建築費 (第 3 期拡張計画)、明治 37 年の臨時軍事費による艦艇補足費及び前記の明治 40 年の補充艦艇費を明治 43 年度をもって打ち切り、明治 44 年以降同 49 年までの 6 か年の継続費として総額 1 億 5,800 余万円の軍備補充費、軍艦製造費として議会の協賛を得て明治 44 年 3 月に公布された。

しかし、筑摩型 2 等巡洋艦 3 隻は前計画による建造着手ずみとして、1 番艦の筑摩は利根を建造中の佐世保工廠で明治 43 年 5 月 23 日に起工された。利根の項で述べたように佐世保工廠は早くも軽巡洋艦の先行建造所と位置づけられたもので、舞鶴工廠が駆逐艦の先行建造所となったように、同型艦を複数艦建造する場合に 1 番艦の先行建造を行うことで不具合や問題点を洗い出して、改善策等を反映可能な役割を担っていた。2 番艦の矢矧は三菱長崎造船所に、3 番艦の平戸は神戸川崎造船所に発注され、約 1 年遅れで起工されている。巡洋艦クラスの軍艦を民間造船所が建造するのはこれがはじめてのケースであったが、直前に通報艦が両社で建造するはじめての軍艦として発注、完成しており、手順としてはととのっていた。

筑摩型 /Chikuma Class

筑摩型は日本海軍最初のタービン主機採用の巡洋艦で、計画速力 26 ノットという高速艦であった。当時列強では英国がいち早く 1904 年 (M37) 完成の小型防護巡アメシスト Amethyst 3,000T にパーソンズ式タービンを搭載して、レシプロ・エンジン搭載の同型艦との比較実験を行って好成績を収めていたが、実用化は例によってかなり遅れ、1907 年 (M40) 計画のボーデシア Boadicea 級 3,300T よりやっとタービン化に踏み切るに至ったものである。

ドイツでは 1905 年 (M38) 計画のステッチン Stettin 級 3,450T でステッチンのみタービンを搭載、他のレシプロ搭載艦との比較実験を行い、以後タービンに切り換えており、英国よりやや早かった。

米国では 1908 年 (M41) 完成のチェスター /Chester 級 3,750T において、セイレム /Salem がカーチス・タービン、チェスターがパーソンズ・タービン、バーミンガム Birmingham がレシプロ・エンジンという組み合わせで比較実験を行って、その優劣を競った結果、パーソンズ・タービンを搭載したチェスターがもっとも好成績であったが、以後 10 年以上タービン搭載の高速軽巡は建造しなかった。

こうした列強の巡洋艦のタービン化は軽装甲巡洋艦、いわゆる近代的な軽巡の出現につながり、もちろんこれにはドレッドノート以後の主力艦の高速化、巡洋戦艦の出現等による変革に対処するものでもあった。

筑摩型はこうした防護巡洋艦から軽巡への変革期に当たる時代の計画で、必然的に過渡期としての特徴を備えていた。筑摩型の基本計画は利根と同じく近藤基樹造船総監が担当したものと推定される。艦型的には 900 トンばかり大型化された船体は船首尾楼甲板を持つことでは利根と同じだが、直立した前後橋と細目の 4 本煙突の艦姿は利根とはかなり異なる印象を受ける。当時、英国軽巡洋艦は船尾楼甲板を持たない、船首楼甲板船体が標準になっており、こうした船首尾楼甲板型船体は防護巡洋艦の名残であった。

機関計画では筑摩と平戸には川崎造船所がライセンス製造したカーチス式タービンを、矢矧が同じく三菱造船所がライセンス製造したパーソンズ式タービンを搭載した。

3 艦とも計画出力 22,500 軸馬力、速力 26 ノット、回転数 340rpm、缶は艦本式混焼缶大型 12 基，小型 4 基で 4 室に 4 缶ずつ配置されていた。なお、混焼装置は起工後に追加訓令されたのは利根と同じで、同様に石炭庫の増設も起工後に訓令されており、これは当時の英巡洋艦ブリストル /Bristol 級等と比較して本型の石炭量が少ないということからの改正案であることが文書に残っている。

矢矧のみは 2 軸併結ということで各舷の高圧タービンと低圧タービンに推進軸を設けた 4 軸艦でこれは日本軍艦で最初の事例であった。機関重量としては 4 軸艦も 2 軸艦も大差なく、ただ 4 軸艦の矢矧の弁類の重量は 2 軸艦の 2 倍に達しており、機械室の長さだけ 4 フィート /1.2m 延長されていたという。

3 艦の公試成績中もっともよかったのがパーソンズ・タービンを装備した 4 軸艦矢矧で 29,500 軸馬力、27.14 ノットを発揮したのに対し、カーチス・タービンを装備した 2 軸艦筑摩が 24,700 軸馬力、速力 26.83 ノット、平戸が 26,100 軸馬力、速力 26.78 ノットの成績を残している。

ほぼ、同時期に英国ではブリストル級軽巡 4,800T、計画速力 25 ノットでパーソンズ式タービン装備の 4 軸艦 4 隻とカーチス式タービン装備の 2 軸艦ブリストルの比較を行っており、ここでは僅かの差だがカーチス・タービン搭載のブリストルが 26.84 ノットでベストの結果を示していた。

本型の防禦方式は利根より進んだもので、機械室舷側水線部に限ったものだが 89mm 厚の舷側甲帯を装着、機械室前後の横隔壁に 76mm 厚の鋼鈑を設けている他、艦尾発射管の舷側部の装甲も 76mm に強化されていた。ただ、防禦甲板の鋼鈑厚は利根より薄弱で、防禦重量全体では利根の方が上である (重量配分参照)

兵装は 41 式 45 口径 15cm 砲 8 門を装備、前後に各 1 門、舷側に 6 門を配置、8cm 砲、機銃、発射管等は利根と変わらなかったが、探照灯は 2 基増設して前後橋の下段に探照灯台を新設、合計 6 基を装備した。筑摩大正 5 年の状態では前艦橋に 9 フィート及び 4.5 フィート測距儀各 1 基、後部艦橋部に 4.5 フィート測距儀 1 基を装備していた。

また大正 7 年末の状態では本型各艦に弾着時計IX型各 1 個が備えられていた。大正から昭和期にかけて本型には方位盤照準装置は装備されなかったものと推定される。

(●筑摩型の兵装データは P-359 に示します)　(P- 361 に続く)

機　関 /Machinery

		筑摩 /Chikuma・平戸 /Hirato 新造時	矢矧 /Yahagi 新造時
主機械 /Main mach.	型式 /Type ×基数 (軸数)/No.	カーチス・タービン /Curtis turbine × 2	パーソンズ・タービン /Parsons turbine × 4
缶 /Boiler	型式 /Type ×基数 /No.	艦本式缶 /Kanpon type × 16(大型× 12、小型× 4)	艦本式缶 /Kanpon type × 16(大型× 12、小型× 4)
	蒸気圧力 /Steam pressure (kg/cm²)	19.34	19.34
	蒸気温度 /Steam temp.(℃)	飽和 /Saturation	飽和 /Saturation
	缶換装年月日 /Exchange date		
	換装缶型式・製造元 /Type & maker		
計画 /Design (自然通風 / 強圧通風)	速力 /Speed(ノット /kt)	/26	/26
	出力 /Power(軸馬力 /SHP)	/22,500	/22,500
	回転数 /(rpm)	/340	/470
新造公試 /New trial (自然通風 / 強圧通風)	速力 /Speed(ノット /kt)	(筑摩)/26.832(M45-2-18)　(平戸)/26.786(M45-5-6)	/27.14(M45-5-25)
	出力 /Power(軸馬力 /SHP)	/24,940　/26,126	/29,536
	回転数 /(rpm)	/357　/361.5	/500
改造公試 /Repair T. (自然通風 / 強圧通風)	速力 /Speed(ノット /kt)	/25.6(T12-8-6 修理公試)	
	出力 /Power(軸馬力 /SHP)	/22,299	
	回転数 /(rpm)	/335.3	
推進器 /Propeller	直径 /Dia.(m)・翼数 /Blade no.	3.23・3 翼	2.223 ・3 翼
	数 /No.・型式 /Type	× 2・マンガン青銅	× 4・マンガン青銅
舵 /Rudder	舵型式 /Type・舵面積 /Rudder area(m²)	半釣合舵 /Semi balance・16.15	半釣合舵 /Semi balance・16.15
燃料 /Fuel	石炭 /Coal(T)・定量 (Norm.)/ 全量 (Max.)	(筑摩) 500/980　(平戸) 500/980 ①	500/988.79 ②
	重油 /Oil(T)・定量 (Norm.)/ 全量 (Max.)	/300 ③	/301.946 ②
航続距離 /Range(浬 /SM- ノット /Kts)		3,500-10　2,416-14　2,955-10　2,482-14	4,191-10　3,981-14
発電機 /Dynamo・発電量 /Electric power(V/A)		シーメンス式 110V/400A × 2、110V/800A × 2	シーメンス式 110V/400A × 2、110V/800A × 2
新造機関製造所 / Machine maker at new		神戸川崎造船所 (タービン)	三菱長崎造船所 (タービン)

注 /NOTES ①計画値を示す、筑摩起工直後に石炭庫の増設訓令あり、T9 海軍省年報極秘版の要目表では筑摩 1,128T、平戸 1,098T、矢矧 1,122T の数値あり ②矢矧要目簿による ③ T9 海軍省年報極秘版の要目表では筑摩 300T、平戸 312T、矢矧 378T の数値あり【出典】帝国海軍機関史 / 平賀資料 / 公文備考 / 矢矧要目簿

重量配分 /Weight Distribution

		筑 摩 /Chikuma		平 戸 /Hirato		矢 矧 /Yahagi	
		重量 /Weight(T)	%	重量 /Weight(T)	%	重量 /Weight(T)	%
船殻 /Hull		1,848.91	36.7	1,843.38	37.1	1,843.43	36.6
甲鈑 /Armor		114.65	2.3	103.99	2.1	113.31	2.3
防禦板 /Protect Pt		323.13	6.4	304.94	6.1	305.37	6.1
艤装 /Fitting		423.80	8.9	407.80	8.2	374.49	7.5
斉備 /Equipment		284.67	5.7	306.62	6.2	306.62	6.1
兵装 /Armament		326.08	7.2	375.35	7.6	375.35	7.5
機関 /Machinery		1,172.05	23.3	1,169.78	23.5	1,178.62	23.5
燃料 /Fuel	石炭 /Coal	500.00	9.9	500.00	10.1	500.00	10.0
	重油 /Oil						
不明重量 /Unknown		10.65	0.2	− 38.79	0.8	32.51	0.7
(合計 /Total)		5,039.90	100.0	4,973.07	100.0	5,026.72	100.0

注 /NOTES 新造時常備状態を示す【出典】軍艦基本計画 / 庭田ノート

装　甲 /Armor

防禦甲板 /Protect deck	
中央平坦部 /Mid. flat	22mm/ 7/8" (NS)
傾斜部 /Slope	22 + 35mm/ 7/8 + 1・3/16" (NS)
前後 /Forw. & Aft	12.7mm/ 1/2" × 2 (NS)
機械室水線甲帯 /Eng. R. armor belt	89mm/ 3・1/2" (NS) 長さ /L 24.33m、幅 /B 2.77m、水線下 /U. water1.25m
艦尾発射管舷側甲帯 /TT S belt	76mm/3"(NS)
機械室隔壁 /Eng. R transv. BH	76mm/3" (前後 /Forw. & Aft. クローム鋼)
艦尾隔壁 /Stern transv. BH	51mm/2"(クローム鋼)
司令塔 /Conning tower	102mm/4"(クローム鋼)
通報筒 /Commun. tube	51mm/2"
砲楯 /Gun shield 15cm 砲	114mm(前部 /Front) 32mm(側部 /Side) 38mm(天蓋 /Roof)

注 /NOTES 新造完成時を示す、砲楯は利根の例より推定
【出典】矢矧要目簿 / 造船協会雑纂

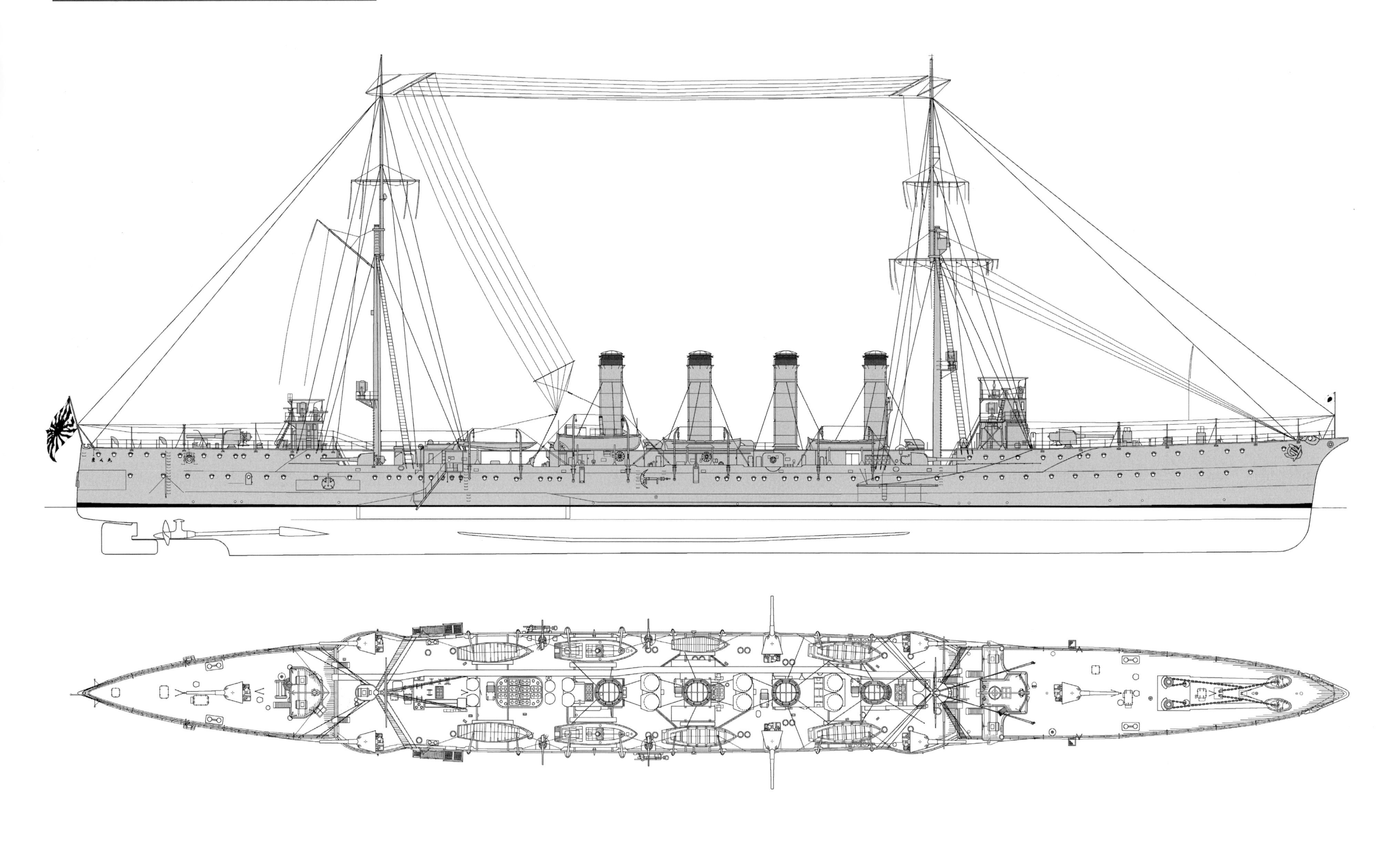

図 4-4-7 [S=1/450] 筑摩 側平面 (新造時)

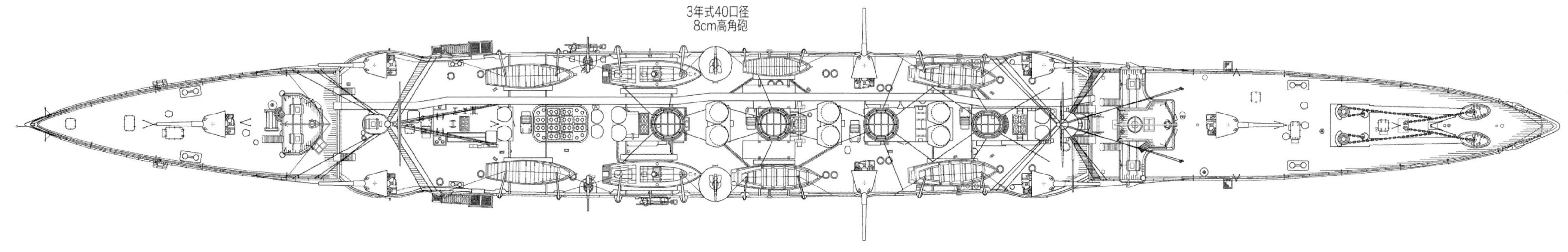

◎T8に8cm高角砲2門を3-4番煙突間の両舷側に砲座を設けて装備、同位置にあった従来の8cm平射砲は撤去されている。

図 4-4-8 [S=1/450] 筑摩 側平面 (T8/1919)

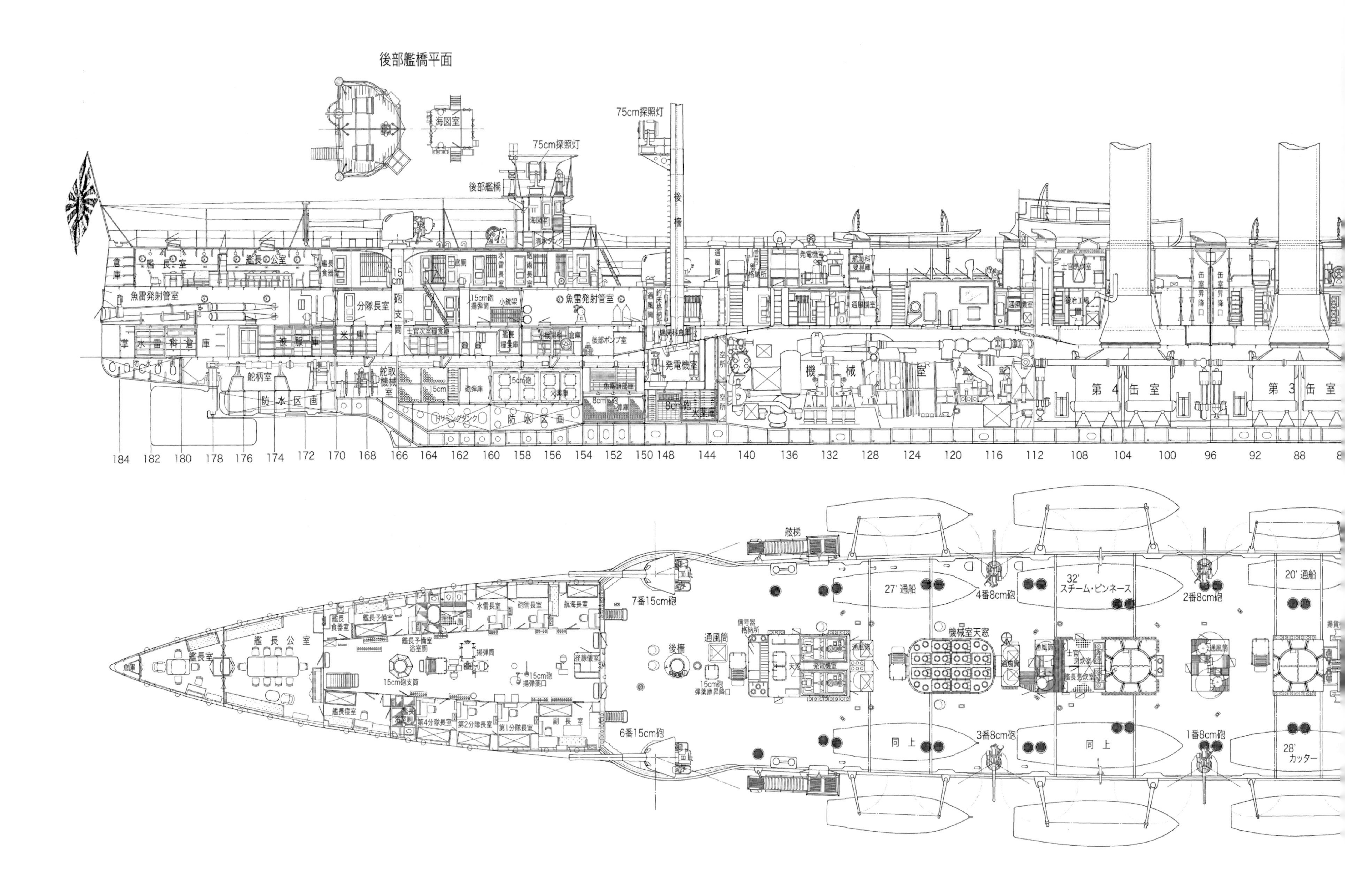
後部艦橋平面
海図室
75cm探照灯
75cm探照灯
後部艦橋
後檣
倉庫
艦長室
艦長公室
魚雷発射管室
分隊長室
15cm砲支筒
魚雷発射管室
水雷科倉庫
被服庫
米庫
舵柄室
防水区画
舵取機械室
5cm砲
防水区画
発電機室
8cm砲
機械室
第4缶室
第3缶室
184 182 180 178 176 174 172 170 168 166 164 162 160 158 156 154 152 150 148 144 140 136 132 128 124 120 116 112 108 104 100 96 92 88
舷梯
7番15cm砲
6番15cm砲
艦長室
艦長公室
艦長食器室
艦長予備室
水雷長室
砲術長室
航海長室
15cm砲支筒
艦長寝室
第4分隊長室
第2分隊長室
第1分隊長室
副長室
後檣
通風筒
信号器格納所
15cm弾薬庫昇降口
発電機室
27' 通船
4番8cm砲
機械室天窓
32' スチーム・ピンネース
2番8cm砲
20' 通船
同上
3番8cm砲
同上
1番8cm砲
28' カッター

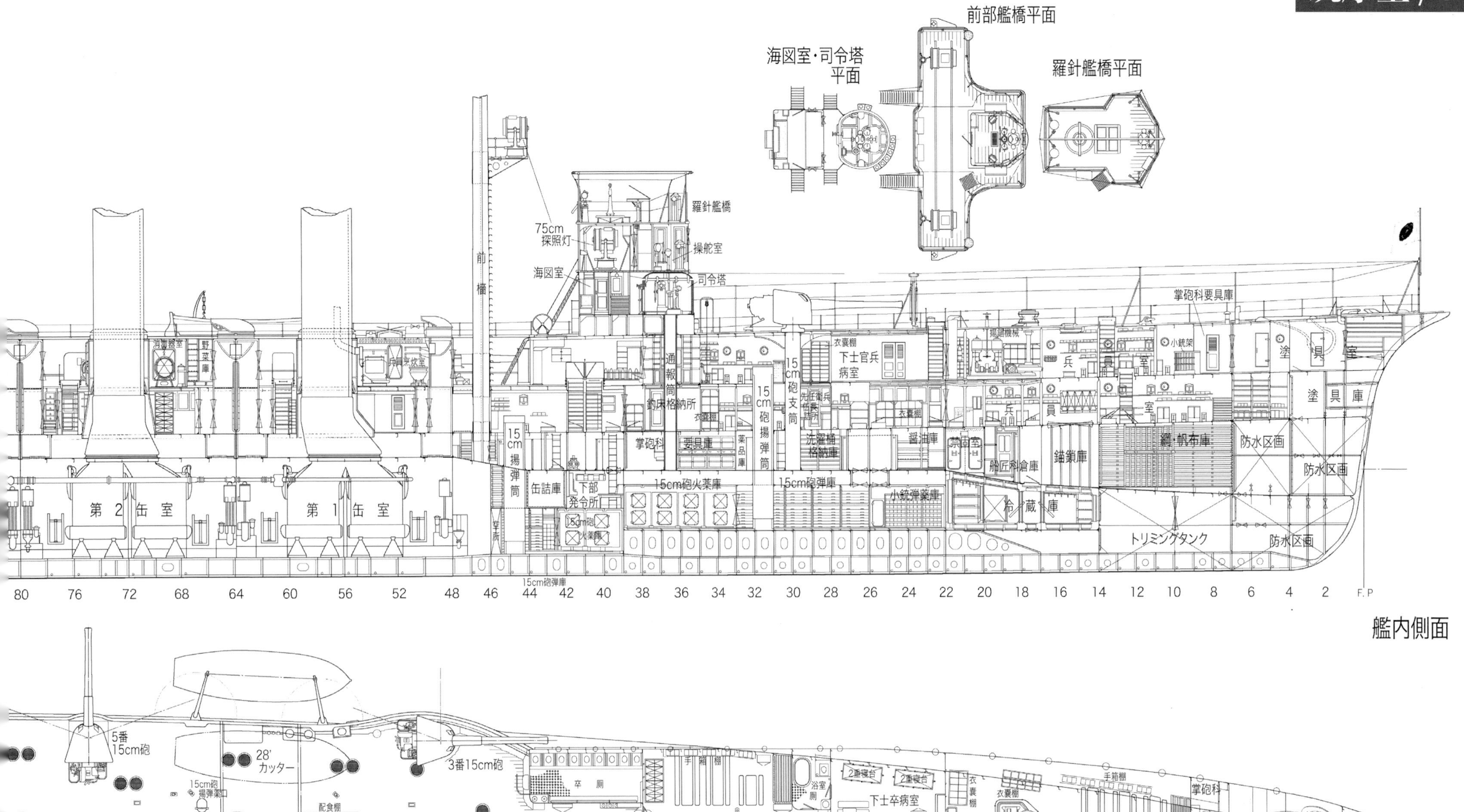

図 4-4-9 筑摩 艦内側面・上甲板平面

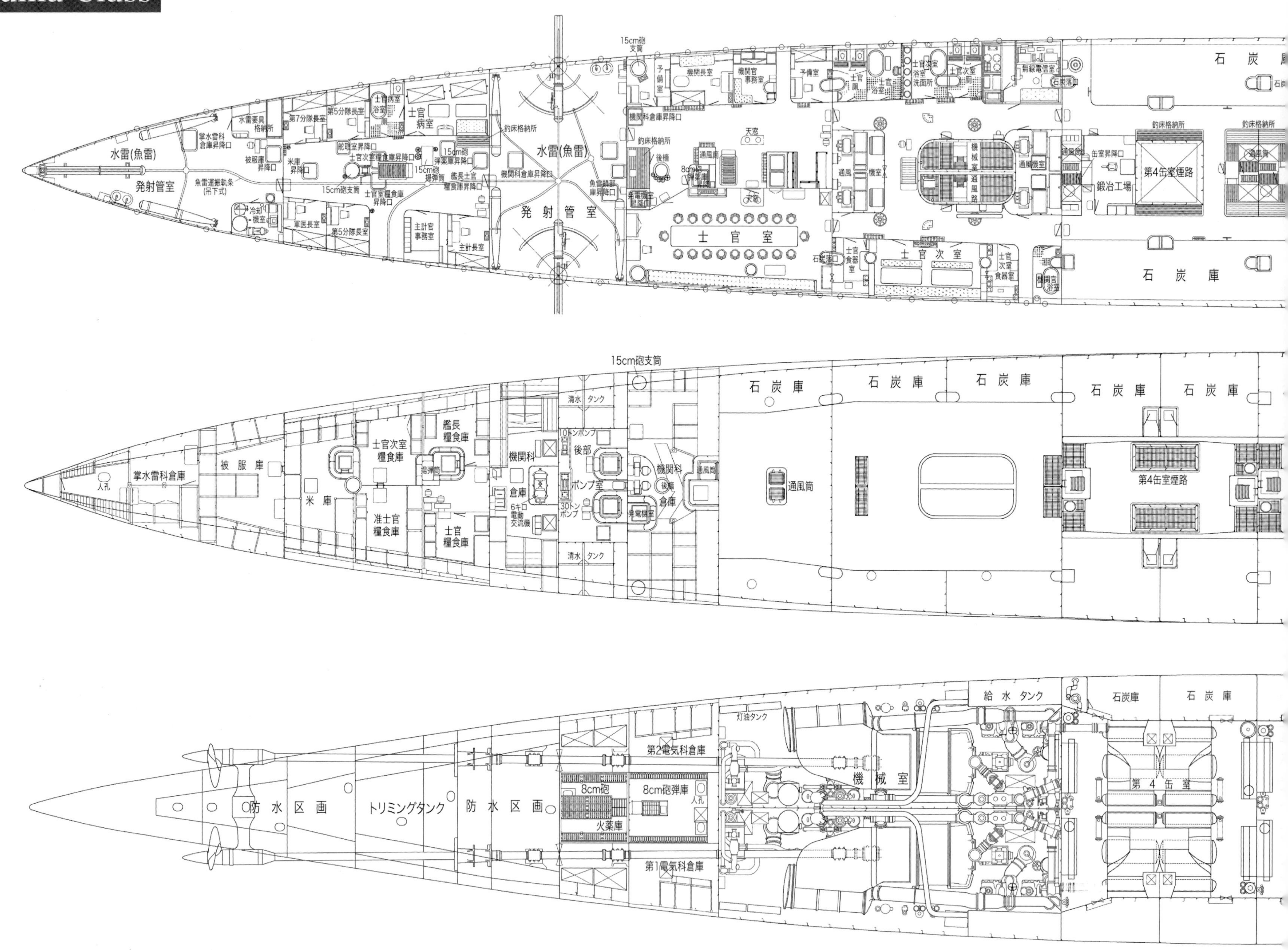

水雷(魚雷)
発射管室
水雷(魚雷)
発射管室
士官室
士官次室
第4缶室煙路
鍛冶工場
石炭庫
15cm砲支筒
石炭庫
掌水雷科倉庫
被服庫
米庫
士官次室糧食庫
艦長糧食庫
准士官糧食庫
士官糧食庫
機関科
倉庫
後部
ポンプ室
通風筒
第4缶室煙路
給水タンク
石炭庫
第2電気科倉庫
第1電気科倉庫
機械室
第4缶室
防水区画
トリミングタンク
防水区画
8cm砲
8cm砲弾庫
火薬庫
灯油タンク

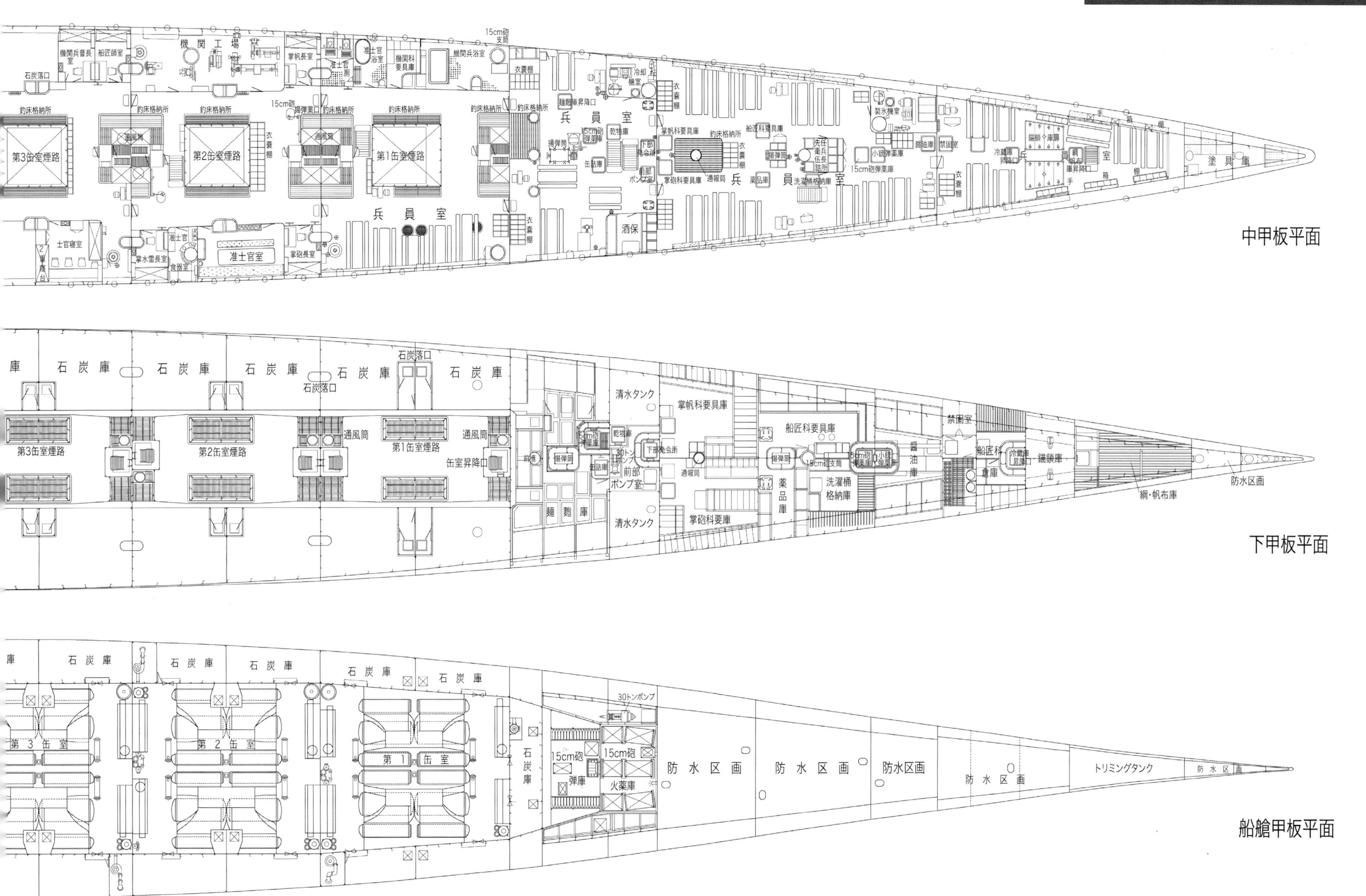

図 4-4-10 **筑摩** 中・下・船艙甲板平面

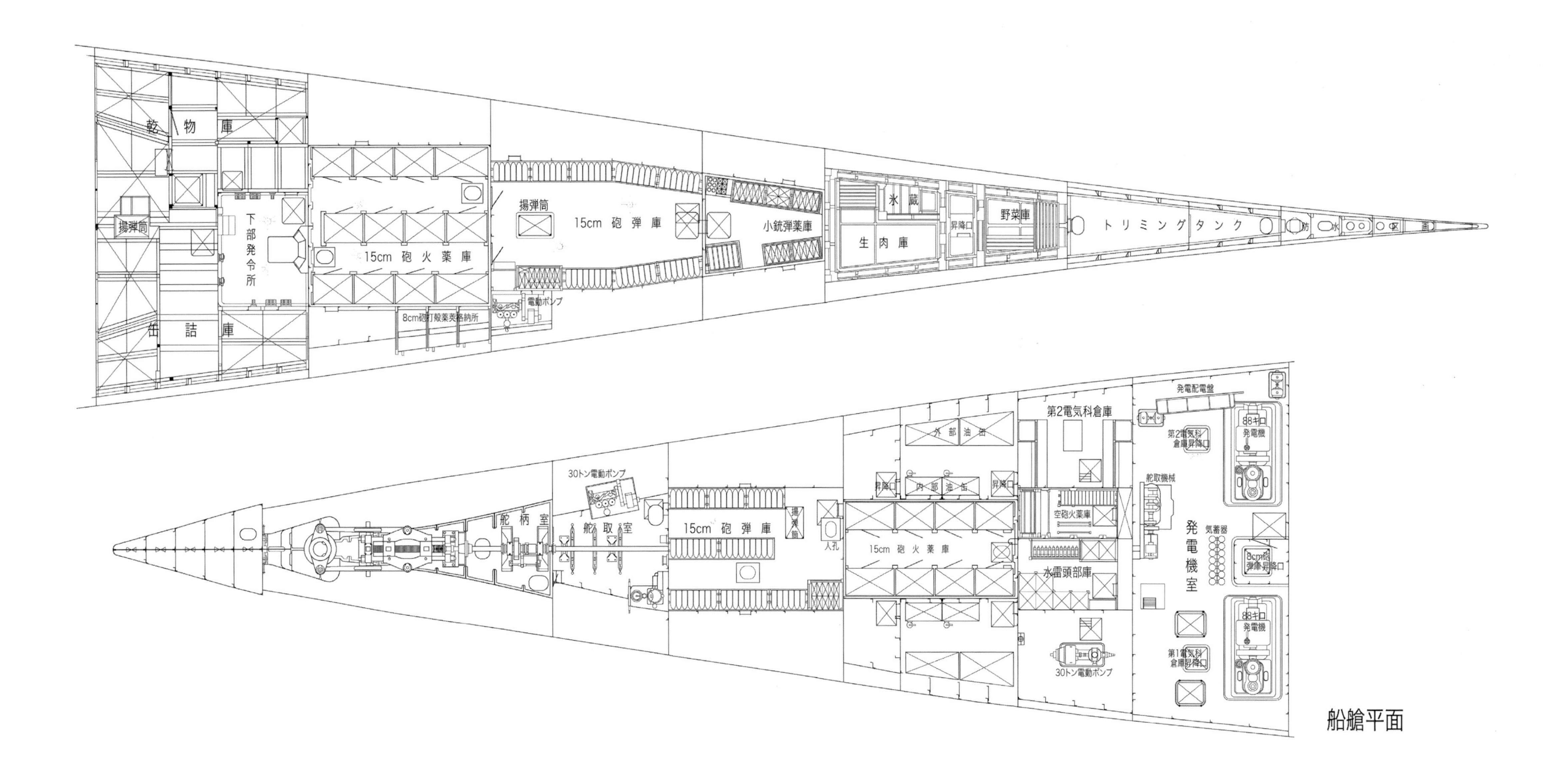

図 4-4-11 筑摩 船艙平面

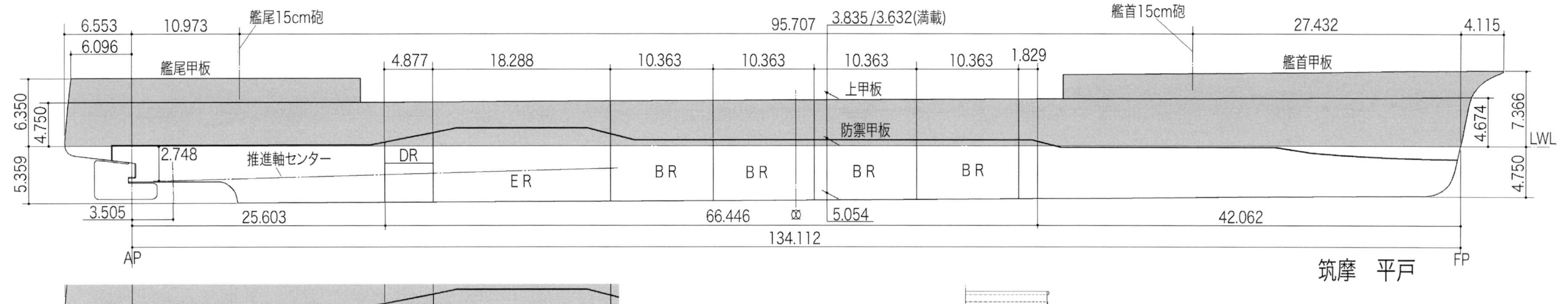

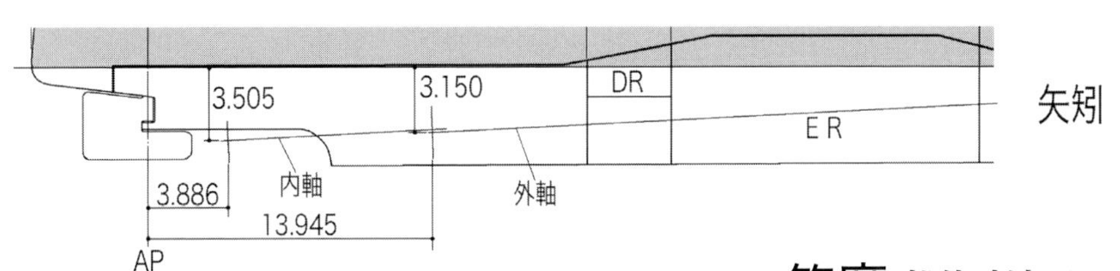

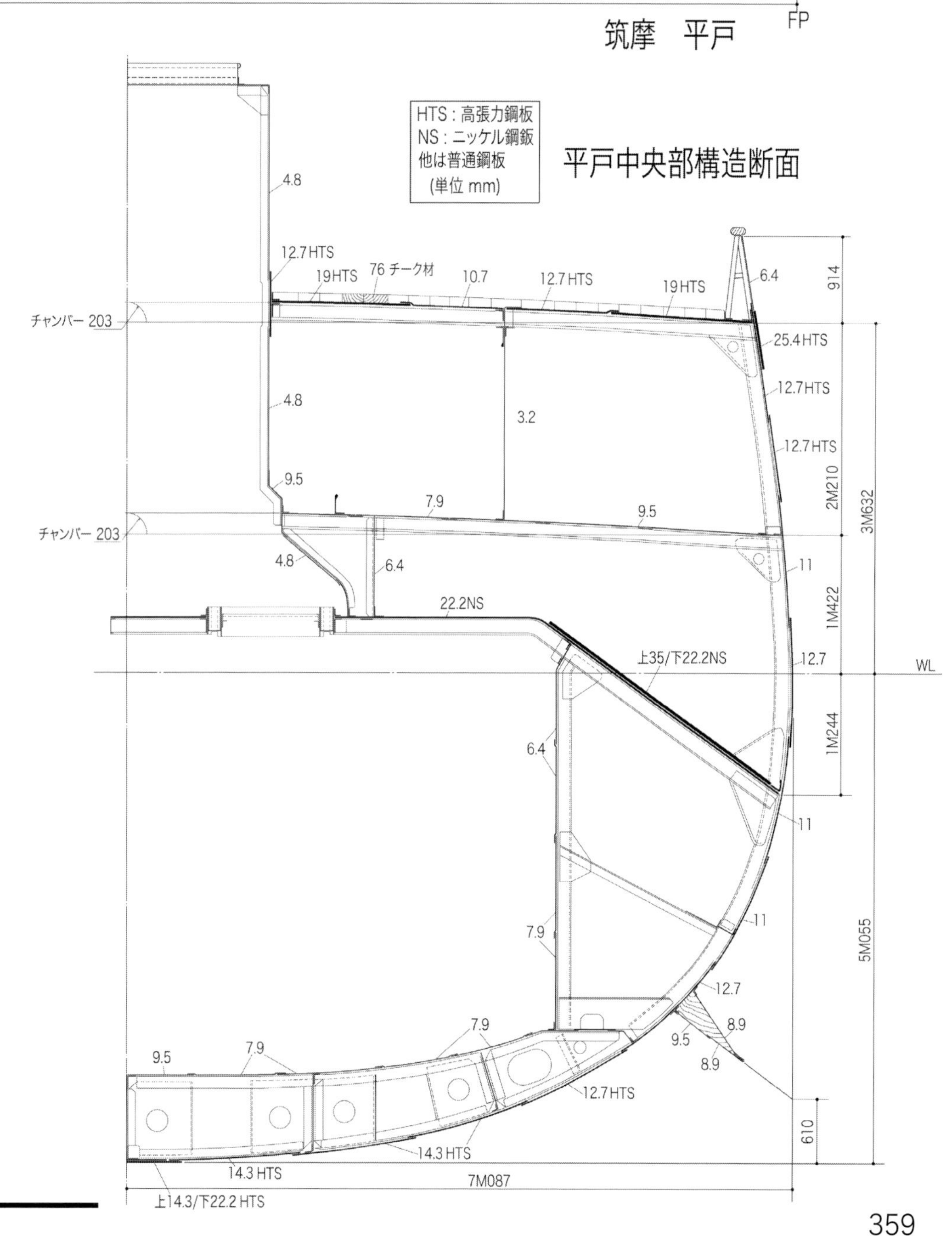

図 4-4-12　筑摩 船体寸法図・中央部構造切断図

兵装・装備 /Armament & Equipment

		新造完成時 /New	昭和 5 年 /1930
砲熕兵器 / Guns	主砲 /Main guns	41 式 45 口径 15cm 砲 /41type × 8 弾× 960	41 式 45 口径 15cm 砲 /41type × 8 弾× 960
	備砲 /2nd guns	41 式 40 口径 8cm 砲 /41type × 4 弾× 800	41 式 40 口径 8cm 砲 /41type × 2 弾× 400
	小砲 /Small cal. guns		3 年式 40 口径 8cm 高角砲 /3 year AA type × 2 ①
	機関砲 /M. guns	麻式 6.5mm 機銃 /Maxim × 2 弾× 30,000	3 年式 6.5mm 機銃 /3 year type × 2 弾× 30,000 ②
個人兵器 /Personal weapons	小銃 /Rifle	35 年式海軍銃× 115　弾× 34,500	
	拳銃 /Pistol	1 番形拳銃× 38　弾× 4,560	
水雷兵器 /Torpedo weapons	魚雷発射管 /T. tube	保式 /Whitehead type × 3（水上固定 1、旋回 2）	左に同じ③
	魚雷 /Torpedo	保式 (44 式)45cm/44 year type 18" × 6	
	その他		
電気兵器 /Elec.Weap.	探照灯 /Searchlight	75cm × 6(シーメンス式 電動 2 手動 4)	
艦載艇 /Boats	汽艇 /Steam pinnace	32' × 2	
	カッター /Cutter	28' × 3	
	通船 /Jap. boat	27' × 2、20' × 1	
	（合計）	× 8	

注 /NOTES ① T8 に装備、この高角砲装備にともない従来の 41 式 8cm 砲 2 門を撤去、海軍省年報極秘版の要目表はこの高角砲搭載が欠落しているので要注意　②大正前期に換装したものと推定　③発射管は要目上は除籍時まで残存したが、実質的には昭和期に入ってからは使用はなかったものと推定 【出典】矢矧要目簿 / 公文備考 / 海軍省年報極秘版

筑摩型 /Chikuma Class

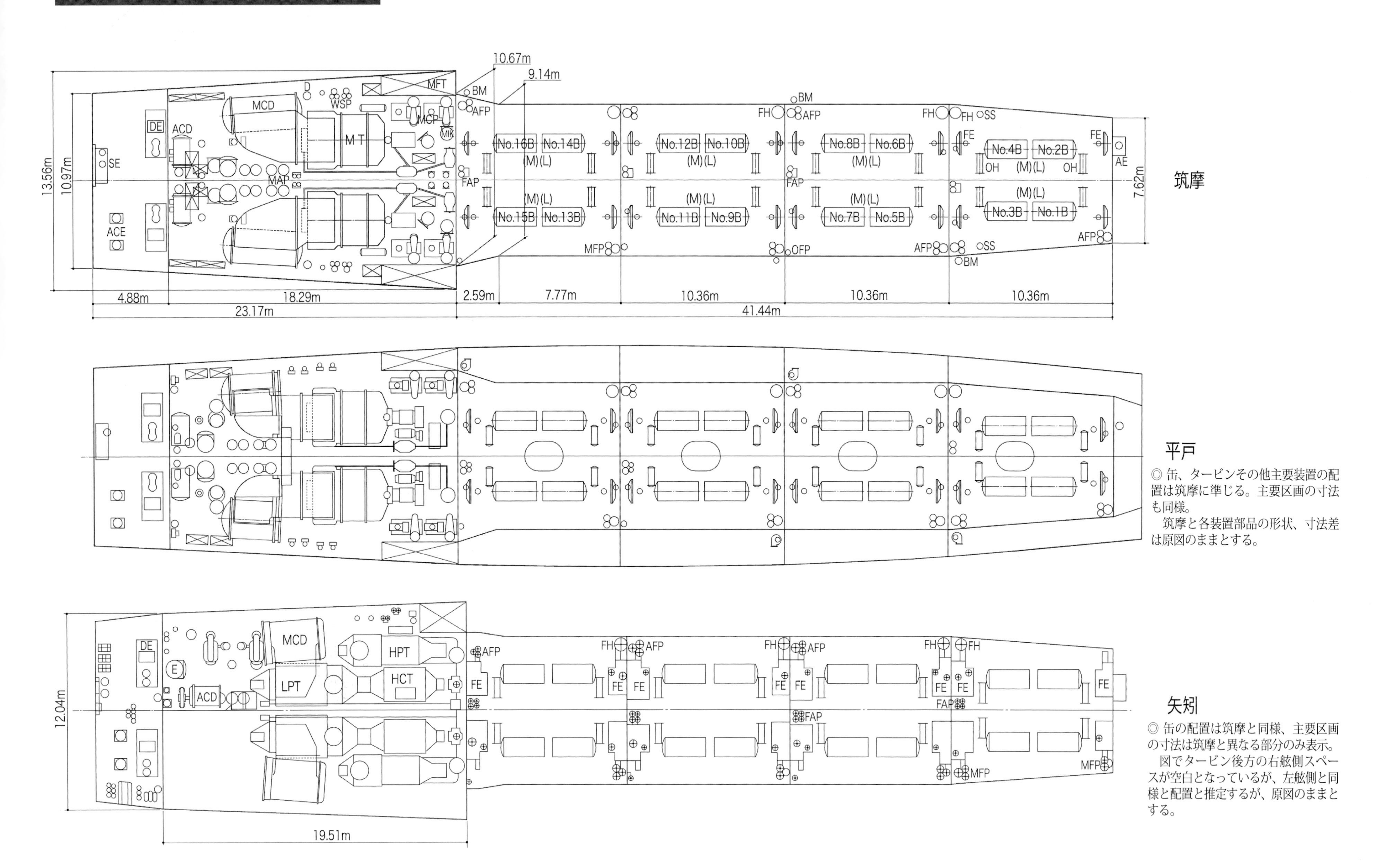

◎ 缶、タービンその他主要装置の配置は筑摩に準じる。主要区画の寸法も同様。
　筑摩と各装置部品の形状、寸法差は原図のままとする。

◎ 缶の配置は筑摩と同様、主要区画の寸法は筑摩と異なる部分のみ表示。
　図でタービン後方の右舷側スペースが空白となっているが、左舷側と同様と配置と推定するが、原図のままとする。

図 4-4-13 筑摩型 機関区画比較図

(注) 各部のアルファベットの略号のキー一覧は下巻目次裏ページに記載されています

定　員 /Complement (1)

職名 /Occupation	官名 /Rank	定数 /No.		職名 /Occupation	官名 /Rank	定数 /No.	
艦長	大佐	1			1 等兵曹	14	
副長	中佐	1			2、3 等兵曹	26	
砲術長	少佐 / 大尉	1			1 等船匠手	1	
水雷長兼分隊長	〃	1			2、3 等船匠手	1	
航海長	〃	1			1 等機関兵曹	12	下士 /81
分隊長	大尉	3			2、3 等機関兵曹	22	
	中少尉	8			1 等看護手	1	
機関長	機関中少佐	1	士官 /26		1 等筆記	1	
分隊長	機関少佐 / 大尉	1			2、3 等筆記	1	
分隊長	機関大尉	2			1 等厨宰	1	
	機関中少尉	2			2、3 等厨宰	1	
軍医長	軍医少監 / 大軍医	1			1 等水兵	59	
軍医	大軍医	1			2、3 等水兵	59	
主計長	主計少監 / 大主計	1			4 等水兵	38	
主計	大主計	1			1 等木工	2	
					2、3 等木工	3	
	兵曹長 / 上等兵曹長	1			1 等機関兵	50	卒 /287
	上等兵曹	3			2、3 等機関兵	48	
	船匠師	1	准士 / 9		4 等機関兵	15	
	機関兵曹長 / 上等機関兵曹	1			1、2 等看護	2	
	上等機関兵曹	3			1 等主厨	3	
					2 等主厨	4	
					3、4 等主厨	4	
				(合　計)		403	

注 /NOTES

明治 45 年 3 月 9 日内令 48 による 2 等巡洋艦筑摩、平戸、矢矧の定員を示す【出典】海軍制度沿革

(1) 兵曹長、上等兵曹は掌砲長の職にあてる

(2) 上等兵曹 1 人は掌水雷長、1 人は掌帆長、1 人は掌信号長兼掌電信長の職にあたるものとする

(P- 351 から続く) 筑摩型についてはその全体の総建造費については利根の場合と同様、明確な公式文書の記録がなく、三菱長崎造船所と神戸川崎造船所との契約金額については明確なものの、最終総額との差異が大きくそれが全て兵器費とするには疑問が多く、前掲の金額は参考とされたい。なお、矢矧と平戸は兵装は未装備のまま竣工として引き渡され、佐世保工廠等で兵装を施して最終的に完成したものと思われる。従って公表されているこの両艦の竣工年月日は兵装未装備の状態であったと推定される。公文備考には佐世保工廠における矢矧の兵装予算調書として合計 146,722 円を計上しているが、これは兵装を施すための材料費と工数費であって兵装個々の金額は含まれていない。別に公文備考では矢矧用の 41 式 15cm 砲砲身 8 門の日本製鋼所への注文分として 189,040 円、同砲架 8 台分は呉海軍工廠注文分として 155,040 円を計上しており、15cm 砲 8 門分だけで 344,080 円の購入費を要したことがわかる。このように建造費ひとつとってもお役所の公文書というのは非常にわかりにくく、その全体像を明らかにするのは容易ではない。

さて、この筑摩型は建造期間は 2 年間前後という非常に短期間に完成しており、ただ前述のように矢矧と平戸はその後兵装の装備があったから直ちに艦隊に編入されたわけではない。

本型のデビューは大正元年 11 月 12 日横浜沖観艦式で、筑摩がお召艦、矢矧、平戸が供奉艦としてそろってお披露目された。観艦式後 3 隻とも第 2 艦隊に編入、第 1 次大戦に際しては南遣艦隊に編入されてシンガポール、オーストラリアさらにインド洋方面まで進出、ドイツ通商破壊艦の捜索等に従事した。当時に日本海軍には速力 25 ノット以上の軍艦は本型と完成直後の巡洋戦艦金剛しかなく、その意味では貴重な存在であった。

大正後半に至って天龍型や 5,500 トン型軽巡が就役しはじめると、本型も艦隊よりはずれて兵学校等の練習任務や中国方面の警備任務に従事することが多くなり、筑摩は大正末期で他の 2 艦も昭和 5-6 年以降は活動を停止していた。大正期に各艦とも石炭庫や重油庫の増設、ビルジキール改造、缶の改修、ロ号缶への改造等を実施、大正 8 年には 3 番煙突後方両舷に砲台を設けて 8cm 高角砲を装備している。

定　員 /Complement (2)

職名 /Occupation	官名 /Rank	定数 /No.		職名 /Occupation	官名 /Rank	定数 /No.	
艦長	大佐	1			1 等兵曹	11	
副長	中佐	1			2、3 等兵曹	30	
砲術長	少佐 / 大尉	1			1 等船匠兵曹	1	
水雷長兼分隊長	〃	1			2、3 等船匠兵曹	1	下士 /86
航海長兼分隊長	〃	1			1 等機関兵曹	12	
運用長兼分隊長	〃	1			2、3 等機関兵曹	26	
分隊長	〃	2	士官 /21		1 等看護兵曹	1	
	中少尉	4			1 等主計兵曹	2	
機関長	機関中少佐	1			2、3 等主計兵曹	2	
分隊長	機関少佐 / 大尉	3					
	機関中少尉	2			1 等水兵	58	
軍医長兼分隊長	軍医少佐 / 大尉	1			2、3 等水兵	106	
	軍医中少尉	1			1 等船匠兵	2	
主計長兼分隊長	主計少佐 / 大尉	1			2、3 等船匠兵	3	
					1 等機関兵	57	兵 /333
	特務中少尉	2			2、3 等機関兵	92	
	機関特務中少尉	1	特士 / 4		1 等看護兵	1	
	主計特務中少尉	1			2、3 等看護兵	1	
					1 等主計兵	4	
	兵曹長	4			2、3 等主計兵	9	
	機関兵曹長	3	准士 / 8				
	船匠兵曹長	1					
				(合　計)		452	

注 /NOTES

大正 9 年 8 月内令 267 による 2 等巡洋艦筑摩、平戸、矢矧の定員を示す【出典】海軍制度沿革

(1) 専務兵科分隊長の内 1 人は砲台長の職にあたるものとする

(2) 機関科分隊長の内 1 人は機械部、1 人は缶部、1 人は補機部の各指揮官にあたる

(3) 兵曹長の 1 人は掌砲長、1 人は掌水雷長、1 人は掌帆長、1 人は電信長の職にあたるものとする

(4) 機関特務中少尉及び機関兵曹長の内 1 人は掌機長、1 人は機械長、1 人は缶長、1 人は補機長にあてる

(5) 運用長兼分隊長又は兵科分隊長の内 1 人は特務大尉を以て、機関科分隊長中 1 人は機関特務大尉を以て補することが可

艦名の筑摩、矢矧は河川名、平戸は長崎県の島または湾名、筑摩は S9 計画の利根型巡洋艦の一艦が襲名、矢矧は昭和 14 年度計画の阿賀野型軽巡の 3 番艦が襲名、平戸は大戦中の甲型海防艦の一隻が襲名した。筑摩は戦後の海上自衛隊護衛艦も襲名している。

[資料] 本型の公式資料としては呉の大和ミュージアムの < 福井資料 > に筑摩の図面一式、舷外側面、上部平面、艦内側面、各甲板平面がある。要目簿は大正 2 年の矢矧があるが船体部のみで機関、兵器の項はない。その他 < 平賀資料 > に本型に関するかなりの諸データが存在するものの、かなり造艦技術上の専門的な事項に属するもので、一般的なデータとして役立つものは少ない。その中では利根と同じ状態の船体寸法図がありこれは役に立つ。

写真については 3 艦合わせると相当数があるにはあるが、鮮明なものは少なく、特に 8cm 高角砲を装備した状態を明瞭に示す写真はほとんど残されていない。矢矧と平戸は終戦時残存していたため米側の撮影した写真がまだ存在する可能性もある。

筑摩型 /Chikuma Class

艦　歴 /Ship's History (1)

艦　名	筑　摩 (1/2)
年　月　日	記　事 /Notes
1909(M42)-12-23	命名
1910(M43)- 5-23	佐世保工廠で起工
1911(M44)- 4- 1	進水、2 等巡洋艦に類別、舞鶴鎮守府に入籍
1911(M44)-12- 1	艤装委員長片岡栄太郎大佐 (15 期) 就任
1912(M45)- 5-17	竣工、第 1 予備艦
1912(M45)- 6-29	艦長向井弥一大佐 (15 期) 就任
1912(M45)- 7- 5	弾着観測所前橋改造認可
1912(T 1)- 9-15	横須賀工廠で機関改造認可
1912(T 1)-11-12	横浜沖大演習観艦式にお召艦として参列
1912(T 1)-11-13	艦長小山田仲之丞大佐 (17 期) 就任
1912(T 1)-12- 1	第 2 艦隊
1913(T 2)- 1-18	打狗発南支方面警備、2 月 12 日佐世保着
1913(T 2)- 2-26	艦長下平英太郎大佐 (17 期) 就任
1913(T 2)- 3- 7	仁川発北支方面警備、5 月 14 日舞鶴着
1913(T 2)-11-10	横須賀沖恒例観艦式参列、同 12-1 艦長井原頼一大佐 (17 期) 就任
1913(T 2)-12- 8	舞鶴工廠で無線電信室その他改造認可
1914(T 3)- 1-28	舞鶴工廠で艦長室舷窓取除きの件認可
1914(T 3)- 2-28	仁川発中国方面警備、3 月 26 日舞鶴着
1914(T 3)- 4- 1	第 1 予備艦
1914(T 3)- 5- 6	艦長坂本則俊大佐 (20 期) 就任
1914(T 3)- 8-10	第 1 艦隊
1914(T 3)- 8-18	警備艦
1914(T 3)-10- 1	特別南遣艦隊
1914(T 3)-12- 1	第 1 南遣艦隊
1915(T 4)- 2- 1	第 1 艦隊第 3 戦隊、艦長心得松村菊勇中佐 (23 期) 就任
1915(T 4)- 3- 9	警備艦、臨時南洋群島防備隊
1915(T 4)- 3-18	第 1 艦隊第 3 戦隊
1915(T 4)- 5-11	馬鞍群島出発後宇治群島雀島で座礁、1 時間後離礁、艦首部下甲板に浸水
1915(T 4)- 6- 1	第 2 予備艦
1915(T 4)- 8-13	舞鶴工廠でビルジキール改造、石炭庫増設改造認可
1915(T 4)- 9-25	艦長心得田口久盛中佐 (21 期) 就任、12 月 13 日大佐艦長
1915(T 4)-10- 1	第 1 予備艦
1915(T 4)-10-15	第 1 艦隊第 3 戦隊
1915(T 4)-12- 4	横浜沖特別観艦式参列
1915(T 4)-12-13	第 2 艦隊第 4 戦隊
1915(T 4)-12-16	第 2 艦隊第 3 戦隊、常磐、千歳特別任務のため一時編入
1916(T 5)- 1-28	艦長田尻唯二大佐 (23 期) 就任
1916(T 5)- 4- 9	佐世保発中国方面警備、4 月 18 日寺島水道着
1916(T 5)- 4-15	第 2 艦隊第 4 戦隊

艦　歴 /Ship's History (2)

艦　名	筑　摩 (2/2)
年　月　日	記　事 /Notes
1916(T 5)-10-25	横浜沖恒例観艦式参列
1916(T 5)-12- 1	第 2 艦隊第 4 戦隊、艦長牟田亀太郎大佐 (25 期) 就任
1917(T 6)- 3-28	馬公発蘭印方面警備、翌年 1 月 26 日佐世保着
1917(T 6)- 4-13	第 3 特務艦隊
1917(T 6)- 5-21	シドニー出港時左舷推進器が桟橋に圧着、推進器損傷
1917(T 6)-12-12	第 1 特務艦隊
1918(T 7)- 1-30	第 2 予備艦、舞鶴工廠で機関船体修理、缶管入換え、ドラム改造、兵員烹炊室内改造
1918(T 7)- 4- 1	第 3 予備艦
1918(T 7)- 6- 1	艦長飯田延太郎大佐 (24 期) 就任
1918(T 7)- 7- 5	艦長大内田盛繁大佐 (21 期) 就任、兼薩摩艦長
1918(T 7)- 9-25	艦長大見丙子郎大佐 (23 期) 就任、11 月 1 日より兼香取艦長
1918(T 7)-12- 1	艦長末次信正大佐 (27 期) 就任
1919(T 8)- 4-15	第 2 予備艦、舞鶴工廠で 8cm 高角砲 2 門装備、探照灯位置変更、前後 15cm 砲弾薬庫改造
1919(T 8)- 6- 1	第 1 予備艦
1919(T 8)- 8- 5	艦長横地錠二大佐 (27 期) 就任
1919(T 8)- 8-20	第 2 艦隊第 2 戦隊
1919(T 8)-10-28	横浜沖大演習観艦式に供奉艦として参列
1919(T 8)-12- 1	第 2 艦隊第 4 戦隊
1920(T 9)- 8-29	館山発露領沿岸警備、9 月 7 日小樽着
1920(T 9)- -	舞鶴工廠で 4 式方位盤照準装置装備
1920(T 9)-12- 1	第 1 艦隊第 2 戦隊、艦長白石信成大佐 (28 期) 就任
1921(T10)- 8-19	佐世保発青島方面警備、30 日有明湾着
1921(T10)-11-20	第 2 予備艦、艦長永野永三大佐 (29 期) 就任
1922(T11)- 3- 1	第 1 予備艦、舞鶴工廠で弾薬庫ガス抜き装置新設
1922(T11)- 4- 1	警備艦、鎮海要港司令官の指揮下におく
1922(T11)- 5- 5	仁川発北支方面警備、7 月 6 日済州島着
1922(T11)-11-20	艦長田岡勝太郎大佐 (30 期) 就任
1922(T11)-12- 1	第 1 艦隊第 1 潜水戦隊、横須賀鎮守府に転籍
1923(T12)- 6- 1	艦長中原市介大佐 (31 期) 就任
1923(T12)- 8-28	佐世保発中国沿岸方面警備、9 月 5 日呉着、関東大震災に際し救援物資を搭載 9 月 9 日横浜着
1923(T12)-11-20	艦長心得中原市介中佐 (31 期) 就任、12 月 1 日大佐艦長
1924(T13)- 3- 8	佐世保発中国方面警備、19 日馬公着
1924(T13)- 5-15	第 3 予備艦、同 8-1 第 2 予備艦
1924(T13)- 9- 1	第 1 予備艦
1924(T13)-11- 1	第 3 予備艦
1924(T13)-12- 1	第 4 予備艦、以後横須賀で繋留出動なし
1925(T14)- 7-10	横須賀海兵団付属
1930(S 5)-12-17	除籍後使用の件認可、海兵団新兵砲術教育用
1931(S 6)- 4- 1	除籍、廃艦第 3 号、1934(S 9)- 1-19 横須賀港務部保管中の本艦の後檣を湊川神社に無償払下げ認可
1935(S10)- -	爆撃実艦的として沈没

艦　歴 /Ship's History (3)

艦　名	矢　矧 (1/3)
年　月　日	記　事 /Notes
1909(M42)-12-23	仮命名
1910(M43)- 6-20	三菱長崎造船所で起工
1911(M44)-10- 3	進水、命名
1912(M45)- 7- 5	前檣弾着観測所改造認可
1912(M45)- 7-27	竣工、2 等巡洋艦に類別、呉鎮守府に入籍、艦長小林恵吉郎大佐 (15 期) 就任
1912(T 1)- 8-31	第 1 予備艦
1912(T 1)-11-12	横浜沖大演習観艦式に供奉艦として参列
1912(T 1)-12- 1	第 2 艦隊、艦長山岡豊一大佐 (17 期) 就任
1913(T 2)- 1-18	打狗発南支方面警備、2 月 12 日佐世保着
1913(T 2)- 3- 7	仁川発北支方面警備、5 月 14 日呉着
1913(T 2)-11-10	横須賀沖恒例観艦式参列
1913(T 2)-12- 1	第 1 予備艦、艦長坂本則俊大佐 (20 期) 就任
1914(T 3)- 5- 6	艦長長鋪次郎大佐 (17 期) 就任
1914(T 3)- 8-10	第 1 艦隊
1914(T 3)-10- 1	第 2 南遣艦隊
1914(T 3)-11- 9	第 1 艦隊第 3 戦隊
1914(T 3)-12- 1	第 1 南遣艦隊
1915(T 4)- 2- 1	第 2 予備艦、艦長島内桓太大佐 (20 期) 就任
1915(T 4)- 4-19	呉工廠入渠、ビルジキール改造、工期 21 日
1915(T 4)- 5-26	機関改造認可、6 月 11 日から呉工廠で重油管改造、8 月 10 日完成
1915(T 4)- 7- 5	呉工廠第 2 船渠入渠中揚錨機事故のため死亡 2、軽傷 6 を生じる
1915(T 4)- 8-15	第 1 艦隊第 3 戦隊
1915(T 4)- 8-18	重油庫増設認可
1915(T 4)-12- 4	横浜沖特別観艦式に先導艦として参列
1915(T 4)-12-13	第 2 艦隊第 4 戦隊、艦長内田虎三郎大佐 (22 期) 就任
1915(T 4)-12-16	一時同第 3 戦隊
1916(T 5)- 4- 9	佐世保発中国方面警備、18 日寺島水道着
1916(T 5)- 4-15	第 4 艦隊
1916(T 5)-10-25	横浜沖恒例観艦式参列
1916(T 5)-12- 1	第 2 艦隊第 4 戦隊、艦長宮治民三郎大佐 (25 期) 就任
1917(T 6)- 2- 7	第 1 特務艦隊
1917(T 6)- 2-27	馬公発インド洋方面警備、大正 8 年 1 月 25 日佐世保着、帰途マニラで感冒により 48 名病死
1917(T 6)-12- 1	艦長山口伝一大佐 (26 期) 就任
1918(T 7)-12- 1	艦長小倉嘉明大佐 (27 期) 就任
1919(T 8)- 2- 2	第 3 予備艦
1919(T 8)- 2-15	呉工廠で機関特定修理実施、缶管総入換え、ドラム改造、総検査、8cm 高角砲 2 門装備、翌年 6 月
	30 日完成
1919(T 8)-12- 1	艦長藤村昌吉大佐 (27 期) 就任
1920(T 9)- 7- 3	第 2 予備艦

艦　歴 /Ship's History (4)

艦　名	矢　矧 (2/3)
年　月　日	記　事 /Notes
1920(T 9)-10-30	第 1 予備艦
1920(T 9)-12- 1	第 1 艦隊第 2 戦隊、艦長常松憲三大佐 (27 期) 就任
1921(T10)- 4-14	艦長左近司政三大佐 (28 期) 就任
1921(T10)- 8-19	佐世保発青島方面警備、30 日有明湾着
1921(T10)-11-20	艦長島祐吉大佐 (29 期) 就任
1921(T10)-12- 1	第 1 艦隊第 1 潜水戦隊
1922(T11)- 6-19	佐世保発青島大連方面警備、7 月 4 日鎮海着
1922(T11)- 8-29	呉発セント・ウラジミール方面警備、9 月 10 日小樽着
1922(T11)-12- 1	第 2 艦隊第 2 潜水艦隊、艦長益子六弥大佐 (30 期) 就任、12 年 11 月 10 日から翌年 3 月 25 日まで
	兼千歳艦長
1922(T11)-12-11	呉工廠で消防ポンプ修理、翌年 5 月 31 日完成
1923(T12)- 8-26	袋港発支那沿岸方面警備、9 月 5 日呉着、関東大震災に際して救援物資を搭載 26 日品川着
1923(T12)-12- 1	第 3 予備艦
1923(T12)-12-20	予備艦のまま兵学校練習艦
1924(T13)- 2-15	呉工廠で主機軸系統検査、3 月 31 日完成
1924(T13)- 9- 1	第 1 予備艦
1924(T13)-12- 1	練習兼警備艦、兵学校及び潜水学校、艦長山本土岐彦大佐 (31 期) 就任
1925(T14)- 4-20	艦長相良達夫中佐 (32 期) 就任
1925(T14)-12- 1	練習艦、兵学校、艦長河村儀一郎大佐 (32 期) 就任
1926(T15)- 3-29	兵学校第 2 学年乗艦実習、4 月 1 日まで、第 1 学年 5 月 31 日から 6 月 4 日まで
1926(T15)- 9- 4	兵学校選修学生乗艦実習、21 日まで
1926(T15)-11- 1	練習艦、兵学校、艦長辺見辰彦大佐 (32 期) 就任
1926(T15)-12- 1	練習兼警備艦、潜水学校
1927(S 2)- 4- 2	呉工廠で補助蒸気管修理、8 月 30 日完成
1927(S 2)- 4- 7	第 1 遣外艦隊
1927(S 2)- 4- 9	呉発揚子江方面警備、昭和 5 年 5 月 4 日着、この間数度帰朝
1927(S 2)- 8-20	呉工廠で船体臨時修理、翌年 1 月 16 日完成
1927(S 2)-12- 1	艦長池中健一大佐 (31 期) 就任
1928(S 3)- 9-20	呉工廠で缶管修理、翌年 3 月 31 日完成
1928(S 3)-12-10	艦長小籏巍大佐 (33 期) 就任
1929(S 4)- 4-22	呉工廠で缶修理、5 月 30 日完成
1929(S 4)-11-30	艦長増島忠雄大佐 (34 期) 就任
1930(S 5)- 3-10	南京在泊中第 1 缶室より出火、12 分後鎮火、損害軽微
1930(S 5)- 5- 1	第 2 予備艦
1930(S 5)- 5-10	呉工廠で汽艇主機修理、11 月 30 日完成
1930(S 5)- 6- 1	第 3 予備艦
1930(S 5)-10-30	本艦搭載の五十鈴内火艇を対馬に転載訓令
1930(S 5)-11- 1	第 1 予備艦
1930(S 5)-11- 6	呉工廠で船体部修理、29 日完成
1930(S 5)-11-15	艦長水戸春造大佐 (36 期) 就任

艦　歴 /Ship's History (5)

艦　名	矢　矧 (3/3)
年　月　日	記　事 /Notes
1930(S 5)-12- 1	警備艦、馬公要港付属
1930(S 5)-12- 6	馬公発、馬公を基地として中国沿岸方面警備、翌年年 12 月 6 日着
1931(S 6)- 5-15	艦長岩村清一大佐 (37 期) 就任
1931(S 6)-12- 1	艦長井上保雄大佐 (38 期) 就任
1931(S 6)-12- 7	本艦 11m 内火艇を対馬に充当
1931(S 6)-12-15	第 3 予備艦、以後呉で繋留のまま出動の機会なし
1932(S 7)- 5- 2	呉工廠で缶修理、30 日完成
1932(S 7)- 1- 7	固有の汽艇を復旧
1932(S 7)-12- 1	第 4 予備艦
1933(S 8)- 3- 9	呉港務部保管の本艦 9m カッター 1 隻を韓崎に貸与、9 年 1 月末まで
1935(S10)- 3- 7	呉市主催博覧会会期中本艦を一般見学用に供することを認可、また同期間中軍艦旗の掲揚を認可
1940(S15)- 4- 1	除籍、廃艦第 12 号、呉海兵団付属
1943(S18)- -	大竹に回航、潜水学校で使用、終戦に至る、戦後昭和 22 年 1 月 31 日より同 7 月 8 日まで笠戸
	ドックで解体

艦　歴 /Ship's History (6)

艦　名	平　戸 (1/3)
年　月　日	記　事 /Notes
1909(M42)-12-23	仮命名
1910(M43)- 8-10	神戸川崎造船所で起工
1910(M43)- 8-11	呉鎮守府に入籍
1911(M44)- 6-29	進水、命名
1912(M45)- 3- 9	艤装委員長山中柴吉大佐 (15 期) 就任
1912(M45)- 6-17	竣工、2 等巡洋艦に類別、艦長山中柴吉大佐 (15 期) 就任
1912(M45)- 6-27	第 1 予備艦
1912(T 1)-11-12	横浜沖大演習観艦式に供奉艦として参列
1912(T 1)-12- 1	第 2 艦隊、艦長野村房次郎大佐 (17 期) 就任
1913(T 2)- 2- 1	馬公発南支方面警備、12 日佐世保着
1913(T 2)- 3- 7	仁川発北支方面警備、5 月 14 日呉着
1913(T 2)-11-10	横須賀沖恒例観艦式参列
1913(T 2)-12- 1	第 1 予備艦、呉水雷隊付属、艦長幸田銈太郎大佐 (17 期) 就任
1914(T 3)- 1-29	推進器予備品と換装
1914(T 3)- 4- 1	水雷隊付属を解く
1914(T 3)- 8-18	第 1 艦隊第 5 戦隊
1914(T 3)-10- 1	第 2 南遣艦隊
1914(T 3)-12- 1	艦長金丸清緝大佐 (20 期) 就任
1914(T 3)-12-28	第 1 艦隊第 3 戦隊
1915(T 4)- 6-30	第 3 艦隊
1915(T 4)- 3-15	馬公発香港、シンガポール方面警備、10 月 5 日着
1915(T 4)- 5-26	機関部改造認可
1915(T 4)- 6-24	巡航タービン装備認可
1915(T 4)- 8-15	第 1 艦隊第 3 戦隊
1915(T 4)- 8-19	シンガポールで入渠中艦との間に渡した桟橋が折れて落下、物品搬入中の 13 名中死亡 2、重傷 5、
	軽傷 5 を生じる
1915(T 4)- 8-28	石炭庫増設、ビルジキール改造認可
1915(T 4)-12- 4	横浜沖特別観艦式参列
1915(T 4)-12-13	第 2 予備艦、この間前記工事実施、艦長生野太郎八大佐 (21 期) 就任
1915(T 4)-12-23	呉工廠で缶をロ号艦本式に改造認可、翌年 2 月 20 日着手 11 月末完成予定
1916(T 5)- 9-19	呉工廠で缶管総入換え、翌年 2 月末完成予定
1916(T 5)-12- 1	艦長心得小林躋造中佐 (26 期) 就任、6 年 4 月 1 日大佐艦長
1917(T 6)- 2- 7	第 2 艦隊第 4 戦隊
1917(T 6)- 2-28	馬公発蘭印方面警備、12 月 5 日横須賀着
1917(T 6)- 4-13	第 3 特務艦隊
1917(T 6)-12- 1	艦長菅沼周次郎大佐 (26 期) 就任
1917(T 6)-12-12	第 1 予備艦
1918(T 7)- 1-24	第 2 艦隊第 2 戦隊
1918(T 7)- 4-11	佐世保発青島方面警備、17 日仁川着

艦　歴 /Ship's History (7)

艦　名	平　戸 (2/3)
年　月　日	記　事 /Notes
1918(T 7)-7-12	教練射撃のため出動時荒天により大分県大入島と片網代島の中間地点で錨泊中風波に押し流され座
	礁、約 1 時間後に離礁、艦底部及び推進器を損傷、浸水をきたす
1918(T 7)-7-14	呉工廠で上記損傷修理工事実施、9 月 10 日完成
1918(T 7)-7-25	第 1 予備艦
1918(T 7)-8-24	第 2 艦隊第 2 戦隊
1918(T 7)-12- 1	艦長小山武大佐 (26 期) 就任
1919(T 8)- 2-11	呉軍港にて上陸員送迎用第 1 カッターが波浪のため沈没、11 名が溺死す
1919(T 8)- 3-25	志布志湾発北中国方面警備、4 月 9 日佐世保着
1919(T 8)- 5-26	艦長寺岡平吾大佐 (27 期) 就任
1919(T 8)- 8- 5	艦長志賀巳之治大佐 (26 期) 就任
1919(T 8)-12- 1	第 2 艦隊第 4 戦隊、艦長永野修身大佐 (28 期) 就任
1920(T 9)- 1- 7	8cm 高角砲公試実施、前年呉工廠で 8cm 高角砲 2 門装備
1920(T 9)- 8-29	館山発露領沿岸警備、9 月 7 日小樽着
1920(T 9)-10- 5	第 1 予備艦
1920(T 9)-12- 1	艦長松坂茂大佐 (27 期) 就任
1921(T10)- 1-29	第 3 艦隊第 3 戦隊
1921(T10)- 5-15	小樽発露領沿岸警備、8 月 18 日着
1921(T10)- 9- 4	小樽発露領沿岸警備、10 月 14 日大湊着
1921(T10)-12- 1	第 2 予備艦
1922(T11)- 2-25	呉工廠で蒸気管一部改造、7 月 20 日完成
1922(T11)- 4- 1	呉工廠で弾火薬庫錠改造、9 月 26 日完成
1922(T11)- 5-16	艦長松本匠大佐 (29 期) 就任
1922(T11)- 7-15	第 3 予備艦
1922(T11)- 9- 7	舞鶴工廠で特定修理、船体、機関缶管入換え、翌年 8 月 30 日完成
1923(T12)- 4- 1	艦長金子養三大佐 (30 期) 就任
1923(T12)- 5-15	第 2 予備艦
1923(T12)- 7-20	艦長鹿江三郎大佐 (30 期) 就任
1923(T12)- 9- 6	関東大震災に際して呉より救援物資を搭載品川着、陸揚後清水への避難民輸送に従事
1923(T12)-11-10	呉工廠で 30' カッター 1 隻増備、翌年 1 月 24 日完成
1923(T12)-12-19	呉工廠で繋留気球繋留装置設置、翌年 5 月 10 日完成
1924(T13)- 3- 1	第 1 予備艦
1924(T13)- 3-25	艦長吉田善吾大佐 (32 期) 就任
1924(T13)- 4- 1	第 2 艦隊第 2 潜水戦隊
1924(T13)-12- 1	第 2 予備艦、艦長福島貫三大佐 (32 期) 就任、兼明石艦長
1925(T14)- 4-15	艦長北川清中佐 (33 期) 就任、兼能登呂艦長
1925(T14)- 9- 1	第 1 予備艦
1925(T14)-11-20	艦長山口延一大佐 (31 期) 就任、兼浅間艦長
1925(T14)-12- 1	第 1 遣外艦隊、艦長柴山司馬大佐 (32 期) 就任
1925(T14)-12- 6	旅順着関東州在勤警備任務、昭和 2 年 12 月 4 日呉着

艦　歴 /Ship's History (8)

艦　名	平　戸 (3/3)
年　月　日	記　事 /Notes
1926(T15)- 6- 1	艦長片山登大佐 (32 期) 就任
1927(S 2)- 2- 4	佐世保発青島、揚子江流域警備、9 月 14 日旅順着
1927(S 2)- 7-18	第 2 遣外艦隊
1927(S 2)- 9-28	艦長瀬崎仁平大佐 (32 期) 就任
1927(S 2)-11-26	大連発青島方面警備、12 月 4 日呉着
1927(S 2)-12- 1	遣外艦隊より除く、警備兼練習艦、潜水学校用
1928(S 3)- 4- 1	艦長羽仁潔大佐 (33 期) 就任
1928(S 3)-12-10	第 3 予備艦
1929(S 4)- 5-25	呉工廠で缶修理、10 月 30 日完成
1929(S 4)-10- 1	第 2 予備艦
1929(S 4)-10- 5	呉工廠で無電装置改造、12 月 7 日完成
1929(S 4)-11- 1	第 1 予備艦
1929(S 4)-11-30	第 1 遣外艦隊
1929(S 4)-12- 9	呉発揚子江流域警備、7 年 5 月 21 日着この間数度一時帰朝
1929(S 4)-12-10	艦長下村敬三郎大佐 (33 期) 就任
1930(S 5)-11-20	艦長丹下薫二大佐 (36 期) 就任
1931(S 6)- 3-16	漢口で本艦内火艇が中国船雅安と衝突沈没、人的被害なし
1931(S 6)-12- 9	呉工廠で缶管修理、25 日完成
1932(S 7)- 2- 2	第 3 艦隊第 1 遣外艦隊
1932(S 7) -5-10	艦長藤森清一朗大佐 (37 期) 就任
1932(S 7)- 6-20	第 2 遣外艦隊
1932(S 7)- 6-29	呉発青島方面警備、翌年 12 月 7 日着
1933(S 8) -4- 1	艦長大島乾四郎大佐 (39 期) 就任
1933(S 8)- 4-20	遣外艦隊より除く、警備艦、旅順要港付属
1933(S 8)- 8-25	艦長平岡粂一中佐 (39 期) 就任、11 月 15 日大佐艦長
1933(S 8)- 9-14	呉工廠で 11m 内火艇を天龍 30' 内火艇と交換訓令
1933(S 8)-12- 7	旅順要港付属を解く、第 4 予備艦、以後出動の機会なし呉にて係留
1934(S 9)-10-12	江田内回航陸岸繋留、選修学生増加により宿舎として使用
1934(S 9)-10-13	当分の間兵学校において保管、昭和 12 年当時定員を置かず
1940(S15)- 4- 1	除籍、廃艦第 11 号、左仮称名を当分の間部内限りで使用
1942(S17)- 8- 9	浅間と交代呉に曳航回航
1943(S18)- -	岩国に曳航回航、同地で兵学校分校または海兵団の教育参考用として使用、終戦を迎えるが昭和 22
	年にいたり自然浸水により着底状態、同 1 月 5 日より同 4 月 20 日まで東京サルベージにより解体 (上
	部構造物撤去)、船体は岩国港の防波堤として流用、昭和 23 年 2 月 29 日付で中国海運局より山口
	県に移管

淀・最上 /Yodo・Mogami

型名 /Class name		同型艦数 /No. in class		設計番号 /Design No.		淀 -E 4、最上 -E 6	設計者 /Designer	①	
艦名 /Name	計画年度 /Prog. year	建造番号 /Build. No	起工 /Laid down	進水 /Launch	竣工 /Completed	建造所 /Builder	建造費 /Cost	除籍 /Deletion	喪失原因・日時・場所 /Loss data
淀 /Yodo	M37/1904	第 1 号通報艦	M39/1906-01-06	M40/1907-11-19	M41/1908-07-10	神戸川崎造船所	¥1,257,000 ②	S15/1940-04-01	廃艦 13 号、終戦時光工廠在後解体
最上 /Mogami	M37/1904	第 2 号通報艦	M40/1907-03-03	M41/1908-03-25	M41/1908-09-16	三菱長崎造船所	¥1,270,000	S3/1928-04-01	昭和 4 年売却

注 /NOTES ① 通報艦として計画番号が知られているのはこの 2 隻のみ、設計の具体的担当者名は不明 ② <帝国艦艇要領表 T14> による、淀の建造費予算 961,200 円 (M38-40 支出) は川崎造船所との契約金額 905,000 円に近く、いずれも兵器と同備品は含まない、同様に最上の予算は 946,300 円 (臨時軍事費艦艇補足費)、三菱造船との契約金額は 950,000 円 【出典】公文備考 / 役務一覧 / 海軍省年報

船体寸法 /Hull Dimensions

艦名 /Name	状態 /Condition	排水量 /Displacement		長さ /Length(m)			幅 /Breadth (m)			深さ /Depth(m)		吃水 /Draught(m)			乾舷 /Freeboard (m)			備考 /Note
				全長 /OA	水線 /WL	垂線 /PP	全幅 /Max	水線 /WL	水線下 /uw	上甲板 /m	最上甲板	前部 /F	後部 /A	平均 /M	艦首 /B	中央 /M	艦尾 /S	
淀 /Yodo	新造計画 /Design (T)	常備 /Norm.	1,250	92.989		85.344	9.754			5.436		2.591	3.353	2.972	5.740	2.616	4.699	船体寸法図 (平賀資料) による
	常備排水量 /Norm. (T)		1,610.0											3.557				昭和初年の公試成績と推定 S10-4-12 の公試成績では常備 1,670T、満載 2,021T、軽荷 1,437T の数字あり
	満載排水量 /Full (T)		1,944.8											4.130				
	軽荷排水量 /Ligth (T)		1,349.3											3.121				
	公称排水量 /Official(T)	常備 /Norm.	1,250			280'-0"	32'-1"							9'-9"				ワシントン条約前の公表値を示す
	公称排水量 /Official(T)	基準 /St'd	1,320 ①			85.34	9.78							3.35				ワシントン条約後の公表値を示す
最上 /Mogami	新造計画 /Design (T)	常備 /Norm.	1,350	96.317	95.095	91.440	9.601			5.486		2.613	3.375	2.994	5.368	2.667	4.420	船体寸法図 (平賀資料) による
	常備排水量 /Norm. (T)		1,389.4											3.039				大正初年の公試成績と推定
	満載排水量 /Full (T)		1,742.7											3.584				
	軽荷排水量 /Ligth (T)		1,146.7											2.652				
	公称排水量 /Official(T)	常備 /Norm.	1,350			300'-0"	31'-7・1/4"							9'-9"				ワシントン条約前の公表値を示す
	公称排水量 /Official(T)	基準 /St'd	1,215			91.44	9.63							3.05				ワシントン条約後の公表値を示す

注 /NOTES ①淀の公称排水量のうち基準排水量が常備排水量を上回るのは排水量の定義からみてもおかしく、、代わるべき数値がないためそのままとしたが、多分 1,120 あたりのミスプリと推定する。 淀の昭和期の重心公試の各排水量の数値が新造計画値よりかなり増加した値を示しているのは、昭和 2 年の測量任務用改造後の数値で、この改造で排水量がかなり増加したことを示している 【出典】公文備考 / 平賀資料 / 海軍省年報

解説 /COMMENT

淀と最上は利根の項で述べたように日露戦争の戦費により建造された戦時計画艦である。ともに通報艦ということで建造され、この艦種としては最後の新造艦となった。第 3 部で紹介したように日本海軍の通報艦は明治 23 年に横須賀で新造された八重山以降、宮古、千早と新造され、さらに水雷砲艦として海外に注文された千島、龍田をこの艦種に加えるとかなりの数になる。

通報艦そのものは帆船時代からの伝統で海の伝令艦ともいうべき情報伝達を目的にしており、必然的に小型快速艦が当てられてきたが、無線電信等により情報伝達手段が整うと必要性は薄れていった。日露戦争に際しては日本艦隊は各艦隊に通報艦 1 隻を付属させて艦隊作戦を実施していたが、特にそれを必要としていたわけではなかったようである。

その意味では戦時計画でわざわざ 2 隻も通報艦を建造する必要があったのか疑問があるが、小型巡洋艦、一種の汎用艦として最初に民間造船所で建造する軍艦としては適当なものであったのかもしれない。当時、三菱長崎造船所と神戸川崎造船所は国内大手民間造船所としては双璧で、すでに駆逐艦、水雷艇等は建造実績があったが、本格的な軍艦はこれがはじめてで、第 1 号通報艦 (淀) は明治 38 年 5 月 1 日に川崎造船所と金額 905,000 円、納期 24 か月で建造契約されており、同様に第 2 号通報艦 (最上) は明治 38 年 10 月 11 日に三菱合資会社と金額 950,000 円、納期 17 か月で建造契約をかわしていた。

この 2 隻は同型艦ではなく、兵装は同じであったが最上の方が排水量で 100 トンほど大型で、船体の形態も異なっており特に艦首形状は淀は同時期に佐世保で建造された巡洋艦利根と同じく顕著なクリッパー型をなしていたが、最上は後の軽巡天龍型に似た軽い傾斜型となっている。艦本 3 部の基本計画担当者は不明だが、淀は利根と同じく近藤基樹造船総監らしいと推定できるものの、最上については他の担当者がいたとしても近藤の指導の下にあったことは容易に推察される。

いずれにしても、この 2 隻の最大の相違はその機関にあり、淀は従来通りのレシプロ・エンジン 2 軸艦であったが、最上はパーソンズ・タービンを搭載した 3 軸艦で、これは日本軍艦として最初のタービン搭載艦であった。タービン機関そのものは英国のパーソンズ・マリン・タービン社に発注購入したもので、中心軸に高圧タービン、左右に配した低圧タービンに各 1 軸を設けた 3 軸構成艦はもちろん日本最初であった。3 軸の推進器は直径 1.6m と小型で、舵も小型の吊下舵 2 枚という設計で、淀とは全く異なる設計であった。

計画速力は淀より 1 ノット増加させた 23 ノットで、公試では 23.592 ノットを発揮、まずまずの成績であった。これに対して在来機関搭載の淀は計画速力 22 ノットに対して 21.416 ノットと僅かに達せず、対照的な公試成績となった。

最上に搭載されたパーソンズ・タービンは明治 44 年 5 月 17 日付で製造権購入が決済され、製造権譲受調印時に英貨 3,000 ポンドを支払い、以後ライセンス製造の場合は 1 馬力当たり 2 シリングのロイヤルティーを支払うという、非常に廉価な費用でパーソンズ社から製造権を取得することができた。契約は同社と三菱合資会社、日本帝国海軍の 3 者間で締結されている。

次に三菱長崎造船所で建造された 2 等巡洋艦矢矧の主機パーソンズ・タービンはこうして長崎造船所でライセンス製造されたものである。なお、これより先に日本海軍は戦艦安芸と装甲巡洋艦伊吹の主機として米国製のカーチス式タービンの採用を決めており、当時、日本海軍としてはカーチス式タービンに好意を示していたようで、明治 39 年 6 月 1 日に米フォーア・リバー社に両艦用のタービン一式を 47 万 5 千ドルで購入契約を行うとともに、同 7 月 1 日には製造権譲受の契約を締結、ここでは川崎造船所がライセンス製造権を取得していた。カーチス・タービンのライセンス金額は契約時に米貨 10 万ドルを支払うとともに、以後全力公試 1 馬力当たり、戦艦、一等巡洋艦では 75 セント、2 等、3 等巡洋艦及び通報艦は 60 セント、水雷艇、駆逐艦は 50 セントのロイヤルティーを支払うという契約であった。前述の 2 等巡洋艦筑摩と平戸の主機カーチス・タービンはこうして川崎造船所でライセンス製造されたものである。

淀の海軍側の予算は明治 38 年以後同 40 年までの 3 か年支出で総額 961,200 円で、この内船体費 397,498 円、機関費 522,981 円、備品費 31,200 円、予備費 9,521 円とされており、兵器費は別であった。同様に最上の場合は総額 1,004,700 円、船体費 355,239 円、機関費 540,800 円、備品費 31,200 円、付属費 50,998 円その他となっており、兵器費は別である。両艦とも起工後に重油混焼装置の追加が訓令されており、2 万円前後の金額が追加された。

淀の竣工年月日については明治 41 年 4 月 8 日という日付があるが、これは川崎造船所の完成引渡し日時で、この後呉工廠に回航されて兵装艤装工事を行い同 7 月 10 日正式に竣工したということらしい。淀は同 10 月 18 日の神戸沖観艦式に供奉艦として参加、デビューをはたしている。明治 44 年 11 月には伊吹に随伴してタイ国王の戴冠式参列のためバンコクに派遣されている。

大正元年には 1 等砲艦に類別変えとなり、中国方面の警備任務に就くことが多かったが、昭和 2 年に測量任務に専従するため改造工事を実施、8cm 砲 2 門を残して他の兵装を撤去、艦尾に甲板室を新設、中央部にデリック・ポストを新設して測量艇 4-5 隻を搭載、搭載短艇の内からギグ 1 隻を陸揚げしている。以後約 10 年間測量兼警備任務に用いられ、昭和 6 年に再度砲艦に類別変えされたが任務そのものには変化がなく、同 12 年で現役を終え、同 15 年に除籍された後も廃艦 13 号として終戦時まで残存した。

機　関 /Machinery

		淀 /Yodo	最上 /Mogami
主機械 /Main mach.	型式 /Type ×基数 (軸数)/No.	直立3段膨張4気筩機関 /Recipro. engine × 2	パーソンズ式タービン /Parsons turbine × 3
缶 /Boiler	型式 /Type ×基数 /No.	宮原式缶 / × 4(両面)	宮原式缶 / × 6(大× 3、小× 3)
	蒸気圧力 /Steam pressure (kg/cm²)	13.85	14.06
	蒸気温度 /Steam temp.(℃)		
	缶換装年月日 /Exchange date		
	換装缶型式・製造元 /Type & maker		
計画 /Design (自然通風 / 強圧通風)	速力 /Speed(ノット /kt)	/22	/23
	出力 /Power(実馬力 /IHP)	/6,500	/8,400
	回転数 /(rpm)	/235	/620
新造公試 /New trial (自然通風 / 強圧通風)	速力 /Speed(ノット /kt)	/21.416 (M41-6-25)	/23.592 (M41-7-11)
	出力 /Power(実馬力 /IHP)	/7,030	/8,037
	回転数 /(rpm)	/240	/611
改造公試 /Repair T. (自然通風 / 強圧通風)	速力 /Speed(ノット /kt)	/20.1 (T12-5-15)	/21 (T4-9-16)
	出力 /Power(実馬力 /IHP)	/5,939.8	/8,133
	回転数 /(rpm)	/223.4	/588
推進器 /Propeller	直径 /Dia.(m)・翼数 /Blade no.	・3 翼	1.59 ・3 翼
	数 /No.・型式 /Type	× 2・マンガン青銅	× 3・マンガン青銅
舵 /Rudder	舵型式 /Type・舵面積 /Rudder area(m²)	半釣合舵 /Semi balance・6.86	半釣合舵 /Semi balance・3.60 × 2
燃料 /Fuel	石炭 /Coal(T)・定量 (Norm.)/ 全量 (Max.)	/337	/350
	重油 /Oil(T)・定量 (Norm.)/ 全量 (Max.)	/78	/60
航続距離 /Range(浬 /SM- ノット /Kts)		2,352-10　2,059-14	1,996-10　1,775-14
発電機 /Dynamo・発電量 /Electric power(V/A)		33kW × 2・66kW	
新造機関製造所 / Machine maker at new		川崎造船所	英パーソンズ・タービン社

注 /NOTES ①両艦とも契約後混焼装置の追加を命じられ建造費の追加金額を受けている　②最上は日本海軍が建造した最初の3軸艦
【出典】公文備考 / 平賀資料 / 帝国海軍機関史

兵装・装備 /Armament & Equipment

		淀 /Yodo	最上 /Mogami ④
砲熕兵器 / Guns	主砲 /Main guns	安式40口径12cm砲 /Armstrong × 2	安式40口径12cm砲 /Armstrong × 2
	備砲 /2nd guns	1号40口径8cm砲 /No.1 type × 4 ①	1号40口径8cm砲 /No.1 type × 4
	小砲 /Small cal. guns		
	機関砲 /M. guns	麻式6.5mm機銃 /Maxim × 1 ②	麻式6.5mm機銃 /Maxim × 1
個人兵器 /Personal weapons	小銃 /Rifle	35年式海軍銃× 52	
	拳銃 /Pistol	× 18	
	舶刀 /Cutlass		
	槍 /Spear		
	斧 /Axe		
水雷兵器 /Torpedo weapons	魚雷発射管 /T. tube	× 2(水上旋回式 /Surface turning)	× 2(水上旋回式 /Surface turning)
	魚雷 /Torpedo	45cm/18" × 4	45cm/18" × 4
	その他		
電気兵器 /Elec.Weap.	探照灯 /Searchlight	75cm × 2	75cm × 2
艦載艇 /Boats	汽艇 /Steam launch	× 1(7.6m)	
	ピンネース /Pinnace		
	カッター /Cutter	× 2(7.9m)	
	ギグ /Gig	× 1(7.6m)	
	ガレー /Galley		
	通船 /Jap. boat	× 2(7.0m × 1、6.1m × 1)	
	(合計)	× 6 ③	× 6

注 /NOTES ① S2に呉工廠で測量任務用の改造を実施した際、従来の兵装は8cm砲2門を残して全て撤去　②機銃は改造に際して3年式機銃に換装したもよう　③改造に際してギグ1隻を撤去、測量艇4-5隻を搭載　④最上に関しては除籍時まで兵装の大きな変化なし、艦載艇は淀に準じると見られる　【出典】公文備考 / 海軍省年報 /

最上の方は淀に比べて性能的には上であったが、あまり目立つこともなく近隣の警備任務に就くことが多く、大正10年度に第3艦隊第3水雷戦隊の旗艦を務めたのが唯一の艦隊任務で、大正末期で現役を引退、昭和期に入ってまもなく除籍、売却解体されてしまった。なまじっかタービンという新型主機を備えたため航続力も短く、後方任務には使いづらい面もあったのではと推察される。

艦名の淀は大阪地方の川名、日本海軍、海上自衛隊を通じて他に襲名艦はなく、本艦一代どまりとなっている。最上は山形県の川名2代目は昭和6年度計画の軽巡洋艦、さらに戦後の海上自衛隊の護衛艦が襲名。

[資料] 本型の公式資料としては < 近世日本造船史 > の付図に淀の公式図が掲載されており、艦内側面、各甲板平面図、最大中央切断図が掲載されており、これらは貴重である。呉の < 福井資料 > にも淀と最上関係の図面はなく、また要目簿も存在しない。

< 平賀資料 > には淀と最上の船体寸法図があり、他に最上の新造完成時の書取りメモ類があるものの、要目簿的なまとまったデータは少ない。写真もそれほど多くなく、淀の測量任務用に改造後の艦姿も僅か2-3枚があるのみである。

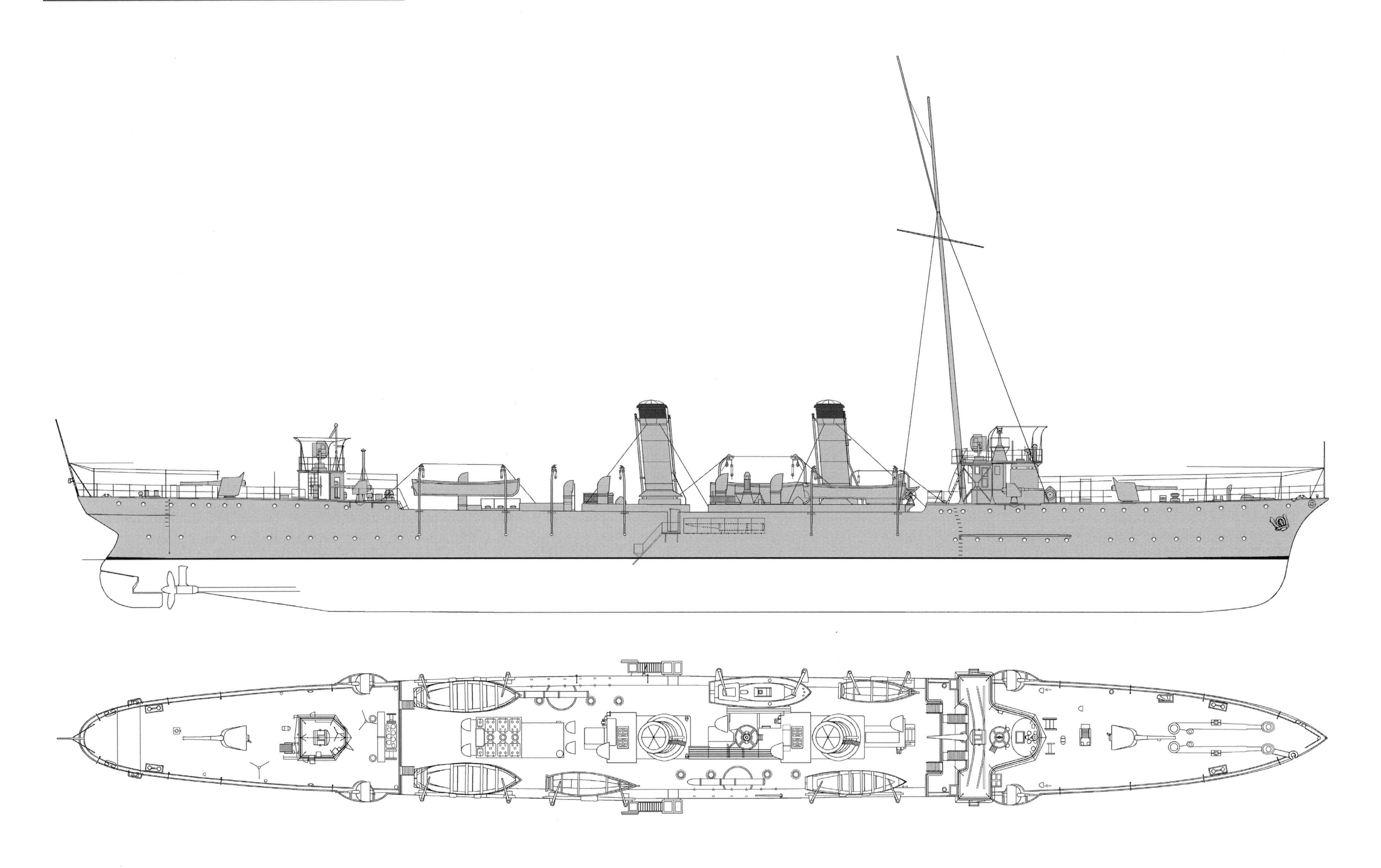

図 4-5-1 [S=1/300] 淀 側平面 (新造時)

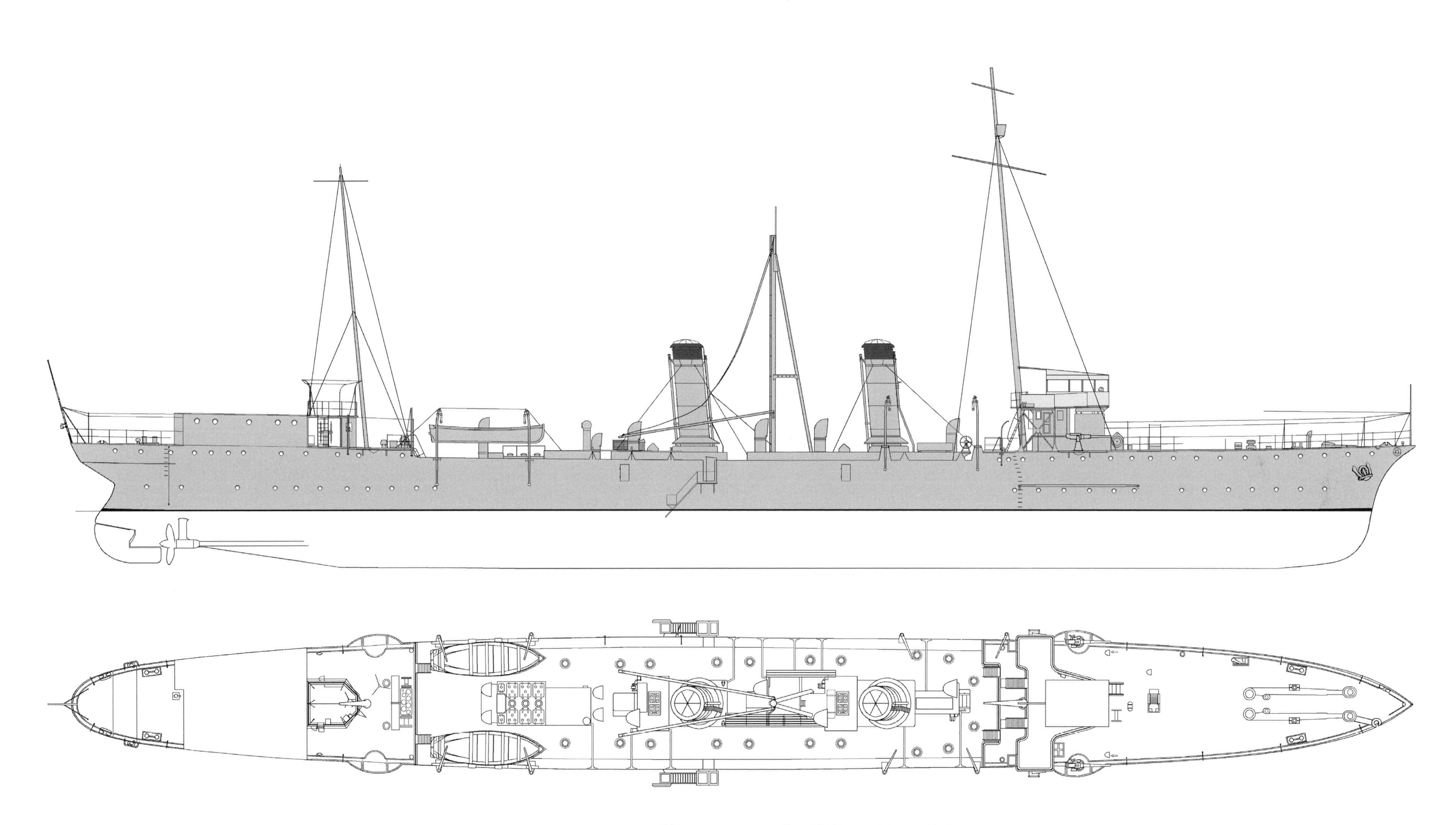

◎淀は S2/1927 に呉工廠で砲艦種のまま測量用に改造された。
この改造で兵装は艦橋両側の 8cm 砲を残して、他は全て撤去された。艦尾の甲板室は測量任務用の作業室で、中央に測量艇を揚げ降ろしするための三脚のデリック・ポストを立てている。

図 4-5-2 [S=1/300] 淀 側平面 (S10/1935)

図 4-5-3 [S=1/300]

淀 艦内側面・各甲板平面 (新造時)

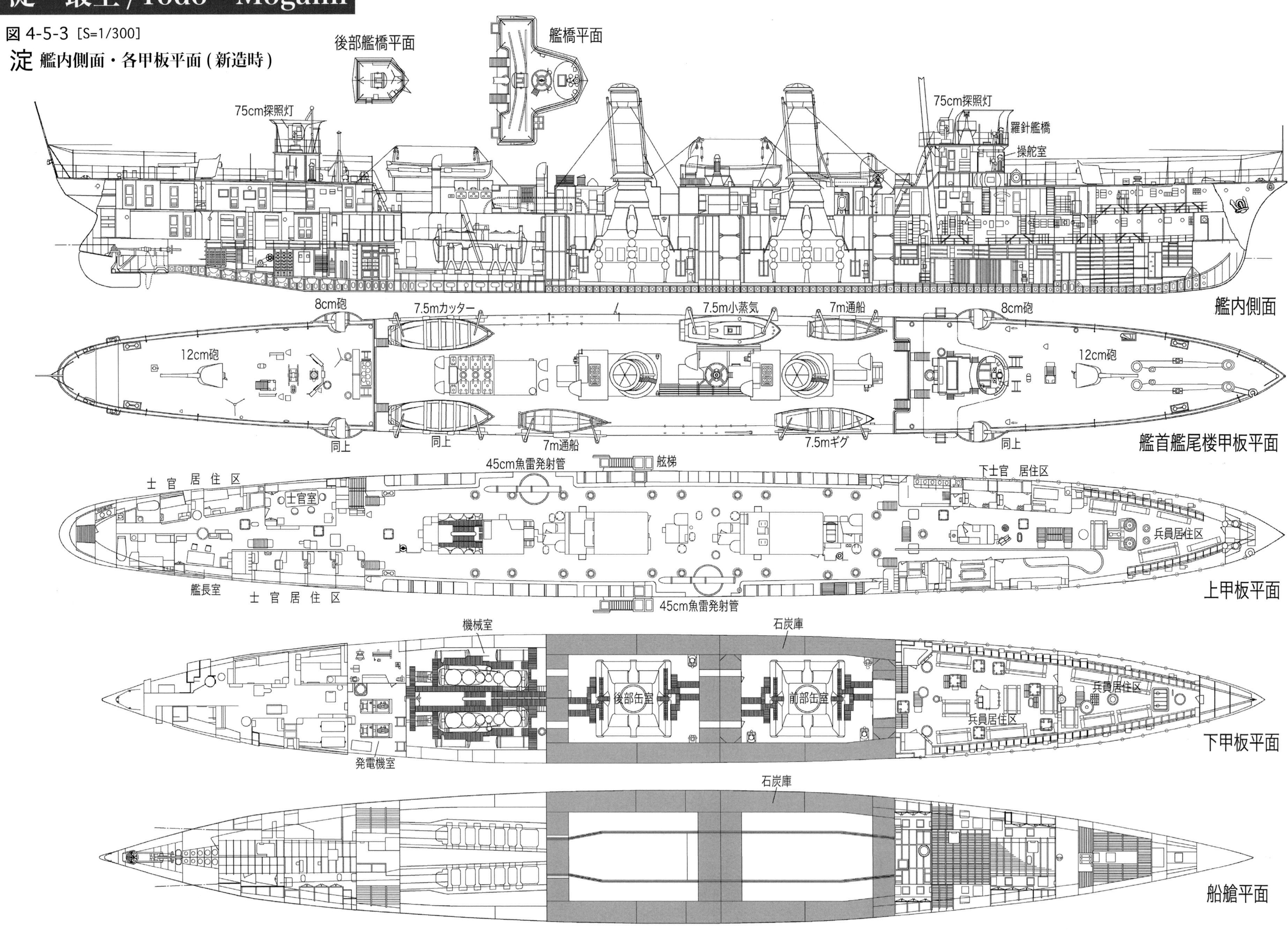

◎ 最上は日本海軍で最初のタービン機関採用艦として知られている、英国製パーソンズ・タービン搭載艦で、また日本艦艇では最初の３軸艦でもあった。ただし速力は公試で 22.66 ノットを発揮したのみで、思ったほどの高速艦ではなかった。就役期間も淀に比べて短く、使い勝手が悪かったのかもしれない。後年、部分図のように、後檣を設けている。

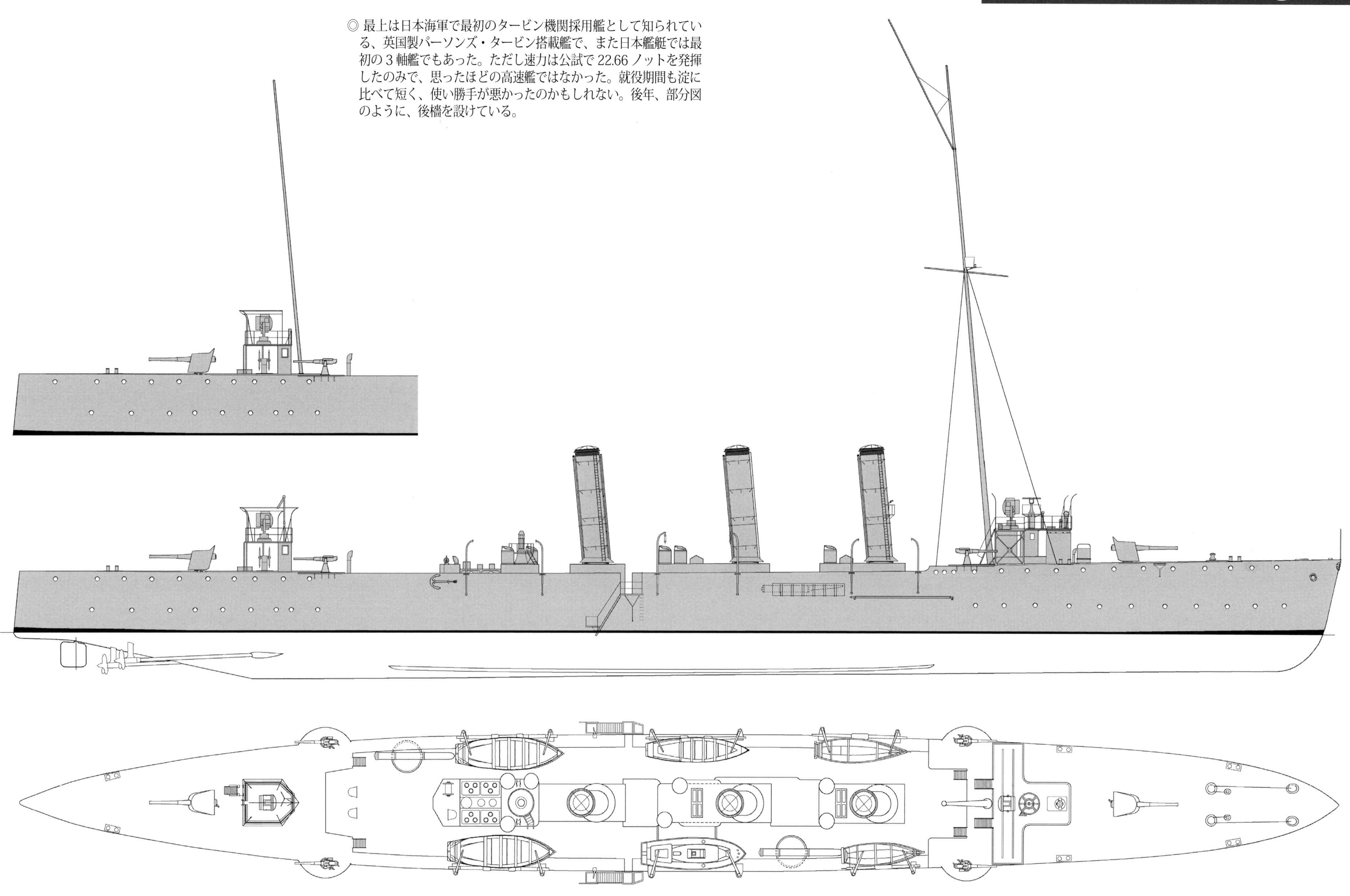

図 4-5-4 [S=1/300] 最上 側平面 (新造時)

淀・最上 /Yodo・Mogami

淀　定　員 /Complement (1)

職名 /Occupation	官名 /Rank	定数 /No.		職名 /Occupation	官名 /Rank	定数 /No.	
艦長	中佐	1	士官 /11		2、3等機関兵曹	10	下士 /14
水雷長兼分隊長	少佐／大尉	1			1、2等看護手	1	
航海長	大尉	1			1、2等筆記	1	
分隊長	〃	1			1等厨宰	1	
	中少尉	2			2、3等厨宰	1	
機関長兼分隊長	機関少佐／大尉	1			1等水兵	19	卒 /129
	機関中少尉	2			2、3等水兵	27	
軍医長	大軍医	1			4等水兵	15	
主計長	大主計	1			1等信号兵	3	
	上等兵曹	1	准士 / 5		2、3等信号兵	3	
	機関兵曹長／上等機関兵曹	1			1、2等木工	2	
	上等機関兵曹	2			1等機関兵	22	
	上等筆記	1			2、3等機関兵	25	
	1等兵曹	3	下士 /21		4等機関兵	7	
	2、3等兵曹	8			1、2等看護	1	
	1等信号兵曹	2			1等主厨	1	
	2、3等信号兵曹	3			2等主厨	2	
	1、2等船匠手	1			3、4等主厨	2	
	1等機関兵曹	4		（合　計）		180	

注 /NOTES 明治41年4月11日内令78による通報艦淀の定員を示す【出典】海軍制度沿革
(1) 上等兵曹は掌砲長兼掌水雷長の職にあたるものとする
(2) 兵曹は教員、掌砲長属、掌水雷長属、掌帆長属及び各長の職につくものとする
(3) 信号兵曹中1人は信号長にあて、他は無線電信取扱及び按針手の職を兼ねるものとする

淀　定　員 /Complement (2)

職名 /Occupation	官名 /Rank	定数 /No.		職名 /Occupation	官名 /Rank	定数 /No.	
艦長	中佐	1	士官 /11		1等兵曹	5	下士 /35
水雷長兼分隊長	少佐／大尉	1			2、3等兵曹	11	
航海長兼分隊長	大尉	1			2、3等船匠兵曹	1	
分隊長	〃	1			1等機関兵曹	4	
	中少尉	2			2、3等機関兵曹	10	
機関長兼分隊長	機関少佐／大尉	1			1、2等看護兵曹	1	
	機関中少尉	2			1等主計兵曹	1	
軍医長	軍医大尉	1			2、3等主計兵	1	
主計長	主計大尉	1			1等水兵	26	兵 /131
	機関特務中少尉	1	特士 / 1		2、3等水兵	39	
					1等船匠兵	1	
	兵曹長	1	准士 / 5		2、3等船匠兵	1	
	機関兵曹長	3			1等機関兵	24	
	主計兵曹長	1			2、3等機関兵	32	
					1、2等看護兵	1	
					1等主計兵	2	
					2、3等主計兵	5	
				（合　計）		183	

注 /NOTES
大正9年8月内令267による砲艦淀の定員を示す【出典】海軍制度沿革
(1) 兵曹長は掌水雷長の職にあたるものとする
(2) 機関兵曹の1人は掌機長、1人は機械長、1人は缶長の職につくものとする
(3) 本表の外必要に応じて軍医科士官1人を増加することができる

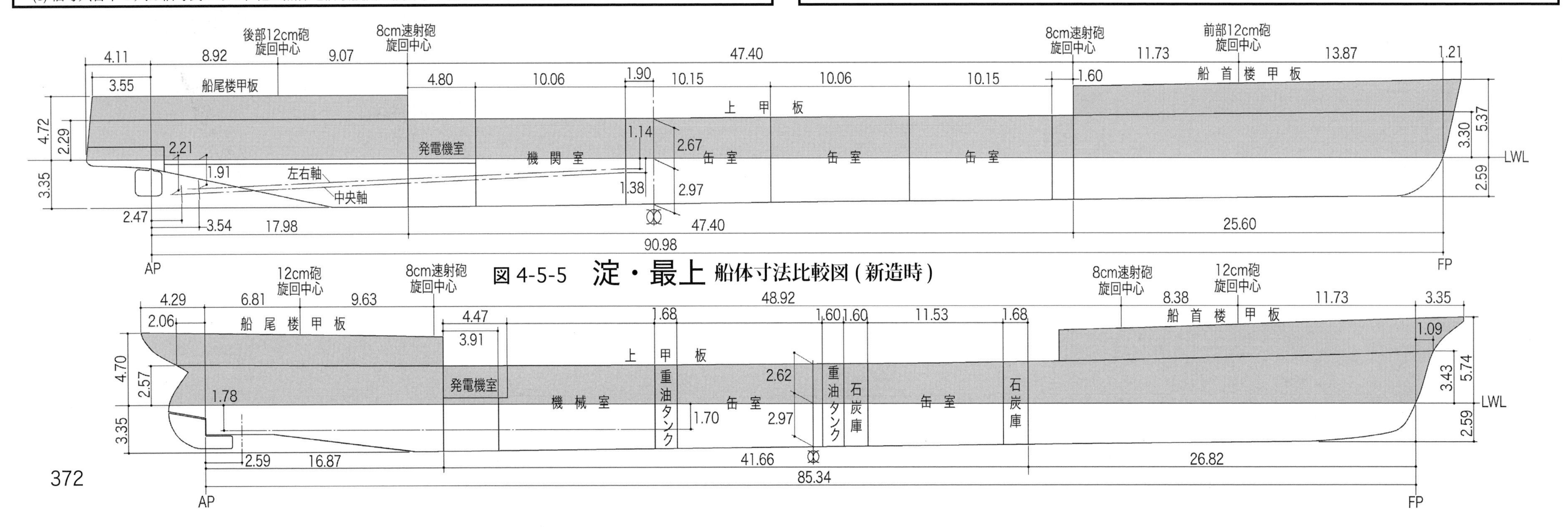

図 4-5-5　淀・最上 船体寸法比較図（新造時）

最上　定員/Complement (3)

職名/Occupation	官名/Rank	定数/No.		職名/Occupation	官名/Rank	定数/No.	
艦長	中佐	1	士官/11		1等水兵	19	卒/129
水雷長兼分隊長	少佐/大尉	1			2、3等水兵	27	
航海長	大尉	1			4等水兵	15	
分隊長	〃	1			1等信号兵	3	
	中少尉	2			2、3等信号兵	3	
機関長兼分隊長	機関少佐/大尉	1			1、2等木工	2	
	機関中少尉	2			1等機関兵	24	
軍医長	大軍医	1			2、3等機関兵	22	
主計長	大主計	1			4等機関兵	8	
	上等兵曹	1	准士/5		1、2等看護	1	
	機関兵曹長/上等機関兵曹	1			1等主厨	1	
	上等機関兵曹	2			2等主厨	2	
	上等筆記	1			3、4等主厨	2	
	1等兵曹	3	下士/36				
	2、3等兵曹	8					
	1等信号兵曹	2					
	2、3等信号兵曹	3					
	1、2等船匠手	1					
	1等機関兵曹	5					
	2、3等機関兵曹	10					
	1、2等看護手	1					
	1、2等筆記	1					
	1等厨宰	1					
	2、3等厨宰	1					
				(合　計)		181	

注/NOTES

明治41年7月29日内令130による通報艦最上の定員を示す【出典】海軍制度沿革
(1) 上等兵曹は掌砲長兼掌水雷長の職にあたるものとする
(2) 兵曹は教員、掌砲長属、掌水雷長属、掌帆長属及び各長の職につくものとする
(3) 信号兵曹中1人は信号長にあて、他は無線電信取扱及び按針手の職を兼ねるものとする

最上　定員/Complement (4)

職名/Occupation	官名/Rank	定数/No.		職名/Occupation	官名/Rank	定数/No.	
艦長	中佐	1	士官/11		1等水兵	26	兵/131
水雷長兼分隊長	少佐/大尉	1			2、3等水兵	39	
航海長兼分隊長	大尉	1			1等船匠兵	1	
分隊長	〃	1			2、3等船匠兵	1	
	中少尉	2			1等機関兵	24	
機関長兼分隊長	機関少佐/大尉	1			2、3等機関兵	32	
	機関中少尉	2			1、2等看護兵	1	
軍医長	軍医大尉	1			1等主計兵	2	
主計長	主計大尉	1			2、3等主計兵	5	
	機関特務中少尉	1	特士/1				
	兵曹長	1	准士/5				
	機関兵曹長	3					
	主計兵曹長	1					
	1等兵曹	5	下士/36				
	2、3等兵曹	11					
	2、3等船匠兵曹	1					
	1等機関兵曹	5					
	2、3等機関兵曹	10					
	1、2等看護兵曹	1					
	1等主計兵曹	2					
	2、3等主計兵	1					
				(合　計)		184	

注/NOTES

大正9年8月内令267による砲艦最上の定員を示す【出典】海軍制度沿革
(1) 兵曹長は掌水雷長の職にあたるものとする
(2) 機関兵曹の1人は掌機長、1人は機械長、1人は缶長の職につくものとする
(3) 本表の外必要に応じて軍医科士官1人を増加することができる

淀・最上/Yodo・Mogami

艦　歴/Ship's History (1)

艦　名	淀(1/4)
年　月　日	記　事/Notes
1905(M38)- 9-30	仮命名
1905(M38)-10-12	呉鎮守府仮入籍
1906(M39)- 1- 6	神戸川崎造船所で起工
1907(M40)-11-19	進水、命名
1908(M41)- 4-11	呉鎮守府入籍、通報艦に類別、艦長森義臣中佐(14期)就任、兼呉工廠艤装員
1908(M41)- 7-10	竣工、第1予備艦
1908(M41)- 9-25	艦長水町元中佐(14期)就任、10月10日まで兼呉工廠艤装員
1908(M41)-10- 8	第2予備艦
1908(M41)-10-17	横浜にて米白色艦隊接待艦を務める、24日まで
1908(M41)-11-18	神戸沖大演習観艦式に供奉艦として参列
1908(M41)-12-10	艦長磯部謙中佐(14期)就任
1909(M42)-12- 1	第2艦隊、艦長奥田貞吉中佐(15期)就任
1910(M43)- 3- 3	長崎発韓国警備、9月7日竹敷着、この間7度一時帰朝
1910(M43)-12- 1	第2予備艦
1911(M44)- 1-11	第1予備艦
1911(M44)- 2-21	無電室改造認可
1911(M44)- 5- 9	艦長吉嶋重太郎大佐(14期)就任、兼生駒艦長
1911(M44)- 5-22	艦長大島正毅大佐(15期)就任、兼明石艦長
1911(M44)- 7-15	艦長山口鋭中佐(17期)就任
1911(M44)-10- 5	警備艦
1911(M44)-11- 9	佐世保発タイのバンコクまで伊吹に随伴、同国国王戴冠式に参列、翌年1月4日呉着
1911(M44)-12-27	艦長菅野勇七中佐(17期)就任
1912(M45)- 1- 6	第1予備艦
1912(M45)- 2-17	第3艦隊
1912(M45)- 3- 2	呉発南支警備、10月16日佐世保着
1912(T 1)- 8-28	1等砲艦に類別
1912(T 1)-11-12	横浜沖大演習観艦式参列
1912(T 1)-12- 1	艦長田代愛次郎中佐(17期)就任
1912(T 1)-12-16	佐世保発南支警備、翌年2月1日呉着
1913(T 2)- 3- 2	佐世保発南支那海、シンガポール、蘭印沿岸および南洋警備、7月1日呉着
1913(T 2)- 7- 3	第2予備艦
1913(T 2)-12- 1	艦長川上親幸中佐(18期)就任
1914(T 3)- 4- 1	警備艦
1914(T 3)- 4- 6	呉発中国警備、10月4日着
1914(T 3)- 8-23	艦長土師勘四郎中佐(20期)就任、第1次大戦従事
1914(T 3)- 8-29	第2艦隊
1914(T 3)-10- 1	第2予備艦
1914(T 3)-12- 1	艦長田尻唯二中佐(23期)就任
1914(T 3)-12-29	火薬庫改造訓令

艦　歴/Ship's History (2)

艦　名	淀(2/4)
年　月　日	記　事/Notes
1915(T 4)- 4- 1	警備艦
1915(T 4)-12-13	第1予備艦、艦長鈴木豊吉中佐(25期)就任
1916(T 5)- 4- 1	第2予備艦
1916(T 5)-10- 1	第1予備艦
1916(T 5)-10-25	横浜沖恒例観艦式参列
1916(T 5)-12- 1	警備艦、艦長黒瀬清一中佐(26期)就任
1917(T 6)- 1- 2	小笠原発南洋方面警備、7月1日横須賀着
1917(T 6)- 6-21	第1予備艦
1917(T 6)- 7-21	第2予備艦
1917(T 6)- 7-25	第1特務艦隊
1917(T 6)- 8- 2	佐世保発香港方面警備、翌年5月3日着
1917(T 6)-12- 1	艦長武富咸一中佐(27期)就任
1918(T 7)- 4-12	シンガポールにて第1缶室で重油に引火火災発生、人員船体に被害なし
1918(T 7)- 5- 7	第2予備艦
1918(T 7)- 6-19	艦長森初次中佐(27期)就任
1918(T 7)- 6-20	警備艦、臨時南洋防備隊付属
1918(T 7)- 7- 8	二見発南洋警備、12月4日着
1918(T 7)-12- 1	艦長森脇栄枝中佐(27期)就任
1918(T 7)-12-18	第2予備艦
1919(T 8)- 6-14	遣支艦隊
1919(T 8)- 6-16	呉発中国警備、翌年1月19日着
1919(T 8)- 8- 9	第1特務艦隊
1919(T 8)-10- 8	漢口日本領事館前錨地で米国籍石油運搬船美雲140トンと接触、手摺等破損
1919(T 8)-12- 1	艦長副島慶親中佐(28期)就任
1920(T 9)- 1-20	第1予備艦
1920(T 9)- 2-20	呉工廠で缶ドラムその他修理及び測深儀装備、4月20日完成
1920(T 9)- 4- 1	警備艦、臨時南洋防備隊付属
1920(T 9)- 5- 4	二見発南洋警備、測量任務、10月15日着
1920(T 9)- 6-28	パラオ管区内ヘレン礁南端で座礁、1時間後離礁、船底に凹みを生じるも航行可能
1920(T 9)-11-15	第2予備艦
1921(T10)- 3- 1	第1予備艦
1921(T10)- 4- 1	警備艦、臨時南洋防備隊付属
1921(T10)- 4-11	呉発南洋警備、翌年4月12日横須賀着
1922(T11)- 4- 1	臨時南洋防備隊付属を解く
1922(T11)- 4-30	第3予備艦、8月27日佐世保工廠で機関特定大修理工事着手、翌年5月31日完成
1923(T12)- 5- 1	第2予備艦
1923(T12)- 9- 1	第1予備艦
1923(T12)-10- 1	第2予備艦
1923(T12)-11-10	艦長柴山司馬中佐(32期)就任
1924(T13)- 1- 9	呉工廠で無電機改造、2月13日完成

艦　歴 /Ship's History (3)

艦　名	淀 (3/4)
年　月　日	記　事 /Notes
1924(T13)- 4-14	二見発南洋警備、8 月 25 日着
1924(T13)- 4-30	第 1 予備艦
1924(T13)- 5- 1	警備艦
1924(T13)-11-10	艦長北川清中佐 (33 期) 就任
1924(T13)-12-13	二見発南洋警備、翌年 3 月 22 日横須賀着
1925(T14)- 9- 1	第 4 予備艦
1927(S 2)- 9- 2	呉工廠で測量艦に改造工事着手、、8cm 砲 2 門を残して備砲、発射管撤去、ギグ 1 隻撤去、測量艇
	4-5 隻新規搭載、後甲板操舵室以降を居住区に改造その他、翌年 4 月 7 日完成
1927(S 2)-12- 1	艦長野原伸治中佐 (34 期) 就任
1928(S 3)- 2- 1	第 1 予備艦
1928(S 3)- 3-13	電動測深儀ブーム装備認可、4 月 7 日完成
1928(S 3)- 4- 1	測量兼警備艦
1928(S 3)- 4-15	二見発南洋警備、測量任務、9 月 27 日着
1928(S 3)-12-10	第 2 予備艦、呉工廠で復水器、1-4 缶修理、翌年 3 月 31 日完成
1929(S 4)- 3- 1	第 1 予備艦
1929(S 4)- 4- 1	測量兼警備艦、4 月上旬から 10 月中旬まで黄海、朝鮮西岸、本州北西岸測量任務
1929(S 4)-11- 1	第 2 予備艦
1929(S 4)-11-30	艦長石原戒造中佐 (35 期) 就任
1930(S 5)- 1-30	呉工廠で左舷主機修理、3 月 31 日完成
1930(S 5)- 2-27	英式音響測深儀装備、4 月 20 日完成
1930(S 5)- 3- 1	第 1 予備艦
1930(S 5)- 4- 1	測量兼警備艦
1930(S 5)- 4-21	父島発南洋警備、測量任務、9 月 28 日横須賀着
1930(S 5)-11- 1	第 2 予備艦、呉工廠で主復水器修理
1930(S 5)-12- 1	艦長栗林今朝吉中佐 (36 期) 就任
1931(S 6)- 3- 1	第 1 予備艦
1931(S 6)- 4- 1	測量兼警備艦、4 月上旬から 10 月下旬まで裏長山列島、黄海北部測量任務
1931(S 6)- 6- 1	砲艦に類別、等級廃止
1931(S 6)-11- 1	第 2 予備艦
1931(S 6)-12- 1	艦長茂泉慎一大佐 (37 期) 就任
1932(S 7)- 1-28	呉工廠で補助蒸気管修理、2 月 28 日完成
1932(S 7)- 2- 1	第 1 予備艦
1932(S 7)- 3- 1	第 2 遣外艦隊
1932(S 7)- 3-10	旅順発朝鮮半島東岸および北部方面測量任務、11 月 6 日旅順発以後呉に帰朝
1932(S 7)- 3-18	25' 汽艇を 10m30 馬力内火艇と換装訓令
1932(S 7)-11-12	第 2 予備艦
1932(S 7)-12- 1	艦長小熊文雄中佐 (37 期) 就任
1933(S 8)- 2- 1	第 1 予備艦
1933(S 8)- 3- 1	第 2 遣外艦隊
1933(S 8)- 3-11	旅順発関東州方面測量警備任務、10 月 16 日旅順発以後呉に帰朝

艦　歴 /Ship's History (4)

艦　名	淀 (4/4)
年　月　日	記　事 /Notes
1933(S 8)- 4-20	第 2 遣外艦隊より除く、測量兼警備艦、旅順要港付属
1933(S 8)- 5-24	ラムネ製造機装備認可
1933(S 8)-10-20	第 2 予備艦
1933(S 8)-11-15	艦長後藤権造大佐 (38 期) 就任
1934(S 9)- 2- 1	第 1 予備艦
1934(S 9)- 3- 1	測量兼警備艦、旅順要港付属
1934(S 9)- 3-10	旅順発満州国沿岸測量任務、10 月 25 日旅順発以後呉に帰朝
1934(S 9)-10-29	第 2 予備艦
1935(S10)- 2-22	呉工廠で船体部改造、5 月 20 日完成
1935(S10)- 3- 1	第 1 予備艦
1935(S10)- 4- 1	測量兼警備艦、4 月から 10 月まで北海道、樺太、千島方面測量任務
1935(S10)-11- 1	第 2 予備艦
1936(S11)- 3- 1	第 1 予備艦
1936(S11)- 4- 1	測量兼警備艦旅順要港付属
1936(S11)- 4-16	旅順発満州国沿岸測量任務、10 月 26 日旅順発以後呉に帰朝
1936(S11)-11- 1	第 2 予備艦
1936(S11)-12- 1	艦長近藤為次郎中佐 (40 期) 就任
1937(S12)- 3- 1	第 1 予備艦
1937(S12)- 4- 1	測量兼警備艦、旅順要港付属
1937(S12)- 4-17	旅順発満州国沿岸測量及び北支中支方面警備任務、10 月 21 日旅順発以後佐世保に帰朝
1937(S12)-11- 1	旅順要港付属を解く
1938(S13)- 1- 1	第 1 予備艦
1938(S13)- 2-20	第 4 予備艦
1940(S15)- 4- 1	除籍、廃艦 13 号、終戦時光工廠在、以後解体

艦　歴/Ship's History (5)

艦　名	最　上(1/2)
年　月　日	記　事/Notes
1905(M38)-12- 6	仮命名
1905(M38)-12-14	佐世保鎮守府仮入籍
1907(M40)- 3- 3	三菱長崎造船所で起工
1908(M41)- 3-25	進水、命名
1908(M41)- 7-29	佐世保鎮守府入籍、通報艦に類別、艦長木村剛中佐(15期)就任
1908(M41)- 9- 1	第1予備艦
1908(M41)- 9-16	竣工
1908(M41)- 9-22	第1艦隊
1908(M41)- 9-25	艦長竹内次郎中佐(14期)就任、10月17日から24日まで横浜で米白色艦隊接待艦を務める
1908(M41)-11-20	第1艦隊
1908(M41)-12- 1	艦長桜野光正中佐(15期)就任
1909(M42)- 4-23	尾崎発韓国警備、12月2日佐世保着、この間5度一時帰朝
1909(M42)-10- 1	艦長志摩猛中佐(15期)就任
1909(M42)-12- 1	第2予備艦
1910(M43)- 2-16	艦長荒西鏡次郎中佐(15期)就任
1910(M43)- 9- 3	無線電信室改造認可
1910(M43)-12- 1	艦長内田良隆中佐(14期)就任
1911(M44)- 1-12	第1予備艦
1911(M44)- 9-18	無線ガフ改造認可
1911(M44)-10-24	第3艦隊
1911(M44)-10-28	佐世保発南支警備、翌年12月30日着
1911(M44)-12- 1	艦長武部岸郎中佐(15期)就任
1912(T 1)- 8-28	1等砲艦に類別
1912(T 1)-10-17	揚子江九江付近で遭難した千山丸の救助にあたる
1912(T 1)-12- 1	艦長秋沢芳馬中佐(18期)就任
1913(T 2)- 1-19	佐世保発南支警備、4月21日着
1913(T 2)- 4- 1	第2予備艦
1913(T 2)-10- 9	手旗信号台新設認可
1913(T 2)-12- 1	艦長三村錦三郎中佐(18期)就任
1914(T 3)- 2-10	警備艦
1914(T 3)- 3- 8	佐世保発、南支、フィリピン警備、8月19日馬公着
1914(T 3)- 8-19	第3艦隊
1914(T 3)- 8-23	馬公発第1次大戦従事
1914(T 3)- 8-29	第2艦隊
1914(T 3)-12- 1	警備艦、艦長横尾義達中佐(22期)就任
1914(T 3)-12-28	臨時南洋防備隊付属
1915(T 4)- 2-17	佐世保工廠で特定修理認可、5月着工9月末完成予定
1915(T 4)- 4- 1	第2予備艦
1915(T 4)- 5- 6	第1予備艦

艦　歴/Ship's History (6)

艦　名	最　上(2/2)
年　月　日	記　事/Notes
1915(T 4)- 5-11	第2予備艦
1915(T 4)- 6-30	艦長筑土次郎中佐(24期)就任
1915(T 4)- 7- 7	機関部改造新設工事認可
1915(T 4)- 9-25	艦長関田駒吉中佐(24期)就任
1915(T 4)-10- 1	第1予備艦
1915(T 4)-10-17	艦長井手元治中佐(25期)就任
1915(T 4)-12- 4	横浜沖特別観艦式参列
1915(T 4)-12- 5	警備艦、臨時南洋防備隊司令の指揮下におく
1916(T 5)- 5-10	第2予備艦
1916(T 5)-10- 1	第1予備艦
1916(T 5)-12- 1	第2予備艦、艦長平岩元雄中佐(26期)就任
1917(T 6)- 4- 1	第1予備艦
1917(T 6)- 6- 5	警備艦、臨時南洋防備隊司令の指揮下におく
1917(T 6)- 6-17	二見発南洋諸島警備、8月27日着
1917(T 6)- 7-16	ヤルート、ミレー島入港中触礁、航行可能なるも船体両舷推進器損傷、9月横須賀工廠で入渠修理
1917(T 6)-11- 7	臨時南洋防備隊司令の指揮下を解く
1917(T 6)-12- 1	艦長三上良忠中佐(27期)就任
1918(T 7)- 4- 1	第1特務艦隊
1918(T 7)- 4- 8	馬公発シンガポール警備、12月20日着
1918(T 7)-12- 1	艦長豊島二郎中佐(27期)就任
1918(T 7)-12-27	第2予備艦
1919(T 8)- 4-22	佐世保工廠繋留岸壁で強風により岸壁に圧着、船体損傷
1919(T 8)- 5- 1	第1予備艦
1919(T 8)- 6- 1	警備艦
1919(T 8)- 6-12	二見発南洋諸島警備、9月15日着
1919(T 8)-10-28	横浜沖大演習観艦式参列
1919(T 8)-11-16	二見発南洋諸島警備、翌年4月11日着
1919(T 8)-12- 1	艦長武内康吉中佐(28期)就任
1920(T 9)- 4-30	第2予備艦
1921(T10)- 3- 1	第1予備艦
1921(T10)- 4- 1	第3艦隊第3水雷戦隊
1921(T10)- 5-15	小樽発露領沿岸警備、11月6日舞鶴着
1921(T10)-11-10	第3予備艦
1921(T10)-12- 1	艦長野中逸太郎中佐(29期)就任
1924(T13)-12- 1	第4予備艦
1928(S 3)- 4- 1	除籍
1928(S 3)- 5- 5	最上装備品佐世保海兵団で保管
1929(S 4)- 4-12	最上前檣付属具一式及び後部艦橋を郷軍人会大阪連合会に無償払下げ、同市中之島公園設置認可、
	特務艦高崎で大阪まで運搬7月30日着予定
1929(S 4)- 7-12	売却80,680円

上巻掲載艦復原性能抜粋

艦　名	状　態	排水量 (T)	垂線間長 (m)	艦幅 (m)	深さ /D(m)	前部吃水 (m)	後部吃水 (m)	平均吃水 (m)	毎インチ排水量 (T)	K.B.(m)	B.M.(m)	K.M.(m)	K.G.(m)	G.M.(m)	K.G/D
浅間	満載排水量	10,932.55	124.36	20.45	12.50	8.33	8.00	8.17	44.72	4.709	3.871	8.580	7.919	0.661	0.634
	常備排水量	9,897.03	〃	〃	〃	7.51	7.61	7.55	44.02	4.380	4.215	8.595	7.983	0.613	0.639
	軽荷排水量	8,740.14	〃	〃	〃	6.42	7.27	6.85	43.22	4.008	4.679	8.687	8.300	0.387	0.664
八雲①	満載排水量	11,389.96						8.09					7.479	0.911	
	公試排水量	10,557.7						7.62					7.670	0.730	
	軽荷排水量	8,693.0						6.56					8.326	0.227	
吾妻	満載排水量	10,117.84	135.90	18.14	12.27	6.79	8.26	7.65	46.40	4.528	3.816	8.344	7.622	0.722	0.621
	常備排水量	9,369.71	〃	〃	〃	6.45	8.03	7.24	45.85	4.305	4.064	8.369	7.703	0.661	0.628
	軽荷排水量	8,275.40	〃	〃	〃	5.70	7.53	6.62	44.95	3.943	4.470	8.414	8.041	0.383	0.654
磐手②	満載排水量	11,543.4						8.29					7.766	1.184	
	公試排水量	10,561.4						7.73					7.913	1.092	
	軽荷排水量	8,384.5						6.48					8.752	0.468	
出雲	満載排水量	11,188.21				8.12	8.04	8.10	(18.44) ③	4.724	4.170	8.894	8.375	0.519	
	常備排水量	10,199.25				7.25	7.81	7.53	(18.16)	4.404	4.526	8.931	8.474	0.457	
	軽荷排水量	9,164.17				6.39	7.49	6.94	(17.84)	4.084	4.907	8.992	8.731	0.261	
春日	満載排水量	8,639.50	104.86	18.20	12.19	7.83	8.28	8.06	37.15	4.819	3.319	8.138	7.364	0.774	0.604
	常備排水量	7,795.22	〃	〃	〃	7.05	7.82	7.44	36.61	4.450	3.709	8.159	7.364	0.634	0.617
	軽荷排水量	6,770.21	〃	〃	〃	5.85	7.48	6.68	35.73	4.030	4.191	8.215	7.867	0.347	0.645
日進	満載排水量	8,827.24	104.86	18.20	12.13	7.69	8.71	8.20		4.915	3.243	8.158	7.472	0.687	0.616
	常備排水量	8,116.44	〃	〃	〃	7.73	7.96	7.70	36.88	4.607	3.583	8.190	7.502	0.688	0.618
	軽荷排水量	6,917.23	〃	〃	〃	6.48	7.09	6.85	35.82	4.137	4.112	8.242	7.912	0.330	0.652
平戸	満載排水量	6,004.88	134.11	14.25	8.69	5.75	6.01	5.88	35.60	3.155	2.728	6.187	5.267	0.920	0.608
	常備排水量	5,133.97	〃	〃	〃	4.64	5.78	5.21	34.65	3.088	3.191	6.279	5.517	0.762	0.634
	軽荷排水量	4,349.37	〃	〃	〃	4.02	5.16	4.59	33.79	2.761	3.621	6.383	5.761	0.622	0.662
対馬	満載排水量	3,667.86												0.585	
	公試排水量	3,349.04												0.625	
	軽荷排水量	2,829.39												0.207	
淀	満載排水量	1,952.63	104.86	18.20	12.13	3.92	4.26	4.10	15.96	2.400	1.867	4.267	3.876	0.391	0.713
	常備排水量	1,601.63	〃	〃	〃	3.21	3.84	3.52	15.75	2.096	2.235	4.331	3.906	0.424	0.719
	軽荷排水量	1,360.98	〃	〃	〃	2.60	3.59	3.09	15.48	1.880	2.553	4.432	4.734	0.308	0.759
大和	満載排水量	1,651.36	104.86	18.20	12.13	4.77	5.24	5.02	12.50	3.718	2.197	5.315	4.770	0.544	1.244
	常備排水量	1,529.96	〃	〃	〃	4.44	5.11	4.78	12.30	2.975	2.318	5.289	4.770	0.519	1.244
	軽荷排水量	1,364.73	〃	〃	〃	3.92	4.92	4.42	12.00	2.768	2.527	5.296	4.944	0.352	1.289

注/NOTES ① S12-2-9 横須賀工廠で改装後の状態　② S12-2-6 佐世保工廠で改装後の状態　これ以外の上記データは昭和 8 年以前、昭和初年時期の状態と推定する ③ ( ) 内数値は毎 cm 排水量を示す

【出典】各種艦船 KG 及び GM 等に関する参考資料 (昭和 8 年 6 月調製艦本計算班)/ 艦船復原性能比較表 (昭和 16 年 10 月調製艦本 4 部)

〒207-0022/ 東京都東大和市桜が丘4-310-22　/Tel 042-564-0034
石橋　孝夫

著者略歴

石橋孝夫（いしばし たかお）

●昭和14年3月東京大田区で誕生
●終戦時樺太より引き揚げ
●昭和37年東海大学工学部卒業
●大学在学中より「世界の艦船」「丸」誌等に寄稿
●昭和37年日本映画機械株式会社入社
●昭和57年「シーパワー」誌編集長
●昭和60年北辰プレシジョン株式会社入社
●平成11年「図解シップスデータ海上自衛隊全艦船1952-98」自家出版
●平成20年「図解シップスデータ日本帝国海軍全艦船1868-1945第1巻 戦艦・巡洋戦艦」自家出版
●平成28年潮書房光人社より「世界の大艦巨砲」「艦艇防空」出版
●平成30年潮書房光人新社より「日本海軍の大口径艦載砲」出版
●その他著作、翻訳、監修本、雑誌等寄稿多数

[図解シップス・データ]
日本帝国海軍全艦船1868-1945 <第2巻>

巡洋艦 （上）

平成30年12月10日 印刷
平成30年12月31日 発行 （分売不可）

著者 石橋孝夫
発行者 石橋孝夫
〒207-0022 東京都東大和市桜が丘4-310-22
Tel 042-564-0034

発売所 株式会社並木書房
〒170-0002 東京都豊島区巣鴨2-4-2 岡田ビル5F
Tel 03-6903-4366 Fax 03-6903-4368
www. namiki-shobo.co.jp

印刷製本 文唱堂印刷株式会社

ISBN978-4-89063-380-7